한 권으로 끝내는 내신 교재

Total 짱

KB122649

1964

수학 II

이창주 지음

아름다운샘

학교시험에

01 출제되는 **문제 유형**이 전부 들어 있어요.

02 잘 나오는 교육청 **기출문제**도 들어 있어요.

03 만점에 도전할 **고난도문제**도 들어 있어요.

내신 적중률 1위

내신문제집 시리즈

문제 기본서

 Hi Math

- '기본+유형'으로 이루어진 문제기본서
- 내신 3등급에 도전하는 학생을 위한 교재

문제 기본서-심화

Hi High

- '유형+고난도'로 이루어진 문제기본서
- 내신 1~2등급에 도전하는 학생을 위한 교재

Total 내신문제집

Total 짱

- '기본+유형+고난도'로 이루어진 내신문제집
- 누구나 한 권으로 끝내는 Total 내신 교재

 Total 짱 시리즈

- 수학(상)
- 수학(하)
- 수학 I
- 수학 II
- 확률과 통계
- 미적분
- 기하

한 권으로 끝내는 내신 교재

Total 짱

1964

수학 II

우리 나라는
수학Ⅱ에서
무엇을 공부하나요?

수학과는 수학의 개념, 원리, 법칙을 이해하고 기능을 습득하여 주변의 여러 가지 현상을 수학적으로 관찰하고 해석하며 논리적으로 사고하고 합리적으로 문제를 해결하는 능력과 태도를 기르는 교과입니다. 수학은 오랜 역사를 통해 인류 문명 발전의 원동력이 되어 왔으며, 세계화·정보화가 가속화되는 미래 사회의 구성원에게 필수적인 역량을 제공합니다. 수학 학습을 통해 학생들은 수학의 규칙성과 구조의 아름다움을 음미할 수 있고, 수학의 지식과 기능을 활용하여 수학 문제뿐만 아니라 실생활과 다른 교과의 문제를 창의적으로 해결할 수 있으며, 나아가 세계 공동체의 시민으로서 갖추어야 할 합리적 의사 결정 능력과 민주적 소통 능력을 함양할 수 있습니다.

일반 선택 과목인 <수학Ⅱ>는 공통 과목인 <수학>을 학습한 후, 더 높은 수준의 수학을 학습하기를 원하는 학생들이 선택할 수 있는 과목입니다. <수학Ⅱ>의 내용은 '함수의 극한과 연속', '미분', '적분'의 3개 핵심 개념 영역으로 구성됩니다. '함수의 극한과 연속' 영역에서는 함수의 극한, 함수의 연속을, '미분' 영역에서는 미분계수, 도함수, 도함수의 활용을, '적분' 영역에서는 부정적분, 정적분, 정적분의 활용을 배우게 됩니다.

<수학Ⅱ>에서 학습한 수학의 지식과 기능은 자신의 진로와 적성을 고려하여 선택할 수 있는 과목과 진로 선택 과목, 수학 전문 교과 과목을 학습하기 위한 토대가 되고, 자연과학, 공학, 의학뿐만 아니라 경제·경영학을 포함한 사회과학, 인문학, 예술 및 체육 분야를 학습하는데 기초가 되며, 나아가 창의적 역량을 갖춘 융합 인재로 성장할 수 있는 기반이 됩니다. 이를 위해 학생들은 <수학Ⅱ>의 지식을 이해하고 기능을 습득하는 것과 더불어 문제 해결, 추론, 창의·융합, 의사소통, 정보 처리, 태도 및 실천의 6가지 수학 교과 역량을 길러야 합니다.

수학 교과 역량 함양을 통해 학생들은 복잡하고 전문화되어 가는 미래 사회에서 사회 구성원의 역할을 성공적으로 수행할 수 있고, 개인의 잠재력과 재능을 발현할 수 있으며, 수학의 필요성과 유용성을 이해하고, 수학 학습의 즐거움을 느끼며, 수학에 대한 흥미와 자신감을 기를 수 있습니다.

수능 레전드인 이유

짱 7년 평균 적중률 85.3%

EBS 연계율 50%

짱 유형 시리즈

(수학 I, 수학 II, 확률과 통계, 미적분, 기하)

짱 확장판 시리즈

(수학 I, 수학 II, 확률과 통계)

짱 파이널 실전모의고사

(수학 영역)

짱 쉬운 유형 반복학습을 위한 '짱 확장판'

짱 쉬운 유형

짱 확장판

짱 확장판 추천 대상

1. 수능 4등급 이하의 학생
2. 점수의 기복이 있는 학생
3. 짱 쉬운 유형을 완벽히 풀지 못하는 학생

아름다운샘 교재

개념기본서

수학의 샘

- 수학의 기본 개념과 원리를 쉽게 설명한 교재
- 예제와 유제가 단계적(필수, 발전)으로 구성
- 연습문제가 수준별(A, B, C)로 수록

♣ 수학(상), 수학(하), 수학Ⅰ, 수학Ⅱ, 확률과 통계, 미적분, 기하

Total 내신문제집

Total 짱

- '기본＋유형＋적중＋고난도'로 구성되어 누구나 수준에 맞춰 학습이 가능한 교재
- 전국 학교 시험에서 출제된 모든 문제 유형이 전부 수록된 교재
- 모든 유형, 모든 난이도의 문제가 다 있어서 한 권으로 끝내는 교재

♣ 수학(상), 수학(하), 수학Ⅰ, 수학Ⅱ, 확률과 통계, 미적분, 기하

문제기본서(기본편/실력편)

Hi Math / Hi High

- 문제를 통해서 수학의 개념을 익히고 다지는 교재
- [하이 매쓰] 기본문제와 유형문제로 수학의 기본기를 다지는 교재
- [하이 하이] 유형문제와 심화문제로 구성된 최고난도 유형별 교재

♣ 수학(상), 수학(하), 수학Ⅰ, 수학Ⅱ, 확률과 통계, 미적분, 기하

수준별 내신 대비 교재

짱 쉬운 / 중요한 내신

- 학교 시험에 잘 출제되는 기출문제 중심으로 유형 선정
- 같은 유형의 문제를 충분히 반복할 수 있는 교재
- 각 유형별 3단계(기본문제, 기출문제, 예상문제)로 구성

♣ 수학(상), 수학(하)

중간·기말고사 대비서

내신 FINAL

- 실전 모의고사 10회, 부록 4회로 구성
- 회차별 서술형을 포함하여 23문항으로 구성
- 전국의 학교 시험 문제를 완벽히 분석하여 반영한 교재

♣ 고1 수학, 고2 수학Ⅰ, 고2 수학Ⅱ 과목별 중간고사/기말고사

유형별 수능기출문제집

짱 쉬운 / 중요한 / 어려운 유형

- 최근 수능에 잘 출제되는 기출문제 중심으로 유형 선정
- 같은 유형의 문제를 충분히 반복할 수 있는 교재
- 각 유형별 3단계(기본문제, 기출문제, 예상문제)로 구성
- [짱 쉬운 유형] '2점＋쉬운 3점'짜리 난이도 수준의 유형으로 구성
- [짱 중요한 유형] '3점＋쉬운 4점'짜리 난이도 수준의 유형으로 구성
- [짱 어려운 유형] '고난도 4점'짜리 난이도 수준의 유형으로 구성

♣ 수학Ⅰ, 수학Ⅱ, 확률과 통계, 미적분, 기하

수능 쉬운(2점＋3점) 유형 집중 공략서

짱 쉬운유형 확장판

- 짱 쉬운 유형을 학습 후 더 많은 문항을 필요로 할 때 보는 교재
- 수능의 쉬운 유형, 쉬운 문항을 완벽히 마스터할 수 있는 교재

♣ 수학Ⅰ, 수학Ⅱ, 확률과 통계

수능 실전 모의고사

짱 Final 실전모의고사

- 수능 문제지와 가장 유사한 난이도와 문제로 구성된 실전 모의고사 7회
- EBS교재 연계 문항을 수록

♣ 수학 영역

예비 고1 기본서

그래 할수있어!

- 예비고1 학생들을 위한 교재
- 고교 수학의 기본을 다지는 참 쉬운 기본서
- 교과서를 어려워하는 학생이 이해할 수 있는 쉬운 교재

♣ 수학(상), 수학(하)

단기특강 교재

10 & 2 텐투

- 유형문제 10강과 기출문제 2강의 총12강으로 구성
- 방과후 또는 방학 보충수업에 최적합

♣ 수학(상), 수학(하), 수학Ⅰ, 수학Ⅱ

함수의 극한

수렴과 발산

극한값

무한대

좌극한과 우극한

함수의 연속

연속과 불연속

연속함수

최대 · 최소 정리

사잇값의 정리

미분계수

평균변화율과 미분계수

미분계수의 기하적 의미

미분가능성과 연속성

도함수

도함수

함수의 실수배의 미분법

함수의 합, 차, 곱의 미분법

도함수의 활용

접선의 방정식

평균값 정리

함수의 증가와 감소, 극대와 극소

부정적분

부정적분과 적분상수

함수의 실수배의 부정적분

함수의 합, 차의 부정적분

정적분

정적분

적분과 미분의 관계

정적분의 활용

넓이

속도와 거리

"인간의 어떠한 탐구도 수학적으로 보일 수 없다면 참된 과학이라 부를 수 없다."

- 레오나르도 다빈치

‘기본+유형+적중+고난도’로 구성되어
누구나 수준에 맞춰 학습이 가능한

CONTENTS

"완전수는 완전한 사람만큼이나 드물다."
- 르네 데카르트

300여개 학교 중 2개 이상의 학교 시험에
출제된 모든 문제 유형이 수록된

Total 짱

이 책의 장점은

TOTAL 내신
모든 학교. 모든 유형. 다 있다.

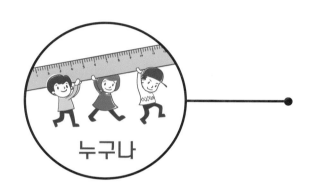

중위권 도약에 필요한 체계적이고
충분한 기본문제

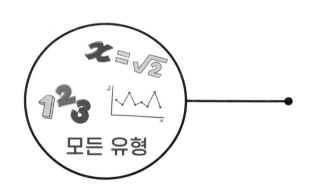

고득점의 발판이 될 다양한
유형문제 & 적중문제

1등급을 넘어 만점의 길을 안내해 줄
고난도문제

"아무리 힘들지라도 최선으로 여겨지는 길을 선택하라."
- 피타고라스

나는
내신(학생부) 관련 용어,
얼마나 알고 있을까?

대학입시가 시작된 여러분!

설마 본인의 대학입시가 이미 시작된 것을 아직도 모르고 있는 사람은 없겠죠?

예전의 대학입시는 주로 학력고사나 대학수학능력시험 성적으로만 선발하였기 때문에 내신의 중요도는 거의 없었답니다. 그러나 요즘의 대학입시는 예전과 달리 학생부위주전형 등 내신으로 선발하는 경우가 많아 매우 중요해진 내신 관리, 지피지기면 백전백승이라는 말이 있듯이 학교생활기록부(이하 학생부)와 관련된 용어들을 알고 내신을 관리하는 것이 좋겠죠? 이제부터 학생부 관련 용어들을 알아보겠습니다.

 미기재와 미반영

'미기재'는 학생부에 기재 자체를 하지 않는 것이며, '미반영'은 학생부에 기재는 하지만 대학입시 자료로 전송되지 않는 것입니다. 그러므로 대학입시 현장에서 '미기재'와 '미반영'의 효력은 같습니다. 예를 들어 2024학년도 대학입시에서 '미반영'에 해당하는 자율동아리는 학생부에 기재는 하지만 대학입시에서 반영이 되지 않고, '미기재'에 해당하는 청소년단체활동은 학생부에 기재 자체를 하지 않으므로 결과적으로는 둘 다 대학입시에는 반영되지 않습니다.

 교과와 비교과

학생부에는 '교과'와 '비교과' 영역에 대한 성적 또는 활동 내역을 기재합니다. '교과'는 학생들이 각 교과목(국어, 영어, 수학, 한국사 등)을 교육받는 과정에서 얻은 학업성취의 수준을 말하는 것으로 각 교과목의 성적을 의미하며, '비교과'는 학생들이 교육받는 과정에서 경험한 모든 활동 내용을 말하는 것으로 출결 및 봉사활동, 창의적 체험활동, 자격증 및 인증, 수상경력, 독서 활동 등 '교과' 이외의 활동 내역들을 의미합니다. 요즘은 '비교과'라는 표현보다 '교과 연계 활동'이라는 표현을 사용하기도 합니다.

 교과 성적지표

학생부 교과 성적에는 과목 평균과 표준편차를 함께 표기한 원점수가 기재되며, 과목별 석차(석차/재적수)를 '과목별석차등급제(9등급)' 로 표기합니다. 또한, 동점자(동석차)에 대하여 '중간석차' 개념을 적용해 등급을 부여하게 됩니다.

석차백분율

석차백분율은 학생부의 교과 성적을 백분율로 나타내는 것을 말합니다. 석차백분율은 $\frac{석차}{재적인원수} \times 100$ 의 값으로, 소수점 아래 셋째자리에서 반올림하여 소수점 아래 둘째자리까지 구합니다.

ex)

학년		2학년 1학기		2학년 2학기		3학년 1학기	
과목		수학	과학	수학	과학	수학	과학
석차(동석차수)/ 재적인원수		8(2) / 252	34(3) / 252	6(3) / 248	30(4) / 248	6(4) / 245	29(3) / 245
지원자격용 석차백분율	과목별 (%)	3.17	13.49	2.42	12.10	2.49	11.84
	평균	7.59%					
전형용 석차백분율	과목별 (%)	3.37	13.89	2.82	12.70	3.06	12.24
	평균	8.01%					

* 지원자격에는 동석차를 고려하지 않고, 전형 과정에는 동석차를 적용하여 석차백분율을 계산함.

* 동석차가 있는 경우에 중간 등위의 석차는 8등이 2명일 때 8+(2-1)/2=8.5로 계산함.

 ## 성취평가제

상대적 서열에 의해 누가 잘하였는지를 평가하는 것이 아니라, 학생이 무엇을 어느 정도 성취하였는지를 중요하게 생각하는 평가입니다. 국가 교육과정에 근거하여 개발된 교과별 성취 기준에 도달한 학생의 학업성취 수준을 평가하고 5단계(A, B, C, D, E)로 성취도를 부여합니다. 그러나, 대학입시 반영은 석차 9등급, 원점수, 과목 평균, 표준편차를 대학에 제공합니다.

 ## 비교내신제

검정고시 합격자, 졸업 후 많은 기간이 경과 된 자, 특목고 출신자 등을 대상으로 대학에서 정한 기준에 따라 수능 성적으로 학생부의 점수를 환산하는 제도입니다. 대학에 따라 비교 내신을 적용하는 대상이 각각 다르고, 비교 내신 산출 기준도 제각각이므로, 지망하고자 하는 대학의 비교 내신 적용 대상과 반영 과목을 정확히 파악해야 합니다.

 ## 학생부 학년별 반영 비율

학년별 반영 비율이란 학생부 성적 산출 과정에서 각 학년의 성적을 어떤 비율로 반영하느냐를 나타내는 것입니다. 3개 학년의 성적을 모두 반영하는 대학이 많지만, 대학에 따라 학년 구분 없이 반영하거나 특정 학년의 성적만을 반영할 수도 있습니다. 단, 수시모집의 경우 일반적으로 3학년 1학기까지의 성적만을 반영합니다.

ex) 1학년 20%, 2학년 30%, 3학년 50% 반영

 ## 학생부 실질 반영 비율

학생부 실질 반영 비율이란 실제적으로 학생부가 전형 총점에 대하여 영향을 미치는 비율을 말합니다. 학생부 실질 반영 비율은 대학마다 차이가 있으며, 학생부 실질 반영 비율이 높을수록 학생부 성적이 합격에 미치는 영향이 크다고 생각하면 됩니다.

ex) 전형 총점이 800점인 어떤 대학의 전형 방법이 '학생부 50% + 수능 50%'이고 학생부 최고점이 400점, 최저점이 320점이라고 하면, 이 대학에서 학생부가 전형 총점에 미치는 영향은 80점(400점-320점)으로 학생부 실질 반영 비율은 10%(80점/800점)라고 하는 것입니다.

학교 시험에서 자주 출제되는
교육청 기출문제가 수록된

Total 짱

※ 대표저자: 이창주(前한영고 교사, EBS·강남인강 강사, 7차 개정 교과서 집필위원)

※ 연구 및 개발: 박상원, 전신영, 강윤석, 김기호

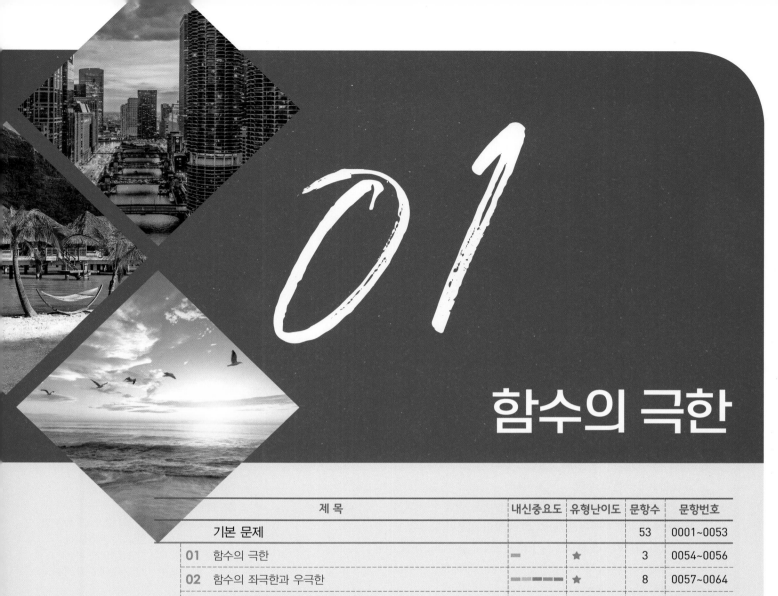

01 함수의 극한

유형문제

01 함수의 극한

1. 함수의 극한

(1) 함수의 극한과 수렴

함수 $y=f(x)$에서 x의 값이 a와 다른 값을 가지면서 a에 한없이 가까워질 때, $f(x)$의 값이 일정한 값 α에 한없이 가까워지면 함수 $y=f(x)$는 α에 수렴한다고 한다. 이때 α를 $x=a$에서의 함수 $y=f(x)$의 극한 또는 극한값이라 하고, 기호로

$$\lim_{x \to a} f(x) = \alpha \text{ 또는 } x \to a \text{일 때 } f(x) \to \alpha$$

와 같이 나타낸다.

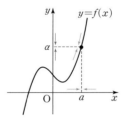

(2) 좌극한과 우극한

$x \to a-$ 일 때 $f(x)$의 값이 일정한 값 α에 한없이 가까워지면 α를 $x=a$에서의 함수 $y=f(x)$의 좌극한이라 하고, 기호로

$$\lim_{x \to a-} f(x) = \alpha \text{ 또는 } x \to a- \text{일 때 } f(x) \to \alpha$$

와 같이 나타낸다.

$x \to a+$ 일 때 $f(x)$의 값이 일정한 값 β에 한없이 가까워지면 β를 $x=a$에서의 함수 $y=f(x)$의 우극한이라 하고, 기호로

$$\lim_{x \to a+} f(x) = \beta \text{ 또는 } x \to a+ \text{일 때 } f(x) \to \beta$$

와 같이 나타낸다.

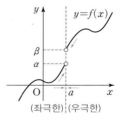
(좌극한)　(우극한)

함수의 발산

함수 $y=f(x)$에서 x의 값이 a와 다른 값을 가지면서 a에 한없이 가까워질 때,

① $f(x)$의 값이 한없이 커지면 함수 $y=f(x)$는 양의 무한대로 발산한다고 한다.

⇨ $\lim\limits_{x \to a} f(x) = \infty$ 또는 $x \to a$일 때 $f(x) \to \infty$

② $f(x)$의 값이 음수이고 그 절댓값이 한없이 커지면 함수 $y=f(x)$는 음의 무한대로 발산한다고 한다.

⇨ $\lim\limits_{x \to a} f(x) = -\infty$ 또는 $x \to a$일 때 $f(x) \to -\infty$

● x가 a보다 작으면서 a에 한없이 가까워지는 것을 $x \to a-$, x가 a보다 크면서 a에 한없이 가까워지는 것을 $x \to a+$로 나타낸다.

● 극한값이 존재하기 위한 조건

$\lim\limits_{x \to a} f(x) = \alpha$

$\iff \lim\limits_{x \to a-} f(x) = \alpha$이고

　$\lim\limits_{x \to a+} f(x) = \alpha$ (단, α는 실수)

2. 합성함수의 극한

두 함수 $y=f(x)$, $y=g(x)$에 대하여

$\lim\limits_{x \to a+} g(f(x))$의 값을 구할 때는 $f(x)=t$로 놓은 후

(1) $x \to a+$일 때 $t \to b+$이면 $\lim\limits_{x \to a+} g(f(x)) = \lim\limits_{t \to b+} g(t)$

(2) $x \to a+$일 때 $t \to b-$이면 $\lim\limits_{x \to a+} g(f(x)) = \lim\limits_{t \to b-} g(t)$

(3) $x \to a+$일 때 $t=b$이면 $\lim\limits_{x \to a+} g(f(x)) = g(b)$

3. 함수의 극한에 대한 성질

$\lim\limits_{x \to a} f(x) = \alpha$, $\lim\limits_{x \to a} g(x) = \beta$ $(\alpha, \beta$는 실수)일 때

(1) $\lim\limits_{x \to a} \{cf(x)\} = c \lim\limits_{x \to a} f(x) = c\alpha$ (단, c는 상수이다.)

(2) $\lim\limits_{x \to a} \{f(x) \pm g(x)\} = \lim\limits_{x \to a} f(x) \pm \lim\limits_{x \to a} g(x) = \alpha \pm \beta$ (복부호동순)

(3) $\lim\limits_{x \to a} \{f(x)g(x)\} = \lim\limits_{x \to a} f(x) \lim\limits_{x \to a} g(x) = \alpha\beta$

(4) $\lim\limits_{x \to a} \dfrac{f(x)}{g(x)} = \dfrac{\lim\limits_{x \to a} f(x)}{\lim\limits_{x \to a} g(x)} = \dfrac{\alpha}{\beta}$ (단, $\beta \neq 0$)

○ 함수의 극한에 대한 성질은 $x \to a-$, $x \to a+$, $x \to \infty$, $x \to -\infty$일 때도 모두 성립한다.

○ 수렴하는 분수함수의 극한

두 다항함수 $y=f(x)$, $y=g(x)$에 대하여

① $\lim\limits_{x \to a} \dfrac{f(x)}{g(x)} = \alpha$ (α는 실수)이고,

$\lim\limits_{x \to a} g(x) = 0$이면

⇨ $\lim\limits_{x \to a} f(x) = 0$

② $\lim\limits_{x \to a} \dfrac{f(x)}{g(x)} = \alpha$ ($\alpha \neq 0$인 실수)이고,

$\lim\limits_{x \to a} f(x) = 0$이면

⇨ $\lim\limits_{x \to a} g(x) = 0$

③ $\lim\limits_{x \to \infty} \dfrac{f(x)}{g(x)} = \alpha$ ($\alpha \neq 0$인 실수)이면

⇨ ($f(x)$의 차수)=($g(x)$의 차수)이고

$\alpha = \dfrac{(f(x)의\ 최고차항의\ 계수)}{(g(x)의\ 최고차항의\ 계수)}$

4. 함수의 극한의 대소 관계

두 함수 $y=f(x)$, $y=g(x)$에서 $\lim\limits_{x \to a} f(x) = \alpha$, $\lim\limits_{x \to a} g(x) = \beta$ $(\alpha, \beta$는 실수)일 때,

a에 가까운 모든 x의 값에 대하여

(1) $f(x) \leq g(x)$이면 ➡ $\alpha \leq \beta$

(2) 함수 $y=h(x)$에 대하여 $f(x) \leq h(x) \leq g(x)$이고 $\alpha = \beta$이면 ➡ $\lim\limits_{x \to a} h(x) = \alpha$

참고 $f(x) < h(x) < g(x)$이고 $\lim\limits_{x \to a} f(x) = \lim\limits_{x \to a} g(x) = \alpha$일 때도 $\lim\limits_{x \to a} h(x) = \alpha$가 성립한다.

1 함수의 극한

[0001-0004] 주어진 함수의 그래프를 이용하여 다음 극한값을 구하시오.

0001 $\lim\limits_{x \to -1}(x+2)$

0002 $\lim\limits_{x \to 3}(x^2-4)$

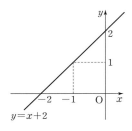

0003 $\lim\limits_{x \to 3}\sqrt{2x+3}$

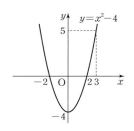

0004 $\lim\limits_{x \to -1}\dfrac{1}{x^2}$

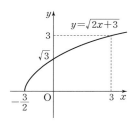

[0005-0007] 다음 극한을 조사하시오.

0005 $\lim\limits_{x \to 0}3x^2$

0006 $\lim\limits_{x \to \infty}\dfrac{1}{x}$

0007 $\lim\limits_{x \to -\infty}x^2$

[0008-0011] 함수 $y=f(x)$의 그래프가 그림과 같을 때, 다음 극한을 조사하시오.

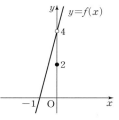

0008 $\lim\limits_{x \to -1}f(x)$

0009 $\lim\limits_{x \to 0}f(x)$

0010 $\lim\limits_{x \to \infty}f(x)$

0011 $\lim\limits_{x \to -\infty}f(x)$

[0012-0015] 함수 $f(x) = \begin{cases} x^2 - 2x - 1 & (x \neq 1) \\ 0 & (x = 1) \end{cases}$ 에 대하여 다음 극한을 조사하시오.

0012 $\lim\limits_{x \to 0} f(x)$

0013 $\lim\limits_{x \to 1} f(x)$

0014 $\lim\limits_{x \to 3} f(x)$

0015 $\lim\limits_{x \to \infty} f(x)$

2 좌극한과 우극한

[0016-0023] 함수 $y = f(x)$의 그래프가 그림과 같을 때, 다음을 구하시오.

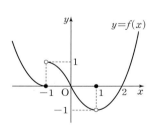

0016 $\lim\limits_{x \to -1-} f(x)$

0017 $\lim\limits_{x \to -1+} f(x)$

0018 $\lim\limits_{x \to -1} f(x)$

0019 $f(-1)$

0020 $\lim\limits_{x \to 1-} f(x)$

0021 $\lim\limits_{x \to 1+} f(x)$

0022 $\lim\limits_{x \to 1} f(x)$

0023 $f(1)$

[0024-0025] 함수 $f(x) = \begin{cases} 3x + 1 & (x \geq 1) \\ -3x + 1 & (x < 1) \end{cases}$ 에 대하여 다음 극한값을 구하시오.

0024 $\lim\limits_{x \to 1+} f(x)$

0025 $\lim\limits_{x \to 1-} f(x)$

 문제

[0026-0028] 다음 극한값을 구하시오.

0026 $\displaystyle\lim_{x \to 0+} \frac{|x|}{x}$

0027 $\displaystyle\lim_{x \to 0-} \frac{|x|}{x}$

0028 $\displaystyle\lim_{x \to 2+} \frac{x-2}{|x-2|}$

| **3** | 함수의 극한에 대한 성질 |

[0029-0032] $\displaystyle\lim_{x \to 1} f(x) = 3$, $\displaystyle\lim_{x \to 1} g(x) = -2$일 때, 다음 극한 값을 구하시오.

0029 $\displaystyle\lim_{x \to 1} \{3f(x)\}$

0030 $\displaystyle\lim_{x \to 1} \{f(x) + g(x)\}$

0031 $\displaystyle\lim_{x \to 1} \{f(x)g(x)\}$

0032 $\displaystyle\lim_{x \to 1} \frac{f(x)}{g(x)}$

[0033-0035] 다음 극한값을 구하시오.

0033 $\displaystyle\lim_{x \to 2} (3x - 1)$

0034 $\displaystyle\lim_{x \to 1} (3x^2 - 2x + 5)$

0035 $\displaystyle\lim_{x \to -1} \frac{x^2 - 3x}{2x + 1}$

| **4** | $\dfrac{0}{0}$ 꼴의 극한 |

[0036-0039] 다음 극한값을 구하시오.

0036 $\displaystyle\lim_{x \to 1} \frac{(x-1)(x+3)}{x-1}$

0037 $\displaystyle\lim_{x \to 2} \frac{x^2 - 5x + 6}{x - 2}$

0038 $\displaystyle\lim_{x \to 2} \frac{x^3 - 8}{x - 2}$

0039 $\displaystyle\lim_{x \to 1} \frac{\sqrt{x} - 1}{x - 1}$

5 $\dfrac{\infty}{\infty}$ 꼴의 극한

[0040-0043] 다음 극한을 조사하시오.

0040 $\displaystyle\lim_{x \to \infty} \dfrac{2x+1}{x^2-1}$

0041 $\displaystyle\lim_{x \to \infty} \dfrac{2x^2-3x+1}{x-2}$

0042 $\displaystyle\lim_{x \to \infty} \dfrac{2x^2+x+3}{x^2-1}$

0043 $\displaystyle\lim_{x \to \infty} \dfrac{2x^2-3x+4}{3x^2+5x-1}$

6 $\infty-\infty$ 꼴의 극한

[0044-0047] 다음 극한을 조사하시오.

0044 $\displaystyle\lim_{x \to \infty} (x^2-x)$

0045 $\displaystyle\lim_{x \to \infty} (\sqrt{x^2+1}-x)$

0046 $\displaystyle\lim_{x \to \infty} (\sqrt{x^2+3x}-x)$

0047 $\displaystyle\lim_{x \to \infty} \dfrac{1}{\sqrt{x^2+x}-x}$

7 함수의 극한의 대소 관계

[0048-0050] 모든 실수 x에 대하여 함수 $y=f(x)$가
$4x \leq f(x) \leq 2x^2-x+3$을 만족시킬 때, 다음 극한값을 구하시오.

0048 $\displaystyle\lim_{x \to 1} 4x$

0049 $\displaystyle\lim_{x \to 1} (2x^2-x+3)$

0050 $\displaystyle\lim_{x \to 1} f(x)$

8 미정계수의 결정

[0051-0053] 다음 식을 만족시키는 상수 a의 값을 구하시오.

0051 $\displaystyle\lim_{x \to 1} \dfrac{8}{ax-1}=4$

0052 $\displaystyle\lim_{x \to 0} \dfrac{2x}{x+a}=2$

0053 $\displaystyle\lim_{x \to 2} \dfrac{ax-6}{x-2}=3$

문제

유형 **01** 함수의 극한

내신 중요도 ▬▬▬▬▬ 유형 난이도 ★★★★★

(1) 함수 $y=f(x)$에서 $x \to a$일 때, $f(x) \to \alpha(\alpha$는 실수)이면 $\lim\limits_{x \to a} f(x)=\alpha$이다.

(2) $\lim\limits_{x \to \infty} \dfrac{(상수)}{x}=0$이다.

0054 중요

$\lim\limits_{x \to 0} \sqrt{3x+9}$의 값을 구하시오.

0055 평가원 기출

$\lim\limits_{x \to 2} \dfrac{x^2+7}{x-1}$의 값을 구하시오.

0056

$\lim\limits_{x \to \infty} \left(5+\dfrac{3}{x+1}\right)$의 값을 구하시오.

유형 **02** 함수의 좌극한과 우극한

내신 중요도 ▬▬▬▬▬ 유형 난이도 ★★★★★

(1) $\lim\limits_{x \to a-} f(x)=\alpha$일 때, α를 $x=a$에서의 함수 $y=f(x)$의 좌극한이라고 한다.

(2) $\lim\limits_{x \to a+} f(x)=\beta$일 때, β를 $x=a$에서의 함수 $y=f(x)$의 우극한이라고 한다.

0057

함수 $y=f(x)$의 그래프가 그림과 같고, $\lim\limits_{x \to 1+} f(x)=a$, $\lim\limits_{x \to 1-} f(x)=b$일 때, $a-b$의 값을 구하시오.

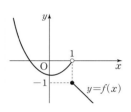

0058 짱중요

함수 $y=f(x)$의 그래프가 그림과 같을 때, $\lim\limits_{x \to 1-} f(x)+\lim\limits_{x \to 1+} f(x)$의 값은?

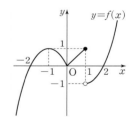

① -2 ② -1
③ 0 ④ 1
⑤ 2

0059 짱중요 평가원 기출

함수 $y=f(x)$의 그래프가 그림과 같을 때, $\lim\limits_{x \to -1-} f(x)+f(0)+\lim\limits_{x \to 1+} f(x)$의 값은?

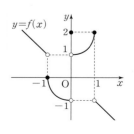

① -2 ② -1
③ 0 ④ 1
⑤ 2

⭐**0060** 중요   ●●○○

함수 $y=f(x)$의 그래프가 그림과 같을 때, 〈보기〉에서 옳은 것만을 있는 대로 고른 것은?

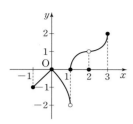

┤ 보기 ├

ㄱ. $\lim\limits_{x \to 1-} f(x) = 0$

ㄴ. $\lim\limits_{x \to 2} f(x) = 0$

ㄷ. $\lim\limits_{x \to 1} f(x)$는 존재하지 않는다.

① ㄱ   ② ㄴ   ③ ㄷ

④ ㄱ, ㄷ   ⑤ ㄴ, ㄷ

⭐**0061** 교육청 기출   ●●●○

$-3 < x < 3$에서 정의된 함수 $y=f(x)$의 그래프가 다음과 같다.

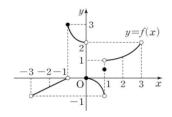

부등식 $\lim\limits_{x \to a-} f(x) > \lim\limits_{x \to a+} f(x)$를 만족시키는 상수 a의 값은?

(단, $-3 < a < 3$)

① -2 ② -1 ③ 0

④ 1 ⑤ 2

⭐**0062** 중요   ●○○○

함수 $f(x) = \begin{cases} -(x-1)^2+3 & (x>1) \\ x+3 & (x \le 1) \end{cases}$ 에 대하여

$\lim\limits_{x \to 1-} f(x) + \lim\limits_{x \to 1+} f(x)$의 값을 구하시오.

0063   ●○○○

함수 $f(x) = \begin{cases} x^2-x+a & (x \ge 1) \\ -2x+b & (x<1) \end{cases}$ 에 대하여 $\lim\limits_{x \to 1+} f(x) = 5$,

$\lim\limits_{x \to 1-} f(x) = -3$이다. 두 상수 a, b에 대하여 $a+b$의 값을 구하시오.

0064   ●○○○

함수 $f(x) = \begin{cases} \dfrac{x^2-1}{x-1} & (x \ne 1) \\ 1 & (x=1) \end{cases}$ 에 대하여 $\lim\limits_{x \to 1} f(x)$의 값을 구하시오.

유형 03 함수의 극한값의 존재 조건

내신 중요도 ■■■■□□□□ 유형 난이도 ★★☆☆☆

(1) $\lim\limits_{x \to a-} f(x) = \lim\limits_{x \to a+} f(x)$ 이면 극한값 $\lim\limits_{x \to a} f(x)$ 가 존재한다.

(2) $\lim\limits_{x \to a-} f(x) \neq \lim\limits_{x \to a+} f(x)$ 이면 극한값 $\lim\limits_{x \to a} f(x)$ 가 존재하지 않는다.

0065

● ○ ○ ○ ○

함수 $y=f(x)$ 의 그래프가 그림과 같을 때, 〈보기〉에서 극한값이 존재하는 것만을 있는 대로 고른 것은?

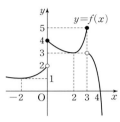

┤ 보기 ├

ㄱ. $\lim\limits_{x \to -2} f(x)$ ㄴ. $\lim\limits_{x \to 0} f(x)$

ㄷ. $\lim\limits_{x \to 2} f(x)$ ㄹ. $\lim\limits_{x \to 3} f(x)$

① ㄱ ② ㄱ, ㄷ ③ ㄴ, ㄷ

④ ㄱ, ㄷ, ㄹ ⑤ ㄱ, ㄴ, ㄷ, ㄹ

☆0066 중요

● ● ○ ○

함수 $f(x) = \begin{cases} -x+k & (x<2) \\ x^2-4x+4 & (x \geq 2) \end{cases}$ 에 대하여

극한값 $\lim\limits_{x \to 2} f(x)$ 가 존재하기 위한 상수 k 의 값은?

① 1 ② 2 ③ 3

④ 4 ⑤ 5

0067 짱중요

● ● ○ ○

함수 $f(x) = \begin{cases} x^2+a & (x \geq -1) \\ x^2-x-2a & (x < -1) \end{cases}$ 에 대하여 $\lim\limits_{x \to -1} f(x)$ 의

값이 존재하기 위한 상수 a 의 값을 구하시오.

0068

● ● ● ○

함수 $f(x) = \begin{cases} x^2+ax & (|x| \geq 1) \\ 2x+b & (|x| < 1) \end{cases}$ 에 대하여 극한값

$\lim\limits_{x \to -1} f(x)$ 와 $\lim\limits_{x \to 1} f(x)$ 가 존재하도록 두 상수 a, b 의 값을 정할

때, $f\left(\dfrac{1}{4}\right)$ 의 값을 구하시오.

0069

● ● ○ ○

함수 $f(x) = \dfrac{2x^n+1}{x^6+2x^2-1}$ 에서 극한값 $\lim\limits_{x \to \infty} f(x)$ 가 존재하도록

하는 자연수 n 의 총합을 구하시오.

유형 04 합성함수의 극한

내신 중요도 ▪▪▪▪▪▫▫▫▫ 유형 난이도 ★★★☆☆

두 함수 $y=f(x)$, $y=g(x)$에 대하여
$\lim\limits_{x \to a+} g(f(x))$의 값을 구할 때는 $f(x)=t$로 놓은 후

(1) $x \to a+$일 때 $t \to b+$이면 $\lim\limits_{x \to a+} g(f(x)) = \lim\limits_{t \to b+} g(t)$

(2) $x \to a+$일 때 $t \to b-$이면 $\lim\limits_{x \to a+} g(f(x)) = \lim\limits_{t \to b-} g(t)$

(3) $x \to a+$일 때 $t=b$이면 $\lim\limits_{x \to a+} g(f(x)) = g(b)$

0070
●●○○○

두 함수 $y=f(x)$, $y=g(x)$의 그래프가 각각 그림과 같을 때, $\lim\limits_{x \to 1} g(f(x))$의 값을 구하시오.

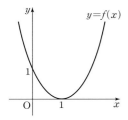 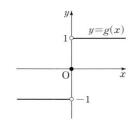

0071
●●○○○

함수 $y=f(x)$의 그래프가 그림과 같을 때, $\lim\limits_{x \to 0+} f(f(x)) + \lim\limits_{x \to 0-} f(f(x))$의 값을 구하시오.

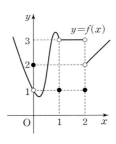

0072 중요
●●●○

두 함수 $y=f(x)$, $y=g(x)$의 그래프가 각각 그림과 같을 때,
$$\lim\limits_{x \to 0-} g(f(x)) + \lim\limits_{x \to 0+} g(f(x)) + \lim\limits_{x \to 0+} f(g(x))$$
의 값을 구하시오.

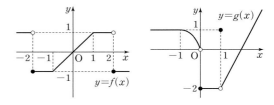

0073
●●●○

함수 $f(x) = \begin{cases} x-4 & (x \geq 0) \\ -2 & (x < 0) \end{cases}$ 에 대하여

$\lim\limits_{x \to 0-} f(f(x)) - \lim\limits_{x \to 4+} f(f(x))$의 값을 구하시오.

0074
●●●○

두 함수 $y=f(x)$와 $y=g(x)$의 그래프가 그림과 같을 때, 〈보기〉에서 극한값이 존재하는 것만을 있는 대로 고른 것은?

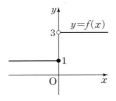 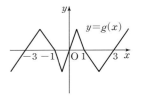

┤ 보기 ├

ㄱ. $\lim\limits_{x \to 0} f(g(x))$ ㄴ. $\lim\limits_{x \to 0} g(f(x))$

ㄷ. $\lim\limits_{x \to 3} f(g(x))$ ㄹ. $\lim\limits_{x \to 3} g(f(x))$

① ㄱ, ㄴ   ② ㄱ, ㄷ   ③ ㄴ, ㄹ
④ ㄷ, ㄹ   ⑤ ㄱ, ㄴ, ㄷ, ㄹ

유형 **05** 절댓값, 가우스 기호를 포함한 함수의 극한

내신 중요도 ━━━━━ 유형 난이도 ★★★★☆

(1) 절댓값 기호를 포함한 함수의 극한 ⇨ 절댓값 기호 안의 식의 값을 0이 되게 하는 x의 값을 기준으로 구간을 나누어 좌극한과 우극한을 구한다.

(2) 가우스 기호를 포함한 함수의 극한 ⇨ $[x]$가 x보다 크지 않은 최대의 정수일 때, 정수 n에 대하여 $n \leq x < n+1$이면 $\lim\limits_{x \to n+} [x] = n$, $\lim\limits_{x \to n-} [x] = n-1$

0075 중요 ●●○○

$\lim\limits_{x \to 1+} \dfrac{|x-1|}{x-1}$ 의 값을 구하시오.

0076 ●●○○

두 극한값 $A = \lim\limits_{x \to 0+} \dfrac{1-x^2}{1+|x|}$, $B = \lim\limits_{x \to 0-} \dfrac{1-x^2}{1+|x|}$ 에 대하여 $A-B$의 값을 구하시오.

0077 교육청 기출 ●●○○

$a > 1$일 때, $\lim\limits_{x \to 1} \dfrac{|x-a|-(a-1)}{x-1}$ 의 값은?

① 1 ② $\dfrac{1}{2}$ ③ 0

④ -1 ⑤ -2

0078 중요 ●●○○

다음 중 옳지 않은 것은? (단, 답은 2개이다.)

① $\lim\limits_{x \to 0} |x| = 0$ ② $\lim\limits_{x \to 0} \dfrac{1}{x^2} = \infty$

③ $\lim\limits_{x \to \infty} \left(-\dfrac{1}{x} + 2\right) = 1$ ④ $\lim\limits_{x \to -2} \dfrac{1}{|x+1|} = 1$

⑤ $\lim\limits_{x \to 0} \left(2 - \dfrac{1}{|x|}\right) = 2$

0079 ●●●○

다음 극한값 중에서 가장 큰 것은?

(단, $[x]$는 x보다 크지 않은 최대의 정수이다.)

① $\lim\limits_{x \to 0+} \dfrac{|x|}{1+|x|}$ ② $\lim\limits_{x \to 0-} \dfrac{|x|}{1+|x|}$

③ $\lim\limits_{x \to 0+} \dfrac{x}{|x|}$ ④ $\lim\limits_{x \to 0-} \dfrac{x}{|x|}$

⑤ $\lim\limits_{x \to 0+} [x]$

0080 ●●●○

$\lim\limits_{x \to -1+} \dfrac{x^2+x}{|x^2-1|} = a$, $\lim\limits_{x \to 3-} \dfrac{[x]^2+x}{[x]} = b$라 할 때, 두 상수 a, b에 대하여 ab의 값을 구하시오.

(단, $[x]$는 x보다 크지 않은 최대의 정수이다.)

0081 중요 ●●●○

다음 〈보기〉 중에서 극한값이 존재하는 것의 개수를 구하시오.

┤ 보기 ├

ㄱ. $\lim_{x \to -1} \dfrac{x^2+x}{x+1}$ ㄴ. $\lim_{x \to -\infty} |x-3|$

ㄷ. $\lim_{x \to 2} \dfrac{1}{|x-2|}$ ㄹ. $\lim_{x \to 0} \dfrac{x^2+x}{|2x|}$

ㅁ. $\lim_{x \to \infty} \left(\dfrac{3}{x+1} - 2 \right)$ ㅂ. $\lim_{x \to \infty} -\dfrac{1}{x} \sin x$

유형 **06**	내신 중요도 ▬▬▬▬▬ 유형 난이도 ★★★★☆

여러 가지 함수의 극한

(1) 함수 $y=f(x)$의 그래프가 y축에 대하여 대칭이면
$$\lim_{x \to a+} f(x) = \lim_{x \to -a-} f(x), \quad \lim_{x \to a-} f(x) = \lim_{x \to -a+} f(x)$$

(2) 함수 $y=f(x)$의 그래프를 x축 방향으로 k만큼 평행이동시킨 함수 $y=f(x-k)$의 그래프에 대하여
$$\lim_{x \to a} f(x) = \lim_{x \to (a+k)} f(x-k)$$

0083 ●●○○

두 함수 $y=f(x)$, $y=g(x)$의 그래프가 다음 그림과 같을 때, $\lim_{x \to 1+} \{3f(x)+2g(x)\} + \lim_{x \to 0-} \dfrac{5f(x)}{g(x)}$ 의 값을 구하시오.

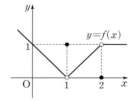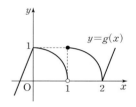

0082 ●●●○

〈보기〉에서 극한값이 존재하는 것은 모두 몇 개인가?

(단, $[x]$는 x보다 크지 않은 최대의 정수이다.)

┤ 보기 ├

ㄱ. $\lim_{x \to 3-} \dfrac{x-3}{|x-3|}$ ㄴ. $\lim_{x \to 1} \dfrac{x^2-1}{|x-1|}$

ㄷ. $\lim_{x \to 2} [x]$ ㄹ. $\lim_{x \to 1+} [1-x]$

① 0개 ② 1개 ③ 2개
④ 3개 ⑤ 4개

0084 ●●○○

정의역이 $\{x \mid -1 \leq x < 3\}$인 함수 $y=f(x)$의 그래프가 그림과 같을 때, $\lim_{x \to -1+} f(x+2)$의 값은?

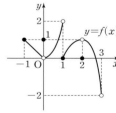

① -2 ② -1
③ 0 ④ 1
⑤ 2

0085 중요 ●●○○

함수 $y=f(x)$의 그래프가 그림과 같을 때, $\lim_{x \to 1+} \{f(x)f(x-1)\}$의 값은?

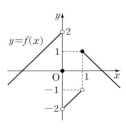

① -2 ② -1
③ 0 ④ 1
⑤ 2

0086 ●●○○

닫힌구간 $[-2, 2]$에서 정의된 함수 $y=f(x)$의 그래프가 아래 그림과 같을 때, $\lim\limits_{x \to -1+} \{f(2x)+f(-x)\} + \lim\limits_{x \to 0+} \{f(x)f(x-2)\}$의 값을 구하시오.

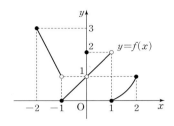

0087 ●●●○

함수 $y=f(x)$의 그래프가 y축에 대하여 대칭이고, $\lim\limits_{x \to 1+} f(x)=1$일 때, $\lim\limits_{x \to -1-} \{f(x)+f(-x)\}$의 값을 구하시오.

0088 평가원 기출 ●●●○

정의역이 $\{x \mid -2 \le x \le 2\}$인 함수 $y=f(x)$의 그래프가 닫힌구간 $[0, 2]$에서 그림과 같고, 정의역에 속하는 모든 실수 x에 대하여 $f(-x)=-f(x)$이다. $\lim\limits_{x \to -1+} f(x) + \lim\limits_{x \to 2-} f(x)$의 값은?

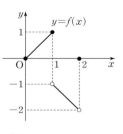

① -3 ② -1 ③ 0
④ 1 ⑤ 3

0089 ●●●●

두 함수 $y=f(x)$, $y=g(x)$의 그래프가 그림과 같을 때, 〈보기〉에서 옳은 것만을 있는 대로 고른 것은?

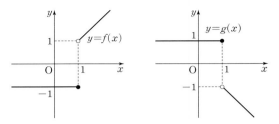

┤ 보기 ├

ㄱ. $\lim\limits_{x \to 1} \{f(x)+g(x)\}=0$

ㄴ. $\lim\limits_{x \to 1} \{g(x)\}^2=1$

ㄷ. $\lim\limits_{x \to 1} \{f(x)g(x)\}=1$

① ㄱ ② ㄷ ③ ㄱ, ㄴ
④ ㄴ, ㄷ ⑤ ㄱ, ㄴ, ㄷ

☆0090 중요 평가원 기출 ●●●●

실수 전체의 집합에서 정의된 함수 $y=f(x)$의 그래프가 그림과 같다. $\lim\limits_{t \to \infty} f\left(\dfrac{t-1}{t+1}\right) + \lim\limits_{t \to -\infty} f\left(\dfrac{4t-1}{t+1}\right)$의 값을 구하시오.

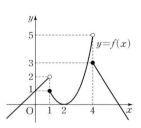

유형 07 함수의 극한에 대한 성질

내신 중요도 ■■■■□□ 유형 난이도 ★★★☆☆

$\lim_{x \to a} f(x) = \alpha$, $\lim_{x \to a} g(x) = \beta$ (α, β는 실수)일 때

(1) $\lim_{x \to a} \{cf(x)\} = c \lim_{x \to a} f(x) = c\alpha$ (단, c는 상수이다.)

(2) $\lim_{x \to a} \{f(x) \pm g(x)\} = \lim_{x \to a} f(x) \pm \lim_{x \to a} g(x) = \alpha \pm \beta$

(복부호 동순)

(3) $\lim_{x \to a} \{f(x)g(x)\} = \lim_{x \to a} f(x) \lim_{x \to a} g(x) = \alpha\beta$

(4) $\lim_{x \to a} \dfrac{f(x)}{g(x)} = \dfrac{\lim\limits_{x \to a} f(x)}{\lim\limits_{x \to a} g(x)} = \dfrac{\alpha}{\beta}$ (단, $\beta \neq 0$)

⭐0091 중요
●○○○○

함수 $f(x)$가 $\lim_{x \to 2} (2x+1)f(x) = 10$을 만족시킬 때,

$\lim_{x \to 2} (x^2+2)f(x)$의 값을 구하시오.

0092
●●○○○

두 함수 $y=f(x)$, $y=g(x)$에 대하여 $\lim_{x \to 0} f(x) = a$,

$\lim_{x \to 0} g(x) = b$이고 $\lim_{x \to 0} \{f(x)+g(x)\} = 7$,

$\lim_{x \to 0} f(x)g(x) = 12$일 때, $\lim_{x \to 0} \dfrac{3f(x)+1}{2g(x)-3}$의 값을 구하시오.

(단, $a < b$)

0093
●●○○○

두 함수 $y=f(x)$, $y=g(x)$가

$$\lim_{x \to 3} \{2f(x)+3\} = 7, \lim_{x \to 3} \{3g(x)-f(x)\} = 4$$

를 만족시킬 때, $\lim_{x \to 3} \{f(x)-g(x)\}$의 값을 구하시오.

0094
●●●○

상수함수가 아닌 두 다항함수 $f(x)$와 $g(x)$가

$\lim_{x \to \infty} \{2f(x)-g(x)\} = 3$을 만족시킬 때, $\lim_{x \to \infty} \dfrac{f(x)-g(x)}{f(x)+g(x)}$의

값을 구하시오.

⭐0095 짱중요
●●○○

함수 $f(x)$에 대하여 $\lim_{x \to 0} \dfrac{f(x)}{x} = 2$일 때,

$\lim_{x \to 0} \dfrac{3x^3+6x+2f(x)}{x^2+3x-f(x)}$의 값을 구하시오.

0096
●●○○

다항함수 $y=f(x)$에 대하여 $\lim_{x \to 0} \dfrac{f(x)}{x^2} = 3$일 때,

$\lim_{x \to 0} \dfrac{f(x)-x^2}{f(x)+x^2}$의 값을 구하시오.

0097 ●●○○

두 함수 $y=f(x)$, $y=g(x)$에 대하여

$$\lim_{x \to a} \frac{f(x)}{x-a}=5, \quad \lim_{x \to a} \frac{g(x)}{x-a}=2$$

일 때, $\lim_{x \to a} \dfrac{3f(x)-g(x)}{f(x)+2g(x)}$ 의 값은?

① $\dfrac{5}{9}$　　　② $\dfrac{7}{9}$　　　③ 1

④ $\dfrac{11}{9}$　　　⑤ $\dfrac{13}{9}$

0098 짱중요 ●●○○

$\lim_{x \to 2} \dfrac{f(x-2)}{x-2}=3$일 때, $\lim_{x \to 0} \dfrac{x^2+8f(x)}{x+f(x)}$ 의 값을 구하시오.

0099 ●●●○

다항함수 $y=f(x)$에 대하여 $\lim_{x \to 0} \dfrac{f(x)}{x}=3$일 때,

$\lim_{x \to 2} \dfrac{f(x-2)}{x^2-4}$ 의 값은?

① $\dfrac{1}{4}$　　　② $\dfrac{1}{2}$　　　③ $\dfrac{3}{4}$

④ 1　　　⑤ $\dfrac{5}{4}$

유형

내신 중요도 ▬▬▬▬▬ 유형 난이도 ★★★★☆

08 함수의 극한에 대한 성질 응용

두 함수 $f(x)$, $g(x)$가

$$\lim_{x \to \infty} f(x)=\infty, \quad \lim_{x \to \infty} \{af(x)-g(x)\}=b$$

이면 $\lim_{x \to \infty} \left\{a-\dfrac{g(x)}{f(x)}\right\}=0$이므로 $\lim_{x \to \infty} \dfrac{g(x)}{f(x)}=a$

(단, a, b는 상수이다.)

0100 중요 ●●○○

두 함수 $y=f(x)$, $y=g(x)$에 대하여

$$\lim_{x \to 2} f(x)=\infty, \quad \lim_{x \to 2} \dfrac{3f(x)-g(x)}{f(x)}=0$$

일 때, $\lim_{x \to 2} \dfrac{f(x)+2g(x)}{f(x)-g(x)}$ 의 값을 구하시오.

0101 짱중요 ●●○○

두 함수 $y=f(x)$, $y=g(x)$가

$$\lim_{x \to \infty} f(x)=\infty, \quad \lim_{x \to \infty} \{f(x)-g(x)\}=3$$

을 만족시킬 때, $\lim_{x \to \infty} \dfrac{f(x)-4g(x)}{3f(x)+g(x)}$ 의 값을 구하시오.

0102 짱중요 ●●○○

두 함수 $f(x)$, $g(x)$가 다음 조건을 모두 만족시킨다.

(가) $\lim_{x \to \infty} f(x)=\infty$

(나) $\lim_{x \to \infty} \{2f(x)+g(x)\}=5$

$\lim_{x \to \infty} \dfrac{3f(x)-3g(x)}{f(x)+g(x)}$ 의 값을 구하시오.

0103

●●●○

두 다항함수 $y=f(x)$, $y=g(x)$에 대하여

$$\lim_{x \to -1} \frac{f(x)}{x+1} = 3, \quad \lim_{x \to 0} \frac{g(x-1)}{x} = 2$$

가 성립할 때, $\lim_{x \to -1} \frac{g(x)}{4f(x)}$의 값을 구하시오.

☆0104 중요 평가원 기출

●●●○

함수 $f(x)$에 대하여

$$\lim_{x \to 2} \frac{f(x)-3}{x-2} = 5$$

일 때, $\lim_{x \to 2} \frac{x-2}{\{f(x)\}^2-9}$의 값을 구하시오.

0105 평가원 기출

●●●○

다항함수 $g(x)$에 대하여 극한값 $\lim_{x \to 1} \frac{g(x)-2x}{x-1}$가 존재한다.

다항함수 $f(x)$가 $f(x)+x-1=(x-1)g(x)$를 만족시킬 때,

$\lim_{x \to 1} \frac{f(x)g(x)}{x^2-1}$의 값은?

① 1   ② 2   ③ 3

④ 4   ⑤ 5

유형 09   내신 중요도 ▬▬▬▬▬▭▭   유형 난이도 ★★★★☆

함수의 극한에 대한 성질 이해

(1) $\lim_{x \to a} \{f(x) \pm g(x)\}$의 값이 존재하면 $\lim_{x \to a} \{f(x)\}$의 값도 존재한다. (거짓)

(2) $\lim_{x \to a} \{f(x)+g(x)\}$, $\lim_{x \to a} \{f(x)-g(x)\}$의 값이 모두 존재하면 $\lim_{x \to a} f(x)$, $\lim_{x \to a} g(x)$의 값도 존재한다. (참)

(3) $\lim_{x \to a} f(x)$, $\lim_{x \to a} \{f(x)g(x)\}$의 값이 모두 존재하면 $\lim_{x \to a} g(x)$의 값도 존재한다. (거짓)

(4) $\lim_{x \to a} g(x)$, $\lim_{x \to a} \frac{f(x)}{g(x)}$의 값이 모두 존재하면 $\lim_{x \to a} f(x)$의 값도 존재한다. (참)

(5) $\lim_{x \to a} f(x)$, $\lim_{x \to a} \frac{f(x)}{g(x)}$의 값이 모두 존재하면 $\lim_{x \to a} g(x)$의 값도 존재한다. (거짓)

0106

●●●○

실수 전체의 집합에서 정의된 두 함수 $f(x)$, $g(x)$에 대하여 옳은 것을 〈보기〉에서 모두 고르시오.

┤ 보기 ├

ㄱ. 두 극한값 $\lim_{x \to a} f(x)$, $\lim_{x \to a} g(x)$가 존재하면 극한값 $\lim_{x \to a} \frac{f(x)}{g(x)}$도 존재한다.

ㄴ. 두 극한값 $\lim_{x \to a} g(x)$, $\lim_{x \to a} \frac{f(x)}{g(x)}$가 존재하면 극한값 $\lim_{x \to a} f(x)$도 존재한다.

ㄷ. 극한값 $\lim_{x \to a} \{f(x)+g(x)\}$가 존재하면 극한값 $\lim_{x \to a} f(x)$ 또는 극한값 $\lim_{x \to a} g(x)$가 존재한다.

☆0107 짱중요 교육청 기출

●●●○

실수 전체의 집합에서 정의된 두 함수 $f(x)$, $g(x)$에 대하여 옳은 것을 〈보기〉에서 모두 고른 것은?

┤ 보기 ├

ㄱ. $\lim_{x \to a} f(x)$, $\lim_{x \to a} f(x)g(x)$가 존재하면 $\lim_{x \to a} g(x)$도 존재한다.

ㄴ. $\lim_{x \to a} g(x)$, $\lim_{x \to a} \frac{f(x)}{g(x)}$가 존재하면 $\lim_{x \to a} f(x)$도 존재한다.

ㄷ. $\lim_{x \to a} g(x)$가 존재하면 $\lim_{x \to a} f(g(x))$도 존재한다.

① ㄱ   ② ㄴ   ③ ㄱ, ㄷ

④ ㄴ, ㄷ   ⑤ ㄱ, ㄴ, ㄷ

0108 중요

실수 전체의 집합에서 정의된 함수 $f(x)$에 대하여 〈보기〉에서 옳은 것을 모두 고른 것은?

┌─ **보기** ─────────────────────────┐

ㄱ. $\lim_{x \to \infty} x f(x)$의 값이 존재하면 $\lim_{x \to \infty} f(x)$의 값도 존재한다.

ㄴ. $\lim_{x \to 0} \dfrac{1}{f(x)}$의 값이 존재하면 $\lim_{x \to 0} f(x)$의 값도 존재한다.

ㄷ. $\lim_{x \to 1} f(x)$의 값이 존재하면 $\lim_{x \to 1} |f(x)|$의 값도 존재한다.

└────────────────────────────────┘

① ㄱ   ② ㄴ   ③ ㄷ

④ ㄱ, ㄴ   ⑤ ㄱ, ㄷ

0109 교육청 기출

함수의 극한에 대한 설명으로 항상 옳은 것만을 〈보기〉에서 있는 대로 고른 것은?

┌─ **보기** ─────────────────────────┐

ㄱ. $\lim_{x \to 0} f(x) = 1$이면 $f(0) = 1$이다.

ㄴ. $\lim_{x \to 1} f(x) = 1$이면 $\lim_{x \to \infty} f\left(1 + \dfrac{1}{x}\right) = 1$이다.

ㄷ. $f(x) < g(x) < h(x)$이고 $\lim_{x \to 0} f(x) = 0$, $\lim_{x \to 0} h(x) = 0$

이면 $\lim_{x \to 0} g(x) = 0$이다.

└────────────────────────────────┘

① ㄱ   ② ㄷ   ③ ㄱ, ㄴ

④ ㄴ, ㄷ   ⑤ ㄱ, ㄴ, ㄷ

유형 10 $\dfrac{0}{0}$ 꼴의 극한

(1) 다항식 ⇨ 분모, 분자를 인수분해한 다음 약분한다.

(2) 무리식 ⇨ 근호가 들어 있는 쪽을 유리화한 다음 약분한다.

0110 교육청 기출

$\lim_{x \to 1} \dfrac{(x-1)(x+2)}{x-1}$의 값은?

① 1   ② 2   ③ 3

④ 4   ⑤ 5

0111 중요

$\lim_{x \to -1} \dfrac{x^2 - 3x - 4}{x + 1}$의 값을 구하시오.

0112 중요

$\lim_{x \to -2} \dfrac{x^2 + x - 2}{x^2 + 3x + 2}$의 값을 구하시오.

0113 중요 ●●○○

$\lim\limits_{x\to 0}\dfrac{\sqrt{1+x}-1}{x}$ 의 값은?

① -1 ② $-\dfrac{1}{2}$ ③ 0

④ $\dfrac{1}{2}$ ⑤ 1

0114 ●●○○

$\lim\limits_{x\to 2}\dfrac{\sqrt{x^2-3}-1}{x-2}$ 의 값은?

① 1 ② 2 ③ 3

④ 4 ⑤ 5

0115 짱중요 ●●○○

$\lim\limits_{x\to 2}\dfrac{x-2}{x-\sqrt{3x-2}}$ 의 값을 구하시오.

0116 ●●○○

다항함수 $y=f(x)$에 대하여 $\lim\limits_{x\to 1}\dfrac{2(x^4-1)}{(x^2-1)f(x)}=2$일 때, $f(1)$의 값을 구하시오.

0117 ●●●○

함수 $y=f(x)$에 대하여 $\lim\limits_{x\to 4}f(x)=5$일 때,

$\lim\limits_{x\to 4}\dfrac{(x-4)f(x)}{\sqrt{x}-2}$ 의 값을 구하시오.

0118 ●●●○

닫힌구간 $[0,\,4]$에서 정의된 함수 $f(x)=\lim\limits_{t\to-\infty}\dfrac{1-xt}{1+t}(x-6)$

에 대하여 $f(x)$의 최댓값을 M, 최솟값을 m이라고 할 때, $M+m$의 값을 구하시오.

유형 11 $\frac{\infty}{\infty}$ 꼴의 극한

내신 중요도 ━━━━━ 유형 난이도 ★★☆☆☆

① 분모의 최고차항으로 분모, 분자를 각각 나눈다.

② $\lim\limits_{x \to \infty} \frac{c}{x^n} = 0$ (n은 자연수, c는 상수)임을 이용한다.

③ $x \to -\infty$일 때, $x = -t$로 놓으면 $t \to \infty$임을 이용한다.

0119 짱중요 ●○○○

$\lim\limits_{x \to \infty} \dfrac{3x^2 + 2x - 4}{x^2 - 4}$ 의 값을 구하시오.

0120 ●○○○

$\lim\limits_{x \to 1} \dfrac{x^2 + 2x - 3}{x - 1} = a$, $\lim\limits_{x \to \infty} \dfrac{-6x^2 - x + 3}{2x^2 - 1} = b$라고 할 때, $a + b$의 값을 구하시오.

0121 중요 ●●○○

$\lim\limits_{x \to \infty} \dfrac{6x}{\sqrt{4x^2 + 3} - 2}$ 의 값을 구하시오.

0122 ●●○○

〈보기〉에서 옳은 것만을 있는 대로 고른 것은?

┌─ 보기 ├─

ㄱ. $\lim\limits_{x \to \infty} \dfrac{3x + 1}{x^2 + 2x - 3} = 3$

ㄴ. $\lim\limits_{x \to \infty} \dfrac{2x^2}{3x^2 - 1} = \dfrac{2}{3}$

ㄷ. $\lim\limits_{x \to \infty} \dfrac{\sqrt{x^2 + 1} + x}{2x} = 1$

① ㄱ   ② ㄱ, ㄴ   ③ ㄱ, ㄷ

④ ㄴ, ㄷ   ⑤ ㄱ, ㄴ, ㄷ

0123 평가원 기출 ●●○○

$\lim\limits_{x \to -\infty} \dfrac{x + 1}{\sqrt{x^2 + x} - x}$ 의 값은?

① -1 ② $-\dfrac{1}{2}$ ③ 0

④ $\dfrac{1}{2}$ ⑤ 1

0124 ●●●○

$\lim\limits_{x \to -\infty} \dfrac{3 + 2x}{\sqrt{4x^2 - 1} + \sqrt{x^2 + 5}}$ 의 값을 구하시오.

12 ∞−∞ 꼴의 극한

내신 중요도 ■■■■■□ 유형 난이도 ★★☆☆☆

무리식 ⇨ 근호가 들어 있는 쪽을 유리화하여 $\dfrac{\infty}{\infty}$ 꼴로

변형한다.

참고 다항식 ⇨ 최고차항으로 묶는다.

0125 중요 ●●○○

$\displaystyle\lim_{x\to\infty}(\sqrt{4x^2+x}-2x)$의 값을 구하시오.

0126 ●●○○

$\displaystyle\lim_{x\to\infty}(\sqrt{x^2+3x}-\sqrt{x^2-3x})$의 값을 구하시오.

0127 ●●○○

$\displaystyle\lim_{x\to\infty}\dfrac{\sqrt{x+5}-\sqrt{x+3}}{\sqrt{x+1}-\sqrt{x}}$의 값을 구하시오.

0128 중요 ●●○○

$\displaystyle\lim_{x\to-\infty}(\sqrt{x^2-5x}+x)$의 값은?

① $\dfrac{1}{2}$ ② 1   ③ $\dfrac{3}{2}$

④ 2   ⑤ $\dfrac{5}{2}$

0129 ●●○○

$\displaystyle\lim_{x\to-\infty}\dfrac{\sqrt{x^2+4x}}{x-5}$의 값을 구하시오.

0130 ●●●○

함수 $y=f(x)$가 $f(x)=x^2-3x$일 때,

$\displaystyle\lim_{x\to-\infty}\{\sqrt{f(x)}-\sqrt{f(-x)}\}$의 값을 구하시오.

통분 또는 유리화하여 $\dfrac{\infty}{\infty}$, $\dfrac{0}{0}$, $\infty \times c$, $\dfrac{c}{\infty}$ (c는 상수) 꼴로 변형한다.

0131 ●●○○

$\displaystyle\lim_{x \to 0} \dfrac{1}{x}\left(1 - \dfrac{2}{x+2}\right)$의 값은?

① $-\dfrac{1}{2}$ ② 0 ③ $\dfrac{1}{2}$

④ 1 ⑤ $\dfrac{3}{2}$

0132 ●●○○

$\displaystyle\lim_{x \to 1} \dfrac{16}{x-1}\left(\dfrac{1}{4} - \dfrac{1}{x+3}\right)$의 값을 구하시오.

0133 ●●○○

$\displaystyle\lim_{x \to 0} \dfrac{1}{x}\left\{\dfrac{1}{(x+3)^2} - \dfrac{1}{9}\right\}$의 값을 구하시오.

0134 ●●●○

$\displaystyle\lim_{x \to \infty} x\left(\dfrac{1}{2} - \dfrac{\sqrt{x}}{\sqrt{4x+1}}\right)$의 값을 구하시오.

0135 ●●●○

$\displaystyle\lim_{x \to \infty} x^2\left(1 - \dfrac{x}{\sqrt{x^2+2}}\right)$의 값을 구하시오.

0136 ●●●○

$\displaystyle\lim_{x \to \infty} \sqrt{x}\left(\sqrt{x+4} - \sqrt{x}\right)$의 값을 구하시오.

14 미정계수의 결정 – 유리식

내신 중요도 ━━━━━ 유형 난이도 ★★★☆☆

(1) $\lim\limits_{x \to a} \dfrac{f(x)}{g(x)} = \alpha$ (α는 실수)일 때, $\lim\limits_{x \to a} g(x) = 0$이면 $\lim\limits_{x \to a} f(x) = 0$이다.

(2) $\lim\limits_{x \to a} \dfrac{f(x)}{g(x)} = \alpha$ (α는 0이 아닌 실수)일 때, $\lim\limits_{x \to a} f(x) = 0$ 이면 $\lim\limits_{x \to a} g(x) = 0$이다.

(3) $\dfrac{\infty}{\infty}$, $\infty - \infty$ 꼴일 때, 극한값을 구하는 방법에 따라 식을 변형하여 극한값이 존재함을 이용한다.

0137 짱중요 ●●○○

$\lim\limits_{x \to -1} \dfrac{x^2 + ax + b}{x + 1} = 3$이 성립할 때, 두 상수 a, b에 대하여 $a + b$의 값을 구하시오.

0138 ●●○○

$\lim\limits_{x \to 1} \dfrac{x - 1}{x^2 + ax + b} = \dfrac{1}{5}$이 성립할 때, 두 상수 a, b에 대하여 ab의 값을 구하시오.

0139 ●●○○

$\lim\limits_{x \to 2} \dfrac{x^2 - 4}{x^2 + ax} = b$가 성립할 때, 두 상수 a, b에 대하여 $a + b$의 값을 구하시오. (단, $b \neq 0$)

0140 중요 평가원 기출 ●●●○

$\lim\limits_{x \to 1} \dfrac{x^2 + ax - b}{x^3 - 1} = 3$을 만족시키는 두 상수 a, b에 대하여 $a + b$의 값은?

① 9 ② 11 ③ 13
④ 15 ⑤ 17

0141 평가원 기출 ●●●○

$\lim\limits_{x \to 2} \dfrac{x^2 - (a + 2)x + 2a}{x^2 - b} = 3$을 만족시키는 두 상수 a, b에 대하여 $a + b$의 값은?

① -6 ② -4 ③ -2
④ 0 ⑤ 2

0142 ●●●○

$\lim\limits_{x \to 0} \dfrac{1}{x}\left(\dfrac{1}{a} - \dfrac{1}{x + b}\right) = \dfrac{1}{9}$일 때, 두 상수 a, b에 대하여 $a + b$의 값은? (단, $a > 0$, $b > 0$)

① 2 ② 3 ③ 4
④ 5 ⑤ 6

0143 ●●●○

함수 $f(x) = \dfrac{ax^2+bx+c}{x^2+2x-3}$ 가 $\lim\limits_{x\to\infty} f(x) = 6$,

$\lim\limits_{x\to 1} f(x) = 4$를 만족시킬 때, 세 상수 a, b, c에 대하여

$a^2+b^2+c^2$의 값을 구하시오.

0144 ●●●●

함수 $y=f(x)$가 $f(x) = \begin{cases} \dfrac{7x^2+ax-1}{x^2+1} & (x<1) \\ bx+2 & (x\geq 1) \end{cases}$ 이고

$\lim\limits_{x\to 1} \dfrac{f(x)-a}{x^2-1} = \dfrac{b}{2}$일 때, $a+b$의 값을 구하시오.

(단, a, b는 상수이고, $b\neq 0$이다.)

0145 ●●●●

유리함수 $f(x) = \dfrac{6}{x+a} + b$가 다음 두 조건을 모두 만족할 때,

$a+b$의 값을 구하시오. (단, a, b는 상수이다.)

(가) $\lim\limits_{x\to\infty} f(x) = 3$

(나) $x=2$에서 극한값이 존재하지 않는다.

유형 15 미정계수의 결정 – 무리식

내신 중요도 ━━━━━━━ 유형 난이도 ★★★★☆

① $\lim\limits_{x\to a} \dfrac{f(x)}{g(x)} = \alpha$ (a는 상수)일 때

 (1) $\lim\limits_{x\to a} g(x) = 0$이면 $\lim\limits_{x\to a} f(x) = 0$

 (2) $\lim\limits_{x\to a} f(x) = 0$이고, $\alpha \neq 0$이면 $\lim\limits_{x\to a} g(x) = 0$

② ①을 이용하여 한 미지수를 다른 미지수에 대한 식으로 나타내어 식에 대입한 후 $\sqrt{\ }$가 있는 쪽을 유리화한다.

0146 ●●○○

$\lim\limits_{x\to 3} \dfrac{a\sqrt{x-2}-1}{x-3} = b$를 만족시키는 두 상수 a, b에 대하여

$a+b$의 값을 구하시오.

0147 짱중요 ●●○○

두 상수 a, b에 대하여 $\lim\limits_{x\to 3} \dfrac{\sqrt{x+a}-b}{x-3} = \dfrac{1}{6}$일 때, $a+b$의 값을

구하시오.

0148 평가원 기출 ●●○○

두 실수 a, b에 대하여 $\lim\limits_{x\to 1} \dfrac{\sqrt{x^2+a}-b}{x-1} = \dfrac{1}{2}$일 때, ab의 값은?

① 6 　　　　② 7 　　　　③ 8

④ 9 　　　　⑤ 10

0149 ●●●○

$\lim\limits_{x \to -2} \dfrac{\sqrt{x^2-x-2}+ax}{x+2}=b$가 성립할 때, 두 상수 a, b에 대하여 $a+b$의 값은?

① $-\dfrac{3}{4}$ ② $-\dfrac{1}{2}$ ③ 0

④ $\dfrac{1}{2}$ ⑤ $\dfrac{3}{4}$

0150 중요 ●●●●

$\lim\limits_{x \to 1} \dfrac{x-1}{\sqrt{x^2+a}-b}=2$일 때, 두 상수 a, b에 대하여 ab의 값은?

① 6 ② 7 ③ 8

④ 9 ⑤ 10

0151 ●●●○

$\lim\limits_{x \to 3} \dfrac{x-3}{a\sqrt{x-2}+b}=\dfrac{1}{2}$을 만족시키는 두 상수 a, b에 대하여 a^2+b^2의 값을 구하시오.

0152 ●●●○

$\lim\limits_{x \to \infty} (\sqrt{x^2-kx}-x)=-\dfrac{1}{2}$일 때, 상수 k의 값을 구하시오.

0153 중요 ●●●●

$\lim\limits_{x \to \infty} \{\sqrt{x^2+x+1}-(ax-1)\}=b$를 만족시키는 두 상수 a, b의 합 $a+b$의 값은?

① $\dfrac{1}{2}$ ② 1 ③ $\dfrac{3}{2}$

④ 2 ⑤ $\dfrac{5}{2}$

0154 ●●●●

서로 다른 두 실수 a, b에 대하여
$$\lim_{x \to a} \frac{x^3-a^3}{x^2-a^2}=3, \quad \lim_{x \to \infty} (\sqrt{x^2+ax}-\sqrt{x^2+bx})=3$$
일 때, $a+b$의 값은?

① -2 ② -1 ③ 1

④ 2 ⑤ 4

유형 문제

유형 16 다항함수의 결정

내신 중요도 ▬▬▬▬▬ 유형 난이도 ★★★★☆

두 다항함수 $y=f(x)$, $y=g(x)$에 대하여

$$\lim_{x\to\infty}\frac{f(x)}{g(x)}=a \ (a\text{는 }0\text{이 아닌 실수})\text{이면}$$

$\Rightarrow$ ($f(x)$의 차수)=($g(x)$의 차수)이고

$$a=\frac{(f(x)\text{의 최고차항의 계수})}{(g(x)\text{의 최고차항의 계수})}$$

참고 x에 대한 다항함수 $y=f(x)$에 대하여

$$\lim_{x\to a}\frac{f(x)}{x-a}=k \ (k\text{는 상수})\text{이면}$$

$\Rightarrow$ $f(a)=0$이므로 $f(x)=(x-a)g(x)$

0155 ●●○○

다항함수 $y=f(x)$가 다음 조건을 만족시킬 때, $f(2)$의 값을 구하시오.

(가) $\lim_{x\to\infty}\dfrac{f(x)}{3x+1}=1$ (나) $\lim_{x\to1}f(x)=1$

0156 짱중요 ●●○○

이차함수 $f(x)$가 다음 두 조건을 만족할 때, $f(3)$의 값을 구하시오.

(가) $\lim_{x\to\infty}\dfrac{f(x)}{x^2-2x+3}=2$ (나) $\lim_{x\to2}\dfrac{x-2}{f(x)}=\dfrac{1}{2}$

0157 중요 ●●●○

삼차함수 $f(x)=ax^3+bx^2+c$가

$$\lim_{x\to\infty}\frac{f(x)-2x^3}{3x^2}=-1, \ \lim_{x\to-1}\frac{f(x)}{x+1}=12$$

를 만족시킬 때, $\lim_{x\to2}\dfrac{f(x)-9}{x-2}$의 값을 구하시오.

(단, a, b, c는 상수이다.)

0158 중요 교육청 기출 ●●●○

다항함수 $f(x)$가

$$\lim_{x\to\infty}\frac{f(x)-3x^2}{x}=10, \ \lim_{x\to1}f(x)=20$$

을 만족시킬 때, $f(0)$의 값은?

① 3 　　　 ② 4 　　　 ③ 5

④ 6 　　　 ⑤ 7

0159 평가원 기출 ●●●○

다항함수 $y=f(x)$가 $\lim_{x\to\infty}\dfrac{f(x)}{x^3}=0$, $\lim_{x\to0}\dfrac{f(x)}{x}=5$를 만족시킨다. 방정식 $f(x)=x$의 한 근이 -2일 때, $f(1)$의 값을 구하시오.

0160 중요 ●●●○

다항함수 $y=f(x)$가 다음 조건을 만족시킬 때, $\lim_{x\to-1}f(x)$의 값을 구하시오.

(가) $\lim_{x\to\infty}\dfrac{x^2-3}{f(x)}=\dfrac{1}{3}$ (나) $\lim_{x\to-2}\dfrac{f(x)}{x^2-4}=2$

0161 짱중요 교육청 기출 ●●●○

다항함수 $y=f(x)$가 다음 조건을 만족시킬 때, $f(1)$의 값을 구하시오.

(가) $\lim\limits_{x\to\infty}\dfrac{f(x)-3x^3}{x^2}=2$ (나) $\lim\limits_{x\to0}\dfrac{f(x)}{x}=2$

0162 ●●●○

최고차항의 계수가 1인 삼차함수 $f(x)$가 $f(-1)=2$, $f(0)=0$, $f(1)=-2$를 만족시킬 때, $\lim\limits_{x\to0}\dfrac{f(x)}{x}$의 값은?

① -1 ② -2 ③ -3
④ -4 ⑤ -5

0163 ●●●○

다항함수 $y=f(x)$가 $f(-1)=-1$, $f(2)=-1$, $\lim\limits_{x\to\infty}\dfrac{f(x)}{x^2-1}=2$를 만족시킬 때, $f(-2)$의 값을 구하시오.

0164 ●●●○

함수 $f(x)=\dfrac{ax^2+bx+c}{x^2+2x-3}$가 $\lim\limits_{x\to\infty}f(x)=6$, $\lim\limits_{x\to1}f(x)=4$를 만족시킬 때, 세 상수 a, b, c에 대하여 $a^2+b^2+c^2$의 값을 구하시오.

0165 ●●●●

삼차함수 $y=f(x)$에 대하여 $\lim\limits_{x\to-1}\dfrac{f(x)}{x+1}=12$, $\lim\limits_{x\to2}\dfrac{f(x)}{x-2}=6$일 때, $f(4)$의 값을 구하시오.

0166 ●●●●

다항함수 $f(x)$가

$$\lim\limits_{x\to0+}\dfrac{x^3f\left(\dfrac{1}{x}\right)-1}{x^3+x}=5,\ \lim\limits_{x\to1}\dfrac{f(x)}{x^2+x-2}=\dfrac{1}{3}$$

을 만족시킬 때, $f(2)$의 값을 구하시오.

유형 17 함수의 극한의 대소 관계

내신 중요도 ■■■■■ 유형 난이도 ★★★★★

두 함수 $y=f(x)$, $y=g(x)$에서
$\lim\limits_{x \to a} f(x)=\alpha$, $\lim\limits_{x \to a} g(x)=\beta$ (α, β는 실수)일 때, a에 가까운 모든 x의 값에 대하여

(1) $f(x) \leq g(x)$이면 $\Rightarrow \alpha \leq \beta$

(2) 함수 $y=h(x)$에 대하여
$f(x) \leq h(x) \leq g(x)$이고 $\alpha=\beta$이면 $\Rightarrow \lim\limits_{x \to a} h(x)=\alpha$

0167 짱중요 ●●○○

함수 $y=f(x)$가 임의의 양의 실수 x에 대하여

$$\frac{5x-2}{x+1} < f(x) < \frac{10x^2+3x-2}{2x^2-7x+7}$$

일 때, $\lim\limits_{x \to \infty} f(x)$의 값을 구하시오.

0168 ●●●○

함수 $y=f(x)$가 임의의 양의 실수 x에 대하여

$$\frac{x}{3x^2+2x+1} < f(x) < \frac{x}{3x^2-2x+1}$$

를 만족시킬 때, $\lim\limits_{x \to \infty} x f(x)$의 값은?

① $\dfrac{1}{3}$ ② $\dfrac{1}{2}$ ③ $\dfrac{2}{3}$

④ 1 ⑤ $\dfrac{4}{3}$

0169 중요 ●●●○

함수 $y=f(x)$가 임의의 양의 실수 x에 대하여

$$x < (2x^2+x+2)f(x) < x+3$$

을 만족시킬 때, $\lim\limits_{x \to \infty} x f(x)$의 값은?

① $\dfrac{1}{3}$ ② $\dfrac{1}{2}$ ③ 1

④ 2 ⑤ $\dfrac{5}{2}$

0170 중요 ●●●○

함수 $y=f(x)$가 모든 양수 x에 대하여

$$4x+1 < f(x) < 4x+3$$

을 만족시킬 때, $\lim\limits_{x \to \infty} \dfrac{\{f(x)\}^2}{x^2+1}$의 값을 구하시오.

0171 ●●●○

함수 $y=f(x)$가 모든 실수 x에 대하여 $2x+3 < f(x) < 2x+7$

을 만족시킬 때, $\lim\limits_{x \to \infty} \dfrac{\{f(x)\}^3}{x^3+1}$의 값을 구하시오.

0172 교육청 기출 ●●●●

다항함수 $f(x)$는 양의 실수 x에 대하여 다음 조건을
만족할 때, $f(3)$의 값을 구하시오.

> (가) $2x^2 - 5x \le f(x) \le 2x^2 + 2$
>
> (나) $\lim_{x \to 1} \dfrac{f(x)}{x^2 + 2x - 3} = \dfrac{1}{4}$

0173 ●●●●

이차함수 $f(x) = 2x^2 - 4x + 5$의 그래프를 y축의 방향으로 a만큼
평행이동한 이차함수 $y = g(x)$의 그래프에 대하여 두 함수
$y = f(x)$와 $y = g(x)$의 그래프 사이에 함수 $y = h(x)$의 그래프
가 존재할 때, $\lim_{x \to \infty} \dfrac{h(x)}{x^2}$의 값을 구하시오. (단, $a > 0$)

0174 ●●●●

두 함수 $y = f(x)$, $y = g(x)$에 대하여
$$\lim_{x \to 1} \frac{f(x) - x}{x - 1} = 0, \quad \lim_{x \to 1} \frac{x^2 - 1}{g(x) - 4} = 2$$
일 때, 함수 $y = h(x)$가 $x > 1$인 실수 x에 대하여
$$(2x^2 - 6)f(x) \le h(x) \le (x^2 - 2x)g(x)$$
를 만족시킨다. $\lim_{x \to 1+} h(x)$의 값을 구하시오.

유형 **18** 함수의 극한의 활용 – 길이

내신 중요도 ▬▬▬▬▬ 유형 난이도 ★★★★★

조건에 따라 구하는 선분의 길이를 함수로 나타내고 극한의
성질을 이용하여 극한값을 구한다.

0175 교육청 기출 ●●●○

그림과 같이 세 점 $A(0, 1)$, $O(0, 0)$, $B(x, 0)$을 꼭짓점으로
하는 삼각형과 그 삼각형에 내접하는 원이 있다. 점 B가 x축을
따라 원점에 한없이 가까워질 때, $\triangle AOB$에 내접하는 원의 반지
름의 길이 r에 대하여 $\dfrac{r}{x}$의 극한값을 구하시오. (단, $x > 0$)

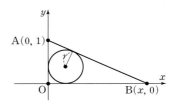

0176 교육청 기출 ●●●○

그림과 같이 두 점 $A(a, 0)$, $B(0, 3)$
에 대하여 삼각형 OAB에 내접하는
원 C가 있다. 원 C의 반지름의 길이
를 r라 할 때, $\lim_{a \to 0+} \dfrac{r}{a}$의 값은?
(단, O는 원점이다.)

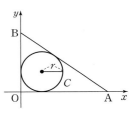

① $\dfrac{1}{6}$ ② $\dfrac{1}{5}$ ③ $\dfrac{1}{4}$

④ $\dfrac{1}{3}$ ⑤ $\dfrac{1}{2}$

0177 ●●●○

그림과 같이 x축 위의 점 $A(-1, 0)$과 직선 $y=x+1$ 위의 점 $P(t, t+1)$ $(t>-1)$이 있다. $\lim_{t\to\infty}(\overline{AP}-\overline{OP})$의 값은?

(단, O는 원점이다.)

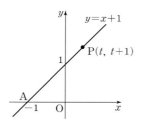

① $\dfrac{1}{4}$ ② $\dfrac{\sqrt{2}}{4}$ ③ $\dfrac{1}{2}$

④ $\dfrac{\sqrt{2}}{2}$ ⑤ $\sqrt{2}$

0178 ●●●○

그림과 같이 직선 $y=2x+1$ 위에 점 $P(t, 2t+1)$이 있다. 점 P를 지나고 직선 $y=2x+1$에 수직인 직선이 x축과 만나는 점을 Q라 할 때, $\lim_{t\to\infty}\dfrac{\overline{PQ}^2}{\overline{OP}^2}$의 값을 구하시오. (단, O는 원점이다.)

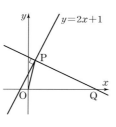

0179 ●●●●

곡선 $y=\sqrt{2x}$ 위의 점 $A(a, b)$에서 x축에 내린 수선의 발을 B라 하자. 원점 O가 중심이고 점 A를 지나는 원과 원점 O가 중심이고 점 B를 지나는 원의 반지름의 길이의 차를 $f(a)$라 할 때, $\lim_{a\to\infty}f(a)$의 값을 구하시오. (단, $a\neq0$)

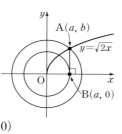

0180 ●●●●

그림과 같이 중심이 O이고, 길이가 6인 선분 AB를 지름으로 하는 반원이 있다. 두 점 O, B를 제외한 선분 OB 위의 점 P에 대하여 점 P를 지나고 선분 OB에 수직인 직선이 호 AB와 만나는 점을 Q라 하고, $\overline{OP}=x$, $\overline{AQ}=f(x)$라 하자.

$\lim_{x\to3-}\dfrac{6-f(x)}{3-x}$의 값을 구하시오.

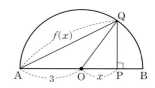

0181 교육청 기출 ●●●●

그림과 같이 좌표평면에서 곡선 $y=\sqrt{2x}$ 위의 점 $P(t, \sqrt{2t})$가 있다. 원점 O를 중심으로 하고 선분 $\overline{OP}$를 반지름으로 하는 원을 C, 점 P에서의 원 C의 접선이 x축과 만나는 점을 Q라 하자.

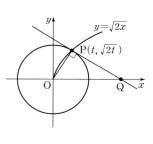

원 C의 넓이를 $S(t)$라 할 때, $\lim_{t\to0+}\dfrac{S(t)}{\overline{OQ}-\overline{PQ}}$의 값은?

(단, $t>0$)

① $\sqrt{2}\pi$ ② 2π ③ $2\sqrt{2}\pi$

④ 4π ⑤ $4\sqrt{2}\pi$

0182

●●●●

그림과 같이 곡선 $y=x^2$ 위의 한 점 $P(a, a^2)$과 원점 O를 연결하는 선분의 수직이등분선이 y축과 만나는 점을 Q 라 할 때, 점 P가 곡선을 따라 원점 O 에 한없이 가까워지면 점 Q는 어느 점 에 한없이 가까워지는가?

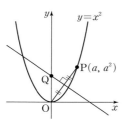

① $\left(0, \dfrac{1}{4}\right)$

② $\left(0, \dfrac{1}{2}\right)$

③ $(0, 1)$

④ $\left(0, \dfrac{3}{2}\right)$

⑤ $(0, 2)$

☆0183 중요

●●●●

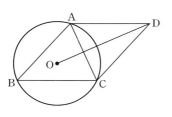

그림과 같이 중심이 O이고 반지름의 길이가 2인 원에 내접하고 $\overline{AB}=\overline{BC}$인 이등변삼각형 ABC가 있다. 점 A를 지나고 직선 BC와 평행한 직선과 점 C를 지나고 직선 AB와 평행한 직선이 만나는 점을 D라 하자. $\overline{AC}=t$라 할 때, $\displaystyle\lim_{x\to 0+}\dfrac{\overline{OD}-6}{t^2}$의 값을 구하시오.

내신 중요도 ━━━━━━ 유형 난이도 ★★★★★

조건에 따라 구하는 넓이를 함수로 나타내고 극한의 성질을 이용하여 극한값을 구한다.

0184 교육청 기출

●●●●

그림과 같이 양수 t에 대하여 곡선 $y=x^2$ 위의 점 $P(t, t^2)$을 지나고 선분 OP에 수직인 직선이 y축과 만나는 점을 Q라 하자.

삼각형 OPQ의 넓이를 $S(t)$라 할 때, $\displaystyle\lim_{t\to 0+}\dfrac{S(t)}{t}$의 값은?

(단, O는 원점이다.)

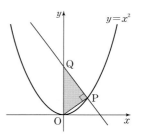

① $\dfrac{1}{3}$

② $\dfrac{1}{2}$

③ $\dfrac{2}{3}$

④ $\dfrac{5}{6}$

⑤ 1

0185

●●●●

그림과 같이 함수 $y=ax^2$ $(a>0)$의 그래프 위의 두 점 A, B와 직선 $y=a$ 위의 두 점 C, D에 대하여 사각형 ABCD가 정사각형일 때, 정사각형 ABCD의 넓이 $S(a)$에 대하여 $\displaystyle\lim_{a\to\infty}S(a)$의 값을 구하시오.

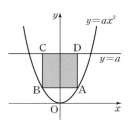

0186 교육청 기출 ●●●●

그림과 같이 원 $x^2+y^2=1$과 곡선 $y=\sqrt{x+1}$이 직선 $x=t$ $(0<t<1)$과 제1사분면에서 만나는 점을 각각 P, Q라 하자. 삼각형 OPQ의 넓이를 $S(t)$라 할 때, $\lim\limits_{t\to 0+}\dfrac{S(t)}{t^2}$의 값은?

(단, O는 원점이다.)

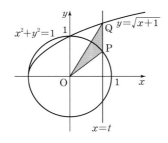

① $\dfrac{1}{8}$ ② $\dfrac{1}{4}$ ③ $\dfrac{3}{8}$

④ $\dfrac{1}{2}$ ⑤ $\dfrac{5}{8}$

0187 교육청 기출 ●●●●

1보다 큰 실수 t에 대하여 그림과 같이 점 $P\left(t+\dfrac{1}{t},\ 0\right)$에서 원 $x^2+y^2=\dfrac{1}{2t^2}$에 접선을 그었을 때, 원과 접선이 제1사분면에서 만나는 점을 Q, 원 위의 점 $\left(0,\ -\dfrac{1}{\sqrt{2t}}\right)$을 R라 하자. 삼각형 ORQ의 넓이를 $S(t)$라 할 때, $\lim\limits_{t\to\infty}\{t^4\times S(t)\}$의 값은?

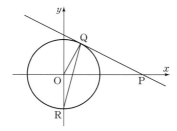

① $\dfrac{\sqrt{2}}{8}$ ② $\dfrac{\sqrt{2}}{4}$ ③ $\dfrac{1}{2}$

④ $\dfrac{\sqrt{2}}{2}$ ⑤ 1

0188 교육청 기출 ●●●●

반지름의 길이가 1인 원 O 위에 한 점 A가 있다. 점 A를 중심으로 하고 반지름의 길이가 r인 원이 원 O와 만나는 점을 각각 P, Q라 하고, 원 O의 지름 AB와 만나는 점을 R라 하자. 사각형 APRQ의 넓이를 $S(r)$라 할 때, $\lim\limits_{r\to 2-}\dfrac{S(r)}{\sqrt{2-r}}$의 값을 구하시오. (단, $0<r<2$)

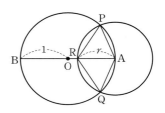

0189 중요 ●●●●

그림과 같이 $\overline{BC}=3$, $\overline{CD}=2$인 직사각형 ABCD에서 선분 AD 위의 점 A가 아닌 임의의 점 P에 대하여 점 P를 지나고 직선 CP에 수직인 직선이 선분 AB와 만나는 점을 Q라 하자. $\overline{AP}=x$일 때, 삼각형 PQC의 넓이를 $S(x)$라 하면 $\lim\limits_{x\to 0+}\dfrac{S(x)}{x}$의 값을 구하시오.

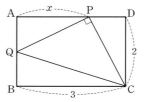

해설 032쪽

0190

함수 $y=f(x)$의 그래프가 그림과 같을 때, $\lim\limits_{x\to-1-} f(x)+f(0)+\lim\limits_{x\to0+} f(x)$의 값을 구하시오.

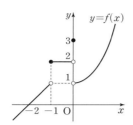

0191

구간 $(-2,\ 2)$에서 정의된 함수 $y=f(x)$의 그래프가 그림과 같을 때, $\lim\limits_{x\to-1} f(x)+\lim\limits_{x\to1-} f(x)f(x-1)$ 의 값을 구하시오.

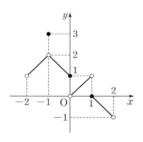

0192

두 함수 $f(x)$, $g(x)$가 $\lim\limits_{x\to\infty} f(x)=\infty$, $\lim\limits_{x\to\infty}\{3f(x)-g(x)\}=2$ 를 만족시킬 때, $\lim\limits_{x\to\infty}\dfrac{3f(x)+3g(x)}{8f(x)-2g(x)}$의 값을 구하시오.

0193

$\lim\limits_{x\to-2}\dfrac{x^3+2x^2-x-2}{x^2+6x+8}$의 값은?

① 1
② $\dfrac{3}{2}$
③ 2
④ $\dfrac{5}{2}$
⑤ 3

0194

극한값의 계산이 옳은 것만을 〈보기〉에서 있는 대로 고른 것은?

┤ 보기 ├

ㄱ. $\lim\limits_{x\to\infty}\dfrac{6x^2+7x+1}{2x^2+3x-5}=2$

ㄴ. $\lim\limits_{x\to\infty}\dfrac{3x}{\sqrt{16x^2-x}+\sqrt{9x^2-1}}=\dfrac{3}{7}$

ㄷ. $\lim\limits_{x\to\infty}\dfrac{\sqrt{1+3x^2}-5}{x}=\sqrt{3}$

① ㄱ
② ㄴ
③ ㄱ, ㄷ
④ ㄴ, ㄷ
⑤ ㄱ, ㄴ, ㄷ

0195

$\lim\limits_{x\to-\infty}(\sqrt{x^2+3x+4}+x)$의 값은?

① $-\dfrac{3}{2}$
② -1
③ $-\dfrac{1}{2}$
④ $\dfrac{1}{2}$
⑤ $\dfrac{3}{2}$

해설 033쪽

0196 서술형

두 상수 a, b에 대하여 $\lim\limits_{x \to 1} \dfrac{x^2+ax}{x-1}=b$일 때, $a+b$의 값을 구하시오.

0197

$\lim\limits_{x \to 2} \dfrac{a\sqrt{x+2}-b}{x-2}=\dfrac{1}{4}$이 성립하도록 하는 상수 a, b에 대하여 $a+b$의 값은?

① 1   ② 2   ③ 3

④ 4   ⑤ 5

0198 서술형

다항함수 $y=f(x)$가 $\lim\limits_{x \to \infty} \dfrac{f(x)}{3x^2-x+2}=1$, $\lim\limits_{x \to 2} \dfrac{f(x)-2}{x-2}=3$ 을 만족시킬 때, $f(-1)$의 값을 구하시오.

0199

함수 $y=f(x)$가 임의의 양의 실수 x에 대하여

$$\dfrac{3x^2+5x}{x^2-2x+3}<f(x)<\dfrac{3x+1}{x}$$

일 때, $\lim\limits_{x \to 1} f(x)$의 값을 구하시오.

0200

그림과 같이 곡선 $y=\sqrt{2x-2}$ 위를 움직이는 점 P에서 x축에 내린 수선 또는 수선의 연장선 위에 점 $A(3, 2)$에서 내린 수선의 발을 Q라 하자. 점 P가 점 A에 한없이 가까워질 때, $\dfrac{\overline{PQ}}{\overline{AQ}}$의 극한값을 구하시오.

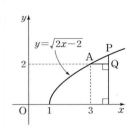

0201

그림과 같이 곡선 $y=\sqrt{x}$ 위의 점 $P(t, \sqrt{t})$ $(t>1)$를 지나고 y축에 평행한 직선이 곡선 $y=\dfrac{1}{x}$과 만나는 점을 Q라 하자. 또 두 곡선 $y=\sqrt{x}$, $y=\dfrac{1}{x}$의 교점 S를 지나면서 y축에 평행한 직선이 점 Q를 지나면서 x축에 평행한 직선과 만나는 점을 R라 하자. 삼각형 PSQ의 넓이를 $f(t)$, 삼각형 SRQ의 넓이를 $g(t)$라 할 때, $\lim\limits_{t \to 1} \dfrac{f(t)}{g(t)}$의 값은?

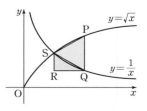

① $\dfrac{3}{2}$ ② 2   ③ $\dfrac{5}{2}$

④ 3   ⑤ $\dfrac{7}{2}$

📖 해설 035쪽

Level 1

0202

함수 $y=f(x)$의 그래프가 그림과 같을 때, 〈보기〉에서 옳은 것만을 있는 대로 고른 것은?

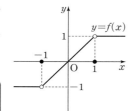

┤ 보기 ├

ㄱ. $\lim\limits_{x \to -1} \{f(x)f(-x)\} = -1$

ㄴ. $\lim\limits_{x \to -1} \{f(|x|) + f(-x)\} = 2$

ㄷ. $\lim\limits_{x \to 1} f(f(x)) = 1$

① ㄱ   ② ㄴ   ③ ㄱ, ㄴ

④ ㄱ, ㄷ   ⑤ ㄴ, ㄷ

0203

삼차함수 $y=f(x)$는 $f(-1)=f(0)=f(2)=2$를 만족시킨다. 〈보기〉에서 극한값이 존재하는 것만을 있는 대로 고른 것은?

┤ 보기 ├

ㄱ. $\lim\limits_{x \to 2} \dfrac{x-2}{f(x)-2}$ ㄴ. $\lim\limits_{x \to 2} \dfrac{f(x)-2}{f(x-2)}$

ㄷ. $\lim\limits_{x \to 2} \dfrac{f(x-2)}{x-2}$

① ㄱ   ② ㄷ   ③ ㄱ, ㄴ

④ ㄴ, ㄷ   ⑤ ㄱ, ㄴ, ㄷ

0204

다항함수 $y=f(x)$에 대하여

$$\lim_{x \to 0} \frac{f(x)}{x} = \lim_{x \to 2} \frac{f(x)}{x-2} = 8$$

일 때, $\lim\limits_{x \to 2} \dfrac{f(f(x))}{x^2-4}$의 값을 구하시오.

0205

두 함수 $y=f(x)$, $y=g(x)$에 대하여

$$\lim_{x \to 2} \frac{f(x)-1}{x-2} = 4, \quad \lim_{x \to 2} \frac{g(x)-3}{x-2} = 2$$

가 성립할 때, 함수 $y=h(x)$는 모든 실수 x에 대하여

$$(x-1)g(x) \le h(x) \le (x+1)f(x)$$

를 만족시킨다. $\lim\limits_{x \to 2} h(x)$의 값을 구하시오.

Level 2

0206

실수에서 정의된 함수 $y=f(x)$가 $\lim\limits_{x \to 0}(x+1)f(x)=1$을 만족시킬 때, $\lim\limits_{x \to 0}\{f(x)g(x)\}$의 값이 존재하는 함수 $y=g(x)$를 〈보기〉에서 있는 대로 고른 것은?

(단, $[x]$는 x보다 크지 않은 최대의 정수이다.)

┤ 보기 ├

ㄱ. $g(x)=x+2$ ㄴ. $g(x)=\dfrac{1}{x}$ ㄷ. $g(x)=[x]$

① ㄱ   ② ㄴ   ③ ㄱ, ㄷ
④ ㄴ, ㄷ   ⑤ ㄱ, ㄴ, ㄷ

0207

평가원 기출

다음 조건을 만족시키는 모든 다항함수 $f(x)$에 대하여 $f(1)$의 최댓값은?

$\lim\limits_{x \to \infty}\dfrac{f(x)-4x^3+3x^2}{x^{n+1}+1}=6$, $\lim\limits_{x \to 0}\dfrac{f(x)}{x^n}=4$인 자연수 n이 존재한다.

① 12   ② 13   ③ 14
④ 15   ⑤ 16

0208

$\lim\limits_{x \to -\infty}(\sqrt{1+x^2}+ax)=b$를 만족시키는 두 상수 a, b에 대하여 $a+b$의 값을 구하시오.

0209

함수 $f(x)=\lim\limits_{n \to \infty}\dfrac{4+x+ax^{2n}}{1-x^n+x^{2n}}$이 $x=1$에서 극한값이 존재할 때, $f(3)$의 값은?

① -3 ② -1 ③ 1
④ 3 ⑤ 5

0210

최고차항의 계수가 1인 두 삼차함수 $y=f(x)$, $y=g(x)$가 다음 조건을 만족시킬 때, $g(5)$의 값을 구하시오.

> (가) $g(1)=0$
>
> (나) $\lim\limits_{x \to n} \dfrac{f(x)}{g(x)} = (n-1)(n-2)$ (단, $n=1, 2, 3, 4$)

Level **3**

0212 교육청 기출

최고차항의 계수가 1인 이차함수 $f(x)$가

$$\lim_{x \to 0} |x| \left\{ f\left(\frac{1}{x}\right) - f\left(-\frac{1}{x}\right) \right\} = a, \quad \lim_{x \to \infty} f\left(\frac{1}{x}\right) = 3$$

을 만족시킬 때, $f(2)$의 값은? (단, a는 상수이다.)

① 1 ② 3 ③ 5

④ 7 ⑤ 9

0211

그림과 같이 곡선 $y=\sqrt{x}$ 위의 점 $P(t, \sqrt{t})$ $(t>0)$를 지나고 선분 OP에 수직인 직선 l의 x절편과 y절편을 각각 $f(t)$, $g(t)$라 할 때, $\lim\limits_{t \to \infty} \dfrac{g(t)-f(t)}{g(t)+f(t)}$의 값을 구하시오. (단, O는 원점이다.)

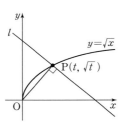

0213 교육청 기출

직선 $y=\sqrt{2}x$ 위의 점 $A(t, \sqrt{2}t)$ $(t>0)$와 x축 위의 점 $B(2t, 0)$이 있다. 선분 AB의 중점을 C라 하고, 점 C를 지나고 선분 AB에 수직인 직선이 직선 $x=2t$와 만나는 점을 D라 하자. 선분 CD의 길이를 $f(t)$라 할 때, $\lim\limits_{t \to 4} \dfrac{t^2-16}{f(t)-\sqrt{6}}=k$이다. $3k^2$의 값을 구하시오.

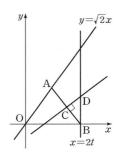

0214

한 변의 길이가 1인 정사각형 ABCD와 점 A가 중심이고 선분 AB를 반지름으로 하는 원이 있다. 원 위를 움직이는 점 P에 대하여 사각형 APQR가 정사각형이 되도록 원 위에 점 R와 원의 외부에 점 Q를 잡는다.

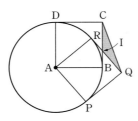

그림과 같이 선분 BC와 선분 QR가 만나도록 할 때, 선분 BC와 선분 QR의 교점을 I라 하자. 삼각형 IQC의 둘레의 길이를 L, 넓이를 S라 할 때, 점 P가 점 B에 한없이 가까워지면 $\dfrac{L^2}{S}$의 값이 $a+b\sqrt{2}$에 한없이 가까워진다. a^2+b^2의 값을 구하시오.

(단, a, b는 유리수이다.)

0215

양의 실수 k와 함수 $f(x)=ax(x-b)$ (a, b는 자연수)에 대하여 함수 $g(x)$를

$$g(x)=\begin{cases} f(x) & (x<b) \\ kf(x-b) & (x \geq b) \end{cases}$$

라 하자. 함수 $g(x)$가 다음 조건을 만족시킨다.

㈎ $g(6)=-8$
㈏ 방정식 $|g(x)|=b$의 서로 다른 실근의 개수는 5이다.

실수 m에 대하여 직선 $y=mx-1$이 함수 $y=|g(x)|$의 그래프와 만나는 점의 개수를 $h(m)$이라 하자.

함수 $h(m)$에 대하여 $\lim\limits_{m \to t-} h(m) + \lim\limits_{m \to t+} h(m)=6$을 만족시키는 모든 실수 t의 값은 $p+q\sqrt{14}$이다.

$12(p+q)$의 값을 구하시오. (단, p, q는 유리수이다.)

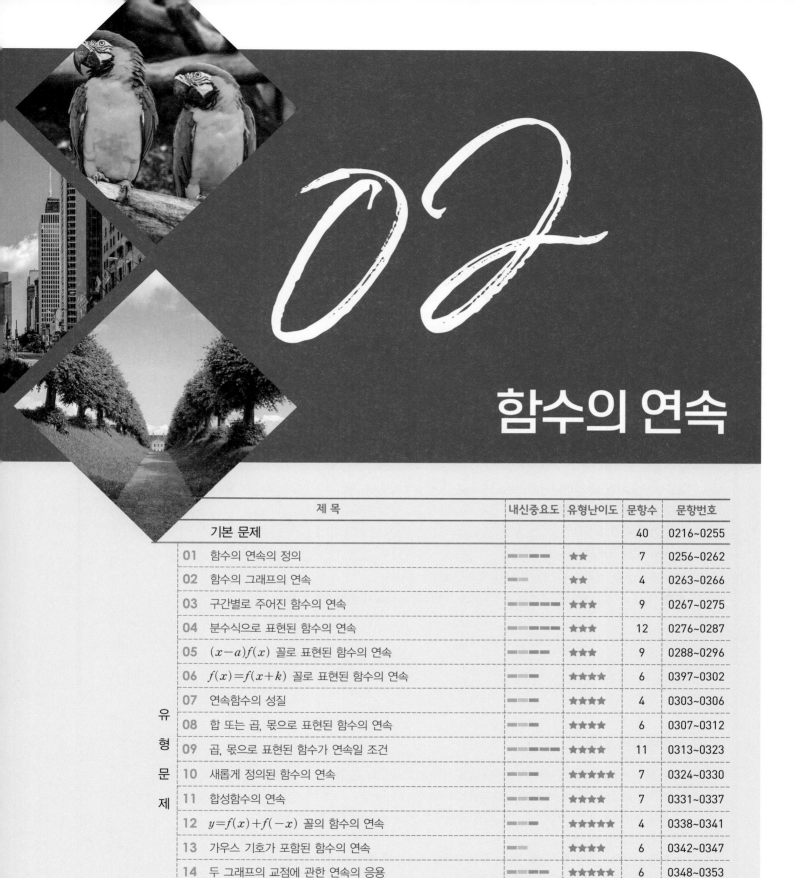

02

함수의 연속

유형문제

함수의 연속

1. 함수의 연속

함수 $y=f(x)$가 실수 a에 대하여 다음 세 조건

(ⅰ) $x=a$에서 정의되어 있고

(ⅱ) $\lim\limits_{x \to a} f(x)$가 존재하며

(ⅲ) $\lim\limits_{x \to a} f(x)=f(a)$

를 만족시킬 때, 함수 $y=f(x)$는 $x=a$에서 연속이라고 한다.

참고 함수 $y=f(x)$가 $x=a$에서 연속이 아닐 때, 이 함수는 $x=a$에서 불연속이라고 한다.

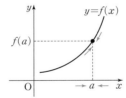

2. 구간에서의 연속

(1) 두 실수 a, b $(a<b)$에 대하여 집합 $\{x|a \le x \le b\}$, $\{x|a<x<b\}$, $\{x|a \le x<b\}$, $\{x|a<x \le b\}$를 구간이라 하며 기호로 각각 $[a, b]$, (a, b), $[a, b)$, $(a, b]$와 같이 나타 낸다. 이때 $[a, b]$를 닫힌구간, (a, b)를 열린구간, $[a, b)$, $(a, b]$를 반닫힌 구간(반 열린 구간)이라고 한다.

(2) 함수 $y=f(x)$가 어떤 구간에 속하는 모든 점에서 연속일 때, 함수 $y=f(x)$는 이 구간 에서 연속 또는 이 구간에서 연속함수라고 한다.

● 함수의 불연속

함수의 연속 조건 중에서 어느 한 가 지라도 만족시키지 않으면 $x=a$에서 불연속이다.

① $f(a)$가 정의되어 있지 않다.

② $\lim\limits_{x \to a-} f(x) \ne \lim\limits_{x \to a+} f(x)$

③ $\lim\limits_{x \to a} f(x) \ne f(a)$

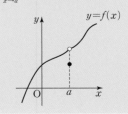

참고 직관으로 알아보는 함수의 연속성

(1) 다항함수 $y=f(x)$

$\Rightarrow (-\infty, \infty)$에서 연속

(2) 분수함수 $y=\dfrac{g(x)}{f(x)}$

$\Rightarrow f(x)=0$인 x에서 불연속

(3) 무리함수 $y=\sqrt{f(x)}$

$\Rightarrow f(x)\geq 0$인 모든 x에서 연속

(4) 가우스 기호를 포함한 함수 $f(x)=[x]$

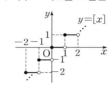

$\Rightarrow x=n$ (n은 정수)에서 불연속

3. 연속함수의 성질

두 함수 $y=f(x)$, $y=g(x)$가 모두 $x=a$에서 연속이면 다음 함수도 $x=a$에서 연속이다.

(1) $y=cf(x)$ (단, c는 상수이다.)

(2) $y=f(x)\pm g(x)$

(3) $y=f(x)g(x)$

(4) $y=\dfrac{f(x)}{g(x)}$ (단, $g(a)\neq 0$)

4. 최대 · 최소 정리

함수 $y=f(x)$가 닫힌구간 $[a, b]$에서 연속이면 $y=f(x)$는 이 구간에서 반드시 최댓값과 최솟값을 갖는다.

5. 사잇값의 정리

함수 $y=f(x)$가 닫힌구간 $[a, b]$에서 연속이고
$f(a)\neq f(b)$일 때, $f(a)$와 $f(b)$ 사이에 있는 임의의 실수
k에 대하여
$$f(c)=k$$
를 만족시키는 c가 열린구간 (a, b)에 적어도 하나 존재한다.

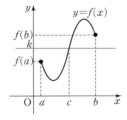

● 사잇값의 정리와 방정식의 실근
함수 $y=f(x)$가 닫힌구간 $[a, b]$에서 연속이고 $f(a)f(b)<0$이면 $f(c)=0$인 c가 열린구간 (a, b)에 적어도 하나 존재한다. 즉, 방정식 $f(x)=0$은 열린구간 (a, b)에서 적어도 하나의 실근을 갖는다.

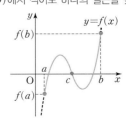

기본 문제

핵심 개념을 문제로 익히기

1 구간

[0216-0220] 다음 집합을 구간의 기호 ( ), [ ], ( ], [ )를 이용하여 나타내시오.

0216 $\{x \mid -1 \le x \le 4\}$

0217 $\{x \mid 3 < x \le 5\}$

0218 $\{x \mid -5 \le x < 10\}$

0219 $\{x \mid x \ge -2\}$

0220 $\{x \mid x < 1\}$

[0221-0225] 다음 구간을 집합으로 나타내시오.

0221 $[-3, 3]$

0222 $(-2, 6)$

0223 $[1, 7)$

0224 $[0, \infty)$

0225 $(-\infty, 5)$

[0226-0229] 다음 함수의 정의역을 구간의 기호를 이용하여 나타내시오.

0226 $f(x) = x + 5$

0227 $f(x) = 2x^2 + 1$

0228 $f(x) = \dfrac{1}{x-3}$

0229 $f(x) = \sqrt{x+2}$

2 함수의 연속과 불연속

[0230-0232] 다음 함수가 $x=2$에서 연속이 아닌 이유를 〈보기〉에서 고르시오.

┤ 보 기 ├

ㄱ. $f(2)$가 정의되어 있지 않다.

ㄴ. $\lim\limits_{x \to 2} f(x)$가 존재하지 않는다.

ㄷ. $\lim\limits_{x \to 2} f(x) \neq f(2)$

0230

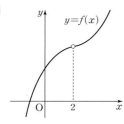

0231

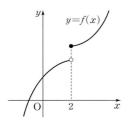

0232

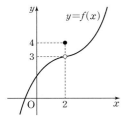

[0233-0238] 다음 함수가 $x=1$에서 연속인지 불연속인지 조사하시오.

0233 $f(x)=x^2$

0234 $f(x)=\dfrac{1}{x-1}$

0235 $f(x)=\sqrt{x}$

0236 $f(x)=2|x-1|$

0237 $f(x)= \begin{cases} \dfrac{x^2-1}{x-1} & (x \neq 1) \\ -1 & (x=1) \end{cases}$

0238 $f(x)= \begin{cases} x+1 & (x \geq 1) \\ \dfrac{4}{x+1} & (x < 1) \end{cases}$

[0239-0244] 다음 함수가 연속인 구간을 조사하시오.

0239 $f(x) = 3x + 2$

0240 $f(x) = x^2 - 2x + 3$

0241 $f(x) = |x + 2|$

0242 $f(x) = \sqrt{2x - 3}$

0243 $f(x) = \dfrac{x + 1}{x + 3}$

0244 $f(x) = \dfrac{x^2 - 1}{x - 1}$

3　연속함수

0245 실수 전체의 집합에서 연속인 함수 $y = f(x)$의 그래프를 나타낸 것만을 〈보기〉에서 있는 대로 고르시오.

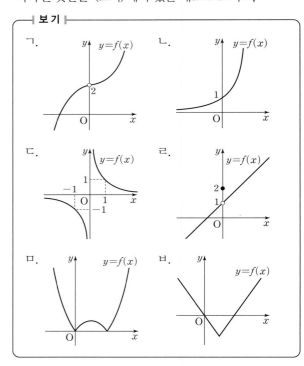

0246 두 함수 $y = f(x)$, $y = g(x)$가 실수 전체의 집합에서 연속일 때, 모든 실수에서 연속인 함수만을 〈보기〉에서 있는 대로 고르시오.

┤ 보 기 ├
ㄱ. $y = f(x) + g(x)$　　ㄴ. $y = f(x) - g(x)$

ㄷ. $y = f(x)g(x)$　　ㄹ. $y = \dfrac{f(x)}{g(x)}$

4 최대·최소 정리

[0247-0248] 함수 $y=f(x)$의 그래프가 그림과 같을 때, 다음 구간에서 함수 $y=f(x)$의 최댓값과 최솟값을 구하시오.

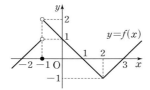

0247 $[-1, 1]$

0248 $[1, 3]$

[0249-0252] 주어진 구간에서 다음 함수의 최댓값과 최솟값을 구하시오.

0249 $f(x)=x$ $[0, 1]$

0250 $f(x)=x^2+2x$ $[0, 3]$

0251 $f(x)=-\sqrt{x-5}$ $[6, 12]$

0252 $f(x)=\dfrac{1}{x-2}$ $[0, 4]$

5 사잇값의 정리

0253 다음은 함수 $f(x)=x^2-x$에 대하여 $f(c)=\sqrt{2}$를 만족시키는 c가 열린구간 $(1, 2)$에 적어도 하나 존재함을 증명한 것이다. ㈎, ㈏에 알맞은 것을 써넣으시오.

함수 $f(x)=x^2-x$는 구간 $(-\infty, \infty)$에서 연속이므로 닫힌구간 $[1, 2]$에서 ㈎ 이다.
또 $f(1)\neq f(2)$이고, $0<\sqrt{2}<2$이므로 ㈏ 에 의하여 $f(c)=\sqrt{2}$를 만족시키는 c가 열린구간 $(1, 2)$에 적어도 하나 존재한다.

[0254-0255] 함수 $f(x)=x^2+4x-1$에 대하여 다음 물음에 답하시오.

0254 $f(0)$과 $f(1)$의 값을 구하시오.

0255 다음은 방정식 $f(x)=0$이 열린구간 $(0, 1)$에서 적어도 하나의 실근을 가짐을 증명한 것이다. ☐ 안에 알맞은 것을 써넣으시오.

$y=f(x)$는 닫힌구간 $[0, 1]$에서 ☐ 이고 $f(0)f(1)$ ☐ 0이므로 ☐ 에 의하여 방정식 $f(x)=0$은 열린구간 $(0, 1)$에서 적어도 하나의 실근을 갖는다.

유형 문제

내신 출제 유형 정복하기

유형
01 함수의 연속의 정의

함수 $y=f(x)$가 $x=a$에서 연속이려면 다음 세 조건을 만족시켜야 한다. (단, a는 실수이다.)

(ⅰ) $x=a$에서 정의되어 있고

(ⅱ) $\lim\limits_{x \to a} f(x)$가 존재하며

(ⅲ) $\lim\limits_{x \to a} f(x)=f(a)$

0256 중요 ●○○○○

〈보기〉에서 주어진 함수가 연속인 구간을 바르게 나타낸 것을 있는 대로 고른 것은?

┤ 보기 ├

ㄱ. $y=x^2-2x$, $(-\infty, \infty)$

ㄴ. $y=\sqrt{3-x}$, $(-\infty, 3)$

ㄷ. $y=\dfrac{x}{x-3}$, $(-\infty, 3)$, $(3, \infty)$

① ㄱ ② ㄱ, ㄴ ③ ㄱ, ㄷ

④ ㄴ, ㄷ ⑤ ㄱ, ㄴ, ㄷ

0257 짱중요 ●●○○○

〈보기〉의 함수 중에서 $x=0$에서 연속인 것만을 있는 대로 고른 것은? (단, $[x]$는 x보다 크지 않은 최대의 정수이다.)

┤ 보기 ├

ㄱ. $f(x)=\dfrac{1}{x}$ ㄴ. $f(x)=|x|$

ㄷ. $f(x)=\sqrt{x-2}$ ㄹ. $f(x)=\begin{cases} \dfrac{x^2-2x}{x} & (x \neq 0) \\ -2 & (x=0) \end{cases}$

① ㄱ, ㄴ ② ㄱ, ㄹ ③ ㄴ, ㄷ

④ ㄴ, ㄹ ⑤ ㄷ, ㄹ

0258 중요 ●●○○

〈보기〉의 함수 중에서 $x=1$에서 연속인 것만을 있는 대로 고르시오.

┤ 보기 ├

ㄱ. $f(x)=x$ ㄴ. $f(x)=|x-1|$

ㄷ. $f(x)=\sqrt{x-2}$ ㄹ. $f(x)=\begin{cases} \dfrac{x^2-1}{x-1} & (x \neq 1) \\ 3 & (x=1) \end{cases}$

0259 ●●○○

〈보기〉의 함수 중에서 실수 전체에서 연속인 것만을 있는 대로 고른 것은?

┤ 보기 ├

ㄱ. $f(x)=x|x|$ ㄴ. $g(x)=x-|x|$

ㄷ. $h(x)=\begin{cases} \dfrac{x^2}{|x|} & (x \neq 0) \\ 1 & (x=0) \end{cases}$

① ㄱ ② ㄷ ③ ㄱ, ㄴ

④ ㄴ, ㄷ ⑤ ㄱ, ㄴ, ㄷ

해설 043쪽

0260

함수 $f(x) = \dfrac{x^2 - 4}{x - 2}$에 대하여 〈보기〉에서 옳은 것만을 있는 대로 고르시오.

보기

ㄱ. $f(2) = 4$　　　　　　　ㄴ. $\displaystyle\lim_{x \to 2} f(x) = 4$

ㄷ. 함수 $y = f(x)$는 $x = 2$에서 연속이다.

0261

$x \neq -1$에서 $f(x) = \dfrac{x^3 + 1}{x + 1}$로 정의된 함수 $y = f(x)$가

$x = -1$에서 연속일 때, $f(-1)$의 값을 구하시오.

0262 평가원 기출

이차함수 $f(x)$가 다음 조건을 만족시킨다.

(가) 함수 $\dfrac{x}{f(x)}$는 $x = 1$, $x = 2$에서 불연속이다.

(나) $\displaystyle\lim_{x \to 2} \dfrac{f(x)}{x - 2} = 4$

$f(4)$의 값을 구하시오.

유형 내신 중요도 ■■■■■■□□ 유형 난이도 ★★☆☆☆

○2 함수의 그래프와 연속

(1) 함수 $y = f(x)$의 그래프가 $x = a$에서 끊어져 있으면 함수
$y = f(x)$는 $x = a$에서 불연속이다.

(2) $[x]$가 x보다 크지 않은 최대의 정수이고 정수 n에 대하여
$x \to a$일 때,
  (ⅰ) $f(x) \to n+$이면 $[f(x)] = n$
  (ⅱ) $f(x) \to n-$이면 $[f(x)] = n - 1$

참고 함수 $y = [x]$는
$x = n$ (n은 정수)에서 불연속이다.

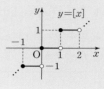

0263

그림은 함수 $y = f(x)$의 그래프이고 이 함수는 $x = a$에서 불연속이다. 다음 중 그 이유로 알맞은 것은?

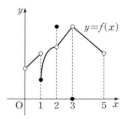

① $f(a)$의 값이 존재하지 않는다.

② $\displaystyle\lim_{x \to a+} f(x)$의 값이 존재하지 않는다.

③ $\displaystyle\lim_{x \to a-} f(x)$의 값이 존재하지 않는다.

④ $\displaystyle\lim_{x \to a} f(x)$의 값이 존재하지 않는다.

⑤ $\displaystyle\lim_{x \to a} f(x)$와 $f(a)$의 값이 존재하지만 $\displaystyle\lim_{x \to a} f(x) \neq f(a)$이다.

0264

함수 $y = f(x)$ $(0 < x < 5)$의 그래프가 그림과 같다. 함수 $y = f(x)$의 극한값이 존재하지 않는 x의 개수를 a, 불연속인 x의 개수를 b라 할 때, $a + b$의 값을 구하시오.

0265 ●○○○

그림은 함수 $y=f(x)$의 그래프이다. 다음 조건을 만족시키는 두 실수 a, b에 대하여 $a-b$의 값을 구하시오. (단, $-2 \leq a \leq 7$)

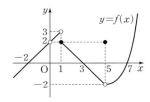

(가) $\lim\limits_{x \to a+} f(x) = \lim\limits_{x \to a-} f(x)$

(나) 함수 $y=f(x)$는 $x=a$에서 불연속이다.

(다) $f(a)=b$

0266 짱중요 ●●○○

$0<x<4$에서 정의된 함수 $y=f(x)$의 그래프가 그림과 같을 때, 〈보기〉에서 옳은 것만을 있는 대로 고른 것은?

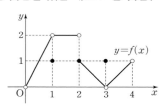

┌ 보기 ┐

ㄱ. $\lim\limits_{x \to 3} f(x) = 1$

ㄴ. $x=1$에서 $y=f(x)$는 연속이다.

ㄷ. 함수 $y=f(x)$가 불연속인 x의 개수는 3이다.

① ㄱ   ② ㄴ   ③ ㄷ

④ ㄱ, ㄷ   ⑤ ㄴ, ㄷ

유형 03 구간별로 주어진 함수의 연속

내신 중요도 ■■■□□□□ 유형 난이도 ★★☆☆☆

실수 전체의 집합에서 연속인 두 함수 $y=f(x)$, $y=g(x)$에 대하여 함수

$$h(x)=\begin{cases} f(x) & (x<a) \\ g(x) & (x \geq a) \end{cases}$$

가 모든 실수 x에서 연속이려면 $x=a$에서 연속이면 된다.

0267 ●○○○

함수 $f(x)=\begin{cases} 2x+10 & (x<1) \\ x+a & (x \geq 1) \end{cases}$ 가 실수 전체의 집합에서 연속이 되도록 하는 상수 a의 값을 구하시오.

0268 짱중요 평가원 기출 ●○○○

함수

$$f(x)=\begin{cases} x+k & (x \leq 2) \\ x^2+4x+6 & (x>2) \end{cases}$$

가 실수 전체의 집합에서 연속일 때, 상수 k의 값을 구하시오.

0269 ●●○○

함수 $f(x)=\begin{cases} x^2+x+2a & (x \leq 1) \\ -x+a^2 & (x>1) \end{cases}$ 이 실수 전체의 집합에서 연속일 때, 양수 a의 값은?

① 1   ② 2   ③ 3

④ 4   ⑤ 5

0270

●●○○

함수 $f(x) = \begin{cases} x+6 & (x \leq a) \\ x^2 & (x > a) \end{cases}$ 이 모든 실수 x에 대하여 연속이

되도록 하는 양수 a의 값을 구하시오.

0271

●●○○

함수 $f(x) = \begin{cases} x^2+ax-3 & (1 < x < 2) \\ 2x+b & (x \leq 1 \text{ 또는 } x \geq 2) \end{cases}$ 가

모든 실수 x에서 연속일 때, 두 상수 a, b에 대하여 $a+b$의 값을 구하시오.

0272 중요

●●●○

함수 $f(x) = \begin{cases} x^2-2x & (|x| > 1) \\ -x^2+ax+b & (|x| \leq 1) \end{cases}$ 가

모든 실수 x에서 연속이 되도록 하는 두 상수 a, b에 대하여 ab의 값을 구하시오.

0273

●●○○

함수 $f(x) = \begin{cases} 3x-a & (x \geq 1) \\ x^2+b & (-1 < x < 1) \\ 2x+c & (x \leq -1) \end{cases}$ 가 실수 전체의 집합에서

연속이고 $f(0) = 3$일 때, 세 상수 a, b, c에 대하여 abc의 값을 구하시오.

0274

●●●○

함수 $f(x) = \begin{cases} x-2 & (x > 1) \\ g(x) & (-1 \leq x \leq 1) \\ x+2 & (x < -1) \end{cases}$ 일 때, 함수 $f(x)$가 실수

전체의 집합에서 연속이다. 최고차항의 계수가 1인 이차함수를 $g(x)$라 할 때, $f(0)$의 값을 구하시오.

0275

●●●●

함수 $f(x) = \begin{cases} -x^2+2 & (|x| < 1) \\ x^2-1 & (|x| \geq 1) \end{cases}$ 에 대하여 함수 $g(x)$를

$g(x) = \begin{cases} f(x) & (x < a) \\ x+1 & (x \geq a) \end{cases}$ 라 하자. $g(x)$가 실수 전체의 집합에

서 연속일 때, $g(-2) + g(0)$의 값을 구하시오.

(단, a는 상수이다.)

유형 04 **분수식으로 표현된 함수의 연속**

내신 중요도 ■■■■■■ 유형 난이도 ★★★☆☆

함수 $f(x) = \begin{cases} \dfrac{g(x)}{x-a} & (x \neq a) \\ k & (x=a) \end{cases}$ 가 $x=a$에서 연속이려면

$\displaystyle\lim_{x \to a} \dfrac{g(x)}{x-a} = k$이어야 한다. 이때 $g(a)=0$임을 이용한다.

0276 짱중요 ●○○○○

함수 $f(x) = \begin{cases} \dfrac{x^2+x-12}{x-3} & (x \neq 3) \\ a & (x=3) \end{cases}$ 가 모든 실수 x에서 연속이

되도록 하는 상수 a의 값을 구하시오.

0277 짱중요 교육청 기출 ●●○○○

함수 $f(x) = \begin{cases} \dfrac{x^3-ax+1}{x-1} & (x \neq 1) \\ b & (x=1) \end{cases}$ 가 실수 전체의 집합에서

연속이 되도록 하는 두 상수 a, b에 대하여 $10a+b$의 값을 구하시오.

0278 짱중요 평가원 기출 ●●○○○

함수 $f(x) = \begin{cases} \dfrac{x^2-5x+a}{x-3} & (x \neq 3) \\ b & (x=3) \end{cases}$ 가 실수 전체의 집합에서

연속일 때, $a+b$의 값은? (단, a와 b는 상수이다.)

① 1   ② 3   ③ 5
④ 7   ⑤ 9

0279 중요 ●○○○

함수 $f(x) = \begin{cases} \dfrac{x^2+ax+b}{x+2} & (x \neq -2) \\ 0 & (x=-2) \end{cases}$ 이 $x=-2$에서

연속일 때, 두 상수 a, b에 대하여 $a+b$의 값은?

① 4   ② 6   ③ 8
④ 10   ⑤ 12

0280 ●●○○

함수 $f(x) = \begin{cases} \dfrac{x^2+ax+b}{x-1} & (x \neq 1) \\ 4 & (x=1) \end{cases}$ 가 모든 실수 x에서 연속이

되도록 하는 두 상수 a, b에 대하여 ab의 값은?

① -6 ② -4 ③ -2
④ 2   ⑤ 4

0281 ●●●○

함수

$f(x) = \begin{cases} \dfrac{\sqrt{1+x}-\sqrt{1-x}}{2x} & (-1 < x < 0 \text{ 또는 } 0 < x < 1) \\ k & (x=0) \end{cases}$

가 열린구간 $(-1, 1)$에서 연속이기 위한 상수 k의 값을 구하시오.

0282 짱중요

두 상수 a, b에 대하여 함수

$$f(x) = \begin{cases} \dfrac{\sqrt{x+7}-a}{x-2} & (x \neq 2) \\ b & (x=2) \end{cases}$$

가 $x=2$에서 연속일 때, $\dfrac{a}{b}$의 값을 구하시오.

0283 중요

함수 $f(x) = \begin{cases} \dfrac{2\sqrt{x+a}-b}{x} & (x \neq 0) \\ \dfrac{1}{2} & (x=0) \end{cases}$ 이 모든 실수 x에서

연속이 되도록 하는 두 상수 a, b에 대하여 $a+b$의 값을 구하시오.

0284

함수 $f(x) = \begin{cases} \dfrac{\sqrt{x^2-x+3}-a}{x-3} & (x \neq 3) \\ b & (x=3) \end{cases}$ 가 $x=3$에서 연속일 때,

두 상수 a, b에 대하여 $a+b$의 값은?

① $\dfrac{17}{6}$ ② $\dfrac{19}{6}$ ③ $\dfrac{7}{2}$

④ $\dfrac{23}{6}$ ⑤ $\dfrac{25}{6}$

0285

함수 $f(x) = \begin{cases} ax+b & (|x| \geq 1) \\ \dfrac{|x|-1}{x^2-1} & (|x| < 1) \end{cases}$ 이 모든 실수 x에서 연속

일 때, $a+10b$의 값을 구하시오. (단, 상수 a, b는 상수이다.)

0286

이차항의 계수가 2인 이차함수 $y=g(x)$에 대하여 함수

$$f(x) = \begin{cases} \dfrac{g(x)}{x-3} & (x \neq 3) \\ a & (x=3) \end{cases}$$

가 모든 실수 x에 대하여 연속일 때, $f(3)-f(0)$의 값을 구하시오. (단, a는 상수이다.)

0287 교육청 기출

다항함수 $y=f(x)$에 대하여 함수 $y=g(x)$를

$$g(x) = \begin{cases} \dfrac{f(x)-x^2}{x-1} & (x \neq 1) \\ k & (x=1) \end{cases}$$

로 정의하자. 함수 $y=g(x)$가 모든 실수 x에서 연속이고

$\displaystyle\lim_{x \to \infty} g(x) = 2$일 때, $k+f(3)$의 값을 구하시오.

(단, k는 상수이다.)

유형

5 $(x-a)f(x)$ 꼴로 표현된 함수의 연속

실수 전체의 집합에서 연속인 함수 $y=g(x)$에 대하여 함수 $y=f(x)$가 $(x-a)f(x)=g(x)$를 만족시킬 때, 함수 $y=f(x)$가 모든 실수 x에서 연속이면

$$f(a)=\lim_{x \to a} \frac{g(x)}{x-a}$$

0288 ●○○○

모든 실수 x에 대하여 연속인 함수 $y=f(x)$가
$$(x+1)f(x)=x^2+5x+4$$
를 만족시킬 때, $f(-1)$의 값을 구하시오.

0289 ●●○○

모든 실수 x에서 연속인 함수 $y=f(x)$가
$(x-2)f(x)=x^2-2x+a$를 만족시킬 때, $f(2)$의 값을 구하시오.
(단, a는 상수이다.)

0290 짱중요 ●●●○

모든 실수 x에 대하여 연속인 함수 $f(x)$가 등식
$$(x-2)^2f(x)=x^3+ax^2+b$$
를 만족시킬 때, $f(10)$의 값을 구하시오. (단, a, b는 상수이다.)

0291 중요 ●●●○

모든 실수 x에서 연속인 함수 $f(x)$가 등식
$$(x^2-3x+2)f(x)=x^3-6x^2+ax+b$$
를 만족시킬 때, $a-b$의 값을 구하시오. (단, a, b는 상수이다.)

0292 ●●●○

모든 실수 x에서 연속인 함수 $y=f(x)$가
$$(x-1)f(x)=ax^2+bx, \ f(1)=4$$
를 만족시킬 때, 두 상수 a, b에 대하여 $a-b$의 값을 구하시오.

0293 짱중요 ●●○○

$x>0$인 모든 실수 x에서 연속인 함수 $y=f(x)$가
$$(x-1)f(x)=\sqrt{x+3}-2$$
를 만족시킬 때, $f(1)$의 값은?

① $\dfrac{1}{2}$ ② $\dfrac{1}{3}$ ③ $\dfrac{1}{4}$

④ $\dfrac{1}{5}$ ⑤ $\dfrac{1}{6}$

0294 ●●○○

$x=1$에서 연속인 함수 $f(x)$가
$$(x-1)f(x)=\sqrt{x+3}+a$$
를 만족시킬 때, $f(1)$의 값을 구하시오. (단, a는 상수이다.)

0295 ●●●○

열린구간 $(-1, 1)$에서 연속인 함수 $y=f(x)$가
$$(\sqrt{1+x}-\sqrt{1-x})f(x)=2x^2+4x$$
를 만족시킬 때, $f(0)$의 값은?

① 1   ② 2   ③ 3

④ 4   ⑤ 5

0296 ●●●○

함수 $y=f(x)$의 그래프가 그림과 같을 때, 닫힌구간 $[0, 3]$에서 함수 $y=(x-a)f(x)$가 연속이 되도록 하는 상수 a의 값을 구하시오.

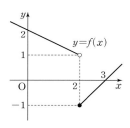

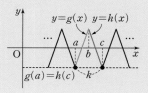

유형 06 $f(x)=f(x+k)$ 꼴로 표현된 함수의 연속

내신 중요도 ▰▰▰▰▱▱ 유형 난이도 ★★★★☆

두 다항함수 $y=g(x)$, $y=h(x)$에 대하여 닫힌구간 $[a, c]$에서
$$f(x)=\begin{cases} g(x) & (a\le x< b) \\ h(x) & (b\le x\le c) \end{cases}$$
로 정의되고, $k=c-a$에 대하여 $f(x)=f(x+k)$를 만족시키는 함수 $y=f(x)$가 실수 전체의 집합에서 연속이면
① $\lim\limits_{x\to b-} g(x)=\lim\limits_{x\to b+} h(x)$
② $g(a)=h(c)$

0297 ●●○○

모든 실수 x에서 연속인 함수 $y=f(x)$가 닫힌구간 $[0, 4]$에서
$$f(x)=\begin{cases} ax & (0\le x\le 1) \\ 2x+b & (1< x\le 4) \end{cases}$$
이고, 모든 실수 x에 대하여 $f(x+4)=f(x)$를 만족시킬 때, $f(1)$의 값을 구하시오. (단, a, b는 상수이다.)

0298 ●●○○

모든 실수 x에서 연속인 함수 $y=f(x)$가 다음 조건을 만족시킬 때, $f(17)$의 값을 구하시오. (단, a, b는 상수이다.)

㈎ 닫힌구간 $[0, 6]$에서 $f(x)=\begin{cases} \dfrac{1}{3}x & (0\le x<3) \\ ax+b & (3\le x\le 6) \end{cases}$

㈏ 모든 실수 x에 대하여 $f(x-2)=f(x+4)$

0299 짱중요 ●●●○

실수 전체의 집합에서 연속인 함수 $y=f(x)$가 닫힌구간 $[-1, 3]$에서
$$f(x)=\begin{cases} x^2+bx+8 & (-1\le x< 1) \\ -x+a & (1\le x\le 3) \end{cases}$$
이고 모든 실수 x에 대하여 $f(x+4)=f(x)$를 만족시킬 때, 두 상수 a, b에 대하여 $f(a)+f(b)$의 값을 구하시오.

0300 평가원 기출 ●●●○

함수 $f(x)$는 모든 실수 x에 대하여 $f(x+2)=f(x)$를 만족시키고,

$$f(x)=\begin{cases} ax+1 & (-1\leq x<0) \\ 3x^2+2ax+b & (0\leq x<1) \end{cases}$$

이다. 함수 $f(x)$가 실수 전체의 집합에서 연속일 때, 두 상수 a, b의 합 $a+b$의 값은?

① -2 ② -1 ③ 0

④ 1 ⑤ 2

 0301 중요 ●●●○

실수 전체의 집합에서 연속인 함수 $y=f(x)$가 닫힌구간 $[0, 3]$에서

$$f(x)=\begin{cases} -6x & (0\leq x<1) \\ a(x-1)^2-2b & (1\leq x\leq 3) \end{cases}$$

이고 모든 실수 x에 대하여 $f(x+3)=f(x)$를 만족시킬 때, $f(98)$의 값을 구하시오. (단, a, b는 상수이다.)

 0302 중요 ●●●○

실수 전체의 집합에서 연속인 함수 $y=f(x)$가 다음 조건을 만족시킬 때, $f(10)$의 값을 구하시오. (단, a, b는 상수이다.)

┌─────────────────────────────────────┐
(개) 닫힌구간 $[0, 4]$에서 $f(x)=\begin{cases} 3x & (0\leq x<1) \\ x^2+ax+b & (1\leq x\leq 4) \end{cases}$

(내) 모든 실수 x에 대하여 $f(x-2)=f(x+2)$
└─────────────────────────────────────┘

유형 **07** 연속함수의 성질   내신 중요도 ━━━━━ 유형 난이도 ★★★★☆

두 함수 $y=f(x)$, $y=g(x)$가 모두 $x=a$에서 연속이면 다음 함수도 $x=a$에서 연속이다.

(1) $y=cf(x)$ (단, c는 상수)   (2) $y=f(x)\pm g(x)$

(3) $y=f(x)g(x)$ (4) $y=\dfrac{f(x)}{g(x)}$ (단, $g(a)\neq 0$)

0303 ●●○○

두 함수 $y=f(x)$, $y=g(x)$가 모두 $x=a$에서 연속일 때, 〈보기〉의 함수 중에서 $x=a$에서 항상 연속인 것만을 있는 대로 고르시오.

┌─ 보기 ┠─────────────────────────────┐
ㄱ. $y=2f(x)+g(x)$ ㄴ. $y=f(x)g(x)$

ㄷ. $y=\dfrac{f(x)}{g(x)}$ ㄹ. $y=\{f(x)-g(x)\}^2$
└─────────────────────────────────────┘

 0304 중요 ●●○○

두 함수 $f(x)=\dfrac{1}{x}$, $g(x)=x^2+1$에 대하여 다음 중 실수 전체의 집합에서 연속인 함수는?

① $y=f(g(x))$ ② $y=g(f(x))$ ③ $y=f(x)g(x)$

④ $y=\dfrac{f(x)}{g(x)}$ ⑤ $y=f(x)+g(x)$

0305
●●●●

두 함수 $y=f(x)$, $y=g(x)$에 대하여 〈보기〉에서 옳은 것만을 있는 대로 고른 것은? (단, 함수 $y=g(x)$의 치역은 함수 $y=f(x)$의 정의역에 포함된다.)

┤ 보기 ├
ㄱ. 함수 $y=f(x)$가 $x=a$에서 연속이면 함수 $y=|f(x)|$도 $x=a$에서 연속이다.
ㄴ. 함수 $y=f(g(x))$가 $x=a$에서 연속이면 함수 $y=g(x)$도 $x=a$에서 연속이다.
ㄷ. 함수 $y=\{f(x)\}^2$이 $x=a$에서 연속이면 함수 $y=f(x)$도 $x=a$에서 연속이다.

① ㄱ   ② ㄴ   ③ ㄱ, ㄴ
④ ㄱ, ㄷ   ⑤ ㄱ, ㄴ, ㄷ

0306 중요 평가원 기출
●●●●

두 함수 $f(x)$, $g(x)$에 대하여 〈보기〉에서 옳은 것을 모두 고른 것은?

┤ 보기 ├
ㄱ. $\lim\limits_{x\to 0}f(x)$와 $\lim\limits_{x\to 0}g(x)$가 모두 존재하지 않으면 $\lim\limits_{x\to 0}\{f(x)+g(x)\}$도 존재하지 않는다.
ㄴ. $y=f(x)$가 $x=0$에서 연속이면 $y=|f(x)|$도 $x=0$에서 연속이다.
ㄷ. $y=|f(x)|$가 $x=0$에서 연속이면 $y=f(x)$도 $x=0$에서 연속이다.

① ㄴ   ② ㄷ   ③ ㄱ, ㄴ
④ ㄱ, ㄷ   ⑤ ㄴ, ㄷ

유형 08 합 또는 곱, 몫으로 표현된 함수의 연속
내신 중요도 ━━━━━━ 유형 난이도 ★★★★☆

연속의 정의를 이용하여 $y=f(x)+g(x)$, $y=f(x)g(x)$ 등으로 표현된 함수의 연속을 조사한다.

0307 짱중요 교육청 기출
●●●○

두 함수 $y=f(x)$, $y=g(x)$의 그래프가 그림과 같을 때, 〈보기〉에서 옳은 것만을 있는 대로 고른 것은?

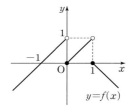 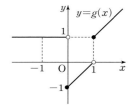

┤ 보기 ├
ㄱ. $\lim\limits_{x\to 0+}f(x)=0$
ㄴ. $\lim\limits_{x\to 1-}f(x)g(x)=0$
ㄷ. 함수 $f(x)g(x)$는 $x=1$에서 연속이다.

① ㄱ   ② ㄷ   ③ ㄱ, ㄴ
④ ㄴ, ㄷ   ⑤ ㄱ, ㄴ, ㄷ

0308 중요 교육청 기출
●●●○

그림은 두 함수 $y=f(x)$, $y=g(x)$의 그래프이다. 옳은 것만을 〈보기〉에서 있는 대로 고른 것은?

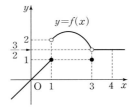 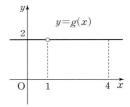

┤ 보기 ├
ㄱ. $\lim\limits_{x\to 1-}f(x)g(x)=2$
ㄴ. 함수 $f(x)g(x)$는 $x=3$에서 연속이다.
ㄷ. 닫힌구간 $[0, 4]$에서 함수 $f(x)g(x)$의 불연속인 점은 오직 한 개 존재한다.

① ㄱ   ② ㄴ   ③ ㄱ, ㄷ
④ ㄴ, ㄷ   ⑤ ㄱ, ㄴ, ㄷ

0309 ●●●○

세 함수 $y=f(x)$, $y=g(x)$, $y=h(x)$의 그래프가 그림과 같다.

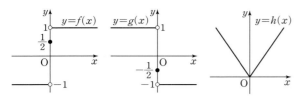

〈보기〉의 함수 중에서 모든 실수 x에 대하여 연속인 것만을 있는 대로 고른 것은?

| 보기 |

ㄱ. $y=f(x)+g(x)$ ㄴ. $y=f(x)g(x)$

ㄷ. $y=\dfrac{h(x)}{g(x)}$

① ㄱ　　　② ㄴ　　　③ ㄱ, ㄷ
④ ㄴ, ㄷ　　　⑤ ㄱ, ㄴ, ㄷ

0310 교육청 기출 ●●●○

함수 $y=f(x)$의 그래프가 그림과 같다.

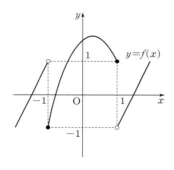

〈보기〉에서 옳은 것만을 있는 대로 고른 것은?

| 보기 |

ㄱ. $\displaystyle\lim_{x\to-1-} f(x)+\lim_{x\to1+} f(x)=0$

ㄴ. $\displaystyle\lim_{x\to1} f(-x)$는 존재한다.

ㄷ. 함수 $f(x)f(-x)$는 $x=1$에서 연속이다.

① ㄱ　　　② ㄴ　　　③ ㄱ, ㄷ
④ ㄴ, ㄷ　　　⑤ ㄱ, ㄴ, ㄷ

⭐0311 중요 교육청 기출 ●●●●

실수 전체의 집합에서 정의된 함수 $y=f(x)$의 그래프의 일부가 그림과 같을 때, 옳은 것만을 〈보기〉에서 있는 대로 고른 것은?

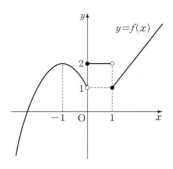

| 보기 |

ㄱ. $\displaystyle\lim_{x\to-1} f(x)=2$

ㄴ. $\displaystyle\lim_{x\to-1+} f(-x)=f(1)$

ㄷ. 함수 $f(x)f(x+1)$은 $x=0$에서 연속이다.

① ㄱ　　　② ㄴ　　　③ ㄱ, ㄷ
④ ㄴ, ㄷ　　　⑤ ㄱ, ㄴ, ㄷ

0312 평가원 기출 ●●●●

함수 $f(x)=\begin{cases} x & (|x|\geq 1) \\ -x & (|x|<1) \end{cases}$ 에 대하여 옳은 것만을 〈보기〉에서 있는 대로 고른 것은?

| 보기 |

ㄱ. 함수 $f(x)$가 불연속인 점은 2개이다.

ㄴ. 함수 $(x-1)f(x)$는 $x=1$에서 연속이다.

ㄷ. 함수 $\{f(x)\}^2$은 실수 전체의 집합에서 연속이다.

① ㄱ　　　② ㄴ　　　③ ㄱ, ㄴ
④ ㄱ, ㄷ　　　⑤ ㄱ, ㄴ, ㄷ

유형 09 곱, 몫으로 표현된 함수가 연속일 조건

내신 중요도 ▬▬▬▬▬▬ 유형 난이도 ★★★★☆

$$f(x)=\begin{cases} (다항식) & (x<a) \\ (다항식) & (x\geq a) \end{cases}, \quad g(x)=\begin{cases} (다항식) & (x<b) \\ (다항식) & (x\geq b) \end{cases}$$ 와 같

이 구간별 다항함수로 표현된 함수들에 대하여 이들의 합, 곱
으로 표현된 함수의 연속은 경계가 되는 점에서의 연속성을
조사하면 된다.

0313 짱중요 ●○○○

두 다항함수 $f(x)=x^2-4x+1$, $g(x)=x^2-2ax+5a$에 대하여

함수 $h(x)=\dfrac{f(x)}{g(x)}$가 모든 실수에서 연속이 되도록 하는 모든

정수 a의 값의 합을 구하시오.

0314 ●●○○

함수 $f(x)=x^2-x+3$, $g(x)=ax+1$에 대하여

함수 $y=\dfrac{1}{f(x)+g(x)}$이 모든 실수 x에서 연속이 되도록

하는 상수 a의 값의 범위는?

① $-4<a<3$ ② $-3<a<6$ ③ $-3<a<5$

④ $3<a<6$ ⑤ $4<a<6$

0315 ●●●○

두 함수

$$f(x)=\begin{cases} x-1 & (x<0) \\ x^3+1 & (x\geq 0) \end{cases}, \quad g(x)=\begin{cases} x^2+3 & (x<0) \\ x+k & (x\geq 0) \end{cases}$$

에 대하여 함수 $y=f(x)+g(x)$가 $x=0$에서 연속이 되도록

하는 상수 k의 값을 구하시오.

0316 ●●●○

두 함수 $f(x)=\begin{cases} -x & (x<1) \\ x+k & (x\geq 1) \end{cases}$, $g(x)=x^2+2x-5$에 대하여

함수 $y=f(x)g(x)$가 $x=1$에서 연속일 때, 상수 k의 값을 구하시오.

0317 중요 ●●●○

두 함수 $f(x)=\begin{cases} x-2 & (x<2) \\ -x+4 & (x\geq 2) \end{cases}$, $g(x)=x+k$에

대하여 함수 $y=f(x)g(x)$가 $x=2$에서 연속이 되도록 하는

상수 k의 값을 구하시오.

0318 교육청 기출 ●●●○

두 함수 $f(x)=\begin{cases} (x-1)^2 & (x\neq 1) \\ 1 & (x=1) \end{cases}$, $g(x)=2x+k$

에 대하여 함수 $f(x)g(x)$가 실수 전체의 집합에서 연속이 되도

록 하는 상수 k의 값은?

① -2 ② -1 ③ 0

④ 1 ⑤ 2

0319 짱중요 평가원 기출 ●●●○

두 함수

$$f(x) = \begin{cases} x+3 & (x \le a) \\ x^2-x & (x > a) \end{cases}, \ g(x) = x-(2a+7)$$

에 대하여 함수 $y = f(x)g(x)$가 실수 전체의 집합에서 연속이 되도록 하는 모든 실수 a의 값의 곱을 구하시오.

0320 교육청 기출 ●●●○

함수 $y = f(x)$의 그래프가 그림과 같다.

함수 $g(x) = x^2 + ax - 9$일 때, 함수 $f(x)g(x)$가 $x=1$에서 연속이 되도록 하는 상수 a의 값은?

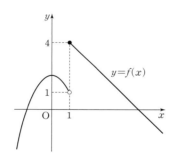

① 6　　　　② 7　　　　③ 8
④ 9　　　　⑤ 10

0321 ●●●○

두 함수

$$f(x) = \begin{cases} -x^2+a & (x \le 2) \\ x^2-4 & (x > 2) \end{cases}, \ g(x) = \begin{cases} x-4 & (x \le 2) \\ \dfrac{1}{x-2} & (x > 2) \end{cases}$$

에 대하여 함수 $y = f(x)g(x)$가 $x=2$에서 연속이 되도록 하는 상수 a의 값은?

① 1　　　　② 2　　　　③ 3
④ 4　　　　⑤ 5

0322 ●●●○

두 함수

$$f(x) = \begin{cases} -x+2 & (x < 0) \\ -x+4 & (x \ge 0) \end{cases}, \ g(x) \begin{cases} x+a+1 & (x < b) \\ x+a & (x \ge b) \end{cases}$$

에 대하여 함수 $f(x)g(x)$가 실수 전체의 집합에서 연속이 되도록 하는 두 상수 $a, b \,(b>0)$에 대하여 $g(a+b)$의 값을 구하시오.

0323 ●●●●

함수

$$f(x) = \begin{cases} 1 & (1 < x < 3) \\ 3-|x-2| & (x \le 1, \ x \ge 3) \end{cases}$$ 이고,

함수 $g(x)$는 이차항의 계수가 1인 이차함수이다. $f(x)g(x)$가 실수 전체의 집합에서 연속일 때, $g(5)$의 값을 구하시오.

유형 10 새롭게 정의된 함수의 연속

내신 중요도 ■■■■□□□ 유형 난이도 ★★☆☆☆

함수의 연속의 정의를 이용하여 새롭게 정의된 함수의 연속성을 조사하자. 특히 구간별 다항함수로 표현된 함수의 경우는 경계가 되는 점에서의 연속성을 조사하자.

0324 중요

●●●●○

함수 $f(x) = \begin{cases} x+2 & (x \leq 0) \\ -\dfrac{1}{2}x & (x > 0) \end{cases}$ 의

그래프가 그림과 같다.

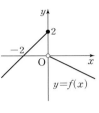

함수 $g(x) = f(x)\{f(x)+k\}$가 $x=0$에서 연속이 되도록 하는 상수 k의 값을 구하시오.

0325 중요 [교육청 기출]

●●●●○

함수 $f(x) = \begin{cases} x^2+1 & (|x| \leq 2) \\ -2x+3 & (|x| > 2) \end{cases}$ 에 대하여

함수 $f(-x)\{f(x)+k\}$가 $x=2$에서 연속이 되도록 하는 상수 k의 값을 구하시오.

0326 [교육청 기출]

●●●○

함수 $f(x) = \begin{cases} x(x-2) & (x \leq 1) \\ x(x-2)+16 & (x > 1) \end{cases}$ 에 대하여

함수 $f(x)\{f(x)-a\}$가 실수 전체의 집합에서 연속이 되도록 하는 상수 a의 값을 구하시오.

0327 중요

●●●●

함수 $f(x) = \begin{cases} x+2 & (x \leq 0) \\ -x+a & (x > 0) \end{cases}$ 가 $x=0$에서 불연속이고

함수 $y = f(x)f(x-1)$은 $x=1$에서 연속일 때, $f(3)$의 값을 구하시오. (단, a는 상수이다.)

0328 [교육청 기출]

●●●●○

실수 전체의 집합에서 정의된

$f(x) = \begin{cases} \dfrac{1}{2}x^2-8 & (|x| > 2) \\ -x^2+2 & (|x| \leq 2) \end{cases}$ 의 그래프가 그림과 같다.

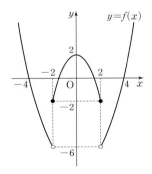

함수 $f(x)f(kx)$가 $x=2$에서 연속이 되도록 하는 모든 상수 k의 값의 곱은?

① 1   ② $\sqrt{2}$ ③ 2

④ $2\sqrt{2}$ ⑤ 4

0329 중요 [평가원 기출] ●●●○

함수 $f(x) = \begin{cases} x+1 & (x \le 0) \\ -\dfrac{1}{2}x+7 & (x>0) \end{cases}$ 에 대하여

함수 $y=f(x)f(x-a)$가 $x=a$에서 연속이 되도록 하는 모든 실수 a의 값의 합을 구하시오.

0330 [교육청 기출] ●●●○

함수 $f(x)$가

$$f(x) = \begin{cases} -x+1 & (x \le -1) \\ 1 & (-1 < x \le 1) \\ x-1 & (x>1) \end{cases}$$

이고 최고차항의 계수가 1인 삼차함수 $g(x)$가 다음 조건을 만족시킨다.

(가) 함수 $f(x)g(x)$는 실수 전체의 집합에서 연속이다.
(나) 함수 $f(x)g(x+k)$가 실수 전체의 집합에서 연속이 되도록 하는 상수 k가 존재한다. (단, $k \ne 0$)

$g(0)<0$일 때, $g(2)$의 값은?

① 3   ② 6   ③ 9
④ 12   ⑤ 15

유형 **11** 합성함수의 연속

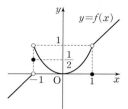

실수 전체의 집합에서 정의된 두 함수 $y=f(x)$, $y=g(x)$에 대하여 합성함수 $y=f(g(x))$가 $x=a$에서 연속이려면

$$\lim_{x \to a+} f(g(x)) = \lim_{x \to a-} f(g(x)) = f(g(a))$$

0331 중요 ●●●○

함수 $y=f(x)$의 그래프가 그림과 같을 때, 〈보기〉에서 옳은 것만을 있는 대로 고른 것은?

┤ 보기 ├

ㄱ. $\lim\limits_{x \to 1} f(x)$의 값은 존재하지 않는다.
ㄴ. $\lim\limits_{x \to 1} f(f(x))=1$
ㄷ. 함수 $y=f(f(x))$는 $x=-1$에서 불연속이다.

① ㄱ   ② ㄱ, ㄴ   ③ ㄱ, ㄷ
④ ㄴ, ㄷ   ⑤ ㄱ, ㄴ, ㄷ

0332 짱중요 ●●●○

두 함수 $y=f(x)$, $y=g(x)$의 그래프가 그림과 같을 때, 〈보기〉에서 옳은 것만을 있는 대로 고른 것은?

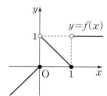 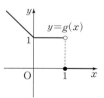

┤ 보기 ├

ㄱ. $\lim\limits_{x \to 1}\{f(x)g(x)\}=0$
ㄴ. 함수 $y=g(f(x))$는 $x=0$에서 연속이다.
ㄷ. 함수 $y=f(g(x))$는 $x=1$에서 불연속이다.

① ㄱ   ② ㄴ   ③ ㄱ, ㄴ
④ ㄱ, ㄷ   ⑤ ㄱ, ㄴ, ㄷ

0333 짱중요

두 함수 $y=f(x)$, $y=g(x)$의 그래프가 그림과 같다.

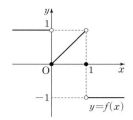 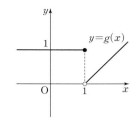

〈보기〉에서 옳은 것만을 있는 대로 고르시오.

┤ 보기 ├

ㄱ. 함수 $y=f(g(x))$는 $x=0$에서 연속이다.

ㄴ. 함수 $y=g(f(x))$는 $x=1$에서 연속이다.

ㄷ. 함수 $y=f(g(x))$는 $x=1$에서 연속이다.

0334

함수 $y=f(x)$의 그래프는 그림과 같고, 함수 $y=g(x)$의 그래프가 〈보기〉와 같다. 함수 $y=g(f(x))$의 그래프가 닫힌 구간 $[-2, 2]$에서 연속이 되는 것을 있는 대로 고르시오.

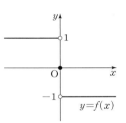

┤ 보기 ├

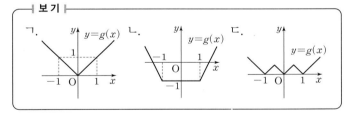

0335

두 함수 $y=f(x)$, $y=g(x)$가

$$f(x)=\begin{cases} x+3 & (x\leq 0) \\ 2-x & (x>0) \end{cases}, g(x)=3x^2-ax-4$$

이고 함수 $y=g(f(x))$가 모든 실수 x에서 연속이 되도록 하는 상수 a의 값을 구하시오.

0336

두 함수

$$f(x)=\begin{cases} x-2 & (x>1) \\ -x & (|x|\leq 1) \\ x+2 & (x<-1) \end{cases}, g(x)=\begin{cases} |x| & (0<|x|\leq 1) \\ -1 & (x=0) \\ 0 & (|x|>1) \end{cases}$$

의 그래프가 그림과 같다.

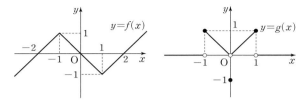

모든 실수 x에 대하여 함수 $y=(g \circ f)(x)$가 불연속이 되는 x의 개수를 구하시오.

0337 중요 교육청 기출

함수 $y=f(x)$의 그래프가 그림과 같다. 〈보기〉에서 옳은 것만을 있는 대로 고른 것은?

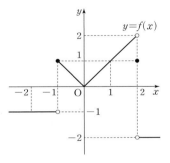

┤ 보기 ├

ㄱ. $\lim\limits_{x \to -1+} f(x)=1$

ㄴ. $\lim\limits_{x \to 2} f(x)f(x-3)=2$

ㄷ. 함수 $(f \circ f)(x)$는 $x=-1$에서 연속이다.

① ㄱ   ② ㄱ, ㄴ   ③ ㄱ, ㄷ

④ ㄴ, ㄷ   ⑤ ㄱ, ㄴ, ㄷ

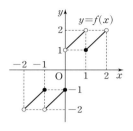

유형
12 $y=f(x)+f(-x)$ 꼴의 함수의 연속

내신 중요도 ▰▰▰▰▱ 유형 난이도 ★★★★★

함수의 연속의 정의를 이용하여 $f(x)+f(-x)$로 표현된 함수의 연속성을 조사하자.

참고 $\lim\limits_{x \to 0-} f(-x) = \lim\limits_{x \to 0+} f(x)$

0338 중요 평가원 기출 ●●●○

열린구간 $(-2, 2)$에서 정의된 함수
$y=f(x)$의 그래프가 다음 그림과 같다.
열린구간 $(-2, 2)$에서 함수 $g(x)$를
$$g(x)=f(x)+f(-x)$$
로 정의할 때, 〈보기〉에서 옳은 것을
모두 고른 것은?

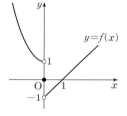

┤ 보기 ├

ㄱ. $\lim\limits_{x \to 0} f(x)$가 존재한다.

ㄴ. $\lim\limits_{x \to 0} g(x)$가 존재한다.

ㄷ. 함수 $g(x)$는 $x=1$에서 연속이다.

① ㄴ   ② ㄷ   ③ ㄱ, ㄴ

④ ㄱ, ㄷ   ⑤ ㄴ, ㄷ

0339 ●●●●

함수 $y=f(x)$의 그래프가 그림과 같다.
두 함수 $g(x)=f(x)f(-x)$,
$h(x)=f(x)+f(-x)$에 대하여
〈보기〉에서 옳은 것만을 있는 대로 고른
것은?

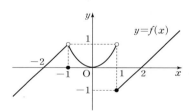

┤ 보기 ├

ㄱ. $\lim\limits_{x \to 0} g(x)=1$

ㄴ. 함수 $y=h(x)$는 $x=0$에서 연속이다.

ㄷ. 함수 $y=g(x)+h(x)$는 실수 전체의 집합에서 연속이다.

① ㄱ   ② ㄴ   ③ ㄷ

④ ㄱ, ㄷ   ⑤ ㄴ, ㄷ

0340 중요 평가원 기출 ●●●●

다음 조건을 만족시키는 함수 $f(x)$가 있다.

(가) $f(x)+f(-x)$가 $x=0$에서 연속이다.
(나) $f(x+1)\{f(x)-2\}$가 $x=-1$에서 연속이다.

$\lim\limits_{x \to -1} f(x)=2$, $\lim\limits_{x \to 0-} f(x)=2$, $\lim\limits_{x \to 0+} f(x)=3$일 때,
$f(-1)+f(0)$의 값을 구하시오.

0341 평가원 기출 ●●●●

함수
$$f(x)=\begin{cases} x+2 & (x<-1) \\ 0 & (x=-1) \\ x^2 & (-1<x<1) \\ x-2 & (x \geq 1) \end{cases}$$

에 대하여 옳은 것만을 〈보기〉에서 있는 대로 고른 것은?

┤ 보기 ├

ㄱ. $\lim\limits_{x \to -1+} \{f(x)+f(-x)\}=0$

ㄴ. 함수 $f(x)-|f(x)|$가 불연속인 점은 1개이다.

ㄷ. 함수 $f(x)f(x-a)$가 실수 전체의 집합에서 연속이 되는
상수 a는 없다.

① ㄱ   ② ㄱ, ㄴ   ③ ㄱ, ㄷ

④ ㄴ, ㄷ   ⑤ ㄱ, ㄴ, ㄷ

유형 13 가우스 기호가 포함된 함수의 연속

내신 중요도 ■■■■■□□ 유형 난이도 ★★★★☆

$[x]$는 $x=$(정수)를 기준으로 좌우에서 그 값이 변하므로 $x=$(정수)에서 불연속이다.

0342 ●●○○

$0<x<1$에서 함수 $y=[5x]$가 불연속이 되는 모든 x의 값의 합은? (단, $[x]$는 x보다 크지 않은 최대의 정수이다.)

① 2 ② $\dfrac{5}{2}$ ③ 3

④ $\dfrac{7}{2}$ ⑤ 4

0343 ●●●○

열린구간 $(0, 3)$에서 정의된 함수 $f(x)=[x^2]$이 불연속이 되는 x의 개수를 구하시오.

(단, $[x]$는 x보다 크지 않은 최대의 정수이다.)

0344 ●●●○

열린구간 $(1, 4)$에서 정의된 함수 $f(x)=[x^2-2x+6]$이 불연속이 되는 x의 개수를 구하시오.

(단, $[x]$는 x보다 크지 않은 최대의 정수이다.)

☆0345 중요 ●●●●

함수 $f(x)=[x]^2+(ax+2)[x]$가 $x=-1$에서 연속일 때, 상수 a의 값을 구하시오.

(단, $[x]$는 x보다 크지 않은 최대의 정수이다.)

☆0346 중요 ●●●●

함수 $f(x)=[x]^2-3[x]+4$가 $x=n$에서 연속일 때, 자연수 n의 값은? (단, $[x]$는 x보다 크지 않은 최대의 정수이다.)

① 1 ② 2 ③ 3

④ 4 ⑤ 5

0347 ●●●●

함수 $f(x)=\dfrac{[x]^2+3x}{[x]}$가 $x=n$에서 연속일 때, 자연수 n의 값을 구하시오. (단, $[x]$는 x보다 크지 않은 최대의 정수이다.)

유형 14 두 그래프의 교점에 관한 연속의 응용

내신 중요도 ━━━━━ 유형 난이도 ★★★★★

(1) 주어진 조건에 맞는 그래프를 그린다.
(2) 교점의 개수를 나타내는 함수를 구한다.
(3) 문제에 제시된 함수의 연속성을 파악한다.

0348 짱중요

●●●○

실수 t에 대하여 곡선 $y=x^2-4|x|-1$과 직선 $y=2x+t$의 서로 다른 교점의 개수를 $f(t)$라 하자. 함수 $f(t)$가 $t=a$에서 불연속인 모든 실수 a의 값의 합을 구하시오.

0349

●●●○

실수 전체의 집합에서 정의된 함수 $f(x)$가 다음 조건을 만족시킨다.

> (가) 모든 실수 x에 대하여 $f(x)=f(-x)$
> (나) $x \geq 0$인 x에 대하여 $f(x)=x^2-2x$

실수 t에 대하여 직선 $y=t$가 곡선 $y=|f(x)|$와 만나는 점의 개수를 $g(t)$라 하자. 최고차항의 계수가 1인 이차함수 $h(t)$에 대하여 함수 $h(t)g(t)$가 모든 실수 t에서 연속일 때, $h(g(1))$의 값을 구하시오.

0350 중요 평가원 기출

●●●●

실수 t에 대하여 직선 $y=t$가 곡선 $y=|x^2-2x|$와 만나는 점의 개수를 $f(t)$라 하자. 최고차항의 계수가 1인 이차함수 $y=g(t)$에 대하여 함수 $y=f(t)g(t)$가 모든 실수 t에 대하여 연속일 때, $f(3)+g(3)$의 값을 구하시오.

0351 교육청 기출

●●●●

세 실수 a, b, c에 대하여 함수 $f(x)$는

$$f(x)=\begin{cases} -|2x+a| & (x<0) \\ x^2+bx+c & (x \geq 0) \end{cases}$$

이고, 함수 $|f(x)|$는 실수 전체의 집합에서 연속이다. 실수 t에 대하여 직선 $y=t$가 두 함수 $y=f(x)$, $y=|f(x)|$의 그래프와 만나는 점의 개수를 각각 $g(t)$, $h(t)$라 할 때, 두 함수 $g(t)$, $h(t)$가 다음 조건을 만족시킨다.

> (가) 함수 $g(t)$의 치역은 $\{1, 2, 3, 4\}$이다.
> (나) $\lim\limits_{x \to 2-} h(t) \times \lim\limits_{x \to 2+} h(t) = 12$

$f(-2)+f(6)$의 값은?

① 12   ② 14   ③ 16
④ 18   ⑤ 20

0352
●●●●

실수 a에 대하여 집합

$\{x \mid ax^2+2(a-2)x-(a-2)=0,\ x$는 실수$\}$의 원소의 개수를 $f(a)$라 할 때, 〈보기〉에서 옳은 것만을 있는 대로 고른 것은?

┤ 보기 ├

ㄱ. $\lim\limits_{a \to 0} f(a)=f(0)$

ㄴ. $\lim\limits_{a \to c+} f(a) \neq \lim\limits_{a \to c-} f(a)$인 실수 c는 2개이다.

ㄷ. 함수 $y=f(a)$가 불연속인 a의 값이 3개이다.

① ㄴ   ② ㄷ   ③ ㄱ, ㄴ
④ ㄴ, ㄷ   ⑤ ㄱ, ㄴ, ㄷ

0353 교육청 기출
●●●●

실수 t에 대하여 두 함수

$$f(x)=(x-t)^2-1,\ g(x)=\begin{cases} -x & (x \leq 1) \\ x+2 & (x>1) \end{cases}$$

의 그래프가 만나는 서로 다른 점의 개수를 $h(t)$라 할 때, 〈보기〉에서 옳은 것만을 있는 대로 고른 것은?

┤ 보기 ├

ㄱ. $\lim\limits_{t \to -1+} h(t)=3$

ㄴ. 함수 $h(t)$는 $t=1$에서 연속이다.

ㄷ. 함수 $h(t)$가 $t=a$에서 불연속이 되는 모든 a의 값의 합은 $\dfrac{15}{4}$이다.

① ㄱ   ② ㄷ   ③ ㄱ, ㄴ
④ ㄴ, ㄷ   ⑤ ㄱ, ㄴ, ㄷ

유형 15 최대 · 최소의 정리
내신 중요도 ■■■■□ 유형 난이도 ★★★☆☆

함수 $y=f(x)$가 닫힌구간 $[a,\ b]$에서 연속이면 $y=f(x)$는 이 구간에서 반드시 최댓값과 최솟값을 갖는다.

0354
●○○○

열린구간 $(-2,\ 4)$에서 정의된 함수 $y=f(x)$의 그래프가 그림과 같을 때, $y=f(x)$에 대한 다음 설명 중에서 옳지 않은 것은?

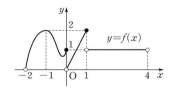

① $\lim\limits_{x \to 1} f(x)$의 값은 존재하지 않는다.

② 닫힌구간 $[-1,\ 3]$에서 최솟값을 갖는다.

③ $\lim\limits_{x \to -1} f(x)=2$

④ 불연속이 되는 x의 개수는 2이다.

⑤ 열린구간 $(0,\ 4)$에서 최댓값을 갖는다.

⭐0355 짱중요
●●○○

닫힌구간 $[1,\ 4]$에서 함수 $f(x)=x^2-4x-2$의 최댓값을 M, 최솟값을 m이라고 할 때, $M-m$의 값은?

① 1   ② 2   ③ 3
④ 4   ⑤ 5

0356
●●○○

닫힌구간 $[0,\ 3]$에서 함수

$$f(x)=\begin{cases} x+2 & (x<1) \\ -x^2+4 & (x \geq 1) \end{cases}$$

의 최댓값을 M, 최솟값을 m이라 할 때, $M+m$의 값을 구하시오.

0357 중요 ●●○○

구간 $[3, 4]$에서의 함수 $f(x) = \dfrac{6}{x-2}$의 최댓값을 M, 최솟값을 m이라고 할 때, $M+m$의 값을 구하시오.

0358 ●●●●

두 함수 $y=f(x)$, $y=g(x)$는 닫힌구간 $[a, b]$에서 연속이다. 〈보기〉 중 닫힌구간 $[a, b]$에서 반드시 최댓값과 최솟값을 갖는 함수만을 있는 대로 고르시오.

> ┤ 보기 ├
>
> ㄱ. $y = \dfrac{f(x)}{g(x)}$ ㄴ. $y = f(g(x))$ ㄷ. $y = f(x) + g(x)$

0359 짱중요 ●●●●

구간 $[-1, 2]$에서 연속인 함수

$$f(x) = \begin{cases} \dfrac{x^2 - ax + b}{x-1} & (-1 \le x < 1) \\ x^2 + c & (1 \le x \le 2) \end{cases}$$

에 대하여 함수 $f(x)$의 최댓값을 M, 최솟값을 m이라고 할 때, $M-m$의 값을 구하시오. (단, a, b, c는 상수이다.)

함수 $y=f(x)$가 닫힌구간 $[a, b]$에서 연속이고 $f(a)f(b) < 0$이면 열린구간 (a, b)에서 방정식 $f(x)=0$의 실근이 적어도 하나 존재한다.

0360 짱중요 ●●○○

방정식 $x^3 - x^2 + 4x - 2 = 0$이 오직 하나의 실근을 가질 때, 다음 중 이 방정식의 실근이 존재하는 구간은?

① $(-1, 0)$ ② $(0, 1)$ ③ $(1, 2)$

④ $(2, 3)$ ⑤ $(3, 4)$

0361 중요 ●●○○

방정식 $x^3 - 3x + a = 0$이 열린구간 $(-1, 1)$에서 적어도 하나의 실근을 갖도록 하는 실수 a의 값의 범위가 $\alpha < a < \beta$일 때, $\alpha + \beta$의 값을 구하시오.

0362 중요 ●●●○

이차방정식
$$(x-95)(x-96) + (x-96)(x-97) \\ + (x-97)(x-95) = 0$$
의 두 근을 α, β라 할 때, α는 열린구간 $(n, n+1)$에 속한다. 자연수 n의 값을 구하시오. (단, $\alpha > \beta$)

해설 070쪽

0363 교육청 기출 ●●●○

두 함수 $f(x)=x^5+x^3-3x^2+k$, $g(x)=x^3-5x^2+3$에 대하여 구간 $(1, 2)$에서 방정식 $f(x)=g(x)$가 적어도 하나의 실근을 갖도록 하는 정수 k의 개수를 구하시오.

0364 ●●●○

방정식 $\sqrt{x}-1=\dfrac{3}{x}$이 오직 하나의 실근을 갖는다. 다음 중 이 방정식의 실근이 존재하는 구간은?

① $(1, 2)$　　　　② $(2, 3)$　　　　③ $(3, 4)$

④ $(4, 5)$　　　　⑤ $(5, 6)$

0365 ●●●●

두 함수

$$f(x)=\begin{cases} -x+12 & (x \le a) \\ x^2+3x & (x > a) \end{cases}, \quad g(x)=x^2-4x+a$$에 대하여

함수 $f(x)g(x)$가 모든 실수에서 연속이고, 방정식 $g(x)=0$은 열린구간 $(-1, 1)$에서 적어도 하나의 실근을 갖는다고 할 때, 모든 실수 a값들의 합을 구하시오. (단, a는 상수)

유형 **17** 사잇값의 정리의 응용

내신 중요도 ■■■■■□　유형 난이도 ★★★★☆

주어진 함숫값이나 조건들을 이용하여 그래프의 개형을 추론하고 사잇값의 정리를 응용하여 실근의 개수를 구한다.

 0366 중요 ●●○○

연속함수 $f(x)$에 대하여 $f(2)=2a+1$, $f(3)=2a-9$일 때, 방정식 $f(x)=0$이 구간 $(2, 3)$에서 적어도 하나의 실근을 갖도록 하는 정수 a의 개수를 구하시오.

 0367 짱중요 ●●○○

실수 전체의 집합에서 연속인 함수 $y=f(x)$에 대하여

$$f(-1)=3, f(0)=-1, f(1)=2, f(2)=1$$

일 때, 방정식 $f(x)=0$은 적어도 n개의 실근을 갖는다. n의 값을 구하시오.

0368 중요 ●●●○

연속함수 $f(x)$에 대하여 $f(1)=-2$, $f(2)=5$, $f(3)=2$, $f(4)=10$이 성립할 때, 방정식 $f(x)-2x=0$의 실근의 개수의 최솟값은?

① 1　　　　② 2　　　　③ 3

④ 4　　　　⑤ 5

0369 ●●●○

실수 전체의 집합에서 연속인 함수 $y=f(x)$가 $f(0)=1$, $f(1)=2$를 만족시킬 때, 다음 〈보기〉의 방정식 중 열린구간 $(0, 1)$에서 항상 적어도 하나의 실근을 갖는 것만을 있는 대로 고르시오.

┤ 보기 ├
ㄱ. $f(x)-3x=0$
ㄴ. $2f(x)+x=0$
ㄷ. $2f(x)-x=0$

 0370 중요 ●●●○

닫힌구간 $[-1, 3]$에서 연속인 함수 $y=f(x)$가
$$f(-1)f(1)<0, \ f(-1)f(3)>0$$
을 만족시킬 때, $-1<x<3$에서 방정식 $f(x)=0$은 적어도 n개의 실근을 갖는다. n의 값은?

① 1   ② 2   ③ 3
④ 4   ⑤ 5

 0371 중요 ●●●●

다항함수 $y=f(x)$가 다음 조건을 만족시킬 때, 방정식 $f(x)=0$이 닫힌구간 $[0, 3]$에서 적어도 몇 개의 실근을 갖는지 구하시오.

(가) $\displaystyle\lim_{x\to 0}\frac{f(x)}{x}=1$ (나) $\displaystyle\lim_{x\to 2}\frac{f(x)}{x-2}=2$

유형 18 실생활에서의 사잇값의 정리의 활용

내신 중요도 ━━━━━ 유형 난이도 ★★★★☆

연속적으로 변하는 실생활의 소재에 사잇값의 정리를 활용할 수 있다.

0372 ●●●○

준수가 10 km를 달리면서 2 km 구간마다 걸린 시간을 측정한 결과가 다음 표와 같았다.

구간	출발점 ~2 km	2 km ~4 km	4 km ~6 km	6 km ~8 km	8 km ~10 km
걸린 시간	5분 50초	7분 20초	8분 30초	9분 5초	10분 20초

준수가 출발점으로부터 a km 떨어진 지점에서부터 $(a+2)$ km 지점까지 달리는 데 걸린 시간이 정확하게 8분이 되는 a의 값이 오직 하나일 때, 상수 a의 값의 범위는?

① $0<a<2$ ② $2<a<4$ ③ $4<a<6$
④ $6<a<8$ ⑤ $8<a<10$

0373 ●●●○

어떤 지하철의 최고 속도는 110 km/h라고 한다. A역에서 출발하여 최고 속도를 낸 후 B역에 정차하여 승객을 태우고, 다시 출발하여 최고 속도를 낸 후 C역에 도착하였을 때, 지하철의 속도가 80 km/h인 곳은 적어도 n군데이다. n의 값을 구하시오.

해설 073쪽

0374

다음 중 $x=0$에서 연속인 함수는?

(단, $[x]$는 x보다 크지 않은 최대의 정수이다.)

① $f(x)=\dfrac{x+1}{x}$ ② $f(x)=[x-1]$

③ $f(x)=\begin{cases} \dfrac{|x|}{x} & (x\neq 0) \\ 1 & (x=0) \end{cases}$ ④ $f(x)=\begin{cases} \dfrac{1}{x} & (x\neq 0) \\ 0 & (x=0) \end{cases}$

⑤ $f(x)=\begin{cases} x(x+1) & (x\neq 0) \\ 0 & (x=0) \end{cases}$

0375

함수 $f(x)=\begin{cases} x^2+x+a & (x\geq 2) \\ x+1 & (x<2) \end{cases}$ 이 $x=2$에서 연속일 때, 상수 a의 값을 구하시오.

0376 ✏️서술형

함수 $f(x)=\begin{cases} \dfrac{x^2-5x+a}{x-2} & (x\neq 2) \\ b & (x=2) \end{cases}$ 가 모든 실수 x에 대하여 연속일 때, 상수 a, b에 대하여 $a+b$의 값을 구하시오.

0377

모든 실수 x에서 연속인 함수 $f(x)$가 $(x^2-1)f(x)=2x^3+3x^2+ax+b$를 만족시킬 때, $f(-1)+f(1)$의 값을 구하시오. (단, a, b는 상수이다.)

0378

모든 실수 x에서 연속인 함수 $y=f(x)$가 닫힌구간 $[0,4]$에서
$$f(x)=\begin{cases} x^2+ax-2b & (0\leq x<2) \\ 2x-4 & (2\leq x\leq 4) \end{cases}$$
이고, 모든 실수 x에 대하여 $f(x-2)=f(x+2)$를 만족시킬 때, $f(a-2b)$의 값을 구하시오. (단, a, b는 상수이다.)

0379

다음은 두 함수 $y=f(x)$와 $y=g(x)$의 그래프이다. 〈보기〉에서 옳은 것만을 있는 대로 고르시오.

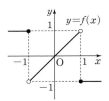 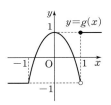

┤ 보기 ├

ㄱ. $\lim\limits_{x\to 1}\{f(x)g(x)\}=-1$

ㄴ. 함수 $y=f(x)g(x)$는 $x=-1$에서 연속이다.

ㄷ. 함수 $y=f(x)+g(x)$는 $x=1$에서 연속이다.

0380

두 함수 $f(x)=-2x^2+ax-2a$, $g(x)=\begin{cases} -x+4 & (x<3) \\ 3x-7 & (x\geq3) \end{cases}$ 에

대하여 함수 $y=f(x)g(x)$가 모든 실수 x에서 연속일 때, 상수 a의 값을 구하시오.

0381 ✏️서술형

-1이 아닌 실수 a에 대하여 함수 $f(x)$가

$$f(x)=\begin{cases} -x-1 & (x\leq0) \\ 2x+a & (x>0) \end{cases}$$

일 때, 함수 $g(x)=f(x)f(x-1)$이 실수 전체의 집합에서 연속이 되도록 하는 상수 a의 값을 구하시오.

0382

함수 $y=|x^2+3x-4|$의 그래프와 직선 $y=x+k$의 교점의 개수를 $f(k)$라 하면 $f(k)$는 $k=a$에서 불연속이다. 모든 상수 a의 값의 합을 구하시오. (단, k는 실수이다.)

0383

모든 실수 x에서 연속인 함수 $y=f(x)$가

$$(x+1)f(x)=x^3+ax+b, f(-1)=2$$

를 만족시킨다. 닫힌구간 $[-1, 1]$에서 함수 $y=f(x)$의 최댓값을 M, 최솟값을 m이라 할 때, $M+m$의 값을 구하시오.

(단, a, b는 상수이다.)

0384

방정식 $x^3+x-9=0$이 오직 하나의 실근을 가질 때, 다음 중 이 방정식의 실근이 존재하는 구간은?

① $(0, 1)$ ② $(1, 2)$ ③ $(2, 3)$

④ $(3, 4)$ ⑤ $(4, 5)$

0385

모든 실수 x에서 연속인 함수 $y=f(x)$가 $f(0)=1$, $f(2)=-1$을 만족시킨다. 〈보기〉 중 열린구간 $(0, 2)$에서 반드시 실근을 갖는 방정식만을 있는 대로 고른 것은?

┤ 보기 ├
ㄱ. $f(x)-x=0$ ㄴ. $f(x)+x-1=0$
ㄷ. $xf(x)+1=0$

① ㄱ   ② ㄱ, ㄴ   ③ ㄱ, ㄷ

④ ㄴ, ㄷ   ⑤ ㄱ, ㄴ, ㄷ

Level 1

해설 076쪽

0386

실수 전체의 집합에서 정의된 두 함수 $y=f(x)$, $y=g(x)$가 다음 조건을 만족시킨다.

(가) $x<0$일 때, $f(x)+g(x)=x^2+4$

(나) $x>0$일 때, $f(x)-g(x)=x^2+2x+8$

함수 $y=f(x)$가 $x=0$에서 연속이고 $\lim\limits_{x\to 0-}g(x)-\lim\limits_{x\to 0+}g(x)=6$일 때, $f(0)$의 값을 구하시오.

0387

함수 $y=f(x)$의 그래프가 그림과 같을 때, 〈보기〉에서 옳은 것만을 있는 대로 고른 것은?

| 보기 |

ㄱ. $\lim\limits_{x\to -1+}f(x)+\lim\limits_{x\to -1-}f(x)=0$

ㄴ. 함수 $y=f(x+1)$은 $x=0$에서 연속이다.

ㄷ. 함수 $y=(x+1)f(x)$는 $x=-1$에서 연속이다.

① ㄱ ② ㄴ ③ ㄱ, ㄴ
④ ㄱ, ㄷ ⑤ ㄱ, ㄴ, ㄷ

0388

두 함수 $y=f(x)$, $y=g(x)$의 그래프가 그림과 같을 때, 〈보기〉의 함수 중 $x=-1$에서 연속인 것만을 있는 대로 고른 것은?

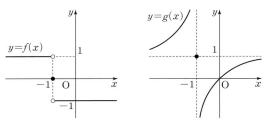

| 보기 |

ㄱ. $y=f(x)-g(x+1)$

ㄴ. $y=\dfrac{\{f(x)\}^2}{g(x)}$ (단, $g(x)\neq 0$)

ㄷ. $y=f(-x)g(x)$

① ㄱ ② ㄴ ③ ㄷ
④ ㄱ, ㄷ ⑤ ㄴ, ㄷ

0389

함수 $y=f(x)$가 닫힌구간 $[a, b]$에서 연속일 때, 〈보기〉에서 옳은 것만을 있는 대로 고르시오.

| 보기 |

ㄱ. $f(a)f(b)>0$이면 방정식 $f(x)=0$은 닫힌구간 $[a, b]$에서 실근을 갖지 않는다.

ㄴ. $f(a)f(b)<0$이면 방정식 $f(x)=0$은 닫힌구간 $[a, b]$에서 오직 하나의 실근을 갖는다.

ㄷ. 함수 $y=f(x)$는 닫힌구간 $[a, b]$에서 반드시 최댓값과 최솟값을 갖는다.

Level 2

0390

최고차항의 계수가 1인 삼차함수 $f(x)$에 대하여 실수 전체의 집합에서 연속인 함수 $g(x)$가 다음 조건을 만족시킬 때, $f(1)$의 값을 구하시오.

> (가) 모든 실수 x에 대하여 $f(x)g(x) = (x+1)(x+2)$
> (나) $g(-1) = \dfrac{1}{4}$
> (다) $f(0)$은 닫힌구간 $[8, 10]$에 속하는 자연수

0391

이차 이상의 다항식 $g(x)$에 대하여 함수 $y=f(x)$를
$$f(x) = \begin{cases} \dfrac{g(x) - x^2}{x-1} & (x \neq 1) \\ 8 & (x = 1) \end{cases}$$
로 정의하자. 함수 $y=f(x)$가 $x=1$에서 연속일 때, 다항식 $g(x)$를 $(x-1)^2$으로 나눈 나머지는?

① $8x - 7$ ② $8x + 9$ ③ $9x - 8$

④ $10x - 9$ ⑤ $10x + 9$

0392

모든 실수 x에서 연속인 함수 $y=f(x)$가 다음 조건을 만족시킨다.

> (가) $(x-2)f(x) = x^3 + ax - b$
> (나) 함수 $y=f(x)$의 최솟값은 2이다.

두 상수 a, b에 대하여 $a+b$의 값을 구하시오.

0393

최고차항의 계수가 1인 삼차함수 $f(x)$에 대하여 실수 전체의 집합에서 연속인 함수 $g(x)$가 다음 조건을 만족시킨다.

> (가) 모든 실수 x에 대하여 $f(x)g(x) = x(x-1)$이다.
> (나) $f(0) = -2$

$f(2)$가 자연수일 때, $g(1)$의 최솟값을 구하시오.

0394

교육청 기출

5이하의 두 자연수 a, b에 대하여 두 함수 $f(x)$, $g(x)$를

$$f(x) = x^2 - 2ax + a^2 - a + 1$$

$$g(x) = \begin{cases} x+b & (1 < x < 3) \\ 7-b & (x \le 1 \text{ 또는 } x \ge 3) \end{cases}$$

이라 하자. 함수 $f(x)g(x)$가 실수 전체의 집합에서 연속이 되도록 하는 모든 순서쌍 (a, b)의 개수를 구하시오.

0395

함수 $f(x) = \lim\limits_{n \to \infty} \dfrac{x^{2n+1} + x^3}{x^{2n} + 1}$ 에 대하여 다음 〈보기〉의 설명 중 옳은 것을 모두 고른 것은?

┤ 보 기 ├

ㄱ. $\lim\limits_{x \to 1} f(x) = f(1)$

ㄴ. 모든 실수 x에 대하여 $f(x) = -f(-x)$이다.

ㄷ. $\sum\limits_{k=1}^{19} f(k-10) = 0$

① ㄱ   ② ㄴ   ③ ㄱ, ㄴ

④ ㄴ, ㄷ   ⑤ ㄱ, ㄴ, ㄷ

0396

실수 전체의 집합에서 정의된 함수 $y = f(x)$의 그래프가 그림과 같다.

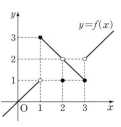

함수 $y = f(x)$가 $x=1$, $x=2$, $x=3$에서만 불연속일 때, 이차함수 $g(x) = x^2 - 4x + k$에 대하여 함수 $y = (f \circ g)(x)$가 $x=2$에서 불연속이 되도록 하는 모든 실수 k의 합을 구하시오.

0397

평가원 기출

닫힌구간 $[-1, 1]$에서 정의된 함수 $y = f(x)$의 그래프가 그림과 같다.

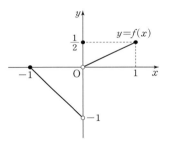

닫힌구간 $[-1, 1]$에서 두 함수 $g(x)$, $h(x)$가

$$g(x) = f(x) + |f(x)|, \quad h(x) = f(x) + f(-x)$$

일 때, 〈보기〉에서 옳은 것만을 있는 대로 고른 것은?

┤ 보 기 ├

ㄱ. $\lim\limits_{x \to 0} g(x) = 0$

ㄴ. 함수 $|h(x)|$는 $x=0$에서 연속이다.

ㄷ. 함수 $g(x)|h(x)|$는 $x=0$에서 연속이다.

① ㄱ   ② ㄷ   ③ ㄱ, ㄴ

④ ㄴ, ㄷ   ⑤ ㄱ, ㄴ, ㄷ

Level 3

0398

세 정수 a, b, c에 대하여 이차함수 $f(x)=a(x-b)^2+c$라 하고, 함수 $y=f(x)$에 대하여 함수 $y=g(x)$를

$$g(x)=\begin{cases} f(x) & (x\geq0) \\ f(-x) & (x<0) \end{cases}$$

라 하자. 실수 t에 대하여 직선 $y=t$가 곡선 $y=g(x)$와 만나는 서로 다른 점의 개수를 $h(t)$라 할 때, 함수 $y=h(t)$가 다음 조건을 만족시킨다.

㈎ $h(2)<h(-1)<h(0)$
㈏ 함수 $y=(t^2-t)h(t)$는 모두 실수 t에서 연속이다.

$80f\left(\dfrac{1}{2}\right)$의 값을 구하시오.

0399

함수 $f(x)=x^2-8x+a$에 대하여 함수 $g(x)$를

$$g(x)=\begin{cases} 2x+5a & (x\geq a) \\ f(x+4) & (x<a) \end{cases}$$

라 할 때, 다음 조건을 만족시키는 모든 실수 a의 값의 곱을 구하시오.

㈎ 방정식 $f(x)=0$은 열린구간 $(0, 2)$에서 적어도 하나의 실근을 갖는다.
㈏ 함수 $f(x)g(x)$는 $x=a$에서 연속이다.

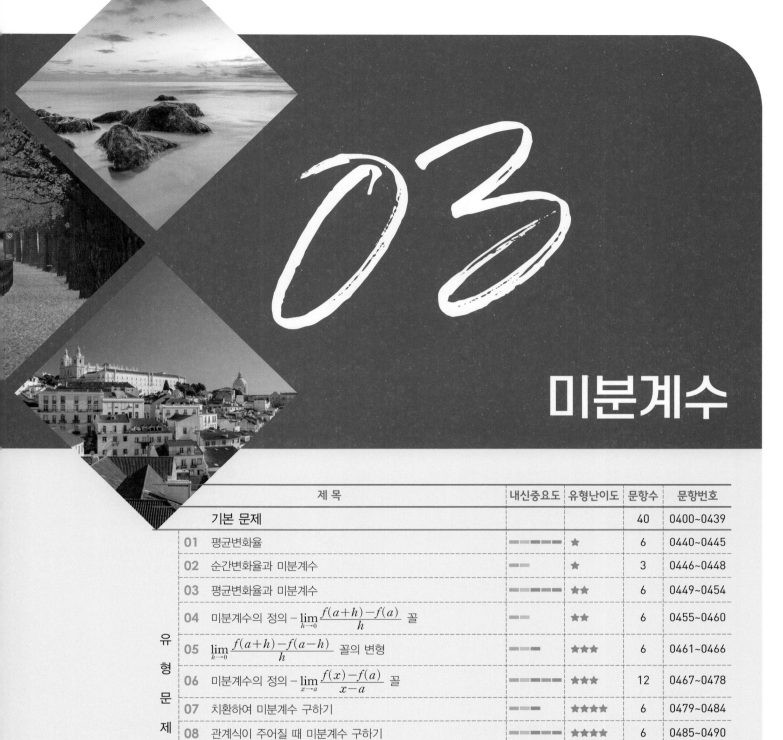

03 미분계수

유형문제

03 미분계수

1. 평균변화율

함수 $y=f(x)$에서 x의 값이 a에서 b까지 변할 때

(1) 평균변화율은

$$\frac{\varDelta y}{\varDelta x}=\frac{f(b)-f(a)}{b-a}$$

$$=\frac{f(a+\varDelta x)-f(a)}{\varDelta x}$$

(2) 평균변화율은 곡선 $y=f(x)$ 위의 두 점

P$(a,\ f(a))$, Q$(b,\ f(b))$를 지나는 직선의 기울기이다.

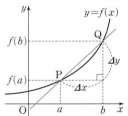

● 증분

함수 $y=f(x)$에서 x의 값이 a에서 b까지 변할 때, y의 값은 $f(a)$에서 $f(b)$까지 변한다. 이때 x의 값의 변화량 $b-a$를 x의 증분, y의 값의 변화량 $f(b)-f(a)$를 y의 증분이라 하고, 기호로 각각 $\varDelta x$, $\varDelta y$와 같이 나타낸다.

2. 미분계수

(1) 함수 $y=f(x)$의 $x=a$에서의 미분계수 $f'(a)$는

$$f'(a)=\lim_{\varDelta x \to 0}\frac{f(a+\varDelta x)-f(a)}{\varDelta x}$$

$$=\lim_{x \to a}\frac{f(x)-f(a)}{x-a}$$

참고 $f'(a)$를 $\varDelta x$ 대신에 h를 써서 나타내기도 한다.

➡ $f'(a)=\lim\limits_{h \to 0}\dfrac{f(a+h)-f(a)}{h}$

(2) 미분계수의 기하적 의미

함수 $y=f(x)$의 $x=a$에서의 미분계수 $f'(a)$가 존재할 때, 미분계수 $f'(a)$는 곡선 $y=f(x)$ 위의 점 $(a,\ f(a))$에서의 접선의 기울기와 같다.

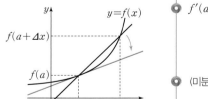

● $f'(a)=\lim\limits_{\blacksquare \to 0}\dfrac{f(a+\blacksquare)-f(a)}{\blacksquare}$

$=\lim\limits_{\blacktriangle \to a}\dfrac{f(\blacktriangle)-f(a)}{\blacktriangle-a}$

● (미분계수)=(순간변화율)

$=$(접선의 기울기)

$$\lim_{h \to 0+}\frac{f(a+h)-f(a)}{h}$$

$$=\lim_{h \to 0-}\frac{f(a+h)-f(a)}{h}$$

일 때 미분계수가 존재한다.

3. 미분계수를 이용하는 식의 변형

미분가능한 함수 $y=f(x)$에 대하여

(1) $\displaystyle\lim_{h\to 0}\frac{f(x+nh)-f(x)}{mh}=\frac{n}{m}\lim_{h\to 0}\frac{f(a+nh)-f(a)}{nh}$

$\displaystyle\qquad\qquad\qquad\qquad\quad =\frac{n}{m}f'(a)$

(2) $\displaystyle\lim_{h\to 0}\frac{f(a+h)-f(a-h)}{h}=\lim_{h\to 0}\frac{f(a+h)-f(a)-\{f(a-h)-f(a)\}}{h}$

$\displaystyle\qquad\qquad\qquad\qquad\quad =2f'(a)$

(3) $\displaystyle\lim_{n\to\infty}n\left\{f\left(a+\frac{1}{n}\right)-f(a)\right\}=\lim_{h\to 0}\frac{f(a+h)-f(a)}{h}=f'(a)$

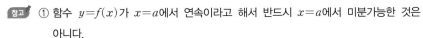

$\dfrac{1}{n}=h$ 로 치환

○ $\displaystyle\lim_{h\to 0}\frac{f(a+mh)-f(a+nh)}{h}$

$=(m-n)f'(a)$

○ $\displaystyle\lim_{n\to\infty}n\left\{f\left(a+\frac{p}{n}\right)-f\left(a+\frac{q}{n}\right)\right\}$

$=(p-q)f'(a)$

4. 미분가능성과 연속성

(1) 함수 $y=f(x)$의 $x=a$에서의 미분계수 $f'(a)$가 존재할 때, 함수 $y=f(x)$는 $x=a$에서 미분가능하다고 한다.

(2) 함수 $y=f(x)$가 $x=a$에서 미분가능하면 함수 $y=f(x)$는 $x=a$에서 연속이다.

그러나 그 역은 성립하지 않는다.

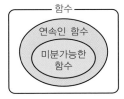

함수
연속인 함수
미분가능한 함수

참고 ① 함수 $y=f(x)$가 $x=a$에서 연속이라고 해서 반드시 $x=a$에서 미분가능한 것은 아니다.

② 함수 $y=f(x)$가 $x=a$에서 불연속이면 함수 $y=f(x)$는 $x=a$에서 미분가능하지 않다.

○ 함수 $y=f(x)$에 대하여 모든 실수 x에서의 미분계수가 존재하면 함수 $y=f(x)$는 실수 전체의 집합에서 미분가능하다.

○ 함수 $y=f(x)$에 대하여 $f'(a)$가 존재하면 $x=a$에서 연속이다.

$\Rightarrow \displaystyle\lim_{x\to a}f(x)=f(a)$

함수 $y=f(x)$가 $x=a$에서 미분가능 하지 않은 경우
(ⅰ) $x=a$에서 불연속인 경우
(ⅱ) $x=a$에서 그래프가 꺾인 경우

| **1** 평균변화율 | **2** 미분계수 |

0400 다음 ☐ 안에 알맞은 것을 써넣으시오.

> 함수 $y=f(x)$에서 x의 값이 a에서 b까지 변할 때의 평균변화율은
> $$\frac{\Delta y}{\Delta x}=\frac{f(b)-f(a)}{\boxed{}-\boxed{}}=\frac{f(a+\boxed{})-f(a)}{\boxed{}}$$

0405 다음 ☐ 안에 알맞은 것을 써넣으시오.

> 함수 $y=f(x)$의 $x=a$에서의 미분계수 $f'(a)$는
> $$f'(a)=\lim_{\Delta x \to 0}\frac{f(a+\boxed{})-f(a)}{\boxed{}}$$
> $$=\lim_{h \to 0}\frac{f(a+\boxed{})-f(a)}{\boxed{}}$$
> $$=\lim_{x \to a}\frac{f(x)-f(\boxed{})}{x-\boxed{}}$$

[0401-0404] 주어진 구간에서 다음 함수의 평균변화율을 구하시오.

0401 $f(x)=x+2$ [1, 3]

[0406-0409] 다음 함수의 $x=1$에서의 미분계수를 $f'(1)=\lim\limits_{h \to 0}\dfrac{f(1+h)-f(1)}{h}$ 을 이용하여 구하시오.

0406 $f(x)=x+2$

0402 $f(x)=-2x+3$ [1, 2]

0407 $f(x)=2x-1$

0403 $f(x)=x^2-4$ [0, 3]

0408 $f(x)=3x^2$

0404 $f(x)=x^2+3x-2$ [-1, 1]

0409 $f(x)=x^2-6x$

[0410-0412] 다음 함수의 $x=2$에서의 미분계수를
$f'(2)=\lim\limits_{x\to 2}\dfrac{f(x)-f(2)}{x-2}$ 를 이용하여 구하시오.

0410 $f(x)=2x+4$

0411 $f(x)=4x^2$

0412 $f(x)=-x^2+2x$

---

3 미분계수를 이용한 극한값의 계산

0413 다음은 미분가능한 함수 $y=f(x)$에 대하여 $f'(a)=9$ 임을 이용하여 극한값을 계산하는 과정이다. ☐ 안에 알맞은 수를 써넣으시오.

$$\lim_{h\to 0}\frac{f(a+h)-f(a)}{3h}=\boxed{}\lim_{h\to 0}\frac{f(a+h)-f(a)}{h}$$
$$=\boxed{}\,f'(a)=\boxed{}$$

[0414-0415] 미분가능한 함수 $y=f(x)$에 대하여 $f'(a)=1$ 일 때, 다음 극한값을 구하시오.

0414 $\lim\limits_{h\to 0}\dfrac{f(a+h)-f(a)}{2h}$

0415 $\lim\limits_{h\to 0}\dfrac{f(a+h)-f(a)}{5h}$

0416 $\lim\limits_{h\to 0}\dfrac{f(a+h)-f(a)}{-h}$

0417 다음은 미분가능한 함수 $y=f(x)$에 대하여 $f'(a)=3$ 임을 이용하여 극한값을 계산하는 과정이다. ☐ 안에 알맞은 수를 써넣으시오.

$$\lim_{h\to 0}\frac{f(a+2h)-f(a)}{h}=\lim_{h\to 0}\frac{f(a+2h)-f(a)}{\boxed{}h}\times\boxed{}$$
$$=\boxed{}\,f'(a)=\boxed{}$$

[0418-0420] 미분가능한 함수 $y=f(x)$에 대하여 $f'(a)=1$ 일 때, 다음 극한값을 구하시오.

0418 $\lim\limits_{h\to 0}\dfrac{f(a+3h)-f(a)}{h}$

0419 $\lim\limits_{h\to 0}\dfrac{f(a+5h)-f(a)}{h}$

0420 $\lim\limits_{h\to 0}\dfrac{f(a-h)-f(a)}{h}$

0421 다음은 미분가능한 함수 $y=f(x)$에 대하여 $f'(a)=1$ 임을 이용하여 극한값을 계산하는 과정이다. ☐ 안에 알맞은 수를 써넣으시오.

$$\lim_{h\to 0}\frac{f(a-3h)-f(a)}{2h}$$
$$=\lim_{h\to 0}\frac{f(a-3h)-f(a)}{\boxed{}h}\times\left(\boxed{}\right)$$
$$=\boxed{}f'(a)=\boxed{}$$

[0422-0425] 미분가능한 함수 $y=f(x)$에 대하여 $f'(a)=6$ 일 때, 다음 극한값을 구하시오.

0422 $\displaystyle\lim_{h\to 0}\frac{f(a+5h)-f(a)}{3h}$

0423 $\displaystyle\lim_{h\to 0}\frac{f(a+4h)-f(a)}{-2h}$

0424 $\displaystyle\lim_{h\to 0}\frac{f(a-h)-f(a)}{2h}$

0425 $\displaystyle\lim_{h\to 0}\frac{f(a)-f(a+2h)}{6h}$

[0426-0428] 다음은 미분가능한 함수 $y=f(x)$에 대하여 $f'(1)=2$임을 이용하여 극한값을 계산하는 과정이다. ☐ 안에 알맞은 수를 써넣으시오.

0426

$$\lim_{x\to 1}\frac{f(x)-f(1)}{x^2-1}=\lim_{x\to 1}\left\{\frac{f(x)-f(1)}{x-1}\times\frac{1}{\boxed{}}\right\}$$
$$=\boxed{}f'(1)=\boxed{}$$

0427

$$\lim_{x\to 1}\frac{f(x^2)-f(1)}{x-1}=\lim_{x\to 1}\left\{\frac{f(x^2)-f(1)}{x^2-1}\times\left(\boxed{}\right)\right\}$$
$$=\boxed{}f'(1)=\boxed{}$$

0428

$$\lim_{x\to 1}\frac{x^3-1}{f(x)-f(1)}=\lim_{x\to 1}\left\{\frac{x-1}{f(x)-f(1)}\times\left(\boxed{}\right)\right\}$$
$$=\boxed{}\times\frac{1}{f'(1)}=\boxed{}$$

[0429-0431] 미분가능한 함수 $y=f(x)$에 대하여 $f'(1)=3$ 일 때, 다음 극한값을 구하시오.

0429 $\displaystyle\lim_{x\to 1}\frac{f(x)-f(1)}{x^2-1}$

0430 $\displaystyle\lim_{x\to 1}\frac{f(x^2)-f(1)}{x-1}$

0431 $\displaystyle\lim_{x\to 1}\frac{x^3-1}{f(x)-f(1)}$

4 미분가능성과 연속성

[0432-0436] 함수 $y=f(x)$의 그래프가 그림과 같을 때, 구간 $[-1, 4]$에 속하는 정수 x에 대하여 다음을 구하시오.

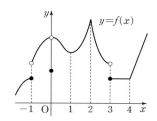

0432 연속인 점의 x좌표

0433 불연속인 점의 x좌표

0434 미분가능하지 않은 점의 x좌표

0435 연속이지만 미분가능하지 않은 점의 x좌표

0436 연속이면서 미분가능한 점의 x좌표

0437 연속함수의 집합을 A, 미분가능한 함수의 집합을 B라 할 때, 두 집합 A, B의 포함 관계를 벤다이어그램으로 나타낸 것이다. (개), (나)에 알맞은 것을 써넣으시오.

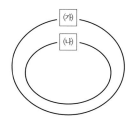

0438 다음은 함수 $f(x)=|x|$에 대하여 $x=0$에서의 연속성과 미분가능성을 조사하는 과정이다. ☐ 안에 알맞은 것을 써넣으시오.

(ⅰ) $f(0)=0$이고, $\lim\limits_{x \to 0} f(x)=\lim\limits_{x \to 0}|x|=0$이므로

$\lim\limits_{x \to 0} f(x)=f(0)$

따라서 함수 $y=f(x)$는 $x=0$에서 ☐ 이다.

(ⅱ) $f'(0)=\lim\limits_{h \to 0} \dfrac{f(0+h)-f(0)}{h}=\lim\limits_{h \to 0} \dfrac{|h|}{h}$

$\lim\limits_{h \to 0+} \dfrac{|h|}{h}=\lim\limits_{h \to 0+} \dfrac{h}{h}=$ ☐ ,

$\lim\limits_{h \to 0-} \dfrac{|h|}{h}=\lim\limits_{h \to 0-} \dfrac{-h}{h}=$ ☐

이므로 $f'(0)$이 존재하지 않는다.

따라서 함수 $y=f(x)$는 $x=0$에서

☐

0439 다음은 함수 $f(x)=\begin{cases} x^2 & (x \geq 1) \\ 2x-1 & (x < 1) \end{cases}$에 대하여

$x=1$에서의 연속성과 미분가능성을 조사하는 과정이다. ☐ 안에 알맞은 것을 써넣으시오.

(ⅰ) $f(1)=$ ☐ 이고, $\lim\limits_{x \to 1+} f(x)=\lim\limits_{x \to 1+} x^2=$ ☐ ,

$\lim\limits_{x \to 1-} f(x)=\lim\limits_{x \to 1-}(2x-1)=$ ☐ 이므로

$\lim\limits_{x \to 1} f(x)$ ☐ $f(1)$

따라서 함수 $y=f(x)$는 $x=1$에서 ☐ 이다.

(ⅱ) $\lim\limits_{h \to 0+} \dfrac{f(1+h)-f(1)}{h}=\lim\limits_{h \to 0+} \dfrac{(1+h)^2-1}{h}$

$=$ ☐ ,

$\lim\limits_{h \to 0-} \dfrac{f(1+h)-f(1)}{h}=\lim\limits_{h \to 0-} \dfrac{\{2(1+h)-1\}-1}{h}$

$=$ ☐

이므로 $f'(1)$이 존재한다.

따라서 함수 $y=f(x)$는 $x=1$에서 ☐

유형 문제

유형 01 평균변화율

내신 중요도 ■■■■■ 유형 난이도 ★☆☆☆☆

함수 $y=f(x)$에서 x의 값이 a에서 b까지 변할 때의 평균변화율은

$$\frac{\Delta y}{\Delta x}=\frac{f(b)-f(a)}{b-a}=\frac{f(a+\Delta x)-f(a)}{\Delta x}$$

참고 평균변화율의 기하적 의미
닫힌구간 $[a, b]$에서 함수 $y=f(x)$의 평균변화율은 두 점 $(a, f(a))$, $(b, f(b))$를 지나는 직선의 기울기와 같다.

0440 짱중요 ●○○○○

함수 $f(x)=x^2+3x$에서 x의 값이 -1에서 3까지 변할 때 평균변화율을 구하시오.

0441 ●●○○○

함수 $f(x)=x^3+2x-3$에 대하여 x의 값이 1에서 a까지 변할 때의 평균변화율이 9일 때, 상수 a의 값을 구하시오. (단, $a>1$)

0442 ●○○○○

함수 $f(x)=2x^2+ax+1$에 대하여 x의 값이 2에서 4까지 변할 때의 평균변화율이 9일 때, 상수 a의 값은?

① -3 ② -2 ③ -1
④ 0 ⑤ 1

0443 ●●○○○

함수 $f(x)=x^2-5x$에 대하여 x의 값이 1에서 3까지 변할 때의 평균변화율과 x의 값이 0에서 k까지 변할 때의 평균변화율이 같을 때, 양수 k의 값을 구하시오.

0444 ●●○○○

함수 $y=f(x)$에 대하여 x의 값이 1에서 4까지 변할 때의 평균변화율이 5일 때, 두 점 $A(1, f(1))$, $B(4, f(4))$를 지나는 직선 AB의 기울기를 구하시오.

0445 ●●○○○

연구실에서 어느 바이러스 배양을 시작한 지 x시간이 지났을 때, 바이러스의 양 $f(x)$가 $f(x)=x^2+x+1$이라 한다. 배양을 시작한 지 1시간이 지났을 때부터 4시간이 지났을 때까지의 바이러스의 양의 평균변화율을 구하시오.

유형
02 순간변화율과 미분계수

함수 $y=f(x)$에서 x의 값이 a에서 $a+\Delta x$까지 변할 때 평균변화율은

$$\frac{\Delta y}{\Delta x}=\frac{f(a+\Delta x)-f(a)}{\Delta x}$$

이고, $\Delta x \longrightarrow 0$일 때의 극한값

$$\lim_{\Delta x \to 0}\frac{\Delta y}{\Delta x}=\lim_{\Delta x \to 0}\frac{f(a+\Delta x)-f(a)}{\Delta x}$$

는 $x=a$에서의 순간변화율이다.
이때, 이 순간변화율을 $x=a$에서의 미분계수라 하고 $f'(a)$로 나타낸다.

0446 중요 ●○○○

함수 $f(x)=3x^2-1$의 $x=2$에서의 순간변화율을 정의를 이용하여 구하시오.

0447 중요 ●○○○

함수 $f(x)=x^2-4x+1$의 $x=0$에서의 미분계수를 정의를 이용하여 구하시오.

0448 ●●○○

바닥에서 $16\,\mathrm{m/s}$의 속도로 위로 공을 던질 때, 던진 지 t초 후 공의 높이를 $h(t)\,\mathrm{m}$라 하면

$$h(t)=16t-0.4t^2\,(0 \leq t \leq 40)$$

인 관계가 성립한다고 한다. $t=30$일 때, 야구공의 높이의 순간변화율을 구하시오.

유형
03 평균변화율과 미분계수

(1) 함수 $y=f(x)$에서 x의 값이 a에서 b까지 변할 때의 평균변화율은

$$\frac{\Delta y}{\Delta x}=\frac{f(b)-f(a)}{b-a}=\frac{f(a+\Delta x)-f(a)}{\Delta x}$$

(2) 함수 $y=f(x)$의 $x=a$에서의 미분계수는

$$f'(a)=\lim_{\Delta x \to 0}\frac{f(a+\Delta x)-f(a)}{\Delta x}$$
$$=\lim_{h \to 0}\frac{f(a+h)-f(a)}{h}$$

0449 짱중요 ●○○○

함수 $f(x)=x^3+x$에 대하여 x의 값이 0에서 2까지 변할 때의 평균변화율과 $x=a$에서의 순간변화율이 같을 때, 상수 a의 값은? (단, $0<a<2$)

① $\dfrac{\sqrt{5}}{5}$ ② $\dfrac{\sqrt{3}}{3}$ ③ $\dfrac{2\sqrt{5}}{5}$

④ $\dfrac{2\sqrt{3}}{3}$ ⑤ $\sqrt{3}$

0450 짱중요 ●○○○

함수 $f(x)=x^2-x+3$에 대하여 x의 값이 1에서 3까지 변할 때의 평균변화율과 $x=k$에서의 미분계수가 같을 때, 상수 k의 값을 구하시오.

0451 ●●○○

함수 $f(x)=x^2+2x$에 대하여 x의 값이 0에서 4까지 변할 때의 평균변화율 a와 $x=b$에서의 미분계수가 서로 같을 때, 두 상수 a, b에 대하여 a^2+b^2의 값을 구하시오.

0452 ●○○○

함수 $f(x)=x^2-2$에 대하여 x의 값이 a에서 $a+2$까지 변할 때의 평균변화율과 $x=2$에서의 미분계수가 같을 때, 상수 a의 값을 구하시오.

☆**0453** 중요 ●●○○

함수 $f(x)=x^3-ax^2$에 대하여 x의 값이 -1에서 1까지 변할 때의 평균변화율과 $x=k$에서의 미분계수가 서로 같다. 이를 만족시키는 모든 k의 값의 합이 4일 때, 상수 a의 값을 구하시오.

0454 ●●○○

이차함수 $f(x)=x^2+ax+b$에 대하여 닫힌구간 $[1,4]$에서의 평균변화율이 2일 때, 미분계수 $f'(3)$의 값은?

(단, a, b는 상수이다.)

① 1 ② 2 ③ 3

④ 4 ⑤ 5

유형 04 내신 중요도 ━━━━━━ 유형 난이도 ★★☆☆☆

미분계수의 정의 – $\displaystyle\lim_{h\to0}\frac{f(a+h)-f(a)}{h}$ 꼴

함수 $y=f(x)$의 $x=a$에서의 미분계수는

$$f'(a)=\lim_{\blacksquare\to0}\frac{f(a+\blacksquare)-f(a)}{\blacksquare}$$

참고 $\displaystyle\lim_{h\to0}\frac{f(a+nh)-f(a)}{mh}=\frac{n}{m}f'(a)$

0455 ●●●●

다항함수 $y=f(x)$에 대하여 $f'(2)=12$일 때,

$\displaystyle\lim_{h\to0}\frac{f(2-h)-f(2)}{3h}$의 값을 구하시오.

0456 교육청 기출 ●●○○

다항함수 $f(x)$에 대하여

$$\lim_{h\to0}\frac{f(-1+3h)-f(-1)}{h}=4$$

일 때, $f'(-1)$의 값은?

① $\dfrac{2}{3}$ ② 1 ③ $\dfrac{4}{3}$

④ $\dfrac{5}{3}$ ⑤ 2

☆**0457** 중요 ●●●●

다항함수 $y=f(x)$에 대하여 $f'(-2)=-1$일 때,

$\displaystyle\lim_{h\to0}\frac{f(-2+3h)-f(-2)}{2h}$의 값은?

① $-\dfrac{3}{2}$ ② $-\dfrac{1}{2}$ ③ $\dfrac{1}{2}$

④ $\dfrac{3}{2}$ ⑤ $\dfrac{5}{2}$

0458 ●○○○

미분가능한 함수 $y=f(x)$에 대하여

$$\lim_{h \to 0} \frac{f(2+2h)-f(2)}{5h}=4$$

일 때, $f'(2)$의 값은?

① 2   ② 4   ③ 6

④ 8   ⑤ 10

0459 ●●○○

다항함수 $y=f(x)$에 대하여 $f'(1)=-3$일 때,

$$\lim_{h \to 0} \frac{f(1+kh)-f(1)}{h}=-36$$을 만족시키는 상수 k의 값을

구하시오.

0460 ●●○○

다항함수 $y=f(x)$에 대하여 $f(3)=2f'(3)=10$일 때,

$$\lim_{h \to 0} \frac{10-f(3-h)}{h}$$의 값을 구하시오.

유형 05

내신 중요도 ■■■□□□   유형 난이도 ★★★☆☆

$$\lim_{h \to 0} \frac{f(a+h)-f(a-h)}{h} \text{ 꼴의 변형}$$

미분가능한 함수 $y=f(x)$에 대하여

$$\lim_{h \to 0} \frac{f(a+h)-f(a-h)}{h}$$

$$=\lim_{h \to 0} \frac{f(a+h)-f(a)-\{f(a-h)-f(a)\}}{h}=2f'(a)$$

참고 $\lim_{h \to 0} \dfrac{f(a+mh)-f(a+nh)}{h}=(m-n)f'(a)$

0461 ●●○○

다항함수 $y=f(x)$에 대하여 $\lim_{h \to 0} \dfrac{f(a+3h)-f(a+h)}{3h}$의 값과

같은 것은?

① $\dfrac{1}{3}f'(a)$ ② $\dfrac{2}{3}f'(a)$ ③ $f'(a)$

④ $\dfrac{4}{3}f'(a)$ ⑤ $\dfrac{5}{3}f'(a)$

0462 짱중요 ●●○○

다항함수 $y=f(x)$에 대하여 $f'(1)=3$일 때,

$$\lim_{h \to 0} \frac{f(1+h)-f(1-h)}{h}$$의 값은?

① 2   ② 3   ③ 4

④ 5   ⑤ 6

0463 ●●○○

함수 $y=f(x)$에 대하여 $\lim_{h \to 0} \dfrac{f(1+2h)-f(1)}{h}=10$일 때,

$$\lim_{h \to 0} \frac{f(1+h)-f(1-2h)}{h}$$의 값을 구하시오.

0464 중요 ●●○○

다항함수 $y=f(x)$에 대하여 $f'(3)=-1$일 때,
$\displaystyle\lim_{h\to 0}\frac{f(3+2h)-f(3-h)}{h}$ 의 값을 구하시오.

0465 ●●●○

다항함수 $y=f(x)$에 대하여 $\displaystyle\lim_{h\to 0}\frac{f(2h)-f(-h)}{2h}=6$일 때,
$f'(0)$의 값을 구하시오.

0466 ●●●○

다항함수 $y=f(x)$가 임의의 실수 x에 대하여 $f(-x)=-f(x)$
를 만족시키고
$$\lim_{h\to 0}\frac{f(4-3h)-f(4+4h)}{h}=-21$$
일 때, $f'(-4)$의 값을 구하시오.

유형 06 미분계수의 정의 – $\displaystyle\lim_{x\to a}\frac{f(x)-f(a)}{x-a}$ 꼴

함수 $y=f(x)$의 $x=a$에서의 미분계수는
$$f'(a)=\lim_{x\to a}\frac{f(x)-f(a)}{x-a}$$

참고 $\displaystyle\lim_{\blacksquare\to\bullet}\frac{f(\blacksquare)-f(\bullet)}{\blacksquare-\bullet}=f'(\bullet)$

⇨ $\blacksquare$는 $\blacksquare$끼리, $\bullet$는 $\bullet$끼리 서로 같도록 만들어 준다.

0467 중요 ●○○○

다항함수 $y=f(x)$에 대하여 $f'(3)=-3$일 때,
$\displaystyle\lim_{x\to 3}\frac{f(x)-f(3)}{x^2-9}$ 의 값은?

① -3 ② -1 ③ $-\dfrac{1}{2}$

④ $\dfrac{1}{2}$ ⑤ 1

0468 ●○○○

다항함수 $y=f(x)$에 대하여 $f'(1)=3$일 때,
$\displaystyle\lim_{x\to 1}\frac{x^2-1}{f(x)-f(1)}$ 의 값을 구하시오.

0469 ●●○○

다항함수 $y=f(x)$에 대하여 $f'(4)=3$일 때,
$\displaystyle\lim_{x\to 2}\frac{f(x^2)-f(4)}{x-2}$ 의 값을 구하시오.

0470 짱중요 ●●○○

다항함수 $y=f(x)$에 대하여 $f(2)=-3$, $f'(2)=3$일 때,
$\lim\limits_{x \to 2} \dfrac{f(x)+3}{x^3-8}$ 의 값은?

① $\dfrac{1}{8}$　　　　② $\dfrac{1}{4}$　　　　③ $\dfrac{1}{2}$

④ 1　　　　⑤ 2

 0471 짱중요 ●●○○

다항함수 $y=f(x)$에 대하여 $f(2)=5$, $f'(2)=3$일 때,
$\lim\limits_{x \to 2} \dfrac{2f(x)-xf(2)}{x-2}$ 의 값을 구하시오.

0472 [평가원 기출] ●●○○

다항함수 $y=f(x)$에 대하여 $\lim\limits_{x \to 1} \dfrac{f(x)-2}{x^2-1}=3$일 때,
$\dfrac{f'(1)}{f(1)}$ 의 값은?

① 3　　　　② $\dfrac{7}{2}$　　　　③ 4

④ $\dfrac{9}{2}$　　　　⑤ 5

0473 중요 ●●○○

다항함수 $y=f(x)$에 대하여 $\lim\limits_{x \to 1} \dfrac{f(x^2)-3}{x-1}=6$일 때,
$f(1)+f'(1)$의 값을 구하시오.

0474 중요 ●●●○

미분가능한 함수 $y=f(x)$에 대하여
$\lim\limits_{h \to 0} \dfrac{f(1+2h)-f(1-4h)}{h}=30$일 때, $\lim\limits_{x \to 1} \dfrac{f(x^2)-f(1)}{x-1}$ 의
값을 구하시오.

0475 [교육청 기출] ●●●○

다항함수 $y=f(x)$에 대하여 $\lim\limits_{x \to 2} \dfrac{f(x)-1}{x-2}=2$일 때,
$\lim\limits_{h \to 0} \dfrac{f(2+h)-f(2-h)}{h}$ 의 값은?

① -2　　　　② -1　　　　③ 1

④ 2　　　　⑤ 4

0476 교육청 기출 ●●●○

다항함수 $y=f(x)$에 대하여 $\lim\limits_{x\to 1}\dfrac{f(x)-f(1)}{x^2-1}=-1$일 때,

$\lim\limits_{h\to 0}\dfrac{f(1-2h)-f(1+5h)}{h}$의 값을 구하시오.

0477 평가원 기출 ●●●●

미분가능한 함수 $y=f(x)$가 $\lim\limits_{x\to 2}\dfrac{f(x)}{x-2}=3$을 만족시킬 때,

$\lim\limits_{x\to 2}\dfrac{\{f(x)\}^2-2f(x)}{2-x}$의 값을 구하시오.

0478 ●●●○

다항함수 $y=f(x)$의 그래프는 y축에 대하여 대칭이고,

$f'(2)=-3$, $f'(4)=6$일 때, $\lim\limits_{x\to -2}\dfrac{f(x^2)-f(4)}{f(x)-f(-2)}$의 값은?

① -8　　　　② -4　　　　③ 4

④ 8　　　　⑤ 12

유형 **07** 치환하여 미분계수 구하기

내신 중요도 ■■■□□　　유형 난이도 ★★★★☆

미분가능한 함수 $y=f(x)$에 대하여

$\lim\limits_{n\to\infty} n\left\{f\left(a+\dfrac{1}{n}\right)-f(a)\right\}$

$=\lim\limits_{h\to 0}\dfrac{f(a+h)-f(a)}{h}=f'(a)$　$\Big\rangle\,\dfrac{1}{n}=h$로 치환

참고 $\lim\limits_{n\to\infty} n\left\{f\left(a+\dfrac{p}{n}\right)-f\left(a+\dfrac{q}{n}\right)\right\}=(p-q)f'(a)$

0479 ●●●○

다항함수 $y=f(x)$에 대하여 $f'(2)=5$일 때,

$\lim\limits_{n\to\infty} n\left\{f\left(2+\dfrac{3}{n}\right)-f(2)\right\}$의 값을 구하시오.

0480 ●●●○

곡선 $y=f(x)$ 위의 점 $P(a, 4)$에서의 접선의 방정식이

$y=3x+b$일 때, $\lim\limits_{n\to\infty} n\left\{f\left(a+\dfrac{3}{n}\right)-f(a)\right\}$의 값을 구하시오.

0481 중요 ●●●●

다항함수 $y=f(x)$에 대하여 $\lim\limits_{h\to 0}\dfrac{f(1+h)-f(1-h)}{h}=8$일 때,

$\lim\limits_{n\to\infty} n\left\{f\left(1+\dfrac{1}{n}\right)-f(1)\right\}$의 값을 구하시오.

해설 091쪽

 0482 중요 ●●●○

함수 $y=f(x)$에 대하여 $f'(3)=12$일 때,

$\lim\limits_{x\to 1}\dfrac{f(x+2)-f(3)}{x^2-1}$의 값을 구하시오.

0483 ●●●○

다항함수 $y=f(x)$에 대하여 $\lim\limits_{x\to 2}\dfrac{f(x+2)-10}{x^2-4}=3$일 때,

$f(4)+f'(4)$의 값을 구하시오.

0484 ●●●●

다항함수 $y=f(x)$에 대하여 $\lim\limits_{x\to 1}\dfrac{f(2x^2-5x+4)-f(1)}{x-1}$의

값을 $f'(1)$을 이용하여 나타내면?

① $-2f'(1)$ ② $-f'(1)$ ③ $f'(1)$

④ $2f'(1)$ ⑤ $4f'(1)$

 내신 중요도 ▬▬▬▬▬ **유형 난이도** ★★★★☆

○8 관계식이 주어질 때 미분계수 구하기

① 주어진 식에 $x=0$, $y=0$을 대입하여 $f(0)$의 값을 구한다.

② $f'(a)=\lim\limits_{h\to 0}\dfrac{f(a+h)-f(a)}{h}$에서 $f(a+h)$에 주어진 관계식을 대입하여 $f'(a)$의 값을 구한다.

0485 중요 ●●●○

미분가능한 함수 f가 모든 실수 x, y에 대하여

$$f(x+y)=f(x)+f(y)$$

를 만족시키고 $f'(0)=1$일 때, $f'(1)$의 값을 구하시오.

0486 짱중요 ●●●○

미분가능한 함수 f가 모든 실수 x, y에 대하여

$$f(x+y)=f(x)+f(y)+xy$$

를 만족시키고 $f'(0)=2$일 때, $f'(2)$의 값을 구하시오.

0487 ●●●○

미분가능한 함수 f가 모든 실수 x, y에 대하여

$$f(x-y)=f(x)-f(y)$$

를 만족시키고 $f'(1)=-1$일 때, $f'(0)$의 값을 구하시오.

0488 ●●●○

미분가능한 함수 f가 모든 실수 x, y에 대하여
$$f(x+y) = f(x) + f(y) - 1$$
을 만족시키고 $f'(1) = 2$일 때, $f'(3)$의 값을 구하시오.

☆☆☆☆☆
0489 짱중요 ●●●○

미분가능한 함수 f가 모든 실수 x, y에 대하여
$$f(x+y) = f(x) + f(y) + 2xy - 1$$
을 만족시키고 $f'(2) = 5$일 때, $f'(0)$의 값은?

① 0   ② 1   ③ 2

④ 3   ⑤ 4

0490 ●●●●

미분가능한 함수 f가 모든 실수 x, y에 대하여
$$f(x+y) = f(x) + f(y) + xy(x+y) - 2$$
를 만족시키고 $f'(2) = 6$일 때, $f'(5)$의 값을 구하시오.

함수 $y = f(x)$의 $x = a$에서의 미분계수 $f'(a)$는 곡선 $y = f(x)$ 위의 점 $(a, f(a))$에서의 접선의 기울기와 같다.

0491 ●○○○

다항함수 $y = f(x)$의 그래프가 그림과 같을 때, 다음 값 중에서 가장 큰 것은?

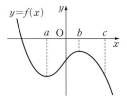

① $f'(a)$

② $f'(b)$

③ $f'(c)$

④ 닫힌구간 $[a, b]$에서 함수 $y = f(x)$의 평균변화율

⑤ 닫힌구간 $[b, c]$에서 함수 $y = f(x)$의 평균변화율

0492 ●●○○

함수 $y = f(x)$의 그래프가 그림과 같을 때, 이 그래프 위의 점 A, B, C, D, E 중에서 $f(x)f'(x) < 0$을 만족시키는 점은?

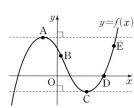

① 점 A   ② 점 B

③ 점 C   ④ 점 D

⑤ 점 E

0493 중요

●●○○

다항함수 $y=f(x)$가 $\lim\limits_{h \to 0} \dfrac{f(2+h)-3}{h}=a$를 만족시키고,

곡선 $y=f(x)$ 위의 점 $(2, 3)$에서의 접선의 기울기가 $\dfrac{1}{3}$일 때,

상수 a의 값을 구하시오.

0494

●●●○

곡선 $y=f(x)$ 위의 점 $(-1, f(-1))$에서의 접선의 기울기가

4일 때, $\lim\limits_{x \to -1} \dfrac{f(x^3)-f(-1)}{x+1}$의 값을 구하시오.

0495

●●●○

함수 $y=f(x)$의 그래프가 그림과
같을 때, 〈보기〉에서 옳은 것만을
있는 대로 고르시오.

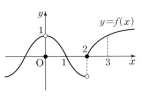

┤ 보기 ├

ㄱ. $f(1)f'(2)=0$

ㄴ. $\lim\limits_{x \to 3} \dfrac{f(x)-f(3)}{x-3}>0$

ㄷ. $\lim\limits_{h \to 0} \dfrac{f(1+h)}{h}<0$

0496 짱중요

●●●○

미분가능한 두 함수 $y=f(x)$와
$y=x$의 그래프가 그림과 같을 때,
〈보기〉에서 옳은 것만을 있는 대로
고르시오. (단, $0<a<b$)

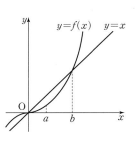

┤ 보기 ├

ㄱ. $\dfrac{f(b)-f(a)}{b-a}<f'(b)$

ㄴ. $f(b)f(a)<ab$

ㄷ. $\dfrac{f(a)}{a}<f'(a)$

0497

●●●○

그림은 함수 $y=f(x)$의 그래프이다.
$a<0<b$일 때, 〈보기〉에서 옳은 것만을
있는 대로 고른 것은?

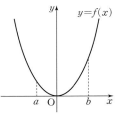

┤ 보기 ├

ㄱ. $f'(a)<f'(b)$

ㄴ. $\dfrac{f(a)}{a}<\dfrac{f(b)}{b}$

ㄷ. $\dfrac{f(b)-f(a)}{b-a}=f'(c)$인 c가

a와 b 사이에 존재한다.

① ㄱ 　　② ㄴ 　　③ ㄱ, ㄴ

④ ㄴ, ㄷ 　　⑤ ㄱ, ㄴ, ㄷ

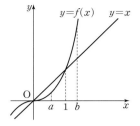

0498 짱중요

그림은 원점을 지나는 다항함수 $y=f(x)$와 $y=x$의 그래프이다. 〈보기〉에서 옳은 것만을 있는 대로 고르시오. (단, $0<a<1<b$)

┤ 보기 ├
ㄱ. $\dfrac{f(a)}{a}<\dfrac{f(b)}{b}$

ㄴ. $f'(a)>f'(b)$

ㄷ. $a-b>3f(a)-3f(b)$

0499 중요

그림은 두 함수 $y=f(x)$, $y=x$의 그래프이다. $0<a<b$일 때, 〈보기〉에서 옳은 것만을 있는 대로 고른 것은?

┤ 보기 ├
ㄱ. $bf(a)-af(b)<0$

ㄴ. $f(b)-f(a)>b-a$

ㄷ. $f'(a)>f'(b)$

① ㄱ   ② ㄴ   ③ ㄷ

④ ㄱ, ㄴ   ⑤ ㄴ, ㄷ

유형 **10** 미분가능할 조건

내신 중요도 ■■■■■■ 유형 난이도 ★★★☆☆

함수 $y=f(x)$가 $x=a$에서 미분가능할 때,

(1) 함수 $y=f(x)$는 $x=a$에서 연속이다.

(2) $\displaystyle\lim_{x\to a-}\dfrac{f(x)-f(a)}{x-a}=\lim_{x\to a+}\dfrac{f(x)-f(a)}{x-a}$

0500

함수 $f(x)=\begin{cases} ax+4 & (x\geq2) \\ x^2+2a & (x<2) \end{cases}$ 가 모든 실수 x에 대하여 미분가능하도록 하는 상수 a의 값을 구하시오.

0501 짱중요

함수 $f(x)=\begin{cases} x^2+a & (x\geq1) \\ bx+5 & (x<1) \end{cases}$ 가 $x=1$에서 미분가능할 때, 두 상수 a, b에 대하여 ab의 값을 구하시오.

0502

함수 $f(x)=\begin{cases} 2x^3+ax^2+bx & (x\geq1) \\ 3x^2+1 & (x<1) \end{cases}$ 이 모든 실수 x에서 미분가능할 때, 두 상수 a, b에 대하여 ab의 값은?

① -8 ② -4 ③ 0

④ 4 ⑤ 8

유형 11 미분가능성과 연속성

내신 중요도 ━━━━━ 유형 난이도 ★★★★★

함수 $y=f(x)$에 대하여

(1) $\lim\limits_{x\to a} f(x)=f(a)$이면 $x=a$에서 연속이다.

(2) 미분계수 $\lim\limits_{h\to 0}\dfrac{f(a+h)-f(a)}{h}$가 존재하면 $x=a$에서 미분가능하다.

참고 함수 $y=f(x)$가 $x=a$에서 미분가능하면 함수 $y=f(x)$는 $x=a$에서 연속이다. 그러나 그 역이 반드시 성립하는 것은 아니다.

0503 ●●●○

다음 함수 중에서 $x=0$에서 연속이지만 미분가능하지 않은 것은?

① $f(x)=x^2+3$ 　② $f(x)=\dfrac{1}{x}$ 　③ $f(x)=\sqrt{x^2}$

④ $f(x)=|x|^2$ 　⑤ $f(x)=x^2|x|$

0504 짱중요 ●●●●

다음 〈보기〉의 함수 중에서 $x=0$에서 미분가능한 것만을 있는 대로 고른 것은? (단, $[x]$는 x보다 크지 않은 최대의 정수이다.)

┤ 보기 ├

ㄱ. $f(x)=\begin{cases} x & (x\geq 0) \\ -x & (x<0) \end{cases}$

ㄴ. $f(x)=\begin{cases} (x+1)^2 & (x\geq 0) \\ 2x+1 & (x<0) \end{cases}$

ㄷ. $f(x)=[x]$

ㄹ. $f(x)=x^2|x|$

① ㄱ, ㄴ 　② ㄴ, ㄹ 　③ ㄷ, ㄹ

④ ㄱ, ㄷ, ㄹ 　⑤ ㄴ, ㄷ, ㄹ

0505 짱중요 ●●●●

〈보기〉의 함수 중에서 $x=1$에서 미분가능하지 <u>않은</u> 것만을 있는 대로 고른 것은?

┤ 보기 ├

ㄱ. $f(x)=|x^2-1|$ 　　ㄴ. $f(x)=(x-1)|x-1|$

ㄷ. $f(x)=\dfrac{x^2-1}{|x-1|}$

① ㄱ 　② ㄴ 　③ ㄷ

④ ㄱ, ㄷ 　⑤ ㄴ, ㄷ

0506 ●●●●

함수 $f(x)=|x-2|(x+a)$가 $x=2$에서 미분가능하도록 하는 상수 a의 값을 구하시오.

0507 ●●●●

다음 〈보기〉의 함수 중에서 $x=0$에서 연속이지만 미분가능하지 <u>않은</u> 것만을 있는 대로 고른 것은?

┤ 보기 ├

ㄱ. $f(x)=\dfrac{5}{x}$ 　　ㄴ. $f(x)=|x|^3$

ㄷ. $f(x)=\sqrt{x^2}$

① ㄱ 　② ㄴ 　③ ㄷ

④ ㄱ, ㄷ 　⑤ ㄴ, ㄷ

0508 ●●●●

다음 〈보기〉의 함수 중에서 $x=1$에서 연속이지만 미분가능하지 않은 것만을 있는 대로 고른 것은?

┤ 보 기 ├

ㄱ. $f(x)=\sqrt{(x-1)^2}$

ㄴ. $f(x)=(x-1)|x-1|$

ㄷ. $f(x)=\dfrac{x^2-1}{|x-1|}$

① ㄱ   ② ㄴ   ③ ㄷ

④ ㄱ, ㄴ   ⑤ ㄱ, ㄷ

유형 12   내신 중요도 ■■■■■□   유형 난이도 ★★★★★

그래프가 주어진 함수의 미분가능성

함수 $y=f(x)$의 그래프에서

(1) 불연속인 경우 ⇨ 연결되어 있지 않고 끊어져 있을 때

(2) 미분가능하지 않은 경우 ⇨ 불연속일 때, 뾰족점일 때

0510 ●●○○

다음 함수 $y=f(x)$의 그래프 중에서 $x=a$에서 미분가능한 것은?

①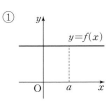

②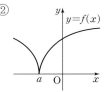

③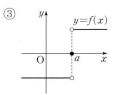

④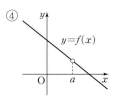

⑤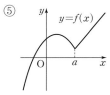

0509 ●●●●

다음 함수 중에서 $x=0$에서 연속이지만 미분가능하지 않은 함수는?

① $f(x)=8$ ② $f(x)=x|x|$ ③ $f(x)=x+|x|$

④ $f(x)=\dfrac{|x|}{x}$ ⑤ $f(x)=|x|^2$

0511 중요

••••○

$0 < x < 4$에서 정의된 함수 $y=f(x)$의 그래프가 그림과 같을 때, 〈보기〉에서 옳은 것만을 있는 대로 고르시오.

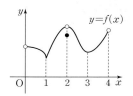

┤ 보기 ├

ㄱ. $\lim\limits_{x \to 2} f(x)$의 값이 존재한다.

ㄴ. $f'(x)=0$인 x의 값은 2개이다.

ㄷ. 미분가능하지 않은 x의 값은 2개이다.

0512 중요

••••○

그림은 열린구간 $(-1, 5)$에서 정의된 함수 $y=f(x)$의 그래프이다. 다음 설명 중 옳지 않은 것은?

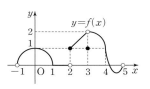

① $\lim\limits_{x \to 3} f(x)$의 값이 존재한다.

② 함수 $y=f(x)$가 미분가능하지 않은 x의 값은 3개이다.

③ $f'(4) < 0$

④ $f'(x)=0$인 x의 값은 3개이다.

⑤ 함수 $y=f(x)$가 불연속인 x의 값은 2개이다.

0513

••••

함수 $y=f(x)$의 그래프가 그림과 같을 때, 〈보기〉의 함수 중에서 $x=0$에서 미분가능한 것만을 있는 대로 고른 것은?

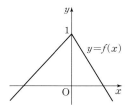

┤ 보기 ├

ㄱ. $y=x+f(x)$

ㄴ. $y=xf(x)$

ㄷ. $y=\dfrac{1}{1+xf(x)}$

① ㄱ   ② ㄴ   ③ ㄱ, ㄷ

④ ㄴ, ㄷ   ⑤ ㄱ, ㄴ, ㄷ

0514

••••

$0 < x < 8$에서 함수 $y=f(x)$의 그래프가 그림과 같이 직선으로만 이루어져 있고, $f(4)$의 값은 존재하지 않는다. 두 집합

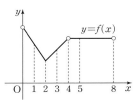

$$A=\left\{ a \,\middle|\, \lim_{x \to a} f(x)=f(a) \right\},$$

$$B=\left\{ a \,\middle|\, \lim_{x \to a+} \frac{f(x)-f(a)}{x-a} = \lim_{x \to a-} \frac{f(x)-f(a)}{x-a} \right\}$$

에 대하여 $A \cap B^C$의 모든 원소의 합을 구하시오.

0515

함수 $f(x)=-2x+4$에서 x의 값이 2에서 4까지 변할 때의 평균변화율을 구하시오.

0516 ✎ 서술형

함수 $f(x)=x^3-x$의 $x=1$에서의 순간변화율을 정의를 이용하여 구하시오.

0517

함수 $f(x)=x^2+x+2$에서 x의 값이 -1에서 2까지 변할 때의 평균변화율과 $x=a$에서의 미분계수가 같을 때, 상수 a의 값을 구하시오.

0518

다항함수 $y=f(x)$에 대하여 $f'(1)=2$일 때,

$$\lim_{h\to 0}\frac{f\left(1-\frac{3}{2}h\right)-f(1)}{h}$$의 값을 구하시오.

0519

다항함수 $y=f(x)$에 대하여 $f'(3)=2$일 때,

$$\lim_{h\to 0}\frac{f(3+h)-f(3-h)}{3h}$$의 값을 구하시오.

0520

다항함수 $y=f(x)$에 대하여 $f(2)=2f'(2)=2$일 때,

$$\lim_{x\to 2}\frac{x^2f(2)-4f(x)}{x-2}$$의 값을 구하시오.

0521

다항함수 $y=f(x)$에 대하여 $f'(1)=2$일 때,

$\lim\limits_{n \to \infty} n\left\{f\left(1+\dfrac{3}{n}\right)-f\left(1-\dfrac{9}{n}\right)\right\}$의 값은?

① 12   ② 15   ③ 18

④ 21   ⑤ 24

0522

미분가능한 함수 f가 모든 실수 x, y에 대하여

$$f(x+y)=f(x)+f(y)-xy$$

를 만족시키고 $f'(0)=3$일 때, $f'(1)$의 값은?

① -1 ② 0   ③ 1

④ 2   ⑤ 3

0523

그림은 $f(x)=x^2$의 그래프이다. 두 점 A(a, a^2), B(b, b^2)에 대하여 직선 AB의 기울기가 3이고, 직선 AB와 평행하고 함수 $y=f(x)$의 그래프에 접하는 직선의 접점의 x좌표가 c일 때, 〈보기〉에서 옳은 것만을 있는 대로 고른 것은?

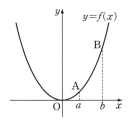

┤ 보기 ├

ㄱ. $f'(c)=3$ ㄴ. $a+b=3$ ㄷ. $c=\dfrac{a+b}{2}$

① ㄴ   ② ㄷ   ③ ㄱ, ㄴ

④ ㄱ, ㄷ   ⑤ ㄱ, ㄴ, ㄷ

0524 ✎서술형

함수 $f(x)=\begin{cases} ax^2-2 & (x\geq2) \\ 4x+b & (x<2) \end{cases}$ 가 $x=2$에서 미분가능할 때,

두 상수 a, b에 대하여 $a+b$의 값을 구하시오.

(단, 미분계수의 정의를 이용하시오.)

0525

다음 〈보기〉의 함수 중에서 $x=1$에서 미분가능한 것만을 있는 대로 고른 것은?

┤ 보기 ├

ㄱ. $f(x)=x^3$ ㄴ. $f(x)=|x^2-x|$

ㄷ. $f(x)=\dfrac{3}{x}$

① ㄱ   ② ㄷ   ③ ㄱ, ㄴ

④ ㄱ, ㄷ   ⑤ ㄴ, ㄷ

0526

그림은 $-1<x<6$에서 정의된 함수 $y=f(x)$의 그래프이다. 다음 중 옳지 않은 것은?

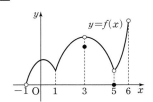

① $f'(2)$는 양수이다.

② $\lim\limits_{x \to 3}f(x)$의 값이 존재한다.

③ $f(x)$가 불연속인 x의 값은 2개이다.

④ $f(x)$가 미분가능하지 않은 x의 값은 3개이다.

⑤ $f'(x)=0$인 x의 값은 2개이다.

Level 1

0527

다항함수 $y=f(x)$가 임의의 실수 x에 대하여 $f(3x)=3f(x)$를 만족시키고 $f'(1)=a$일 때, $f'(3)$의 값은?

① $\dfrac{a}{9}$ ② $\dfrac{a}{3}$ ③ a

④ $3a$ ⑤ $9a$

0528

그림은 함수 $y=f(x)$의 그래프와 이 그래프 위의 $x=1$인 점에서의 접선을 나타낸 것이다. $\displaystyle\lim_{x \to 1} \dfrac{x^3 f(1)-f(x^3)}{x-1}$ 의 값을 구하시오.

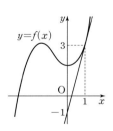

0529

미분가능한 함수 $y=f(x)$에 대하여 $f'(1)=5$일 때, $\displaystyle\lim_{n \to \infty} 5n\left\{f\left(\dfrac{n+2}{n}\right)-f\left(\dfrac{n+1}{n}\right)\right\}$ 의 값을 구하시오.

0530

실수 전체의 집합을 R, 양의 실수 전체의 집합을 P라 할 때, 미분가능한 함수 $f : R \longrightarrow P$가 임의의 실수 x, y에 대하여

$$f(x+y)=2f(x)f(y)$$

를 만족시킨다. $f'(0)=3$일 때, $\dfrac{f'(-3)}{f(-3)}$ 의 값을 구하시오.

0531

다음 그림은 미분가능한 함수 $y=f(x)$의 그래프이다.

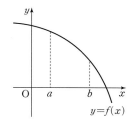

<보기>에서 옳은 것만을 있는 대로 고른 것은? (단, $0<a<b$)

┤ 보기 ├

ㄱ. $\dfrac{f'(a)}{b}>\dfrac{f'(b)}{a}$

ㄴ. $\dfrac{f(b)-f(a)}{b-a}<f'(b)$

ㄷ. $f'(\sqrt{ab})>f'\left(\dfrac{a+b}{2}\right)$

① ㄴ   ② ㄷ   ③ ㄱ, ㄴ

④ ㄱ, ㄷ   ⑤ ㄱ, ㄴ, ㄷ

0532

<보기>의 함수 중에서 $x=0$에서 연속이지만 미분가능하지 <u>않은</u> 것만을 있는 대로 고르시오.

(단, $[x]$는 x보다 크지 않은 최대의 정수이다.)

┤ 보기 ├

ㄱ. $y=x[x]$ ㄴ. $y=x-[x]$

ㄷ. $y=x+|x|$

Level ❷

0533

미분가능한 함수 $y=f(x)$가

$f(1)=3,\ \displaystyle\lim_{x\to 1}\dfrac{f(x)-3x^2}{x-1}=10$을 만족시킬 때,

$\displaystyle\lim_{h\to\infty}h\left\{\sum_{k=1}^{10}f\left(1+\dfrac{k}{h}\right)-10f(1)\right\}$의 값을 구하시오.

0534

다항함수 $y=f(x)$에 대하여 $f'(1)=3$이고,

$\displaystyle\lim_{h\to 0}\dfrac{\sum\limits_{k=1}^{n}f(1+kh)-nf(1)}{h}=273$일 때, 자연수 n의 값을 구하시오.

0535

최고차항의 계수가 1인 이차함수 f에 대하여 함수

$$g(x) = \begin{cases} x^4 + 6 & (x \geq 1) \\ f(x) & (x < 1) \end{cases}$$

라 하자. 함수 $y = g(x)$가 $x = 1$에서 미분가능할 때, $g(-2)$의 값을 구하시오.

0536

미분가능한 함수 $y = f(x)$가

$$\lim_{x \to 2} \frac{f(x)}{x-2} = 3, \quad \lim_{x \to 0} \frac{f(x)}{x} = 2$$

를 만족시킬 때, $\lim_{x \to 2} \frac{f(f(x))}{x-2}$의 값은?

① 0   ② 1   ③ 2

④ 3   ⑤ 6

0537

이차함수 $y = f(x)$의 그래프가 직선 $x = 5$에 대하여 대칭이고 $a + b = 10$일 때, $\sum_{k=1}^{10} \{f'(a-k) + f'(b+k) + f'(k)\} = 30$이다. $f'(1)$의 값을 구하시오.

해설 106쪽

0538

함수 $f(x)=[2x](x^2+ax+b)$가 $x=1$에서 미분가능할 때, $f(2)$의 값을 구하시오.

(단, a, b는 상수이고, $[x]$는 x보다 크지 않은 최대의 정수이다.)

0539

함수 $f(x)=\begin{cases} 1-x & (x<0) \\ x^2-1 & (0\le x<1) \\ \dfrac{2}{3}(x^3-1) & (x\ge 1) \end{cases}$ 에 대하여

〈보기〉에서 옳은 것만을 있는 대로 고른 것은?

┤ 보기 ├

ㄱ. 함수 $y=f(x)$는 $x=1$에서 미분가능하다.

ㄴ. 함수 $y=|f(x)|$는 $x=0$에서 미분가능하다.

ㄷ. 함수 $y=x^k f(x)$가 $x=0$에서 미분가능하도록 하는 자연수 k의 최솟값은 2이다.

① ㄱ   ② ㄴ   ③ ㄱ, ㄷ

④ ㄴ, ㄷ   ⑤ ㄱ, ㄴ, ㄷ

0540

다음 그림을 나타내는 함수 $y=f(x)$는

$$f(x)= \begin{cases} x^2-2x & (x \leq 0) \\ ax^3+bx^2+cx+d & (0 < x < 2) \\ x-2 & (x \geq 2) \end{cases}$$

이고, 함수 $y=f(x)$가 모든 실수 x에 대하여 미분가능할 때, $f(1)$의 값을 구하시오. (단, a, b, c, d는 상수이다.)

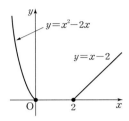

0541

삼차함수 $f(x)=x^3-x^2-9x+1$에 대하여 함수 $y=g(x)$를

$$g(x)= \begin{cases} f(x) & (x \geq k) \\ f(2k-x) & (x < k) \end{cases}$$

라 하자. 함수 $y=g(x)$가 실수 전체의 집합에서 미분가능하도록 하는 모든 실수 k의 값의 합을 $\dfrac{q}{p}$라 할 때, p^2+q^2의 값을 구하시오. (단, p, q는 서로소인 자연수이다.)

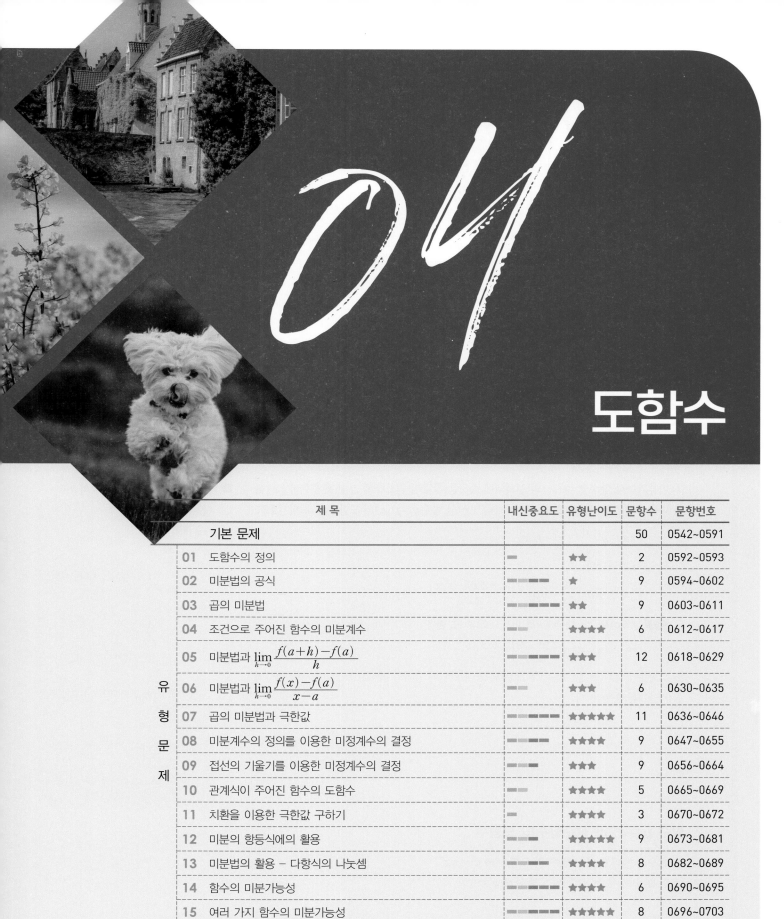

04

도함수

04 도함수

1. 도함수

(1) 미분가능한 함수 $y=f(x)$의 정의역에 속하는 각각의 원소 x에 그 미분계수 $f'(x)$를 대응시켜 만든 새로운 함수 $f' : x \rightarrow f'(x)$를 함수 $y=f(x)$의 도함수라 하며 기호로

$$f'(x), \; y', \; \frac{dy}{dx}, \; \frac{d}{dx}f(x)$$

와 같이 나타낸다. 즉,

$$f'(x)=\lim_{\Delta x \to 0} \frac{\Delta y}{\Delta x}=\lim_{\Delta x \to 0} \frac{f(x+\Delta x)-f(x)}{\Delta x}$$

참고 $f'(x)$를 Δx 대신에 h를 써서 나타내기도 한다.

➡ $f'(x)=\lim_{h \to 0} \dfrac{f(x+h)-f(x)}{h}$

(2) 도함수 $y=f'(x)$는 함수 $y=f(x)$의 그래프 위의 임의의 점 $(x, f(x))$에서의 접선의 기울기를 뜻한다.

2. 함수 $y=x^n$과 상수함수의 도함수

(1) 함수 $y=x^n$ (n은 자연수)의 도함수 ➡ $y'=nx^{n-1}$

(2) 함수 $y=c$ (c는 상수)의 도함수 ➡ $y'=0$

평균변화율, 미분계수, 도함수의 비교

미분가능한 함수 $y=f(x)$에 대하여
① 평균변화율
  (i) $\dfrac{\Delta y}{\Delta x}$ ← 상수
  (ii) 두 점 $\mathrm{P}(a, f(a))$, $\mathrm{Q}(b, f(b))$ 를 이은 직선의 기울기
② 미분계수
  (i) $\lim\limits_{\Delta x \to 0} \dfrac{\Delta y}{\Delta x}$
    $=\lim\limits_{\Delta x \to 0} \dfrac{f(a+\Delta x)-f(a)}{\Delta x}$ ← 상수
  (ii) 점 $\mathrm{P}(a, f(a))$에서의 접선의 기울기
③ 도함수
  (i) $f'(x)=\lim\limits_{\Delta x \to 0} \dfrac{f(x+\Delta x)-f(x)}{\Delta x}$ ← 함수
  (ii) 점 $(x, f(x))$에서의 접선의 기울기를 나타낸 그래프

참고 $f(x)=x^n$ 의 도함수

$$f'(x)=\lim_{h \to 0}\frac{f(x+h)-f(x)}{h}$$
$$=\lim_{h \to 0}\frac{(x+h)^n-x^n}{h}$$
$$=\lim_{h \to 0}\frac{1}{h}\{(x+h)-x\}\{(x+h)^{n-1}+(x+h)^{n-2}x+\cdots+x^{n-1}\}$$
$$=\lim_{h \to 0}\{(x+h)^{n-1}+(x+h)^{n-2}x+\cdots+x^{n-1}\}$$
$$=\underbrace{x^{n-1}+x^{n-1}+\cdots+x^{n-1}}_{n개}=nx^{n-1}$$

$f(x)=c$의 도함수

$$f'(x)=\lim_{h \to 0}\frac{f(x+h)-f(x)}{h}$$
$$=\lim_{h \to 0}\frac{c-c}{h}=0$$

3. 실수배, 합, 차의 미분법

두 함수 f, g가 미분가능할 때,

(1) $y=cf(x)$ ➡ $y'=cf'(x)$ (단, c는 상수이다.)

(2) $y=f(x)+g(x)$ ➡ $y'=f'(x)+g'(x)$

(3) $y=f(x)-g(x)$ ➡ $y'=f'(x)-g'(x)$

세 함수 f, g, h가 미분가능할 때,
$y=f(x)\pm g(x)\pm h(x)$의 도함수
$\Rightarrow y'=f'(x)\pm g'(x)\pm h'(x)$
(복부호동순)

$y=(ax+b)^n$ (n은 자연수)의 도함수
$\Rightarrow y'=an(ax+b)^{n-1}$

미분과 나머지정리의 관계

① 이차 이상의 다항식 $f(x)$가 $(x-a)^2$으로 나누어떨어질 조건
$\Rightarrow f(a)=0, f'(a)=0$
② 이차 이상의 다항식 $f(x)$를 $(x-a)^2$으로 나눌 때의 나머지
$\Rightarrow f'(a)(x-a)+f(a)$

4. 곱의 미분법

(1) 두 함수 f, g가 미분가능할 때,
$y=f(x)g(x)$ ➡ $y'=f'(x)g(x)+f(x)g'(x)$

(2) 세 함수 f, g, h가 미분가능할 때,
$y=f(x)g(x)h(x)$
➡ $y'=f'(x)g(x)h(x)+f(x)g'(x)h(x)+f(x)g(x)h'(x)$

참고 두 함수 f, g가 미분가능할 때,
① $y=\{f(x)\}^n$ (n은 자연수) ➡ $y'=n\{f(x)\}^{n-1}f'(x)$
② $y=f(g(x))$ ➡ $y'=f'(g(x))g'(x)$

문제

핵심 개념을 문제로 익히기

1 도함수의 정의

0542 다음 ☐ 안에 알맞은 것을 써넣으시오.

> 미분가능한 함수 $y=f(x)$의 정의역에 속하는 각각의
> 원소 x에 그 미분계수 $f'(x)$를 대응시키는 새로운 함수
> 를 함수 $y=f(x)$의 ☐ 라고 한다.
> 함수 $y=f(x)$의 도함수 $y=f'(x)$는
> $$f'(x)=\lim_{\Delta x \to 0}\frac{\Delta y}{\Delta x}=\lim_{\Delta x \to 0}\frac{f(x+\boxed{})-f(x)}{\boxed{}}$$

0543 다음은 도함수의 정의를 이용하여 함수 $f(x)=2x+5$
의 도함수를 구하는 과정이다. ☐ 안에 알맞은 것을 써넣
으시오.

> $$f'(x)=\lim_{h \to 0}\frac{f(x+h)-f(x)}{h}$$
> $$=\lim_{h \to 0}\frac{\{2(x+h)+5\}-(2x+5)}{h}$$
> $$=\lim_{h \to 0}\frac{\boxed{}}{h}$$
> $$=\boxed{}$$

[0544-0546] 도함수의 정의를 이용하여 다음 함수의 도함수
를 구하시오.

0544 $f(x)=x+7$

0545 $f(x)=3x+5$

0546 $f(x)=2$

0547 다음은 도함수의 정의를 이용하여 함수 $f(x)=x^2-5x$
의 도함수를 구하는 과정이다. ☐ 안에 알맞은 것을 써넣
으시오.

> $$f'(x)=\lim_{h \to 0}\frac{f(x+h)-f(x)}{h}$$
> $$=\lim_{h \to 0}\frac{\{(\boxed{})^2-5(\boxed{})\}-(x^2-5x)}{h}$$
> $$=\lim_{h \to 0}\frac{\boxed{}}{h}$$
> $$=\lim_{h \to 0}(h+2x-5)$$
> $$=\boxed{}$$

0548 도함수의 정의를 이용하여 함수 $f(x)=x^2-1$의 도함수
를 구하시오.

[0549-0550] 함수 $f(x)=x^2+x$에 대하여 다음 물음에 답하
시오.

0549 도함수의 정의를 이용하여 함수 $y=f(x)$의 도함수
$y=f'(x)$를 구하시오.

0550 0549에서 구한 도함수를 이용하여 $x=3$에서의 미분계
수 $f'(3)$을 구하시오.

2 함수 $y=x^n$과 상수함수의 도함수

[0551-0554] 다음 함수를 미분하시오.

0551 $y=x^2$

0552 $y=x^3$

0553 $y=x^5$

0554 $y=5$

3 함수의 실수배, 합, 차의 미분법

[0555-0558] 다음 함수를 미분하시오.

0555 $y=-x^2$

0556 $y=2x^5$

0557 $y=x+2$

0558 $y=2x-1$

[0559-0561] 다음 함수를 미분하시오.

0559 $y=x^2+5$

0560 $y=x^2+3x$

0561 $y=x^3-2x^2$

[0562-0565] 다음 함수의 도함수를 이용하여 $x=1$에서의 미분계수 $f'(1)$을 구하시오.

0562 $f(x)=x^2+1$

0563 $f(x)=x^2+3x-2$

0564 $f(x)=2x^2-5x$

0565 $f(x)=x^3-2x^2+x+3$

[0566-0567] 다음 함수의 도함수를 이용하여 $x=-1$에서의 미분계수 $f'(-1)$을 구하시오.

0566 $f(x)=3x^2+2x-1$

0567 $f(x)=x^{100}+x^{99}$

[0568-0569] 다음 함수의 도함수를 이용하여 $x=2$에서의 미분계수 $f'(2)$를 구하시오.

0568 $f(x)=-15$

0569 $f(x)=4x+5$

[0570-0573] 두 함수 $f,\ g$에 대하여 $f'(1)=2,\ g'(1)=-3$일 때, 다음 함수의 $x=1$에서의 미분계수를 구하시오.

0570 $y=3f(x)$

0571 $y=f(x)+g(x)$

0572 $y=f(x)-g(x)$

0573 $y=3f(x)+5g(x)$

---

4 곱의 미분법

0574 다음은 함수 $f(x)=(x+2)(2x+1)$의 도함수를 구하는 과정이다. $\square$ 안에 알맞은 것을 써넣으시오.

$$f'(x)=\{(x+2)(2x+1)\}'$$
$$=(x+2)'(2x+1)+(x+2)(2x+1)'$$
$$=\boxed{}\times(2x+1)+(x+2)\times\boxed{}$$
$$=(\boxed{})+(\boxed{})$$
$$=\boxed{}$$

[0575-0578] 다음 함수를 미분하시오.

0575 $y=x(x+2)$

0576 $y=(x-2)(x+1)$

0577 $y=(x^2+2)(x-1)$

0578 $y=(x+2)(x^2-3x+4)$

5 미분계수의 응용

[0579-0581] 함수 $f(x)=x^2+2x+5$에 대하여 다음을 구하시오.

0579 함수 f의 도함수

0580 $f'(1)$의 값

0581 함수 $y=f(x)$의 그래프 위의 점 $(1, 8)$에서의 접선의 기울기

[0582-0585] 함수 $f(x)=x^3+2x-1$에 대하여 다음을 구하시오.

0582 $\lim\limits_{h \to 0} \dfrac{f(1+h)-f(1)}{h}$

0583 $\lim\limits_{h \to 0} \dfrac{f(1+3h)-f(1)}{h}$

0584 $\lim\limits_{h \to 0} \dfrac{f(1+h)-f(1-h)}{h}$

0585 $\lim\limits_{x \to 1} \dfrac{f(x)-f(1)}{x^2-1}$

[0586-0587] 미분가능한 함수 $f(x)$에 대하여 $\lim\limits_{x \to 2} \dfrac{f(x)-3}{x-2}=5$일 때, 다음을 구하시오.

0586 $f(2)$의 값

0587 $f'(2)$의 값

[0588-0589] $\lim\limits_{x \to -1} \dfrac{f(x)}{x+1}=2$일 때, 다음을 구하시오.

0588 $f(-1)$의 값

0589 $f'(-1)$의 값

[0590-0591] $\lim\limits_{x \to 1} \dfrac{x-1}{f(x)-2}=\dfrac{1}{3}$일 때, 다음을 구하시오.

0590 $f(1)$의 값

0591 $f'(1)$의 값

유형 **01** 도함수의 정의

내신 중요도 ▰▰▱▱▱▱ 유형 난이도 ★★☆☆☆

미분가능한 함수 $y=f(x)$의 도함수는

$$f'(x)=\lim_{\Delta x \to 0}\frac{\Delta y}{\Delta x}=\lim_{\Delta x \to 0}\frac{f(x+\Delta x)-f(x)}{\Delta x}$$
$$=\lim_{h \to 0}\frac{f(x+h)-f(x)}{h}$$

0592 ●●○○○

다음은 함수 $f(x)=x^3$의 도함수를 구하는 과정이다.

$$f'(x)=\lim_{h \to 0}\frac{f(\boxed{(\text{가})})-f(x)}{h}$$
$$=\lim_{h \to 0}\frac{(x+h)^3-x^3}{h}$$
$$=\lim_{h \to 0}\frac{(\boxed{(\text{나})}-x)\{(x+h)^2+x(x+h)+x^2\}}{h}$$
$$=\lim_{h \to 0}\{(x+h)^2+x(x+h)+x^2\}=\boxed{(\text{다})}$$

위의 과정에서 (가), (나), (다)에 알맞은 것을 써넣으시오.

0593 중요 ●●○○○

함수 $f(x)=x^2-2x$의 도함수를 도함수의 정의를 이용하여 구하시오.

유형 **02** 미분법의 공식

내신 중요도 ▰▰▱▱▱▱ 유형 난이도 ★☆☆☆☆

두 함수 f, g가 미분가능할 때
(1) $y=x^n$ (n은 자연수) $\Rightarrow y'=nx^{n-1}$
(2) $y=c$ (c는 상수) $\Rightarrow y'=0$
(3) $y=cf(x) \Rightarrow y'=cf'(x)$ (단, c는 상수이다.)
(4) $y=f(x)\pm g(x) \Rightarrow y'=f'(x)\pm g'(x)$ (복부호동순)

0594 ●○○○○

함수 $f(x)=2x^3-3x+1$에 대하여 $f'(x)$는?

① $6x-3$ ② $6x$ ③ $6x^2-3$
④ $6x^2+1$ ⑤ $6x^3+1$

0595 짱중요 ●○○○○

함수 $f(x)=x^3-x^2+3x+5$에 대하여 $f'(2)$의 값을 구하시오.

0596 중요 ●○○○○

함수 $f(x)=x^2+3x-2$에 대하여 $x=1$에서의 미분계수를 구하시오.

0597 짱중요 ●○○○

함수 $f(x)=x^3+2x^2+ax+4$에 대하여 $f'(1)=12$일 때, 상수 a의 값을 구하시오.

0598 ●○○○

함수 $f(x)=x^4-2x^2+ax+3$의 $x=1$에서의 미분계수가 5일 때, 상수 a의 값은?

① 2　　　　　② 3　　　　　③ 4

④ 5　　　　　⑤ 6

0599 중요 ●●○○

함수 $f(x)=x^2+ax+b$에 대하여 $f(2)=1$, $f'(1)=-2$일 때, $f(1)$의 값을 구하시오. (단, a, b는 상수이다.)

0600 ●●○○

함수 $f(x)=\dfrac{1}{3}x^3+\dfrac{1}{5}x^5+\dfrac{1}{7}x^7+\cdots+\dfrac{1}{97}x^{97}$에 대하여 $f'(1)$의 값을 구하시오.

0601 ●●○○

함수 $f(x)=2x^3+4x$에 대하여 $\displaystyle\sum_{k=1}^{10}f'(k)$의 값은?

① 2150　　　　② 2200　　　　③ 2250

④ 2300　　　　⑤ 2350

0602 ●●●○

미분가능한 함수 $y=f(x)$에 대하여 $f(x)=x^3+3f'(1)x+2$가 성립할 때, $f(2)+f'(2)$의 값은?

① 7　　　　　② $\dfrac{15}{2}$　　　　③ 8

④ $\dfrac{17}{2}$　　　　⑤ 9

내신 중요도 ▬▬▬▬▬ 유형 난이도 ★★★★★

03 곱의 미분법

세 함수 f, g, h가 미분가능할 때
(1) $y=f(x)g(x) \Rightarrow y'=f'(x)g(x)+f(x)g'(x)$
(2) $y=f(x)g(x)h(x)$
 $\Rightarrow y'=f'(x)g(x)h(x)+f(x)g'(x)h(x)$
 $\qquad\qquad\qquad +f(x)g(x)h'(x)$

참고 $y=\{f(x)\}^n \Rightarrow y'=n\{f(x)\}^{n-1}f'(x)$ [교육과정 外]

0603 짱중요 ●○○○

함수 $y=(x^2+x-1)(x^3-2)$를 미분한 것은?

① $5x^4+4x^3-x^2-4x+2$
② $5x^4+4x^3-x^2+4x+2$
③ $5x^4+4x^3-x^2+4x-2$
④ $5x^4+4x^3-3x^2+4x-2$
⑤ $5x^4+4x^3-3x^2-4x-2$

0604 중요 ●○○○

함수 $f(x)=(x-1)(x^3+2x^2+8)$일 때, $f'(1)$의 값은?

① 9 ② 10 ③ 11
④ 12 ⑤ 13

0605 중요 ●○○○

함수 $f(x)=(x^3+1)(x^4+x^2+x)$에 대하여 $f'(1)$의 값을 구하시오.

0606 중요 ●●○○

함수 $f(x)=x(2x-1)(-2x+3)$에 대하여 $f'(2)$의 값을 구하시오.

0607 짱중요 평가원 기출 ●●○○

함수 $f(x)=(2x^3+1)(x-1)^2$에 대하여 $f'(-1)$의 값을 구하시오.

0608 ●●○○

함수 $f(x)=(2x^2-a)^2$에 대하여 $f'(2)=64$일 때, 상수 a의 값은?

① 1 ② 2 ③ 3
④ 4 ⑤ 5

0609 ●●○○

두 함수 $y=f(x)$, $y=g(x)$에 대하여 $f(-3)=2$, $f'(-3)=0$일 때, 함수 $p(x)=f(x)g(x)$로 정의하면 $p'(-3)=8$이다. $g'(-3)$의 값은?

① 1 ② 2 ③ 3

④ 4 ⑤ 5

0610 ●●●○

모든 실수 x에 대하여 미분가능한 함수 $y=f(x)$가 $(x+1)f(x)=x^3+x^2+x+1$을 만족시킬 때, $f'(1)$의 값을 구하시오.

0611 교육청 기출 ●●●●

함수 $f(x)=(x-1)(x-2)(x-3)\cdots(x-10)$에 대하여 $\dfrac{f'(1)}{f'(4)}$의 값은?

① -80 ② -84 ③ -88

④ -92 ⑤ -96

유형 **4** 조건으로 주어진 함수의 미분계수

내신 중요도 ■■■■■■ 유형 난이도 ★★★★★

삼차함수 $f(x)$의 최고차항의 계수가 a이고, $f(\alpha)=f(\beta)=f(\gamma)=0$을 만족하면
➡ $f(x)=a(x-\alpha)(x-\beta)(x-\gamma)$

0612 중요 평가원 기출 ●●○○

미분가능한 함수 $f(x)$가 $f(1)=2$, $f'(1)=4$를 만족시킬 때, 함수 $g(x)=(x+1)f(x)$의 $x=1$에서의 미분계수를 구하시오.

0613 짱중요 ●●○○

미분가능한 함수 $y=f(x)$가 $f(1)=2$, $f'(1)=4$를 만족시킬 때, 함수 $g(x)=(x^2+x)f(x)$에 대하여 $g'(1)$의 값을 구하시오.

0614 짱중요 ●●●○

최고차항의 계수가 1인 삼차함수 $f(x)$가 $f(1)=f(2)=0$, $f(0)=-4$일 때, $f'(1)+f'(3)$의 값을 구하시오.

0615 교육청 기출 ●●●○

삼차함수 $f(x)$가 $f(0)=-3$, $f(1)=f(2)=f(3)=3$을 만족시킬 때, $f'(4)$의 값을 구하시오.

 **0616** 중요 교육청 기출 ●●●●

최고차항의 계수가 1인 삼차함수 $f(x)$와 실수 a가 다음 조건을 만족시킬 때, $f'(a)$의 값을 구하시오.

> (가) $f(a)=f(2)=f(6)$
> (나) $f'(2)=-4$

0617 ●●●●

실수 a에 대하여 삼차함수 $f(x)$가 다음 조건을 만족시킬 때, $f'(a+2)$의 값을 구하시오.

> (가) $f(a)=f(a+1)=f(a+2)=3$
> (나) $f'(a)=12$

유형 **5** 내신 중요도 ▬▬▬▭▭ 유형 난이도 ★★★☆☆

미분법과 $\lim\limits_{h \to 0} \dfrac{f(a+h)-f(a)}{h}$

함수 $y=f(x)$에 대하여 $x=a$에서의 미분계수 $f'(a)$는

$$f'(a)=\lim\limits_{h \to 0}\dfrac{f(a+h)-f(a)}{h}$$

참고 함수 $y=f(x)$에 대하여 미분계수 $f'(a)$는 $f'(x)$를 구한 후, $x=a$를 대입한다.

★ **0618** 중요 ●○○○

함수 $f(x)=x^4+6x^2+9$에 대하여 $\lim\limits_{h \to 0}\dfrac{f(1+h)-f(1)}{16h}$의 값은?

① 1   ② 2   ③ 3
④ 4   ⑤ 5

★★★ **0619** 짱중요 교육청 기출 ●○○○

함수 $f(x)=x^2+4x-2$에 대하여 $\lim\limits_{h \to 0}\dfrac{f(1+2h)-3}{h}$의 값은?

① 12   ② 14   ③ 16
④ 18   ⑤ 20

★★★ **0620** 짱중요 평가원 기출 ●●○○

함수 $f(x)=x^3-x$에 대하여 $\lim\limits_{h \to 0}\dfrac{f(1+3h)-f(1)}{2h}$의 값을 구하시오.

0621

함수 $f(x)=2x^3-ax^2+5$에 대하여 $\displaystyle\lim_{h\to 0}\dfrac{f(1-h)-f(1)}{2h}=4$
를 만족시키는 상수 a의 값을 구하시오.

0622

함수 $f(x)=x^2+x-3$에 대하여 $\displaystyle\lim_{h\to 0}\dfrac{f(2+ah)-f(2)}{h}=15$
를 만족시키는 상수 a가 존재할 때, $f'(a)$의 값을 구하시오.

0623

함수 $f(x)=x^3+2x^2-1$에 대하여
$\displaystyle\lim_{h\to 0}\dfrac{f(1+2h)-f(1-2h)}{h}$의 값을 구하시오.

0624

함수 $f(x)=x^2-6x+5$에 대하여
$\displaystyle\lim_{h\to 0}\dfrac{f(a+h)-f(a-h)}{h}=8$을 만족하는 상수 a의 값은?

① 5   ② 6   ③ 7
④ 8   ⑤ 9

0625   교육청 기출

두 함수 $f(x)=x+2x^3+3x^5$, $g(x)=3x^2+2x^4+x^5$에 대하여
$\displaystyle\lim_{h\to 0}\dfrac{f(1+2h)-g(1-h)}{3h}$의 값은?

① 20   ② 21   ③ 22
④ 23   ⑤ 24

0626

함수 $f(x)=x^3-6x^2+12x-8$에 대하여
$\displaystyle\lim_{h\to 0}\dfrac{h}{f(1+2h)-f(1-2h)}$의 값을 구하시오.

0627 ●●●○

함수 $f(x)=x^2+3x+7$에 대하여

$\lim\limits_{n\to\infty} n\left\{f\left(a+\dfrac{1}{n}\right)-f(a)\right\}=13$일 때, 상수 a의 값은?

① 2 ② 3 ③ 4
④ 5 ⑤ 6

0628 ●●●○

함수 $f(x)=2x^4-x-1$에 대하여 $\lim\limits_{n\to\infty} nf\left(1+\dfrac{1}{n}\right)$의 값을

구하시오.

★**0629** 중요 ●●●●

다항함수 $f(x)$가 임의의 실수 k에 대하여

$$f(kx)=kf(x)$$

를 만족시킨다. $f'(3)=6$일 때, $\lim\limits_{h\to 0}\dfrac{f(1+3h)-f(1)}{2h}$의 값을

구하시오.

유형 **06**

내신 중요도 ▬▬▬▬▬ 유형 난이도 ★★★★★

미분법과 $\lim\limits_{x\to a}\dfrac{f(x)-f(a)}{x-a}$

함수 $y=f(x)$에 대하여 $x=a$에서의 미분계수 $f'(a)$는

$$f'(a)=\lim\limits_{x\to a}\dfrac{f(x)-f(a)}{x-a}$$

참고 $\lim\limits_{\blacksquare\to\bullet}\dfrac{f(\blacksquare)-f(\bullet)}{\blacksquare-\bullet}=f'(\bullet)$임을 이용한다.

0630 ●○○○

함수 $f(x)=2x^3+x-2$에 대하여 $\lim\limits_{x\to 1}\dfrac{f(x)-1}{x-1}$의 값은?

① 4 ② 5 ③ 6
④ 7 ⑤ 8

0631 ●●○○

함수 $f(x)=x^2-x+2$에 대하여 $\lim\limits_{x\to 2}\dfrac{f(x)-f(2)}{x^2-4}$의 값은?

① $\dfrac{1}{4}$ ② $\dfrac{1}{2}$ ③ $\dfrac{3}{4}$
④ $\dfrac{4}{3}$ ⑤ 2

★**0632** 중요 ●●○○

함수 $f(x)=x^3+x-1$에 대하여 $\lim\limits_{x\to 1}\dfrac{f(x^2)-1}{x-1}$의 값은?

① 7 ② 8 ③ 9
④ 10 ⑤ 11

0633 ●●●○

함수 $f(x) = \dfrac{1}{2}x^2 + 2x$에 대하여 $\displaystyle\sum_{n=1}^{5} \lim_{x \to n} \dfrac{f(x) - f(n)}{x - n}$의 값을 구하시오.

0634 ●●●●

함수 $f(x) = -x^3 + 8x + 5$에 대하여 $\displaystyle\lim_{x \to 2} \dfrac{\{f(x)\}^2 - \{f(2)\}^2}{2 - x}$의 값을 구하시오.

0635 ●●●●

함수 $f(x) = x^2 - 3x + 5$에 대하여 $\displaystyle\lim_{x \to 2} \dfrac{x^2 f(2) - 4f(x)}{x - 2}$의 값을 구하시오.

유형 **07** 곱의 미분법과 극한값

내신 중요도 ━━━━━━ 유형 난이도 ★★★★★

극한값의 성질, 미분계수의 정의, 미분법 공식 및 도함수의 성질을 이용하여 주어진 조건으로 도함수 또는 미분계수를 구한다.

0636 중요 ●●○○

함수 $f(x) = (2x - 15)(10 - x)$에 대하여 $\displaystyle\lim_{x \to 2} \dfrac{x - 2}{f(x^3) - f(8)}$의 값을 구하시오.

0637 ●●○○

함수 $f(x) = (4x - 3)(x^2 + 2)$에 대하여 $\displaystyle\lim_{h \to 0} \dfrac{f(1+h) - f(1-h)}{h}$의 값을 구하시오.

0638 ●●●○

함수 $f(x) = (2x - 1)(x + a)$에 대하여 $\displaystyle\lim_{x \to 1} \dfrac{f(x) - f(1)}{x^2 - 1} = 3$일 때, 상수 a의 값은?

① 1 ② $\dfrac{3}{2}$ ③ 2

④ $\dfrac{5}{2}$ ⑤ 3

0639 중요

함수 $f(x)=x^4-2x^3+5$에 대하여 $g(x)=xf(x)$라 할 때, $\displaystyle\lim_{h\to0}\frac{f(1+h)-g(1-h)}{2h}$의 값은?

① -1　　　　② 0　　　　③ 1

④ 2　　　　⑤ 3

0640

다항함수 $y=f(x)$에 대하여 $f(2)=3$, $f'(2)=1$일 때, $\displaystyle\lim_{x\to2}\frac{(x^2+3)f(x)-7f(2)}{x-2}$의 값을 구하시오.

0641 짱중요

다항함수 $y=f(x)$가 $\displaystyle\lim_{h\to0}\frac{f(1+2h)-3}{h}=6$을 만족시킬 때, 함수 $y=(x^2+2x)f(x)$의 $x=1$에서의 미분계수를 구하시오.

0642 교육청 기출

다항함수 $f(x)$가 $\displaystyle\lim_{x\to1}\frac{f(x)-3}{x-1}=2$를 만족시킨다.

$g(x)=x^3f(x)$라 할 때, $g'(1)$의 값을 구하시오.

0643 중요 교육청 기출

다항함수 $f(x)$가 $\displaystyle\lim_{x\to1}\frac{f(x)-2}{x-1}=12$를 만족시킨다.

$g(x)=(x^2+1)f(x)$라 할 때, $g'(1)$의 값을 구하시오.

0644 교육청 기출

다항함수 $f(x)$에 대하여 $f(1)=1$, $f'(1)=2$이고, 함수 $g(x)=x^2+3x$일 때, $\displaystyle\lim_{x\to1}\frac{f(x)g(x)-f(1)g(1)}{x-1}$의 값은?

① 11　　　　② 12　　　　③ 13

④ 14　　　　⑤ 15

0645 짱중요 교육청 기출 ●●●●

두 다항함수 $f(x)$, $g(x)$가

$$\lim_{x \to 0} \frac{f(x)-2}{x}=3, \lim_{x \to 3} \frac{g(x-3)-1}{x-3}=6$$

을 만족시킨다. 함수 $h(x)=f(x)g(x)$일 때, $h'(0)$의 값을 구하시오.

0646 교육청 기출 ●●●●

두 다항함수 $f(x)$, $g(x)$가 다음 조건을 만족시킬 때, $g'(0)$의 값을 구하시오.

(가) $f(0)=1$, $f'(0)=-6$, $g(0)=4$

(나) $\lim\limits_{x \to 0} \dfrac{f(x)g(x)-4}{x}=0$

유형 **8** 미분계수의 정의를 이용한 미정계수의 결정

내신 중요도 ━━━━━ 유형 난이도 ★★★★☆

다항함수 $y=f(x)$에 대하여

$$\lim_{x \to a} \frac{f(x)-\alpha}{x-a}=\beta \text{ (단, } \alpha, \beta \text{는 상수이다.)}$$

$\Rightarrow f(a)=\alpha$, $f'(a)=\beta$

0647 교육청 기출 ●●○○

함수 $f(x)=3x^2+ax+b$가 $\lim\limits_{h \to 0} \dfrac{f(2+h)-4}{h}=3$을 만족시킬 때, 두 상수 a, b에 대하여 a^2+b^2의 값을 구하시오.

0648 ●●○○

함수 $f(x)=x^2+ax+b$가 $f(1)=0$, $\lim\limits_{x \to 1} \dfrac{f(x)-f(1)}{x-1}=3$을 만족시킬 때, 두 상수 a, b에 대하여 ab의 값을 구하시오.

0649 ●●●○

다항함수 $f(x)=x^3+ax^2+bx-3$에 대하여

$$\lim_{x \to 1} \frac{f(x)-1}{x-1}=8$$

일 때, $\lim\limits_{h \to 0} \dfrac{f(2+h)-f(2-h)}{h}$의 값을 구하시오.

(단, a, b는 상수이다.)

0650 중요

●●●○

함수 $f(x)=ax^2+bx$가 다음 조건을 만족시킬 때, 두 상수 a, b에 대하여 a^2+b^2의 값을 구하시오.

(가) $\lim\limits_{x\to 1}\dfrac{f(x^2)-f(1)}{x-1}=6$

(나) $\lim\limits_{x\to 2}\dfrac{x-2}{f(x)-f(2)}=1$

0651

●●●○

함수 $f(x)=(x^2+x-1)(ax+b)$가

$$\lim\limits_{x\to 2}\dfrac{f(x)-f(2)}{x-2}=10,\ \lim\limits_{x\to 1}\dfrac{x^3-1}{f(x)-f(1)}=1$$

을 만족시킬 때, $f(3)$의 값을 구하시오.

(단, $a\neq 0$, a, b는 상수이다.)

0652 짱중요

●●●●

함수 $f(x)=x^2+5ax+b$에 대하여 $\lim\limits_{x\to 2}\dfrac{f(x+1)-8}{x^2-4}=6$일 때, $f(2)$의 값은? (단, a, b는 상수이다.)

① -15 ② -5 ③ 0
④ 5 ⑤ 15

0653 짱중요

●●●●

다항함수 $f(x)$가 $\lim\limits_{x\to\infty}\dfrac{f(x)-3x^2}{2x-3}=a$, $\lim\limits_{x\to 1}\dfrac{f(x)}{x-1}=12$를 만족시킬 때, $f(1)+f'(a)$의 값을 구하시오. (단, a는 상수이다.)

0654 교육청 기출

●●●●

다항함수 $f(x)$가 다음 조건을 만족시킨다.

(가) $\lim\limits_{x\to\infty}\dfrac{f(x)-2x^2}{x^2-1}=2$

(나) $\lim\limits_{x\to 1}\dfrac{f(x)-2x^2}{x^2-1}=2$

$f'(5)$의 값을 구하시오.

0655 중요

●●●●

함수 $f(x)=ax^2+bx+c$가 다음 조건을 만족시킬 때, $f(2)$의 값을 구하시오. (단, a, b, c는 상수, $a\neq 0$)

(가) $\lim\limits_{x\to\infty}\dfrac{3x^2f(x)-f(x^2)}{\{f(x)\}^2}=4$

(나) $\lim\limits_{x\to 0}\dfrac{f(x)}{x}=5$

유형

○9 접선의 기울기를 이용한 미정계수의 결정

내신 중요도 ━━━━━━ 유형 난이도 ★★★★☆

곡선 $y=f(x)$ 위의 점 $(a, f(a))$에서의 접선의 기울기는 함수 $y=f(x)$의 $x=a$에서의 미분계수 $f'(a)$와 같다.

0656 중요

●○○○

곡선 $f(x)=2x^3-x^2+5$ 위의 점 $(2, f(2))$에서의 접선의 기울기를 구하시오.

0657 중요

●○○○

함수 $f(x)=x^2+ax+2$의 그래프 위의 점 $(1, 3)$에서의 접선의 기울기가 k일 때, 두 상수 a, k에 대하여 $a+k$의 값을 구하시오.

0658

●●○○

곡선 $y=x^3+ax^2+b$ 위의 점 $(1, 4)$에서의 접선의 기울기가 6일 때, 두 상수 a, b에 대하여 $a+2b$의 값을 구하시오.

0659

●●○○

삼차함수 $y=(2x+a)(x^2+1)$의 그래프 위의 $x=1$인 점에서의 접선의 기울기가 24일 때, 상수 a의 값은?

① 4 　　　　　 ② 6 　　　　　 ③ 8
④ 10 　　　　　 ⑤ 12

0660 평가원 기출

●●○○

다항함수 $f(x)$에 대하여 곡선 $y=f(x)$ 위의 점 $(2, 1)$에서의 접선의 기울기가 2이다. $g(x)=x^3f(x)$일 때, $g'(2)$의 값을 구하시오.

0661 교육청 기출

●●○○

최고차항의 계수가 1이고 $f(0)=2$인 삼차함수 $f(x)$가
$$\lim_{x \to 1} \frac{f(x)-x^2}{x-1}=-2$$
를 만족시킨다. 곡선 $y=f(x)$ 위의 점 $(3, f(3))$에서의 접선의 기울기를 구하시오.

0662 중요 ●●●○

곡선 $y=f(x)$ 위의 점 $(1, 3)$에서의 접선의 기울기가 5일 때, $\displaystyle\lim_{x\to 1}\frac{x^3 f(1)-f(x^3)}{x-1}$의 값을 구하시오.

0663 ●●●○

곡선 $y=ax^2+bx+c$가 점 $(2, 4)$를 지나고, 곡선 위의 점 $(1, 0)$에서의 접선의 기울기가 3일 때, 세 상수 a, b, c에 대하여 $a-b-c$의 값을 구하시오. (단, $a\neq 0$)

0664 중요 ●●●●

삼차함수 $f(x)=(x-a)(x-b)(x-c)$가 다음 조건을 만족시킬 때, $\dfrac{1}{a-2}+\dfrac{1}{b-2}+\dfrac{1}{c-2}$의 값을 구하시오.

(단, a, b, c는 상수이다.)

⑺ 함수 $y=f(x)$의 그래프는 점 $(2, -1)$을 지난다.
⑻ 곡선 $y=f(x)$ 위의 $x=2$인 점에서의 접선의 기울기는 4이다.

유형 **10** 관계식이 주어진 함수의 도함수   내신 중요도 ■■■■□□□ 유형 난이도 ★★★★☆

① 주어진 식에 $x=0, y=0$을 대입하여 $f(0)$의 값을 구한다.
② $f'(x)=\displaystyle\lim_{h\to 0}\frac{f(x+h)-f(x)}{h}$에서 $f(x+h)$에 주어진 관계식을 대입하여 $f'(x)$를 구한다.

0665 ●●●○

미분가능한 함수 f가 모든 실수 x, y에 대하여
$$f(x+y)=f(x)+f(y)-2xy$$
를 만족시키고 $f'(0)=2$일 때, $f'(x)$는?

① $f'(x)=2$
② $f'(x)=-2x+2$
③ $f'(x)=2x+2$
④ $f'(x)=-x^2+2$
⑤ $f'(x)=x^2+2$

0666 중요 ●●●○

미분가능한 함수 f가 모든 실수 x, y에 대하여
$$f(x+y)=f(x)+f(y)+xy-1$$
을 만족시키고 $f'(0)=3$일 때, $f'(2)$의 값을 구하시오.

0667 ●●●○

미분가능한 함수 f가 모든 실수 x, y에 대하여
$$f(x+y)=f(x)+f(y)+4$$
를 만족시키고 $f'(0)=3$일 때, $\displaystyle\sum_{k=1}^{10} f'(k)$의 값을 구하시오.

0668 ●●●○

미분가능한 함수 f가 모든 실수 x, y에 대하여

$$f(x+y)=f(x)+f(y)-4xy, \ f'(0)=1$$

을 만족시킬 때, 〈보기〉에서 옳은 것만을 있는 대로 고른 것은?

┤ 보기 ├

ㄱ. $f(0)=0$

ㄴ. $f'(x)=-4x+1$

ㄷ. 모든 실수 a에 대하여 $f(a)=\lim\limits_{x \to a} f(x)$

① ㄱ　　　　② ㄴ　　　　③ ㄱ, ㄴ

④ ㄴ, ㄷ　　　⑤ ㄱ, ㄴ, ㄷ

☆☆☆
0669 짱중요 **평가원 기출** ●●●●

다항함수 f는 모든 실수 x, y에 대하여

$$f(x+y)=f(x)+f(y)+2xy-1$$

을 만족시킨다. $\lim\limits_{x \to 1} \dfrac{f(x)-f'(x)}{x^2-1}=14$일 때, $f'(0)$의 값을 구하시오.

유형
11 치환을 이용한 극한값 구하기

내신 중요도 ■■■■■■■■ 유형 난이도 ★★★★☆

$\dfrac{0}{0}$ 꼴의 극한에서 분자의 차수가 분모의 차수보다 높으면

① 분자의 일부를 $f(x)$로 치환한다.

② $\lim\limits_{x \to a} \dfrac{f(x)-f(a)}{x-a}=f'(a)$임을 이용한다.

0670 ●●○○

$\lim\limits_{x \to 1} \dfrac{x^{10}+x-2}{x-1}$ 의 값은?

① 3　　　　　② 5　　　　　③ 7

④ 9　　　　　⑤ 11

0671 ●●●○

$\lim\limits_{x \to 1} \dfrac{x^n+x^2+x-3}{x-1}=7$을 만족시키는 자연수 n의 값을 구하시오.

0672 ●●●●

$\lim\limits_{x \to 1} \dfrac{x^n-kx+2}{x-1}=14$를 만족시키는 두 양의 정수 n, k에 대하여 $n+k$의 값을 구하시오.

유형

내신 중요도 ━━━━━━ 유형 난이도 ★★★★★

12 미분의 항등식에의 활용

(1) 모든 실수 x에 대하여 등식이 성립
   $\Rightarrow x$에 대한 항등식
(2) $f'(x)$를 구하여 $f(x)$와 $f'(x)$를 주어진 관계식에 대입한 후 계수비교법을 이용하여 미정계수를 구한다.

참고 $y=f(x)$가 n차 함수이면 $y=f'(x)$는 $(n-1)$차 함수이다.

0673 짱중요 ●●○○

다항함수 $f(x)$에 대하여 $f(x)=x^3+2xf'(1)+3$일 때, $f'(3)$의 값을 구하시오.

0674 교육청 기출 ●●○○

최고차항의 계수가 1인 이차함수 $f(x)$가 모든 실수 x에 대하여
$$2f(x)=(x+1)f'(x)$$
를 만족시킬 때, $f(3)$의 값을 구하시오.

0675 중요 평가원 기출 ●●●○

함수 $f(x)=ax^2+b$가 모든 실수 x에 대하여
$$4f(x)=\{f'(x)\}^2+x^2+4$$
를 만족시킨다. $f(2)$의 값은? (단, a, b는 상수이다.)

① 3   ② 4   ③ 5
④ 6   ⑤ 7

0676 짱중요 ●●●○

이차함수 $y=f(x)$가 모든 실수 x에 대하여 다음 조건을 만족시킬 때, $f'(3)$의 값을 구하시오.

> (가) $2-xf'(x)+f(x)=x^2+3$
> (나) $f'(1)=1$

0677 교육청 기출 ●●●○

최고차항의 계수가 1인 다항함수 $f(x)$가
$$f(x)f'(x)=2x^3-9x^2+5x+6$$
을 만족할 때, $f(-3)$의 값을 구하시오.

0678 ●●●○

다항함수 $y=f(x)$가 모든 실수 x에 대하여
$f(x)=f'(x)+3x^2$을 만족시킬 때, $f'(2)$의 값을 구하시오.

0679 중요

●●●●

다항함수 $y=f(x)$가 모든 실수 x에 대하여
$$f(x)=f'(x)+x^2-2x+3$$
을 만족시킬 때, $f(0)-2f(1)$의 값을 구하시오.

0680

●●●●

다항함수 $y=f(x)$가 모든 실수 x에 대하여 다음 조건을 만족시킬 때, $f(2)$의 값을 구하시오.

> (가) $\dfrac{1}{2}(x+1)f'(x)=f(x)+2$
> (나) $f(0)=0$

0681 중요

●●●●

다항함수 $y=f(x)$가 모든 실수 x에 대하여
$$(2x^2-x-4)f'(x)+2f(x)=2f(x)f'(x)-4$$
를 만족시킬 때, $f(x)$를 구하시오.

 해설 **127**쪽

유형 13 | 내신 중요도 ■■■■■ 유형 난이도 ★★★★★

미분법의 활용 – 다항식의 나눗셈

(1) 다항식 $f(x)$가 $(x-\alpha)^2$으로 나누어떨어질 조건
  $\Rightarrow f(\alpha)=0,\ f'(\alpha)=0$

(2) 다항식 $f(x)$를 $(x-\alpha)^2$으로 나누었을 때의 나머지
  $\Rightarrow f'(\alpha)(x-\alpha)+f(\alpha)$

0682

●●○○

다항식 $f(x)$를 $(x-1)^2$으로 나누었을 때의 나머지가 $2x+3$일 때, $f(1)+f'(1)$의 값을 구하시오.

0683

●●●○

다항식 x^7-4x+5를 $(x-1)^2$으로 나누었을 때의 나머지는?

① $x+1$ ② $2x-1$ ③ $2x+3$
④ $3x-1$ ⑤ $3x+1$

0684 짱중요

●●●○

다항식 $x^{12}-x+1$을 $(x-1)^2$으로 나누었을 때의 나머지를 $R(x)$라 할 때, $R(2)$의 값을 구하시오.

0685 ●●●○

다항식 $x^{13}-ax+b$가 $(x-1)^2$으로 나누어떨어질 때, 두 상수 a, b에 대하여 $a+b$의 값은?

① -13 ② -12 ③ -1
④ 1 ⑤ 25

0686 짱중요 ●●●○

다항식 $x^{10}+ax^2+b$을 $(x-1)^2$으로 나누었을 때, 나머지가 $6x+2$이다. 두 상수 a, b에 대하여 $b-a$의 값을 구하시오.

0687 ●●●○

다항식 x^3-2ax^2+bx-1을 $(x-1)^2$으로 나눈 나머지가 $2x-1$일 때, 다항식 $3x^2-4ax+b$를 $x-1$로 나눈 나머지는?

(단, a, b는 상수)

① -2 ② -1 ③ 0
④ 1 ⑤ 2

0688 ●●●●

다항식 $f(x)$에 대하여 $\lim\limits_{x \to 3}\dfrac{f(x)-a}{x-3}=9$이고, $f(x)$를 $(x-3)^2$으로 나눈 나머지를 $bx-5$라 할 때, 두 상수 a, b에 대하여 $a-b$의 값을 구하시오.

0689 ●●●●

다항식 $f(x)$에 대하여
$$f(-2)=2, \ f'(-2)=-3$$
이고, $f(x)$를 $(x+2)^2$으로 나누었을 때의 나머지를 $ax+b$라 할 때, 두 상수 a, b에 대하여 $a+b$의 값을 구하시오.

0693 짱중요 ●●●○

함수 $f(x) = \begin{cases} ax^2 - 5x + 2 & (x \leq 1) \\ x^3 - x^2 + bx & (x > 1) \end{cases}$ 가 모든 실수 x에 대하여

미분가능할 때, $a^2 + b^2$의 값을 구하시오. (단, a, b는 상수이다.)

유형
14 함수의 미분가능성
내신 중요도 ▰▰▰▱▱▱ 유형 난이도 ★★★★☆

미분가능한 두 함수 g, h에 대하여

$f(x) = \begin{cases} g(x) & (x > a) \\ h(x) & (x \leq a) \end{cases}$ 가 $x = a$에서 미분가능할 때

(1) $x = a$에서 연속 $\Rightarrow g(a) = h(a)$

(2) $f'(a)$가 존재 $\Rightarrow g'(a) = h'(a)$

0690 짱중요 ●●○○

함수 $f(x) = \begin{cases} ax^2 & (x \leq 1) \\ 4x - b & (x > 1) \end{cases}$ 가 $x = 1$에서 미분가능할 때,

$a^2 + b^2$의 값은? (단, a, b는 상수이다.)

① 8 　　　　② 9 　　　　③ 10

④ 11 　　　　⑤ 12

0694 ●●●●

함수 $f(x) = \begin{cases} -x^3 + a & (x < 1) \\ x^2 + bx + 2 & (x \geq 1) \end{cases}$ 가 모든 실수 x에 대하여

미분가능할 때, $f(-2)$의 값은? (단, a, b는 상수이다.)

① -9 　　　　② -7 　　　　③ 5

④ 7 　　　　⑤ 9

0691 짱중요 ●●○○

함수 $f(x) = \begin{cases} x^3 + ax^2 + bx & (x \geq 1) \\ 2x^2 + 1 & (x < 1) \end{cases}$ 이 모든 실수 x에서 미분

가능할 때, 두 상수 a, b에 대하여 ab의 값을 구하시오.

0695 ●●●●

함수 $f(x) = \begin{cases} |3x^2 - 12| & (x < b) \\ 6x + a & (x \geq b) \end{cases}$ 가 $x = b$에서 미분가능할 때,

$f(-2) + f(0)$의 값을 구하시오. (단, a, b는 상수이다.)

0692 중요 교육청 기출 ●●●●

두 상수 a, b에 대하여 함수 $f(x) = \begin{cases} 2x^2 + ax + b & (x < 2) \\ 5ax - 12 & (x \geq 2) \end{cases}$

가 $x = 2$에서 미분가능할 때, $a^2 + b^2$의 값을 구하시오.

유형
내신 중요도 ━━━━━ 유형 난이도 ★★★★★

15 여러 가지 함수의 미분가능성

절댓값 기호를 포함하는 함수 또는 구간별로 정의된 함수의
미분가능성은
(1) 경계 구간에서의 연속성
(2) (좌미분계수)=(우미분계수)
를 확인해야 한다.

0696 ●●●○

함수 $f(x)=|x-2|(x+a)$가 $x=2$에서 미분가능할 때, 상수 a의
값을 구하시오.

0697 ●●●●

$f(x)=x^3+ax^2+bx$ $(0\leq x<2)$로 정의되고,
$f(x+2)=f(x)$를 만족시키는 함수 $y=f(x)$가 모든 실수에서
미분가능할 때, 두 상수 a, b에 대하여 $b-a$의 값을 구하시오.

0698 중요 ●●●●

두 함수 $f(x)=|x-2|+2$, $g(x)=ax^2+1$에 대하여 함수
$y=f(x)g(x)$가 실수 전체의 집합에서 미분가능할 때, 상수
a의 값을 구하시오.

0699 짱중요 ●●●●

두 함수 $f(x)=\begin{cases} x^2 & (x\leq 2) \\ -x+6 & (x>2) \end{cases}$, $g(x)=|x-2|+kx$

에 대하여 함수 $f(x)g(x)$가 실수 전체의 집합에서 미분가능할
때, $g(5)$의 값을 구하시오. (단, k는 상수이다.)

0700 짱중요 교육청 기출 ●●●●

삼차함수 $f(x)=x^3+3x^2-9x$에 대하여 함수 $g(x)$를
$$g(x)=\begin{cases} f(x) & (x<a) \\ m-f(x) & (a\leq x<b) \\ n+f(x) & (x\geq b) \end{cases}$$
로 정의한다. 함수 $g(x)$가 모든 실수 x에서 미분가능하도록 네
상수 a, b와 m, n의 값을 정할 때, $m+n$의 값을 구하시오.

해설 131쪽

0701 ●●●●

실수 전체의 집합에서 정의된 함수 $y=f(x)$가 $x=a$에서 미분가능하기 위한 필요충분조건인 것만을 〈보기〉에서 있는 대로 고른 것은?

┤ 보기 ├
ㄱ. $\displaystyle\lim_{h\to 0}\dfrac{f(a+h^2)-f(a)}{h^2}$ 의 값이 존재한다.

ㄴ. $\displaystyle\lim_{h\to 0}\dfrac{f(a+h^3)-f(a)}{h^3}$ 의 값이 존재한다.

ㄷ. $\displaystyle\lim_{h\to 0}\dfrac{f(a+h)-f(a-h)}{2h}$ 의 값이 존재한다.

① ㄱ ② ㄴ ③ ㄷ
④ ㄱ, ㄷ ⑤ ㄴ, ㄷ

0702 교육청 기출 ●●●●

두 함수 $f(x)=|x|$, $g(x)=\begin{cases} 2x+1 & (x\geq 0) \\ -x-1 & (x<0) \end{cases}$ 에 대하여

$x=0$에서 미분가능한 함수만을 〈보기〉에서 있는 대로 고른 것은?

┤ 보기 ├
ㄱ. $xf(x)$ ㄴ. $f(x)g(x)$
ㄷ. $|f(x)-g(x)|$

① ㄱ ② ㄷ ③ ㄱ, ㄴ
④ ㄴ, ㄷ ⑤ ㄱ, ㄴ, ㄷ

0703 중요 교육청 기출 ●●●●

최고차항의 계수가 1인 삼차함수 $f(x)$와 함수

$$g(x)=\begin{cases} \dfrac{1}{x-4} & (x\neq 4) \\ 2 & (x=4) \end{cases}$$

에 대하여 $h(x)=f(x)g(x)$라 할 때, 함수 $h(x)$는 실수 전체의 집합에서 미분가능하고 $h'(4)=6$이다. $f(0)$의 값을 구하시오.

0704

함수 $f(x)=x^3+3x^2-6$에 대하여 $f'(1)$의 값은?

① 3   ② 5   ③ 7

④ 9   ⑤ 11

0705

함수 $f(x)=(5x+3)(4x^2-4x+1)$에 대하여 $f'(0)$의 값은?

① -9 ② -7 ③ -5

④ -3 ⑤ -1

0706

두 다항함수 $y=f(x)$, $y=g(x)$가 $f(x)=(x^2+1)g(x)$를 만족시킨다. $f'(1)=10$, $g(1)=2$일 때, $g'(1)$의 값을 구하시오.

0707

함수 $f(x)=x^2+x+1$에 대하여 $\lim\limits_{h\to 0}\dfrac{f(1+2h)-f(1)}{h}$의 값은?

① 3   ② 4   ③ 5

④ 6   ⑤ 7

0708   평가원 기출

다항함수 $f(x)$, $g(x)$가

$$\lim_{x\to 3}\frac{f(x)-2}{x-3}=1,\ \lim_{x\to 3}\frac{g(x)-4}{x-3}=5$$

를 만족시킬 때, 함수 $y=f(x)g(x)$의 $x=3$에서의 미분계수를 구하시오.

0709 서술형

함수 $f(x)=x^3+2ax^2+4bx$가 $\lim\limits_{x\to 1}\dfrac{f(x)-3}{x-1}=3$을 만족시킬 때, 두 상수 a, b에 대하여 $b-a$의 값을 구하시오.

0710

두 곡선 $y=x^3+2x$, $y=x^2+ax-3$의 $x=1$에서의 각 접선이 서로 평행할 때, 상수 a의 값을 구하시오.

0711

미분가능한 함수 f가 모든 실수 x, y에 대하여
$$f(x+y)=f(x)+f(y)+3xy-1$$
을 만족시키고 $f'(3)=7$일 때, $f'(10)$의 값을 구하시오.

0712

이차함수 $y=f(x)$가 모든 실수 x에 대하여 다음 조건을 만족시킨다.

> (가) $f(x)-xf'(x)=2x^2+3$
> (나) $f(1)=3$

$f(3)$의 값을 구하시오.

0713 ✏ 서술형

다항식 $x^{10}-x^4+5$를 $(x+1)^2$으로 나누었을 때의 나머지를 $R(x)$라 할 때, $R(-2)+R'(2)$의 값을 구하시오.

0714

함수 $f(x)=\begin{cases} 2x^2+1 & (x<1) \\ x^3+ax^2+bx & (x\geq 1) \end{cases}$ 가 $x=1$에서 미분가능할 때, 두 상수 a, b에 대하여 ab의 값을 구하시오.

0715

함수 $y=f(x)$가 모든 실수 x에서 미분가능하고, $f(x+3)=f(x)$를 만족시킨다. $0\leq x<3$에서 $f(x)=2x^3+3ax^2+bx$일 때, 두 상수 a, b에 대하여 $a+b$의 값을 구하시오.

Level **1**

0716

다항함수 $y=f(x)$에 대하여 $f(1)=4$, $f'(1)=3$이다.

함수 $y=g(x)$가 $g(x)=\sum_{k=1}^{10} x^k f(x)$일 때, $g'(1)$의 값을 구하시오.

0717

그림은 미분가능한 함수 $y=f(x)$의 그래프이다. 함수 $y=g(x)$를 $g(x)=(x^2+1)f(x)$라 할 때, 다음 중 항상 옳은 것은?

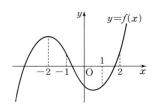

① $g'(-2)>0$ ② $g'(-1)>0$ ③ $g'(0)>0$
④ $g'(1)>0$ ⑤ $g'(2)>0$

0718

함수 $f(x)=(x^2-3x)(x^2+5x-3)$에 대하여

$\lim\limits_{x\to 2}\dfrac{x^2 f(2)-4f(x)}{x^2-4}$의 값은?

① -11 ② -13 ③ -15
④ -17 ⑤ -19

0719

함수 $f(x)=(2x-1)(3x^2+1)$에 대하여

$\lim\limits_{x\to 1}\dfrac{f(3x^2-x-1)-f(1)}{x-1}$의 값을 구하시오.

0720

함수 $f(x)=x^3+ax^2+bx+c$에 대하여

$$\lim_{x \to 2}\frac{f(x)}{x-2}=8, \lim_{h \to 0}\frac{f(1+h)-f(1-h)}{h}=2$$

일 때, $f(1)$의 값을 구하시오. (단, a, b, c는 상수이다.)

0721

함수 $f(x)=\begin{cases} x^3+2x+1 & (x>1) \\ ax^2+b & (x\leq 1) \end{cases}$ 가 $x=1$에서 미분가능할 때,

$\lim_{h \to 0}\dfrac{f(1+2h)-f(1-h)}{h}$ 의 값은? (단, a, b는 상수)

① 9   ② 11   ③ 13

④ 15   ⑤ 17

Level 2

0722

다항함수 $f(x)$가 모든 실수 x에 대하여

$$(x^k+3)f'(x)=f(x)$$

를 만족하고 $f(2)=5$일 때, $f(1)+k$의 값을 구하시오.

0723 **평가원 기출**

최고차항의 계수가 1이 아닌 다항함수 $y=f(x)$가 다음 조건을 만족시킬 때, $f'(1)$의 값을 구하시오.

┤ **보 기** ├

(가) $\lim_{x \to \infty}\dfrac{\{f(x)\}^2-f(x^2)}{x^3f(x)}=4$

(나) $\lim_{x \to 0}\dfrac{f'(x)}{x}=4$

0724

미분가능한 함수 f가 모든 실수 x, y에 대하여

$$f(x+y)=f(x)+f(y)+5xy-2$$

를 만족시키고 $f'(2)=9$일 때, $\lim\limits_{x \to 2} \dfrac{f(x)-f(2)}{x^2-f'(1)}$ 의 값을 구하시오.

0725

$a_n=\lim\limits_{x \to 1} \dfrac{x^n+x-2}{x-1}$ 일 때, $\sum\limits_{k=1}^{11} \dfrac{12}{ka_k}$ 의 값을 구하시오.

(단, n은 자연수이다.)

0726

다항식 $x^{10}-x+3$을 $(x+1)(x-1)^2$으로 나누었을 때의 나머지를 $R(x)$라 할 때, $R(2)$의 값을 구하시오.

0727

자연수 n에 대하여 다항식 $x^n(x^2+ax+b)$를 $(x-3)^2$으로 나누었을 때의 나머지가 $3^n(x-3)$이라고 한다. 두 상수 a, b에 대하여 ab의 값을 구하시오.

Level 3

0728

두 다항함수 $y=f(x)$, $y=g(x)$가 모든 실수 x, y에 대하여

$$x\{f(x+y)-f(x-y)\}=4y\{f(x)+g(y)\}$$

를 만족시킨다. $f(1)=4$, $g(0)=1$일 때, $f'(2)$의 값을 구하시오.

0729

좌표평면 위에 그림과 같이 색칠한 부분을 내부로 하는 도형이 있다. 이 도형과 네 점 $(0, 0)$, $(t, 0)$, (t, t), $(0, t)$를 꼭짓점으로 하는 정사각형이 겹치는 부분의 넓이를 $f(t)$라 하자.

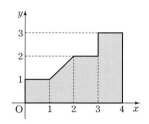

열린구간 $(0, 4)$에서 함수 $y=f(t)$가 미분가능하지 <u>않은</u> 모든 t의 값의 합을 구하시오.

0730 교육청 기출

최고차항의 계수가 1인 삼차함수 $f(x)$에 대하여 함수 $g(x)$가 다음 조건을 만족시킨다.

㈎ $0 \le x < 2$일 때, $g(x) = \begin{cases} f(x) & (0 \le x < 1) \\ f(2-x) & (1 \le x < 2) \end{cases}$ 이다.

㈏ 모든 실수 x에 대하여 $g(x+2) = g(x)$이다.

㈐ 함수 $g(x)$는 실수 전체의 집합에서 미분가능하다.

$g(6) - g(3) = \dfrac{q}{p}$라 할 때, $p+q$의 값을 구하시오.

(단, p와 q는 서로소인 자연수이다.)

0731 교육청 기출

함수 $f(x) = |3x - 9|$에 대하여 함수 $g(x)$는

$$g(x) = \begin{cases} \dfrac{3}{2}f(x+k) & (x<0) \\ f(x) & (x \ge 0) \end{cases}$$

이다. 최고차항의 계수가 1인 삼차함수 $h(x)$가 다음 조건을 만족시킬 때, 모든 $h(k)$의 값의 합을 구하시오. (단, $k>0$)

㈎ 함수 $g(x)h(x)$는 실수 전체의 집합에서 미분가능하다.

㈏ $h'(3) = 15$

05

접선의 방정식과 평균값 정리

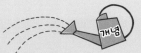

05 접선의 방정식과 평균값 정리

1. 접선의 기울기와 미분계수의 관계

함수 $y=f(x)$가 $x=a$에서 미분가능할 때, 곡선 $y=f(x)$ 위의 점 $\mathrm{P}(a, f(a))$에서의 접선의 기울기는 $x=a$에서의 미분계수 $f'(a)$와 같다.

○ 곡선 $y=f(x)$ 위의 점 $(a, f(a))$에서의 접선이 x축의 양의 방향과 이루는 각의 크기를 θ라 하면
$\Rightarrow f'(a)=\tan \theta$

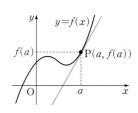

2. 접선의 방정식 구하기

(1) 접점의 좌표가 주어진 접선의 방정식

곡선 $y=f(x)$ 위의 점 $(a, f(a))$에서의 접선의 방정식은
$$y-f(a)=f'(a)(x-a)$$

(2) 기울기가 주어진 접선의 방정식

곡선 $y=f(x)$에 접하고 기울기가 m인 접선의 방정식은

① 접점의 좌표를 $(a, f(a))$로 놓는다.

② $f'(a)=m$임을 이용하여 접점의 좌표를 구한다.

③ $y-f(a)=m(x-a)$를 이용하여 접선의 방정식을 구한다.

참고 접선과 수직인 직선의 방정식

곡선 $y=f(x)$ 위의 점 $(a, f(a))$에서의 접선에 수직인 직선의 방정식은

$$y-f(a)=-\frac{1}{f'(a)}(x-a) \ (\text{단, } f'(a) \neq 0)$$

○ x축에 평행한 접선의 기울기
곡선 $y=f(x)$ 위의 점 $(a, f(a))$에서의 접선이 x축에 평행하면 그 기울기는
$\Rightarrow f'(a)=0$

(3) 곡선 밖의 한 점에서 곡선에 그은 접선의 방정식

곡선 $y=f(x)$ 밖의 한 점 (x_1, y_1) 에서 곡선에 그은 접선의 방정식은

① 접점의 좌표를 $(a, f(a))$ 로 놓는다.

② $y-f(a)=f'(a)(x-a)$ 에 점 (x_1, y_1) 의 좌표를 대입하여 a 의 값을 구한다.

③ a 의 값을 $y-f(a)=f'(a)(x-a)$ 에 대입하여 접선의 방정식을 구한다.

3. 롤의 정리

함수 $y=f(x)$ 가 닫힌구간 $[a, b]$ 에서 연속이고
열린구간 (a, b) 에서 미분가능할 때, $f(a)=f(b)$ 이면

$$f'(c)=0$$

인 c 가 열린구간 (a, b) 에 적어도 하나 존재한다.

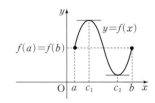

롤의 정리는 함수 $y=f(x)$ 가 미분가 능하고 $f(a)=f(b)$ 이면 열린구간 (a, b) 에서 x축과 평행한 접선이 적어 도 하나 존재함을 의미한다.

4. 평균값 정리

함수 $y=f(x)$ 가 닫힌구간 $[a, b]$ 에서 연속이고
열린구간 (a, b) 에서 미분가능하면

$$\frac{f(b)-f(a)}{b-a}=f'(c)$$

인 c 가 열린구간 (a, b) 에 적어도 하나 존재한다.

참고 평균값 정리에서 $f(a)=f(b)$ 인 경우가 롤의 정리이다.

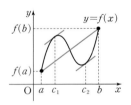

평균값 정리는 함수 $y=f(x)$ 가 미분가 능하면 그래프 위의 두 점 $(a, f(a))$, $(b, f(b))$ 를 이은 직선과 평행한 접선이 열린구간 (a, b) 에 적어 도 하나 존재함을 의미한다.

롤의 정리와 평균값 정리는 함수 $y=f(x)$ 가 열린구간 (a, b) 에서 미분가능하지 않으 면 성립하지 않는다.

1 직선의 방정식

[0732 - 0736] 다음 직선의 방정식을 구하시오.

0732 기울기가 2이고 y절편이 3인 직선

0733 기울기가 3이고 원점을 지나는 직선

0734 기울기가 1이고 점 $(2, 3)$을 지나는 직선

0735 기울기가 5이고 점 $(-2, 15)$를 지나는 직선

0736 기울기가 -3이고 점 $(-1, -2)$를 지나는 직선

[0737 - 0739] 다음 두 점을 지나는 직선의 기울기를 구하시오.

0737 $(0, 0), (2, 8)$

0738 $(3, 1), (6, 7)$

0739 $(1, -1), (6, 4)$

[0740 - 0742] 다음 두 점을 지나는 직선의 기울기를 구하시오.

0740 $(0, 0), (3, 6)$

0741 $(2, 1), (6, 7)$

0742 $(-1, -3), (1, 1)$

2 접선의 방정식(1)

[0743-0745] 다음 곡선 위의 $x=1$인 점에서의 접선의 기울기를 구하시오.

0743 $y=x^2+x$

0744 $y=-x^2+2$

0745 $y=4x^2+3x+1$

[0746-0748] 다음 곡선 위의 주어진 점에서의 접선의 기울기를 구하시오.

0746 $y=-2x^2+5x$ $(2, 2)$

0747 $y=3x^2+x-1$ $(-1, 1)$

0748 $y=x^3-2x+1$ $(0, 1)$

[0749-0753] 다음 곡선 위의 주어진 점에서의 접선의 방정식을 구하시오.

0749 $y=x^2+2$ $(2, 6)$

0750 $y=-x^2+4x-3$ $(1, 0)$

0751 $y=x^3$ $(-1, -1)$

0752 $y=x^3+2x$ $(1, 3)$

0753 $y=-x^3+2x^2-1$ $(2, -1)$

3 접선의 방정식 (2)

[0754-0756] 다음 곡선에 접하는 직선의 기울기가 2일 때, 접점의 좌표를 구하시오.

0754 $y = x^2$

0755 $y = -x^2 + 4x - 3$

0756 $y = x^3 - 3x^2 + 5x - 2$

0757 다음은 곡선 $y = -x^2 + 5x$에 접하고 기울기가 3인 직선의 방정식을 구하는 과정이다. □ 안에 알맞은 것을 써넣으시오.

$f(x) = -x^2 + 5x$라 하면
$\quad f'(x) = -2x + 5$
접점의 좌표를 $(a, -a^2 + 5a)$라 하면
접선의 기울기가 3이므로
$\quad f'(a) = \boxed{} = 3 \qquad \therefore a = 1$
따라서 접점의 좌표가 $\boxed{}$이므로
구하는 접선의 방정식은
$\quad y - \boxed{} = 3(x - \boxed{})$
$\quad \therefore y = \boxed{}$

[0758-0760] 다음 곡선에 접하고 기울기가 m인 접선의 방정식을 구하시오.

0758 $y = x^2 - x - 4, \ m = 3$

0759 $y = -2x^2 + x, \ m = 5$

0760 $y = x^3 - x - 1, \ m = 2$

[0761-0762] 다음 직선의 방정식을 구하시오.

0761 곡선 $y = x^2 + 4x$에 접하고 직선 $y = 2x + 3$과 평행한 직선

0762 곡선 $y = x^2 - 2x - 3$에 접하고 x축에 평행한 직선

4 접선의 방정식(3)

0763 다음은 점 $(3, -2)$에서 곡선 $y=x^2-5x+5$에 그은 접선의 방정식을 구하는 과정이다. $\square$ 안에 알맞은 것을 써넣으시오.

> $f(x)=x^2-5x+5$라 하면
> $\quad f'(x)=2x-5$
> 접점의 좌표를 (a, a^2-5a+5)라 하면 접선의 기울기는
> $f'(a)=2a-5$이므로 접선의 방정식은
> $\quad y-(\boxed{})=(\boxed{})(x-\boxed{})$
> $\quad \therefore y=(2a-5)x-a^2+5 \quad \cdots\cdots \text{㉠}$
> 이 직선이 점 $\boxed{}$를 지나므로
> $\quad -2=3(2a-5)-a^2+5$
> $\quad a^2-6a+8=0, \ (a-2)(a-4)=0$
> $\quad \therefore a=2$ 또는 $a=4$
> 이것을 ㉠에 대입하면 구하는 접선의 방정식은
> $\quad y=\boxed{}$ 또는 $y=\boxed{}$

5 롤의 정리

0764 다음은 '롤의 정리'를 설명한 내용이다. $\square$ 안에 알맞은 수를 써넣으시오.

> 함수 $y=f(x)$가 닫힌구간 $[a, b]$에서 연속이고 열린구간 (a, b)에서 미분가능할 때, $f(a)=f(b)$이면
> $\quad f'(c)=\boxed{}$
> 인 c가 열린구간 (a, b)에 적어도 하나 존재한다.

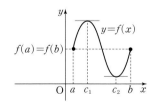

[0765-0766] 다음 함수에 대하여 주어진 구간에서 롤의 정리를 만족시키는 실수 c의 값을 구하시오.

0765 $f(x)=x^2-x$ $\quad [0, 1]$

0766 $f(x)=x^2-2x-4$ $\quad [-1, 3]$

6 평균값 정리

0767 다음은 '평균값 정리'를 설명한 내용이다. $\square$ 안에 알맞은 것을 써넣으시오.

> 함수 $y=f(x)$가 닫힌구간 $[a, b]$에서 연속이고 열린구간 (a, b)에서 미분가능하면
> $\quad \dfrac{f(b)-f(a)}{b-a}=\boxed{}$
> 인 c가 열린구간 (a, b)에 적어도 하나 존재한다.
> 이때 평균값 정리에서 $f(a)=f(b)$인 경우가 롤의 정리이다.

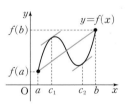

[0768-0769] 다음 함수에 대하여 주어진 구간에서 평균값 정리를 만족시키는 실수 c의 값을 구하시오.

0768 $f(x)=x^2-4x+1$ $\quad [0, 2]$

0769 $f(x)=-x^2+5x$ $\quad [1, 3]$

유형
01 접선의 기울기

함수 $y=f(x)$가 $x=a$에서 미분가능할 때, 곡선 $y=f(x)$ 위의 점 $(a, f(a))$에서의 접선의 기울기는 $x=a$에서의 미분계수 $f'(a)$와 같다.

0770 짱중요 [교육청 기출]

곡선 $y=-2x^3+5x$ 위의 점 $(1, 3)$에서의 접선의 기울기는?

① -9 ② -7 ③ -5

④ -3 ⑤ -1

0771

함수 $f(x)=3x^2+4x+5$의 그래프 위의 점 (a, b)에서의 접선의 기울기가 -2일 때, 두 상수 a, b에 대하여 $a+b$의 값은?

① 1 ② 2 ③ 3

④ 4 ⑤ 5

0772 중요

곡선 $y=x^3+ax^2+bx$ 위의 점 $(1, 2)$에서의 접선의 기울기가 5일 때, 두 상수 a, b에 대하여 a^2+b^2의 값은?

① 1 ② 2 ③ 3

④ 4 ⑤ 5

0773

곡선 $y=x^4-3x^2+1$ 위의 점 $(1, -1)$에서의 접선이 직선 $ax+y-3=0$과 서로 평행할 때, 상수 a의 값을 구하시오.

0774

곡선 $y=x^2-ax+5$ 위의 $x=1$인 점에서의 접선과 $x=2$인 점에서의 접선이 서로 수직일 때, 상수 a의 값을 구하시오.

0775 중요

곡선 $y=f(x)$ 위의 점 $(2, f(2))$에서의 접선의 기울기가 2일 때, $\lim\limits_{h \to 0} \dfrac{f(2+4h)-f(2-2h)}{h}$의 값은?

① 1 ② 4 ③ 8

④ 12 ⑤ 16

유형 O2 접점의 좌표가 주어진 접선의 방정식

곡선 $y=f(x)$ 위의 점 $(a, f(a))$가 주어질 때
① 접선의 기울기 $f'(a)$를 구한다.
② $y-f(a)=f'(a)(x-a)$를 이용하여 접선의 방정식을 구한다.

0776 짱중요 ●○○○○

곡선 $y=x^3$ 위의 점 $(1, 1)$에서의 접선의 방정식이 $y=ax+b$
일 때, ab의 값은? (단, a, b는 상수이다.)

① -6 ② -2 ③ 2
④ 6 ⑤ 10

0777 중요 ●○○○○

곡선 $y=2x^3-3x+10$ 위의 $x=1$인 점에서의 접선의 x절편과
y절편의 합을 구하시오.

0778 짱중요 ●○○○○

곡선 $y=x^4-3x^2+1$ 위의 점 $(1, -1)$에서의 접선의 방정식을
$y=g(x)$라 할 때, $g(3)$의 값을 구하시오.

0779 중요 ●●○○○

곡선 $y=x^3+2$ 위의 점 $P(a, -6)$에서의 접선의 방정식을
$y=mx+n$이라 할 때, $a+m+n$의 값을 구하시오.

(단, m, n은 상수이다.)

0780 중요 ●●○○

삼차함수 $f(x)=x^3+ax^2+9x+3$의 그래프 위의 점
$(1, f(1))$에서의 접선의 방정식이 $y=2x+b$일 때, $a+b$의 값
을 구하시오. (단, a, b는 상수이다.)

0781 ●●○○

곡선 $y=(x^2+1)(x-3)$ 위의 $x=3$인 점에서의 접선이
점 $(2, a)$를 지날 때, a의 값을 구하시오.

0782 ●○○○

곡선 $f(x)=x^3+ax+3$이 점 $(-1, b)$에서 직선 $y=4x+c$와 접할 때, abc의 값을 구하시오. (단, a, c는 상수이다.)

0783 ●●●○

곡선 $y=f(x)$ 위의 점 $(1, -1)$에서의 접선의 방정식이 $y=-1$일 때, 곡선 $y=x^2f(x)$ 위의 $x=1$인 점에서의 접선의 방정식은 $y=mx+n$이다. 두 상수 m, n에 대하여 $m+n$의 값을 구하시오.

0784 중요 ●●●○

다항함수 $y=f(x)$의 그래프 위의 점 $(1, 2)$에서의 접선의 방정식이 $y=3x-1$이다. 곡선 $y=\{f(x)\}^2$ 위의 x좌표가 1인 점에서의 접선이 점 $(a, 16)$을 지날 때, a의 값을 구하시오.

유형 **03** 접선과 수직인 직선의 방정식

내신 중요도 ━━━━━━ 유형 난이도 ★★★☆☆

곡선 $y=f(x)$ 위의 점 $(a, f(a))$를 지나고 이 점에서의 접선과 수직인 직선의 방정식은

$$y-f(a)=-\frac{1}{f'(a)}(x-a) \quad (단, f'(a)\neq0)$$

참고 곡선 위의 한 점을 지나고 그 점에서의 접선에 수직인 직선을 법선이라고 한다.

0785 짱중요 ●●○○

곡선 $y=x^3-2x$ 위의 점 $(1, -1)$을 지나고 이 점에서의 접선에 수직인 직선의 방정식을 $y=mx+n$이라 할 때, 두 상수 m, n에 대하여 $m-n$의 값은?

① -5 ② -4 ③ -3
④ -2 ⑤ -1

0786 평가원 기출 ●●○○

곡선 $y=x^3-ax+b$ 위의 점 $(1, 1)$에서의 접선과 수직인 직선의 기울기가 $-\frac{1}{2}$이다. 두 상수 a, b에 대하여 $a+b$의 값을 구하시오.

0787 중요 ●●●○

곡선 $y=x^3-11x+3$ 위의 점 (a, b)에서의 접선과 직선 $x-8y+16=0$이 서로 수직일 때, $a+b$의 값을 구하시오.

(단, $a>0$)

0788 중요 ●●●○

곡선 $y=x^3-x^2+k$ 위의 $x=1$인 점을 지나고 이 점에서의 접선에 수직인 직선의 y절편이 3일 때, 상수 k의 값을 구하시오.

0789 ●●●○

곡선 $y=x^3-3x^2+x+1$ 위의 서로 다른 두 점 A, B에서의 접선이 서로 평행하다. 점 A의 x좌표가 3일 때, 점 B에서의 접선에 수직인 직선이 점 $(9, a)$를 지난다. a의 값을 구하시오.

0790 ●●●○

두 함수 $f(x)=x^2-x+1$, $g(x)=x^2+2x-3$에 대하여 곡선 $y=f(x)g(x)$ 위의 점 $(1, 0)$에서의 접선에 수직이고 점 $(4, 0)$을 지나는 직선의 방정식을 $y=ax+b$라 할 때, $a+b$의 값을 구하시오.

유형 **04** 기울기가 주어진 접선의 방정식

내신 중요도 ■■■■■ 유형 난이도 ★★★☆☆

곡선 $y=f(x)$의 접선의 기울기 m이 주어질 때
① 접점의 좌표를 $(a, f(a))$로 놓는다.
② $f'(a)=m$임을 이용하여 접점의 좌표를 구한다.
③ $y-f(a)=m(x-a)$를 이용하여 접선의 방정식을 구한다.

0791 짱중요 ●○○○

곡선 $y=x^2-4x+3$에 접하고 기울기가 -2인 접선의 방정식이 $y=ax+b$일 때, 두 상수 a, b에 대하여 $a+b$의 값을 구하시오.

0792 ●○○○

곡선 $y=-x^2+1$의 접선 중에서 곡선 위의 두 점 A$(1, 0)$, B$(2, -3)$을 지나는 직선과 기울기가 같은 접선의 방정식은?

① $3x+y-9=0$ ② $9x+3y-13=0$
③ $12x+4y+9=0$ ④ $12x+4y-13=0$
⑤ $12x-4y+13=0$

0793 중요 ●○○○

직선 $y=3x+5$에 평행하고 곡선 $y=x^2+x$에 접하는 직선의 y절편은?

① -2 ② -1 ③ 0
④ 1 ⑤ 2

0794 ●●○○

곡선 $y=2x^2-x+3$에 접하고 직선 $x+3y+1=0$에 수직인 직선이 x축과 만나는 점의 좌표가 $(a, 0)$일 때, $3a$의 값을 구하시오.

0795 중요 ●●○○

$x>0$에서 곡선 $y=-x^3+2x+1$이 직선 $y=-x+k$에 접할 때, 상수 k의 값을 구하시오.

0796 ●●○○

곡선 $y=2x^2-x+3$에서 기울기가 3인 접선을 그을 때, 접점의 좌표를 (a, b)라 하면 $a+b$의 값을 구하시오.

0797 짱중요 ●●○○

곡선 $y=x^3-3x^2-8x+1$에 접하고 기울기가 1인 직선은 2개이다. 이 두 접선의 방정식을 각각 $y=x+a$, $y=x+b$라 할 때, 두 상수 a, b에 대하여 $a-b$의 값을 구하시오. (단, $a>b$)

0798 ●●○○

곡선 $y=x^3-3x^2+4$에 접하는 두 직선의 방정식이 $y=9x+a$, $y=9x+b$일 때, 두 상수 a, b에 대하여 $a+b$의 값을 구하시오.

0799 중요 ●●●○

곡선 $y=x^3-3x^2-6x+a$와 직선 $y=-9x+3$이 접할 때, 상수 a의 값은?

① 1   ② 2   ③ 3

④ 4   ⑤ 5

0800 ●●●○

곡선 $y=x^3-2x^2-2x+1$에 접하고 기울기가 1인 직선은 두 개가 있다. 이 두 접선의 접점의 x좌표를 각각 α, β라 할 때, $\dfrac{1}{\alpha}+\dfrac{1}{\beta}$의 값을 구하시오.

✦0801 중요 ●●●●

곡선 $y=(x-1)^3$ 위의 점 $(2, 1)$에서의 접선과 이 접선에 평행한 또 다른 접선 사이의 거리는?

① $\dfrac{\sqrt{10}}{5}$ ② $\dfrac{2\sqrt{10}}{5}$ ③ $\dfrac{3\sqrt{10}}{5}$

④ $\dfrac{4\sqrt{10}}{5}$ ⑤ $\sqrt{10}$

0802 ●●●●

곡선 $y=x^3-x+2$의 접선 중에서 직선 $y=2x-1$과 평행한 접선은 2개이다. 이 두 접선 사이의 거리는?

① $\dfrac{\sqrt{5}}{5}$ ② $\dfrac{2\sqrt{5}}{5}$ ③ $\dfrac{4\sqrt{5}}{5}$

④ $\dfrac{2\sqrt{3}}{3}$ ⑤ $\dfrac{4\sqrt{3}}{3}$

유형 05 접선의 기울기의 이해

내신 중요도 ■■■□□□□ 유형 난이도 ★★★★★

접선의 기울기의 최대, 최소는 $f'(x)$의 최대, 최소와 같다.

0803 ●●○○

곡선 $y=x^3-9x^2+31x-3$ 위의 임의의 점에서 그은 접선의 기울기를 m이라 할 때, m의 최솟값은?

① 2 ② 3 ③ 4
④ 5 ⑤ 6

✦0804 중요 ●●○○

곡선 $y=x^3-3x^2+4x+1$ 위의 점 $\mathrm{P}(x, y)$에서의 접선의 기울기가 최소일 때, 접선의 방정식을 구하시오.

0805 ●●○○

곡선 $f(x)=-x^3+3x^2-4$ 위의 임의의 점에서 그은 접선 중에서 그 기울기의 최댓값을 M, 이때의 접점의 좌표를 (p, q)라 하자. pqM의 값은?

① -12 ② -6 ③ -3
④ 3 ⑤ 6

06 함수의 극한과 접선의 방정식

내신 중요도 ▬▬▬▬▬▬ 유형 난이도 ★★★☆☆

모든 실수에서 미분가능한 함수 $f(x)$에 대하여

$$\lim_{x \to a} \frac{f(x)-b}{x-a} = k$$

가 성립하면 곡선 $y=f(x)$는 점 (a, b)를 지나고, $x=a$에서의 접선의 기울기는 k이다.

0806

곡선 $y=f(x)$와 직선 $y=4x+3$이 점 $(2, 11)$에서 접할 때, $\displaystyle\lim_{h \to 0} \frac{f(2+h)-f(2-h)}{h}$의 값은?

① -2 ② 0 ③ 2

④ 4 ⑤ 8

0807 중요

다항함수 $y=f(x)$에 대하여 $\displaystyle\lim_{x \to 1} \frac{f(x)-2}{x-1}=3$을 만족시킬 때, 곡선 $y=f(x)$ 위의 점 $(1, f(1))$에서의 접선의 방정식은?

① $y=2x-1$ ② $y=2x+1$ ③ $y=3x-2$

④ $y=3x-1$ ⑤ $y=3x+1$

0808

다항함수 $f(x)$가 $\displaystyle\lim_{x \to 2} \frac{f(x-1)-6}{x^2-4}=2$를 만족시킬 때, 곡선 $y=f(x)$ 위의 점 $(1, f(1))$에서의 접선의 y절편을 구하시오.

0809

미분가능한 함수 $f(x)$에 대하여 $\displaystyle\lim_{x \to 2} \frac{f(x)-2}{x-2}=-2$이고, 함수 $g(x)=(x-1)^2$이다. 이때, 곡선 $y=f(x)-g(x)$ 위의 x좌표가 2인 점에서의 접선의 기울기는?

① -5 ② -4 ③ -3

④ -2 ⑤ -1

0810 중요

두 다항함수 $y=f(x)$, $y=g(x)$가

$$\lim_{x \to 1} \frac{f(x)-2}{x-1}=1, \quad \lim_{x \to 1} \frac{g(x)+1}{x-1}=2$$

를 만족시킨다. 곡선 $y=f(x)g(x)$ 위의 $x=1$인 점에서의 접선의 방정식을 $y=mx+n$이라 할 때, mn의 값은?

(단, m, n은 상수이다.)

① -15 ② -12 ③ -4

④ 2 ⑤ 3

150 Total짱 수학 Ⅱ

유형 07 곡선 밖의 한 점에서 그은 접선의 방정식

내신 중요도 ▬▬▬▬▬ 유형 난이도 ★★★★☆

곡선 $y=f(x)$ 밖의 한 점 (x_1, y_1)이 주어질 때
① 접점의 좌표를 $(a, f(a))$로 놓는다.
② $y-f(a)=f'(a)(x-a)$에 점 (x_1, y_1)의 좌표를 대입하여 a의 값을 구한다.
③ a의 값을 $y-f(a)=f'(a)(x-a)$에 대입하여 접선의 방정식을 구한다.

참고 곡선 위의 점에서는 접선이 1개 존재하지만 곡선 밖의 점에서는 곡선에 접선을 2개 이상 그을 수도 있다.

0811 짱중요 ●●○○

점 $(1, -1)$에서 곡선 $y=x^2-x$에 그은 접선의 방정식을 모두 구하면?

① $y=-x, y=3x-4$
② $y=-x, y=3x+1$
③ $y=-x, y=3x+4$
④ $y=x, y=3x-4$
⑤ $y=x, y=3x+4$

0812 짱중요 ●●○○

점 $(2, 0)$에서 곡선 $y=x^2-3$에 그은 두 접선의 기울기의 곱은?

① 8
② 10
③ 12
④ 16
⑤ 20

0813 중요 ●●●○

직선 $y=x-1$ 위를 움직이는 점 $P(a, b)$에서 곡선 $y=\dfrac{1}{3}x^2$에 그은 두 접선이 이루는 각이 직각이 될 때, $a+b$의 값을 구하시오.

0814 짱중요 ●●●○

점 $(0, 2)$에서 곡선 $y=x^3+4$에 그은 접선의 방정식을 $y=ax+b$라 할 때, 두 상수 a, b에 대하여 ab의 값은?

① 5
② 6
③ 7
④ 8
⑤ 9

0815 평가원 기출 ●●●○

원점을 지나고 곡선 $y=-x^3-x^2+x$에 접하는 모든 직선의 기울기의 합은?

① 2
② $\dfrac{9}{4}$
③ $\dfrac{5}{2}$
④ $\dfrac{11}{4}$
⑤ 3

0816 ●●●○

점 $(0, 2)$를 지나는 직선이 곡선 $y=x^3-2x$에 접할 때, 이 접선과 원점 사이의 거리는?

① $\dfrac{\sqrt{2}}{2}$ ② 1 ③ $\sqrt{2}$

④ $\sqrt{3}$ ⑤ 2

0817 ●●●○

점 $A(2, -3)$에서 곡선 $y=x^3-3x^2+2$에 두 개의 접선을 그을 때, 두 접점 사이의 거리는?

① $\dfrac{11}{8}$ ② $\dfrac{13}{8}$ ③ $\dfrac{15}{8}$

④ $\dfrac{17}{8}$ ⑤ $\dfrac{19}{8}$

0818 중요 ●●●●

원점 $O(0, 0)$에서 곡선 $y=x^3+3x+2$에 그은 접선을 l이라 하고, 곡선 $y=x^3+3x+2$의 접선 중 l과 평행하고 l이 아닌 접선을 m이라 하자. 직선 m의 y절편을 구하시오.

유형 08 곡선과 접선의 교점   내신 중요도 ■■■□□□ 유형 난이도 ★★★★☆

다항함수 $f(x)$에 대하여 곡선 $y=f(x)$와 직선 $y=ax+b$가 만날 때, 만나는 점의 x좌표는 방정식 $f(x)=ax+b$의 해와 같다.

0819 중요 ●●●○

곡선 $y=x^3+2x+7$ 위의 점 $P(-1, 4)$에서의 접선이 점 P가 아닌 점 (a, b)에서 곡선과 만날 때, $a+b$의 값을 구하시오.

0820 중요 ●●●○

그림과 같이 곡선 $y=x^3-2x+1$ 위의 점 $P(1, 0)$에서의 접선이 y축과 만나는 점을 Q, 이 곡선과 다시 만나는 점을 R라 할 때, $\dfrac{\overline{PQ}}{\overline{QR}}$의 값을 구하시오.

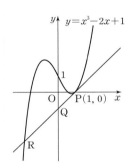

0821 ●●●○

그림은 삼차함수 $f(x)=x^3-3x^2+3x$의 그래프이다. 원점을 지나고 곡선 $y=f(x)$에 접하는 두 직선이 곡선과 만나는 점을 각각 A, B라 할 때, 두 점 A, B의 x좌표의 합을 구하시오.

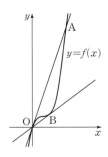

0822

••••

곡선 $y=x^3-3x^2+4$ 위의 점 $(2, 0)$에서의 접선이 이 곡선과 다시 만나는 점을 A라고 하자. 점 A에서의 접선의 방정식이 $y=mx+n$일 때, $m+n$의 값은? (단, m, n은 상수)

① 14   ② 15   ③ 16

④ 17   ⑤ 18

0823

•••○

함수 $f(x)=x^4+3x^3$에 대하여 곡선 $y=f(x)$ 위의 점 $A(-1, -2)$에서의 접선은 점 A가 아닌 두 점 B, C에서 곡선 $y=f(x)$와 만난다. 두 점 B, C의 x좌표를 각각 α, β라 할 때, $\alpha^2+\beta^2$의 값을 구하시오.

0824

••••

자연수 n에 대하여 곡선 $y=x^3+nx^2+x$ 위의 점 $(1, n+2)$에서의 접선이 이 곡선과 다시 만나는 점의 x좌표를 a_n이라 할 때, $\sum\limits_{n=1}^{10} a_n$의 값을 구하시오.

유형 09 곡선 위의 점과 직선 사이의 최단 거리

내신 중요도 ▬▬▬▬▭▭ 유형 난이도 ★★★★☆

곡선 위의 점과 직선 사이의 최단 거리
① 주어진 직선과 평행한 곡선의 접선의 방정식을 구한다.
② 접선 위의 한 점과 직선 또는 직선 위의 한 점과 접선 사이의 거리가 구하는 최단 거리이다.

0825 평가원 기출

•••○

곡선 $y=\dfrac{1}{3}x^3+\dfrac{11}{3}$ $(x>0)$ 위를 움직이는 점 P와 직선 $x-y-10=0$ 사이의 거리를 최소가 되게 하는 곡선 위의 점 P의 좌표를 (a, b)라 할 때, $a+b$의 값을 구하시오.

⭐ 0826 중요

•••○

곡선 $y=x^2-2x+5$와 직선 $y=2x-1$ 사이의 최단 거리는?

① $\dfrac{\sqrt{3}}{5}$ ② $\dfrac{2\sqrt{3}}{5}$ ③ $\dfrac{\sqrt{5}}{5}$

④ $\dfrac{2\sqrt{5}}{5}$ ⑤ $\dfrac{4\sqrt{5}}{5}$

0827 ●●●●

그림과 같이 곡선 $y=x^2+3x+3$ 위의 임의의 점 P와 직선 $y=x$ 위의 두 점 $A(1, 1)$, $B(2, 2)$에 대하여 삼각형 ABP의 넓이의 최솟값을 구하시오.

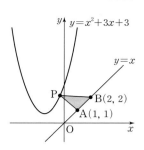

0828 ●●●●

닫힌구간 $[0, 3]$에서 정의된 함수 $f(x)=ax(x-3)^2\ \left(a>\dfrac{1}{2}\right)$에 대하여 곡선 $y=f(x)$와 직선 $y=x$의 교점 중에서 원점 O가 아닌 점을 A라 하자. 점 P가 원점으로부터 점 A까지 곡선 $y=f(x)$ 위를 움직일 때, 삼각형 OAP의 넓이가 최대가 되는 점 P의 x좌표가 $\dfrac{3}{4}$이다. 상수 a의 값을 구하시오.

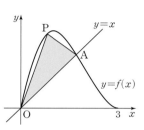

0829 ●●●●

그림과 같이 점 $A(0, 16)$에서 곡선 $y=x^3$에 접선을 그을 때, 그 접점을 P라 하고 곡선과 만나는 다른 교점을 Q라 한다. 또 두 점 P, Q 사이의 곡선 위의 점 R를 지나 x축에 평행한 직선이 접선과 만나는 점을 S라 할 때, $\overline{SR}$의 길이가 최대가 되는 점 R의 좌표는?

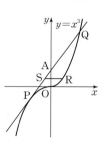

① $(0, 0)$ ② $\left(\dfrac{1}{2}, \dfrac{1}{8}\right)$ ③ $\left(\dfrac{1}{3}, \dfrac{1}{27}\right)$

④ $\left(\dfrac{3}{2}, \dfrac{27}{8}\right)$ ⑤ $(2, 8)$

유형 10 내신 중요도 ▰▰▱▱▱▱ 유형 난이도 ★★★☆☆

곡선과 직선이 접할 때 미정계수의 결정

① 접점의 좌표를 $(t, f(t))$로 놓고 접선의 방정식을 구한다.
② (주어진 직선의 방정식)=(구한 접선의 방정식)임을 이용한다.
　(ⅰ) 접선과 직선의 기울기가 서로 같다.
　(ⅱ) 접선과 직선의 y절편이 서로 같다.

☆**0830** 중요 ●●○○

점 $A(2, k)$에서 곡선 $y=-x^2+6$에 그은 접선이 2개일 때, k의 값의 범위는?

① $k<-2$ ② $k<-\dfrac{1}{2}$ ③ $-2<k<2$

④ $k>\dfrac{1}{2}$ ⑤ $k>2$

☆**0831** 중요 ●●●●

직선 $y=ax-1$이 곡선 $y=-x^3+1$에 접할 때, 상수 a의 값을 구하시오.

0832

●●●○

곡선 $y=x^3+ax^2+ax+2$와 직선 $y=x+2$가 접하도록 하는 모든 상수 a의 값의 합을 구하시오.

0833 교육청 기출

●●●○

좌표평면에서 곡선 $y=x^3-10x+16$과 직선 $y=mx$가 서로 접하도록 상수 m의 값을 정하면 그 접점의 좌표는 (α, β)이다. 이때 $m^2+\alpha^2+\beta^2$의 값을 구하시오.

0834

●●●○

곡선 $y=x^3+3x^2+ax+2$에 대하여 기울기가 1인 접선이 오직 한 개 존재할 때, 이 접선의 방정식을 구하면? (단, a는 상수)

① $y=x+1$ ② $y=x+2$
③ $y=x+3$ ④ $y=x+4$
⑤ $y=x+5$

유형
11 접선의 방정식과 삼각형의 넓이

내신 중요도 ━━━━━━━ 유형 난이도 ★★★★☆

① 주어진 조건을 이용하여 접선의 방정식을 구한다.
② 삼각형의 교점의 좌표를 구한다.
③ 좌표를 이용하여 삼각형의 넓이를 구한다.

0835 중요

●●○○

곡선 $y=x^2-4x+5$ 위의 점 $(1, 2)$에서의 접선과 x축 및 y축으로 둘러싸인 도형의 넓이를 구하시오.

0836

●●○○

그림과 같이 곡선 $y=3x^2-1$ 위의 점 $(1, 2)$에서의 접선과 직선 $y=2$ 및 y축으로 둘러싸인 삼각형의 넓이는?

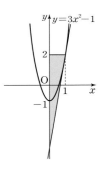

① 2 ② $\dfrac{5}{2}$
③ 3 ④ $\dfrac{7}{2}$
⑤ 4

0837 ●●○○

점 $A(0, -8)$에서 곡선 $y=x^2-4$에 그은 두 접선의 접점을 각각 B, C라 할 때, 삼각형 ABC의 넓이를 구하시오.

0838 중요 ●●●○

그림과 같이 점 $A(2, -2)$에서 곡선 $y=x^2+3$에 그은 두 접선의 접점을 각각 B, C라 할 때, 삼각형 ABC의 넓이를 구하시오.

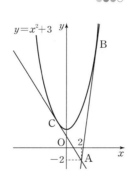

0839 ●●●○

점 $(3, 7)$에서 곡선 $y=-x^2+4x$에 그은 두 접선과 y축으로 둘러싸인 부분의 넓이는?

① 35   ② 36   ③ 37

④ 38   ⑤ 39

0840 중요 ●●●●

점 $(0, 4)$를 지나고 곡선 $y=-x^3+2$에 접하는 직선과 x축 및 y축으로 둘러싸인 삼각형의 넓이를 구하시오.

0841 ●●●●

곡선 $y=x^3$ 위의 점 $P(a, a^3)$에서의 접선과 y축이 만나는 점을 Q, x축에 내린 수선의 발을 R라 할 때, 삼각형 OQP와 삼각형 PQR의 넓이는 각각 S_1, S_2이다. $\dfrac{S_2}{S_1}$의 값을 구하시오.

(단, $a>0$)

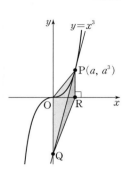

0842 교육청 기출 ●●●●

곡선 $y=x^3-5x^2+4x+4$ 위에 세 점 $A(-1, -6)$, $B(2, 0)$, $C(4, 4)$가 있다. 곡선 위에서 두 점 A, B 사이를 움직이는 점 P와 곡선 위에서 두 점 B, C 사이를 움직이는 점 Q에 대하여 사각형 AQCP의 넓이가 최대가 되도록 하는 두 점 P, Q의 x좌표의 곱은?

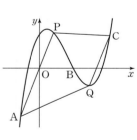

① $\dfrac{1}{6}$ ② $\dfrac{1}{3}$ ③ $\dfrac{1}{2}$

④ $\dfrac{2}{3}$ ⑤ $\dfrac{5}{6}$

유형 12 접선의 방정식의 여러 가지 응용

내신 중요도 ▬▬▬▬▬ 유형 난이도 ★★★★★

주어진 조건을 이용하여 접선의 방정식을 구하고, 문제 상황에 맞게 응용하자.

0843 ●●●○

그림과 같이 곡선 $y=x^2$ 위를 움직이는 점 $P(t, t^2)$이 있다. 점 P를 지나고 점 P에서의 접선에 수직인 직선이 y축과 만나는 점을 $Q(0, f(t))$라 할 때, $\lim\limits_{t \to 0} f(t)$의 값을 구하시오.

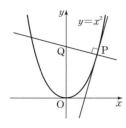

0844 평가원 기출 ●●●○

곡선 $y=x^3$ 위의 점 $P(t, t^3)$에서의 접선과 원점 사이의 거리를 $f(t)$라 하자. $\lim\limits_{t \to \infty} \dfrac{f(t)}{t}=\alpha$일 때, 상수 α에 대하여 30α의 값을 구하시오.

0845 평가원 기출 ●●●○

그림과 같이 정사각형 ABCD의 두 꼭짓점 A, C는 y축 위에 있고, 두 꼭짓점 B, D는 x축 위에 있다. 변 AB와 변 CD가 각각 삼차함수 $y=x^3-5x$의 그래프에 접할 때, 정사각형 ABCD의 둘레의 길이를 구하시오.

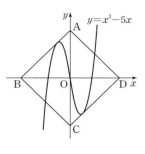

0846 ●●●●

곡선 $y=\dfrac{1}{2}x^2$과 서로 다른 두 점에서 접하고, 중심 C의 좌표가 $(0, 3)$인 원의 넓이는?

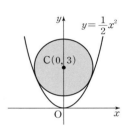

① π ② 2π

③ 3π ④ 4π

⑤ 5π

0847 ●●●●

곡선 $y=x^3-x^2+1$ 위의 점 $P(1, 1)$에서 접하고, 중심이 x축 위에 있는 원의 넓이는?

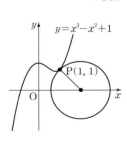

① $\dfrac{\pi}{2}$ ② π

③ 2π ④ 3π

⑤ 4π

0848 교육청 기출 ●●●●

그림과 같이 삼차함수 $f(x)=-x^3+4x^2-3x$의 그래프 위의 점 $(a, f(a))$에서 기울기가 양의 값인 접선을 그어 x축과 만나는 점을 A, 점 $B(3, 0)$에서 접선을 그어 두 접선이 만나는 점을 C, 점 C에서 x축에 수선을 그어 만나는 점을 D라 하고 $\overline{AD} : \overline{DB}=3 : 1$일 때, a의 값들의 곱은?

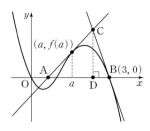

① $\dfrac{1}{3}$ ② $\dfrac{2}{3}$ ③ 1

④ $\dfrac{4}{3}$ ⑤ $\dfrac{5}{3}$

0849 교육청 기출 ●●●●

삼차함수 $f(x)=x^3+ax$가 있다. 곡선 $y=f(x)$ 위의 점 $A(-1, -1-a)$에서의 접선이 이 곡선과 만나는 다른 한 점을 B라 하자. 또, 곡선 $y=f(x)$ 위의 점 B에서의 접선이 이 곡선과 만나는 다른 한 점을 C라 하자. 두 점 B, C의 x좌표를 각각 b, c라 할 때, $f(b)+f(c)=-80$을 만족시킨다. 상수 a의 값은?

① 8   ② 10   ③ 12

④ 14   ⑤ 16

유형 **13** 공통접선   내신 중요도 ■■■□□□   유형 난이도 ★★★★☆

두 곡선 $y=f(x)$, $y=g(x)$가 점 (a, b)에서 공통접선을 가지면
(ⅰ) $x=a$인 점에서 두 곡선이 만난다.
   $\Longleftrightarrow f(a)=g(a)=b$
(ⅱ) $x=a$인 점에서의 두 곡선의 접선의 기울기가 같다.
   $\Longleftrightarrow f'(a)=g'(a)$

0850 ●●○○

두 곡선 $y=-x^3+2$, $y=x^2+ax+b$가 점 $(1, 1)$에서 공통접선을 가질 때, 두 상수 a, b에 대하여 a^2+b^2의 값을 구하시오.

0851 ●●●○

두 곡선 $y=-x^3-ax+3$, $y=x^2+2$가 한 점에서 접할 때, 상수 a의 값은?

① -1 ② 0   ③ 1

④ 2   ⑤ 3

0852 ●●●○

두 곡선 $y=2x^3+3$, $y=3x^2+2$가 접할 때, 그 접점에서의 접선의 방정식은?

① $y=-6x-1$ ② $y=-6x+1$ ③ $y=6x-1$

④ $y=6x$ ⑤ $y=6x+1$

유형 14 롤의 정리

내신 중요도 ▬▬▬▬▭▭ 유형 난이도 ★★☆☆☆

함수 $y=f(x)$가 닫힌구간 $[a, b]$에서 연속이고 열린구간 (a, b)에서 미분가능할 때, $f(a)=f(b)$이면
$$f'(c)=0$$
인 c가 열린구간 (a, b)에 적어도 하나 존재한다.

0853 짱중요　●●○○

함수 $f(x)=x^2-6x$에 대하여 닫힌구간 $[1, 5]$에서 롤의 정리를 만족시키는 실수 c의 값은?

① $\dfrac{3}{2}$　　② 2　　③ $\dfrac{5}{2}$

④ 3　　⑤ 4

0854　●●○○

함수 $f(x)=-x^2+ax-7$에 대하여 닫힌구간 $[2, 6]$에서 롤의 정리를 만족시키는 실수 c의 값이 4일 때, 상수 a의 값을 구하시오.

0855 중요　●●○○

함수 $f(x)=x^3-5x^2+8x-4$에 대하여 닫힌구간 $[1, 2]$에서 롤의 정리를 만족시키는 실수 c의 값은?

① $\dfrac{1}{3}$　　② $\dfrac{2}{3}$　　③ 1

④ $\dfrac{4}{3}$　　⑤ $\dfrac{5}{3}$

0856　●●○○

함수 $f(x)=x^3-x+5$에 대하여 닫힌구간 $[-1, 1]$에서 롤의 정리를 만족시키는 실수 c의 개수를 구하시오.

0857 중요　●●●○

함수 $f(x)=-x^3+3x$에 대하여 닫힌구간 $[0, a]$에서 롤의 정리를 만족시키는 실수 c와 a의 곱 ca의 값은? (단, $a>0$)

① $\sqrt{3}$　　② $2\sqrt{3}$　　③ $3\sqrt{3}$

④ $4\sqrt{3}$　　⑤ $5\sqrt{3}$

0858　●●●○

〈보기〉의 함수 중에서 닫힌구간 $[0, 3]$에서 롤의 정리가 성립하는 것만을 있는 대로 고른 것은?

┤ 보 기 ├
ㄱ. $f(x)=x^2(x-3)$　　ㄴ. $f(x)=|x-2|$
ㄷ. $f(x)=\dfrac{|x+2|}{x+2}$

① ㄱ　　② ㄴ　　③ ㄱ, ㄷ

④ ㄴ, ㄷ　　⑤ ㄱ, ㄴ, ㄷ

 15 평균값 정리

내신 중요도 ▬▬▬▬ 유형 난이도 ★★☆☆☆

함수 $y=f(x)$가 닫힌구간 $[a, b]$에서 연속이고 열린구간 (a, b)에서 미분가능하면

$$\frac{f(b)-f(a)}{b-a}=f'(c)$$

인 c가 열린구간 (a, b)에 적어도 하나 존재한다.

0859 짱중요 ●●○○

함수 $f(x)=x^2$에 대하여 닫힌구간 $[1, 3]$에서 평균값 정리를 만족시키는 실수 c의 값은?

① 1   ② 2   ③ 3

④ 4   ⑤ 5

0860 짱중요 ●●○○

함수 $f(x)=-x^2+4x-5$에 대하여 닫힌구간 $[1, 5]$에서 평균값 정리를 만족시키는 상수 c의 값을 구하시오.

0861 중요 ●●○○

함수 $f(x)=-x^2+3x+1$에 대하여 닫힌구간 $[1, k]$에서 평균값 정리를 만족시키는 실수 c의 값이 3일 때, k의 값을 구하시오.

(단, $k>3$)

0862 짱중요 ●●○○

함수 $f(x)=x^3-3x+4$에 대하여 닫힌구간 $[0, 3]$에서 평균값 정리를 만족시키는 상수 c의 값을 구하시오.

0863 중요 ●●●○

함수 $f(x)=x^2+ax-2$에 대하여 닫힌구간 $[0, 2]$에서 롤의 정리를 만족시키는 실수 c의 값이 1이고, 닫힌구간 $[0, 4]$에서 평균값 정리를 만족시키는 실수 b가 존재할 때, $a+b$의 값을 구하시오. (단, a는 상수이다.)

0864 ●●○○

함수 $y=f(x)$의 그래프가 그림과 같을 때, 닫힌구간 $[-1, 5]$에서 평균값 정리를 만족시키는 실수 c의 개수를 구하시오.

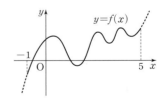

유형 16 평균값 정리 응용

내신 중요도 ■■■■□   유형 난이도 ★★★★★

함수 $f(x)$가 닫힌구간 $[x, x+a]$에서 연속이고 열린구간 $(x, x+a)$에서 미분가능하면

$$\frac{f(x+a)-f(x)}{a}=f'(c)$$

인 c가 구간 $(x, x+a)$에 적어도 한 개 존재한다.

0865 중요   ●●●○

함수 $f(x)=x^3-5x^2+8x-4$에 대하여 닫힌구간 $[0, 3]$에서 $f(3)-f(0)=3f'(c)$를 만족시키는 모든 실수 c의 값의 곱을 구하시오.

0866   ●●●○

함수 $f(x)=x^3+x$에 대하여 닫힌구간 $[1, k]$에서 $f(k)=f(1)+(k-1)f'(c)$ $(1<c<k)$를 만족시키는 c의 값이 $\sqrt{7}$일 때, 실수 k의 값은?

① 1   ② 2   ③ 3
④ 4   ⑤ 5

0867 짱중요   ●●●○

모든 실수 x에 대하여 미분가능한 함수 $f(x)$가 $\lim\limits_{x\to\infty}f'(x)=12$일 때, $\lim\limits_{x\to\infty}\{f(x+1)-f(x-1)\}$의 값을 구하시오.

0868 짱중요   ●●●○

다항함수 $f(x)$가 닫힌구간 $[2, 4]$에 속하는 모든 x에 대하여 $f'(x)\leq 5$이고 $f(2)=1$일 때, $f(4)$의 최댓값을 구하시오.

0869 중요   ●●●●

다항함수 $y=f(x)$의 그래프가 다음 조건을 모두 만족시킬 때, $f(-2)$의 최댓값을 구하시오.

㈎ 점 $(0, 3)$을 지난다.
㈏ $-2<x<0$인 임의의 x에서 접선의 기울기가 5 이상이다.

0870   ●●●●

함수 $f(x)$는 실수 전체의 집합에서 미분가능하고, $f(0)=4$, $f(5)=-1$이다. 함수 $g(x)$를 $g(x)=\dfrac{f(x)}{x+1}$로 정의할 때, 구간 $[0, 5]$에서 평균값 정리를 만족하는 c의 값에 대하여 $g'(c)$의 값은?

① -1 ② $-\dfrac{5}{6}$ ③ $-\dfrac{1}{6}$
④ $\dfrac{1}{6}$ ⑤ $\dfrac{5}{6}$

0871

곡선 $y=x^3+2x-3$ 위의 점 $(2, 9)$에서 접하는 접선의 기울기를 구하시오.

0872

곡선 $y=x^3-2x^2+3x+1$ 위의 점 $(1, 3)$에서의 접선의 방정식을 $y=ax+b$라 할 때, 두 상수 a, b의 곱 ab의 값을 구하시오.

0873

곡선 $y=x^2-3x-1$ 위의 점 $(2, -3)$을 지나고, 이 점에서의 접선에 수직인 직선의 방정식을 $y=ax+b$라 하자. 두 상수 a, b에 대하여 $a+b$의 값은?

① -3 ② -2 ③ -1

④ 0 ⑤ 1

0874

곡선 $y=3x^2-4x-2$에 접하고 기울기가 2인 접선의 방정식을 $y=2x+k$라 할 때, 상수 k의 값을 구하시오.

0875

곡선 $y=x^3-3x^2+x+1$ 위의 점 $(0, 1)$에서의 접선과 이 접선에 평행한 또 다른 접선 사이의 거리를 구하시오.

0876 서술형

점 $(1, 4)$에서 곡선 $y=-x^2+x+3$에 그은 접선의 방정식을 모두 구하시오.

0877

점 $(1, 3)$에서 곡선 $y=x^3-2x$에 그은 접선의 x절편을 a, y절편을 b라 할 때, ab의 값을 구하시오.

0878

점 $(-1, -3)$에서 곡선 $y=x^2+2x$에 그은 두 접선의 기울기가 각각 m_1, m_2일 때, $m_1 m_2$의 값을 구하시오.

0879

그림과 같이 점 $A(1, -1)$에서 곡선 $y=x^2+2x+5$에 그은 두 접선의 접점을 각각 B, C라 할 때, 삼각형 ABC의 넓이를 구하시오.

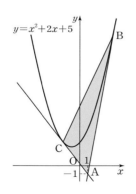

0880 ✏️서술형

함수 $f(x)=-2x^2+14x+3$에 대하여 닫힌구간 $[0, 7]$에서 롤의 정리를 만족시키는 실수 c의 값을 구하시오.

0881

함수 $f(x)=x^2-3x$에 대하여 닫힌구간 $[1, 4]$에서 평균값 정리를 만족시키는 실수 c의 값을 구하시오.

0882

함수 $f(x)$가 $x \geq 0$에서 연속이고 $x > 0$에서 미분가능하며 $\lim_{x \to \infty} f'(x) = -3$일 때, $\lim_{x \to \infty} \{f(x+2)-f(x)\}$의 값은?

① -6 ② -3 ③ $-\dfrac{3}{2}$

④ -1 ⑤ 2

Level 1

0883

함수 $f(x)=x^3+2$와 그 역함수 $y=g(x)$에 대하여 곡선 $y=g(x)$ 위의 점 $(3, g(3))$에서의 접선의 방정식은?

① $y=\dfrac{1}{3}x$　　　② $y=\dfrac{1}{2}x$　　　③ $y=x$

④ $y=2x$　　　⑤ $y=3x$

0884

곡선 $y=2x^2+1$ 위의 점 $(-1, 3)$에서의 접선이 곡선 $y=2x^3-ax+3$에 접할 때, 상수 a의 값을 구하시오.

0885

함수 $f(x)=x^3+3x^2+2x$의 그래프 위의 두 점 P, Q에서 그은 두 접선이 서로 평행할 때, 두 점 P, Q의 중점의 좌표는?

① $(-1, -1)$　　　② $(-1, 0)$　　　③ $(0, -1)$

④ $(1, -1)$　　　⑤ $(1, 0)$

0886

곡선 $y=x^3$ 위의 점 $A(a, a^3)$에서의 접선이 y축과 만나는 점을 B라 하고, 점 A를 지나며 이 점에서의 접선에 수직인 직선이 y축과 만나는 점을 C라 하자. 삼각형 ABC의 넓이를 S라 할 때, $\lim\limits_{a \to 0} S$의 값을 구하시오.

📖 해설 168쪽

0887

실수 전체의 집합에서 미분가능한 함수 $y=f(x)$에 대하여 $f(0)=2$, $f(3)=2$이다. 함수 $g(x)=(x^2+1)f(x)$라 할 때, 닫힌구간 $[0, 3]$에서 평균값 정리를 만족시키는 실수 c의 값에 대하여 $g'(c)$의 값을 구하시오.

0888

실수 전체의 집합에서 미분가능한 함수 $y=f(x)$에 대하여 $\lim\limits_{x\to\infty} f'(x)=7$일 때, $\lim\limits_{h\to 0+}\left\{f\left(\dfrac{1+h}{h}\right)-f\left(\dfrac{1-h}{h}\right)\right\}$의 값을 구하시오.

0889

삼차항의 계수가 1인 삼차다항식 $f(x)$가 $f(-2)=f(0)=f(2)=5$를 만족시킬 때, 곡선 $y=f(x)$ 위의 점 $(2, f(2))$에서의 접선의 방정식을 구하시오.

0890

평가원 기출

두 다항함수 $y=f(x)$, $y=g(x)$가 다음 조건을 만족시킨다.

> (가) $g(x)=x^3f(x)-7$
>
> (나) $\lim\limits_{x\to 2}\dfrac{f(x)-g(x)}{x-2}=2$

곡선 $y=g(x)$ 위의 점 $(2, g(2))$에서의 접선의 방정식이 $y=ax+b$일 때, 두 상수 a, b에 대하여 a^2+b^2의 값을 구하시오.

0891

곡선 $y=x^3-3x$ 위의 원점 $O(0, 0)$에서의 접선을 l이라 하자. 이 곡선 위의 한 점 P가 다음 조건을 만족시킬 때, 점 P의 x좌표는?

> (가) 점 P의 x좌표는 양수이다.
> (나) 점 P에서의 접선 l'은 직선 l과 직교한다.

① $\dfrac{\sqrt{7}}{3}$
② $\dfrac{\sqrt{10}}{3}$
③ $\dfrac{\sqrt{11}}{3}$

④ $\dfrac{\sqrt{13}}{3}$
⑤ $\dfrac{\sqrt{14}}{3}$

0892

곡선 $y=x^3+ax^2-2ax+3$은 실수 a의 값에 관계없이 항상 일정한 두 점을 지난다. 이 두 점에서의 접선이 서로 수직이 되도록 하는 모든 실수 a의 값의 합을 구하시오.

0893

그림과 같이 곡선 $y=ax^3$이 원 $(x-b)^2+(y-1)^2=1$ $(b>0)$과 점 P에서 접한다. 원의 중심 C에서 x축에 내린 수선의 발을 H라 할 때, $\angle PCH=120°$가 되도록 하는 두 상수 a, b에 대하여 $81ab$의 값을 구하시오.

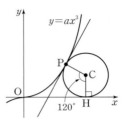

0894

〈보기〉의 함수 중에서 $f(1)-f(-1)=2f'(c)$를 만족시키는 실수 c가 열린구간 $(-1, 1)$에 존재하는 것만을 있는 대로 고른 것은?

> **보기**
> ㄱ. $f(x)=|x|-3$
> ㄴ. $f(x)=\begin{cases} -3x-1 & (x<-1) \\ 2 & (-1\le x<1) \\ 3x-1 & (x\ge 1) \end{cases}$
> ㄷ. $f(x)=-x^2+4$

① ㄱ
② ㄴ
③ ㄷ
④ ㄱ, ㄴ
⑤ ㄴ, ㄷ

Level 3

0895

곡선 $y=x^4-8x^2+x$ 위의 서로 다른 두 점에서 접하는 직선의 방정식이 $y=ax+b$일 때, 두 상수 a, b에 대하여 $a-b$의 값을 구하시오.

0896

곡선 $y=x^3-3x^2+2x$에 기울기가 m인 접선을 두 개 그었을 때, 두 접점을 P, Q라 하자. 〈보기〉에서 옳은 것만을 있는 대로 고른 것은? (단, P, Q는 서로 다른 점이다.)

┤ 보기 ├
ㄱ. 두 점 P, Q의 x좌표의 합은 2이다.
ㄴ. $m>-1$
ㄷ. 두 접선 사이의 거리와 $\overline{PQ}$가 같아지는 실수 m이 존재한다.

① ㄱ   ② ㄷ   ③ ㄱ, ㄴ
④ ㄴ, ㄷ   ⑤ ㄱ, ㄴ, ㄷ

0897

그림과 같이 함수 $f(x)=x^2$의 그래프 위의 두 점 $P(p, p^2)$, $Q(q, q^2)$ $(p>0, q<0)$과 원점 O를 잇는 삼각형 POQ에서 $\angle POQ=90°$일 때, 두 점 P, Q에서 각각 그은 두 접선이 만나는 점 R에 대하여 $\dfrac{\triangle POQ}{\triangle PRQ}$ 의 최댓값은?

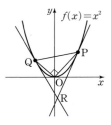

① $\dfrac{1}{4}$　　　② $\dfrac{2}{5}$　　　③ $\dfrac{1}{2}$

④ $\dfrac{2}{3}$　　　⑤ $\dfrac{3}{4}$

0898

좌표평면에서 삼차함수 $f(x)=x^3+ax^2+bx$와 실수 t에 대하여 곡선 $y=f(x)$ 위의 점 $(t, f(t))$에서의 접선이 y축과 만나는 점을 P라 할 때, 원점에서 점 P까지의 거리를 $g(t)$라 하자. 함수 $y=f(x)$와 함수 $y=g(t)$는 다음 조건을 만족시킨다.

㈎ $f(1)=2$

㈏ 함수 $y=g(t)$는 실수 전체의 집합에서 미분가능하다.

$f(3)$의 값을 구하시오. (단, a, b는 상수이다.)

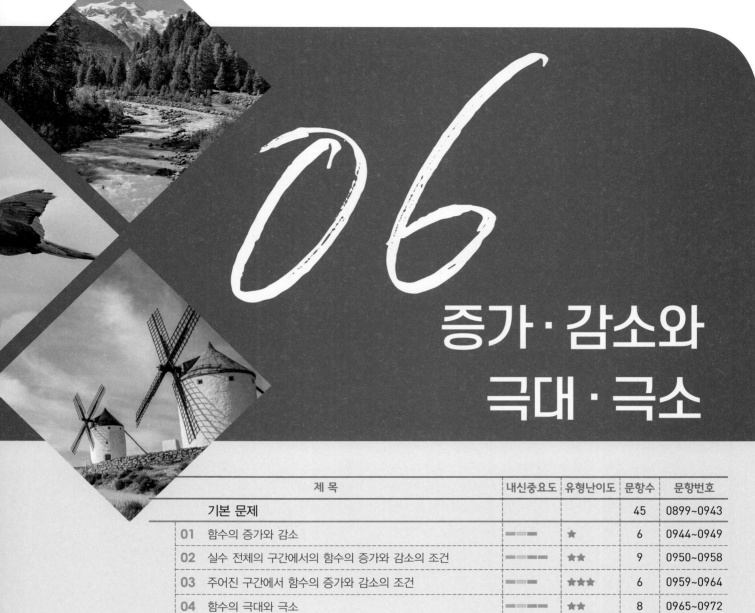

06 증가 · 감소와 극대 · 극소

증가·감소와 극대·극소

1. 함수의 증가와 감소

함수 $y=f(x)$가 어떤 구간에 속하는 임의의 두 실수 x_1, x_2에 대하여

(1) $x_1 < x_2$일 때, $f(x_1) < f(x_2)$이면 $y=f(x)$는 이 구간에서 증가한다고 한다.

(2) $x_1 < x_2$일 때, $f(x_1) > f(x_2)$이면 $y=f(x)$는 이 구간에서 감소한다고 한다.

함수 $y=f(x)$가 어떤 구간에서 미분가능하고, 이 구간에서
① $y=f(x)$가 증가하면
 $\Rightarrow f'(x) \geq 0$
② $y=f(x)$가 감소하면
 $\Rightarrow f'(x) \leq 0$

2. 함수의 증가와 감소의 판정

함수 $y=f(x)$가 어떤 구간에서 미분가능하고, 이 구간의 모든 x에 대하여

(1) $f'(x) > 0$이면 $y=f(x)$는 이 구간에서 증가한다.

(2) $f'(x) < 0$이면 $y=f(x)$는 이 구간에서 감소한다.

참고 위의 역은 성립하지 않는다. 함수 $f(x)=x^2$은 구간 $(-\infty, \infty)$에서 증가하지만 $f'(x)=3x^2$에서 $f'(0)=0$이다.

일차 이상의 다항함수는 임의의 x에 대하여 $f'(x) \geq 0$을 만족시키면 증가한다고 할 수 있다.

예

3. 함수의 극대와 극소

함수 $y=f(x)$가 $x=a$를 포함하는 어떤 열린구간에 속하는 모든 x에 대하여

(1) $f(x) \leq f(a)$ ➡ $x=a$에서 극대, $f(a)$는 극댓값

(2) $f(x) \geq f(a)$ ➡ $x=a$에서 극소, $f(a)$는 극솟값

이때 극댓값과 극솟값을 통틀어 극값이라고 한다.

참고 극댓값이 극솟값보다 작은 경우도 있다.

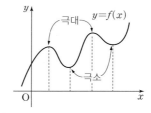

○ **극값의 존재와 미분가능**

함수 $y=f(x)$가 $x=a$에서 극값을 갖더라도 $f'(a)$가 존재하지 않을 수 있다. 즉, 함수 $y=f(x)$가 미분가능하지 않을 때에도 $x=a$에서 극값을 가질 수 있다.

예 함수 $f(x)=|x|$는 $x=0$에서 극소이지만 $f'(0)$은 존재하지 않는다.

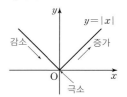

4. 함수의 극대와 극소의 판정

미분가능한 함수 $y=f(x)$에 대하여 $f'(a)=0$이고, $x=a$의 좌우에서 $f'(x)$의 부호가

(1) 양 ➡ 음 으로 바뀌면 $y=f(x)$는 $x=a$에서 극대이다.

(2) 음 ➡ 양 으로 바뀌면 $y=f(x)$는 $x=a$에서 극소이다.

○ 미분가능한 함수 $y=f(x)$가

① $x=a$에서 극값 β를 가지면
$\Rightarrow f'(a)=0, f(a)=\beta$

② $x=a$에서 x축에 접하면
$\Rightarrow f'(a)=0, f(a)=0$

○ $f'(a)=0$이어도 $x=a$의 좌우에서 $f'(x)$의 부호가 바뀌지 않으면 $f(a)$의 값은 극값이 아니다.

5. 함수의 최대와 최소

함수 $y=f(x)$가 닫힌구간 $[a, b]$에서 연속일 때, 최댓값과 최솟값은 다음과 같이 구한다.

① 주어진 구간에서 함수 $y=f(x)$의 극댓값과 극솟값을 모두 구한다.

② 주어진 구간의 양 끝의 함숫값 $f(a)$, $f(b)$를 구한다.

③ 극댓값, 극솟값, $f(a)$, $f(b)$의 크기를 비교하여 가장 큰 값이 최댓값이고, 가장 작은 값이 최솟값이다.

○ **최대 · 최소 정리**

함수 $y=f(x)$가 닫힌구간 $[a, b]$에서 연속이면 $y=f(x)$는 이 구간에서 반드시 최댓값과 최솟값을 갖는다.

문제

핵심 개념을 문제로 익히기

1　함수의 증가와 감소

[0899-0900] 함수 $y=f(x)$의 그래프가 그림과 같을 때, 다음을 구하시오.

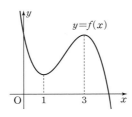

0899 증가하는 구간

0900 감소하는 구간

[0901-0904] 주어진 구간에서 다음 함수의 증가, 감소를 조사하시오.

0901 $f(x)=x^2$　$[0, \infty)$

0902 $f(x)=-x^2$　$[0, \infty)$

0903 $f(x)=x^3$　$(-\infty, \infty)$

0904 $f(x)=-x^3$　$(-\infty, \infty)$

0905 다음은 함수 $f(x)=x^3-3x+1$의 증가, 감소를 조사하는 과정이다. ☐ 안에 알맞은 것을 써넣으시오.

> $f'(x)=3x^2-3=3(x+1)(x-1)$이므로
> $f'(x)=0$에서 $x=-1$ 또는 $x=1$
> $x<-1$ 또는 $x>1$일 때, $f'(x)\,\square\,0$
> $-1<x<1$일 때, $f'(x)\,\square\,0$
>
> | x | $\cdots$ | -1 | $\cdots$ | 1 | $\cdots$ |
> |---|---|---|---|---|---|
> | $f'(x)$ | $+$ | 0 | $-$ | 0 | $+$ |
> | $f(x)$ | $\nearrow$ | 3 | $\searrow$ | -1 | $\nearrow$ |
>
> 따라서 함수 $y=f(x)$는
> 구간 $(-\infty, -1]$ 또는 $[1, \infty)$에서 ☐하고,
> 구간 $[-1, 1]$에서 ☐한다.

[0906-0910] 다음 함수가 증가하는 구간과 감소하는 구간을 구하시오.

0906 $f(x)=3x+1$

0907 $f(x)=x^2-2x+5$

0908 $f(x)=-x^2+6x+3$

0909 $f(x)=x^3-3x^2+1$

0910 $f(x)=-x^3+6x^2+2$

[0911-0914] 그림은 함수 $y=f(x)$의 그래프의 개형이다. ☐ 안에 알맞은 x의 값을 구하시오.

0911 $f(x)=x^3-3x^2-9x+1$

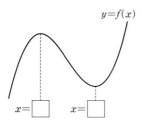

0912 $f(x)=-x^3+12x$

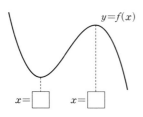

0913 $f(x)=x^4-2x^2-2$

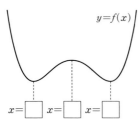

0914 $f(x)=-3x^4+4x^3-1$

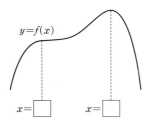

---

2 **함수의 극대와 극소**

[0915-0919] 삼차함수 $y=f(x)$의 그래프가 그림과 같을 때, 다음을 구하시오.

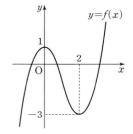

0915 극값을 갖는 x의 값

0916 극댓값

0917 극솟값

0918 $f'(0)$의 값

0919 $f'(2)$의 값

[0920-0922] 삼차함수 $y=f(x)$의 그래프가 그림과 같을 때, 다음을 구하시오.

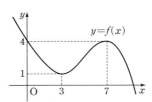

0920 극댓값

0921 극솟값

0922 $f'(x)=0$의 해

[0923-0927] 함수 $f(x)=x^3-6x^2+9x+1$에 대하여 다음 물음에 답하시오.

0923 $f'(x)=0$의 해를 구하시오.

0924 함수 $y=f(x)$의 증가, 감소를 나타내는 표를 완성하시오.

x	$\cdots$		$\cdots$		$\cdots$
$f'(x)$	$+$	0	$-$	0	$+$
$f(x)$	$\nearrow$		$\searrow$		$\nearrow$

0925 극댓값을 구하시오.

0926 극솟값을 구하시오.

0927 함수 $y=f(x)$의 그래프를 그리시오.

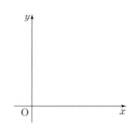

[0928-0930] 그림은 함수 $y=f(x)$의 그래프의 개형이다. □ 안에 알맞은 점의 좌표를 구하시오.

0928 $f(x)=x^3-3x+1$

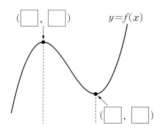

0929 $f(x)=-2x^3+6x+1$

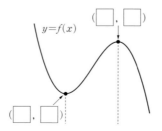

0930 $f(x)=x^4-4x^3+4x^2+2$

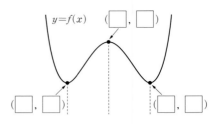

[0931-0934] 다음 함수의 증가, 감소를 표로 나타내어 극값을 구하시오.

0931 $f(x)=x^2-8x+3$

0932 $f(x)=x^3+3x^2-24$

0933 $f(x)=-2x^3+6x+1$

0934 $f(x)=x^4-2x^2$

3 함수의 극대 · 극소와 그래프

[0935-0938] 다음 함수의 극값을 구하고 그래프를 그리시오.

0935 $f(x)=x^2-3x+4$

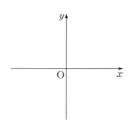

0936 $f(x)=\dfrac{1}{3}x^3-x^2-3x+1$

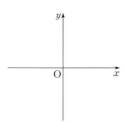

0937 $f(x)=-x^3+3x+2$

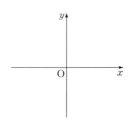

0938 $f(x)=x^4-2x^3-2x^2+6x$

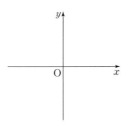

4 함수의 최대와 최소

[0939-0941] 함수 $y=f(x)$의 그래프가 그림과 같을 때, 다음 구간에서 함수 $y=f(x)$의 최댓값과 최솟값을 구하시오.

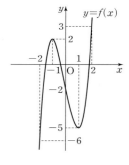

0939 $[-2, 0]$

0940 $[-1, 1]$

0941 $[0, 2]$

[0942-0943] 주어진 구간에서 다음 함수의 최댓값과 최솟값을 구하시오.

0942 $f(x)=x^2-2x+3$ $[0, 3]$

0943 $f(x)=x^3-3x^2-1$ $[-1, 3]$

유형
01 함수의 증가와 감소

내신 중요도 ━━━━━ 유형 난이도 ★★★★★

(1) 함수 $y=f(x)$가 어떤 구간에서 미분가능하고 그 구간에서
   ① $f'(x)>0$이면 $y=f(x)$는 그 구간에서 증가한다.
   ② $f'(x)<0$이면 $y=f(x)$는 그 구간에서 감소한다.

(2) 함수 $y=f(x)$가 어떤 구간에서 미분가능하고 그 구간에서
   ① $y=f(x)$가 증가하면 $f'(x)\geq 0$
   ② $y=f(x)$가 감소하면 $f'(x)\leq 0$

참고 도함수 $y=f'(x)$의 그래프에서
① x축 윗부분 ⇨ 그 구간에서 증가
② x축 아랫부분 ⇨ 그 구간에서 감소

0944 ●○○○

함수 $f(x)=x^3-3x$의 증가, 감소에 대한 설명 중 옳은 것은?

① $y=f(x)$는 $0\leq x\leq 3$에서 감소한다.

② $y=f(x)$는 $-3\leq x\leq 3$에서 증가한다.

③ $y=f(x)$는 $-1\leq x\leq 1$에서 증가한다.

④ $y=f(x)$는 $x\leq 1$에서 감소한다.

⑤ $y=f(x)$는 $x\leq -1$ 또는 $x\geq 1$에서 증가한다.

0945 중요 ●○○○

함수 $f(x)=x^3-6x^2+9x-1$이 감소하는 구간이 $[\alpha,\beta]$일 때, $\alpha^2+\beta^2$의 값을 구하시오.

0946 ●○○○

함수 $f(x)=x^3-6x^2-15x-1$이 감소하는 구간에 속하는 모든 정수 x의 값의 합을 구하시오.

0947 ●○○○

함수 $f(x)=x^3-12x+6$이 구간 $(-\infty, a]$, $[b, \infty)$에서 증가할 때, a의 최댓값과 b의 최솟값의 합을 구하시오. (단, a와 b는 실수이다.)

0948 ●○○○

함수 $f(x)=-\dfrac{2}{3}x^3+3x^2+20x$가 구간 (a, b)에서 증가할 때, a의 최솟값과 b의 최댓값의 합은?

① 2 ② 3 ③ 4
④ 5 ⑤ 6

0949 짱중요 ●●○○

다항함수 $y=f(x)$의 도함수 $y=f'(x)$의 그래프가 그림과 같을 때, 다음 중 옳은 것은?

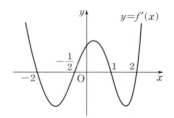

① $y=f(x)$는 구간 $(-\infty, -2)$에서 감소한다.

② $y=f(x)$는 구간 $(1, 2)$에서 증가한다.

③ $y=f(x)$는 구간 $\left(-2, -\dfrac{1}{2}\right)$에서 증가한다.

④ $y=f(x)$는 구간 $(2, \infty)$에서 감소한다.

⑤ $y=f(x)$는 구간 $\left(-\dfrac{1}{2}, 1\right)$에서 증가한다.

유형 02 실수 전체의 구간에서의 함수의 증가와 감소의 조건

내신 중요도 ━━━━━━ 유형 난이도 ★★★★★

함수 $y=f(x)$가 모든 실수에서 미분가능할 때
(1) 실수 전체의 구간에서 $y=f(x)$가 증가 $\Rightarrow$ $f'(x)\geq0$
(2) 실수 전체의 구간에서 $y=f(x)$가 감소 $\Rightarrow$ $f'(x)\leq0$

참고 삼차함수가 역함수가 존재하려면 실수 전체의 구간에서 증가하거나 감소해야 한다.

☆0950 중요 ●○○○

함수 $f(x)=-x^3+2x^2+ax-1$이 실수 전체의 집합에서 감소하기 위한 정수 a의 최댓값은?

① -4 ② -3 ③ -2
④ -1 ⑤ 0

☆0951 짱중요 평가원 기출 ●●○○

삼차함수 $f(x)=x^3+ax^2+2ax$가 구간 $(-\infty, \infty)$에서 증가하도록 하는 실수 a의 최댓값을 M이라 하고, 최솟값을 m이라 할 때, $M-m$의 값은?

① 3 ② 4 ③ 5
④ 6 ⑤ 7

☆0952 짱중요 ●●○○

함수 $f(x)=x^3-ax^2+(a+6)x+7$이 구간 $(-\infty, \infty)$에서 증가하도록 하는 상수 a의 값의 범위는?

① $-4\leq a\leq6$ ② $-3\leq a\leq6$ ③ $-3\leq a\leq7$
④ $-1\leq a\leq7$ ⑤ $0\leq a\leq8$

0953 ●●○○

실수 전체의 집합에서 정의된 함수 $f(x)=2x^3+x^2+kx+1$이 임의의 두 실수 x_1, x_2에 대하여 $x_1\neq x_2$이면 $f(x_1)\neq f(x_2)$를 만족시킬 때, 정수 k의 최솟값을 구하시오.

☆0954 중요 ●●○○

삼차함수 $f(x)=-2x^3+ax^2-6x-1$에 대하여 임의의 두 실수 x_1, x_2가 $x_1<x_2$이면 $f(x_1)>f(x_2)$가 성립하도록 하는 정수 a의 개수를 구하시오.

☆0955 짱중요 ●●○○

삼차함수 $f(x)=ax^3-3x^2+(a+2)x+3$이 $x_1<x_2$인 임의의 두 실수 x_1, x_2에 대하여 항상 $f(x_1)>f(x_2)$일 때, 실수 a의 값의 범위를 구하시오.

0956 ●●○○

삼차함수 $f(x)=\dfrac{1}{3}x^3+ax^2+4x$의 역함수가 존재하도록 하는 실수 a의 값의 범위는?

① $-2\le a\le 2$　　② $-2<a<2$　　③ $0\le a\le 2$

④ $0<a<2$　　⑤ $2\le a\le 4$

★★★
0957 짱중요 ●●○○

실수 전체의 집합 R에서 R로의 함수

$$f(x)=-\frac{2}{3}x^3+ax^2-(a+4)x+1$$

의 역함수가 존재하도록 하는 실수 a의 값의 범위가 $\alpha\le a\le\beta$일 때, $\alpha+\beta$의 값을 구하시오.

★
0958 중요 교육청 기출 ●●●●

함수 $f(x)=x^3+6x^2+15|x-2a|+3$이 실수 전체의 집합에서 증가하도록 하는 실수 a의 최댓값을 구하시오.

유형
03 **주어진 구간에서 함수의 증가와 감소의 조건**

내신 중요도 ━━━━━ 유형 난이도 ★★★★☆

① 함수 $y=f(x)$의 도함수 $y=f'(x)$를 구한다.
② $y=f'(x)$의 그래프의 개형을 그린다.
③ 주어진 구간에서
　$y=f(x)$가 증가하면 그 구간에서 $\Rightarrow f'(x)\ge 0$
　$y=f(x)$가 감소하면 그 구간에서 $\Rightarrow f'(x)\le 0$

★
0959 중요 ●●○○

함수 $f(x)=x^3+ax^2+bx+1$이 $x\le -1$ 또는 $x\ge 2$에서 증가하고, $-1\le x\le 2$에서 감소할 때, 두 상수 a, b에 대하여 ab의 값을 구하시오.

0960 ●●○○

함수 $f(x)=-\dfrac{1}{3}x^3+\dfrac{1}{2}ax^2-bx-2$가 증가하는 구간이 $[3, 4]$일 때, 두 상수 a, b에 대하여 ab의 값은?

① 80　　② 84　　③ 88

④ 92　　⑤ 96

0961 ●●○○

함수 $f(x)=\dfrac{1}{3}x^3-2x^2+ax+5$가 감소하는 구간이 $[1, b]$일 때, $a+b$의 값은? (단, a는 상수이다.)

① 2　　② 4　　③ 6

④ 8　　⑤ 10

0962 짱중요 ●●●○

함수 $f(x)=-x^3+x^2+ax+1$이 $2\leq x\leq 3$에서 증가하도록 하는 실수 a의 최솟값을 구하시오.

0963 짱중요 ●●●○

삼차함수 $f(x)=-x^3+kx^2-2$가 $1\leq x\leq 2$에서 증가하고, $x\geq 3$에서 감소할 때, 실수 k의 값의 범위는?

① $k\leq\dfrac{3}{2}$　　② $\dfrac{3}{2}\leq k\leq 3$　　③ $3\leq k\leq\dfrac{9}{2}$

④ $k\geq 3$　　⑤ $k\geq\dfrac{9}{2}$

0964 짱중요 ●●●○

함수 $f(x)=x^3+kx^2-7x+2$가 구간 $[-2,\ 1]$에서 감소하도록 하는 실수 k의 값의 범위가 $\alpha\leq k\leq\beta$일 때, $\alpha\beta$의 값은?

① 2　　② $\dfrac{5}{2}$　　③ 3

④ $\dfrac{7}{2}$　　⑤ 4

유형 04 함수의 극대와 극소　　내신 중요도 ■■■■■　유형 난이도 ★★☆☆☆

다항함수 $y=f(x)$의 극값은 다음과 같이 구한다.
① 방정식 $f'(x)=0$을 만족시키는 x의 값을 구한다.
② x의 값의 좌우에서 $f'(x)$의 부호를 조사하여
　함수 $y=f(x)$의 증가, 감소를 나타내는 표를 만든다.
　양 → 음 ⇨ $y=f(x)$는 $x=a$에서 극대
　음 → 양 ⇨ $y=f(x)$는 $x=a$에서 극소

0965 교육청 기출 ●○○○

함수 $f(x)=x^3-3x^2+20$의 극솟값을 구하시오.

0966 중요 평가원 기출 ●○○○

함수 $f(x)=x^3-9x^2+24x+5$의 극댓값을 구하시오.

0967 교육청 기출 ●○○○

함수 $f(x)=x^3-6x^2+9x+1$이 $x=a$에서 극댓값 M을 가질 때, $a+M$의 값은?

① 4　　② 6　　③ 8

④ 10　　⑤ 12

0968 짱중요 ●○○○

함수 $f(x)=2x^3-9x^2+12x+2$의 극댓값을 M, 극솟값을 m이라 할 때, $M+m$의 값을 구하시오.

0969 짱중요 ●●○○

삼차함수 $f(x)=-x^3+6x^2-9x+2$의 극댓값을 M, 극솟값을 m이라 할 때, $M-m$의 값을 구하시오.

0970 ●●●○

함수 $f(x)=\begin{cases} -x^2-2x+1 & (x<0) \\ 2x^3-9x^2+12x+1 & (x\ge 0) \end{cases}$ 의 모든 극값의 합을 구하시오.

0971 ●●○○

함수 $f(x)=x^4-4x^3+4x^2+1$에 대하여 다음 물음에 답하시오.

(1) 함수 $y=f(x)$의 증가, 감소를 나타내는 표를 완성하시오.

x	$\cdots$		$\cdots$		$\cdots$		$\cdots$
$f'(x)$							
$f(x)$							

(2) 함수 $y=f(x)$의 극댓값과 극솟값을 구하시오.

0972 ●●○○

함수 $f(x)=-3x^4+8x^3-6x^2+2$는 $x=a$일 때, 극댓값 b를 갖는다. $a+b$의 값을 구하시오.

유형 05 극대 · 극소를 이용한 미정계수의 결정

내신 중요도 ■■■■■■ 유형 난이도 ★★★★★

미분가능한 함수 $y=f(x)$가
(1) $x=\alpha$에서 극값을 가지면 $\Rightarrow f'(\alpha)=0$
(2) $x=\alpha$에서 극값 β를 가지면 $\Rightarrow f'(\alpha)=0,\ f(\alpha)=\beta$

0973 ●○○○

함수 $f(x)=2x^3-9x^2+12x+a$의 극댓값이 7일 때, 상수 a의 값은?

① 1 　　　② 2 　　　③ 3

④ 4 　　　⑤ 5

0974 중요 ●○○○

함수 $f(x)=x^3+3x^2+ax+3$이 $x=-3$에서 극댓값을 가질 때, 극솟값은? (단, a는 상수이다.)

① -2 　　　② -1 　　　③ 1

④ 2 　　　⑤ 3

0975 평가원 기출 ●●○○

두 상수 a, b에 대하여 함수 $f(x)=x^3+ax^2+9x+b$가 $x=1$에서 극댓값 0을 가질 때, ab의 값을 구하시오.

0976 짱중요 ●●○○

함수 $f(x)=2x^3+ax^2-12x+b$가 $x=1$에서 극솟값 0을 가질 때, 함수 $y=f(x)$의 극댓값을 구하시오. (단, a, b는 상수이다.)

0977 ●●○○

삼차함수 $f(x)=x^3+ax^2+bx-3$이 $x=0$에서 극댓값, $x=2$에서 극솟값을 가질 때, $f(2)$의 값을 구하시오.
(단, a, b는 상수이다.)

0978 ●●○○

함수 $f(x)=2x^3+ax^2+bx-4$가 $x=-2$에서 극댓값 16을 갖고, $x=c$에서 극솟값을 가질 때, c의 값을 구하시오.
(단, a, b는 상수이다.)

0979 짱중요

함수 $f(x)=x^3+ax^2+bx+1$이 $x=1$, $x=3$에서 극값을 가질 때, 함수 $y=f(x)$의 극댓값을 구하시오. (단, a, b는 상수이다.)

0980

함수 $f(x)=x^3-3k^2x+k$의 극댓값과 극솟값의 합이 4일 때, 양수 k의 값을 구하시오.

0981 짱중요

함수 $f(x)=x^3+ax^2+bx+c$는 $x=-2$, $x=3$에서 극값을 갖고 극댓값이 16이다. 이때, 극솟값은? (단, a, b, c는 상수)

① -6 ② -16 ③ $-\dfrac{45}{2}$

④ -45 ⑤ $-\dfrac{93}{2}$

0982 중요

삼차함수 $f(x)=x^3+ax^2+bx+c$는 $x=1$에서 극댓값, $x=3$에서 극솟값을 갖고 극댓값이 극솟값의 3배가 될 때, $a^2+b^2+c^2$의 값을 구하시오. (단, a, b, c는 상수이다.)

0983 교육청 기출

사차함수 $f(x)=\dfrac{1}{4}x^4+\dfrac{1}{3}(a+1)x^3-ax$가 $x=\alpha$, γ에서 극소, $x=\beta$에서 극대일 때, 실수 a의 값의 범위는?

(단, $\alpha<0<\beta<\gamma<3$)

① $-\dfrac{9}{2}<a<-4$ ② $-4<a<-\dfrac{7}{2}$

③ $-\dfrac{7}{2}<a<-3$ ④ $-3<a<-\dfrac{5}{2}$

⑤ $-\dfrac{5}{2}<a<-2$

0984

사차함수 $f(x)=x^4+2ax^2-a$가 극솟값 -2를 갖도록 하는 모든 실수 a의 값의 합을 구하시오.

유형
06 극대 · 극소의 응용

내신 중요도 ▭▭▭▭▭◻︎◻︎◻︎ 유형 난이도 ★★★★☆

함수 $y=f(x)$의 극대가 되는 점 또는 극소가 되는 점을 구하여 거리, 도형의 넓이 등에 대한 문제를 해결한다.

0985 ●●◦◦

함수 $f(x)=x^3-3x+4$의 그래프에서 극대가 되는 점과 극소가 되는 점 사이의 거리를 구하시오.

0986 ●●●◦

함수 $f(x)=\dfrac{8}{27}x^3-\dfrac{4}{3}x^2+4$의 그래프에서 극대가 되는 점을 P, 극소가 되는 점을 Q라 할 때, 삼각형 OPQ의 넓이를 구하시오. (단, O는 원점이다.)

0987 ●●●◦

함수 $f(x)=-\dfrac{1}{2}x^4+4x^2$의 그래프에서 극대 또는 극소가 되는 점이 3개 있다. 이 세 점을 꼭짓점으로 하는 삼각형의 넓이를 구하시오.

⭐**0988** 중요 ●●●◦

삼차함수 $f(x)$에 대하여 방정식 $f'(x)=0$의 두 실근 α, β가 다음 조건을 만족시킬 때, 함수 $f(x)$의 극댓값을 M, 극솟값을 m이라 하자. $M-m$의 값을 구하시오.

> (개) $|\alpha-\beta|=9$
> (내) 두 점 $(\alpha, f(\alpha))$, $(\beta, f(\beta))$ 사이의 거리는 15이다.

0989 ●●●●

함수 $f(x)=\dfrac{1}{3}x^3-x^2-3x$는 $x=a$에서 극솟값 b를 가진다. 함수 $y=f(x)$의 그래프 위의 점 $(2, f(2))$에서 접하는 직선을 l이라 할 때, 점 (a, b)에서 직선 l까지의 거리가 d이다. $90d^2$의 값을 구하시오.

유형
07
내신 중요도 ■■■■■□□ 유형 난이도 ★★★☆☆

도함수의 그래프와 함수의 극값

도함수 $y=f'(x)$의 그래프에서 $f'(a)=0$이고 $x=a$의 좌우에서 $f'(x)$의 부호가

(1) 양에서 음으로 변하면 $y=f(x)$는 $x=a$에서 극대

(2) 음에서 양으로 변하면 $y=f(x)$는 $x=a$에서 극소

0990 ●●○○

함수 $y=f(x)$의 도함수 $y=f'(x)$의 그래프가 그림과 같을 때, 다음 중 옳은 것은?

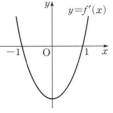

① 함수 $y=f(x)$는 $x=0$에서 극솟값을 갖는다.

② 함수 $y=f(x)$는 $x=0$에서 극댓값을 갖는다.

③ 함수 $y=f(x)$는 $-1<x<1$에서 증가한다.

④ 함수 $y=f(x)$는 $x=-1$에서 극댓값, $x=1$에서 극솟값을 갖는다.

⑤ 함수 $y=f(x)$는 $x=-1$에서 극솟값, $x=1$에서 극댓값을 갖는다.

0991 중요 ●●●○

함수 $f(x)=x^3+ax^2+bx+c$에 대하여 도함수 $y=f'(x)$의 그래프가 그림과 같다. 함수 $y=f(x)$의 극솟값이 -6일 때, $f(2)$의 값을 구하시오.

(단, a, b, c는 상수이다.)

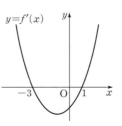

0992 중요 ●●●○

그림은 함수 $y=f(x)$의 도함수 $y=f'(x)$의 그래프를 나타낸 것이다. 함수 $f(x)=x^3+ax^2+bx+c$의 극솟값이 7일 때, 극댓값을 구하시오. (단, a, b, c는 상수이다.)

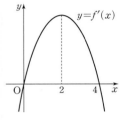

0993 중요 ●●●●

삼차함수 $y=f(x)$의 도함수 $y=f'(x)$의 그래프가 그림과 같을 때, 〈보기〉에서 옳은 것만을 있는 대로 고르시오.

(단, $f(0)=0$)

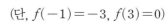
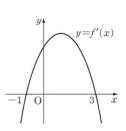

| 보기 |

ㄱ. 함수 $y=f(x)$의 극솟값은 4이다

ㄴ. 함수 $y=f(x)$는 $x=2$일 때, 극댓값을 갖는다.

ㄷ. 함수 $y=f(x)$의 그래프는 $x=0$에서 x축에 접한다.

0994 ●●●●

삼차함수 $y=f(x)$의 도함수 $y=f'(x)$의 그래프가 그림과 같을 때, 방정식 $f(x)=0$의 서로 다른 실근의 개수를 구하시오.

(단, $f(-1)=-3$, $f(3)=0$)

0995 ●●○○

미분가능한 함수 $y=f(x)$의 도함수 $y=f'(x)$의 그래프가 그림과 같다. 함수 $y=f(x)$가 $x=a$에서 극댓값을 가질 때, a의 값은?

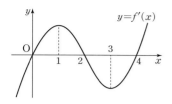

① 0   ② 1   ③ 2

④ 3   ⑤ 4

0996 ●●●○

함수 $y=f(x)$의 도함수 $y=f'(x)$의 그래프가 그림과 같을 때, 〈보기〉에서 옳은 것만을 있는 대로 고른 것은?

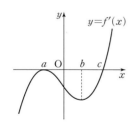

┤ 보기 ├

ㄱ. $x=a$에서 함수 $y=f(x)$는 극대이다.

ㄴ. $x=b$에서 함수 $y=f(x)$는 극소이다.

ㄷ. $x=c$에서 함수 $y=f(x)$는 극소이다.

① ㄱ   ② ㄷ   ③ ㄱ, ㄴ

④ ㄱ, ㄷ   ⑤ ㄴ, ㄷ

유형 08 도함수의 그래프를 이용한 함수의 추론

내신 중요도 ■■■■■□ 유형 난이도 ★★★☆☆

(1) 함수 $y=f(x)$에 대하여 $f'(a)=0$일 때

  ① $x=a$의 좌우에서 $f'(x)$의 부호가 변하면

    $x=a$에서 극값을 갖는다.

  ② $x=a$의 좌우에서 $f'(x)$의 부호가 변하지 않으면

    $x=a$에서 극값을 갖지 않는다.

(2) 함수 $y=f(x)$가 $x=a$에서 미분가능하지 않은 경우에도 $x=a$에서 극값을 가질 수 있다. (예) 뾰족점)

0997 중요 ●●○○

다항함수 $y=f(x)$의 도함수 $y=f'(x)$의 그래프가 그림과 같을 때, 〈보기〉에서 옳은 것만을 있는 대로 고른 것은?

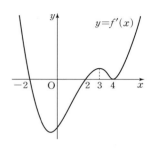

┤ 보기 ├

ㄱ. 함수 $y=f(x)$는 $x=2$에서 극소이다.

ㄴ. 함수 $y=f(x)$는 $x=3$에서 극대이다.

ㄷ. 함수 $y=f(x)$는 구간 $(-2, 2)$에서 감소한다.

ㄹ. 함수 $y=f(x)$의 그래프는 $x=4$에서 x축에 접한다.

① ㄱ, ㄴ   ② ㄱ, ㄷ   ③ ㄱ, ㄹ

④ ㄴ, ㄷ   ⑤ ㄷ, ㄹ

0998 ●●○○

구간 $[-3, 10]$에서 함수 $y=f(x)$의 도함수 $y=f'(x)$의 그래프가 그림과 같다. 함수 $y=f(x)$가 극댓값을 갖는 모든 x의 값의 합을 구하시오.

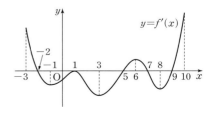

0999 중요 ●●●○

함수 $y=f(x)$의 도함수 $y=f'(x)$의 그래프가 그림과 같다. 함수 $y=f(x)$에 대한 설명 중 옳은 것은?

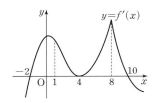

① $x=-2$에서 극대이다.

② $x=1$에서 극대이다.

③ $x=4$에서 극소이다.

④ $x=8$에서 미분가능하지 않다.

⑤ $x=10$에서 극대이다.

1000 중요 ●●●○

미분가능한 함수 $y=f(x)$에 대하여 그 도함수 $y=f'(x)$의 그래프가 그림과 같다. 함수 $y=f(x)$에 대한 설명 중 옳지 <u>않은</u> 것은?

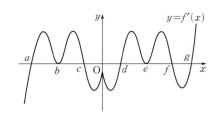

① $x>0$에서 극값을 3개 갖는다.

② 극댓값을 3개 갖는다.

③ 극솟값을 3개 갖는다.

④ $a<x<c$에서 $y=f(x)$는 증가한다.

⑤ $x<a$에서 $y=f(x)$는 감소한다.

1001 ●●●○

함수 $y=f(x)$의 도함수 $y=f'(x)$의 그래프가 그림과 같을 때, 다음 중 함수 $y=f(x)$의 그래프의 개형으로 알맞은 것은? (단, $f(0)=0$)

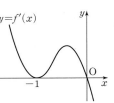

① 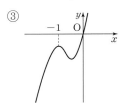 ②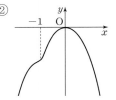

③ 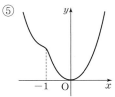 ④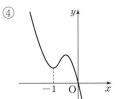

⑤

1002 ●●●●

함수 $f(x)=ax^3+bx^2+cx+d$의 그래프가 그림과 같을 때, 〈보기〉에서 옳은 것만을 있는 대로 고른 것은?

(단, a, b, c, d는 상수이다.)

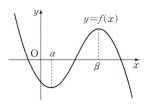

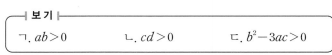

┤ 보 기 ├

ㄱ. $ab>0$ ㄴ. $cd>0$ ㄷ. $b^2-3ac>0$

① ㄱ ② ㄴ ③ ㄱ, ㄴ

④ ㄴ, ㄷ ⑤ ㄱ, ㄴ, ㄷ

유형 09 삼차함수가 극값을 갖지 않을 조건

삼차함수 $y=f(x)$가 극값을 갖지 않는다.

▷ 이차방정식 $f'(x)=0$이 중근 또는 허근을 갖는다.

1003 짱중요

●●○○

함수 $f(x)=-x^3+ax^2-2ax+1$이 극값을 갖지 않도록 하는 정수 a의 개수를 구하시오.

1004 짱중요

●●●○

함수 $f(x)=\dfrac{1}{3}x^3+ax^2+(5a-4)x+2$가 극값을 갖지 않도록 하는 실수 a의 최댓값과 최솟값의 합을 구하시오.

1005

●●●○

삼차함수 $f(x)=\dfrac{1}{3}ax^3+(b-1)x^2-(a-2)x+1$이 극값을 갖지 않을 때, 점 (a, b)가 존재하는 영역의 넓이는?

① π ② 2π ③ 3π

④ 4π ⑤ 5π

1006

●●●●

함수 $f(x)=x^3+ax^2+bx$는 극댓값과 극솟값을 갖지 않는다. 곡선 $y=f(x)$가 점 $(1, 7)$을 지날 때, a의 값의 범위를 $\alpha \leq a \leq \beta$라 하면 두 상수 α, β에 대하여 $\alpha^2+\beta^2$의 값은? (단, a, b는 상수)

① 36 ② 39 ③ 42

④ 45 ⑤ 48

1007

●●●●

함수 $f(x)=x^3+3(a-1)x^2-3(a-3)x+5$가 $x \leq 0$에서 극값을 갖지 않도록 하는 정수 a의 최댓값은?

① 1 ② 2 ③ 3

④ 4 ⑤ 5

10 삼차함수가 극값을 가질 조건

내신 중요도 ■■■■■■ 유형 난이도 ★★★★☆

(1) 삼차함수 $y=f(x)$가 극값을 갖는다.
  ⇨ 이차방정식 $f'(x)=0$이 서로 다른 두 실근을 갖는다.
(2) 삼차함수 $y=f(x)$가 극값을 갖지 않는다.
  ⇨ 이차방정식 $f'(x)=0$이 중근 또는 허근을 갖는다.
(3) 삼차함수 $y=f(x)$가 주어진 구간에서 극값을 가지려면
  $f'(x)=0$을 만족시키는 x의 값이 그 구간에 속해야 하며,
  x의 값의 좌우에서 $f'(x)$의 부호가 바뀌어야 한다.

1008 ●●○○○

함수 $f(x)=x^3+6kx^2+24x+32$가 극댓값과 극솟값을 모두 갖도록 하는 실수 k의 값의 범위는?

① $-2 \le k \le 2$ ② $-\sqrt{2} \le k \le \sqrt{2}$
③ $-\sqrt{2} < k < \sqrt{2}$ ④ $k < -\sqrt{2}$ 또는 $k > \sqrt{2}$
⑤ $k < -2$ 또는 $k > 2$

1009 ●●○○○

함수 $f(x)=x^3+ax^2+ax+3$이 극댓값과 극솟값을 모두 갖도록 하는 실수 a의 값의 범위는?

① $a < -3$ 또는 $a > 0$ ② $a < -1$ 또는 $a > 2$
③ $a < 0$ 또는 $a > 3$ ④ $a \ge 1$
⑤ $a \ge 3$

1010 짱중요 ●●●○

함수 $f(x)=x^3-kx^2-k^2x+3$이 $-2<x<2$에서 극댓값을 갖고, $x>2$에서 극솟값을 갖도록 하는 실수 k의 값의 범위가 $a<k<b$라고 한다. $a+b$의 값을 구하시오.

1011 중요 ●●●○

함수 $f(x)=-x^3-ax^2+2a$가 $x<-1$에서 극솟값을 가지고, $|x|<1$에서 극댓값을 가진다고 할 때, 다음 중 상수 a의 값이 될 수 없는 것은?

① 1 ② 2 ③ 3
④ 5 ⑤ 10

1012 ●●●●

삼차함수 $f(x)=x^3-3x^2+ax-2$가 $0<x<2$에서 극댓값과 극솟값을 모두 갖도록 하는 실수 a의 값의 범위는?

① $a < 3$ ② $0 < a < 3$ ③ $0 \le a \le 3$
④ $a < 0$ 또는 $a > 3$ ⑤ $a \ge 3$

1013 중요 ●●●●

함수 $f(x)=\dfrac{1}{3}x^3+kx^2+3kx+5$가 $-1<x<1$에서 극댓값과 극솟값을 모두 갖도록 하는 실수 k의 값의 범위는?

① $-\dfrac{1}{2} < k < 0$ ② $-\dfrac{1}{3} < k < \dfrac{1}{2}$ ③ $-\dfrac{1}{5} < k < 0$
④ $0 < k < \dfrac{1}{5}$ ⑤ $0 < k < \dfrac{1}{3}$

유형 **11** 사차함수의 극값에 대한 조건

내신 중요도 ━━━━━ 유형 난이도 ★★★★☆

(1) 사차함수 $y=f(x)$가 극댓값, 극솟값을 모두 갖는다.
  ⇨ 삼차방정식 $f'(x)=0$이 서로 다른 세 실근을 갖는다.
(2) 사차함수 $y=f(x)$가 극댓값을 갖지 않는다.(극솟값을 갖지 않는다.) ⇨ 삼차방정식 $f'(x)=0$이 한 실근과 두 허근 또는 한 실근과 중근 (또는 삼중근)을 갖는다.

1014 ●●●○

함수 $f(x)=3x^4-8x^3+6ax^2+7$이 극댓값과 극솟값을 모두 갖도록 하는 실수 a의 값의 범위는?

① $a<-2$ 또는 $-2<a<1$ ② $a<-1$ 또는 $-1<a<2$
③ $a<1$ ④ $a<0$ 또는 $0<a<1$
⑤ $a\le1$

1015 ●●●○

함수 $f(x)=-x^4+2x^3-2ax^2+1$이 극솟값을 갖지 않도록 하는 정수 a의 값의 합을 구하시오. (단, $-5<a<5$)

1016 ●●●●

사차함수 $f(x)=3x^4+ax^3+6x^2$이 극값을 하나만 가질 때, 실수 a의 최댓값과 최솟값의 합을 구하시오.

유형 **12** 조건으로 정의된 함수의 극대·극소

내신 중요도 ━━━━━ 유형 난이도 ★★★★★

조건으로 주어진 다항함수의 경우 그래프의 개형을 생각하고 주어진 조건에 따라 함수를 추론해 보자.

1017 중요 교육청 기출 ●●●○

최고차항의 계수가 1인 삼차함수 $f(x)$가 다음 조건을 만족시킬 때, $f(x)$의 극댓값을 구하시오.

㉮ 모든 실수 x에 대하여 $f'(x)=f'(-x)$이다.
㉯ 함수 $f(x)$는 $x=1$에서 극솟값 0을 갖는다.

1018 ●●●○

삼차함수 $y=f(x)$가 $x=1$에서 극솟값 -4를 가지고 $x=-1$에서 직선 $y=-12x$에 접한다. $f(3)$의 값을 구하시오.

1019 ●●●●

최고차항의 계수가 1인 삼차함수 $y=f(x)$에 대하여 $f(0)=12$, $f(2)=f'(2)=0$이 성립한다. 함수 $y=f(x)$의 극댓값을 k라 할 때, $27k$의 값을 구하시오.

1022 ●●●●

원점을 지나는 최고차항의 계수가 1인 사차함수 $y=f(x)$가 $f(4-x)=f(x)$를 만족시키고 $x=3$에서 극솟값을 가질 때, 함수 $y=f(x)$의 극댓값을 구하시오.

⭐**1020** 중요 ●●●●

함수 $f(x)=x^3+ax^2+bx+c$가 다음 조건을 만족시킬 때, 함수 $y=f(x)$의 극댓값을 구하시오. (단, a, b, c는 상수이다.)

(가) $\lim\limits_{x\to 3}\dfrac{f(x)}{x-3}=3$

(나) 함수 $y=f(x)$는 $x=0$에서 극댓값을 가진다.

1023 ●●●●

삼차함수 $f(x)$에 대하여
$$\lim_{x\to 0}\frac{f(x)-5}{x}=12, \quad \lim_{x\to -2}\frac{f(x)-9}{x+2}=-24$$
가 성립하고 함수 $f(x)$는 $x=\alpha$에서 극댓값, $x=\beta$에서 극솟값을 갖는다고 할 때, $\alpha-\beta$의 값은?

① 3   ② 4   ③ 5
④ 6   ⑤ 7

⭐**1021** 중요 ●○○○

최고차항의 계수가 1인 삼차함수 $y=f(x)$가 $f(3)=0$이고, 모든 실수 x에 대하여 $(x+3)f(x)\geq 0$일 때, 함수 $y=f(x)$의 극댓값을 구하시오.

1024 ●●●●

삼차함수 $f(x)=x^3+ax^2+bx+c$가 다음 세 조건을 만족시킨다.

(가) $y=f(x)$의 그래프는 점 $(1, 9)$를 지난다.

(나) $f(x)$는 극댓값과 극솟값을 갖는다.

(다) 극값을 갖는 두 점을 이은 직선의 기울기는 -1보다 크다.
---

a, b, c가 자연수일 때, abc의 최댓값은?

① 3   ② 9   ③ 18
④ 27   ⑤ 36

1025 ●●●●

다음 조건을 만족시키는 삼차함수 $y=f(x)$의 극댓값을 구하시오.

> (개) 곡선 $y=f(x)$는 원점에 대하여 대칭이다.
>
> (내) 함수 $y=f(x)$는 $x=1$에서 극솟값을 갖는다.
>
> (대) 곡선 $y=f(x)$ 위의 $x=3$인 점에서의 접선의 기울기는 24 이다.

1026 중요 ●●●●

최고차항의 계수가 1인 삼차함수 $f(x)$가 다음 조건을 만족할 때, $f(2)$의 최솟값을 구하시오.

> (개) $f(0)=f'(0)$
>
> (내) $x \geq -1$인 모든 실수 x에 대하여 $f(x) \geq f'(x)$이다.

유형 13 새롭게 정의된 함수의 극대·극소

내신 중요도 ━━━━ 유형 난이도 ★★★★★

두 개 이상의 함수를 이용하여 새롭게 정의되는 함수의 경우 각 함수의 증가·감소, 극대·극소 등을 이용하여 정의된 함수를 이해하자.

1027 중요 교육청 기출 ●●●○

그림과 같이 일차함수 $y=f(x)$의 그래프와 최고차항의 계수가 1인 사차함수 $y=g(x)$의 그래프는 x좌표가 -2, 1인 두 점에서 접한다. 함수 $h(x)=g(x)-f(x)$라 할 때, 함수 $h(x)$의 극댓값은?

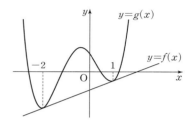

① $\dfrac{81}{16}$ ② $\dfrac{83}{16}$ ③ $\dfrac{85}{16}$

④ $\dfrac{87}{16}$ ⑤ $\dfrac{89}{16}$

1028 ●●●○

두 함수 $y=f(x)$, $y=g(x)$의 도함수의 그래프가 그림과 같을 때, 함수 $y=f(x)-g(x)$가 극댓값을 갖는 x의 값은?

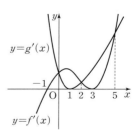

① -1 ② 1 ③ 2

④ 3 ⑤ 5

1029 ●●●○

$x=1$에서 극솟값 -1을 갖는 미분가능한 함수 $f(x)$에 대하여 $g(x)=xf(x)$라 할 때, 미분계수 $g'(1)$의 값은?

① -4 ② -3 ③ -2

④ -1 ⑤ 0

★**1030** 중요 평가원 기출 ●●●●

두 다항함수 $f(x)$와 $g(x)$가 모든 실수 x에 대하여
$$g(x)=(x^3+2)f(x)$$
를 만족시킨다. $g(x)$가 $x=1$에서 극솟값 24를 가질 때, $f(1)-f'(1)$의 값을 구하시오.

1031 평가원 기출 ●●●●

다항함수 $f(x)$, $g(x)$에 대하여 함수 $h(x)$를
$$h(x)=\begin{cases} f(x) & (x \geq 0) \\ g(x) & (x < 0) \end{cases}$$
라고 하자. $h(x)$가 실수 전체의 집합에서 연속일 때, 옳은 것만을 〈보기〉에서 있는 대로 고른 것은?

│ 보기 │
ㄱ. $f(0)=g(0)$
ㄴ. $f'(0)=g'(0)$이면 $h(x)$는 $x=0$에서 미분가능하다.
ㄷ. $f'(0)g'(0)<0$이면 $h(x)$는 $x=0$에서 극값을 갖는다.

① ㄱ ② ㄴ ③ ㄷ

④ ㄱ, ㄴ ⑤ ㄱ, ㄴ, ㄷ

1032 평가원 기출 ●●●●

함수 $f(x)$의 도함수 $f'(x)$가 $f'(x)=x^2-1$일 때, 다음 물음에 답하시오. 함수 $g(x)=f(x)-kx$가 $x=-3$에서 극값을 가질 때, 상수 k의 값은?

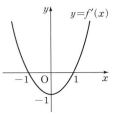

① 4 ② 5 ③ 6

④ 7 ⑤ 8

1033 ●●●●

미분가능한 함수 $f(x)$는 $x=-1$에서 극댓값 4를 갖는다. 함수 $g(x)$를 $g(x)=(2x+1)f(x)$라 할 때, 곡선 $y=g(x)$의 $x=-1$인 점에서의 접선과 x축 및 y축으로 둘러싸인 도형의 넓이를 구하시오.

★★★**1034** 짱중요 ●●●●

삼차함수 $y=f(x)$의 도함수의 그래프와 이차함수 $y=g(x)$의 도함수의 그래프가 그림과 같다.

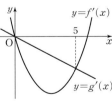

함수 $h(x)=f(x)-g(x)$라 하자. $f(0)=g(0)$일 때, 함수 $y=h(x)$는 $x=a$에서 극솟값을 갖고, x축과 n개의 점에서 만난다. $a+n$의 값을 구하시오.

1035 평가원 기출 ●●●●

이차함수 $y=f(x)$의 그래프 위의 한 점 $(a,\ f(a))$에서의 접선의 방정식을 $y=g(x)$라 하자. $h(x)=f(x)-g(x)$라 할 때, 〈보기〉에서 옳은 것을 모두 고른 것은?

┤ 보기 ├

ㄱ. $h(x_1)=h(x_2)$를 만족시키는 서로 다른 두 실수 $x_1,\ x_2$가 존재한다.

ㄴ. $h(x)$는 $x=a$에서 극소이다.

ㄷ. 부등식 $|h(x)|<\dfrac{1}{100}$의 해는 항상 존재한다.

① ㄱ   ② ㄴ   ③ ㄷ

④ ㄱ, ㄴ   ⑤ ㄱ, ㄷ

1036 평가원 기출 ●●●●

삼차함수 $y=f(x)$와 일차함수 $y=g(x)$의 그래프가 그림과 같고, $f'(b)=f'(d)=0$이다.

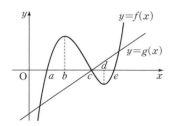

함수 $y=f(x)g(x)$는 $x=p$와 $x=q$에서 극소이다. 다음 중 옳은 것은? (단, $p<q$)

① $a<p<b$이고 $c<q<d$

② $a<p<b$이고 $d<q<e$

③ $b<p<c$이고 $c<q<d$

④ $b<p<c$이고 $d<q<e$

⑤ $c<p<d$이고 $d<q<e$

유형 **14** 절댓값 기호를 포함한 함수의 이해

절댓값 기호를 포함하는 함수의 경우 절댓값 기호 안에 있는 식의 값이 0이 되는 경우에 유의하자. 즉, 그래프가 꺾이는 점에 관한 내용을 이해해야 한다.

1037 ●●●○

함수 $y=|x^4-4x^3|$의 극대가 되는 점의 개수를 m, 극소가 되는 점의 개수를 n이라 할 때, $m-n$의 값은?

① -2 ② -1 ③ 0

④ 1 ⑤ 2

1038 ●●●○

함수 $f(x)=x|x-2|$에 대하여 옳은 것만을 〈보기〉에서 있는 대로 고른 것은?

┤ 보기 ├

ㄱ. $x=2$에서 미분가능하지 않다.

ㄴ. $x=1$에서 극댓값을 가진다.

ㄷ. 극솟값을 가지지 않는다.

① ㄱ   ② ㄴ   ③ ㄱ, ㄴ

④ ㄴ, ㄷ   ⑤ ㄱ, ㄴ, ㄷ

1039 평가원 기출 ●●●●

함수 $f(x)=x^3-3x$에 대한 〈보기〉의 설명 중에서 옳은 것을 모두 고른 것은?

┤ 보기 ├
ㄱ. $f(x)$는 극댓값과 극솟값을 가진다.
ㄴ. $x≥2$이면 $f(x)≥2$이다.
ㄷ. $|x|≤2$이면 $|f(x)|≤2$이다.

① ㄱ   ② ㄱ, ㄴ   ③ ㄱ, ㄷ
④ ㄴ, ㄷ   ⑤ ㄱ, ㄴ, ㄷ

1040 교육청 기출 ●●●●

최고차항의 계수가 1인 사차함수 $y=f(x)$에 대하여
함수 $g(x)=|f(x)|$가 다음 조건을 만족시킬 때, $g(2)$의 값을 구하시오.

㈎ 함수 $y=g(x)$는 $x=1$에서 미분가능하고 $g(1)=g'(1)$이다.
㈏ 함수 $y=g(x)$는 $x=-1$, $x=0$, $x=1$에서 극솟값을 갖는다.

유형 내신 중요도 ▬▬▬▬▬ 유형 난이도 ★★★★★

15 함수의 최댓값과 최솟값

닫힌구간 $[a, b]$에서 연속인 함수 $y=f(x)$의 최댓값과 최솟값
(1) 최댓값 ⇨ 극댓값, $f(a)$, $f(b)$ 중에서 최대인 것
(2) 최솟값 ⇨ 극솟값, $f(a)$, $f(b)$ 중에서 최소인 것
(단, 극대, 극소는 그 구간에 포함될 때만 조사한다.)

1041 짱중요 ●●○○

$0≤x≤2$에서 함수 $f(x)=2x^3-6x+4$의 최댓값을 M, 최솟값을 m이라 할 때, $M+m$의 값은?

① 4   ② 8   ③ $8\sqrt{2}$
④ 12   ⑤ 18

1042 짱중요 ●●○○

구간 $[-2, 3]$에서 함수 $f(x)=-x^3+3x^2$의 최댓값을 M, 최솟값을 m이라 할 때, $M+m$의 값은?

① 12   ② 14   ③ 16
④ 18   ⑤ 20

1043 중요 ●●○○

구간 $[-2, 1]$에서 함수 $f(x)=x^4-2x^2-2$의 최댓값을 M, 최솟값을 m이라 할 때, $M-m$의 값을 구하시오.

1044 ●●●○

삼차함수 $y=f(x)$의 도함수 $y=f'(x)$의 그래프가 그림과 같을 때, 구간 $[-1, 2]$에서 함수 $y=f(x)$의 최댓값은?

① $f(-1)$ ② $f(0)$
③ $f(1)$ ④ $f(2)$
⑤ 없다.

1045 ●●●○

$0 \leq x \leq 4$에서 함수

$$y=-\left(\frac{3}{2}x^2-6x+3\right)^3+27\left(\frac{3}{2}x^2-6x+3\right)-1$$

의 최댓값과 최솟값의 합은?

① -2 ② -1 ③ 0
④ 1 ⑤ 2

1046 ●●●●

두 함수 $f(x)=-x^3+3x+2$, $g(x)=x^2+2x-1$에 대하여 합성함수 $f \circ g$의 최댓값을 구하시오.

유형 **16** 최대·최소를 이용한 미정계수의 결정

미정계수를 포함한 함수 $f(x)$의 최댓값 또는 최솟값이 주어지면 최댓값, 최솟값을 미정계수를 포함한 식으로 나타내고 비교하여 미정계수를 구하자.

1047 짱중요 ●○○○

$-1 \leq x \leq 1$에서 함수 $f(x)=2x^3-3x^2+a$의 최솟값이 -3일 때, 상수 a의 값을 구하시오.

1048 중요 ●●○○

닫힌구간 $[-1, 2]$에서 함수 $f(x)=ax^3-6ax^2+1$의 최솟값이 -31일 때, 양수 a의 값을 구하시오.

1049 짱중요 ●●○○

구간 $[-3, 2]$에서 함수 $f(x)=ax^3+3ax^2+b$의 최댓값이 10이고 최솟값이 -30일 때, 두 상수 a, b에 대하여 $a+b$의 값을 구하시오. (단, $a>0$)

1050 ●●●○

함수 $f(x)=-x^4+ax^3+b$의 최댓값이 30이고 $f'(-1)=-8$일 때, 두 상수 $a,\ b$에 대하여 a^2+b^2의 값은?

① 19   ② 21   ③ 23

④ 25   ⑤ 27

☆**1051** 중요 ●●●○

$0\le x\le a$에서 함수 $f(x)=2x^3-6x+4$의 최댓값이 8, 최솟값이 m이라 할 때, $a+m$의 값을 구하시오.

1052 평가원 기출 ●●●○

닫힌구간 $[1,\ 4]$에서 함수 $f(x)=x^3-3x^2+a$의 최댓값을 M, 최솟값을 m이라 하자. $M+m=20$일 때, 상수 a의 값은?

① 1   ② 2   ③ 3

④ 4   ⑤ 5

1053 ●●●○

함수 $f(x)=x^3+ax^2+bx+c$가 $f'(-1)=-3$, $f'(1)=9$이고 구간 $[0,\ 2]$에서 최댓값이 24일 때, 세 상수 $a,\ b,\ c$에 대하여 $a+b+c$의 값을 구하시오.

1054 평가원 기출 ●●●●

양수 a에 대하여 함수 $f(x)=x^3+ax^2-a^2x+2$가 닫힌구간 $[-a,\ a]$에서 최댓값 M, 최솟값 $\dfrac{14}{27}$를 갖는다. $a+M$의 값을 구하시오.

1055 ●●●●

최고차항의 계수가 1인 삼차함수 $f(x)$에 대하여 함수 $g(x)$는 $g(x)=\begin{cases} 3 & (x<0) \\ f(x) & (x\ge 0) \end{cases}$ 이다. $g(x)$가 실수 전체에서 미분가능하고 $g(x)$의 최솟값이 -1일 때, $g(3)$의 값을 구하시오.

유형 17 최댓값으로 정의된 함수의 이해

함수 $y=f(x)$의 최댓값을 $g(t)$라 하는 경우 함수 $g(t)$를 $f(x)$를 이용하여 구간별 함수로 나타낼 수 있다.

⭐1056 중요 ●●●●

함수 $f(x)=x^2-2x$에 대하여 닫힌구간 $[a,\ a+1]$에서 함수 $f(x)$의 최솟값을 $g(a)$라 하자. $-2\le a\le 2$일 때, 함수 $g(a)$의 최댓값과 최솟값을 각각 M, m이라 하자. $M+m$의 값을 구하시오.

1057 ●●●●

함수 $f(x)=x^3-6x^2+9x-3$과 실수 t에 대하여 $x\le t$에서 $f(x)$의 최댓값을 $g(t)$라 하자. 함수 $g(t)$가 $t=a$에서 미분가능하지 않을 때, $f(a-1)$의 값을 구하시오.

유형 18 최대·최소의 활용

두 점 사이의 거리, 평면도형의 길이와 넓이, 입체도형의 부피 등의 최댓값, 최솟값은 다음과 같이 구한다.
① 구하고자 하는 값을 미지수에 대한 함수로 나타낸다.
② 극댓값, 극솟값을 구한다.
③ 주어진 범위에 유의하여 최댓값, 최솟값을 구한다.

1058 ●●○○

그림과 같이 직사각형 ABCD의 두 꼭짓점 A, D가 곡선 $y=6-x^2$ 위에 있고 변 BC가 x축 위에 있을 때, 직사각형 ABCD의 넓이의 최댓값을 구하시오.

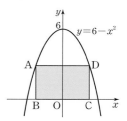

⭐1059 짱중요 ●●●○

그림과 같이 곡선 $y=-x^2+4$와 x축으로 둘러싸인 부분에 내접하고 한 변이 x축 위에 놓여 있는 사다리꼴 ABCD가 있다. 사다리꼴 ABCD의 넓이가 최대일 때, 사다리꼴 ABCD의 높이를 구하시오.

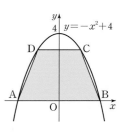

1060

● ● ● ○

그림과 같이 곡선 $y=x(x-2)^2$이 x축과 만나는 두 점을 각각 O, A라 하자. 두 점 O, A 사이를 움직이는 곡선 위의 점 P에서 x축에 내린 수선의 발을 H라 할 때, 삼각형 OHP의 넓이의 최댓값을 구하시오.

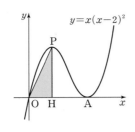

1061 짱중요 교육청 기출

● ● ● ○

[그림 1]과 같이 가로의 길이가 12 cm, 세로의 길이가 6 cm인 직사각형 모양의 종이가 있다. 네 모퉁이에서 크기가 같은 정사각형 모양의 종이를 잘라 낸 후 남는 부분을 접어서 [그림 2]와 같이 뚜껑이 없는 직육면체 모양의 상자를 만들려고 한다. 이 상자의 부피의 최댓값을 M cm³이라 할 때, $\dfrac{\sqrt{3}}{3}M$의 값을 구하시오.

(단, 종이의 두께는 무시한다.)

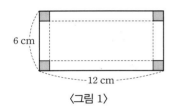 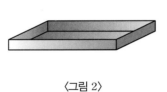

〈그림 1〉 〈그림 2〉

1062 중요

● ● ● ○

그림과 같이 한 변의 길이가 8인 정삼각형 모양의 종이의 세 꼭짓점에서 합동인 사각형을 잘라 내어 뚜껑이 없는 삼각기둥 모양의 상자를 만들려고 한다. 삼각기둥의 부피의 최댓값을 구하시오.

(단, 종이의 두께는 무시한다.)

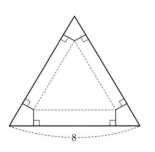

1063 중요

● ● ● ○

그림과 같이 밑면의 반지름의 길이가 r, 높이가 h인 원기둥이 있다. 이 원기둥의 밑면의 지름을 포함하고 밑면에 수직인 평면으로 자른 도형의 대각선의 길이가 15로 일정하다고 한다. 원기둥의 부피 V가 최대가 될 때의 높이 h의 값을 구하시오.

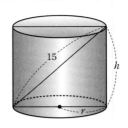

1064

● ● ● ●

그림과 같이 밑면의 반지름의 길이가 1인 원뿔에 원기둥을 내접시키려고 한다. 원기둥의 부피가 최대가 되도록 하는 원기둥의 밑면의 반지름의 길이를 구하시오.

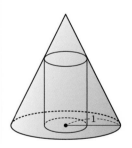

1065

● ● ● ○

A 제품을 하루에 x개 생산하는 데 드는 비용을 $W(x)$원이라 하면 $W(x)=x^3-60x^2+1200x+5000$이라 한다. 생산된 제품은 한 개에 1200원씩 그날 모두 팔린다고 할 때, 하루에 몇 개를 생산하면 이익이 최대가 되는지 구하시오.

해설 205쪽

1066 짱중요

함수 $f(x)=\dfrac{1}{3}x^3+ax^2+4x+5$가 실수 전체의 집합에서 증가하도록 하는 정수 a의 개수를 구하시오.

1067

함수 $f(x)=-x^3+2x^2+kx-3$이 $1<x<2$에서 증가하도록 하는 실수 k의 최솟값은?

① 2 　　　　 ② 3 　　　　 ③ 4

④ 5 　　　　 ⑤ 6

1068

함수 $f(x)=x^3-12x+2$의 극댓값을 M, 극솟값을 m이라 할 때, $M+m$의 값은?

① 1 　　　　 ② 2 　　　　 ③ 3

④ 4 　　　　 ⑤ 5

1069 서술형

함수 $f(x)=x^3+ax^2+9x+b$가 $x=1$에서 극댓값 0을 가질 때, 함수 $f(x)$의 극솟값을 구하시오. (단, a, b는 상수)

1070

함수 $y=f(x)$의 도함수 $y=f'(x)$의 그래프가 그림과 같을 때, 다음 설명 중 옳은 것은?

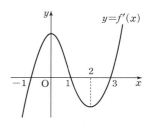

① 함수 $y=f(x)$가 증가하는 구간은 $[-1,\ 1]$뿐이다.

② 함수 $y=f(x)$는 구간 $[0,\ 2]$에서 감소한다.

③ 함수 $y=f(x)$는 $x=-1$에서 극소이다.

④ 함수 $y=f(x)$는 $x=0$에서 극대이다.

⑤ 함수 $y=f(x)$의 극대 또는 극소인 점은 모두 2개이다.

1071

삼차함수 $f(x)=x^3+3ax^2-3ax-2$가 극값을 갖지 않도록 하는 정수 a의 개수를 구하시오.

1072

함수 $f(x)=ax^3-2ax^2-5x+3$이 $x>1$에서 극댓값을 갖고, $x<1$에서 극솟값을 갖도록 하는 정수 a의 최댓값을 구하시오.

1073 서술형

삼차함수 $y=f(x)$가 다음 조건을 만족시킬 때, 함수 $y=f(x)$의 극댓값을 구하시오.

(가) $\lim\limits_{x \to 0} \dfrac{f(x)}{x} = -6$

(나) 함수 $y=f(x)$는 $x=1$에서 극솟값 $-\dfrac{7}{2}$을 갖는다.

1074

삼차함수 $y=f(x)$와 이차함수 $y=g(x)$의 도함수의 그래프가 그림과 같다. 함수 $h(x)$를 $h(x)=f(x)-g(x)$, $f(0)=g(0)$이라 할 때, 옳은 것만을 〈보기〉에서 있는 대로 고른 것은?

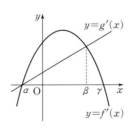

┤ 보 기 ├

ㄱ. $\alpha<x<\beta$에서 $h(x)$는 증가한다.

ㄴ. $h(x)$는 $x=\beta$에서 극댓값을 갖는다.

ㄷ. $h(x)=0$은 서로 다른 세 실근을 갖는다.

① ㄱ   ② ㄴ   ③ ㄱ, ㄴ

④ ㄴ, ㄷ   ⑤ ㄱ, ㄴ, ㄷ

1075

구간 $[-1, 1]$에서 함수 $f(x)=x^3-6x^2-1$의 최댓값을 M, 최솟값을 m이라 할 때, Mm의 값을 구하시오.

1076

구간 $[0, 3]$에서 함수 $f(x)=ax^3-3ax^2+b$의 최댓값은 2이고, 최솟값이 -2일 때, 두 상수 a, b에 대하여 $a+b$의 값은?

(단, $a>0$)

① 1   ② 2   ③ 3

④ 4   ⑤ 5

☆☆☆ 1077 짱중요

그림과 같이 가로의 길이가 15 cm, 세로의 길이가 8 cm인 직사각형 모양의 양철판의 네 귀퉁이에서 같은 크기의 정사각형을 잘라내고 남은 부분으로 상자를 만들어 그 부피가 최대가 되도록 하려고 한다. 잘라내야 할 정사각형의 한 변의 길이를 구하시오.

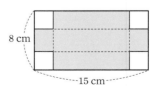

Level ❶

1078

함수 $y=f(x)$의 도함수 $y=f'(x)$가

$$f'(x)=\begin{cases} x^2-2x-3 & (x \le 3) \\ -x^2+8x-15 & (x>3) \end{cases}$$

일 때, 구간 $[k, k+1]$에서 함수 $y=f(x)$가 증가하기 위한 k의 최댓값은?

① -1 ② 0 ③ 2

④ 4 ⑤ 6

1079

사차함수 $f(x)=3x^4+4(a+2)x^3+12ax^2+b$가 $x=1$에서 극솟값 $7-b$를 갖는다고 한다. 이때, $f(x)$의 극댓값은?

(단, a, b는 상수)

① 4 ② 5 ③ 6

④ 7 ⑤ 8

해설 208쪽

1080

함수 $f(x)=x^3-3ax^2+3(a^2-1)x+1$의 극댓값이 5이고, $f(-2)>1$일 때, $f(2)$의 값을 구하시오. (단, a는 상수이다.)

1081

$-3 \le x \le 0$에서 함수 $f(x)=-\dfrac{1}{2}ax^4+3ax^2-4ax+b$의 최댓값이 27, 최솟값이 0일 때, 두 상수 a, b에 대하여 ab의 값을 구하시오. (단, $a>0$)

1082

밑면의 반지름의 길이 x와 높이 h의 합이 10인 원기둥의 부피 V가 최대가 되도록 하는 높이 h의 값을 구하시오.

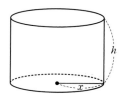

1083

등식 $x^2+3y^2=9$를 만족시키는 실수 x, y에 대하여 x^2+xy^2의 최솟값은?

① $-\dfrac{5}{3}$ ② -1 ③ $-\dfrac{1}{3}$

④ $\dfrac{2}{3}$ ⑤ 2

Level ❷

1084

함수 $f(x)=x^4-2a^2x^2$의 그래프에서 극대인 점 한 개와 극소인 점 두 개를 이어서 만든 삼각형이 직각삼각형일 때, 이 삼각형의 넓이를 구하시오. (단, $a>0$)

1085

모든 계수가 정수인 삼차함수 $f(x)$에 대하여 다음 조건을 만족시키는 함수 $f(x)$의 극댓값을 M, 극솟값을 m이라 할 때, M^2+m^2의 값을 구하시오.

(가) 모든 실수 x에 대하여 $f(-x)=-f(x)$

(나) $f(1)=5$

(다) $1 < f'(1) < 7$

1086

실수 전체의 집합에서 함수 $y=f(x)$가 미분가능하고 도함수 $y=f'(x)$가 연속이다. x축과 만나는 x좌표가 b, c, d뿐인 함수 $g(x)=\dfrac{f'(x)}{x}$의 그래프가

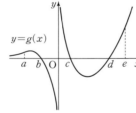

그림과 같을 때, 〈보기〉에서 옳은 것만을 있는 대로 고른 것은?

┤ 보 기 ├

ㄱ. 함수 $y=f(x)$는 구간 $(b, 0)$에서 증가한다.

ㄴ. 함수 $y=f(x)$는 $x=b$에서 극솟값을 갖는다.

ㄷ. 함수 $y=f(x)$는 구간 $[a, e]$에서 4개의 극값을 갖는다.

① ㄱ   ② ㄷ   ③ ㄱ, ㄴ

④ ㄴ, ㄷ   ⑤ ㄱ, ㄴ, ㄷ

1087 평가원 기출

$x=0$에서 극댓값을 갖는 모든 다항함수 $f(x)$에 대하여 옳은 것만을 〈보기〉에서 있는 대로 고른 것은?

┤ 보 기 ├

ㄱ. 함수 $|f(x)|$은 $x=0$에서 극댓값을 갖는다.

ㄴ. 함수 $f(|x|)$은 $x=0$에서 극댓값을 갖는다.

ㄷ. 함수 $f(x)-x^2|x|$은 $x=0$에서 극댓값을 갖는다.

① ㄴ   ② ㄷ   ③ ㄱ, ㄴ

④ ㄱ, ㄷ   ⑤ ㄴ, ㄷ

1088

함수 $f(x)=x^4-6x^2-8x+13$에 대하여
함수 $g(x)=|f(x)-k|$라 하자. 함수 $y=g(x)$가 오직 한 점
에서만 미분가능하지 않도록 하는 k의 값을 a라 하고, 미분가능
하지 않는 점의 x좌표를 b라 할 때, $a+b$의 값을 구하시오.

1090

밑면의 반지름의 길이가 3이고 높이가
6인 원뿔에 그림과 같이 내접하는 원뿔의
부피의 최댓값을 구하시오.

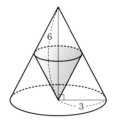

1089

그림과 같이 곡선 $y=x^2$ 위의 점
$P(a, a^2)$ $(1\leq a<3)$을 지나고 기울기가
1인 직선이 이 곡선과 만나는 점 중 P가
아닌 점을 Q라 하자. 점 A(0, 6)에 대
하여 삼각형 AQP의 넓이가 최대가

되도록 하는 a의 값이 $a=\dfrac{3+q\sqrt{3}}{p}$일 때,

두 상수 p, q에 대하여 $p+q$의 값을 구하시오.

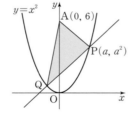

1091

그림과 같이 한 변의 길이가 1인 정사각형 ABCD의 두 대각선의 교점의 좌표는 $(0, 1)$이고, 한 변의 길이가 1인 정사각형 EFGH의 두 대각선의 교점은 곡선 $y=x^2$ 위에 있다. 두 정사각형의 내부의 공통부분의 넓이의 최댓값은? (단, 정사각형의 모든 변은 x축 또는 y축에 평행하다.)

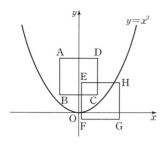

① $\dfrac{4}{27}$ ② $\dfrac{1}{6}$ ③ $\dfrac{5}{27}$

④ $\dfrac{11}{54}$ ⑤ $\dfrac{2}{9}$

Level ❸

1092 평가원 기출

자연수 n에 대하여 최고차항의 계수가 1이고 다음 조건을 만족시키는 삼차함수 $y=f(x)$의 극댓값을 a_n이라 하자.

> (가) $f(n)=0$
> (나) 모든 실수 x에 대하여 $(x+n)f(x) \geq 0$이다.

a_n이 자연수가 되도록 하는 n의 최솟값을 구하시오.

1093 평가원 기출

두 삼차함수 $f(x)$와 $g(x)$가 모든 실수 x에 대하여
$$f(x)g(x)=(x-1)^2(x-2)^2(x-3)^2$$
을 만족시킨다. $g(x)$의 최고차항의 계수가 3이고, $g(x)$가 $x=2$에서 극댓값을 가질 때, $f'(0)=\dfrac{q}{p}$이다. $p+q$의 값을 구하시오. (단, p와 q는 서로소인 자연수이다.)

1094 평가원 기출

함수 $f(x)=-3x^4+4(a-1)x^3+6ax^2$과 실수 t에 대하여 $x\leq t$에서의 함수 $y=f(x)$의 최댓값을 $g(t)$라 하자.
함수 $y=g(t)$가 실수 전체의 집합에서 미분가능하도록 하는 실수 a의 최댓값을 구하시오. (단, $a>0$)

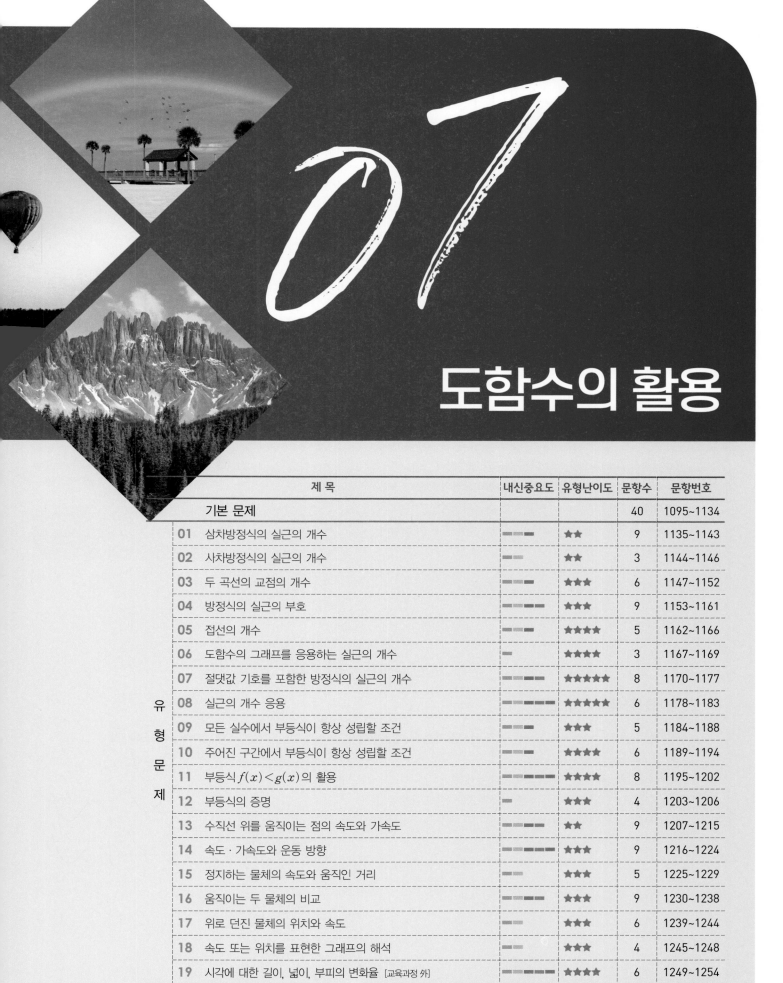

07 도함수의 활용

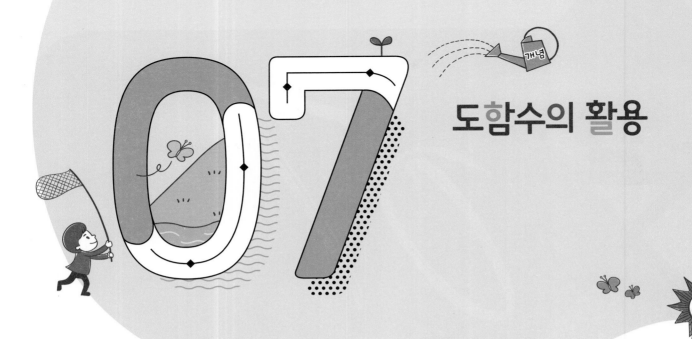

도함수의 활용

1. 방정식의 실근의 개수

(1) 방정식 $f(x)=0$의 서로 다른 실근의 개수
$\iff$ 함수 $y=f(x)$의 그래프와 x축의 교점의 개수
(2) 방정식 $f(x)=g(x)$의 서로 다른 실근의 개수
$\iff$ 두 함수 $y=f(x)$, $y=g(x)$의 그래프의 교점의 개수

○ 방정식 $f(x)=0$의 실근은 함수 $y=f(x)$의 그래프와 x축의 교점의 x좌표와 같다.

○ 방정식 $f(x)=g(x)$의 실근은 두 함수 $y=f(x)$, $y=g(x)$의 그래프의 교점의 x좌표와 같다.

2. 삼차방정식의 근의 판별

삼차함수 $f(x)=ax^3+bx^2+cx+d$가 극값을 가질 때, 삼차방정식 $ax^3+bx^2+cx+d=0$의 근은

(1) (극댓값)×(극솟값)<0 $\iff$ 서로 다른 세 실근
(2) (극댓값)×(극솟값)=0 $\iff$ 한 실근과 중근 (서로 다른 두 실근)
(3) (극댓값)×(극솟값)>0 $\iff$ 한 실근과 두 허근

○ 삼차방정식의 근의 판별
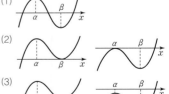

3. 부등식의 증명

모든 실수 x에 대하여

(1) 부등식 $f(x)>0$의 증명 ➡ ($f(x)$의 최솟값)>0임을 보인다.

(2) 부등식 $f(x)<0$의 증명 ➡ ($f(x)$의 최댓값)<0임을 보인다.

(3) 부등식 $f(x)>g(x)$의 증명 ➡ ($f(x)-g(x)$의 최솟값)>0임을 보인다.

(4) 부등식 $f(x)<g(x)$의 증명 ➡ ($f(x)-g(x)$의 최댓값)<0임을 보인다.

○ $x>a$인 범위에서 부등식 $f(x)>0$의 증명

[방법 1] $x>a$인 범위에서 ($f(x)$의 최솟값)>0임을 보인다.

[방법 2] $x>a$인 범위에서 함수 $y=f(x)$가 증가하고 $f(a)\geq0$임을 보인다.

4. 직선 운동에서의 속도

수직선 위를 움직이는 점 P의 시각 t에서의 위치 x가 $x=f(t)$일 때,
시각 t에서의 속도 v는

$$v=\frac{dx}{dt}=f'(t)=\lim_{\Delta t \to 0}\frac{f(t+\Delta t)-f(t)}{\Delta t}$$

참고 속도의 절댓값 $|v|$를 속력이라고 한다.

○ 속도 $v=f'(t)$의 부호
⇨ 운동 방향을 나타낸다.
(ⅰ) $v>0$: 양의 방향으로 움직인다.
(ⅱ) $v<0$: 음의 방향으로 움직인다.
(ⅲ) $v=0$: 운동 방향이 바뀌거나 정지한다.

5. 직선 운동에서의 가속도

수직선 위를 움직이는 점 P의 시각 t에서의 속도 v가 $v=v(t)$일 때,
시각 t에서의 가속도 a는

$$a=\frac{dv}{dt}=v'(t)$$

위치 ─미분→ 속도 ─미분→ 가속도

 문제

1 방정식의 실근의 개수

[1095-1097] 그림은 두 함수 $y=f(x)$, $y=g(x)$의 그래프를 나타낸 것이다. 다음 물음에 답하시오.

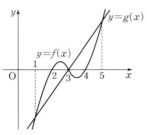

1095 방정식 $f(x)=0$의 실근을 구하시오.

1096 방정식 $f(x)=g(x)$의 실근을 구하시오.

1097 다음은 방정식 $x^3-6x^2+9x-1=0$의 서로 다른 실근의 개수를 그래프를 이용하여 구하는 과정이다. ☐ 안에 알맞은 것을 써넣으시오.

$f(x)=x^3-6x^2+9x-1$이라 하면
$f'(x)=3x^2-12x+9=3(x-1)(x-3)$
$f'(x)=0$에서 $x=$☐ 또는 $x=$☐
함수 $y=f(x)$의 증가, 감소를 표로 나타내고 그 그래프를 그리면 다음과 같다.

x	$\cdots$	☐	$\cdots$	☐	$\cdots$
$f'(x)$	$+$	0	$-$	0	$+$
$f(x)$	↗	☐	↘	☐	↗

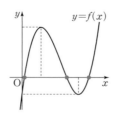

따라서 함수 $y=f(x)$의 그래프가 x축과 만나는 점의 개수가 ☐이므로 주어진 방정식의 서로 다른 실근의 개수는 ☐이다.

[1098-1103] 그래프와 극대, 극소를 이용하여 다음 방정식의 서로 다른 실근의 개수를 구하시오.

1098 $x^2-4x+1=0$

1099 $3x^2+6x+3=0$

1100 $x^3-3x+1=0$

1101 $x^3-3x^2+3=0$

1102 $x^4-2x^2+1=0$

1103 $x^4-6x^2-8x+13=0$

2 삼차방정식의 근의 판별

[1104-1108] 다음 삼차방정식의 근을 판별하여 〈보기〉에서 해당하는 것을 고르시오.

| 보기 |

ㄱ. 서로 다른 세 실근을 갖는다.

ㄴ. 한 실근과 중근을 갖는다.

ㄷ. 한 실근과 두 허근을 갖는다.

1104 $x^3 - 6x^2 + 2 = 0$

1105 $x^3 - 6x^2 + 9x = 0$

1106 $x^3 - 3x^2 - 4 = 0$

1107 $4x^3 - 18x^2 + 24x = 0$

1108 $2x^3 + 3x^2 - 12x - 4 = 0$

1109 다항함수 $y = f(x)$의 도함수 $y = f'(x)$의 그래프가 그림과 같다. 다음은 방정식 $f(x) = 0$이 서로 다른 세 실근을 갖기 위한 조건을 구하는 과정이다.

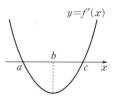

□ 안에 알맞은 것을 써넣으시오.

도함수 $y = f'(x)$의 그래프에서 $x = a$의 좌우에서 $f'(x)$의 부호가 양에서 음으로 바뀌고, $x = c$의 좌우에서 $f'(x)$의 부호가 음에서 양으로 바뀐다.

즉, 함수 $y = f(x)$는

$x = a$에서 □가 되고,

$x = c$에서 □가 된다.

따라서 방정식 $f(x) = 0$이

서로 다른 세 실근을 가질 조건은

$f(a) > 0,\ f(c) < 0$

$\therefore f(a)f(c) \ \square\ 0$

[1110-1112] 삼차방정식 $2x^3 - 3x^2 + k = 0$이 다음 조건을 만족시킬 때, 실수 k의 값 또는 범위를 구하시오.

1110 서로 다른 세 실근을 갖는다.

1111 한 실근과 중근을 갖는다.

1112 한 실근과 두 허근을 갖는다.

3 부등식의 증명

1113 다음은 '$x \geq 0$일 때, 부등식 $x^3 - 3x + 2 \geq 0$이 성립한다.'를 증명하는 과정이다. $\square$ 안에 알맞은 것을 써넣으시오.

$f(x) = x^3 - 3x + 2$라 하면 $f'(x) = \boxed{}$
$f'(x) = 0$에서 $x = \boxed{}$ ($\because x \geq 0$)이고
$x \geq 0$일 때, 함수 $y = f(x)$의 최솟값은 $\boxed{}$이므로
$f(x) \geq 0$
따라서 $x \geq 0$일 때, 부등식 $x^3 - 3x + 2 \geq 0$이 성립한다.

1114 다음은 '$x > 3$일 때, 부등식 $x^3 - 8x > 4x - 9$가 성립한다.'를 증명하는 과정이다. $\square$ 안에 알맞은 것을 써넣으시오.

$f(x) = (x^3 - 8x) - (4x - 9) = x^3 - 12x + 9$라 하면
$f'(x) = 3x^2 - 12 = 3(x + 2)(x - 2)$
$x > 3$일 때, $f'(x) \boxed{} 0$이므로 함수 $y = f(x)$는
$x > 3$에서 증가한다.
한편, $f(3) = 0$이므로 $x > 3$일 때, $f(x) \boxed{} 0$이다.
따라서 $x > 3$일 때, 부등식 $x^3 - 8x > 4x - 9$가 성립한다.

1115 다음은 '모든 실수 x에 대하여 부등식
$x^4 + 4x^3 + 9 \geq 2x^2 + 12x$가 성립한다.'를 증명하는 과정이다. $\square$ 안에 알맞은 것을 써넣으시오.

$f(x) = (x^4 + 4x^3 + 9) - (2x^2 + 12x)$
$\qquad = x^4 + 4x^3 - 2x^2 - 12x + 9$라 하면
$f'(x) = 4x^3 + 12x^2 - 4x - 12$
$\qquad = 4(x + 3)(x + 1)(x - 1)$
$f'(x) = 0$에서 $x = \boxed{}$ 또는 $x = \boxed{}$ 또는
$x = \boxed{}$
함수 $y = f(x)$는 $x = -3$ 또는 $x = 1$에서 최솟값
$\boxed{}$을 가지므로 모든 실수 x에 대하여 $f(x) \boxed{} 0$이다.
$\therefore x^4 + 4x^3 + 9 \geq 2x^2 + 12x$

4 속도와 가속도

[1116-1118] 수직선 위를 움직이는 점 P의 시각 t에서의 위치 x가 다음과 같을 때, 주어진 시각에서의 속도를 구하시오.

1116 $x = 3t + 2$ ($t = 1$)

1117 $x = t^2 - 6t$ ($t = 2$)

1118 $x = t^3 - 2t + 3$ ($t = 3$)

[1119-1121] 수직선 위를 움직이는 점 P의 시각 t에서의 위치 x가 다음과 같을 때, 주어진 시각에서의 가속도를 구하시오.

1119 $x = 4t - 1$ ($t = 3$)

1120 $x = t^2 + 2t + 5$ ($t = 3$)

1121 $x = 2t^3 - 9t^2 + 12t$ ($t = 5$)

[1122-1125] 원점을 출발하여 수직선 위를 움직이는 점 P의 t초 후의 위치 x가 $x=t^3-6t^2$일 때, 다음을 구하시오.

1122 점 P의 3초 후의 속도

1123 점 P의 3초 후의 가속도

1124 점 P가 다시 원점을 지날 때의 시각

1125 점 P가 운동 방향을 바꿀 때까지 걸린 시간

[1126-1131] 지면에서 처음 속도 20 m/s로 지면과 수직인 방향으로 던진 공의 t초 후의 높이를 $f(t)$ m라 하면 $f(t)=20t-5t^2$인 관계가 있다고 한다. 다음을 구하시오.

1126 공을 던진 지 1초, 3초 후의 속도

1127 t초 후의 가속도

1128 공이 최고 높이에 도달하는 데 걸린 시간

1129 공이 최고 높이에 도달했을 때의 높이

1130 공이 지면에 떨어질 때까지 걸린 시간

1131 공이 지면에 떨어지는 순간의 속도

[1132-1134] 그림은 원점 O를 출발하여 수직선 위를 움직이는 점 P의 시각 t에 대한 속도 $v(t)$의 그래프를 나타낸 것이다. 다음을 구하시오.

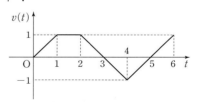

1132 속도가 감소하는 시각 t의 범위

1133 시각 $t=5$에서의 가속도

1134 점 P의 운동 방향이 바뀌는 시각

07 도함수의 활용

문제

유형 01 삼차방정식의 실근의 개수

내신 중요도 ■■■■□□ · 유형 난이도 ★★☆☆☆

삼차함수 $f(x)=ax^3+bx^2+cx+d$가 극값을 가질 때,
삼차방정식 $ax^3+bx^2+cx+d=0$의 근은

(1) (극댓값)×(극솟값)<0 ⟺ 서로 다른 세 실근

(2) (극댓값)×(극솟값)=0 ⟺ 한 실근과 중근
  (서로 다른 두 실근)

(3) (극댓값)×(극솟값)>0 ⟺ 한 실근과 두 허근

1135 짱중요 ●●○○

삼차방정식 $x^3-6x^2+9x+a=0$이 서로 다른 세 실근을 가질 때, 실수 a의 값의 범위는?

① $a<-4$
② $-4<a<0$
③ $-4\le a\le 4$
④ $0\le a\le 4$
⑤ $a>4$

1136 중요 ●●○○

삼차방정식 $x^3+3x^2-9x+4-k=0$이 서로 다른 세 실근을 갖도록 하는 모든 정수 k의 개수를 구하시오.

1137 짱중요 ●●○○

삼차방정식 $2x^3-3x^2-12x+a=0$이 서로 다른 세 실근을 갖도록 하는 실수 a의 값의 범위를 구하시오.

1138 중요 ●●○○

삼차방정식 $x^3-3x^2-a+6=0$이 중근과 다른 한 실근을 갖도록 하는 모든 실수 a의 값의 합을 구하시오.

1139 짱중요 ●●○○

x에 대한 방정식 $2x^3+3x^2-12x=k$가 서로 다른 두 실근을 갖도록 하는 모든 실수 k의 값의 합은?

① 5
② 7
③ 9
④ 11
⑤ 13

1140 ●●●○

삼차방정식 $x^3-3kx+2=0$이 오직 하나의 실근을 갖도록 하는 정수 k의 최댓값을 구하시오.

1141 ●●●○

함수 $f(x)=x^3-3ax^2+2$에 대하여 방정식 $f(x)=-2$가 서로 다른 세 실근을 갖도록 하는 실수 a의 값의 범위는? (단, $a \neq 0$)

① $a<-1$ ② $-1<a<0$ ③ $0<a<1$

④ $a<1$ ⑤ $a>1$

1142 평가원 기출 ●●●○

함수 $y=2x^3-3x^2-12x-10$의 그래프를 y축의 방향으로 a만큼 평행이동하였더니 함수 $y=g(x)$의 그래프가 되었다. 방정식 $g(x)=0$이 서로 다른 두 실근을 갖도록 하는 모든 실수 a의 값의 합을 구하시오.

1143 교육청 기출 ●●●○

자연수 k에 대하여 삼차방정식 $x^3-12x+22-4k=0$의 양의 실근의 개수를 $f(k)$라 하자. $\sum_{k=1}^{10} f(k)$의 값을 구하시오.

02 사차방정식의 실근의 개수

방정식 $f(x)=k$의 서로 다른 실근의 개수는 함수 $y=f(x)$의 그래프와 직선 $y=k$의 교점의 개수와 같다.

1144 ●●○○

x에 대한 방정식 $3x^4-4x^3-12x^2+15-k=0$이 서로 다른 네 실근을 가질 때, 실수 k의 값의 범위는?

① $-17 \leq k \leq 10$ ② $-17<k<10$ ③ $-17<k<15$

④ $10<k<15$ ⑤ $10 \leq k \leq 15$

1145 ●●○○

사차방정식 $3x^4-4x^3-8x^2=4x^2-a$가 서로 다른 세 실근을 가질 때, 실수 a의 값을 구하시오.

(단, 중근은 하나의 근으로 세기로 한다.)

1146 ●●●○

자연수 n에 대하여 사차방정식 $x^4-4x^2+6-n=0$의 서로 다른 실근의 개수를 $f(n)$이라고 할 때, $\sum_{n=1}^{10} f(n)$의 값을 구하시오.

유형
03 두 곡선의 교점의 개수

내신 중요도 ━━━━ 유형 난이도 ★★★★☆

두 함수 $y=f(x)$, $y=g(x)$의 그래프의 교점의 개수는 방정식 $f(x)=g(x)$의 실근의 개수와 같다.

1147 짱중요 ●●●○

곡선 $y=x^3-9x$와 직선 $y=3x+k$가 서로 다른 세 점에서 만나도록 하는 상수 k의 값의 범위는?

① $-16 < k < 0$ ② $-16 \le k \le 16$ ③ $-16 < k < 16$
④ $0 < k < 16$ ⑤ $0 \le k \le 16$

1148 ●●●○

곡선 $y=2x^3-3x^2-8x$와 직선 $y=4x+a$가 서로 다른 두 점에서 만나도록 하는 모든 실수 a의 값의 합을 구하시오.

1149 ●●●○

곡선 $y=2x^3-3x^2$과 직선 $y=12x+k$가 오직 한 점에서 만나기 위한 자연수 k의 최솟값을 구하시오.

1150 중요 ●●●○

두 곡선 $y=2x^3+5x^2-7x$, $y=2x^2+5x+k$가 서로 다른 세 점에서 만날 때, 자연수 k의 최댓값을 구하시오.

1151 ●●●○

두 곡선 $y=x^3-4x^2+2x$, $y=2x^2-7x+a$가 서로 다른 두 점에서 만날 때, 양수 a의 값을 구하시오.

1152 평가원 기출 ●●●○

두 곡선 $y=x^4-4x+a$, $y=-x^2+2x-a$가 오직 한 점에서 만날 때, 상수 a의 값을 구하시오.

유형

04 방정식의 실근의 부호

내신 중요도 ━━━━━ 유형 난이도 ★★★☆☆

(1) 방정식 $f(x)=0$의 실근
 ⇨ 함수 $y=f(x)$의 그래프와 x축의 교점의 x좌표
(2) 방정식 $f(x)=g(x)$의 실근
 ⇨ 두 함수 $y=f(x)$, $y=g(x)$의 그래프의 교점의 x좌표

1153 ●●○○

그림은 함수 $y=f(x)$의 그래프이다.
방정식 $f(x)=a$가 서로 다른 두 개의
음의 실근과 한 개의 양의 실근을 갖도록
하는 모든 정수 a의 값의 합을 구하시오.

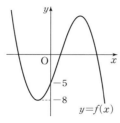

1154 짱중요 ●●●○

삼차방정식 $x^3-12x+8+k=0$이 서로 다른 두 개의 음의 실근과
한 개의 양의 실근을 갖도록 하는 실수 k의 값의 범위는 $\alpha<k<\beta$
이다. $\alpha\beta$의 값을 구하시오.

1155 중요 ●●●○

삼차방정식 $2x^3-3x^2-12x+a=0$이 서로 다른 두 개의 양의
실근과 한 개의 음의 실근을 가질 때, 정수 a의 개수를 구하시오.

1156 ●●●○

삼차방정식 $x^3-12x-a=0$이 오직 하나의 양의 실근을 갖도록
하는 정수 a의 최솟값을 구하시오.

1157 중요 평가원 기출 ●●●○

두 함수 $f(x)=3x^3-x^2-3x$, $g(x)=x^3-4x^2+9x+a$에 대
하여 방정식 $f(x)=g(x)$가 서로 다른 두 개의 양의 실근과 한 개
의 음의 실근을 갖도록 하는 모든 정수 a의 개수를 구하시오.

1158 ●●●○

자연수 k에 대하여 삼차방정식 $x^3-3x+5-2k=0$의 양의 실
근의 개수를 $f(k)$라고 할 때, $\sum_{k=1}^{10} f(k)$의 값을 구하시오.

1159 ●●●○

사차방정식 $x^4-4x^3-2x^2+12x+6-a=0$이 서로 다른 세 개의 양의 실근과 한 개의 음의 실근을 갖도록 하는 실수 a의 값의 범위는?

① $-3<a<13$ ② $0<a<6$ ③ $0<a<13$
④ $6<a<13$ ⑤ $6<a<15$

1160 ●●●○

사차방정식 $x^4-x^2+a=x^2$이 서로 다른 두 개의 양의 실근과 서로 다른 두 개의 음의 실근을 갖도록 하는 실수 a의 값의 범위는?

① $-1<a<0$ ② $0<a<1$ ③ $-1<a<1$
④ $a\le-1$ ⑤ $a>1$

1161 ●●●●

x에 대한 삼차방정식 $x^3-12x-k=0$이 서로 다른 세 실근을 가질 때, 가장 큰 근 α의 값의 범위는? (단, k는 상수)

① $-2<\alpha<0$ ② $0<\alpha<2$ ③ $2<\alpha<4$
④ $4<\alpha<8$ ⑤ $8<\alpha<16$

유형 **05** 접선의 개수

내신 중요도 ■■■■□□ 유형 난이도 ★★★★☆

곡선 밖의 점에서 곡선에 그을 수 있는 접선의 개수는 접점의 좌표를 $(t,f(t))$라 할 때, 가능한 t의 개수를 구하면 된다.

1162 짱중요 ●●●○

점 $A(0,a)$에서 곡선 $y=x^3+x^2$에 서로 다른 세 개의 접선을 그을 수 있도록 하는 실수 a의 값의 범위는?

① $a<-\dfrac{1}{27}$ ② $-\dfrac{1}{9}<a<-\dfrac{1}{27}$

③ $-\dfrac{1}{27}<a<0$ ④ $0<a<\dfrac{1}{27}$

⑤ $\dfrac{1}{27}<a<\dfrac{1}{9}$

1163 ●●●○

좌표평면 위의 원점에서 곡선 $y=2x^3+3x^2+4x+k$에 서로 다른 두 개의 접선을 그을 수 있도록 하는 모든 실수 k의 값의 합을 구하시오.

해설 225쪽

1164

점 $(1, a)$에서 곡선 $y=x^3-3x$에 한 개의 접선을 그을 수 있도록 하는 실수 a의 값의 범위는?

① $a<-3$
② $-3<a<-2$
③ $a<-3$ 또는 $a>-2$
④ $a>-3$
⑤ $a>-2$

1165

점 $(2, 0)$에서 곡선 $y=x^3+3ax-1$에 오직 한 개의 접선을 그을 수 있도록 하는 자연수 a의 최솟값은?

① 1
② 2
③ 3
④ 4
⑤ 5

1166

점 $(1, a)$에서 곡선 $y=-x^3+x$에 두 개 이상의 접선을 그을 수 있을 때, 상수 a의 값의 범위를 구하시오.

유형 06 도함수의 그래프를 응용하는 실근의 개수

내신 중요도 ■■■■■■■ 유형 난이도 ★★★★☆

$f'(x)=0$인 x의 값에서 극대, 극소가 될 수 있음을 이용해서 함수 $y=f(x)$의 그래프를 추론해보자.

1167

그림은 삼차함수 $y=f(x)$의 도함수 $y=f'(x)$의 그래프이다. 함수 $y=f(x)$의 극댓값이 6, 극솟값이 2일 때, 방정식 $f(x)=3$의 서로 다른 실근의 개수를 구하시오.

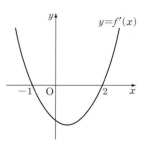

1168

함수 $f(x)=x^3+ax^2+bx+c$에 대하여 도함수 $y=f'(x)$의 그래프가 그림과 같다. 함수 $y=f(x)$의 극솟값이 1일 때, 방정식 $f(x)=k$가 서로 다른 두 실근을 갖도록 하는 1보다 큰 실수 k의 값을 구하시오. (단, a, b, c는 상수이다.)

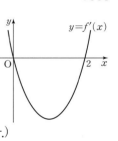

1169

그림은 다항함수 $y=f(x)$의 도함수 $y=f'(x)$의 그래프이다. $f(a)=-5$, $f(b)=4$, $f(c)=1$일 때, 방정식 $f(x)+3=0$의 서로 다른 실근의 개수를 구하시오.

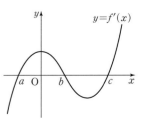

내신 중요도 ━━━━━ 유형 난이도 ★★★★★

(1) $y=|f(x)|$의 그래프는 $y=f(x)$의 그래프에서 $y<0$인 영역에 나타나는 부분을 모두 x축에 대하여 대칭이동하여 그린다.
(2) $y=f(|x|)$의 그래프는 $y=f(x)$의 그래프에서 $x<0$인 영역의 그래프는 $x>0$인 영역의 그래프를 y축에 대하여 대칭이동하여 그린다.

 짱중요

1170 ●●●○

삼차함수 $f(x)=x^3-3x-1$에 대하여 방정식 $|f(x)|=k$가 서로 다른 세 실근을 갖도록 하는 양수 k의 값은?

① 1   ② 2   ③ 3
④ 4   ⑤ 5

1171 ●●●○

함수 $f(x)=2x^3+3x^2-12x$에서 방정식 $|f(x)|=k$가 서로 다른 네 실근을 갖도록 하는 자연수 k의 개수를 구하시오.

1172 중요 ●●●○

$f(0)=4$인 사차함수 $y=f(x)$가 모든 실수 x에 대하여 $f(-x)=f(x)$를 만족시킨다. 함수 $y=f(x)$가 $x=1$에서 극솟값 -2를 가질 때, 방정식 $|f(x)|=2$의 서로 다른 실근의 개수를 구하시오.

1173 짱중요 평가원 기출 ●●●●

최고차항의 계수가 1인 삼차함수 $y=f(x)$가 모든 실수 x에 대하여 $f(-x)=-f(x)$를 만족시킨다. 방정식 $|f(x)|=2$가 서로 다른 네 개의 실근을 가질 때, $f(3)$의 값을 구하시오.

1174 ●●●●

다항함수 $f(x)$는 다음 조건을 만족시킨다.

> (가) $\lim\limits_{x\to\infty}\dfrac{f(x)-x^3}{3x^2}=-2$
>
> (나) $f'(1)=0$
>
> (다) 방정식 $|f(x)|=1$의 서로 다른 실근의 개수는 5이다.

$|f(1)|<|f(3)|$일 때, $f(2)$의 값을 구하시오.

1175 ●●●●

두 함수 $f(x)=-x^3+x^2+k$, $g(x)=|x(x-1)|$에 대하여 방정식 $f(x)=g(x)$의 서로 다른 실근의 개수가 3이 되도록 하는 상수 k에 대하여 $27k$의 값 중 정수의 개수를 구하시오.

1176

삼차함수 $y=f(x)$의 도함수 $y=f'(x)$의 그래프가 그림과 같다. $f(0)=2$, $f(3)=5$일 때, 방정식 $|f(x)|=k$의 서로 다른 실근의 개수를 $p(k)$라 하자. $p(1)+p(2)+p(3)+\cdots+p(10)$의 값을 구하시오.

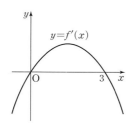

1177

최고차항의 계수가 1이고 $f(0)<f(2)$인 사차함수 $y=f(x)$가 모든 실수 x에 대하여 $f(2+x)=f(2-x)$를 만족시킨다. 방정식 $f(|x|)=1$이 서로 다른 세 개의 실근을 갖도록 하는 함수 $y=f(x)$의 극댓값은?

① 11　　　　② 13　　　　③ 15

④ 17　　　　⑤ 19

내신 중요도 ▪▪▪▪▪ 유형 난이도 ★★★★★

○8 실근의 개수 응용

방정식 $f(x)=0$의 실근의 개수는 함수 $y=f(x)$의 연속성, 증가·감소, 극대·극소 등을 이용하여 그래프의 개형을 추론하고 x축과의 교점의 개수를 찾는다.

1178

삼차함수 $y=f(x)$의 계수가 모두 실수일 때, 다음 〈보기〉 중 옳은 것을 모두 고른 것은?

┤ 보기 ├

ㄱ. $f'(x)=0$이 서로 다른 두 실근을 가지면 $f(x)=0$은 서로 다른 세 실근을 갖는다.

ㄴ. $f'(x)=0$이 중근을 가지면 $f(x)=0$은 허근을 갖지 않는다.

ㄷ. $f'(x)=0$이 허근을 가지면 $f(x)=0$은 허근을 갖는다.

① ㄱ　　　　② ㄷ　　　　③ ㄱ, ㄴ

④ ㄴ, ㄷ　　　⑤ ㄱ, ㄴ, ㄷ

1179

삼차함수 $f(x)$의 극댓값과 극솟값이 각각 5, 1일 때, 방정식 $f(x)-3=k$가 서로 다른 세 실근을 갖기 위한 모든 정수 k의 값의 합은?

① -4　　　② -2　　　③ 0

④ 2　　　　⑤ 4

1180 짱중요 평가원 기출 ●●●●

삼차함수 $f(x)$의 도함수의 그래프와 이차함수 $g(x)$의 도함수의 그래프가 그림과 같다. 함수 $h(x)$를 $h(x)=f(x)-g(x)$라 하자. $f(0)=g(0)$일 때, 옳은 것만을 〈보기〉에서 있는 대로 고른 것은?

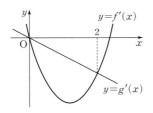

┤ 보 기 ├

ㄱ. $0<x<2$에서 $h(x)$는 감소한다.

ㄴ. $h(x)$는 $x=2$에서 극솟값을 갖는다.

ㄷ. 방정식 $h(x)=0$은 서로 다른 세 실근을 갖는다.

① ㄱ   ② ㄴ   ③ ㄱ, ㄴ

④ ㄱ, ㄷ   ⑤ ㄱ, ㄴ, ㄷ

1181 교육청 기출 ●●●●

사차함수 $f(x)$가 다음 조건을 만족시킨다.

(가) $f'(x)=x(x-2)(x-a)$ (단, a는 실수)

(나) 방정식 $|f(x)|=f(0)$은 실근을 갖지 않는다.

〈보기〉에서 옳은 것만을 있는 대로 고른 것은?

┤ 보 기 ├

ㄱ. $a=0$이면 방정식 $f(x)=0$은 서로 다른 두 실근을 갖는다.

ㄴ. $0<a<2$이고 $f(a)>0$이면, 방정식 $f(x)=0$은 서로 다른 네 실근을 갖는다.

ㄷ. 함수 $|f(x)-f(2)|$가 $x=k$에서만 미분가능하지 않으면 $k<0$이다.

① ㄱ   ② ㄱ, ㄴ   ③ ㄱ, ㄷ

④ ㄴ, ㄷ   ⑤ ㄱ, ㄴ, ㄷ

1182 ●●●●

최고차항의 계수가 양수인 사차함수 $y=f(x)$가 다음 조건을 만족시킬 때, 〈보기〉에서 옳은 것만을 있는 대로 고르시오.

(가) $f'(\alpha)=f'(\beta)=f'(\gamma)=0$ $(\alpha<\beta<\gamma)$

(나) $f(\alpha)f(\beta)f(\gamma)<0$

┤ 보 기 ├

ㄱ. 함수 $y=f(x)$는 $x=\beta$에서 극댓값을 갖는다.

ㄴ. 방정식 $f(x)=0$은 서로 다른 두 실근을 갖는다.

ㄷ. $f(\alpha)>0$이면 방정식 $f(x)=0$은 β보다 작은 실근을 갖는다.

⭐ 1183 중요 평가원 기출 ●●●●

세 실수 a, b, c에 대하여 사차함수 $y=f(x)$의 도함수 $y=f'(x)$가

$$f'(x)=(x-a)(x-b)(x-c)$$

일 때, 〈보기〉에서 옳은 것만을 있는 대로 고른 것은?

┤ 보 기 ├

ㄱ. $a=b=c$이면 방정식 $f(x)=0$은 실근을 갖는다.

ㄴ. $a=b\neq c$이고 $f(a)<0$이면 방정식 $f(x)=0$은 서로 다른 두 실근을 갖는다.

ㄷ. $a<b<c$이고 $f(b)<0$이면 방정식 $f(x)=0$은 서로 다른 두 실근을 갖는다.

① ㄱ   ② ㄴ   ③ ㄷ

④ ㄱ, ㄷ   ⑤ ㄴ, ㄷ

유형 09 모든 실수에서 부등식이 항상 성립할 조건

내신 중요도 ▬▬▬▬▬ 유형 난이도 ★★★☆☆

(1) 모든 실수 x에 대하여 부등식 $f(x)>0$이 성립할 조건은 $(f(x)$의 최솟값$)>0$

(2) 모든 실수 x에 대하여 부등식 $f(x)<0$이 성립할 조건은 $(f(x)$의 최댓값$)<0$

1184 중요

●●○○

모든 실수 x에 대하여 부등식 $x^4-4x^3+a+3>0$이 성립하도록 하는 실수 a의 값의 범위는?

① $-3<a<6$ 　② $6<a<12$ 　③ $12<a<24$

④ $a>12$ 　⑤ $a>24$

1185 짱중요

●●○○

모든 실수 x에 대하여 $x^4+3x^2+10x\geq a$이 성립하도록 하는 실수 a의 최댓값을 구하시오.

1186

●●○○

모든 실수 x에 대하여 부등식 $x^4-8x+a\geq 4x^3-6x^2$이 성립하도록 하는 실수 a의 최솟값을 구하시오.

1187

●●●○

모든 실수 x에 대하여 부등식 $x^4-4k^3x+12>0$이 성립하도록 하는 실수 k의 값의 범위는?

① $-2<k<2$ 　② $-\sqrt{2}<k<0$ 　③ $-\sqrt{2}<k<\sqrt{2}$

④ $0<k<\sqrt{2}$ 　⑤ $0<k<2$

1188 　교육청 기출

●●●○

모든 실수 x에 대하여 부등식 $x^4-4x-a^2+a+9\geq 0$이 항상 성립하도록 하는 정수 a의 개수는?

① 6 　　② 7 　　③ 8

④ 9 　　⑤ 10

(1) 어떤 구간에서 부등식 $f(x)>0$이 성립함을 보이려면
(주어진 구간에서 $f(x)$의 최솟값)>0임을 보인다.
(2) 어떤 구간에서 부등식 $f(x)>g(x)$가 성립함을 보이려면
$h(x)=f(x)-g(x)$로 놓고,
(주어진 구간에서 $h(x)$의 최솟값)>0임을 보인다.

1189 짱중요 ●●●●○

$x<-1$일 때, 부등식 $2x^3+3x^2+k<0$이 성립하도록 하는 실수 k의 최댓값을 구하시오.

1190 중요 교육청 기출 ●●●○

$x\ge 0$인 모든 실수 x에 대하여 부등식
$$2x^3-6x^2+a\ge 0$$
이 성립하도록 실수 a의 값의 범위를 정하면?

① $1\le a\le 8$ ② $3\le a\le 7$ ③ $6\le a\le 12$
④ $a\ge 8$ ⑤ $a\le 9$

1191 중요 ●●●○

함수 $f(x)=x^3-5x^2+3x+k$에서 $x\ge 0$인 모든 x에 대하여 항상 $f(x)>0$이 되도록 하는 실수 k의 값의 범위는?

① $k<-3$ ② $-3<k<3$ ③ $k<6$
④ $k>3$ ⑤ $k>9$

1192 ●●●○

$x>a$일 때, 부등식 $x^3-3x+2>0$이 성립하도록 하는 정수 a의 최솟값을 구하시오.

1193 ●●●●

$x\ge 0$일 때, 부등식 $x^3-3a^2x+2\ge 0$이 성립하도록 하는 실수 a의 값의 범위는?

① $-2\le a\le 0$ ② $-1\le a\le 1$ ③ $-1\le a\le 2$
④ $0\le a\le 2$ ⑤ $1\le a\le 2$

1194 ●●●●

$x\ge 0$일 때, 부등식 $x^3-2\ge 3k(x^2-2)$가 성립하기 위한 실수 k의 최댓값과 최솟값의 합을 구하시오.

내신 중요도 ▰▰▰▰▱▱▱▱ 유형 난이도 ★★★★★

부등식 $f(x) < g(x)$의 활용

부등식 $f(x) < g(x)$의 해는 $h(x) = f(x) - g(x)$라 할 때, $h(x) < 0$의 해와 같다.

1195 중요 ●●○○

두 함수 $f(x) = x^4 - 2x^3 + 3x + 6$, $g(x) = 2x^3 + 3x + k$가 있다. 모든 실수 x에 대하여 $f(x) \geq g(x)$가 항상 성립하도록 하는 실수 k의 최댓값을 구하시오.

1196 중요 ●●●○

$-1 \leq x \leq 2$일 때, 부등식 $4x^3 - 3x^2 \geq 6x + k$가 성립하도록 하는 실수 k의 최댓값을 구하시오.

1197 짱중요 ●●●○

$0 < x < 3$일 때, 두 함수 $f(x) = 5x^3 - 8x^2 + a$, $g(x) = 7x^2 + 3$에 대하여 부등식 $f(x) \geq g(x)$가 성립하도록 하는 실수 a의 최솟값을 구하시오.

1198 짱중요 ●●●○

$1 < x < 3$일 때, 두 함수 $f(x) = 2x^3 - x^2 - 5x$, $g(x) = 2x^2 + 7x + k$에 대하여 부등식 $f(x) \geq g(x)$가 성립하도록 하는 실수 k의 최댓값을 구하시오.

1199 중요 ●●●○

두 함수 $f(x) = x^4 + x^3 - 4x^2 - 3x$, $g(x) = x^3 + 2x^2 + 5x + a$에 대하여 $x \geq 0$일 때, $f(x) \geq g(x)$가 항상 성립하도록 하는 실수 a의 최댓값을 구하시오.

1200 ●●●○

$-1 < x < 1$에서 곡선 $y = x^3 - 10x$가 직선 $y = 2x + k$보다 항상 위쪽에 있도록 하는 정수 k의 최댓값을 구하시오.

1201 ●●●○

임의의 두 실수 x_1, x_2에 대하여 두 함수

$$f(x)=x^4-2a^2x^2+5, \quad g(x)=-x^2+2ax-2a^2-7$$

일 때, $f(x_1) \geq g(x_2)$가 성립하도록 하는 정수 a의 개수는?

① 4   ② 5   ③ 6

④ 7   ⑤ 8

1202 ●●●●

두 함수 $f(x)=x^3-x+a$, $g(x)=x^2+b$에 대하여 $x \geq 2$에서 $f(x) \geq g(x)$가 성립할 때, 두 상수 a, b에 대하여 $a-b$의 최솟값은?

① -6 ② -4 ③ -2

④ 0 ⑤ 2

유형
12 부등식의 증명

내신 중요도 ━━━━━━ 유형 난이도 ★★★★☆

$x>a$일 때, 부등식 $f(x)>0$이 성립할 조건

① $x>a$에서 함수 $y=f(x)$의 최솟값이 존재할 때

  ⇨ ($f(x)$의 최솟값) >0

② $x>a$에서 함수 $y=f(x)$가 증가하는 함수일 때 ($f'(x)>0$)

  ⇨ $f(a) \geq 0$

1203 ●●○○

다음은 양의 실수 x에 대하여 부등식 $2-8x^3 \geq -6x^4$이 성립함을 증명하는 과정이다.

┤ 증명 ├

$f(x)=(2-8x^3)-(-6x^4)$ $(x>0)$이라 하면

$$f'(x)= \boxed{\text{(가)}}$$

$x>0$에서 함수 $y=f(x)$의 최솟값은 $\boxed{\text{(나)}}$ 이므로

$$f(x) \boxed{\text{(다)}} \; 0$$

따라서 양의 실수 x에 대하여 부등식 $2-8x^3 \geq -6x^4$이 성립한다.

위의 과정에서 (가), (나), (다)에 알맞은 것을 순서대로 적은 것은?

① $x^2(x-1)$, 1, $\geq$ ② $24x(x-1)$, 1, $\leq$

③ $24x(x-1)$, 0, $\leq$ ④ $24x^2(x-1)$, 0, $\geq$

⑤ $24x^2(x-1)$, 0, $\leq$

1204 ●●●○

모든 실수 x에 대하여 부등식 $3x^4-4x^3+1 \geq 0$이 성립함을 보이시오.

1205

●○○○

다음은 구간 $(2, \infty)$에서 부등식 $x^4-32x+50>0$이 성립함을 증명하는 과정이다.

┤ 증명 ├

$f(x)=x^4-32x+50$이라 하면

$f'(x)=4(x-2)(x^2+2x+4)$

$x>2$에서 $f'(x)$ [(가)] 0

즉, 구간 $(2, \infty)$에서 함수 $y=f(x)$는 [(나)] 한다.

$f(2)=$ [(다)] 이므로 $x>2$에서 $f(x)>0$

$\therefore x^4-32x+50>0$

따라서 구간 $(2, \infty)$에서 부등식 $x^4-32x+50>0$이 성립한다.

위의 과정에서 (가), (나), (다)에 알맞은 것은?

	(가)	(나)	(다)
①	$>$	증가	1
②	$>$	감소	1
③	$>$	증가	2
④	$<$	감소	2
⑤	$<$	증가	2

1206 중요

●●●○

$x \geq 0$일 때, 부등식 $x^3-x^2 \geq x-1$이 성립함을 보이시오.

유형 13 수직선 위를 움직이는 점의 속도와 가속도

수직선 위를 움직이는 점 P의 시각 t에서의 위치 x가 $x=f(t)$일 때

(1) 속도: $v=\dfrac{dx}{dt}=f'(t)$ (2) 가속도: $a=\dfrac{dv}{dt}=v'(t)$

참고 속도의 절댓값 $|v|$를 속력이라고 한다.

1207 짱중요

●○○○

수직선 위를 움직이는 점 P의 시각 t에서의 위치가 $x=t^3+3t^2-2t$이다. $t=2$일 때, 점 P의 속도를 구하시오.

1208 짱중요

●●○○

수직선 위를 움직이는 점 P의 시각 t $(t>0)$에서의 위치 x가 $x=t^3-4t^2+6t$이다. $t=3$에서 점 P의 가속도를 구하시오.

1209

●●○○

원점을 출발하여 수직선 위를 움직이는 점 P의 시각 t에서의 위치 x가 $x=t^3+at^2-2t$일 때, $t=3$에서 점 P의 속도가 13이다. 상수 a의 값을 구하시오.

1210 평가원 기출 ●●○○

수직선 위를 움직이는 점 P의 시각 t에서의 위치 x가
$$x = -t^2 + 4t$$
이다. $t = a$에서 점 P의 속도가 0일 때, 상수 a의 값은?

① 1 ② 2 ③ 3

④ 4 ⑤ 5

1211 중요 ●●○○

원점을 출발하여 수직선 위를 움직이는 점 P의 시각 t에서의 위치 x가 $x = 2t^3 - 3t^2 - 7t$일 때, 속도가 5인 순간의 점 P의 가속도를 구하시오.

1212 교육청 기출 ●●○○

수직선 위를 움직이는 점 P의 시각 t $(t \geq 0)$에서의 위치 x가 $x = t^3 - 6t^2 + 5$이다. 점 P의 가속도가 0일 때, 점 P의 속도는?

① -12 ② -10 ③ -8

④ -6 ⑤ -4

1213 ●●●○

원점을 출발하여 수직선 위를 움직이는 점 P의 시각 t에서의 위치 x가 $x = t^3 - 3t^2$이다. 점 P가 다시 원점을 지날 때의 가속도는?

① 0 ② 3 ③ 6

④ 9 ⑤ 12

1214 ●●●○

원점을 출발하여 수직선 위를 움직이는 점 P의 시각 t에서의 위치 x가 $x = t^3 - 2t^2 + t$이다. 점 P가 출발한 후 다시 원점을 지나는 순간의 속도를 m, 가속도를 n이라 할 때, 두 상수 m, n에 대하여 $m + n$의 값은?

① 1 ② 2 ③ 3

④ 4 ⑤ 5

1215 ●●●○

직선 위를 움직이는 점 P의 시각 t에서의 좌표 x가 $x = t^4 - 4t^3 + 5t^2 + 3t$라고 한다. $t = k$에서 점 P의 가속도가 최소일 때, 상수 k의 값은?

① $\frac{1}{4}$ ② $\frac{1}{3}$ ③ $\frac{1}{2}$

④ 1 ⑤ 2

유형 14 속도 · 가속도와 운동 방향

내신 중요도 ■■■■■□ 유형 난이도 ★★★☆☆

수직선 위를 움직이는 점 P가 운동 방향을 바꾸는 순간의 속도는 0이다.

1216 짱중요 ●○○○

수직선 위를 움직이는 점 P의 시각 t에서의 위치 x가
$x = t^3 - 4t^2 - 3t + 4$일 때, 점 P가 출발 후 운동 방향을 바꾸는 순간의 시각 t의 값은?

① 1 　　　　② 2 　　　　③ 3
④ 4 　　　　⑤ 5

1217 짱중요 ●○○○

원점에서 출발하여 수직선 위를 움직이는 점 P의 시각 t에서의 위치 x가 $x = t^3 - 6t^2 + 9t$이다. 점 P가 $x = a$, $x = b$에서 운동 방향을 바꾼다고 할 때, 두 상수 a, b에 대하여 $a + b$의 값을 구하시오.

1218 짱중요 ●●○○

원점을 출발하여 수직선 위를 움직이는 점 P의 시각 t에서의 위치 x가 $x = 3t^3 - 9t^2$일 때, 점 P의 운동 방향이 바뀌는 순간의 가속도는?

① 15 　　　　② 16 　　　　③ 17
④ 18 　　　　⑤ 19

1219 중요 ●●○○

원점을 출발하여 수직선 위를 움직이는 점 P의 시각 t에서의 위치 x가 $x = \dfrac{1}{3}t^3 - \dfrac{5}{2}t^2 + 6t$라고 한다. 점 P가 출발한 후 처음으로 운동 방향을 바꿀 때의 가속도를 구하시오.

1220 중요 ●●○○

원점에서 출발하여 수직선 위를 움직이는 점 P의 시각 t에서의 위치가 $x(t) = t^3 - 9t^2 + 24t$이다. 점 P가 두 번째로 운동 방향을 바꾸는 시각에서의 가속도를 구하시오.

1221 ●●●○

수직선 위를 움직이는 점 P의 시각 t에서의 위치가
$x = t^4 - 6t^2 + kt + 10$일 때, 출발한 후 점 P의 운동 방향이 두 번만 바뀌도록 하는 정수 k의 최댓값을 구하시오.

1222 중요

●●●○

원점을 출발하여 수직선 위를 움직이는 점 P의 시각 t에서의 위치 x가 $x=2t^3-12t^2+18t$일 때, 〈보기〉에서 옳은 것만을 있는 대로 고른 것은?

─┤ 보 기 ├─

ㄱ. 점 P는 출발 후 운동 방향을 두 번 바꾼다.

ㄴ. 출발 후 다시 원점에 도착하는 시각은 $t=3$이다.

ㄷ. $t=2$일 때 점 P는 원점을 향하여 움직인다.

① ㄱ   ② ㄴ   ③ ㄱ, ㄴ

④ ㄴ, ㄷ   ⑤ ㄱ, ㄴ, ㄷ

1223

●●●○

수직선 위를 움직이는 점 P의 시각 t에서의 위치 x가 $x=t^3+at^2+bt+9$이다. 점 P는 $t=3$에서 원점을 지나는 동시에 운동 방향을 바꾼다고 할 때, 두 상수 a, b에 대하여 $b-a$의 값을 구하시오.

1224

●●●●

수직선 위를 움직이는 점 P의 시각 t에서의 위치 x가 $x=-t^3+2kt^2-k^2t+a$이다. 점 P가 $t=\dfrac{2}{3}$일 때 첫 번째로 운동 방향을 바꾸고, 두 번째로 운동 방향을 바꿀 때의 위치가 7일 때, 상수 a의 값은? (단, $k>0$)

① 5   ② 7   ③ 9

④ 11   ⑤ 13

제동을 건 후 정지할 때까지 t초 동안 움직인 거리를 x m라 할 때

(1) 제동을 건 지 t초 후의 속도 $\Rightarrow v=\dfrac{dx}{dt}$

(2) 정지할 때의 속도 $\Rightarrow v=0$

1225

●○○○

직선 도로를 달리던 어떤 자동차가 제동을 건 후 정지할 때까지 t초 동안 움직인 거리가 x m일 때, $x=60t-5t^2$인 관계가 있다고 한다. 이 자동차가 제동을 건 후부터 정지할 때까지 걸린 시간은?

① 2초   ② 3초   ③ 4초

④ 5초   ⑤ 6초

1226 중요

●●○○

직선 선로를 달리는 어떤 열차가 제동을 건 후 t초 동안 달린 거리를 x m라 하면 $x=-0.45t^2+9t$이다. 이 열차가 제동을 건 후 정지할 때까지 달린 거리는?

① 35 m   ② 40 m   ③ 45 m

④ 50 m   ⑤ 55 m

1227 ●●○○

직선 도로를 달리는 어떤 자동차가 브레이크를 밟기 시작한 후 t초 동안 미끄러지는 거리가 s m일 때, $s=20t-0.5t^2$인 관계가 있다고 한다. 이 자동차가 브레이크를 밟기 시작한 후부터 정지할 때까지 움직인 거리를 구하시오.

1228 ●●●○

직선 궤도를 달리는 기차가 제동을 건 후 정지할 때까지 t초 동안 움직인 거리를 x m라 하면 $x=24t-0.4t^2$이다. 이 기차가 목적지에 정확히 정지하려면 목적지로부터 전방 a m의 지점에서 제동을 걸어야 한다고 할 때, 상수 a의 값을 구하시오.

1229 중요 ●●●●

직선 궤도를 달리는 어떤 열차는 제동을 걸고 나서 멈출 때까지 t초 동안에 $30t-\dfrac{1}{10}ct^2$ (m)만큼 달린다고 한다. 기관사가 200 m 앞에 있는 정지선을 발견하고 열차를 멈추기 위해 제동을 걸었을 때, 열차가 정지선을 넘지 않고 멈추기 위한 양의 정수 c의 최솟값을 구하시오.

유형 **16** 움직이는 두 물체의 비교

수직선 위를 움직이는 두 점 P, Q가
① 서로 반대 방향으로 움직일 때
 ⇨ (점 P의 속도)×(점 Q의 속도)<0
② 같은 방향으로 움직일 때
 ⇨ (점 P의 속도)×(점 Q의 속도)>0

1230 짱중요 평가원 기출 ●●○○

수직선 위를 움직이는 두 점 P, Q의 시각 t에서의 위치는 각각 $f(t)=2t^2-2t$, $g(t)=t^2-8t$이다. 두 점 P와 Q가 서로 반대 방향으로 움직이는 시각 t의 범위는?

① $\dfrac{1}{2}<t<4$　　② $1<t<5$　　③ $2<t<5$

④ $\dfrac{3}{2}<t<6$　　⑤ $2<t<8$

1231 중요 ●●●●

수직선 위에서 동시에 출발한 두 점 P, Q의 t초 후의 위치가 각각 $x_P=2t^3-3t^2-12t+4$, $x_Q=t^3-t^2-5t+1$일 때, 두 점은 a초 동안 서로 반대 방향으로 움직인다. 이때, a의 값을 구하시오.

1232 ●●○○

수직선 위를 움직이는 두 점 A, B의 시각 t에서의 위치가 각각 $x_A=\dfrac{1}{3}t^3+4t^2-t$, $x_B=\dfrac{2}{3}t^3-2t^2+t$일 때, 점 B의 가속도가 점 A의 가속도보다 커지는 시각은 출발한 지 몇 초 후부터인지 구하시오.

★1233 중요

●●○○

수직선 위를 움직이는 두 점 P, Q의 시각 t에서의 위치가 각각 $x_P(t)=t^3+3t^2-t$, $x_Q(t)=5t^2-t$이다. 두 점 P, Q가 출발 후 다시 만나는 순간의 속도를 각각 v_1, v_2라 할 때, v_1+v_2의 값을 구하시오.

1234

●●●○

수직선 위를 움직이는 두 점 P, Q의 시각 t에서의 위치가 각각 $P(t)=t^2-4t+5$, $Q(t)=2t$이다. 두 점 P, Q가 두 번째로 만날 때, 두 점 P, Q의 속도를 순서대로 적은 것은?

① 6, 2   ② 5, 2   ③ 5, 1
④ 2, -2   ⑤ 1, -2

1235

●●●○

수직선 위를 움직이는 두 점 P, Q의 시각 t에서의 위치가 각각 $P(t)=t^3+2t^2-12t+1$, $Q(t)=\dfrac{9}{2}t^2-6$이다. 두 점 P, Q의 속도가 같아지는 순간 두 점 P, Q 사이의 거리는?

① $\dfrac{9}{2}$ ② $\dfrac{17}{2}$ ③ 15
④ $\dfrac{37}{2}$ ⑤ $\dfrac{49}{2}$

1236

●●●●

수직선 위를 움직이는 두 점 P, Q에 대하여 시각 t에서의 좌표가 각각 $p(t)=t^2-5t-6$, $q(t)=2t^2-15t$일 때, 점 P의 속력이 점 Q의 속력보다 커지게 되는 t의 값의 범위는?

① $t>\dfrac{10}{3}$ ② $0<t<\dfrac{10}{3}$ ③ $0<t<5$
④ $\dfrac{10}{3}<t<5$ ⑤ $5<t<7$

1237

●●●●

수직선 위를 움직이는 두 점 A, B의 시각 t에서의 위치는 각각 $x_A=2t^2+7t$, $x_B=t^3-\dfrac{11}{2}t^2+19t-3$이다. 두 점 A, B가 $t=0$일 때 동시에 출발하여 처음 5초 동안 만나는 횟수를 구하시오.

1238

●●●●

원점을 출발하여 수직선 위를 움직이는 두 점 A, B의 시각 t에서의 위치는 각각 $f(t)=\dfrac{1}{3}t^3$, $g(t)=4t^2-at$ $(0\le t\le 6)$이다. 두 점은 동시에 출발하여 6초 후에 다시 만난 후 멈춘다고 한다. 두 점 A, B 사이의 거리의 최댓값이 $\dfrac{q}{p}$일 때, $p+q$의 값을 구하시오. (단, a는 상수, p, q는 서로소인 자연수이다.)

유형 17 위로 던진 물체의 위치와 속도

내신 중요도 ▰▰▰▱▱ 유형 난이도 ★★★☆☆

지면에서 지면과 수직인 방향으로 던진 물체의 t초 후의 높이를 h m라 할 때

(1) t초 후의 물체의 속도 $\Rightarrow v = \dfrac{dh}{dt}$

(2) 최고 높이에 도달했을 때의 속도 $\Rightarrow v = 0$

1239 중요 ●●○○

지면에서 30 m/s의 속도로 똑바로 위로 던진 공의 t초 후의 높이를 $h(t)$ m라 할 때, $h(t) = 30t - 5t^2$인 관계가 성립한다. 공이 도달한 최고 높이를 구하시오.

1240 짱중요 ●●○○

수평인 지면으로부터 15 m 높이에서 30 m/s의 속도로 수직으로 위로 던져 올린 물체의 t초 후의 높이 h m라 하면 $h = 15 + 30t - 5t^2$인 관계가 성립한다. 이 물체가 최고 높이에 도달했을 때, 지면으로부터의 높이를 구하시오.

1241 ●●○○

지면으로부터 35 m 높이의 지점에서 처음 속도 a m/s로 똑바로 위로 던진 물체의 t초 후의 높이를 x m라 하면 $x = 35 + at + bt^2$인 관계가 성립한다. 이 물체가 최고 높이에 도달할 때까지 걸린 시간이 3초이고, 그때의 높이는 80 m라고 한다. 두 상수 a, b에 대하여 $a + b$의 값을 구하시오.

1242 ●○○○

지상에서 발사된 미사일이 발사 3초 후에 목표물에 명중하였다. 발사 t초 후의 지상으로부터 미사일의 높이 $f(t)$ m가 $f(t) = 20t^3 - 150t^2 + 360t \ (0 \le t \le 3)$로 관측되었을 때, 미사일이 도달한 최고 높이를 구하시오.

1243 중요 ●●●○

지면으로부터 10 m 높이의 지점에서 처음 속도 5 m/s로 똑바로 위로 던진 돌의 t초 후의 높이를 h m라 하면 $h = 10 + 5t - 5t^2$인 관계가 성립한다. 이 돌이 땅에 떨어질 때의 속력을 구하시오. (단, 단위는 m/s이다.)

1244 ●●●○

지면에서 처음 속도 40 m/s로 똑바로 위로 던진 돌의 t초 후의 높이를 h m라 하면 $h = 40t - 4t^2$인 관계가 성립한다. 〈보기〉에서 옳은 것만을 있는 대로 고르시오.

| 보기 |

ㄱ. 돌을 던진 지 2초 후의 돌의 속도는 24 m/s이다.

ㄴ. 돌이 최고 높이에 도달한 시각은 돌을 던진 지 5초 후이다.

ㄷ. 돌이 지면에 떨어지는 순간의 속도는 -40 m/s이다.

유형
18 속도 또는 위치를 표현한 그래프의 해석

내신 중요도 ■■■■■■■ 유형 난이도 ★★★☆☆

(1) 속도의 그래프가 주어진 경우

수직선 위를 움직이는 점 P의 시각 t에서의 속도 $v(t)$의 그래프에서

① $v=0$이면 점 P는 움직이는 방향을 바꾸거나 정지한다.

② 속도 $v(t)$의 그래프에서 $t=a$에서의 가속도

⇨ $t=a$에서의 접선의 기울기 $v'(a)$

(2) 위치의 그래프가 주어진 경우

수직선 위를 움직이는 점 P의 시각 t에서의 위치 $x(t)$의 그래프에서

① $x'(t)>0$인 구간에서 (점 P의 속도)>0

② $x'(t)=0$일 때, (점 P의 속도)$=0$

③ $x'(t)<0$인 구간에서 (점 P의 속도)<0

1245

●○○○○

원점을 출발하여 수직선 위를 6초 동안 움직이는 점 P의 시각 t에서의 속도 $v(t)$의 그래프가 그림과 같을 때, 〈보기〉에서 옳은 것만을 있는 대로 고르시오.

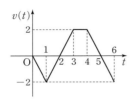

┤ 보기 ├

ㄱ. 점 P는 출발 후 2초와 5초에서 운동 방향을 바꾼다.

ㄴ. 출발 후 2초에서 점 P의 위치는 원점이다.

ㄷ. $3<t<4$에서 가속도는 0이다.

1246

●●○○○

원점을 출발하여 수직선 위를 움직이는 점 P의 시각 t에서의 속도 $y=v(t)$의 그래프가 그림과 같다. 점 P에 대한 설명 중 〈보기〉에서 옳은 것만을 있는 대로 고르시오.

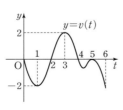

┤ 보기 ├

ㄱ. $t=5$에서 운동 방향을 바꾼다.

ㄴ. $0<t<6$에서 운동 방향을 두 번 바꾼다.

ㄷ. $2<t<4$에서 수직선 위를 음의 방향으로 움직인다.

ㄹ. $4<t<6$에서 속도는 감소한다.

1247 짱중요

●●●○

수직선 위를 움직이는 점 P의 시각 t에서의 위치 $x(t)$의 그래프가 그림과 같을 때 점 P에 대한 설명으로 옳은 것만을 〈보기〉에서 모두 고르시오.

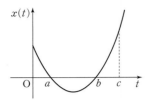

┤ 보기 ├

ㄱ. $0<t<c$에서 원점을 두 번 지난다.

ㄴ. $a<t<b$에서 한 방향으로만 움직인다.

ㄷ. $0<t<a$일 때, 수직선의 음의 방향으로 움직인다.

1248

●●●●

원점을 출발하여 수직선 위를 움직이는 점 P의 시각 t ($0\le t\le 14$)에서의 위치를 $x(t)$라 할 때, 그림은 함수 $y=x(t)$의 그래프이다. 〈보기〉에서 옳은 것만을 있는 대로 고른 것은?

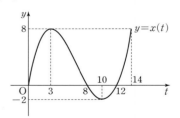

┤ 보기 ├

ㄱ. 출발 후 점 P는 원점을 네 번 지난다.

ㄴ. $t=5$에서 점 P는 음의 방향으로 움직인다.

ㄷ. 점 P는 진행 방향을 세 번 바꾼다.

① ㄱ   ② ㄴ   ③ ㄷ

④ ㄱ, ㄴ   ⑤ ㄴ, ㄷ

유형 19 시각에 대한 길이, 넓이, 부피의 변화율 [교육과정 外]

내신 중요도 ━━━━ 유형 난이도 ★★★★☆

시각 t에서의

(1) 길이 l의 변화율: $\lim\limits_{\Delta t \to 0} \dfrac{\Delta l}{\Delta t} = \dfrac{dl}{dt}$

(2) 넓이 S의 변화율: $\lim\limits_{\Delta t \to 0} \dfrac{\Delta S}{\Delta t} = \dfrac{dS}{dt}$

(3) 부피 V의 변화율: $\lim\limits_{\Delta t \to 0} \dfrac{\Delta V}{\Delta t} = \dfrac{dV}{dt}$

1249

●●○○

시간에 따라 길이가 변하는 고무줄이 있다. 시각 t에서의 고무줄의 길이 $l=2t^2+4t+5$일 때, $t=3$에서의 고무줄의 길이의 변화율은?

① 12 　 ② 14 　 ③ 16

④ 18 　 ⑤ 20

1250 중요

●●●○

그림과 같이 한 변의 길이가 $1\,cm$인 정사각형이 있다. 이 정사각형의 모든 변의 길이가 매초 $4\,cm$씩 늘어날 때, 이 정사각형의 한 변의 길이가 $17\,cm$인 순간의 넓이의 변화율을 구하시오.

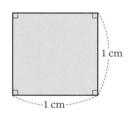

(단, 단위는 cm^2/s이다.)

1251

●●●○

잔잔한 호수에 돌을 던지면 동심원 모양의 파문이 생긴다. 가장 바깥쪽 파문의 반지름의 길이가 매초 $10\,cm$의 비율로 길어질 때, 돌을 던진 지 3초 후의 가장 바깥쪽 파문의 넓이의 변화율을 구하시오.

1252 중요

●●●●

반지름의 길이가 $2\,cm$인 공 모양의 풍선에 공기를 넣어 매초 $2\,mm$의 비율로 반지름의 길이가 커질 때, 5초 후의 겉넓이의 변화율을 $a(cm^2/초)$, 부피의 변화율을 $b(cm^3/초)$라 한다. 이때, $a+b$의 값은?

① 11π 　 ② 12π 　 ③ 13π

④ 14π 　 ⑤ 15π

1253 짱중요

●●●●

그림과 같이 밑면의 반지름의 길이가 $10\,cm$, 깊이가 $20\,cm$인 직원뿔 모양의 그릇이 있다. 매초 $2\,cm$씩 수면의 높이가 올라가도록 물을 넣을 때, 물을 넣기 시작한 지 2초 후에 그릇에 담긴 물의 부피의 변화율을 구하시오.

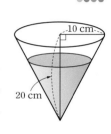

1254 짱중요

●●●●

그림과 같이 키가 $1.8\,m$인 사람이 높이 $3\,m$의 가로등 바로 밑에서 출발하여 매초 $2\,m$의 속도로 일직선으로 걸어가고 있다. 이 사람의 그림자의 끝이 움직이는 속도를 $k\,m/s$라고 할 때, k의 값을 구하시오.

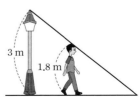

1255

삼차방정식 $x^3+6x^2+9x+a=0$이 서로 다른 세 실근을 가질 때, 실수 a의 값의 범위는?

① $a<-4$ ② $-4<a<0$ ③ $-4<a<4$
④ $0<a<4$ ⑤ $a>4$

1256

삼차방정식 $x^3-3x-k=0$이 서로 다른 두 개의 음의 실근과 한 개의 양의 실근을 가질 때, 정수 k의 값을 구하시오.

1257 서술형

최고차항의 계수가 1인 사차함수 $f(x)$가 다음 조건을 만족시킬 때, $f(1)$의 값을 구하시오.

⎧
⑺ 모든 실수 x에 대하여 $f(-x)=f(x)$이다.
⑻ 방정식 $|f(x)|=3$의 서로 다른 실근의 개수는 5이다.
⑼ 함수 $|f(x)|$의 극댓값 중 하나가 7이다.
⎭

1258

모든 실수 x에 대하여 부등식 $x^4-4x^3+a-2\geq0$이 성립하도록 하는 실수 a의 최솟값을 구하시오.

1259

$x>0$일 때, 부등식 $x^3-6x^2+9x+k>0$이 성립하도록 하는 실수 k의 값의 범위는?

① $k<-1$ ② $k<0$ ③ $k>0$
④ $k\geq0$ ⑤ $k<1$

1260

$-1<x<2$일 때, 두 함수 $f(x)=x^3+x^2+2x$, $g(x)=x^2+5x+k$에 대하여 $f(x)\geq g(x)$가 성립하도록 하는 실수 k의 최댓값을 구하시오.

1261

수직선 위를 움직이는 점 P의 시각 t $(t \geq 0)$에서의 위치가 $x(t) = t^3 - t^2 + 5t - 2$일 때, 점 P의 $t = 2$에서의 속도와 가속도의 합을 구하시오.

1262 ✏️서술형

원점을 출발하여 수직선 위를 움직이는 점 P의 시각 t에서의 위치 x가 $x = \dfrac{1}{3}t^3 - 2t^2 + 3t$일 때, 다음을 구하시오.

(1) 점 P가 출발한 후 처음으로 운동 방향을 바꾸는 시각과 그때의 속도

(2) 점 P가 출발한 후 두 번째로 운동 방향을 바꾸는 시각에서의 가속도

1263

직선 궤도를 달리는 열차가 제동을 건 후 정지할 때까지 t초 동안 움직인 거리를 x m라 하면 $x = 30t - 5t^2$인 관계가 있다고 한다. 열차가 제동을 건 후 정지할 때까지 움직인 거리를 구하시오.

1264

원점을 출발하여 수직선 위를 움직이는 두 점 P, Q의 시각 t에서의 위치를 각각 x_P, x_Q라 하면 $x_P = t^2 - 3t$, $x_Q = t^2 - 8t$이고, 두 점 P, Q가 서로 반대 방향으로 움직이는 시각은 $\alpha < t < \beta$이다. $\alpha\beta$의 값을 구하시오.

1265

수직선 위를 움직이는 점 P의 시각 t에서의 위치 x를 $x = f(t)$라 할 때, 함수 $x = f(t)$의 그래프가 그림과 같다. 〈보기〉에서 옳은 것만을 있는 대로 고르시오. (단, $0 \leq t \leq d$)

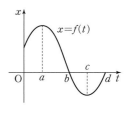

┤ 보기 ├

ㄱ. 점 P는 움직이는 동안 방향을 두 번 바꾼다.
ㄴ. 점 P가 최초로 원점을 통과할 때의 속도는 $f'(a)$이다.
ㄷ. $0 < t < a$일 때와 $c < t < d$일 때 운동 방향이 같다.

1266

키가 2 m인 육상 선수가 야간 육상 경기에서 10 m 높이의 조명탑 바로 밑에서 출발하였다. 이 선수는 100 m를 10초에 달리는 속도로 뛰었다고 한다. 그림자의 길이의 변화율을 구하시오.

Level ❶

1267

곡선 $y=x^3-3x^2+x-k$가 두 점 $A(0, -3)$, $B(3, 0)$을 이은 선분 AB와 서로 다른 두 점에서 만날 때, 실수 k의 값의 범위는?

① $-3 \leq k < 0$ ② $-3 < k \leq 3$ ③ $-2 \leq k \leq 2$

④ $-1 < k \leq 3$ ⑤ $-1 \leq k < 3$

1268

교육청 기출

함수 $y=x^3+2$의 그래프와 직선 $y=kx$가 만나는 교점의 개수를 $f(k)$라 할 때, $\sum\limits_{k=1}^{6} f(k)$의 값을 구하시오.

1269

사차함수 $y=f(x)$의 도함수 $y=f'(x)$의 그래프가 그림과 같다.

$f(-1)=-2$, $f(5)=1$, $f(0)<-1$일 때, 방정식 $f(x)=-x-1$은 음의 실근 a개, 양의 실근 b개를 가진다.

$2a-b$의 값을 구하시오.

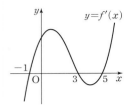

1270

삼차함수 $y=f(x)$에 대하여

$$\lim_{x \to -1} \frac{f(x)+a}{x+1} = \lim_{x \to 3} \frac{f(x)-a+1}{x-3} = 0$$이 성립할 때,

방정식 $f(x)=0$이 서로 다른 세 실근을 갖도록 하는 자연수 a의 최솟값을 구하시오.

1271

수직선 위를 움직이는 점 P의 시각 t에서의 위치 x가
$x=t^3+at^2+bt-1$이고, $t=3$일 때 점 P는 운동 방향을 바꾸며,
그때의 위치는 -1이다. 점 P가 $t=3$ 이외의 시각에서도 운동
방향을 바꾼다고 할 때, 그때의 위치를 구하시오.

(단, a, b는 상수이다.)

1272

그림과 같이 높이가 200 cm이고 밑면의 반지름
의 길이가 50 cm인 직원뿔 모양의 물탱크 속
에 물을 가득 채웠다. 이 물탱크의 수도꼭지를
열면 매초 10 cm씩 수면의 높이가 낮아진다
고 할 때, 물의 높이가 20 cm가 되는 순간 남
아 있는 물의 부피의 변화율은?

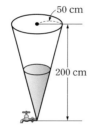

① -200π cm³/s   ② -250π cm³/s
③ -300π cm³/s   ④ -350π cm³/s
⑤ -400π cm³/s

1273

두 함수 $f(x)=2x^3-3x^2$, $g(x)=x^2-1$에 대하여 방정식
$(g \circ f)(x)=0$의 서로 다른 실근의 개수를 구하시오.

1274   평가원 기출

좌표평면에서 두 함수
$$f(x)=6x^3-x, \quad g(x)=|x-a|$$
의 그래프가 서로 다른 두 점에서 만나도록 하는 모든 실수 a의
값의 합을 구하시오.

1275

사차함수 $f(x)=x^4+ax^3+bx^2-b$ $(b<0)$에 대하여 방정식 $f'(x)=0$이 서로 다른 세 실근 α, β, γ $(\alpha<\beta<\gamma)$를 가질 때, 〈보기〉에서 옳은 것만을 있는 대로 고른 것은?

(단, a, b는 상수이다.)

┤ 보기 ├

ㄱ. $\dfrac{f(\alpha)+f(\gamma)}{2}<-b$

ㄴ. $f(\alpha)f(\gamma)>0$이면 방정식 $f(x)=0$은 서로 다른 네 실근을 갖는다.

ㄷ. $f(\alpha)>0$이고 $f(\gamma)<0$이면 방정식 $f(x)=0$은 서로 다른 두 양의 실근과 서로 다른 두 허근을 갖는다.

① ㄱ   ② ㄴ   ③ ㄱ, ㄴ

④ ㄱ, ㄷ   ⑤ ㄴ, ㄷ

1276

$x>0$일 때, 부등식 $2x^{n+2}-n(n-7)>(n+2)x^2$이 성립하도록 하는 자연수 n의 개수를 구하시오.

1277

모든 실수 x에 대하여 함수 $y=x^4+2ax^2-4ax$의 그래프가 직선 $y=4x-a^2$보다 항상 윗부분에 있도록 하는 양의 정수 a의 최솟값을 구하시오.

1278 **교육청** 기출

원점 O를 동시에 출발하여 수직선 위를 움직이는 두 점 P, Q의 t분 후의 좌표를 각각 x_1, x_2라 하면

$$x_1=2t^3-9t^2,\ x_2=t^2+8t$$

이다. 선분 PQ의 중점을 M이라 할 때, 두 점 P, Q가 원점을 출발한 후 4분 동안 세 점 P, Q, M이 움직이는 방향을 바꾼 횟수를 각각 a, b, c라 하자. 이때, $a+b+c$의 값을 구하시오.

1279

그림과 같이 아랫면과 윗면의 반지름의 길이가 각각 30 cm, 40 cm이고 높이가 60 cm인 원뿔대 모양의 빈 그릇이 있다. 이 그릇에 수면의 높이가 매초 1 cm씩 증가하도록 물을 넣을 때, 수면의 높이가 12 cm가 되는 순간의 부피의 증가율은? (단, 그릇의 두께는 고려하지 않는다.)

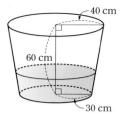

① 942π cm³/s
② 968π cm³/s
③ 1000π cm³/s
④ 1024π cm³/s
⑤ 1048π cm³/s

1280 평가원 기출

그림과 같이 편평한 바닥에 $60°$로 기울어진 경사면과 반지름의 길이가 0.5 m인 공이 있다. 이 공의 중심은 경사면과 바닥이 만나는 점에서 바닥에 수직으로 높이가 21 m인 위치에 있다.

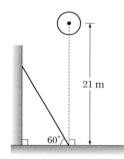

이 공을 자유낙시킬 때, t초 후 공의 중심의 높이 $h(t)$는
$$h(t)=21-5t^2 \text{ (m)}$$
라고 한다. 공이 경사면과 처음으로 충돌하는 순간, 공의 속도는?
(단, 경사면의 두께와 공기의 저항은 무시한다.)

① -20 m/s
② -17 m/s
③ -15 m/s
④ -12 m/s
⑤ -10 m/s

1281 교육청 기출

그림과 같이 두 삼차함수 $f(x)$, $g(x)$의 도함수 $y=f'(x)$, $y=g'(x)$의 그래프가 만나는 서로 다른 두 점의 x좌표는 $a, b\ (0<a<b)$이다.

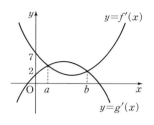

함수 $h(x)$를 $h(x)=f(x)-g(x)$라 할 때, 〈보기〉에서 옳은 것만을 있는 대로 고른 것은? (단, $f'(0)=7$, $g'(0)=2$)

┤ 보기 ├

ㄱ. 함수 $h(x)$는 $x=a$에서 극댓값을 갖는다.
ㄴ. $h(b)=0$이면 방정식 $h(x)=0$의 서로 다른 실근의 개수는 2이다.
ㄷ. $0<\alpha<\beta<b$인 두 실수 α, β에 대하여 $h(\beta)-h(\alpha)<5(\beta-\alpha)$이다.

① ㄱ
② ㄷ
③ ㄱ, ㄴ
④ ㄴ, ㄷ
⑤ ㄱ, ㄴ, ㄷ

1282 평가원 기출

삼차함수 $f(x)$가 다음 조건을 만족시킨다.

㈎ $x=-2$에서 극댓값을 갖는다.
㈏ $f'(-3)=f'(3)$

〈보기〉에서 옳은 것만을 있는 대로 고른 것은?

┤ 보기 ├

ㄱ. 도함수 $f'(x)$는 $x=0$에서 최솟값을 갖는다.
ㄴ. 방정식 $f(x)=f(2)$는 서로 다른 두 실근을 갖는다.
ㄷ. 곡선 $y=f(x)$ 위의 점 $(-1, f(-1))$에서의 접선은 점 $(2, f(2))$를 지난다.

① ㄱ
② ㄷ
③ ㄱ, ㄴ
④ ㄴ, ㄷ
⑤ ㄱ, ㄴ, ㄷ

해설 256쪽

1283

교육청 기출

최고차항의 계수의 부호가 서로 다른 두 삼차다항식
$f(x), g(x)$가

$$|f(x)| = \begin{cases} g(x) - 4x - 26 & (x \le a) \\ g(x) + 2x^3 - 14x^2 + 12x + 6 & (x > a) \end{cases}$$

를 만족시킬 때, 방정식 $f(x) + a(x-k)^2 = 0$이 서로 다른 세 실근을 갖도록 하는 모든 자연수 k의 값의 합을 구하시오.

(단, a는 상수이다.)

1284

그림과 같이 케이블 l, m, n은 모두 벽면과 수직이고, 케이블 사이의 거리가 각각 2, 1이다. l 위의 광원 A에서 m 위의 물체 B에 빛을 비추면 n 위에 그림자 C가 나타난다. 광원 A와 물체 B의 시각 t $(t \le 8)$에서 벽으로부터의 거리를 각각 $x = 4 - \dfrac{1}{2}t$, $y = t^2 - \dfrac{11}{2}t + 10$이라 할 때, 옳은 것만을 〈보기〉에서 있는 대로 고른 것은? (단, 광원, 물체, 그림자의 크기는 무시한다.)

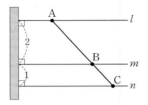

┤ 보기 ├

ㄱ. $t = \dfrac{5}{2}$에서 광원과 물체의 속도가 같아진다.

ㄴ. A와 C 사이의 거리가 3인 순간은 두 번이다.

ㄷ. $2 < t < 3$에서 그림자 C의 가속도는 1이다.

① ㄱ   ② ㄷ   ③ ㄱ, ㄴ

④ ㄴ, ㄷ   ⑤ ㄱ, ㄴ, ㄷ

08 부정적분

08 부정적분

1. 부정적분

(1) 함수 $y=f(x)$에 대하여 $F'(x)=f(x)$가 되는 $y=F(x)+C$ (C는 상수)를
   $y=f(x)$의 부정적분이라 하고, 기호로

$$\int f(x)\,dx$$

   와 같이 나타낸다.

(2) 함수 $y=f(x)$의 부정적분 중 하나를 $y=F(x)$라 하면

$$\int f(x)\,dx=F(x)+C \ \text{(단, }C\text{는 적분상수이다.)}$$

미분한다.
$$\int f(x)\,dx=F(x)+C$$
적분한다.

$$F(x)+C \ \underset{\text{적분}}{\overset{\text{미분}}{\longleftrightarrow}} \ f(x) \ \overset{\text{미분}}{\longrightarrow} \ f'(x)$$
부정적분 　　　 함수 　　 도함수

dx는 x에 대하여 적분한다는 뜻이므로 x 이외의 문자는 모두 상수로 취급한다.

2. 적분과 미분의 관계

(1) $\dfrac{d}{dx}\displaystyle\int f(x)\,dx=f(x)$

(2) $\displaystyle\int\left\{\dfrac{d}{dx}f(x)\right\}dx=f(x)+C$ (단, C는 적분상수이다.)

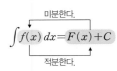

함수 $y=f(x)$를 적분한 후 미분하면 $y=f(x)$가 되지만 미분한 후 적분하면 $y=f(x)+C$가 된다.

3. 함수 $y=x^n$의 부정적분

n이 음이 아닌 정수일 때,

$$\int x^n dx = \frac{1}{n+1}x^{n+1}+C \text{ (단, } C\text{는 적분상수이다.)}$$

$a \neq 0$이고, n이 자연수일 때,

$$\int (ax+b)^n dx$$

$$= \frac{1}{a} \times \frac{1}{n+1} \times (ax+b)^{n+1}+C$$

(단, C는 적분상수)

4. 함수의 실수배, 합, 차의 부정적분

두 다항함수 $y=f(x)$, $y=g(x)$에 대하여

(1) $\int kf(x)\,dx = k\int f(x)\,dx$ (단, k는 상수이다.)

(2) $\int \{f(x)+g(x)\}dx = \int f(x)\,dx + \int g(x)\,dx$

(3) $\int \{f(x)-g(x)\}dx = \int f(x)\,dx - \int g(x)\,dx$

두 함수 $y=f(x)$, $y=g(x)$의 부정적분을 각각 $\int f(x)\,dx = F(x)+C_1$,

$$\int g(x)\,dx = G(x)+C_2$$

(C_1, C_2는 적분상수)
라 하면 $F'(x)=f(x)$, $G'(x)=g(x)$
이다.
미분법에 의하여

$$\{F(x)+G(x)\}' = F'(x)+G'(x)$$
$$= f(x)+g(x)$$

이므로

$$\int \{f(x)+g(x)\}dx$$
$$= F(x)+G(x)+C \text{ (C는 적분상수)}$$
$$= F(x)+C_1+G(x)+C_2$$
$$= \int f(x)dx + \int g(x)dx$$

5. 구간별로 정의된 도함수의 부정적분

함수 $y=f(x)$가 $x=a$에서 연속이고 $f'(x) = \begin{cases} g(x) & (x \geq a) \\ h(x) & (x < a) \end{cases}$ 일 때,

(1) $f(x) = \begin{cases} \int g(x)dx & (x \geq a) \\ \int h(x)dx & (x < a) \end{cases}$

(2) $f(a) = \lim\limits_{x \to a+} f(x) = \lim\limits_{x \to a-} f(x)$

1 부정적분

[1285-1289] 다음 등식을 만족시키는 함수 $y=f(x)$를 구하시오. (단, C는 적분상수이다.)

1285 $\displaystyle\int f(x)\,dx=2x+C$

1286 $\displaystyle\int f(x)\,dx=x^2+C$

1287 $\displaystyle\int f(x)\,dx=3x^2-5x+C$

1288 $\displaystyle\int f(x)\,dx=x^3+4x+C$

1289 $\displaystyle\int f(x)\,dx=-x^3+2x^2+C$

1290 〈보기〉의 함수 중에서 함수 $f(x)=4x^3$의 부정적분 중 하나가 될 수 <u>없는</u> 것만을 있는 대로 고르시오.

┌─ 보기 ├─
ㄱ. $F(x)=x^4$　　　　ㄴ. $F(x)=x^4-2x$

ㄷ. $F(x)=x^4-5$　　　ㄹ. $F(x)=x^4+\dfrac{3}{2}$
└──────────────

[1291-1292] 함수 $f(x)=x^2+2x+1$에 대하여 다음을 구하시오.

1291 $f'(x)$

1292 $\displaystyle\int f'(x)\,dx$

[1293-1296] 다음을 계산하시오.

1293 $\dfrac{d}{dx}\displaystyle\int x^4\,dx$

1294 $\displaystyle\int\left(\dfrac{d}{dx}x^4\right)dx$

1295 $\dfrac{d}{dx}\displaystyle\int (x^2+2x)\,dx$

1296 $\displaystyle\int\left\{\dfrac{d}{dx}(x^2+2x)\right\}dx$

2 x^n의 부정적분

[1297-1304] 다음 부정적분을 구하시오.

1297 $\displaystyle\int 1\,dx$

1298 $\displaystyle\int 3\,dx$

1299 $\displaystyle\int x\,dx$

1300 $\displaystyle\int x^2\,dx$

1301 $\displaystyle\int x^5\,dx$

1302 $\displaystyle\int x^{99}\,dx$

1303 $\displaystyle\int t^{10}\,dt$

1304 $\displaystyle\int x^n\,dx$ (단, n은 음이 아닌 정수이다.)

3 함수의 실수배, 합, 차의 부정적분

[1305-1307] 다음 부정적분을 구하시오.

1305 $\displaystyle\int 2x\,dx$

1306 $\displaystyle\int 3x^2\,dx$

1307 $\displaystyle\int 8x^3\,dx$

[1308-1312] 다음 부정적분을 구하시오.

1308 $\displaystyle\int (2x+3)\,dx$

1309 $\displaystyle\int (3x^2+6x-5)\,dx$

1310 $\displaystyle\int (2x^3+x-1)\,dx$

1311 $\displaystyle\int (4y-2)\,dy$

1312 $\displaystyle\int (3t^2-2t+4)\,dt$

[1313-1320] 다음 부정적분을 구하시오.

1313 $\int x(x-2)\,dx$

1314 $\int (x-1)(x+2)\,dx$

1315 $\int (x-1)(3x+2)\,dx$

1316 $\int (x+1)^2\,dx$

1317 $\int (2x-1)^2\,dx$

1318 $\int x(x-1)(x-2)\,dx$

1319 $\int (x+1)(x^2-x+1)\,dx$

1320 $\int (y+1)^3\,dy$

[1321-1327] 다음 부정적분을 구하시오.

1321 $\int (3x-1)\,dx+\int (5x-3)\,dx$

1322 $\int (3x^2+2)\,dx+\int (2x-1)\,dx$

1323 $\int (4x^2-x+2)\,dx-\int (x^2-7x-1)\,dx$

1324 $\int (x^3-x+4)\,dx+\int (3x^3+3x^2-x-1)\,dx$

1325 $\int (x+1)^2\,dx + \int (x-1)^2\,dx$

1326 $\int (2x+3)^2\,dx - \int (2x-3)^2\,dx$

1327 $\int (x+1)^3\,dx - \int (x-1)^3\,dx$

[1328-1330] 다음 부정적분을 구하시오.

1328 $\int \dfrac{x^2-9}{x+3}\,dx$

1329 $\int \dfrac{x^3+8}{x+2}\,dx$

1330 $\int \dfrac{x^2}{x+1}\,dx - \int \dfrac{1}{x+1}\,dx$

---

4 적분상수 정하기

1331 다음은 $f'(x)=4x^3-3x^2+6x-2$, $f(1)=2$를 만족시키는 함수 $y=f(x)$를 구하는 과정이다. ☐ 안에 알맞은 것을 써넣으시오.

> $f'(x)=4x^3-3x^2+6x-2$에서
>
> $f(x)=\int (4x^3-3x^2+6x-2)\,dx$
>
> $\qquad = x^4-x^3+3x^2-2x+C$
>
> $f(1)=2$이므로
>
> $f(1)=$ ☐ $+C=2$
>
> $\therefore C=$ ☐
>
> $\therefore f(x)=$ ☐

[1332-1334] 다음 조건을 만족시키는 함수 $y=f(x)$를 구하시오.

1332 $f'(x)=4x-5$, $f(0)=1$

1333 $f'(x)=3x^2-6x+1$, $f(0)=-2$

1334 $f'(x)=4x^3-6x^2+8x-5$, $f(1)=3$

유형 01 부정적분의 정의

내신 중요도 ■■■■■■   유형 난이도 ★☆☆☆☆

함수 $y=F(x)$의 도함수가 $y=f(x)$이다.
$\iff F'(x)=f(x)$
$\iff F(x)$는 $f(x)$의 부정적분 중 하나이다.
$\iff \int f(x)\,dx=F(x)+C$ (단, C는 적분상수이다.)

1335 ●○○○○

다항식 x^3+2x^2+3이 함수 $f(x)$의 부정적분 중 하나일 때, 함수 $f(x)$는?

① $f(x)=x^3+2x^2$ ② $f(x)=3x^2+2x$

③ $f(x)=3x^2+4x$ ④ $f(x)=x^2+x$

⑤ $f(x)=4x+1$

1336 중요 ●○○○○

함수 $y=f(x)$의 부정적분 중 하나가 $y=3x^2+x+2$일 때, $f(2)$의 값은?

① 11 ② 13 ③ 15

④ 17 ⑤ 19

1337 ●●○○○

함수 $F(x)=x^3+ax^2+6x$가 함수 $y=f(x)$의 부정적분 중 하나이고 $f(0)=b$, $f'(0)=6$일 때, 두 상수 a, b에 대하여 ab의 값은?

① 16 ② 17 ③ 18

④ 19 ⑤ 20

1338 중요 ●●○○

두 함수 $y=F(x)$, $y=G(x)$는 각각 함수 $y=f(x)$의 부정적분 중 하나이고 $F(0)=1$, $G(0)=3$일 때, $F(1)-G(1)$의 값은?

① -3 ② -2 ③ -1

④ 1 ⑤ 2

1339 ●○○○○

$\int f(x)\,dx=\dfrac{2}{3}x^3+x^2+3$을 만족시키는 함수 $y=f(x)$가 $f(x)=ax^2+bx+c$일 때, $a+b+c$의 값은?

(단, a, b, c는 상수이다.)

① 1 ② 2 ③ 3

④ 4 ⑤ 5

1340 짱중요 ●●○○

등식 $\int f(x)\,dx=x^3+x^2-2x+C$를 만족시키는 함수 $f(x)$에 대하여 $f(2)$의 값을 구하시오. (단, C는 적분상수이다.)

1341 ●●○○

등식 $\int (12x^2+ax-5)\,dx=bx^3+3x^2-cx+2$를 만족시키는

세 상수 a, b, c에 대하여 $a+b+c$의 값은?

① 11　　　　② 12　　　　③ 13

④ 14　　　　⑤ 15

⭐ **1342** 중요 ●●○○

실수 전체의 집합에서 연속인 함수 $y=f(x)$에 대하여

$\int (x-3)f(x)\,dx=x^3-27x$일 때, $f(3)$의 값을 구하시오.

1343 ●●○○

$f(1)=3$, $f'(1)=2$인 미분가능한 함수 $y=f(x)$에 대하여

$$\int g(x)\,dx=x^3f(x)+C$$

가 성립할 때, $g(1)$의 값은? (단, C는 적분상수이다.)

① 11　　　　② 12　　　　③ 13

④ 14　　　　⑤ 15

유형
02 부정적분과 미분의 관계
　　　　　내신 중요도 ■■■□□　유형 난이도 ★★☆☆☆

(1) $\dfrac{d}{dx}\displaystyle\int f(x)\,dx=f(x)$

(2) $\displaystyle\int \left\{ \dfrac{d}{dx}f(x)\right\}dx=f(x)+C$ (단, C는 적분상수이다.)

1344 ●○○○

모든 실수 x에 대하여

$$\frac{d}{dx}\int (ax^2+x+4)\,dx=2x^2+bx+c$$

를 만족시키는 세 상수 a, b, c에 대하여 $a+b+c$의 값은?

① 4　　　　② 5　　　　③ 6

④ 7　　　　⑤ 8

1345 ●●○○

함수 $f(x)=\log_2(x^2+2x+a)$에 대하여

$$g(x)=\frac{d}{dx}\int f(x)\,dx$$

일 때, $g(2)=4$를 만족시키는 상수 a의 값은?

① 2　　　　② 4　　　　③ 6

④ 8　　　　⑤ 10

1346 ●●○○

함수 $f(x)=\dfrac{d}{dx}\displaystyle\int (x^2-2x+k)\,dx$의 최솟값이 -5일 때,

상수 k의 값을 구하시오.

1347 짱중요 ●○○○

함수 $f(x) = \int \left\{ \dfrac{d}{dx}(3x^2 + 2x) \right\} dx$에 대하여 $f(1) = 6$일 때, $f(-1)$의 값을 구하시오.

1348 중요 `교육청 기출` ●●○○

함수 $f(x) = \int \left\{ \dfrac{d}{dx}(x^2 - 6x) \right\} dx$에 대하여 $f(x)$의 최솟값이 8일 때, $f(1)$의 값을 구하시오.

1349 ●●●○

함수 $f(x) = 10x^{10} + 9x^9 + \cdots + 2x^2 + x$에 대하여

$$F(x) = \int \left[\dfrac{d}{dx} \int \left\{ \dfrac{d}{dx} f(x) \right\} dx \right] dx$$

이다. $F(0) = 2$일 때, $F(1)$의 값을 구하시오.

1350 ●●○○

함수 $f(x) = 2^{x+3}$에 대하여

$$G(x) = \int \left[\dfrac{d}{dx} \{ f(x) + 2 \} \right] dx$$

이고 $G(1) = 20$일 때, $G(-1)$의 값은?

① 1   ② 2   ③ 4

④ 8   ⑤ 16

1351 `교육청 기출` ●●●○

다항함수 $f(x)$가

$$\dfrac{d}{dx} \int \{ f(x) - x^2 + 4 \} dx = \int \dfrac{d}{dx} \{ 2f(x) - 3x + 1 \} dx$$

를 만족시킨다. $f(1) = 3$일 때, $f(0)$의 값은?

① -2 ② -1 ③ 0

④ 1 ⑤ 2

1352 ●●●○

다음 조건을 만족하는 두 다항함수 $f(x)$, $g(x)$에 대하여 $f(2) - g(2)$의 값을 구하시오.

> (가) $\dfrac{d}{dx} \int f(x) dx = \int \left\{ \dfrac{d}{dx} g(x) \right\} dx$
>
> (나) $f(1) = 12$, $g(1) = 5$

유형 03 부정적분의 계산

내신 중요도 ■■■■□ 유형 난이도 ★★☆☆☆

n이 음이 아닌 정수일 때, 두 다항함수 $y=f(x)$, $y=g(x)$에 대하여

(1) $\int x^n dx = \dfrac{1}{n+1}x^{n+1}+C$ (단, C는 적분상수이다.)

(2) $\int kf(x)\,dx = k\int f(x)\,dx$ (단, k는 상수이다.)

(3) $\int \{f(x)\pm g(x)\}dx = \int f(x)\,dx \pm \int g(x)\,dx$

(복부호 동순)

1353 중요 ●○○○

부정적분 $\int (x^3-2x+1)dx$를 알맞게 구한 것은?

(단, C는 적분상수)

① $\dfrac{1}{4}x^4-x^3+x^2+C$　　② $\dfrac{1}{4}x^4-x^3+x$

③ $\dfrac{1}{4}x^4-2x^2+1$　　④ $\dfrac{1}{4}x^4-x^2+x+C$

⑤ $\dfrac{1}{4}x^4-x^2+1+C$

1354 중요 ●○○○

다음 중 함수 $f(x)=4x^3$의 부정적분인 것을 모두 고르시오.

| ㄱ. x^4 | ㄴ. x^4-1 | ㄷ. $x^4+\pi$ |
| ㄹ. x^4+x | ㅁ. $3x^4$ | |

1355 중요 ●○○○

다음 부정적분을 구하시오.

$$\int (x-2)(x+2)dx$$

1356 중요 ●○○○

다음 부정적분을 구한 것 중 옳지 않은 것 두 개의 번호의 합을 구하시오. (단, C는 적분상수)

> 1. $\int 2\,dt = 2x+C$
>
> 2. $\int x\,dx = \dfrac{1}{2}x^2+C$
>
> 3. $\int (-2x+2)\,dx = -x^2+2x+C$
>
> 4. $\int (-5x^2)\,dt = -5x^2t+C$
>
> 5. $\int (-x^2+11)\,dx = -\dfrac{1}{3}x^3+11+C$

1357 짱중요 ●●○○

함수 $y=f(x)$가

$$f(x)=\int (x+1)^2 dx - \int (x-1)^2 dx$$

이고 $f(2)=8$일 때, $f(1)$의 값을 구하시오.

1358 ●●○○

부정적분 $\displaystyle\int \dfrac{t^2}{t+1}\,dt - \int \dfrac{1}{t+1}\,dt$를 구하면?

(단, C는 적분상수이다.)

① $\dfrac{1}{2}t^2+\dfrac{1}{2}t+C$　　② $\dfrac{1}{2}t^2+t+C$

③ $\dfrac{1}{2}t^2-\dfrac{1}{2}t+C$　　④ $\dfrac{1}{2}t^2-t+C$

⑤ $\dfrac{1}{2}t^2+2t+C$

08 부정적분

1359 짱중요 교육청 기출 ● ● ○ ○

함수 $f(x) = \int (3x^2 - 6x)\, dx$에 대하여 $f(0) = 7$일 때, $f(1)$의 값은?

① 1   ② 2   ③ 3

④ 4   ⑤ 5

1360 중요 ● ● ○ ○

함수 $f(x) = \int (x-1)(x+1)(x^2+1)\, dx$에 대하여 $f(0) = 3$일 때, $f(1)$의 값을 구하시오.

1361 ● ● ○ ○

함수 $f(x) = 2x - 3$의 부정적분 중에서 $x = 2$일 때의 함숫값이 5인 함수를 $y = F(x)$라 할 때, 함수 $y = F(x)$를 구하시오.

1362 ● ● ○ ○

함수 $y = f(x)$가
$$f(x) = \int (x+1)(x^2 - x + 1)\, dx - \int (x-1)(x^2 + x + 1)\, dx$$
이고 $f(3) = 8$일 때, $f(5)$의 값을 구하시오.

1363 중요 ● ● ● ○

$$f(x) = \int \frac{x^3}{x-2}\, dx + \int \frac{8}{2-x}\, dx$$에 대하여

$f(0) = \dfrac{2}{3}$일 때, $f(1)$의 값을 구하시오.

1364 ● ● ● ○

함수 $y = f(x)$가 $f(x) = \int (1 + 2x + 3x^2 + \cdots + 10x^9)\, dx$이고 $f(0) = \dfrac{5}{2}$일 때, $f(3)$의 값은?

① $\dfrac{3^{10}}{2}$ ② $\dfrac{3^{10}}{2} + 1$ ③ $\dfrac{3^{11}}{2} - 1$

④ $\dfrac{3^{11}}{2}$ ⑤ $\dfrac{3^{11}}{2} + 1$

유형 04 도함수가 주어진 경우의 부정적분

내신 중요도 ━━━━━ 유형 난이도 ★★☆☆☆

$f'(x)$가 주어지고 $f(x)$를 구할 때

$\Rightarrow f(x) = \displaystyle\int f'(x)\,dx$임을 이용한다.

1365 중요 교육청 기출

●○○○○

다항함수 $f(x)$의 도함수 $f'(x)$가 $f'(x)=2x+5$이다. $f(0)=1$일 때, $f(2)$의 값은?

① 9　　　　　② 11　　　　　③ 13

④ 15　　　　　⑤ 17

1366 짱중요

●○○○○

함수 $y=f(x)$에 대하여 $f'(x)=3x^2-4x+1$이고 $f(0)=3$일 때, $f(1)$의 값은?

① 2　　　　　② 3　　　　　③ 4

④ 5　　　　　⑤ 6

1367 짱중요

●○○○○

다음 조건을 만족시키는 함수 $y=f(x)$에 대하여 $f(2)$의 값은?

> (가) $f'(x)=6x^2-4x+1$
> (나) $f(1)=2$

① 9　　　　　② 10　　　　　③ 11

④ 12　　　　　⑤ 13

1368

●●○○○

함수 $y=f(x)$에 대하여 $f'(x)=ax-4\ (a\neq0)$이고 $f(0)=3$, $f(1)=-4$일 때, $f(2)$의 값은?

① −17　　　　　② −15　　　　　③ −13

④ −11　　　　　⑤ −9

1369 중요

●●○○○

함수 $y=f(x)$에 대하여 $f'(x)=3x^2+2ax-1$이고 $f(0)=1$, $f(1)=-1$일 때, $f(2)$의 값을 구하시오. (단, a는 상수이다.)

1370 평가원 기출

●●○○○

다항함수 $f(x)$의 도함수 $f'(x)$가 $f'(x)=6x^2+4$이다. 함수 $y=f(x)$의 그래프가 점 $(0,6)$을 지날 때, $f(1)$의 값을 구하시오.

1371 ●●●○

함수 $f(x)$의 도함수가 $f'(x)=3x^2-2x+1$이고 $f(0)=0$일 때, 곡선 $y=f(x)$ 위의 $x=1$인 점에서의 접선의 방정식은?

① $y=x-1$ ② $y=x+1$ ③ $y=2x-1$

④ $y=2x+1$ ⑤ $y=2x+2$

1372 ●●●○

함수 $y=f(x)$의 도함수가 $f'(x)=2x+8$일 때, 모든 실수 x에 대하여 $f(x)>0$이 성립한다. 다음 중 $f(0)$의 값이 될 수 있는 것은?

① 4   ② 8   ③ 12

④ 16   ⑤ 20

1373 ●●●○

'함수 $y=f(x)$의 부정적분을 구하시오.' 라는 문제를 잘못하여 함수 $y=f(x)$를 미분하였더니 $f'(x)=6x-8$이 되었다. 함수 $y=f(x)$의 부정적분 중 하나를 $y=F(x)$라 하고 $f(1)=1$, $F(0)=3$일 때, $F(-1)$의 값을 구하시오.

유형 **05** 기울기가 주어진 경우의 부정적분

곡선 $y=f(x)$ 위의 점 $(x, f(x))$에서의 접선의 기울기가 $f'(x)$임을 이용한다.

1374 짱중요 ●●○○

점 $(0, 3)$을 지나는 곡선 $y=f(x)$ 위의 점 (x, y)에서의 접선의 기울기가 $4x-1$일 때, $f(1)$의 값을 구하시오.

1375 짱중요 ●●○○

곡선 $y=f(x)$ 위의 점 $(x, f(x))$에서의 접선의 기울기는 $3x^2-4x$이다. 이 곡선이 점 $(1, 4)$를 지날 때, $f(3)$의 값을 구하시오.

1376 ●●○○

함수 $y=f(x)$의 도함수가 $f'(x)=3x^2-2x+1$이고 $f(0)=0$일 때, 곡선 $y=f(x)$ 위의 $x=1$인 점에서의 접선의 방정식은?

① $y=x-1$ ② $y=x+1$ ③ $y=2x-1$

④ $y=2x+1$ ⑤ $y=2x+2$

1377

●●○○

곡선 $y=f(x)$ 위의 점 (x,y)에서의 접선의 기울기가 $4x+1$이고 $2f(1)=f(2)$가 성립할 때, $f(-1)$의 값은?

① 3　　　　　② 4　　　　　③ 5
④ 6　　　　　⑤ 7

1378

●●○○

곡선 $y=f(x)$ 위의 임의의 점 (x,y)에서의 접선의 기울기가 $2x-4$이고 함수 $y=f(x)$의 최솟값이 7일 때, $f(3)$의 값을 구하시오.

1379

●●○○

함수 $f(x)=\int(3x^2+x+a)\,dx$에 대하여 곡선 $y=f(x)$ 위의 $x=1$인 점에서의 접선의 기울기가 2일 때, 상수 a의 값을 구하시오.

유형
06 부정적분과 미분계수의 정의

내신 중요도 ■■■■□　　유형 난이도 ★★★★☆

$f'(a)=\lim\limits_{h\to0}\dfrac{f(a+h)-f(a)}{h}=\lim\limits_{x\to a}\dfrac{f(x)-f(a)}{x-a}$임을 이용하여 함수 $f(x)$를 구하자.

⭐1380 짱중요

●●○○

함수 $F(x)$가 함수 $f(x)=3x^2-6x+8$의 부정적분일 때,

$\lim\limits_{x\to2}\dfrac{F(x)-F(2)}{x^2-4}$의 값을 구하시오.

⭐1381 중요

●●○○

함수 $f(x)=\int(3x^2-2x+6)\,dx$일 때,

$\lim\limits_{h\to0}\dfrac{f(1+h)-f(1)}{h}$의 값은?

① 6　　　　　② 7　　　　　③ 8
④ 9　　　　　⑤ 10

1382

●●●○

함수 $y=f(x)$의 도함수가 $f'(x)=x^2+5x+a$이고 $3f(0)=2$, $\lim\limits_{h\to0}\dfrac{f(1+2h)-f(1)}{h}=8$일 때, $f(1)$의 값을 구하시오.

(단, a는 상수이다.)

1383 ●●●○

함수 $y=f(x)$가 다음 조건을 만족시킬 때, $f(2)$의 값을 구하시오.
(단, a는 상수이다.)

(개) $f'(x)=6x+a$　　　　(내) $\lim\limits_{x\to 1}\dfrac{f(x)}{x-1}=2a+1$

1384 ●●●●

함수 $f(x)=\displaystyle\int\left\{\dfrac{d}{dx}(2x^4-ax^2)\right\}dx$에 대하여

$f(1)=3$, $\lim\limits_{x\to 1}\dfrac{f(x)-f(1)}{x-1}=2$일 때, $f(-1)$의 값을 구하시오.
(단, a는 상수이다.)

1385 ●●●●

함수 $f(x)$가 $f(x)=\displaystyle\int\sum_{n=1}^{10}(x^n+n)dx$일 때,

$\lim\limits_{h\to 0}\dfrac{f(2+h)-f(2-h)}{h}$의 값을 구하시오.

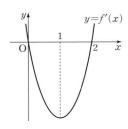

유형
07 극값이 주어진 경우의 부정적분
내신 중요도 ━━━━━━ 유형 난이도 ★★★★★

미분가능한 함수 $y=f(x)$에 대하여
$f'(a)=0$이고 $x=a$의 좌우에서 $f'(x)$의 부호가
(1) 양에서 음으로 변하면 $y=f(x)$는 $x=a$에서 극대
(2) 음에서 양으로 변하면 $y=f(x)$는 $x=a$에서 극소

1386 짱중요 ●○○○

함수 $y=f(x)$의 도함수 $y=f'(x)$는
이차함수이고, $y=f'(x)$의 그래프가
그림과 같다. $y=f(x)$의 극댓값이 4,
극솟값이 0일 때, $f(1)$의 값은?

① 1　　　　② 2
③ 3　　　　④ 4
⑤ 5

1387 ●●○○

함수 $y=f(x)$의 도함수를 $y=f'(x)$
라 할 때, 함수 $y=f'(x)$의 그래프는
그림과 같다. $y=f(x)$의 극솟값이 3
이고 극댓값이 5일 때, $f(1)$의 값은?

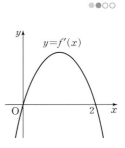

① 1　　　　② 2
③ 3　　　　④ 4
⑤ 5

1388

사차함수 $y=f(x)$의
도함수 $y=f'(x)$의 그래프가 그림과
같다. $y=f(x)$의 극댓값이 0이고,
극솟값이 -2일 때, $f(2)$의 값을 구하
시오.

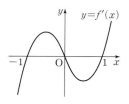

1389 중요

함수 $y=f(x)$의 도함수 $y=f'(x)$의
그래프가 그림과 같고 $y=f(x)$의 극
솟값이 1일 때, 함수 $y=f(x)$의 극댓
값을 구하시오.

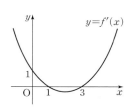

1390

삼차함수 $y=f(x)$의 도함수 $y=f'(x)$의
그래프가 그림과 같다. $y=f(x)$의 극댓값
이 20일 때, 극솟값은?

① $-\dfrac{4}{3}$

② $-\dfrac{2}{3}$

③ $\dfrac{2}{3}$

④ $\dfrac{4}{3}$

⑤ 2

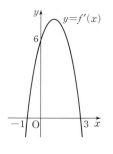

1391

함수 $y=f(x)$의 도함수가 $f'(x)=3x^2+6x-9$이고,
함수 $y=f(x)$의 극댓값이 24일 때, $y=f(x)$는 $x=a$에서
극솟값 b를 갖는다. $a+b$의 값을 구하시오.

1392 중요

삼차함수 $y=f(x)$는 $x=1$에서 극값 5를 갖고
$f'(x)=6x^2-18x+a$일 때, $y=f(x)$의 다른 극값을 구하시오.

(단, a는 상수이다.)

1393

함수 $f(x)$의 도함수가 $f'(x)=3ax(x+1)$ $(a>0)$이고 $f(x)$
의 극댓값이 2, 극솟값이 -1일 때, $f(1)$의 값은?

① 6

② 8

③ 10

④ 12

⑤ 14

1394

●●○○

도함수가 $f'(x)=a(x^2-4)$ $(a>0)$인 함수 $f(x)$의 극댓값이 42이고 극솟값이 -22일 때, $f(3)$의 값을 구하시오.

1395 교육청 기출

●●○○

곡선 $y=f(x)$ 위의 임의의 점 $\mathrm{P}(x,\,y)$에서의 접선의 기울기가 $3x^2-12$이고 함수 $f(x)$의 극솟값이 3일 때, 함수 $f(x)$의 극댓값을 구하시오.

1396

●●●○

$f(1)=1$, $f'(2)=0$을 만족시키는 삼차함수 $y=f(x)$가 $x=0$에서 극댓값 3을 가질 때, 극솟값을 구하시오.

유형 **08** $f(x)$와 $F(x)$ 사이의 관계로 표현된 함수

내신 중요도 ━━━━ 유형 난이도 ★★★★☆

미분가능한 함수 $y=f(x)$와 그 부정적분 $y=F(x)$ 사이의 관계식이 주어지면
① 주어진 등식의 양변을 x에 대하여 미분한다.
   이때 $F'(x)=f(x)$임을 이용한다.
② $y=f'(x)$가 구해진 경우, 적분을 이용하여 $y=f(x)$를 구한다.

1397 짱중요

●●○○

미분가능한 함수 $y=f(x)$와 그 부정적분 $y=F(x)$ 사이에 $F(x)=xf(x)-3x^3+2x^2$인 관계가 성립하고 $f(0)=2$일 때, $f(2)$의 값을 구하시오.

1398 짱중요

●●○○

다항함수 $y=f(x)$의 부정적분 중 하나를 $y=F(x)$라 할 때, 다음 조건을 만족시킨다. 함수 $y=f(x)$를 구하시오.

> (개) $F(x)=xf(x)-4x^3+3x^2$ (내) $f(0)=1$

1399 중요

●●○○

다항함수 $y=f(x)$의 부정적분 중의 하나인 $y=F(x)$에 대하여
$$xf(x)=F(x)-3x^3(x-2)$$
인 관계가 성립한다. $f(0)=2$일 때, $f'(1)+f(1)$의 값을 구하시오.

1400 ●●●○

다항함수 $y=f(x)$와 그 부정적분 $y=F(x)$에 대하여
$$(x-1)f(x)-F(x)=x^3-x^2-x$$
인 관계가 성립한다. $f(1)=3$일 때, $f(3)$의 값을 구하시오.

⭐**1401** 중요 ●●●○

최고차항의 계수가 1인 다항함수 $f(x)$에 대하여 $f(x)$의 한 부정적분 $F(x)$가 $3F(x)=x\{f(x)-10\}$을 만족할 때, $F(3)$의 값을 구하시오.

1402 ●●●○

다항함수 $y=f(x)$와 그 부정적분 $y=F(x)$ 사이에
$$F(x)+\int xf(x)\,dx=x^3+x^2-x+C$$
인 관계가 성립할 때, $f(3)$의 값을 구하시오.

(단, C는 적분상수이다.)

1403 ●●●○

함수 $y=f(x)$의 도함수 $y=f'(x)$에 대하여
$$\int(2x+1)f'(x)\,dx=2x^3+\frac{1}{2}x^2-x$$
가 성립하고 $f(0)=2$일 때, $f(1)$의 값을 구하시오.

1404 ●●●○

다항함수 $y=f(x)$에 대하여
$$xf(x)-\int f(x)\,dx=\frac{2}{3}x^3+\frac{3}{2}x^2$$
인 관계가 성립한다. $f(1)=10$일 때, $f(2)$의 값을 구하시오.

1405 ●●●○

이차함수 $y=f(x)$가 등식
$$f'(x)+\int f(x)\,dx=x^3+x^2-6x-1$$
을 만족시킬 때, $f(2)$의 값을 구하시오.

유형
09 두 함수의 관계로 표현된 함수의 부정적분

내신 중요도 ━━━━━ 유형 난이도 ★★★★☆

미분가능한 두 함수 $y=f(x)$, $y=g(x)$에 대하여
(1) $\{f(x)+g(x)\}'=h(x)$
  $\Rightarrow f(x)+g(x)=\int h(x)dx$
(2) $\{f(x)g(x)\}'=h(x)$
  $\Rightarrow f(x)g(x)=\int h(x)dx$

1406 짱중요   ●●○○

$f(0)=0$, $g(0)=1$인 두 다항함수 $y=f(x)$, $y=g(x)$에 대하여
$\dfrac{d}{dx}\{f(x)+g(x)\}=3$, $\dfrac{d}{dx}\{f(x)g(x)\}=4x+2$일 때,
$f(2)+g(3)$의 값은?

① 4   ② 5   ③ 6
④ 7   ⑤ 8

1407 짱중요   ●●○○

두 다항함수 $f(x)$, $g(x)$가 다음 조건을 만족하고, $f(0)=1$,
$g(0)=0$일 때, $f(2)+g(1)$의 값을 구하시오.

> (가) $\dfrac{d}{dx}\{f(x)+g(x)\}=2x-1$
>
> (나) $\dfrac{d}{dx}\{f(x)g(x)\}=6x^2-10x-3$

1408 중요   ●●○○

다항함수 $f(x)$에 대하여
$$g(x)=\int xf(x)dx, \quad \dfrac{d}{dx}\{f(x)+g(x)\}=x^3+2x^2-3x+2$$
일 때, $f(2)$의 값을 구하시오.

1409   ●●●○

계수가 정수인 두 다항식 $f(x)$와 $g(x)$가 다음 세 조건을 만족
할 때, $f(2)+g(2)$의 값은?

> (가) $f(0)=1$, $g(0)=-2$
>
> (나) $\dfrac{d}{dx}\{f(x)g(x)\}=2x-1$
>
> (다) $f(x)$와 $g(x)$의 차수는 같다.

① 1   ② 2   ③ 3
④ 4   ⑤ 5

1410   ●●●○

계수가 정수인 이차함수 $y=f(x)$와 일차함수 $y=g(x)$에 대하여
$\{f(x)g(x)\}'=3x^2-4x-3$이고 $f(0)=-3$, $g(0)=-2$일 때,
$f(-3)+g(3)$의 값을 구하시오.

1411

●●●○

미분가능한 두 함수 $f(x)$, $g(x)$가 다음 조건을 만족시킬 때, $g(2)$의 값은?

> (가) $f(2)=1$, $f'(2)=g'(2)=2$
>
> (나) $\displaystyle\int xf(x)g(x)dx=2x^2f(x)+g(x)-3x^2$

① 5   ② 7   ③ 9

④ 11   ⑤ 13

1412 교육청 기출

●●●●

두 다항함수 $y=f(x)$, $y=g(x)$가

$$f(x)=\int xg(x)\,dx,\quad \frac{d}{dx}\{f(x)-g(x)\}=4x^3+2x$$

를 만족시킬 때, $g(1)$의 값을 구하시오.

1413

●●●●

다항함수 $y=f(x)$와 $g(x)=x^2+x+1$에 대하여 함수 $y=f(x)+g(x)$가 함수 $y=f(x)-g(x)$의 부정적분이 될 때, $f(1)$의 값은?

① 11   ② 12   ③ 13

④ 14   ⑤ 15

유형
10 도함수의 정의를 이용하는 부정적분

내신 중요도 ■■■■□□ 유형 난이도 ★★★★☆

$f(x+y)=f(x)+f(y)$꼴이 주어지면

(1) $x=0$, $y=0$을 대입하여 $f(0)$의 값을 구한다.

(2) 도함수의 정의 $f'(x)=\displaystyle\lim_{h\to 0}\frac{f(x+h)-f(x)}{h}$를 이용하여 $f'(x)$를 구한다.

(3) $f'(x)$, $f(0)$을 이용하여 $f(x)$를 구한다.

1414 중요

●●●○

미분가능한 함수 $f(x)$가 모든 실수 x, y에 대하여 다음 조건을 만족시킬 때, $f(1)+f'(1)$의 값을 구하시오.

> (가) $f(x+y)=f(x)+f(y)$
>
> (나) $f'(0)=3$

1415 짱중요

●●●●

미분가능한 함수 $y=f(x)$가 임의의 두 실수 x, y에 대하여

$$f(x+y)=f(x)+f(y)+2xy$$

를 만족시킨다. $f'(0)=0$일 때, $f(3)$의 값을 구하시오.

08 부정적분

유형 11 구간별로 정의된 도함수의 부정적분

함수 $y=f(x)$가 $x=a$에서 연속이고

$f'(x) = \begin{cases} g(x) & (x \geq a) \\ h(x) & (x < a) \end{cases}$ 일 때,

① $f(x) = \begin{cases} \displaystyle\int g(x)\,dx & (x \geq a) \\ \displaystyle\int h(x)\,dx & (x < a) \end{cases}$

② $f(a) = \displaystyle\lim_{x \to a+} f(x) = \lim_{x \to a-} f(x)$ 이다.

1416 중요

모든 실수 x에 대하여 미분가능한 함수 $y=f(x)$의 도함수가

$$f'(x) = \begin{cases} 5 & (x < 2) \\ 2x+1 & (x \geq 2) \end{cases}$$

이고 $f(0) = -6$일 때, $f(3)$의 값을 구하시오.

1417 짱중요

실수 전체의 집합에서 연속인 함수 $y=f(x)$의 도함수가

$f'(x) = \begin{cases} 3x^2 & (x \leq 1) \\ 2x-1 & (x > 1) \end{cases}$ 이고 $f(0) = 3$일 때, $f(3)$의 값을

구하시오.

1418

함수 $y=f(x)$의 도함수가 $f'(x) = \begin{cases} 4x-1 & (x \geq 1) \\ k & (x < 1) \end{cases}$ 이고,

$f(2) = 4$, $f(0) = 2$이다. 함수 $y=f(x)$가 $x=1$에서 연속일 때, $f(-2)$의 값은? (단, k는 상수이다.)

① 10 ② 9 ③ 8

④ 7 ⑤ 6

1419

모든 실수 x에서 연속인 함수 $f(x)$의 도함수가

$$f'(x) = \begin{cases} 2x+1 & (x < -1) \\ 6x^2+4x-3 & (-1 \leq x < 0) \\ 3x^2-3 & (x \geq 0) \end{cases}$$

이고 $f(-2) = 3$일 때, $f(-1) + f(1)$의 값을 구하시오.

1420

모든 실수 x에 대하여 미분가능한 함수 $y=f(x)$의 도함수가 $f'(x) = x + |x-2|$이고 $f(0) = 0$일 때, $f(3) + f(-1)$의 값을 구하시오.

유형 **12** 도함수의 그래프가 주어진 경우의 부정적분

내신 중요도 ■■■■□□□□ 유형 난이도 ★★★★★

그래프 또는 주어진 조건을 이용하여 $f'(x)$를 구하고 부정적분을 이용하여 $f(x)$를 구한다.

1421 ●●○○

함수 $y=f(x)$의 도함수 $y=f'(x)$의 그래프가 그림과 같고, $y=f(x)$의 그래프가 x축에 접할 때, $f(1)$의 값은?

① 5 ② 6
③ 7 ④ 8
⑤ 9

1423 ●●●○

모든 실수 x에서 연속인 함수 $y=f(x)$의 도함수 $y=f'(x)$의 그래프가 그림과 같다. $f(-3)=2$일 때, $f(3)$의 값은?

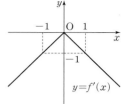

① -1 ② -3
③ -5 ④ -7
⑤ -9

1422 ●●●○

함수 $y=f(x)$의 도함수 $y=f'(x)$의 그래프는 그림과 같이 이차함수이고 $f(1)=1$이 성립할 때, $f(2)$의 값을 구하시오.

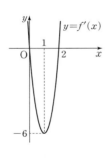

1424 ●●●○

함수 $y=f(x)$의 도함수 $y=f'(x)$의 그래프가 그림과 같고, $f(1)=1$을 만족시킬 때, $f(3)$의 값을 구하시오.

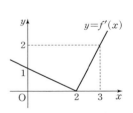

⭐1425 중요 ●●●○

함수 $y=f(x)$의 도함수 $y=f'(x)$의 그래프가 그림과 같다. $f(0)=-2$이고 $y=f(x)$가 $x=2$, $x=4$에서 연속일 때, $f(1)+f(3)+f(5)$의 값을 구하시오.

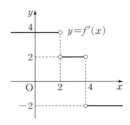

⭐1427 중요 교육청 기출 ●●●●

삼차함수 $y=f(x)$의 도함수 $y=f'(x)$의 그래프는 그림과 같다. $f(0)=0$일 때, x에 대한 방정식 $f(x)=kx$가 서로 다른 세 실근을 갖기 위한 실수 k의 값의 범위는?

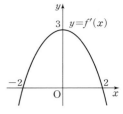

① $k<3$ ② $-4<k<4$ ③ $k<4$

④ $k>2$ ⑤ $k>3$

⭐1426 중요 ●●●●

연속함수 $f(x)$의 도함수를 $f'(x)$라고 하자. 함수 $y=f'(x)$의 그래프가 그림과 같을 때, 〈보기〉에서 옳은 것만을 있는 대로 고른 것은? (단, $f'(a)=f'(c)=0$이다.)

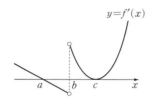

┤ 보기 ├
ㄱ. $x=a$일 때 $y=f(x)$는 극대이다.
ㄴ. $x=b$일 때 $y=f(x)$는 극소이다.
ㄷ. $f(a)=0$일 때, 방정식 $f(x)=0$은 1개의 실근을 갖는다.

① ㄱ   ② ㄱ, ㄴ   ③ ㄴ, ㄷ
④ ㄱ, ㄷ   ⑤ ㄱ, ㄴ, ㄷ

1428 ●●●●

사차함수 $y=f(x)$의 도함수 $y=f'(x)$의 그래프가 그림과 같다. $f(0)=1$, $f(\sqrt{2})=-3$일 때, $f(m)f(m+1)<0$을 만족시키는 모든 정수 m의 값의 합을 구하시오.

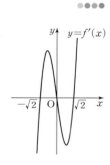

적중 문제

해설 280쪽

1429

다항함수 $f(x)$에 대하여 $\int f(x)\,dx = -\dfrac{1}{3}x^3 + 3x^2 + C$가 성립할 때, $f(2)$의 값을 구하시오. (단, C는 적분상수이다.)

1430

함수 $F(x) = \int \left\{ \dfrac{d}{dx}(x^3 - 2x) \right\} dx$에 대하여 $F(1) = 1$일 때, $F(-1)$의 값을 구하시오.

1431

함수 $f(x) = \dfrac{d}{dx} \int (x^2 - 2x + 3)\,dx$에 대하여 함수 $g(x) = \int f(x)\,dx$이고 $g(1) = 4$가 성립할 때, $g(4)$의 값을 구하시오.

1432

다음 조건을 만족시키는 함수 $y = f(x)$에 대하여 $f(2)$의 값은?

> (가) $f'(x) = 3x^2 + 4x - 3$ (나) $f(1) = 3$

① 9   ② 10   ③ 11
④ 12   ⑤ 13

1433

점 $(0, 5)$를 지나는 곡선 $y = f(x)$ 위의 점 (x, y)에서의 접선의 기울기가 $2x + 1$일 때, $f(1)$의 값은?

① 1   ② 3   ③ 5
④ 7   ⑤ 9

1434

함수 $f(x) = \int (x^3 + 2x^2 + 4)\,dx$일 때, $\displaystyle\lim_{h \to 0} \dfrac{f(1+h) - f(1-h)}{h}$의 값을 구하시오.

1435 ✏️서술형

삼차함수 $f(x)$의 도함수 $y=f'(x)$의 그래프는 그림과 같다. $f(x)$의 극댓값이 25, 극솟값이 -7일 때, $f(1)$의 값을 구하시오.

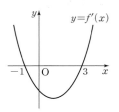

1436

미분가능한 함수 $f(x)$와 그 부정적분 $F(x)$ 사이에 $F(x)=xf(x)+2x^3-x^2$인 관계가 있다. $f(0)=5$일 때, $f(1)$의 값을 구하시오.

1437

두 함수 $y=f(x)$, $y=g(x)$에 대하여 $f(0)=2$, $g(0)=-1$이고
$\dfrac{d}{dx}\{f(x)+g(x)\}=2x+1$, $\dfrac{d}{dx}\{f(x)g(x)\}=3x^2-2x+2$
인 관계가 성립할 때, $f(3)+g(2)$의 값을 구하시오.

1438

다항함수 $y=f(x)$가 임의의 실수 x, y에 대하여
$$f(x+y)=f(x)+f(y)+xy(x+y)$$
를 만족시키고 $f'(0)=1$일 때, $f(3)$의 값을 구하시오.

1439 ✏️서술형

모든 실수 x에서 연속인 함수 $f(x)$의 도함수가
$$f'(x)=\begin{cases} 2x-1 & (x<1) \\ 3x^2-2 & (x\ge 1) \end{cases}$$
이고 $f(2)=3$일 때, $f(-1)+f(3)$의 값을 구하시오.

1440

연속함수 $f(x)$의 도함수 $f'(x)$의 그래프가 그림과 같고 $f(0)=1$일 때, $f\left(-\dfrac{1}{2}\right)$의 값을 구하시오.

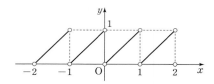

해설 282쪽

Level 1

1441

함수 $f(x)=3x^2-12x+9$의 한 부정적분을 $y=F(x)$라 할 때, 방정식 $F(x)=0$이 서로 다른 세 실근을 갖도록 하는 적분상수 C의 값의 범위는 $\alpha<C<\beta$이다. $\alpha+\beta$의 값을 구하시오.

1442

양의 정수 n에 대하여 $f_n(x)=\displaystyle\int\frac{(x+2)^{n+1}}{n+3}dx$이고 $f_n(-2)=0$일 때, $\displaystyle\sum_{n=1}^{27}f_n(-1)$의 값을 구하시오.

1443

점 $(0, -2)$를 지나는 곡선 $y=f(x)$ 위의 임의의 점 (x, y)에서의 접선의 기울기는 $-6x+k$이다. 방정식 $f(x)=0$의 한 근이 2일 때, 다른 한 근을 구하시오. (단, k는 상수이다.)

1444

삼차함수 $y=f(x)$의 극댓값이 $\dfrac{4}{3}$이고 $f'(x)=x^2-(a+1)x+a$이다. $f(0)=0$일 때, 함수 $y=f(x)$의 극솟값을 구하시오.

(단, $a>1$)

08 부정적분

1445

일차함수 $y=f(x)$에 대하여

$$2\int f(x)\,dx=f(x)+xf(x)-x+3$$

이 성립한다. $f(1)=4$일 때, $f(2)$의 값을 구하시오.

1446

미분가능한 함수 $y=f(x)$가 모든 실수 $x,\ y$에 대하여

$$f(x+y)=f(x)+f(y)+axy(x+y),$$

$$\lim_{x\to 1}\frac{f(x)-3}{x-1}=5$$

를 만족시킬 때, $\displaystyle\sum_{k=1}^{5}f(k)$의 값을 구하시오. (단, a는 상수이다.)

1447

함수 $f(x)=\int (x-2)(x+2)(x^2+4)\,dx$에 대하여

$f(0)=\dfrac{4}{5}$일 때, $\displaystyle\lim_{x\to 1}\frac{xf(x)-f(1)}{x^2-1}$의 값은?

① -30 ② -25 ③ -20

④ -15 ⑤ -10

1448

다항함수 $f(x)$가 다음 두 조건을 모두 만족시킨다.

> (가) $f(x)=\displaystyle\int\left\{\dfrac{d}{dx}(x^2-4x)\right\}dx$
>
> (나) $0\le x\le 5$에서 $\log_2 f(x)$의 최댓값은 4이다.

이때, $f(0)$의 값은?

① 9 ② 10 ③ 11

④ 12 ⑤ 13

1449

삼차함수 $y=f(x)$가 다음 조건을 만족시킬 때, 함수 $y=f(x)$의 극솟값을 구하시오.

㉮ 두 점 $A(1, 1)$, $B(3, 0)$을 지난다.
㉯ $x=-1$에서 극솟값을 갖고, $x=2$에서 극댓값을 갖는다.

1450

두 다항함수 $y=f(x)$, $y=g(x)$에 대하여

$$\int \{f(x)+g(x)\}dx=\frac{1}{3}x^3+2x^2+4x+C,$$

$$f'(x)g(x)+f(x)g'(x)=6x^2+10x+8$$

이다. $g(1)=6$일 때, $|f(2)-g(2)|$의 값을 구하시오.

(단, C는 적분상수이다.)

1451

함수 $y=f(x)$가 모든 실수에서 연속이고 $|x| \neq 2$인 모든 실수 x에 대하여 $f'(x)= \begin{cases} 3x^2 & (|x|<2) \\ -1 & (|x|>2) \end{cases}$ 일 때, 〈보기〉에서 옳은 것만을 있는 대로 고른 것은?

┤ 보기 ├

ㄱ. 함수 $y=f(x)$는 극값을 갖지 않는다.
ㄴ. $f(0)=-1$이면 $f(3)=6$이다.
ㄷ. 모든 실수 x에 대하여 $f(x)=-f(-x)$이다.

① ㄱ   ② ㄴ   ③ ㄷ
④ ㄱ, ㄷ   ⑤ ㄱ, ㄴ, ㄷ

1452

모든 실수 x에 대하여 미분가능한 함수 $y=f(x)$의 도함수가 $f'(x)=|x|+|x-1|$일 때, $f(2)-f(-1)$의 값을 구하시오.

Level 3

1453

평가원 기출

이차함수 $y=f(x)$에 대하여 함수 $y=g(x)$가

$$g(x)=\int \{x^2+f(x)\}\,dx, \quad f(x)g(x)=-2x^4+8x^3$$

을 만족시킬 때, $g(1)$의 값을 구하시오.

1454

실수 전체의 집합에서 연속인 함수 $y=f(x)$가 $x<-1$에서 임의의 실수 h에 대하여

$$f(-3+2h)-f(-3)=2h^2-2h$$

를 만족시키고, 함수 $y=f'(x)$의 그래프가 그림과 같다. $f(-2)=-1$일 때, $f(2)$의 값을 구하시오.

(단, 곡선 부분은 이차함수의 일부이다.)

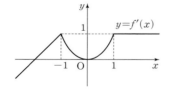

1455

교육청 기출

최고차항의 계수가 1인 삼차함수 $f(x)$가 $f(0)=0$, $f(\alpha)=0$, $f'(\alpha)=0$이고 함수 $g(x)$가 다음 두 조건을 만족시킬 때, $g\left(\dfrac{\alpha}{3}\right)$의 값은? (단, α는 양수이다.)

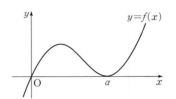

(가) $g'(x)=f(x)+xf'(x)$
(나) $g(x)$의 극댓값이 81이고 극솟값이 0이다.

① 56   ② 58   ③ 60
④ 62   ⑤ 64

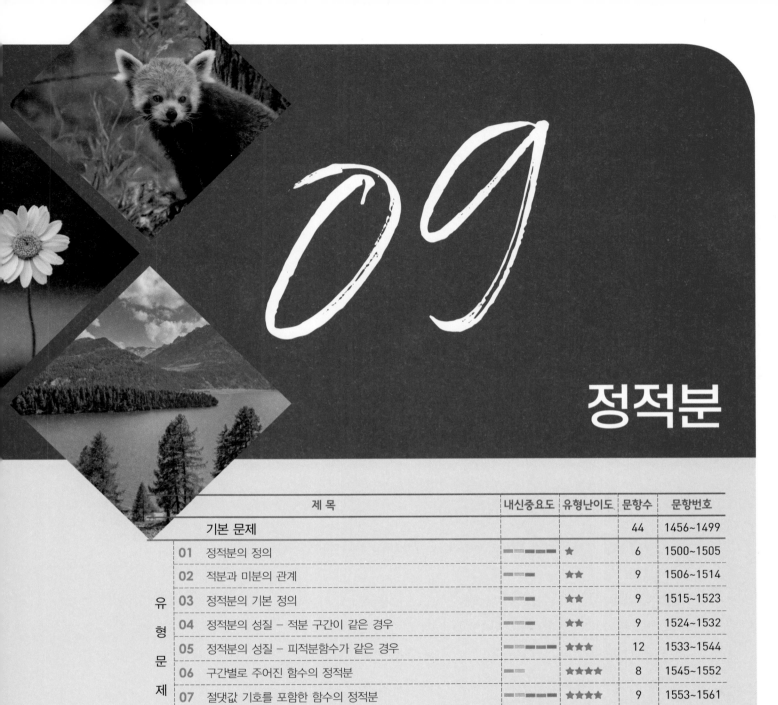

09

정적분

정적분

1. 정적분의 정의

(1) 구간 $[a, b]$에서 연속인 함수 $y=f(x)$의 한 부정적분을 $y=F(x)$라 할 때,

$$\int_a^b f(x)\,dx = \Big[\,F(x)\,\Big]_a^b = F(b) - F(a)$$

이다. 이때 $\int_a^b f(x)\,dx$의 값 $F(b)-F(a)$를 $y=f(x)$의 a에서 b까지의 정적분이라고 한다.

> **참고** 부정적분 $\int f(x)\,dx$는 함수이지만 정적분 $\int_a^b f(x)\,dx$는 상수이다.

(2) 함수 $y=f(x)$가 구간 $[a, b]$에서 연속이고 $f(x) \geq 0$이면 정적분 $\int_a^b f(x)\,dx$는 곡선 $y=f(x)$와 x축 및 두 직선 $x=a$, $x=b$로 둘러싸인 도형의 넓이를 나타낸다.

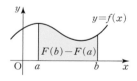

> **참고** 함수 $y=f(x)$가 구간 $[a, b]$에서 연속이고 양, 음의 값을 모두 가지면

$$\int_a^b f(x)\,dx = \{(x\text{축 위쪽의 넓이}) - (x\text{축 아래쪽의 넓이})\}$$
$$= S_1 - S_2$$

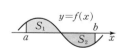

$\int_a^b f(x)\,dx$의 값을 구하는 것을 함수 $y=f(x)$를 a에서 b까지 적분한다고 한다. 이때 구간 $[a, b]$를 적분 구간, a를 아래끝, b를 위끝, x를 적분변수라고 한다.

$$\Big[\,F(x) + C\,\Big]_a^b$$
$$= \{F(b) + C\} - \{F(a) + C\}$$
$$= F(b) - F(a) = \Big[\,F(x)\,\Big]_a^b$$

이므로 정적분의 계산에서는 적분상수를 고려하지 않는다.

2. 적분과 미분의 관계

함수 $y=f(t)$가 구간 $[a, b]$에서 연속이고 $a \le x \le b$일 때,

$$\frac{d}{dx}\int_a^x f(t)\,dt = f(x)$$

아래끝의 상수가 달라도 미분 결과는 같다. 즉, $a \ne b$일 때,

$$\frac{d}{dx}\int_a^x f(t)\,dt = \frac{d}{dx}\int_b^x f(t)\,dt$$

3. 정적분의 기본 정의

(1) $a=b$일 때, $\displaystyle\int_a^b f(x)\,dx=0$

(2) $a>b$일 때, $\displaystyle\int_a^b f(x)\,dx=-\int_b^a f(x)\,dx$

정적분의 정의는 아래끝과 위끝의 대소에 관계없이 항상 성립한다.

4. 정적분의 성질

세 실수 a, b, c를 포함하는 구간에서 두 함수 $y=f(x)$, $y=g(x)$가 연속일 때,

(1) $\displaystyle\int_a^b kf(x)\,dx=k\int_a^b f(x)\,dx$ (단, k는 상수이다.)

(2) $\displaystyle\int_a^b \{f(x)+g(x)\}\,dx=\int_a^b f(x)\,dx+\int_a^b g(x)\,dx$

(3) $\displaystyle\int_a^b \{f(x)-g(x)\}\,dx=\int_a^b f(x)\,dx-\int_a^b g(x)\,dx$

(4) $\displaystyle\int_a^b f(x)\,dx=\int_a^c f(x)\,dx+\int_c^b f(x)\,dx$

변수를 x 대신에 다른 문자를 사용하여 나타내어도 정적분의 값은 변하지 않는다.

$$\int_a^b f(x)\,dx=\int_a^b f(y)\,dy$$
$$=\int_a^b f(t)\,dt$$

정적분 $\displaystyle\int_a^b |f(x)|\,dx$와 같이 절댓값을 포함한 함수의 정적분은 절댓값 기호 안의 식의 값이 0이 되게 하는 x의 값을 경계로 적분 구간을 나누어 구한다. 즉,

$$\int_a^b |f(x)|\,dx$$
$$=\int_a^c \{-f(x)\}\,dx+\int_c^b f(x)\,dx$$

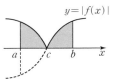

1 정적분의 정의

[1456-1464] 다음 정적분의 값을 구하시오.

1456 $\displaystyle\int_0^2 5\,dx$

1457 $\displaystyle\int_0^2 2x\,dx$

1458 $\displaystyle\int_0^3 x^2\,dx$

1459 $\displaystyle\int_1^3 x^3\,dx$

1460 $\displaystyle\int_0^2 (x+3)\,dx$

1461 $\displaystyle\int_1^3 (2x+3)\,dx$

1462 $\displaystyle\int_{-1}^2 (4t+1)\,dt$

1463 $\displaystyle\int_0^1 (x^3-5x^2+2x)\,dx$

1464 $\displaystyle\int_1^3 (8t^3+4t)\,dt$

[1465-1467] 다음 정적분의 값을 구하시오.

1465 $\displaystyle\int_0^3 x(x-3)\,dx$

1466 $\displaystyle\int_1^2 (t-1)^2\,dt$

1467 $\displaystyle\int_1^2 \frac{x^2-4}{x-2}\,dx$

2 적분과 미분의 관계

[1468-1470] 다음을 구하시오.

1468 $\dfrac{d}{dx}\displaystyle\int_1^x (t+2)\,dt$

1469 $\dfrac{d}{dx}\displaystyle\int_0^x (t^2-t-2)\,dt$

1470 $\dfrac{d}{dx}\displaystyle\int_{-1}^x (y+1)^2\,dy$

[1471-1473] 다음을 x에 대하여 미분하시오.

1471 $\displaystyle\int_0^x (t^2-t)\,dt$

1472 $\displaystyle\int_{-2}^x (t^3+5t-1)\,dt$

1473 $\displaystyle\int_3^x (y^3+1)(y+2)\,dy$

3 정적분의 기본 정의

[1474-1478] 다음 정적분의 값을 구하시오.

1474 $\displaystyle\int_1^1 x^3\,dx$

1475 $\displaystyle\int_2^2 (3t^2-2t+4)\,dt$

1476 $\displaystyle\int_2^{-2} 1\,dx$

1477 $\displaystyle\int_2^1 (8x-1)\,dx$

1478 $\displaystyle\int_3^1 (x^2-4x+2)\,dx$

4 　정적분의 성질 (1)

[1479-1482] $\int_0^2 f(x)\,dx=1$, $\int_0^2 g(x)\,dx=3$일 때, 다음 정적분의 값을 구하시오.

1479 $\int_0^2 3f(x)\,dx$

1480 $\int_0^2 3f(x)\,dx-\int_0^2 5g(x)\,dx$

1481 $\int_0^2 \{f(x)+g(x)\}\,dx$

1482 $\int_0^2 \{2f(x)-3g(x)\}\,dx$

[1483-1489] 　다음 정적분의 값을 구하시오.

1483 $\int_1^2 x^5\,dx+\int_1^2 (2-x^5)\,dx$

1484 $\int_0^2 (x^2-4)\,dx+\int_0^2 (x^2+4)\,dx$

1485 $\int_{-1}^1 (x^2+x+1)\,dx+\int_{-1}^1 (x^2-x+1)\,dx$

1486 $\int_1^3 (x-1)(x+1)\,dx-\int_1^3 x^2\,dx$

1487 $\int_0^1 (x+1)^2\,dx-\int_0^1 (y-1)^2\,dy$

1488 $\int_{-1}^2 (2x+3)\,dx-\int_2^{-1} (2x-3)\,dx$

1489 $\int_0^1 \frac{x^2}{x+1}\,dx+\int_1^0 \frac{1}{t+1}\,dt$

5 정적분의 성질 (2)

[1490-1494] 다음 정적분의 값을 구하시오.

1490 $\int_{-1}^{2}(2x+3)\,dx+\int_{2}^{3}(2x+3)\,dx$

1491 $\int_{0}^{1}3x^2\,dx+\int_{1}^{4}3x^2\,dx$

1492 $\int_{-1}^{0}(3x^2-x+1)\,dx+\int_{0}^{3}(3x^2-x+1)\,dx$

1493 $\int_{0}^{2}(2x+1)\,dx-\int_{3}^{2}(2t+1)\,dt$

1494 $\int_{0}^{4}(2x^3+1)\,dx+\int_{4}^{3}(2x^3+1)\,dx-\int_{1}^{3}(2x^3+1)\,dx$

[1495-1498] 함수 $f(x)=\begin{cases} x-1 & (x\geq 1) \\ -x^2+1 & (x<1) \end{cases}$ 의 그래프

가 그림과 같을 때, 다음 정적분의 값을 구하시오.

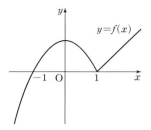

1495 $\int_{-1}^{1}f(x)\,dx$

1496 $\int_{-2}^{1}f(x)\,dx$

1497 $\int_{1}^{3}f(x)\,dx$

1498 $\int_{-2}^{3}f(x)\,dx$

1499 다음은 정적분 $\int_{0}^{3}|x-1|\,dx$의 값을 계산하는 과정이다.

□ 안에 알맞은 것을 써넣으시오.

$$|x-1|=\begin{cases} x-1 & (x\geq \boxed{}) \\ -x+1 & (x< \boxed{}) \end{cases} \text{이므로}$$

$$\int_{0}^{3}|x-1|\,dx=\int_{0}^{\boxed{}}(-x+1)\,dx+\int_{\boxed{}}^{3}(x-1)\,dx$$

$$=\left[-\frac{1}{2}x^2+x\right]_{0}^{\boxed{}}+\left[\frac{1}{2}x^2-x\right]_{\boxed{}}^{3}$$

$$=\boxed{}+\boxed{}=\boxed{}$$

내신 중요도 ━━━━━ 유형 난이도 ★★★★★

함수 $y=f(x)$가 구간 $[a, b]$에서 연속이고 $F'(x)=f(x)$일 때,

$$\int_a^b f(x)\,dx=\Big[F(x)\Big]_a^b=F(b)-F(a)$$

1500 짱중요 ●○○○

정적분 $\displaystyle\int_{-1}^{2}(x^2-2x+4)\,dx$의 값을 구하시오.

1501 ●○○○

정적분 $\displaystyle\int_{0}^{1}5(x-1)(x+1)(x^2+1)\,dx$의 값을 구하시오.

1502 ●○○○

정적분 $\displaystyle\int_{-1}^{3}\frac{t^3+1}{t+1}\,dt$의 값은?

① $\dfrac{16}{3}$ ② $\dfrac{19}{3}$ ③ $\dfrac{22}{3}$

④ $\dfrac{25}{3}$ ⑤ $\dfrac{28}{3}$

1503 ●○○○

$\displaystyle\int_{0}^{2}(x^2+2kx+3)\,dx=\dfrac{2}{3}$를 만족시키는 상수 k의 값을 구하시오.

1504 ●○○○

$\displaystyle\int_{1}^{a}(2x+a)\,dx=14$를 만족시키는 양수 a의 값을 구하시오.

1505 ●●○○

함수 $f(x)=3x^2+2ax$가 $\displaystyle\int_{0}^{1}f(x)\,dx=f(1)$을 만족시킬 때, 상수 a의 값을 구하시오.

유형
02 적분과 미분의 관계

내신 중요도 ▰▰▰▰▱▱ 유형 난이도 ★★☆☆☆

함수 $y=f(t)$가 구간 $[a, b]$에서 연속이고 $a \le x \le b$일 때,
$$\frac{d}{dx}\int_a^x f(t)\,dt = f(x)$$

1506 짱중요 [교육청 기출] ●○○○

다항함수 $f(x)$가 모든 실수 x에 대하여
$$\int_2^x f(t)\,dt = x^3 + x - 10$$
을 만족시킬 때, $f(10)$의 값을 구하시오.

1507 ●○○○

모든 실수 x에 대하여 미분가능한 함수 $y=f(x)$가
$\int_0^x f(t)\,dt = x^3 + 3x$를 만족시킬 때, $f'(2)$의 값을 구하시오.

1508 ●●○○

다항함수 $y=f(x)$가 모든 실수 x에 대하여
$$\int_0^x f(t)\,dt = -2x^3 + 6x$$
를 만족시킬 때, $\displaystyle\lim_{h \to 0} \frac{f(1+h)-f(1-h)}{h}$의 값을 구하시오.

1509 중요 ●○○○

미분가능한 함수 $y=f(x)$가 $f(x)=\displaystyle\int_a^x (t^2+2t+3)\,dt$일 때, $f'(1)$의 값은?

① 3
② 4
③ 5
④ 6
⑤ 7

1510 ●●○○

미분가능한 함수 $y=f(x)$가 $f(x)=\displaystyle\int_1^x (2t^2-5t-1)\,dt$일 때, 곡선 $y=f(x)$ 위의 점 $(2, f(2))$에서의 접선의 기울기를 구하시오.

1511 ●●●○

다항함수 $y=f(x)$가 모든 실수 x에 대하여
$$\int_a^x f(t)\,dt = x^3 - 6x^2 + 9x + 16$$
을 만족시킬 때, 방정식 $f(x)=0$의 두 근을 α, β라 하자. $\displaystyle\int_\beta^\alpha f(x)\,dx$의 값을 구하시오. (단, a는 상수이고, $\alpha < \beta$이다.)

1512 중요 교육청 기출 ●●○○

함수 $f(x)$가

$$f(x) = \frac{d}{dx}\int_1^x (t^3 + 2t + 5)\,dt$$

일 때, $f'(2)$의 값을 구하시오.

1513 중요 평가원 기출 ●●●○

다항함수 $f(x)$가 모든 실수 x에 대하여

$$\int_1^x \left\{ \frac{d}{dt} f(t) \right\} dt = x^3 + ax^2 - 2$$

를 만족시킬 때, $f'(a)$의 값은? (단, a는 상수이다.)

① 1   ② 2   ③ 3

④ 4   ⑤ 5

1514 ●●●○

함수 $f(x) = x^5 - 4ax^4 + a^2x^3 + x^2 - ax + 2$가

$$\frac{d}{dx}\int_0^x f(t)\,dt = \int_1^x \left\{ \frac{d}{dt} f(t) \right\} dt$$

를 만족할 때, 1보다 큰 실수 a의 값을 구하시오.

유형 03 정적분의 기본 정의

내신 중요도 ■■■■□□ 유형 난이도 ★★☆☆☆

(1) $a = b$일 때, $\int_a^b f(x)\,dx = 0$

(2) $a > b$일 때, $\int_a^b f(x)\,dx = -\int_b^a f(x)\,dx$

1515 ●○○○

$\int_2^2 (x^3 - 4x^2)\,dx - \int_3^1 (3x^2 - 4x)\,dx$의 값을 구하시오.

1516 중요 ●○○○

다항함수 $y = f(x)$가 모든 실수 x에 대하여

$$\int_3^x f(t)\,dt = x^2 - ax + 6$$

을 만족시킬 때, 상수 a의 값은?

① 4   ② 5   ③ 6

④ 7   ⑤ 8

1517 짱중요 ●●○○

다항함수 $y = f(x)$가 모든 실수 x에 대하여

$$\int_2^x f(t)\,dt = x^2 + x + a$$

를 만족시킬 때, $f(a)$의 값을 구하시오. (단, a는 상수이다.)

1518 짱중요

모든 실수 x에 대하여 함수 $y=f(x)$가

$\int_3^x f(t)\,dt = x^2 - 2x + a$를 만족시킬 때, $a+f(4)$의 값을 구하시오. (단, a는 상수이다.)

1519

다항함수 $y=f(x)$가 임의의 실수 x에 대하여

$$\int_2^x f(t)\,dt = x^3 - x^2 + ax + b$$

를 만족시키고 $f(1)=2$일 때, $a+b$의 값을 구하시오.

(단, a, b는 상수이다.)

1520

$f(x) = \int_{-1}^x (t^2 - t)\,dt$일 때, $f(-1)+f'(-1)$의 값을 구하시오.

1521 중요

함수 $f(x)$가 $\int_a^x f(t)\,dt = x^2 - 6x$를 만족시킬 때, $f(a)$의 값은? (단, $a>0$)

① -4 ② -2 ③ 2

④ 4 ⑤ 6

1522 중요

다항함수 $y=f(x)$가 모든 실수 x에 대하여

$$\int_a^x f(t)\,dt = 2x^2 - ax - 9$$

를 만족시킬 때, $f(10)$의 값을 구하시오. (단, $a>0$)

1523

다항함수 $y=f(x)$가 모든 실수 x에 대하여

$$\int_a^x f(t)\,dt = x^2 - 5x + 6$$

을 만족시키는 상수 a의 값을 α와 β라 하자. $\int_\alpha^\beta f(x)\,dx$의 값을 구하시오. (단, $\alpha < \beta$)

유형

○4 정적분의 성질 – 적분 구간이 같은 경우

내신 중요도 ━━━━━━━ 유형 난이도 ★★☆☆☆

두 함수 $y=f(x)$, $y=g(x)$가 연속일 때, 구간 $[a, b]$에서

(1) $\displaystyle\int_a^b kf(x)\,dx = k\int_a^b f(x)\,dx$ (단, k는 상수이다.)

(2) $\displaystyle\int_a^b \{f(x)\pm g(x)\}\,dx = \int_a^b f(x)\,dx \pm \int_a^b g(x)\,dx$

(복부호 동순)

1524 중요 ●○○○

정적분 $\displaystyle\int_0^2 (4x^2-2x)\,dx + \int_0^2 (-x^2+2x)\,dx$의 값을 구하시오.

1525 중요 교육청 기출 ●○○○

$\displaystyle\int_0^{10} (x+1)^2\,dx - \int_0^{10} (x-1)^2\,dx$의 값을 구하시오.

1526 짱중요 ●●○○

정적분 $\displaystyle\int_0^1 (x^2+x+1)\,dx + \int_1^0 (x^2-x+1)\,dx$의 값은?

① 2 ② $\dfrac{5}{3}$ ③ 1

④ $\dfrac{5}{6}$ ⑤ 0

1527 중요 ●●○○

정적분 $\displaystyle\int_0^3 \dfrac{x^3}{x^2+x+1}\,dx - \int_0^3 \dfrac{1}{x^2+x+1}\,dx$의 값을 구하시오.

1528 중요 ●●○○

정적분 $\displaystyle\int_1^3 \dfrac{x^2+3}{x+1}\,dx - \int_3^1 \dfrac{4t}{t+1}\,dt$의 값을 구하시오.

1529 ●●○○

$\displaystyle\int_0^2 (x^2+4x+k)\,dx - 2\int_2^0 (x^2-x)\,dx = 30$을 만족시키는 상수 k의 값을 구하시오.

1530

$\bullet\bullet\circ\circ$

$\displaystyle\int_0^2 (x+k)^2\,dx - \int_0^2 (x-k)^2\,dx = 8$을 만족시키는 상수 k의 값은?

① -2 ② -1 ③ 0

④ 1 ⑤ 2

1531

$\bullet\bullet\circ\circ$

등식 $\displaystyle\int_1^n (x+1)^2\,dx + \int_n^1 (x-1)^2\,dx = 16$을 만족시키는 자연수 n의 값을 구하시오.

1532

$\bullet\bullet\bullet\circ$

함수 $f(k) = \displaystyle\int_1^3 (x+k)^2\,dx - \int_3^1 (2x^2+1)\,dx$는 $k=a$일 때, 최솟값 b를 갖는다. 두 상수 a, b에 대하여 $\dfrac{b}{a}$의 값을 구하시오.

유형 5 정적분의 성질 – 피적분함수가 같은 경우

내신 중요도 ■■■■■   유형 난이도 ★★★☆☆

세 실수 a, b, c를 포함하는 구간에서 함수 $y=f(x)$가 연속일 때,

$$\int_a^c f(x)\,dx + \int_c^b f(x)\,dx = \int_a^b f(x)\,dx$$

참고 a, b, c의 대소에 관계없이 항상 성립한다.

1533 짱중요

$\bullet\circ\circ\circ$

정적분

$$\int_{-2}^1 (3x^2+2x+1)\,dx + \int_1^2 (3x^2+2x+1)\,dx$$

의 값을 구하시오.

1534

$\bullet\circ\circ\circ$

정적분 $\displaystyle\int_{-1}^0 (3x^2-2)\,dx + \int_0^2 (3t^2-2)\,dt$의 값은?

① 1 ② 2 ③ 3

④ 4 ⑤ 5

1535

$\bullet\bullet\circ\circ$

정적분 $\displaystyle\int_0^3 (6x+4)\,dx - \int_a^3 (6x+4)\,dx$의 값이 20일 때, 상수 a의 값은? (단, $0<a<3$)

① $\dfrac{1}{2}$ ② 1 ③ $\dfrac{3}{2}$

④ 2 ⑤ $\dfrac{5}{2}$

1536 짱중요 교육청 기출 ●●●○

$\int_0^3 (x+1)^2 dx - \int_{-1}^3 (x-1)^2 dx + \int_{-1}^0 (x-1)^2 dx$의 값을 구하시오.

1537 ●●●○

다항함수 $y = f(x)$에 대하여

$$\int_{-2}^1 f(x)\,dx - \int_3^1 f(y)\,dy + \int_3^a f(z)\,dz = 0$$

이 성립하도록 하는 상수 a의 값을 구하시오.

1538 중요 ●●○○

함수 $f(x) = 2x - 3$에 대하여 $\int_1^2 f(x)\,dx - \int_4^2 f(x)\,dx$의 값을 구하시오.

1539 짱중요 ●●●○

함수 $f(x) = 6x^2 + 2x + 1$에 대하여 정적분

$$\int_2^4 f(x)\,dx - \int_3^4 f(x)\,dx + \int_1^2 f(x)\,dx$$

의 값을 구하시오.

1540 짱중요 ●●●○

실수 전체의 집합에서 연속인 함수 $y = f(x)$에 대하여
$\int_0^2 f(x)\,dx = 1$, $\int_1^3 f(x)\,dx = 2$, $\int_1^2 f(x)\,dx = 3$일 때,
$\int_0^3 f(x)\,dx$의 값은?

① -2 ② -1 ③ 0
④ 1 ⑤ 2

1541 ●●●○

모든 실수 x에서 연속인 함수 $y = f(x)$에 대하여

$$\int_1^3 f(x)\,dx = a, \quad \int_2^4 f(x)\,dx = b, \quad \int_3^4 f(x)\,dx = c$$

일 때, 정적분 $\int_1^2 f(x)\,dx$의 값을 a, b, c로 나타내면?

① $a+b+c$ ② $a-b+c$ ③ $a+b-c$
④ $-a+b+c$ ⑤ $-a-b+c$

1542 ●●●○

함수 $f(x)=2x$일 때,

$$\int_0^1 f(x)\,dx + \int_1^2 f(x)\,dx + \cdots + \int_{n-1}^n f(x)\,dx$$

를 간단히 나타내면?

① $2n$ ② $4n$ ③ n^2

④ $2n^2$ ⑤ $4n^2$

1543 짱중요 ●●●●

모든 실수에서 연속인 함수 $f(x)$가 다음 조건을 모두 만족시킬 때,

$\int_3^4 f(x)\,dx$의 값을 구하시오.

> (가) $\displaystyle\int_0^1 f(x)\,dx = 0$
>
> (나) $\displaystyle\int_n^{n+2} f(x)\,dx = \int_n^{n+1} 2x\,dx$ (단, $n=0, 1, 2, \cdots$)

1544 짱중요 평가원 기출 ●●●●

이차함수 $f(x)$는 $f(0)=-1$이고,

$$\int_{-1}^1 f(x)\,dx = \int_0^1 f(x)\,dx = \int_{-1}^0 f(x)\,dx$$

를 만족시킨다. $f(2)$의 값을 구하시오.

유형 **06**   내신 중요도 ▰▰▰▱▱   유형 난이도 ★★★★☆

구간별로 주어진 함수의 정적분

$a<c<b$인 세 상수 a, b, c에 대하여 실수 전체의 집합에서 연속인 함수 $y=f(x)$가

$$f(x)=\begin{cases} g(x) & (x<c) \\ h(x) & (x \geq c) \end{cases}$$ 일 때,

$$\int_a^b f(x)\,dx = \int_a^c g(x)\,dx + \int_c^b h(x)\,dx$$

1545 중요 ●●○○

함수 $f(x)=\begin{cases} x^2+2 & (x \leq 0) \\ 2-x & (x>0) \end{cases}$ 일 때, 정적분 $\displaystyle\int_{-1}^1 f(x)\,dx$의 값은?

① $\dfrac{7}{2}$ ② $\dfrac{23}{6}$ ③ $\dfrac{25}{6}$

④ $\dfrac{9}{2}$ ⑤ $\dfrac{29}{6}$

1546 중요 ●●○○

함수 $f(x)=\begin{cases} 3x^2 & (x<1) \\ 4x-x^2 & (x \geq 1) \end{cases}$ 일 때, 정적분 $\displaystyle\int_{-1}^2 f(x)\,dx$의 값은?

① $\dfrac{14}{3}$ ② 5 ③ $\dfrac{16}{3}$

④ $\dfrac{17}{3}$ ⑤ 6

1547 ●●●○

함수 $f(x) = \begin{cases} x^2 & (x < 1) \\ 2x-1 & (x \geq 1) \end{cases}$ 에 대하여

$\int_1^3 f(x-1)\,dx$의 값은?

① 1   ② $\dfrac{5}{3}$ ③ $\dfrac{7}{3}$

④ 3   ⑤ $\dfrac{11}{3}$

1548 ●●○○

함수 $f(x) = \begin{cases} x^2 & (0 \leq x < 1) \\ -x+2 & (1 \leq x \leq 2) \end{cases}$ 일 때, 정적분 $\int_0^2 x f(x)\,dx$ 의 값을 구하시오.

1549 ●●●○

함수 $f(x) = \begin{cases} 2x+1 & (x < 1) \\ -x^2+4 & (x \geq 1) \end{cases}$ 에 대하여

$\int_k^2 f(x)\,dx = \dfrac{11}{3}$ 을 만족시키는 모든 k의 값의 합은? (단, $k < 1$)

① -1 ② -2 ③ -3

④ -4 ⑤ -5

★1550 중요 ●●●○

실수 전체의 집합에서 연속인 함수 $f(x) = \begin{cases} x+a & (x \geq 2) \\ 4-2x & (x < 2) \end{cases}$ 에

대하여 $\int_a^4 f(x)\,dx$의 값을 구하시오. (단, a는 상수이다.)

1551 ●●●○

함수 $f(x) = \begin{cases} 2x+a & (x < 0) \\ 5 & (0 \leq x < 1) \\ -3x^2+b & (x \geq 1) \end{cases}$ 가 모든 실수 x에 대하여

연속일 때, 정적분 $\int_{-1}^3 f(x)\,dx$의 값을 구하시오.

(단, a, b는 상수이다.)

1552 ●●●●

실수 전체의 집합에서 연속인 함수 $y = f(x)$가 다음 조건을 만족

시킬 때, 정적분 $\int_{-1}^1 f(x)\,dx$의 값을 구하시오.

(가) $f(0) = 0$
(나) $f'(x) = \begin{cases} 1 & (x < 0) \\ x^2-2x-2 & (x > 0) \end{cases}$

유형 07 절댓값 기호를 포함한 함수의 정적분

내신 중요도 ━━━━━ 유형 난이도 ★★★★☆

절댓값 기호 안의 식의 값이 0이 되게 하는 x의 값을 경계로 적분 구간을 나눈 후,

$$\int_a^b f(x)\,dx = \int_a^c f(x)\,dx + \int_c^b f(x)\,dx$$임을 이용한다.

1553 짱중요 ●●○○

정적분 $\displaystyle\int_0^2 |x(x-1)|\,dx$의 값은?

① $\dfrac{5}{6}$ ② 1 ③ $\dfrac{7}{6}$

④ $\dfrac{11}{6}$ ⑤ 2

1554 ●●●○

정적분 $\displaystyle\int_{-2}^0 |x^2-1|\,dx - \int_2^0 |1-x^2|\,dx$의 값을 구하시오.

1555 중요 ●●●○

정적분 $\displaystyle\int_0^2 (2x+1+|x-1|)\,dx$의 값을 구하시오.

1556 ●●●○

함수 $f(x)=3x+|x-1|$에 대하여 정적분 $\displaystyle\int_{-2}^2 f(x)\,dx$의 값은?

① 1 ② 2 ③ 3

④ 4 ⑤ 5

1557 ●●●○

정적분 $\displaystyle\int_{-2}^2 (k-|x|)\,dx=8$일 때, 상수 k의 값은?

① 2 ② 3 ③ 4

④ 5 ⑤ 6

1558 ●●●●

정적분 $\displaystyle\int_0^4 (|x-2|+|x-3|)\,dx$의 값을 구하시오.

1559 중요

정적분 $\int_0^2 |x-a| dx$ $(a \geq 0)$값을 $P(a)$라 할 때, $P(0)+P(1)+P(2)+P(3)$의 값을 구하시오.

1560

정적분 $\int_0^1 |x^2-a^2| dx = \dfrac{4}{3}a^3$일 때, 상수 a의 값을 구하시오.

(단, $0<a<1$)

1561 중요

이차함수 $y=f(x)$가 $f(1)=0$이고 다음 조건을 만족시킨다.

> (가) $\int_1^4 |f(x)| dx = -\int_1^4 f(x) dx = 9$
>
> (나) $\int_4^6 |f(x)| dx = \int_4^6 f(x) dx$

$f(-1)$의 값을 구하시오.

유형 8 그래프로 주어진 함수의 정적분

그래프를 보고 구간을 나누어 함수의 식을 구한 후,

$$\int_a^b f(x) \, dx = \int_a^c g(x) \, dx + \int_c^b h(x) \, dx$$임을 이용한다.

1562

함수 $y=f(x)$의 그래프가 그림과 같을 때, $\int_{-1}^1 f'(x) dx$의 값을 구하시오.

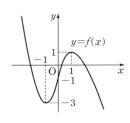

1563

함수 $y=f(x)$의 그래프가 그림과 같을 때, 정적분 $\int_{-1}^2 f(x) dx$의 값을 구하시오.

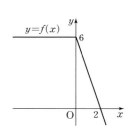

1564

함수 $y=f(x)$의 그래프가 그림과 같을 때, 정적분 $\int_0^2 xf(x)\,dx$의 값을 구하시오.

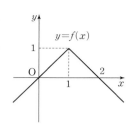

1565 교육청 기출

그림과 같이 삼차함수 $y=f(x)$가
$$f(-1)=f(1)=f(2)=0,\ f(0)=2$$
를 만족시킬 때, $\int_0^2 f'(x)\,dx$의 값은?

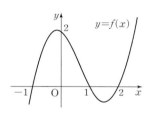

① -2 ② -1 ③ 0
④ 1 ⑤ 2

1566 중요

함수 $y=f(x)$가 $x=1$에서 극댓값 2, $x=4$에서 극솟값 -4를 갖고, 함수 $y=f(x)$의 그래프가 그림과 같을 때, 정적분 $\int_0^4 |f'(x)|\,dx$의 값을 구하시오.

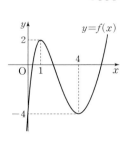

1567

다항함수 $y=f(x)$의 그래프는 점 $(1, 4)$를 지나고,
$$F(x)=\int_2^x f(t)\,dt$$
이다. $y=F(x)$의 그래프가 그림과 같을 때, $f(3)$의 값을 구하시오.

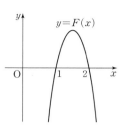

1568

그림은 삼차함수 $y=f(x)$의 도함수 $y=f'(x)$의 그래프의 개형이다. $f(0)=f(3)=0$일 때, $\int_0^n f(x)\,dx$의 값이 최대가 되게 하는 n의 값을 구하시오.

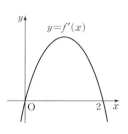

1569 교육청 기출

최고차항의 계수가 1이고 $f(0)=0$인 삼차함수 $f(x)$가 다음 조건을 만족시킨다.

㈎ $f(2)=f(5)$
㈏ 방정식 $f(x)-p=0$의 서로 다른 실근의 개수가 2가 되게 하는 실수 p의 최댓값은 $f(2)$이다.

$\int_0^2 f(x)\,dx$의 값은?

① 25 ② 28 ③ 31
④ 34 ⑤ 37

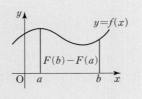

함수 $y=f(x)$가 구간 $[a, b]$에서 연속이고 $f(x) \geq 0$이면 정적분 $\int_a^b f(x) dx$는 곡선 $y=f(x)$와 x축 및 두 직선 $x=a$, $x=b$로 둘러싸인 도형의 넓이를 나타낸다.

1570 ●●●○

함수 $y=f(x)$의 그래프는 아래 그림과 같고 함수 $f(x)$는 다음 조건을 모두 만족시킨다.

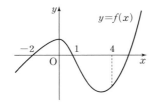

(가) $\int_{-2}^{1} 3f(x) dx = -\int_{1}^{4} f(x) dx$

(나) $\int_{-2}^{4} f(x) dx = -10$

$\int_{-2}^{4} |f(x)| dx$의 값을 구하시오.

1571 교육청 기출 ●●●○

이차함수 $f(x) = (x-\alpha)(x-\beta)$에서 두 상수 α, β가 다음 조건을 만족시킨다.

(가) $\alpha < 0 < \beta$

(나) $\alpha + \beta > 0$

이때 세 정적분

$$A = \int_{\alpha}^{0} f(x) dx, \quad B = \int_{0}^{\beta} f(x) dx, \quad C = \int_{\alpha}^{\beta} f(x) dx$$

의 값의 대소 관계를 바르게 나타낸 것은?

① $A < B < C$ ② $A < C < B$ ③ $B < A < C$

④ $C < A < B$ ⑤ $C < B < A$

1572 ●●●●

양수 a에 대하여 삼차함수 $f(x) = -x(x+a)(x-a)$의 극대인 점의 x좌표를 b라 하자.

$$\int_{-b}^{a} f(x) dx = 4, \quad \int_{b}^{a+b} f(x-b) dx = 9$$

일 때, 정적분 $\int_{-b}^{a} |f(x)| dx$의 값을 구하시오.

★**1573** 중요 평가원 기출 ●●●●

함수 $f(x) = x^3$의 그래프를 x축의 방향으로 a만큼, y축의 방향으로 b만큼 평행이동하였더니 함수 $y=g(x)$의 그래프가 되었다. $g(0)=0$이고 $\int_{a}^{3a} g(x) dx = \int_{0}^{2a} f(x) dx + 64$일 때, a^4의 값을 구하시오.

1574

● ● ● ●

임의의 정수 n에 대하여 다음 조건을 만족시키는 함수 $f(x)$가 있다. $\int_0^1 f(x)dx = 2$일 때, $\int_0^4 f(x)dx$의 값을 구하시오.

> (가) $f(x)$는 실수 전체의 집합에서 연속이다.
> (나) $f(n+1)-f(n)=n$
> (다) $n < x < n+1$에서 $f'(x)=n$이다.

1576

● ● ● ●

$-2 \le x \le 10$에서 함수 $y=f(x)$의 그래프가 그림과 같다.

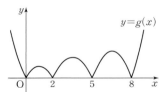

$g(x) = \int_x^{x+3} f(t)\,dt \ (-2 \le x \le 7)$에 대하여 〈보기〉에서

옳은 것만을 있는 대로 고르시오.

> ┤ 보기 ├
> ㄱ. $g(-1) = \dfrac{1}{2}$
> ㄴ. 함수 $y=g(x)$가 최댓값을 갖게 되는 x의 값은 2개이다.
> ㄷ. $g(x) \le \dfrac{1}{2}$

1575

● ● ● ●

함수 $y=f(x)$의 그래프가 그림과 같을 때,

$\int_{-a}^{a} f(x)\,dx = 3$을 만족시키는 상수 a의 값을 구하시오.

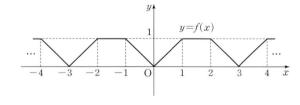

⭐1577 중요

● ● ● ●

삼차함수 $f(x)$는 $f(0) > 0$을 만족시킨다. 함수 $g(x)$를

$g(x) = \left| \int_0^x f(t)dt \right|$ 라 할 때, 함수 $y=g(x)$의 그래프가 그림과

같다.

이때 $\int_m^{m+2} f(x)dx > 0$을 만족시키는 모든 자연수 m의 값의 합을 구하시오.

1578

$\displaystyle\int_{-1}^{3}(-3x^2+4x+5)\,dx$의 값을 구하시오.

1579

함수 $f(x)=\displaystyle\int_{1}^{x}(2t-5)(t^2+1)\,dt$일 때, $\displaystyle\lim_{h\to0}\dfrac{f(1+h)-f(1)}{h}$의 값은?

① -8 ② -6 ③ -4

④ -2 ⑤ 0

1580

다항함수 $y=f(x)$가 모든 실수 x에 대하여

$$\int_{1}^{x}f(t)\,dt=x^2-4x+a$$

를 만족시킬 때, $f(1)+a$의 값은? (단, a는 상수이다.)

① -2 ② -1 ③ 0

④ 1 ⑤ 2

1581

미분가능한 함수 $y=f(x)$가 모든 실수 x에 대하여

$$\int_{a}^{x}t\,f(t)\,dt=x^3-2x^2-3x$$

를 만족시킬 때, 양수 a의 값을 구하시오.

1582

정적분 $\displaystyle\int_{0}^{2}(2x^2+1)\,dx-2\int_{0}^{2}(x-1)^2\,dx$의 값을 구하시오.

1583

정적분

$$\int_{-1}^{0}(3x^2+2x)\,dx+\int_{0}^{1}(3y^2+2y)\,dy+\int_{1}^{2}(3z^2+2z)\,dz$$

의 값을 구하시오.

1584

실수 전체의 집합에서 연속인 함수 $y = f(x)$에 대하여

$$\int_{-1}^{2} f(x)dx = 5, \quad \int_{1}^{3} f(x)dx = 10, \quad \int_{1}^{2} f(x)dx = 12$$

일 때, 정적분 $\int_{-1}^{3} f(x)dx$의 값을 구하시오.

1585

함수 $f(x) = \begin{cases} 3x^2 + 4x + 1 & (x \leq 0) \\ 1 - 2x & (x > 0) \end{cases}$ 일 때, 정적분 $\int_{-2}^{2} f(x)dx$

의 값은?

① -2 ② -1 ③ 0

④ 1 ⑤ 2

1586 ✎서술형

정적분 $\int_{-2}^{2} |x^2 - 2x|\, dx$의 값을 구하시오.

1587

함수 $f(x) = |x|$에 대하여 정적분

$$\int_{1}^{3} f(x)\, dx - \int_{2}^{3} f(x)\, dx + \int_{-2}^{1} f(x)\, dx$$

의 값을 구하시오.

1588 ✎서술형

삼차함수 $y = f(x)$의 도함수 $y = f'(x)$의 그래프가 그림과 같이 두 점 $(0, 0)$, $(2, 0)$을 지난다. 함수 $f(x)$의 극솟값이 -1, 극댓값이 3일 때, $\int_{0}^{2} f(x)dx$의 값을 구하시오.

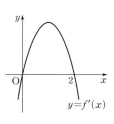

1589

함수 $f(x) = x^3$의 그래프를 x축 방향으로 a만큼, y축 방향으로 b만큼 평행이동 시킨 함수를 $g(x)$라고 하자.

$g(0) = 0$, $\int_{a}^{3a} g(x)dx - \int_{a}^{2a} f(x)dx = 32$일 때, $a + b$의 값을 구하시오. (단, $a > 0$, $b > 0$이다.)

Level 1

1590

$\sum_{n=1}^{100} \int_0^1 (1-x)x^{n-1}\,dx$의 값은?

① $\dfrac{1}{101}$　　② $\dfrac{10}{101}$　　③ $\dfrac{11}{101}$

④ $\dfrac{100}{101}$　　⑤ 1

1591

함수 $f(t)=\int_0^t (3x^2-4x-3)\,dx$에 대하여 두 함수 $y=g(x)$, $y=h(x)$가 각각 다음과 같다.

$$g(x)=\frac{d}{dx}\int_a^x f(t)\,dt,\quad h(x)=\int_a^x \left\{\frac{d}{dt}f(t)\right\}dt$$

$g(x)-h(x)=0$을 만족시키는 양수 a의 값은?

① 1　　② 2　　③ 3

④ 4　　⑤ 5

1592

모든 실수 x에 대하여 연속인 두 함수 f,g가

$$\int_0^1 \{f(x)+g(x)\}dx=4,\quad \int_0^1 \{f(x)-g(x)\}dx=8$$

을 만족시킬 때, 정적분 $\int_0^1 \{3f(x)+2g(x)\}dx$의 값을 구하시오.

1593

함수 $f(x)=2x-3$에 대하여 $\sum_{n=0}^{a}\int_n^{n+1} f(x)\,dx=10$을 만족시킬 때, 양수 a의 값은?

① 5　　② 4　　③ 3

④ 2　　⑤ 1

1594

정적분 $\int_0^2 \dfrac{|x^2-1|}{x+1} dx$의 값은?

① $\dfrac{1}{2}$ ② 1 ③ $\dfrac{3}{2}$

④ 2 ⑤ $\dfrac{5}{2}$

1595

실수 전체의 집합에서 연속인 함수 $y=f(x)$가
$$f(0)=0, \; f'(x)=x+|x-1|$$
을 만족시킬 때, $\int_0^2 f(x)dx$의 값은?

① $\dfrac{4}{3}$ ② $\dfrac{3}{2}$ ③ $\dfrac{7}{3}$

④ $\dfrac{5}{2}$ ⑤ $\dfrac{11}{3}$

Level ❷

1596

이차함수 $f(x)=ax^2+bx$가 다음 조건을 만족시킬 때, $f(2)$의 값을 구하시오. (단, a, b는 상수이다.)

> (가) $\displaystyle\lim_{x \to 1} \dfrac{f(x)-f(1)}{x^2-1}=-5$
>
> (나) $\displaystyle\int_0^1 f(x)dx=-3$

1597

삼차함수 $y=f(x)$와 이차함수 $y=g(x)$에 대하여
$$f(-1)=g(-1), \; f(1)=g(1),$$
$$f(2)=g(2), \; f(3)=g(3)+2$$
가 성립할 때, 정적분
$$\int_{-1}^0 \{f(x)-g(x)\}dx - \int_1^0 \{f(x)-g(x)\}dx$$의 값을 구하시오.

1598

$x=-1$에서 미분가능한 함수

$$f(x)=\begin{cases} ax^3+2x^2-3 & (x \geq -1) \\ x^2+bx & (x < -1) \end{cases}$$

에 대하여 $\displaystyle\int_{-2}^{2} f(x)\,dx=c$일 때, abc의 값을 구하시오.

(단, a, b, c는 상수이다.)

1599

함수 $f(x)=|x+2|+|x|+|x-2|$의 최솟값 a에 대하여

정적분 $\displaystyle\int_{0}^{a} f(x)\,dx$의 값은?

① 20 　　② 22 　　③ 24

④ 26 　　⑤ 28

1600

자연수 n에 대하여 함수 $f(n)=\displaystyle\int_{0}^{2n} |x-n|\,dx$일 때,

$\dfrac{f(1)+f(2)+f(3)+\cdots+f(9)}{9}$ 의 값은?

① 30 　　② $\dfrac{92}{3}$ 　　③ 31

④ $\dfrac{95}{3}$ 　　⑤ 32

1601

함수 $y=f(x)$의 그래프가 그림과 같을 때, 정적분 $\displaystyle\int_1^3 x f(x-1)\,dx$의 값을 구하시오.

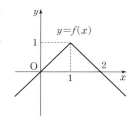

해설 309쪽

1602

실수 전체의 집합에서 미분가능한 함수 $y=f(x)$가

$$f(x)=\begin{cases} -x^2+9 & (x\le 1) \\ ax^2+bx+c & (x>1) \end{cases}$$

이고, 구간 $[-3,\,3]$에서 $-2\le f'(x)\le 6$일 때,

$\displaystyle\int_0^3 f(x)\,dx$의 최댓값을 구하시오.

(단, $a\ne 0$이고, $a,\,b,\,c$는 상수이다.)

1603 교육청 기출

실수 전체의 집합에서 연속인 함수

$$f(x)=\begin{cases} 3x^2+ax+b & (x<1) \\ 2x & (x\geq1) \end{cases}$$

에 대하여 함수 $g(t)$를 $g(t)=\displaystyle\int_{t}^{t+1} f(x)dx$라 하자.

$g(0)+g(1)=\dfrac{7}{2}$일 때, 함수 $g(t)$의 최솟값은 k이다.

$120k$의 값을 구하시오. (단, a, b는 상수이다.)

1604

함수 $y=f(x)$의 도함수 $y=f'(x)$의 그래프가 그림과 같고 $f(-2)=-2$일 때, 정적분 $\displaystyle\int_{-2}^{2} |f(x)|\,dx$의 값을 구하시오. (단, 곡선 부분은 이차함수의 일부이다.)

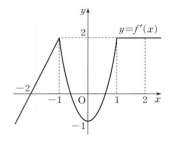

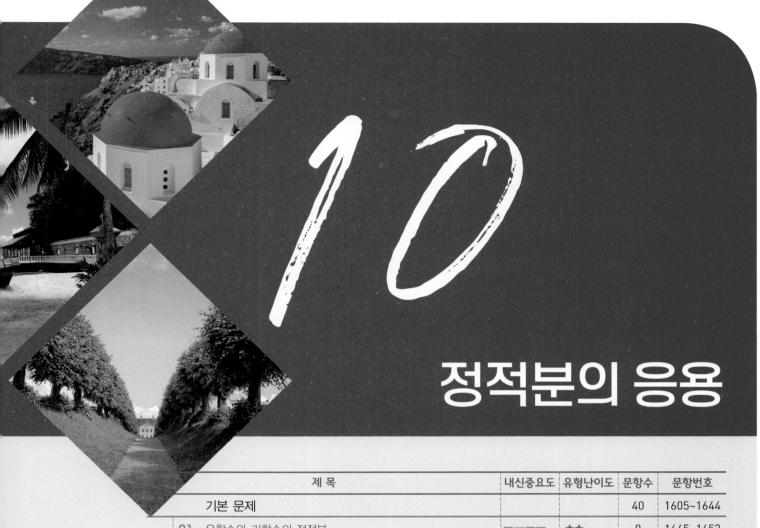

10

정적분의 응용

유 형 문 제

정적분의 응용

1. 우함수와 기함수의 정적분

함수 $y=f(x)$가 구간 $[-a,\ a]$에서 연속이고

(1) $f(-x)=f(x)$일 때, $\displaystyle\int_{-a}^{a} f(x)dx=2\int_{0}^{a} f(x)dx$ ← 우함수

(2) $f(-x)=-f(x)$일 때, $\displaystyle\int_{-a}^{a} f(x)dx=0$ ← 기함수

다항함수는 모든 항이 짝수차면 우함수, 홀수차면 기함수이다.
① (우함수)×(우함수)=(우함수)
② (우함수)×(기함수)=(기함수)
③ (기함수)×(기함수)=(우함수)

참고 (1) 우함수의 그래프　　　　(2) 기함수의 그래프
　　　　(y축에 대하여 대칭)　　　　　(원점에 대하여 대칭)

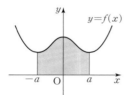
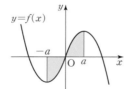

2. 주기함수의 정적분

함수 $y=f(x)$가 임의의 실수 x에 대하여

$$f(x+p)=f(x) \ (p \text{는 0이 아닌 상수})\text{일 때,}$$

(1) $\displaystyle\int_{a+np}^{b+np} f(x)dx = \int_a^b f(x)dx$ (단, n은 정수이다.)

(2) $\displaystyle\int_a^{a+np} f(x)dx = n\int_0^p f(x)dx$ (단, n은 정수이다.)

참고 주기함수의 그래프

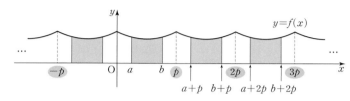

3. 정적분으로 정의된 함수의 미분

(1) $\dfrac{d}{dx}\displaystyle\int_a^x f(t)dt = f(x)$ (단, a는 상수이다.)

(2) $\dfrac{d}{dx}\displaystyle\int_x^{x+a} f(t)dt = f(x+a)-f(x)$ (단, a는 상수이다.)

4. 정적분으로 정의된 함수의 극한

(1) $\displaystyle\lim_{x\to a}\dfrac{1}{x-a}\int_a^x f(t)\,dt = f(a)$

(2) $\displaystyle\lim_{x\to 0}\dfrac{1}{x}\int_a^{x+a} f(t)\,dt = f(a)$

함수 $y=f(x)$에 대하여 $f(x+p)=f(x)$ (p는 0이 아닌 상수)가 성립할 때, 함수 $y=f(x)$를 주기함수라 하고 위의 식을 만족시키는 최소의 양수를 주기라고 한다.

⇨ $f(x+4)=f(x)$를 만족시키는 함수의 주기를 4라고 할 수는 없다. 주기가 2인 경우도 $f(x+4)=f(x)$를 만족시키기 때문이다.

$f(k+x)=f(k-x)$ 또는
$f(2k-x)=f(x)$
이면 함수 $y=f(x)$는 직선 $x=k$에 대하여 대칭이다.

모든 실수 x에서 연속인 함수 $y=f(x)$에 대하여 함수 $y=f(x-m)$의 그래프는 함수 $y=f(x)$의 그래프를 x축의 방향으로 m만큼 평행이동한 것이므로

$$\int_{a+m}^{b+m} f(x-m)\,dx = \int_a^b f(x)\,dx$$

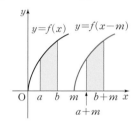

함수 $y=f(x)$가 다음과 같은 꼴로 주어질 때,

① $f(x)=g(x)+\displaystyle\int_a^b f(t)dt$ 꼴

⇨ $\displaystyle\int_a^b f(t)\,dt=(\text{상수})$이므로 $f(x)=g(x)+k$ 꼴로 변형한다. (단, k는 상수)

② $\displaystyle\int_a^x f(t)dt=g(x)$ 꼴 (단, a는 상수)

⇨ 양변을 x에 대하여 미분하여 $f(x)=g'(x)$ 꼴로 변형한다.

 문제

핵심 개념을 문제로 익히기

1 우함수와 기함수의 정적분

[1605-1612] 함수 $y=f(x)$가 다음과 같거나 다음을 만족시킬 때, 〈보기〉에서 옳은 설명을 고르시오.

┤ 보 기 ├

ㄱ. y축에 대하여 대칭인 함수이다.

ㄴ. 원점에 대하여 대칭인 함수이다.

1605 $y=3$

1606 $y=2x$

1607 $y=x^2$

1608 $y=3x^3$

1609 $y=x^2-1$

1610 $y=10x^3-5x$

1611 $f(-x)=f(x)$

1612 $f(-x)=-f(x)$

[1613-1618] 다음 정적분의 값을 구하시오.

1613 $\displaystyle\int_{-1}^{1} 3\,dx$

1614 $\displaystyle\int_{-1}^{1} 2x\,dx$

1615 $\displaystyle\int_{-1}^{1} x^2\,dx$

1616 $\displaystyle\int_{-2}^{2} 3x^3\,dx$

1617 $\displaystyle\int_{-1}^{1} (x^2-1)\,dx$

1618 $\displaystyle\int_{-1}^{1} (10x^3-5x)\,dx$

📖 해설 312쪽

[1619-1622] 다음 정적분의 값을 구하시오.

1619 $\displaystyle\int_{-1}^{1} (3x^2+x-2)\,dx$

1620 $\displaystyle\int_{-1}^{1} (x-1)^2\,dx$

1621 $\displaystyle\int_{-2}^{2} (2x-1)(3x+2)\,dx$

1622 $\displaystyle\int_{-1}^{1} t(t-1)^2\,dt$

[1623-1624] 다음 정적분의 값을 구하시오.

1623 $\displaystyle\int_{-1}^{1} (x^3+3x+2)\,dx - \int_{-1}^{1} (x^3-3x+2)\,dx$

1624 $\displaystyle\int_{-1}^{0} (4x^3+3x^2+2x+1)\,dx$
$\displaystyle\qquad\quad + \int_{0}^{1} (4x^3+3x^2+2x+1)\,dx$

---

2 **주기함수의 정적분**

[1625-1628] $0 \le x \le 2$에서 $f(x)=(x-1)^2$이고, 모든 실수 x에 대하여 $f(x+2)=f(x)$인 함수 $y=f(x)$의 그래프는 그림과 같다. 다음 물음에 답하시오.

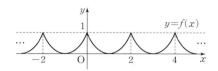

1625 함수 $y=f(x)$의 주기를 구하시오.

1626 다음 ☐ 안에 알맞은 수를 써넣으시오.

$$\int_{0}^{2} f(x)\,dx = \int_{\Box}^{4} f(x)\,dx = \int_{\Box}^{-4} f(x)\,dx = \boxed{}$$

1627 정적분 $\displaystyle\int_{20}^{22} f(x)\,dx$의 값을 구하시오.

1628 정적분 $\displaystyle\int_{0}^{12} f(x)\,dx$의 값을 구하시오.

3 정적분으로 정의된 함수의 미분

[1629-1631] 임의의 실수 x에 대하여 다음 등식이 성립할 때, $y=f(x)$를 구하시오.

1629 $\displaystyle\int_1^x f(t)dt=x^2+4x-5$

1630 $\displaystyle\int_{-1}^x f(t)dt=x^3+3x^2-2$

1631 $\displaystyle\int_0^x f(t)dt=x^4+2x^3-4x^2+5x$

1632 다음은 정적분으로 정의된 함수 $y=\displaystyle\int_2^x (t^3+6t^2-2)\,dt$를 x에 대하여 미분하는 과정이다. ☐ 안에 알맞은 것을 써넣으시오.

> $f(t)=t^3+6t^2-2$라 하고, 함수 $y=f(t)$의 한 부정적분을 $y=F(t)$라 하면
> $$y'=\frac{d}{dx}\int_2^x (t^3+6t^2-2)\,dt$$
> $$=\frac{d}{dx}\int_2^x f(t)\,dt$$
> $$=\frac{d}{dx}\Big[F(t)\Big]_{\boxed{}}^{\boxed{}}$$
> $$=\frac{d}{dx}\{\boxed{}\}$$
> $$=f(x)$$
> $$=\boxed{}$$

[1633-1634] 다음 정적분으로 정의된 함수를 x에 대하여 미분하시오.

1633 $\displaystyle y=\int_1^x (3t^2-6)\,dt$

1634 $\displaystyle y=\int_0^x (t^3+2t^2+3)\,dt$

1635 다음은 정적분으로 정의된 함수 $y=\displaystyle\int_x^{x+1} (t^2+1)dt$를 x에 대하여 미분하는 과정이다. ☐ 안에 알맞은 것을 써넣으시오.

> $f(t)=t^2+1$이라 하고, $y=f(t)$의 한 부정적분을 $y=F(t)$라 하면
> $$y'=\frac{d}{dx}\int_x^{x+1} (t^2+1)dt$$
> $$=\frac{d}{dx}\int_x^{x+1} f(t)dt$$
> $$=\frac{d}{dx}\Big[F(t)\Big]_{\boxed{}}^{\boxed{}}$$
> $$=\frac{d}{dx}\Big\{F(x+1)-F(x)\Big\}$$
> $$=f(\boxed{})-f(\boxed{})$$
> $$=\{(x+1)^2+1\}-(x^2+1)$$
> $$=\boxed{}$$

1636 정적분으로 정의된 함수 $y=\displaystyle\int_x^{x+1} (3t+1)dt$를 x에 대하여 미분하시오.

4 정적분으로 정의된 함수의 극한

1637 다음은 정적분으로 정의된 함수

$y=\dfrac{1}{x-1}\displaystyle\int_1^x(3t^2-4t+1)\,dt$에 대하여 $x\to1$일 때의

극한을 구하는 과정이다. ☐ 안에 알맞은 것을 써넣으시오.

$f(t)=3t^2-4t+1$이라 하고, 함수 $y=f(t)$의 한 부정

적분을 $y=F(t)$라 하면

$\displaystyle\lim_{x\to1}\dfrac{1}{x-1}\int_1^x(3t^2-4t+1)\,dt$

$=\displaystyle\lim_{x\to1}\dfrac{1}{x-1}\int_1^x f(t)\,dt$

$=\displaystyle\lim_{x\to1}\dfrac{\Big[\,F(t)\,\Big]_{\square}^{\square}}{x-1}$

$=\displaystyle\lim_{x\to1}\dfrac{\boxed{}}{x-1}$

$=\boxed{}$

$=f(1)$

$=\boxed{}$

[1638-1640] 다음 극한값을 구하시오.

1638 $\displaystyle\lim_{x\to1}\dfrac{1}{x-1}\int_1^x(4t+2)\,dt$

1639 $\displaystyle\lim_{x\to2}\dfrac{1}{x-2}\int_2^x(2t^2+3)\,dt$

1640 $\displaystyle\lim_{x\to-1}\dfrac{1}{x+1}\int_{-1}^x(t+1)(t+3)\,dt$

1641 다음은 $\displaystyle\lim_{h\to0}\dfrac{1}{h}\int_1^{1+h}(3x^2+2x-4)\,dx$의 값을 구하는

과정이다. ☐ 안에 알맞은 것을 써넣으시오.

$f(x)=3x^2+2x-4$라 하고, $y=f(x)$의 한 부정적분

을 $y=F(x)$라 하면

$\displaystyle\lim_{h\to0}\dfrac{1}{h}\int_1^{1+h}(3x^2+2x-4)\,dx$

$=\displaystyle\lim_{h\to0}\dfrac{1}{h}\int_1^{1+h}f(x)\,dx$

$=\displaystyle\lim_{h\to0}\dfrac{1}{h}\Big[\,F(x)\,\Big]_{\square}^{\square}$

$=\displaystyle\lim_{h\to0}\dfrac{\boxed{}}{h}$

$=\boxed{}$

$=f(1)$

$=\boxed{}$

[1642-1644] 다음 극한값을 구하시오.

1642 $\displaystyle\lim_{h\to0}\dfrac{1}{h}\int_0^h(x^3-3x+2)\,dx$

1643 $\displaystyle\lim_{h\to0}\dfrac{1}{h}\int_2^{h+2}(x^3-2x^2+5x-1)\,dx$

1644 $\displaystyle\lim_{x\to0}\dfrac{1}{x}\int_3^{x+3}(t^2-2t)\,dt$

 문제

 내신 출제 유형 정복하기

유형 01 우함수와 기함수의 정적분

내신 중요도 ━━━━━ 유형 난이도 ★★☆☆☆

$\int_{-a}^{a} f(x)dx$와 같이 적분 구간이 $[-a,\ a]$인 정적분은 $y=f(x)$가 우함수인지 기함수인지 파악한 후, 다음을 이용하여 정적분의 값을 구한다.

(1) f가 우함수 $\Rightarrow \int_{-a}^{a} f(x)dx=2\int_{0}^{a} f(x)dx$

(2) f가 기함수 $\Rightarrow \int_{-a}^{a} f(x)dx=0$

1645 짱중요 ●○○○

정적분 $\int_{-2}^{2} (x^5-2x^3+3x^2-3x+1)\,dx$의 값을 구하시오.

1646 중요 평가원 기출 ●○○○

$\int_{-2}^{2} x(3x+1)\,dx$의 값을 구하시오.

1647 중요 ●●○○

정적분 $\int_{-1}^{1} (1+2x+3x^2+\cdots+100x^{99})\,dx$의 값은?

① 10 ② 50 ③ 100
④ 200 ⑤ 500

1648 중요 ●●○○

$\int_{-1}^{5} (2x^3+4x^2-7x+2)\,dx+\int_{5}^{1} (2x^3+4x^2-7x+2)\,dx$의 값은?

① $\dfrac{5}{3}$ ② $\dfrac{10}{3}$ ③ 5

④ $\dfrac{20}{3}$ ⑤ $\dfrac{25}{3}$

1649 ●●○○

함수 $f(x)=5x^4+3x^2+1$에 대하여 정적분 $\int_{-1}^{2} f(x)dx+\int_{2}^{1} f(t)dt$의 값은?

① 6 ② 7 ③ 8
④ 9 ⑤ 10

1650 중요 ●●○○

일차함수 $f(x)=ax+b$에 대하여

$$\int_{-1}^{1} xf(x)\,dx=2,\ \int_{-1}^{1} x^2f(x)\,dx=-6$$

이 성립할 때, $a+b$의 값을 구하시오. (단, a, b는 상수이다.)

1651

●○○○

상수 a에 대하여

$$\int_{-a}^{1} (x^3+3x^2+2x)\,dx+\int_{1}^{a} (y^3+3y^2+2y)\,dy=\frac{1}{4}$$

일 때, $50a$의 값을 구하시오.

1652 평가원 기출

●●○○

함수 $f(x)=x+1$에 대하여

$$\int_{-1}^{1} \{f(x)\}^2 dx=k\left(\int_{-1}^{1} f(x)\,dx\right)^2$$

일 때, 상수 k의 값은?

① $\dfrac{1}{6}$ ② $\dfrac{1}{3}$ ③ $\dfrac{1}{2}$

④ $\dfrac{2}{3}$ ⑤ $\dfrac{5}{6}$

1653

●●○○

함수 $f(x)=x^3+3$에 대하여 $\displaystyle\int_{-1}^{1} f(x)\{f'(x)+1\}\,dx$의 값은?

① 10   ② 11   ③ 12

④ 13   ⑤ 14

유형 **02** $f(-x)=f(x)$ 또는 $f(-x)=-f(x)$인 함수의 정적분

내신 중요도 ■■■■■□ 유형 난이도 ★★★☆☆

함수 $y=f(x)$가 구간 $[-a,\,a]$에서 연속이고

(1) $f(-x)=f(x)$일 때 ⇨ $\displaystyle\int_{-a}^{a} f(x)\,dx=2\int_{0}^{a} f(x)\,dx$

(2) $f(-x)=-f(x)$일 때 ⇨ $\displaystyle\int_{-a}^{a} f(x)\,dx=0$

1654

●●○○

다항함수 $y=f(x)$가 모든 실수 x에 대하여 $f(-x)=-f(x)$이고, $\displaystyle\int_{1}^{2} f(x)\,dx=2$를 만족시킬 때, 정적분 $\displaystyle\int_{-1}^{2} f(x)\,dx$의 값은?

① -2 ② 2 ③ 4

④ 6 ⑤ 8

1655

●●○○

모든 실수 x에 대하여 연속인 함수 $y=f(x)$가 다음 조건을 만족시킬 때, $\displaystyle\int_{-2}^{3} f(x)\,dx$의 값을 구하시오.

> (가) 모든 실수 x에 대하여 $f(-x)=-f(x)$
>
> (나) $\displaystyle\int_{-2}^{1} f(x)\,dx=-2,\ \int_{-1}^{3} f(x)\,dx=6$

1656

●●○○

함수 $f(x)$가 임의의 실수 x에 대하여 $f(-x)=f(x)$가 성립하고 $\displaystyle\int_{0}^{a} f(x)\,dx=3,\ \int_{0}^{b} f(x)\,dx=5$일 때, 정적분 $\displaystyle\int_{-a}^{-b} f(x)\,dx$의 값은? (단, $a>b>0$)

① -5 ② -2 ③ 0

④ 2 ⑤ 5

1657 짱중요 ●●○○

다항함수 $y=f(x)$가 다음 조건을 만족시킨다.

(가) $f(-x)=f(x)$ (나) $\int_0^1 f(x)dx=-3$

정적분 $\int_{-1}^1 (x-2)f(x)dx$의 값을 구하시오.

1658 중요 ●●○○

실수 전체의 집합에서 연속인 함수 $f(x)$가 모든 실수 x에 대하여 $f(-x)=f(x)$를 만족시킨다. $\int_0^1 f(x)dx=5$일 때,

$\int_{-1}^2 (x+2)f(x)dx - \int_1^2 (y+2)f(y)dy$의 값을 구하시오.

1659 중요 ●●●○

다항함수 $f(x)$가 모든 실수 x에 대하여 $f(-x)=-f(x)$를 만족시킨다. $\int_{-3}^3 (x+2)f'(x)dx=20$일 때, $f(3)$의 값을 구하시오.

1660 중요 ●●●○

다항함수 $y=f(x)$가 모든 실수 x에 대하여

$$f(-x)=-f(x),\ \int_0^2 xf(x)dx=\frac{5}{2}$$

를 만족시킬 때, 정적분 $\int_{-2}^2 (x^2+2x-5)f(x)dx$의 값을 구하시오.

1661 ●●●○

사차함수 $y=f(x)$가

$$f(-x)=f(x),\ f'(1)=0,\ f(0)=-3$$

을 만족시키고 $\int_{-1}^1 f(x)dx=8$일 때, $f(-1)$의 값을 구하시오.

1662 ●●●○

함수 $f(x)$가 임의의 실수 x에 대하여 $f(-x)+f(x)=0$을 만족할 때, 〈보기〉에서 항상 옳은 것만을 있는 대로 고른 것은?

| 보기 |

ㄱ. $\int_{-3}^1 f(x)dx - \int_{-3}^{-1} f(x)dx = 2\int_0^1 f(x)dx$

ㄴ. $\int_{-a}^a f(x)dx - \int_a^a f(x)dx + \int_0^a f(x)dx - \int_a^0 f(x)dx$
    $= 2\int_0^a f(x)dx$

ㄷ. $\int_{-2}^{-1} xf(x)dx - \int_2^{-1} xf(x)dx = 0$

① ㄱ   ② ㄴ   ③ ㄷ

④ ㄱ, ㄷ   ⑤ ㄴ, ㄷ

유형 03 $f(-x)=f(x)$이고 $g(-x)=-g(x)$인 함수의 정적분

함수 $y=f(x)$, $y=g(x)$가 구간 $[-a,\ a]$에서 연속이고 $f(-x)=f(x)$, $g(-x)=-g(x)$일 때,

$$\Rightarrow \int_{-a}^{a}\{f(x)+g(x)\}dx=2\int_{0}^{a}f(x)\,dx$$

$$\int_{-a}^{a}f(x)g(x)dx=0$$

1663 ●●○○

다음을 만족시키는 두 다항함수 $f(x)$, $g(x)$에 대하여 $\displaystyle\int_{0}^{2}\{5f(x)-3g(x)\}dx$의 값을 구하시오.

(가) $f(-x)=f(x)$, $g(-x)=-g(x)$
(나) $\displaystyle\int_{-2}^{0}f(x)dx=5$, $\displaystyle\int_{0}^{-2}g(x)dx=2$

1664 ●●○○

다음 조건을 만족시키는 두 다항함수 $y=f(x)$, $y=g(x)$에 대하여 정적분 $\displaystyle\int_{-a}^{a}\{f(x)+g(x)\}dx+\int_{-a}^{a}f(x)g(x)dx$의 값을 구하시오.

(가) $f(x)=-f(-x)$, $g(-x)=g(x)$
(나) $\displaystyle\int_{0}^{a}f(x)dx=10$, $\displaystyle\int_{0}^{a}g(x)dx=20$

1665 ●●●○

두 다항함수 $y=f(x)$, $y=g(x)$가 임의의 실수 x에 대하여

$$f(-x)=f(x),\ g(-x)=-g(x)$$

를 만족시키고 $\displaystyle\int_{-2}^{2}f(x)\,dx=6$, $\displaystyle\int_{-2}^{0}g(x)\,dx=4$일 때,

정적분 $\displaystyle\int_{0}^{2}f(x)\,dx+\int_{0}^{2}g(t)\,dt$의 값은?

① -2 ② -1 ③ 1
④ 2 ⑤ 3

1666 짱중요 평가원 기출 ●●●○

두 다항함수 $f(x)$, $g(x)$가 모든 실수 x에 대하여

$$f(-x)=-f(x),\ g(-x)=g(x)$$

를 만족시킨다. 함수 $h(x)=f(x)g(x)$에 대하여

$$\int_{-3}^{3}(x+5)h'(x)dx=10$$

일 때, $h(3)$의 값은?

① 1 ② 2 ③ 3
④ 4 ⑤ 5

1667 ●●●●

두 다항함수 $y=f(x)$, $y=g(x)$가 임의의 실수 x에 대하여 다음 조건을 만족시킬 때, $\displaystyle\int_{-2}^{2}\{f(x)+g(x-2)\}dx$의 값은?

(가) $f(-x)=f(x)$, $g(-x)=-g(x)$
(나) $\displaystyle\int_{0}^{2}f(x)\,dx=5$, $\displaystyle\int_{0}^{4}g(x)\,dx=7$

① 1 ② 2 ③ 3
④ 4 ⑤ 5

1668 ●●●●

연속함수 $f(x)$에 대하여 두 함수 $g(x)$, $h(x)$를

$$g(x)=\frac{f(x)+f(-x)}{2},\ h(x)=\frac{f(x)-f(-x)}{2}$$

라 할 때, 〈보기〉 중 옳은 것을 모두 고른 것은?

┤ 보기 ├

ㄱ. $\displaystyle\int_{-1}^{1}g(x)dx=2\int_{0}^{1}g(x)dx$

ㄴ. $\displaystyle\int_{-1}^{2}|h(x)|dx=\int_{-2}^{1}|h(x)|dx$

ㄷ. $\displaystyle\int_{-1}^{1}g(x)h(x)dx=0$

① ㄱ   ② ㄷ   ③ ㄱ, ㄴ
④ ㄴ, ㄷ   ⑤ ㄱ, ㄴ, ㄷ

유형
04 주기함수의 정적분

내신 중요도 ■■■□□ 유형 난이도 ★★★☆☆

함수 $y=f(x)$가 임의의 실수 x에 대하여
$$f(x+p)=f(x)\ (p는\ 0이\ 아닌\ 상수)$$
일 때,

(1) $\displaystyle\int_{a+np}^{b+np} f(x)\,dx=\int_a^b f(x)\,dx$ (단, n은 정수이다.)

(2) $\displaystyle\int_a^{a+np} f(x)\,dx=n\int_0^p f(x)\,dx$ (단, n은 정수이다.)

1669 짱중요 ●●○○

실수 전체의 집합에서 연속인 함수 $y=f(x)$가 모든 실수 x에 대하여
$$f(x+3)=f(x),\quad \int_1^4 f(x)dx=4$$
를 만족시킬 때, 정적분 $\displaystyle\int_1^{16} f(x)dx$의 값을 구하시오.

1670 중요 ●●○○

실수 전체의 집합에서 연속인 함수 $y=f(x)$가 모든 실수 x에 대하여 $f(x+3)=f(x)$이고, $\displaystyle\int_1^4 f(x)\,dx=3$을 만족시킬 때, 정적분 $\displaystyle\int_1^{100} f(x)\,dx$의 값을 구하시오.

1671 ●●○○

실수 전체의 집합에서 연속인 함수 $y=f(x)$가 다음 조건을 만족시킬 때, 정적분 $\displaystyle\int_{-3}^3 f(x)\,dx$의 값을 구하시오.

⑺ $-1\le x\le 1$일 때, $f(x)=x^2$
⑻ 임의의 실수 x에 대하여 $f(x)=f(x+2)$

1672 ●●●○

실수 전체의 집합에서 연속인 함수
$$f(x)=\begin{cases}-x-1 & (-1\le x<0)\\ x-1 & (0\le x\le 1)\end{cases}$$
이 모든 실수 x에 대하여 $f(x+2)=f(x)$를 만족시킬 때, 정적분 $\displaystyle\int_{-10}^{10} f(x)dx$의 값을 구하시오.

1673 ●●●○

실수 전체의 집합에서 연속인 함수 $y=f(x)$가
$$f(x)=\begin{cases}-x^2+2x & (0\le x<1)\\ -x+2 & (1\le x<2)\end{cases}$$
이고, 모든 실수 x에 대하여 $f(x-1)=f(x+1)$을 만족시킬 때, $\displaystyle\int_{-6}^7 f(x)dx$의 값은?

① $\dfrac{20}{3}$ ② 7 ③ $\dfrac{22}{3}$

④ $\dfrac{23}{3}$ ⑤ 8

1674 ●●●○

실수 전체의 집합에서 연속인 함수 $y=f(x)$가 모든 실수 x에 대하여 다음 조건을 만족시킨다.

⑺ $f(x-2)=f(x+2)$
⑻ $\displaystyle\int_{-2}^2 f(x)\,dx=2$
⑼ $\displaystyle\int_2^4 f(x)\,dx=1$

정적분 $\displaystyle\int_0^{30} f(x)\,dx$의 값은?

① 5 ② 8 ③ 10
④ 13 ⑤ 15

1675

○●●●○

실수 전체의 집합에서 연속인 함수 $y=f(x)$가 모든 실수 x에 대하여 $f(x)=f(x+4)$를 만족시킬 때, 다음 중 정적분 $\int_1^2 f(x)\,dx$와 그 값이 같은 것은?

① $\int_{99}^{100} f(x)\,dx$

② $-\int_{99}^{100} f(x)\,dx$

③ $\int_{100}^{101} f(x)\,dx$

④ $-\int_{100}^{101} f(x)\,dx$

⑤ $\int_{101}^{102} f(x)\,dx$

1676 평가원 기출

●●●○

함수 $f(x)$는 다음 두 조건을 만족한다.

(가) $-2 \leq x \leq 2$일 때, $f(x)=x^3-4x$

(나) 임의의 실수 x에 대하여 $f(x)=f(x+4)$

정적분 $\int_1^2 f(x)\,dx$와 같은 것은?

① $\int_{98}^{99} f(x)\,dx$

② $\int_{99}^{100} f(x)\,dx$

③ $\int_{100}^{101} f(x)\,dx$

④ $-\int_{98}^{99} f(x)\,dx$

⑤ $-\int_{99}^{100} f(x)\,dx$

1677

●●●●

모든 실수 x에 대하여 $f(x+4)=f(x)$를 만족하는 함수 $y=f(x)$의 그래프가 그림과 같을 때, $\sum_{k=1}^{100} \int_{k-1}^{k} f(x)\,dx$의 값을 구하시오.

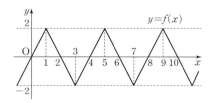

유형 5 $f(-x)=-f(x)$인 주기함수의 정적분

내신 중요도 ■■■■■□□ 유형 난이도 ★★★★☆

함수 $f(x)$가 임의의 실수 x에 대하여 $f(-x)=-f(x)$이고 $f(x+a)=f(x)$일 때,

(1) $\int_0^a f(x)\,dx=\int_{-\frac{a}{2}}^{\frac{a}{2}} f(x)\,dx=0$

(2) $\int_{0+na}^{b+na} f(x)\,dx=\int_0^b f(x)\,dx=-\int_{-b}^0 f(x)\,dx$

(단, n은 정수)

1678

●●○○

$0 \leq x \leq 2$에서 함수 $y=f(x)$의 그래프가 그림과 같다. 함수 $f(x)$가 다음 두 조건을 만족할 때, $\int_{-10}^{10} f(x)\,dx$의 값을 구하시오.

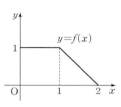

(가) $f(-x)=f(x)$

(나) $f(x+4)=f(x)$

1679

●●●○

실수 전체의 집합에서 연속인 함수 $y=f(x)$가 임의의 실수 x에 대하여 다음 조건을 만족시킨다.

(가) $f(-x)=f(x)$ (나) $f(x+4)=f(x)$

$\int_0^2 f(x)\,dx=8$일 때, 정적분 $\int_{-8}^4 f(x)\,dx$의 값을 구하시오.

1680 교육청 기출 ●●●○

실수 전체의 집합에서 연속인 함수 $y=f(x)$가 임의의 실수 x에 대하여 다음 조건을 만족시킬 때, 정적분 $\int_{-6}^{10} f(x)dx$의 값을 구하시오.

> (가) $f(-x)=f(x)$
> (나) $f(x+2)=f(x)$
> (다) $\int_{-1}^{1} (2x+3)f(x)dx=15$

1681 중요 ●●●○

모든 실수에서 연속인 함수 $f(x)$가 다음 조건을 모두 만족시킬 때, $\int_{0}^{99} f(x)dx$의 값을 구하시오.

> (가) 모든 실수 x에 대하여 $f(-x)=-f(x)$
> (나) 모든 실수 x에 대하여 $f(x+4)=f(x)$
> (다) $f(x)=\begin{cases} 2x & (0 \le x < 1) \\ -2x+4 & (1 \le x < 2) \end{cases}$

1682 짱중요 ●●●●

모든 실수에서 연속인 함수 $f(x)$가 다음 조건을 모두 만족시킨다.

> (가) 모든 실수 x에 대하여 $f(-x)=-f(x)$
> (나) 모든 실수 x에 대하여 $f(x+2)=f(x)$
> (다) $\int_{0}^{1} f(x)dx=3$

함수 $y=f(x)$의 그래프를 x축의 방향으로 -2만큼, y축의 방향으로 1만큼 평행이동하면 함수 $y=g(x)$의 그래프와 일치할 때, $\int_{3}^{10} g(x)dx$의 값을 구하시오.

유형 **06** 직선 $x=k$에 대하여 대칭인 함수의 정적분

내신 중요도 ■■■■□ 유형 난이도 ★★★★☆

(1) $f(k+x)=f(k-x)$이면 $x=k$에 대하여 대칭
(2) $f(2k-x)=f(x)$이면 $x=k$에 대하여 대칭

1683 중요 ●●○○

실수 전체의 집합에서 연속인 함수 $y=f(x)$가 모든 실수 x에 대하여 $f(2+x)=f(2-x)$이고, $\int_{-1}^{3} f(x)dx=6$, $\int_{2}^{3} f(x)dx=4$를 만족시킬 때, 정적분 $\int_{3}^{5} f(x)dx$의 값을 구하시오.

1684 ●●●○

실수 전체의 집합에서 연속인 함수 $y=f(x)$가 모든 실수 x에 대하여 $f(2-x)=f(x)$이고, $\int_{-1}^{2} f(x)dx=7$, $\int_{1}^{2} f(x)dx=2$를 만족시킬 때, 정적분 $\int_{1}^{3} f(x)dx$의 값을 구하시오.

1685 ●●●○

모든 실수에서 연속인 함수 $y=f(x)$가 다음 조건을 만족시킬 때, 정적분 $\int_{0}^{6} f(x)dx$의 값은?

> (가) 모든 실수 x에 대하여 $f(3+x)=f(3-x)$
> (나) $\int_{3}^{9} f(x)dx=10$, $\int_{-3}^{0} f(x)dx=3$

① 7   ② 10   ③ 12
④ 14   ⑤ 16

1686 중요

실수 전체의 집합에서 연속인 함수 $y=f(x)$가 모든 실수 x에 대하여 $f(2-x)=f(x)$, $f(x+4)=f(x)$를 만족시킨다.
$\int_1^3 f(x)dx=3$일 때, 정적분 $\int_{-5}^{13} f(x)dx$의 값을 구하시오.

1687

실수 전체의 집합에서 연속인 함수 $y=f(x)$가 임의의 실수 x에 대하여 다음 조건을 만족시킬 때, $\int_{-3}^5 f(x)dx$의 값을 구하시오.

(가) $2 \le x \le 3$일 때, $f(x)=x^2-6x+10$
(나) $f(6-x)=f(x)$
(다) $f(x)=f(x+2)$

1688 교육청 기출

실수 전체의 집합에서 연속인 함수 $y=f(x)$가 모든 실수 x에 대하여
$$f(x)=f(-x), \ f(2-x)=f(x)$$
이고 $\int_0^1 f(x)dx=2$일 때, 정적분 $\int_0^6 \{x^2+f(x)\}\,dx$의 값을 구하시오.

유형
07 정적분을 포함한 함수
내신 중요도 ▬▬▬▬▬ 유형 난이도 ★★★★☆

$f(x)=g(x)+\int_a^b f(t)dt$ 꼴의 등식이 주어지면 $y=f(x)$는 다음과 같은 순서로 구한다.

① $\int_a^b f(t)dt=k$ (k는 상수)로 놓는다.
② $f(x)=g(x)+k$를 ①의 식에 대입하여 k의 값을 구한다.
③ k의 값을 $f(x)=g(x)+k$에 대입하여 $y=f(x)$를 구한다.

1689 짱중요

함수 $f(x)=3x^2+4x+\int_0^2 f(t)dt$일 때, $f(3)$의 값은?

① 20　　② 21　　③ 22
④ 23　　⑤ 24

1690

다항함수 $y=f(x)$가 임의의 실수 x에 대하여
$$f(x)=3x^2+\int_0^1 xf(t)dt$$
를 만족시킬 때, $f(2)$의 값을 구하시오.

1691 짱중요

다항함수 $y=f(x)$가 임의의 실수 x에 대하여
$$f(x)=3x^2+\int_0^1 (2x+1)f(t)dt$$
를 만족시킬 때, $f(2)$의 값을 구하시오.

1692 ●●●○

일차함수 $y=f(x)$가

$$f(x)=2x+\int_0^2 f(t)dt-\int_0^4 f(t)dt$$

라 할 때, $f(2)$의 값은?

① -8 　　② -4 　　③ 0

④ 4 　　⑤ 8

★**1693** 중요 ●●●○

다항함수 $y=f(x)$가 $f(x)=4x^3-2x+\int_0^1 tf'(t)dt$를 만족시킬 때, $f(1)$의 값을 구하시오.

1694 ●●●○

두 다항함수 $y=f(x),\ y=g(x)$에 대하여

$$f(x)=x+1+\int_0^2 g(t)\,dt,\ g(x)=2x-3+\int_0^1 f(t)\,dt$$

일 때, $f(2)g(2)$의 값을 구하시오.

1695 ●●●●

두 함수 $y=f(x),\ y=g(x)$가

$$f(x)=x^2+\int_{-1}^1 g(t)dt,\ g(x)=x+\int_{-1}^1 f(t)dt$$

를 만족시킬 때, 정적분 $\int_{-1}^1 f(x)dx-\int_{-1}^1 xg(x)dx$의 값은?

① $-\dfrac{8}{9}$ 　　② $-\dfrac{4}{5}$ 　　③ $-\dfrac{3}{5}$

④ $-\dfrac{5}{9}$ 　　⑤ $-\dfrac{2}{5}$

★**1696** 중요 ●●●●

이차함수 $f(x)$에 대하여

$$f(x)=\frac{12}{7}x^2-2x\int_1^2 f(t)\,dt+\left\{\int_1^2 f(t)\,dt\right\}^2$$

이 성립할 때, 정적분 $5\int_1^2 f(x)\,dx$의 값은?

① -10 　　② -5 　　③ 0

④ 5 　　⑤ 10

1697 ●●●●

함수 $f(x)=|x^2-1|+\int_0^2 f(t)dt$일 때, $f(3)$의 값은?

① 0 　　② 2 　　③ 4

④ 6 　　⑤ 8

유형

내신 중요도 ━━━━ 유형 난이도 ★★★★★

08 적분 구간에 변수가 있는 함수

(1) $\dfrac{d}{dx}\displaystyle\int_a^x f(t)\,dt = f(x)$ (단, a는 상수이다.)

(2) $\dfrac{d}{dx}\displaystyle\int_x^{x+a} f(t)\,dt = f(x+a) - f(x)$ (단, a는 상수이다.)

1698 중요

●●○○

다항함수 $y=f(x)$가 $\displaystyle\int_1^x f(t)\,dt = 3x^2 - 2x + a$를 만족시킬 때, $a + f(0)$의 값을 구하시오. (단, a는 상수이다.)

1699

●●●○

다항함수 $f(x)$가 모든 실수 x에 대하여

$\displaystyle\int_1^x f(t)\,dt = xf(x) - x^2$을 만족할 때, $f(10)$의 값은?

① 16   ② 17   ③ 18

④ 19   ⑤ 20

1700 중요

●●●○

다항함수 $y=f(x)$가

$$xf(x) = 2x^3 - 3x^2 + \int_1^x f(t)\,dt$$

를 만족시킬 때, $f(2)$의 값을 구하시오.

1701 짱중요

●●●○

다항함수 $f(x)$가

$$x^2 f(x) = 2x^6 - 3x^4 + 2\int_1^x t f(t)\,dt$$

를 만족할 때, $f(x)$를 구하시오.

1702 중요

●●●○

다항함수 $f(x)$가 모든 실수 x에 대하여

$$2x^2 f(x) - \int_2^x 4t f(t)\,dt = x^4 - 2x^3 - 3$$

을 만족시킨다. 곡선 $y=f(x)$ 위의 점 $(2, f(2))$에서의 접선이

점 $\left(a, \dfrac{5}{8}\right)$를 지날 때, a의 값을 구하시오.

1703 중요

●●●○

다항함수 $y=f(x)$에 대하여

$$\int_0^x f(t)\,dt = x^3 - 2x^2 - 2x\int_0^1 f(t)\,dt$$

일 때, $f(0) = a$라 하자. $60a$의 값을 구하시오.

(단, a는 상수이다.)

1704 ●●●○

함수 $y=f(x)$가 모든 실수 x에 대하여 미분가능하고

$$f(x)=x^3+ax^2+bx+\int_2^x (3t^2-6t)\,dt$$

가 성립한다. $y=f(x)$가 $x-1$, $x-2$로 나누어떨어질 때, $f(-2)$의 값을 구하시오. (단, a, b는 상수이다.)

1705 중요 ●●●●

다항함수 $y=f(x)$가

$$\int_1^x xf(t)\,dt=2x^3+ax^2+1+\int_1^x tf(t)\,dt$$

를 만족시킬 때, 상수 a에 대하여 $f(2)+a$의 값을 구하시오.

1706 중요 ●●●●

다항함수 $f(x)$가 다음 조건을 만족시키고, $f(0)=2$일 때, $f(5)$의 값을 구하시오.

(가) 모든 실수 x에 대하여

$$\int_1^x f(t)\,dt=\frac{x-1}{2}\{f(x)+f(1)\}$$

(나) $\displaystyle\int_0^2 f(x)\,dx=5\int_{-1}^1 xf(x)\,dx$

1707 교육청 기출 ●●●●

두 다항함수 $f(x)$, $g(x)$가 다음 조건을 만족시킨다.

모든 실수 x에 대하여

(가) $f(x)g(x)=x^3+3x^2-x-3$

(나) $f'(x)=1$

(다) $g(x)=2\displaystyle\int_1^x f(t)\,dt$

$\displaystyle\int_0^3 3g(x)\,dx$의 값을 구하시오.

1708 ●●●○

함수 $f(x)=\displaystyle\int_x^{x+2} (t^2-2t)\,dt$일 때, $\displaystyle\int_0^2 x^2 f'(x)\,dx$의 값을 구하시오.

1709 ●●●●

이차항의 계수가 1인 이차함수 $f(x)$가 모든 실수 x에 대하여

$$\int_x^{x+1} f(t)\,dt=af(x)+bx$$

를 만족시킬 때, 두 상수 a, b의 합 $a+b$의 값은?

① 1　　　　② 2　　　　③ 3

④ 4　　　　⑤ 5

유형 09 $\int_a^x (x-t)f(t)dt$ 꼴을 포함한 등식

내신 중요도 ▬▬▬▬▬ 유형 난이도 ★★★★☆

$\int_a^x (x-t)f(t)dt$를 포함한 등식은

$x\int_a^x f(t)dt - \int_a^x tf(t)dt$로 변형한 후, 양변을 x에

대하여 두 번 미분하여 $y=f(x)$를 구한다.

1710 짱중요

●●○○

$\int_1^x (x-t)f(t)dt = \frac{1}{3}x^3 + x^2 + 3x - 1$을 만족시키는 미분가능

한 함수 $y=f(x)$에 대하여 $f(1)$의 값을 구하시오.

1711

●●●○

$\int_1^x (x-t)f(t)dt = x^3 - x^2 - x + 1$을 만족시키고 실수 전체의

집합에서 미분가능한 함수 $y=f(x)$에 대하여 $\int_0^2 f(x)dx$의

값을 구하시오.

1712 중요

●●●○

미분가능한 함수 $y=f(x)$가

$$\int_a^x (x-t)f(t)\,dt = x^4 - 3x^3 + 5x^2 - 4x + 9$$

를 만족시킬 때, $f(1)$의 값은? (단, a는 상수이다.)

① 1   ② 4   ③ 7

④ 10   ⑤ 13

1713 짱중요

●●●○

모든 실수 x에 대하여 미분가능한 함수 $y=f(x)$가

$$\int_1^x (x-t)f(t)dt = x^3 - ax^2 - 7x + 4$$

를 만족시킨다. $f(1)=b$일 때, $a+b$의 값을 구하시오.

(단, a, b는 상수이다.)

1714

●●●●

모든 실수 x에 대하여 함수 $y=f(x)$가

$$\int_0^x (x-t)f(t)\,dt = \frac{1}{8}x^4 + 5x^2$$

을 만족시킬 때, 함수 $y=f(x)$의 최솟값을 구하시오.

1715 짱중요

●●●●

미분가능한 함수 $f(x)$가

$$\int_1^x (x-t)f(t)dt = x^3 - ax^2 + bx + 4$$

를 만족시킬 때, $a+b$의 값을 구하시오. (단, a, b는 상수)

1716 중요 ●●●○

모든 실수 x에 대하여 미분가능한 함수 f가

$$\int_0^x (x-t)f'(t)\,dt = x^5$$

을 만족시킨다. $f(0)=3$일 때, $f(1)$의 값을 구하시오.

1717 중요 ●●●●

$\displaystyle\int_1^x (x-t)f(t)\,dt = \int_0^x (t^2+at+b)\,dt$를 만족시키는

함수 $y=f(x)$에 대하여 $f(3)$의 값을 구하시오.

(단, a, b는 상수이다.)

1718 중요 ●●●●

모든 실수 x에 대하여 함수 $f(x)$가

$$\int_0^x (x^2-t^2)f(t)\,dt = \frac{4}{5}x^5 - 6x^3$$

을 만족시킬 때, $f(2)$를 구하시오.

유형
10 정적분과 극대·극소

내신 중요도 ■■■■■ 유형 난이도 ★★★★☆

① 함수 $f(x)=\displaystyle\int_a^x g(t)\,dt$의 양변을 x에 대하여 미분한 후 $f'(x)=g(x)=0$을 만족시키는 x의 값 b를 구한다.

② $x=b$의 좌우에서 $f'(x)$의 부호를 조사하여 극대, 극소를 찾는다.

1719 중요 ●●○○

함수 $f(x)=\displaystyle\int_{-1}^x t(t-1)\,dt$의 극댓값과 극솟값을 각각 M, m이라 할 때, $M+m$의 값을 구하시오.

1720 ●●●○

함수 $f(x)=\displaystyle\int_0^x (t-3)(t-a)\,dt$가 $x=3$에서 극솟값 0을 가질 때, $y=f(x)$의 극댓값을 구하시오. (단, a는 상수이다.)

1721 중요 ●●●○

함수 $f(x)=\displaystyle\int_0^x (t^2+at+b)\,dt$가 $x=-1$에서 극댓값 $\dfrac{5}{3}$를 가질 때, $y=f(x)$의 극솟값을 구하시오. (단, a, b는 상수이다.)

1722

●●●○

등식 $f(x)=x^3-\dfrac{9}{2}x^2+6x+2\displaystyle\int_0^2 f(x)\,dx$ 를 만족시키는 함수 $y=f(x)$의 극댓값을 구하시오.

1723

●●●○

최솟값이 -3인 이차함수 $y=f(x)$의 그래프가 그림과 같을 때,

$F(x)=\displaystyle\int_0^x f(t)\,dt$ 를 만족시키는

함수 $y=F(x)$의 극솟값을 구하시오.

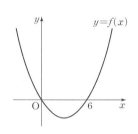

1724 중요

●●●○

함수 $f(x)=\displaystyle\int_0^x (t^2-4t+a)\,dt$ 가 극댓값과 극솟값을 모두 갖도록 하는 자연수 a의 최댓값은?

① 1 ② 2 ③ 3
④ 4 ⑤ 5

1725 중요

●●●○

삼차함수 $f(x)=x^3-3x^2+a$에 대하여 함수

$$F(x)=\int_0^x f(t)\,dt$$

가 극댓값을 갖도록 하는 정수 a의 개수를 구하시오.

1726 중요

●●●○

이차함수 $f(x)$는 $x=2$에서 극솟값 3을 갖는다.

$\displaystyle\int_0^4 |f'(x)|\,dx=16$일 때, $f(5)$의 값을 구하시오.

1727

●●●●

이차함수 $y=f(x)$의 그래프가 그림과 같을 때, 함수 $F(x)$를

$F(x)=\displaystyle\int_1^x f(t)\,dt$ 로 정의하자.

$y=F(x)$에 대한 〈보기〉의 설명에서 옳은 것을 모두 고른 것은?

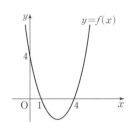

┤ 보기 ├

ㄱ. $F(1)=0$

ㄴ. $x=1$에서 극솟값을 갖는다.

ㄷ. 방정식 $F(x)=0$의 서로 다른 실근은 2개이다.

① ㄱ ② ㄱ, ㄴ ③ ㄱ, ㄷ
④ ㄴ, ㄷ ⑤ ㄱ, ㄴ, ㄷ

유형
11 정적분과 최대·최소

내신 중요도 ▬▬▬▬▬ 유형 난이도 ★★★★★

정적분으로 나타내어진 함수의 최댓값, 최솟값은

(1) $\dfrac{d}{dx}\displaystyle\int_a^x f(t)\,dt=f(x)$

(2) $\dfrac{d}{dx}\displaystyle\int_x^{x+a} f(t)\,dt=f(x+a)-f(x)$

임을 이용한다.

 1728 중요 ●○○○

$0\le x\le 3$에서 함수 $f(x)=\displaystyle\int_0^x (t-1)(t-5)\,dt$의 최댓값을 구하시오.

1729 ●●●○

모든 실수 x에 대하여 함수 $y=f(x)$가

$$\int_0^x (x-t)f(t)\,dt=\frac{1}{2}x^4-3x^2$$

을 만족시킬 때, $y=f(x)$의 최솟값을 구하시오.

1730 중요 ●●●○

이차함수 $y=f(x)$의 그래프가 그림과 같을 때, 함수

$$g(x)=\int_x^{x+2} f(t)\,dt$$

의 최댓값은?

① $g(1)$ ② $g(2)$

③ $g\left(\dfrac{5}{2}\right)$ ④ $g\left(\dfrac{7}{2}\right)$ ⑤ $g(4)$

1731 ●●●○

$-1\le x\le 1$에서 함수 $f(x)=\displaystyle\int_x^{x+1}(t^3-t)\,dt$의 최댓값을 M, 최솟값을 m이라 할 때, $M-m$의 값을 구하시오.

1732 ●●●○

$x\ge -1$일 때, 함수 $f(x)=\displaystyle\int_{-1}^x |t|(1-t)\,dt$의 최댓값을 구하시오.

1733 중요 ●●●●

함수 $f(x)=\displaystyle\int_0^4 |t-x|\,dt$가 있다. 닫힌구간 $[0,\,4]$에서 함수 $f(x)$의 최댓값을 M, 최솟값을 m이라 할 때, $M-m$의 값을 구하시오.

✦1734 중요

●●●●

함수 $f(x)=-x^2(x-6)$에 대하여 구간 $[t,\ t+1]$에서 함수 $f(x)$의 최솟값을 $g(t)$라 할 때, $\int_{-2}^{2} g(t)\,dt$의 값을 구하시오.

1735

●●●●

이차함수 $y=f(x)$의 그래프가 그림과 같을 때, 함수 $y=g(x)$를 $g(x)=\int_{x}^{x+1} f(t)\,dt$로 정의하자. 함수 $y=g(x)$의 최솟값이 -13일 때, $f(0)$의 값을 구하시오.

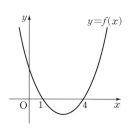

✦1736 중요

●●●●

함수 $g(x)=\int_{-2}^{x} f(t)\,dt$이고, 삼차함수 $y=f(x)$의 그래프가 그림과 같을 때, 〈보기〉에서 옳은 것을 모두 고른 것은?

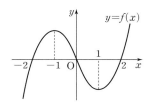

| 보기 |

ㄱ. $g(x)$는 $x=-1$에서 극댓값을 갖는다.
ㄴ. 구간 $[-2,\ 2]$에서 $g(x)$의 최댓값은 $x=0$일 때이다.
ㄷ. $g'(2)=0$

① ㄱ   ② ㄷ   ③ ㄱ, ㄴ
④ ㄴ, ㄷ   ⑤ ㄱ, ㄴ, ㄷ

유형 12 정적분을 포함한 함수의 극한

함수 $y=f(t)$의 한 부정적분을 $y=F(t)$라 하면
(1) $\displaystyle\lim_{x\to a}\frac{1}{x-a}\int_{a}^{x} f(t)\,dt=\lim_{x\to a}\frac{F(x)-F(a)}{x-a}$
$\qquad\qquad\qquad\qquad\qquad = F'(a)=f(a)$
(2) $\displaystyle\lim_{x\to 0}\frac{1}{x}\int_{a}^{x+a} f(t)\,dt=\lim_{x\to 0}\frac{F(x+a)-F(a)}{x}$
$\qquad\qquad\qquad\qquad\qquad = F'(a)=f(a)$

✦✦1737 짱중요

●●○○

함수 $f(x)=x^3-2x^2+x+1$일 때, $\displaystyle\lim_{x\to 2}\frac{1}{x-2}\int_{2}^{x} f(t)\,dt$의 값은?

① 2   ② 3   ③ 4
④ 5   ⑤ 6

1738

●●●○

함수 $f(t)=t^3+2t^2-3t+1$일 때, $\displaystyle\lim_{x\to 1}\frac{1}{x-1}\int_{1}^{x^3} f(t)\,dt$의 값을 구하시오.

✦1739 중요

●●●○

$\displaystyle\lim_{x\to 1}\frac{1}{x^2-1}\int_{1}^{x} (2t-1)(3t+1)\,dt$의 값을 구하시오.

1740 중요 ●●●○

함수 $f(x)=x^2+4x-2$일 때, $\lim\limits_{h\to 0}\dfrac{1}{h}\displaystyle\int_1^{1+3h} f(x)dx$의 값을 구하시오.

1741 짱중요 ●●●○

$\lim\limits_{h\to 0}\dfrac{1}{h}\displaystyle\int_{2-h}^{2+h}(3x^3-2x^2-x+1)\,dx$의 값을 구하시오.

1742 ●●●○

함수 $f(x)=2x^2+x+a$에 대하여

$\lim\limits_{x\to 0}\dfrac{1}{x}\displaystyle\int_{1-2x}^{1+x} f(t)dt=3$일 때, 상수 a의 값을 구하시오.

1743 ●●●●

함수 $f(x)=x^3+x^2-4x-7$일 때,

$$\lim_{x\to 2}\frac{1}{x-2}\int_0^{x-2}\{(t-1)f(t)+3\}dt$$

의 값을 구하시오.

1744 교육청 기출 ●●●●

다항함수 $f(x)$가 $\lim\limits_{x\to 1}\dfrac{\displaystyle\int_1^x f(t)\,dt-f(x)}{x^2-1}=2$를 만족할 때,

$f'(1)$의 값은?

① -4 ② -3 ③ -2

④ -1 ⑤ 0

1745 중요 ●●●●

다항함수 $y=f(x)$가

$$(x-1)f(x)=(x-1)^2+\int_{-1}^x f(t)dt$$

를 만족시킬 때, $\lim\limits_{x\to 0}\dfrac{1}{x}\displaystyle\int_1^{x+1} f(t)dt$의 값을 구하시오.

1746

정적분 $\int_{-1}^{1} (1+2x+3x^2+\cdots+10x^9)\,dx$의 값을 구하시오.

1747

실수 전체의 집합에서 연속인 함수 $y=f(x)$가 모든 실수 x에 대하여 $f(x)-f(-x)=0$을 만족시킨다.

$\int_{0}^{1} f(x)\,dx=3$, $\int_{0}^{2} f(x)\,dx=5$일 때, $\int_{-2}^{1} f(x)\,dx$의 값을 구하시오.

1748

연속함수 $f(x)$가 다음 조건을 만족할 때,

정적분 $\int_{-2}^{2} (x+3)f(x)\,dx$의 값을 구하시오.

> (가) 모든 실수 x에 대하여 $f(-x)=-f(x)$
> (나) $\int_{0}^{2} xf(x)\,dx=6$

1749

모든 실수 x에서 연속인 함수 $y=f(x)$가

$$f(x+4)=f(x),\quad \int_{-2}^{2} f(x)\,dx=4$$

를 만족시킬 때, 정적분 $\int_{0}^{12} f(x)\,dx$의 값을 구하시오.

1750

연속함수 $f(x)$가 다음 조건을 만족시킬 때,

$\int_{-5}^{10} f(x)\,dx$의 값을 구하시오.

> (가) 모든 실수 x에 대하여 $f(-x)=-f(x)$
> (나) 모든 실수 x에 대하여 $f(x+2)=f(x)$
> (다) $f(x)=-x^2+x$ $(0 \le x \le 1)$

1751

실수 전체의 집합에서 연속인 함수 $y=f(x)$가

$f(2+x)=f(2-x)$를 만족시키고 $\int_{1}^{3} f(x)\,dx=6$,

$\int_{3}^{5} f(x)\,dx=4$일 때, 정적분 $\int_{-1}^{2} f(x)\,dx$의 값은?

① 6   ② 7   ③ 8

④ 9   ⑤ 10

1752

다항함수 $y=f(x)$가 $f(x)=4x^3+3x^2+2\displaystyle\int_0^1 f(t)dt$를 만족

시킬 때, $f(0)$의 값은?

① -4 ② -2 ③ 0

④ 2 ⑤ 4

1753 ✎서술형

다항함수 $f(x)$가 모든 실수 x에 대하여

$$x^2f(x)=2x^6-ax^4+2\int_1^x tf(t)dt$$

를 만족시키고 $f(0)=3$일 때, $f(2)$의 값을 구하시오.

(단, a는 상수)

1754

모든 실수 x에 대하여 미분가능한 함수 $y=f(x)$가

$$\int_a^x (x-t)f(t)\,dt=x^3+2x^2-3x-8$$

을 만족시킬 때, $f(2)$의 값은? (단, a는 상수이다.)

① 15 ② 16 ③ 17

④ 18 ⑤ 19

1755 ✎서술형

함수 $f(x)=\displaystyle\int_{-3}^x (3t^2+at+b)\,dt$가 $x=5$에서 극솟값 -64를

가질 때, 두 상수 a, b에 대하여 $a-b$의 값을 구하시오.

1756

$-3\le x\le 3$에서 함수 $f(x)=\displaystyle\int_0^x t^2(t-2)\,dt$의 최솟값을 구하

시오.

1757

$\displaystyle\lim_{h\to 0}\frac{1}{h}\int_1^{1+3h}(x^3-2x^2-1)\,dx$의 값은?

① -6 ② -7 ③ -8

④ -9 ⑤ -10

Level 1

1758

실수 전체의 집합에서 연속인 함수 $y=f(x)$가 다음 조건을 만족시킬 때, 정적분 $\int_{-2}^{1} f(x)dx$의 값을 구하시오.

> (가) $\int_{-1}^{2} \{ f(x)+f(-x) \} dx = 22$
>
> (나) $\int_{1}^{2} \{ f(x)-f(-x) \} dx = 10$

1759

실수 전체의 집합에서 연속인 함수 $y=f(x)$가 임의의 실수 x에 대하여 다음 조건을 만족시킨다. $\sum_{n=0}^{300} \int_{n}^{n+1} f(x)\,dx$의 값을 구하시오.

> (가) $0 \le x \le 3$일 때, $f(x) = 3-2x$
>
> (나) $f(-x) = f(x)$
>
> (다) $f(x+6) = f(x)$

1760

다항함수 $y=f(x)$가 모든 실수 x에 대하여

$$f(x)+f(6-x) = -3x^2+18x$$

를 만족시킬 때, 정적분 $\int_{0}^{6} f(x)dx$의 값을 구하시오.

1761

함수 $f(x)$가

$$f(x) = 4x^3+3x^2+2\left\{ \int_{0}^{1} f(x)dx \right\}x + \int_{0}^{2} f(x)dx$$

를 만족할 때, $f(1)$의 값을 구하시오.

1762

함수 $f(x)$와 $f(x)$의 도함수 $f'(x)$가 연속함수이고

$$f(x)=xf'(x)+3,$$

$$f(x)+2x^3+3x^2=2\int_0^x tf(t)\,dt+3x+3$$

를 만족할 때, $f(1)$의 값은?

① 6   ② 7   ③ 8

④ 9   ⑤ 10

1763

다항식 $f(x)$에 대하여 $f(x)+2x+\displaystyle\int_2^x f(t)\,dt$가 $(x-2)^2$으로 나누어떨어질 때, $f'(x)$를 $x-2$로 나눈 나머지를 구하시오.

1764

$\displaystyle\lim_{h\to 0}\frac{1}{h}\int_{2-h}^{2+3h}(x^2+3x-1)\,dx$의 값은?

① 27   ② 30   ③ 33

④ 36   ⑤ 39

1765

함수 $f(x)=2\displaystyle\int_0^x (t-1)\,dt$가 최솟값을 갖도록 하는 x의 값을 a라 할 때, $\displaystyle\lim_{x\to a}\frac{1}{x-a}\int_a^x f(t)\,dt$의 값은?

① -2 ② -1 ③ 0

④ 1   ⑤ 2

Level 2

1766

두 함수 $f(x)$, $g(x)$가 모두 기함수일 때, 합성함수 $g(f(x))$에 대하여

$$\int_{-\frac{a}{2}}^{\frac{a}{4}} g(f(x))dx = A, \quad \int_{\frac{a}{4}}^{a} g(f(x))dx = B$$

라 하면 $\int_{\frac{a}{2}}^{a} g(f(x))dx = aA + bB$가 성립한다. 이때, 두 실수 a, b에 대하여 $a^2 + b^2$의 값을 구하시오.

1767 교육청 기출

연속함수 $f(x)$가 모든 실수 x에 대하여 다음 조건을 만족시킨다.

(가) $f(-x) = f(x)$

(나) $f(x+2) = f(x)$

(다) $\int_{-1}^{1} (x+2)^2 f(x) dx = 50$, $\int_{-1}^{1} x^2 f(x) dx = 2$

$\int_{-3}^{3} x^2 f(x) dx$의 값을 구하시오.

1768

다음 조건을 만족시키는 다항함수 $y = f(x)$를 구하시오.

(가) $\int_{1}^{x} (4t+5)f(t)\,dt = 3(x+2)\int_{1}^{x} f(t)\,dt$

(나) $f(0) = 1$

1769

미분가능한 함수 $f(x)$에 대하여

$$\int_{1}^{x} (x-t)f(t)\,dt = x^3 + ax^2 + bx - 1$$

이 성립할 때, $\int_{a}^{b} f'(x)\,dx$의 값을 구하시오. (단, a, b는 상수)

1770

다항함수 $y=f(x)$가 모든 실수 x에 대하여

$$\int_1^x (x+t)f'(t)dt = 2xf(x) - 3x^3 + 2ax^2$$

을 만족시킬 때, $f(a)$의 값은? (단, a는 상수이다.)

① $\dfrac{91}{2}$ ② $\dfrac{93}{2}$ ③ $\dfrac{95}{2}$

④ $\dfrac{97}{2}$ ⑤ $\dfrac{99}{2}$

1771

미분가능한 함수 $y=f(x)$가

$$\int_0^x (x-t)f'(t)\,dt = \int_{x-1}^{x+1} (t^3 + at)\,dt$$

를 만족시킨다. $f(1)=7$일 때, $f(3)$의 값을 구하시오.

(단, a는 상수이다.)

1772

$0 \le x \le 4$에서 함수 $y=f(x)$의 그래프가 그림과 같을 때, 함수

$$g(x) = \int_0^x f(t)dt \ (0 \le x \le 4)$$

라 하자. 〈보기〉에서 옳은 것만을 있는 대로 고른 것은? (단, 곡선 $y=f(x)$의 그래프와 x축으로 둘러싸인 부분의 넓이 A, B, C, D는 $A < B < C < D$이다.)

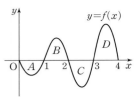

┤ 보기 ├

ㄱ. $g'(1)=0$

ㄴ. 함수 $y=g(x)$는 $x=2$에서 극대이다.

ㄷ. 함수 $y=g(x)$는 $x=3$에서 최소이다.

① ㄱ   ② ㄴ   ③ ㄷ

④ ㄱ, ㄴ   ⑤ ㄱ, ㄴ, ㄷ

1773

두 다항식 $f(x), g(x)$가 다음과 같다.

$$f(x) = 5x^4 + 4x^3 + \int_{-1}^1 (3x^2 - t)f(t)dt$$

$$g(x) = x + \lim_{x \to 1} \frac{1}{x-1} \int_1^x f(t)dt$$

$g(2)$의 값을 구하시오.

Level 3

1774

평가원 기출

사차함수 $f(x) = x^4 + ax^2 + b$에 대하여 $x \geq 0$에서 정의된 함수

$$g(x) = \int_{-x}^{2x} \{f(t) - |f(t)|\} dt$$

가 다음 조건을 만족시킨다.

(가) $0 < x < 1$에서 $g(x) = c_1$ (c_1은 상수)

(나) $1 < x < 5$에서 $g(x)$는 감소한다.

(다) $x > 5$에서 $g(x) = c_2$ (c_2는 상수)

$f(\sqrt{2})$의 값은? (단, a, b는 상수이다.)

① 40　　　　② 42　　　　③ 44

④ 46　　　　⑤ 48

1775

이차함수 $f(x)$와 일차함수 $g(x)$에 대하여 세 실수 α, β, γ가 $\alpha < 0$, $1 < \beta < \gamma$이고 함수 $y = f(x)$와 $y = g(x)$의 그래프가 그림과 같다.

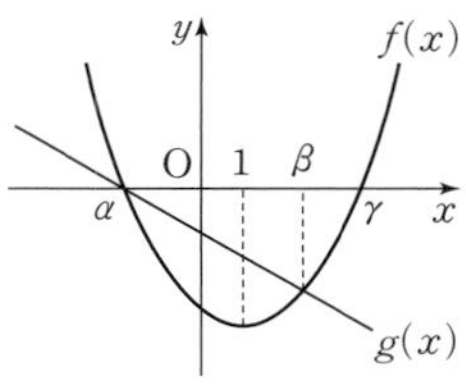

$$h(x) = \int_{1}^{x} \{f(t) - g(t)\} dt$$라 할 때,

⟨보기⟩에서 옳은 것만을 있는 대로 고르시오.

보기

ㄱ. $x > 1$일 때, $h(x) > 0$이다.

ㄴ. 함수 $h(x)$는 $x = \alpha$에서 극대이다.

ㄷ. 방정식 $h(x) = 0$은 서로 다른 두 개의 양의 근과 한 개의 음의 근을 갖는다.

해설 348쪽

1776

평가원 기출

최고차항의 계수가 양수인 삼차함수 $y=f(x)$가 다음 조건을 만족시킨다.

> (가) 함수 $y=f(x)$는 $x=0$에서 극댓값, $x=k$에서 극솟값을 가진다. (단, k는 상수이다.)
>
> (나) 1보다 큰 모든 실수 t에 대하여
> $\int_0^t |f'(x)|\,dx = f(t)+f(0)$이다.

〈보기〉에서 옳은 것만을 있는 대로 고르시오.

> ┤ 보 기 ├
>
> ㄱ. $\int_0^k f'(x)\,dx < 0$
>
> ㄴ. $0 < k \le 1$
>
> ㄷ. 함수 $y=f(x)$의 극솟값은 0이다.

1777

평가원 기출

구간 $[0, 8]$에서 정의된 함수 $f(x)$는

$$f(x)=\begin{cases} -x(x-4) & (0 \le x < 4) \\ x-4 & (4 \le x \le 8) \end{cases}$$

이다. 실수 $a\ (0 \le a \le 4)$에 대하여 $\int_a^{a+4} f(x)\,dx$의 최솟값은 $\dfrac{q}{p}$이다. $p+q$의 값을 구하시오.

(단, p와 q는 서로소인 자연수이다.)

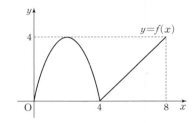

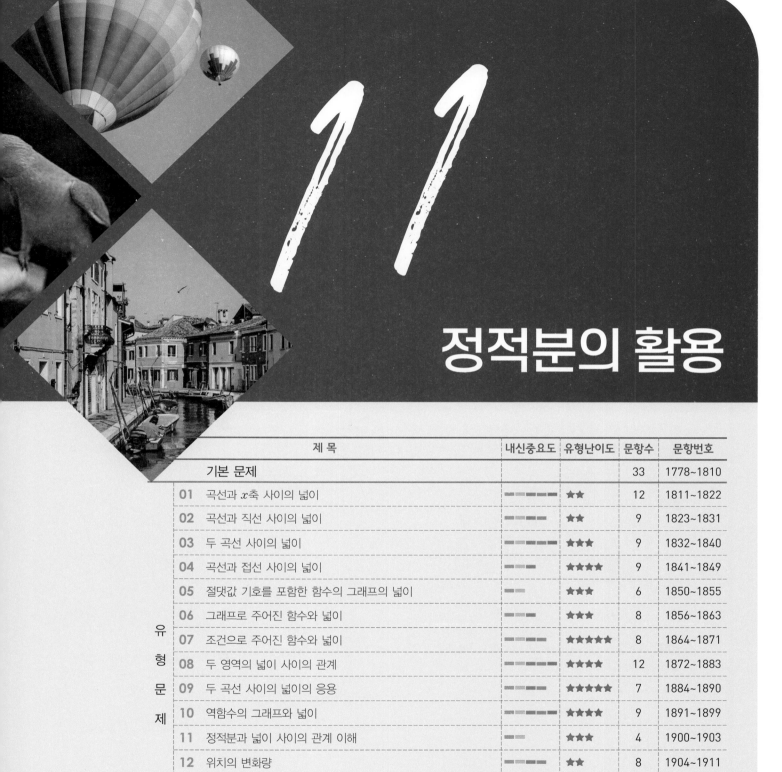

11

정적분의 활용

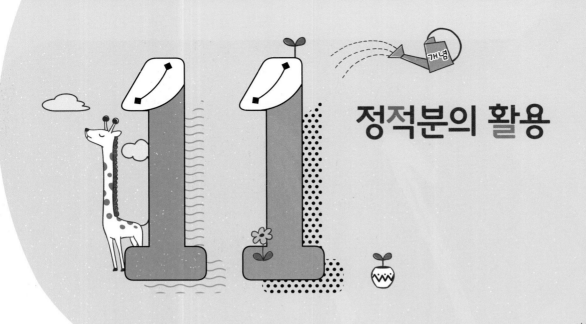

정적분의 활용

1. 곡선과 x축 사이의 넓이

구간 $[a, b]$에서 연속인 곡선 $y=f(x)$와 x축 및 두 직선 $x=a$, $x=b$ $(a<b)$로 둘러싸인 도형의 넓이 S는

$$S=\int_a^b |f(x)|\, dx$$

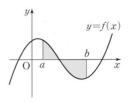

참고 구간 $[a, b]$에서 연속인 곡선 $y=f(x)$에 대하여
(i) $f(x) \geq 0$일 때,   (ii) $f(x) \leq 0$일 때,

$$S=\int_a^b f(x)\, dx \qquad S=\int_a^b \{-f(x)\}\, dx$$

참고 곡선 $y=a(x-\alpha)(x-\beta)$ $(\alpha<\beta)$와 x축으로 둘러싸인 부분의 넓이 S는

$$S=\int_\alpha^\beta |a(x-\alpha)(x-\beta)|\, dx$$
$$= \frac{|a|(\beta-\alpha)^3}{6}$$

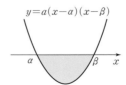

구간 $[a, b]$에서 연속인 곡선 $y=f(x)$에 대하여 $f(x)$의 값이 양수인 경우와 음수인 경우가 있을 때는 $f(x)$의 값이 양수인 구간과 음수인 구간으로 나누어 넓이를 구한다.

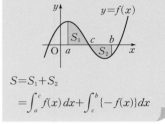

$$S=S_1+S_2$$
$$= \int_a^c f(x)\, dx + \int_c^b \{-f(x)\}\, dx$$

곡선과 y축 사이의 넓이 [교육과정 外]
곡선 $x=g(y)$와 y축으로 둘러싸인 도형의 넓이를 S라 하면
$$S=S_1+S_2$$
$$= \int_a^b g(y)\, dy - \int_b^c g(y)\, dy$$

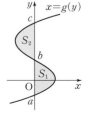

2. 곡선과 직선 사이의 넓이

직선 $y=f(x)$와 곡선 $y=g(x)$의 교점의 x좌표가
a, b $(a<b)$일 때, 곡선과 직선으로 둘러싸인 도형의
넓이 S는

$$S=\int_a^b |f(x)-g(x)|\,dx$$

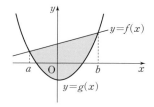

3. 두 곡선 사이의 넓이

구간 $[a, b]$에서 연속인 두 곡선 $y=f(x)$, $y=g(x)$와
두 직선 $x=a$, $x=b$ $(a<b)$로 둘러싸인 도형의 넓이 S는

$$S=\int_a^b |f(x)-g(x)|\,dx$$

참고 $S=\int_a^b \{(위 그래프의 식)-(아래 그래프의 식)\}\,dx$

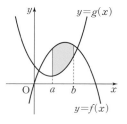

4. 수직선 위를 움직이는 점의 위치와 위치의 변화량, 움직인 거리

수직선 위를 움직이는 점 P의 시각 t에서의 속도를 $v(t)$, 시각 $t=a$에서의 위치를
$s(a)$라 할 때,

(1) 시각 t에서의 점 P의 위치 $s(t)$는

➡ $s(t)=s(a)+\displaystyle\int_a^t v(t)\,dt$

(2) 시각 $t=a$에서 $t=b$까지 점 P의 위치의 변화량

➡ $\displaystyle\int_a^b v(t)\,dt$

(3) 시각 $t=a$에서 $t=b$까지 점 P가 움직인 거리 s는

➡ $s=\displaystyle\int_a^b |v(t)|\,dt$

참고

수직선 위를 움직이는 점 P의 시각 t
에서의 속도를 $v(t)$라 할 때,
① $v(t)>0$ ⇨ 점 P는 양의 방향으로
② $v(t)<0$ ⇨ 점 P는 음의 방향으로
움직인다.

시각 $t=a$에서 $t=c$ $(a<b<c)$까지
수직선 위를 움직이는 점 P에 대하여

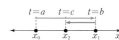

① 점 P의 위치의 변화량
⇨ $|x_2-x_0|$
② 점 P가 움직인 거리
⇨ $|x_1-x_0|+|x_1-x_2|$

1　곡선과 x축 사이의 넓이

[1778-1782] 다음 그래프에서 색칠한 부분의 넓이를 정적분을 이용하여 구하시오.

1778

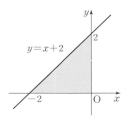

1779

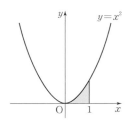

1780

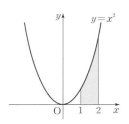

1781

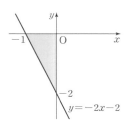

1782

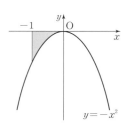

1783 다음은 곡선 $y=-x^2+x$와 x축으로 둘러싸인 도형의 넓이를 구하는 과정이다. □ 안에 알맞은 것을 써넣으시오.

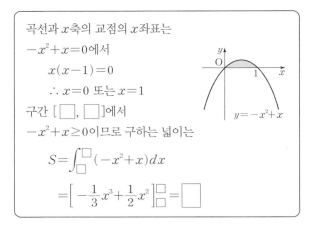

곡선과 x축의 교점의 x좌표는

$-x^2+x=0$에서

　　$x(x-1)=0$

　　$\therefore x=0$ 또는 $x=1$

구간 [□ , □]에서

$-x^2+x \geq 0$이므로 구하는 넓이는

$$S=\int_{\square}^{\square}(-x^2+x)dx$$

$$=\left[-\frac{1}{3}x^3+\frac{1}{2}x^2\right]_{\square}^{\square}=\boxed{}$$

[1784-1786] 다음 곡선과 x축으로 둘러싸인 도형의 넓이를 구하시오.

1784 $y=(x+3)(x-3)$

1785 $y=x(x-4)$

1786 $y=x^2-3x+2$

[1787 - 1790] 다음 그래프에서 색칠한 부분의 넓이를 정적분을 이용하여 구하시오.

1787

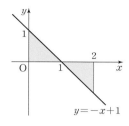

1788

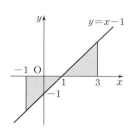

1789

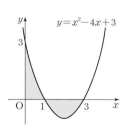

1790

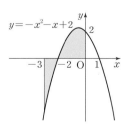

---

2 **곡선과 직선 사이의 넓이**

1791 다음은 곡선 $y=x^2-2x$와 직선 $y=x$로 둘러싸인 도형의 넓이를 구하는 과정이다. □ 안에 알맞은 것을 써넣으시오.

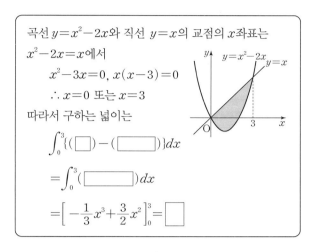

곡선 $y=x^2-2x$와 직선 $y=x$의 교점의 x좌표는
$x^2-2x=x$에서
$$x^2-3x=0,\ x(x-3)=0$$
$$\therefore x=0\ \text{또는}\ x=3$$
따라서 구하는 넓이는
$$\int_0^3 \{(\boxed{})-(\boxed{})\}dx$$
$$=\int_0^3 (\boxed{})dx$$
$$=\left[-\frac{1}{3}x^3+\frac{3}{2}x^2\right]_0^3=\boxed{}$$

[1792 - 1794] 다음 그래프에서 색칠한 부분의 넓이를 구하시오.

1792

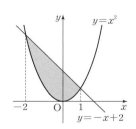

1793

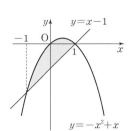

1794

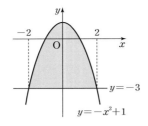

[1795-1797] 다음 두 함수의 그래프로 둘러싸인 도형의 넓이를 구하시오.

1795 $y=-x^2+6x,\ y=2x$

1796 $y=x^2-4x,\ y=x-4$

1797 $y=-4x^2+6,\ y=-4x-2$

3 두 곡선 사이의 넓이

1798 다음은 두 곡선 $y=x^2-3x$와 $y=-x^2+7x-8$로 둘러싸인 도형의 넓이를 구하는 과정이다. ☐ 안에 알맞은 것을 써넣으시오.

두 곡선 $y=x^2-3x,\ y=-x^2+7x-8$의
교점의 x좌표는
$x^2-3x=-x^2+7x-8$에서
$2x^2-10x+8=0$
$2(x-1)(x-4)=0$
$\therefore\ x=1$ 또는 $x=4$
따라서 구하는 넓이는

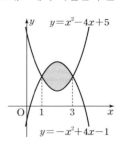

$$\int_1^4 \{(\boxed{})-(\boxed{})\}\,dx$$
$$=\int_1^4 (\boxed{})\,dx$$
$$=\left[-\frac{2}{3}x^3+5x^2-8x\right]_1^4=\boxed{}$$

[1799-1801] 다음 그래프에서 색칠한 부분의 넓이를 구하시오.

1799

1800

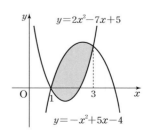

1801

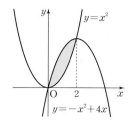

[1802-1804] 다음 두 곡선으로 둘러싸인 도형의 넓이를 구하시오.

1802 $y=x^2-8,\ y=-x^2$

1803 $y=2x^2-6,\ y=-x^2+3x$

1804 $y=x^2-1,\ y=-x^2-2x+3$

4 속도와 거리

[1805-1807] 원점을 출발하여 수직선 위를 움직이는 점 P의 시각 t에서의 속도가 $v(t)=3t^2-6t$일 때, 다음을 구하시오.

1805 시각 $t=2$에서의 점 P의 위치

1806 시각 $t=1$에서 $t=4$까지 점 P의 위치의 변화량

1807 시각 $t=0$에서 $t=4$까지 점 P가 움직인 거리

[1808-1810] 원점을 출발하여 수직선 위를 움직이는 점 P의 시각 t에서의 속도를 $v(t)$라 할 때, $0 \le t \le 3$에서의 $y=v(t)$의 그래프가 그림과 같다. 다음을 구하시오.

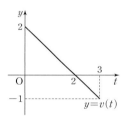

1808 시각 $t=1$에서의 점 P의 위치

1809 시각 $t=1$에서 $t=3$까지 점 P의 위치의 변화량

1810 시각 $t=1$에서 $t=3$까지 점 P가 움직인 거리

유형 문제

| 유형 | 내신 중요도 ━━━━━ 유형 난이도 ★★★★★ |

01 곡선과 x축 사이의 넓이

곡선 $y=f(x)$와 x축으로 둘러싸인
도형의 넓이를 S라 하면

$$S=S_1+S_2$$
$$=\int_a^b f(x)\,dx-\int_b^c f(x)\,dx$$

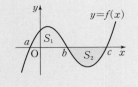

참고 포물선 $y=a(x-\alpha)(x-\beta)\,(\alpha<\beta)$
와 x축으로 둘러싸인 도형의 넓이는

$$S=\frac{|a|(\beta-\alpha)^3}{6}$$

1811 짱중요 [평가원 기출] ●○○○

곡선 $y=6x^2-12x$와 x축으로 둘러싸인 부분의 넓이를 구하시오.

1812 중요 ●○○○

그림과 같이 이차함수
$y=x^2-4x+3$의 그래프와 x축 및
y축으로 둘러싸인 도형의 넓이는?

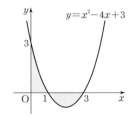

① $\dfrac{4}{3}$　　② 2

③ $\dfrac{8}{3}$　　④ 3

⑤ $\dfrac{10}{3}$

1813 짱중요 ●●○○

곡선 $y=x^2+2x$와 x축 및 두 직선 $x=-1$, $x=1$로 둘러싸인
도형의 넓이를 구하시오.

1814 ●○○○

곡선 $y=-x^2+2x$와 x축으로 둘러싸인 도형의 넓이를 S_1, 곡선
$y=3x^2-12$와 x축으로 둘러싸인 도형의 넓이를 S_2라 할 때,
$3S_1+S_2$의 값은?

① 32　　　　　② 34　　　　　③ 36

④ 38　　　　　⑤ 40

1815 짱중요 ●●○○

곡선 $y=x^3-2x^2-3x$와 x축으로 둘러싸인 도형의 넓이를 구하
시오.

1816 중요 ●●○○

곡선 $y=x^3+2$와 x축 및 두 직선 $x=0$, $x=1$로 둘러싸인 도형
의 넓이를 구하시오.

1817 ●●○○

곡선 $y=x^3+2$와 y축 및 $y=3$으로 둘러싸인 부분의 넓이를 구하시오.

1818 중요 ●●○○

곡선 $y=x^2-ax$와 x축으로 둘러싸인 도형의 넓이가 $\dfrac{4}{3}$일 때, 양수 a의 값을 구하시오.

1819 ●●●○

구간 $[0,\ 3]$에서 정의된 함수 $y=-x^2+ax\ (a>3)$의 그래프와 x축 및 직선 $x=3$으로 둘러싸인 부분의 넓이가 18일 때, 상수 a의 값을 구하시오.

1820 ●●○○

곡선 $y=x(x-k)^2$과 x축으로 둘러싸인 도형의 넓이가 12일 때, 양수 k의 값을 구하시오.

1821 ●●●○

삼차함수 $y=f(x)$의 그래프가 그림과 같을 때, 이 곡선과 x축, y축 및 직선 $x=h$로 둘러싸인 도형의 넓이를 $S(h)$라 하자.

이때, $\displaystyle\lim_{h\to 0}\dfrac{S(h)}{h}$의 값은? (단, $h>0$)

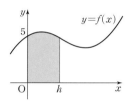

① 3 ② 4 ③ 5
④ 6 ⑤ 7

1822 ●●●○

자연수 n에 대하여 곡선 $y=x^n(x-2)$와 x축으로 둘러싸인 도형의 넓이를 a_n이라 할 때, $\displaystyle\lim_{n\to\infty}\sum_{k=1}^{n}\dfrac{a_k}{2^{k+1}}$의 값은?

① $\dfrac{1}{4}$ ② $\dfrac{1}{3}$ ③ $\dfrac{1}{2}$
④ $\dfrac{2}{3}$ ⑤ 1

곡선과 직선 사이의 넓이를 구할 때는
① 곡선과 직선을 그려 위치 관계를 파악한다.
② 곡선과 직선의 교점의 x좌표를 구하여 적분 구간을 정한다.
③ {(위 그래프의 식)−(아래 그래프의 식)}을 정적분한다.

참고 곡선 $y=ax^2+bx+c$와
직선 $y=mx+n$의 교점의
x좌표를 α, β $(\alpha<\beta)$라 하면
곡선과 직선으로 둘러싸인 도형의
넓이는 $S=\dfrac{|a|(\beta-\alpha)^3}{6}$

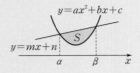

1823 중요　●●○○

그림과 같이 곡선 $y=-x^2+2x$와 직선
$y=-x$로 둘러싸인 도형의 넓이를 구하
시오.

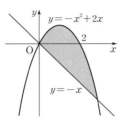

1824 짱중요　●●○○

곡선 $y=x^2-3x+7$과 직선 $y=2x+3$으로 둘러싸인 도형의 넓이
를 S라 할 때, $2S$의 값을 구하시오.

1825 중요　●●○○

곡선 $y=x^3-8x$와 직선 $y=x$로 둘러싸인 도형의 넓이는?

① $\dfrac{81}{2}$　　② $\dfrac{83}{2}$　　③ $\dfrac{85}{2}$

④ $\dfrac{87}{2}$　　⑤ $\dfrac{89}{2}$

1826　●●●○

함수 $f(x)=x^4-2x^2+5$의 극소인 두 점을 각각 A, B라 할 때,
두 점 A, B를 이은 직선과 곡선 $y=f(x)$로 둘러싸인 부분의 넓이
를 구하시오.

1827　●●●○

곡선 $y=x^2-3x+1$과 직선 $y=-x+k$로 둘러싸인 도형의
넓이가 36일 때, 상수 k의 값을 구하시오.

1828 교육청 기출　●●●○

곡선 $y=x^3-2x^2+k$와 직선 $y=k$로 둘러싸인 부분의 넓이는?

(단, k는 상수이다.)

① $\dfrac{1}{3}$　　② $\dfrac{2}{3}$　　③ 1

④ $\dfrac{4}{3}$　　⑤ $\dfrac{5}{3}$

1829 평가원 기출 ●●●○

곡선 $y=6x^2+1$과 x축 및 두 직선 $x=1-h$, $x=1+h$ $(h>0)$로 둘러싸인 부분의 넓이를 $S(h)$라 할 때, $\displaystyle\lim_{h\to0+}\frac{S(h)}{h}$의 값을 구하시오.

1830 평가원 기출 ●●●○

곡선 $y=x^2$ 위에 두 점 $P(a, a^2)$, $Q(b, b^2)$이 있다. 선분 PQ와 곡선 $y=x^2$으로 둘러싸인 도형의 넓이가 36일 때, $\displaystyle\lim_{a\to\infty}\frac{\overline{PQ}}{a}$의 값을 구하시오.

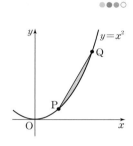

1831 ●●●●

곡선 $y=x^{2n}$과 직선 $y=2^{2n-1}x$로 둘러싸인 도형의 넓이를 S_n이라 할 때, $\displaystyle\lim_{n\to\infty}\frac{S_{n+1}}{S_n}$의 값은? (단, n은 자연수)

① 1   ② 2   ③ 3
④ 4   ⑤ 5

유형 **03** 두 곡선 사이의 넓이

내신 중요도 ━━━━━ 유형 난이도 ★★★★☆

두 곡선 사이의 넓이를 구할 때는
① 두 곡선을 그려 위치 관계를 파악한다.
② 두 곡선의 교점의 x좌표를 구하여 적분 구간을 정한다.
③ {(위 곡선의 식)−(아래 곡선의 식)}을 정적분한다.

1832 짱중요 ●●○○

두 곡선 $y=x^2-2x-5$, $y=-x^2+4x+3$으로 둘러싸인 도형의 넓이는?

① $\dfrac{121}{3}$ ② 41   ③ $\dfrac{125}{3}$
④ $\dfrac{127}{3}$ ⑤ 43

1833 중요 ●●○○

두 곡선 $y=x^3-2x$, $y=x^2$으로 둘러싸인 두 도형의 넓이를 각각 S_1, S_2라 할 때, S_2-S_1을 구하시오. (단, $S_1<S_2$)

1834 짱중요 ●●○○

두 곡선 $y=x^3-3x^2+2x$, $y=x^2-x$로 둘러싸인 도형의 넓이를 구하시오.

1835

●●●○

곡선 $f(x) = x^2 - 2x + 1$을 y축의 방향으로 a만큼 평행이동시킨 곡선을 $y = g(x)$라 하자. 두 곡선 $y = f(x)$, $y = g(x)$와 y축 및 직선 $x = 6$으로 둘러싸인 도형의 넓이가 24일 때, 양수 a의 값을 구하시오.

1836

●●●○

곡선 $y = x^2$을 x축에 대하여 대칭이동한 후 다시 x축의 방향으로 -2만큼, y축의 방향으로 10만큼 평행이동한 곡선을 $y = g(x)$라 하자. 두 곡선 $y = x^2$, $y = g(x)$로 둘러싸인 도형의 넓이를 구하시오.

1837

●●●○

두 상수 a, b에 대하여 두 곡선 $y = x^3 + ax + b$, $y = ax^2 + bx + 1$이 점 P$(-1, k)$에서 서로 접할 때, 두 곡선으로 둘러싸인 부분의 넓이를 구하시오. (단, $a \neq 0$)

1838

●●●○

두 곡선 $f(x) = x^3 - (a+1)x^2 + ax$, $g(x) = x^2 - ax$가 $x = 2$에서 접할 때, 두 곡선으로 둘러싸인 도형의 넓이를 구하시오.

(단, a는 상수이다.)

1839

●●●●

그림과 같이 원 $x^2 + y^2 = 1$과 곡선 $y = -x^2 - 2x - 1$로 둘러싸인 도형의 넓이를 $\dfrac{\pi}{a} - \dfrac{1}{b}$이라 할 때, 두 상수 a, b에 대하여 $a + b$의 값은?

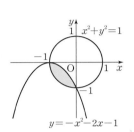

① 5 　　　　② 6

③ 7 　　　　④ 8

⑤ 9

1840

●●●○

자연수 n에 대하여 두 곡선 $y = x^2 - 2$, $y = -x^2 + \dfrac{2}{n^2}$로 둘러싸인 도형의 넓이를 S_n이라 할 때, $\displaystyle\lim_{n \to \infty} S_n$의 값은?

① $\dfrac{16}{3}$ 　　　　② $\dfrac{14}{3}$ 　　　　③ 4

④ $\dfrac{10}{3}$ 　　　　⑤ $\dfrac{8}{3}$

해설 358쪽

내신 중요도 ▰▰▰▰▱▱ 유형 난이도 ★★★★☆

곡선 $y=f(x)$와 $y=f(x)$ 위의 점 $(a, f(a))$에서의 접선으로 둘러싸인 도형의 넓이를 구할 때는
① $f'(a)$와 접점의 좌표를 이용하여 접선의 방정식을 구한다.
② 곡선과 접선을 좌표평면 위에 나타내어 곡선과 접선 사이의 넓이를 구한다.

1841

●○○○

곡선 $y=x^2+1$과 이 곡선 위의 점 $(2, 5)$에서의 접선 및 y축으로 둘러싸인 도형의 넓이를 S라 할 때, $6S$의 값을 구하시오.

1842 중요

●●○○

그림과 같이 곡선 $y=x^3 \ (x \geq 0)$ 위의 점 $(1, 1)$에서의 접선과 x축 및 이 곡선으로 둘러싸인 도형의 넓이를 구하시오.

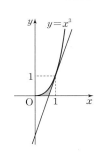

1843 짱중요

●●●○

곡선 $y=x^3-4x^2+2x+3$ 위의 점 $(0, 3)$에서의 접선과 이 곡선으로 둘러싸인 도형의 넓이는?

① $\dfrac{58}{3}$ ② $\dfrac{61}{3}$ ③ $\dfrac{64}{3}$

④ $\dfrac{67}{3}$ ⑤ $\dfrac{70}{3}$

1844

●●●○

곡선 $y=x^2$ 위의 점 $(1, 1)$에서의 접선과 곡선 $y=ax^2-1 \ (a>0)$로 둘러싸인 도형의 넓이가 $\dfrac{16}{3}$일 때, 상수 a의 값을 구하시오.

1845 짱중요

●●●○

곡선 $y=x^2+2$와 점 $(0, -2)$에서 이 곡선에 그은 두 개의 접선으로 둘러싸인 도형의 넓이는?

① $\dfrac{8}{3}$ ② $\dfrac{10}{3}$ ③ 4

④ $\dfrac{14}{3}$ ⑤ $\dfrac{16}{3}$

1846

●●●○

곡선 $y=1-x^2$ 위의 한 점 $(t, 1-t^2)$에서의 접선과 이 곡선 및 y축, 직선 $x=1$로 둘러싸인 도형의 넓이가 $\dfrac{1}{12}$일 때, t의 값은?

(단, $0<t<1$)

① $\dfrac{1}{12}$ ② $\dfrac{1}{6}$ ③ $\dfrac{1}{4}$

④ $\dfrac{1}{3}$ ⑤ $\dfrac{1}{2}$

1847 ●●●○

곡선 $y=x^3-x$ 위의 점 O$(0, 0)$에서의 접선에 수직이고, 점 O를 지나는 직선과 이 곡선으로 둘러싸인 도형의 넓이를 구하시오.

1848 ●●●●

곡선 $y=x^3+ax+b$와 직선 $y=2x+c$가 점 $(1, 0)$에서 접할 때, 이 곡선과 직선으로 둘러싸인 부분의 넓이를 구하시오.

(단, a, b, c는 상수이다.)

1849 ●●●●

두 곡선 $y=x^2$과 $y=-x^2$ 위의 두 점 P(a, a^2), Q$(a, -a^2)$에서의 두 접선이 수직으로 만나는 점을 R라고 할 때, 이 두 곡선과 선분 PR, QR로 둘러싸인 도형의 넓이를 S라 하자. 이때, $96S$의 값은? (단, $a>0$)

① 1 ② 2 ③ 3
④ 4 ⑤ 5

유형
05 절댓값 기호를 포함한 함수의 그래프의 넓이

내신 중요도 ■■■■■■■ 유형 난이도 ★★★☆☆

① 함수 $y=|f(x)|$의 그래프는 함수 $y=f(x)$의 그래프에서 x축 아래에 있는 부분을 x축에 대하여 대칭시켜 그린다.
② 둘러싸인 도형의 교점의 x좌표 a, b를 구하여 $\int_a^b \{(\text{위 그래프의 식})-(\text{아래 그래프의 식})\}dx$를 계산한다.

1850 ●●○○

그림과 같이 곡선 $y=|x^2-4|$와 x축으로 둘러싸인 도형의 넓이는?

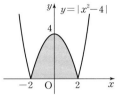

① 8 ② $\dfrac{28}{3}$

③ 10 ④ $\dfrac{32}{3}$

⑤ 12

1851 ●●○○

곡선 $y=x|x-1|$과 x축 및 직선 $x=2$로 둘러싸인 도형의 넓이를 구하시오.

✦**1852** 중요 ●●○○

곡선 $y=|x^2-1|$과 직선 $y=3$으로 둘러싸인 부분의 넓이를 구하시오.

1853 ●●●○

곡선 $y=|x(x-1)|$ 과 직선 $y=2x+4$ 로 둘러싸인 부분의 넓이를 구하시오.

유형 06 내신 중요도 ━━━■ 유형 난이도 ★★★☆☆

그래프로 주어진 함수와 넓이

(1) 삼차함수 $y=f(x)$ 의 그래프가 x 축과

  ① 서로 다른 세 점 $(\alpha, 0)$, $(\beta, 0)$, $(\gamma, 0)$ 에서 만나면

   $\Rightarrow f(x)=a(x-\alpha)(x-\beta)(x-\gamma)$

  ② 점 $(\alpha, 0)$ 에서 만나고, 점 $(\beta, 0)$ 에서 접하면

   $\Rightarrow f(x)=a(x-\alpha)(x-\beta)^2$

(2) 두 함수 $y=f(x)$, $y=g(x)$ 의 그래프가 만나는 교점의 x 좌표가 α, β 이면

   $\Rightarrow \alpha$, β 는 방정식 $f(x)-g(x)=0$ 의 근이다.

1854 중요 ●●●○

두 함수 $f(x)=\dfrac{1}{3}x(2-x)$, $g(x)=|x-2|-2$ 의 그래프로 둘러싸인 부분의 넓이를 구하시오.

1856 ●●○○

그림과 같은 이차함수 $y=ax^2+bx+c$ 의 그래프와 x 축 및 y 축으로 둘러싸인 색칠한 부분의 넓이를 구하시오. (단, a, b, c 는 상수)

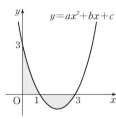

1855 ●●●○

함수 $y=|x^2-1|$ 의 그래프와 직선 $y=x+1$ 로 둘러싸인 도형의 넓이의 합을 구하시오.

1857 ●●○○

삼차함수 $y=f(x)$ 의 그래프가 그림과 같을 때, 곡선 $y=f(x)$ 와 x 축 및 직선 $x=-2$ 로 둘러싸인 두 부분의 넓이를 각각 S_1, S_2 라 할 때, $S_1 : S_2$ 는?

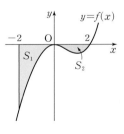

① $7 : 1$ ② $6 : 1$

③ $4 : 1$ ④ $3 : 1$

⑤ $2 : 1$

1858 짱중요 ●●●○

그림은 삼차함수 $y=f(x)$의 그래프이다. 곡선 $y=f(x)$와 x축으로 둘러싸인 도형의 넓이가 27일 때, $f(4)$의 값을 구하시오.

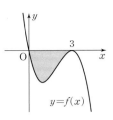

1859 ●●●○

그림과 같이 이차함수 $y=f(x)$의 그래프와 직선 $y=g(x)$로 둘러싸인 부분의 넓이는?

① 3   ② 4
③ 6   ④ 8
⑤ 9

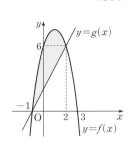

1860 ●●●○

그림과 같이 사차함수 $y=f(x)$의 그래프가 원점과 점 $(2, 0)$에서 x축과 접한다. 이 그래프와 x축으로 둘러싸인 도형의 넓이가 24일 때, $f(1)$의 값을 구하시오.

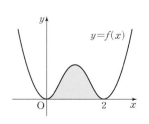

1861 중요 ●●●●

삼차함수 $y=f(x)$와 일차함수 $y=g(x)$의 그래프가 그림과 같다. 색칠한 부분의 넓이가 $\dfrac{45}{8}$일 때, $f(1)-g(1)$의 값을 구하시오.

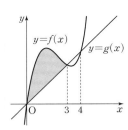

1862 평가원 기출 ●●●○

함수 $f(x)$의 도함수 $f'(x)$가 $f'(x)=x^2-1$이고, $f(0)=0$일 때, 곡선 $y=f(x)$와 x축으로 둘러싸인 부분의 넓이는?

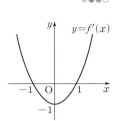

① $\dfrac{9}{8}$ ② $\dfrac{5}{4}$

③ $\dfrac{11}{8}$ ④ $\dfrac{3}{2}$

⑤ $\dfrac{13}{8}$

1863 중요 ●●●●

삼차함수 $y=f(x)$의 도함수 $y=f'(x)$의 그래프가 그림과 같을 때, 3보다 큰 상수 a에 대하여 함수 $f(x)$가 다음 조건을 만족시킬 때, $\displaystyle\int_3^a 18f'(x)dx$의 값을 구하시오.

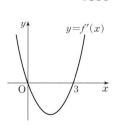

(가) $f(0)+f(a)=2f(3)+9$
(나) 곡선 $y=f'(x)$와 x축으로 둘러싸인 부분의 넓이는 $\dfrac{9}{2}$이다.

유형
07 조건으로 주어진 함수와 넓이

내신 중요도 ▣▣▣▣▢▢▢ 유형 난이도 ★★★★★

주어진 조건을 이용하여 함수를 먼저 구하자.
(1) 함수의 차수를 구하고 미지수를 이용하여 함수의 식을 정한다.
(2) 주어진 조건을 이용하여 미지수를 구한다.
(3) 넓이를 구한다.

1864 ●●●○

함수 $f(x)$는 $x=2$에서 최댓값 3을 갖는 이차함수이고, $f(0)=-9$이다. 이 곡선 $y=f(x)$와 x축으로 둘러싸인 도형의 넓이는?

① 4 ② 6 ③ 8
④ 10 ⑤ 12

1865 평가원 기출 ●●●○

최고차항의 계수가 1인 이차함수 $f(x)$가 $f(3)=0$이고,

$$\int_0^{2013} f(x)\,dx=\int_3^{2013} f(x)\,dx$$

를 만족시킨다. 곡선 $y=f(x)$와 x축으로 둘러싸인 부분의 넓이가 S일 때, $30S$의 값을 구하시오.

1866 ●●●○

곡선 $f(x)=x^4-4x^3+5x^2+ax$에 대하여 $x=-1$인 점에서 접선의 기울기가 -28일 때, 곡선 $y=f(x)$와 x축으로 둘러싸인 부분의 넓이를 구하시오. (단, a는 상수이다.)

⭐ **1867** 중요 ●●●○

함수 $y=f(x)$가 등식 $\displaystyle\int_3^x f(t)\,dt=x^3+kx^2$을 만족시킬 때, 함수 $y=f(x)$의 그래프와 x축으로 둘러싸인 도형의 넓이를 구하시오. (단, k는 상수이다.)

1868 ●●●○

다음 조건을 만족시키는 다항함수 $y=f(x)$의 그래프와 x축으로 둘러싸인 부분의 넓이는?

> (가) $\displaystyle\lim_{x\to\infty}\frac{f(x)}{x^2}=-1$
> (나) $\displaystyle\lim_{x\to 1}\frac{f(x)}{x-1}=-6$

① 32 ② 34 ③ 36
④ 38 ⑤ 40

1869 ●●●●

두 다항함수 $f(x)$, $g(x)$가 다음 조건을 만족시킨다.

> (가) $f'(x)g(x)+f(x)g'(x)=2x-3$
> (나) $f(0)=1$, $g(0)=2$

곡선 $y=f(x)g(x)$와 x축으로 둘러싸인 부분의 넓이를 구하시오.

1870 중요 **교육청** 기출 ●●●●

삼차함수 $f(x)$가 다음 두 조건을 만족시킨다.

> (가) $f'(x)=3x^2-4x-4$
> (나) 함수 $y=f(x)$의 그래프는 점 $(2, 0)$을 지난다.

이때 함수 $y=f(x)$의 그래프와 x축으로 둘러싸인 도형의 넓이는?

① $\dfrac{56}{3}$ ② $\dfrac{58}{3}$ ③ 20

④ $\dfrac{62}{3}$ ⑤ $\dfrac{64}{3}$

1871 ●●●●

사차함수 $f(x)$의 도함수가 $f'(x)=(x-1)(x+1)(ax+b)$, $f(0)-f(1)=2$를 만족하고 $x=1$, $x=-1$에서 같은 값의 극값을 갖는다. 이때, 곡선 $y=f(x)$와 직선 $y=f(1)$로 둘러싸인 도형의 넓이는? (단, a, b는 상수)

① $\dfrac{32}{15}$ ② $\dfrac{11}{5}$ ③ $\dfrac{34}{15}$

④ $\dfrac{7}{3}$ ⑤ $\dfrac{12}{5}$

유형 **8** 내신 중요도 ■■■■■ 유형 난이도 ★★★★☆

두 영역의 넓이 사이의 관계

그림과 같이 곡선 $y=f(x)$와 x축 및 y축으로 둘러싸인 두 도형 A, B의 넓이가 서로 같을 때,

$$\int_0^\beta f(x)\,dx=0$$

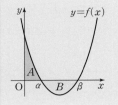

1872 ●●○○

곡선 $y=(x-1)(x-a)$ $(a>1)$와 x축 및 y축으로 둘러싸인 두 도형의 넓이가 서로 같을 때, 상수 a의 값은?

① 2 ② $\dfrac{5}{2}$ ③ 3

④ $\dfrac{7}{2}$ ⑤ 4

1873 중요 ●●○○

곡선 $y=-x^2+4x$와 x축 및 직선 $x=k$ $(k>4)$로 둘러싸인 두 도형의 넓이가 서로 같을 때, 상수 k의 값을 구하시오.

1874 ●●●○

함수 $y=-x^3+x-k$의 그래프가 그림과 같고, 두 부분 A, B의 넓이가 서로 같을 때, $81k^2$의 값을 구하시오.

(단, k는 상수이다.)

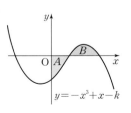

1875

•••○

곡선 $y=x^2(x-3)$과 직선 $x=a\,(a>3)$ 및 x축으로 둘러싸인 두 도형의 넓이가 서로 같을 때, 상수 a의 값을 구하시오.

1876 짱중요

•••○

그림과 같이 곡선 $y=x^2-2x+p$와 x축, y축으로 둘러싸인 도형의 넓이를 A라 하고, 이 곡선과 x축으로 둘러싸인 도형의 넓이를 B라 하자. $A:B=1:2$일 때, 상수 p의 값은?

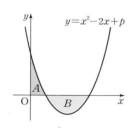

① $\dfrac{1}{4}$　　　② $\dfrac{2}{3}$　　　③ $\dfrac{3}{4}$

④ $\dfrac{4}{3}$　　　⑤ $\dfrac{5}{3}$

1877 짱중요

•••○

그림과 같이 곡선 $y=-x^2+2x$와 x축 및 직선 $x=k$로 둘러싸인 두 부분의 넓이를 각각 S_1, S_2라 할 때, $S_1=2S_2$가 성립한다. 상수 k의 값은?

(단, $k>2$)

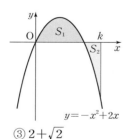

① $1+\sqrt{2}$　　　② $1+\sqrt{3}$　　　③ $2+\sqrt{2}$

④ $2+\sqrt{3}$　　　⑤ $1+2\sqrt{2}$

1878 짱중요

•••○

곡선 $y=x(x-4)(x-k)$와 x축으로 둘러싸인 두 부분의 넓이가 같을 때, 상수 k의 값을 구하시오. (단, $k>4$)

1879 짱중요

•••○

곡선 $y=x^3-(a+3)x^2+3ax\,(0<a<3)$와 x축으로 둘러싸인 두 도형의 넓이가 서로 같을 때, 상수 a의 값을 구하시오.

1880

•••○

그림과 같이 곡선 $y=9-x^2\,(x\geq0)$과 y축 및 두 직선 $y=k\,(0<k<9)$, $x=3$으로 둘러싸인 두 도형의 넓이가 서로 같을 때, 상수 k의 값을 구하시오.

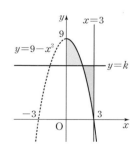

1881

●●●○

그림과 같이 두 곡선 $y=-x^2(x-2)$, $y=ax(x-2)$ $(a<0)$로 둘러싸인 두 도형의 넓이가 서로 같을 때, 상수 a의 값을 구하시오.

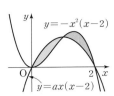

1882 교육청 기출

●●●●

그림과 같이 곡선 $y=\dfrac{1}{2}x^2$과 직선 $y=kx$로 둘러싸인 부분의 넓이를 A, 곡선 $y=\dfrac{1}{2}x^2$과 두 직선 $x=2$, $y=kx$로 둘러싸인 부분의 넓이를 B라 하자. $A=B$일 때, $30k$의 값을 구하시오.

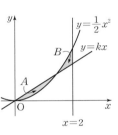

(단, k는 $0<k<1$인 상수이다.)

1883

●●●●

곡선 $y=x^3-(2+m)x^2+3mx$와 직선 $y=mx$로 둘러싸인 두 부분의 넓이가 서로 같을 때, 상수 m의 값을 구하시오.

(단, $m>2$)

유형 **09** 두 곡선 사이의 넓이의 응용

내신 중요도 ▬▬▬▬▭▭ 유형 난이도 ★★★★★

색칠한 도형의 넓이 S $(S=S_1+S_2)$를 곡선 $y=g(x)$가 이등분할 때,
$$S=S_1+S_2=2S_1$$
$$=2\int_0^a\{f(x)-g(x)\}dx$$

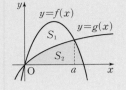

1884 평가원 기출

●●●○

두 곡선 $y=x^4-x^3$, $y=-x^4+x$로 둘러싸인 도형의 넓이가 곡선 $y=ax(1-x)$에 의하여 이등분될 때, 상수 a의 값은? (단, $0<a<1$)

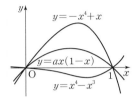

① $\dfrac{1}{4}$　　　② $\dfrac{3}{8}$

③ $\dfrac{5}{8}$　　　④ $\dfrac{3}{4}$

⑤ $\dfrac{7}{8}$

★**1885** 중요

●●●○

곡선 $y=x^2-2x$와 직선 $y=mx$로 둘러싸인 도형의 넓이는 곡선 $y=x^2-2x$와 x축으로 둘러싸인 도형의 넓이의 2배이다. 상수 m에 대하여 $(m+2)^3$의 값을 구하시오. (단, $m>0$)

1886

●●●●

곡선 $y=ax^2$이 곡선 $y=4x-x^2$과 x축
으로 둘러싸인 도형의 넓이를 이등분할
때, 양수 a의 값은?

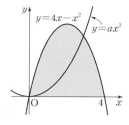

① $\sqrt{2}-1$ ② $\sqrt{2}$

③ 2 ④ $\sqrt{2}+1$

⑤ 3

1887 교육청 기출

●●●●

실수 전체의 집합에서 정의된 함수

$$f(x)=\begin{cases} x^2-\dfrac{1}{2}k^2 & (x<0) \\ x-\dfrac{1}{2}k^2 & (x\geq0) \end{cases}$$

가 있다. 그림과 같이 함수 $y=f(x)$

의 그래프와 직선 $y=\dfrac{1}{2}k^2$으로 둘러싸인 도형의 넓이가 y축에

의하여 이등분될 때, 상수 k의 값은? (단, $k>0$)

① $\dfrac{2}{3}$ ② 1 ③ $\dfrac{4}{3}$

④ $\dfrac{5}{3}$ ⑤ 2

⭐ 1888 중요

●●●●

곡선 $y=x^2$과 점 $(1, 4)$를 지나는 직선으로 둘러싸인 도형의 넓이
의 최솟값을 구하시오.

1889

●●●●

그림과 같이 곡선 $y=-x^2+4$와 x축
사이에 직사각형을 내접시킬 때, 색칠
한 부분의 넓이의 최솟값은?

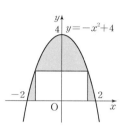

① $\dfrac{32}{9}(\sqrt{6}-2)$ ② $\dfrac{32}{9}(3-\sqrt{6})$

③ $\dfrac{32}{9}(3-\sqrt{3})$ ④ $\dfrac{32}{3}(\sqrt{3}-1)$

⑤ $\dfrac{32}{3}(3-\sqrt{3})$

1890 교육청 기출

●●●●

그림과 같이 네 점 $(0, 0)$, $(1, 0)$,
$(1, 1)$, $(0, 1)$을 꼭짓점으로 하는 정
사각형의 내부를 두 곡선 $y=\dfrac{1}{2}x^2$,
$y=ax^2$으로 나눈 세 부분의 넓이를 각각
S_1, S_2, S_3이라 하자. S_1, S_2, S_3이

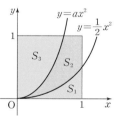

이 순서대로 등차수열을 이룰 때, 양수 a의 값을 구하시오.

$$\left(\text{단},\ a>\dfrac{1}{2}\right)$$

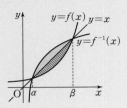

유형 10 역함수의 그래프와 넓이

내신 중요도 ▬▬▬▬▬ 유형 난이도 ★★★★★

함수 $y=f(x)$와 그 역함수 $y=f^{-1}(x)$의 그래프의 교점의 x좌표가 α, β일 때, 두 곡선으로 둘러싸인 도형의 넓이 S는

$$S=\int_{\alpha}^{\beta}|f(x)-f^{-1}(x)|dx$$
$$=2\int_{\alpha}^{\beta}|x-f(x)|dx$$

참고 함수 $y=f(x)$와 그 역함수 $y=f^{-1}(x)$의 그래프는 직선 $y=x$에 대하여 대칭이다.

1891 ●○○○

함수 $f(x)=x^2$ $(x\geq0)$과 그 역함수 $g(x)=\sqrt{x}$의 그래프로 둘러싸인 도형의 넓이는?

① $\dfrac{1}{6}$ ② $\dfrac{1}{3}$ ③ $\dfrac{1}{2}$

④ $\dfrac{2}{3}$ ⑤ 1

1892 짱중요 ●●●○

함수 $y=x^3$과 그 역함수 $y=g(x)$의 그래프로 둘러싸인 도형의 넓이는?

① $\dfrac{1}{2}$ ② $\dfrac{2}{3}$ ③ 1

④ $\dfrac{4}{3}$ ⑤ 2

1893 중요 ●●●○

삼차함수 $f(x)=x^3-6$의 역함수 $f^{-1}(x)$의 그래프와 두 직선 $y=x$, $y=0$으로 둘러싸인 도형의 넓이는?

① 10 ② 11 ③ 12

④ 13 ⑤ 14

1894 ●●○○

함수 $y=f(x)$와 그 역함수 $y=g(x)$의 그래프가 그림과 같을 때,

$$\int_{0}^{2}f(x)dx+\int_{2}^{6}g(x)dx$$의 값은?

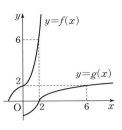

① 6 ② 8

③ 10 ④ 12

⑤ 14

1895 중요 ●●●●

함수 $f(x)=x^2+1$ $(x\geq0)$과 그 역함수 $y=g(x)$에 대하여

$$\int_{0}^{1}f(x)\,dx+\int_{1}^{2}g(x)\,dx$$의 값을 구하시오.

1896 짱중요 교육청 기출 ●●●○

함수 $f(x)=x^3+x-1$의 역함수를 $g(x)$라 할 때, $\displaystyle\int_{1}^{9}g(x)\,dx$의 값은?

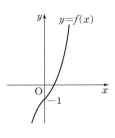

① $\dfrac{47}{4}$ ② $\dfrac{49}{4}$

③ $\dfrac{51}{4}$ ④ $\dfrac{53}{4}$

⑤ $\dfrac{55}{4}$

1897

그림과 같이 함수 $y=f(x)$와 그 역함수 $y=g(x)$의 그래프가 두 점 $(1, 1)$, $(3, 3)$에서 만난다. $\int_1^3 f(x)\,dx=\dfrac{5}{2}$ 일 때, 두 곡선 $y=f(x)$와 $y=g(x)$로 둘러싸인 도형의 넓이를 구하시오.

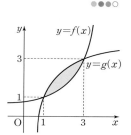

1898

함수 $f(x)=ax^2$ $(x\geq 0)$의 역함수를 $y=g(x)$라 하자. 그림과 같이 두 곡선 $y=f(x)$, $y=g(x)$로 둘러싸인 도형의 넓이가 3일 때, 양수 a의 값은?

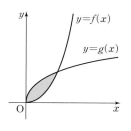

① $\dfrac{1}{6}$ ② $\dfrac{1}{5}$

③ $\dfrac{1}{4}$ ④ $\dfrac{1}{3}$

⑤ $\dfrac{1}{2}$

1899 중요 교육청 기출

그림과 같이 함수 $f(x)=ax^2+b$ $(x\geq 0)$의 그래프와 그 역함수 $y=g(x)$의 그래프가 만나는 두 점의 x좌표는 1과 2이다. $0\leq x\leq 1$에서 두 곡선 $y=f(x)$, $y=g(x)$ 및 x축, y축으로 둘러싸인 부분의 넓이를 A라 하고, $1\leq x\leq 2$에서 두 곡선 $y=f(x)$, $y=g(x)$로 둘러싸인 부분의 넓이를 B라 하자. $27(A-B)$의 값을 구하시오. (단, a, b는 양수이다.)

유형 11 정적분과 넓이 사이의 관계 이해

내신 중요도 ■■■■■■■ 유형 난이도 ★★★☆☆

구간 $[a, b]$에서 연속인 곡선 $y=f(x)$와 x축 및 두 직선 $x=a$, $x=b$ $(a<b)$로 둘러싸인 도형의 넓이 S는

$$S=\int_a^b |f(x)|\,dx$$

참고 $S=\int_a^b f(x)\,dx=\int_{a+n}^{b+n} f(x-n)\,dx$

1900

그래프가 그림과 같이 x축과 두 점 $(\alpha, 0)$, $(\beta, 0)$에서 만나는 이차함수 $y=f(x)$가 있다. 이 함수의 그래프와 x축 및 y축으로 둘러싸인 도형의 넓이를 A, 이 곡선과 x축, 직선 $x=\dfrac{\alpha+\beta}{2}$로 둘러싸인 도형의 넓이를 B라 하자.

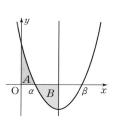

$\int_0^\alpha f(x)\,dx=5$, $\int_\alpha^\beta f(x)\,dx=-8$이라고 할 때, $A+B$의 값을 구하시오.

1901

이차함수 $f(x)$가 다음 조건을 만족시킬 때, 곡선 $y=f(x)$와 직선 $y=x$로 둘러싸인 부분의 넓이를 구하시오.

㈎ $f(0)=0$, $f(4)=4$

㈏ $\int_0^4 f(x)\,dx=0$

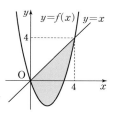

1902 ●●○○

그림과 같이 $x \leq 6$에서 감소하는 함수 $y=f(x)$의 그래프가 다음 조건을 만족할 때, $\int_0^6 f(x)dx$의 값을 구하시오.

> (가) 두 직선 $x=3$, $y=7$로 둘러싸인 부분의 넓이가 4이다.
> (나) 직선 $x=3$ 및 x축으로 둘러싸인 부분의 넓이가 6이다.

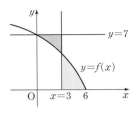

유형 12 위치의 변화량

수직선 위를 움직이는 점 P의 시각 t에서의 속도를 $v(t)$, 시각 $t=a$에서의 위치를 $s(a)$라 할 때,

(1) 시각 t에서의 점 P의 위치 $s(t)$는

$$\Rightarrow s(t)=s(a)+\int_a^t v(t)\,dt$$

(2) 시각 $t=a$에서 $t=b$까지 점 P의 위치의 변화량

$$\Rightarrow \int_a^b v(t)\,dt$$

★**1904** 중요 ●○○○

원점을 출발하여 수직선 위를 움직이는 물체의 시각 t에서의 속도가 $v(t)=3t^2-4t+5$일 때, $t=3$에서의 점 P의 위치는?

① 22   ② 24   ③ 26

④ 28   ⑤ 30

1903 중요 ●●●●

실수 전체의 집합에서 증가하는 연속함수 $f(x)$가 다음 조건을 만족시킨다.

> (가) 모든 실수 x에 대하여 $f(x)=f(x-3)+4$이다.
> (나) $\int_0^6 f(x)dx=0$

함수 $y=f(x)$의 그래프와 x축 및 두 직선 $x=6$, $x=9$로 둘러싸인 부분의 넓이는?

① 9   ② 12   ③ 15

④ 18   ⑤ 21

★**1905** 짱중요 ●○○○

좌표가 3인 점을 출발하여 수직선 위를 움직이는 점 P의 시각 t에서의 속도가 $v(t)=t^2-2t+1$일 때, $t=3$에서의 점 P의 위치를 구하시오.

1906 ●●○○

x축 위를 움직이는 점 P가 $x=1$을 출발한 지 t초 후의 속도가 $v(t)=2t+a$이다. 점 P가 1초 후에 $x=4$에 있기 위한 상수 a의 값을 구하시오.

1907 짱중요

●○○○

좌표가 2인 점에서 출발하여 수직선 위를 움직이는 점 P의 시각 t에서의 속도가 $v(t)=6-2t$일 때, 시각 $t=1$에서 $t=4$까지 점 P의 위치의 변화량을 구하시오.

1908

●●○○

원점을 출발하여 수직선 위를 움직이는 점 P의 시각 t에서의 속도가 $v(t)=12-4t$일 때, 점 P가 움직이는 방향이 바뀌는 시각에서의 점 P의 위치를 구하시오.

1909

●●●○

원점을 출발하여 수직선 위를 움직이는 점 P의 t초 후의 속도가 $v(t)=(-3t^2+2t+6)$ cm/s이다. 점 P가 원점을 출발한 후 원점으로 다시 돌아오는 것은 몇 초 후인가?

① 2초   ② 3초   ③ 4초

④ 5초   ⑤ 6초

1910

●●●○

좌표가 15인 점에서 출발하여 수직선 위를 움직이는 점 A의 시각 t에서의 속도는 $v(t)=2t-6$이다. 점 A가 원점에서 가장 가까이 있을 때의 점 A의 좌표를 구하시오.

1911

●●●●

원점을 출발하여 수직선 위를 움직이는 점 P의 t초 후의 속도 $v(t)$가

$$v(t)=\begin{cases} t^2-9 & (0\le t\le 3) \\ k(t-3) & (t>3) \end{cases}$$

일 때, 12초 후에 점 P가 다시 원점에 있기 위한 상수 k의 값을 구하시오.

수직선 위를 움직이는 두 점 P, Q가 만날 때, 각 점의 위치는 서로 같다.

1912 중요 ●●○○

원점을 동시에 출발하여 수직선 위를 움직이는 두 점 P, Q의 시각 t에서의 속도가 각각

$$v_P(t)=6t^2-2t+6, \quad v_Q(t)=3t^2+12t-4$$

일 때, 두 점 P, Q가 출발 후 처음으로 다시 만나는 위치를 구하시오.

1913 교육청 기출 ●●○○

원점을 동시에 출발하여 수직선 위를 움직이는 두 점 P, Q의 시각 t $(t \geq 0)$에서의 속도가 각각 $3t^2+6t-6$, $10t-6$이다. 두 점 P, Q가 출발 후 $t=a$에서 다시 만날 때, 상수 a의 값은?

① 1 ② $\dfrac{3}{2}$ ③ 2

④ $\dfrac{5}{2}$ ⑤ 3

1914 평가원 기출 ●●●●

시각 $t=0$일 때 동시에 원점을 출발하여 수직선 위를 움직이는 두 점 P, Q의 시각 t $(t \geq 0)$에서의 속도가 각각

$$v_1(t)=3t^2+t, \quad v_2(t)=2t^2+3t$$

이다. 출발한 후 두 점 P, Q의 속도가 같아지는 순간 두 점 P, Q 사이의 거리를 a라 할 때, $9a$의 값을 구하시오.

1915 중요 교육청 기출 ●●●○

원점을 동시에 출발하여 수직선 위를 움직이는 두 점 P, Q의 시각 t $(0 \leq t \leq 8)$에서의 속도가 각각 $2t^2-8t$, t^3-10t^2+24t이다. 두 점 P, Q 사이의 거리의 최댓값을 구하시오.

1916 짱중요 평가원 기출 ●●●●

수직선 위를 움직이는 두 점 P, Q가 있다. 점 P는 점 A(5)를 출발하여 시각 t에서의 속도가 $3t^2-2$이고, 점 Q는 점 B(k)를 출발하여 시각 t에서의 속도가 1이다. 두 점 P, Q가 동시에 출발한 후 2번 만나도록 하는 정수 k의 값은? (단, $k \neq 5$)

① 2 ② 4 ③ 6

④ 8 ⑤ 10

1917 ●●●●

원점을 출발하여 수직선 위를 움직이는 두 점 P, Q의 시각 t $(t \geq 0)$에서의 속도가 각각

$$v_1(t)=\begin{cases} 3t(t-4) & (0 \leq t \leq 4) \\ -(t-4)(t-5) & (4 < t \leq 5) \end{cases}, \quad v_2(t)=|v_1(t)|$$

이다. 5초 후 두 점 P, Q 사이의 거리를 구하시오.

원점을 출발하여 수직선 위를 움직이는 점 P의 시각 t에서의 속도 가 $v(t)=6-2t$이다. 점 P가 다시 원점으로 돌아올 때까지 움직인 거리를 구하시오.

유형 14 속도와 움직인 거리

내신 중요도 ▬▬▬▬▬ 유형 난이도 ★★★★☆

(1) 수직선 위를 움직이는 점 P의 시각 t에서의 속도가 $v(t)$ 일 때, 시각 $t=a$에서 $t=b$까지 점 P가 움직인 거리 s는

$$\Rightarrow s=\int_a^b |v(t)|\, dt$$

(2) 움직이는 물체가 정지하거나 운동 방향을 바꿀 때, (속도)=0이다.

1918 짱중요 ●●○○

원점을 출발하여 수직선 위를 움직이는 점 P의 t초 후의 속도가 $v(t)=4t-t^2$일 때, 출발 후 6초 동안 점 P가 움직인 거리를 구하시오.

1919 짱중요 ●●○○

직선 도로에서 매초 20 m의 속도로 달리는 자동차가 제동을 건 지 t초 후의 속도는 $v(t)=20-4t$ (m/s)라고 한다. 제동을 건 후 정지할 때까지 이 자동차가 달린 거리는?

① 30 m   ② 40 m   ③ 50 m

④ 60 m   ⑤ 70 m

1920 교육청 기출 ●●●○

수직선 위를 움직이는 점 P의 시각 $t\ (t\geq 0)$에서의 위치 x가

$$x=t^4+at^3\ (a\text{는 상수})$$

이다. $t=2$에서 점 P의 속도가 0일 때, $t=0$에서 $t=2$까지 점 P 가 움직인 거리는?

① $\dfrac{16}{3}$ ② $\dfrac{20}{3}$ ③ 8

④ $\dfrac{28}{3}$ ⑤ $\dfrac{32}{3}$

1922 ●●●●

고속열차의 출발한 지 t분 후의 속도는 2분 동안은 $v(t)=\dfrac{3}{4}t^2+\dfrac{1}{2}t$이고, 그 이후로는 일정한 속도를 유지한다. 출발 후 10분 동안 이 고속열차가 달린 거리를 구하시오.

1923 ●●●○

수직선 위의 원점을 출발하여 처음 속도 12 m/s로 움직이는 점 P의 t초 후의 속도가 $v(t)=-t^2+t+12$ (m/s)라고 한다. 점 P가 운동 방향을 바꾼 후 1초 동안 움직인 거리를 $\dfrac{a}{b}$라 할 때, $a+b$의 값을 구하시오. (단, a, b는 서로소인 자연수이다.)

1924 교육청 기출 ●●●●

원점을 출발하여 수직선 위를 움직이는 점 P의 시각 t에서의 속도를 $v(t)=3t^2-6t$라 하자. 점 P가 시각 $t=0$에서 $t=a$까지 움직인 거리가 58일 때, $v(a)$의 값을 구하시오.

1925 짱중요 교육청 기출 ●●●●

어떤 전망대에 설치된 엘리베이터는 1층에서 출발하여 꼭대기 층까지 올라가는 동안 출발 후 처음 2초까지는 $3\,\text{m/초}^2$의 가속도로 올라가고, 2초 후부터 10초까지는 등속도로 올라가며, 10초 후부터는 $-2\,\text{m/초}^2$의 가속도로 올라가서 멈춘다. 이 엘리베이터가 출발하여 멈출 때까지 움직인 거리는 몇 m인지 구하시오.

1926 ●●●●

좌표평면 위의 원점을 출발하여 x축 위를 움직이는 점 P의 t초 후의 위치가 $x(t)=2t^3-6t^2-18t$일 때, 〈보기〉에서 옳은 것만을 있는 대로 고른 것은?

┤ 보기 ├
ㄱ. 점 P의 출발 후 2초 후의 속력은 18이다.
ㄴ. 점 P는 움직이는 동안 운동 방향을 두 번 바꾼다.
ㄷ. 점 P가 출발 후 4초 동안 움직인 거리는 68이다.

① ㄱ   ② ㄷ   ③ ㄱ, ㄴ
④ ㄱ, ㄷ   ⑤ ㄴ, ㄷ

유형 **15**
내신 중요도 ■■■■□□   유형 난이도 ★★★☆☆
위로 쏘아 올린 물체의 속도와 거리

똑바로 위로 쏘아 올린 물체가 최고 높이에 도달할 때, (속도)$=0$이다.

1927 중요 ●●○○

지면으로부터 높이가 $20\,\text{m}$인 곳에서 $50\,\text{m/s}$의 속도로 똑바로 위로 던진 물체의 t초 후의 속도를 $v(t)\,\text{m/s}$라 하면 $v(t)=50-10t$이다. 이 물체가 최고점에 도달하였을 때, 지면으로부터 물체까지의 높이를 구하시오.

1928 중요 ●●●○

지상 $50\,\text{m}$의 높이에서 $49\,\text{m/s}$의 속도로 똑바로 위로 쏘아 올린 로켓의 t초 후의 속도는 $v(t)=49-9.8t\,(\text{m/s})$일 때, 이 로켓이 지면에 떨어질 때까지 움직인 거리는?

① $205\,\text{m}$ ② $235\,\text{m}$ ③ $265\,\text{m}$
④ $295\,\text{m}$ ⑤ $325\,\text{m}$

1929 ●●●●

지면에서 $60\,\text{m/s}$의 속도로 똑바로 위로 발사한 물체의 t초 후의 속도가 $v(t)=-10t+60\,(\text{m/s})$일 때, 물체가 지면에 닿는 순간의 속도를 구하시오.

1930 ●●●○

지상 10 m의 높이에서 30 m/s의 속도로 똑바로 위로 쏘아 올린 공의 t초 후의 속도는 $v(t)=30-10t$ (m/s)라고 한다. 공을 쏘아 올린 지 2초 후부터 5초 후까지 공이 움직인 거리를 구하시오.

1931 ●●●○

지상 30 m의 높이에서 처음 속도 10 m/s로 똑바로 위로 쏘아 올린 물체의 t초 후의 속도는 $v(t)=10-2t$ (m/s)라고 한다. 이 물체가 운동 방향이 바뀐 후 5초 동안 움직인 거리는?

① 25 m ② 30 m ③ 35 m
④ 40 m ⑤ 45 m

유형 16 내신 중요도 ▄▄▄▄▄ 유형 난이도 ★★★★☆

그래프에서의 위치와 움직인 거리

수직선 위를 움직이는 점 P의 시각 t에서의 속도를 $v(t)$라 할 때, 시각 $t=a$에서 $t=b$까지 점 P가 움직인 거리 s는

$$s=\int_a^b |v(t)|\,dt$$

이고, 이는 $y=v(t)$의 그래프와 t축 및 두 직선 $t=a$, $t=b$로 둘러싸인 도형의 넓이와 같다.

1932 중요 ●●○○

그림은 원점을 출발하여 수직선 위를 움직이는 점 P의 시각 t에서의 속도 $v(t)$의 그래프이다. 시각 $t=6$에서의 점 P의 위치를 구하시오. (단, $0 \le t \le 7$)

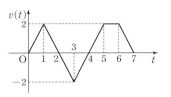

1933 짱중요 평가원 기출 ●●○○

원점을 출발하여 수직선 위를 움직이는 점 P의 시각 t ($0 \le t \le 6$)에서의 속도 $v(t)$의 그래프가 그림과 같다. 점 P가 시각 $t=0$에서 시각 $t=6$까지 움직인 거리는?

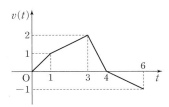

① $\dfrac{3}{2}$ ② $\dfrac{5}{2}$ ③ $\dfrac{7}{2}$
④ $\dfrac{9}{2}$ ⑤ $\dfrac{11}{2}$

★ 1934 중요

그림은 원점을 출발하여 수직선 위를 움직이는 물체의 시각 t $(0 \le t \le 5)$에서의 속도 $v(t)$의 그래프이다. $t=5$에서의 물체의 위치를 a, $t=0$에서 $t=5$까지 물체가 움직인 거리를 b라 할 때, $a+b$의 값을 구하시오.

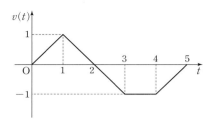

1935

수직선 위를 움직이는 물체의 시각 t에서의 속도 $v(t)$의 그래프가 그림과 같다. 이 물체가 $t=0$일 때, P지점을 출발하여 다시 P지점을 통과하게 되는 시각 t를 구하시오.

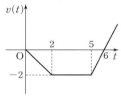

★★★ 1936 짱중요 평가원 기출

원점을 출발하여 수직선 위를 7초 동안 움직이는 점 P의 t초 후의 속도 $v(t)$의 그래프가 그림과 같을 때, 〈보기〉에서 옳은 것만을 있는 대로 고르시오.

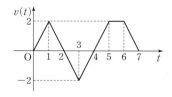

┤ 보기 ├
ㄱ. 점 P는 출발 후 1초 동안 멈춘 적이 있었다.
ㄴ. 점 P는 움직이는 동안 운동 방향을 4번 바꿨다.
ㄷ. 점 P는 출발하고 나서 4초 후 출발점에 있었다.

★★★ 1937 짱중요

원점을 출발하여 수직선 위를 움직이는 점 P의 시각 t $(0 \le t \le 8)$에서의 속도 $v(t)$의 그래프가 그림과 같을 때, 〈보기〉에서 옳은 것만을 있는 대로 고른 것은?

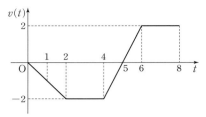

┤ 보기 ├
ㄱ. 점 P는 출발하고 나서 방향을 한 번 바꾼다.
ㄴ. 점 P는 $t=8$일 때, 원점에 있다.
ㄷ. 점 P는 $t=5$일 때, 원점으로부터 가장 멀리 떨어져 있다.

① ㄴ   ② ㄷ   ③ ㄱ, ㄴ
④ ㄱ, ㄷ   ⑤ ㄴ, ㄷ

1938 평가원 기출

그림은 원점을 출발하여 수직선 위를 움직이는 점 P의 시각 t $(0 \le t \le d)$에서의 속도 $v(t)$를 나타내는 그래프이다.

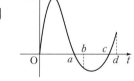

$$\int_0^a |v(t)|\,dt = \int_a^d |v(t)|\,dt$$

일 때, 〈보기〉에서 옳은 것만을 있는 대로 고른 것은?
(단, $0 < a < b < c < d$)

┤ 보기 ├
ㄱ. 점 P는 출발하고 나서 원점을 다시 지난다.
ㄴ. $\displaystyle\int_0^c v(t)\,dt = \int_c^d v(t)\,dt$
ㄷ. $\displaystyle\int_0^b v(t)\,dt = \int_b^d |v(t)|\,dt$

① ㄴ   ② ㄷ   ③ ㄱ, ㄴ
④ ㄴ, ㄷ   ⑤ ㄱ, ㄴ, ㄷ

📖 해설 383쪽

1939

그림과 같이 곡선 $y=x^2-4x+3$과 x축 및 두 직선 $x=0$, $x=2$로 둘러싸인 부분의 넓이는?

① 2

② $\dfrac{7}{3}$

③ 3

④ $\dfrac{10}{3}$

⑤ 4

1940

곡선 $y=x^2-x$와 직선 $y=2x$로 둘러싸인 부분의 넓이를 구하시오.

1941 ✏️서술형

두 곡선 $y=x^3-3x$, $y=2x^2$으로 둘러싸인 부분의 넓이를 구하시오.

1942

곡선 $y=x^3+1$ 위의 점 $(-1,\ 0)$에서의 접선과 이 곡선으로 둘러싸인 도형의 넓이는?

① $\dfrac{21}{4}$

② $\dfrac{23}{4}$

③ $\dfrac{25}{4}$

④ $\dfrac{27}{4}$

⑤ $\dfrac{29}{4}$

1943

함수 $f(x)=3x^2-18x+a$에 대하여 그림과 같이 곡선 $y=f(x)$와 x축 및 y축으로 둘러싸인 도형의 넓이를 각각 S_1, S_2라 하자. $2S_1=S_2$가 성립할 때, 상수 a의 값은?

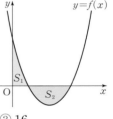

① 12

② 14

③ 16

④ 18

⑤ 20

1944

두 곡선 $y=x(a-x)$, $y=x^2(a-x)$로 둘러싸인 두 도형의 넓이가 같을 때, 상수 a의 값은? (단, $a>1$)

① $\dfrac{7}{2}$

② 3

③ $\dfrac{5}{2}$

④ 2

⑤ $\dfrac{3}{2}$

1945

함수 $f(x)=x^3+2x-2$의 역함수를 $y=g(x)$라 할 때,
$\int_1^2 f(x)\,dx + \int_1^{10} g(x)\,dx$의 값을 구하시오.

1946

수직선 위를 움직이는 점 P의 시각 t에서의 속도는
$v(t)=6-2t$이고 $t=0$에서의 점 P의 좌표가 5일 때, $t=4$에서
의 점 P의 좌표는?

① 5   ② 7   ③ 9

④ 11   ⑤ 13

1947 ✏️ 서술형

수직선 위를 움직이는 두 점 P, Q의 시각 t에서의 속도가 각각
$v_P(t)=3t^2+4t-2$, $v_Q(t)=4t+\dfrac{a}{2}$이다. 두 점 P, Q가 원점
을 동시에 출발한 후 한 번만 만나도록 하는 정수 a의 최솟값을
구하시오.

1948

원점을 출발하여 수직선 위를 움직이는 점 P의 t초 후의 속도가
$v(t)=8-2t$일 때, 점 P가 원점을 출발하여 5초 동안 움직인
거리를 구하시오.

1949

지상 30 m의 높이에서 98 m/s의 속도로 똑바로 쏘아 올린 물체
의 t초 후의 속도는 $v(t)=98-9.8t$ (m/s)일 때, 물체가 지면에
떨어질 때까지 움직인 거리는 몇 m인가?

① 980 m   ② 990 m   ③ 1000 m

④ 1010 m   ⑤ 1020 m

1950

원점을 출발하여 수직선 위를 움직이는
물체의 시각 $t\,(0\le t\le 8)$에서의 속도
$v(t)$의 그래프가 그림과 같을 때, 〈보기〉
에서 옳은 것만을 있는 대로 고른 것은?

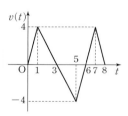

| 보기 |

ㄱ. 물체는 움직이는 동안 운동 방향을 2번 바꾼다.

ㄴ. 물체는 출발한 후 원점을 2번 통과한다.

ㄷ. 물체가 출발한 후 원점에서 가장 멀리 떨어져 있을 때의 위
   치는 6이다.

① ㄱ   ② ㄴ   ③ ㄱ, ㄴ

④ ㄱ, ㄷ   ⑤ ㄴ, ㄷ

Level ❶

1951

곡선 $y=x^2-x$ 위의 점 $(2, 2)$에서의 접선이 곡선 $y=x^2+3x+a$에 접할 때, 이 두 곡선과 공통접선으로 둘러싸인 부분의 넓이를 구하시오. (단, a는 상수이다.)

1952

함수 $f(x)=x^2-4x+5$에 대하여 곡선 $y=f(x)$를 x축의 양의 방향으로 k만큼 평행이동한 곡선을 $y=g(x)$라 하고, 두 곡선 $y=f(x)$, $y=g(x)$에 동시에 접하는 직선을 l이라 하자. 두 곡선 $y=f(x)$, $y=g(x)$와 직선 l로 둘러싸인 도형의 넓이가 $\dfrac{16}{3}$일 때, k의 값을 구하시오. (단, $k>0$)

1953

다항함수 $f(x)$가 등식 $xf(x)=x^3-3x^2+\displaystyle\int_0^x tf'(t)dt$를 만족할 때, 함수 $y=f(x)$의 그래프와 x축으로 둘러싸인 도형의 넓이는?

① 4   ② 5   ③ 6

④ 7   ⑤ 8

1954

교육청 기출

그림과 같이 곡선 $f(x)=x^2-5x+4$와 x축, y축으로 둘러싸인 도형의 넓이를 S_1, 곡선 $y=f(x)$와 x축으로 둘러싸인 도형의 넓이를 S_2, 곡선 $y=f(x)$와 x축, 직선 $x=k$ $(k>4)$로 둘러싸인 도형의 넓이를 S_3이라 하자. S_1, S_2, S_3이

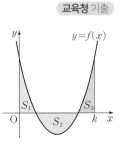

이 순서대로 등차수열을 이룰 때, $\displaystyle\int_0^k f(x)\,dx$의 값을 구하시오.

1955

평가원 기출

지면에 정지해 있던 열기구가 수직 방향으로 출발한 후 t분일 때, 속도 $v(t)$ (m/분)를

$$v(t) = \begin{cases} t & (0 \leq t \leq 20) \\ 60 - 2t & (20 \leq t \leq 40) \end{cases}$$

라 하자. 출발한 후 $t = 35$분일 때, 지면으로부터 열기구의 높이는? (단, 열기구는 수직 방향으로만 움직이는 것으로 가정한다.)

① 225 m ② 250 m ③ 275 m

④ 300 m ⑤ 325 m

1956

그림과 같이 한 변의 길이가 10 cm인 정사각형의 한 꼭짓점 A를 출발하여 그림의 화살표 방향으로 진행하는 두 점 P, Q가 있다. 점 A를 출발하여 t초 후의 두 점 P, Q의 속력이 각각

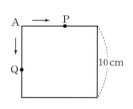

$7t + 3$ (cm/s), $3t + 2$ (cm/s)일 때, 두 점 P, Q가 동시에 출발한 후 10초 동안 두 점이 만난 횟수를 구하시오.

1957

곡선 $y = x^2 - \dfrac{3}{n^2}$ 과 직선 $y = \dfrac{1}{n^2}$ 로 둘러싸인 부분의 넓이를 $S(n)$이라 할 때, 〈보기〉에서 옳은 것만을 있는 대로 고른 것은? (단, n은 자연수이다.)

┤ 보기 ├

ㄱ. $S(1) = \dfrac{32}{3}$

ㄴ. $S(n) < \dfrac{1}{18}$ 을 만족시키는 자연수 n의 최솟값은 6이다.

ㄷ. $\displaystyle\sum_{n=2}^{10} |S(n) - S(n-1)| = \dfrac{1332}{125}$

① ㄱ ② ㄴ ③ ㄱ, ㄷ

④ ㄴ, ㄷ ⑤ ㄱ, ㄴ, ㄷ

1958

최고차항의 계수가 1인 사차함수 $y = f(x)$가 다음과 같은 조건을 만족시킨다.

㉮ 임의의 x에 대하여 $f(x) = f(-x)$
㉯ $x = \alpha$, $x = \beta$에서 극솟값 0을 갖는다. (단, $\beta < 0 < \alpha$)

곡선 $y = f'(x)$와 x축으로 둘러싸인 부분의 넓이가 32이고, 곡선 $y = f(x)$와 x축으로 둘러싸인 부분의 넓이를 S라 할 때, $15S$의 값을 구하시오.

1959

두 곡선 $y=2x^4-4x^3$, $y=-x^4+8x$로 둘러싸인 부분의 넓이가 곡선 $y=ax(2-x)$에 의하여 이등분될 때, 상수 a의 값을 구하시오. (단, $0<a<3$)

1960

교육청 기출

그림과 같이 삼차함수 $f(x)=-(x+1)^3+8$의 그래프가 x축과 만나는 점을 A라 하고, 점 A를 지나고 x축에 수직인 직선을 l이라 하자. 또, 곡선 $y=f(x)$와 y축 및 직선 $y=k$ $(0<k<7)$로 둘러싸인 부분의 넓이를 S_1이라 하고, 곡선 $y=f(x)$와 직선 l 및 직선 $y=k$로 둘러싸인 부분의 넓이를 S_2라 하자. 이때 $S_1=S_2$가 되도록 하는 상수 k에 대하여 $4k$의 값을 구하시오.

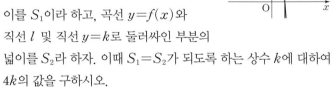

1961

수직선 위에 점 A의 좌표는 -28, 점 B는 원점에 있다. 두 점이 동시에 움직이기 시작하여 t초 후의 속도가 각각

$$v_A(t)=6t^2-12t+15, \quad v_B(t)=3t^2+12t-24$$

일 때, 〈보기〉에서 옳은 것만을 있는 대로 고른 것은?

┤ 보기 ├

ㄱ. 두 점 A와 B는 3번 만난다.

ㄴ. $4<t<7$일 때, 점 B의 좌표가 점 A의 좌표보다 항상 크다.

ㄷ. $1\le t\le 7$일 때, 두 점 A, B 사이의 거리의 최댓값은 6이다.

① ㄱ   ② ㄱ, ㄴ   ③ ㄱ, ㄷ

④ ㄴ, ㄷ   ⑤ ㄱ, ㄴ, ㄷ

1962

어느 놀이동산에서 2분 동안 운행되고 있는 열차의 출발한 지 t초 후의 운행 속도 $v(t)$(m/s)가

$$v(t)=\begin{cases} \dfrac{1}{2}t & (0\le t<10) \\ k & (10\le t<100) \\ \dfrac{1}{4}(120-t) & (100\le t\le 120) \end{cases}$$

일 때, 이 열차가 출발 후 정지할 때까지 운행한 거리를 구하시오.

(단, k는 상수이다.)

Level 3

1963 교육청 기출

그림과 같이 좌표평면 위의 두 점 A$(2, 0)$, B$(0, 3)$을 지나는 직선과 곡선 $y=ax^2$ $(a>0)$ 및 y축으로 둘러싸인 부분 중에서 제1사분면에 있는 부분의 넓이를 S_1이라 하자. 또, 직선 AB와 곡선 $y=ax^2$ 및 x축으로 둘러싸인 부분의 넓이를 S_2라 하자. $S_1 : S_2 = 13 : 3$일 때, 상수 a의 값은?

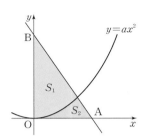

① $\dfrac{2}{9}$ ② $\dfrac{1}{3}$ ③ $\dfrac{4}{9}$

④ $\dfrac{5}{9}$ ⑤ $\dfrac{2}{3}$

1964 평가원 기출

같은 높이의 지면에서 동시에 출발하여 지면과 수직인 방향으로 올라가는 두 물체 A, B가 있다. 그림은 시각 t $(0 \le t \le c)$에서 물체 A의 속도 $f(t)$와 물체 B의 속도 $g(t)$를 나타낸 것이다.

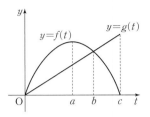

$\displaystyle\int_0^c f(t)dt = \int_0^c g(t)dt$이고 $0 \le t \le c$일 때, 옳은 것만을 〈보기〉에서 있는 대로 고른 것은?

┤ 보기 ├

ㄱ. $t=a$일 때, 물체 A는 물체 B보다 높은 위치에 있다.
ㄴ. $t=b$일 때, 물체 A와 물체 B의 높이의 차가 최대이다.
ㄷ. $t=c$일 때, 물체 A와 물체 B는 같은 높이에 있다.

① ㄴ   ② ㄷ   ③ ㄱ, ㄴ

④ ㄱ, ㄷ   ⑤ ㄱ, ㄴ, ㄷ

빠른 정답 확인

01 함수의 극한

본책 004~038쪽

0001 1 0002 5
0003 3 0004 1
0005 0 0006 0
0007 ∞ 0008 0
0009 4 0010 ∞
0011 −∞ 0012 −1
0013 −2 0014 2
0015 ∞ 0016 0
0017 1 0018 극한값은 존재하지 않는다.
0019 0 0020 −1
0021 −1 0022 −1
0023 0 0024 4
0025 −2 0026 1
0027 −1 0028 1
0029 9 0030 1
0031 −6 0032 $-\dfrac{3}{2}$
0033 5 0034 6
0035 −4 0036 4
0037 −1 0038 12
0039 $\dfrac{1}{2}$ 0040 0
0041 ∞ 0042 2
0043 $\dfrac{2}{3}$ 0044 ∞
0045 0 0046 $\dfrac{3}{2}$
0047 2 0048 4
0049 4 0050 4
0051 3 0052 0
0053 3
0054 3 0055 11 0056 5
0057 −1 0058 ③ 0059 ⑤
0060 ③ 0061 ③ 0062 7
0063 4 0064 2 0065 ②
0066 ② 0067 $\dfrac{1}{3}$ 0068 $\dfrac{3}{2}$
0069 21 0070 1 0071 6
0072 −3 0073 2 0074 ③
0075 1 0076 0 0077 ④
0078 ③, ⑤ 0079 ③ 0080 $-\dfrac{7}{4}$
0081 3 0082 ③ 0083 7
0084 ③ 0085 ① 0086 8
0087 2 0088 ① 0089 ③
0090 5 0091 12 0092 2
0093 0 0094 $-\dfrac{1}{3}$ 0095 10
0096 $\dfrac{1}{2}$ 0097 ⑤ 0098 6

0099 ③ 0100 $-\dfrac{7}{2}$ 0101 $-\dfrac{3}{4}$
0102 −9 0103 $\dfrac{1}{6}$ 0104 $\dfrac{1}{30}$
0105 ① 0106 ㄴ 0107 ②
0108 ⑤ 0109 ④ 0110 ③
0111 −5 0112 3 0113 ④
0114 ② 0115 4 0116 2
0117 20 0118 9 0119 3
0120 1 0121 3 0122 ④
0123 ② 0124 $-\dfrac{2}{3}$ 0125 $\dfrac{1}{4}$
0126 3 0127 2 0128 ⑤
0129 3 0130 3 0131 ③
0132 1 0133 $-\dfrac{2}{27}$ 0134 $\dfrac{1}{16}$
0135 1 0136 2 0137 9
0138 −12 0139 0 0140 ④
0141 ① 0142 ⑤ 0143 152
0144 10 0145 1 0146 $\dfrac{3}{2}$
0147 9 0148 ① 0149 ⑤
0150 ① 0151 32 0152 1
0153 ⑤ 0154 ① 0155 ④
0156 4 0157 12 0158 ⑤
0159 7 0160 −5 0161 7
0162 ③ 0163 7 0164 152
0165 60 0166 10 0167 5
0168 ① 0169 ② 0170 16
0171 8 0172 10 0173 2
0174 −4 0175 $\dfrac{1}{2}$ 0176 ⑤
0177 ④ 0178 4 0179 1
0180 $\dfrac{1}{2}$ 0181 ④ 0182 ②
0183 $-\dfrac{1}{8}$ 0184 ② 0185 4
0186 ② 0187 ① 0188 4
0189 $\dfrac{13}{4}$
0190 5 0191 3 0192 6
0193 ② 0194 ④ 0195 ①
0196 0 0197 ③ 0198 20
0199 4 0200 $\dfrac{1}{2}$ 0201 ①
0202 ③ 0203 ③ 0204 16
0205 3 0206 ① 0207 ③
0208 1 0209 ⑤ 0210 12
0211 1 0212 ④ 0213 512
0214 208 0215 219

0216 $[-1, 4]$ 0217 $(3, 5]$
0218 $[-5, 10)$ 0219 $[-2, \infty)$
0220 $(-\infty, 1)$ 0221 $\{x \mid -3 \le x \le 3\}$
0222 $\{x \mid -2 < x < 6\}$ 0223 $\{x \mid 1 \le x < 7\}$
0224 $\{x \mid x \ge 0\}$ 0225 $\{x \mid x < 5\}$
0226 $(-\infty, \infty)$ 0227 $(-\infty, \infty)$
0228 $(-\infty, 3), (3, \infty)$ 0229 $[-2, \infty)$
0230 ㄱ 0231 ㄴ
0232 ㄷ 0233 연속
0234 불연속 0235 연속
0236 연속 0237 불연속
0238 연속 0239 $(-\infty, \infty)$
0240 $(-\infty, \infty)$ 0241 $(-\infty, \infty)$
0242 $\left[\frac{3}{2}, \infty\right)$ 0243 $(-\infty, -3), (-3, \infty)$
0244 $(-\infty, 1), (1, \infty)$ 0245 ㄴ, ㅁ, ㅂ
0246 ㄱ, ㄴ, ㄷ 0247 최댓값: 없다, 최솟값: 0
0248 최댓값: 0, 최솟값: -1 0249 최댓값: 1, 최솟값: 0
0250 최댓값: 15, 최솟값: 0 0251 최댓값: -1, 최솟값: $-\sqrt{7}$
0252 최댓값: 없다, 최솟값: 없다 0253 (가): 연속, (나): 사잇값의 정리
0254 $f(0) = -1, f(1) = 4$ 0255 연속, <, 사잇값의 정리
0256 ⑤ 0257 ④ 0258 ㄱ, ㄴ
0259 ③ 0260 ㄴ 0261 3
0262 24 0263 ④ 0264 4
0265 3 0266 ③ 0267 11
0268 16 0269 ③ 0270 3
0271 -6 0272 -4 0273 -18
0274 -1 0275 4 0276 7
0277 21 0278 ④ 0279 ③
0280 ① 0281 $\frac{1}{2}$ 0282 18
0283 8 0284 ④ 0285 5
0286 6 0287 15 0288 3
0289 2 0290 11 0291 17
0292 8 0293 ③ 0294 $\frac{1}{4}$
0295 ④ 0296 2 0297 -6
0298 $\frac{1}{3}$ 0299 18 0300 ③
0301 $-\frac{9}{2}$ 0302 0 0303 ㄱ, ㄴ, ㄹ
0304 ① 0305 ① 0306 ①
0307 ⑤ 0308 ① 0309 ③
0310 ③ 0311 ③ 0312 ⑤
0313 10 0314 ③ 0315 1
0316 -2 0317 -2 0318 ①
0319 21 0320 ③ 0321 ②
0322 3 0323 8 0324 -2
0325 16 0326 14 0327 -2
0328 ③ 0329 13 0330 ⑤
0331 ⑤ 0332 ③ 0333 ㄱ, ㄴ, ㄷ

0334 ㄴ, ㄷ 0335 15 0336 5
0337 ③ 0338 ⑤ 0339 ②
0340 $\frac{9}{2}$ 0341 ② 0342 ①
0343 8 0344 8 0345 -1
0346 ② 0347 4 0348 -13
0349 12 0350 8 0351 ①
0352 ④ 0353 ③ 0354 ②
0355 ④ 0356 -2 0357 9
0358 ㄷ 0359 5 0360 ②
0361 0 0362 96 0363 36
0364 ③ 0365 2 0366 5
0367 2 0368 ③ 0369 ㄱ
0370 ② 0371 3개 0372 ②
0373 4
0374 ⑤ 0375 -3 0376 5
0377 6 0378 4 0379 ㄱ, ㄷ
0380 18 0381 -2 0382 11
0383 $\frac{7}{4}$ 0384 ② 0385 ③
0386 3 0387 ④ 0388 ②
0389 ㄷ 0390 28 0391 ④
0392 5 0393 $\frac{2}{11}$ 0394 7
0395 ⑤ 0396 13 0397 ③
0398 60 0399 56

0400 $b, a, \Delta x, \Delta x$ 0401 1
0402 -2 0403 3
0404 3 0405 $\Delta x, \Delta x, h, h, a, a$
0406 1 0407 2
0408 6 0409 -4
0410 2 0411 16
0412 -2 0413 $\frac{1}{3}, \frac{1}{3}, 3$
0414 $\frac{1}{2}$ 0415 $\frac{1}{5}$
0416 -1 0417 2, 2, 2, 6
0418 3 0419 5
0420 -1 0421 $-3, -\frac{3}{2}, -\frac{3}{2}, -\frac{3}{2}$
0422 10 0423 -12
0424 -3 0425 -2
0426 $x+1, \frac{1}{2}, 1$ 0427 $x+1, 2, 4$
0428 $x^2+x+1, 3, \frac{3}{2}$ 0429 $\frac{3}{2}$
0430 6 0431 1
0432 1, 2, 4 0433 $-1, 0, 3$
0434 $-1, 0, 2, 3, 4$ 0435 2, 4
0436 1 0437 (가): A, (나): B

0438 연속, 1, −1, 미분가능하지 않다.
0439 1, 1, 1, =, 연속, 2, 2, 미분가능하다.

0440 5　0441 2　0442 ①
0443 4　0444 5　0445 6
0446 12　0447 −4　0448 −8 m/s
0449 ④　0450 2　0451 40
0452 1　0453 6　0454 ③
0455 −4　0456 ③　0457 ①
0458 ⑤　0459 12　0460 5
0461 ②　0462 ⑤　0463 15
0464 −3　0465 4　0466 3
0467 ③　0468 $\frac{2}{3}$　0469 12
0470 ②　0471 1　0472 ①
0473 6　0474 10　0475 ⑤
0476 14　0477 6　0478 ①
0479 15　0480 9　0481 4
0482 6　0483 22　0484 ②
0485 1　0486 4　0487 −1
0488 2　0489 ②　0490 27
0491 ④　0492 ②　0493 $\frac{1}{3}$
0494 12　0495 ㄴ, ㄷ　0496 ㄱ, ㄴ, ㄷ
0497 ⑤　0498 ㄱ, ㄷ　0499 ③
0500 4　0501 12　0502 ①
0503 ③　0504 ②　0505 ④
0506 −2　0507 ③　0508 ①
0509 ③　0510 ①　0511 ㄱ, ㄷ
0512 ④　0513 ④　0514 2
0515 −2　0516 2　0517 $\frac{1}{2}$
0518 −3　0519 $\frac{4}{3}$　0520 4
0521 ⑤　0522 ④　0523 ⑤
0524 −5　0525 ④　0526 ⑤
0527 ③　0528 −3　0529 25
0530 6　0531 ④　0532 ㄱ, ㄷ
0533 880　0534 13　0535 4
0536 ⑤　0537 −24　0538 4
0539 ③　0540 $-\frac{3}{4}$　0541 13

04 도함수

본책 106~136쪽

0542 도함수, Δx, Δx
0543 $2h$, 2
0544 $f'(x)=1$　0545 $f'(x)=3$
0546 $f'(x)=0$
0547 $x+h$, $x+h$, $h^2+2hx-5h$, $2x-5$
0548 $f'(x)=2x$　0549 $f'(x)=2x+1$
0550 7　0551 $y'=2x$
0552 $y'=3x^2$　0553 $y'=5x^4$
0554 $y'=0$　0555 $y'=-2x$
0556 $y'=10x^4$　0557 $y'=1$

0558 $y'=2$　0559 $y'=2x$
0560 $y'=2x+3$　0561 $y'=3x^2-4x$
0562 2　0563 5
0564 −1　0565 0
0566 −4　0567 −1
0568 0　0569 4
0570 6　0571 −1
0572 5　0573 −9
0574 1, 2, $2x+1$, $2x+4$, $4x+5$　0575 $y'=2x+2$
0576 $y'=2x-1$　0577 $y'=3x^2-2x+2$
0578 $y'=3x^2-2x-2$　0579 $f'(x)=2x+2$
0580 4　0581 4
0582 5　0583 15
0584 10　0585 $\frac{5}{2}$
0586 3　0587 5
0588 0　0589 2
0590 2　0591 3
0592 (가): $x+h$, (나): $x+h$, (다): $3x^2$　0593 $2x-2$
0594 ③　0595 11　0596 5
0597 5　0598 ④　0599 2
0600 48　0601 ⑤　0602 ④
0603 ⑤　0604 ③　0605 23
0606 −19　0607 28　0608 ④
0609 ④　0610 2　0611 ②
0612 10　0613 14　0614 6
0615 11　0616 5　0617 12
0618 ①　0619 ①　0620 3
0621 7　0622 7　0623 28
0624 ①　0625 ②　0626 $\frac{1}{12}$
0627 ④　0628 7　0629 9
0630 ④　0631 ③　0632 ②
0633 25　0634 104　0635 8
0636 $\frac{1}{36}$　0637 28　0638 ②
0639 ②　0640 19　0641 21
0642 11　0643 28　0644 ③
0645 15　0646 24　0647 181
0648 −2　0649 42　0650 26
0651 22　0652 ①　0653 24
0654 40　0655 12　0656 20
0657 2　0658 $\frac{9}{2}$　0659 ③
0660 28　0661 20　0662 −6
0663 2　0664 4　0665 ②
0666 5　0667 30　0668 ⑤
0669 28　0670 ⑤　0671 4
0672 20　0673 21　0674 16
0675 ①　0676 −3　0677 16
0678 18　0679 −5　0680 16
0681 $f(x)=x^2-2$　0682 7　0683 ④
0684 12　0685 ⑤　0686 11
0687 ⑤　0688 13　0689 −7

0690 ①　　　0691 -3　　　0692 20

0693 9　　　0694 ④　　　0695 15

0696 -2　　　0697 5　　　0698 $-\dfrac{1}{4}$

0699 7　　　0700 118　　　0701 ②

0702 ③　　　0703 32

0704 ④　　　0705 ②　　　0706 3

0707 ④　　　0708 14　　　0709 2

0710 3　　　0711 28　　　0712 -9

0713 5　　　0714 -3　　　0715 6

0716 250　　　0717 ⑤　　　0718 ③

0719 70　　　0720 -4　　　0721 ④

0722 5　　　0723 19　　　0724 $\dfrac{9}{4}$

0725 11　　　0726 17　　　0727 -30

0728 20　　　0729 4　　　0730 3

0731 64

05 접선의 방정식과 평균값 정리

본책 140~168쪽

0732 $y=2x+3$　　　0733 $y=3x$

0734 $y=x+1$　　　0735 $y=5x+25$

0736 $y=-3x-5$　　　0737 4

0738 2　　　0739 1

0740 $y=2x$　　　0741 $y=\dfrac{3}{2}x-2$

0742 $y=2x-1$　　　0743 3

0744 -2　　　0745 11

0746 -3　　　0747 -5

0748 -2　　　0749 $y=4x-2$

0750 $y=2x-2$　　　0751 $y=3x+2$

0752 $y=5x-2$　　　0753 $y=-4x+7$

0754 $(1, 1)$　　　0755 $(1, 0)$

0756 $(1, 1)$　　　0757 $-2a+5$, $(1, 4)$, 4, 1, $3x+1$

0758 $y=3x-8$　　　0759 $y=5x+2$

0760 $y=2x+1$ 또는 $y=2x-3$　　　0761 $y=2x-1$

0762 $y=-4$

0763 a^2-5a+5, $2a-5$, a, $(3, -2)$, $-x+1$, $3x-11$

0764 0　　　0765 $\dfrac{1}{2}$

0766 1　　　0767 $f'(c)$

0768 1　　　0769 2

0770 ⑤　　　0771 ③　　　0772 ①

0773 2　　　0774 3　　　0775 ④

0776 ①　　　0777 4　　　0778 -5

0779 28　　　0780 1　　　0781 -10

0782 5　　　0783 -1　　　0784 2

0785 ⑤　　　0786 2　　　0787 -6

0788 2　　　0789 -5　　　0790 $\dfrac{3}{4}$

0791 0　　　0792 ④　　　0793 ②

0794 -1　　　0795 3　　　0796 5

0797 32　　　0798 -14　　　0799 ②

0800 $-\dfrac{4}{3}$　　　0801 ②　　　0802 ③

0803 ③　　　0804 $y=x+2$　　　0805 ②

0806 ⑤　　　0807 ④　　　0808 -2

0809 ②　　　0810 ①　　　0811 ①

0812 ③　　　0813 $-\dfrac{1}{2}$　　　0814 ②

0815 ②　　　0816 ③　　　0817 ②

0818 4　　　0819 21　　　0820 $\dfrac{1}{2}$

0821 $\dfrac{9}{2}$　　　0822 ⑤　　　0823 7

0824 -75　　　0825 5　　　0826 ④

0827 1　　　0828 $\dfrac{16}{27}$　　　0829 ⑤

0830 ⑤　　　0831 -3　　　0832 3

0833 24　　　0834 ①　　　0835 4

0836 ③　　　0837 16　　　0838 54

0839 ②　　　0840 $\dfrac{8}{3}$　　　0841 $\dfrac{1}{2}$

0842 ④　　　0843 $\dfrac{1}{2}$　　　0844 20

0845 32　　　0846 ⑤　　　0847 ③

0848 ⑤　　　0849 ③　　　0850 50

0851 ①　　　0852 ③　　　0853 ④

0854 8　　　0855 ④　　　0856 2

0857 ①　　　0858 ③　　　0859 ②

0860 3　　　0861 5　　　0862 $\sqrt{3}$

0863 0　　　0864 6　　　0865 2

0866 ④　　　0867 24　　　0868 11

0869 -7　　　0870 ②

0871 14　　　0872 2　　　0873 ②

0874 -5　　　0875 $2\sqrt{2}$

0876 $y=x+3$, $y=-3x+7$　　　0877 -4

0878 -8　　　0879 54　　　0880 $\dfrac{7}{2}$

0881 $\dfrac{5}{2}$　　　0882 ①

0883 ①　　　0884 10　　　0885 ②

0886 $\dfrac{1}{6}$　　　0887 6　　　0888 14

0889 $y=8x-11$　　　0890 97　　　0891 ②

0892 -6　　　0893 24　　　0894 ④

0895 17　　　0896 ③　　　0897 ③

0898 30

06 증가·감소와 극대·극소

본책 172~206쪽

0899 구간 $[1, 3]$　　　0900 구간 $(-\infty, 1]$, $[3, \infty)$

0901 증가　　　0902 감소

0903 증가　　　0904 감소

0905 $>$, $<$, 증가, 감소　　　0906 구간 $(-\infty, \infty)$에서 증가

0907 구간 $[1, \infty)$에서 증가, 구간 $(-\infty, 1]$에서 감소

0908 구간 $(-\infty, 3]$에서 증가, 구간 $[3, \infty)$에서 감소

0909 구간 $(-\infty, 0]$, $[2, \infty)$에서 증가, 구간 $[0, 2]$에서 감소

0910 구간 $[0, 4]$에서 증가, 구간 $(-\infty, 0]$, $[4, \infty)$에서 감소

0911 $-1, 3$ 0912 $-2, 2$

0913 $-1, 0, 1$ 0914 $0, 1$

0915 $0, 2$ 0916 1

0917 -3 0918 0

0919 0 0920 4

0921 1 0922 $x=3$ 또는 $x=7$

0923 $x=1$ 또는 $x=3$

0924 해설 참조

0925 5

0926 1 0927 해설 참조

0928 $(-1, 3), (1, -1)$ 0929 $(-1, -3), (1, 5)$

0930 $(0, 2), (1, 3), (2, 2)$ 0931 극솟값: -13

0932 극댓값: -20, 극솟값: -24 0933 극댓값: 5, 극솟값: -3

0934 극댓값: 0, 극솟값: -1 0935 해설 참조

0936 해설 참조 0937 해설 참조

0938 해설 참조 0939 최댓값: 2, 최솟값: -6

0940 최댓값: 2, 최솟값: -5 0941 최댓값: 3, 최솟값: -5

0942 최댓값: 6, 최솟값: 2 0943 최댓값: -1, 최솟값: -5

0944 ⑤ 0945 10 0946 10

0947 0 0948 ② 0949 ⑤

0950 ③ 0951 ④ 0952 ②

0953 1 0954 13 0955 $a \le -3$

0956 ① 0957 2 0958 $-\dfrac{5}{2}$

0959 9 0960 ② 0961 ③

0962 21 0963 ③ 0964 ②

0965 16 0966 25 0967 ②

0968 13 0969 4 0970 14

0971 해설 참조 0972 2 0973 ②

0974 ① 0975 24 0976 27

0977 -7 0978 1 0979 5

0980 2 0981 ⑤ 0982 121

0983 ① 0984 0 0985 $2\sqrt{5}$

0986 6 0987 16 0988 12

0989 16 0990 ④ 0991 1

0992 11 0993 ㄷ 0994 2

0995 ③ 0996 ② 0997 ②

0998 5 0999 ⑤ 1000 ②

1001 ② 1002 ④ 1003 7

1004 5 1005 ① 1006 ④

1007 ② 1008 ④ 1009 ③

1010 8 1011 ① 1012 ②

1013 ③ 1014 ④ 1015 10

1016 0 1017 4 1018 28

1019 500 1020 9 1021 32

1022 -8 1023 ① 1024 ③

1025 2 1026 48 1027 ①

1028 ③ 1029 ④ 1030 16

1031 ⑤ 1032 ⑤ 1033 1

1034 7 1035 ⑤ 1036 ②

1037 ② 1038 ③ 1039 ⑤

1040 6 1041 ② 1042 ⑤

1043 9 1044 ② 1045 ①

1046 4 1047 2 1048 2

1049 -28 1050 ④ 1051 2

1052 ④ 1053 7 1054 12

1055 3 1056 2 1057 -3

1058 $8\sqrt{2}$ 1059 $\dfrac{32}{9}$ 1060 $\dfrac{1}{2}$

1061 24 1062 $\dfrac{256}{27}$ 1063 $5\sqrt{3}$

1064 $\dfrac{2}{3}$ 1065 40개

1066 5 1067 ③ 1068 ④

1069 -4 1070 ③ 1071 2

1072 -6 1073 10 1074 ⑤

1075 8 1076 ③ 1077 $\dfrac{5}{3}$ cm

1078 ④ 1079 ③ 1080 21

1081 6 1082 $\dfrac{10}{3}$ 1083 ①

1084 1 1085 64 1086 ③

1087 ⑤ 1088 19 1089 11

1090 $\dfrac{8}{3}\pi$ 1091 ① 1092 3

1093 10 1094 1

07 도함수의 활용

본책 210~242쪽

1095 $x=2$ 또는 $x=3$ 또는 $x=4$ 1096 $x=1$ 또는 $x=3$ 또는 $x=5$

1097 $1, 3, 1, 3, 3, -1, 3, 3$ 1098 2

1099 1 1100 3

1101 3 1102 2

1103 2 1104 ㄱ

1105 ㄴ 1106 ㄷ

1107 ㄷ 1108 ㄱ

1109 극대, 극소, $<$ 1110 $0<k<1$

1111 $k=0$ 또는 $k=1$ 1112 $k<0$ 또는 $k>1$

1113 $3x^2-3, 1, 0$ 1114 $>, >$

1115 $-3, -1, 1, 0, \ge$ 1116 3

1117 -2 1118 25

1119 0 1120 2

1121 42 1122 -9

1123 6 1124 6초

1125 4초 1126 10 m/s, -10 m/s

1127 -10 m/s^2 1128 2초

1129 20 m 1130 4초

1131 -20 m/s 1132 $2 \le t \le 4$

1133 1 1134 $3, 5$

1135 ② 1136 31 1137 $-7<a<20$

1138 8 1139 ⑤ 1140 0

1141 ⑤ 1142 33 1143 13

1144 ④ 1145 $a=0$ 또는 $a=5$ 1146 25

08 부정적분 본책 246~272쪽

1381 ②　　**1382** $\frac{3}{2}$　　**1383** 14

1384 3　　**1385** 4202　　**1386** ②

1387 ④　　**1388** 16　　**1389** $\frac{13}{9}$

1390 ①　　**1391** -7　　**1392** 4

1393 ⑤　　**1394** -8　　**1395** 35

1396 -1　　**1397** 12

1398 $f(x)=6x^2-6x+1$　　**1399** 13

1400 17　　**1401** -6　　**1402** 8

1403 $\frac{5}{2}$　　**1404** 16　　**1405** 4

1406 ⑤　　**1407** 3　　**1408** 3

1409 ③　　**1410** 7　　**1411** ②

1412 14　　**1413** ③　　**1414** 6

1415 9　　**1416** 10　　**1417** 10

1418 ③　　**1419** -3　　**1420** 5

1421 ⑤　　**1422** -3　　**1423** ④

1424 $\frac{9}{4}$　　**1425** 18　　**1426** ②

1427 ①　　**1428** -2

1429 8　　**1430** 3　　**1431** 19

1432 ⑤　　**1433** ④　　**1434** 14

1435 9　　**1436** 4　　**1437** 12

1438 12　　**1439** 20　　**1440** $\frac{5}{8}$

1441 -4　　**1442** $\frac{3}{10}$　　**1443** $\frac{1}{3}$

1444 0　　**1445** $\frac{13}{2}$　　**1446** 255

1447 ④　　**1448** ③　　**1449** -4

1450 6　　**1451** ②　　**1452** 5

1453 2　　**1454** $\frac{7}{6}$　　**1455** ⑤

09 정적분

본책 276~300쪽

1456 10　　**1457** 4

1458 9　　**1459** 20

1460 8　　**1461** 14

1462 9　　**1463** $-\frac{5}{12}$

1464 176　　**1465** $-\frac{9}{2}$

1466 $\frac{1}{3}$　　**1467** $\frac{7}{2}$

1468 $x+2$　　**1469** x^2-x-2

1470 $(x+1)^2$　　**1471** x^2-x

1472 x^3+5x-1　　**1473** $(x^3+1)(x+2)$

1474 0　　**1475** 0

1476 -4　　**1477** -11

1478 $\frac{10}{3}$　　**1479** 3

1480 -12　　**1481** 4

1482 -7　　**1483** 2

1484 $\frac{16}{3}$　　**1485** $\frac{16}{3}$

1486 -2　　**1487** 2

1488 6　　**1489** $-\frac{1}{2}$

1490 20　　**1491** 64

1492 28　　**1493** 12

1494 $\frac{3}{2}$　　**1495** $\frac{4}{3}$

1496 0　　**1497** 2

1498 2

1499 1, 1, 1, 1, 1, 1, $\frac{1}{2}$, 2, $\frac{5}{2}$

1500 12　　**1501** -4　　**1502** ⑤

1503 -2　　**1504** 3　　**1505** -2

1506 301　　**1507** 12　　**1508** -24

1509 ④　　**1510** -3　　**1511** 4

1512 14　　**1513** ⑤　　**1514** 4

1515 10　　**1516** ②　　**1517** -11

1518 3　　**1519** -5　　**1520** 2

1521 ⑤　　**1522** 37　　**1523** 0

1524 8　　**1525** 200　　**1526** ③

1527 $\frac{3}{2}$　　**1528** 10　　**1529** 9

1530 ④　　**1531** 3　　**1532** -10

1533 20　　**1534** ③　　**1535** ④

1536 18　　**1537** -2　　**1538** 6

1539 62　　**1540** ③　　**1541** ②

1542 ③　　**1543** 3　　**1544** 11

1545 ②　　**1546** ④　　**1547** ③

1548 $\frac{11}{12}$　　**1549** ①　　**1550** 18

1551 -1　　**1552** $-\frac{7}{4}$　　**1553** ②

1554 4　　**1555** 7　　**1556** ⑤

1557 ②　　**1558** 9　　**1559** 9

1560 $\frac{\sqrt{3}}{3}$　　**1561** 20　　**1562** 4

1563 12　　**1564** 1　　**1565** ①

1566 12　　**1567** -12　　**1568** 3

1569 ②　　**1570** 20　　**1571** ⑤

1572 14　　**1573** 32　　**1574** 15

1575 2　　**1576** ㄱ, ㄴ　　**1577** 12

1578 8　　**1579** ②　　**1580** ④

1581 3　　**1582** 6　　**1583** 12

1584 3　　**1585** ③　　**1586** 8

1587 4　　**1588** 2　　**1589** 10

1590 ④　　**1591** ③　　**1592** 14

1593 ②　　**1594** ②　　**1595** ③

1596 -20　　**1597** $\frac{2}{3}$　　**1598** $\frac{20}{3}$

1599 ⑤　　**1600** ④　　**1601** 2

1602 26　　**1603** 20　　**1604** $\frac{25}{6}$

1605 ㄱ   1606 ㄴ

1607 ㄱ   1608 ㄴ

1609 ㄱ   1610 ㄴ

1611 ㄱ   1612 ㄴ

1613 6   1614 0

1615 $\dfrac{2}{3}$ 1616 0

1617 $-\dfrac{4}{3}$ 1618 0

1619 -2 1620 $\dfrac{8}{3}$

1621 24

1622 $-\dfrac{4}{3}$ 1623 0

1624 4   1625 2

1626 $2, -6, \dfrac{2}{3}$ 1627 $\dfrac{2}{3}$

1628 4   1629 $f(x)=2x+4$

1630 $f(x)=3x^2+6x$ 1631 $f(x)=4x^3+6x^2-8x+5$

1632 $x, 2, F(x)-F(2), x^3+6x^2-2$

1633 $y'=3x^2-6$ 1634 $y'=x^3+2x^2+3$

1635 $x+1, x, x+1, x, 2x+1$ 1636 $y'=3$

1637 $x, 1, F(x)-F(1), F'(1), 0$

1638 6   1639 11

1640 0

1641 $1+h, 1, F(1+h)-F(1), F'(1), 1$

1642 2   1643 9

1644 3

1645 20   1646 16   1647 ③

1648 ④   1649 ①   1650 -6

1651 25   1652 ④   1653 ③

1654 ②   1655 4   1656 ②

1657 12   1658 20   1659 5

1660 10   1661 12   1662 ②

1663 19   1664 40   1665 ②

1666 ①   1667 ③   1668 ⑤

1669 20   1670 99   1671 2

1672 -10 1673 ④   1674 ⑤

1675 ⑤   1676 ④   1677 0

1678 15   1679 48   1680 40

1681 1   1682 4   1683 -2

1684 5   1685 ④   1686 27

1687 $\dfrac{32}{3}$ 1688 84   1689 ④

1690 16   1691 7   1692 ③

1693 4   1694 3   1695 ①

1696 ⑤   1697 ④   1698 -3

1699 ④   1700 2

1701 $f(x)=3x^4-6x^2+2$ 1702 3

1703 40   1704 -24 1705 15

1706 17   1707 27   1708 16

1709 ②   1710 4   1711 8

1712 ②   1713 8   1714 10

1715 -9 1716 8   1717 $\dfrac{14}{3}$

1718 15   1719 $\dfrac{3}{2}$ 1720 $\dfrac{4}{3}$

1721 -9 1722 $-\dfrac{1}{6}$ 1723 -12

1724 ③   1725 3   1726 21

1727 ③   1728 $\dfrac{7}{3}$ 1729 -6

1730 ③   1731 $\dfrac{5}{2}$ 1732 1

1733 4   1734 $\dfrac{57}{4}$ 1735 24

1736 ④   1737 ②   1738 3

1739 2   1740 9   1741 30

1742 -2 1743 10   1744 ①

1745 2

1746 10   1747 8   1748 12

1749 12   1750 $-\dfrac{1}{6}$ 1751 ②

1752 ①   1753 19   1754 ②

1755 3   1756 $-\dfrac{4}{3}$ 1757 ①

1758 6   1759 2   1760 54

1761 -6 1762 ①   1763 2

1764 ④   1765 ②   1766 2

1767 102   1768 $f(x)=x^2-2x+1$

1769 36   1770 ②   1771 55

1772 ⑤   1773 13   1774 ④

1775 ㄴ, ㄷ   1776 ㄱ, ㄴ, ㄷ   1777 43

1778 2   1779 $\dfrac{1}{3}$

1780 $\dfrac{7}{3}$ 1781 1

1782 $\dfrac{1}{3}$ 1783 $0, 1, 1, 0, 1, 0, \dfrac{1}{6}$

1784 36   1785 $\dfrac{32}{3}$

1786 $\dfrac{1}{6}$ 1787 1

1788 4   1789 $\dfrac{8}{3}$

1790 $\dfrac{31}{6}$ 1791 $x, x^2-2x, -x^2+3x, \dfrac{9}{2}$

1792 $\dfrac{9}{2}$ 1793 $\dfrac{4}{3}$

1794 $\dfrac{32}{3}$ 1795 $\dfrac{32}{3}$

1796 $\dfrac{9}{2}$ 1797 18

1798 $-x^2+7x-8, x^2-3x, -2x^2+10x-8, 9$

1799 $\dfrac{8}{3}$ 1800 4

1801 $\frac{8}{3}$ 1802 $\frac{64}{3}$

1803 $\frac{27}{2}$ 1804 9

1805 -4 1806 18

1807 24 1808 $\frac{3}{2}$

1809 0 1810 1

1811 8 1812 ③ 1813 2

1814 ③ 1815 $\frac{71}{6}$ 1816 $\frac{9}{4}$

1817 $\frac{3}{4}$ 1818 2 1819 6

1820 $\sqrt{12}$ 1821 ③ 1822 ⑤

1823 $\frac{9}{2}$ 1824 9 1825 ①

1826 $\frac{16}{15}$ 1827 9 1828 ④

1829 14 1830 12 1831 ④

1832 ③ 1833 $\frac{9}{4}$ 1834 $\frac{37}{12}$

1835 4 1836 $\frac{64}{3}$ 1837 $\frac{4}{3}$

1838 $\frac{4}{3}$ 1839 ③ 1840 ⑤

1841 16 1842 $\frac{1}{12}$ 1843 ③

1844 $\frac{1}{2}$ 1845 ⑤ 1846 ⑤

1847 2 1848 $\frac{27}{4}$ 1849 ②

1850 ④ 1851 1 1852 8

1853 $\frac{41}{2}$ 1854 $\frac{7}{2}$ 1855 $\frac{13}{6}$

1856 $\frac{8}{3}$ 1857 ① 1858 -16

1859 ⑤ 1860 $\frac{45}{2}$ 1861 3

1862 ④ 1863 81 1864 ①

1865 40 1866 $\frac{4}{15}$ 1867 4

1868 ③ 1869 $\frac{1}{6}$ 1870 ⑤

1871 ① 1872 ③ 1873 6

1874 6 1875 4 1876 ②

1877 ② 1878 8 1879 $\frac{3}{2}$

1880 6 1881 -1 1882 20

1883 4 1884 ④ 1885 16

1886 ① 1887 ③ 1888 $4\sqrt{3}$

1889 ③ 1890 $\frac{16}{9}$ 1891 ②

1892 ③ 1893 ① 1894 ④

1895 2 1896 ③ 1897 3

1898 ④ 1899 12 1900 9

1901 8 1902 23 1903 ④

1904 ② 1905 6 1906 2

1907 3 1908 18 1909 ②

1910 6 1911 $\frac{4}{9}$ 1912 24

1913 ③ 1914 12 1915 64

1916 ② 1917 64 1918 $\frac{64}{3}$

1919 ③ 1920 ① 1921 18

1922 35 1923 29 1924 45

1925 63 m 1926 ④ 1927 145 m

1928 ④ 1929 -60 m/s 1930 25 m

1931 ① 1932 3 1933 ⑤

1934 2 1935 9 1936 ㄷ

1937 ④ 1938 ④

1939 ① 1940 $\frac{9}{2}$ 1941 $\frac{71}{6}$

1942 ④ 1943 ④ 1944 ④

1945 19 1946 ⑤ 1947 -3

1948 17 1949 ④ 1950 ④

1951 $\frac{2}{3}$ 1952 4 1953 ①

1954 $\frac{9}{2}$ 1955 ③ 1956 13

1957 ⑤ 1958 512 1959 $\frac{12}{5}$

1960 17 1961 ② 1962 525 m

1963 ② 1964 ⑤

Memo

Memo

Take a Break

아름다운 샘 BOOK LIST

개념기본서 — 수학의 기본을 다지는 최고의 수학 개념기본서

❖ 수학의 샘

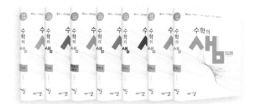

- 수학(상)
- 수학(하)
- 수학 I
- 수학 II
- 확률과 통계
- 미적분
- 기하

Total 내신문제집 — 한 권으로 끝내는 내신 대비 문제집

❖ Total 짱

- 수학(상)
- 수학(하)
- 수학 I
- 수학 II
- 확률과 통계
- 미적분
- 기하

문제기본서 — (기본, 유형), (유형, 심화)로 구성된 수준별 문제기본서

❖ 아샘 Hi Math

- 수학(상)
- 수학(하)
- 수학 I
- 수학 II
- 확률과 통계
- 미적분
- 기하

❖ 아샘 Hi High

- 수학(상)
- 수학(하)
- 수학 I
- 수학 II
- 확률과 통계
- 미적분

수능 기출유형 문제집 — 수능 대비하는 수준별·유형별 문제집

❖ 짱 쉬운 유형 / 확장판

- 수학 I
- 수학 II
- 확률과 통계
- 미적분
- 기하

- 수학 I
- 수학 II
- 확률과 통계

❖ 짱 중요한 유형

- 수학 I
- 수학 II
- 확률과 통계
- 미적분
- 기하

❖ 짱 어려운 유형

- 수학 I
- 수학 II
- 확률과 통계
- 미적분

중간·기말고사 교재 — 학교 시험 대비 실전모의고사

❖ 아샘 내신 FINAL (고1 수학, 고2 수학 I, 고2 수학 II)

- 1학기 중간고사
- 1학기 기말고사
- 2학기 중간고사
- 2학기 기말고사

수능 실전모의고사 — 수능 대비 파이널 실전모의고사

❖ 짱 Final 실전모의고사

- 수학 영역

예비 고1 교재 — 고교 수학의 기본을 다지는 참 쉬운 기본서

❖ 그래 할 수 있어

- 수학(상)
- 수학(하)

내신 기출유형 문제집 — 내신 대비하는 수준별·유형별 문제집

❖ 짱 쉬운 내신

❖ 짱 중요한 내신

- 수학(상)
- 수학(하)

한 권으로 끝내는 내신 교재

Total 짱

아름다운샘 참고서 시리즈

개념기본서
수학의 샘

중간·기말고사 문제집
내신 FINAL

수능기출·유형 문제집
짱 쉬운 유형

수능기출·유형 문제집
짱 유형

수능기출·유형 문제집
짱 어려운 유형

펴낸이/펴낸곳 ㈜아름다운샘
펴낸날 2022년 5월
등록번호 제324-2013-41호
주소 서울시 강동구 상암로 257, 진승빌딩 3층
전화 02-892-7878
팩스 02-892-7874
홈페이지 www.a-ssam.co.kr
교재 내용 문의 02-892-7879 / assam7878@hanmail.net

㈜아름다운샘의 사전 동의없이 이 책의 디자인, 체제 및 편집 형태 등을 무단으로 복사, 복제하거나 배포할 수 없습니다.
파본은 구입처에서 교환해 드립니다.

한 권으로 끝내는 내신 교재

Total 짱

1964

정답 및 해설

수학 II

아름다운샘

아름다운 샘과 함께
수학의 자신감과 최고 실력을 완성!!!

한 권으로 끝내는 내신 교재

Total 짱

정답 및 해설

수학 II

01 함수의 극한

본책 004~038쪽

0001

함수 $y=x+2$의 그래프에서
x의 값이 -1과 다른 값을 가지면서
-1에 한없이 가까워질 때
$f(x)$의 값은 1에 한없이 가까워지므로
$$\lim_{x \to -1}(x+2)=1$$

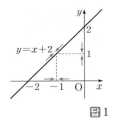

답 1

0002

함수 $y=x^2-4$의 그래프에서
x의 값이 3과 다른 값을 가지면서
3에 한없이 가까워질 때
$f(x)$의 값은 5에 한없이 가까워지므로
$$\lim_{x \to 3}(x^2-4)=5$$

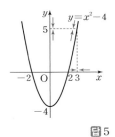

답 5

0003

함수 $y=\sqrt{2x+3}$의 그래프에서
x의 값이 3과 다른 값을 가지면서
3에 한없이 가까워질 때
$f(x)$의 값도 3에 한없이 가까워지므로
$$\lim_{x \to 3}\sqrt{2x+3}=3$$

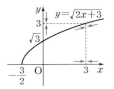

답 3

0004

함수 $y=\dfrac{1}{x^2}$의 그래프에서
x의 값이 -1과 다른 값을 가지면서
-1에 한없이 가까워질 때
$f(x)$의 값은 1에 한없이 가까워지므로
$$\lim_{x \to -1}\frac{1}{x^2}=1$$

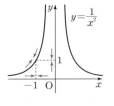

답 1

0005

$f(x)=3x^2$이라 하면
함수 $y=f(x)$의 그래프는 그림과 같다.
x의 값이 0과 다른 값을 가지면서
0에 한없이 가까워질 때
$f(x)$의 값도 0에 한없이 가까워지므로
$$\lim_{x \to 0}3x^2=0$$

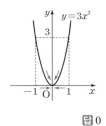

답 0

0006

$f(x)=\dfrac{1}{x}$이라 하면
함수 $y=f(x)$의 그래프는 그림과 같다.
x의 값이 한없이 커질 때
$f(x)$의 값은 0에 한없이 가까워지므로
$$\lim_{x \to \infty}\frac{1}{x}=0$$

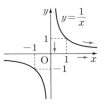

답 0

0007

$f(x)=x^2$이라 하면
함수 $y=f(x)$의 그래프는 그림과 같다.
x의 값이 음수이면서 그 절댓값이 한없이 커질
때 $f(x)$의 값은 한없이 커지므로
$$\lim_{x \to -\infty}x^2=\infty$$

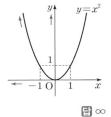

답 ∞

0008

$$\lim_{x \to -1}f(x)=0$$

답 0

0009

$$\lim_{x \to 0}f(x)=4$$

답 4

0010

$$\lim_{x \to \infty}f(x)=\infty$$

답 ∞

0011

$$\lim_{x \to -\infty}f(x)=-\infty$$

답 $-\infty$

[0012-0015] 함수 $y=f(x)$의 그래프는 그림과 같다.

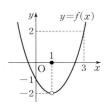

0012

$$\lim_{x \to 0}f(x)=-1$$

답 -1

0013

$$\lim_{x \to 1}f(x)=-2$$

답 -2

0014

$$\lim_{x \to 3}f(x)=2$$

답 2

0015

$$\lim_{x \to \infty}f(x)=\infty$$

답 ∞

0016

$\lim\limits_{x \to -1-} f(x) = 0$ 답 0

0017

$\lim\limits_{x \to -1+} f(x) = 1$ 답 1

0018

$\lim\limits_{x \to -1-} f(x) \neq \lim\limits_{x \to -1+} f(x)$이므로 극한값 $\lim\limits_{x \to -1} f(x)$는 존재하지 않는다.

답 극한값은 존재하지 않는다.

0019

$f(-1) = 0$ 답 0

0020

$\lim\limits_{x \to 1-} f(x) = -1$ 답 -1

0021

$\lim\limits_{x \to 1+} f(x) = -1$ 답 -1

0022

$\lim\limits_{x \to 1-} f(x) = -1$, $\lim\limits_{x \to 1+} f(x) = -1$

$\therefore \lim\limits_{x \to 1} f(x) = -1$ 답 -1

0023

$f(1) = 0$ 답 0

[0024-0025] 함수 $y = f(x)$의 그래프는 그림과 같다.

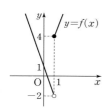

0024

$\lim\limits_{x \to 1+} f(x) = 4$ 답 4

0025

$\lim\limits_{x \to 1-} f(x) = -2$ 답 -2

[0026-0027] $f(x) = \dfrac{|x|}{x}$라 하면

$f(x) = \begin{cases} 1 & (x > 0) \\ -1 & (x < 0) \end{cases}$

이므로 함수 $y = f(x)$의 그래프는 그림과 같다.

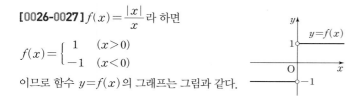

0026

$\lim\limits_{x \to 0+} \dfrac{|x|}{x} = 1$ 답 1

0027

$\lim\limits_{x \to 0-} \dfrac{|x|}{x} = -1$ 답 -1

0028

$f(x) = \dfrac{x-2}{|x-2|}$라 하면

$f(x) = \begin{cases} 1 & (x > 2) \\ -1 & (x < 2) \end{cases}$

이므로 함수 $y = f(x)$의 그래프는 그림과 같다.

$\therefore \lim\limits_{x \to 2+} \dfrac{x-2}{|x-2|} = 1$ 답 1

0029

$\lim\limits_{x \to 1} \{3f(x)\} = 3\lim\limits_{x \to 1} f(x)$
$= 3 \times 3 = 9$ 답 9

0030

$\lim\limits_{x \to 1} \{f(x) + g(x)\} = \lim\limits_{x \to 1} f(x) + \lim\limits_{x \to 1} g(x)$
$= 3 + (-2) = 1$ 답 1

0031

$\lim\limits_{x \to 1} \{f(x)g(x)\} = \lim\limits_{x \to 1} f(x) \times \lim\limits_{x \to 1} g(x)$
$= 3 \times (-2) = -6$ 답 -6

0032

$\lim\limits_{x \to 1} \dfrac{f(x)}{g(x)} = \dfrac{\lim\limits_{x \to 1} f(x)}{\lim\limits_{x \to 1} g(x)}$
$= -\dfrac{3}{2}$ 답 $-\dfrac{3}{2}$

0033

$\lim\limits_{x \to 2} (3x - 1) = \lim\limits_{x \to 2} 3x + \lim\limits_{x \to 2} (-1)$
$= 3\lim\limits_{x \to 2} x - 1$
$= 3 \times 2 - 1$
$= 5$ 답 5

0034

$\lim\limits_{x \to 1} (3x^2 - 2x + 5) = \lim\limits_{x \to 1} 3x^2 + \lim\limits_{x \to 1} (-2x) + \lim\limits_{x \to 1} 5$
$= 3\lim\limits_{x \to 1} x^2 - 2\lim\limits_{x \to 1} x + 5$
$= 3 \times 1^2 - 2 \times 1 + 5$
$= 6$ 답 6

0035

$\lim\limits_{x \to -1} \dfrac{x^2 - 3x}{2x + 1} = \dfrac{\lim\limits_{x \to -1} x^2 - 3\lim\limits_{x \to -1} x}{2\lim\limits_{x \to -1} x + \lim\limits_{x \to -1} 1}$
$= \dfrac{(-1)^2 - 3 \times (-1)}{2 \times (-1) + 1}$
$= -4$ 답 -4

0036

$$\lim_{x \to 1} \frac{(x-1)(x+3)}{x-1} = \lim_{x \to 1} (x+3) = 4$$

답 4

0037

$$\lim_{x \to 2} \frac{x^2 - 5x + 6}{x-2} = \lim_{x \to 2} \frac{(x-2)(x-3)}{x-2}$$
$$= \lim_{x \to 2} (x-3) = -1$$

답 -1

0038

$$\lim_{x \to 2} \frac{x^3 - 8}{x-2} = \lim_{x \to 2} \frac{(x-2)(x^2 + 2x + 4)}{x-2}$$
$$= \lim_{x \to 2} (x^2 + 2x + 4) = 12$$

답 12

0039

$$\lim_{x \to 1} \frac{\sqrt{x} - 1}{x-1} = \lim_{x \to 1} \frac{(\sqrt{x}-1)(\sqrt{x}+1)}{(x-1)(\sqrt{x}+1)}$$
$$= \lim_{x \to 1} \frac{x-1}{(x-1)(\sqrt{x}+1)}$$
$$= \lim_{x \to 1} \frac{1}{\sqrt{x}+1} = \frac{1}{2}$$

답 $\dfrac{1}{2}$

[0040-0043] 주어진 식의 분자, 분모를 분모의 최고차항으로 각각 나눈다.

0040

$$\lim_{x \to \infty} \frac{2x+1}{x^2 - 1} = \lim_{x \to \infty} \frac{\dfrac{2}{x} + \dfrac{1}{x^2}}{1 - \dfrac{1}{x^2}} = 0$$

답 0

0041

$$\lim_{x \to \infty} \frac{2x^2 - 3x + 1}{x-2} = \lim_{x \to \infty} \frac{2x - 3 + \dfrac{1}{x}}{1 - \dfrac{2}{x}} = \infty$$

답 ∞

0042

$$\lim_{x \to \infty} \frac{2x^2 + x + 3}{x^2 - 1} = \lim_{x \to \infty} \frac{2 + \dfrac{1}{x} + \dfrac{3}{x^2}}{1 - \dfrac{1}{x^2}} = 2$$

답 2

0043

$$\lim_{x \to \infty} \frac{2x^2 - 3x + 4}{3x^2 + 5x - 1} = \lim_{x \to \infty} \frac{2 - \dfrac{3}{x} + \dfrac{4}{x^2}}{3 + \dfrac{5}{x} - \dfrac{1}{x^2}} = \frac{2}{3}$$

답 $\dfrac{2}{3}$

0044

$$\lim_{x \to \infty} (x^2 - x) = \lim_{x \to \infty} x^2 \left(1 - \frac{1}{x}\right) = \infty$$

답 ∞

0045

$$\lim_{x \to \infty} (\sqrt{x^2 + 1} - x) = \lim_{x \to \infty} \frac{(\sqrt{x^2+1} - x)(\sqrt{x^2+1} + x)}{\sqrt{x^2+1} + x}$$
$$= \lim_{x \to \infty} \frac{x^2 + 1 - x^2}{\sqrt{x^2+1} + x}$$

$$= \lim_{x \to \infty} \frac{\dfrac{1}{x}}{\sqrt{1 + \dfrac{1}{x^2}} + 1} = 0$$

답 0

0046

$$\lim_{x \to \infty} (\sqrt{x^2 + 3x} - x) = \lim_{x \to \infty} \frac{(\sqrt{x^2+3x} - x)(\sqrt{x^2+3x} + x)}{\sqrt{x^2+3x} + x}$$
$$= \lim_{x \to \infty} \frac{x^2 + 3x - x^2}{\sqrt{x^2+3x} + x}$$
$$= \lim_{x \to \infty} \frac{3}{\sqrt{1 + \dfrac{3}{x}} + 1} = \frac{3}{2}$$

답 $\dfrac{3}{2}$

0047

$$\lim_{x \to \infty} \frac{1}{\sqrt{x^2 + x} - x} = \lim_{x \to \infty} \frac{\sqrt{x^2+x} + x}{(\sqrt{x^2+x} - x)(\sqrt{x^2+x} + x)}$$
$$= \lim_{x \to \infty} \frac{\sqrt{x^2+x} + x}{x^2 + x - x^2}$$
$$= \lim_{x \to \infty} \frac{\sqrt{1 + \dfrac{1}{x}} + 1}{1} = 2$$

답 2

0048

$$\lim_{x \to 1} 4x = 4 \times 1 = 4$$

답 4

0049

$$\lim_{x \to 1} (2x^2 - x + 3) = 2 \times 1^2 - 1 + 3 = 4$$

답 4

0050

모든 실수 x에 대하여 $4x \le f(x) \le 2x^2 - x + 3$이고
$\lim\limits_{x \to 1} 4x = \lim\limits_{x \to 1} (2x^2 - x + 3) = 4$이므로
$$\lim_{x \to 1} f(x) = 4$$

답 4

0051

$$\lim_{x \to 1} \frac{8}{ax - 1} = \frac{8}{a-1} = 4$$
$4a - 4 = 8$ $\therefore a = 3$

답 3

0052

$x \to 0$일 때 (분자)$\to 0$이고, 0이 아닌 극한값이 존재하므로 (분모)$\to 0$이어야 한다.
$$\lim_{x \to 0} (x + a) = 0 \quad \therefore a = 0$$

답 0

0053

$x \to 2$일 때 (분모)$\to 0$이고, 극한값이 존재하므로 (분자)$\to 0$이어야 한다.
$$\lim_{x \to 2} (ax - 6) = 2a - 6 = 0$$
$\therefore a = 3$

답 3

0054

$\lim\limits_{x \to 0} \sqrt{3x+9}$의 값을 구하시오.

↳ $x \to 0$이면 $3x+9 \to 9$임을 이용하자.

$\lim\limits_{x \to 0} \sqrt{3x+9} = \sqrt{9} = 3$

답 3

0055

$\lim\limits_{x \to 2} \dfrac{x^2+7}{x-1}$의 값을 구하시오.

↳ $x \to 2$이면 $x^2 \to 4$임을 이용하자.

$\lim\limits_{x \to 2} \dfrac{x^2+7}{x-1} = \dfrac{2^2+7}{2-1} = 11$

답 11

0056

$\lim\limits_{x \to \infty} \left(5 + \dfrac{3}{x+1}\right)$의 값을 구하시오.

↳ $\lim\limits_{x \to \infty} \dfrac{(상수)}{x}$임을 이용하자.

$\lim\limits_{x \to \infty} \left(5 + \dfrac{3}{x+1}\right) = 5 + 0 = 5$

답 5

0057

↳ x가 1보다 큰 값을 가지면서 1에 한없이 가까워질 때 $f(x)$의 값은 -1에 한없이 가까워진다.

함수 $y=f(x)$의 그래프가 그림과 같고, $\lim\limits_{x \to 1+} f(x) = a$, $\lim\limits_{x \to 1-} f(x) = b$일 때, $a-b$의 값을 구하시오.

↳ 좌극한의 값을 구하자.

$\lim\limits_{x \to 1+} f(x) = -1$, $\lim\limits_{x \to 1-} f(x) = 0$이므로

$a = -1$, $b = 0$

$\therefore a-b = -1$

답 -1

0058

↳ x가 1보다 작은 값을 가지면서 1에 한없이 가까워질 때 $f(x)$의 값은 1에 한없이 가까워진다.

함수 $y=f(x)$의 그래프가 그림과 같을 때, $\lim\limits_{x \to 1-} f(x) + \lim\limits_{x \to 1+} f(x)$의 값은?

① -2 ② -1

③ 0 ④ 1

⑤ 2

↳ 우극한의 값을 구하자.

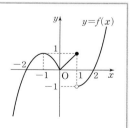

$\lim\limits_{x \to 1-} f(x) + \lim\limits_{x \to 1+} f(x) = 1 + (-1) = 0$

답 ③

0059

↳ x가 -1보다 작은 값을 가지면서 -1에 한없이 가까워질 때 $f(x)$의 값은 1에 한없이 가까워진다.

함수 $y=f(x)$의 그래프가 그림과 같을 때, $\lim\limits_{x \to -1-} f(x) + f(0) + \lim\limits_{x \to 1+} f(x)$의 값은?

① -2 ② -1

③ 0 ④ 1

⑤ 2

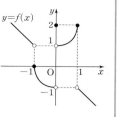

$\lim\limits_{x \to -1-} f(x) = 1$, $\lim\limits_{x \to 1+} f(x) = -1$

$\therefore \lim\limits_{x \to -1-} f(x) + f(0) + \lim\limits_{x \to 1+} f(x)$
$= 1 + 2 + (-1) = 2$

답 ⑤

0060

함수 $y=f(x)$의 그래프가 그림과 같을 때, 〈보기〉에서 옳은 것만을 있는 대로 고른 것은?

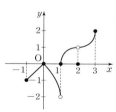

┤ 보 기 ├

ㄱ. $\lim\limits_{x \to 1-} f(x) = 0$

ㄴ. $\lim\limits_{x \to 2} f(x) = 0$ ↳ $x=2$에서의 극한값을 구하자.

ㄷ. $\lim\limits_{x \to 1} f(x)$는 존재하지 않는다.

↳ $x=a$에서의 좌극한과 우극한이 같을 때 $\lim\limits_{x \to a} f(x)$가 존재한다.

ㄱ. $\lim\limits_{x \to 1-} f(x) = -2$ (거짓)

ㄴ. $\lim\limits_{x \to 2} = 1$ (거짓)

ㄷ. $\lim\limits_{x \to 1-0} f(x) = -2$, $\lim\limits_{x \to 1+0} f(x) = 0$이므로 $\lim\limits_{x \to 1} f(x)$는 존재하지 않는다. (참)

따라서 옳은 것은 ㄷ뿐이다.

답 ③

0061

$-3 < x < 3$에서 정의된 함수 $y=f(x)$의 그래프가 다음과 같다.

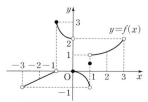

부등식 $\lim\limits_{x \to a-} f(x) > \lim\limits_{x \to a+} f(x)$를 만족시키는 상수 a의 값은?

↳ $x=a$에서의 좌극한이 우극한보다 큰 a를 찾자.

(단, $-3 < a < 3$)

$\lim\limits_{x \to 0-} f(x)=2$, $\lim\limits_{x \to 0+} f(x)=0$이므로

부등식 $\lim\limits_{x \to a-} f(x) > \lim\limits_{x \to a+} f(x)$를 만족시키는 a의 값은 0

답 ③

0062

$x<1$일 때 $f(x)=x+3$임을 이용하자.

함수 $f(x)=\begin{cases} -(x-1)^2+3 & (x>1) \\ x+3 & (x \le 1) \end{cases}$ 에 대하여

$\lim\limits_{x \to 1-} f(x) + \lim\limits_{x \to 1+} f(x)$의 값을 구하시오.

$x>1$일 때 $f(x)=-(x-1)^2+3$임을 이용하자.

$\lim\limits_{x \to 1-} f(x) = \lim\limits_{x \to 1-} (x+3)=4$

$\lim\limits_{x \to 1+} f(x) = \lim\limits_{x \to 1+} \{-(x-1)^2+3\}=3$

$\therefore \lim\limits_{x \to 1-} f(x) + \lim\limits_{x \to 1+} f(x)=4+3=7$

답 7

0063

$x>1$일 때 $f(x)=x^2-x+a$임을 이용하자.

함수 $f(x)=\begin{cases} x^2-x+a & (x \ge 1) \\ -2x+b & (x<1) \end{cases}$ 에 대하여 $\lim\limits_{x \to 1+} f(x)=5$,

$\lim\limits_{x \to 1-} f(x)=-3$이다. 두 상수 a, b에 대하여 $a+b$의 값을 구하시오.

$x<1$일 때 $f(x)=-2x+b$임을 이용하자.

$\lim\limits_{x \to 1+} f(x) = \lim\limits_{x \to 1+} (x^2-x+a)=1-1+a=5$

이므로 $a=5$

$\lim\limits_{x \to 1-} f(x) = \lim\limits_{x \to 1-} (-2x+b)=-2+b=-3$

이므로 $b=-1$

$\therefore a+b=5+(-1)=4$

답 4

0064

함수 $f(x)=\begin{cases} \dfrac{x^2-1}{x-1} & (x \ne 1) \\ 1 & (x=1) \end{cases}$ 에 대하여 $\lim\limits_{x \to 1} f(x)$의 값을

구하시오.

$x \ne 1$이므로 $\dfrac{x^2-1}{x-1}=x+1$이다.

$\lim\limits_{x \to 1} \dfrac{x^2-1}{x-1} = \lim\limits_{x \to 1} (x+1)=2$

답 2

0065

$\lim\limits_{x \to a-} f(x) = \lim\limits_{x \to a+} f(x)$이면 극한값 $\lim\limits_{x \to a} f(x)$가 존재한다.

함수 $y=f(x)$의 그래프가 그림과 같을 때, 〈보기〉에서 극한값이 존재하는 것만을 있는 대로 고른 것은?

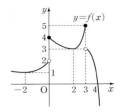

┤ 보 기 ├

ㄱ. $\lim\limits_{x \to -2} f(x)$ ㄴ. $\lim\limits_{x \to 0} f(x)$

ㄷ. $\lim\limits_{x \to 2} f(x)$ ㄹ. $\lim\limits_{x \to 3} f(x)$

ㄱ. $\lim\limits_{x \to -2} f(x)=1$

ㄴ. 함수 $y=f(x)$의 $x=0$에서의 좌극한과 우극한을 각각 구하면

$\lim\limits_{x \to 0-} f(x)=2$, $\lim\limits_{x \to 0+} f(x)=4$

이때 좌극한과 우극한이 서로 다르므로 극한값 $\lim\limits_{x \to 0} f(x)$는 존재하지 않는다.

ㄷ. $\lim\limits_{x \to 2} f(x)=3$

ㄹ. 함수 $y=f(x)$의 $x=3$에서의 좌극한과 우극한을 각각 구하면

$\lim\limits_{x \to 3-} f(x)=5$, $\lim\limits_{x \to 3+} f(x)=3$

이때 좌극한과 우극한이 서로 다르므로 극한값 $\lim\limits_{x \to 3} f(x)$는 존재하지 않는다.

따라서 극한값이 존재하는 것은 ㄱ, ㄷ이다.

답 ②

0066

함수 $f(x)=\begin{cases} -x+k & (x<2) \\ x^2-4x+4 & (x \ge 2) \end{cases}$ 에 대하여

극한값 $\lim\limits_{x \to 2} f(x)$가 존재하기 위한 상수 k의 값은?

$\lim\limits_{x \to 2-} f(x) = \lim\limits_{x \to 2+} f(x)$임을 이용하자.

극한값 $\lim\limits_{x \to 2} f(x)$가 존재하려면

$\lim\limits_{x \to 2-} f(x) = \lim\limits_{x \to 2+} f(x)$이어야 한다.

$\lim\limits_{x \to 2-} f(x) = \lim\limits_{x \to 2-} (-x+k)=-2+k$

$\lim\limits_{x \to 2+} f(x) = \lim\limits_{x \to 2+} (x^2-4x+4)=0$이므로

$-2+k=0$ $\therefore k=2$

답 ②

0067

함수 $f(x)=\begin{cases} x^2+a & (x \ge -1) \\ x^2-x-2a & (x<-1) \end{cases}$ 에 대하여 $\lim\limits_{x \to -1} f(x)$의

값이 존재하기 위한 상수 a의 값을 구하시오.

$\lim\limits_{x \to -1-} f(x) = \lim\limits_{x \to -1+} f(x)$임을 이용하자.

$\lim\limits_{x \to -1} f(x)$의 값이 존재하려면

$\lim\limits_{x \to -1+} f(x) = \lim\limits_{x \to -1-} f(x)$이어야 한다.

$\lim\limits_{x \to -1+} f(x) = \lim\limits_{x \to -1+} (x^2+a)=1+a$

$\lim_{x \to -1^-} f(x) = \lim_{x \to -1^-} (x^2 - x - 2a) = 2 - 2a$ 이므로

$1 + a = 2 - 2a$ $\quad \therefore a = \dfrac{1}{3}$ 　　　답 $\dfrac{1}{3}$

0068

함수 $f(x) = \begin{cases} x^2 + ax & (|x| \geq 1) \\ 2x + b & (|x| < 1) \end{cases}$ 에 대하여 극한값

$\lim_{x \to -1} f(x)$ 와 $\lim_{x \to 1} f(x)$ 가 존재하도록 두 상수 a, b의 값을 정할

때, $f\left(\dfrac{1}{4}\right)$의 값을 구하시오.

$\quad\bullet\ -1 < x < 1$일 때이다.

$\quad\bullet\ \lim_{x \to -1^-} f(x) = \lim_{x \to -1^+} f(x)$임을 이용하자.

$f(x) = \begin{cases} x^2 + ax & (|x| \geq 1) \\ 2x + b & (|x| < 1) \end{cases}$ 에서

$f(x) = \begin{cases} x^2 + ax & (x \leq -1 \text{ 또는 } x \geq 1) \\ 2x + b & (-1 < x < 1) \end{cases}$

극한값 $\lim_{x \to -1} f(x)$가 존재하므로 $\lim_{x \to -1^+} f(x) = \lim_{x \to -1^-} f(x)$

즉, $\lim_{x \to -1^+} (2x + b) = \lim_{x \to -1^-} (x^2 + ax)$이므로

$-2 + b = 1 - a$

$\therefore a + b = 3$ $\quad$ …… ㉠

또 극한값 $\lim_{x \to 1} f(x)$가 존재하므로 $\lim_{x \to 1^+} f(x) = \lim_{x \to 1^-} f(x)$

즉, $\lim_{x \to 1^+} (x^2 + ax) = \lim_{x \to 1^-} (2x + b)$이므로

$1 + a = 2 + b$

$\therefore a - b = 1$ $\quad$ …… ㉡

㉠, ㉡을 연립하여 풀면 $a = 2$, $b = 1$

따라서 $|x| < 1$일 때, $f(x) = 2x + 1$이므로

$f\left(\dfrac{1}{4}\right) = 2 \times \dfrac{1}{4} + 1 = \dfrac{3}{2}$ 　　　답 $\dfrac{3}{2}$

0069

함수 $f(x) = \dfrac{2x^n + 1}{x^6 + 2x^2 - 1}$ 에서 극한값 $\lim_{x \to \infty} f(x)$가 존재하도록

하는 자연수 n의 총합을 구하시오.

$\quad\bullet\ n \geq 7$이면 $\lim_{x \to \infty} f(x) = \infty$임을 이용하자.

$n \leq 5$일 때, $\lim_{x \to \infty} f(x) = 0$

$n = 6$일 때, $\lim_{x \to \infty} f(x) = 2$

$n \geq 7$일 때, $\lim_{x \to \infty} f(x) = \infty$

따라서 극한값이 존재하는 자연수의 총합은

$1 + 2 + 3 + 4 + 5 + 6 = 21$ 　　　답 21

0070

$\quad\bullet\ x \to 1$이면 $f(x) \to 0$임을 이용하자.

두 함수 $y = f(x)$, $y = g(x)$의 그래프가 각각 그림과 같을 때, $\lim_{x \to 1} g(f(x))$의 값을 구하시오.

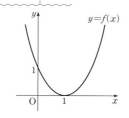 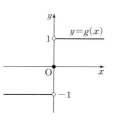

$f(x) = t$로 놓으면 $x \to 1$일 때 $t \to 0+$이므로

$\lim_{x \to 1} g(f(x)) = \lim_{t \to 0^+} g(t) = 1$ 　　　답 1

0071

$\quad\bullet\ x \to 0+$이면 $f(x) \to 1-$임을 이용하자.

함수 $y = f(x)$의 그래프가 그림과 같을 때, $\lim_{x \to 0^+} f(f(x)) + \lim_{x \to 0^-} f(f(x))$의 값을 구하시오.

$\quad\bullet\ x \to 0-$이면 $f(x) \to 1+$임을 이용하자.

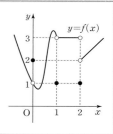

$f(x) = t$로 놓으면 $x \to 0+$일 때 $t \to 1-$이므로

$\lim_{x \to 0^+} f(f(x)) = \lim_{t \to 1^-} f(t) = 3$

또 $x \to 0-$일 때 $t \to 1+$이므로

$\lim_{x \to 0^-} f(f(x)) = \lim_{t \to 1^+} f(t) = 3$

$\therefore \lim_{x \to 0^+} f(f(x)) + \lim_{x \to 0^-} f(f(x)) = 3 + 3 = 6$ 　　　답 6

0072

$\quad\bullet\ x \to 0-$이면 $f(x) \to 0-$임을 이용하자.

두 함수 $y = f(x)$, $y = g(x)$의 그래프가 각각 그림과 같을 때, $\lim_{x \to 0^-} g(f(x)) + \lim_{x \to 0^+} g(f(x)) + \lim_{x \to 0^+} f(g(x))$ 의 값을 구하시오.

$\quad\bullet\ x \to 0+$이면 $f(x) \to 0+$임을 이용하자.

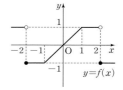 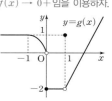

$f(x) = t$로 놓으면

$x \to 0-$일 때 $t \to 0-$, $x \to 0+$일 때 $t \to 0+$이고 $g(x) = -2$이므로

$\lim_{x \to 0^-} g(f(x)) + \lim_{x \to 0^+} g(f(x)) + \lim_{x \to 0^+} f(g(x))$

$= \lim_{t \to 0^-} g(t) + \lim_{t \to 0^+} g(t) + f(-2)$

$= 0 + (-2) + (-1) = -3$ 　　　답 -3

0073

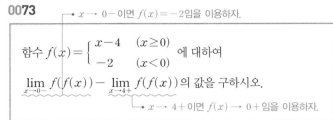

→ $x \to 0-$이면 $f(x) = -2$임을 이용하자.

함수 $f(x) = \begin{cases} x-4 & (x \geq 0) \\ -2 & (x < 0) \end{cases}$ 에 대하여

$\lim\limits_{x \to 0-} f(f(x)) - \lim\limits_{x \to 4+} f(f(x))$ 의 값을 구하시오.

→ $x \to 4+$이면 $f(x) \to 0+$임을 이용하자.

$f(x) = t$로 놓으면

$x \to 0-$ 일 때 $t = -2$이므로

$\lim\limits_{x \to 0-} f(f(x)) = f(-2) = -2$

또 $x \to 4+$ 일 때 $t \to 0+$이므로

$\lim\limits_{x \to 4+} f(f(x)) = \lim\limits_{t \to 0+} f(t)$

$\qquad = \lim\limits_{t \to 0+} (t-4) = -4$

$\therefore \lim\limits_{x \to 0-} f(f(x)) - \lim\limits_{x \to 4+} f(f(x)) = (-2) - (-4) = 2$

답 2

0074

→ $x \to 0+$이면 $g(x) \to 0+$이고 $x \to 0-$이면 $g(x) \to 0-$임을 이용하자.

두 함수 $y=f(x)$와 $y=g(x)$의 그래프가 그림과 같을 때, 〈보기〉에서 극한값이 존재하는 것만을 있는 대로 고른 것은?

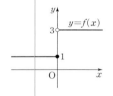 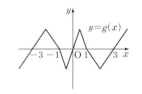

┤ 보기 ├

ㄱ. $\lim\limits_{x \to 0} f(g(x))$ ㄴ. $\lim\limits_{x \to 0} g(f(x))$

ㄷ. $\lim\limits_{x \to 3} f(g(x))$ ㄹ. $\lim\limits_{x \to 3} g(f(x))$

→ $x \to 3+$이면 $g(x) \to 0+$이고 $x \to 3-$이면 $g(x) \to 0-$임을 이용하자.

ㄱ. $g(x) = t$로 놓으면

$x \to 0+$ 일 때 $t \to 0+$이므로

$\lim\limits_{x \to 0+} f(g(x)) = \lim\limits_{t \to 0+} f(t) = 3$

$x \to 0-$ 일 때 $t \to 0-$이므로

$\lim\limits_{x \to 0-} f(g(x)) = \lim\limits_{t \to 0-} f(t) = 1$

즉, $\lim\limits_{x \to 0+} f(g(x)) \neq \lim\limits_{x \to 0-} f(g(x))$이므로 극한값은 존재하지 않는다.

ㄴ. $x \to 0+$ 일 때 $f(x) = 3$이므로

$\lim\limits_{x \to 0+} g(f(x)) = g(3) = 0$

$x \to 0-$ 일 때 $f(x) = 1$이므로

$\lim\limits_{x \to 0-} g(f(x)) = g(1) = 0$

$\therefore \lim\limits_{x \to 0} g(f(x)) = 0$

ㄷ. $g(x) = t$로 놓으면

$x \to 3+$ 일 때 $t \to 0+$이므로

$\lim\limits_{x \to 3+} f(g(x)) = \lim\limits_{t \to 0+} f(t) = 3$

$x \to 3-$ 일 때 $t \to 0-$이므로

$\lim\limits_{x \to 3-} f(g(x)) = \lim\limits_{t \to 0-} f(t) = 1$

즉, $\lim\limits_{x \to 3+} f(g(x)) \neq \lim\limits_{x \to 3-} f(g(x))$이므로 극한값은 존재하지 않는다.

ㄹ. $x \to 3$일 때 $f(x) = 3$이므로

$\lim\limits_{x \to 3} g(f(x)) = g(3) = 0$

따라서 극한값이 존재하는 것은 ㄴ, ㄹ이다.

답 ③

0075

→ x가 1보다 큰 값을 가질 때 $|x-1|$의 값은 $x-1$의 값과 같다.

$\lim\limits_{x \to 1+} \dfrac{|x-1|}{x-1}$ 의 값을 구하시오.

$\lim\limits_{x \to 1+} \dfrac{|x-1|}{x-1} = \lim\limits_{x \to 1+} \dfrac{x-1}{x-1} = 1$

답 1

0076

→ $x \to 0+$이면 $|x| = x$임을 이용하자.

두 극한값 $A = \lim\limits_{x \to 0+} \dfrac{1-x^2}{1+|x|}$, $B = \lim\limits_{x \to 0-} \dfrac{1-x^2}{1+|x|}$ 에 대하여

$A - B$의 값을 구하시오.

→ $x \to 0-$이면 $|x| = -x$임을 이용하자.

$A = \lim\limits_{x \to 0+} \dfrac{1-x^2}{1+|x|} = \lim\limits_{x \to 0+} \dfrac{(1+x)(1-x)}{1+x}$

$\quad = \lim\limits_{x \to 0+} (1-x) = 1$

$B = \lim\limits_{x \to 0-} \dfrac{1-x^2}{1+|x|} = \lim\limits_{x \to 0-} \dfrac{(1+x)(1-x)}{1-x}$

$\quad = \lim\limits_{x \to 0-} (1+x) = 1$

$\therefore A - B = 1 - 1 = 0$

답 0

0077

→ $x \to 1$이면 $|x-a| = -(x-a)$임을 이용하자.

$a > 1$일 때, $\lim\limits_{x \to 1} \dfrac{|x-a| - (a-1)}{x-1}$ 의 값은?

$a > 1$이므로 $x \to 1$일 때, $|x-a| = -(x-a)$

$\lim\limits_{x \to 1} \dfrac{-(x-a) - (a-1)}{x-1} = \lim\limits_{x \to 1} \dfrac{-x+1}{x-1} = -1$

답 ④

0078

→ $\lim\limits_{x \to \infty} \dfrac{(상수)}{x} = 0$임을 이용하자.

다음 중 옳지 <u>않은</u> 것은? (단, 답은 2개이다.)

① $\lim\limits_{x \to 0} |x| = 0$ ② $\lim\limits_{x \to 0} \dfrac{1}{x^2} = \infty$

③ $\lim\limits_{x \to \infty} \left(-\dfrac{1}{x} + 2 \right) = 1$ ④ $\lim\limits_{x \to -2} \dfrac{1}{|x+1|} = 1$

⑤ $\lim\limits_{x \to 0} \left(2 - \dfrac{1}{|x|} \right) = 2$

→ $x \to -2$이면 $|x+1| = 1$임을 이용하자.

③ $\lim\limits_{x\to\infty}\left(-\dfrac{1}{x}\right)=0$이므로 $\lim\limits_{x\to\infty}\left(-\dfrac{1}{x}+2\right)=2$ (거짓)

⑤ $\lim\limits_{x\to 0}\left(2-\dfrac{1}{|x|}\right)=-\infty$이므로 (거짓)

따라서 옳지 않은 것은 ③, ⑤이다.   답 ③, ⑤

0079

$\to x\to 0+$이면 $|x|=x$임을 이용하자.

다음 극한값 중에서 가장 큰 것은?

(단, $[x]$는 x보다 크지 않은 최대의 정수이다.)

① $\lim\limits_{x\to 0+}\dfrac{|x|}{1+|x|}$ ② $\lim\limits_{x\to 0-}\dfrac{|x|}{1+|x|}$

③ $\lim\limits_{x\to 0+}\dfrac{x}{|x|}$ ④ $\lim\limits_{x\to 0-}\dfrac{x}{|x|}$

⑤ $\lim\limits_{x\to 0+}[x]$

$x\to 0-$이면 $|x|=-x$임을 이용하자.

① $\lim\limits_{x\to 0+}\dfrac{|x|}{1+|x|}=\lim\limits_{x\to 0+}\dfrac{x}{1+x}=\dfrac{0}{1+0}=0$

② $\lim\limits_{x\to 0-}\dfrac{|x|}{1+|x|}=\lim\limits_{x\to 0-}\dfrac{-x}{1-x}=\dfrac{0}{1-0}=0$

③ $\lim\limits_{x\to 0+}\dfrac{x}{|x|}=\lim\limits_{x\to 0+}\dfrac{x}{x}=1$

④ $\lim\limits_{x\to 0-}\dfrac{x}{|x|}=\lim\limits_{x\to 0-}\dfrac{x}{-x}=-1$

⑤ $\lim\limits_{x\to 0+}[x]=0$

따라서 가장 큰 것은 ③이다.   답 ③

0080

$2<x<3$일 때, $[x]=2$이므로 $\lim\limits_{x\to 3-}[x]=2$임을 이용하자.

$\lim\limits_{x\to -1+}\dfrac{x^2+x}{|x^2-1|}=a$, $\lim\limits_{x\to 3-}\dfrac{[x]^2+x}{[x]}=b$라 할 때, 두 상수 a, b에 대하여 ab의 값을 구하시오.

(단, $[x]$는 x보다 크지 않은 최대의 정수이다.)

$-1<x<1$일 때, $-1\le x^2-1<0$이므로

$|x^2-1|=-(x^2-1)=1-x^2$

$\therefore \lim\limits_{x\to -1+}\dfrac{x^2+x}{|x^2-1|}=\lim\limits_{x\to -1+}\dfrac{x^2+x}{1-x^2}$

$=\lim\limits_{x\to -1+}\dfrac{x(1+x)}{(1+x)(1-x)}$

$=\lim\limits_{x\to -1+}\dfrac{x}{1-x}$

$=-\dfrac{1}{2}=a$

$2<x<3$일 때, $[x]=2$

$\therefore \lim\limits_{x\to 3-}\dfrac{[x]^2+x}{[x]}=\dfrac{2^2+3}{2}$

$=\dfrac{7}{2}=b$

$\therefore ab=\left(-\dfrac{1}{2}\right)\times\dfrac{7}{2}=-\dfrac{7}{4}$ 답 $-\dfrac{7}{4}$

0081

다음 〈보기〉 중에서 극한값이 존재하는 것의 개수를 구하시오.

ㅡ 보기 ㅡ   → 분자를 인수분해하자.

ㄱ. $\lim\limits_{x\to -1}\dfrac{x^2+x}{x+1}$ ㄴ. $\lim\limits_{x\to -\infty}|x-3|$

ㄷ. $\lim\limits_{x\to 2}\dfrac{1}{|x-2|}$ ㄹ. $\lim\limits_{x\to 0}\dfrac{x^2+x}{|2x|}$

ㅁ. $\lim\limits_{x\to\infty}\left(\dfrac{3}{x+1}-2\right)$ ㅂ. $\lim\limits_{x\to\infty}-\dfrac{1}{x}\sin x$

$\lim\limits_{x\to\infty}\left(-\dfrac{1}{x}\right)=0$이고 $-1<\sin x<1$임을 이용하자.

ㄱ. (주어진 식)$=\lim\limits_{x\to -1}\dfrac{x(x+1)}{x+1}=\lim\limits_{x\to -1}x=-1$

ㄴ. (주어진 식)$=\infty$

ㄷ. $\lim\limits_{x\to 2}\dfrac{1}{|x-2|}=\infty$

ㄹ. $\lim\limits_{x\to 0-}\dfrac{x(x+1)}{-2x}=\lim\limits_{x\to 0-}\dfrac{x+1}{-2}=-\dfrac{1}{2}$

$\lim\limits_{x\to 0+}\dfrac{x(x+1)}{2x}=\lim\limits_{x\to 0+}\dfrac{x+1}{2}=\dfrac{1}{2}$

이므로 좌극한값과 우극한값이 다르므로 극한값이 존재하지 않는다.

ㅁ. $\lim\limits_{x\to\infty}\left(\dfrac{3}{x+1}-2\right)=-2$

ㅂ. 모든 실수 x에 대하여 $-1\le\sin x\le 1$이고 $x\to\infty$일 때,

$-\dfrac{1}{x}\to 0$이므로 주어진 식은 극한값 0을 갖는다.

따라서 극한값이 존재하는 것의 개수는 3이다.   답 3

0082

〈보기〉에서 극한값이 존재하는 것은 모두 몇 개인가?

(단, $[x]$는 x보다 크지 않은 최대의 정수이다.)

ㅡ 보기 ㅡ

ㄱ. $\lim\limits_{x\to 3-}\dfrac{x-3}{|x-3|}$ ㄴ. $\lim\limits_{x\to 1}\dfrac{x^2-1}{|x-1|}$

ㄷ. $\lim\limits_{x\to 2}[x]$ ㄹ. $\lim\limits_{x\to 1+}[1-x]$

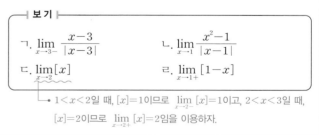

$\to 1<x<2$일 때, $[x]=1$이므로 $\lim\limits_{x\to 2-}[x]=1$이고, $2<x<3$일 때, $[x]=2$이므로 $\lim\limits_{x\to 2+}[x]=2$임을 이용하자.

ㄱ. $x<3$일 때, $x-3<0$이므로 $|x-3|=-(x-3)$

$\therefore \lim\limits_{x\to 3-}\dfrac{x-3}{|x-3|}=\lim\limits_{x\to 3-}\dfrac{x-3}{-(x-3)}=-1$

ㄴ. (i) $x<1$일 때, $x-1<0$이므로

$|x-1|=-(x-1)$

$\lim\limits_{x\to 1-}\dfrac{x^2-1}{|x-1|}=\lim\limits_{x\to 1-}\dfrac{(x-1)(x+1)}{-(x-1)}$

$=\lim\limits_{x\to 1-}\{-(x+1)\}=-2$

(ii) $x>1$일 때, $x-1>0$이므로

$|x-1|=x-1$

$\lim\limits_{x\to 1+}\dfrac{x^2-1}{|x-1|}=\lim\limits_{x\to 1+}\dfrac{(x-1)(x+1)}{x-1}$

$$= \lim_{x \to 1+} (x+1) = 2$$

(i), (ii)에서 $\lim\limits_{x \to 1-} \dfrac{x^2-1}{|x-1|} \neq \lim\limits_{x \to 1+} \dfrac{x^2-1}{|x-1|}$ 이므로

극한값 $\lim\limits_{x \to 1} \dfrac{x^2-1}{|x-1|}$ 은 존재하지 않는다.

ㄷ. (i) $1 < x < 2$일 때, $[x] = 1$

$\therefore \lim\limits_{x \to 2-} [x] = 1$

(ii) $2 < x < 3$일 때, $[x] = 2$

$\therefore \lim\limits_{x \to 2+} [x] = 2$

(i), (ii)에서 $\lim\limits_{x \to 2-} [x] \neq \lim\limits_{x \to 2+} [x]$이므로 극한값 $\lim\limits_{x \to 2} [x]$는

존재하지 않는다.

ㄹ. $1 < x < 2$일 때, $-2 < -x < -1$이므로

$-1 < 1-x < 0$

즉, $[1-x] = -1$이므로

$\therefore \lim\limits_{x \to 1+} [1-x] = -1$

따라서 극한값이 존재하는 것은 ㄱ, ㄹ의 2개이다. 　답 ③

0083

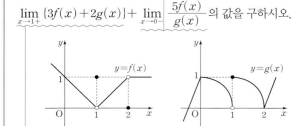

두 함수 $y=f(x)$, $y=g(x)$의 그래프가 다음 그림과 같을 때,

$\lim\limits_{x \to 1+} \{3f(x)+2g(x)\} + \lim\limits_{x \to 0-} \dfrac{5f(x)}{g(x)}$ 의 값을 구하시오.

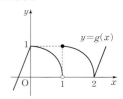

$\longrightarrow = \dfrac{5\lim\limits_{x \to 0-} f(x)}{\lim\limits_{x \to 0-} g(x)}$ 임을 이용하자.

$\bullet = 3\lim\limits_{x \to 1+} f(x) + 2\lim\limits_{x \to 1+} g(x)$임을 이용하자.

$\lim\limits_{x \to 1+} f(x) = 0$, $\lim\limits_{x \to 1+} g(x) = 1$,

$\lim\limits_{x \to 0-} f(x) = 1$, $\lim\limits_{x \to 0-} g(x) = 1$

$\therefore \lim\limits_{x \to 1+} \{3f(x)+2g(x)\} + \lim\limits_{x \to 0-} \dfrac{5f(x)}{g(x)}$

$= 3 \times 0 + 2 \times 1 + \dfrac{5 \times 1}{1} = 7$ 　답 7

0084

정의역이 $\{x \mid -1 \leq x < 3\}$인 함수

$y=f(x)$의 그래프가 그림과 같을 때,

$\lim\limits_{x \to -1+} f(x+2)$의 값은?

① -2 　　② -1

③ 0 　　④ 1

⑤ 2 　$\longrightarrow x \to -1+$이면 $x+2 \to 1+$임을 이용하자.

$x+2=t$로 놓으면 $x \to -1+$일 때 $t \to 1+$이므로

$\lim\limits_{x \to -1+} f(x+2) = \lim\limits_{t \to 1+} f(t) = 0$ 　답 ③

0085

함수 $y=f(x)$의 그래프가 그림과 같을 때, $\lim\limits_{x \to 1+} \{f(x)f(x-1)\}$의 값은?

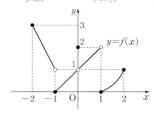

① -2 　　② -1

③ 0 　　④ 1

⑤ 2 　$\longrightarrow x \to 1+$이면 $x-1 \to 0+$임을 이용하자.

$\lim\limits_{x \to 1+} f(x) = 1$이고

$x-1=t$로 놓으면 $x \to 1+$일 때 $t \to 0+$이므로

$\lim\limits_{x \to 1+} f(x-1) = \lim\limits_{t \to 0+} f(t) = -2$

$\therefore \lim\limits_{x \to 1+} \{f(x)f(x-1)\} = 1 \times (-2) = -2$ 　답 ①

0086

$\longrightarrow \lim\limits_{x \to -1+} f(-x) = \lim\limits_{t \to 1-} f(t) = 2$임을 이용하자.

닫힌구간 $[-2, 2]$에서 정의된 함수 $y=f(x)$의 그래프가 아래 그림과 같을 때, $\lim\limits_{x \to -1+} \{f(2x)+f(-x)\} + \lim\limits_{x \to 0+} \{f(x)f(x-2)\}$

의 값을 구하시오. 　$\lim\limits_{x \to 0+} f(x-2) = \lim\limits_{t \to -2+} f(t) = 3$임을 이용하자.

$\lim\limits_{x \to -1+} f(2x) = 3$

$\lim\limits_{x \to -1+} f(-x) = \lim\limits_{t \to 1-} f(t) = 2$

$\lim\limits_{x \to 0+} f(x) = 1$

$\lim\limits_{x \to 0+} f(x-2) = \lim\limits_{t \to -2+} f(t) = 3$

$\therefore (3+2) + (1 \times 3) = 8$ 　답 8

0087

$\longrightarrow f(-x) = f(x)$임을 이용하자.

함수 $y=f(x)$의 그래프가 y축에 대하여 대칭이고, $\lim\limits_{x \to 1+} f(x) = 1$일 때, $\lim\limits_{x \to 1-} \{f(x)+f(-x)\}$의 값을 구하시오.

$\lim\limits_{x \to -1+} f(-x) = \lim\limits_{x \to 1-} f(x) = 1$임을 이용하자.

함수 $y=f(x)$의 그래프가 y축에 대하여 대칭이므로, 모든 실수 x에 대하여 $f(-x) = f(x)$를 만족한다.

$\lim\limits_{x \to 1+} f(x) = 1$, $\lim\limits_{x \to 1+} f(-x) = \lim\limits_{x \to 1-} f(x) = 1$에서

$\therefore \lim\limits_{x \to 1-} \{f(x)+f(-x)\} = \lim\limits_{x \to 1-} 2f(x) = 2$ 　답 2

0088

정의역이 $\{x\,|\,-2\leq x\leq2\}$인 함수 $y=f(x)$의 그래프가 닫힌구간 $[0,\,2]$에서 그림과 같고, 정의역에 속하는 모든 실수 x에 대하여 $f(-x)=-f(x)$이다. $\lim\limits_{x\to-1+}f(x)+\lim\limits_{x\to2-}f(x)$의 값은?

• 원점에 대하여 대칭인 함수이다.

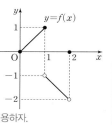

$\lim\limits_{x\to-1+}f(x)=-\lim\limits_{t\to1-}f(t)$임을 이용하자.

$f(-x)=-f(x)$이므로
함수 $y=f(x)$는 원점에 대하여 대칭이다. 따라서 함수 $y=f(x)$의 그래프는 그림과 같다.

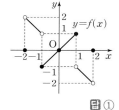

$\lim\limits_{x\to-1+}f(x)+\lim\limits_{x\to2-}f(x)$
$=(-1)+(-2)=-3$

답 ①

0089

두 함수 $y=f(x)$, $y=g(x)$의 그래프가 그림과 같을 때, 〈보기〉에서 옳은 것만을 있는 대로 고른 것은?

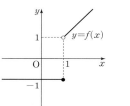 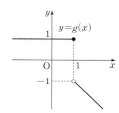

┌ 보 기 ┐

ㄱ. $\lim\limits_{x\to1}\{f(x)+g(x)\}=0$ ⟶ 좌극한과 우극한으로 나누어 구하자.

ㄴ. $\lim\limits_{x\to1}\{g(x)\}^2=1$

ㄷ. $\lim\limits_{x\to1}\{f(x)g(x)\}=1$

$\lim\limits_{x\to1-}g(x)\times\lim\limits_{x\to1}g(x)=\lim\limits_{x\to1}g(x)\times\lim\limits_{x\to1+}g(x)$임을 이용하자.

주어진 그래프에서
$\lim\limits_{x\to1-}f(x)=-1$, $\lim\limits_{x\to1+}f(x)=1$
$\lim\limits_{x\to1-}g(x)=1$, $\lim\limits_{x\to1+}g(x)=-1$

ㄱ. $\lim\limits_{x\to1-}\{f(x)+g(x)\}=\lim\limits_{x\to1-}f(x)+\lim\limits_{x\to1-}g(x)$
　　　　　　　　　　　　$=-1+1=0$
$\lim\limits_{x\to1+}\{f(x)+g(x)\}=\lim\limits_{x\to1+}f(x)+\lim\limits_{x\to1+}g(x)$
　　　　　　　　　　　　$=1-1=0$
∴ $\lim\limits_{x\to1}\{f(x)+g(x)\}=0$ (참)

ㄴ. $\lim\limits_{x\to1-}\{g(x)\}^2=\lim\limits_{x\to1-}g(x)\times\lim\limits_{x\to1-}g(x)$
　　　　　　　　$=1^2=1$
$\lim\limits_{x\to1+}\{g(x)\}^2=\lim\limits_{x\to1+}g(x)\times\lim\limits_{x\to1+}g(x)$
　　　　　　　　$=(-1)^2=1$
∴ $\lim\limits_{x\to1}\{g(x)\}^2=1$ (참)

ㄷ. $\lim\limits_{x\to1-}\{f(x)g(x)\}=\lim\limits_{x\to1-}f(x)\times\lim\limits_{x\to1-}g(x)$

$=(-1)\times1=-1$
$\lim\limits_{x\to1+}\{f(x)g(x)\}=\lim\limits_{x\to1+}f(x)\times\lim\limits_{x\to1+}g(x)$
　　　　　　　　　　$=1\times(-1)=-1$
∴ $\lim\limits_{x\to1}\{f(x)g(x)\}=-1$ (거짓)

따라서 옳은 것은 ㄱ, ㄴ이다. 답 ③

0090

$\dfrac{t-1}{t+1}=s$라 하면 $t\to\infty$일 때 $s\to1-$임을 이용하자.

실수 전체의 집합에서 정의된 함수 $y=f(x)$의 그래프가 그림과 같다. $\lim\limits_{t\to\infty}f\!\left(\dfrac{t-1}{t+1}\right)+\lim\limits_{t\to-\infty}f\!\left(\dfrac{4t-1}{t+1}\right)$의 값을 구하시오.

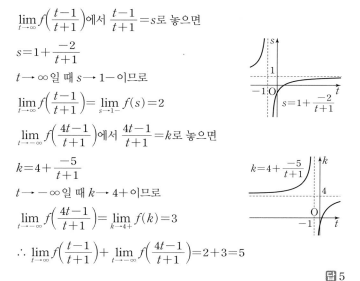

$\dfrac{4t-1}{t+1}=k$라 하면 $t\to-\infty$일 때 $s\to4+$임을 이용하자.

$\lim\limits_{t\to\infty}f\!\left(\dfrac{t-1}{t+1}\right)$에서 $\dfrac{t-1}{t+1}=s$로 놓으면

$s=1+\dfrac{-2}{t+1}$

$t\to\infty$일 때 $s\to1-$이므로

$\lim\limits_{t\to\infty}f\!\left(\dfrac{t-1}{t+1}\right)=\lim\limits_{s\to1-}f(s)=2$

$\lim\limits_{t\to-\infty}f\!\left(\dfrac{4t-1}{t+1}\right)$에서 $\dfrac{4t-1}{t+1}=k$로 놓으면

$k=4+\dfrac{-5}{t+1}$

$t\to-\infty$일 때 $k\to4+$이므로

$\lim\limits_{t\to-\infty}f\!\left(\dfrac{4t-1}{t+1}\right)=\lim\limits_{k\to4+}f(k)=3$

∴ $\lim\limits_{t\to\infty}f\!\left(\dfrac{t-1}{t+1}\right)+\lim\limits_{t\to-\infty}f\!\left(\dfrac{4t-1}{t+1}\right)=2+3=5$

답 5

0091

$=5\lim\limits_{x\to2}f(x)$임을 이용하자.

함수 $f(x)$가 $\lim\limits_{x\to2}(2x+1)f(x)=10$을 만족시킬 때, $\lim\limits_{x\to2}(x^2+2)f(x)$의 값을 구하시오.

$=6\lim\limits_{x\to2}f(x)$임을 이용하자.

$\lim\limits_{x\to2}(2x+1)f(x)=10$에서 $5\lim\limits_{x\to2}f(x)=10$
∴ $\lim\limits_{x\to2}f(x)=2$
$\lim\limits_{x\to2}(x^2+2)f(x)=6\lim\limits_{x\to2}f(x)=6\times2=12$ 답 12

[다른풀이] $\lim\limits_{x\to2}(x^2+2)f(x)$
$=\lim\limits_{x\to2}(2x+1)f(x)\times\dfrac{x^2+2}{2x+1}=10\times\dfrac{6}{5}=12$

0092

> 두 함수 $y=f(x)$, $y=g(x)$에 대하여 $\lim\limits_{x\to 0} f(x)=a$,
> [→ $a+b=7$임을 이용하자.]
> $\lim\limits_{x\to 0} g(x)=b$이고 $\lim\limits_{x\to 0}\{f(x)+g(x)\}=7$,
> $\lim\limits_{x\to 0} f(x)g(x)=12$일 때, $\lim\limits_{x\to 0}\dfrac{3f(x)+1}{2g(x)-3}$의 값을 구하시오.
> [→ $ab=12$임을 이용하자.]
> (단, $a<b$)

$\lim\limits_{x\to 0} f(x)=a$, $\lim\limits_{x\to 0} g(x)=b$이므로

$\lim\limits_{x\to 0}\{f(x)+g(x)\}=\lim\limits_{x\to 0} f(x)+\lim\limits_{x\to 0} g(x)$
$\qquad\qquad\qquad\quad =a+b$

$\lim\limits_{x\to 0} f(x)g(x)=\lim\limits_{x\to 0} f(x)\times\lim\limits_{x\to 0} g(x)$
$\qquad\qquad\qquad =ab$

즉, $a+b=7$, $ab=12$이므로 두 식을 연립하여 풀면

$a=3$, $b=4$ ($\because a<b$)

$\therefore \lim\limits_{x\to 0}\dfrac{3f(x)+1}{2g(x)-3}=\dfrac{3a+1}{2b-3}=\dfrac{10}{5}=2$　　　답 2

0093

> 두 함수 $y=f(x)$, $y=g(x)$가
> $\lim\limits_{x\to 3}\{2f(x)+3\}=7$, $\lim\limits_{x\to 3}\{3g(x)-f(x)\}=4$
> 를 만족시킬 때, $\lim\limits_{x\to 3}\{f(x)-g(x)\}$의 값을 구하시오.
> [→ $\lim\limits_{x\to 3} f(x)=2$임을 이용하자.]

$\lim\limits_{x\to 3}\{2f(x)+3\}=7$에서 $\lim\limits_{x\to 3} f(x)=2$

$3g(x)-f(x)=h(x)$로 놓으면

$g(x)=\dfrac{h(x)+f(x)}{3}$이고 $\lim\limits_{x\to 3} h(x)=4$이므로

$\lim\limits_{x\to 3} g(x)=\lim\limits_{x\to 3}\left\{\dfrac{h(x)+f(x)}{3}\right\}$

$\qquad\qquad =\dfrac{1}{3}\lim\limits_{x\to 3} h(x)+\dfrac{1}{3}\lim\limits_{x\to 3} f(x)$

$\qquad\qquad =\dfrac{4}{3}+\dfrac{2}{3}=2$

$\therefore \lim\limits_{x\to 3}\{f(x)-g(x)\}=\lim\limits_{x\to 3} f(x)-\lim\limits_{x\to 3} g(x)$
$\qquad\qquad\qquad\qquad\quad =2-2=0$　　　답 0

0094

[다항함수이므로 $\lim\limits_{x\to\infty} f(x)=\infty$ 또는 $\lim\limits_{x\to\infty} f(x)=-\infty$임을 이용하자.]

> 상수함수가 아닌 두 다항함수 $f(x)$와 $g(x)$가
> $\lim\limits_{x\to\infty}\{2f(x)-g(x)\}=3$을 만족시킬 때, $\lim\limits_{x\to\infty}\dfrac{f(x)-g(x)}{f(x)+g(x)}$의
> 값을 구하시오. [→ 분모와 분자를 $\lim\limits_{x\to\infty} g(x)$로 나누자.]

$f(x)$, $g(x)$가 상수함수가 아닌 다항함수이므로

$\lim\limits_{x\to\infty} f(x)=\infty$, $\lim\limits_{x\to\infty} g(x)=\infty$

또는 $\lim\limits_{x\to\infty} f(x)=-\infty$, $\lim\limits_{x\to\infty} g(x)=-\infty$

$\lim\limits_{x\to\infty}\{2f(x)-g(x)\}=3$의 양변을 $\lim\limits_{x\to\infty} g(x)$로 나누면

$\lim\limits_{x\to\infty}\left\{2\times\dfrac{f(x)}{g(x)}-1\right\}=0$

$\therefore \lim\limits_{x\to\infty}\dfrac{f(x)}{g(x)}=\dfrac{1}{2}$

$\therefore \lim\limits_{x\to\infty}\dfrac{f(x)-g(x)}{f(x)+g(x)}=\lim\limits_{x\to\infty}\dfrac{\dfrac{f(x)}{g(x)}-1}{\dfrac{f(x)}{g(x)}+1}=\dfrac{\dfrac{1}{2}-1}{\dfrac{1}{2}+1}=-\dfrac{1}{3}$

답 $-\dfrac{1}{3}$

[다른풀이] 상수항이 아닌 두 다항함수이므로 $2f(x)-g(x)=3$이다.

따라서 $g(x)=2f(x)-3$

이 식을 주어진 식에 대입하면

$\lim\limits_{x\to\infty}\dfrac{f(x)-g(x)}{f(x)+g(x)}=\lim\limits_{x\to\infty}\dfrac{3-f(x)}{3f(x)-3}$

여기서 $f(x)$는 상수항이 아닌 다항함수이므로 $f(x)$는 ∞ 또는 $-\infty$

로 발산하므로 주어진 식의 극한값은 $-\dfrac{1}{3}$이다.

0095

> 함수 $f(x)$에 대하여 $\lim\limits_{x\to 0}\dfrac{f(x)}{x}=2$일 때,
> $\lim\limits_{x\to 0}\dfrac{3x^3+6x+2f(x)}{x^2+3x-f(x)}$의 값을 구하시오.
> [→ 분모와 분자를 x로 나누어 주어진 조건을 이용하자.]

$\lim\limits_{x\to 0}\dfrac{f(x)}{x}=2$이므로

$\lim\limits_{x\to 0}\dfrac{3x^3+6x+2f(x)}{x^2+3x-f(x)}=\lim\limits_{x\to 0}\dfrac{3x^2+6+2\dfrac{f(x)}{x}}{x+3-\dfrac{f(x)}{x}}$

$\qquad\qquad\qquad\qquad =\dfrac{0+6+4}{0+3-2}=10$　　　답 10

0096

> 다항함수 $y=f(x)$에 대하여 $\lim\limits_{x\to 0}\dfrac{f(x)}{x^2}=3$일 때,
> $\lim\limits_{x\to 0}\dfrac{f(x)-x^2}{f(x)+x^2}$의 값을 구하시오.
> [→ 분모와 분자를 x^2으로 나누어 주어진 조건을 이용하자.]

$\lim\limits_{x\to 0}\dfrac{f(x)-x^2}{f(x)+x^2}=\lim\limits_{x\to 0}\dfrac{\dfrac{f(x)}{x^2}-1}{\dfrac{f(x)}{x^2}+1}$

$\qquad\qquad\qquad =\dfrac{3-1}{3+1}=\dfrac{1}{2}$　　　답 $\dfrac{1}{2}$

0097

두 함수 $y=f(x)$, $y=g(x)$에 대하여

$$\lim_{x \to a} \frac{f(x)}{x-a}=5, \quad \lim_{x \to a} \frac{g(x)}{x-a}=2$$

일 때, $\lim_{x \to a} \frac{3f(x)-g(x)}{f(x)+2g(x)}$ 의 값은?

주어진 조건을 이용하기 위하여 분모와 분자를 $x-a$로 나누자.

$$\lim_{x \to a} \frac{3f(x)-g(x)}{f(x)+2g(x)} = \lim_{x \to a} \frac{\dfrac{3f(x)}{x-a} - \dfrac{g(x)}{x-a}}{\dfrac{f(x)}{x-a} + \dfrac{2g(x)}{x-a}}$$

$$= \frac{3\lim\limits_{x \to a}\dfrac{f(x)}{x-a} - \lim\limits_{x \to a}\dfrac{g(x)}{x-a}}{\lim\limits_{x \to a}\dfrac{f(x)}{x-a} + 2\lim\limits_{x \to a}\dfrac{g(x)}{x-a}}$$

$$= \frac{3 \times 5 - 2}{5 + 2 \times 2}$$

$$= \frac{13}{9}$$

답 ⑤

0098

$\lim_{x \to 2} \dfrac{f(x-2)}{x-2}=3$일 때, $\lim_{x \to 0} \dfrac{x^2+8f(x)}{x+f(x)}$ 의 값을 구하시오.

분모와 분자를 x^2으로 나누자.

$x-2=t$라 하면, $\lim_{t \to 0} \dfrac{f(t)}{t}=3$임을 이용하자.

$\lim_{x \to 2} \dfrac{f(x-2)}{x-2} = \lim_{t \to 0} \dfrac{f(t)}{t}=3$이므로

$$\lim_{x \to 0} \frac{x^2+8f(x)}{x+f(x)} = \lim_{x \to 0} \frac{x + \dfrac{8f(x)}{x}}{1 + \dfrac{f(x)}{x}} = \frac{0 + 8 \times 3}{1 + 3} = 6$$

답 6

0099

다항함수 $y=f(x)$에 대하여 $\lim_{x \to 0} \dfrac{f(x)}{x}=3$일 때,

$\lim_{x \to 2} \dfrac{f(x-2)}{x^2-4}$ 의 값은?

$x-2=t$라 하면, $\lim_{x \to 2}\dfrac{f(x-2)}{x^2-4} = \lim_{t \to 0}\dfrac{f(t)}{t(t+4)}$ 임을 이용하자.

$x-2=t$로 놓으면 $x \to 2$일 때 $t \to 0$이므로

$$\lim_{x \to 2} \frac{f(x-2)}{x^2-4} = \lim_{t \to 0} \frac{f(t)}{t(t+4)}$$

$$= \lim_{t \to 0} \left\{ \frac{f(t)}{t} \times \frac{1}{t+4} \right\}$$

$$= 3 \times \frac{1}{4} = \frac{3}{4}$$

답 ③

0100

$\lim_{x \to 2}\left\{3 - \dfrac{g(x)}{f(x)}\right\}$임을 이용하자.

두 함수 $y=f(x)$, $y=g(x)$에 대하여

$$\lim_{x \to 2} f(x)=\infty, \quad \lim_{x \to 2} \frac{3f(x)-g(x)}{f(x)}=0$$

일 때, $\lim_{x \to 2} \dfrac{f(x)+2g(x)}{f(x)-g(x)}$ 의 값을 구하시오.

분모와 분자를 $f(x)$로 나누자.

$\lim_{x \to 2} f(x)=\infty$이고 $\lim_{x \to 2} \dfrac{3f(x)-g(x)}{f(x)}=0$이므로

$$\lim_{x \to 2} \left\{ 3 - \frac{g(x)}{f(x)} \right\}=0$$

$$\therefore \lim_{x \to 2} \frac{g(x)}{f(x)}=3$$

$$\therefore \lim_{x \to 2} \frac{f(x)+2g(x)}{f(x)-g(x)} = \lim_{x \to 2} \frac{1 + 2 \times \dfrac{g(x)}{f(x)}}{1 - \dfrac{g(x)}{f(x)}}$$

$$= \frac{1 + 2 \times 3}{1 - 3}$$

$$= -\frac{7}{2}$$

답 $-\dfrac{7}{2}$

0101

$\lim_{x \to \infty} \dfrac{f(x)-g(x)}{f(x)}=0$임을 이용하자.

두 함수 $y=f(x)$, $y=g(x)$가

$$\lim_{x \to \infty} f(x)=\infty, \quad \lim_{x \to \infty} \{f(x)-g(x)\}=3$$

을 만족시킬 때, $\lim_{x \to \infty} \dfrac{f(x)-4g(x)}{3f(x)+g(x)}$ 의 값을 구하시오.

분모와 분자를 $f(x)$로 나누자.

$\lim_{x \to \infty} f(x)=\infty$, $\lim_{x \to \infty} \{f(x)-g(x)\}=3$에서

$$\lim_{x \to \infty} \frac{f(x)-g(x)}{f(x)}=0$$

즉, $\lim_{x \to \infty} \dfrac{f(x)-g(x)}{f(x)} = \lim_{x \to \infty}\left\{1 - \dfrac{g(x)}{f(x)}\right\}=0$이므로

$$\lim_{x \to \infty} \frac{g(x)}{f(x)}=1$$

주어진 식의 분자, 분모를 각각 $f(x)$로 나누면

$$\lim_{x \to \infty} \frac{f(x)-4g(x)}{3f(x)+g(x)} = \lim_{x \to \infty} \frac{1 - 4 \times \dfrac{g(x)}{f(x)}}{3 + \dfrac{g(x)}{f(x)}}$$

$$= \frac{1 - 4 \times 1}{3 + 1} = -\frac{3}{4}$$

답 $-\dfrac{3}{4}$

0102

두 함수 $f(x)$, $g(x)$가 다음 조건을 모두 만족시킨다.

> (가) $\displaystyle\lim_{x\to\infty} f(x)=\infty$ → $=\displaystyle\lim_{x\to\infty} f(x)\left\{2+\dfrac{g(x)}{f(x)}\right\}=5$임을 이용하자.
> (나) $\displaystyle\lim_{x\to\infty}\{2f(x)+g(x)\}=5$

$\displaystyle\lim_{x\to\infty}\dfrac{3f(x)-3g(x)}{f(x)+g(x)}$ 의 값을 구하시오.
→ 분모와 분자를 $f(x)$로 나누자.

$\displaystyle\lim_{x\to\infty} f(x)=\infty$이고,

$\displaystyle\lim_{x\to\infty}\{2f(x)+g(x)\}=\lim_{x\to\infty} f(x)\left\{2+\dfrac{g(x)}{f(x)}\right\}=5$이므로,

$\displaystyle\lim_{x\to\infty}\left\{2+\dfrac{g(x)}{f(x)}\right\}=0$이다.

$\therefore \displaystyle\lim_{x\to\infty}\dfrac{g(x)}{f(x)}=-2$

$\therefore \displaystyle\lim_{x\to\infty}\dfrac{3f(x)-3g(x)}{f(x)+g(x)}=\lim_{x\to\infty}\dfrac{3-3\times\dfrac{g(x)}{f(x)}}{1+\dfrac{g(x)}{f(x)}}=\dfrac{9}{-1}=-9$

답 -9

[다른풀이] $\displaystyle\lim_{x\to\infty}\dfrac{3f(x)-3g(x)}{f(x)+g(x)}=\lim_{x\to\infty}\dfrac{9f(x)-3\{2f(x)+g(x)\}}{-f(x)+\{2f(x)+g(x)\}}$

$=\displaystyle\lim_{x\to\infty}\dfrac{9f(x)-3\times 5}{-f(x)+5}=-9$

0103

$x-1=t$로 놓으면 $x\to 0$이면 $t\to -1$임을 이용하자.

두 다항함수 $y=f(x)$, $y=g(x)$에 대하여

$\displaystyle\lim_{x\to -1}\dfrac{f(x)}{x+1}=3,\ \lim_{x\to 0}\dfrac{g(x-1)}{x}=2$

가 성립할 때, $\displaystyle\lim_{x\to -1}\dfrac{g(x)}{4f(x)}$의 값을 구하시오.
→ 분모와 분자를 $x+1$로 나누자.

$\displaystyle\lim_{x\to 0}\dfrac{g(x-1)}{x}=2$에서 $x-1=t$로 놓으면

$x\to 0$일 때 $t\to -1$이므로

$\displaystyle\lim_{x\to 0}\dfrac{g(x-1)}{x}=\lim_{t\to -1}\dfrac{g(t)}{t+1}=2$

$\therefore \displaystyle\lim_{x\to -1}\dfrac{g(x)}{x+1}=2$

$\therefore \displaystyle\lim_{x\to -1}\dfrac{g(x)}{4f(x)}=\lim_{x\to -1}\dfrac{\dfrac{g(x)}{x+1}}{4\times\dfrac{f(x)}{x+1}}$

$=\dfrac{2}{4\times 3}$

$=\dfrac{1}{6}$

답 $\dfrac{1}{6}$

0104

$\displaystyle\lim_{x\to 2}(x-2)=0$이므로 $\displaystyle\lim_{x\to 2}\{f(x)-3\}=0$이어야 한다.

함수 $f(x)$에 대하여

$\displaystyle\lim_{x\to 2}\dfrac{f(x)-3}{x-2}=5$

일 때, $\displaystyle\lim_{x\to 2}\dfrac{x-2}{\{f(x)\}^2-9}$의 값을 구하시오.

$\displaystyle\lim_{x\to 2}\dfrac{f(x)-3}{x-2}=5$에서 분모 $\displaystyle\lim_{x\to 2}(x-2)=0$이므로 분자

$\displaystyle\lim_{x\to 2}\{f(x)-3\}=0$이어야 하므로 $\displaystyle\lim_{x\to 2} f(x)=3$이다.

$\displaystyle\lim_{x\to 2}\dfrac{x-2}{\{f(x)\}^2-9}=\lim_{x\to 2}\dfrac{x-2}{\{f(x)-3\}\{f(x)+3\}}$

$=\displaystyle\lim_{x\to 2}\dfrac{1}{\dfrac{\{f(x)-3\}}{x-2}\times\{f(x)+3\}}$

$=\dfrac{1}{5\times(3+3)}=\dfrac{1}{30}$

답 $\dfrac{1}{30}$

0105

$\displaystyle\lim_{x\to 1}(x-1)=0$이므로 $\displaystyle\lim_{x\to 1}\{g(x)-2x\}=0$이어야 한다.

다항함수 $g(x)$에 대하여 극한값 $\displaystyle\lim_{x\to 1}\dfrac{g(x)-2x}{x-1}$가 존재한다.
다항함수 $f(x)$가 $f(x)+x-1=(x-1)g(x)$를 만족시킬 때,
$\displaystyle\lim_{x\to 1}\dfrac{f(x)g(x)}{x^2-1}$의 값은? → $f(x)=(x-1)\{g(x)-1\}$임을 이용하자.

$\displaystyle\lim_{x\to 1}\dfrac{g(x)-2x}{x-1}$의 값이 존재하므로 $\displaystyle\lim_{x\to 1}\{g(x)-2x\}=0$

$\therefore g(1)=2$

$\therefore \displaystyle\lim_{x\to 1}\dfrac{f(x)\times g(x)}{x^2-1}=\lim_{x\to 1}\dfrac{(x-1)\{g(x)-1\}\times g(x)}{x^2-1}$

$=\displaystyle\lim_{x\to 1}\dfrac{\{g(x)-1\}\times g(x)}{x+1}$

$=\dfrac{\{g(1)-1\}\times g(1)}{2}=1$

답 ①

0106

실수 전체의 집합에서 정의된 두 함수 $f(x)$, $g(x)$에 대하여 옳은 것을 〈보기〉에서 모두 고르시오.

> | 보기 |
>
> ㄱ. 두 극한값 $\displaystyle\lim_{x\to a} f(x)$, $\displaystyle\lim_{x\to a} g(x)$가 존재하면 극한값
> $\displaystyle\lim_{x\to a}\dfrac{f(x)}{g(x)}$도 존재한다. → $\displaystyle\lim_{x\to a} g(x)=0$인 경우를 생각하자.
>
> ㄴ. 두 극한값 $\displaystyle\lim_{x\to a} g(x)$, $\displaystyle\lim_{x\to a}\dfrac{f(x)}{g(x)}$가 존재하면 극한값
> $\displaystyle\lim_{x\to a} f(x)$도 존재한다.
>
> ㄷ. 극한값 $\displaystyle\lim_{x\to a}\{f(x)+g(x)\}$가 존재하면 극한값 $\displaystyle\lim_{x\to a} f(x)$
> 또는 극한값 $\displaystyle\lim_{x\to a} g(x)$가 존재한다.

$\displaystyle\lim_{x\to a} g(x)=\alpha,\ \lim_{x\to a}\dfrac{f(x)}{g(x)}=\beta$라 하자.

ㄱ. [반례] $f(x)=x+a$, $g(x)=x-a$ ($a \neq 0$)라 하면
$\lim_{x \to a} f(x)=2a$, $\lim_{x \to a} g(x)=0$으로 극한값이 존재하지만

함수 $\dfrac{f(x)}{g(x)}=\dfrac{x+a}{x-a}$에 대하여 $\lim_{x \to a} \dfrac{f(x)}{g(x)}$의 극한값은 존재하지 않는다. (거짓)

ㄴ. $\lim_{x \to a} g(x)=\alpha$, $\lim_{x \to a} \dfrac{f(x)}{g(x)}=\beta$라 하면

$\lim_{x \to a} f(x)=\lim_{x \to a} g(x) \cdot \dfrac{f(x)}{g(x)}=\alpha\beta$ (참)

ㄷ. [반례] $f(x)=\dfrac{1}{x-a}$, $g(x)=-\dfrac{1}{x-a}$이라 하면

$\lim_{x \to a}\{f(x)+g(x)\}=\lim_{x \to a}\left(\dfrac{1}{x-a}-\dfrac{1}{x-a}\right)$
$\qquad\qquad\qquad = \lim_{x \to a} 0 = 0$

으로 극한값이 존재하지만 $\lim_{x \to a} f(x)$, $\lim_{x \to a} g(x)$의 극한값은 모두 존재하지 않는다. (거짓)

따라서 옳은 것은 ㄴ뿐이다. ㄴ

0107

실수 전체의 집합에서 정의된 두 함수 $f(x)$, $g(x)$에 대하여 옳은 것을 〈보기〉에서 모두 고른 것은?

┤ 보기 ├
ㄱ. $\lim_{x \to a} f(x)$, $\lim_{x \to a} f(x)g(x)$가 존재하면 $\lim_{x \to a} g(x)$도 존재한다.

ㄴ. $\lim_{x \to a} g(x)$, $\lim_{x \to a} \dfrac{f(x)}{g(x)}$가 존재하면 $\lim_{x \to a} f(x)$도 존재한다.

ㄷ. $\lim_{x \to a} g(x)$가 존재하면 $\lim_{x \to a} f(g(x))$도 존재한다.

↳ $\lim_{x \to a} g(x)=a$인 경우 $\lim_{x \to a} f(x)$가 존재하지 않을 수 있다.

ㄱ. [반례] $f(x)=0$, $g(x)=[x]$라 하면
$\lim_{x \to 0} f(x)=\lim_{x \to 0} 0=0$, $\lim_{x \to 0} f(x)g(x)=\lim_{x \to 0} 0=0$으로
$\lim_{x \to 0} f(x)$, $\lim_{x \to 0} f(x)g(x)$의 값이 각각 존재한다.

그런데 $\lim_{x \to 0-} g(x)=\lim_{x \to 0-}[x]=-1$, $\lim_{x \to 0+} g(x)=\lim_{x \to 0+}[x]=0$
에서

$\lim_{x \to 0+} g(x) \neq \lim_{x \to 0-} g(x)$이므로 $\lim_{x \to 0} g(x)$의 값은 존재하지 않는다. (거짓)

ㄴ. $\lim_{x \to a} g(x)=\alpha$, $\lim_{x \to a} \dfrac{f(x)}{g(x)}=\beta$ (α, β는 상수)라 하면

$\lim_{x \to a} f(x)=\lim_{x \to a}\left\{g(x) \times \dfrac{f(x)}{g(x)}\right\}$
$\qquad\qquad = \lim_{x \to a} g(x) \times \lim_{x \to a} \dfrac{f(x)}{g(x)}$
$\qquad\qquad = \alpha\beta$ (참)

ㄷ. [반례] $f(x)=[x]$, $g(x)=x$, a는 정수라 하면
$\lim_{x \to a} g(x)=\lim_{x \to a} x=a$로 $\lim_{x \to a} g(x)$의 값이 존재한다.

그런데 $\lim_{x \to a} f(g(x))=\lim_{x \to a} f(x)=\lim_{x \to a}[x]$이므로
$\lim_{x \to a} f(g(x))$의 값은 존재하지 않는다. (거짓)

따라서 옳은 것은 ㄴ뿐이다. ②

0108

실수 전체의 집합에서 정의된 함수 $f(x)$에 대하여 〈보기〉에서 옳은 것을 모두 고른 것은? → $\lim_{x \to \infty} xf(x)=\alpha$라 하자.

┤ 보기 ├
ㄱ. $\lim_{x \to \infty} xf(x)$의 값이 존재하면 $\lim_{x \to \infty} f(x)$의 값도 존재한다.

ㄴ. $\lim_{x \to 0} \dfrac{1}{f(x)}$의 값이 존재하면 $\lim_{x \to 0} f(x)$의 값도 존재한다.

ㄷ. $\lim_{x \to 1} f(x)$의 값이 존재하면 $\lim_{x \to 1}|f(x)|$의 값도 존재한다.

↳ $\lim_{x \to \infty} f(x)=\lim_{x \to \infty} xf(x) \cdot \dfrac{1}{x}$임을 이용하자.

ㄱ. $\lim_{x \to \infty} xf(x)=\alpha$라 하면

$\lim_{x \to \infty} f(x)=\lim_{x \to \infty} xf(x) \cdot \dfrac{1}{x}=\lim_{x \to \infty} xf(x) \cdot \lim_{x \to \infty} \dfrac{1}{x}$
$\qquad\qquad = \alpha \cdot 0 = 0$ (참)

ㄴ. [반례] $f(x)=\begin{cases} \dfrac{1}{x} & (x \neq 0) \\ 1 & (x=0) \end{cases}$이라 하면

$\lim_{x \to 0} \dfrac{1}{f(x)}=\lim_{x \to 0} x=0$이므로 극한값이 존재하지만

$\lim_{x \to 0} f(x)=\lim_{x \to 0} \dfrac{1}{x}=\infty$이므로 극한값이 존재하지 않는다. (거짓)

ㄷ. $\lim_{x \to 1} f(x)=\alpha$라 하면
(i) $\alpha > 0$일 때, $\lim_{x \to 1}|f(x)|=\lim_{x \to 1} f(x)=\alpha$
(ii) $\alpha < 0$일 때, $\lim_{x \to 1}|f(x)|=\lim_{x \to 1}\{-f(x)\}=-\alpha$
(iii) $\alpha = 0$일 때, $\lim_{x \to 1}|f(x)|=\lim_{x \to 1} f(x)=0$
즉, $\lim_{x \to 1} f(x)$의 값이 존재하면 $\lim_{x \to 1}|f(x)|$의 값도 존재한다. (참)

따라서 옳은 것은 ㄱ, ㄷ이다. ⑤

0109

→ $x=a$에서의 극한값과 함수값이 항상 같은 것은 아니다.

함수의 극한에 대한 설명으로 항상 옳은 것만을 〈보기〉에서 있는 대로 고른 것은?

┤ 보기 ├
ㄱ. $\lim_{x \to 0} f(x)=1$이면 $f(0)=1$이다.

ㄴ. $\lim_{x \to 1} f(x)=1$이면 $\lim_{x \to \infty} f\left(1+\dfrac{1}{x}\right)=1$이다.

ㄷ. $f(x) < g(x) < h(x)$이고 $\lim_{x \to 0} f(x)=0$, $\lim_{x \to 0} h(x)=0$ 이면 $\lim_{x \to 0} g(x)=0$이다.

$f(x) < g(x) < h(x)$이면 $\lim_{x \to a} f(x) \leq \lim_{x \to a} g(x) \leq \lim_{x \to a} h(x)$임을 이용하자.

ㄱ. [반례] $f(x)=\begin{cases} 1 & (x \neq 0) \\ 0 & (x=0) \end{cases}$이라 하면

$\lim_{x \to 0} f(x)=1$이지만 $f(0)=0$이다. (거짓)

ㄴ. $1+\dfrac{1}{x}=t$로 놓으면 $x \to \infty$일 때 $t \to 1+$이므로

$\lim_{x \to \infty} f\left(1+\dfrac{1}{x}\right)=\lim_{t \to 1+} f(t)=1$ (참)

ㄷ. $f(x) < g(x) < h(x)$이므로

$\lim_{x \to 0} f(x) \leq \lim_{x \to 0} g(x) \leq \lim_{x \to 0} h(x)$

이때, $\lim\limits_{x\to 0}f(x)=0$, $\lim\limits_{x\to 0}h(x)=0$이므로

$\lim\limits_{x\to 0}g(x)=0$ (참)

따라서 옳은 것은 ㄴ, ㄷ이다.　　　　　　　　　　답 ④

0110

→ 분모와 분자를 약분하자.

$$\lim_{x\to 1}\frac{(x-1)(x+2)}{x-1}\text{의 값은?}$$

$\lim\limits_{x\to 1}\dfrac{(x-1)(x+2)}{x-1}=\lim\limits_{x\to 1}(x+2)=3$　　答 ③

0111

→ 분자를 인수분해 한 뒤 약분하자.

$$\lim_{x\to -1}\frac{x^2-3x-4}{x+1}\text{의 값을 구하시오.}$$

$\lim\limits_{x\to -1}\dfrac{x^2-3x-4}{x+1}=\lim\limits_{x\to -1}\dfrac{(x-4)(x+1)}{x+1}=\lim\limits_{x\to -1}(x-4)=-5$

答 -5

0112

→ 분모와 분자를 인수분해 한 뒤 약분하자.

$$\lim_{x\to -2}\frac{x^2+x-2}{x^2+3x+2}\text{의 값을 구하시오.}$$

$\lim\limits_{x\to -2}\dfrac{x^2+x-2}{x^2+3x+2}=\lim\limits_{x\to -2}\dfrac{(x+2)(x-1)}{(x+2)(x+1)}$

$\qquad\qquad\qquad=\lim\limits_{x\to -2}\dfrac{x-1}{x+1}=3$　　答 3

0113

→ 분자를 유리화 하기 위해 $\sqrt{1+x}+1$을 분모와 분자에 곱하자.

$$\lim_{x\to 0}\frac{\sqrt{1+x}-1}{x}\text{의 값은?}$$

$\lim\limits_{x\to 0}\dfrac{\sqrt{1+x}-1}{x}=\lim\limits_{x\to 0}\dfrac{(\sqrt{1+x}-1)(\sqrt{1+x}+1)}{x(\sqrt{1+x}+1)}$

$\qquad\qquad\qquad=\lim\limits_{x\to 0}\dfrac{x}{x(\sqrt{1+x}+1)}$

$\qquad\qquad\qquad=\lim\limits_{x\to 0}\dfrac{1}{\sqrt{1+x}+1}$

$\qquad\qquad\qquad=\dfrac{1}{2}$　　答 ④

0114

→ 분자를 유리화 하기 위해 $\sqrt{x^2-3}+1$을 분모와 분자에 곱하자.

$$\lim_{x\to 2}\frac{\sqrt{x^2-3}-1}{x-2}\text{의 값은?}$$

$\lim\limits_{x\to 2}\dfrac{\sqrt{x^2-3}-1}{x-2}=\lim\limits_{x\to 2}\dfrac{x^2-4}{(x-2)(\sqrt{x^2-3}+1)}$

$\qquad\qquad=\lim\limits_{x\to 2}\dfrac{x+2}{\sqrt{x^2-3}+1}$

$\qquad\qquad=\dfrac{4}{2}=2$　　答 ②

0115

→ 분모를 유리화 하기 위해 $x+\sqrt{3x-2}$를 분모와 분자에 곱하자.

$$\lim_{x\to 2}\frac{x-2}{x-\sqrt{3x-2}}\text{의 값을 구하시오.}$$

$\lim\limits_{x\to 2}\dfrac{x-2}{x-\sqrt{3x-2}}=\lim\limits_{x\to 2}\dfrac{(x-2)(x+\sqrt{3x-2})}{(x-\sqrt{3x-2})(x+\sqrt{3x-2})}$

$\qquad\qquad=\lim\limits_{x\to 2}\dfrac{(x-2)(x+\sqrt{3x-2})}{x^2-3x+2}$

$\qquad\qquad=\lim\limits_{x\to 2}\dfrac{(x-2)(x+\sqrt{3x-2})}{(x-1)(x-2)}$

$\qquad\qquad=\lim\limits_{x\to 2}\dfrac{x+\sqrt{3x-2}}{x-1}$

$\qquad\qquad=4$　　答 4

0116

분모와 분자를 인수분해 한 뒤 약분하자.

$$\text{다항함수 }y=f(x)\text{에 대하여 }\lim_{x\to 1}\frac{2(x^4-1)}{(x^2-1)f(x)}=2\text{일 때,}$$
$$f(1)\text{의 값을 구하시오.}$$

$\lim\limits_{x\to 1}\dfrac{2(x^4-1)}{(x^2-1)f(x)}=\lim\limits_{x\to 1}\dfrac{2(x^2-1)(x^2+1)}{(x^2-1)f(x)}$

$\qquad\qquad=\lim\limits_{x\to 1}\dfrac{2(x^2+1)}{f(x)}$

$\qquad\qquad=\dfrac{4}{f(1)}=2$

$\therefore f(1)=2$　　答 2

참고 일반적으로 함수 $y=f(x)$가

(ⅰ) 다항함수

(ⅱ) $x=a$일 때 (분모)$\neq 0$인 분수함수

이면 $\lim\limits_{x\to a}f(x)=f(a)$임을 이용하여 극한값을 구하면 된다.

0117

$$\text{함수 }y=f(x)\text{에 대하여 }\lim_{x\to 4}f(x)=5\text{일 때,}$$
$$\lim_{x\to 4}\frac{(x-4)f(x)}{\sqrt{x}-2}\text{의 값을 구하시오.}$$

→ 분모를 유리화 하기 위해 $\sqrt{x}+2$를 분모와 분자에 곱하자.

$\lim\limits_{x\to 4}\dfrac{(x-4)f(x)}{\sqrt{x}-2}=\lim\limits_{x\to 4}\dfrac{(x-4)f(x)(\sqrt{x}+2)}{(\sqrt{x}-2)(\sqrt{x}+2)}$

$\qquad\qquad=\lim\limits_{x\to 4}\dfrac{(x-4)f(x)(\sqrt{x}+2)}{x-4}$

$\qquad\qquad=\lim\limits_{x\to 4}f(x)(\sqrt{x}+2)$

$\qquad\qquad=5\times(\sqrt{4}+2)=20$　　答 20

0118

t=−s라 하면 t → −∞ 일 때, s → ∞임을 이용하자.

닫힌구간 $[0, 4]$에서 정의된 함수 $f(x)=\lim\limits_{t \to -\infty}\dfrac{1-xt}{1+t}(x-6)$ 에 대하여 $f(x)$의 최댓값을 M, 최솟값을 m이라고 할 때, $M+m$의 값을 구하시오.

$f(x)=\lim\limits_{t \to -\infty}\dfrac{1-xt}{1+t}(x-6)$ 에서

$t=-s$라 하면 $t \to -\infty$일 때 $s \to \infty$이므로

$f(x)=\lim\limits_{s \to \infty}\dfrac{1+xs}{1-s}(x-6)=\lim\limits_{s \to \infty}\dfrac{\dfrac{1}{s}+x}{\dfrac{1}{s}-1}(x-6)$

$\qquad =-x(x-6)=-x^2+6x$

$\qquad =-(x-3)^2+9$

$x=3$일 때, 최댓값 $M=9$

$x=0$일 때, 최솟값 $m=0$

$\therefore M+m=9+0=9$

답 9

0119

분모가 이차식이므로 x^2으로 분모와 분자를 각각 나누자.

$\lim\limits_{x \to \infty}\dfrac{3x^2+2x-4}{x^2-4}$의 값을 구하시오.

$\lim\limits_{x \to \infty}\dfrac{3x^2+2x-4}{x^2-4}=\dfrac{3+\dfrac{2}{x}-\dfrac{4}{x^2}}{1-\dfrac{4}{x^2}}=3$

답 3

0120

분모가 이차식이므로 x^2으로 분모와 분자를 각각 나누자.

$\lim\limits_{x \to 1}\dfrac{x^2+2x-3}{x-1}=a$, $\lim\limits_{x \to \infty}\dfrac{-6x^2-x+3}{2x^2-1}=b$라고 할 때, $a+b$의 값을 구하시오.

$a=\lim\limits_{x \to 1}\dfrac{(x-1)(x+3)}{x-1}=\lim\limits_{x \to 1}(x+3)=4$

$b=\lim\limits_{x \to \infty}\dfrac{-6-\dfrac{1}{x}-\dfrac{3}{x^2}}{2-\dfrac{1}{x^2}}=-3$

$\therefore a+b=4+(-3)=1$

답 1

0121

x로 분모와 분자를 각각 나누면 $\lim\limits_{x \to \infty}\dfrac{6}{\sqrt{4+\dfrac{3}{x^2}}-\dfrac{2}{x}}$임을 이용하자.

$\lim\limits_{x \to \infty}\dfrac{6x}{\sqrt{4x^2+3}-2}$의 값을 구하시오.

$\lim\limits_{x \to \infty}\dfrac{6x}{\sqrt{4x^2+3}-2}=\lim\limits_{x \to \infty}\dfrac{6}{\sqrt{4+\dfrac{3}{x^2}}-\dfrac{2}{x}}$

$\qquad\qquad =\dfrac{6}{\sqrt{4}-0}=3$

답 3

0122

〈보기〉에서 옳은 것만을 있는 대로 고른 것은?

┤ 보기 ├

ㄱ. $\lim\limits_{x \to \infty}\dfrac{3x+1}{x^2+2x-3}=3$ → x^2으로 분모와 분자를 각각 나누자.

ㄴ. $\lim\limits_{x \to \infty}\dfrac{2x^2}{3x^2-1}=\dfrac{2}{3}$

ㄷ. $\lim\limits_{x \to \infty}\dfrac{\sqrt{x^2+1}+x}{2x}=1$ → x로 분모와 분자를 각각 나누자.

ㄱ. $\lim\limits_{x \to \infty}\dfrac{3x+1}{x^2+2x-3}=\lim\limits_{x \to \infty}\dfrac{\dfrac{3}{x}+\dfrac{1}{x^2}}{1+\dfrac{2}{x}-\dfrac{3}{x^2}}=0$ (거짓)

ㄴ. $\lim\limits_{x \to \infty}\dfrac{2x^2}{3x^2-1}=\lim\limits_{x \to \infty}\dfrac{2}{3-\dfrac{1}{x^2}}=\dfrac{2}{3}$ (참)

ㄷ. $\lim\limits_{x \to \infty}\dfrac{\sqrt{x^2+1}+x}{2x}=\lim\limits_{x \to \infty}\dfrac{\sqrt{1+\dfrac{1}{x^2}}+1}{2}=1$ (참)

따라서 옳은 것은 ㄴ, ㄷ이다.

답 ④

0123

$\lim\limits_{x \to -\infty}\dfrac{x+1}{\sqrt{x^2+x}-x}$의 값은?

$x=-t$라 하면 $x \to -\infty$ 일 때, $t \to \infty$임을 이용하자.

$x=-t$로 놓으면 $x \to -\infty$일 때, $t \to \infty$이므로

$\lim\limits_{x \to -\infty}\dfrac{x+1}{\sqrt{x^2+x}-x}=\lim\limits_{t \to \infty}\dfrac{-t+1}{\sqrt{t^2-t}+t}$

$\qquad\qquad =\lim\limits_{t \to \infty}\dfrac{-1+\dfrac{1}{t}}{\sqrt{1-\dfrac{1}{t}}+1}$

$\qquad\qquad =-\dfrac{1}{2}$

답 ②

0124

$\lim\limits_{x \to -\infty}\dfrac{3+2x}{\sqrt{4x^2-1}+\sqrt{x^2+5}}$의 값을 구하시오.

$x=-t$라 하면 $x \to -\infty$ 일 때, $t \to \infty$임을 이용하자.

$x=-t$로 놓으면 $x \to -\infty$일 때 $t \to \infty$이므로

$\lim\limits_{x \to -\infty}\dfrac{3+2x}{\sqrt{4x^2-1}+\sqrt{x^2+5}}=\lim\limits_{t \to \infty}\dfrac{3-2t}{\sqrt{4t^2-1}+\sqrt{t^2+5}}$

$\qquad\qquad =\lim\limits_{t \to \infty}\dfrac{\dfrac{3}{t}-2}{\sqrt{4-\dfrac{1}{t^2}}+\sqrt{1+\dfrac{5}{t^2}}}$

$\qquad\qquad =\dfrac{-2}{2+1}=-\dfrac{2}{3}$

답 $-\dfrac{2}{3}$

0125

> $\lim\limits_{x \to \infty} (\sqrt{4x^2+x} - 2x)$의 값을 구하시오.
>
> $\hookrightarrow$ $\lim\limits_{x \to \infty} \dfrac{(\sqrt{4x^2+x}-2x)}{1}$로 보고 분자를 유리화하자.

$$\lim_{x \to \infty} (\sqrt{4x^2+x} - 2x) = \lim_{x \to \infty} \frac{x}{\sqrt{4x^2+x}+2x}$$
$$= \lim_{x \to \infty} \frac{1}{\sqrt{4+\dfrac{1}{x}}+2} = \frac{1}{4}$$

답 $\dfrac{1}{4}$

0126

> $\lim\limits_{x \to \infty} (\sqrt{x^2+3x} - \sqrt{x^2-3x})$의 값을 구하시오.
>
> $\hookrightarrow$ $\lim\limits_{x \to \infty} \dfrac{(\sqrt{x^2+3x}-\sqrt{x^2-3x})}{1}$로 보고 분자를 유리화하자.

$$\lim_{x \to \infty} (\sqrt{x^2+3x} - \sqrt{x^2-3x})$$
$$= \lim_{x \to \infty} \frac{(\sqrt{x^2+3x}-\sqrt{x^2-3x})(\sqrt{x^2+3x}+\sqrt{x^2-3x})}{\sqrt{x^2+3x}+\sqrt{x^2-3x}}$$
$$= \lim_{x \to \infty} \frac{6x}{\sqrt{x^2+3x}+\sqrt{x^2-3x}}$$
$$= \lim_{x \to \infty} \frac{6}{\sqrt{1+\dfrac{3}{x}}+\sqrt{1-\dfrac{3}{x}}}$$
$$= \frac{6}{2} = 3$$

답 3

0127

> $\lim\limits_{x \to \infty} \dfrac{\sqrt{x+5}-\sqrt{x+3}}{\sqrt{x+1}-\sqrt{x}}$의 값을 구하시오.
>
> $\hookrightarrow$ 분모와 분자를 모두 유리화하자.

$$\lim_{x \to \infty} \frac{\sqrt{x+5}-\sqrt{x+3}}{\sqrt{x+1}-\sqrt{x}}$$
$$= \lim_{x \to \infty} \frac{(\sqrt{x+5}-\sqrt{x+3})(\sqrt{x+5}+\sqrt{x+3})(\sqrt{x+1}+\sqrt{x})}{(\sqrt{x+1}-\sqrt{x})(\sqrt{x+1}+\sqrt{x})(\sqrt{x+5}+\sqrt{x+3})}$$
$$= \lim_{x \to \infty} \frac{2(\sqrt{x+1}+\sqrt{x})}{\sqrt{x+5}+\sqrt{x+3}}$$
$$= \lim_{x \to \infty} \frac{2\left(\sqrt{1+\dfrac{1}{x}}+1\right)}{\sqrt{1+\dfrac{5}{x}}+\sqrt{1+\dfrac{3}{x}}} = 2$$

답 2

0128

> $\lim\limits_{x \to -\infty} (\sqrt{x^2-5x}+x)$의 값은?
>
> $\hookrightarrow$ $x=-t$라 하면 $x \to -\infty$ 일 때, $t \to \infty$임을 이용하자.

$x=-t$로 놓으면 $x \to -\infty$일 때 $t \to \infty$이므로

$$\lim_{x \to -\infty} (\sqrt{x^2-5x}+x) = \lim_{t \to \infty} (\sqrt{t^2+5t}-t)$$

$$= \lim_{t \to \infty} \frac{(\sqrt{t^2+5t}-t)(\sqrt{t^2+5t}+t)}{\sqrt{t^2+5t}+t}$$
$$= \lim_{t \to \infty} \frac{5t}{\sqrt{t^2+5t}+t}$$
$$= \lim_{t \to \infty} \frac{5}{\sqrt{1+\dfrac{5}{t}}+1} = \frac{5}{2}$$

답 ⑤

0129

> $\lim\limits_{x \to -\infty} \dfrac{\sqrt{x^2+4x}}{x-5}$의 값을 구하시오.
>
> $\hookrightarrow$ $x=-t$라 하면 주어진 식은 $\lim\limits_{t \to \infty} \dfrac{\sqrt{t^2-4t}}{-t-5}$임을 이용하자.

$x=-t$로 놓으면 $x \to -\infty$일 때 $t \to \infty$이므로

$$\lim_{x \to -\infty} \frac{\sqrt{x^2+4x}}{x-5} = \lim_{t \to \infty} \frac{\sqrt{t^2-4t}}{-t-5}$$
$$= \lim_{t \to \infty} \frac{\sqrt{1-\dfrac{4}{t}}}{-1-\dfrac{5}{t}} = 3$$

답 3

0130

> 함수 $y=f(x)$가 $f(x)=x^2-3x$일 때,
>
> $\lim\limits_{x \to -\infty} \{\sqrt{f(x)} - \sqrt{f(-x)}\}$의 값을 구하시오.
>
> $\hookrightarrow$ $x=-t$라 하면 주어진 식은 $\lim\limits_{t \to \infty} (\sqrt{t^2+3t}-\sqrt{t^2-3t})$임을 이용하자.

$x=-t$로 놓으면 $x \to -\infty$일 때 $t \to \infty$이므로

$$\lim_{x \to -\infty} \{\sqrt{f(x)} - \sqrt{f(-x)}\}$$
$$= \lim_{x \to -\infty} (\sqrt{x^2-3x} - \sqrt{x^2+3x})$$
$$= \lim_{t \to \infty} (\sqrt{t^2+3t} - \sqrt{t^2-3t})$$
$$= \lim_{t \to \infty} \frac{(\sqrt{t^2+3t}-\sqrt{t^2-3t})(\sqrt{t^2+3t}+\sqrt{t^2-3t})}{\sqrt{t^2+3t}+\sqrt{t^2-3t}}$$
$$= \lim_{t \to \infty} \frac{6t}{\sqrt{t^2+3t}+\sqrt{t^2-3t}}$$
$$= \lim_{t \to \infty} \frac{6}{\sqrt{1+\dfrac{3}{t}}+\sqrt{1-\dfrac{3}{t}}}$$
$$= \frac{6}{2} = 3$$

답 3

0131

> $\lim\limits_{x \to 0} \dfrac{1}{x} \left(1 - \dfrac{2}{x+2}\right)$의 값은?
>
> $\hookrightarrow$ 통분하여 괄호 안의 식을 간단히 하자.

$$\lim_{x \to 0} \frac{1}{x} \left(1 - \frac{2}{x+2}\right) = \lim_{x \to 0} \left(\frac{1}{x} \times \frac{x}{x+2}\right)$$
$$= \lim_{x \to 0} \frac{1}{x+2} = \frac{1}{2}$$

답 ③

0132

$\displaystyle\lim_{x \to 1} \frac{16}{x-1}\left(\frac{1}{4} - \frac{1}{x+3}\right)$의 값을 구하시오.

└─● 통분하여 괄호 안의 식을 간단히 하자.

$$\lim_{x \to 1} \frac{16}{x-1}\left(\frac{1}{4} - \frac{1}{x+3}\right) = \lim_{x \to 1}\left\{\frac{16}{x-1} \times \frac{x-1}{4(x+3)}\right\}$$
$$= \lim_{x \to 1}\frac{4}{x+3} = 1$$

🄓 1

0133

$\displaystyle\lim_{x \to 0} \frac{1}{x}\left\{\frac{1}{(x+3)^2} - \frac{1}{9}\right\}$의 값을 구하시오.

└─● 통분하여 괄호 안의 식을 간단히 하자.

$$\lim_{x \to 0} \frac{1}{x}\left\{\frac{1}{(x+3)^2} - \frac{1}{9}\right\} = \lim_{x \to 0}\frac{1}{x}\left\{\frac{9-(x+3)^2}{9(x+3)^2}\right\}$$
$$= \lim_{x \to 0}\frac{1}{x}\left\{\frac{-x^2-6x}{9(x+3)^2}\right\}$$
$$= \lim_{x \to 0}\frac{-x-6}{9(x+3)^2}$$
$$= -\frac{2}{27}$$

🄓 $-\dfrac{2}{27}$

0134

$\displaystyle\lim_{x \to \infty} x\left(\frac{1}{2} - \frac{\sqrt{x}}{\sqrt{4x+1}}\right)$의 값을 구하시오.

└─● 통분한 뒤 분모와 분자를 유리화하자.

$$\lim_{x \to \infty} x\left(\frac{1}{2} - \frac{\sqrt{x}}{\sqrt{4x+1}}\right)$$
$$= \lim_{x \to \infty}\frac{x(\sqrt{4x+1} - 2\sqrt{x})}{2\sqrt{4x+1}}$$
$$= \lim_{x \to \infty}\frac{x(\sqrt{4x+1} - 2\sqrt{x})(\sqrt{4x+1} + 2\sqrt{x})}{2\sqrt{4x+1}(\sqrt{4x+1} + 2\sqrt{x})}$$
$$= \lim_{x \to \infty}\frac{x}{8x+2+4\sqrt{4x^2+x}}$$
$$= \lim_{x \to \infty}\frac{1}{8 + \frac{2}{x} + 4\sqrt{4 + \frac{1}{x}}}$$
$$= \frac{1}{8+8} = \frac{1}{16}$$

🄓 $\dfrac{1}{16}$

0135

$\displaystyle\lim_{x \to \infty} x^2\left(1 - \frac{x}{\sqrt{x^2+2}}\right)$의 값을 구하시오.

└─● 통분한 뒤 분모와 분자를 유리화하자.

$$\lim_{x \to \infty} x^2\left(1 - \frac{x}{\sqrt{x^2+2}}\right) = \lim_{x \to \infty} x^2\left(\frac{\sqrt{x^2+2} - x}{\sqrt{x^2+2}}\right)$$

$$= \lim_{x \to \infty}\frac{2x^2}{\sqrt{x^2+2}(\sqrt{x^2+2} + x)}$$
$$= \lim_{x \to \infty}\frac{2}{\sqrt{1+\frac{2}{x^2}}\left(\sqrt{1+\frac{2}{x^2}} + 1\right)}$$
$$= \frac{2}{1 \times 2} = 1$$

🄓 1

0136

$\displaystyle\lim_{x \to \infty} \sqrt{x}(\sqrt{x+4} - \sqrt{x})$의 값을 구하시오.

└─● $\displaystyle\lim_{x \to \infty}\frac{\sqrt{x}(\sqrt{x+4} - \sqrt{x})}{1}$로 보고 분자를 유리화하자.

$$\lim_{x \to \infty} \sqrt{x}(\sqrt{x+4} - \sqrt{x})$$
$$= \lim_{x \to \infty}\frac{\sqrt{x}(\sqrt{x+4} - \sqrt{x})(\sqrt{x+4} + \sqrt{x})}{(\sqrt{x+4} + \sqrt{x})}$$
$$= \lim_{x \to \infty}\frac{4\sqrt{x}}{\sqrt{x+4} + \sqrt{x}}$$
$$= \lim_{x \to \infty}\frac{4}{\sqrt{1+\frac{4}{x}} + 1} = \frac{4}{2} = 2$$

🄓 2

0137

└─● $\displaystyle\lim_{x \to -1}(x+1) = 0$이므로 $\displaystyle\lim_{x \to -1}(x^2+ax+b) = 0$이어야 한다.

$\displaystyle\lim_{x \to -1} \frac{x^2+ax+b}{x+1} = 3$이 성립할 때, 두 상수 a, b에 대하여 $a+b$의 값을 구하시오.

$\displaystyle\lim_{x \to -1} \dfrac{x^2+ax+b}{x+1} = 3$에서 $x \to -1$일 때, (분모)$\to 0$이므로

(분자)$\to 0$이어야 한다.

즉, $\displaystyle\lim_{x \to -1}(x^2+ax+b) = 0$이므로 $1-a+b = 0$

$\therefore b = a-1 \quad \cdots\cdots \ominus$

$\ominus$을 주어진 식에 대입하면

$$\lim_{x \to -1}\frac{x^2+ax+b}{x+1} = \lim_{x \to -1}\frac{x^2+ax+a-1}{x+1}$$
$$= \lim_{x \to -1}\frac{(x+1)(x-1+a)}{x+1}$$
$$= \lim_{x \to -1}(x-1+a)$$
$$= -2+a = 3$$

$\therefore a = 5$

$a = 5$를 $\ominus$에 대입하면 $b = 4$

$\therefore a+b = 9$

🄓 9

0138

$\displaystyle\lim_{x \to 1} \frac{x-1}{x^2+ax+b} = \frac{1}{5}$이 성립할 때, 두 상수 a, b에 대하여 ab의 값을 구하시오.

└─● $\displaystyle\lim_{x \to 1}(x-1) = 0$이므로 $\displaystyle\lim_{x \to 1}(x^2+ax+b) = 0$이어야 한다.

$\lim\limits_{x \to 1} \dfrac{x-1}{x^2+ax+b}=\dfrac{1}{5}$에서 $x \to 1$일 때, (분자)$\to 0$이고 0이 아닌 극

한값이 존재하므로 (분모)$\to 0$이어야 한다.

즉, $\lim\limits_{x \to 1}(x^2+ax+b)=0$이므로 $1+a+b=0$

$\therefore b=-a-1$ ······ ㉠

㉠을 주어진 식에 대입하면

$\lim\limits_{x \to 1} \dfrac{x-1}{x^2+ax+b}=\lim\limits_{x \to 1} \dfrac{x-1}{x^2+ax-a-1}$

$=\lim\limits_{x \to 1} \dfrac{x-1}{(x-1)(x+a+1)}$

$=\lim\limits_{x \to 1} \dfrac{1}{x+a+1}$

$=\dfrac{1}{2+a}=\dfrac{1}{5}$

$\therefore a=3$

$a=3$을 ㉠에 대입하면 $b=-4$

$\therefore ab=-12$

目 -12

0139

$\lim\limits_{x \to 2} \dfrac{x^2-4}{x^2+ax}=b$가 성립할 때, 두 상수 a, b에 대하여 $a+b$의 값을 구하시오. (단, $b \neq 0$)
$\quad\quad \to \lim\limits_{x \to 2}(x^2-4)=0$이므로 $\lim\limits_{x \to 2}(x^2+ax)=0$이어야 한다.

$\lim\limits_{x \to 2} \dfrac{x^2-4}{x^2+ax}=b$에서 $x \to 2$일 때, (분자)$\to 0$이고 0이 아닌 극한값이

존재하므로 (분모)$\to 0$이어야 한다.

즉, $\lim\limits_{x \to 2}(x^2+ax)=0$이므로 $4+2a=0$

$\therefore a=-2$

$\therefore \lim\limits_{x \to 2} \dfrac{x^2-4}{x^2+ax}=\lim\limits_{x \to 2} \dfrac{x^2-4}{x^2-2x}$

$=\lim\limits_{x \to 2} \dfrac{(x+2)(x-2)}{x(x-2)}$

$=\lim\limits_{x \to 2} \dfrac{x+2}{x}$

$=2=b$

$\therefore a+b=(-2)+2=0$

目 0

0140

$\lim\limits_{x \to 1} \dfrac{x^2+ax-b}{x^3-1}=3$을 만족시키는 두 상수 a, b에 대하여

$a+b$의 값은?
$\quad\quad \to$ 분모가 $(x-1)$을 인수로 가지므로 분자도 $(x-1)$을 인수로 가진다.

$x \to 1$일 때, (분모)$\to 0$이고 극한값이 존재하므로 (분자)$\to 0$이어야 한다.

즉, $\lim\limits_{x \to 1}(x^2+ax-b)=0$이므로

$1+a-b=0$

$\therefore b=a+1$ ······ ㉠

㉠을 주어진 식에 대입하면

$\lim\limits_{x \to 1} \dfrac{x^2+ax-b}{x^3-1}=\lim\limits_{x \to 1} \dfrac{x^2+ax-(a+1)}{x^3-1}$

$=\lim\limits_{x \to 1} \dfrac{(x-1)(x+a+1)}{(x-1)(x^2+x+1)}$

$=\lim\limits_{x \to 1} \dfrac{x+a+1}{x^2+x+1}$

$=\dfrac{a+2}{3}=3$

$a+2=9$ $\therefore a=7$

$a=7$을 ㉠에 대입하면 $b=8$

$\therefore a+b=15$

目 ④

0141

$\lim\limits_{x \to 2} \dfrac{x^2-(a+2)x+2a}{x^2-b}=3$을 만족시키는 두 상수 a, b에 대하여 $a+b$의 값은?
$\quad\quad \to \lim\limits_{x \to 2}(x^2-b)=0$임을 이용하여 b의 값을 구하자.

$x \to 2$일 때 (분자)$\to 0$이고, 0이 아닌 극한값이 존재하므로 (분모)$\to 0$

이어야 한다.

$\lim\limits_{x \to 2}(x^2-b)=4-b=0$

$\therefore b=4$

$b=4$를 주어진 식에 대입하면

$\lim\limits_{x \to 2} \dfrac{x^2-(a+2)x+2a}{x^2-b}=\lim\limits_{x \to 2} \dfrac{x^2-(a+2)x+2a}{x^4-4}$

$=\lim\limits_{x \to 2} \dfrac{(x-2)(x-a)}{(x-2)(x+2)}$

$=\lim\limits_{x \to 2} \dfrac{x-a}{x+2}$

$=\dfrac{2-a}{4}=3$

$2-a=12$ $\therefore a=-10$

$\therefore a+b=-10+4=-6$

目 ①

0142

$\lim\limits_{x \to 0} \dfrac{1}{x}\left(\dfrac{1}{a}-\dfrac{1}{x+b}\right)=\dfrac{1}{9}$일 때, 두 상수 a, b에 대하여 $a+b$의 값은? (단, $a>0$, $b>0$)
$\quad\quad \to$ 통분하여 $\dfrac{0}{0}$ 꼴의 형태로 만들어 주자.

$\lim\limits_{x \to 0} \dfrac{1}{x}\left(\dfrac{1}{a}-\dfrac{1}{x+b}\right)=\lim\limits_{x \to 0} \dfrac{1}{x} \cdot \dfrac{x+b-a}{a(x+b)}=\dfrac{1}{9}$에서

$x \to 0$일 때 (분모)$\to 0$이므로 (분자)$\to 0$이어야 한다.

$\lim\limits_{x \to 0}(x+b-a)=b-a=0$

$\therefore a=b$

$b=a$를 주어진 식에 대입하면

$\lim\limits_{x \to 0} \dfrac{1}{x}\left(\dfrac{1}{a}-\dfrac{1}{x+b}\right)=\lim\limits_{x \to 0} \dfrac{1}{x}\left\{\dfrac{x+a-a}{a(x+a)}\right\}=\lim\limits_{x \to 0} \dfrac{1}{a(x+a)}$

$=\dfrac{1}{a^2}=\dfrac{1}{9}$

$\therefore a=3, b=3$ ($\because a>0, b>0$)

$\therefore a+b=6$

目 ⑤

0143

$x \to 1$일 때, (분모) $\to$ 0이므로 (분자) $\to$ 0이어야 한다.

함수 $f(x) = \dfrac{ax^2+bx+c}{x^2+2x-3}$ 가 $\lim\limits_{x \to \infty} f(x)=6$,

$\lim\limits_{x \to 1} f(x)=4$를 만족시킬 때, 세 상수 a, b, c에 대하여

$a^2+b^2+c^2$의 값을 구하시오.   최고차항의 계수의 비가 6임을 이용하자.

$\lim\limits_{x \to \infty} \dfrac{ax^2+bx+c}{x^2+2x-3}=6$이므로 $a=6$

$\lim\limits_{x \to 1} \dfrac{6x^2+bx+c}{x^2+2x-3}=4$에서 $x \to 1$일 때, (분모) $\to$ 0이므로

(분자) $\to$ 0이어야 한다.

즉, $\lim\limits_{x \to 1}(6x^2+bx+c)=0$이므로 $6+b+c=0$

$\therefore c=-b-6$ ······ ㉠

$\therefore \lim\limits_{x \to 1} \dfrac{6x^2+bx-b-6}{x^2+2x-3} = \lim\limits_{x \to 1} \dfrac{(x-1)(6x+b+6)}{(x-1)(x+3)}$

$\qquad\qquad = \lim\limits_{x \to 1} \dfrac{6x+b+6}{x+3}$

$\qquad\qquad = \dfrac{12+b}{4}=4$

$\therefore b=4$

$b=4$를 ㉠에 대입하면 $c=-10$

따라서 $a=6, b=4, c=-10$이므로

$a^2+b^2+c^2=36+16+100=152$ 답 152

0144

함수 $y=f(x)$가 $f(x)=\begin{cases} \dfrac{7x^2+ax-1}{x^2+1} & (x<1) \\ bx+2 & (x \geq 1) \end{cases}$이고

$\lim\limits_{x \to 1} \dfrac{f(x)-a}{x^2-1}=\dfrac{b}{2}$일 때, $a+b$의 값을 구하시오.

(단, a, b는 상수이고, $b \neq 0$이다.)

$x \to 1$일 때, (분모) $\to$ 0이므로 (분자) $\to$ 0이어야 한다.

$\lim\limits_{x \to 1} \dfrac{f(x)-a}{x^2-1}=\dfrac{b}{2}$에서

(분모) $\to$ 0이므로 (분자) $\to$ 0

$\therefore \lim\limits_{x \to 1} f(x)=a$

$\lim\limits_{x \to 1-} \dfrac{7x^2+ax-1}{x^2+1} = \lim\limits_{x \to 1+}(bx+2)=a$

$\dfrac{a+6}{2}=b+2=a$

$a=6, b=4$

$\therefore a+b=10$ 답 10

0145

유리함수 $f(x)=\dfrac{6}{x+a}+b$가 다음 두 조건을 모두 만족할 때,

$a+b$의 값을 구하시오. (단, a, b는 상수이다.)

(가) $\lim\limits_{x \to \infty} f(x)=3$ $\to$ $y=3$이 점근선임을 이용하자.

(나) $x=2$에서 극한값이 존재하지 않는다.

$x=2$가 점근선임을 이용하자.

$\lim\limits_{x \to \infty} f(x)=3$이고,

$x=2$에서 극한값이 존재하지 않는 유리함수의

그래프는 그림과 같다.

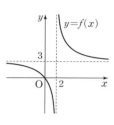

$y=\dfrac{6}{x}$의 그래프를 x축의 방향으로 2만큼,

y축의 방향으로 3만큼 평행이동한 것이므로

$a=-2, b=3$

$\therefore a+b=1$ 답 1

0146

$x \to 3$일 때, (분모) $\to$ 0이므로 (분자) $\to$ 0임을 이용하여 a를 구하자.

$\lim\limits_{x \to 3} \dfrac{a\sqrt{x-2}-1}{x-3}=b$를 만족시키는 두 상수 a, b에 대하여

$a+b$의 값을 구하시오.

$x \to 3$일 때, (분모) $\to$ 0이고 극한값이 존재하므로 (분자) $\to$ 0이어야 한다.

즉, $\lim\limits_{x \to 3}(a\sqrt{x-2}-1)=0$이므로 $a-1=0$

$\therefore a=1$

$a=1$을 주어진 식에 대입하면

$\lim\limits_{x \to 3} \dfrac{\sqrt{x-2}-1}{x-3} = \lim\limits_{x \to 3} \dfrac{(\sqrt{x-2}-1)(\sqrt{x-2}+1)}{(x-3)(\sqrt{x-2}+1)}$

$\qquad\qquad = \lim\limits_{x \to 3} \dfrac{x-3}{(x-3)(\sqrt{x-2}+1)}$

$\qquad\qquad = \lim\limits_{x \to 3} \dfrac{1}{\sqrt{x-2}+1}$

$\qquad\qquad = \dfrac{1}{2}=b$

$\therefore a+b=1+\dfrac{1}{2}=\dfrac{3}{2}$ 답 $\dfrac{3}{2}$

0147

두 상수 a, b에 대하여 $\lim\limits_{x \to 3} \dfrac{\sqrt{x+a}-b}{x-3}=\dfrac{1}{6}$일 때, $a+b$의 값을

구하시오. b를 a에 관한 식으로 정리한 뒤 유리화하자.

$x \to 3$일 때 (분모) $\to$ 0이므로 (분자) $\to$ 0이어야 한다.

$\lim\limits_{x \to 3}(\sqrt{x+a}-b)=\sqrt{3+a}-b=0$

즉, $b=\sqrt{3+a}$

이를 주어진 식에 대입하면

$$\lim_{x \to 3} \frac{\sqrt{x+a}-\sqrt{3+a}}{x-3} = \lim_{x \to 3} \frac{1}{\sqrt{x+a}+\sqrt{3+a}}$$
$$= \frac{1}{2\sqrt{3+a}} = \frac{1}{6}$$

$\sqrt{3+a}=3$, $3+a=9$

따라서 $a=6$이므로 $b=3$

$\therefore a+b=9$

답 9

0148

두 실수 a, b에 대하여 $\displaystyle\lim_{x \to 1} \frac{\sqrt{x^2+a}-b}{x-1} = \frac{1}{2}$일 때, ab의 값은?

└ $\displaystyle\lim_{x \to 1}(\sqrt{x^2+a}-b)=0$임을 이용하여 b를 a에 관한 식으로 나타내자.

$\displaystyle\lim_{x \to 1} \frac{\sqrt{x^2+a}-b}{x-1} = \frac{1}{2}$에서 $x \longrightarrow 1$일 때, (분모)$\longrightarrow 0$이므로

(분자)$\longrightarrow 0$이어야 한다.

즉, $\displaystyle\lim_{x \to 1}(\sqrt{x^2+a}-b)=0$이므로 $\sqrt{1+a}-b=0$

$\therefore b=\sqrt{1+a}$ ······ ㉠

$$\therefore \lim_{x \to 1} \frac{\sqrt{x^2+a}-\sqrt{1+a}}{x-1} = \lim_{x \to 1} \frac{x^2-1}{(x-1)(\sqrt{x^2+a}+\sqrt{1+a})}$$
$$= \lim_{x \to 1} \frac{x+1}{\sqrt{x^2+a}+\sqrt{1+a}}$$
$$= \frac{1}{\sqrt{1+a}} = \frac{1}{2}$$

즉, $\sqrt{1+a}=2$에서 $1+a=4$

$\therefore a=3$

$a=3$을 ㉠에 대입하면 $b=2$

$\therefore ab=6$

답 ①

0149

┌ $x \longrightarrow -2$일 때, (분모)$\longrightarrow 0$이므로 (분자)$\longrightarrow 0$임을 이용하여 a를 구하고 유리화하자.

$\displaystyle\lim_{x \to -2} \frac{\sqrt{x^2-x-2}+ax}{x+2} = b$가 성립할 때, 두 상수 a, b에 대하여 $a+b$의 값은?

$\displaystyle\lim_{x \to -2} \frac{\sqrt{x^2-x-2}+ax}{x+2} = b$에서 $x \longrightarrow -2$일 때, (분모)$\longrightarrow 0$이므로

(분자)$\longrightarrow 0$이어야 한다.

즉, $\displaystyle\lim_{x \to -2}(\sqrt{x^2-x-2}+ax)=0$이므로

$2-2a=0$ $\therefore a=1$

$$\therefore \lim_{x \to -2} \frac{\sqrt{x^2-x-2}+x}{x+2}$$
$$= \lim_{x \to -2} \frac{(\sqrt{x^2-x-2}+x)(\sqrt{x^2-x-2}-x)}{(x+2)(\sqrt{x^2-x-2}-x)}$$
$$= \lim_{x \to -2} \frac{-(x+2)}{(x+2)(\sqrt{x^2-x-2}-x)}$$
$$= \lim_{x \to -2} \frac{-1}{\sqrt{x^2-x-2}-x}$$
$$= -\frac{1}{4} = b$$

$\therefore a+b = 1+\left(-\frac{1}{4}\right) = \frac{3}{4}$

답 ⑤

0150

$\displaystyle\lim_{x \to 1} \frac{x-1}{\sqrt{x^2+a}-b} = 2$일 때, 두 상수 a, b에 대하여 ab의 값은?

└ $\displaystyle\lim_{x \to 1}(\sqrt{x^2+a}-b)=0$임을 이용하여 b를 a에 관한 식으로 나타내자.

$\displaystyle\lim_{x \to 1} \frac{x-1}{\sqrt{x^2+a}-b} = 2$에서 $x \longrightarrow 1$일 때, (분자)$\longrightarrow 0$이고

0이 아닌 극한값이 존재하므로 (분모)$\longrightarrow 0$이어야 한다.

즉, $\displaystyle\lim_{x \to 1}(\sqrt{x^2+a}-b)=0$이므로 $\sqrt{1+a}-b=0$

$\therefore b=\sqrt{1+a}$ ······ ㉠

$$\therefore \lim_{x \to 1} \frac{x-1}{\sqrt{x^2+a}-b}$$
$$= \lim_{x \to 1} \frac{x-1}{\sqrt{x^2+a}-\sqrt{1+a}}$$
$$= \lim_{x \to 1} \frac{(x-1)(\sqrt{x^2+a}+\sqrt{1+a})}{(\sqrt{x^2+a}-\sqrt{1+a})(\sqrt{x^2+a}+\sqrt{1+a})}$$
$$= \lim_{x \to 1} \frac{(x-1)(\sqrt{x^2+a}+\sqrt{1+a})}{x^2-1}$$
$$= \lim_{x \to 1} \frac{\sqrt{x^2+a}+\sqrt{1+a}}{x+1}$$
$$= \sqrt{1+a} = 2$$

즉, $\sqrt{1+a}=2$에서 $1+a=4$

$\therefore a=3$

$a=3$을 ㉠에 대입하면 $b=2$

$\therefore ab=6$

답 ①

0151

$\displaystyle\lim_{x \to 3} \frac{x-3}{a\sqrt{x-2}+b} = \frac{1}{2}$을 만족시키는 두 상수 a, b에 대하여 a^2+b^2의 값을 구하시오.

└ $\displaystyle\lim_{x \to 3}(a\sqrt{x-2}+b)=0$임을 이용하여 b를 a에 관한 식으로 나타내자.

$x \longrightarrow 3$일 때 (분자)$\longrightarrow 0$이고, 0이 아닌 극한값이 존재하므로

(분모)$\longrightarrow 0$이어야 한다.

$\displaystyle\lim_{x \to 3}(a\sqrt{x-2}+b) = a+b=0$

$\therefore b=-a$

$b=-a$를 주어진 식에 대입하면

$$\lim_{x \to 3} \frac{x-3}{a\sqrt{x-2}+b} = \lim_{x \to 3} \frac{x-3}{a\sqrt{x-2}-a}$$
$$= \lim_{x \to 3} \frac{(x-3)(\sqrt{x-2}+1)}{a(\sqrt{x-2}-1)(\sqrt{x-2}+1)}$$
$$= \lim_{x \to 3} \frac{(x-3)(\sqrt{x-2}+1)}{a(x-3)}$$
$$= \lim_{x \to 3} \frac{\sqrt{x-2}+1}{a}$$
$$= \frac{2}{a} = \frac{1}{2}$$

$\therefore a=4$, $b=-4$

$\therefore a^2+b^2 = 4^2+(-4)^2 = 32$

답 32

0152

$\lim\limits_{x\to\infty}(\sqrt{x^2-kx}-x)=-\dfrac{1}{2}$일 때, 상수 k의 값을 구하시오.

$\qquad\rightarrow \lim\limits_{x\to\infty}\dfrac{(\sqrt{x^2-kx}-x)}{1}$로 보고 분자를 유리화하자.

$\lim\limits_{x\to\infty}(\sqrt{x^2-kx}-x)$

$=\lim\limits_{x\to\infty}\dfrac{(\sqrt{x^2-kx}-x)(\sqrt{x^2-kx}+x)}{\sqrt{x^2-kx}+x}$

$=\lim\limits_{x\to\infty}\dfrac{-kx}{\sqrt{x^2-kx}+x}$

$=\lim\limits_{x\to\infty}\dfrac{-k}{\sqrt{1-\dfrac{k}{x}}+1}=\dfrac{-k}{2}=-\dfrac{1}{2}$

$\therefore k=1$

答 1

0153

$\lim\limits_{x\to\infty}\{\sqrt{x^2+x+1}-(ax-1)\}=b$를 만족시키는 두 상수 a, b의 합 $a+b$의 값은?

$\qquad\rightarrow \lim\limits_{x\to\infty}\dfrac{\{\sqrt{x^2+x+1}-(ax-1)\}}{1}$로 보고 분자를 유리화하자.

$a\leq0$이면 $\lim\limits_{x\to\infty}\{\sqrt{x^2+x+1}-(ax-1)\}=\infty$이므로 $a>0$이어야 한다.

$\therefore \lim\limits_{x\to\infty}\{\sqrt{x^2+x+1}-(ax-1)\}$

$=\lim\limits_{x\to\infty}\dfrac{\{\sqrt{x^2+x+1}-(ax-1)\}\{\sqrt{x^2+x+1}+(ax-1)\}}{\sqrt{x^2+x+1}+ax-1}$

$=\lim\limits_{x\to\infty}\dfrac{(1-a^2)x^2+(1+2a)x}{\sqrt{x^2+x+1}+ax-1}$ $\quad\cdots\cdots\ \bigcirc$

$\bigcirc$의 극한값이 존재하려면

$1-a^2=0$ $\quad\therefore a=1\ (\because a>0)$

$a=1$을 $\bigcirc$에 대입하면

$\lim\limits_{x\to\infty}\dfrac{3x}{\sqrt{x^2+x+1}+x-1}=\lim\limits_{x\to\infty}\dfrac{3}{\sqrt{1+\dfrac{1}{x}+\dfrac{1}{x^2}}+1-\dfrac{1}{x}}$

$\qquad\qquad\qquad\qquad\qquad\qquad =\dfrac{3}{2}=b$

$\therefore a+b=1+\dfrac{3}{2}=\dfrac{5}{2}$

答 ⑤

0154

$\qquad\rightarrow$ 인수분해한 뒤 약분하자.

서로 다른 두 실수 a, b에 대하여

$\lim\limits_{x\to a}\dfrac{x^3-a^3}{x^2-a^2}=3,\ \lim\limits_{x\to\infty}(\sqrt{x^2+ax}-\sqrt{x^2+bx})=3$

$\qquad\qquad\qquad\qquad\qquad\rightarrow$ 분자를 유리화하자.

일 때, $a+b$의 값은?

$\lim\limits_{x\to a}\dfrac{x^3-a^3}{x^2-a^2}=\lim\limits_{x\to a}\dfrac{(x-a)(x^2+ax+a^2)}{(x-a)(x+a)}$

$\qquad\qquad\qquad =\lim\limits_{x\to a}\dfrac{x^2+ax+a^2}{x+a}$

$\qquad\qquad\qquad =\dfrac{3a^2}{2a}=\dfrac{3}{2}a$

즉, $\dfrac{3}{2}a=3$이므로 $a=2$

$\therefore \lim\limits_{x\to\infty}(\sqrt{x^2+2x}-\sqrt{x^2+bx}\,)$

$=\lim\limits_{x\to\infty}\dfrac{(2-b)x}{\sqrt{x^2+2x}+\sqrt{x^2+bx}}$

$=\lim\limits_{x\to\infty}\dfrac{2-b}{\sqrt{1+\dfrac{2}{x}}+\sqrt{1+\dfrac{b}{x}}}$

$=\dfrac{2-b}{2}$

즉, $\dfrac{2-b}{2}=3$이므로 $b=-4$

$\therefore a+b=2-4=-2$

答 ①

0155

다항함수 $y=f(x)$가 다음 조건을 만족시킬 때, $f(2)$의 값을 구하시오.

(가) $\lim\limits_{x\to\infty}\dfrac{f(x)}{3x+1}=1$ $\qquad$ (나) $\lim\limits_{x\to1}f(x)=1$

$\qquad\qquad\rightarrow f(x)=3x+a$로 놓자.

$\qquad\rightarrow f(x)$는 1차식이고 최고차항의 계수는 3임을 이용하자.

$y=f(x)$가 다항함수이고 $\lim\limits_{x\to\infty}\dfrac{f(x)}{3x+1}=1$이므로

$f(x)$는 일차항의 계수가 3인 일차식이다.

즉, $f(x)=3x+a$ (a는 상수)로 놓으면

$\lim\limits_{x\to1}f(x)=\lim\limits_{x\to1}(3x+a)=3+a=1$

$\therefore a=-2$

따라서 $f(x)=3x-2$이므로

$f(2)=6-2=4$

答 ④

0156

$\qquad\rightarrow$ 두 다항식 $f(x)$와 x^2-2x+3은 차수가 같고 최고차항의 계수의 비는 2임을 이용하자.

이차함수 $f(x)$가 다음 두 조건을 만족할 때, $f(3)$의 값을 구하시오.

(가) $\lim\limits_{x\to\infty}\dfrac{f(x)}{x^2-2x+3}=2$ $\qquad$ (나) $\lim\limits_{x\to2}\dfrac{x-2}{f(x)}=\dfrac{1}{2}$

$\qquad\qquad\qquad\qquad\rightarrow f(x)$는 $x-2$를 인수로 가짐을 이용하자.

$\lim\limits_{x\to\infty}\dfrac{f(x)}{x^2-2x+3}=2$이므로 $f(x)$는 최고차항의 계수가 2인 이차함수이다.

$\lim\limits_{x\to2}\dfrac{x-2}{f(x)}=\dfrac{1}{2}$에서 $x\to2$일 때 (분자)$\to0$이므로 (분모)$\to0$이어야 한다. 따라서 $f(x)$는 $x-2$를 인수로 가진다.

$\lim\limits_{x\to2}\dfrac{x-2}{2(x-2)(x+p)}=\lim\limits_{x\to2}\dfrac{1}{2(x+p)}=\dfrac{1}{2}$

$2+p=1$

$\therefore p=-1$

$\therefore f(x)=2(x-1)(x-2)$

$\therefore f(3)=2\times2\times1=4$

答 4

0157

> 삼차함수 $f(x)=ax^3+bx^2+c$가
>
> $\lim\limits_{x\to\infty}\dfrac{f(x)-2x^3}{3x^2}=-1$, $\lim\limits_{x\to-1}\dfrac{f(x)}{x+1}=12$
>
> 를 만족시킬 때, $\lim\limits_{x\to 2}\dfrac{f(x)-9}{x-2}$의 값을 구하시오.
>
> (단, a, b, c는 상수이다.)

↳ $f(x)-2x^3$은 이차식이고 최고차항의 계수는 -3임을 이용하자.

↳ $\dfrac{0}{0}$ 꼴의 극한인 경우 분모가 0이 되도록 하는 인수를 분자도 인수로 갖는다.

$\lim\limits_{x\to\infty}\dfrac{f(x)-2x^3}{3x^2}=-1$에서 $f(x)-2x^3$은 이차항의 계수가 -3인 이차식이므로

$a=2$, $b=-3$

$\lim\limits_{x\to-1}\dfrac{f(x)}{x+1}=\lim\limits_{x\to-1}\dfrac{2x^3-3x^2+c}{x+1}=12$에서

$x\to-1$일 때, (분모)$\to 0$이므로 (분자)$\to 0$이어야 한다.

$\lim\limits_{x\to-1}(2x^3-3x^2+c)=-5+c=0$

$\therefore c=5$

$\therefore \lim\limits_{x\to 2}\dfrac{f(x)-9}{x-2}=\lim\limits_{x\to 2}\dfrac{2x^3-3x^2-4}{x-2}$

$=\lim\limits_{x\to 2}\dfrac{(x-2)(2x^2+x+2)}{x-2}$

$=\lim\limits_{x\to 2}(2x^2+x+2)$

$=8+2+2=12$

답 12

0158

> 다항함수 $f(x)$가
>
> $\lim\limits_{x\to\infty}\dfrac{f(x)-3x^2}{x}=10$, $\lim\limits_{x\to 1}f(x)=20$
>
> 을 만족시킬 때, $f(0)$의 값은?

↳ $f(x)-3x^2$은 일차식이고 최고차항의 계수는 10임을 이용하자.

$\lim\limits_{x\to\infty}\dfrac{f(x)-3x^2}{x}=10$이므로

$f(x)=3x^2+10x+a$ (a는 상수)

$\lim\limits_{x\to 1}f(x)=20$이므로

$3+10+a=20$ 즉, $a=7$

$f(x)=3x^2+10x+7$

따라서 $f(0)=7$

답 ⑤

0159

> 다항함수 $y=f(x)$가 $\lim\limits_{x\to\infty}\dfrac{f(x)}{x^3}=0$, $\lim\limits_{x\to 0}\dfrac{f(x)}{x}=5$를 만족시킨다. 방정식 $f(x)=x$의 한 근이 -2일 때, $f(1)$의 값을 구하시오.

↳ $f(x)$는 2차 이하의 다항식이다.

↳ $\dfrac{0}{0}$ 꼴의 극한인 경우 분모가 0이 되도록 하는 인수를 분자도 인수로 갖는다.

$\lim\limits_{x\to\infty}\dfrac{f(x)}{x^3}=0$이므로 $f(x)$는 2차 이하의 다항식이다.

$f(x)=ax^2+bx+c$ (a, b, c는 상수)로 놓으면

$\lim\limits_{x\to 0}\dfrac{f(x)}{x}=\lim\limits_{x\to 0}\dfrac{ax^2+bx+c}{x}=5$에서

$x\to 0$일 때, (분모)$\to 0$이므로 (분자)$\to 0$이어야 한다.

즉, $f(0)=0$이므로 $c=0$

$\lim\limits_{x\to 0}\dfrac{ax^2+bx}{x}=\lim\limits_{x\to 0}(ax+b)=5$이므로

$b=5$

또 방정식 $f(x)=x$의 한 근이 -2이므로 $f(-2)=-2$에서

$4a-10=-2$ $\therefore a=2$

따라서 $f(x)=2x^2+5x$이므로

$f(1)=2+5=7$

답 7

0160

> 다항함수 $y=f(x)$가 다음 조건을 만족시킬 때, $\lim\limits_{x\to-1}f(x)$의 값을 구하시오.
>
> (가) $\lim\limits_{x\to\infty}\dfrac{x^2-3}{f(x)}=\dfrac{1}{3}$ (나) $\lim\limits_{x\to-2}\dfrac{f(x)}{x^2-4}=2$

↳ 분모가 $(x+2)$를 인수로 가지므로 분자도 $(x+2)$를 인수로 가진다.

↳ $f(x)$는 이차식이고 최고차항의 계수는 3임을 이용하자.

$\lim\limits_{x\to\infty}\dfrac{x^2-3}{f(x)}=\dfrac{1}{3}$이므로 $f(x)$는 이차항의 계수가 3인 이차식이다.

$f(x)=3x^2+ax+b$ (a, b는 상수)로 놓으면

$\lim\limits_{x\to-2}\dfrac{f(x)}{x^2-4}=\lim\limits_{x\to-2}\dfrac{3x^2+ax+b}{x^2-4}=2$에서

$x\to-2$일 때, (분모)$\to 0$이므로 (분자)$\to 0$이어야 한다.

$f(-2)=12-2a+b=0$

$\therefore b=2a-12$ ……㉠

즉, $f(x)=3x^2+ax+2a-12$이므로

$\lim\limits_{x\to-2}\dfrac{f(x)}{x^2-4}=\lim\limits_{x\to-2}\dfrac{3x^2+ax+2a-12}{x^2-4}$

$=\lim\limits_{x\to-2}\dfrac{(x+2)(3x+a-6)}{(x+2)(x-2)}$

$=\lim\limits_{x\to-2}\dfrac{3x+a-6}{x-2}$

$=\dfrac{-6+a-6}{-4}=2$

$a-12=-8$ $\therefore a=4$

$a=4$를 ㉠에 대입하면 $b=-4$

따라서 $f(x)=3x^2+4x-4$이므로

$\lim\limits_{x\to-1}f(x)=3-4-4=-5$

답 -5

0161

↳ $\dfrac{0}{0}$ 꼴의 극한인 경우 분모가 0이 되도록 하는 인수를 분자도 인수로 갖는다.

> 다항함수 $y=f(x)$가 다음 조건을 만족시킬 때, $f(1)$의 값을 구하시오.
>
> (가) $\lim\limits_{x\to\infty}\dfrac{f(x)-3x^3}{x^2}=2$ (나) $\lim\limits_{x\to 0}\dfrac{f(x)}{x}=2$

↳ $f(x)-3x^3$은 이차식이고 최고차항의 계수는 2임을 이용하자.

조건 (가)에서 $\lim\limits_{x \to \infty} \dfrac{f(x)-3x^3}{x^2}=2$와 같이 수렴하려면

분모와 분자의 차수가 2로 같고, 분자인 $f(x)-3x^3$의 최고차항의 계수가 2이어야 한다.

즉, 다항식 $f(x)$의 최고차항은 $3x^3$이고, 이차항의 계수가 2이므로 $f(x)=3x^3+2x^2+ax+b$ (a, b는 상수)로 놓을 수 있다.

조건 (나)에서

$$\lim_{x \to 0} \frac{f(x)}{x}=\lim_{x \to 0}\frac{3x^3+2x^2+ax+b}{x}=2 \qquad \cdots\cdots \, \bigcirc$$

$x \to 0$일 때, (분모)$\to 0$이므로 (분자)$\to 0$이어야 한다.

$\therefore \lim\limits_{x \to 0}(3x^3+2x^2+ax+b)=b=0$

$b=0$을 $\bigcirc$에 대입하면

$$\lim_{x \to 0}\frac{3x^3+2x^2+ax}{x}=\lim_{x \to 0}(3x^2+2x+a)=2$$

$\therefore a=2$

따라서 $f(x)=3x^3+2x^2+2x$이므로

$f(1)=3+2+2=7$ 　　　　　　　　　🖩 7

0162

> ┌─ $f(x)=x^3+ax^2+bx+c$라 놓자.
>
> 최고차항의 계수가 1인 삼차함수 $f(x)$가 $f(-1)=2$,
>
> $f(0)=0$, $f(1)=-2$를 만족시킬 때, $\lim\limits_{x \to 0}\dfrac{f(x)}{x}$의 값은?
>
> └─ $f(x)$는 x를 인수로 가짐을 이용하자.

삼차함수 $f(x)$가 최고차항의 계수가 1이고 $f(0)=0$이므로

$f(x)=x^3+ax^2+bx$ (a, b는 상수)로 놓으면

$f(-1)=-1+a-b=2$

$\therefore a-b=3 \qquad \cdots\cdots \, \bigcirc$

$f(1)=1+a+b=-2$

$\therefore a+b=-3 \qquad \cdots\cdots \, \bigcirc\!\!\!\bigcirc$

$\bigcirc$, $\bigcirc\!\!\!\bigcirc$을 연립하여 풀면

$a=0$, $b=-3$

따라서 $f(x)=x^3-3x$이므로

$$\lim_{x \to 0}\frac{f(x)}{x}=\lim_{x \to 0}\frac{x^3-3x}{x}=\lim_{x \to 0}(x^2-3)=-3$$ 　　🖩 ③

[다른풀이] $f(-1)-2=0$, $f(0)+0=0$, $f(1)+2=0$

이므로 $g(x)=f(x)+2x$라 하면 $g(x)=0$의 세 실근이

-1, 0, 1이다.

즉, $g(x)=x(x-1)(x+1)$이므로

$f(x)=g(x)-2x=x(x-1)(x+1)-2x$

$\therefore \lim\limits_{x \to 0}\dfrac{f(x)}{x}=\lim\limits_{x \to 0}\dfrac{x(x-1)(x+1)-2x}{x}$

$\qquad\qquad\qquad =\lim\limits_{x \to 0}\{(x-1)(x+1)-2\}=-3$

0163

> ┌─ 연립방정식을 설정하자.
>
> 다항함수 $y=f(x)$가 $f(-1)=-1$, $f(2)=-1$,
>
> $\lim\limits_{x \to \infty}\dfrac{f(x)}{x^2-1}=2$를 만족시킬 때, $f(-2)$의 값을 구하시오.
>
> └─ $f(x)$는 이차식이고 최고차항의 계수는 2임을 이용하자.

$\lim\limits_{x \to \infty}\dfrac{f(x)}{x^2-1}=2$이므로 $f(x)$는 이차항의 계수가 2인 이차식이다.

$f(x)=2x^2+ax+b$ (a, b는 상수)로 놓으면

$f(-1)=-1$, $f(2)=-1$이므로

$f(-1)=2-a+b=-1$, $-a+b=-3 \qquad \cdots\cdots \, \bigcirc$

$f(2)=8+2a+b=-1$, $2a+b=-9 \qquad \cdots\cdots \, \bigcirc\!\!\!\bigcirc$

$\bigcirc$, $\bigcirc\!\!\!\bigcirc$을 연립하여 풀면

$a=-2$, $b=-5$

따라서 $f(x)=2x^2-2x-5$이므로

$f(-2)=2\times 4-2\times(-2)-5=7$ 　　　🖩 7

[다른풀이] $f(-1)=-1$, $f(2)=-1$이므로

$f(-1)+1=0$, $f(2)+1=0 \qquad \cdots\cdots \, \bigcirc$

한편, $g(x)=f(x)+1$로 놓으면

$\bigcirc$에서 $y=g(x)$는 $g(-1)=g(2)=0$을 만족시키는 이차항의 계수가 2인 이차함수이다.

즉, $g(x)=2(x+1)(x-2)$이므로

$f(x)=2(x+1)(x-2)-1$

$\therefore f(-2)=2\times(-1)\times(-4)-1=7$

0164

> ┌─ 최고차항의 계수의 비가 6임을 이용하자.
>
> 함수 $f(x)=\dfrac{ax^2+bx+c}{x^2+2x-3}$가 $\lim\limits_{x \to \infty}f(x)=6$, $\lim\limits_{x \to 1}f(x)=4$를
>
> 만족시킬 때, 세 상수 a, b, c에 대하여 $a^2+b^2+c^2$의 값을 구하시오.
>
> └─ 분모가 $(x-1)$을 인수로 가지므로 분자도 $(x-1)$을 인수로 가짐을 이용하자.

$\lim\limits_{x \to \infty}\dfrac{ax^2+bx+c}{x^2+2x-3}=6$이므로 $a=6$

$\lim\limits_{x \to 1}\dfrac{6x^2+bx+c}{x^2+2x-3}=4$에서 $x \to 1$일 때, (분모)$\to 0$이므로

(분자)$\to 0$이어야 한다.

즉, $\lim\limits_{x \to 1}(6x^2+bx+c)=0$이므로 $6+b+c=0$

$\therefore c=-b-6 \qquad \cdots\cdots \, \bigcirc$

$\therefore \lim\limits_{x \to 1}\dfrac{6x^2+bx+c}{x^2+2x-3}=\lim\limits_{x \to 1}\dfrac{6x^2+bx-b-6}{x^2+2x-3}$

$\qquad\qquad\qquad\qquad =\lim\limits_{x \to 1}\dfrac{(x-1)(6x+b+6)}{(x-1)(x+3)}$

$\qquad\qquad\qquad\qquad =\lim\limits_{x \to 1}\dfrac{6x+b+6}{x+3}$

$\qquad\qquad\qquad\qquad =\dfrac{12+b}{4}=4$

$\therefore b=4$

$b=4$를 $\bigcirc$에 대입하면 $c=-10$

따라서 $a=6$, $b=4$, $c=-10$이므로

$a^2+b^2+c^2=36+16+100=152$ 　　　🖩 152

0165

삼차함수 $y=f(x)$에 대하여 $\lim\limits_{x \to -1}\dfrac{f(x)}{x+1}=12$, $\lim\limits_{x \to 2}\dfrac{f(x)}{x-2}=6$

일 때, $f(4)$의 값을 구하시오.

→ $f(-1)=0$임을 이용하자.

→ $f(2)=0$임을 이용하자.

$\lim\limits_{x \to -1}\dfrac{f(x)}{x+1}=12$에서 $x \to -1$일 때, (분모) $\to 0$이므로

(분자) $\to 0$이어야 한다.

$\therefore \lim\limits_{x \to -1} f(x)=f(-1)=0$

$\lim\limits_{x \to 2}\dfrac{f(x)}{x-2}=6$에서 $x \to 2$일 때, (분모) $\to 0$이므로

(분자) $\to 0$이어야 한다.

$\therefore \lim\limits_{x \to 2} f(x)=f(2)=0$

즉, $y=f(x)$는 $(x+1)(x-2)$를 인수로 갖는다.

$f(x)=(x+1)(x-2)(ax+b)$ (a, b는 상수)로 놓으면

$\lim\limits_{x \to -1}\dfrac{f(x)}{x+1}=\lim\limits_{x \to -1}(x-2)(ax+b)$

$\qquad\qquad = -3(-a+b)=12$

$\therefore a-b=4$ ……㉠

$\lim\limits_{x \to 2}\dfrac{f(x)}{x-2}=\lim\limits_{x \to 2}(x+1)(ax+b)$

$\qquad\qquad =3(2a+b)=6$

$\therefore 2a+b=2$ ……㉡

㉠, ㉡을 연립하여 풀면 $a=2$, $b=-2$

따라서 $f(x)=(x+1)(x-2)(2x-2)$이므로

$f(4)=5 \times 2 \times 6=60$

답 60

0166

→ $\dfrac{1}{x}=t$로 놓으면 $x \to 0+$일 때, $t \to \infty$임을 이용하자.

다항함수 $f(x)$가

$\lim\limits_{x \to 0+}\dfrac{x^3 f\left(\dfrac{1}{x}\right)-1}{x^3+x}=5$, $\lim\limits_{x \to 1}\dfrac{f(x)}{x^2+x-2}=\dfrac{1}{3}$

을 만족시킬 때, $f(2)$의 값을 구하시오. → $f(1)=0$임을 이용하자.

$\lim\limits_{x \to 0+}\dfrac{x^3 f\left(\dfrac{1}{x}\right)-1}{x^3+x}=5$에서 $\dfrac{1}{x}=t$로 놓으면 $x \to 0+$일 때,

$t \to \infty$이므로

$\lim\limits_{x \to 0+}\dfrac{x^3 f\left(\dfrac{1}{x}\right)-1}{x^3+x}=\lim\limits_{t \to \infty}\dfrac{\dfrac{1}{t^3}f(t)-1}{\dfrac{1}{t^3}+\dfrac{1}{t}}$

$\qquad\qquad =\lim\limits_{t \to \infty}\dfrac{f(t)-t^3}{t^2+1}=5$

이때, $f(t)$는 다항함수이므로 $f(t)-t^3$은 이차항의 계수가

5인 이차함수이어야 한다.

즉, $f(t)-t^3=5t^2+at+b$ (a, b는 상수)로 놓으면

$f(t)=t^3+5t^2+at+b$

$\lim\limits_{x \to 1}\dfrac{f(x)}{x^2+x-2}=\dfrac{1}{3}$에서 $x \to 1$일 때, (분모) $\to 0$이므로

(분자) $\to 0$이어야 한다.

즉, $f(1)=0$이므로 $6+a+b=0$

$\therefore b=-(a+6)$ ……㉠

이때, $f(x)=x^3+5x^2+ax-(a+6)$이므로

$\lim\limits_{x \to 1}\dfrac{x^3+5x^2+ax-(a+6)}{x^2+x-2}=\lim\limits_{x \to 1}\dfrac{(x-1)(x^2+6x+a+6)}{(x-1)(x+2)}$

$\qquad\qquad\qquad\qquad =\dfrac{a+13}{3}=\dfrac{1}{3}$

$\therefore a=-12$

$a=-12$를 ㉠에 대입하면 $b=6$

따라서 $f(x)=x^3+5x^2-12x+6$이므로

$f(2)=8+20-24+6=10$

답 10

0167

함수 $y=f(x)$가 임의의 양의 실수 x에 대하여

$\dfrac{5x-2}{x+1} < f(x) < \dfrac{10x^2+3x-2}{2x^2-7x+7}$

일 때, $\lim\limits_{x \to \infty} f(x)$의 값을 구하시오.

→ $\lim\limits_{x \to \infty}\dfrac{5x-2}{x+1}=5$ → $\lim\limits_{x \to \infty}\dfrac{10x^2+3x-2}{2x^2-7x+7}=5$임을 이용하자.

$\dfrac{5x-2}{x+1} < f(x) < \dfrac{10x^2+3x-2}{2x^2-7x+7}$에서

$\lim\limits_{x \to \infty}\dfrac{5x-2}{x+1}=\lim\limits_{x \to \infty}\dfrac{10x^2+3x-2}{2x^2-7x+7}=5$이므로

$\lim\limits_{x \to \infty} f(x)=5$

답 5

0168

→ $f(x) < g(x) < h(x)$이면
$\lim\limits_{x \to \infty} f(x) \le \lim\limits_{x \to \infty} g(x) \le \lim\limits_{x \to \infty} h(x)$임을 이용하자.

함수 $y=f(x)$가 임의의 양의 실수 x에 대하여

$\dfrac{x}{3x^2+2x+1} < f(x) < \dfrac{x}{3x^2-2x+1}$

를 만족시킬 때, $\lim\limits_{x \to \infty} xf(x)$의 값은?

→ 주어진 부등식의 각 변에 x를 곱하자.

$x>0$이므로 주어진 부등식의 각 변에 x를 곱하면

$\dfrac{x^2}{3x^2+2x+1} < xf(x) < \dfrac{x^2}{3x^2-2x+1}$

$\lim\limits_{x \to \infty}\dfrac{x^2}{3x^2+2x+1}=\lim\limits_{x \to \infty}\dfrac{x^2}{3x^2-2x+1}=\dfrac{1}{3}$이므로

$\lim\limits_{x \to \infty} xf(x)=\dfrac{1}{3}$

답 ①

0169

→ $f(x) < g(x) < h(x)$이면 $\lim\limits_{x \to \infty} f(x) \le \lim\limits_{x \to \infty} g(x) \le \lim\limits_{x \to \infty} h(x)$ 임을 이용하자.

함수 $y=f(x)$가 임의의 양의 실수 x에 대하여

$x < (2x^2+x+2)f(x) < x+3$

을 만족시킬 때, $\lim\limits_{x \to \infty} xf(x)$의 값은?

→ 주어진 부등식에 $\dfrac{x}{2x^2+x+2}$를 곱하자.

임의의 양의 실수 x에 대하여 $2x^2+x+2>0$이므로 주어진

부등식의 각 변을 $2x^2+x+2$로 나누면

$$\frac{x}{2x^2+x+2} < f(x) < \frac{x+3}{2x^2+x+2}$$

$$\frac{x^2}{2x^2+x+2} < xf(x) < \frac{x^2+3x}{2x^2+x+2} \ (\because x>0)$$

$$\lim_{x \to \infty} \frac{x^2}{2x^2+x+2} = \lim_{x \to \infty} \frac{x^2+3x}{2x^2+x+2} = \frac{1}{2} \text{이므로}$$

$$\lim_{x \to \infty} xf(x) = \frac{1}{2}$$

답 ②

0170

> $f(x)<g(x)<h(x)$이면 $\displaystyle\lim_{x \to \infty} f(x) \le \lim_{x \to \infty} g(x) \le \lim_{x \to \infty} h(x)$ 임을 이용하자.
>
> 함수 $y=f(x)$가 모든 양수 x에 대하여
> $$4x+1 < f(x) < 4x+3$$
> 을 만족시킬 때, $\displaystyle\lim_{x \to \infty} \frac{\{f(x)\}^2}{x^2+1}$ 의 값을 구하시오.
> ┗━➡ 주어진 부등식을 알맞게 변형하자.

$1<4x+1<f(x)<4x+3$의 각 변을 제곱하면
$(4x+1)^2 < \{f(x)\}^2 < (4x+3)^2$
양수 x에 대하여 $x^2+1>0$이므로 위의 부등식의 각 변을
x^2+1로 나누면
$$\frac{(4x+1)^2}{x^2+1} < \frac{\{f(x)\}^2}{x^2+1} < \frac{(4x+3)^2}{x^2+1}$$
$$\lim_{x \to \infty} \frac{(4x+1)^2}{x^2+1} = \lim_{x \to \infty} \frac{(4x+3)^2}{x^2+1} = 16 \text{이므로}$$
$$\lim_{x \to \infty} \frac{\{f(x)\}^2}{x^2+1} = 16$$

답 16

0171

> $f(x)<g(x)<h(x)$이면
> $\displaystyle\lim_{x \to \infty} f(x) \le \lim_{x \to \infty} g(x) \le \lim_{x \to \infty} h(x)$ 임을 이용하자.
>
> 함수 $y=f(x)$가 모든 실수 x에 대하여 $2x+3<f(x)<2x+7$
> 을 만족시킬 때, $\displaystyle\lim_{x \to \infty} \frac{\{f(x)\}^3}{x^3+1}$ 의 값을 구하시오.
> ┗━➡ 주어진 부등식을 알맞게 변형하자.

$2x+3<f(x)<2x+7$에서
$(2x+3)^3 < \{f(x)\}^3 < (2x+7)^3$
$x \to \infty$일 때 $x>0$이므로 $x^3+1>0$
따라서 주어진 부등식의 각 변을 x^3+1로 나누면
$$\frac{(2x+3)^3}{x^3+1} < \frac{\{f(x)\}^3}{x^3+1} < \frac{(2x+7)^3}{x^3+1}$$
$$\lim_{x \to \infty} \frac{(2x+3)^3}{x^3+1} = \lim_{x \to \infty} \frac{(2x+7)^3}{x^3+1} = 8 \text{이므로}$$
$$\lim_{x \to \infty} \frac{\{f(x)\}^3}{x^3+1} = 8$$

답 8

0172

> ┌─➡ $f(x)<g(x)<h(x)$이면
> │ $\displaystyle\lim_{x \to a} f(x) \le \lim_{x \to a} g(x) \le \lim_{x \to a} h(x)$임을 이용하자.
> │
> 다항함수 $f(x)$는 양의 실수 x에 대하여 다음 조건을
> 만족할 때, $f(3)$의 값을 구하시오.
>
> > (가) $2x^2-5x \le f(x) \le 2x^2+2$
> > (나) $\displaystyle\lim_{x \to 1} \frac{f(x)}{x^2+2x-3} = \frac{1}{4}$
>
> └─➡ $f(x)$는 이차식이고 최고차항의 계수는 $\frac{1}{4}$임을 이용하자.

조건 (가)에서 부등식의 각 변을 x^2으로 나누면
$$\frac{2x^2-5x}{x^2} \le \frac{f(x)}{x^2} \le \frac{2x^2+2}{x^2}$$
$$\lim_{x \to \infty} \frac{2x^2-5x}{x^2} = \lim_{x \to \infty} \frac{2x^2+2}{x^2} = 2 \text{이므로}$$
$$\lim_{x \to \infty} \frac{f(x)}{x^2} = 2$$
$f(x)$는 최고차항의 계수가 2인 이차함수이다.
조건 (나)에서 $f(1)=0$
$f(x)=2(x-1)(x+a)$라 하자.
$$\lim_{x \to 1} \frac{f(x)}{x^2+2x-3} = \lim_{x \to 1} \frac{2(x-1)(x+a)}{(x-1)(x+3)}$$
$$= \frac{2(1+a)}{4} = \frac{1}{4}$$
$$\therefore a = -\frac{1}{2}, \ f(x) = 2(x-1)\left(x-\frac{1}{2}\right)$$
따라서 $f(3)=10$

답 10

0173

> ┌─➡ $f(x)<h(x)<g(x)$임을 이용하자.
> │
> 이차함수 $f(x)=2x^2-4x+5$의 그래프를 y축의 방향으로 a만큼
> 평행이동한 이차함수 $y=g(x)$의 그래프에 대하여 두 함수
> $y=f(x)$와 $y=g(x)$의 그래프 사이에 함수 $y=h(x)$의 그래프
> 가 존재할 때, $\displaystyle\lim_{x \to \infty} \frac{h(x)}{x^2}$의 값을 구하시오. (단, $a>0$)
>
> $f(x)<g(x)<h(x)$이면 $\displaystyle\lim_{x \to \infty} f(x) \le \lim_{x \to \infty} g(x) \le \lim_{x \to \infty} h(x)$임을 이용하자.

이차함수 $y=2x^2-4x+5$의 그래프를 y축의 방향으로 a만큼 평행이동
하면 $y=2x^2-4x+5+a$이므로
$g(x)=2x^2-4x+5+a$
두 함수 $y=f(x)$와 $y=g(x)$의 그래프 사이에 함수 $y=h(x)$의 그래
프가 존재하므로
$2x^2-4x+5 < h(x) < 2x^2-4x+5+a \ (\because a>0)$
위의 부등식의 각 변을 x^2으로 나누면
$$\frac{2x^2-4x+5}{x^2} < \frac{h(x)}{x^2} < \frac{2x^2-4x+5+a}{x^2}$$
$$\lim_{x \to \infty} \frac{2x^2-4x+5}{x^2} = \lim_{x \to \infty} \frac{2x^2-4x+5+a}{x^2} = 2 \text{이므로}$$
$$\lim_{x \to \infty} \frac{h(x)}{x^2} = 2$$

답 2

0174

→ $\lim_{x \to 1} \{f(x) - x\} = 0$임을 이용하자.

두 함수 $y = f(x)$, $y = g(x)$에 대하여

$$\lim_{x \to 1} \frac{f(x) - x}{x - 1} = 0, \quad \lim_{x \to 1} \frac{x^2 - 1}{g(x) - 4} = 2$$

→ $\lim_{x \to 1} \{g(x) - 4\} = 0$임을 이용하자.

일 때, 함수 $y = h(x)$가 $x > 1$인 실수 x에 대하여

$$(2x^2 - 6)f(x) \le h(x) \le (x^2 - 2x)g(x)$$

를 만족시킨다. $\lim_{x \to 1+} h(x)$의 값을 구하시오.

$f(x) < g(x) < h(x)$이면 $\lim_{x \to a} f(x) \le \lim_{x \to a} g(x) \le \lim_{x \to a} h(x)$임을 이용하자.

$\lim_{x \to 1} \dfrac{f(x) - x}{x - 1} = 0$에서 $x \to 1$일 때, (분모)$\to 0$이므로

(분자)$\to 0$이어야 한다.

$\lim_{x \to 1} \{f(x) - x\} = \{\lim_{x \to 1} f(x)\} - 1 = 0$이므로

$\lim_{x \to 1} f(x) = 1$, 즉 $\lim_{x \to 1+} f(x) = 1$

$\lim_{x \to 1} \dfrac{x^2 - 1}{g(x) - 4} = 2$에서 $x \to 1$일 때, (분자)$\to 0$이고 0이 아닌

극한값이 존재하므로 (분모)$\to 0$이어야 한다.

$\lim_{x \to 1} \{g(x) - 4\} = \{\lim_{x \to 1} g(x)\} - 4 = 0$이므로

$\lim_{x \to 1} g(x) = 4$, 즉 $\lim_{x \to 1+} g(x) = 4$

$(2x^2 - 6)f(x) \le h(x) \le (x^2 - 2x)g(x)$에서

$\lim_{x \to 1+} (2x^2 - 6)f(x) = (-4) \times 1 = -4$

$\lim_{x \to 1+} (x^2 - 2x)g(x) = (-1) \times 4 = -4$

$\therefore \lim_{x \to 1+} h(x) = -4$

답 -4

0175

→ 삼각형의 넓이는 $\frac{1}{2}x$이다.

그림과 같이 세 점 $A(0, 1)$, $O(0, 0)$, $B(x, 0)$을 꼭짓점으로 하는 삼각형과 그 삼각형에 내접하는 원이 있다. 점 B가 x축을 따라 원점에 한없이 가까워질 때, $\triangle AOB$에 내접하는 원의 반지름의 길이 r에 대하여 $\dfrac{r}{x}$의 극한값을 구하시오. (단, $x > 0$)

→ 삼각형의 넓이를 다시 내접원의 반지름을 이용하여 나타내자.

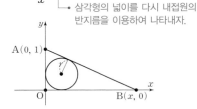

삼각형 OAB에서 내접원의 반지름의 길이를 r라 할 때,

삼각형의 넓이 : $\dfrac{1 + x + \sqrt{1 + x^2}}{2} r = \dfrac{1}{2}x$

$\lim_{x \to 0} \dfrac{r}{x} = \dfrac{1}{1 + x + \sqrt{1 + x^2}} = \dfrac{1}{2}$

답 $\dfrac{1}{2}$

0176

→ 삼각형의 넓이는 $\frac{3}{2}a$이다.

그림과 같이 두 점 $A(a, 0)$, $B(0, 3)$에 대하여 삼각형 OAB에 내접하는 원 C가 있다. 원 C의 반지름의 길이를 r라 할 때, $\lim_{a \to 0+} \dfrac{r}{a}$의 값은? (단, O는 원점이다.)

→ 삼각형의 넓이를 내접원의 반지름 r를 이용하여 나타내자.

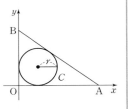

원의 중심을 점 C라 하면 그림과 같이 $\triangle COB$, $\triangle COA$, $\triangle CAB$는 각각 밑면이 $\overline{OB}$, $\overline{OA}$, $\overline{AB}$이고 높이가 r인 삼각형이다.

이 세 삼각형의 넓이의 합은 $\triangle OAB$의 넓이와 같으므로

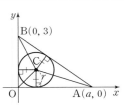

$\dfrac{1}{2}r(\overline{OB} + \overline{OA} + \overline{AB}) = \dfrac{1}{2} \times a \times 3$

$\overline{AB} = \sqrt{a^2 + 9}$이므로

$\dfrac{1}{2}r(3 + a + \sqrt{a^2 + 9}) = \dfrac{3}{2}a$

$\therefore \dfrac{r}{a} = \dfrac{3}{a + 3 + \sqrt{a^2 + 9}}$

$\therefore \lim_{a \to 0+} \dfrac{r}{a} = \lim_{a \to 0+} \dfrac{3}{a + 3 + \sqrt{a^2 + 9}}$

$= \dfrac{3}{3 + \sqrt{9}} = \dfrac{1}{2}$

답 ⑤

0177

그림과 같이 x축 위의 점 $A(-1, 0)$과 직선 $y = x + 1$ 위의 점 $P(t, t+1)$ $(t > -1)$이 있다. $\lim_{t \to \infty} (\overline{AP} - \overline{OP})$의 값은? (단, O는 원점이다.)

→ $\overline{AP}$와 $\overline{OP}$를 t에 관한 식으로 나타내고 극한값을 구하자.

좌표평면 위의 두 점 $A(-1, 0)$, $P(t, t+1)$에 대하여

$\overline{AP} = \sqrt{\{t - (-1)\}^2 + (t+1)^2} = \sqrt{2t^2 + 4t + 2}$

$\overline{OP} = \sqrt{t^2 + (t+1)^2} = \sqrt{2t^2 + 2t + 1}$

$\therefore \lim_{t \to \infty} (\overline{AP} - \overline{OP})$

$= \lim_{t \to \infty} (\sqrt{2t^2 + 4t + 2} - \sqrt{2t^2 + 2t + 1})$

$= \lim_{t \to \infty} \dfrac{(\sqrt{2t^2 + 4t + 2} - \sqrt{2t^2 + 2t + 1})(\sqrt{2t^2 + 4t + 2} + \sqrt{2t^2 + 2t + 1})}{\sqrt{2t^2 + 4t + 2} + \sqrt{2t^2 + 2t + 1}}$

$= \lim_{t \to \infty} \dfrac{2t + 1}{\sqrt{2t^2 + 4t + 2} + \sqrt{2t^2 + 2t + 1}}$

$= \lim_{t \to \infty} \dfrac{2 + \dfrac{1}{t}}{\sqrt{2 + \dfrac{4}{t} + \dfrac{2}{t^2}} + \sqrt{2 + \dfrac{2}{t} + \dfrac{1}{t^2}}}$

$= \dfrac{2}{2\sqrt{2}} = \dfrac{\sqrt{2}}{2}$

답 ④

0178

수직인 직선의 방정식을 구하자.

그림과 같이 직선 $y=2x+1$ 위에 점 $P(t,\ 2t+1)$이 있다. 점 P를 지나고 직선 $y=2x+1$에 수직인 직선이 x축과 만나는 점을 Q라 할 때, $\lim\limits_{t\to\infty}\dfrac{\overline{PQ}^2}{\overline{OP}^2}$의 값을 구하시오. (단, O는 원점이다.)

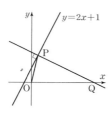

$\overline{OP}$와 $\overline{PQ}$를 t에 관한 식으로 나타내자.

직선 $y=2x+1$에 수직이고 점 $P(t,\ 2t+1)$을 지나는 직선의 방정식은

$$y-(2t+1)=-\frac{1}{2}(x-t)$$

$$\therefore y=-\frac{1}{2}x+\frac{5}{2}t+1$$

이 직선이 x축과 만나는 점 Q의 좌표는 $(5t+2,\ 0)$이다.

$$\overline{PQ}^2=(4t+2)^2+(2t+1)^2$$
$$=20t^2+20t+5$$
$$\overline{OP}^2=t^2+(2t+1)^2=5t^2+4t+1$$

$$\therefore \lim_{t\to\infty}\frac{\overline{PQ}^2}{\overline{OP}^2}=\lim_{t\to\infty}\frac{20t^2+20t+5}{5t^2+4t+1}=4$$

답 4

0179

$b=\sqrt{2a}$임을 이용하자. / 반지름의 길이는 $\sqrt{a^2+b^2}$임을 이용하자.

곡선 $y=\sqrt{2x}$ 위의 점 $A(a,\ b)$에서 x축에 내린 수선의 발을 B라 하자. 원점 O가 중심이고 점 A를 지나는 원과 원점 O가 중심이고 점 B를 지나는 원의 반지름의 길이의 차를 $f(a)$라 할 때, $\lim\limits_{a\to\infty}f(a)$의 값을 구하시오. (단, $a\neq0$)

반지름의 길이는 a이다.

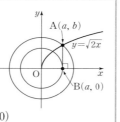

점 $A(a,\ b)$가 곡선 $y=\sqrt{2x}$ 위의 점이므로 $b=\sqrt{2a}$

점 A를 지나는 원의 반지름의 길이는

$$\overline{OA}=\sqrt{a^2+b^2}=\sqrt{a^2+2a}\ (\because b=\sqrt{2a})$$

점 B를 지나는 원의 반지름의 길이는 $\overline{OB}=a$

따라서 $f(a)=\overline{OA}-\overline{OB}=\sqrt{a^2+2a}-a$이므로

$$\lim_{a\to\infty}f(a)=\lim_{a\to\infty}(\sqrt{a^2+2a}-a)$$
$$=\lim_{a\to\infty}\frac{(\sqrt{a^2+2a}-a)(\sqrt{a^2+2a}+a)}{\sqrt{a^2+2a}+a}$$
$$=\lim_{a\to\infty}\frac{2a}{\sqrt{a^2+2a}+a}$$
$$=\lim_{a\to\infty}\frac{2}{\sqrt{1+\dfrac{2}{a}}+1}=1$$

답 1

0180

$\overline{PQ}=\sqrt{9-x^2}$이다.

그림과 같이 중심이 O이고, 길이가 6인 선분 AB를 지름으로 하는 반원이 있다. 두 점 O, B를 제외한 선분 OB 위의 점 P에 대하여 점 P를 지나고 선분 OB에 수직인 직선이 호 AB와 만나는 점을 Q라 하고, $\overline{OP}=x$, $\overline{AQ}=f(x)$라 하자.

$$\lim_{x\to3-}\frac{6-f(x)}{3-x}$$의 값을 구하시오.

$\overline{AQ}=\sqrt{(3+x)^2+9-x^2}$임을 이용하자.

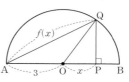

$$\overline{PQ}=\sqrt{9-x^2}$$
$$f(x)=\sqrt{(3+x)^2+9-x^2}$$
$$=\sqrt{6x+18}$$

(주어진 식)$=\lim\limits_{x\to3-}\dfrac{6-\sqrt{6x+18}}{3-x}$

$$=\lim_{x\to3-}\frac{(6-\sqrt{6x+18})(6+\sqrt{6x+18})}{(3-x)(6+\sqrt{6x+18})}$$
$$=\lim_{x\to3-}\frac{18-6x}{(3-x)(6+\sqrt{6x+18})}$$
$$=\lim_{x\to3-}\frac{6}{6+\sqrt{6x+18}}$$
$$=\frac{6}{6+6}=\frac{1}{2}$$

답 $\dfrac{1}{2}$

0181

$\overline{OP}=\sqrt{t^2+2t}$임을 이용하자.

그림과 같이 좌표평면에서 곡선 $y=\sqrt{2x}$ 위의 점 $P(t,\ \sqrt{2t})$가 있다. 원점 O를 중심으로 하고 선분 $\overline{OP}$를 반지름으로 하는 원을 C, 점 P에서의 원 C의 접선이 x축과 만나는 점을 Q라 하자.

원 C의 넓이를 $S(t)$라 할 때, $\lim\limits_{t\to0+}\dfrac{S(t)}{\overline{OQ}-\overline{PQ}}$의 값은?

접선의 방정식을 구하자.

(단, $t>0$)

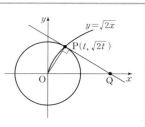

$\overline{OP}=\sqrt{t^2+2t}$이므로 $S(t)=(t^2+2t)\pi$

원 C 위의 점 P에서의 접선의 방정식이

$tx+\sqrt{2t}y=t^2+2t$이므로 $Q(t+2,\ 0)$

$\overline{OQ}=t+2$, $\overline{PQ}=\sqrt{2t+4}$이므로

$$\lim_{t\to0+}\frac{S(t)}{\overline{OQ}-\overline{PQ}}=\lim_{t\to0+}\frac{(t^2+2t)\pi}{(t+2)-\sqrt{2t+4}}=4\pi$$

따라서 $\lim\limits_{t\to0+}\dfrac{S(t)}{\overline{OQ}-\overline{PQ}}=4\pi$

답 ④

0182

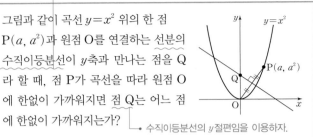
→ $\overline{\text{OP}}$의 중점을 지나고 기울기가 $-\dfrac{1}{a}$인 직선이다.

그림과 같이 곡선 $y=x^2$ 위의 한 점 $\text{P}(a, a^2)$과 원점 O를 연결하는 선분의 수직이등분선이 y축과 만나는 점을 Q라 할 때, 점 P가 곡선을 따라 원점 O에 한없이 가까워지면 점 Q는 어느 점에 한없이 가까워지는가?
→ 수직이등분선의 y절편임을 이용하자.

선분 OP의 중점을 M이라 하면 $\text{M}\left(\dfrac{a}{2}, \dfrac{a^2}{2}\right)$

선분 OP의 기울기는 $\dfrac{a^2-0}{a-0}=a$

즉, 선분 OP의 수직이등분선은 기울기가 $-\dfrac{1}{a}$이고 점 M을 지나는 직선이므로

$$y-\dfrac{a^2}{2}=-\dfrac{1}{a}\left(x-\dfrac{a}{2}\right)$$

$$\therefore y=-\dfrac{1}{a}x+\dfrac{1}{2}+\dfrac{a^2}{2}$$

점 Q의 좌표는 $\left(0, \dfrac{1}{2}+\dfrac{a^2}{2}\right)$이고, P→O일 때 a→0이므로

$$\lim_{a\to 0}\left(\dfrac{1}{2}+\dfrac{a^2}{2}\right)=\dfrac{1}{2}$$

따라서 점 P가 곡선을 따라 원점 O에 한없이 가까워지면 점 Q는 점 $\left(0, \dfrac{1}{2}\right)$에 한없이 가까워진다.   답 ②

0183

→ 삼각형 OAC는 이등변삼각형이고 $\overline{\text{OD}}$는 $\overline{\text{AC}}$의 수직이등분선이다.

그림과 같이 중심이 O이고 반지름의 길이가 2인 원에 내접하고 $\overline{\text{AB}}=\overline{\text{BC}}$인 이등변삼각형 ABC가 있다. 점 A를 지나고 직선 BC와 평행한 직선과 점 C를 지나고 직선 AB와 평행한 직선이 만나는 점을 D라 하자.
$\overline{\text{AC}}=t$라 할 때, $\lim\limits_{x\to 0+}\dfrac{\overline{\text{OD}}-6}{t^2}$의 값을 구하시오.
→ 사각형 ABCD는 평행사변형임을 이용하자.

조건에서 사각형 ABCD는 평행사변형이다.

선분 AC와 선분 OD의 교점을 그림과 같이 H라고 하면 점 H는 점 O에서 선분 AC를 수직이등분하는 수선의 발이 된다.
따라서 삼각형 AOH는 직각삼각형이 된다.

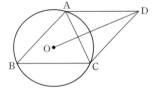

$$\overline{\text{OH}}=\sqrt{2^2-\left(\dfrac{t}{2}\right)^2}=\sqrt{4-\dfrac{t^2}{4}}$$

$$\therefore \overline{\text{OD}}=2+2\sqrt{4-\dfrac{t^2}{4}}$$

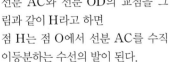 

$$\lim_{t\to 0+}\dfrac{\overline{\text{OD}}-6}{t^2}=\lim_{t\to 0+}\dfrac{2\sqrt{4-\dfrac{t^2}{4}}-4}{t^2}$$

$$=2\lim_{t\to 0+}\dfrac{\left(\sqrt{4-\dfrac{t^2}{4}}-2\right)\left(\sqrt{4-\dfrac{t^2}{4}}+2\right)}{t^2\left(\sqrt{4-\dfrac{t^2}{4}}+2\right)}$$

$$=2\lim_{t\to 0+}\dfrac{4-\dfrac{t^2}{4}-4}{t^2\left(\sqrt{4-\dfrac{t^2}{4}}+2\right)}$$

$$=2\lim_{t\to 0+}\dfrac{-\dfrac{1}{4}}{\sqrt{4-\dfrac{t^2}{4}}+2}$$

$$=2\times\dfrac{\left(-\dfrac{1}{4}\right)}{2+2}=-\dfrac{1}{8}$$ 답 $-\dfrac{1}{8}$

0184

→ 수직인 직선의 기울기는 $-\dfrac{1}{t}$임을 이용하자.

그림과 같이 양수 t에 대하여 곡선 $y=x^2$ 위의 점 $\text{P}(t, t^2)$을 지나고 선분 OP에 수직인 직선이 y축과 만나는 점을 Q라 하자.
삼각형 OPQ의 넓이를 $S(t)$라 할 때, $\lim\limits_{t\to 0+}\dfrac{S(t)}{t}$의 값은?
수직인 직선의 y절편이다. ←
(단, O는 원점이다.)

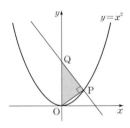

선분 OP에 수직이고 점 P를 지나는 직선 PQ의 기울기는 $-\dfrac{1}{t}$이므로
직선 PQ의 방정식은 $y-t^2=-\dfrac{1}{t}(x-t)$

따라서 y축과 만나는 점은 $\text{Q}(0, 1+t^2)$

삼각형 OPQ의 넓이 $S(t)=\dfrac{1}{2}\times t\times (1+t^2)$

$$\therefore \lim_{t\to 0+}\dfrac{S(t)}{t}=\lim_{t\to 0+}\dfrac{\dfrac{1}{2}\times t\times (1+t^2)}{t}$$

$$=\lim_{t\to 0+}\dfrac{1}{2}\times (1+t^2)=\dfrac{1}{2}$$ 답 ②

0185

→ 점 A의 좌표를 (k, ak^2)이라 하고 $\overline{\text{AD}}=\overline{\text{AB}}$임을 이용하자.

그림과 같이 함수 $y=ax^2$ $(a>0)$의 그래프 위의 두 점 A, B와 직선 $y=a$ 위의 두 점 C, D에 대하여 사각형 ABCD가 정사각형일 때, 정사각형 ABCD의 넓이 $S(a)$에 대하여 $\lim\limits_{a\to\infty}S(a)$의 값을 구하시오.
→ 정사각형 한 변의 길이를 a에 관하여 나타내자.

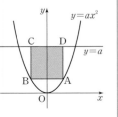

점 A의 좌표를 (k, ak^2) $(k>0)$이라 하면 점 $D(k, a)$이고 정사각형 ABCD의 한 변의 길이는 $2k$이므로

$a-ak^2=2k$, $ak^2+2k-a=0$

$\therefore k=\dfrac{-1+\sqrt{1+a^2}}{a}$ $(\because a>0, k>0)$

따라서 정사각형 ABCD의 한 변의 길이는

$2k=\dfrac{-2+2\sqrt{1+a^2}}{a}$이므로 정사각형 ABCD의 넓이 $S(a)$는

$S(a)=(2k)^2=\left(\dfrac{-2+2\sqrt{1+a^2}}{a}\right)^2=\dfrac{4a^2+8-8\sqrt{1+a^2}}{a^2}$

$\therefore \lim\limits_{a\to\infty}S(a)=\lim\limits_{a\to\infty}\dfrac{4a^2+8-8\sqrt{1+a^2}}{a^2}=4$ 　　　　**답 4**

0186

↱ $P(t, \sqrt{1-t^2})$, $Q(t, \sqrt{t+1})$임을 이용하자.

그림과 같이 원 $x^2+y^2=1$과 곡선 $y=\sqrt{x+1}$이 직선 $x=t$ $(0<t<1)$과 제1사분면에서 만나는 점을 각각 P, Q 하자. 삼각형 OPQ의 넓이를 $S(t)$라 할 때, $\lim\limits_{t\to 0+}\dfrac{S(t)}{t^2}$의 값은?

(단, O는 원점이다.)

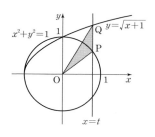

원 $x^2+y^2=1$과 곡선 $y=\sqrt{x+1}$이 직선 $x=t$ $(0<t<1)$과 만나는 점은 각각 $P(t, \sqrt{1-t^2})$, $Q(t, \sqrt{t+1})$

$S(t)=\dfrac{1}{2}\times t\times\overline{PQ}=\dfrac{t(\sqrt{t+1}-\sqrt{1-t^2})}{2}$

$\lim\limits_{t\to 0+}\dfrac{S(t)}{t^2}=\lim\limits_{t\to 0+}\dfrac{t(\sqrt{t+1}-\sqrt{1-t^2})}{2t^2}$

$\qquad=\lim\limits_{t\to 0+}\dfrac{t^2+t}{2t(\sqrt{t+1}+\sqrt{1-t^2})}$

$\qquad=\lim\limits_{t\to 0+}\dfrac{t+1}{2(\sqrt{t+1}+\sqrt{1-t^2})}=\dfrac{1}{4}$ 　　**답 ②**

0187

1보다 큰 실수 t에 대하여 그림과 같이 점 $P\left(t+\dfrac{1}{t}, 0\right)$에서 원 $x^2+y^2=\dfrac{1}{2t^2}$에 접선을 그었을 때, 원과 접선이 제1사분면에서 만나는 점을 Q, 원 위의 점 $\left(0, -\dfrac{1}{\sqrt{2t}}\right)$을 R라 하자. 삼각형 ORQ의 넓이를 $S(t)$라 할 때, $\lim\limits_{t\to\infty}\{t^4\times S(t)\}$의 값은? ↳ $\angle QOP=\theta$라 두고 $S(t)$를 삼각함수를 이용하여 나타내자.

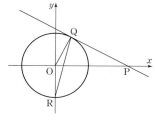

$\angle QOP=\theta$라 하면

$S(t)=\dfrac{1}{2}\times\overline{OQ}\times\overline{OR}\times\sin\left(\dfrac{\pi}{2}+\theta\right)$

$\qquad=\dfrac{1}{2}\times\left(\dfrac{\sqrt{2}}{2t}\right)^2\times\sin\left(\dfrac{\pi}{2}+\theta\right)$

$\qquad=\dfrac{1}{4t^2}\cos\theta$

직각삼각형 PQO에서

$\cos\theta=\dfrac{\overline{OQ}}{\overline{OP}}=\dfrac{\frac{\sqrt{2}}{2t}}{t+\frac{1}{t}}=\dfrac{\sqrt{2}}{2(t^2+1)}$ 이므로

$S(t)=\dfrac{\sqrt{2}}{8(t^4+t^2)}$

따라서 $\lim\limits_{t\to\infty}\{t^4\times S(t)\}=\lim\limits_{t\to\infty}\dfrac{\sqrt{2}t^4}{8(t^4+t^2)}$

$\qquad=\lim\limits_{t\to\infty}\dfrac{\sqrt{2}}{8\left(1+\frac{1}{t^2}\right)}$

$\qquad=\dfrac{\sqrt{2}}{8}$ 　　**답 ①**

0188

△OAP의 넓이를 이용해서 $\dfrac{1}{2}\overline{PQ}$의 길이를 r로 표현하자.

반지름의 길이가 1인 원 O 위에 한 점 A가 있다. 점 A를 중심으로 하고 반지름의 길이가 r인 원이 원 O와 만나는 점을 각각 P, Q 하고, 원 O의 지름 AB와 만나는 점을 R라 하자. 사각형 APRQ의 넓이를 $S(r)$라 할 때, $\lim\limits_{r\to 2-}\dfrac{S(r)}{\sqrt{2-r}}$의 값을 구하시오. (단, $0<r<2$) ↳ $\dfrac{1}{2}\times r\times\overline{PQ}$임을 이용하자.

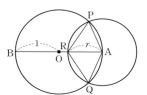

$\overline{OA}$와 $\overline{PQ}$의 교점을 T, $\overline{PT}=h$,
$\overline{AP}$의 중점을 M이라고 하면,
$S(r)=hr$

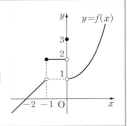

$\triangle OAP = \dfrac{1}{2} \times \overline{OA} \times \overline{PT}$

$\quad\quad\quad = \dfrac{1}{2} \times \overline{AP} \times \overline{OM}$

이므로

$\dfrac{1}{2} \times 1 \times h = \dfrac{1}{2} \times r \times \sqrt{1-\left(\dfrac{r}{2}\right)^2},\ h = r\sqrt{1-\left(\dfrac{r}{2}\right)^2}$

$\therefore \displaystyle\lim_{r\to 2-} \dfrac{S(r)}{\sqrt{2-r}} = \lim_{r\to 2-} \dfrac{r^2\sqrt{1-\left(\dfrac{r}{2}\right)^2}}{\sqrt{2-r}}$

$\therefore \displaystyle\lim_{r\to 2-} \dfrac{r^2\sqrt{(2-r)(2+r)}}{2\sqrt{2-r}} = 4$

답 4

0189

 △APQ와 △DCP는 닮음임을 이용하자.

그림과 같이 $\overline{BC}=3$, $\overline{CD}=2$인 직사각형 ABCD에서 선분 AD 위의 점 A가 아닌 임의의 점 P에 대하여 점 P를 지나고 직선 CP에 수직인 직선이 선분 AB와 만나는 점을 Q라 하자. $\overline{AP}=x$일 때, 삼각형 PQC의 넓이를 $S(x)$라 하면 $\displaystyle\lim_{x\to 0+} \dfrac{S(x)}{x}$의 값을 구하시오.

→ 사각형 ABCD의 넓이에서 △APQ, △DCP, △BCQ의 넓이를 빼자.

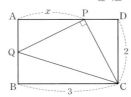

△APQ와 △DCP에서 ∠APQ=∠DCP이고 ∠A=∠D=90°이기 때문에 RHA닮음이므로 $\overline{AD}=3$이므로 $\overline{PD}=3-x$라 하면
$2:(3-x)=x:\overline{AQ}$이며 $\overline{AQ}=\dfrac{1}{2}x(3-x)$이고
따라서 $\overline{QB}=2-\dfrac{1}{2}x(3-x)$이다.

△APQ의 넓이는 $\dfrac{1}{2}\times x\times\dfrac{1}{2}x(3-x)=\dfrac{1}{4}x^2(3-x)$

△DCP의 넓이는 $\dfrac{1}{2}\times 2\times(3-x)=3-x$

△BCQ의 넓이는 $\dfrac{1}{2}\times 3\times\left\{2-\dfrac{1}{2}(3-x)\right\}=3-\dfrac{3}{4}x(3-x)$

이므로

$S(x)=6-(\triangle APQ+\triangle DCP+\triangle BCQ)=\dfrac{1}{4}x^3-\dfrac{3}{2}x^2+\dfrac{13}{4}x$

$\displaystyle\lim_{x\to 0+}\dfrac{S(x)}{x}=\lim_{x\to 0+}\dfrac{\dfrac{1}{4}x^3-\dfrac{3}{2}x^2+\dfrac{13}{4}x}{x}$

$\quad\quad\quad\quad = \lim_{x\to 0+}\left(\dfrac{1}{4}x^3-\dfrac{3}{2}x^2+\dfrac{13}{4}x\right)$

$\quad\quad\quad\quad = \dfrac{13}{4}$

답 $\dfrac{13}{4}$

0190

→ x가 -1보다 작은 값을 가지면서 -1에 한없이 가까워질 때 $f(x)$의 값을 구하자.

함수 $y=f(x)$의 그래프가 그림과 같을 때, $\displaystyle\lim_{x\to -1-}f(x)+f(0)+\lim_{x\to 0+}f(x)$의 값을 구하시오.

→ x가 0보다 큰 값을 가지면서 0에 한없이 가까워질 때 $f(x)$의 값을 구하자.

$\displaystyle\lim_{x\to -1-}f(x)=1$, $\lim_{x\to 0+}f(x)=1$이고
$f(0)=3$이므로
$\displaystyle\lim_{x\to -1-}f(x)+f(0)+\lim_{x\to 0+}f(x)=1+3+1=5$

답 5

0191

구간 $(-2, 2)$에서 정의된 함수 $y=f(x)$의 그래프가 그림과 같을 때, $\displaystyle\lim_{x\to -1-}f(x)+\lim_{x\to 1-}f(x)f(x-1)$의 값을 구하시오.

→ $=\displaystyle\lim_{x\to 1-}f(x)\times\lim_{t\to 0-}f(t)$임을 이용하자.

$\displaystyle\lim_{x\to -1-}f(x)=\lim_{x\to -1+}f(x)=2$

$\therefore \displaystyle\lim_{x\to -1}f(x)=2$

$\displaystyle\lim_{x\to 1-}f(x)f(x-1)=\lim_{x\to 1-}f(x)\times\lim_{t\to 0-}f(t)=1\times 1=1$

$\therefore \displaystyle\lim_{x\to -1}f(x)+\lim_{x\to 1-}f(x)f(x-1)=2+1=3$

답 3

0192

$=\displaystyle\lim_{x\to\infty}f(x)\left\{3-\dfrac{g(x)}{f(x)}\right\}=2$임을 이용하자.

두 함수 $f(x)$, $g(x)$가 $\displaystyle\lim_{x\to\infty}f(x)=\infty$, $\lim_{x\to\infty}\{3f(x)-g(x)\}=2$를 만족시킬 때, $\displaystyle\lim_{x\to\infty}\dfrac{3f(x)+3g(x)}{8f(x)-2g(x)}$의 값을 구하시오.

→ 분모와 분자를 $f(x)$로 나누자.

$\displaystyle\lim_{x\to\infty}f(x)=\infty$이고,

$\displaystyle\lim_{x\to\infty}\{3f(x)-g(x)\}=\lim_{x\to\infty}f(x)\left\{3-\dfrac{g(x)}{f(x)}\right\}=2$이므로,

$\displaystyle\lim_{x\to\infty}\left\{3-\dfrac{g(x)}{f(x)}\right\}=0$이다.

$\therefore \displaystyle\lim_{x\to\infty}\dfrac{g(x)}{f(x)}=3$

$\therefore \displaystyle\lim_{x\to\infty}\dfrac{3f(x)+3g(x)}{8f(x)-2g(x)}=\lim_{x\to\infty}\dfrac{3+3\dfrac{g(x)}{f(x)}}{8-2\dfrac{g(x)}{f(x)}}=\dfrac{12}{2}=6$

답 6

다른풀이 $3f(x)-g(x)=h(x)$라 하면
$g(x)=3f(x)-h(x)$

$$\lim_{x \to \infty} \frac{3f(x)+3g(x)}{8f(x)-2g(x)}$$

$$= \lim_{x \to \infty} \frac{12f(x)-3h(x)}{2f(x)+2h(x)}$$

$$= \lim_{x \to \infty} \frac{12-3\dfrac{h(x)}{f(x)}}{2+2\dfrac{h(x)}{f(x)}} = 6$$

0193

$\displaystyle\lim_{x \to -2} \dfrac{x^3+2x^2-x-2}{x^2+6x+8}$ 의 값은?

→ 분모와 분자를 인수분해한 뒤 약분하자.

$$\lim_{x \to -2} \frac{x^3+2x^2-x-2}{x^2+6x+8} = \lim_{x \to -2} \frac{(x+2)(x^2-1)}{(x+2)(x+4)}$$

$$= \lim_{x \to -2} \frac{x^2-1}{x+4} = \frac{3}{2}$$

답 ②

0194

극한값의 계산이 옳은 것만을 〈보기〉에서 있는 대로 고른 것은?

┤ 보기 ├

ㄱ. $\displaystyle\lim_{x \to \infty} \dfrac{6x^2+7x+1}{2x^2+3x-5} = 2$ → 최고차항의 비는 3임을 이용하자.

ㄴ. $\displaystyle\lim_{x \to \infty} \dfrac{3x}{\sqrt{16x^2-x}+\sqrt{9x^2-1}} = \dfrac{3}{7}$ → 분모를 유리화하자.

ㄷ. $\displaystyle\lim_{x \to \infty} \dfrac{\sqrt{1+3x^2}-5}{x} = \sqrt{3}$ → 분자를 유리화하자.

ㄱ. $\displaystyle\lim_{x \to \infty} \dfrac{6x^2+7x+1}{2x^2+3x-5} = \lim_{x \to \infty} \dfrac{6+\dfrac{7}{x}+\dfrac{1}{x^2}}{2+\dfrac{3}{x}-\dfrac{5}{x^2}} = 3$ (거짓)

ㄴ. $\displaystyle\lim_{x \to \infty} \dfrac{3x}{\sqrt{16x^2-x}+\sqrt{9x^2-1}}$

$$= \lim_{x \to \infty} \frac{3}{\sqrt{16-\dfrac{1}{x}}+\sqrt{9-\dfrac{1}{x^2}}}$$

$$= \frac{3}{4+3} = \frac{3}{7}\ (참)$$

ㄷ. $\displaystyle\lim_{x \to \infty} \dfrac{\sqrt{1+3x^2}-5}{x} = \lim_{x \to \infty} \dfrac{\sqrt{\dfrac{1}{x^2}+3}-\dfrac{5}{x}}{1}$

$$= \sqrt{3}\ (참)$$

따라서 옳은 것은 ㄴ, ㄷ이다.

답 ④

0195

$\displaystyle\lim_{x \to -\infty} \left(\sqrt{x^2+3x+4}+x\right)$ 의 값은?

→ $x=-t$라 하면 $x \to -\infty$일 때, $t \to \infty$임을 이용하자.

$x=-t$로 놓으면 $x \to -\infty$일 때, $t \to \infty$이므로

$$\lim_{x \to -\infty} \left(\sqrt{x^2+3x+4}+x\right)$$

$$= \lim_{t \to \infty} \left(\sqrt{t^2-3t+4}-t\right)$$

$$= \lim_{t \to \infty} \frac{\left(\sqrt{t^2-3t+4}-t\right)\left(\sqrt{t^2-3t+4}+t\right)}{\sqrt{t^2-3t+4}+t}$$

$$= \lim_{t \to \infty} \frac{-3t+4}{\sqrt{t^2-3t+4}+t}$$

$$= \lim_{t \to \infty} \frac{-3+\dfrac{4}{t}}{\sqrt{1-\dfrac{3}{t}+\dfrac{4}{t^2}}+1}$$

$$= \frac{-3}{1+1} = -\frac{3}{2}$$

답 ①

0196 ✎서술형 →$\displaystyle\lim_{x \to 1}(x-1)=0$이므로 $\displaystyle\lim_{x \to 1}(x^2+ax)=0$임을 이용하자.

두 상수 a, b에 대하여 $\displaystyle\lim_{x \to 1} \dfrac{x^2+ax}{x-1}=b$일 때, $a+b$의 값을 구하시오.

$\displaystyle\lim_{x \to 1} \dfrac{x^2+ax}{x-1}=b$에서 $\displaystyle\lim_{x \to 1}(x-1)=0$이므로

$\displaystyle\lim_{x \to 1}(x^2+ax)=1+a=0$이어야 한다.

$\therefore a=-1$ ⋯⋯ 40%

$$\lim_{x \to 1} \frac{x^2+ax}{x-1} = \lim_{x \to 1} \frac{x^2-x}{x-1}$$

$$= \lim_{x \to 1} \frac{x(x-1)}{x-1}$$

$$= \lim_{x \to 1} x = 1$$

$\therefore b=1$ ⋯⋯ 40%

$\therefore a+b = (-1)+1 = 0$ ⋯⋯ 20%

답 0

0197

$\displaystyle\lim_{x \to 2} \dfrac{a\sqrt{x+2}-b}{x-2}=\dfrac{1}{4}$이 성립하도록 하는 상수 a, b에 대하여 $a+b$의 값은? → $x \to 2$일 때, (분모) $\to$ 0이므로 (분자) $\to$ 0이어야 한다.

$x \to 2$일 때 (분모) $\to$ 0이므로 (분자) $\to$ 0이다. 따라서

$\displaystyle\lim_{x \to 2}\left(a\sqrt{x+2}-b\right) = a\sqrt{2+2}-b = 2a-b=0$

$\therefore b=2a$

$$\lim_{x \to 2} \frac{a\sqrt{x+2}-b}{x-2} = \lim_{x \to 2} \frac{a\sqrt{x+2}-2a}{x-2}$$

$$= \lim_{x \to 2} \frac{a(\sqrt{x+2}-2)}{x-2}$$

$$= \lim_{x \to 2} \frac{a(x+2-4)}{(x-2)\sqrt{x+2}+2}$$

$$= \lim_{x \to 2} \frac{a}{(\sqrt{x+2}+2)}$$

$\therefore a=1,\ b=2$

$\therefore a+b = 1+2 = 3$

답 ③

0198 ✏️서술형　　$f(x)$는 이차식이고 최고차항의 계수는 3임을 이용하자.

> 다항함수 $y=f(x)$가 $\displaystyle\lim_{x\to\infty}\dfrac{f(x)}{3x^2-x+2}=1$, $\displaystyle\lim_{x\to2}\dfrac{f(x)-2}{x-2}=3$
>
> 을 만족시킬 때, $f(-1)$의 값을 구하시오.
>
> 분모가 $(x-2)$를 인수로 가지므로 분자도 $(x-2)$를 인수로 가짐을 이용하자.

$y=f(x)$가 다항함수이고 $\displaystyle\lim_{x\to\infty}\dfrac{f(x)}{3x^2-x+2}=1$이므로

$y=f(x)$는 이차항의 계수가 3인 이차함수이다.

또 $\displaystyle\lim_{x\to2}\dfrac{f(x)-2}{x-2}=3$에서 $x\to2$일 때, (분모)$\to0$이므로

(분자)$\to0$이어야 한다.

$\displaystyle\lim_{x\to2}\{f(x)-2\}=f(2)-2=0$　　$\therefore f(2)=2$　　　······ 30%

$f(x)=3x^2+ax+b$ $(a,\,b$는 상수)로 놓으면

$f(2)=12+2a+b=2$

$\therefore b=-2a-10$　　······ ㉠

즉, $f(x)=3x^2+ax-2a-10$이므로

$\displaystyle\lim_{x\to2}\dfrac{f(x)-2}{x-2}=\lim_{x\to2}\dfrac{(3x^2+ax-2a-10)-2}{x-2}$

$\qquad=\displaystyle\lim_{x\to2}\dfrac{(x-2)(3x+a+6)}{x-2}$

$\qquad=\displaystyle\lim_{x\to2}(3x+a+6)$

$\qquad=a+12=3$

$\therefore a=-9$

$a=-9$를 ㉠에 대입하면 $b=8$　　　······ 50%

따라서 $f(x)=3x^2-9x+8$이므로

$f(-1)=3+9+8=20$　　　······ 20%

답 **20**

[다른풀이] $f(x)-2=3(x-2)(x-k)$ $(k$는 상수)로 놓을 수 있으므로

$\displaystyle\lim_{x\to2}\dfrac{f(x)-2}{x-2}=\lim_{x\to2}\dfrac{3(x-2)(x-k)}{x-2}$

$\qquad=\displaystyle\lim_{x\to2}3(x-k)$

$\qquad=6-3k=3$

$\therefore k=1$

따라서 $f(x)=3(x-2)(x-1)+2$이므로

$f(-1)=3\times(-3)\times(-2)+2=20$

0199

> 함수 $y=f(x)$가 임의의 양의 실수 x에 대하여
>
> $\dfrac{3x^2+5x}{x^2-2x+3}<f(x)<\dfrac{3x+1}{x}$
>
> 일 때, $\displaystyle\lim_{x\to1}f(x)$의 값을 구하시오.
>
> $f(x)<g(x)<h(x)$이면 $\displaystyle\lim_{x\to a}f(x)\le\lim_{x\to a}g(x)\le\lim_{x\to a}h(x)$임을 이용하자.

$\dfrac{3x^2+5x}{x^2-2x+3}<f(x)<\dfrac{3x+1}{x}$에서

$\displaystyle\lim_{x\to1}\dfrac{3x^2+5x}{x^2-2x+3}=\lim_{x\to1}\dfrac{3x+1}{x}=4$이므로

$\displaystyle\lim_{x\to1}f(x)=4$

답 **4**

참고　$f(x)<h(x)<g(x)$이고 $\displaystyle\lim_{x\to a}f(x)=\lim_{x\to a}g(x)=\alpha$일 때도

$\displaystyle\lim_{x\to a}h(x)=\alpha$가 성립한다.

0200　　　점 P의 좌표를 $(t,\,\sqrt{2t-2}\,)$라 하자.

> 그림과 같이 곡선 $y=\sqrt{2x-2}$ 위를 움직이는 점 P에서 x축에 내린 수선 또는 수선의 연장선 위에 점 A(3, 2)에서 내린 수선의 발을 Q라 하자. 점 P가 점 A에 한없이 가까워질 때, $\dfrac{\overline{PQ}}{\overline{AQ}}$의 극한값을 구하시오. 　$\overline{PQ}$와 $\overline{AQ}$를 t에 관한 식으로 나타내자.

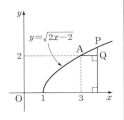

점 P의 좌표를 $(t,\,\sqrt{2t-2}\,)$ $(t\ge1)$라 하면 점 Q의 좌표는

$(t,\,2)$이므로

$\overline{PQ}=|\sqrt{2t-2}-2|$, $\overline{AQ}=|t-3|$

점 P가 점 A에 한없이 가까워지면 $t\to3$이므로

$\displaystyle\lim_{t\to3}\dfrac{\overline{PQ}}{\overline{AQ}}=\lim_{t\to3}\dfrac{|\sqrt{2t-2}-2|}{|t-3|}$

$\qquad=\displaystyle\lim_{t\to3}\dfrac{\sqrt{2t-2}-2}{t-3}$

$\qquad=\displaystyle\lim_{t\to3}\dfrac{2t-6}{(t-3)(\sqrt{2t-2}+2)}$

$\qquad=\displaystyle\lim_{t\to3}\dfrac{2}{\sqrt{2t-2}+2}$

$\qquad=\dfrac{2}{\sqrt{4}+2}=\dfrac{1}{2}$

답 $\dfrac{1}{2}$

0201　　　점 Q의 좌표는 $\left(t,\,\dfrac{1}{t}\right)$임을 이용하자.

> 그림과 같이 곡선 $y=\sqrt{x}$ 위의 점 $P(t,\,\sqrt{t}\,)$ $(t>1)$를 지나고 y축에 평행한 직선이 곡선 $y=\dfrac{1}{x}$과 만나는 점을 Q라 하자. 또 두 곡선 $y=\sqrt{x}$, $y=\dfrac{1}{x}$의 교점 S를 지나면서 y축에 평행한 직선이 점 Q를 지나면서 x축에 평행한 직선과 만나는 점을 R라 하자. 삼각형 PSQ의 넓이를 $f(t)$, 삼각형 SRQ의 넓이를 $g(t)$라 할 때, $\displaystyle\lim_{t\to1}\dfrac{f(t)}{g(t)}$의 값은?　　점 S의 좌표는 (1, 1)임을 이용하자.

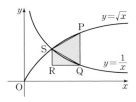

두 점 $P(t,\,\sqrt{t}\,)$, $Q\left(t,\,\dfrac{1}{t}\right)$이고, 두 곡선 $y=\sqrt{x}$와 $y=\dfrac{1}{x}$의 교점이

$S(1,\,1)$이므로 점 $R\left(1,\,\dfrac{1}{t}\right)$이다.

$f(t)=\dfrac{1}{2}(t-1)\left(\sqrt{t}-\dfrac{1}{t}\right)=\dfrac{(t-1)(t\sqrt{t}-1)}{2t}$

$$g(t)=\frac{1}{2}(t-1)\left(1-\frac{1}{t}\right)=\frac{(t-1)^2}{2t}$$

$$\therefore \lim_{t\to1}\frac{f(t)}{g(t)}=\lim_{t\to1}\frac{\dfrac{(t-1)(t\sqrt{t}-1)}{2t}}{\dfrac{(t-1)^2}{2t}}$$

$$=\lim_{t\to1}\frac{t\sqrt{t}-1}{t-1}$$

$$=\lim_{t\to1}\frac{t^3-1}{(t-1)(t\sqrt{t}+1)}$$

$$=\lim_{t\to1}\frac{t^2+t+1}{t\sqrt{t}+1}=\frac{3}{2}$$
답 ①

0202

→ $x=1$과 $x=-1$에서의 극한값과 함숫값이 다름에 유의하자.

함수 $y=f(x)$의 그래프가 그림과 같을 때, 〈보기〉에서 옳은 것만을 있는 대로 고른 것은?

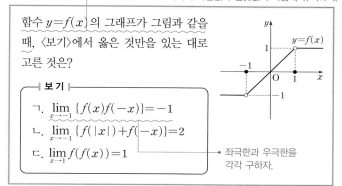

┤ 보 기 ├
ㄱ. $\displaystyle\lim_{x\to-1}\{f(x)f(-x)\}=-1$
ㄴ. $\displaystyle\lim_{x\to-1}\{f(|x|)+f(-x)\}=2$
ㄷ. $\displaystyle\lim_{x\to1}f(f(x))=1$

→ 좌극한과 우극한을 각각 구하자.

$$f(x)=\begin{cases}-1 & (x<-1)\\ 0 & (x=-1 \text{ 또는 } x=1)\\ x & (-1<x<1)\\ 1 & (x>1)\end{cases}\text{이므로}$$

$$f(-x)=\begin{cases}1 & (x<-1)\\ 0 & (x=-1 \text{ 또는 } x=1)\\ -x & (-1<x<1)\\ -1 & (x>1)\end{cases}$$

ㄱ. $\displaystyle\lim_{x\to-1-}\{f(x)f(-x)\}=(-1)\times1=-1$

$\displaystyle\lim_{x\to-1+}\{f(x)f(-x)\}=\lim_{x\to-1+}\{x\times(-x)\}=-1$

$\therefore \displaystyle\lim_{x\to-1}\{f(x)f(-x)\}=-1$ (참)

ㄴ. $\displaystyle\lim_{x\to-1-}\{f(|x|)+f(-x)\}=\lim_{x\to-1-}\{f(-x)+f(-x)\}$
$$=1+1=2$$

$\displaystyle\lim_{x\to-1+}\{f(|x|)+f(-x)\}=\lim_{x\to-1+}\{f(-x)+f(-x)\}$
$$=\lim_{x\to-1+}\{(-x)+(-x)\}$$
$$=1+1=2$$

$\therefore \displaystyle\lim_{x\to-1}\{f(|x|)+f(-x)\}=2$ (참)

ㄷ. $f(x)=t$로 놓으면

$x\to1-$일 때 $t\to1-$이므로

$\displaystyle\lim_{x\to1-}f(f(x))=\lim_{t\to1-}f(t)=1$

$x\to1+$일 때 $f(x)=1$이므로

$\displaystyle\lim_{x\to1+}f(f(x))=f(1)=0$

즉, $\displaystyle\lim_{x\to1-}f(f(x))\neq\lim_{x\to1+}f(f(x))$이므로

$\displaystyle\lim_{x\to1}f(f(x))$의 값은 존재하지 않는다. (거짓)

따라서 옳은 것은 ㄱ, ㄴ이다.
답 ③

0203

→ $f(x)-2=ax(x+1)(x-2)$로 놓을 수 있다.

삼차함수 $y=f(x)$는 $f(-1)=f(0)=f(2)=2$를 만족시킨다. 〈보기〉에서 극한값이 존재하는 것만을 있는 대로 고른 것은?

┤ 보 기 ├
→ 분모와 분자를 약분하자.
ㄱ. $\displaystyle\lim_{x\to2}\frac{x-2}{f(x)-2}$ ㄴ. $\displaystyle\lim_{x\to2}\frac{f(x)-2}{f(x-2)}$
ㄷ. $\displaystyle\lim_{x\to2}\frac{f(x-2)}{x-2}$
→ $=\dfrac{f(2)-2}{f(0)}$임을 이용하자.

$f(-1)=2$, $f(0)=2$, $f(2)=2$에서

$f(-1)-2=0$, $f(0)-2=0$, $f(2)-2=0$이므로

$f(x)-2=ax(x+1)(x-2)$ $(a\neq0)$로 놓으면

ㄱ. $\displaystyle\lim_{x\to2}\frac{x-2}{f(x)-2}=\lim_{x\to2}\frac{x-2}{ax(x+1)(x-2)}$

$$=\lim_{x\to2}\frac{1}{ax(x+1)}=\frac{1}{6a}$$

ㄴ. $\displaystyle\lim_{x\to2}\frac{f(x)-2}{f(x-2)}=\frac{f(2)-2}{f(0)}$

$$=\frac{2-2}{2}=0$$

ㄷ. $x\to2$일 때 (분모)$\to0$, (분자)$\to2$이므로 $\dfrac{2}{0}$ 꼴이다.

즉, $\displaystyle\lim_{x\to2+}\frac{f(x-2)}{x-2}=\infty$, $\displaystyle\lim_{x\to2-}\frac{f(x-2)}{x-2}=-\infty$이므로

극한값이 존재하지 않는다.

따라서 극한값이 존재하는 것은 ㄱ, ㄴ이다.
답 ③

0204

→ $x\to0$일 때, (분모)$\to0$이므로 (분자)$\to0$이어야 한다.

다항함수 $y=f(x)$에 대하여
$$\lim_{x\to0}\frac{f(x)}{x}=\lim_{x\to2}\frac{f(x)}{x-2}=8$$
일 때, $\displaystyle\lim_{x\to2}\frac{f(f(x))}{x^2-4}$의 값을 구하시오.
→ $f(x)$는 $(x-2)$를 인수로 가진다.

$\displaystyle\lim_{x\to0}\frac{f(x)}{x}=8$에서 $x\to0$일 때, (분모)$\to0$이고 극한값이

존재하므로 (분자)$\to0$이어야 한다.

$\therefore \displaystyle\lim_{x\to0}f(x)=0$

마찬가지로 $\displaystyle\lim_{x\to2}\frac{f(x)}{x-2}=8$에서 $\displaystyle\lim_{x\to2}f(x)=0$

$f(x)=t$로 놓으면 $x\to2$일 때 $t\to0$이므로

$\displaystyle\lim_{x\to2}\frac{f(f(x))}{f(x)}=\lim_{t\to0}\frac{f(t)}{t}=8$

$\therefore \displaystyle\lim_{x\to2}\frac{f(f(x))}{x^2-4}=\lim_{x\to2}\left\{\frac{f(f(x))}{f(x)}\times\frac{f(x)}{x-2}\times\frac{1}{x+2}\right\}$

$$=8\times8\times\frac{1}{4}=16$$
답 16

0205

두 함수 $y=f(x)$, $y=g(x)$에 대하여 $\quad$ ┌→ $\lim\limits_{x \to 2}\{f(x)-1\}=0$임을 이용하자.

$\quad$ ┌→ $\lim\limits_{x \to 2}\{g(x)-3\}=0$임을 이용하자.

$$\lim_{x \to 2}\frac{f(x)-1}{x-2}=4, \quad \lim_{x \to 2}\frac{g(x)-3}{x-2}=2$$

가 성립할 때, 함수 $y=h(x)$는 모든 실수 x에 대하여

$$(x-1)g(x) \leq h(x) \leq (x+1)f(x)$$

를 만족시킨다. $\lim\limits_{x \to 2}h(x)$의 값을 구하시오.

$f(x) < g(x) < h(x)$이면 $\lim\limits_{x \to a}f(x) \leq \lim\limits_{x \to a}g(x) \leq \lim\limits_{x \to a}h(x)$임을 이용하자.

$\lim\limits_{x \to 2}\dfrac{f(x)-1}{x-2}=4$에서 $x \to 2$일 때, (분모)$\to 0$이고

극한값이 존재하므로 (분자)$\to 0$이어야 한다.

즉, $\lim\limits_{x \to 2}\{f(x)-1\}=0$에서 $\lim\limits_{x \to 2}f(x)=1$

마찬가지로 $\lim\limits_{x \to 2}\dfrac{g(x)-3}{x-2}=2$에서 $\lim\limits_{x \to 2}g(x)=3$

$(x-1)g(x) \leq h(x) \leq (x+1)f(x)$에서

$\lim\limits_{x \to 2}(x-1)g(x)=\lim\limits_{x \to 2}(x+1)f(x)=3$이므로

$\lim\limits_{x \to 2}h(x)=3$ $\qquad\qquad$ 답 **3**

0206

$\quad$ ┌→ $(x+1)f(x)=h(x)$라 하면 $\lim\limits_{x \to 0}h(x)=1$,

$\quad$ $f(x)=\dfrac{h(x)}{x+1}$임을 이용하자.

실수에서 정의된 함수 $y=f(x)$가 $\lim\limits_{x \to 0}(x+1)f(x)=1$을 만족시킬 때, $\lim\limits_{x \to 0}\{f(x)g(x)\}$의 값이 존재하는 함수 $y=g(x)$를 〈보기〉에서 있는 대로 고른 것은?

(단, $[x]$는 x보다 크지 않은 최대의 정수이다.)

┤ 보기 ├

ㄱ. $g(x)=x+2$ $\qquad$ ㄴ. $g(x)=\dfrac{1}{x}$ $\qquad$ ㄷ. $g(x)=[x]$

$\lim\limits_{x \to 0}(x+1)f(x)=1$에서 $(x+1)f(x)=h(x)$로 놓으면

$\lim\limits_{x \to 0}h(x)=1$, $f(x)=\dfrac{h(x)}{x+1}$

ㄱ. $g(x)=x+2$이면

$\quad \lim\limits_{x \to 0}\{f(x)g(x)\}=\lim\limits_{x \to 0}\dfrac{h(x)(x+2)}{x+1}=2$

ㄴ. $g(x)=\dfrac{1}{x}$이면

$\quad \lim\limits_{x \to 0}\{f(x)g(x)\}=\lim\limits_{x \to 0}\dfrac{h(x)}{x(x+1)}=\infty$ (발산)

ㄷ. $g(x)=[x]$이면

$\quad \lim\limits_{x \to 0}\{f(x)g(x)\}=\lim\limits_{x \to 0}\dfrac{h(x)[x]}{x+1}$에서

$\quad \lim\limits_{x \to 0+}\dfrac{h(x)[x]}{x+1}=\lim\limits_{x \to 0+}\dfrac{h(x) \times 0}{x+1}=0$

$\quad \lim\limits_{x \to 0-}\dfrac{h(x)[x]}{x+1}=\lim\limits_{x \to 0-}\dfrac{h(x) \times (-1)}{x+1}=-1$

$\quad$ 즉, $\lim\limits_{x \to 0}\{f(x)g(x)\}$의 극한값은 존재하지 않는다.

따라서 $\lim\limits_{x \to 0}\{f(x)g(x)\}$의 값이 존재하는 함수 $y=g(x)$는 ㄱ뿐이다. $\qquad$ 답 **①**

0207

다음 조건을 만족시키는 모든 다항함수 $f(x)$에 대하여 $f(1)$의 최댓값은?

$$\lim_{x \to \infty}\frac{f(x)-4x^3+3x^2}{x^{n+1}+1}=6, \quad \lim_{x \to 0}\frac{f(x)}{x^n}=4$$인 자연수 n이 존재한다.

$\quad$ └→ $n=1$, $n=2$ 또는 $n \geq 3$인 경우로 나누어 생각하자.

(i) $n=1$일 때,

$\lim\limits_{x \to \infty}\dfrac{f(x)-4x^3+3x^2}{x^2+1}=6$, $\lim\limits_{x \to 0}\dfrac{f(x)}{x}=4$를 만족시키려면

$f(x)=4x^3+3x^2+ax$ (a는 상수) 꼴이어야 한다.

즉, $\lim\limits_{x \to 0}\dfrac{f(x)}{x}=\lim\limits_{x \to 0}(4x^2+3x+a)=a$이므로 $a=4$

따라서 $f(x)=4x^3+3x^2+4x$이므로

$f(1)=4+3+4=11$

(ii) $n=2$일 때,

$\lim\limits_{x \to \infty}\dfrac{f(x)-4x^3+3x^2}{x^3+1}=6$, $\lim\limits_{x \to 0}\dfrac{f(x)}{x^2}=4$를 만족시키려면

$f(x)=10x^3+bx^2$ (b는 상수) 꼴이어야 한다.

즉, $\lim\limits_{x \to 0}\dfrac{f(x)}{x^2}=\lim\limits_{x \to 0}(10x+b)=b$이므로 $b=4$

따라서 $f(x)=10x^3+4x^2$이므로

$f(1)=10+4=14$

(iii) $n \geq 3$일 때,

$\lim\limits_{x \to \infty}\dfrac{f(x)-4x^3+3x^2}{x^{n+1}+1}=6$, $\lim\limits_{x \to 0}\dfrac{f(x)}{x^n}=4$를 만족시키려면

$f(x)=6x^{n+1}+cx^n$ (c는 상수) 꼴이어야 한다.

즉, $\lim\limits_{x \to 0}\dfrac{f(x)}{x^n}=\lim\limits_{x \to 0}(6x+c)=c$이므로 $c=4$

따라서 $f(x)=6x^{n+1}+4x^n$이므로

$f(1)=6+4=10$

(i)~(iii)에서 구하는 $f(1)$의 최댓값은 14이다. $\qquad$ 답 **③**

0208

$$\lim_{x \to -\infty}(\sqrt{1+x^2}+ax)=b$$를 만족시키는 두 상수 a, b에 대하여 $a+b$의 값을 구하시오.

$\quad$ └→ $x=-t$로 놓으면 주어진 식은 $\lim\limits_{t \to \infty}(\sqrt{1+t^2}-at)$임을 이용하자.

$a \leq 0$이면 $\lim\limits_{x \to -\infty}(\sqrt{1+x^2}+ax)=\infty$이므로 $a>0$이어야 한다.

$x=-t$로 놓으면 $x \to -\infty$일 때 $t \to \infty$이므로

$\lim\limits_{x \to -\infty}(\sqrt{1+x^2}+ax)$

$=\lim\limits_{t \to \infty}(\sqrt{1+t^2}-at)$

$=\lim\limits_{t \to \infty}\dfrac{(\sqrt{1+t^2}-at)(\sqrt{1+t^2}+at)}{\sqrt{1+t^2}+at}$

$=\lim\limits_{t \to \infty}\dfrac{1+(1-a^2)t^2}{\sqrt{1+t^2}+at}$

$=\lim\limits_{t \to \infty}\dfrac{\dfrac{1}{t}+(1-a^2)t}{\sqrt{\dfrac{1}{t^2}+1}+a}$ $\qquad$ ······ ㉠

㉠의 극한값이 존재하려면

$1-a^2=0$ ∴ $a=1$ (∵ $a>0$)

$a=1$을 ㉠에 대입하면

$$\lim_{t\to\infty}\frac{\frac{1}{t}}{\sqrt{\frac{1}{t^2}+1}+1}=0$$이므로 $b=0$

∴ $a+b=1$ 　　　　　　　　　　　　　　　　　답 1

0209

→ $-1<x<1$일 때와 $x>1$일 때로 나누어 생각하자.

함수 $f(x)=\displaystyle\lim_{n\to\infty}\dfrac{4+x+ax^{2n}}{1-x^n+x^{2n}}$이 $x=1$에서 극한값이 존재할

때, $f(3)$의 값은?　　　　좌극한과 우극한이 같아야 한다.

$-1<x<1$일 때, $\displaystyle\lim_{n\to\infty}x^n=0$

$x>1$일 때, $\displaystyle\lim_{n\to\infty}x^n=\infty$이므로

$$f(x)=\lim_{n\to\infty}\frac{4+x+ax^{2n}}{1-x^n+x^{2n}}=\begin{cases}4+x & (-1<x<1)\\ a & (x>1)\end{cases}$$

이때,

$\displaystyle\lim_{x\to1-}f(x)=\lim_{x\to1-}(4+x)=5$, $\displaystyle\lim_{x\to1+}f(x)=\lim_{x\to1+}a=a$

이고, $x=1$에서 함수 $f(x)$의 극한값이 존재하므로

$a=5$

∴ $f(3)=5$ 　　　　　　　　　　　　　　　　답 ⑤

0210

최고차항의 계수가 1인 두 삼차함수 $y=f(x)$, $y=g(x)$가 다음
조건을 만족시킬 때, $g(5)$의 값을 구하시오.

㈎ $g(1)=0$ → $g(x)=(x-1)(x^2+ax+b)$로 놓자.

㈏ $\displaystyle\lim_{x\to n}\dfrac{f(x)}{g(x)}=(n-1)(n-2)$ (단, $n=1, 2, 3, 4$)

→ $f(x)=(x-1)^2(x-2)$임을 알 수 있다.

$n=1$일 때, $\displaystyle\lim_{x\to1}\dfrac{f(x)}{g(x)}=0$ 　　……㉠

$n=2$일 때, $\displaystyle\lim_{x\to2}\dfrac{f(x)}{g(x)}=0$ 　　……㉡

$n=3$일 때, $\displaystyle\lim_{x\to3}\dfrac{f(x)}{g(x)}=2$ 　　……㉢

$n=4$일 때, $\displaystyle\lim_{x\to4}\dfrac{f(x)}{g(x)}=6$ 　　……㉣

조건 ㈎에서 $g(1)=0$이므로 최고차항의 계수가 1인 삼차함수
$y=g(x)$는 $g(x)=(x-1)(x^2+ax+b)$ (a, b는 상수)로 놓을 수
있다.

㉠, ㉡에서 $f(x)=(x-1)^2(x-2)$이고

㉢에서 $\dfrac{f(3)}{g(3)}=\dfrac{4}{2(9+3a+b)}=2$이므로

$3a+b+8=0$ 　　　　　　……㉤

㉣에서 $\dfrac{f(4)}{g(4)}=\dfrac{18}{3(16+4a+b)}=6$이므로

$4a+b+15=0$ 　　　　　　……㉥

ㅁ, ㅂ을 연립하여 풀면 $a=-7$, $b=13$

따라서 $g(x)=(x-1)(x^2-7x+13)$이므로

$g(5)=4\times(25-35+13)=12$ 　　　　　　답 12

0211

→ 기울기는 $-\sqrt{t}$임을 이용하자.

그림과 같이 곡선 $y=\sqrt{x}$ 위의 점
$\mathrm{P}(t, \sqrt{t})$ $(t>0)$를 지나고 선분 OP에
수직인 직선 l의 x절편과 y절편을 각각
$f(t)$, $g(t)$라 할 때, $\displaystyle\lim_{t\to\infty}\dfrac{g(t)-f(t)}{g(t)+f(t)}$의

값을 구하시오. (단, O는 원점이다.)

→ t에 관한 식으로 정리하자.

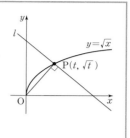

두 점 $\mathrm{O}(0, 0)$, $\mathrm{P}(t, \sqrt{t})$를 지나는 직선의 기울기는 $\dfrac{\sqrt{t}}{t}$이므로

이 직선에 수직인 직선의 기울기는 $-\sqrt{t}$이다.

즉, 직선 l은 기울기가 $-\sqrt{t}$이고, 점 $\mathrm{P}(t, \sqrt{t})$를 지나므로

$y-\sqrt{t}=-\sqrt{t}(x-t)$

∴ $y=-\sqrt{t}\,x+(t+1)\sqrt{t}$

이 직선의 x절편과 y절편이 각각 $f(t)$, $g(t)$이므로

$f(t)=t+1$, $g(t)=(t+1)\sqrt{t}$

$$\begin{aligned}\therefore \lim_{t\to\infty}\frac{g(t)-f(t)}{g(t)+f(t)} &= \lim_{t\to\infty}\frac{(t+1)\sqrt{t}-(t+1)}{(t+1)\sqrt{t}+(t+1)}\\ &= \lim_{t\to\infty}\frac{(t+1)(\sqrt{t}-1)}{(t+1)(\sqrt{t}+1)}\\ &= \lim_{t\to\infty}\frac{\sqrt{t}-1}{\sqrt{t}+1}\\ &= \lim_{t\to\infty}\frac{1-\frac{1}{\sqrt{t}}}{1+\frac{1}{\sqrt{t}}}=1\end{aligned}$$
답 1

0212

→ $f(x)=x^2+bx+c$로 놓을 수 있다.

최고차항의 계수가 1인 이차함수 $f(x)$가

$$\lim_{x\to0}|x|\left\{f\left(\frac{1}{x}\right)-f\left(-\frac{1}{x}\right)\right\}=a,\quad \lim_{x\to\infty}f\left(\frac{1}{x}\right)=3$$

을 만족시킬 때, $f(2)$의 값은? (단, a는 상수이다.)

$f(x)$는 최고차항의 계수가 1인 이차함수이므로

$f(x)=x^2+bx+c$ (단, b와 c는 상수이다.)

$\displaystyle\lim_{x\to0}|x|\left\{f\left(\frac{1}{x}\right)-f\left(-\frac{1}{x}\right)\right\}=a$이므로

$\displaystyle\lim_{x\to0+}x\left\{f\left(\frac{1}{x}\right)-f\left(-\frac{1}{x}\right)\right\}=\lim_{x\to0-}(-x)\left\{f\left(\frac{1}{x}\right)-f\left(-\frac{1}{x}\right)\right\}$

$\dfrac{1}{x}=t$로 치환하면

$\displaystyle\lim_{t\to\infty}\frac{f(t)-f(-t)}{t}=2b$, $\displaystyle\lim_{t\to-\infty}\frac{f(t)-f(-t)}{-t}=2b$

이므로 $b=0$, $a=0$이고 $f(x)=x^2+c$

$\displaystyle\lim_{x\to\infty}f\left(\frac{1}{x}\right)=\lim_{x\to\infty}\left(\frac{1}{x^2}+c\right)=c=3$이므로 $f(x)=x^2+3$

따라서 $f(2)=2^2+3=7$ 　　　　　　　　　　답 ④

0213

→ 점 C의 좌표는 $\left(\dfrac{3}{2}t, \dfrac{\sqrt{2}}{2}t\right)$이다.

직선 $y=\sqrt{2}x$ 위의 점 $A(t, \sqrt{2}t)$ $(t>0)$와 x축 위의 점 $B(2t, 0)$이 있다. 선분 $\overline{AB}$의 중점을 C라 하고, 점 C를 지나고 선분 $\overline{AB}$에 수직인 직선이 직선 $x=2t$와 만나는 점을 D라 하자. 선분 $\overline{CD}$의 길이를 $f(t)$라 할 때, $\displaystyle\lim_{t\to 4}\dfrac{t^2-16}{f(t)-\sqrt{6}}=k$이다. $3k^2$의 값을 구하시오. → 점 D의 좌표는 $\left(2t, \dfrac{3\sqrt{2}}{4}t\right)$임을 이용하자.

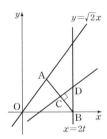

점 C는 선분 $\overline{AB}$의 중점이므로 $C\left(\dfrac{3}{2}t, \dfrac{\sqrt{2}}{2}t\right)$

직선 AB의 기울기가 $-\sqrt{2}$이므로 점 C를 지나고 직선 AB에 수직인 직선을 l이라 하면 직선 l의 방정식은

$$y=\dfrac{\sqrt{2}}{2}\left(x-\dfrac{3}{2}t\right)+\dfrac{\sqrt{2}}{2}t$$

점 D는 직선 l과 직선 $x=2t$의 교점이므로

점 D의 좌표는 $D\left(2t, \dfrac{3\sqrt{2}}{4}t\right)$

$$f(t)=\overline{CD}=\sqrt{\left(2t-\dfrac{3}{2}t\right)^2+\left(\dfrac{3\sqrt{2}}{4}t-\dfrac{\sqrt{2}}{2}t\right)^2}=\dfrac{\sqrt{6}}{4}t$$

$$\lim_{t\to 4}\dfrac{t^2-16}{f(t)-\sqrt{6}}=\lim_{t\to 4}\dfrac{t^2-4^2}{\dfrac{\sqrt{6}}{4}t-\sqrt{6}}$$

$$=\lim_{t\to 4}\dfrac{4(t-4)(t+4)}{\sqrt{6}(t-4)}$$

$$=\lim_{t\to 4}\dfrac{4(t+4)}{\sqrt{6}}$$

$$=\dfrac{16\sqrt{6}}{3}$$

$k=\dfrac{16\sqrt{6}}{3}$이므로 $3k^2=512$

🔲 **512**

0214

→ 점 I에서 $\overline{QC}$에 내린 수선의 발을 H라 하면 $\triangle ABI$와 $\triangle CHI$는 닮음임을 이용하자.

한 변의 길이가 1인 정사각형 ABCD와 점 A가 중심이고 선분 $\overline{AB}$를 반지름으로 하는 원이 있다. 원 위를 움직이는 점 P에 대하여 사각형 APQR가 정사각형이 되도록 원 위에 점 R와 원의 외부에 점 Q를 잡는다. 그림과 같이 선분 $\overline{BC}$와 선분 $\overline{QR}$가 만나도록 할 때, 선분 $\overline{BC}$와 선분 $\overline{QR}$의 교점을 I라 하자. 삼각형 IQC의 둘레의 길이를 L, 넓이를 S라 할 때, 점 P가 점 B에 한없이 가까워지면 $\dfrac{L^2}{S}$의 값이 $a+b\sqrt{2}$에 한없이 가까워진다. a^2+b^2의 값을 구하시오. (단, a, b는 유리수이다.)

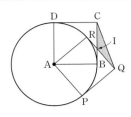

$\overline{CI}=t$라 하면 $t\to 0$이다.

$\overline{CI}=t$라 하자.

점 P가 점 B에 한없이 가까워지면 $t\to 0$이다.

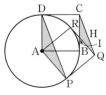

점 I에서 선분 $\overline{QC}$에 내린 수선의 발을 H라 하면 삼각형 ABI와 삼각형 CHI는 닮음이다.

$\overline{BI}=1-t$, $\overline{AI}=\sqrt{t^2-2t+2}$

이고 $\overline{AI}:\overline{AB}=\overline{CI}:\overline{CH}$이므로

$\sqrt{t^2-2t+2}:1=t:\overline{CH}$

$\therefore \overline{CH}=\dfrac{t}{\sqrt{t^2-2t+2}}$

$\overline{AI}:\overline{BI}=\overline{CI}:\overline{HI}$이므로

$\sqrt{t^2-2t+2}:1-t=t:\overline{HI}$

$\therefore \overline{HI}=\dfrac{t(1-t)}{\sqrt{t^2-2t+2}}$

삼각형 IQC에 대하여 S, L을 구하면

$$S=\dfrac{t^2(1-t)}{t^2-2t+2}, \quad L=2t\times\dfrac{\sqrt{t^2-2t+2}+1}{\sqrt{t^2-2t+2}}$$

$$\therefore \lim_{t\to 0}\dfrac{L^2}{S}=\lim_{t\to 0}\dfrac{4t^2\times\dfrac{t^2-2t+3+2\sqrt{t^2-2t+2}}{t^2-2t+2}}{\dfrac{t^2(1-t)}{t^2-2t+2}}$$

$$=\lim_{t\to 0}\dfrac{4(t^2-2t+3+2\sqrt{t^2-2t+2})}{1-t}$$

$$=12+8\sqrt{2}$$

따라서 $a=12$, $b=8$이므로

$a^2+b^2=144+64=208$

🔲 **208**

다른풀이

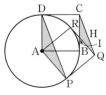

[그림1]

[그림1]에서 $\angle CIQ=\angle DAP$, $\overline{IC}=\overline{IQ}$, $\overline{AD}=\overline{AP}$이므로 두 삼각형 IQC, APD는 서로 닮음인 도형이다. 따라서

$$\dfrac{(\triangle IQC의\ 둘레의\ 길이)^2}{(\triangle IQC의\ 넓이)}=\dfrac{(\triangle APD의\ 둘레의\ 길이)^2}{(\triangle APD의\ 넓이)}$$

이다.

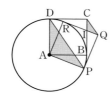

[그림2]

[그림2]에서 볼 수 있듯이 점 P가 점 B에 한없이 가까워지면 삼각형 APD는 삼각형 ABD에 한없이 가까워진다.

[그림3]

[그림3]에서 삼각형 ABD는 직각이등변삼각형이므로

$$\frac{(\triangle \text{ABD의 둘레의 길이})^2}{(\triangle \text{ABD의 넓이})} = \frac{(1+1+\sqrt{2})^2}{\frac{1}{2} \times 1 \times 1} = 12+8\sqrt{2}$$

이다. 그러므로 점 P가 점 B에 한없이 가까워지면 $\frac{L^2}{S}$의 값은 $12+8\sqrt{2}$에 한없이 가까워진다.

따라서 $a=12$, $b=8$이므로

$a^2+b^2 = 144+64 = 208$

0215

> 양의 실수 k와 함수 $f(x)=ax(x-b)$ (a, b는 자연수)에 대하여 함수 $g(x)$를 ▸ $k=1$, $k>1$, $k<1$일 때로 나누어 생각하자.
> $$g(x) = \begin{cases} f(x) & (x<b) \\ kf(x-b) & (x \geq b) \end{cases}$$
> 라 하자. 함수 $g(x)$가 다음 조건을 만족시킨다.
>
> (가) $g(6)=-8$ ▸ b가 자연수임을 이용하자.
> (나) 방정식 $|g(x)|=b$의 서로 다른 실근의 개수는 5이다.
>
> 실수 m에 대하여 직선 $y=mx-1$이 함수 $y=|g(x)|$의 그래프와 만나는 점의 개수를 $h(m)$이라 하자.
> 함수 $h(m)$에 대하여 $\lim\limits_{m \to t-} h(m) + \lim\limits_{m \to t+} h(m) = 6$을 만족시키는 모든 실수 t의 값은 $p+q\sqrt{14}$이다. $12(p+q)$의 값을 구하시오. (단, p, q는 유리수이다.)
> ▸ 그래프를 직접 그려 m의 값에 따른 교점의 개수를 구하자.

(i) $k=1$일 때

방정식 $|g(x)|=b$의 서로 다른 실근의 개수는 2, 4, 6이므로 조건 (나)를 만족시키지 않는다.

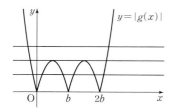

(ii) $k>1$일 때

방정식 $|g(x)|=b$의 서로 다른 실근의 개수는 직선 $y=b$가 함수 $y=|g(x)|$ $(x<b)$의 그래프에 접할 때 5이다.

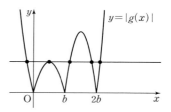

$\left| g\left(\frac{b}{2}\right) \right| = b$이므로 $-f\left(\frac{b}{2}\right)=b$에서 $ab=4$이다.

a, b는 자연수이므로 가능한 순서쌍 (a, b)는 $(1, 4)$, $(2, 2)$, $(4, 1)$이고 $b \leq 4$이다.

조건 (가)에서

$g(6) = kf(6-b) = ka(6-b)(6-2b) = -8$

$ka(6-b)(3-b) = -4$ ...... ㉠

$3-b<0$이므로 만족시키는 자연수 b는 4이다.

그러므로 $a=1$이고 ㉠에서 $k=2$이다.

따라서

$$g(x) = \begin{cases} x(x-4) & (x<4) \\ 2(x-4)(x-8) & (x \geq 4) \end{cases}$$

이다.

(iii) $k<1$일 때

방정식 $|g(x)|=b$의 서로 다른 실근의 개수는 직선 $y=b$가 함수 $y=|g(x)|$ $(x \geq b)$의 그래프에 접할 때 5이다.

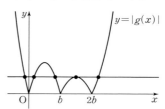

$\left| g\left(\frac{3}{2}b\right) \right| = b$이므로

$-kf\left(\frac{3b}{2}-b\right) = b$, $kab=4$

이다. 조건 (가)에서

① $b>6$일 때

$g(6) = f(6) = 6a(6-b) = -8$, $3a(b-6)=4$이다. 이 식의 좌변은 3의 배수이지만 우변은 3의 배수가 아니다. 따라서 만족하는 두 자연수 a, b는 존재하지 않는다.

② $b \leq 6$일 때

$g(6) = kf(6-b) = ka(6-b)(6-2b) = -8$,

$ka(6-b)(3-b) = -4$ ...... ㉡

이다. 이 식의 좌변에서 $k>0$, $a>0$, $6-b \geq 0$이므로 $3-b<0$이어야 한다.

가능한 자연수 b는 4 또는 5이다.

$b=4$, 5를 ㉡에 각각 대입하면 $ka=2$이다.

그런데 $kab=4$이므로 $b=2$가 되어 모순이다.

따라서 주어진 조건을 만족하는 두 자연수 a, b는 존재하지 않는다.

(i)~(iii)으로부터

$$g(x) = \begin{cases} x(x-4) & (x<4) \\ 2(x-4)(x-8) & (x \geq 4) \end{cases}$$

이다.

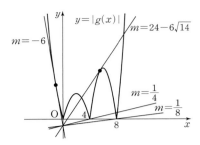

직선 $y=mx-1$이 $(4, 0)$을 지날 때 m의 값을 m_1이라고 하자.

m_1은 직선 $y=mx-1$이 점 $(4, 0)$을 지날 때의 기울기이므로

$m_1=\dfrac{1}{4}$이다.

이차함수 $y=-2(x-4)(x-8)$의 그래프에 접할 때 m의 값을 m_2라 하자.

m_2는 직선 $y=mx-1$이 함수 $y=-2(x-4)(x-8)$의 그래프에 접할 때이므로

이차방정식 $-2(x-4)(x-8)=mx-1$의 판별식을 이용하여 구하면 $m_2=24-6\sqrt{14}$이다.

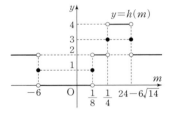

위 그림에서 $\lim\limits_{m\to t-}h(m)+\lim\limits_{m\to t+}h(m)=6$을 만족시키는

모든 실수 t의 값은 $\dfrac{1}{4}$, $24-6\sqrt{14}$이므로

$\dfrac{1}{4}+(24-6\sqrt{14})=\dfrac{97}{4}-6\sqrt{14}$에서

$p=\dfrac{97}{4}$, $q=-6$이다.

따라서 $12(p+q)=12\left(\dfrac{97}{4}-6\right)=219$이다.　　　답 219

02 함수의 연속

본책 042~074쪽

0216　　　답 $[-1, 4]$

0217　　　답 $(3, 5)$

0218　　　답 $[-5, 10)$

0219　　　답 $[-2, \infty)$

0220　　　답 $(-\infty, 1)$

0221　　　답 $\{x\,|\,-3\le x\le 3\}$

0222　　　답 $\{x\,|\,-2< x< 6\}$

0223　　　답 $\{x\,|\,1\le x< 7\}$

0224　　　답 $\{x\,|\,x\ge 0\}$

0225　　　답 $\{x\,|\,x< 5\}$

0226

주어진 함수의 정의역은 실수 전체의 집합이므로 $(-\infty, \infty)$

답 $(-\infty, \infty)$

0227

주어진 함수의 정의역은 실수 전체의 집합이므로 $(-\infty, \infty)$

답 $(-\infty, \infty)$

0228

$x=3$에서 함숫값이 정의되지 않으므로 주어진 함수의 정의역은

$(-\infty, 3), (3, \infty)$　　　답 $(-\infty, 3), (3, \infty)$

0229

주어진 함수의 정의역은 $x+2\ge 0$

즉, $x\ge -2$인 실수의 집합이므로 $[-2, \infty)$　　답 $[-2, \infty)$

0230

$x=2$에서 함숫값 $f(2)$가 정의되어 있지 않으므로 불연속이다.

답 ㄱ

0231

$\lim\limits_{x\to 2-}f(x)\neq\lim\limits_{x\to 2+}f(x)$이므로 극한값 $\lim\limits_{x\to 2}f(x)$가 존재하지 않아 불연속이다.

답 ㄴ

0232

함숫값 $f(2)=4$이고, 극한값 $\lim\limits_{x\to 2}f(x)=3$이다.

따라서 $\lim\limits_{x\to 2}f(x)\neq f(2)$이므로 불연속이다.　　답 ㄷ

0233

$f(1)=1$, $\lim\limits_{x \to 1} f(x)=1$이므로

$\lim\limits_{x \to 1} f(x)=f(1)$

따라서 $y=f(x)$는 $x=1$에서 연속이다.

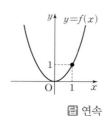

탑 연속

0234

$x=1$에서 함숫값 $f(1)$이 정의되어 있지않으므로 $y=f(x)$는 $x=1$에서 불연속이다.

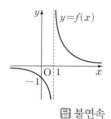

탑 불연속

0235

$f(1)=1$, $\lim\limits_{x \to 1} f(x)=1$이므로

$\lim\limits_{x \to 1} f(x)=f(1)$

따라서 $y=f(x)$는 $x=1$에서 연속이다.

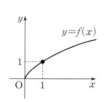

탑 연속

0236

$f(1)=0$, $\lim\limits_{x \to 1} f(x)=0$이므로

$\lim\limits_{x \to 1} f(x)=f(1)$

따라서 $y=f(x)$는 $x=1$에서 연속이다.

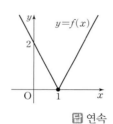

탑 연속

0237

$f(1)=-1$,

$\lim\limits_{x \to 1} f(x)=\lim\limits_{x \to 1} \dfrac{x^2-1}{x-1}$

$\qquad =\lim\limits_{x \to 1} \dfrac{(x-1)(x+1)}{x-1}$

$\qquad =\lim\limits_{x \to 1} (x+1)$

$\qquad =2$

이므로

$\lim\limits_{x \to 1} f(x) \neq f(1)$

따라서 $y=f(x)$는 $x=1$에서 불연속이다.

탑 불연속

0238

$f(1)=2$이고,

$\lim\limits_{x \to 1+} f(x)=\lim\limits_{x \to 1+} (x+1)$

$\qquad\qquad =2$

$\lim\limits_{x \to 1-} f(x)=\lim\limits_{x \to 1-} \dfrac{4}{x+1}$

$\qquad\qquad =2$

에서 $\lim\limits_{x \to 1} f(x)=2$이므로

$\lim\limits_{x \to 1} f(x)=f(1)$

따라서 $y=f(x)$는 $x=1$에서 연속이다.

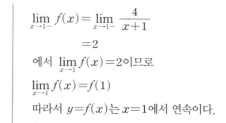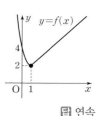

탑 연속

0239

$f(x)=3x+2$는 모든 실수 x에서 연속이다.

따라서 함수 $y=f(x)$가 연속인 구간은 $(-\infty, \infty)$이다.

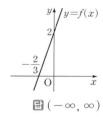

탑 $(-\infty, \infty)$

0240

$f(x)=x^2-2x+3$

$\qquad =(x-1)^2+2$

는 모든 실수 x에서 연속이다.

따라서 함수 $y=f(x)$가 연속인 구간은 $(-\infty, \infty)$이다.

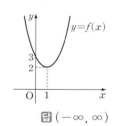

탑 $(-\infty, \infty)$

0241

$f(x)=|x+2|$는 모든 실수 x에서 연속이다.

따라서 함수 $y=f(x)$가 연속인 구간은 $(-\infty, \infty)$이다.

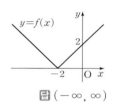

탑 $(-\infty, \infty)$

0242

$f(x)=\sqrt{2x-3}$은 $2x-3 \geq 0$,

즉 $x \geq \dfrac{3}{2}$인 구간에서 연속이다.

따라서 함수 $y=f(x)$가 연속인 구간은 $\left[\dfrac{3}{2}, \infty\right)$이다.

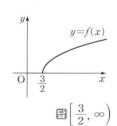

탑 $\left[\dfrac{3}{2}, \infty\right)$

0243

$f(x)=\dfrac{x+1}{x+3}=-\dfrac{2}{x+3}+1$은

$x+3 \neq 0$, 즉 $x \neq -3$인 모든 실수 x에서 연속이다.

따라서 함수 $y=f(x)$가 연속인 구간은 $(-\infty, -3)$, $(-3, \infty)$이다.

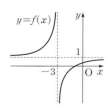

탑 $(-\infty, -3)$, $(-3, \infty)$

0244

$f(x)=\dfrac{x^2-1}{x-1}$ 은 $x-1\neq0$, 즉 $x\neq1$인

모든 실수 x에서 연속이다.

따라서 함수 $y=f(x)$가 연속인 구간은

$(-\infty,\,1)$, $(1,\,\infty)$이다.

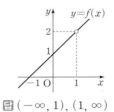

답 $(-\infty,\,1)$, $(1,\,\infty)$

0245

ㄱ. 함숫값 $f(0)$이 정의되어 있지 않으므로 불연속이다.

ㄷ. 함숫값 $f(0)$이 정의되어 있지 않고, 극한값 $\lim\limits_{x\to0}f(x)$도

존재하지 않으므로 불연속이다.

ㄹ. 함숫값 $f(0)=2$이고, 극한값 $\lim\limits_{x\to0}f(x)=1$이다.

즉, $\lim\limits_{x\to0}f(x)\neq f(0)$이므로 불연속이다.

따라서 함수 $y=f(x)$가 실수 전체의 집합에서 연속인 것은 ㄴ, ㅁ, ㅂ

이다.

답 ㄴ, ㅁ, ㅂ

0246

두 함수 $y=f(x)$, $y=g(x)$가 실수 전체의 집합에서 연속이므로 $x=a$

(a는 실수)에서도 연속이다.

$\therefore \lim\limits_{x\to a}f(x)=f(a)$, $\lim\limits_{x\to a}g(x)=g(a)$

ㄱ. 임의의 실수 a에 대하여

$\lim\limits_{x\to a}\{f(x)+g(x)\}=\lim\limits_{x\to a}f(x)+\lim\limits_{x\to a}g(x)=f(a)+g(a)$

이므로 함수 $y=f(x)+g(x)$는 실수 전체의 집합에서 연속이다.

ㄴ. 임의의 실수 a에 대하여

$\lim\limits_{x\to a}\{f(x)-g(x)\}=\lim\limits_{x\to a}f(x)-\lim\limits_{x\to a}g(x)=f(a)-g(a)$

이므로 함수 $y=f(x)-g(x)$는 실수 전체의 집합에서 연속이다.

ㄷ. 임의의 실수 a에 대하여

$\lim\limits_{x\to a}\{f(x)g(x)\}=\lim\limits_{x\to a}f(x)\times\lim\limits_{x\to a}g(x)=f(a)g(a)$

이므로 함수 $y=f(x)g(x)$는 실수 전체의 집합에서 연속이다.

ㄹ. 어떤 실수 a에 대하여 $g(a)=0$이면 $\dfrac{f(a)}{g(a)}$의 값이 정의

되지 않으므로 함수 $y=\dfrac{f(x)}{g(x)}$는 $x=a$에서 불연속이다.

따라서 모든 실수에서 연속인 함수는 ㄱ, ㄴ, ㄷ이다.

답 ㄱ, ㄴ, ㄷ

0247

함수 $y=f(x)$는 $x=-1$에서 불연속이므로 닫힌구간 $[-1,\,1]$에서 최

댓값을 갖지 않고, $x=-1$ 또는 $x=1$일 때 최솟값 0을 갖는다.

답 최댓값: 없다, 최솟값: 0

0248

함수 $y=f(x)$는 닫힌구간 $[1,\,3]$에서 연속이다.

$f(1)=f(3)=0$, $f(2)=-1$이므로 $x=1$ 또는 $x=3$일 때

최댓값 0, $x=2$일 때 최솟값 -1을 갖는다.

답 최댓값: 0, 최솟값: -1

0249

$f(x)=x$의 그래프는 그림과 같으므로

닫힌구간 $[0,\,1]$에서 연속이다.

$f(0)=0$, $f(1)=1$이므로 $x=0$일 때

최솟값 0, $x=1$일 때 최댓값 1을 갖는다.

답 최댓값: 1, 최솟값: 0

0250

$f(x)=x^2+2x=(x+1)^2-1$의

그래프는 그림과 같으므로

닫힌구간 $[0,\,3]$에서 연속이다.

$f(0)=0$, $f(3)=15$이므로

$x=0$일 때 최솟값 0, $x=3$일 때

최댓값 15를 갖는다.

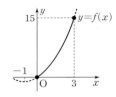

답 최댓값: 15, 최솟값: 0

0251

$f(x)=-\sqrt{x-5}$의 그래프는 그림과

같으므로 닫힌구간 $[6,\,12]$에서 연속이다.

$f(6)=-1$, $f(12)=-\sqrt{7}$이므로

$x=12$일 때 최솟값 $-\sqrt{7}$, $x=6$일 때

최댓값 -1을 갖는다.

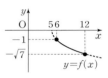

답 최댓값: -1, 최솟값: $-\sqrt{7}$

0252

$f(x)=\dfrac{1}{x-2}$의 그래프는 그림과

같으므로 $x=2$에서 불연속이고,

$\lim\limits_{x\to2-}f(x)=-\infty$, $\lim\limits_{x\to2+}f(x)=\infty$

따라서 최댓값과 최솟값은 없다.

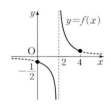

답 최댓값: 없다, 최솟값: 없다

0253

함수 $f(x)=x^2-x$는 구간 $(-\infty,\,\infty)$에서 연속이므로 닫힌 구간

$[1,\,2]$에서 $\boxed{연속}$이다.

또 $f(1)=0$, $f(2)=2$이므로 $f(1)\neq f(2)$이고, $0<\sqrt{2}<2$이므로

$\boxed{사잇값의 정리}$에 의하여 $f(c)=\sqrt{2}$를 만족시키는 c가 열린구간

$(1,\,2)$에 적어도 하나 존재한다.

답 (가): 연속, (나): 사잇값의 정리

0254

$f(0)=-1$, $f(1)=1^2+4\times1-1=4$

답 $f(0)=-1$, $f(1)=4$

0255

$y=f(x)$는 이차함수이므로 닫힌구간 $[0,\,1]$에서 $\boxed{연속}$이고

$f(0)f(1)=(-1)\times4=-4\;\boxed{<}\;0$이므로 $\boxed{사잇값의 정리}$에 의하여 방

정식 $f(x)=0$은 열린구간 $(0,\,1)$에서 적어도 하나의 실근을 갖는다.

답 연속, $<$, 사잇값의 정리

0256

<보기>에서 주어진 함수가 연속인 구간을 바르게 나타낸 것을 있
는 대로 고른 것은? → $y=f(x)$가 $x=a$에서 연속이려면
$\lim_{x \to a-} f(x) = \lim_{x \to a+} f(x) = f(a)$임을 이용하자.

┤ 보기 ├
ㄱ. $y=x^2-2x$, $(-\infty, \infty)$
ㄴ. $y=\sqrt{3-x}$, $(-\infty, 3)$
ㄷ. $y=\dfrac{x}{x-3}$, $(-\infty, 3)$, $(3, \infty)$

ㄱ. 실수 전체에서 연속이므로 (참)

ㄴ. $3-x \geq 0$에서 연속이므로 (참)

ㄷ. $x \neq 3$에서 연속이므로 (참)

따라서 ㄱ, ㄴ, ㄷ 모두 옳다.　　　　　🔳 ⑤

0257

→ $y=f(x)$가 $x=0$에서 연속이려면
$\lim_{x \to 0-} f(x) = \lim_{x \to 0+} f(x) = f(0)$임을 이용하자.

<보기>의 함수 중에서 $x=0$에서 연속인 것만을 있는 대로 고른
것은? (단, $[x]$는 x보다 크지 않은 최대의 정수이다.)

┤ 보기 ├
ㄱ. $f(x)=\dfrac{1}{x}$　　　　　ㄴ. $f(x)=|x|$

ㄷ. $f(x)=\sqrt{x-2}$　　　　　ㄹ. $f(x)=\begin{cases} \dfrac{x^2-2x}{x} & (x \neq 0) \\ -2 & (x=0) \end{cases}$
　　　　　　　　　→ $x=0$에서 정의되지 않는다.

ㄱ. $f(x)=\dfrac{1}{x}$은 $x=0$에서 정의되지 않으므로 함수 $y=f(x)$는 $x=0$
에서 불연속이다.

ㄴ. $f(0)=0$, $\lim_{x \to 0} f(x) = \lim_{x \to 0} |x| = 0$이므로

$f(0)=\lim_{x \to 0} f(x)$

따라서 함수 $y=f(x)$는 $x=0$에서 연속이다.

ㄷ. $x<2$에서 함숫값이 정의되지 않으므로 함수 $y=f(x)$는
$x=0$에서 불연속이다.

ㄹ. $\lim_{x \to 0} f(x) = \lim_{x \to 0} \dfrac{x^2-2x}{x} = \lim_{x \to 0} (x-2) = -2$이므로

$f(0)=\lim_{x \to 0} f(x)$

따라서 함수 $y=f(x)$는 $x=0$에서 연속이다.

따라서 $x=0$에서 연속인 함수는 ㄴ, ㄹ이다.　　　　🔳 ④

0258

<보기>의 함수 중에서 $x=1$에서 연속인 것만을 있는 대로 고르
시오. → $y=f(x)$가 $x=1$에서 연속이려면
$\lim_{x \to 1-} f(x) = \lim_{x \to 1+} f(x) = f(1)$임을 이용하자.

┤ 보기 ├
ㄱ. $f(x)=x$　　　　　ㄴ. $f(x)=|x-1|$

ㄷ. $f(x)=\sqrt{x-2}$　　　　ㄹ. $f(x)=\begin{cases} \dfrac{x^2-1}{x-1} & (x \neq 1) \\ 3 & (x=1) \end{cases}$
　　　　　　　　　→ $\lim_{x \to 1} f(x) \neq f(1)$이다.

ㄱ. $f(1)=1$, $\lim_{x \to 1} f(x) = 1$이므로

$\lim_{x \to 1} f(x) = f(1)$

즉, 함수 $y=f(x)$는 $x=1$에서 연속이다.

ㄴ. $f(1)=0$, $\lim_{x \to 1} f(x) = 0$이므로

$\lim_{x \to 1} f(x) = f(1)$

즉, 함수 $y=f(x)$는 $x=1$에서 연속이다.

ㄷ. $x=1$일 때의 함숫값 $f(1)$이 정의되지 않으므로
함수 $y=f(x)$는 $x=1$에서 불연속이다.

ㄹ. $f(1)=3$, $\lim_{x \to 1} f(x) = \lim_{x \to 1} \dfrac{x^2-1}{x-1} = \lim_{x \to 1} (x+1) = 2$이므로

$\lim_{x \to 1} f(x) \neq f(1)$

즉, 함수 $y=f(x)$는 $x=1$에서 불연속이다.

따라서 $x=1$에서 연속인 함수는 ㄱ, ㄴ이다.　　🔳 ㄱ, ㄴ

0259

<보기>의 함수 중에서 실수 전체에서 연속인 것만을 있는 대로
고른 것은? → 절댓값 안의 식이 0이 되는 x의 값에서의 연속성을
파악하자.

┤ 보기 ├
ㄱ. $f(x)=x|x|$　　　　　ㄴ. $g(x)=x-|x|$

ㄷ. $h(x)=\begin{cases} \dfrac{x^2}{|x|} & (x \neq 0) \\ 1 & (x=0) \end{cases}$
　　　　　　→ 분모를 0으로 만드는 x의 값에서의 연속성을 파악하자.

ㄱ. $f(0)=0 \times |0| = 0$이고,

$\lim_{x \to 0+} f(x) = \lim_{x \to 0+} x^2 = 0$,

$\lim_{x \to 0-} f(x) = \lim_{x \to 0-} (-x^2) = 0$

이므로 $\lim_{x \to 0} f(x) = 0$

즉, $\lim_{x \to 0} f(x) = f(0)$이므로 함수 $y=f(x)$는 $x=0$에서
연속이다.

ㄴ. $g(0)=0-|0|=0$이고,

$\lim_{x \to 0+} g(x) = \lim_{x \to 0+} (x-x) = 0$,

$\lim_{x \to 0-} g(x) = \lim_{x \to 0-} (x+x) = 0$

이므로 $\lim_{x \to 0} g(x) = 0$

즉, $\lim_{x \to 0} g(x) = g(0)$이므로 함수 $y=g(x)$는 $x=0$에서
연속이다.

ㄷ. $h(0)=1$이고,

$\lim_{x \to 0+} h(x) = \lim_{x \to 0+} \dfrac{x^2}{x} = \lim_{x \to 0+} x = 0$,

$\lim_{x \to 0-} h(x) = \lim_{x \to 0-} \dfrac{x^2}{-x} = \lim_{x \to 0-} (-x) = 0$

이므로 $\lim_{x \to 0} h(x) = 0$

즉, $\lim_{x \to 0} h(x) \neq h(0)$이므로 함수 $y=h(x)$는 $x=0$에서
불연속이다.

따라서 $x=0$에서 연속인 것은 ㄱ, ㄴ이다.　　　🔳 ③

0260

→ $x=2$에서 정의되지 않는다.

함수 $f(x)=\dfrac{x^2-4}{x-2}$ 에 대하여 〈보기〉에서 옳은 것만을 있는 대로 고르시오.

| 보 기 |

ㄱ. $f(2)=4$　　　　　ㄴ. $\lim\limits_{x\to2}f(x)=4$

ㄷ. 함수 $y=f(x)$는 $x=2$에서 연속이다.

→ 함수가 $x=a$에서 정의되지 않으면 $x=a$에서 불연속이다.

ㄱ. 함수 $y=f(x)$는 $x=2$에서 정의되지 않는다. (거짓)

ㄴ. $\lim\limits_{x\to2}f(x)=\lim\limits_{x\to2}\dfrac{x^2-4}{x-2}=\lim\limits_{x\to2}\dfrac{(x-2)(x+2)}{x-2}$

　　　$=\lim\limits_{x\to2}(x+2)=4$ (참)

ㄷ. 함수 $y=f(x)$는 $x=2$에서 정의되지 않으므로 불연속이다. (거짓)

따라서 옳은 것은 ㄴ뿐이다.　　　　답 ㄴ

0261

$x\neq-1$에서 $f(x)=\dfrac{x^3+1}{x+1}$ 로 정의된 함수 $y=f(x)$가 $x=-1$에서 연속일 때, $f(-1)$의 값을 구하시오.

→ $\lim\limits_{x\to-1}f(x)=f(-1)$임을 이용하자.

$x=-1$에서 연속이려면 $\lim\limits_{x\to-1}f(x)=f(-1)$이어야 하므로

$f(-1)=\lim\limits_{x\to-1}\dfrac{x^3+1}{x+1}$

　　　　$=\lim\limits_{x\to-1}\dfrac{(x+1)(x^2-x+1)}{x+1}$

　　　　$=\lim\limits_{x\to-1}(x^2-x+1)$

　　　　$=3$　　　　답 3

0262

이차함수 $f(x)$가 다음 조건을 만족시킨다.

(가) 함수 $\dfrac{x}{f(x)}$는 $x=1$, $x=2$에서 불연속이다.

→ $x=1$, 2에서 불연속이므로 $x=1$, 2에서 정의되지 않는다.

(나) $\lim\limits_{x\to2}\dfrac{f(x)}{x-2}=4$

→ $f(x)$는 $(x-1)$과 $(x-2)$를 인수로 가짐을 이용하자.

$f(4)$의 값을 구하시오.

조건 (가)에서 $f(x)=a(x-1)(x-2)$ $(a\neq0)$로 놓을 수 있다.

조건 (나)에서 $\lim\limits_{x\to2}\dfrac{a(x-1)(x-2)}{x-2}=\lim\limits_{x\to2}\{a(x-1)\}=a$

이므로 $a=4$

따라서 $f(x)=4(x-1)(x-2)$이므로

$f(4)=4\times3\times2=24$　　　　답 24

0263

그림은 함수 $y=f(x)$의 그래프이고 이 함수는 $x=a$에서 불연속이다. 다음 중 그 이유로 알맞은 것은?

→ $x=a$에서의 함숫값은 존재한다.

① $f(a)$의 값이 존재하지 않는다.

② $\lim\limits_{x\to a+}f(x)$의 값이 존재하지 않는다.

③ $\lim\limits_{x\to a-}f(x)$의 값이 존재하지 않는다.

④ $\lim\limits_{x\to a}f(x)$의 값이 존재하지 않는다.

⑤ $\lim\limits_{x\to a}f(x)$와 $f(a)$의 값이 존재하지만 $\lim\limits_{x\to a}f(x)\neq f(a)$이다.

→ $\lim\limits_{x\to a-}f(x)\neq\lim\limits_{x\to a+}f(x)$임을 알 수 있다.

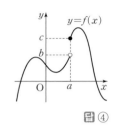

그림에서 $f(a)=c$이고,

$\lim\limits_{x\to a+}f(x)=c$, $\lim\limits_{x\to a-}f(x)=b$로

$\lim\limits_{x\to a+}f(x)\neq\lim\limits_{x\to a-}f(x)$이므로

$\lim\limits_{x\to a}f(x)$의 값이 존재하지 않는다.

따라서 함수 $y=f(x)$는 $x=a$에서 불연속이다.

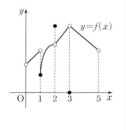

답 ④

0264

→ 좌극한과 우극한이 다른 경우이다.

함수 $y=f(x)$ $(0<x<5)$의 그래프가 그림과 같다. 함수 $y=f(x)$의 극한값이 존재하지 않는 x의 개수를 a, 불연속인 x의 개수를 b라 할 때, $a+b$의 값을 구하시오.

→ $x=a$에서 연속이려면 $\lim\limits_{x\to a-}f(x)=\lim\limits_{x\to a+}f(x)=f(a)$ 임을 이용하자.

(ⅰ) $\lim\limits_{x\to1-}f(x)\neq\lim\limits_{x\to1+}f(x)$이므로 극한값 $\lim\limits_{x\to1}f(x)$가 존재하지 않아 불연속이다.

(ⅱ) $\lim\limits_{x\to2-}f(x)=\lim\limits_{x\to2+}f(x)$이므로 극한값 $\lim\limits_{x\to2}f(x)$가 존재하지만, $\lim\limits_{x\to2}f(x)\neq f(2)$이므로 $x=2$에서 불연속이다.

(ⅲ) $\lim\limits_{x\to3-}f(x)=\lim\limits_{x\to3+}f(x)$이므로 극한값 $\lim\limits_{x\to3}f(x)$가 존재하지만, $\lim\limits_{x\to3}f(x)\neq f(3)$이므로 $x=3$에서 불연속이다.

따라서 함수 $y=f(x)$의 그래프에서 극한값이 존재하지 않는 x는 1뿐이므로 $a=1$, 불연속인 x는 1, 2, 3이므로 $b=3$이다.

$\therefore a+b=4$　　　　답 4

0265

그림은 함수 $y=f(x)$의 그래프이다. 다음 조건을 만족시키는 두 실수 a, b에 대하여 $a-b$의 값을 구하시오. (단, $-2\leq a\leq 7$)

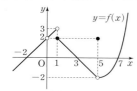

> • $x=a$에서 극한값이 존재한다.
>
> (가) $\lim\limits_{x\to a+} f(x)=\lim\limits_{x\to a-} f(x)$
> (나) 함수 $y=f(x)$는 $x=a$에서 불연속이다.
> (다) $f(a)=b$ • $x=a$에서의 극한값과 함숫값이 서로 다른 경우를 찾자.

조건 (가), 조건 (나)에서 좌극한과 우극한이 같으면서 불연속인 x의 값은
$x=0$, $x=5$이다.
$f(0)$의 값은 존재하지 않고, $f(5)=2$이므로
조건 (다)에서 $f(a)=b$를 만족시키는 a, b의 값은
$a=5$, $b=2$
$\therefore a-b=3$ 　　　　답 3

0266

$0<x<4$에서 정의된 함수 $y=f(x)$의 그래프가 그림과 같을 때, ⟨보기⟩에서 옳은 것만을 있는 대로 고른 것은?

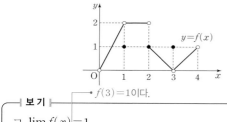

> ┤ 보기 ├
> • $f(3)=1$이다.
> ㄱ. $\lim\limits_{x\to 3} f(x)=1$
> ㄴ. $x=1$에서 $y=f(x)$는 연속이다.
> ㄷ. 함수 $y=f(x)$가 불연속인 x의 개수는 3이다.
> • $x=1$에서의 극한값과 함숫값이 서로 다르다.

ㄱ. $\lim\limits_{x\to 3+} f(x)=0$, $\lim\limits_{x\to 3-} f(x)=0$
　　$\therefore \lim\limits_{x\to 3} f(x)=0$ (거짓)

ㄴ. $f(1)=1$, $\lim\limits_{x\to 1} f(x)=2$이므로 $\lim\limits_{x\to 1} f(x)\neq f(1)$
　　즉, 함수 $y=f(x)$는 $x=1$에서 불연속이다. (거짓)

ㄷ. 주어진 그림에서 함수 $y=f(x)$는 $x=1$, $x=2$, $x=3$에서 불연속
　　이다. (참)

따라서 옳은 것은 ㄷ뿐이다. 　　　　답 ③

0267

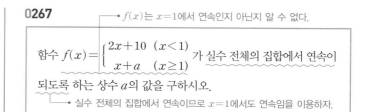

> • $f(x)$는 $x=1$에서 연속인지 아닌지 알 수 없다.
> 함수 $f(x)=\begin{cases} 2x+10 & (x<1) \\ x+a & (x\geq1) \end{cases}$ 가 실수 전체의 집합에서 연속이
> 되도록 하는 상수 a의 값을 구하시오.
> └ 실수 전체의 집합에서 연속이므로 $x=1$에서도 연속임을 이용하자.

함수 $y=f(x)$가 실수 전체의 집합에서 연속이 되려면 $x=1$에서 연속이어야 한다.
즉, $\lim\limits_{x\to 1-} f(x)=\lim\limits_{x\to 1+} f(x)=f(1)$이어야 하므로
$2+10=1+a$ 　　$\therefore a=11$ 　　　　답 11

0268

> 함수
> $f(x)=\begin{cases} x+k & (x\leq2) \\ x^2+4x+6 & (x>2) \end{cases}$
> $f(x)$는 $x=2$에서 연속인지 아닌지 알 수 없다.
> 가 실수 전체의 집합에서 연속일 때, 상수 k의 값을 구하시오.
> └ 실수 전체의 집합에서 연속이므로 $x=2$에서도 연속임을 이용하자.

함수 $f(x)$는 $x=2$에서 연속이므로
$f(2)=\lim\limits_{x\to 2-} f(x)=\lim\limits_{x\to 2-}(x+k)=2+k$
$\lim\limits_{x\to 2+} f(x)=\lim\limits_{x\to 2+}(x^2+4x+6)=18$
$2+k=18$
따라서 $k=16$ 　　　　답 16

0269

> • $f(x)$는 $x=1$에서 연속인지 아닌지 알 수 없다.
> 함수 $f(x)=\begin{cases} x^2+x+2a & (x\leq1) \\ -x+a^2 & (x>1) \end{cases}$ 이 실수 전체의 집합에서
> 연속일 때, 양수 a의 값은?
> • $x=1$에서도 연속임을 이용하자.

함수 $f(x)=\begin{cases} x^2+x+2a & (x\leq1) \\ -x+a^2 & (x>1) \end{cases}$ 이 실수 전체의 집합에서
연속이므로 $\lim\limits_{x\to 1-} f(x)=\lim\limits_{x\to 1+} f(x)$이어야 한다.
$1+1+2a=-1+a^2$
$a^2-2a-3=0$
$(a+1)(a-3)=0$
$\therefore a=3 (\because a>0)$ 　　　　답 ③

0270

> • $x=a$에서의 함숫값과 좌극한값을 구할 수 있다.
> 함수 $f(x)=\begin{cases} x+6 & (x\leq a) \\ x^2 & (x>a) \end{cases}$ 이 모든 실수 x에 대하여 연속이
> 되도록 하는 양수 a의 값을 구하시오.
> • $x=a$에서의 우극한값을 구할 수 있다.

함수 $y=f(x)$가 모든 실수 x에 대하여 연속이 되려면 $x=a$에서 연속이

어야 하므로 $f(a)=\lim\limits_{x\to a}f(x)$이어야 한다.

$f(a)=a+6$

$\lim\limits_{x\to a-}f(x)=\lim\limits_{x\to a-}(x+6)=a+6$

$\lim\limits_{x\to a+}f(x)=\lim\limits_{x\to a+}x^2=a^2$

즉, $a+6=a^2$에서 $a^2-a-6=0$

$(a+2)(a-3)=0$ $\therefore a=3\ (\because a>0)$ **팁** 3

0271

→ $f(x)$는 $x=1$, $x=2$에서 연속인지 아닌지 알 수 없다.

함수 $f(x)=\begin{cases} x^2+ax-3 & (1<x<2) \\ 2x+b & (x\le 1 \text{ 또는 } x\ge 2) \end{cases}$ 가

모든 실수 x에서 연속일 때, 두 상수 a, b에 대하여 $a+b$의 값을 구하시오. → $x=1$과 $x=2$에서 연속이어야 한다.

함수 $y=f(x)$가 모든 실수 x에서 연속이므로
$x=1$, $x=2$에서도 연속이다.

(i) $x=1$에서 연속이므로

$\lim\limits_{x\to 1-}f(x)=\lim\limits_{x\to 1+}f(x)=f(1)$에서

$2+b=1+a-3$

$\therefore a-b=4$ ……㉠

(ii) $x=2$에서 연속이므로

$\lim\limits_{x\to 2-}f(x)=\lim\limits_{x\to 2+}f(x)=f(2)$에서

$4+2a-3=4+b$

$\therefore 2a-b=3$ ……㉡

㉠, ㉡을 연립하여 풀면 $a=-1$, $b=-5$

$\therefore a+b=-6$ **팁** -6

0272

→ $f(x)$는 $x=-1$, $x=1$에서 연속인지 아닌지 알 수 없다.

함수 $f(x)=\begin{cases} x^2-2x & (|x|>1) \\ -x^2+ax+b & (|x|\le 1) \end{cases}$ 가

모든 실수 x에서 연속이 되도록 하는 두 상수 a, b에 대하여 ab의 값을 구하시오. → $x=-1$, $x=1$에서 연속이어야 한다.

함수 $y=f(x)$가 모든 실수 x에서 연속이려면 $x=-1$, $x=1$에서 연속이어야 한다.

(i) $x=-1$에서 연속이어야 하므로

$\lim\limits_{x\to -1-}f(x)=\lim\limits_{x\to -1+}f(x)=f(-1)$에서

$3=-1-a+b$

$\therefore a-b=-4$ ……㉠

(ii) $x=1$에서 연속이어야 하므로

$\lim\limits_{x\to 1-}f(x)=\lim\limits_{x\to 1+}f(x)=f(1)$에서

$-1+a+b=-1$

$\therefore a+b=0$ ……㉡

㉠, ㉡을 연립하여 풀면 $a=-2$, $b=2$

$\therefore ab=-4$ **팁** -4

0273

→ $x=1$에서의 우극한값을 구할 수 있다.

함수 $f(x)=\begin{cases} 3x-a & (x\ge 1) \\ x^2+b & (-1<x<1) \\ 2x+c & (x\le -1) \end{cases}$ 가 실수 전체의 집합에서

연속이고 $f(0)=3$일 때, 세 상수 a, b, c에 대하여 abc의 값을 구하시오. → $x=-1$에서의 우극한값과 $x=1$에서의 좌극한값을 구할 수 있다.

$f(0)=3$이므로 $b=3$

함수 $y=f(x)$가 실수 전체의 집합에서 연속이려면 $x=1$에서 연속이어야 하므로

$\lim\limits_{x\to 1+}f(x)=\lim\limits_{x\to 1-}f(x)=f(1)$

$3-a=1+3=3-a$

$\therefore a=-1$

또 $x=-1$에서 연속이어야 하므로

$\lim\limits_{x\to -1+}f(x)=\lim\limits_{x\to -1-}f(x)=f(-1)$

$1+3=-2+c=-2+c$

$\therefore c=6$

$\therefore abc=(-1)\times 3\times 6=-18$ **팁** -18

0274

→ $f(x)$는 $x=-1$, $x=1$에서 연속인지 아닌지 알 수 없다.

함수 $f(x)=\begin{cases} x-2 & (x>1) \\ g(x) & (-1\le x\le 1) \\ x+2 & (x<-1) \end{cases}$ 일 때, 함수 $f(x)$가 실수

전체의 집합에서 연속이다. 최고차항의 계수가 1인 이차함수를 $g(x)$라 할 때, $f(0)$의 값을 구하시오. → $g(x)=x^2+ax+b$라 하자.

$g(x)=x^2+ax+b$라 하고 함수 $f(x)$가 실수 전체의 집합에서 연속이므로 $x=1$, -1에서 연속이어야 한다.

(i) $x=1$에서 연속일 조건

$g(1)=-1$

$a+b+1=-1$

$a+b=-2$ ……㉠

(ii) $x=-1$에서 연속일 조건

$g(-1)=1$

$-a+b+1=1$

$-a+b=0$ ……㉡

㉠, ㉡을 연립하면

$a=-1$, $b=-1$

$\therefore g(x)=x^2-x-1$

$f(0)=g(0)=-1$ **팁** -1

0275

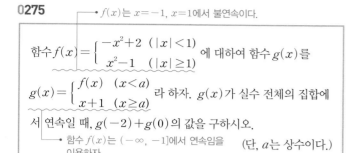

함수 $f(x)=\begin{cases} -x^2+2 & (|x|<1) \\ x^2-1 & (|x|\geq1) \end{cases}$ 에 대하여 함수 $g(x)$를

$g(x)=\begin{cases} f(x) & (x<a) \\ x+1 & (x\geq a) \end{cases}$ 라 하자. $g(x)$가 실수 전체의 집합에

서 연속일 때, $g(-2)+g(0)$의 값을 구하시오.

(단, a는 상수이다.)

$f(x)=\begin{cases} -x^2+2 & (|x|<1) \\ x^2-1 & (|x|\geq1) \end{cases}$ 에서

$f(x)=\begin{cases} x^2-1 & (x\leq-1) \\ -x^2+2 & (-1<x<1) \\ x^2-1 & (1\leq x) \end{cases}$

이므로 함수 $f(x)$는 $x=-1$, $x=1$에서 불연속이다.

구간 $(\infty, -1]$에서 함수 $f(x)$는 연속이고, $f(-1)=0$이므로

$a=-1$이면

함수 $g(x)=\begin{cases} f(x) & (x<-1) \\ x+1 & (x\geq-1) \end{cases}$ 은 연속이다.

$\therefore g(-2)+g(0)=f(-2)+1=3+1=4$ **답** 4

0276

함수 $f(x)=\begin{cases} \dfrac{x^2+x-12}{x-3} & (x\neq3) \\ a & (x=3) \end{cases}$ 가 모든 실수 x에서 연속이

되도록 하는 상수 a의 값을 구하시오.

함수 $y=f(x)$가 모든 실수 x에서 연속이 되려면 $x=3$에서 연속이어야

한다.

즉, $\lim\limits_{x\to3} f(x)=f(3)$이어야 하므로

$\lim\limits_{x\to3} \dfrac{x^2+x-12}{x-3}=\lim\limits_{x\to3} \dfrac{(x-3)(x+4)}{x-3}$

$=\lim\limits_{x\to3}(x+4)=7$

$\therefore f(3)=a=7$ **답** 7

0277

함수 $f(x)=\begin{cases} \dfrac{x^3-ax+1}{x-1} & (x\neq1) \\ b & (x=1) \end{cases}$ 가 실수 전체의 집합에서

연속이 되도록 하는 두 상수 a, b에 대하여 $10a+b$의 값을 구하

시오.

함수 $f(x)$가 실수 전체의 집합에서 연속이므로

$\lim\limits_{x\to1} f(x)=f(1)$

$\lim\limits_{x\to1} \dfrac{x^3-ax+1}{x-1}=b$이므로

$\lim\limits_{x\to1}(x^3-ax+1)=2-a=0$, $a=2$

$b=\lim\limits_{x\to1} \dfrac{x^3-2x+1}{x-1}=\lim\limits_{x\to1}(x^2+x-1)=1$

따라서 $10a+b=21$ **답** 21

0278

함수 $f(x)=\begin{cases} \dfrac{x^2-5x+a}{x-3} & (x\neq3) \\ b & (x=3) \end{cases}$ 가 실수 전체의 집합에서

연속일 때, $a+b$의 값은? (단, a와 b는 상수이다.)

주어진 함수가 $x=3$에서만 연속이면 실수 전체의 집합에서 연속이므로

$\lim\limits_{x\to3} f(x)=f(3)$을 만족시키면 된다.

즉, $\lim\limits_{x\to3} \dfrac{x^2-5x+a}{x-3}=b$가 성립해야 하고

$x\to3$일 때 (분모)$\to0$이므로 (분자)$\to0$이어야 한다.

따라서,

$\lim\limits_{x\to3}(x^2-5x+a)=9-15+a=0$에서 $a=6$

$b=\lim\limits_{x\to3} \dfrac{x^2-5x+6}{x-3}$

$=\lim\limits_{x\to3} \dfrac{(x-2)(x-3)}{x-3}$

$=\lim\limits_{x\to3}(x-2)=1$

이므로 $a+b=6+1=7$ **답** ④

0279

함수 $f(x)=\begin{cases} \dfrac{x^2+ax+b}{x+2} & (x\neq-2) \\ 0 & (x=-2) \end{cases}$ 이 $x=-2$에서

연속일 때, 두 상수 a, b에 대하여 $a+b$의 값은?

함수 $y=f(x)$가 $x=-2$에서 연속이므로

$\lim\limits_{x\to-2} \dfrac{x^2+ax+b}{x+2}=f(-2)=0$ ······㉠

$x\to-2$일 때, (분모)$\to0$이므로 (분자)$\to0$이어야 한다.

$\lim\limits_{x\to-2}(x^2+ax+b)=4-2a+b=0$

$\therefore b=2a-4$ ······㉡

㉡을 ㉠에 대입하면

$\lim\limits_{x\to-2} \dfrac{x^2+ax+b}{x+2}=\lim\limits_{x\to-2} \dfrac{x^2+ax+2a-4}{x+2}$

$=\lim\limits_{x\to-2} \dfrac{(x+2)(x-2+a)}{x+2}$

$=\lim\limits_{x\to-2}(x-2+a)$

$=-4+a=0$

$\therefore a=4$

$a=4$를 ㉡에 대입하면 $b=4$

$\therefore a+b=8$ **답** ③

0280

> x^2+ax+b가 $x-1$을 인수로 가짐을 이용하자.
>
> 함수 $f(x)=\begin{cases} \dfrac{x^2+ax+b}{x-1} & (x\neq1) \\ 4 & (x=1) \end{cases}$ 가 모든 실수 x에서 연속이 되도록 하는 두 상수 a, b에 대하여 ab의 값은?
>
> $x=1$에서의 극한값과 함숫값이 서로 같음을 이용하자.

함수 $y=f(x)$가 모든 실수 x에서 연속이 되려면 $x=1$에서도 연속이어야 한다.

즉, $\displaystyle\lim_{x\to1}f(x)=f(1)$에서

$$\lim_{x\to1}\frac{x^2+ax+b}{x-1}=4 \quad\cdots\cdots\text{㉠}$$

㉠에서 $x\to1$일 때, (분모)$\to0$이므로 (분자)$\to0$이어야 한다.

즉, $\displaystyle\lim_{x\to1}(x^2+ax+b)=1+a+b=0$

$\therefore b=-a-1$

$b=-a-1$을 ㉠에 대입하면

$$\lim_{x\to1}\frac{x^2+ax-a-1}{x-1}=\lim_{x\to1}\frac{(x-1)(x+1+a)}{x-1}$$
$$=\lim_{x\to1}(x+1+a)$$
$$=2+a=4$$

$\therefore a=2,\ b=-3$

$\therefore ab=-6$

답 ①

0281

> 분자를 유리화하자.
>
> 함수
> $f(x)=\begin{cases} \dfrac{\sqrt{1+x}-\sqrt{1-x}}{2x} & (-1<x<0 \text{ 또는 } 0<x<1) \\ k & (x=0) \end{cases}$
> 가 열린구간 $(-1,1)$에서 연속이기 위한 상수 k의 값을 구하시오.
>
> $x=0$에서의 극한값이 k임을 이용하자.

함수 $y=f(x)$가 열린구간 $(-1,1)$에서 연속이려면 $x=0$에서 연속이어야 한다.

즉, $f(0)=\displaystyle\lim_{x\to0}f(x)$

$$\therefore k=\lim_{x\to0}\frac{\sqrt{1+x}-\sqrt{1-x}}{2x}$$
$$=\lim_{x\to0}\frac{(\sqrt{1+x}-\sqrt{1-x})(\sqrt{1+x}+\sqrt{1-x})}{2x(\sqrt{1+x}+\sqrt{1-x})}$$
$$=\lim_{x\to0}\frac{2x}{2x(\sqrt{1+x}+\sqrt{1-x})}$$
$$=\lim_{x\to0}\frac{1}{\sqrt{1+x}+\sqrt{1-x}}$$
$$=\frac{1}{2}$$

답 $\dfrac{1}{2}$

0282

> 분자를 유리화하여 $x=2$에서의 극한값을 구하자.
>
> 두 상수 a, b에 대하여 함수
> $f(x)=\begin{cases} \dfrac{\sqrt{x+7}-a}{x-2} & (x\neq2) \\ b & (x=2) \end{cases}$
> 가 $x=2$에서 연속일 때, $\dfrac{a}{b}$의 값을 구하시오.
>
> $x=2$에서의 극한값과 함숫값이 서로 같음을 이용하자.

함수 $y=f(x)$가 $x=2$에서 연속이므로

$\displaystyle\lim_{x\to2}f(x)=f(2)$

$$\therefore \lim_{x\to2}\frac{\sqrt{x+7}-a}{x-2}=b \quad\cdots\cdots\text{㉠}$$

㉠에서 $x\to2$일 때, (분모)$\to0$이므로 (분자)$\to0$이어야 한다.

즉, $\displaystyle\lim_{x\to2}(\sqrt{x+7}-a)=3-a=0 \quad \therefore a=3$

$a=3$을 ㉠에 대입하면

$$\lim_{x\to2}\frac{\sqrt{x+7}-3}{x-2}=\lim_{x\to2}\frac{(\sqrt{x+7}-3)(\sqrt{x+7}+3)}{(x-2)(\sqrt{x+7}+3)}$$
$$=\lim_{x\to2}\frac{x-2}{(x-2)(\sqrt{x+7}+3)}$$
$$=\lim_{x\to2}\frac{1}{\sqrt{x+7}+3}$$
$$=\frac{1}{6}$$

$\therefore b=\dfrac{1}{6}$

$\therefore \dfrac{a}{b}=\dfrac{3}{\frac{1}{6}}=18$

답 18

0283

> 분자를 유리화하여 $x=0$에서의 극한값을 구하자.
>
> 함수 $f(x)=\begin{cases} \dfrac{2\sqrt{x+a}-b}{x} & (x\neq0) \\ \dfrac{1}{2} & (x=0) \end{cases}$ 이 모든 실수 x에서 연속이 되도록 하는 두 상수 a, b에 대하여 $a+b$의 값을 구하시오.
>
> $x=0$에서의 극한값과 함숫값이 서로 같음을 이용하자.

함수 $y=f(x)$가 모든 실수 x에서 연속이려면 $x=0$에서 연속이어야 한다.

즉, $\displaystyle\lim_{x\to0}f(x)=f(0)$이어야 하므로

$$\lim_{x\to0}\frac{2\sqrt{x+a}-b}{x}=\frac{1}{2} \quad\cdots\cdots\text{㉠}$$

$x\to0$일 때, (분모)$\to0$이므로 (분자)$\to0$이어야 한다.

$\displaystyle\lim_{x\to0}(2\sqrt{x+a}-b)=2\sqrt{a}-b=0$

$\therefore b=2\sqrt{a}$

$b=2\sqrt{a}$를 ㉠에 대입하면

$$\lim_{x\to0}\frac{2\sqrt{x+a}-b}{x}=\lim_{x\to0}\frac{2\sqrt{x+a}-2\sqrt{a}}{x}$$
$$=\lim_{x\to0}\frac{2(\sqrt{x+a}-\sqrt{a})(\sqrt{x+a}+\sqrt{a})}{x(\sqrt{x+a}+\sqrt{a})}$$
$$=\lim_{x\to0}\frac{2x}{x(\sqrt{x+a}+\sqrt{a})}$$
$$=\frac{2}{2\sqrt{a}}=\frac{1}{\sqrt{a}}=\frac{1}{2}$$

따라서 $a=4$, $b=4$이므로
$a+b=8$

답 8

0284 분자를 유리화하여 $x=3$에서의 극한값을 구하자.

> 함수 $f(x)=\begin{cases}\dfrac{\sqrt{x^2-x+3}-a}{x-3} & (x\ne3) \\ b & (x=3)\end{cases}$ 가 $x=3$에서 연속일 때,
> 두 상수 a, b에 대하여 $a+b$의 값은?
>   → $x=3$에서의 극한값과 함숫값이 서로 같음을 이용하자.

$y=f(x)$가 $x=3$에서 연속이므로 $\lim\limits_{x\to3}f(x)=f(3)$

$\therefore \lim\limits_{x\to3}\dfrac{\sqrt{x^2-x+3}-a}{x-3}=b$ …… ㉠

$x\to3$일 때, (분모) $\to0$이므로 (분자) $\to0$이어야 한다.

$\lim\limits_{x\to3}(\sqrt{x^2-x+3}-a)=3-a=0$

$\therefore a=3$

$a=3$을 ㉠에 대입하면

$\lim\limits_{x\to3}\dfrac{\sqrt{x^2-x+3}-3}{x-3}$

$=\lim\limits_{x\to3}\dfrac{(\sqrt{x^2-x+3}-3)(\sqrt{x^2-x+3}+3)}{(x-3)(\sqrt{x^2-x+3}+3)}$

$=\lim\limits_{x\to3}\dfrac{(x-3)(x+2)}{(x-3)(\sqrt{x^2-x+3}+3)}$

$=\lim\limits_{x\to3}\dfrac{x+2}{\sqrt{x^2-x+3}+3}=\dfrac{5}{6}$

$\therefore b=\dfrac{5}{6}$

따라서 $a+b=3+\dfrac{5}{6}=\dfrac{23}{6}$

답 ④

0285

> 함수 $f(x)=\begin{cases}ax+b & (|x|\ge1) \\ \dfrac{|x|-1}{x^2-1} & (|x|<1)\end{cases}$ 이 모든 실수 x에서 연속
> 일 때, $a+10b$의 값을 구하시오. (단, 상수 a, b는 상수이다.)
> $\lim\limits_{x\to1-}f(x)=\lim\limits_{x\to1+}f(x)=f(1)$이고 $\lim\limits_{x\to-1-}f(x)=\lim\limits_{x\to-1+}f(x)=f(-1)$
>   임을 이용하자.

$\lim\limits_{x\to-1-}f(x)=-a+b$, $\lim\limits_{x\to1+}f(x)=a+b$이고,

$\lim\limits_{x\to-1+}f(x)=\lim\limits_{x\to-1+}\dfrac{-x-1}{x^2-1}$

$\qquad\qquad=\lim\limits_{x\to-1+}\dfrac{-(x+1)}{(x-1)(x+1)}$

$\qquad\qquad=\lim\limits_{x\to-1+}\dfrac{-1}{x-1}=\dfrac{1}{2}$

$\lim\limits_{x\to1-}f(x)=\lim\limits_{x\to1+}\dfrac{x-1}{x^2-1}$

$\qquad\qquad=\lim\limits_{x\to1+}\dfrac{(x-1)}{(x-1)(x+1)}$

$\qquad\qquad=\lim\limits_{x\to1+}\dfrac{1}{x+1}=\dfrac{1}{2}$

이므로

$-a+b=\dfrac{1}{2}$, $a+b=\dfrac{1}{2}$

$\therefore a=0$, $b=\dfrac{1}{2}$

$\therefore a+10b=5$

답 5

0286   → $g(x)$는 $x-3$을 인수로 가짐을 이용하자.

> 이차항의 계수가 2인 이차함수 $y=g(x)$에 대하여 함수
> $$f(x)=\begin{cases}\dfrac{g(x)}{x-3} & (x\ne3) \\ a & (x=3)\end{cases}$$
> 가 모든 실수 x에 대하여 연속일 때, $f(3)-f(0)$의 값을 구하
> 시오. (단, a는 상수이다.)
>   → $x=3$에서의 극한값이 a임을 이용하자.

이차함수 $y=g(x)$는 모든 실수 x에서 연속이고,

함수 $y=f(x)$는 모든 실수 x에 대하여 연속이므로 $x=3$에서도

연속이다. 즉, $\lim\limits_{x\to3}f(x)=f(3)$에서

$\lim\limits_{x\to3}\dfrac{g(x)}{x-3}=a$ …… ㉠

㉠에서 $x\to3$일 때, (분모) $\to0$이므로 (분자) $\to0$이어야 한다.

즉, $\lim\limits_{x\to3}g(x)=g(3)=0$

$y=g(x)$는 이차항의 계수가 2인 이차함수이므로

$g(x)=2(x-3)(x+b)$

이 식을 ㉠에 대입하면

$\lim\limits_{x\to3}\dfrac{g(x)}{x-3}=\lim\limits_{x\to3}\dfrac{2(x-3)(x+b)}{x-3}$

$\qquad\qquad=\lim\limits_{x\to3}2(x+b)$

$\qquad\qquad=6+2b=a$ …… ㉡

한편, $f(x)=\begin{cases}2(x+b) & (x\ne3) \\ a & (x=3)\end{cases}$ 이므로

$f(3)-f(0)=a-2(0+b)$

$\qquad\qquad=a-2b=6\ (\because ㉡)$

답 6

0287   → $f(x)-x^2$은 $x-1$을 인수로 가짐을
      이용하자.

> 다항함수 $y=f(x)$에 대하여 함수 $y=g(x)$를
> $$g(x)=\begin{cases}\dfrac{f(x)-x^2}{x-1} & (x\ne1) \\ k & (x=1)\end{cases}$$
> 로 정의하자. 함수 $y=g(x)$가 모든 실수 x에서 연속이고
> $\lim\limits_{x\to\infty}g(x)=2$일 때, $k+f(3)$의 값을 구하시오.
>   → $f(x)-x^2$은 일차식이고 최고차항의   (단, k는 상수이다.)
>   계수는 2임을 이용하자.

$\lim\limits_{x\to\infty}g(x)=\lim\limits_{x\to\infty}\dfrac{f(x)-x^2}{x-1}=2$이므로

$f(x)-x^2=2x+a$ (a는 상수)로 놓으면

$f(x)=x^2+2x+a$

함수 $y=g(x)$는 모든 실수 x에서 연속이므로 $x=1$에서도 연속이다.

$\lim_{x \to 1} g(x) = g(1)$에서 $\lim_{x \to 1} \dfrac{2x+a}{x-1} = k$ ······ ㉠

$x \to 1$일 때, (분모) $\to 0$이므로 (분자) $\to 0$이어야 한다.

$\lim_{x \to 1}(2x+a) = 2+a = 0$ $\therefore a = -2$

따라서 $f(x) = x^2 + 2x - 2$이므로 $f(3) = 13$

$a = -2$를 ㉠에 대입하면

$\lim_{x \to 1} \dfrac{2x-2}{x-1} = 2 = k$

$\therefore k + f(3) = 2 + 13 = 15$　　　　　　　　답 15

0288　　　　다항함수는 모든 실수 x에 대하여 연속임을 이용하자.

> 모든 실수 x에 대하여 연속인 함수 $y = f(x)$가
> $$(x+1)f(x) = x^2 + 5x + 4$$
> 를 만족시킬 때, $f(-1)$의 값을 구하시오.
>
> $y = f(x)$가 $x = -1$에서 연속이므로 $f(-1) = \lim_{x \to -1} f(x)$임을 이용하자.

$x \neq -1$일 때, $f(x) = \dfrac{x^2+5x+4}{x+1}$

함수 $y = f(x)$가 모든 실수 x에 대하여 연속이므로 $x = -1$에서 연속이다.

$\therefore f(-1) = \lim_{x \to -1} f(x)$

$\qquad = \lim_{x \to -1} \dfrac{x^2+5x+4}{x+1}$

$\qquad = \lim_{x \to -1} \dfrac{(x+1)(x+4)}{x+1}$

$\qquad = \lim_{x \to -1}(x+4)$

$\qquad = 3$　　　　　　　　　　　　답 3

0289　　　다항함수는 모든 실수 x에 대하여 연속이므로 $(x-2)f(x)$도 모든 실수 x에 대하여 연속이다.

> 모든 실수 x에서 연속인 함수 $y = f(x)$가
> $(x-2)f(x) = x^2 - 2x + a$를 만족시킬 때, $f(2)$의 값을 구하시오.
> (단, a는 상수이다.)
>
> $f(2) = \lim_{x \to 2} f(x)$임을 이용하자.

$x \neq 2$일 때, $f(x) = \dfrac{x^2-2x+a}{x-2}$이고

함수 $y = f(x)$가 모든 실수 x에서 연속이므로 $x = 2$에서도 연속이다.

$f(2) = \lim_{x \to 2} f(x) = \lim_{x \to 2} \dfrac{x^2-2x+a}{x-2}$ ······ ㉠

$x \to 2$일 때, (분모) $\to 0$이고 극한값이 존재하므로
(분자) $\to 0$이어야 한다.

$\lim_{x \to 2}(x^2-2x+a) = 4-4+a = 0$ $\therefore a = 0$

$a = 0$을 ㉠에 대입하면

$f(2) = \lim_{x \to 2} \dfrac{x^2-2x}{x-2}$

$\qquad = \lim_{x \to 2} \dfrac{x(x-2)}{x-2}$

$\qquad = \lim_{x \to 2} x = 2$　　　　　　　답 2

0290　　$(x-2)^2 f(x)$도 모든 실수 x에 대하여 연속이다.

> 모든 실수 x에 대하여 연속인 함수 $f(x)$가 등식
> $$(x-2)^2 f(x) = x^3 + ax^2 + b$$
> 를 만족시킬 때, $f(10)$의 값을 구하시오. (단, a, b는 상수이다.)
>
> $f(2) = \lim_{x \to 2} \dfrac{x^3+ax^2+b}{(x-2)^2}$임을 이용하자.

모든 실수 x에 대하여 함수 $f(x)$가 연속이므로, $x = 2$에서 연속이다.
따라서, $x = 2$일 때의 함숫값과 극한값이 같다.

$f(2) = \lim_{x \to 2} \dfrac{x^3+ax^2+b}{(x-2)^2}$에서,

$x = 2$일 때, $x^3 + ax^2 + b = 0$

$\therefore 8 + 4a + b = 0$

그러므로

$f(2) = \lim_{x \to 2} \dfrac{x^3+ax^2-4a-8}{(x-2)^2}$

$\qquad = \lim_{x \to 2} \dfrac{(x-2)(x^2+2x+4)+a(x+2)(x-2)}{(x-2)^2}$

$\qquad = \lim_{x \to 2} \dfrac{(x^2+2x+4)+a(x+2)}{(x-2)}$

$x = 2$일 때, $(x^2+2x+4)+a(x+2) = 0$
이므로 $4+4+4+4a = 0$

$\therefore a = -3$, $b = 4$이므로

$f(x) = \dfrac{x^3-3x^2+4}{(x-2)^2} = \dfrac{(x-2)^2(x+1)}{(x-2)^2} = x+1$

$\therefore f(10) = 11$　　　　　　　　답 11

0291　　$(x-1)(x-2)f(x)$가 모든 실수 x에 대하여 연속임을 이용하자.

> 모든 실수 x에서 연속인 함수 $f(x)$가 등식
> $$(x^2-3x+2)f(x) = x^3 - 6x^2 + ax + b$$
> 를 만족시킬 때, $a-b$의 값을 구하시오. (단, a, b는 상수이다.)
>
> $x \neq 1$, $x \neq 2$에서 $f(x) = \dfrac{x^3-6x^2+ax+b}{(x-1)(x-2)}$임을 이용하자.

$(x^2-3x+2)f(x) = x^3 - 6x^2 + ax + b$에서

$(x-1)(x-2)f(x) = x^3 - 6x^2 + ax + b$이고

$x \neq 1$, $x \neq 2$에서

$f(x) = \dfrac{x^3-6x^2+ax+b}{(x-1)(x-2)}$이고

$f(x)$가 모든 실수 x에서 정의되고 연속이므로

$x^3 - 6x^2 + ax + b$가 $(x-1)(x-2)$를 인수로 가져야 한다.

즉, $x^3 - 6x^2 + ax + b = (x-1)(x-2)(x+k)$

이차항의 계수가 -6이므로 $k = -3$

$x^3 - 6x^2 + ax + b = (x-1)(x-2)(x-3)$

$\qquad\qquad\qquad = x^3 - 6x^2 + 11x - 6$

$a = 11$, $b = -6$

$\therefore a - b = 17$　　　　　　　　답 17

0292

모든 실수 x에서 연속인 함수 $y=f(x)$가
$$(x-1)f(x)=ax^2+bx,\ f(1)=4$$
를 만족시킬 때, 두 상수 $a,\ b$에 대하여 $a-b$의 값을 구하시오.

• $x\neq1$에서 $f(x)=\dfrac{ax^2+bx}{x-1}$임을 이용하자.

$x\neq1$일 때, $f(x)=\dfrac{ax^2+bx}{x-1}$이고

함수 $y=f(x)$가 모든 실수 x에서 연속이므로 $x=1$에서도 연속이다.
$\displaystyle\lim_{x\to1}f(x)=f(1)$에서
$\displaystyle\lim_{x\to1}\frac{ax^2+bx}{x-1}=4$ ······㉠

$x\to1$일 때, (분모)$\to0$이므로 (분자)$\to0$이어야 한다.
$\displaystyle\lim_{x\to1}(ax^2+bx)=a+b=0$
$\therefore b=-a$

$b=-a$를 ㉠에 대입하면
$$\begin{aligned}\lim_{x\to1}\frac{ax^2-ax}{x-1}&=\lim_{x\to1}\frac{ax(x-1)}{x-1}\\&=\lim_{x\to1}ax\\&=a=4\end{aligned}$$

따라서 $a=4,\ b=-4$이므로
$a-b=8$

답 8

0293

• $y=f(x)$는 $x=1$에서 연속이다.

$x>0$인 모든 실수 x에서 연속인 함수 $y=f(x)$가
$$(x-1)f(x)=\sqrt{x+3}-2$$
를 만족시킬 때, $f(1)$의 값은?

$f(1)=\displaystyle\lim_{x\to1}\frac{\sqrt{x+3}-2}{x-1}$임을 이용하자.

$x\neq1$일 때, $f(x)=\dfrac{\sqrt{x+3}-2}{x-1}$

함수 $y=f(x)$가 $x>0$인 모든 실수에서 연속이므로 $x=1$에서 연속이다.
$$\begin{aligned}\therefore f(1)&=\lim_{x\to1}f(x)\\&=\lim_{x\to1}\frac{\sqrt{x+3}-2}{x-1}\\&=\lim_{x\to1}\frac{(\sqrt{x+3}-2)(\sqrt{x+3}+2)}{(x-1)(\sqrt{x+3}+2)}\\&=\lim_{x\to1}\frac{x-1}{(x-1)(\sqrt{x+3}+2)}\\&=\lim_{x\to1}\frac{1}{\sqrt{x+3}+2}\\&=\frac{1}{4}\end{aligned}$$

답 ③

0294

• $(x-1)f(x)$는 $x=1$에서 연속이다.

$x=1$에서 연속인 함수 $f(x)$가
$$(x-1)f(x)=\sqrt{x+3}+a$$
를 만족시킬 때, $f(1)$의 값을 구하시오. (단, a는 상수이다.)

$f(1)=\displaystyle\lim_{x\to1}\frac{\sqrt{x+3}+a}{x-1}$임을 이용하자.

$f(1)=\displaystyle\lim_{x\to1}f(x)=\lim_{x\to1}\frac{\sqrt{x+3}+a}{x-1}$이므로

$x=1$일 때, $\sqrt{x+3}+a=0$
$\therefore a=-2$
$$\begin{aligned}\therefore f(1)&=\lim_{x\to1}\frac{\sqrt{x+3}-2}{x-1}\\&=\lim_{x\to1}\frac{x-1}{(x-1)(\sqrt{x+3}+2)}=\frac{1}{4}\end{aligned}$$

답 $\dfrac{1}{4}$

0295

• $x\neq0$에서 $f(x)=\dfrac{2x^2+4x}{\sqrt{1+x}-\sqrt{1-x}}$임을 이용하자.

열린구간 $(-1,\ 1)$에서 연속인 함수 $y=f(x)$가
$$(\sqrt{1+x}-\sqrt{1-x})f(x)=2x^2+4x$$
를 만족시킬 때, $f(0)$의 값은?

$f(0)=\displaystyle\lim_{x\to0}f(x)$임을 이용하자.

$x\neq0$일 때, $f(x)=\dfrac{2x^2+4x}{\sqrt{1+x}-\sqrt{1-x}}$이고

함수 $y=f(x)$가 열린구간 $(-1,\ 1)$에서 연속이므로 $x=0$에서도 연속이다.
$$\begin{aligned}\therefore f(0)&=\lim_{x\to0}f(x)\\&=\lim_{x\to0}\frac{2x^2+4x}{\sqrt{1+x}-\sqrt{1-x}}\\&=\lim_{x\to0}\frac{(2x^2+4x)(\sqrt{1+x}+\sqrt{1-x})}{(\sqrt{1+x}-\sqrt{1-x})(\sqrt{1+x}+\sqrt{1-x})}\\&=\lim_{x\to0}\frac{2x(x+2)(\sqrt{1+x}+\sqrt{1-x})}{2x}\\&=\lim_{x\to0}\{(x+2)(\sqrt{1+x}+\sqrt{1-x})\}\\&=2(\sqrt{1}+\sqrt{1})=4\end{aligned}$$

답 ④

0296

• $y=f(x)$는 $x=2$에서 불연속이다.

함수 $y=f(x)$의 그래프가 그림과 같을 때, 닫힌구간 $[0,\ 3]$에서 함수 $y=(x-a)f(x)$가 연속이 되도록 하는 상수 a의 값을 구하시오. $y=(x-a)f(x)$는 $x=2$에서 연속이어야 함을 이용하자.

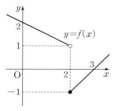

함수 $y=(x-a)f(x)$가 닫힌구간 $[0,\ 3]$에서 연속이려면 함수

$y=f(x)$가 $x=2$에서 불연속이므로 함수 $y=(x-a)f(x)$가 $x=2$에서 연속이면 된다.

$g(x)=(x-a)f(x)$라 하면

$\lim\limits_{x\to 2-}g(x)=\lim\limits_{x\to 2+}g(x)=g(2)$에서

$\lim\limits_{x\to 2-}g(x)=\lim\limits_{x\to 2-}(x-a)\times\lim\limits_{x\to 2-}f(x)$
$\qquad\qquad=(2-a)\times 1$
$\qquad\qquad=2-a$

$\lim\limits_{x\to 2+}g(x)=\lim\limits_{x\to 2+}(x-a)\times\lim\limits_{x\to 2+}f(x)$
$\qquad\qquad=(2-a)\times(-1)$
$\qquad\qquad=-2+a$

$g(2)=(2-a)f(2)=(2-a)\times(-1)=-2+a$

이므로 $2-a=-2+a$

$\therefore a=2$　　　　　　　　　　　　　　　　　　답 2

0297

> $\lim\limits_{x\to 1-}ax=\lim\limits_{x\to 1+}(2x+b)$임을 이용하자.

모든 실수 x에서 연속인 함수 $y=f(x)$가 닫힌구간 $[0,4]$에서

$$f(x)=\begin{cases} ax & (0\le x\le 1)\\ 2x+b & (1<x\le 4)\end{cases}$$

이고, 모든 실수 x에 대하여 $f(x+4)=f(x)$를 만족시킬 때, $f(1)$의 값을 구하시오. (단, a, b는 상수이다.)

> $f(4)=f(0)$임을 이용하자.

함수 $y=f(x)$가 모든 실수 x에서 연속이므로 $x=1$에서 연속이다.

$\therefore \lim\limits_{x\to 1}f(x)=f(1)$

즉, $\lim\limits_{x\to 1}f(x)$의 값이 존재하므로

$\lim\limits_{x\to 1-}f(x)=\lim\limits_{x\to 1-}ax=a$,

$\lim\limits_{x\to 1+}f(x)=\lim\limits_{x\to 1+}(2x+b)=2+b$

에서 $a=2+b$ ……㉠

$f(x+4)=f(x)$이므로 $f(4)=f(0)$에서 $8+b=0$

$\therefore b=-8$

이를 ㉠에 대입하면 $a=-6$

따라서 $f(x)=\begin{cases} -6x & (0\le x\le 1)\\ 2x-8 & (1<x\le 4)\end{cases}$이므로

$f(1)=-6$　　　　　　　　　　　　　　　답 -6

0298

> 함수 $y=f(x)$는 $x=3$에서 연속임을 이용하자.

모든 실수 x에서 연속인 함수 $y=f(x)$가 다음 조건을 만족시킬 때, $f(17)$의 값을 구하시오. (단, a, b는 상수이다.)

> (가) 닫힌구간 $[0,6]$에서 $f(x)=\begin{cases}\dfrac{1}{3}x & (0\le x<3)\\ ax+b & (3\le x\le 6)\end{cases}$
>
> (나) 모든 실수 x에 대하여 $f(x-2)=f(x+4)$

> $f(17)=f(11)=f(5)$임을 이용하자.

함수 $y=f(x)$가 모든 실수 x에서 연속이므로 $x=3$에서 연속이다.

$\therefore \lim\limits_{x\to 3}f(x)=f(3)$

즉, $\lim\limits_{x\to 3}f(x)$의 값이 존재하므로

$\lim\limits_{x\to 3-}f(x)=\lim\limits_{x\to 3-}\dfrac{1}{3}x=1$,

$\lim\limits_{x\to 3+}f(x)=\lim\limits_{x\to 3+}(ax+b)=3a+b$

에서 $3a+b=1$ ……㉠

$f(x-2)=f(x+4)$의 양변에 x 대신 $x+2$를 대입하면

$f(x)=f(x+6)$이므로 $f(0)=f(6)$

$6a+b=0$ ……㉡

㉠, ㉡을 연립하여 풀면

$a=-\dfrac{1}{3}$, $b=2$

$\therefore f(x)=\begin{cases}\dfrac{1}{3}x & (0\le x<3)\\ -\dfrac{1}{3}x+2 & (3\le x\le 6)\end{cases}$

$\therefore f(17)=f(11)=f(5)=-\dfrac{1}{3}\times 5+2=\dfrac{1}{3}$　　답 $\dfrac{1}{3}$

0299

> 함수 $y=f(x)$는 $x=1$에서 연속임을 이용하자.

실수 전체의 집합에서 연속인 함수 $y=f(x)$가 닫힌구간 $[-1,3]$에서

$$f(x)=\begin{cases} x^2+bx+8 & (-1\le x<1)\\ -x+a & (1\le x\le 3)\end{cases}$$

이고 모든 실수 x에 대하여 $f(x+4)=f(x)$를 만족시킬 때, 두 상수 a, b에 대하여 $f(a)+f(b)$의 값을 구하시오.

> $f(3)=f(-1)$임을 이용하자.

함수 $y=f(x)$가 실수 전체의 집합에서 연속이므로 $x=1$에서도 연속이다.

$\lim\limits_{x\to 1-}f(x)=\lim\limits_{x\to 1+}f(x)=f(1)$에서

$1+b+8=-1+a$

$\therefore a-b=10$ ……㉠

$f(x+4)=f(x)$에 $x=-1$을 대입하면

$f(3)=f(-1)$이므로 $-3+a=1-b+8$

$\therefore a+b=12$ ……㉡

㉠, ㉡을 연립하여 풀면

$a=11$, $b=1$

따라서 $f(x)=\begin{cases} x^2+x+8 & (-1\le x<1)\\ -x+11 & (1\le x\le 3)\end{cases}$이므로

$f(a)+f(b)=f(11)+f(1)$
$\qquad\qquad=f(3)+f(1)$
$\qquad\qquad=8+10=18$　　　　　　　답 18

0300

> $\lim\limits_{x\to -1-}f(x)=\lim\limits_{x\to -1+}f(x)$임을 이용하자.

함수 $f(x)$는 모든 실수 x에 대하여 $f(x+2)=f(x)$를 만족시키고,

$$f(x)=\begin{cases} ax+1 & (-1\le x<0)\\ 3x^2+2ax+b & (0\le x<1)\end{cases}$$

이다. 함수 $f(x)$가 실수 전체의 집합에서 연속일 때, 두 상수 a, b의 합 $a+b$의 값은?

> $x=-1$, $x=0$에서도 연속이다.

함수 $f(x)$가 실수 전체의 집합에서 연속이므로 $x=-1$, $x=0$에서도 연속이다.

(ⅰ) $x=0$에서 $f(x)$가 연속이므로 $f(0)=\lim\limits_{x\to 0-}f(x)$, 즉,

$3\times 0^2+2a\times 0+b=\lim\limits_{x\to 0-}(ax+1)$ $\therefore b=1$

(ⅱ) $x=-1$에서 $f(x)$가 연속이고 $f(x+2)=f(x)$이므로

$$\lim\limits_{x\to -1-}f(x)=\lim\limits_{x\to 1-}f(x)$$
$$=\lim\limits_{x\to 1-}(3x^2+2ax+b)$$

이다.

그러므로 $f(-1)=\lim\limits_{x\to -1-}f(x)$
$$=\lim\limits_{x\to 1-}(3x^2+2ax+b)$$

$-a+1=3+2a+b$ $\therefore a=-1$

따라서 $a+b=0$ 〔답〕 ③

0301

> 함수 $y=f(x)$는 $x=1$에서 연속임을 이용하자.

> 실수 전체의 집합에서 연속인 함수 $y=f(x)$가 닫힌구간 $[0,\ 3]$에서
> $$f(x)=\begin{cases}-6x & (0\le x<1)\\ a(x-1)^2-2b & (1\le x\le 3)\end{cases}$$
> 이고 모든 실수 x에 대하여 $f(x+3)=f(x)$를 만족시킬 때, $f(98)$의 값을 구하시오. (단, a, b는 상수이다.)
>
> $f(3)=f(0)$임을 이용하자.

함수 $y=f(x)$가 실수 전체의 집합에서 연속이므로 $x=1$에서도 연속이다.

$\lim\limits_{x\to 1-}f(x)=\lim\limits_{x\to 1+}f(x)=f(1)$에서

$-6=-2b$ $\therefore b=3$

$f(x+3)=f(x)$에 $x=0$을 대입하면

$f(3)=f(0)$이므로 $4a-6=0$ $\therefore a=\dfrac{3}{2}$

$\therefore f(x)=\dfrac{3}{2}(x-1)^2-6$ (단, $1\le x\le 3$)

$\therefore f(98)=f(3\times 32+2)=f(2)=-\dfrac{9}{2}$ 〔답〕 $-\dfrac{9}{2}$

0302

> $\lim\limits_{x\to 1-}f(x)=\lim\limits_{x\to 1+}f(x)=f(1)$임을 이용하자.

> 실수 전체의 집합에서 연속인 함수 $y=f(x)$가 다음 조건을 만족시킬 때, $f(10)$의 값을 구하시오. (단, a, b는 상수이다.)
>
> ㈎ 닫힌구간 $[0,\ 4]$에서 $f(x)=\begin{cases}3x & (0\le x<1)\\ x^2+ax+b & (1\le x\le 4)\end{cases}$
> ㈏ 모든 실수 x에 대하여 $f(x-2)=f(x+2)$
>
> $f(0)=f(4)$임을 이용하자.

함수 $y=f(x)$가 실수 전체의 집합에서 연속이므로 $x=1$에서도 연속이다.

$\lim\limits_{x\to 1-}f(x)=\lim\limits_{x\to 1+}f(x)=f(1)$에서

$3=1+a+b$

$\therefore a+b=2$ ……㉠

$f(x-2)=f(x+2)$에 $x=2$를 대입하면

$f(0)=f(4)$이므로

$0=16+4a+b$

$\therefore 4a+b=-16$ ……㉡

㉠, ㉡을 연립하여 풀면

$a=-6$, $b=8$

따라서 $f(x)=\begin{cases}3x & (0\le x<1)\\ x^2-6x+8 & (1\le x\le 4)\end{cases}$ 이므로

$f(10)=f(2)=0$ 〔답〕 0

0303

> 두 함수 $y=f(x)$, $y=g(x)$가 모두 $x=a$에서 연속일 때, 〈보기〉의 함수 중에서 $x=a$에서 항상 연속인 것만을 있는 대로 고르시오.
>
> ┤ 보기 ├
> ㄱ. $y=2f(x)+g(x)$ ㄴ. $y=f(x)g(x)$
> ㄷ. $y=\dfrac{f(x)}{g(x)}$ ㄹ. $y=\{f(x)-g(x)\}^2$
>
> $g(a)=0$이면 $\dfrac{f(a)}{g(a)}$의 값은 정의 되지 않는다.

ㄱ. 함수 $y=f(x)$가 $x=a$에서 연속이므로 연속함수의 성질에 의해 $y=2f(x)$도 $x=a$에서 연속이다.

또, 함수 $y=2f(x)$, $y=g(x)$가 $x=a$에서 연속이므로 연속함수의 성질에 의해 $y=2f(x)+g(x)$도 $x=a$에서 연속이다.

ㄴ. 두 함수 $y=f(x)$, $y=g(x)$가 모두 $x=a$에서 연속이므로 연속함수의 성질에 의해 $y=f(x)g(x)$도 $x=a$에서 연속이다.

ㄷ. $g(a)=0$이면 $\dfrac{f(a)}{g(a)}$의 값이 정의되지 않으므로

$y=\dfrac{f(x)}{g(x)}$는 $x=a$에서 불연속이다.

ㄹ. 두 함수 $y=f(x)$, $y=g(x)$가 모두 $x=a$에서 연속이므로 연속함수의 성질에 의해 $y=f(x)-g(x)$도 $x=a$에서 연속이다.

또, 함수 $y=f(x)-g(x)$가 $x=a$에서 연속이므로 연속함수의 성질에 의해

$y=\{f(x)-g(x)\}\{f(x)-g(x)\}$
$=\{f(x)-g(x)\}^2$

도 $x=a$에서 연속이다.

따라서 $x=a$에서 항상 연속인 함수는 ㄱ, ㄴ, ㄹ이다.

〔답〕 ㄱ, ㄴ, ㄹ

0304

> 함수 $f(x)=\dfrac{1}{x}$는 $x=0$에서 불연속이다.

> 두 함수 $f(x)=\dfrac{1}{x}$, $g(x)=x^2+1$에 대하여 다음 중 실수 전체의 집합에서 연속인 함수는? 함수 $g(x)=x^2+1$은 모든 실수에서 연속이다.
>
> ① $y=f(g(x))$ ② $y=g(f(x))$ ③ $y=f(x)g(x)$
> ④ $y=\dfrac{f(x)}{g(x)}$ ⑤ $y=f(x)+g(x)$

① $f(g(x))=f(x^2+1)=\dfrac{1}{x^2+1}$

② $g(f(x))=g\left(\dfrac{1}{x}\right)=\dfrac{1}{x^2}+1$

③ $f(x)g(x)=\dfrac{1}{x}(x^2+1)=x+\dfrac{1}{x}$

④ $\dfrac{f(x)}{g(x)}=\dfrac{1}{x(x^2+1)}$

⑤ $f(x)+g(x)=\dfrac{1}{x}+x^2+1$

②, ③, ④, ⑤는 $x=0$에서 정의되지 않으므로 $x=0$에서 불연속이다.

답 ①

0305

거짓인 반례를 찾아보자. ●

두 함수 $y=f(x)$, $y=g(x)$에 대하여 〈보기〉에서 옳은 것만을 있는 대로 고른 것은? (단, 함수 $y=g(x)$의 치역은 함수 $y=f(x)$의 정의역에 포함된다.)

┤ 보 기 ├

ㄱ. 함수 $y=f(x)$가 $x=a$에서 연속이면 함수 $y=|f(x)|$도 $x=a$에서 연속이다. ● $\displaystyle\lim_{x\to a}|f(x)|=|f(a)|$임을 확인하자.

ㄴ. 함수 $y=f(g(x))$가 $x=a$에서 연속이면 함수 $y=g(x)$도 $x=a$에서 연속이다.

ㄷ. 함수 $y=\{f(x)\}^2$이 $x=a$에서 연속이면 함수 $y=f(x)$도 $x=a$에서 연속이다.

ㄱ. $\displaystyle\lim_{x\to a}f(x)=f(a)$이므로 $\displaystyle\lim_{x\to a}|f(x)|=|f(a)|$

즉, 함수 $y=|f(x)|$는 $x=a$에서 연속이다. (참)

ㄴ. [반례] $f(x)=|x|$, $g(x)=\begin{cases}1 & (x\geq0)\\ -1 & (x<0)\end{cases}$이면

$\displaystyle\lim_{x\to0}f(g(x))=f(g(0))=1$이므로 함수 $y=f(g(x))$는 $x=0$에서 연속이지만 함수 $y=g(x)$는 $x=0$에서 연속이 아니다. (거짓)

ㄷ. [반례] $f(x)=\begin{cases}1 & (x\geq0)\\ -1 & (x<0)\end{cases}$이면

$\displaystyle\lim_{x\to0}\{f(x)\}^2=\{f(0)\}^2=1$이므로 함수 $y=\{f(x)\}^2$은 $x=0$에서 연속이지만 함수 $y=f(x)$는 $x=0$에서 연속이 아니다. (거짓)

따라서 옳은 것은 ㄱ뿐이다.

답 ①

0306

거짓인 반례를 찾아보자.

두 함수 $f(x)$, $g(x)$에 대하여 〈보기〉에서 옳은 것을 모두 고른 것은?

$f(x)=\dfrac{1}{x}$, $g(x)=-\dfrac{1}{x}$인 경우 만족하지 않는다.

┤ 보 기 ├

ㄱ. $\displaystyle\lim_{x\to0}f(x)$와 $\displaystyle\lim_{x\to0}g(x)$가 모두 존재하지 않으면 $\displaystyle\lim_{x\to0}\{f(x)+g(x)\}$도 존재하지 않는다.

ㄴ. $y=f(x)$가 $x=0$에서 연속이면 $y=|f(x)|$도 $x=0$에서 연속이다.

ㄷ. $y=|f(x)|$가 $x=0$에서 연속이면 $y=f(x)$도 $x=0$에서 연속이다.

ㄱ. [반례] $f(x)=\dfrac{1}{x}$, $g(x)=-\dfrac{1}{x}$이면

$\displaystyle\lim_{x\to0}f(x)$, $\displaystyle\lim_{x\to0}g(x)$ 모두 존재하지 않으나

$\displaystyle\lim_{x\to0}\{f(x)+g(x)\}=0$으로 존재

ㄴ. $\displaystyle\lim_{x\to0}f(x)=f(0)=\alpha$라 하면

$|f(0)|=|\alpha|=\left|\displaystyle\lim_{x\to0}f(x)\right|=\displaystyle\lim_{x\to0}|f(x)|$

ㄷ. [반례] $f(x)=\begin{cases}1 & (x\geq0)\\ -1 & (x<0)\end{cases}$이면

모든 실수 x에 대하여

$y=|f(x)|=1$

$x=0$에서 $y=|f(x)|$는 연속이지만

$y=f(x)$는 $x=0$에서 불연속이다.

따라서, 옳은 것은 ㄴ이다.

답 ①

0307

두 함수 $y=f(x)$, $y=g(x)$의 그래프가 그림과 같을 때, 〈보기〉에서 옳은 것만을 있는 대로 고른 것은?

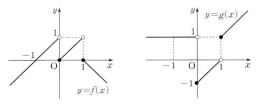

┤ 보 기 ├

ㄱ. $\displaystyle\lim_{x\to0+}f(x)=0$

ㄴ. $\displaystyle\lim_{x\to a}f(x)g(x)=0$ ● $\displaystyle\lim_{x\to a}f(x)=\alpha$, $\displaystyle\lim_{x\to a}g(x)=\beta$이면 $\displaystyle\lim_{x\to a}f(x)g(x)=\displaystyle\lim_{x\to a}f(x)\times\displaystyle\lim_{x\to a}g(x)=\alpha\beta$임을 이용하자.

ㄷ. 함수 $f(x)g(x)$는 $x=1$에서 연속이다. ● $\displaystyle\lim_{x\to1-}f(x)g(x)=\displaystyle\lim_{x\to1+}f(x)g(x)=f(1)g(1)$임을 확인하자.

ㄱ. $\displaystyle\lim_{x\to0+}f(x)=0$ (참)

ㄴ. $\displaystyle\lim_{x\to1-}f(x)=1$, $\displaystyle\lim_{x\to1-}g(x)=0$이므로
$\displaystyle\lim_{x\to1-}f(x)g(x)=0$ (참)

ㄷ. $h(x)=f(x)g(x)$라 하자.

(i) $h(1)=f(1)\times g(1)=0\times1=0$

(ii) $\displaystyle\lim_{x\to1-}h(x)=\displaystyle\lim_{x\to1-}f(x)g(x)=0$

(iii) $\displaystyle\lim_{x\to1+}f(x)=0$, $\displaystyle\lim_{x\to1+}g(x)=1$이므로
$\displaystyle\lim_{x\to1+}h(x)=\displaystyle\lim_{x\to1+}f(x)g(x)=0$이다.

(i)~(iii)에 의하여 함수 $f(x)g(x)$는 $x=1$에서 연속이다. (참)

따라서 옳은 것은 ㄱ, ㄴ, ㄷ이다.

답 ⑤

0308

그림은 두 함수 $y=f(x)$, $y=g(x)$의 그래프이다. 옳은 것만을 〈보기〉에서 있는 대로 고른 것은?

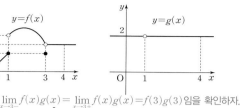

$\displaystyle\lim_{x\to 3-} f(x)g(x)=\lim_{x\to 3+} f(x)g(x)=f(3)g(3)$임을 확인하자.

┤ 보기 ├

ㄱ. $\displaystyle\lim_{x\to 1-} f(x)g(x)=2$

ㄴ. 함수 $f(x)g(x)$는 $x=3$에서 연속이다.

ㄷ. 닫힌구간 $[0, 4]$에서 함수 $f(x)g(x)$의 불연속인 점은 오직 한 개 존재한다. ← $x=1$과 $x=3$에서의 연속성을 확인하자.

ㄱ. $\displaystyle\lim_{x\to 1-} f(x)=1$, $\displaystyle\lim_{x\to 1-} g(x)=2$이므로

$\displaystyle\lim_{x\to 1-} f(x)g(x)=2$ (참)

ㄴ. $f(3)g(3)=1\times 2=2$,

$\displaystyle\lim_{x\to 3-} f(x)g(x)=3$, $\displaystyle\lim_{x\to 3+} f(x)g(x)=3$에서

$\displaystyle\lim_{x\to 3} f(x)g(x)=3$

$\displaystyle\lim_{x\to 3} f(x)g(x)\neq f(3)g(3)$ (거짓)

ㄷ. $\displaystyle\lim_{x\to 1+} f(x)g(x)=4$

ㄱ에 의하여 $\displaystyle\lim_{x\to 1-} f(x)g(x)=2$

$\displaystyle\lim_{x\to 1-} f(x)g(x)\neq\lim_{x\to 1+} f(x)g(x)$이므로

함수 $f(x)g(x)$는 $x=1$에서 불연속이다.

ㄴ에 의해 $x=3$에서도 불연속이므로

함수 $f(x)g(x)$는 $x=1$, $x=3$에서 불연속이다. (거짓)

따라서 옳은 것은 ㄱ이다. 답 ①

0309

세 함수 $y=f(x)$, $y=g(x)$, $y=h(x)$의 그래프가 그림과 같다.

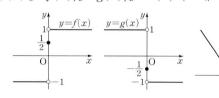

〈보기〉의 함수 중에서 모든 실수 x에 대하여 연속인 것만을 있는 대로 고른 것은? ← $x=0$에서의 연속성을 확인하자.

┤ 보기 ├

ㄱ. $y=f(x)+g(x)$ ㄴ. $y=f(x)g(x)$

ㄷ. $y=\dfrac{h(x)}{g(x)}$ $\displaystyle\lim_{x\to 0-}\{f(x)+g(x)\}=\lim_{x\to 0+}\{f(x)+g(x)\}$ $=f(0)+g(0)$임을 확인하자.

두 함수 $y=f(x)$, $y=g(x)$는 $x\neq 0$인 모든 실수에 대하여 연속이고 함수 $y=h(x)$는 모든 실수 x에 대하여 연속이므로

〈보기〉에 주어진 함수의 $x=0$에서의 연속성을 조사해 보면

ㄱ. $\displaystyle\lim_{x\to 0+}\{f(x)+g(x)\}=1+(-1)=0$

$\displaystyle\lim_{x\to 0-}\{f(x)+g(x)\}=(-1)+1=0$

$\therefore \displaystyle\lim_{x\to 0}\{f(x)+g(x)\}=0$

$f(0)+g(0)=\dfrac{1}{2}+\left(-\dfrac{1}{2}\right)=0$

즉, $\displaystyle\lim_{x\to 0}\{f(x)+g(x)\}=f(0)+g(0)$

따라서 함수 $y=f(x)+g(x)$는 $x=0$에서 연속이므로 모든 실수 x에 대하여 연속이다.

ㄴ. $\displaystyle\lim_{x\to 0+}\{f(x)g(x)\}=1\times(-1)=-1$

$\displaystyle\lim_{x\to 0-}\{f(x)g(x)\}=(-1)\times 1=-1$

$\therefore \displaystyle\lim_{x\to 0}\{f(x)g(x)\}=-1$

$f(0)g(0)=\dfrac{1}{2}\times\left(-\dfrac{1}{2}\right)=-\dfrac{1}{4}$

즉, $\displaystyle\lim_{x\to 0}\{f(x)g(x)\}\neq f(0)g(0)$이므로 함수 $y=f(x)g(x)$

는 $x=0$에서 불연속이다.

ㄷ. $\displaystyle\lim_{x\to 0+}\dfrac{h(x)}{g(x)}=\dfrac{0}{-1}=0$, $\displaystyle\lim_{x\to 0-}\dfrac{h(x)}{g(x)}=\dfrac{0}{1}=0$

$\therefore \displaystyle\lim_{x\to 0}\dfrac{h(x)}{g(x)}=0$

$\dfrac{h(0)}{g(0)}=\dfrac{0}{-\dfrac{1}{2}}=0$

즉, $\displaystyle\lim_{x\to 0}\dfrac{h(x)}{g(x)}=\dfrac{h(0)}{g(0)}$

따라서 함수 $y=\dfrac{h(x)}{g(x)}$는 $x=0$에서 연속이므로 모든 실수 x에 대하여 연속이다.

그러므로 모든 실수 x에 대하여 연속인 함수는 ㄱ, ㄷ이다.

답 ③

0310

함수 $y=f(x)$의 그래프가 그림과 같다.

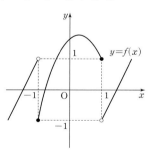

〈보기〉에서 옳은 것만을 있는 대로 고른 것은?

┤ 보기 ├ ← $t=-x$라 하면 $x\to 1$일 때 $t\to -1$이고 $\displaystyle\lim_{x\to 1} f(-x)=\lim_{t\to -1} f(t)$임을 이용하자.

ㄱ. $\displaystyle\lim_{x\to -1-} f(x)+\lim_{x\to 1+} f(x)=0$

ㄴ. $\displaystyle\lim_{x\to 1} f(-x)$는 존재한다.

ㄷ. 함수 $f(x)f(-x)$는 $x=1$에서 연속이다. ← $\displaystyle\lim_{x\to 1-} f(x)f(-x)=\lim_{x\to 1+} f(x)f(-x)=f(1)f(-1)$임을 확인하자.

ㄱ. $\displaystyle\lim_{x\to -1-} f(x)+\lim_{x\to 1+} f(x)=1+(-1)=0$ (참)

ㄴ. $\lim_{x \to 1-} f(-x) = \lim_{t \to -1+} f(t) = -1$

$\lim_{x \to 1+} f(-x) = \lim_{t \to -1-} f(t) = 1$

$\lim_{x \to 1-} f(-x) \neq \lim_{x \to 1+} f(-x)$이므로 함수 $f(-x)$는

$x=1$에서의 극한값이 존재하지 않는다. (거짓)

ㄷ. $f(1)f(-1) = 1 \times (-1) = -1$

$\lim_{x \to 1-} f(x)f(-x) = 1 \times (-1) = -1$

$\lim_{x \to 1+} f(x)f(-x) = (-1) \times 1 = -1$

$\therefore \lim_{x \to 1} f(x)f(-x) = -1$

따라서 $f(1)f(-1) = \lim_{x \to 1} f(x)f(-x)$이므로 함수

$f(x)f(-x)$는 $x=1$에서 연속이다. (참) **답 ③**

0311

실수 전체의 집합에서 정의된 함수 $y=f(x)$의 그래프의 일부가 그림과 같을 때, 옳은 것만을 〈보기〉에서 있는 대로 고른 것은?

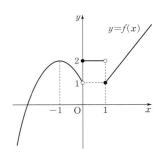

| 보기 |

ㄱ. $\lim_{x \to -1} f(x) = 2$ → $\lim_{x \to -1} f(-x) = \lim_{x \to 1} f(t)$임을 이용하자.

ㄴ. $\lim_{x \to -1+} f(-x) = f(1)$

ㄷ. 함수 $f(x)f(x+1)$은 $x=0$에서 연속이다.
→ $\lim_{x \to 0-} f(x)f(x+1) = \lim_{x \to 0+} f(x)f(x+1)$임을 확인하자.

ㄱ. $\lim_{x \to -1+} f(x) = \lim_{x \to -1-} f(x) = 2$ (참)

ㄴ. $\lim_{x \to -1+} f(-x) = 2$, $f(1) = 1$이므로

$\lim_{x \to -1+} f(-x) \neq f(1)$이다. (거짓)

ㄷ. $f(0)f(1) = 2 \times 1 = 2$,

$\lim_{x \to 0-} f(x)f(x+1) = 1 \times 2 = 2$,

$\lim_{x \to 0+} f(x)f(x+1) = 2 \times 1 = 2$에서

$f(0)f(1) = \lim_{x \to 0} f(x)f(x+1)$이므로

함수 $f(x)f(x+1)$은 $x=0$에서 연속이다. (참)

따라서 옳은 것은 ㄱ, ㄷ이다. **답 ③**

0312

함수 $f(x) = \begin{cases} x & (|x| \geq 1) \\ -x & (|x| < 1) \end{cases}$ 에 대하여 옳은 것만을 〈보기〉

에서 있는 대로 고른 것은?

$\lim_{x \to 1-} (x-1)f(x) = \lim_{x \to 1+} (x-1)f(x) = f(1-1)f(1) = 0$이다.

| 보기 |

ㄱ. 함수 $f(x)$가 불연속인 점이 2개이다.

ㄴ. 함수 $(x-1)f(x)$는 $x=1$에서 연속이다.

ㄷ. 함수 $\{f(x)\}^2$은 실수 전체의 집합에서 연속이다.
→ $y = \{f(x)\}^2 = x^2$임을 이용하자.

ㄱ. $x = \pm 1$에서 불연속 (참)

ㄴ. $\lim_{x \to 1} (x-1)f(x) = (1-1)f(1) = 0$이므로 $x=1$에서 연속 (참)

ㄷ. $y = \{f(x)\}^2 = x^2$이므로 실수 전체에서 연속 (참)

따라서 옳은 것은 ㄱ, ㄴ, ㄷ이다. **답 ⑤**

0313

→ 다항함수는 모든 실수에서 연속이다.

두 다항함수 $f(x) = x^2 - 4x + 1$, $g(x) = x^2 - 2ax + 5a$에 대하여

함수 $h(x) = \dfrac{f(x)}{g(x)}$가 모든 실수에서 연속이 되도록 하는 모든

정수 a의 값의 합을 구하시오.
→ $g(x) \neq 0$이어야 하므로 방정식 $g(x) = 0$의 판별식이 0보다 작음을 이용하자.

두 다항함수 $y = f(x)$와 $y = g(x)$는 모든 실수에서 연속이므로

함수 $h(x) = \dfrac{f(x)}{g(x)}$가 모든 실수에서 연속이 되려면 임의의 실수

x에 대하여 $g(x) = x^2 - 2ax + 5a \neq 0$이어야 한다.

이차방정식 $x^2 - 2ax + 5a = 0$의 판별식을 D라 하면

$\dfrac{D}{4} = a^2 - 5a < 0$에서 $a(a-5) < 0$

$\therefore 0 < a < 5$

따라서 구하는 정수 a의 값의 합은

$1 + 2 + 3 + 4 = 10$ **답 10**

0314

→ 다항함수는 모든 실수에서 연속이다.

함수 $f(x) = x^2 - x + 3$, $g(x) = ax + 1$에 대하여

함수 $y = \dfrac{1}{f(x) + g(x)}$이 모든 실수 x에서 연속이 되도록

하는 상수 a의 값의 범위는?
→ (분모) $\neq 0$이어야 한다.

$\dfrac{1}{f(x) + g(x)} = \dfrac{1}{x^2 + (a-1)x + 4}$이 모든 실수 x에서 연속이 되려

면 $x^2 + (a-1)x + 4 \neq 0$이어야 한다.

즉, 이차방정식 $x^2 + (a-1)x + 4 = 0$의 판별식을 D라 하면

$D = (a-1)^2 - 16 < 0$에서

$a^2 - 2a - 15 < 0$, $(a+3)(a-5) < 0$

$\therefore -3 < a < 5$ **답 ③**

0315

두 함수
$$f(x)=\begin{cases} x-1 & (x<0) \\ x^3+1 & (x\geq0) \end{cases}, g(x)=\begin{cases} x^2+3 & (x<0) \\ x+k & (x\geq0) \end{cases}$$
에 대하여 함수 $y=f(x)+g(x)$가 $x=0$에서 연속이 되도록
하는 상수 k의 값을 구하시오.
$\lim\limits_{x\to0-}\{f(x)+g(x)\}=\lim\limits_{x\to0+}\{f(x)+g(x)\}=f(0)+g(0)$이어야 한다.

$f(x)=\begin{cases} x-1 & (x<0) \\ x^3+1 & (x\geq0) \end{cases}, g(x)=\begin{cases} x^2+3 & (x<0) \\ x+k & (x\geq0) \end{cases}$에서

$f(x)+g(x)=\begin{cases} x^2+x+2 & (x<0) \\ x^3+x+1+k & (x\geq0) \end{cases}$

이므로

$\lim\limits_{x\to0-}\{f(x)+g(x)\}=2$

$\lim\limits_{x\to0+}\{f(x)+g(x)\}=1+k$

$f(0)+g(0)=1+k$

함수 $y=f(x)+g(x)$가 $x=0$에서 연속이 되려면

$\lim\limits_{x\to0-}\{f(x)+g(x)\}=\lim\limits_{x\to0+}\{f(x)+g(x)\}=f(0)+g(0)$

$2=1+k$ ∴ $k=1$　　　　　　　　　**답** 1

0316

두 함수 $f(x)=\begin{cases} -x & (x<1) \\ x+k & (x\geq1) \end{cases}, g(x)=x^2+2x-5$에 대하여
함수 $y=f(x)g(x)$가 $x=1$에서 연속일 때, 상수 k의 값을 구하
시오.
$\lim\limits_{x\to1-}f(x)g(x)=\lim\limits_{x\to1+}f(x)g(x)=f(1)g(1)$
임을 확인하자.

$h(x)=f(x)g(x)$라 하면

$\lim\limits_{x\to1-}h(x)=\lim\limits_{x\to1-}f(x)g(x)$

$\qquad\qquad=\lim\limits_{x\to1-}\{(-x)(x^2+2x-5)\}$

$\qquad\qquad=\lim\limits_{x\to1-}(-x^3-2x^2+5x)$

$\qquad\qquad=2$

$\lim\limits_{x\to1+}h(x)=\lim\limits_{x\to1+}f(x)g(x)$

$\qquad\qquad=\lim\limits_{x\to1+}\{(x+k)(x^2+2x-5)\}$

$\qquad\qquad=\lim\limits_{x\to1+}\{x^3+(k+2)x^2+(2k-5)x-5k\}$

$\qquad\qquad=-2k-2$

$h(1)=f(1)g(1)=-2(1+k)$

함수 $y=h(x)$가 $x=1$에서 연속이므로 $\lim\limits_{x\to1}h(x)=h(1)$

즉, $2=-2k-2$이므로

$k=-2$　　　　　　　　　　　　　　**답** -2

0317

　　　　　　　　　　$f(x)$는 $x=2$에서 불연속이다.

두 함수 $f(x)=\begin{cases} x-2 & (x<2) \\ -x+4 & (x\geq2) \end{cases}, g(x)=x+k$에
대하여 함수 $y=f(x)g(x)$가 $x=2$에서 연속이 되도록 하는
상수 k의 값을 구하시오.
$\lim\limits_{x\to2-}f(x)g(x)=\lim\limits_{x\to2+}f(x)g(x)=f(2)g(2)$임을 확인하자.

함수 $y=f(x)g(x)$가 $x=2$에서 연속이려면

$\lim\limits_{x\to2-}\{f(x)g(x)\}=\lim\limits_{x\to2+}\{f(x)g(x)\}=f(2)g(2)$이어야 하므로

$(2-2)(2+k)=(-2+4)(2+k)$

∴ $k=-2$　　　　　　　　　　　　**답** -2

[다른풀이] 함수 $y=f(x)$가 $x=2$에서 불연속이므로

$g(2)=2+k=0$이어야 한다.

∴ $k=-2$

0318

두 함수 $f(x)=\begin{cases} (x-1)^2 & (x\neq1) \\ 1 & (x=1) \end{cases}, g(x)=2x+k$
에 대하여 함수 $f(x)g(x)$가 실수 전체의 집합에서 연속이 되도
록 하는 상수 k의 값은?
$g(x)$는 실수 전체에서 연속이고, $f(x)$는 $x\neq1$에서 연속이므로
$x=1$에서의 연속성만 조사하면 된다.

$f(x)$가 $x\neq1$인 모든 실수에서 연속이고, $g(x)$는 실수 전체의 집합에
서 연속이므로 $f(x)g(x)$가 실수 전체에서 연속이 되기 위해서는
$x=1$에서 연속이면 된다.

$\lim\limits_{x\to1}f(x)g(x)=\lim\limits_{x\to1}(x-1)^2(2x+k)=0$

$f(1)g(1)=1\times(2+k)$

$\lim\limits_{x\to1}f(x)g(x)=f(1)g(1)$이므로 $2+k=0$이다.

따라서 $k=-2$이다.　　　　　　　　**답** ①

0319

두 함수
　　　　　　$f(x)$는 $x=a$에서 연속일 수도 있고 불연속일수도 있다.
　　　　　　　　　　　　$g(x)$는 실수 전체에서 연속이다.
$$f(x)=\begin{cases} x+3 & (x\leq a) \\ x^2-x & (x>a) \end{cases}, g(x)=x-(2a+7)$$
에 대하여 함수 $y=f(x)g(x)$가 실수 전체의 집합에서 연속이
되도록 하는 모든 실수 a의 값의 곱을 구하시오.
$f(x)$가 연속인 경우와 불연속인 경우로 나누어 생각하자.

(ⅰ) 함수 $y=f(x)$가 $x=a$에서 연속일 때 함수 $y=f(x)g(x)$도 실수
전체의 집합에서 연속이다.

$\lim\limits_{x\to a-}f(x)=\lim\limits_{x\to a-}(x+3)=a+3$

$\lim\limits_{x\to a+}f(x)=\lim\limits_{x\to a+}(x^2-x)=a^2-a$

이므로 $a^2-a=a+3$, $a^2-2a-3=0$

$(a+1)(a-3)=0$

∴ $a=-1$ 또는 $a=3$

(ii) 함수 $y=f(x)$가 $x=a$에서 불연속일 때, 실수 전체의 집합에서 연속인 함수 $y=g(x)$가 $\lim\limits_{x\to a}g(x)=0$이어야

함수 $y=f(x)g(x)$도 실수 전체의 집합에서 연속이다.

$$\lim_{x\to a}g(x)=\lim_{x\to a}\{x-(2a+7)\}$$
$$=a-(2a+7)$$
$$=-a-7=0$$
$$\therefore a=-7$$

(i), (ii)에서 모든 실수 a의 값의 곱은
$$(-1)\times3\times(-7)=21 \hspace{2cm}\text{답 } 21$$

0320

→ $f(x)$는 $x=1$에서 불연속임을 알 수 있다.

> 함수 $y=f(x)$의 그래프가 그림과 같다.
> 함수 $g(x)=x^2+ax-9$일 때, 함수 $f(x)g(x)$가 $x=1$에서 연속이 되도록 하는 상수 a의 값은?
> $\lim\limits_{x\to 1-}f(x)g(x)=\lim\limits_{x\to 1+}f(x)g(x)=f(1)g(1)$이어야 한다.

함수 $f(x)g(x)$가 $x=1$에서 연속이려면
$$\lim_{x\to1-}f(x)g(x)=\lim_{x\to1+}f(x)g(x)=f(1)g(1)$$이어야 하므로
$$\lim_{x\to1-}f(x)g(x)=a-8$$
$$\lim_{x\to1+}f(x)g(x)=4(a-8)$$
$f(1)g(1)=4(a-8)$에서 $a-8=4(a-8)$
$$\therefore a=8 \hspace{2cm}\text{답 }③$$

0321

$g(x)$는 $x=2$에서 불연속이다.

> 두 함수
> $$f(x)=\begin{cases}-x^2+a & (x\le2)\\ x^2-4 & (x>2)\end{cases},\ g(x)=\begin{cases}x-4 & (x\le2)\\ \dfrac{1}{x-2} & (x>2)\end{cases}$$
> 에 대하여 함수 $y=f(x)g(x)$가 $x=2$에서 연속이 되도록 하는 상수 a의 값은?
> $\lim\limits_{x\to2-}f(x)g(x)=\lim\limits_{x\to2+}f(x)g(x)=f(2)g(2)$이어야 한다.

함수 $y=f(x)g(x)$가 $x=2$에서 연속이 되기 위해서는
$$\lim_{x\to2-}\{f(x)g(x)\}=\lim_{x\to2+}\{f(x)g(x)\}=f(2)g(2)$$이어야 한다.
$$\lim_{x\to2-}\{f(x)g(x)\}=\lim_{x\to2-}\{(-x^2+a)\times(x-4)\}$$
$$=(-4+a)\times(-2)=8-2a$$
$$\lim_{x\to2+}\{f(x)g(x)\}=\lim_{x\to2+}\left\{(x^2-4)\times\frac{1}{x-2}\right\}$$
$$=\lim_{x\to2+}\frac{(x+2)(x-2)}{x-2}$$
$$=\lim_{x\to2+}(x+2)=4$$
$f(2)g(2)=(-4+a)\times(-2)=8-2a$

따라서 $8-2a=4$이어야 하므로
$4=2a$에서 $a=2$ \hspace{2cm}답 ②

0322

$f(x)$는 $x=0$에서 불연속이다.

$g(x)$는 $x=b$에서 연속일 수도 있고 불연속일 수도 있다.

> 두 함수
> $$f(x)=\begin{cases}-x+2 & (x<0)\\ -x+4 & (x\ge0)\end{cases},\ g(x)=\begin{cases}x+a+1 & (x<b)\\ x+a & (x\ge b)\end{cases}$$
> 에 대하여 함수 $f(x)g(x)$가 실수 전체의 집합에서 연속이 되도록 하는 두 상수 $a,\ b(b>0)$에 대하여 $g(a+b)$의 값을 구하시오.
> $x=0$일 때와 $x=b$일 때 연속성을 확인하자.

$x=0$에서 연속이어야 하므로
$$\lim_{x\to0-}f(x)g(x)=2\times(a+1)$$
$$\lim_{x\to0+}f(x)g(x)=4\times(a+1)$$
두 식이 같아야 하므로
$$2(a+1)=4(a+1)$$
$$\therefore a=-1$$
$x=b$에서 연속이어야 하므로
$$\lim_{x\to b-}f(x)g(x)=(-b+4)(b+a+1)$$
$$\lim_{x\to b+}f(x)g(x)=(-b+4)(b+a)$$
두 식이 같아야 하므로
$$(-b+4)\times b=(-b+4)(b-1)$$
$$\therefore b=4\ (\because b>0)$$
$$g(x)=\begin{cases}x & (x<4)\\ x-1 & (x\ge4)\end{cases}$$
$$g(a+b)=g(3)=3 \hspace{2cm}\text{답 }3$$

0323

> 함수
> $f(x)$는 $x=1$과 $x=3$에서 불연속이다.
> $$f(x)=\begin{cases}1 & (1<x<3)\\ 3-|x-2| & (x\le1,\ x\ge3)\end{cases}$$이고,
> 함수 $g(x)$는 이차항의 계수가 1인 이차함수이다. $f(x)g(x)$가 실수 전체의 집합에서 연속일 때, $g(5)$의 값을 구하시오.
> $g(x)$는 실수 전체에서 연속이다.
> $x=1$일 때와 $x=3$일 때 연속성을 확인하자.

함수 $g(x)$는 실수 전체의 집합에서 연속이므로 함수 $f(x)g(x)$가 실수 전체의 집합에서 연속이려면 $x=1$, $x=3$에서 연속이어야 한다.

(i) $\lim\limits_{x\to1+}f(x)g(x)=1\times g(1)$
　$\lim\limits_{x\to1-}f(x)g(x)=2\times g(1)$
　$f(1)g(1)=2\times g(1)$이므로 $g(1)=0$

(ii) $\lim\limits_{x\to3+}f(x)g(x)=2\times g(3)$
　$\lim\limits_{x\to3-}f(x)g(x)=1\times g(3)$
　$f(3)g(3)=2\times g(3)$이므로 $g(3)=0$
$$\therefore g(x)=(x-1)(x-3)=x^2-4x+3$$
따라서 $g(5)=8$ \hspace{2cm}답 8

0324

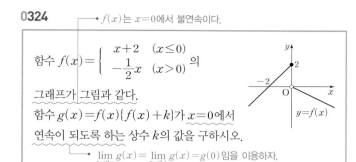

→ $f(x)$는 $x=0$에서 불연속이다.

함수 $f(x)=\begin{cases} x+2 & (x \leq 0) \\ -\dfrac{1}{2}x & (x>0) \end{cases}$ 의

그래프가 그림과 같다.

함수 $g(x)=f(x)\{f(x)+k\}$가 $x=0$에서

연속이 되도록 하는 상수 k의 값을 구하시오.

→ $\displaystyle\lim_{x\to 0-}g(x)=\lim_{x\to 0+}g(x)=g(0)$임을 이용하자.

$x=0$에서 연속이려면 $\displaystyle\lim_{x\to 0+}g(x)=\lim_{x\to 0-}g(x)=g(0)$이어야 하므로

$\displaystyle\lim_{x\to 0-}f(x)\{f(x)+k\}=2(2+k)=4+2k$

$\displaystyle\lim_{x\to 0+}f(x)\{f(x)+k\}=0(0+k)=0$

$g(0)=f(0)\{f(0)+k\}=2(2+k)=4+2k$

$\therefore 4+2k=0$ $\quad \therefore k=-2$

답 -2

0325

함수 $f(x)=\begin{cases} x^2+1 & (|x| \leq 2) \\ -2x+3 & (|x|>2) \end{cases}$ 에 대하여

함수 $f(-x)\{f(x)+k\}$가 $x=2$에서 연속이 되도록 하는 상수 k의 값을 구하시오. → $t=-x$라 하면 $x \longrightarrow 2-$일 때

$t \longrightarrow -2+$이고 $x \longrightarrow 2+$일 때

$t \longrightarrow -2-$임을 이용하자.

$\displaystyle\lim_{x\to 2+}f(x)=5$, $\displaystyle\lim_{x\to 2-}f(x)=-1$

$-x=t$라 하면

$x \to 2-$일 때, $t \to -2+$

$x \to 2+$일 때, $t \to -2-$이므로

$\displaystyle\lim_{x\to 2-}f(-x)=\lim_{t\to -2+}f(t)=5$

$\displaystyle\lim_{x\to 2+}f(-x)=\lim_{t\to -2-}f(t)=7$

함수 $f(-x)\{f(x)+k\}$가

$\displaystyle\lim_{x\to 2-}f(-x)\{f(x)+k\}=5(5+k)$,

$\displaystyle\lim_{x\to 2+}f(-x)\{f(x)+k\}=7(-1+k)$,

$f(-2)\{f(2)+k\}=5(5+k)$

이므로 $x=2$에서 연속이 되기 위해서는

$5(5+k)=7(-1+k)$

따라서 $k=16$

답 16

0326

→ $f(x)$는 $x=1$에서 불연속이다.

함수 $f(x)=\begin{cases} x(x-2) & (x \leq 1) \\ x(x-2)+16 & (x>1) \end{cases}$ 에 대하여

함수 $f(x)\{f(x)-a\}$가 실수 전체의 집합에서 연속이 되도록 하는 상수 a의 값을 구하시오. → $x=1$에서 연속이어야 한다.

함수 $f(x)$는 $x=1$에서 불연속이므로

함수 $f(x)\{f(x)-a\}$가 실수 전체의 집합에서 연속이 되기 위해서는

$x=1$에서 연속이어야 한다.

$f(1)\{f(1)-a\}=-(-1-a)=1+a$,

$\displaystyle\lim_{x\to 1-}f(x)\{f(x)-a\}=-(-1-a)=1+a$,

$\displaystyle\lim_{x\to 1+}f(x)\{f(x)-a\}=15(15-a)$

에서 $1+a=15(15-a)$이다.

$\therefore a=14$

답 14

0327

$a \neq 2$임을 이용하자.

함수 $f(x)=\begin{cases} x+2 & (x \leq 0) \\ -x+a & (x>0) \end{cases}$ 가 $x=0$에서 불연속이고

함수 $y=f(x)f(x-1)$은 $x=1$에서 연속일 때, $f(3)$의 값을 구하시오. (단, a는 상수이다.)

→ $x-1=t$로 놓으면

$\displaystyle\lim_{x\to 1-}\{f(x)f(x-1)\}=\lim_{x\to 1-}f(x)\lim_{t\to 0-}f(t)$임을 이용하자.

$\displaystyle\lim_{x\to 0-}f(x)=\lim_{x\to 0-}(x+2)=2$

$\displaystyle\lim_{x\to 0+}f(x)=\lim_{x\to 0+}(-x+a)=a$

$f(0)=2$이고 함수 $y=f(x)$가 $x=0$에서 불연속이므로

$a \neq 2$ ……㉠

$x-1=t$로 놓으면

$\displaystyle\lim_{x\to 1-}\{f(x)f(x-1)\}=\lim_{x\to 1-}f(x)\lim_{t\to 0-}f(t)$

$\qquad\qquad\qquad = \displaystyle\lim_{x\to 1-}(-x+a)\lim_{t\to 0-}(t+2)$

$\qquad\qquad\qquad = (-1+a)\times 2=2(a-1)$

$\displaystyle\lim_{x\to 1+}\{f(x)f(x-1)\}=\lim_{x\to 1+}f(x)\lim_{t\to 0+}f(t)$

$\qquad\qquad\qquad = \displaystyle\lim_{x\to 1+}(-x+a)\lim_{t\to 0+}(-t+a)$

$\qquad\qquad\qquad = (-1+a)\times a=a^2-a$

$f(1)f(1-1)=f(1)f(0)=(-1+a)(0+2)$

$\qquad\qquad\qquad =2(a-1)$

이고 함수 $y=f(x)f(x-1)$이 $x=1$에서 연속이므로

$2(a-1)=a^2-a$, $a^2-3a+2=0$

$(a-1)(a-2)=0$

$\therefore a=1$ 또는 $a=2$

㉠에서 $a \neq 2$이므로 $a=1$

$\therefore f(3)=(-3)+1=-2$

답 -2

0328

> 실수 전체의 집합에서 정의된
>
> $$f(x) = \begin{cases} \dfrac{1}{2}x^2 - 8 & (|x| > 2) \\ -x^2 + 2 & (|x| \le 2) \end{cases}$$
>
> 의 그래프가 그림과 같다.
>
>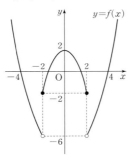
>
> *k≠−1, k≠1인 경우 함수 f(kx)는 x=2에서 연속임을 이용하자.*
>
> 함수 $f(x)f(kx)$가 $x=2$에서 연속이 되도록 하는 모든 상수 k의 값의 곱은?
>
> *k=1인 경우, k=−1인 경우, k≠−1, k≠1인 경우로 나누어 생각하자.*

(i) $k=1$인 경우

$$\lim_{x \to 2-} f(x)f(x) = (-2) \times (-2) = 4$$

$$\lim_{x \to 2+} f(x)f(x) = (-6) \times (-6) = 36$$

$\displaystyle\lim_{x \to 2} f(x)f(x)$가 존재하지 않으므로

함수 $f(x)f(x)$는 $x=2$에서 불연속이다.

(ii) $k=-1$인 경우

위의 (i)과 같은 방법에 의하여

함수 $f(x)f(-x)$는 $x=2$에서 불연속이다.

(iii) $k \ne -1$, $k \ne 1$인 경우

함수 $f(kx)$는 $x=2$에서 연속이다.

함수 $f(x)f(kx)$가 $x=2$에서 연속이 되려면

$$\lim_{x \to 2-} f(x)f(kx) = \lim_{x \to 2+} f(x)f(kx) = f(2)f(2k)$$

$$-2f(2k) = -6(2k) = -2f(2k)$$

따라서 $f(2k) = 0$

$x = -4, -\sqrt{2}, \sqrt{2}, 4$에서 $f(x) = 0$이므로

$2k$는 $-4, -\sqrt{2}, \sqrt{2}, 4$이다.

그러므로 $k = -2, -\dfrac{\sqrt{2}}{2}, \dfrac{\sqrt{2}}{2}, 2$

(i), (ii), (iii)에 의하여 모든 상수 k의 값의 곱은 2   **답** ③

0329

> *f(x)는 x=0에서 불연속이다.*
>
> 함수 $f(x) = \begin{cases} x+1 & (x \le 0) \\ -\dfrac{1}{2}x + 7 & (x > 0) \end{cases}$ 에 대하여
>
> 함수 $y=f(x)f(x-a)$가 $x=a$에서 연속이 되도록 하는 모든 실수 a의 값의 합을 구하시오.
>
> *a=0, a>0, a<0인 경우로 나누어 생각하자.*

(i) $a=0$일 때,

$$f(x)f(x-a) = \{f(x)\}^2$$

$$\lim_{x \to 0-} \{f(x)\}^2 = \lim_{x \to 0-} (x+1)^2 = 1$$

$$\lim_{x \to 0+} \{f(x)\}^2 = \lim_{x \to 0+} \left(-\dfrac{1}{2}x + 7\right)^2 = 49$$

따라서 $x=0$에서 극한값이 존재하지 않으므로 연속이 아니다.

(ii) $a<0$일 때,

$$f(a)f(a-a) = f(a)f(0) = (a+1) \times 1 = a+1$$

$$\lim_{x \to a-} f(x)f(x-a) = (a+1) \times 1 = a+1$$

$$\lim_{x \to a+} f(x)f(x-a) = (a+1) \times 7 = 7(a+1)$$

즉, $a+1 = 7(a+1)$이어야 하므로

$a+1 = 0$ $\therefore a = -1$

(iii) $a>0$일 때,

$$f(a)f(a-a) = f(a)f(0) = \left(-\dfrac{1}{2}a + 7\right) \times 1 = -\dfrac{1}{2}a + 7$$

$$\lim_{x \to a-} f(x)f(x-a) = \left(-\dfrac{1}{2}a + 7\right) \times 1 = -\dfrac{1}{2}a + 7$$

$$\lim_{x \to a+} f(x)f(x-a) = \left(-\dfrac{1}{2}a + 7\right) \times 7 = 7\left(-\dfrac{1}{2}a + 7\right)$$

즉, $-\dfrac{1}{2}a + 7 = 7\left(-\dfrac{1}{2}a + 7\right)$이어야 하므로

$-\dfrac{1}{2}a + 7 = 0$ $\therefore a = 14$

(i), (ii), (iii)에서 구하는 모든 실수 a의 값의 합은

$(-1) + 14 = 13$ **답** 13

0330

> 함수 $f(x)$가
>
> $$f(x) = \begin{cases} -x+1 & (x \le -1) \\ 1 & (-1 < x \le 1) \\ x-1 & (x > 1) \end{cases}$$
>
> 이고 최고차항의 계수가 1인 삼차함수 $g(x)$가 다음 조건을 만족시킨다.
>
> *g(x) = x³ + ax² + bx + c라 하자.*
>
> (가) 함수 $f(x)g(x)$는 실수 전체의 집합에서 연속이다.
>
> (나) 함수 $f(x)g(x+k)$가 실수 전체의 집합에서 연속이 되도록 하는 상수 k가 존재한다. (단, $k \ne 0$)
>
> *x=1과 x=−1에서 연속이어야 한다.*
>
> $g(0) < 0$일 때, $g(2)$의 값은?

$g(x) = x^3 + ax^2 + bx + c$라 하자.

조건 (가)에서 $f(x)g(x)$가 실수 전체의 집합에서 연속이므로 $x=1$, $x=-1$에서 연속이어야 한다.

$$\lim_{x \to 1+} f(x)g(x) = \lim_{x \to 1-} f(x)g(x) = f(1)g(1)$$

$a+b+c = -1$

$$\lim_{x \to -1+} f(x)g(x) = \lim_{x \to -1-} f(x)g(x) = f(-1)g(-1)$$

$a-b+c = 1$

$\therefore b = -1, c = -a$

$g(x) = x^3 + ax^2 - x - a = (x-1)(x+1)(x+a)$

조건 (나)에서 $f(x)g(x+k)$가 실수 전체의 집합에서 연속이 되도록 하는 상수 k가 존재하므로

$x=1$, $x=-1$에서 연속이어야 한다.

$$\lim_{x \to 1+} f(x)g(x+k) = \lim_{x \to 1-} f(x)g(x+k) = f(1)g(1+k)$$

$$= k(k+2)(k+a+1) = 0$$

$k=-2$ 또는 $k=-a-1\,(k\neq 0)$ $\quad$ …… ㉠

$\displaystyle\lim_{x\to -1+}f(x)g(x+k)=\lim_{x\to -1-}f(x)g(x+k)=f(-1)g(-1+k)$

$k(k-2)(k+a-1)=0$

$k=2$ 또는 $k=-a+1\,(k\neq 0)$ $\quad$ …… ㉡

㉠, ㉡에 의해

$k=-2$일 때, $a=3$

$k=2$일 때, $a=-3$

$g(0)=-a<0$이므로 $a=3$

따라서 $g(x)=x^3+3x^2-x-3$이고 $g(2)=15$ $\qquad$ 답 ⑤

0331

함수 $y=f(x)$의 그래프가 그림과 같을 때, 〈보기〉에서 옳은 것만을 있는 대로 고른 것은?

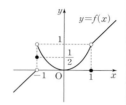

─┤ 보기 ├─

ㄱ. $\displaystyle\lim_{x\to -1}f(x)$의 값은 존재하지 않는다.

ㄴ. $\displaystyle\lim_{x\to 1}f(f(x))=1$

ㄷ. 함수 $y=f(f(x))$는 $x=-1$에서 불연속이다.

$\longrightarrow$ $f(x)=t$로 놓으면 $x\longrightarrow 1+$일 때, $t\longrightarrow 1+$ 이고, $x\longrightarrow 1-$일 때, $t\longrightarrow 1-$임을 이용하자.

ㄱ. $\displaystyle\lim_{x\to -1+}f(x)=1$, $\displaystyle\lim_{x\to 1-}f(x)=0$

즉, $\displaystyle\lim_{x\to 1}f(x)$의 값은 존재하지 않는다. (참)

ㄴ. $f(x)=t$로 놓으면

$x\to 1+$일 때, $t\to 1+$이므로

$\displaystyle\lim_{x\to 1+}f(f(x))=\lim_{t\to 1+}f(t)=1$

$x\to 1-$일 때, $t\to 1-$이므로

$\displaystyle\lim_{x\to 1-}f(f(x))=\lim_{t\to 1-}f(t)=1$

$\therefore \displaystyle\lim_{x\to 1}f(f(x))=1$ (참)

ㄷ. $f(x)=t$로 놓으면

$x\to -1+$일 때, $t\to 1-$이므로

$\displaystyle\lim_{x\to -1+}f(f(x))=\lim_{t\to 1-}f(t)=1$

$x\to -1-$일 때, $t\to 0-$이므로

$\displaystyle\lim_{x\to -1-}f(f(x))=\lim_{t\to 0-}f(t)=0$

$\therefore \displaystyle\lim_{x\to -1+}f(f(x))\neq\lim_{x\to -1-}f(f(x))$

즉, $\displaystyle\lim_{x\to -1}f(f(x))$의 값이 존재하지 않으므로 $y=f(f(x))$는

$x=-1$에서 불연속이다. (참)

따라서 ㄱ, ㄴ, ㄷ 모두 옳다. $\qquad$ 답 ⑤

0332

두 함수 $y=f(x)$, $y=g(x)$의 그래프가 그림과 같을 때, 〈보기〉에서 옳은 것만을 있는 대로 고른 것은?

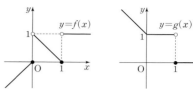

─┤ 보기 ├─

ㄱ. $\displaystyle\lim_{x\to 1}\{f(x)g(x)\}=0$

ㄴ. 함수 $y=g(f(x))$는 $x=0$에서 연속이다.

ㄷ. 함수 $y=f(g(x))$는 $x=1$에서 불연속이다.

$\longrightarrow$ $f(x)=t$로 놓으면 $x\longrightarrow 0-$일 때, $t\longrightarrow 0-$이고, $x\longrightarrow 0+$일 때, $t\longrightarrow 1-$임을 이용하자.

ㄱ. $\displaystyle\lim_{x\to 1-}\{f(x)g(x)\}=0\times 1=0$

$\displaystyle\lim_{x\to 1+}\{f(x)g(x)\}=1\times 0=0$

$\therefore \displaystyle\lim_{x\to 1}\{f(x)g(x)\}=0$ (참)

ㄴ. $g(f(0))=g(0)=1$

$f(x)=t$로 놓으면

$x\to 0-$일 때, $t\to 0-$이므로

$\displaystyle\lim_{x\to 0-}g(f(x))=\lim_{t\to 0-}g(t)=1$

$x\to 0+$일 때, $t\to 1-$이므로

$\displaystyle\lim_{x\to 0+}g(f(x))=\lim_{t\to 1-}g(t)=1$

$\therefore \displaystyle\lim_{x\to 0}g(f(x))=1$

즉, $\displaystyle\lim_{x\to 0}g(f(x))=g(f(0))$이므로 함수 $y=g(f(x))$는

$x=0$에서 연속이다. (참)

ㄷ. $f(g(1))=f(0)=0$

$\displaystyle\lim_{x\to 1-}g(x)=1$이므로 $\displaystyle\lim_{x\to 1-}f(g(x))=f(1)=0$

$\displaystyle\lim_{x\to 1+}g(x)=0$이므로 $\displaystyle\lim_{x\to 1+}f(g(x))=f(0)=0$

$\therefore \displaystyle\lim_{x\to 1}f(g(x))=0$

즉, $\displaystyle\lim_{x\to 1}f(g(x))=f(g(1))$이므로 함수 $y=f(g(x))$는

$x=1$에서 연속이다. (거짓)

따라서 옳은 것은 ㄱ, ㄴ이다. $\qquad$ 답 ③

0333

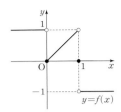 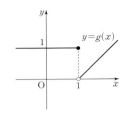

두 함수 $y=f(x)$, $y=g(x)$의 그래프가 그림과 같다.

〈보기〉에서 옳은 것만을 있는 대로 고르시오.

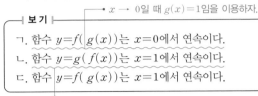

| 보기 |
ㄱ. 함수 $y=f(g(x))$는 $x=0$에서 연속이다.
ㄴ. 함수 $y=g(f(x))$는 $x=1$에서 연속이다.
ㄷ. 함수 $y=f(g(x))$는 $x=1$에서 연속이다.

ㄱ. $x \to 0$일 때 $g(x)=1$이므로

$$\lim_{x \to 0} f(g(x))=f(1)=0,$$

$$f(g(0))=f(1)=0$$

즉, 함수 $y=f(g(x))$는 $x=0$에서 연속이다. (참)

ㄴ. $f(x)=t$로 놓으면

$x \to 1-$일 때, $t \to 1-$이므로

$$\lim_{x \to 1-} g(f(x)) = \lim_{t \to 1-} g(t)=1$$

$x \to 1+$일 때, $f(x)=-1$이므로

$$\lim_{x \to 1+} g(f(x))=g(-1)=1$$

$$\therefore \lim_{x \to 1} g(f(x))=1$$

또 $g(f(1))=g(0)=1$이므로

$$\lim_{x \to 1} g(f(x))=g(f(1))$$

즉, 함수 $y=g(f(x))$는 $x=1$에서 연속이다. (참)

ㄷ. $g(x)=s$로 놓으면

$x \to 1-$일 때, $g(x)=1$이므로

$$\lim_{x \to 1-} f(g(x))=f(1)=0$$

$x \to 1+$일 때, $s \to 0+$이므로

$$\lim_{x \to 1+} f(g(x)) = \lim_{s \to 0+} f(s)=0$$

$$\therefore \lim_{x \to 1} f(g(x))=0$$

또 $f(g(1))=f(1)=0$이므로

$$\lim_{x \to 1} f(g(x))=f(g(1))$$

즉, 함수 $y=f(g(x))$는 $x=1$에서 연속이다. (참)

따라서 ㄱ, ㄴ, ㄷ 모두 옳다.

답 ㄱ, ㄴ, ㄷ

0334

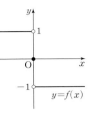

함수 $y=f(x)$의 그래프는 그림과 같고, 함수 $y=g(x)$의 그래프가 〈보기〉와 같다. 함수 $y=g(f(x))$의 그래프가 닫힌 구간 $[-2, 2]$에서 연속이 되는 것을 있는 대로 고르시오.

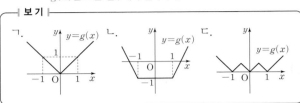

닫힌구간 $[-2, 2]$에서 함수 $y=f(x)$는 $x=0$에서만 불연속이고 함수 $y=g(x)$는 모두 연속이므로, 함수 $y=g(f(x))$가 $x=0$에서 연속이면 닫힌구간 $[-2,2]$에서 연속이 된다.

함수 $y=g(f(x))$가 $x=0$에서 연속이려면

$$\lim_{x \to 0-} g(f(x))=\lim_{x \to 0+} g(f(x))=g(f(0))$$

이어야 한다.

즉, $x \to 0-$일 때 $f(x)=1$, $x \to 0+$일 때 $f(x)=-1$, $f(0)=0$이므로

$$g(1)=g(-1)=g(0)$$이어야 한다.

따라서 $g(1)=g(-1)=g(0)$을 만족시키는 것은 ㄴ, ㄷ이다.

답 ㄴ, ㄷ

0335

두 함수 $y=f(x)$, $y=g(x)$가

$$f(x)=\begin{cases} x+3 & (x \le 0) \\ 2-x & (x > 0) \end{cases}, \quad g(x)=3x^2-ax-4$$

이고 함수 $y=g(f(x))$가 모든 실수 x에서 연속이 되도록 하는 상수 a의 값을 구하시오.

함수 $y=g(f(x))$가 모든 실수 x에서 연속이려면 $x=0$에서 연속이어야 하므로

$$\lim_{x \to 0-} g(f(x))=\lim_{x \to 0+} g(f(x))=g(f(0))$$

$$g(f(0))=g(3)$$

$$=27-3a-4=23-3a$$

$f(x)=t$로 놓으면

$x \to 0-$일 때, $t \to 3-$이므로

$$\lim_{x \to 0-} g(f(x)) = \lim_{t \to 3-} g(t)$$

$$=27-3a-4=23-3a$$

$x \to 0+$일 때, $t \to 2-$이므로

$$\lim_{x \to 0+} g(f(x)) = \lim_{t \to 2-} g(t)$$

$$=12-2a-4=8-2a$$

$$23-3a=8-2a$$

$$\therefore a=15$$

답 15

0336

두 함수

$$f(x)=\begin{cases} x-2 & (x>1) \\ -x & (|x|\le 1) \\ x+2 & (x<-1) \end{cases},\ g(x)=\begin{cases} |x| & (0<|x|\le 1) \\ -1 & (x=0) \\ 0 & (|x|>1) \end{cases}$$

의 그래프가 그림과 같다. $\underset{\sim}{g(x)}$는 $x=-1,\ 0,\ 1$에서 불연속이다.

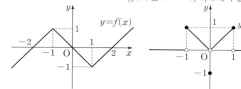

모든 실수 x에 대하여 함수 $y=(g\circ f)(x)$가 불연속이 되는 x의 개수를 구하시오.

$0<|f(x)|\le 1,\ f(x)=0,\ |f(x)|>1$인 경우로 나누어 살펴보자.

$$(g\circ f)(x)=\begin{cases} |f(x)| & (0<|f(x)|\le 1) \\ -1 & (f(x)=0) \\ 0 & (|f(x)|>1) \end{cases}$$ 이고,

함수 $y=|f(x)|$의 그래프는 그림과 같다.

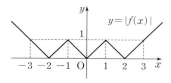

(i) $0<|f(x)|\le 1$을 만족시키는 x는
$-3\le x<-2,\ -2<x<0,\ 0<x<2,\ 2<x\le 3$

(ii) $f(x)=0$을 만족시키는 x는
$x=-2$ 또는 $x=0$ 또는 $x=2$

(iii) $|f(x)|>1$을 만족시키는 x는
$x<-3$ 또는 $x>3$

(i), (ii), (iii)에서 함수 $y=(g\circ f)(x)$의 그래프는 그림과 같다.

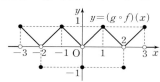

$y=(g\circ f)(x)$는 $x=-3,\ x=-2,\ x=0,\ x=2,\ x=3$에서 불연속이므로 불연속이 되는 x의 개수는 5이다. **🖽5**

0337

함수 $y=f(x)$의 그래프가 그림과 같다. 〈보기〉에서 옳은 것만을 있는 대로 고른 것은?

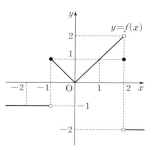

┤ 보기 ├

ㄱ. $\lim\limits_{x\to -1+}f(x)=1$ ▸ $t=x-3$이라 하면 $x\longrightarrow 2+$일 때 $t\longrightarrow -1+$이고 $x\longrightarrow 2-$일 때

ㄴ. $\lim\limits_{x\to 2}f(x)f(x-3)=2$ $t\longrightarrow -1-$임을 이용하자.

ㄷ. 함수 $\underset{\sim}{(f\circ f)(x)}$는 $x=-1$에서 연속이다.

▸ $x\longrightarrow -1+$일 때 $f(x)\longrightarrow 1-$이고 $x\longrightarrow -1-$일 때 $f(x)=-1$임을 이용하자.

ㄱ. $\lim\limits_{x\to -1+}f(x)=1$ (참)

ㄴ. $t=x-3$으로 두자.
(i) $x\to 2+$일 때, $t\to -1+$이므로
$\lim\limits_{x\to 2+}f(x)f(x-3)=\lim\limits_{x\to 2+}f(x)\times\lim\limits_{t\to -1+}f(t)=-2$이다.
(ii) $x\to 2-$일 때, $t\to -1-$이므로
$\lim\limits_{x\to 2-}f(x)f(x-3)=\lim\limits_{x\to 2-}f(x)\times\lim\limits_{t\to -1-}f(t)=-2$이다.
(i)과 (ii)에 의하여 $\lim\limits_{x\to 2}f(x)f(-3)=-2$ (거짓)

ㄷ. $x\longrightarrow -1+$일 때, $f(x)\longrightarrow 1-$이므로
$\lim\limits_{x\to -1+}(f\circ f)(x)=\lim\limits_{t\to 1-}f(t)=1$이다.
$x\longrightarrow -1-$일 때, $f(x)=-1$이므로
$\lim\limits_{x\to -1-}(f\circ f)(x)=\lim\limits_{x\to -1-}f(-1)=f(-1)=1$이다.
또한 $(f\circ f)(-1)=1$이다.
$\therefore \lim\limits_{x\to -1}(f\circ f)(x)=(f\circ f)(-1)=1$ (참) **🖽③**

0338

$y=f(-x)$는 $y=f(x)$를 y축에 대하여 대칭이동한 것임을 이용하자.

열린구간 $(-2,\ 2)$에서 정의된 함수 $y=f(x)$의 그래프가 다음 그림과 같다.
열린구간 $(-2,\ 2)$에서 함수 $g(x)$를
$$g(x)=f(x)+f(-x)$$
로 정의할 때, 〈보기〉에서 옳은 것을 모두 고른 것은?

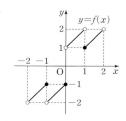

┤ 보기 ├

ㄱ. $\lim\limits_{x\to 0}f(x)$가 존재한다.

ㄴ. $\lim\limits_{x\to 0}g(x)$가 존재한다.

ㄷ. 함수 $g(x)$는 $x=1$에서 연속이다.

▸ $\lim\limits_{x\to 0-}g(x)$와 $\lim\limits_{x\to 0+}g(x)$의 값을 각각 구하자.

ㄱ. $\lim_{x \to 0-} f(x) = -1$, $\lim_{x \to 0+} f(x) = 1$이므로
$\lim_{x \to 0} f(x)$는 존재하지 않는다. (거짓)

ㄴ. $y=f(-x)$의 그래프는 $y=f(x)$의 그래프를
y축에 대하여 대칭이동한 것이므로 다음과 같다.

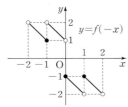

따라서, $g(x)=f(x)+f(-x)$의 그래프는 다음과 같다.

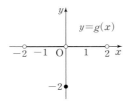

$\lim_{x \to 0-} g(x) = \lim_{x \to 0+} g(x) = 0$이므로
$\lim_{x \to 0} g(x) = 0$ (참)

ㄷ. ㄴ에서 $g(x)$는 $x=1$에서 연속이다. (참)
따라서, 보기 중 옳은 것은 ㄴ, ㄷ이다.　　답 ⑤

0339

> $y=f(-x)$는 $y=f(x)$를 y축에 대하여 대칭이동한 것임을 이용하자.

함수 $y=f(x)$의 그래프가 그림과 같다.
두 함수 $g(x)=f(x)f(-x)$,
$h(x)=f(x)+f(-x)$에 대하여
〈보기〉에서 옳은 것만을 있는 대로 고른 것은?

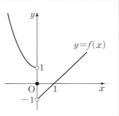

┤ 보기 ├
ㄱ. $\lim_{x \to 0} g(x) = 1$
ㄴ. 함수 $y=h(x)$는 $x=0$에서 연속이다.
ㄷ. 함수 $y=g(x)+h(x)$는 실수 전체의 집합에서 연속이다.

> $y=f(x)$와 $y=f(-x)$는 $x=0$에서만 불연속이므로 $x=0$에서의 연속성을 확인하자.

ㄱ. $g(x)=f(x)f(-x)$에서
$\lim_{x \to 0-} g(x) = \lim_{x \to 0-} f(x)f(-x) = 1 \times (-1) = -1$
$\lim_{x \to 0+} g(x) = \lim_{x \to 0+} f(x)f(-x) = (-1) \times 1 = -1$
따라서 $\lim_{x \to 0} g(x) = -1$ (거짓)

ㄴ. $h(x)=f(x)+f(-x)$에서
$\lim_{x \to 0-} h(x) = \lim_{x \to 0-} \{f(x)+f(-x)\} = 1+(-1) = 0$
$\lim_{x \to 0+} h(x) = \lim_{x \to 0+} \{f(x)+f(-x)\} = (-1)+1 = 0$
$h(0) = f(0)+f(-0) = 2f(0) = 2 \times 0 = 0$
따라서 $\lim_{x \to 0} h(x) = h(0)$이므로 함수 $y=h(x)$는 $x=0$에서
연속이다. (참)

ㄷ. ㄱ, ㄴ에서 $\lim_{x \to 0} g(x) = -1$, $\lim_{x \to 0} h(x) = 0$, $h(0)=0$이므로
$\lim_{x \to 0} \{g(x)+h(x)\} = -1+0 = -1$　　……㉠

한편 $g(0)=f(0)f(-0)=f(0)^2=0$이므로
$g(0)+h(0)=0$　　……㉡
㉠, ㉡에서 $\lim_{x \to 0} \{g(x)+h(x)\} \neq g(0)+h(0)$이므로
함수 $y=g(x)+h(x)$는 $x=0$에서 불연속이다.

따라서 함수 $y=g(x)+h(x)$는 실수 전체의 집합에서 연속은 아니다. (거짓)

따라서 옳은 것은 ㄴ뿐이다.　　답 ②

0340

> $\lim_{x \to 0} \{f(x)+f(-x)\} = \lim_{x \to 0-} f(x) + \lim_{x \to 0+} f(x)$임을 이용하자.

다음 조건을 만족시키는 함수 $f(x)$가 있다.

(가) $f(x)+f(-x)$가 $x=0$에서 연속이다.
(나) $f(x+1)\{f(x)-2\}$가 $x=-1$에서 연속이다.

$\lim_{x \to -1} f(x) = 2$, $\lim_{x \to 0-} f(x) = 2$, $\lim_{x \to 0+} f(x) = 3$일 때,
$f(-1)+f(0)$의 값을 구하시오.

> $\lim_{x \to -1} f(x+1)\{f(x)-2\} = f(0)\{f(-1)-2\}$임을 이용하자.

$\lim_{x \to 0-} \{f(x)+f(-x)\} = \lim_{x \to 0-} f(x) + \lim_{x \to 0-} f(-x)$
$\qquad = \lim_{x \to 0-} f(x) + \lim_{x \to 0+} f(x)$
$\qquad = 2+3 = 5$
$\lim_{x \to 0+} \{f(x)+f(-x)\} = \lim_{x \to 0+} f(x) + \lim_{x \to 0+} f(-x)$
$\qquad = \lim_{x \to 0+} f(x) + \lim_{x \to 0-} f(x)$
$\qquad = 3+2 = 5$
$\lim_{x \to 0} \{f(x)+f(-x)\} = 5$이고,
$f(x)+f(-x)$가 $x=0$에서 연속이므로
$f(0) = \dfrac{5}{2}$
$f(x+1)\{f(x)-2\}$가 $x=-1$에서 연속이므로
$\dfrac{5}{2}\{f(-1)-2\} = 0$이다.
$f(-1) = 2$
$\therefore f(-1)+f(0) = \dfrac{9}{2}$　　답 $\dfrac{9}{2}$

0341

함수

$$f(x) = \begin{cases} x+2 & (x<-1) \\ 0 & (x=-1) \\ x^2 & (-1<x<1) \\ x-2 & (x \geq 1) \end{cases}$$

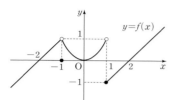

에 대하여 옳은 것만을 〈보기〉에서 있는 대로 고른 것은?

┌─ **보기** ─────────────────────
│ $\lim\limits_{x\to 1+}\{f(x)+f(-x)\}=\lim\limits_{x\to -1+}f(x)+\lim\limits_{x\to -1-}f(x)$임을
│ 이용하자.
│ ㄱ. $\lim\limits_{x\to 1+}\{f(x)+f(-x)\}=0$
│ ㄴ. 함수 $f(x)-|f(x)|$가 불연속인 점은 1개이다.
│ ㄷ. 함수 $f(x)f(x-a)$가 실수 전체의 집합에서 연속이 되는
│   상수 a는 없다. $y=f(x)-|f(x)|$의 그래프를 그리자.
└─────────────────────────────

ㄱ. $\lim\limits_{x\to 1+0}\{f(x)+f(-x)\}=-1+1=0$ (참)

ㄴ. $g(x)=f(x)-|f(x)|$라고 하면

$$g(x) = \begin{cases} 2x+4 & (x \leq -2) \\ 0 & (-2<x<1) \\ 2x-4 & (1 \leq x<2) \\ 0 & (x \geq 2) \end{cases}$$

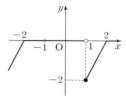

따라서 $g(x)=f(x)-|f(x)|$는 $x=1$에서만 불연속이다. (참)

ㄷ. $a=-1$일 때, $f(x)f(x-a)=f(x)f(x+1)$은 실수 전체에서 연속이다. (거짓)

따라서 옳은 것은 ㄱ, ㄴ이다.　　　　　　　　　답 ②

0342

┌─────────────────────────────
│ $0<x<1$에서 함수 $y=[5x]$가 불연속이 되는 모든 x의 값의
│ 합은? (단, $[x]$는 x보다 크지 않은 최대의 정수이다.)
│ $x=\dfrac{1}{5},\ \dfrac{2}{5},\ \dfrac{3}{5},\ \dfrac{4}{5}$에서 $5x$는 정수값을 가진다.
└─────────────────────────────

(i) $0<x<\dfrac{1}{5}$일 때, $0<5x<1$이므로 $f(x)=0$

(ii) $\dfrac{1}{5}\leq x<\dfrac{2}{5}$일 때, $1\leq 5x<2$이므로 $f(x)=1$

(iii) $\dfrac{2}{5}\leq x<\dfrac{3}{5}$일 때, $2\leq 5x<3$이므로 $f(x)=2$

(iv) $\dfrac{3}{5}\leq x<\dfrac{4}{5}$일 때, $3\leq 5x<4$이므로 $f(x)=3$

(v) $\dfrac{4}{5}\leq x<1$일 때, $4\leq 5x<5$이므로 $f(x)=4$

(i)~(v)에서 함수 $y=[5x]$의 그래프는
그림과 같으므로 불연속이 되는 x의 값은
$x=\dfrac{1}{5},\ x=\dfrac{2}{5},\ x=\dfrac{3}{5},\ x=\dfrac{4}{5}$
따라서 모든 x의 값의 합은

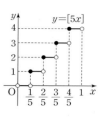

$$\dfrac{1}{5}+\dfrac{2}{5}+\dfrac{3}{5}+\dfrac{4}{5}=2$$

답 ①

0343

┌─────────────────────────────
│ $x=1, \sqrt{2}, \sqrt{3}, \cdots, \sqrt{8}$에서 x^2이 정수값을 가진다.
│ 열린구간 $(0, 3)$에서 정의된 함수 $f(x)=[x^2]$이 불연속이 되는
│ x의 개수를 구하시오.
│   (단, $[x]$는 x보다 크지 않은 최대의 정수이다.)
└─────────────────────────────

열린구간 $(0, 3)$, 즉 $0<x<3$에서 $0<x^2<9$이므로
$0<x^2<1$일 때, $[x^2]=0$
$1\leq x^2<2$일 때, $[x^2]=1$
$2\leq x^2<3$일 때, $[x^2]=2$
$3\leq x^2<4$일 때, $[x^2]=3$
$\qquad\vdots$
$8\leq x^2<9$일 때, $[x^2]=8$
따라서 열린구간 $(0, 3)$에서 불연속이 되는 x의 개수는
$1, \sqrt{2}, \sqrt{3}, \cdots, \sqrt{8}$의 8이다.　　　답 8

0344

┌─────────────────────────────
│ x^2-2x+6이 정수값을 가지는 x에서 불연속임을 이용하자.
│ 열린구간 $(1, 4)$에서 정의된 함수 $f(x)=[x^2-2x+6]$이 불연
│ 속이 되는 x의 개수를 구하시오.
│   (단, $[x]$는 x보다 크지 않은 최대의 정수이다.)
└─────────────────────────────

함수 $f(x)=[x^2-2x+6]$은 x^2-2x+6의 값이 정수인 x에서
불연속이다.
$y=x^2-2x+6=(x-1)^2+5$이므로 열린구간 $(1, 4)$에서
함수 $y=x^2-2x+6$의 그래프는 그림과 같다.

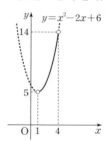

즉, $1<x<4$에서 $5<x^2-2x+6<14$이므로
$5\leq [x^2-2x+6]\leq 13$
따라서 함수 $y=f(x)$는 $x^2-2x+6=6, 7, 8, \cdots, 13$에서 불연속이
므로 불연속이 되는 x의 개수는 8이다.

답 8

0345 $-2 \leq x < -1$일 때와 $-1 \leq x < 0$일 때로 나누어 생각하자.

> 함수 $f(x)=[x]^2+(ax+2)[x]$가 $x=-1$에서 연속일 때,
> 상수 a의 값을 구하시오.
> (단, $[x]$는 x보다 크지 않은 최대의 정수이다.)

함수 $f(x)=[x]^2+(ax+2)[x]$에서

(i) $-2 \leq x < -1$일 때, $[x]=-2$이므로
$$f(x)=(-2)^2+(ax+2)\times(-2)$$
$$=-2ax$$

(ii) $-1 \leq x < 0$일 때, $[x]=-1$이므로
$$f(x)=(-1)^2+(ax+2)\times(-1)$$
$$=-ax-1$$

$f(x)$가 $x=-1$에서 연속이므로
$$\lim_{x \to -1-} f(x)=\lim_{x \to -1+} f(x)=f(-1)$$에서
$$2a=a-1 \qquad \therefore a=-1$$

답 -1

0346 n이 정수일 때 $\lim_{x \to n+}[x]=n$이고, $\lim_{x \to n-}[x]=n-1$임을 이용하자.

> 함수 $f(x)=[x]^2-3[x]+4$가 $x=n$에서 연속일 때, 자연수 n의 값은? (단, $[x]$는 x보다 크지 않은 최대의 정수이다.)

함수 $y=f(x)$가 $x=n$에서 연속이므로
$$\lim_{x \to n+} f(x)=\lim_{x \to n-} f(x)=f(n)$$이어야 한다.
$$\lim_{x \to n+} f(x)=\lim_{x \to n+} ([x]^2-3[x]+4)=n^2-3n+4$$
$$\lim_{x \to n-} f(x)=\lim_{x \to n-} ([x]^2-3[x]+4)$$
$$=(n-1)^2-3(n-1)+4$$
$$=n^2-5n+8$$
$$n^2-3n+4=n^2-5n+8$$
$$2n=4 \qquad \therefore n=2$$

답 ②

0347 n이 정수일 때 $\lim_{x \to n+}[x]=n$이고, $\lim_{x \to n-}[x]=n-1$임을 이용하자.

> 함수 $f(x)=\dfrac{[x]^2+3x}{[x]}$가 $x=n$에서 연속일 때, 자연수 n의 값을 구하시오. (단, $[x]$는 x보다 크지 않은 최대의 정수이다.)

함수 $y=f(x)$가 $x=n$에서 연속이므로
$$\lim_{x \to n} f(x)=f(n)$$

(i) $n-1 \leq x < n$일 때, $[x]=n-1$이므로
$$\lim_{x \to n-} f(x)=\lim_{x \to n-} \frac{[x]^2+3x}{[x]}$$
$$=\frac{(n-1)^2+3n}{n-1}$$
$$=\frac{n^2+n+1}{n-1}$$

(ii) $n \leq x < n+1$일 때, $[x]=n$이므로
$$\lim_{x \to n+} f(x)=\lim_{x \to n+} \frac{[x]^2+3x}{[x]}$$
$$=\frac{n^2+3n}{n}$$
$$=n+3$$

극한값 $\lim_{x \to n} f(x)$가 존재하므로
$$\frac{n^2+n+1}{n-1}=n+3 \text{ (단, } n \neq 1)$$
$$n^2+n+1=n^2+2n-3 \qquad \therefore n=4$$
따라서 $\lim_{x \to 4} f(x)=f(4)=7$이므로 함수 $y=f(x)$는 $x=4$에서 연속이다.

답 4

0348 $x \geq 0$일 때와 $x < 0$일 때로 나누어 생각하자.

> 실수 t에 대하여 곡선 $y=x^2-4|x|-1$과 직선 $y=2x+t$의 서로 다른 교점의 개수를 $f(t)$라 하자. 함수 $f(t)$가 $t=a$에서 불연속인 모든 실수 a의 값의 합을 구하시오.
> 이차방정식의 판별식을 이용하자.

$$y=\begin{cases} x^2+4x-1 & (x<0) \\ x^2-4x-1 & (x \geq 0) \end{cases}$$이므로

$x<0$일 때,
$x^2+4x-1=2x+t$, 즉 $x^2+2x-(t+1)=0$
$$\frac{D_1}{4}=t+2$$

$x \geq 0$일 때,
$x^2-4x-1=2x+t$, 즉 $x^2-6x-(t+1)=0$에서
$$\frac{D_2}{4}=t+10$$

한편 $x=0$일 때, $t=-1$이므로
t의 값이 -10, -2, -1을 경계로 $f(t)$를 구하면 된다.

(i) $t < -10$일 때 $f(t)=0$
(ii) $t=-10$일 때 $f(t)=1$
(iii) $-10 < t < -2$일 때 $f(t)=2$
(iv) $t=-2$일 때 $f(t)=3$
(v) $-2 < t < -1$일 때 $f(t)=4$
(vi) $t=-1$일 때 $f(t)=3$
(vii) $t > -1$일 때 $f(t)=2$

따라서 함수 $f(t)$는 $t=-10, -2, -1$에서 불연속이다.
$$\therefore -10-2-1=-13$$

답 -13

0349

> 실수 전체의 집합에서 정의된 함수 $f(x)$가 다음 조건을 만족시킨다.
> 조건을 만족하는 $y=f(x)$의 그래프를 그리자.
>
> (가) 모든 실수 x에 대하여 $f(x)=f(-x)$
> (나) $x \geq 0$인 x에 대하여 $f(x)=x^2-2x$
>
> 실수 t에 대하여 직선 $y=t$가 곡선 $y=|f(x)|$와 만나는 점의 개수를 $g(t)$라 하자. 최고차항의 계수가 1인 이차함수 $h(t)$에 대하여 함수 $h(t)g(t)$가 모든 실수 t에서 연속일 때, $h(g(1))$의 값을 구하시오.
> 함수 $g(t)$가 불연속인 점들을 찾자.
> 함수 $g(t)$가 $t=a$에서 불연속이면 $h(t)$는 $x-a$를 인수로 가진다.

조건 (가), (나)를 만족하는 함수 $f(x)$의 그래프는 그림과 같다.

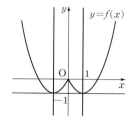

$$g(t)=\begin{cases} 0 & (t<0) \\ 3 & (t=0) \\ 6 & (0<t<1) \\ 4 & (t=1) \\ 2 & (t>1) \end{cases}$$

이므로 $g(t)$는 $t=0$, 1에서 불연속이다.

따라서 $h(t)=t(t-1)$이다.

$\therefore h(g(1))=h(4)=4\times 3=12$　　　　　답 12

0350

좌표평면에 그래프를 그려보자.

실수 t에 대하여 직선 $y=t$가 곡선 $y=|x^2-2x|$와 만나는 점의 개수를 $f(t)$라 하자. 최고차항의 계수가 1인 이차함수 $y=g(t)$에 대하여 함수 $y=f(t)g(t)$가 모든 실수 t에 대하여 연속일 때, $f(3)+g(3)$의 값을 구하시오.

t의 값에 따른 근의 개수를 구하자.

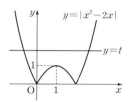

함수 $y=|x^2-2x|$의 그래프가 그림과 같으므로 직선 $y=t$에 대하여 함수 $y=f(t)$는

$$f(t)=\begin{cases} 0 & (t<0) \\ 2 & (t=0) \\ 4 & (0<t<1) \\ 3 & (t=1) \\ 2 & (t>1) \end{cases}$$

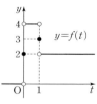

이므로 $t=0$, $t=1$에서 불연속이다.

그런데 함수 $y=f(t)g(t)$가 모든 실수 t에서 연속이므로 $t=0$, $t=1$에서도 연속이어야 한다.

(i) $t=0$에서 연속이므로

$\lim\limits_{t\to 0+}\{f(t)g(t)\}=4g(0)$

$\lim\limits_{t\to 0-}\{f(t)g(t)\}=0$

$f(0)g(0)=2g(0)$

에서 $4g(0)=0=2g(0)$　　$\therefore g(0)=0$

(ii) $t=1$에서 연속이므로

$\lim\limits_{t\to 1+}\{f(t)g(t)\}=2g(1)$

$\lim\limits_{t\to 1-}\{f(t)g(t)\}=4g(1)$

$f(1)g(1)=3g(1)$

에서 $2g(1)=4g(1)=3g(1)$　　$\therefore g(1)=0$

따라서 $g(t)=t(t-1)$이므로

$f(3)+g(3)=2+6=8$　　　　　답 8

0351

직선 $y=t$와 $y=f(x)$의 그래프의 교점은 1, 2, 3, 4개가 가능함을 이용하자.

세 실수 a, b, c에 대하여 함수 $f(x)$는

$$f(x)=\begin{cases} -|2x+a| & (x<0) \\ x^2+bx+c & (x\geq 0) \end{cases}$$

이고, 함수 $|f(x)|$는 실수 전체의 집합에서 연속이다. 실수 t에 대하여 직선 $y=t$가 두 함수 $y=f(x)$, $y=|f(x)|$의 그래프와 만나는 점의 개수를 각각 $g(t)$, $h(t)$라 할 때, 두 함수 $g(t)$, $h(t)$가 다음 조건을 만족시킨다.

조건을 만족하는 각각의 함수의 그래프를 그려보자.

(가) 함수 $g(t)$의 치역은 $\{1, 2, 3, 4\}$이다.

(나) $\lim\limits_{x\to 2-}h(t)\times\lim\limits_{x\to 2+}h(t)=12$

$f(-2)+f(6)$의 값은?

함수 $|f(x)|$는 실수 전체의 집합에서 연속이므로

$\lim\limits_{x\to 0-}|f(x)|=\lim\limits_{x\to 0-}|2x+a|=|a|$,

$|f(0)|=\lim\limits_{x\to 0+}|f(x)|=\lim\limits_{x\to 0+}|x^2+bx+c|=|c|$에서

$a=c$ 또는 $a=-c$

조건 (가)에서 4가 함수 $g(t)$의 치역의 원소 중 하나이므로

함수 $y=f(x)$의 그래프와 직선 $y=t$가 서로 다른 네 점에서 만나도록 하는 실수 t가 존재해야 한다.

그러므로 직선 $y=t$가 $x<0$에서 함수 $y=f(x)$의 그래프와 서로 다른 두 점에서 만나도록 하고, $x\geq 0$에서 함수 $y=f(x)$의 그래프와 서로 다른 두 점에서 만나도록 하는 실수 t가 존재해야 한다.

따라서 $a>0$, $b<0$, $c=a$이고 함수 $y=x^2+bx+c$ $(x\geq 0)$의 최솟값이 0보다 작아야 한다.

함수 $y=x^2+bx+c$ $(x\geq 0)$의 최솟값을 k라 하자.

(i) $-a<k<0$일 때

함수 $y=f(x)$의 그래프의 개형은 그림과 같으므로 함수 $g(t)$의 치역은 $\{1, 2, 3, 4\}$이다.

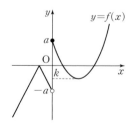

함수 $y=|f(x)|$의 그래프의 개형과 함수 $y=h(t)$의 그래프는 그림과 같다.

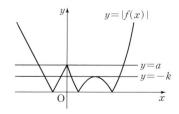

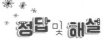
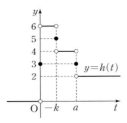

(ii) $k < -a$일 때

함수 $y = f(x)$의 그래프의 개형은 그림과 같으므로 함수 $g(t)$의 치역은 $\{1, 2, 3, 4\}$이다.

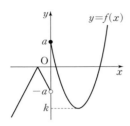

함수 $y = |f(x)|$의 그래프의 개형과 함수 $y = h(t)$의 그래프는 그림과 같다.

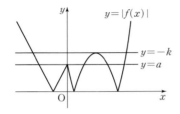

(iii) $k = -a$일 때

함수 $y = f(x)$의 그래프의 개형은 그림과 같으므로 함수 $g(t)$의 치역은 $\{1, 2, 3, 4\}$이다.

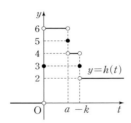

함수 $y = |f(x)|$의 그래프의 개형과 함수 $y = h(t)$의 그래프는 그림과 같다.

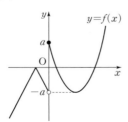

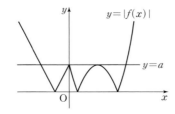

(i)~(iii)에 의하여 $k = -a$일 때, 함수 $h(t)$가 조건 ㈏를 만족시키므로 $a = 2$이고 $c = 2$, $k = -2$

$x^2 + bx + 2 = \left(x + \dfrac{b}{2}\right)^2 + 2 - \dfrac{b^2}{2}$ 이므로

$2 - \dfrac{b^2}{4} = -2$, $b = -4$ $(b < 0)$

함수 $f(x)$는

$f(x) = \begin{cases} -|2x+2| & (x < 0) \\ x^2 - 4x + 2 & (x \geq 0) \end{cases}$

따라서 $f(-2) + f(6) = -2 + 14 = 12$ 답 ①

0352   • 이차방정식의 판별식을 이용하자.

실수 a에 대하여 집합
$\{x \mid ax^2 + 2(a-2)x - (a-2) = 0,\ x$는 실수$\}$의 원소의 개수를 $f(a)$라 할 때, 〈보기〉에서 옳은 것만을 있는 대로 고른 것은?

┤ 보기 ├
ㄱ. $\displaystyle\lim_{a \to 0} f(a) = f(0)$
ㄴ. $\displaystyle\lim_{a \to c+} f(a) \neq \lim_{a \to c-} f(a)$인 실수 c는 2개이다.
ㄷ. 함수 $y = f(a)$가 불연속인 a의 값은 3개이다.

• 조건을 만족하는 $y = f(a)$의 그래프를 그리자.

(i) $a = 0$일 때, $-4x + 2 = 0$에서 $x = \dfrac{1}{2}$ ∴ $f(0) = 1$

(ii) $a \neq 0$일 때, 이차방정식 $ax^2 + 2(a-2)x - (a-2) = 0$의 판별식을 D라 하면

$\dfrac{D}{4} = (a-2)^2 + a(a-2) = 2(a-1)(a-2)$

즉, 이 이차방정식은 $a = 1$ 또는 $a = 2$일 때 중근을 갖고, $1 < a < 2$일 때 실근을 갖지 않고, $a < 1$ 또는 $a > 2$일 때 서로 다른 두 실근을 갖는다.

(i), (ii)에서 함수 $y = f(a)$의 그래프는 그림과 같다.

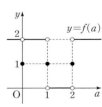

ㄱ. $\displaystyle\lim_{a \to 0} f(a) = 2$, $f(0) = 1$이므로
$\displaystyle\lim_{a \to 0} f(a) \neq f(0)$ (거짓)

ㄴ. $\displaystyle\lim_{a \to c+} f(a) \neq \lim_{a \to c-} f(a)$를 만족시키는 실수 c는 $c = 1$, $c = 2$의 2개이다. (참)

ㄷ. 함수 $y = f(a)$가 불연속인 a는 $a = 0$, $a = 1$, $a = 2$의 3개이다. (참)

따라서 옳은 것은 ㄴ, ㄷ이다.   답 ④

0353

→ t의 값에 따라 x축의 방향으로 움직이는 함수이다.

실수 t에 대하여 두 함수

→ 고정된 함수임을 이용하자.

$$f(x)=(x-t)^2-1,\ g(x)=\begin{cases} -x & (x\le 1) \\ x+2 & (x>1) \end{cases}$$

의 그래프가 만나는 서로 다른 점의 개수를 $h(t)$라 할 때, 〈보기〉에서 옳은 것만을 있는 대로 고른 것은?

→ t에 따른 그래프의 교점의 개수의 변화를 파악하자.

┤ 보기 ├

ㄱ. $\lim\limits_{t \to -1+} h(t)=3$

ㄴ. 함수 $h(t)$는 $t=1$에서 연속이다.

ㄷ. 함수 $h(t)$가 $t=a$에서 불연속이 되는 모든 a의 값의 합은 $\dfrac{15}{4}$이다.

ㄱ.

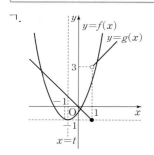

$$\lim_{t \to -1+} h(t)=3 \ (참)$$

ㄴ.

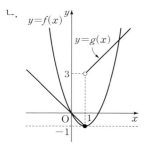

$\lim\limits_{t \to 1-} h(t)=3$, $\lim\limits_{t \to 1+} h(t)=3$, $h(1)=3$이므로

함수 $h(t)$는 $t=1$에서 연속이다. (참)

ㄷ. 두 함수 $f(x)$와 $g(x)$의 그래프가 $t=\dfrac{4}{5}$에서 접하므로

함수 $h(t)$는

$$h(t)=\begin{cases} 2 & (t\le -1) \\ 3 & \left(-1<t<\dfrac{5}{4}\right) \\ 2 & \left(t=\dfrac{5}{4}\right) \\ 1 & \left(\dfrac{5}{4}<t\le 3\right) \\ 2 & (t>3) \end{cases}$$

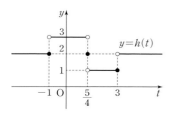

함수 $h(t)$가 $t=-1$, $t=\dfrac{5}{4}$, $t=3$에서 불연속이므로

모든 a의 값의 합은 $-1+\dfrac{5}{4}+3=\dfrac{13}{4}$이다. (거짓)

따라서 옳은 것은 ㄱ, ㄴ이다. 답 ③

0354

열린구간 $(-2, 4)$에서 정의된 함수 $y=f(x)$의 그래프가 그림과 같을 때, $y=f(x)$에 대한 다음 설명 중에서 옳지 <u>않은</u> 것은?

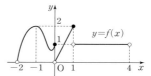

① $\lim\limits_{x \to 1} f(x)$의 값은 존재하지 않는다.

→ $x=1$에서 좌극한값과 우극한값이 다르다.

② 닫힌구간 $[-1, 3]$에서 최솟값을 갖는다.

③ $\lim\limits_{x \to 1} f(x)=2$

→ $x=0$에서 불연속이다.

④ 불연속이 되는 x의 개수는 2이다.

⑤ 열린구간 $(0, 4)$에서 최댓값을 갖는다.

① $\lim\limits_{x \to 1+} f(x)=1$, $\lim\limits_{x \to 1-} f(x)=2$이므로 $\lim\limits_{x \to 1} f(x)$의 값은 존재하지 않는다.

② 함수 $y=f(x)$는 $x=0$에서 불연속이므로 닫힌구간 $[-1, 3]$에서 최솟값을 갖지 않는다.

③ 주어진 그래프에서 $\lim\limits_{x \to 1-} f(x)=2$

④ 주어진 그래프에서 불연속이 되는 x의 개수는 0, 1의 2이다.

⑤ 열린구간 $(0, 4)$에서 $x=1$일 때, 최댓값 $f(1)=2$를 갖는다.

따라서 옳지 않은 것은 ②이다. 답 ②

0355

→ 함수 $y=f(x)$가 $[1, 4]$에서 연속이므로 이 구간에서 반드시 최댓값과 최솟값을 가진다.

닫힌구간 $[1, 4]$에서 함수 $f(x)=x^2-4x-2$의 최댓값을 M, 최솟값을 m이라고 할 때, $M-m$의 값은?

닫힌구간 $[1, 4]$에서 함수 $f(x)$는 연속이고

$f(x)=x^2-4x-2=(x-2)^2-6$

닫힌구간 $[1, 4]$에서

최댓값은 $M=f(4)=-2$

최솟값은 $m=f(2)=-6$

$\therefore M-m=-2-(-6)=4$ 답 ④

0356

닫힌구간 $[0, 3]$에서 함수

$$f(x)=\begin{cases} x+2 & (x<1) \\ -x^2+4 & (x\ge 1) \end{cases}$$

의 최댓값을 M, 최솟값을 m이라 할 때, $M+m$의 값을 구하시오.

→ 함수 $y=f(x)$가 $[0, 3]$에서 연속이므로 이 구간에서 반드시 최댓값과 최솟값을 가진다.

함수 $y=f(x)$의 그래프는 그림과 같다.

함수 $y=f(x)$는 닫힌구간 $[0, 3]$에서 연속이므로 최댓값과 최솟값을 갖는다.

최댓값은 $M=f(1)=3$,

최솟값은 $m=f(3)=-5$이므로

$M+m=-2$

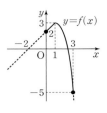

답 -2

0357

> 구간 $[3, 4]$에서의 함수 $f(x)=\dfrac{6}{x-2}$의 최댓값을 M, 최솟값을 m이라고 할 때, $M+m$의 값을 구하시오.
> └─ • 함수 $y=f(x)$는 $[3, 4]$에서 연속이고 감소하는 함수이다.

$x>2$에서 함수 $f(x)=\dfrac{6}{x-2}$는 감소하는 그래프이다.

최댓값은 $M=f(3)=6$

최솟값은 $m=f(4)=3$

$\therefore M+m=6+3=9$

답 9

0358

> 두 함수 $y=f(x)$, $y=g(x)$는 닫힌구간 $[a, b]$에서 연속이다. 〈보기〉 중 닫힌구간 $[a, b]$에서 반드시 최댓값과 최솟값을 갖는 함수만을 있는 대로 고르시오.
>
>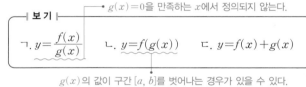
>
> ┤ 보 기 ├── • $g(x)=0$을 만족하는 x에서 정의되지 않는다.
> ㄱ. $y=\dfrac{f(x)}{g(x)}$ ㄴ. $y=f(g(x))$ ㄷ. $y=f(x)+g(x)$
>
> $g(x)$의 값이 구간 $[a, b]$를 벗어나는 경우가 있을 수 있다.

닫힌구간 $[a, b]$에서 연속인 함수는 반드시 최댓값과 최솟값을 갖는다.

ㄱ. $f(x)=x$, $g(x)=x^2$일 때, 두 함수는 닫힌구간 $[-1, 1]$

에서 연속이지만 함수 $\dfrac{f(x)}{g(x)}=\dfrac{x}{x^2}$는 $x=0$에서 불연속이다.

또한, $\displaystyle\lim_{x\to 0+}\dfrac{f(x)}{g(x)}=\infty$, $\displaystyle\lim_{x\to 0-}\dfrac{f(x)}{g(x)}=-\infty$이므로 함수

$y=\dfrac{f(x)}{g(x)}$는 닫힌구간 $[-1, 1]$에서 최댓값과 최솟값을 갖지 않는다.

ㄴ. $f(x)=\dfrac{1}{x}$, $g(x)=x-2$일 때, 두 함수는 닫힌구간 $[1, 3]$

에서 연속이지만 함수 $f(g(x))=\dfrac{1}{x-2}$은 $x=2$에서 불연속이다.

또한, $\displaystyle\lim_{x\to 2+}f(g(x))=\infty$, $\displaystyle\lim_{x\to 2-}f(g(x))=-\infty$이므로 함수

$y=f(g(x))$는 닫힌구간 $[1, 3]$에서 최댓값과 최솟값을 갖지 않는다.

ㄷ. 함수 $y=f(x)+g(x)$는 닫힌구간 $[a, b]$에서 연속이므로 반드시 최댓값과 최솟값을 갖는다.

따라서 반드시 최댓값과 최솟값을 갖는 함수는 ㄷ뿐이다.

답 ㄷ

0359

> • $x=1$에서도 연속임을 이용하자.
>
> 구간 $[-1, 2]$에서 연속인 함수
>
> $$f(x)=\begin{cases} \dfrac{x^2-ax+b}{x-1} & (-1\le x<1) \\ x^2+c & (1\le x\le 2) \end{cases}$$
>
> 에 대하여 함수 $f(x)$의 최댓값을 M, 최솟값을 m이라고 할 때, $M-m$의 값을 구하시오. (단, a, b, c는 상수이다.)
> └─ • $x\to 1$일 때 (분모) → 0이므로 (분자) → 0임을 이용하자.

$\displaystyle\lim_{x\to 1}\dfrac{x^2-ax+b}{x-1}$ 가 존재하고 $x\to 1$일 때 (분모)→ 0이므로

(분자)→ 0이다. 그러므로

$1-a+b=0$

$\therefore b=a-1$

$\displaystyle\lim_{x\to 1}\dfrac{x^2-ax+b}{x-1}=\lim_{x\to 1}\dfrac{x^2-ax+a-1}{x-1}$

$\qquad=\displaystyle\lim_{x\to 1}\dfrac{(x-1)(x-a+1)}{x-1}$

$\qquad=1-a+1=2-a$

$f(1)=1+c=2-a$

$\therefore c=1-a$

$\therefore f(x)=\begin{cases} \dfrac{x^2-ax+a-1}{x-1} & (-1\le x<1) \\ x^2+1-a & (1\le x\le 2) \end{cases}$

$\qquad=\begin{cases} x-a+1 & (-1\le x<1) \\ x^2+1-a & (1\le x\le 2) \end{cases}$

따라서 최댓값은 $M=f(2)=5-a$

최솟값은 $m=f(-1)=-a$

$M-m=5-a-(-a)=5$

답 5

0360

> • 다항함수는 모든 실수 x에 대하여 연속임을 이용하자.
>
> 방정식 $x^3-x^2+4x-2=0$이 오직 하나의 실근을 가질 때, 다음 중 이 방정식의 실근이 존재하는 구간은?
>
> ① $(-1, 0)$ ② $(0, 1)$ ③ $(1, 2)$
> ④ $(2, 3)$ ⑤ $(3, 4)$ $f(a)f(b)<0$이면 (a, b)에서 방정식의 실근이 적어도 하나 존재한다.

$f(x)=x^3-x^2+4x-2$라 하면

$f(-1)=-8<0$, $f(0)=-2<0$, $f(1)=2>0$

$f(2)=10>0$, $f(3)=28>0$, $f(4)=62>0$

따라서 함수 $y=f(x)$는 모든 실수 x에서 연속이고

$f(0)f(1)<0$이므로 사잇값의 정리에 의하여

$f(x)=0$의 실근이 존재하는 구간은 $(0, 1)$이다.

답 ②

0361 → 다항함수는 모든 실수 x에 대하여 연속이다.

> 방정식 $x^3-3x+a=0$이 열린구간 $(-1, 1)$에서 적어도 하나의 실근을 갖도록 하는 실수 a의 값의 범위가 $\alpha<a<\beta$일 때, $\alpha+\beta$의 값을 구하시오.
> → $f(-1)f(1)<0$임을 이용하자.

$f(x)=x^3-3x+a$라 하면 함수 $y=f(x)$는 닫힌구간 $[-1, 1]$에서 연속이므로 사잇값의 정리에 의하여 방정식 $f(x)=0$이 열린구간 $(-1, 1)$에서 적어도 하나의 실근을 가지려면 $f(-1)f(1)<0$이어야 한다.
$f(-1)=a+2$, $f(1)=a-2$이므로
$f(-1)f(1)=(a+2)(a-2)<0$, $-2<a<2$
따라서 $\alpha=-2$, $\beta=2$이므로 $\alpha+\beta=0$　　**답** 0

0362 → 이차방정식의 실근은 최대 2개다.

> 이차방정식
> $$(x-95)(x-96)+(x-96)(x-97)$$
> $$+(x-97)(x-95)=0$$
> → x의 값에 95, 96, 97을 각각 대입해 보자.
> 의 두 근을 α, β라 할 때, α는 열린구간 $(n, n+1)$에 속한다. 자연수 n의 값을 구하시오. (단, $\alpha>\beta$)

$f(x)=(x-95)(x-96)+(x-96)(x-97)+(x-97)(x-95)$
라 하면 $f(95)=2>0$, $f(96)=-1<0$, $f(97)=2>0$
따라서 $f(95)f(96)<0$, $f(96)f(97)<0$이므로 사잇값의 정리에 의하여 방정식 $f(x)=0$은 열린구간 $(95, 96)$, $(96, 97)$에서 각각 한 개의 실근을 갖는다.
$\alpha>\beta$이므로 α는 열린구간 $(96, 97)$에 속한다.
$\therefore n=96$　　**답** 96

0363 → 다항함수는 모든 실수 x에 대하여 연속이다.

> 두 함수 $f(x)=x^5+x^3-3x^2+k$, $g(x)=x^3-5x^2+3$에 대하여 구간 $(1, 2)$에서 방정식 $f(x)=g(x)$가 적어도 하나의 실근을 갖도록 하는 정수 k의 개수를 구하시오.
> → $f(x)-g(x)=0$으로 두고 사잇값의 정리를 이용하자.

$h(x)=f(x)-g(x)$라고 하면
$h(x)=x^5+2x^2+k-3$
$x>0$에서 $h(x)$는 연속이고 증가하므로
$h(1)h(2)=k(k+37)<0$이면 구간 $(1, 2)$에서 실근을 갖는다.
$-37<k<0$인 정수 k는 36개　　**답** 36

0364 → x의 값에 보기의 수들을 직접 대입하자.

> 방정식 $\sqrt{x}-1=\dfrac{3}{x}$이 오직 하나의 실근을 갖는다. 다음 중 이 방정식의 실근이 존재하는 구간은?
> ① $(1, 2)$　　② $(2, 3)$　　③ $(3, 4)$
> ④ $(4, 5)$　　⑤ $(5, 6)$

$f(x)=\sqrt{x}-\dfrac{3}{x}-1$이라 하면
$f(1)=-3<0$, $f(2)=\sqrt{2}-\dfrac{5}{2}<0$, $f(3)=\sqrt{3}-2<0$,
$f(4)=\dfrac{1}{4}>0$, $f(5)=\sqrt{5}-\dfrac{8}{5}>0$, $f(6)=\sqrt{6}-\dfrac{3}{2}>0$
따라서 함수 $y=f(x)$가 닫힌구간 $[3, 4]$에서 연속이고 $f(3)f(4)<0$이므로 사잇값의 정리에 의하여 $f(x)=0$의 실근이 존재하는 구간은 $(3, 4)$이다.　　**답** ③

0365

> 두 함수 → 함수 $f(x)$는 $x=a$에서 연속이어야 한다.
> $$f(x)=\begin{cases} -x+12 & (x\le a) \\ x^2+3x & (x>a) \end{cases}, \quad g(x)=x^2-4x+a$$에 대하여
> 함수 $f(x)g(x)$가 모든 실수에서 연속이고, 방정식 $g(x)=0$은 열린구간 $(-1, 1)$에서 적어도 하나의 실근을 갖는다고 할 때, 모든 실수 a값들의 합을 구하시오. (단, a는 상수)
> → 사잇값의 정리를 이용하자.

(i) 함수 $g(x)$는 모든 실수에서 연속이므로 함수 $f(x)$가 모든 실수에서 연속이어야 한다. 즉,
$\displaystyle\lim_{x\to a-}f(x)=\lim_{x\to a+}f(x)=f(a)$이어야 한다.
$\displaystyle\lim_{x\to a-}f(x)=-a+12$, $\displaystyle\lim_{x\to a+}f(x)=a^2+3a$이므로
$a^2+3a=-a+12$, $(a-2)(a+6)=0$
$\therefore a=-6, 2$
(ii) 방정식 $g(x)=0$은 열린구간 $(-1, 1)$에서 적어도 하나의 실근을 가지므로
$g(-1)g(1)=(a+5)(a-3)<0$
$\therefore -5<a<3$
(i), (ii)에서 $a=2$　　**답** 2

0366

> 연속함수 $f(x)$에 대하여 $f(2)=2a+1$, $f(3)=2a-9$일 때, 방정식 $f(x)=0$이 구간 $(2, 3)$에서 적어도 하나의 실근을 갖도록 하는 정수 a의 개수를 구하시오.
> → $f(2)\times f(3)<0$임을 이용하자.

열린 구간 $(2, 3)$에서 $f(x)=0$의 해가 존재하기 위해서는
$f(2)\times f(3)<0$이어야 한다.
$(2a+1)(2a-9)<0$
$-\dfrac{1}{2}<a<\dfrac{9}{2}$
따라서 정수 a의 개수는 5이다.　　**답** 5

0367

> 실수 전체의 집합에서 연속인 함수 $y=f(x)$에 대하여
> $$f(-1)=3, \ f(0)=-1, \ f(1)=2, \ f(2)=1$$
> 일 때, 방정식 $f(x)=0$은 적어도 n개의 실근을 갖는다. n의 값을 구하시오. ← $f(-1) \times f(0) < 0, \ f(0) \times f(1) < 0$임을 이용하자.

$y=f(x)$는 모든 실수 x에서 연속이고, $f(-1)>0$, $f(0)<0$, $f(1)>0$이므로 사잇값의 정리에 의하여 방정식 $f(x)=0$은 열린구간 $(-1, 0)$, $(0, 1)$에서 각각 적어도 하나의 실근을 가지므로 방정식 $f(x)=0$은 적어도 2개의 실근을 갖는다.

$\therefore n=2$ 달 2

0368

> 연속함수 $f(x)$에 대하여 $f(1)=-2$, $f(2)=5$, $f(3)=2$, $f(4)=10$이 성립할 때, 방정식 $f(x)-2x=0$의 실근의 개수의 최솟값은? ← $f(x)-2x$의 값의 부호를 조사하여 사잇값의 정리를 이용하자.

$g(x)=f(x)-2x$라고 하면,
$g(1)=f(1)-2=-2-2<0$
$g(2)=f(2)-4=5-4>0$
$g(3)=f(3)-6=2-6<0$
$g(4)=f(4)-8=10-8>0$이므로,
$g(1) \times g(2) < 0 \rightarrow$ 1개
$g(2) \times g(3) < 0 \rightarrow$ 1개
$g(3) \times g(4) < 0 \rightarrow$ 1개
따라서, 실근의 개수의 최솟값은 3개이다.   달 ③

0369

> 실수 전체의 집합에서 연속인 함수 $y=f(x)$가 $f(0)=1$, $f(1)=2$를 만족시킬 때, 다음 〈보기〉의 방정식 중 열린구간 $(0, 1)$에서 항상 적어도 하나의 실근을 갖는 것만을 있는 대로 고르시오.
>
> ─ 보 기 ─
> ㄱ. $f(x)-3x=0$ ← 보기에서 주어진 함수를 $g(x)$라 하면
> ㄴ. $2f(x)+x=0$ $g(0) \times g(1) < 0$인 것을 고르자.
> ㄷ. $2f(x)-x=0$

ㄱ. $g(x)=f(x)-3x$라 하면 함수 $y=g(x)$는 실수 전체의 집합에서 연속이고
  $g(0)=f(0)-0=1, \ g(1)=f(1)-3=-1$
  즉, $g(0)g(1)<0$이므로 사잇값의 정리에 의하여 방정식 $g(x)=0$은 열린구간 $(0, 1)$에서 적어도 하나의 실근을 갖는다.

ㄴ. $g(x)=2f(x)+x$라 하면 함수 $y=g(x)$는 실수 전체의 집합에서 연속이고
  $g(0)=2f(0)+0=2, \ g(1)=2f(1)+1=5$
  이므로 방정식 $g(x)=0$은 열린구간 $(0, 1)$에서 실근을 갖지 않을 수도 있다.

ㄷ. $g(x)=2f(x)-x$라 하면 함수 $y=g(x)$는 실수 전체의 집합에서

연속이고
  $g(0)=2f(0)-0=2, \ g(1)=2f(1)-1=3$
이므로 방정식 $g(x)=0$은 열린구간 $(0, 1)$에서 실근을 갖지 않을 수도 있다.
따라서 열린구간 $(0, 1)$에서 항상 적어도 하나의 실근을 갖는 것은 ㄱ 뿐이다.   달 ㄱ

0370

> ← $(-1, 1)$에서 적어도 하나의 실근을 가진다.
>
> 닫힌구간 $[-1, 3]$에서 연속인 함수 $y=f(x)$가
> $$f(-1)f(1)<0, \ f(-1)f(3)>0$$
> 을 만족시킬 때, $-1<x<3$에서 방정식 $f(x)=0$은 적어도 n개의 실근을 갖는다. n의 값은? ← $f(1)f(3)<0$임을 알 수 있다.

함수 $y=f(x)$가 닫힌구간 $[-1, 3]$에서 연속이고, $f(-1)f(1)<0$이므로 사잇값의 정리에 의하여 방정식 $f(x)=0$은 열린구간 $(-1, 1)$에서 적어도 하나의 실근을 갖는다.
또 $f(-1)f(1)<0$, $f(-1)f(3)>0$이면 $f(1)f(3)<0$이므로 사잇값의 정리에 의하여 방정식 $f(x)=0$은 열린구간 $(1, 3)$에서 적어도 하나의 실근을 갖는다.
따라서 방정식 $f(x)=0$은 $-1<x<3$에서 적어도 2개의 실근을 갖는다.
$\therefore n=2$ 달 ②

0371

> 다항함수 $y=f(x)$가 다음 조건을 만족시킬 때, 방정식 $f(x)=0$이 닫힌구간 $[0, 3]$에서 적어도 몇 개의 실근을 갖는지 구하시오.
>
> (가) $\displaystyle\lim_{x \to 0} \frac{f(x)}{x}=1$ (나) $\displaystyle\lim_{x \to 2} \frac{f(x)}{x-2}=2$
>
> $f(0)=0$임을 이용하자. $f(2)=0$임을 이용하자.

(가), (나)에서 $f(0)=0$, $f(2)=0$이므로
$f(x)=x(x-2)Q(x)$ (단, $y=Q(x)$는 다항함수이다.)   ……㉠
로 놓을 수 있다.
㉠을 (가)에 대입하면
$$\lim_{x \to 0} \frac{x(x-2)Q(x)}{x} = \lim_{x \to 0} (x-2)Q(x)$$
$$= -2Q(0)=1$$
$$\therefore Q(0)=-\frac{1}{2}   ……㉡$$
㉠을 (나)에 대입하면
$$\lim_{x \to 2} \frac{x(x-2)Q(x)}{x-2} = \lim_{x \to 2} xQ(x)$$
$$= 2Q(2)=2$$
$$\therefore Q(2)=1   ……㉢$$
$y=Q(x)$는 다항함수이므로 모든 실수 x에서 연속이고
㉡, ㉢에서 $Q(0)Q(2)<0$이므로 사잇값의 정리에 의하여 방정식 $Q(x)=0$은 열린구간 $(0, 2)$에서 적어도 한 개의 실근을 갖는다.
따라서 방정식 $f(x)=0$은 두 실근 0, 2를 갖고, $0<x<2$일 때 적어도 한 개의 실근을 가지므로 닫힌구간 $[0, 3]$에서 적어도 3개의 실근을 갖는다.   달 3개

0372

준수가 10 km를 달리면서 2 km 구간마다 걸린 시간을 측정한 결과가 다음 표와 같았다.

구간	출발점 ~2 km	2 km ~4 km	4 km ~6 km	6 km ~8 km	8 km ~10 km
걸린 시간	5분 50초	7분 20초	8분 30초	9분 5초	10분 20초

준수가 출발점으로부터 a km 떨어진 지점에서부터 $(a+2)$ km 지점까지 달리는 데 걸린 시간이 정확하게 8분이 되는 a의 값이 오직 하나일 때, 상수 a의 값의 범위는?

› 2 km지점에서 6 km지점을 가는 동안 2 km길이의 구간을 정확히 8분만에 달린 시간이 적어도 한번은 있다.

출발점으로부터 x km 떨어진 지점까지 달렸을 때 걸린 시간을 $f(x)$(분), $g(x)=f(x+2)-f(x)$라 하면 함수 $y=g(x)$는 닫힌구간 $[0, 8]$에서 연속이다.

$$g(2)=7+\frac{1}{3},\ g(4)=8+\frac{1}{2}$$

따라서 사잇값의 정리에 의하여 $g(a)=8$을 만족시키는 상수 a가 2와 4 사이에 적어도 하나 존재한다.

$$\therefore 2<a<4$$

답 ②

0373

› 정차하는 순간의 속도는 0 km/h임을 이용하자.

어떤 지하철의 최고 속도는 110 km/h라고 한다. A역에서 출발하여 최고 속도를 낸 후 B역에 정차하여 승객을 태우고, 다시 출발하여 최고 속도를 낸 후 C역에 도착하였을 때, 지하철의 속도가 80 km/h인 곳은 적어도 n군데이다. n의 값을 구하시오.

⌇ 최고속도를 낸 지점은 적어도 두 번 존재한다.

지하철의 속도는 A역과 C역 사이에서 연속적으로 변한다.
A역과 B역 사이에서 지하철이 최고 속도를 내는 지점을 P라 하고, B역과 C역 사이에서 지하철이 최고 속도를 내는 지점을 Q라 하자.
A역에서의 지하철의 속도는 0 km/h이고, P지점에서의 지하철의 속도는 110 km/h이므로 속도가 80 km/h인 지점은 A역과 P지점 사이에 적어도 한 군데가 존재한다.
B역과 C역 사이에서도 같은 방법으로 생각하면 A역과 C역 사이에 지하철의 속도가 80 km/h인 곳은 적어도 4군데이다.

$$\therefore n=4$$

답 4

0374

다음 중 $x=0$에서 연속인 함수는?

(단, $[x]$는 x보다 크지 않은 최대의 정수이다.)

› $f(0)$이 정의되지 않는다.

① $f(x)=\dfrac{x+1}{x}$　② $f(x)=[x-1]$

③ $f(x)=\begin{cases} \dfrac{|x|}{x} & (x\neq 0) \\ 1 & (x=0) \end{cases}$　④ $f(x)=\begin{cases} \dfrac{1}{x} & (x\neq 0) \\ 0 & (x=0) \end{cases}$

› $x=0$에서의 극한값이 정의되지 않는다.

⑤ $f(x)=\begin{cases} x(x+1) & (x\neq 0) \\ 0 & (x=0) \end{cases}$

① $f(0)$이 정의되지 않으므로 $x=0$에서 불연속이다.

② $\lim\limits_{x\to 0+}f(x)=\lim\limits_{x\to 0+}[x-1]=-1$

$\lim\limits_{x\to 0-}f(x)=\lim\limits_{x\to 0-}[x-1]=-2$

즉, $\lim\limits_{x\to 0}f(x)$가 존재하지 않으므로 $x=0$에서 불연속이다.

③ $\lim\limits_{x\to 0+}f(x)=\lim\limits_{x\to 0+}\dfrac{x}{x}=1$

$\lim\limits_{x\to 0-}f(x)=\lim\limits_{x\to 0-}\dfrac{-x}{x}=-1$

즉, $\lim\limits_{x\to 0}f(x)$가 존재하지 않으므로 $x=0$에서 불연속이다.

④ $\lim\limits_{x\to 0+}f(x)=\lim\limits_{x\to 0+}\dfrac{1}{x}=\infty$

$\lim\limits_{x\to 0-}f(x)=\lim\limits_{x\to 0-}\dfrac{1}{x}=-\infty$

즉, $\lim\limits_{x\to 0}f(x)$가 존재하지 않으므로 $x=0$에서 불연속이다.

⑤ $f(0)=0,\ \lim\limits_{x\to 0}f(x)=\lim\limits_{x\to 0}x(x+1)=0$이므로

$\lim\limits_{x\to 0}f(x)=f(0)$

즉, 함수 $y=f(x)$는 $x=0$에서 연속이다.

따라서 $x=0$에서 연속인 함수는 ⑤ 이다.

답 ⑤

0375

› $f(x)$는 $x=2$에서 연속인지 아닌지 알 수 없다.

함수 $f(x)=\begin{cases} x^2+x+a & (x\geq 2) \\ x+1 & (x<2) \end{cases}$ 이 $x=2$에서 연속일 때, 상수 a의 값을 구하시오.

› $x=a$에서 연속이려면 $\lim\limits_{x\to a-}f(x)=\lim\limits_{x\to a+}f(x)=f(a)$임을 이용하자.

함수 $y=f(x)$가 $x=2$에서 연속이므로 $f(2)=\lim\limits_{x\to 2}f(x)$이어야 한다.

$f(2)=2^2+2+a=6+a$

$\lim\limits_{x\to 2+}f(x)=\lim\limits_{x\to 2+}(x^2+x+a)=2^2+2+a=6+a$

$\lim\limits_{x\to 2-}f(x)=\lim\limits_{x\to 2-}(x+1)=3$

즉, $6+a=3$이므로

$a=-3$

답 -3

0376 ✏️ 서술형

→ $f(x)$는 $x=2$에서 연속인지 아닌지 알 수 없다.

함수 $f(x)=\begin{cases} \dfrac{x^2-5x+a}{x-2} & (x\neq 2) \\ b & (x=2) \end{cases}$ 가 모든 실수 x에 대하여 연

속일 때, 상수 a, b에 대하여 $a+b$의 값을 구하시오.

실수 전체의 집합에서 연속이므로 $x=2$에서도 연속임을 이용하자.

$f(x)$가 모든 실수 x에서 연속이므로 $x=2$에서 연속이어야 한다. 즉,

$\displaystyle\lim_{x\to 2}f(x)=f(2)$이어야 하므로

$$\lim_{x\to 2}\frac{x^2-5x+a}{x-2}=b$$

좌변의 분자 부분이 0으로 수렴해야 하므로

$4-10+a=0$

$\therefore a=6$ ⋯⋯ 40%

$$\lim_{x\to 2}\frac{x^2-5x+6}{x-2}=\lim_{x\to 2}\frac{(x-2)(x-3)}{x-2}=b$$

⋯⋯ 40%

$\therefore b=-1$

$\therefore a+b=6-1=5$ ⋯⋯ 20%

답 5

0377

→ $(x-1)(x+1)f(x)$도 모든 실수 x에 대하여 연속임을 이용하자.

모든 실수 x에서 연속인 함수 $f(x)$가

$(x^2-1)f(x)=2x^3+3x^2+ax+b$를 만족시킬 때,

$f(-1)+f(1)$의 값을 구하시오. (단, a, b는 상수이다.)

$f(1)=\displaystyle\lim_{x\to 1}\frac{2x^3+3x^2+ax+b}{(x-1)(x+1)}$임을 이용하자.

$f(x)=\dfrac{2x^3+3x^2+ax+b}{(x-1)(x+1)}$ $(x\neq 1, -1)$가 모든 실수에서 연속이므로

$f(1)=\displaystyle\lim_{x\to 1}f(x)$이고 $f(-1)=\displaystyle\lim_{x\to -1}f(x)$

이때, 분모가 $x=1$, $x=-1$에서 0에 수렴하므로 분자도 0에 수렴한다.

그러므로 $2+3+a+b=0$, $-2+3-a+b=0$

$b=-3$, $a=-2$

$f(x)=\dfrac{2x^3+3x^2-2x-3}{(x-1)(x+1)}$ 에서

$2x^3+3x^2-2x-3=(x-1)(x+1)(2x+3)$이므로

$f(x)=\dfrac{(x-1)(x+1)(2x+3)}{(x-1)(x+1)}=2x+3$

$\therefore f(1)=5$, $f(-1)=1$

$\therefore f(1)+f(-1)=6$

답 6

0378

→ 함수 $y=f(x)$는 $x=2$에서 연속임을 이용하자.

모든 실수 x에서 연속인 함수 $y=f(x)$가 닫힌구간 $[0,\,4]$에서

$$f(x)=\begin{cases} x^2+ax-2b & (0\le x<2) \\ 2x-4 & (2\le x\le 4) \end{cases}$$

이고, 모든 실수 x에 대하여 $f(x-2)=f(x+2)$를 만족시킬 때,

$f(a-2b)$의 값을 구하시오. (단, a, b는 상수이다.)

$f(0)=f(4)$임을 이용하자.

함수 $y=f(x)$가 모든 실수 x에서 연속이므로 $x=2$에서 연속이다.

$\therefore \displaystyle\lim_{x\to 2}f(x)=f(2)$

즉, $\displaystyle\lim_{x\to 2}f(x)$의 값이 존재하므로

$\displaystyle\lim_{x\to 2-}f(x)=\lim_{x\to 2-}(x^2+ax-2b)=4+2a-2b$,

$\displaystyle\lim_{x\to 2+}f(x)=\lim_{x\to 2+}(2x-4)=0$

에서 $4+2a-2b=0$

$\therefore a-b=-2$ ⋯⋯ ㉠

$f(x-2)=f(x+2)$의 양변에 x대신 $x+2$를 대입하면

$f(x)=f(x+4)$이므로 $f(0)=f(4)$

$-2b=4$ $\therefore b=-2$ ⋯⋯ ㉡

㉡을 ㉠에 대입하면 $a=-4$

$\therefore f(x)=\begin{cases} x^2-4x+4 & (0\le x<2) \\ 2x-4 & (2\le x\le 4) \end{cases}$

$\therefore f(a-2b)=f(0)=4$

답 4

0379

다음은 두 함수 $y=f(x)$와 $y=g(x)$의 그래프이다. 〈보기〉에서 옳은 것만을 있는 대로 고르시오.

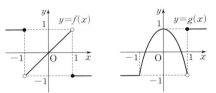

→ $\displaystyle\lim_{x\to 1-}f(x)g(x)=\lim_{x\to 1+}f(x)g(x)$임을 확인하자.

┤ 보기 ├
ㄱ. $\displaystyle\lim_{x\to 1}\{f(x)g(x)\}=-1$
ㄴ. 함수 $y=f(x)g(x)$는 $x=-1$에서 연속이다.
ㄷ. 함수 $y=f(x)+g(x)$는 $x=1$에서 연속이다.

→ $\displaystyle\lim_{x\to -1-}f(x)g(x)=\lim_{x\to -1+}f(x)g(x)=f(-1)g(-1)$
임을 확인하자.

ㄱ. $\displaystyle\lim_{x\to 1+}\{f(x)g(x)\}=(-1)\times 1=-1$

$\displaystyle\lim_{x\to 1-}\{f(x)g(x)\}=1\times(-1)=-1$

$\therefore \displaystyle\lim_{x\to 1}\{f(x)g(x)\}=-1$ (참)

ㄴ. $\displaystyle\lim_{x\to -1+}\{f(x)g(x)\}=(-1)\times(-1)=1$

$\displaystyle\lim_{x\to -1-}\{f(x)g(x)\}=1\times(-1)=-1$

즉, $\displaystyle\lim_{x\to -1}\{f(x)g(x)\}$의 값이 존재하지 않으므로

함수 $y=f(x)g(x)$는 $x=-1$에서 불연속이다. (거짓)

ㄷ. $\displaystyle\lim_{x\to 1+}\{f(x)+g(x)\}=(-1)+1=0$

$\displaystyle\lim_{x\to 1-}\{f(x)+g(x)\}=1+(-1)=0$

$\therefore \displaystyle\lim_{x\to 1}\{f(x)+g(x)\}=0$

$f(1)+g(1)=(-1)+1=0$

즉, $\displaystyle\lim_{x\to 1}\{f(x)+g(x)\}=f(1)+g(1)$이므로

함수 $y=f(x)+g(x)$는 $x=1$에서 연속이다. (참)

따라서 옳은 것은 ㄱ, ㄷ이다.

답 ③

0380

다항함수는 모든 실수 x에 대하여 연속임을 이용하자.

> 두 함수 $f(x)=-2x^2+ax-2a$, $g(x)=\begin{cases} -x+4 & (x<3) \\ 3x-7 & (x\geq3) \end{cases}$ 에 대하여 함수 $y=f(x)g(x)$가 모든 실수에서 연속일 때, 상수 a의 값을 구하시오.

$y=g(x)$가 $x=3$에서 불연속이다.

함수 $y=g(x)$가 $x=3$에서 불연속이므로

함수 $y=f(x)g(x)$가 모든 실수에서 연속이려면 $x=3$에서 연속이어야 한다.

$h(x)=f(x)g(x)$라 하면

$\lim\limits_{x\to3-}h(x)=\lim\limits_{x\to3-}\{f(x)g(x)\}=a-18$

$\lim\limits_{x\to3+}h(x)=\lim\limits_{x\to3+}\{f(x)g(x)\}=2(a-18)$

$h(3)=f(3)g(3)=2(a-18)$

함수 $y=h(x)$가 $x=3$에서 연속이므로 $\lim\limits_{x\to3}h(x)=h(3)$

즉, $a-18=2(a-18)$이므로 $a=18$ 📘 18

0381 ✏️서술형

$f(x)$는 $x=0$에서 연속인지 아닌지 알 수 없다.

> -1이 아닌 실수 a에 대하여 함수 $f(x)$가
> $$f(x)=\begin{cases} -x-1 & (x\leq0) \\ 2x+a & (x>0) \end{cases}$$
> 일 때, 함수 $g(x)=f(x)f(x-1)$이 실수 전체의 집합에서 연속이 되도록 하는 상수 a의 값을 구하시오.

$f(x-1)$은 $x=1$에서 연속인지 아닌지 알 수 없다.

$f(x-1)=\begin{cases} -x & (x\leq1) \\ 2x-2+a & (x>1) \end{cases}$ ⋯⋯ 30%

$g(x)=f(x)f(x-1)$

$=\begin{cases} (-x-1)(-x) & (x\leq0) \\ (2x+a)(-x) & (0<x\leq1) \\ (2x+a)(2x-2+a) & (x>1) \end{cases}$ ⋯⋯ 40%

함수 $g(x)$가 실수 전체의 집합에서 연속이 되기 위하여 $x=0$, $x=1$에서도 연속이 되어야 한다.

(i) $x=0$일 때 $\lim\limits_{x\to0-}g(x)=g(0)=\lim\limits_{x\to0+}g(x)$이므로

    함수 $g(x)$는 a의 값에 관계없이 $x=0$에서 연속이다.

(ii) $x=1$일 때

    함수 $g(x)$가 $x=1$에서 연속이 되려면

    $\lim\limits_{x\to1-}g(x)=g(1)=\lim\limits_{x\to1+}g(x)$

    $-(a+2)=(a+2)a$

    $(a+1)(a+2)=0$

    $a\neq-1$이므로 $a=-2$ ⋯⋯ 30%

📘 -2

0382

k값에 따른 직선과 이차함수의 그래프의 교점을 새로운 함수 $f(k)$로 나타내자.

> 함수 $y=|x^2+3x-4|$의 그래프와 직선 $y=x+k$의 교점의 개수를 $f(k)$라 하면 $f(k)$는 $k=a$에서 불연속이다. 모든 상수 a의 값의 합을 구하시오. (단, k는 실수이다.)

(i) 직선 $y=x+k$가 함수 $y=-x^2-3x+4$와 접할 때

    $x+k=-x^2-3x+4$

    $x^2+4x+k-4=0$

    x에 대한 이차방정식의 판별식을 D라 하면

    $\dfrac{D}{4}=8-k=0$ $\therefore k=8$

(ii) 직선 $y=x+k$가 점 $(-4, 0)$을 지날 때 $k=4$

(iii) 직선 $y=x+k$가 점 $(1, 0)$을 지날 때 $k=-1$

(i)~(iii)에서 함수 $y=f(k)$의 그래프를 그려 보면

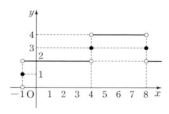

이므로 함수 $f(k)$는 $k=-1$, 4, 8에서 불연속이다.

따라서 구하고자 하는 값은 $-1+4+8=11$이다.   📘 11

0383

$(x+1)f(x)$도 모든 실수 x에 대하여 연속이다.

> 모든 실수 x에서 연속인 함수 $y=f(x)$가
> $$(x+1)f(x)=x^3+ax+b, \quad f(-1)=2$$
> 를 만족시킨다. 닫힌구간 $[-1, 1]$에서 함수 $y=f(x)$의 최댓값을 M, 최솟값을 m이라 할 때, $M+m$의 값을 구하시오. (단, a, b는 상수이다.)

$f(-1)=\lim\limits_{x\to-1}\dfrac{x^3+ax+b}{(x+1)}$임을 이용하자.

$x\neq-1$일 때, $f(x)=\dfrac{x^3+ax+b}{x+1}$

함수 $y=f(x)$가 모든 실수 x에서 연속이므로 $x=-1$에서도 연속이다.

$\lim\limits_{x\to-1}f(x)=f(-1)$에서

$\lim\limits_{x\to-1}\dfrac{x^3+ax+b}{x+1}=2$ ⋯⋯ ㉠

$x\to-1$일 때, (분모)$\to0$이므로 (분자)$\to0$이어야 한다.

$\lim\limits_{x\to-1}(x^3+ax+b)=0$

$-1-a+b=0$

$\therefore b=a+1$ ⋯⋯ ㉡

㉡을 ㉠에 대입하면

$\lim\limits_{x\to-1}\dfrac{x^3+ax+a+1}{x+1}=\lim\limits_{x\to-1}\dfrac{(x+1)(x^2-x+a+1)}{x+1}$

$=\lim\limits_{x\to-1}(x^2-x+a+1)$

$=a+3=2$

$\therefore a=-1$, $b=0$

$\therefore f(x)=x^2-x=\left(x-\dfrac{1}{2}\right)^2-\dfrac{1}{4}$ (단, $x\neq-1$)

따라서 닫힌구간 $[-1, 1]$에서 함수 $y=f(x)$는

최댓값 $M=f(-1)=2$, 최솟값 $m=f\left(\dfrac{1}{2}\right)=-\dfrac{1}{4}$을 갖는다.

$\therefore M+m=\dfrac{7}{4}$ 　　　　　　　　　　　답 $\dfrac{7}{4}$

0384

→ x의 값에 보기의 수들을 직접 대입하여 사잇값의 정리를 이용하자.

방정식 $x^3+x-9=0$이 오직 하나의 실근을 가질 때, 다음 중 이 방정식의 실근이 존재하는 구간은?

① $(0, 1)$ 　　　② $(1, 2)$ 　　　③ $(2, 3)$

④ $(3, 4)$ 　　　⑤ $(4, 5)$

$f(x)=x^3+x-9$라 하면 함수 $y=f(x)$는 모든 실수 x에 대하여 연속이고

$f(0)=-9<0$, $f(1)=-7<0$, $f(2)=1>0$,

$f(3)=21>0$, $f(4)=59>0$, $f(5)=121>0$

따라서 $f(1)f(2)<0$이므로 사잇값의 정리에 의하여 $f(x)=0$의 실근이 존재하는 구간은 $(1, 2)$이다. 　　　답 ②

0385

→ 보기에서 주어진 함수를 $g(x)$라 하면 $g(0)\times g(2)<0$인 것을 고르자.

모든 실수 x에서 연속인 함수 $y=f(x)$가 $f(0)=1$, $f(2)=-1$을 만족시킨다. 〈보기〉 중 열린구간 $(0, 2)$에서 반드시 실근을 갖는 방정식만을 있는 대로 고른 것은?

| 보 기 |

ㄱ. $f(x)-x=0$ 　　　　　 ㄴ. $f(x)+x-1=0$

ㄷ. $xf(x)+1=0$

ㄱ. $g(x)=f(x)-x$라 하면

$g(0)=f(0)-0=1$, $g(2)=f(2)-2=-3$이고,

$y=g(x)$가 닫힌구간 $[0, 2]$에서 연속이므로 사잇값의 정리에 의하여 방정식 $g(x)=0$은 열린구간 $(0, 2)$에서 적어도 하나의 실근을 갖는다.

ㄴ. $g(x)=f(x)+x-1$이라 하면

$g(0)=0$, $g(2)=0$이므로 열린구간 $(0, 2)$에서 방정식 $g(x)=0$이 실근을 갖는지 알 수 없다.

ㄷ. $g(x)=xf(x)+1$이라 하면

$g(0)=1$, $g(2)=-1$이고, $y=g(x)$가 닫힌구간 $[0, 2]$에서 연속이므로 사잇값의 정리에 의하여 방정식 $g(x)=0$은 열린구간 $(0, 2)$에서 적어도 하나의 실근을 갖는다.

따라서 반드시 실근을 갖는 것은 ㄱ, ㄷ이다. 　　　답 ③

0386

실수 전체의 집합에서 정의된 두 함수 $y=f(x)$, $y=g(x)$가 다음 조건을 만족시킨다.

→ $x<0$일 때, $g(x)=-f(x)+x^2+4$

㉮ $x<0$일 때, $f(x)+g(x)=x^2+4$

㉯ $x>0$일 때, $f(x)-g(x)=x^2+2x+8$

함수 $y=f(x)$가 $x=0$에서 연속이고 $\displaystyle\lim_{x\to 0-}g(x)-\lim_{x\to 0+}g(x)=6$

일 때, $f(0)$의 값을 구하시오.

→ $x>0$일 때, $g(x)=f(x)-x^2-2x-8$ 임을 이용하자.

조건 ㉮에서 $x<0$일 때,

$g(x)=-f(x)+x^2+4$

조건 ㉯에서 $x>0$일 때,

$g(x)=f(x)-x^2-2x-8$

이고, 함수 $y=f(x)$가 $x=0$에서 연속이므로

$\displaystyle\lim_{x\to 0-}f(x)=\lim_{x\to 0+}f(x)=f(0)$이어야 한다.

$\displaystyle\lim_{x\to 0-}g(x)=\lim_{x\to 0-}\{-f(x)+x^2+4\}$
$=-f(0)+4$

$\displaystyle\lim_{x\to 0+}g(x)=\lim_{x\to 0+}\{f(x)-x^2-2x-8\}$
$=f(0)-8$

이므로

$\displaystyle\lim_{x\to 0-}g(x)-\lim_{x\to 0+}g(x)=6$에서

$\{-f(0)+4\}-\{f(0)-8\}=6$

$\therefore f(0)=3$ 　　　　　　　　　　　답 3

0387

→ 함수 $y=f(x+1)$은 $y=f(x)$의 그래프를 x축의 방향으로 -1만큼 평행이동한 것이다.

함수 $y=f(x)$의 그래프가 그림과 같을 때, 〈보기〉에서 옳은 것만을 있는 대로 고른 것은?

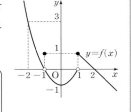

| 보 기 |

ㄱ. $\displaystyle\lim_{x\to -1}f(x)+\lim_{x\to 1}f(x)=0$

ㄴ. 함수 $y=f(x+1)$은 $x=0$에서 연속이다.

ㄷ. 함수 $y=(x+1)f(x)$는 $x=-1$에서 연속이다.

→ $\displaystyle\lim_{x\to -1}(x+1)f(x)=0$임을 이용하자.

ㄱ. $\displaystyle\lim_{x\to -1+}f(x)=0$, $\lim_{x\to -1-}f(x)=0$

따라서 $\displaystyle\lim_{x\to -1+}f(x)+\lim_{x\to -1-}f(x)=0$ (참)

ㄴ. 함수 $y=f(x+1)$의 그래프는 함수 $y=f(x)$의 그래프를 x축의 방향으로 -1만큼 평행이동한 것이므로 함수 $y=f(x+1)$의 그래프는 그림과 같다.

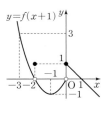

극한값 $\displaystyle\lim_{x\to 0}f(x+1)$이 존재하지 않으므로 함수 $y=f(x+1)$은 $x=0$에서 불연속이다. (거짓)

ㄷ. $h(x)=(x+1)f(x)$라 하면

$h(-1)=0\times f(-1)=0\times 1=0$

$\displaystyle\lim_{x\to-1}h(x)=\lim_{x\to-1}(x+1)f(x)=0\times 0=0$

따라서 $\displaystyle\lim_{x\to-1}h(x)=h(-1)$이므로 함수 $y=h(x)$는

$x=-1$에서 연속이다.

즉, 함수 $y=(x+1)f(x)$는 $x=-1$에서 연속이다. (참)

그러므로 옳은 것은 ㄱ, ㄷ이다.   답 ④

0388

두 함수 $y=f(x)$, $y=g(x)$의 그래프가 그림과 같을 때, 〈보기〉의 함수 중 $x=-1$에서 연속인 것만을 있는 대로 고른 것은?

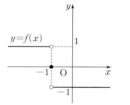 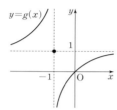

┤ 보 기 ├
     • $x+1=t$로 놓으면 $x\to-1+$일 때 $t\to0+$이고
     $x\to-1-$일 때 $t\to0-$임을 이용하자.

ㄱ. $y=f(x)-g(x+1)$

ㄴ. $y=\dfrac{\{f(x)\}^2}{g(x)}$ (단, $g(x)\neq0$)

ㄷ. $y=f(-x)g(x)$

    • $-x=t$로 놓으면 $x\to-1+$일 때 $t\to1-$이고
    $x\to-1-$일 때 $t\to1+$임을 이용하자.

$\displaystyle\lim_{x\to-1+}f(x)=-1$, $\displaystyle\lim_{x\to-1-}f(x)=1$, $f(-1)=0$

$\displaystyle\lim_{x\to-1+}g(x)=-\infty$, $\displaystyle\lim_{x\to-1-}g(x)=\infty$, $g(-1)=1$

ㄱ. $x+1=t$로 놓으면 $x\to-1$일 때 $t\to0$이므로

$\displaystyle\lim_{x\to-1+}\{f(x)-g(x+1)\}=\lim_{x\to-1+}f(x)-\lim_{t\to0+}g(t)$
$=(-1)-0=-1$

$\displaystyle\lim_{x\to-1-}\{f(x)-g(x+1)\}=\lim_{x\to-1-}f(x)-\lim_{t\to0-}g(t)$
$=1-0=1$

따라서 $\displaystyle\lim_{x\to-1}\{f(x)-g(x+1)\}$의 값이 존재하지 않으므로

함수 $y=f(x)-g(x+1)$은 $x=-1$에서 불연속이다.

ㄴ. $\displaystyle\lim_{x\to-1+}\dfrac{\{f(x)\}^2}{g(x)}=0$, $\displaystyle\lim_{x\to-1-}\dfrac{\{f(x)\}^2}{g(x)}=0$이므로

$\displaystyle\lim_{x\to-1}\dfrac{\{f(x)\}^2}{g(x)}=0$

또한, $\dfrac{\{f(-1)\}^2}{g(-1)}=0$이므로

$\displaystyle\lim_{x\to-1}\dfrac{\{f(x)\}^2}{g(x)}=\dfrac{\{f(-1)\}^2}{g(-1)}$

즉, 함수 $y=\dfrac{\{f(x)\}^2}{g(x)}$은 $x=-1$에서 연속이다.

ㄷ. $-x=t$로 놓으면 $x\to-1$일 때 $t\to1$이므로

$\displaystyle\lim_{x\to-1+}\{f(-x)g(x)\}=\lim_{t\to1-}f(t)\times\lim_{x\to-1+}g(x)$
$=(-1)\times(-\infty)=\infty$

$\displaystyle\lim_{x\to-1-}\{f(-x)g(x)\}=\lim_{t\to1+}f(t)\times\lim_{x\to-1-}g(x)$
$=(-1)\times\infty=-\infty$

따라서 $\displaystyle\lim_{x\to-1}\{f(-x)g(x)\}$의 값이 존재하지 않으므로

함수 $y=f(-x)g(x)$는 $x=-1$에서 불연속이다.

따라서 $x=-1$에서 연속인 함수는 ㄴ뿐이다.   답 ②

0389

         만족하지 않는 반례를 찾아보자. •

함수 $y=f(x)$가 닫힌구간 $[a, b]$에서 연속일 때, 〈보기〉에서 옳은 것만을 있는 대로 고르시오.

┤ 보 기 ├

ㄱ. $f(a)f(b)>0$이면 방정식 $f(x)=0$은 닫힌구간 $[a, b]$에서 실근을 갖지 않는다.

ㄴ. $f(a)f(b)<0$이면 방정식 $f(x)=0$은 닫힌구간 $[a, b]$에서 오직 하나의 실근을 갖는다.

ㄷ. 함수 $y=f(x)$는 닫힌구간 $[a, b]$에서 반드시 최댓값과 최솟값을 갖는다.

     • 최대 · 최소의 정리를 이용하자.

ㄱ, ㄴ은 다음 그림과 같은 경우 성립하지 않는다.

ㄱ. 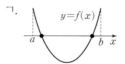 ㄴ.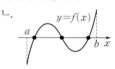

ㄷ. 최대 · 최소 정리에 의하여 $y=f(x)$는 닫힌구간 $[a, b]$에서 반드시 최댓값과 최솟값을 갖는다.

따라서 옳은 것은 ㄷ뿐이다.   답 ㄷ

0390

최고차항의 계수가 1인 삼차함수 $f(x)$에 대하여 실수 전체의 집합에서 연속인 함수 $g(x)$가 다음 조건을 만족시킬 때, $f(1)$의 값을 구하시오.

      • $g(x)=\dfrac{(x+1)(x+2)}{f(x)}$임을 이용하자.

(개) 모든 실수 x에 대하여 $f(x)g(x)=(x+1)(x+2)$

(내) $g(-1)=\dfrac{1}{4}$

(대) $f(0)$은 닫힌구간 $[8, 10]$에 속하는 자연수

      • $g(-1)\neq0$이므로 $f(x)$도 $x+1$을 인수로 가진다.

조건 (개)에서 $g(x)=\dfrac{(x+1)(x+2)}{f(x)}$이다.

조건 (내)에서 $g(-1)\neq0$이므로 $f(x)$는 $x+1$을 인수로 가진다.

$f(x)=(x+1)(x^2+ax+b)$라 하면

$g(x)=\dfrac{x+2}{x^2+ax+b}$

$g(-1)=\dfrac{1}{4}$이므로

$g(-1)=\dfrac{1}{1-a+b}=\dfrac{1}{4}$

$\therefore a-b=-3$

조건 (대)에서 b의 값은 8 또는 9 또는 10

(i) $a=5$, $b=8$인 경우

$g(x) = \dfrac{x+2}{x^2+5x+8}$ 이므로

$g(x)$는 실수 전체의 집합에서 연속이다.

$\therefore f(x) = (x+1)(x^2+5x+8)$

(ii) $a=6$, $b=9$인 경우

$g(x) = \dfrac{x+2}{x^2+6x+9} = \dfrac{x+2}{(x+3)^2}$ 이므로 불연속

(iii) $a=7$, $b=10$인 경우

$g(x) = \dfrac{x+2}{x^2+7x+10} = \dfrac{x+2}{(x+2)(x+5)} = \dfrac{1}{x+5}$ 이므로 불연속

$\therefore f(x) = (x+1)(x^2+5x+8)$

$\therefore f(1) = 2(1+5+8) = 28$

답 28

0391

이차 이상의 다항식 $g(x)$에 대하여 함수 $y=f(x)$를

$$f(x) = \begin{cases} \dfrac{g(x)-x^2}{x-1} & (x \neq 1) \\ 8 & (x=1) \end{cases}$$

→ $g(x)-x^2$은 $x-1$을 인수로 가짐을 이용하자.

로 정의하자. 함수 $y=f(x)$가 $x=1$에서 연속일 때, 다항식 $g(x)$를 $(x-1)^2$으로 나눈 나머지는?

→ 나머지를 $ax+b$, 몫을 $Q(x)$라 하자.

이차 이상의 다항식 $g(x)$를 $(x-1)^2$으로 나눈 몫을 $Q(x)$, 나머지를 $ax+b$ (a, b는 상수)라 하면

$g(x) = (x-1)^2 Q(x) + ax+b$

함수 $y=f(x)$가 $x=1$에서 연속이므로

$\lim_{x \to 1} f(x) = f(1)$이어야 한다.

즉, $\displaystyle\lim_{x \to 1} \dfrac{(x-1)^2 Q(x) + ax+b - x^2}{x-1} = 8$ ······ ㉠

$x \to 1$일 때, (분모) $\to 0$이므로 (분자) $\to 0$이어야 한다.

$a+b-1=0$

$\therefore b = -a+1$ ······ ㉡

㉡을 ㉠에 대입하면

$\displaystyle\lim_{x \to 1} \dfrac{(x-1)^2 Q(x) + ax-a+1 - x^2}{x-1}$

$= \displaystyle\lim_{x \to 1} \dfrac{(x-1)^2 Q(x) - (x-1)(x-a+1)}{x-1}$

$= \displaystyle\lim_{x \to 1} \{(x-1)Q(x) - (x-a+1)\}$

$= a-2 = 8$

$\therefore a=10$, $b=-9$

따라서 구하는 나머지는 $10x-9$이다.

답 ④

0392

→ $(x-2)f(x)$가 모든 실수 x에 대하여 연속임을 이용하자.

모든 실수 x에서 연속인 함수 $y=f(x)$가 다음 조건을 만족시킨다.

(가) $(x-2)f(x) = x^3 + ax - b$
(나) 함수 $y=f(x)$의 최솟값은 2이다.

두 상수 a, b에 대하여 $a+b$의 값을 구하시오.

→ $x \neq 2$에서 $f(x) = \dfrac{x^3+ax-b}{x-2}$임을 이용하자.

조건 (가)에서

$x \neq 2$일 때, $f(x) = \dfrac{x^3+ax-b}{x-2}$ ······ ㉠

함수 $y=f(x)$가 모든 실수 x에서 연속이므로 $x=2$에서도 연속이다.

$f(2) = \displaystyle\lim_{x \to 2} f(x) = \lim_{x \to 2} \dfrac{x^3+ax-b}{x-2}$

$x \to 2$일 때, (분모) $\to 0$이므로 (분자) $\to 0$이어야 한다.

$\displaystyle\lim_{x \to 2} (x^3+ax-b) = 8+2a-b = 0$

$\therefore b = 2a+8$ ······ ㉡

㉡을 ㉠에 대입하면

$f(x) = \dfrac{x^3+ax-2a-8}{x-2}$

$= \dfrac{(x-2)(x^2+2x+4+a)}{x-2}$

$= x^2+2x+4+a$

$= (x+1)^2 + 3 + a$

(나)에서 함수 $y=f(x)$가 최솟값 2를 가지므로

$f(-1) = 3+a = 2$

$\therefore a = -1$

$a=-1$을 ㉡에 대입하면 $b=6$

$\therefore a+b = 5$

답 5

0393

→ $g(x) = \dfrac{x(x-1)}{f(x)}$이고, 실수 전체의 집합에서 연속이려면 $f(x) = (x-1)(x^2+ax+b)$이다.

최고차항의 계수가 1인 삼차함수 $f(x)$에 대하여 실수 전체의 집합에서 연속인 함수 $g(x)$가 다음 조건을 만족시킨다.

(가) 모든 실수 x에 대하여 $f(x)g(x) = x(x-1)$이다.
(나) $f(0) = -2$

→ $f(x)$는 x를 인수로 갖지 않는다.

$f(2)$가 자연수일 때, $g(1)$의 최솟값을 구하시오.

삼차함수 $f(x)$의 최고차항의 계수가 1이고, 조건 (가)에서

$g(x) = \dfrac{x(x-1)}{f(x)}$이고, 실수 전체의 집합에서 함수 $g(x)$가 연속이려면 $f(x) = (x-1)(x^2+ax+b)$이다.

조건 (나)에서 $f(0) = -2$이므로, $-2 = -b$, $b=2$

$f(x) = (x-1)(x^2+ax+2)$이고, 모든 실수 x에서 $x^2+ax+2 > 0$을 만족해야 하므로 $D = a^2 - 8 < 0$, $-2\sqrt{2} < a < 2\sqrt{2}$이다.

$f(2) = 2a+6$이 자연수이므로,

$6 - 4\sqrt{2} < 2a+6 < 6 + 4\sqrt{2}$에서

$2a+6 = 1, 2, 3, \cdots, 11$의 값을 가진다.

$g(x) = \dfrac{x(x-1)}{f(x)} = \dfrac{x}{x^2+ax+2}$에서 $g(1) = \dfrac{1}{a+3}$이고, 이 값이 최소가 되기 위해서는 a는 최대가 되어야 한다.

a의 최댓값은 $2a+6 = 11$, $a = \dfrac{5}{2}$이고,

이때의 $g(1)$의 최솟값은

$g(1) = \dfrac{1}{\dfrac{5}{2}+3} = \dfrac{2}{11}$

답 $\dfrac{2}{11}$

0394 ← 다항함수는 모든 실수 x에 대하여 연속임을 이용하자.

> 5이하의 두 자연수 a, b에 대하여 두 함수 $f(x)$, $g(x)$를
> $$f(x)=x^2-2ax+a^2-a+1$$
> $$g(x)=\begin{cases} x+b & (1<x<3) \\ 7-b & (x\leq 1 \text{ 또는 } x\geq 3) \end{cases}$$ ← $g(x)$는 $x=1$, $x=3$에서 연속인지 아닌지 알 수 없다.
> 이라 하자. 함수 $f(x)g(x)$가 실수 전체의 집합에서 연속이 되도록 하는 모든 순서쌍 (a, b)의 개수를 구하시오. ← $x=1$과 $x=3$에서 연속이어야 한다.

함수 $f(x)g(x)$가 실수 전체의 집합에서 연속이기 위해서는 $x=1$과 $x=3$에서 연속이어야 한다.

(i) 함수 $f(x)g(x)$가 $x=1$에서 연속일 때
$$f(1)g(1)=\lim_{x\to 1-}f(x)g(x)$$
$$=(a^2-3a+2)(7-b)$$
$$=(a-1)(a-2)(7-b)$$
$$\lim_{x\to 1+}f(x)g(x)=(a^2-3a+2)(1+b)$$
$$=(a-1)(a-2)(1+b)$$
$$f(1)g(1)=\lim_{x\to 1-}f(x)g(x)=\lim_{x\to 1+}f(x)g(x)$$
이므로
$(a-1)(a-2)(7-b)=(a-1)(a-2)(1+b)$에서
$a=1$ 또는 $a=2$ 또는 $b=3$

(ii) 함수 $f(x)g(x)$가 $x=3$에서 연속일 때
$$f(3)g(3)=\lim_{x\to 3+}f(x)g(x)$$
$$=(a^2-7a+10)(7-b)$$
$$=(a-1)(a-5)(7-b)$$
$$\lim_{x\to 3-}f(x)g(x)=(a^2-7a+10)(3+b)$$
$$=(a-2)(a-5)(3+b)$$
$$f(3)g(3)=\lim_{x\to 3-}f(x)g(x)=\lim_{x\to 3+}f(x)g(x)$$
이므로
$(a-2)(a-5)(7-b)=(a-2)(a-5)(3+b)$에서
$a=2$ 또는 $a=5$ 또는 $b=2$

(i), (ii)에서
① $a=1$인 경우
함수 $f(x)g(x)$는 $x=1$에서 연속이고, $x=3$에서도 연속이기 위해서는 $b=2$

② $a=2$인 경우
함수 $f(x)g(x)$는 $x=1$과 $x=3$에서 모두 연속이므로 $b=1, 2, 3, 4, 5$

③ $a=3$ 또는 $a=4$인 경우
함수 $f(x)g(x)$가 $x=1$과 $x=3$에서 모두 연속이 되도록 하는 b의 값은 존재하지 않는다.

④ $a=5$인 경우
함수 $f(x)g(x)$는 $x=3$에서 연속이고, $x=1$에서도 연속이기 위해서는 $b=3$

따라서 함수 $f(x)g(x)$가 실수 전체의 집합에서 연속이 되도록 하는 모든 순서쌍 (a, b)는 $(1, 2)$, $(2, 1)$, $(2, 2)$, $(2, 3)$, $(2, 4)$, $(2, 5)$, $(5, 3)$이고 그 개수는 7이다. **답 7**

0395 ← $x=-1$, $x=1$을 기준으로 구간을 나누어 생각하자.

> 함수 $f(x)=\lim_{n\to\infty}\dfrac{x^{2n+1}+x^3}{x^{2n}+1}$에 대하여 다음 〈보기〉의 설명 중 옳은 것을 모두 고른 것은?
>
> ┤ 보기 ├
> ㄱ. $\lim_{x\to 1}f(x)=f(1)$
> ㄴ. 모든 실수 x에 대하여 $f(x)=-f(-x)$이다.
> ㄷ. $\sum_{k=1}^{19}f(k-10)=0$

$$f(x)=\begin{cases} x & (x<-1) \\ -1 & (x=-1) \\ x^3 & (-1<x<1) \\ 1 & (x=1) \\ x & (x>1) \end{cases}$$

즉, 함수 $f(x)$의 그래프는 그림과 같다.

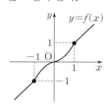

ㄱ. 함수 $f(x)$의 그래프가 $x=1$에서 연속이므로
$\lim_{x\to 1}f(x)=f(1)$ (참)

ㄴ. 함수 $f(x)$의 그래프가 원점에 대하여 대칭이므로
$f(-x)=-f(x)$ ∴ $f(x)=-f(-x)$ (참)

ㄷ. ㄴ에서 $f(-x)+f(x)=0$이므로
$$\sum_{k=1}^{19}f(k-10)=f(-9)+f(-8)+\cdots+f(-1)+f(0)$$
$$+f(1)+\cdots+f(8)+f(9)$$
$$=\{f(-9)+f(9)\}+\{f(-8)+f(8)\}$$
$$+\cdots+\{f(-1)+f(1)\}+f(0)$$
$$=0 \text{ (참)}$$

따라서 ㄱ, ㄴ, ㄷ 모두 옳다. **답 ⑤**

0396 ← $x\to 2$일 때, $g(x)\to (k-4)+$임을 이용하자.

> 실수 전체의 집합에서 정의된 함수 $y=f(x)$의 그래프가 그림과 같다. 함수 $y=f(x)$가 $x=1$, $x=2$, $x=3$에서만 불연속일 때, 이차함수 $g(x)=x^2-4x+k$에 대하여 함수 $y=(f\circ g)(x)$가 $x=2$에서 불연속이 되도록 하는 모든 실수 k의 합을 구하시오.
> ← $g(x)=t$라 하면 $\lim_{x\to 2}f(g(x))=\lim_{t\to(k-4)+}f(t)$임을 이용하자.

$g(x)=(x-2)^2+k-4$이므로
$x\to 2$일 때 $g(x)\to(k-4)+$이다.
즉, $g(x)=t$로 놓으면
$$\lim_{x\to 2}f(g(x))=\lim_{t\to(k-4)+}f(t)$$

그런데 주어진 함수 $y=f(x)$의 그래프에서 $\lim\limits_{t \to (k-4)+} f(t)$의

값은 항상 존재하므로 함수 $y=(f \circ g)(x)$가 $x=2$에서 불연속이려면

$\lim\limits_{t \to (k-4)+} f(t) \neq f(g(2))$이어야 한다.

이때 $f(g(2))=f(k-4)$이므로 함수 $(f \circ g)(x)$가 $x=2$에서

불연속이려면 $\lim\limits_{t \to (k-4)+} f(t) \neq f(k-4)$이어야 한다.

즉, 함수 $y=f(x)$의 $x=k-4$에서의 함숫값과 $x=k-4$에서의 우극

한이 서로 달라야 하므로

$k-4=2$ 또는 $k-4=3$

$\therefore k=6$ 또는 $k=7$

따라서 구하는 모든 실수 k의 값의 합은

$6+7=13$ **답** 13

[다른풀이] $\lim\limits_{x \to 2} f(g(x)) = \lim\limits_{t \to (k-4)+} f(t)$이고

$f(g(2))=f(k-4)$이다.

한편, $k-4 \neq 1$, $k-4 \neq 2$, $k-4 \neq 3$일 때,

함수 $y=f(t)$는 $t=k-4$에서 연속이므로

$k-4 \neq 1$, $k-4 \neq 2$, $k-4 \neq 3$일 때,

함수 $y=(f \circ g)(x)$는 $x=2$에서 연속이다.

(i) $k-4=1$, 즉 $k=5$일 때,

$\lim\limits_{t \to 1+} f(t)=3$, $f(1)=3$이므로 함수 $y=(f \circ g)(x)$는

$x=2$에서 연속이다.

(ii) $k-4=2$, 즉 $k=6$일 때,

$\lim\limits_{t \to 2+} f(t)=2$, $f(2)=1$이므로 함수 $y=(f \circ g)(x)$는

$x=2$에서 불연속이다.

(iii) $k-4=3$, 즉 $k=7$일 때,

$\lim\limits_{t \to 3+} f(t)=2$, $f(3)=1$이므로 함수 $y=(f \circ g)(x)$는

$x=2$에서 불연속이다.

(i), (ii), (iii)에서 함수 $y=(f \circ g)(x)$가 $x=2$에서 불연속이 되도록 하

는 실수 k의 값은 6과 7이다.

따라서 구하는 합은 13이다.

0397

닫힌구간 $[-1, 1]$에서 정의된 함수 $y=f(x)$의 그래프가 그림과 같다.

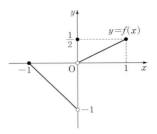

닫힌구간 $[-1, 1]$에서 두 함수 $g(x)$, $h(x)$가

$g(x)=f(x)+|f(x)|$, $h(x)=f(x)+f(-x)$

일 때, 〈보기〉에서 옳은 것만을 있는 대로 고른 것은?

$\lim\limits_{x \to 0-} g(x) = \lim\limits_{x \to 0-} f(x) + \lim\limits_{x \to 0-} |f(x)|$임을 이용하자.

보기

ㄱ. $\lim\limits_{x \to 0} g(x)=0$

ㄴ. 함수 $|h(x)|$는 $x=0$에서 연속이다.

ㄷ. 함수 $g(x)|h(x)|$는 $x=0$에서 연속이다.

$\lim\limits_{x \to 0-} f(-x) = \lim\limits_{x \to 0+} f(x)$임을 이용하자.

ㄱ. $g(x)=f(x)+|f(x)|$에서

$\lim\limits_{x \to 0+} g(x) = \lim\limits_{x \to 0+} \{f(x)+|f(x)|\}$

$= \lim\limits_{x \to 0+} f(x) + \lim\limits_{x \to 0+} |f(x)|$

$=0+0=0$

$\lim\limits_{x \to 0-} g(x) = \lim\limits_{x \to 0-} \{f(x)+|f(x)|\}$

$= \lim\limits_{x \to 0-} f(x) + \lim\limits_{x \to 0-} |f(x)|$

$=-1+|-1|$

$=-1+1=0$

$\lim\limits_{x \to 0+} g(x) = \lim\limits_{x \to 0-} g(x)=0$이므로

$\lim\limits_{x \to 0} g(x)=0$ (참)

ㄴ. $h(x)=f(x)+f(-x)$에서

$h(0)=f(0)+f(0)=2f(0)=2 \times \dfrac{1}{2}=1$

이므로 $|h(0)|=1$

$\lim\limits_{x \to 0+} h(x) = \lim\limits_{x \to 0+} \{f(x)+f(-x)\}$

$= \lim\limits_{x \to 0+} f(x) + \lim\limits_{x \to 0+} f(-x)$

$= \lim\limits_{x \to 0+} f(x) + \lim\limits_{x \to 0-} f(x)$

$=0+(-1)=-1$

$\lim\limits_{x \to 0-} h(x) = \lim\limits_{x \to 0-} \{f(x)+f(-x)\}$

$= \lim\limits_{x \to 0-} f(x) + \lim\limits_{x \to 0-} f(-x)$

$= \lim\limits_{x \to 0-} f(x) + \lim\limits_{x \to 0+} f(x)$

$=(-1)+0=-1$

$\lim\limits_{x \to 0+} h(x) = \lim\limits_{x \to 0-} h(x)=-1$이므로

$\lim\limits_{x \to 0} h(x)=-1$

이고 $\lim\limits_{x \to 0} |h(x)|=|-1|=1$

$|h(0)| = \lim\limits_{x \to 0} |h(x)|$이므로 함수 $|h(x)|$는 $x=0$에서 연속이다.

(참)

ㄷ. $g(0) = f(0) + |f(0)| = \dfrac{1}{2} + \left| \dfrac{1}{2} \right| = 1$

이고 $h(0) = 1$이므로

$g(0)|h(x)| = 1 \times 1 = 1$

또한

$\lim_{x \to 0} g(x)|h(x)| = \lim_{x \to 0} g(x) \times \lim_{x \to 0} |h(x)|$

$\qquad\qquad\qquad = 0 \times 1 = 0$

$g(0)|h(0)| \neq \lim_{x \to 0} g(x)|h(x)|$이므로 함수 $g(x)|h(x)|$는

$x = 0$에서 불연속이다. (거짓)

그러므로 옳은 것은 ㄱ, ㄴ이다.

답 ③

0398

> ▸ $y = g(x)$의 그래프는 $y = f(x)$의 그래프에서 $x \geq 0$인 부분의 그래프를 y축에 대칭이동한 것이다.

세 정수 a, b, c에 대하여 이차함수 $f(x) = a(x-b)^2 + c$라 하고, 함수 $y = f(x)$에 대하여 함수 $y = g(x)$를

$$g(x) = \begin{cases} f(x) & (x \geq 0) \\ f(-x) & (x < 0) \end{cases}$$

라 하자. 실수 t에 대하여 직선 $y = t$가 곡선 $y = g(x)$와 만나는 서로 다른 점의 개수를 $h(t)$라 할 때, 함수 $y = h(t)$가 다음 조건을 만족시킨다.

> ▸ 함수 $y = h(t)$의 그래프의 개형을 그리자.

> (㉮) $h(2) < h(-1) < h(0)$
> (㉯) 함수 $y = (t^2 - t)h(t)$는 모두 실수 t에서 연속이다.

$80f\left(\dfrac{1}{2}\right)$의 값을 구하시오.

함수 $y = g(x)$의 그래프는 함수 $y = f(x)$의 그래프에서 $x \geq 0$인 부분에서의 그래프를 y축에 대하여 대칭이동시킨 그래프이므로 다음과 같은 6가지 경우의 그래프의 개형을 갖는다.

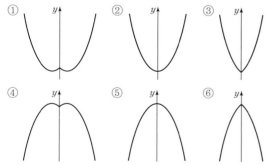

함수 $y = h(t)$가 조건 ㉮의 $h(2) < h(-1) < h(0)$을 만족시키는 경우는 다음의 4가지이다.

$h(2)$	$h(-1)$	$h(0)$
2	3	4
0	3	4
0	2	4
0	2	3

즉, 함수 $y = g(x)$의 그래프의 개형은 ④의 경우가 유일하다.

$h(t) = 3$을 만족시키는 t를 α, $h(t) = 2$를 만족시키는 t를 β $(\alpha < \beta)$라 하면, 함수 $y = g(x)$의 그래프와 함수 $y = h(t)$의 그래프의 개형은 그림과 같다.

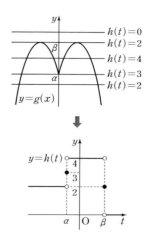

(단, $-1 \leq \alpha \leq 0$, $0 < \beta \leq 2$)

조건 ㉯에서 함수 $y = (t^2 - t)h(t)$가 모든 실수 t에서 연속이려면 $t = \alpha$, $t = \beta$에서 연속이어야 한다.

(ⅰ) $t = \alpha$에서 연속이어야 하므로

$\lim_{t \to \alpha+} (t^2 - t)h(t) = \lim_{t \to \alpha-} (t^2 - t)h(t)$

$\qquad\qquad\qquad = (\alpha^2 - \alpha)h(\alpha)$

에서 $\alpha^2 - \alpha = 0$, $\alpha(\alpha - 1) = 0$ $\qquad \therefore \alpha = 0$ 또는 $\alpha = 1$

(ⅱ) $t = \beta$에서 연속이어야 하므로

$\lim_{t \to \beta+} (t^2 - t)h(t) = \lim_{t \to \beta-} (t^2 - t)h(t)$

$\qquad\qquad\qquad = (\beta^2 - \beta)h(\beta)$

에서 $\beta^2 - \beta = 0$, $\beta(\beta - 1) = 0$ $\qquad \therefore \beta = 0$ 또는 $\beta = 1$

(ⅰ), (ⅱ)에 의하여 $\alpha = 0$, $\beta = 1$이므로 함수 $y = h(t)$는 다음과 같다.

$$h(t) = \begin{cases} 0 & (t > 1) \\ 2 & (t = 1) \\ 4 & (0 < t < 1) \\ 3 & (t = 0) \\ 2 & (t < 0) \end{cases}$$

이를 만족시키는 이차함수 $y = f(x)$는 원점을 지나고 제1사분면에서 최댓값이 1인 위로 볼록한 함수이다.

$\therefore f(x) = a(x - b)^2 + 1$ (단, $a < 0$, $b > 0$)

$f(0) = 0$이므로 $ab^2 = -1$

$a = -\dfrac{1}{b^2}$이고 a는 정수이므로 $b^2 = 1$

$b > 0$에서 $b = 1$이므로 $a = -1$

즉, $f(x) = -(x-1)^2 + 1 = -x^2 + 2x$

$\therefore 80f\left(\dfrac{1}{2}\right) = 80 \times \dfrac{3}{4} = 60$

답 60

0399

> 함수 $f(x)=x^2-8x+a$에 대하여 함수 $g(x)$를
>
> $$g(x)=\begin{cases} 2x+5a & (x\geq a) \\ f(x+4) & (x<a) \end{cases}$$
>
> 라 할 때, 다음 조건을 만족시키는 모든 실수 a의 값의 곱을 구하시오.
>
> • $f(0)f(2)<0$임을 이용하자.
>
> (가) 방정식 $f(x)=0$은 열린구간 $(0, 2)$에서 적어도 하나의 실근을 갖는다.
>
> (나) 함수 $f(x)g(x)$는 $x=a$에서 연속이다.
>
> • $\displaystyle\lim_{x\to a-}f(x)g(x)=\lim_{x\to a+}f(x)g(x)=f(a)g(a)$임을 이용하자.

주어진 이차함수 $f(x)$는 축의 방정식이 $x=4$이고

(가)에서 방정식 $f(x)=0$은 열린 구간 $(0, 2)$에서 적어도 하나의 실근을 가지므로

$f(0)=a>0$, $f(2)=a-12<0$

$\therefore 0<a<12$

(나)에서

$f(a)g(a)=7a^2(a-7)$,

$\displaystyle\lim_{x\to a+}f(x)g(x)=\lim_{x\to a+}(x^2-8x+a)(2x+5a)=7a^2(a-7)$,

$\displaystyle\lim_{x\to a-}f(x)g(x)=\lim_{x\to a-}(x^2-8x+a)f(x+4)$

$\qquad =(a^2-8a+a)\{(a+4)^2-8(a+4)+a\}$

$\qquad =a(a-7)(a^2+a-16)$

이고 함수 $f(x)g(x)$가 $x=a$에서 연속이므로

$7a^2(a-7)=a(a-7)(a^2+a-16)$

$a(a-7)(a-8)(a+2)=0$

$\therefore a=7$ 또는 $a=8$ $(\because 0<a<12)$

따라서 모든 실수 a의 값의 곱은 56이다. 　　　답 56

---

03 미분계수

본책 078~102쪽

0400

함수 $y=f(x)$에서 x의 값이 a에서 b까지 변할 때의 평균변화율은

$$\frac{\Delta y}{\Delta x}=\frac{f(b)-f(a)}{\boxed{b}-\boxed{a}}=\frac{f(a+\boxed{\Delta x})-f(a)}{\boxed{\Delta x}}$$

답 b, a, Δx, Δx

0401

$$\frac{\Delta y}{\Delta x}=\frac{f(3)-f(1)}{3-1}=\frac{5-3}{2}=1$$

답 1

0402

$$\frac{\Delta y}{\Delta x}=\frac{f(2)-f(1)}{2-1}=\frac{-1-1}{1}=-2$$

답 -2

0403

$$\frac{\Delta y}{\Delta x}=\frac{f(3)-f(0)}{3-0}=\frac{5-(-4)}{3}=3$$

답 3

0404

$$\frac{\Delta y}{\Delta x}=\frac{f(1)-f(-1)}{1-(-1)}=\frac{2-(-4)}{2}=3$$

답 3

0405

함수 $y=f(x)$의 $x=a$에서의 미분계수 $f'(a)$는

$$f'(a)=\lim_{\Delta x\to 0}\frac{f(a+\boxed{\Delta x})-f(a)}{\boxed{\Delta x}}=\lim_{h\to 0}\frac{f(a+\boxed{h})-f(a)}{\boxed{h}}$$

$$=\lim_{x\to a}\frac{f(x)-f(\boxed{a})}{x-\boxed{a}}$$

답 Δx, Δx, h, h, a, a

0406

$$f'(1)=\lim_{h\to 0}\frac{f(1+h)-f(1)}{h}$$

$$=\lim_{h\to 0}\frac{\{(1+h)+2\}-(1+2)}{h}$$

$$=\lim_{h\to 0}\frac{h}{h}=1$$

답 1

0407

$$f'(1)=\lim_{h\to 0}\frac{f(1+h)-f(1)}{h}$$

$$=\lim_{h\to 0}\frac{\{2(1+h)-1\}-(2-1)}{h}$$

$$=\lim_{h\to 0}\frac{2h}{h}=2$$

답 2

0408

$$f'(1)=\lim_{h\to 0}\frac{f(1+h)-f(1)}{h}$$

$$=\lim_{h\to 0}\frac{3(1+2h+h^2)-3}{h}$$

$$=\lim_{h\to 0}3(2+h)=6$$

답 6

0409

$$f'(1)=\lim_{h\to0}\frac{f(1+h)-f(1)}{h}$$
$$=\lim_{h\to0}\frac{\{(1+h)^2-6(1+h)\}-(1-6)}{h}$$
$$=\lim_{h\to0}\frac{(1+2h+h^2-6-6h)+5}{h}$$
$$=\lim_{h\to0}(h-4)=-4$$

答 -4

0410

$$f'(2)=\lim_{x\to2}\frac{f(x)-f(2)}{x-2}$$
$$=\lim_{x\to2}\frac{(2x+4)-8}{x-2}$$
$$=\lim_{x\to2}\frac{2(x-2)}{x-2}=2$$

答 2

0411

$$f'(2)=\lim_{x\to2}\frac{f(x)-f(2)}{x-2}$$
$$=\lim_{x\to2}\frac{4x^2-16}{x-2}$$
$$=\lim_{x\to2}\frac{4(x+2)(x-2)}{x-2}$$
$$=\lim_{x\to2}4(x+2)=16$$

答 16

0412

$$f'(2)=\lim_{x\to2}\frac{f(x)-f(2)}{x-2}$$
$$=\lim_{x\to2}\frac{-x^2+2x}{x-2}$$
$$=\lim_{x\to2}\frac{-x(x-2)}{x-2}$$
$$=\lim_{x\to2}(-x)=-2$$

答 -2

0413

$$\lim_{h\to0}\frac{f(a+h)-f(a)}{3h}=\boxed{\frac{1}{3}}\lim_{h\to0}\frac{f(a+h)-f(a)}{h}$$
$$=\boxed{\frac{1}{3}}f'(a)=\boxed{3}$$

答 $\frac{1}{3},\frac{1}{3},3$

0414

$$\lim_{h\to0}\frac{f(a+h)-f(a)}{2h}=\frac{1}{2}\lim_{h\to0}\frac{f(a+h)-f(a)}{h}$$
$$=\frac{1}{2}f'(a)$$
$$=\frac{1}{2}$$

答 $\frac{1}{2}$

0415

$$\lim_{h\to0}\frac{f(a+h)-f(a)}{5h}=\frac{1}{5}\lim_{h\to0}\frac{f(a+h)-f(a)}{h}$$
$$=\frac{1}{5}f'(a)$$
$$=\frac{1}{5}$$

答 $\frac{1}{5}$

0416

$$\lim_{h\to0}\frac{f(a+h)-f(a)}{-h}=-\lim_{h\to0}\frac{f(a+h)-f(a)}{h}$$
$$=-f'(a)$$
$$=-1$$

答 -1

0417

$$\lim_{h\to0}\frac{f(a+2h)-f(a)}{h}=\lim_{h\to0}\frac{f(a+2h)-f(a)}{\boxed{2}h}\times\boxed{2}$$
$$=\boxed{2}f'(a)=\boxed{6}$$

答 $2,2,2,6$

0418

$$\lim_{h\to0}\frac{f(a+3h)-f(a)}{h}=\lim_{h\to0}\frac{f(a+3h)-f(a)}{3h}\times3$$
$$=3f'(a)$$
$$=3$$

答 3

0419

$$\lim_{h\to0}\frac{f(a+5h)-f(a)}{h}=\lim_{h\to0}\frac{f(a+5h)-f(a)}{5h}\times5$$
$$=5f'(a)$$
$$=5$$

答 5

0420

$$\lim_{h\to0}\frac{f(a-h)-f(a)}{h}=\lim_{h\to0}\frac{f(a-h)-f(a)}{-h}\times(-1)$$
$$=-f'(a)$$
$$=-1$$

答 -1

0421

$$\lim_{h\to0}\frac{f(a-3h)-f(a)}{2h}=\lim_{h\to0}\frac{f(a-3h)-f(a)}{\boxed{-3}h}\times\left(\boxed{-\frac{3}{2}}\right)$$
$$=\boxed{-\frac{3}{2}}f'(a)$$
$$=\boxed{-\frac{3}{2}}$$

答 $-3,-\frac{3}{2},-\frac{3}{2},-\frac{3}{2}$

0422

$$\lim_{h\to0}\frac{f(a+5h)-f(a)}{3h}=\lim_{h\to0}\frac{f(a+5h)-f(a)}{5h}\times\frac{5}{3}$$
$$=\frac{5}{3}f'(a)$$
$$=\frac{5}{3}\times6=10$$

答 10

0423

$$\lim_{h\to0}\frac{f(a+4h)-f(a)}{-2h}=\lim_{h\to0}\frac{f(a+4h)-f(a)}{4h}\times(-2)$$
$$=-2f'(a)$$
$$=-2\times6=-12$$

答 -12

0424

$$\lim_{h \to 0} \frac{f(a-h)-f(a)}{2h} = \lim_{h \to 0} \frac{f(a-h)-f(a)}{-h} \times \left(-\frac{1}{2}\right)$$
$$= -\frac{1}{2}f'(a)$$
$$= -\frac{1}{2} \times 6 = -3$$

답 -3

0425

$$\lim_{h \to 0} \frac{f(a)-f(a+2h)}{6h} = \lim_{h \to 0} \frac{f(a+2h)-f(a)}{2h} \times \left(-\frac{1}{3}\right)$$
$$= -\frac{1}{3}f'(a)$$
$$= -\frac{1}{3} \times 6 = -2$$

답 -2

0426

$$\lim_{x \to 1} \frac{f(x)-f(1)}{x^2-1} = \lim_{x \to 1} \left\{ \frac{f(x)-f(1)}{x-1} \times \frac{1}{\boxed{x+1}} \right\}$$
$$= \boxed{\frac{1}{2}} f'(1) = \boxed{1}$$

답 $x+1, \frac{1}{2}, 1$

0427

$$\lim_{x \to 1} \frac{f(x^2)-f(1)}{x-1} = \lim_{x \to 1} \left\{ \frac{f(x^2)-f(1)}{x^2-1} \times (\boxed{x+1}) \right\}$$
$$= \boxed{2} f'(1)$$
$$= \boxed{4}$$

답 $x+1, 2, 4$

0428

$$\lim_{x \to 1} \frac{x^3-1}{f(x)-f(1)} = \lim_{x \to 1} \left\{ \frac{x-1}{f(x)-f(1)} \times (\boxed{x^2+x+1}) \right\}$$
$$= \boxed{3} \times \frac{1}{f'(1)} = \boxed{\frac{3}{2}}$$

답 $x^2+x+1, 3, \frac{3}{2}$

0429

$$\lim_{x \to 1} \frac{f(x)-f(1)}{x^2-1} = \lim_{x \to 1} \left\{ \frac{f(x)-f(1)}{x-1} \times \frac{1}{x+1} \right\}$$
$$= \frac{1}{2}f'(1)$$
$$= \frac{3}{2}$$

답 $\frac{3}{2}$

0430

$$\lim_{x \to 1} \frac{f(x^2)-f(1)}{x-1} = \lim_{x \to 1} \left\{ \frac{f(x^2)-f(1)}{x^2-1} \times (x+1) \right\}$$
$$= 2f'(1) = 6$$

답 6

0431

$$\lim_{x \to 1} \frac{x^3-1}{f(x)-f(1)} = \lim_{x \to 1} \left\{ \frac{x-1}{f(x)-f(1)} \times (x^2+x+1) \right\}$$
$$= 3 \times \frac{1}{f'(1)} = 1$$

답 1

0432

연결되어 있는 점이 연속이므로 연속인 점의 x좌표는 1, 2, 4이다.

답 1, 2, 4

0433

연결되어 있지 않고 끊어져 있는 점에서 불연속이므로 불연속인 점의 x좌표는 -1, 0, 3이다.

답 $-1, 0, 3$

0434

불연속인 점, 뾰족한 점에서 미분가능하지 않으므로 미분가능하지 않은 점의 x좌표는 -1, 0, 2, 3, 4이다.

답 $-1, 0, 2, 3, 4$

0435

연속이지만 미분가능하지 않은 점의 x좌표는 2, 4이다.

답 2, 4

0436

연속이면서 미분가능한 점의 x좌표는 1이다.

답 1

0437

미분가능한 함수는 모두 연속함수이지만 연속함수 중에는 미분가능하지 않은 함수도 있으므로 두 집합 A, B의 포함 관계는 $B \subset A$

답 ㈎: A, ㈏: B

0438

(i) $f(0)=0$이고, $\lim_{x \to 0} f(x) = \lim_{x \to 0} |x| = 0$이므로

$$\lim_{x \to 0} f(x) = f(0)$$

따라서 함수 $y=f(x)$는 $x=0$에서 $\boxed{연속}$이다.

(ii) $f'(0) = \lim_{h \to 0} \frac{f(0+h)-f(0)}{h} = \lim_{h \to 0} \frac{|h|}{h}$

$$\lim_{h \to 0+} \frac{|h|}{h} = \lim_{h \to 0+} \frac{h}{h} = \boxed{1},$$
$$\lim_{h \to 0-} \frac{|h|}{h} = \lim_{h \to 0-} \frac{-h}{h} = \boxed{-1}$$

이므로 $f'(0)$이 존재하지 않는다.

따라서 함수 $y=f(x)$는 $x=0$에서 $\boxed{미분가능하지\ 않다.}$

답 연속, 1, -1, 미분가능하지 않다.

0439

(i) $f(1) = \boxed{1}$이고,

$$\lim_{x \to 1+} f(x) = \lim_{x \to 1+} x^2 = \boxed{1},$$
$$\lim_{x \to 1-} f(x) = \lim_{x \to 1-} (2x-1) = \boxed{1}$$이므로

$$\lim_{x \to 1} f(x) \boxed{=} f(1)$$

따라서 함수 $y=f(x)$는 $x=1$에서 $\boxed{연속}$이다.

(ii) $\lim_{h \to 0+} \frac{f(1+h)-f(1)}{h} = \lim_{h \to 0+} \frac{(1+h)^2-1}{h}$

$$= \lim_{h \to 0+} \frac{h(2+h)}{h}$$
$$= \boxed{2},$$

$$\lim_{h \to 0-} \frac{f(1+h)-f(1)}{h} = \lim_{h \to 0-} \frac{\{2(1+h)-1\}-1}{h}$$
$$= \lim_{h \to 0-} \frac{2h}{h}$$
$$= \boxed{2}$$

이므로 $f'(1)$이 존재한다.

따라서 함수 $y=f(x)$는 $x=1$에서 $\boxed{\text{미분가능하다.}}$

답 1, 1, 1, $=$, 연속, 2, 2, 미분가능하다.

0440

함수 $f(x)=x^2+3x$에서 x의 값이 -1에서 3까지 변할 때 평균변화율을 구하시오.

┗ 함수 $y=f(x)$에서 x의 값이 a에서 b까지 변할 때의 평균변화율은 $\dfrac{f(b)-f(a)}{b-a}$임을 이용하자.

x의 값이 -1에서 3까지 변할 때 함수 $y=f(x)$의 평균변화율은

$$\frac{f(3)-f(-1)}{3-(-1)} = \frac{18-(-2)}{4} = 5$$

답 5

0441

함수 $f(x)=x^3+2x-3$에 대하여 x의 값이 1에서 a까지 변할 때의 평균변화율이 9일 때, 상수 a의 값을 구하시오. (단, $a>1$)

┗ 함수 $y=f(x)$에서 x의 값이 a에서 b까지 변할 때의 평균변화율은 $\dfrac{f(b)-f(a)}{b-a}$임을 이용하자.

x의 값이 1에서 a까지 변할 때의 평균변화율이 9이므로

$$\frac{f(a)-f(1)}{a-1} = \frac{a^3+2a-3}{a-1}$$
$$= \frac{(a-1)(a^2+a+3)}{a-1}$$
$$= a^2+a+3 = 9$$

$a^2+a-6=0$, $(a+3)(a-2)=0$

$\therefore a=2$ $(\because a>1)$

답 2

0442

함수 $f(x)=2x^2+ax+1$에 대하여 x의 값이 2에서 4까지 변할 때의 평균변화율이 9일 때, 상수 a의 값은?

┗ 함수 $y=f(x)$에서 x의 값이 a에서 b까지 변할 때의 평균변화율은 $\dfrac{f(b)-f(a)}{b-a}$임을 이용하자.

x의 값이 2에서 4까지 변할 때의 함수 $y=f(x)$의 평균변화율은

$$\frac{f(4)-f(2)}{4-2} = \frac{(32+4a+1)-(8+2a+1)}{2}$$
$$= \frac{2a+24}{2}$$
$$= a+12$$

즉, $a+12=9$이므로

$a=-3$

답 ①

0443

함수 $f(x)=x^2-5x$에 대하여 x의 값이 1에서 3까지 변할 때의 평균변화율과 x의 값이 0에서 k까지 변할 때의 평균변화율이 같을 때, 양수 k의 값을 구하시오.

┗ 함수 $y=f(x)$에서 x의 값이 a에서 b까지 변할 때의 평균변화율은 $\dfrac{f(b)-f(a)}{b-a}$임을 이용하자.

x의 값이 1에서 3까지 변할 때의 함수 $y=f(x)$의 평균변화율은

$$\frac{f(3)-f(1)}{3-1} = \frac{-6-(-4)}{2} = -1$$

또 x의 값이 0에서 k까지 변할 때의 함수 $y=f(x)$의 평균변화율은

$$\frac{f(k)-f(0)}{k-0} = \frac{k^2-5k}{k} = k-5$$

즉, $k-5=-1$이므로

$k=4$

답 4

0444

함수 $y=f(x)$에 대하여 x의 값이 1에서 4까지 변할 때의 평균변화율이 5일 때, 두 점 $A(1, f(1))$, $B(4, f(4))$를 지나는 직선 AB의 기울기를 구하시오.

┗ $[a, b]$에서 함수 $y=f(x)$의 평균변화율은 두 점 $(a, f(a))$, $(b, f(b))$를 지나는 직선의 기울기와 같다.

x의 값이 1에서 4까지 변할 때의 함수 $y=f(x)$의 평균변화율은

$$\frac{f(4)-f(1)}{4-1} = 5$$

이고, 이는 두 점 $A(1, f(1))$, $B(4, f(4))$를 지나는 직선 AB의 기울기와 같으므로 구하는 기울기는 5이다.

답 5

0445

연구실에서 어느 바이러스 배양을 시작한 지 x시간이 지났을 때, 바이러스의 양 $f(x)$가 $f(x)=x^2+x+1$이라 한다. 배양을 시작한 지 1시간이 지났을 때부터 4시간이 지났을 때까지의 바이러스의 양의 평균변화율을 구하시오.

┗ 함수 $f(x)=x^2+x+1$에서 x의 값이 1에서 4까지 변할 때의 평균변화율을 구하자.

$f(x)=x^2+x+1$이므로 배양을 시작한 지 1시간이 지났을 때부터 4시간이 지났을 때까지의 바이러스의 양의 평균변화율은

$$\frac{f(4)-f(1)}{4-1} = \frac{21-3}{3} = 6$$

답 6

0446

┗ 함수 $y=f(x)$의 $x=a$에서의 순간변화율 $f'(a)$는 $f'(a) = \lim_{\Delta x \to 0} \dfrac{f(a+\Delta x)-f(a)}{\Delta x} = \lim_{x \to a} \dfrac{f(x)-f(a)}{x-a}$임을 이용하자.

함수 $f(x)=3x^2-1$의 $x=2$에서의 순간변화율을 정의를 이용하여 구하시오.

$$f'(2)=\lim_{x\to 2}\frac{f(x)-f(2)}{x-2}$$
$$=\lim_{x\to 2}\frac{3x^2-1-11}{x-2}$$
$$=\lim_{x\to 2}\frac{3(x-2)(x+2)}{x-2}$$
$$=\lim_{x\to 2}3(x+2)=12$$

답 12

0447

함수 $f(x)=x^2-4x+1$의 $x=0$에서의 미분계수를 정의를 이용하여 구하시오.

└ 함수 $y=f(x)$의 $x=a$에서의 미분계수 $f'(a)$는
$$f'(a)=\lim_{\Delta x\to 0}\frac{f(a+\Delta x)-f(a)}{\Delta x}=\lim_{x\to a}\frac{f(x)-f(a)}{x-a}$$ 임을 이용하자.

$$f'(0)=\lim_{x\to 0}\frac{f(x)-f(0)}{x-0}=\lim_{x\to 0}\frac{x^2-4x+1-1}{x}$$
$$=\lim_{x\to 0}(x-4)=-4$$

답 -4

0448

바닥에서 $16\,\text{m/s}$의 속도로 위로 공을 던질 때, 던진 지 t초 후 공의 높이를 $h(t)$ m라 하면
$$h(t)=16t-0.4t^2\ (0\le t\le 40)$$
인 관계가 성립한다고 한다. $t=30$일 때, 야구공의 높이의 순간 변화율을 구하시오.

└ 함수 $y=f(x)$의 $x=a$에서의 순간변화율 $f'(a)$는
$$f'(a)=\lim_{\Delta x\to 0}\frac{f(a+\Delta x)-f(a)}{\Delta x}=\lim_{x\to a}\frac{f(x)-f(a)}{x-a}$$ 임을 이용하자.

$$h'(30)=\lim_{t\to 30}\frac{h(t)-h(30)}{t-30}$$
$$=\lim_{t\to 30}\frac{16t-0.4t^2-480+360}{t-30}$$
$$=\lim_{t\to 30}\frac{-0.4(t-30)(t-10)}{t-30}$$
$$=\lim_{t\to 30}-0.4(t-10)=-8\,(\text{m/s})$$

답 -8 m/s

0449

x의 값이 a까지 b까지 변할 때의 평균변화율은 $\dfrac{f(b)-f(a)}{b-a}$

함수 $f(x)=x^3+x$에 대하여 x의 값이 0에서 2까지 변할 때의 평균변화율과 $x=a$에서의 순간변화율이 같을 때, 상수 a의 값은? (단, $0<a<2$)

$x=a$에서의 순간변화율 $f'(a)$는
$$f'(a)=\lim_{\Delta x\to 0}\frac{f(a+\Delta x)-f(a)}{\Delta x}=\lim_{x\to a}\frac{f(x)-f(a)}{x-a}$$

x의 값이 0에서 2까지 변할 때의 평균변화율은
$$\frac{f(2)-f(0)}{2-0}=\frac{10}{2}=5$$
또 $x=a$에서의 순간변화율은

$$f'(a)=\lim_{x\to a}\frac{f(x)-f(a)}{x-a}$$
$$=\lim_{x\to a}\frac{x^3+x-(a^3+a)}{x-a}$$
$$=\lim_{x\to a}\frac{(x-a)(x^2+ax+a^2+1)}{x-a}$$
$$=\lim_{x\to a}(x^2+ax+a^2+1)=3a^2+1$$

즉, $3a^2+1=5$이므로
$$a=\frac{2\sqrt{3}}{3}\ (\because 0<a<2)$$

답 ④

0450

x의 값이 a에서 b까지 변할 때의 평균변화율은 $\dfrac{f(b)-f(a)}{b-a}$

함수 $f(x)=x^2-x+3$에 대하여 x의 값이 1에서 3까지 변할 때의 평균변화율과 $x=k$에서의 미분계수가 같을 때, 상수 k의 값을 구하시오.

$x=a$에서의 미분계수 $f'(a)$는
$$f'(a)=\lim_{\Delta x\to 0}\frac{f(a+\Delta x)-f(a)}{\Delta x}=\lim_{x\to a}\frac{f(x)-f(a)}{x-a}$$

x의 값이 1에서 3까지 변할 때의 함수 $y=f(x)$의 평균변화율은
$$\frac{f(3)-f(1)}{3-1}=\frac{(9-3+3)-(1-1+3)}{2}=3$$
또 함수 $y=f(x)$의 $x=k$에서의 미분계수는
$$f'(k)=\lim_{h\to 0}\frac{f(k+h)-f(k)}{h}$$
$$=\lim_{h\to 0}\frac{\{(k+h)^2-(k+h)+3\}-(k^2-k+3)}{h}$$
$$=\lim_{h\to 0}\frac{h(h+2k-1)}{h}$$
$$=\lim_{h\to 0}(h+2k-1)=2k-1$$

즉, $2k-1=3$이므로
$$k=2$$

답 2

0451

x의 값이 a에서 b까지 변할 때의 평균변화율은 $\dfrac{f(b)-f(a)}{b-a}$

함수 $f(x)=x^2+2x$에 대하여 x의 값이 0에서 4까지 변할 때의 평균변화율 a와 $x=b$에서의 미분계수가 서로 같을 때, 두 상수 a, b에 대하여 a^2+b^2의 값을 구하시오.

$x=a$에서의 미분계수 $f'(a)$는
$$f'(a)=\lim_{\Delta x\to 0}\frac{f(a+\Delta x)-f(a)}{\Delta x}=\lim_{x\to a}\frac{f(x)-f(a)}{x-a}$$

x의 값이 0에서 4까지 변할 때의 함수 $y=f(x)$의 평균변화율은
$$\frac{f(4)-f(0)}{4-0}=\frac{24}{4}=6$$
$$\therefore a=6$$
또 함수 $y=f(x)$의 $x=b$에서의 미분계수는
$$f'(b)=\lim_{h\to 0}\frac{f(b+h)-f(b)}{h}$$
$$=\lim_{h\to 0}\frac{\{(b+h)^2+2(b+h)\}-(b^2+2b)}{h}$$
$$=\lim_{h\to 0}\frac{h(h+2b+2)}{h}$$
$$=\lim_{h\to 0}(h+2b+2)=2b+2$$

즉, $2b+2=6$이므로

$b=2$

$\therefore a^2+b^2=36+4=40$ **답** 40

0452

> x의 값이 a에서 b까지 변할 때의 평균변화율은 $\dfrac{f(b)-f(a)}{b-a}$
>
> 함수 $f(x)=x^2-2$에 대하여 x의 값이 a에서 $a+2$까지 변할 때의 평균변화율과 $x=2$에서의 미분계수가 같을 때, 상수 a의 값을 구하시오.
>
> └ $x=a$에서의 미분계수 $f'(a)$는
> $$f'(a)=\lim_{\Delta x\to 0}\frac{f(a+\Delta x)-f(a)}{\Delta x}=\lim_{x\to a}\frac{f(x)-f(a)}{x-a}$$

x의 값이 a에서 $a+2$까지 변할 때의 함수 $y=f(x)$의 평균변화율은

$$\frac{f(a+2)-f(a)}{(a+2)-a}=\frac{\{(a+2)^2-2\}-(a^2-2)}{2}$$
$$=\frac{4a+4}{2}=2a+2$$

또 함수 $y=f(x)$의 $x=2$에서의 미분계수는

$$f'(2)=\lim_{h\to 0}\frac{f(2+h)-f(2)}{h}$$
$$=\lim_{h\to 0}\frac{\{(2+h)^2-2\}-2}{h}$$
$$=\lim_{h\to 0}\frac{h^2+4h}{h}$$
$$=\lim_{h\to 0}(h+4)=4$$

즉, $2a+2=4$이므로

$a=1$ **답** 1

0453

> x의 값이 a에서 b까지 변할 때의 평균변화율은 $\dfrac{f(b)-f(a)}{b-a}$
>
> 함수 $f(x)=x^3-ax^2$에 대하여 x의 값이 -1에서 1까지 변할 때의 평균변화율과 $x=k$에서의 미분계수가 서로 같다. 이를 만족시키는 모든 k의 값의 합이 4일 때, 상수 a의 값을 구하시오.
>
> 근과 계수의 관계를 이용 하자. $x=a$에서의 미분계수 $f'(a)$는
> $$f'(a)=\lim_{\Delta x\to 0}\frac{f(a+\Delta x)-f(a)}{\Delta x}=\lim_{x\to a}\frac{f(x)-f(a)}{x-a}$$

x의 값이 -1에서 1까지 변할 때의 평균변화율은

$$\frac{f(1)-f(-1)}{1-(-1)}=\frac{(1-a)-(-1-a)}{2}$$
$$=\frac{2}{2}=1$$

또 $x=k$에서의 미분계수는

$$f'(k)=\lim_{h\to 0}\frac{f(k+h)-f(k)}{h}$$
$$=\lim_{h\to 0}\frac{\{(k+h)^3-a(k+h)^2\}-(k^3-ak^2)}{h}$$
$$=\lim_{h\to 0}\frac{(3k^2-2ak)h+(3k-a)h^2+h^3}{h}$$
$$=\lim_{h\to 0}\{(3k^2-2ak)+(3k-a)h+h^2\}$$
$$=3k^2-2ak$$

즉, $3k^2-2ak=1$에서 $3k^2-2ak-1=0$

따라서 이 식을 만족시키는 모든 k의 값의 합은 근과 계수의 관계에서

$\dfrac{2a}{3}=4$ $\therefore a=6$ **답** 6

0454

> 이차함수 $f(x)=x^2+ax+b$에 대하여 닫힌구간 $[1,4]$에서의 평균변화율이 2일 때, 미분계수 $f'(3)$의 값은?
>
> └ 함수 $y=f(x)$에서 닫힌구간 $[a,b]$에서의 (단, a, b는 상수이다.)
> 평균변화율은 $\dfrac{f(b)-f(a)}{b-a}$임을 이용하자.

닫힌구간 $[1,4]$에서 함수 $y=f(x)$의 평균변화율이 2이므로

$$\frac{f(4)-f(1)}{4-1}=\frac{(16+4a+b)-(1+a+b)}{3}$$
$$=\frac{15+3a}{3}$$
$$=5+a=2$$

즉, $a=-3$이므로

$f(x)=x^2-3x+b$

$$\therefore f'(3)=\lim_{h\to 0}\frac{f(3+h)-f(3)}{h}$$
$$=\lim_{h\to 0}\frac{\{(3+h)^2-3(3+h)+b\}-(9-9+b)}{h}$$
$$=\lim_{h\to 0}\frac{h(3+h)}{h}$$
$$=\lim_{h\to 0}(3+h)=3$$ **답** ③

0455

> 다항함수 $y=f(x)$에 대하여 $f'(2)=12$일 때,
> $$\lim_{h\to 0}\frac{f(2-h)-f(2)}{3h}$$ 의 값을 구하시오.
>
> └ $\lim_{h\to 0}\dfrac{f(2-h)-f(2)}{-h}\times\left(-\dfrac{1}{3}\right)$의 형태로 변형하자.

$$\lim_{h\to 0}\frac{f(2-h)-f(2)}{3h}=\lim_{h\to 0}\frac{f(2-h)-f(2)}{-h}\times\left(-\frac{1}{3}\right)$$
$$=-\frac{1}{3}f'(2)$$
$$=-\frac{1}{3}\times 12=-4$$ **답** -4

0456

> 다항함수 $f(x)$에 대하여
> $$\lim_{h\to 0}\frac{f(-1+3h)-f(-1)}{h}=4$$
> 일 때, $f'(-1)$의 값은?
>
> └ $\lim_{h\to 0}\dfrac{f(-1+3h)-f(-1)}{3h}\times 3$의 형태로 변형하자.

$$\lim_{h\to 0}\frac{f(-1+3h)-f(-1)}{h}=3\times\lim_{h\to 0}\frac{f(-1+3h)-f(-1)}{3h}$$
$$=3f'(-1)=4$$

따라서 $f'(-1)=\dfrac{4}{3}$ **답** ③

0457

다항함수 $y=f(x)$에 대하여 $f'(-2)=-1$일 때,

$\lim\limits_{h \to 0} \dfrac{f(-2+3h)-f(-2)}{2h}$ 의 값은?

> $\lim\limits_{h \to 0} \dfrac{f(-2+3h)-f(-2)}{3h} \times \dfrac{3}{2}$ 의 형태로 변형하자.

$\lim\limits_{h \to 0} \dfrac{f(-2+3h)-f(-2)}{2h}$

$=\lim\limits_{h \to 0} \dfrac{f(-2+3h)-f(-2)}{3h} \times \dfrac{3}{2}$

$=\dfrac{3}{2} f'(-2)$

$=\dfrac{3}{2} \times (-1) = -\dfrac{3}{2}$　　　　　답 ①

0458

> $\lim\limits_{h \to 0} \dfrac{f(2+2h)-f(2)}{2h} \times \dfrac{2}{5}$ 의 형태로 변형하자.

미분가능한 함수 $y=f(x)$에 대하여

$\lim\limits_{h \to 0} \dfrac{f(2+2h)-f(2)}{5h}=4$

일 때, $f'(2)$의 값은?

$\lim\limits_{h \to 0} \dfrac{f(2+2h)-f(2)}{5h} = \lim\limits_{h \to 0} \dfrac{f(2+2h)-f(2)}{2h} \times \dfrac{2}{5}$

$=\dfrac{2}{5} f'(2)$

$\dfrac{2}{5} f'(2) = 4$이므로

$f'(2)=10$　　　　　답 ⑤

0459

다항함수 $y=f(x)$에 대하여 $f'(1)=-3$일 때,

$\lim\limits_{h \to 0} \dfrac{f(1+kh)-f(1)}{h}=-36$을 만족시키는 상수 k의 값을

구하시오. 　▸ $\lim\limits_{h \to 0} \dfrac{f(1+kh)-f(1)}{kh} \times k$의 형태로 변형하자.

$\lim\limits_{h \to 0} \dfrac{f(1+kh)-f(1)}{h} = \lim\limits_{h \to 0} \dfrac{f(1+kh)-f(1)}{kh} \times k$

$=kf'(1)$

$=-3k$

즉, $-3k=-36$이므로

$k=12$　　　　　답 12

0460

다항함수 $y=f(x)$에 대하여 $f(3)=2f'(3)=10$일 때,

$\lim\limits_{h \to 0} \dfrac{10-f(3-h)}{h}$ 의 값을 구하시오.

> $\lim\limits_{h \to 0} \dfrac{f(3)-f(3-h)}{h}$ 임을 이용하자.

$f(3)=10$, $f'(3)=5$이므로

$\lim\limits_{h \to 0} \dfrac{10-f(3-h)}{h} = \lim\limits_{h \to 0} \dfrac{f(3)-f(3-h)}{h}$

$=\lim\limits_{h \to 0} \dfrac{f(3-h)-f(3)}{-h}$

$=f'(3)$

$=5$　　　　　답 5

0461

> $\lim\limits_{h \to 0} \dfrac{f(a+3h)-f(a)}{3h} - \lim\limits_{h \to 0} \dfrac{f(a+h)-f(a)}{h} \times \dfrac{1}{3}$ 의 형태로 변형하자.

다항함수 $y=f(x)$에 대하여 $\lim\limits_{h \to 0} \dfrac{f(a+3h)-f(a+h)}{3h}$ 의 값과

같은 것은?

① $\dfrac{1}{3} f'(a)$　　　② $\dfrac{2}{3} f'(a)$　　　③ $f'(a)$

④ $\dfrac{4}{3} f'(a)$　　　⑤ $\dfrac{5}{3} f'(a)$

$\lim\limits_{h \to 0} \dfrac{f(a+3h)-f(a+h)}{3h}$

$=\lim\limits_{h \to 0} \dfrac{f(a+3h)-f(a)-\{f(a+h)-f(a)\}}{3h}$

$=\lim\limits_{h \to 0} \dfrac{f(a+3h)-f(a)}{3h} - \lim\limits_{h \to 0} \dfrac{f(a+h)-f(a)}{h} \times \dfrac{1}{3}$

$=f'(a)-\dfrac{1}{3}f'(a)$

$=\dfrac{2}{3}f'(a)$　　　　　답 ②

0462

> $\lim\limits_{h \to 0} \dfrac{f(1+h)-f(1)-\{f(1-h)-f(1)\}}{h}$ 임을 이용하자.

다항함수 $y=f(x)$에 대하여 $f'(1)=3$일 때,

$\lim\limits_{h \to 0} \dfrac{f(1+h)-f(1-h)}{h}$ 의 값은?

$\lim\limits_{h \to 0} \dfrac{f(1+h)-f(1-h)}{h}$

$=\lim\limits_{h \to 0} \dfrac{f(1+h)-f(1)-\{f(1-h)-f(1)\}}{h}$

$=\lim\limits_{h \to 0} \dfrac{f(1+h)-f(1)}{h} + \lim\limits_{h \to 0} \dfrac{f(1-h)-f(1)}{-h}$

$=f'(1)+f'(1)$

$=2f'(1)$

$=2 \times 3 = 6$　　　　　답 ⑤

0463

> $\lim\limits_{h \to 0} \dfrac{f(1+2h)-f(1)}{2h} \times 2$임을 이용하자.

함수 $y=f(x)$에 대하여 $\lim\limits_{h \to 0} \dfrac{f(1+2h)-f(1)}{h}=10$일 때,

$\lim\limits_{h \to 0} \dfrac{f(1+h)-f(1-2h)}{h}$ 의 값을 구하시오.

> $\lim\limits_{h \to 0} \dfrac{f(1+h)-f(1)}{h} - \lim\limits_{h \to 0} \dfrac{f(1-2h)-f(1)}{-2h} \times (-2)$ 의 형태로 변형하자.

$$\lim_{h \to 0} \frac{f(1+2h)-f(1)}{h}=10$$이므로

$$\lim_{h \to 0} \frac{f(1+2h)-f(1)}{2h}\times 2=10$$

$$f'(1)\times 2=10 \qquad \therefore f'(1)=5$$

$$\lim_{h \to 0} \frac{f(1+h)-f(1-2h)}{h}$$

$$=\lim_{h \to 0} \frac{f(1+h)-f(1)-f(1-2h)+f(1)}{h}$$

$$=\lim_{h \to 0} \left\{ \frac{f(1+h)-f(1)}{h} - \frac{f(1-2h)-f(1)}{h} \right\}$$

$$=\lim_{h \to 0} \left\{ \frac{f(1+h)-f(1)}{h} +2\times \frac{f(1-2h)-f(1)}{-2h} \right\}$$

$$=f'(1)+2f'(1)$$

$$=3f'(1)$$

$$=3\times 5=15$$

답 15

0464

다항함수 $y=f(x)$에 대하여 $f'(3)=-1$일 때,

$\displaystyle \lim_{h \to 0} \frac{f(3+2h)-f(3-h)}{h}$ 의 값을 구하시오.

$\displaystyle \lim_{h \to 0} \frac{f(3+2h)-f(3)-\{f(3-h)-f(3)\}}{h}$ 임을 이용하자.

$$\lim_{h \to 0} \frac{f(3+2h)-f(3-h)}{h}$$

$$=\lim_{h \to 0} \frac{f(3+2h)-f(3)-\{f(3-h)-f(3)\}}{h}$$

$$=\lim_{h \to 0} \frac{f(3+2h)-f(3)}{2h}\times 2+\lim_{h \to 0} \frac{f(3-h)-f(3)}{-h}$$

$$=2f'(3)+f'(3)$$

$$=3f'(3)$$

$$=3\times(-1)$$

$$=-3$$

답 -3

0465

$\displaystyle \lim_{h \to 0} \frac{f(0+2h)-f(0)-\{f(0-h)-f(0)\}}{2h}$ 임을 이용하자.

다항함수 $y=f(x)$에 대하여 $\displaystyle \lim_{h \to 0} \frac{f(2h)-f(-h)}{2h}=6$일 때, $f'(0)$의 값을 구하시오.

$$\lim_{h \to 0} \frac{f(2h)-f(-h)}{2h}$$

$$=\lim_{h \to 0} \frac{f(0+2h)-f(0)-\{f(0-h)-f(0)\}}{2h}$$

$$=\lim_{h \to 0} \frac{f(0+2h)-f(0)}{2h}+\lim_{h \to 0} \frac{f(0-h)-f(0)}{-h}\times \frac{1}{2}$$

$$=f'(0)+\frac{1}{2}f'(0)$$

$$=\frac{3}{2}f'(0)$$

$\dfrac{3}{2}f'(0)=6$이므로

$$f'(0)=4$$

답 4

0466

원점에 대하여 대칭인 함수이다.

다항함수 $y=f(x)$가 임의의 실수 x에 대하여 $f(-x)=-f(x)$
를 만족시키고

$$\lim_{h \to 0} \frac{f(4-3h)-f(4+4h)}{h}=-21$$

일 때, $f'(-4)$의 값을 구하시오.

$\displaystyle \lim_{h \to 0} \frac{f(4-3h)-f(4)-\{f(4+4h)-f(4)\}}{h}$ 임을 이용하자.

$$\lim_{h \to 0} \frac{f(4-3h)-f(4+4h)}{h}$$

$$=\lim_{h \to 0} \frac{f(4-3h)-f(4)-\{f(4+4h)-f(4)\}}{h}$$

$$=\lim_{h \to 0} \frac{f(4-3h)-f(4)}{-3h}\times(-3)-\lim_{h \to 0} \frac{f(4+4h)-f(4)}{4h}\times 4$$

$$=-3f'(4)-4f'(4)=-7f'(4)=-21$$

$$\therefore f'(4)=3$$

$$\therefore f'(-4)=\lim_{h \to 0} \frac{f(-4+h)-f(-4)}{h}$$

$$=\lim_{h \to 0} \frac{-f(4-h)+f(4)}{h} \quad (\because f(-x)=-f(x))$$

$$=\lim_{h \to 0} \frac{f(4-h)-f(4)}{-h}$$

$$=f'(4)=3$$

답 3

[다른풀이] 다항함수 $y=f(x)$가 $f(-x)=-f(x)$를 만족시키므로
$f(4-3h)=-f(-4+3h)$, $f(4+4h)=-f(-4-4h)$

$$\therefore \lim_{h \to 0} \frac{f(4-3h)-f(4+4h)}{h}$$

$$=\lim_{h \to 0} \frac{-f(-4+3h)+f(-4-4h)}{h}$$

$$=\lim_{h \to 0} \frac{-\{f(-4+3h)-f(-4)\}+\{f(-4-4h)-f(-4)\}}{h}$$

$$=\lim_{h \to 0} \frac{f(-4+3h)-f(-4)}{3h}\times(-3)$$

$$\qquad +\lim_{h \to 0} \frac{f(-4-4h)-f(-4)}{-4h}\times(-4)$$

$$=-3f'(-4)-4f'(-4)$$

$$=-7f'(-4)$$

$$=-21$$

$$\therefore f'(-4)=3$$

0467

다항함수 $y=f(x)$에 대하여 $f'(3)=-3$일 때,

$\displaystyle \lim_{x \to 3} \frac{f(x)-f(3)}{x^2-9}$ 의 값은?

$\displaystyle \lim_{x \to 3} \left\{ \frac{f(x)-f(3)}{x-3}\times \frac{1}{x+3} \right\}$ 임을 이용하자.

$$\lim_{x \to 3} \frac{f(x)-f(3)}{x^2-9}=\lim_{x \to 3} \left\{ \frac{f(x)-f(3)}{x-3}\times \frac{1}{x+3} \right\}$$

$$=\frac{1}{6}f'(3)$$

$$=\frac{1}{6}\times(-3)=-\frac{1}{2}$$

답 ③

0468

다항함수 $y=f(x)$에 대하여 $f'(1)=3$일 때,

$\lim\limits_{x \to 1} \dfrac{x^2-1}{f(x)-f(1)}$의 값을 구하시오.

$\longrightarrow \lim\limits_{x \to 1}\left\{\dfrac{x-1}{f(x)-f(1)} \times (x+1)\right\}$임을 이용하자.

$$\lim_{x \to 1} \frac{x^2-1}{f(x)-f(1)} = \lim_{x \to 1}\left\{\frac{x-1}{f(x)-f(1)} \times (x+1)\right\}$$
$$= \lim_{x \to 1}\left\{\frac{1}{\dfrac{f(x)-f(1)}{x-1}} \times (x+1)\right\}$$
$$= \frac{2}{f'(1)}$$
$$= \frac{2}{3}$$

답 $\dfrac{2}{3}$

0469

다항함수 $y=f(x)$에 대하여 $f'(4)=3$일 때,

$\lim\limits_{x \to 2} \dfrac{f(x^2)-f(4)}{x-2}$의 값을 구하시오.

$\longrightarrow \lim\limits_{x \to 2}\left\{\dfrac{f(x^2)-f(4)}{x^2-4} \times (x+2)\right\}$임을 이용하자.

$$\lim_{x \to 2} \frac{f(x^2)-f(4)}{x-2} = \lim_{x \to 2}\left\{\frac{f(x^2)-f(4)}{x^2-4} \times (x+2)\right\}$$
$$= 4f'(4)$$
$$= 4 \times 3$$
$$= 12$$

답 12

0470

다항함수 $y=f(x)$에 대하여 $f(2)=-3$, $f'(2)=3$일 때,

$\lim\limits_{x \to 2} \dfrac{f(x)+3}{x^3-8}$의 값은?

$\longrightarrow \lim\limits_{x \to 2}\left\{\dfrac{f(x)-f(2)}{x-2} \times \dfrac{1}{x^2+2x+4}\right\}$임을 이용하자.

$f(2)=-3$이므로

$$\lim_{x \to 2} \frac{f(x)+3}{x^3-8} = \lim_{x \to 2} \frac{f(x)-f(2)}{x^3-8}$$
$$= \lim_{x \to 2}\left\{\frac{f(x)-f(2)}{x-2} \times \frac{1}{x^2+2x+4}\right\}$$
$$= \frac{1}{12}f'(2)$$
$$= \frac{1}{12} \times 3 = \frac{1}{4}$$

답 ②

0471

다항함수 $y=f(x)$에 대하여 $f(2)=5$, $f'(2)=3$일 때,

$\lim\limits_{x \to 2} \dfrac{2f(x)-xf(2)}{x-2}$의 값을 구하시오.

$\longrightarrow \lim\limits_{x \to 2} \dfrac{2f(x)-2f(2)-xf(2)+2f(2)}{x-2}$임을 이용하자.

$$\lim_{x \to 2} \frac{2f(x)-xf(2)}{x-2}$$
$$= \lim_{x \to 2} \frac{2f(x)-2f(2)-\{xf(2)-2f(2)\}}{x-2}$$
$$= \lim_{x \to 2} \frac{2\{f(x)-f(2)\}}{x-2} - \lim_{x \to 2} \frac{f(2)(x-2)}{x-2}$$
$$= 2f'(2)-f(2)$$
$$= 2 \times 3 - 5 = 1$$

답 1

0472

$f(1)=2$임을 이용하자.

다항함수 $y=f(x)$에 대하여 $\lim\limits_{x \to 1} \dfrac{f(x)-2}{x^2-1}=3$일 때,

$\dfrac{f'(1)}{f(1)}$의 값은? $x \to 1$일 때, (분모) $\to 0$이므로 (분자) $\to 0$임을 이용하자.

$\lim\limits_{x \to 1} \dfrac{f(x)-2}{x^2-1}=3$에서 $x \to 1$일 때, (분모) $\to 0$이므로

(분자) $\to 0$이어야 한다.

즉, $\lim\limits_{x \to 1}\{f(x)-2\}=0$이므로 $f(1)=2$

$$\therefore \lim_{x \to 1} \frac{f(x)-2}{x^2-1} = \lim_{x \to 1} \frac{f(x)-f(1)}{x^2-1}$$
$$= \lim_{x \to 1}\left\{\frac{f(x)-f(1)}{x-1} \times \frac{1}{x+1}\right\}$$
$$= \frac{1}{2}f'(1)$$

$\dfrac{1}{2}f'(1)=3$이므로 $f'(1)=6$

$$\therefore \frac{f'(1)}{f(1)} = \frac{6}{2} = 3$$

답 ①

0473

$f(1)=3$임을 이용하자.

다항함수 $y=f(x)$에 대하여 $\lim\limits_{x \to 1} \dfrac{f(x^2)-3}{x-1}=6$일 때,

$f(1)+f'(1)$의 값을 구하시오.

$x \to 1$일 때, (분모) $\to 0$이므로 (분자) $\to 0$임을 이용하자.

$\lim\limits_{x \to 1} \dfrac{f(x^2)-3}{x-1}=6$에서 $x \to 1$일 때, (분모) $\to 0$이므로

(분자) $\to 0$이어야 한다.

즉, $\lim\limits_{x \to 1}\{f(x^2)-3\}=0$이므로 $f(1)=3$

$$\therefore \lim_{x \to 1} \frac{f(x^2)-3}{x-1} = \lim_{x \to 1} \frac{f(x^2)-f(1)}{x-1}$$
$$= \lim_{x \to 1}\left\{\frac{f(x^2)-f(1)}{x^2-1} \times (x+1)\right\}$$
$$= 2f'(1)$$

$2f'(1)=6$이므로 $f'(1)=3$

$\therefore f(1)+f'(1)=3+3=6$

답 6

0474 $\lim\limits_{h\to 0}\dfrac{f(1+2h)-f(1)-\{f(1-4h)-f(1)\}}{h}$ 임을 이용하자.

> 미분가능한 함수 $y=f(x)$에 대하여
> $\lim\limits_{h\to 0}\dfrac{f(1+2h)-f(1-4h)}{h}=30$일 때, $\lim\limits_{x\to 1}\dfrac{f(x^2)-f(1)}{x-1}$ 의
> 값을 구하시오.
> $\lim\limits_{x\to 1}\left\{\dfrac{f(x^2)-f(1)}{x^2-1}\times(x+1)\right\}$임을 이용하자.

$\lim\limits_{h\to 0}\dfrac{f(1+2h)-f(1-4h)}{h}$

$=\lim\limits_{h\to 0}\dfrac{f(1+2h)-f(1)-\{f(1-4h)-f(1)\}}{h}$

$=\lim\limits_{h\to 0}\dfrac{f(1+2h)-f(1)}{2h}\times 2-\lim\limits_{h\to 0}\dfrac{f(1-4h)-f(1)}{-4h}\times(-4)$

$=2f'(1)+4f'(1)=6f'(1)=30$

$\therefore f'(1)=5$

따라서

$\lim\limits_{x\to 1}\dfrac{f(x^2)-f(1)}{x-1}=\lim\limits_{x\to 1}\dfrac{f(x^2)-f(1)}{x^2-1}\times(x+1)$

$\qquad\qquad\qquad\quad=2f'(1)=10$

답 10

0475 $f(2)=1$임을 이용하자.

> 다항함수 $y=f(x)$에 대하여 $\lim\limits_{x\to 2}\dfrac{f(x)-1}{x-2}=2$일 때,
> $\lim\limits_{h\to 0}\dfrac{f(2+h)-f(2-h)}{h}$ 의 값은?
> $x\to 2$일 때, (분모)$\to 0$이므로 (분자)$\to 0$임을 이용하자.

$\lim\limits_{x\to 2}(x-2)=0$이므로 $\lim\limits_{x\to 2}\{f(x)-1\}=0$

$\therefore f(2)=1$

$\lim\limits_{x\to 2}\dfrac{f(x)-1}{x-2}=\lim\limits_{x\to 1}\dfrac{f(x)-f(2)}{x-2}$

$\qquad\qquad\qquad=f'(2)=2$

$\therefore \lim\limits_{h\to 0}\dfrac{f(2+h)-f(2-h)}{h}$

$=\lim\limits_{h\to 0}\dfrac{f(2+h)-f(2)}{h}-\lim\limits_{h\to 0}\dfrac{f(2-h)-f(2)}{-h}\times(-1)$

$=2f'(2)$

$=2\times 2=4$

답 ⑤

0476 $\lim\limits_{x\to 1}\left\{\dfrac{f(x)-f(1)}{x-1}\times\dfrac{1}{x+1}\right\}$임을 이용하자.

> 다항함수 $y=f(x)$에 대하여 $\lim\limits_{x\to 1}\dfrac{f(x)-f(1)}{x^2-1}=-1$일 때,
> $\lim\limits_{h\to 0}\dfrac{f(1-2h)-f(1+5h)}{h}$ 의 값을 구하시오.
> $\lim\limits_{h\to 0}\dfrac{f(1-2h)-f(1)-\{f(1+5h)-f(1)\}}{h}$임을 이용하자.

$\lim\limits_{x\to 1}\dfrac{f(x)-f(1)}{x^2-1}=\lim\limits_{x\to 1}\dfrac{f(x)-f(1)}{x-1}\times\dfrac{1}{x+1}$

$\qquad\qquad\qquad\qquad=\dfrac{1}{2}f'(1)=-1$

$f'(1)=-2$

$\lim\limits_{h\to 0}\dfrac{f(1-2h)-f(1+5h)}{h}$

$=\lim\limits_{h\to 0}\dfrac{f(1-2h)-f(1)-f(1+5h)+f(1)}{h}$

$=\lim\limits_{h\to 0}\dfrac{f(1-2h)-f(1)}{-2h}\times(-2)-\lim\limits_{h\to 0}\dfrac{f(1+5h)-f(1)}{5h}\times 5$

$=-7f'(1)=14$

답 14

0477 $f(2)=0$임을 이용하자.

> 미분가능한 함수 $y=f(x)$가 $\lim\limits_{x\to 2}\dfrac{f(x)}{x-2}=3$을 만족시킬 때,
> $\lim\limits_{x\to 2}\dfrac{\{f(x)\}^2-2f(x)}{2-x}$ 의 값을 구하시오.
> $\lim\limits_{x\to 2}\dfrac{f(x)\{2-f(x)\}}{x-2}$임을 이용하자.
> $x\to 2$일 때, (분모)$\to 0$이므로 (분자)$\to 0$임을 이용하자.

$\lim\limits_{x\to 2}\dfrac{f(x)}{x-2}=3$에서 $x\to 2$일 때, (분모)$\to 0$이므로

(분자)$\to 0$이어야 한다.

즉, $\lim\limits_{x\to 2}f(x)=0$이므로 $f(2)=0$

$\lim\limits_{x\to 2}\dfrac{f(x)}{x-2}=\lim\limits_{x\to 2}\dfrac{f(x)-f(2)}{x-2}$

$\qquad\qquad\qquad=f'(2)=3$

$\therefore \lim\limits_{x\to 2}\dfrac{\{f(x)\}^2-2f(x)}{2-x}=\lim\limits_{x\to 2}\dfrac{f(x)\{2-f(x)\}}{x-2}$

$\qquad\qquad\qquad\qquad\quad=\lim\limits_{x\to 2}\left[\dfrac{f(x)-f(2)}{x-2}\times\{2-f(x)\}\right]$

$\qquad\qquad\qquad\qquad\quad=f'(2)\{2-f(2)\}=3\times 2=6$

답 6

0478 $f'(-x)=-f'(x)$임을 이용하자.

> 다항함수 $y=f(x)$의 그래프는 y축에 대하여 대칭이고,
> $f'(2)=-3$, $f'(4)=6$일 때, $\lim\limits_{x\to -2}\dfrac{f(x^2)-f(4)}{f(x)-f(-2)}$ 의 값은?
> $\lim\limits_{x\to -2}\left\{\dfrac{f(x^2)-f(4)}{x^2-4}\times\dfrac{x-(-2)}{f(x)-f(-2)}\times(x-2)\right\}$임을 이용하자.

$f'(2)=-3$, $f'(4)=6$이고, 함수 $y=f(x)$의 그래프는 y축에 대하여

대칭이므로

$f'(-2)=-f'(2)=3$

$\therefore \lim\limits_{x\to -2}\dfrac{f(x^2)-f(4)}{f(x)-f(-2)}$

$=\lim\limits_{x\to -2}\left\{\dfrac{f(x^2)-f(4)}{x^2-4}\times\dfrac{x-(-2)}{f(x)-f(-2)}\times(x-2)\right\}$

$=f'(4)\times\dfrac{1}{f'(-2)}\times(-4)$

$=6\times\dfrac{1}{3}\times(-4)=-8$

답 ①

0479

> 다항함수 $y=f(x)$에 대하여 $f'(2)=5$일 때,
>
> $\lim\limits_{n\to\infty} n\left\{f\left(2+\dfrac{3}{n}\right)-f(2)\right\}$ 의 값을 구하시오.
>
> $\dfrac{1}{n}=h$로 놓으면 $n\to\infty$일 때, $h\to0$임을 이용하자.

$\dfrac{1}{n}=h$로 놓으면 $n\to\infty$일 때, $h\to0$이므로

$$\lim_{n\to\infty} n\left\{f\left(2+\frac{3}{n}\right)-f(2)\right\}=\lim_{h\to0}\frac{f(2+3h)-f(2)}{h}$$
$$=\lim_{h\to0}\frac{f(2+3h)-f(2)}{3h}\times 3$$
$$=3f'(2)$$
$$=3\times 5=15$$

답 15

0480

> $f'(a)=3$임을 알 수 있다.
>
> 곡선 $y=f(x)$ 위의 점 $\mathrm{P}(a,\,4)$에서의 접선의 방정식이
>
> $y=3x+b$일 때, $\lim\limits_{n\to\infty} n\left\{f\left(a+\dfrac{3}{n}\right)-f(a)\right\}$ 의 값을 구하시오.
>
> $\dfrac{1}{n}=h$로 놓으면 $n\to\infty$일 때, $h\to0$임을 이용하자.

점 $\mathrm{P}(a,\,4)$에서의 접선의 방정식이 $y=3x+b$이므로

$f'(a)=3$

$\dfrac{1}{n}=h$로 놓으면 $n\to\infty$일 때 $h\to0$이므로

$$\lim_{n\to\infty} n\left\{f\left(a+\frac{3}{n}\right)-f(a)\right\}=\lim_{h\to0}\frac{f(a+3h)-f(a)}{h}$$
$$=\lim_{h\to0}\frac{f(a+3h)-f(a)}{3h}\times 3$$
$$=3f'(a)=3\times 3=9$$

답 9

0481

> $\lim\limits_{h\to0}\dfrac{f(1+h)-f(1)-\{f(1-h)-f(1)\}}{h}$ 임을 이용하자.
>
> 다항함수 $y=f(x)$에 대하여 $\lim\limits_{h\to0}\dfrac{f(1+h)-f(1-h)}{h}=8$일 때,
>
> $\lim\limits_{n\to\infty} n\left\{f\left(1+\dfrac{1}{n}\right)-f(1)\right\}$ 의 값을 구하시오.
>
> $\dfrac{1}{n}=h$로 놓으면 $n\to\infty$일 때, $h\to0$임을 이용하자.

$$\lim_{h\to0}\frac{f(1+h)-f(1-h)}{h}$$
$$=\lim_{h\to0}\frac{f(1+h)-f(1)-\{f(1-h)-f(1)\}}{h}$$
$$=\lim_{h\to0}\frac{f(1+h)-f(1)}{h}+\lim_{h\to0}\frac{f(1-h)-f(1)}{-h}$$
$$=f'(1)+f'(1)$$
$$=2f'(1)$$

즉, $2f'(1)=8$이므로

$f'(1)=4$

$\dfrac{1}{n}=h$로 놓으면 $n\to\infty$일 때, $h\to0$이므로

$$\lim_{n\to\infty} n\left\{f\left(1+\frac{1}{n}\right)-f(1)\right\}=\lim_{h\to0}\frac{f(1+h)-f(1)}{h}$$
$$=f'(1)=4$$

답 4

0482

> $x+2\to t$라 하면 $x\to1$일 때, $t\to3$임을 이용하자.
>
> 함수 $y=f(x)$에 대하여 $f'(3)=12$일 때,
>
> $\lim\limits_{x\to1}\dfrac{f(x+2)-f(3)}{x^2-1}$ 의 값을 구하시오.
>
> $\lim\limits_{t\to3}\dfrac{f(t)-f(3)}{t^2-4t+3}$ 임을 이용하자.

$x+2=t$라 하면 $x\to1$일 때, $t\to3$이므로

$$\lim_{x\to1}\frac{f(x+2)-f(3)}{x^2-1}=\lim_{t\to3}\frac{f(t)-f(3)}{t^2-4t+3}$$
$$=\lim_{t\to3}\left\{\frac{f(t)-f(3)}{t-3}\times\frac{1}{t-1}\right\}$$
$$=f'(3)\times\frac{1}{2}$$
$$=12\times\frac{1}{2}=6$$

답 6

0483

> $x+2\to t$라 하면 $x\to2$일 때, $t\to4$임을 이용하자.
>
> 다항함수 $y=f(x)$에 대하여 $\lim\limits_{x\to2}\dfrac{f(x+2)-10}{x^2-4}=3$일 때,
>
> $f(4)+f'(4)$의 값을 구하시오.
>
> $x\to2$일 때, (분모)$\to0$이므로 (분자)$\to0$임을 이용하자.

$\lim\limits_{x\to2}\dfrac{f(x+2)-10}{x^2-4}=3$에서 $x\to2$일 때, (분모)$\to0$이므로

(분자)$\to0$이어야 한다.

즉, $\lim\limits_{x\to2}\{f(x+2)-10\}=0$이므로

$f(4)-10=0$

$\therefore f(4)=10$

$x+2=t$로 놓으면 $x\to2$일 때, $t\to4$이므로

$$\lim_{x\to2}\frac{f(x+2)-10}{x^2-4}=\lim_{t\to4}\frac{f(t)-f(4)}{(t-2)^2-4}$$
$$=\lim_{t\to4}\frac{f(t)-f(4)}{t^2-4t}$$
$$=\lim_{t\to4}\left\{\frac{f(t)-f(4)}{t-4}\times\frac{1}{t}\right\}$$
$$=\frac{1}{4}f'(4)=3$$

에서 $f'(4)=12$

$\therefore f(4)+f'(4)=10+12=22$

답 22

0484

$2x^2-5x+4=t$로 놓으면 $x \longrightarrow 1$일 때, $t \longrightarrow 1$이다.

다항함수 $y=f(x)$에 대하여 $\displaystyle\lim_{x\to1}\dfrac{f(2x^2-5x+4)-f(1)}{x-1}$ 의

값을 $f'(1)$을 이용하여 나타내면?

① $-2f'(1)$ ② $-f'(1)$ ③ $f'(1)$

④ $2f'(1)$ ⑤ $4f'(1)$

$\displaystyle\lim_{t\to1}\left\{\dfrac{f(t)-f(1)}{t-1}\times\dfrac{t-1}{x-1}\right\}$임을 이용하자.

$2x^2-5x+4=t$로 놓으면 $x \longrightarrow 1$일 때 $t \longrightarrow 1$이므로

$\displaystyle\lim_{x\to1}\dfrac{f(2x^2-5x+4)-f(1)}{x-1}$

$=\displaystyle\lim_{t\to1}\left\{\dfrac{f(t)-f(1)}{t-1}\times\dfrac{t-1}{x-1}\right\}$

$=f'(1)\times\displaystyle\lim_{x\to1}\dfrac{2x^2-5x+3}{x-1}$

$=f'(1)\times\displaystyle\lim_{x\to1}\dfrac{(x-1)(2x-3)}{x-1}$

$=f'(1)\times\displaystyle\lim_{x\to1}(2x-3)$

$=-f'(1)$

답 ②

0485

$x=0$, $y=0$을 대입하면 $f(0)=f(0)+f(0)$임을 이용하자.

미분가능한 함수 f가 모든 실수 x, y에 대하여

$f(x+y)=f(x)+f(y)$

를 만족시키고 $f'(0)=1$일 때, $f'(1)$의 값을 구하시오.

$f(1+h)=f(1)+f(h)$임을 이용하자.

주어진 식에 $x=0$, $y=0$을 대입하면

$f(0)=f(0)+f(0)$에서 $f(0)=0$

$\therefore f'(1)=\displaystyle\lim_{h\to0}\dfrac{f(1+h)-f(1)}{h}$

$=\displaystyle\lim_{h\to0}\dfrac{f(1)+f(h)-f(1)}{h}$

$=\displaystyle\lim_{h\to0}\dfrac{f(h)}{h}=\displaystyle\lim_{h\to0}\dfrac{f(h)-f(0)}{h}$

$=f'(0)=1$

답 1

0486

$x=0$, $y=0$을 대입하면 $f(0)=f(0)+f(0)$임을 이용하자.

미분가능한 함수 f가 모든 실수 x, y에 대하여

$f(x+y)=f(x)+f(y)+xy$

를 만족시키고 $f'(0)=2$일 때, $f'(2)$의 값을 구하시오.

$f(2+h)=f(2)+f(h)+2h$임을 이용하자.

주어진 식에 $x=0$, $y=0$을 대입하면

$f(0)=f(0)+f(0)$에서 $f(0)=0$

$\therefore f'(2)=\displaystyle\lim_{h\to0}\dfrac{f(2+h)-f(2)}{h}$

$=\displaystyle\lim_{h\to0}\dfrac{f(2)+f(h)+2h-f(2)}{h}$

$=\displaystyle\lim_{h\to0}\dfrac{f(h)+2h}{h}$

$=\displaystyle\lim_{h\to0}\dfrac{f(h)}{h}+2$

$=\displaystyle\lim_{h\to0}\dfrac{f(h)-f(0)}{h}+2$

$=f'(0)+2$

$=2+2=4$

답 4

0487

$x=0$, $y=0$을 대입하면 $f(0)=f(0)-f(0)$임을 이용하자.

미분가능한 함수 f가 모든 실수 x, y에 대하여

$f(x-y)=f(x)-f(y)$

를 만족시키고 $f'(1)=-1$일 때, $f'(0)$의 값을 구하시오.

$f(1-h)=f(1)-f(h)$임을 이용하자.

주어진 식에 $x=0$, $y=0$을 대입하면

$f(0)=f(0)-f(0)$에서 $f(0)=0$이므로

$f'(1)=\displaystyle\lim_{h\to0}\dfrac{f(1-h)-f(1)}{-h}$

$=\displaystyle\lim_{h\to0}\dfrac{f(1)-f(h)-f(1)}{-h}$

$=\displaystyle\lim_{h\to0}\dfrac{f(h)}{h}$

$=\displaystyle\lim_{h\to0}\dfrac{f(h)-f(0)}{h}$

$=f'(0)$

$\therefore f'(0)=-1$

답 -1

0488

$x=0$, $y=0$을 대입하면 $f(0)=f(0)+f(0)-1$임을 이용하자.

미분가능한 함수 f가 모든 실수 x, y에 대하여

$f(x+y)=f(x)+f(y)-1$

을 만족시키고 $f'(1)=2$일 때, $f'(3)$의 값을 구하시오.

$f(1+h)=f(1)+f(h)-1$임을 이용하자.

주어진 식에 $x=0$, $y=0$을 대입하면

$f(0)=f(0)+f(0)-1$에서 $f(0)=1$이므로

$f'(1)=\displaystyle\lim_{h\to0}\dfrac{f(1+h)-f(1)}{h}$

$=\displaystyle\lim_{h\to0}\dfrac{f(1)+f(h)-1-f(1)}{h}$

$=\displaystyle\lim_{h\to0}\dfrac{f(h)-1}{h}=\displaystyle\lim_{h\to0}\dfrac{f(h)-f(0)}{h}$

$=f'(0)=2$

$\therefore f'(3)=\displaystyle\lim_{h\to0}\dfrac{f(3+h)-f(3)}{h}$

$=\displaystyle\lim_{h\to0}\dfrac{f(3)+f(h)-1-f(3)}{h}$

$=\displaystyle\lim_{h\to0}\dfrac{f(h)-1}{h}=\displaystyle\lim_{h\to0}\dfrac{f(h)-f(0)}{h}$

$=f'(0)=2$

답 2

0489

> $x=0$, $y=0$을 대입하면 $f(0)=f(0)+f(0)-1$임을 이용하자.

> 미분가능한 함수 f가 모든 실수 x, y에 대하여
> $$f(x+y)=f(x)+f(y)+2xy-1$$
> 을 만족시키고 $f'(2)=5$일 때, $f'(0)$의 값은?
>
> ① 0　　　　② 1　　　　③ 2
> ④ 3　　　　⑤ 4
>
> $f(2+h)=f(2)+f(h)+2\times 2\times h-1$임을 이용하자.

주어진 식에 $x=0$, $y=0$을 대입하면
$f(0)=f(0)+f(0)-1$에서 $f(0)=1$이므로
$$f'(2)=\lim_{h\to 0}\frac{f(2+h)-f(2)}{h}$$
$$=\lim_{h\to 0}\frac{f(2)+f(h)+4h-1-f(2)}{h}$$
$$=\lim_{h\to 0}\frac{f(h)-1}{h}+4$$
$$=\lim_{h\to 0}\frac{f(h)-f(0)}{h}+4$$
$$=f'(0)+4$$
즉, $f'(0)+4=5$이므로
$$f'(0)=1$$

답 ②

0490

> $x=0$, $y=0$을 대입하면 $f(0)=f(0)+f(0)-2$임을 이용하자.

> 미분가능한 함수 f가 모든 실수 x, y에 대하여
> $$f(x+y)=f(x)+f(y)+xy(x+y)-2$$
> 를 만족시키고 $f'(2)=6$일 때, $f'(5)$의 값을 구하시오.
>
> $f(2+h)=f(2)+f(h)+2\times h(2+h)-2$임을 이용하자.

주어진 식에 $x=0$, $y=0$을 대입하면
$f(0)=f(0)+f(0)-2$에서 $f(0)=2$이므로
$$f'(2)=\lim_{h\to 0}\frac{f(2+h)-f(2)}{h}$$
$$=\lim_{h\to 0}\frac{f(2)+f(h)+2h(2+h)-2-f(2)}{h}$$
$$=\lim_{h\to 0}\frac{f(h)-2}{h}+\lim_{h\to 0}2(2+h)$$
$$=\lim_{h\to 0}\frac{f(h)-f(0)}{h}+4$$
$$=f'(0)+4=6$$
$$\therefore f'(0)=2$$
$$\therefore f'(5)=\lim_{h\to 0}\frac{f(5+h)-f(5)}{h}$$
$$=\lim_{h\to 0}\frac{f(5)+f(h)+5h(5+h)-2-f(5)}{h}$$
$$=\lim_{h\to 0}\frac{f(h)-2}{h}+\lim_{h\to 0}5(5+h)$$
$$=\lim_{h\to 0}\frac{f(h)-f(0)}{h}+25=f'(0)+25$$
$$=2+25=27$$

답 27

0491

> 다항함수 $y=f(x)$의 그래프가 그림과 같을 때, 다음 값 중에서 가장 큰 것은?
>
>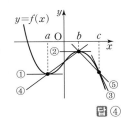
>
> ① $f'(a)$ 함수 $y=f(x)$의 $x=a$에서의 미분계수
> ② $f'(b)$ $f'(a)$는 곡선 $y=f(x)$ 위의 점 $(a, f(a))$에서의 접선의 기울기와 같다.
> ③ $f'(c)$
> ④ 닫힌구간 $[a, b]$에서 함수 $y=f(x)$의 평균변화율
> ⑤ 닫힌구간 $[b, c]$에서 함수 $y=f(x)$의 평균변화율

미분계수는 접선의 기울기이고,
평균변화율은 두 점을 이은 직선의 기울기이다.
따라서 직선의 기울기 중에서 가장 큰 것은
④이다.

답 ④

0492

> 함수 $y=f(x)$의 그래프가 그림과 같을 때, 이 그래프 위의 점 A, B, C, D, E 중에서 $f(x)f'(x)<0$을 만족시키는 점은?
>
> ① 점 A　　　　② 점 B
> ③ 점 C　　　　④ 점 D
> ⑤ 점 E
>
> $f'(a)$는 곡선 $y=f(x)$ 위의 점 $(a, f(a))$에서의 접선의 기울기임을 이용하자.

$f'(x)$는 점 $(x, f(x))$에서의 접선의 기울기이므로 주어진 각 점에서의 부호를 조사하여 표로 나타내면 다음과 같다.

점	A	B	C	D	E
$f(x)$	+	+	−	0	+
$f'(x)$	0	−	0	+	+
$f(x)f'(x)$	0	−	0	0	+

따라서 $f(x)f'(x)<0$을 만족시키는 점은 점 B이다.

답 ②

0493

> $f(2)=3$임을 이용하자.

> 다항함수 $y=f(x)$가 $\lim_{h\to 0}\dfrac{f(2+h)-3}{h}=a$를 만족시키고,
> 곡선 $y=f(x)$ 위의 점 $(2, 3)$에서의 접선의 기울기가 $\dfrac{1}{3}$일 때, 상수 a의 값을 구하시오.
>
> $f'(2)=\dfrac{1}{3}$이다.
>
> $h\to 0$일 때, (분모) $\to 0$이므로 (분자) $\to 0$임을 이용하자.

점 $(2, 3)$이 곡선 $y=f(x)$ 위의 점이므로 $f(2)=3$

곡선 $y=f(x)$ 위의 점 $(2, 3)$에서의 접선의 기울기가 $\dfrac{1}{3}$이므로

$$f'(2)=\frac{1}{3}$$

$$\therefore a=\lim_{h\to 0}\frac{f(2+h)-3}{h}$$

$$=\lim_{h\to 0}\frac{f(2+h)-f(2)}{h}$$

$$=f'(2)=\frac{1}{3}$$

답 $\dfrac{1}{3}$

0494

f'(-1)=4임을 알 수 있다.

곡선 $y=f(x)$ 위의 점 $(-1, f(-1))$에서의 접선의 기울기가 4일 때, $\displaystyle\lim_{x\to-1}\frac{f(x^3)-f(-1)}{x+1}$의 값을 구하시오.

$\displaystyle\lim_{x\to-1}\left\{\frac{f(x^3)-f(-1)}{x^3-(-1)}\times(x^2-x+1)\right\}$임을 이용하자.

$f'(-1)=4$이므로

$$\lim_{x\to-1}\frac{f(x^3)-f(-1)}{x+1}=\lim_{x\to-1}\left\{\frac{f(x^3)-f(-1)}{x^3-(-1)}\times(x^2-x+1)\right\}$$

$$=3f'(-1)$$

$$=3\times 4=12$$

답 12

0495

함수 $y=f(x)$의 그래프가 그림과 같을 때, 〈보기〉에서 옳은 것만을 있는 대로 고르시오.

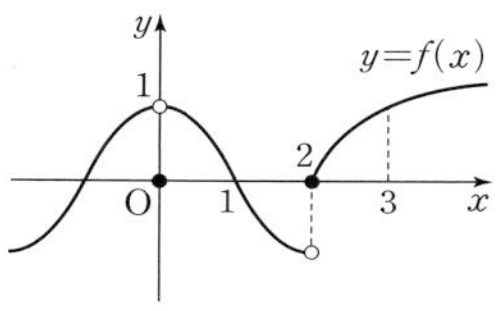

| 보기 |

x=2에서 불연속이면 x=2에서 미분가능하지 않다.

ㄱ. $f(1)f'(2)=0$

ㄴ. $\displaystyle\lim_{x\to 3}\frac{f(x)-f(3)}{x-3}>0$

ㄷ. $\displaystyle\lim_{h\to 0}\frac{f(1+h)}{h}<0$

f(1)=0임을 이용하자.

ㄱ. $f(1)=0$이지만 $f'(2)$의 값은 존재하지 않는다. (거짓)

ㄴ. $\displaystyle\lim_{x\to 3}\frac{f(x)-f(3)}{x-3}=f'(3)>0$ (참)

ㄷ. $f(1)=0$이므로

$$\lim_{h\to 0}\frac{f(1+h)}{h}=\lim_{h\to 0}\frac{f(1+h)-f(1)}{h}=f'(1)$$

$f'(1)<0$이므로 $\displaystyle\lim_{h\to 0}\frac{f(1+h)}{h}<0$ (참)

따라서 옳은 것은 ㄴ, ㄷ이다.

답 ㄴ, ㄷ

0496

미분가능한 두 함수 $y=f(x)$와 $y=x$의 그래프가 그림과 같을 때, 〈보기〉에서 옳은 것만을 있는 대로 고르시오. (단, $0<a<b$)

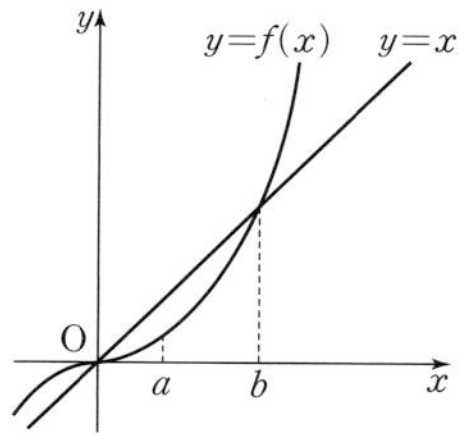

| 보기 |

ㄱ. $\dfrac{f(b)-f(a)}{b-a}<f'(b)$

ㄴ. $f(b)f(a)<ab$

ㄷ. $\dfrac{f(a)}{a}<f'(a)$

x의 값이 a에서 b까지 변할 때의 평균변화율임을 이용하자.

원점과 $(a, f(a))$를 연결한 직선의 기울기임을 이용하자.

ㄱ. 함수 $y=f(x)$의 그래프에서 x의 값이 a에서 b까지 변할 때의 평균변화율은 $x=b$에서의 접선의 기울기보다 작다.

$$\therefore \frac{f(b)-f(a)}{b-a}<f'(b) \text{ (참)}$$

ㄴ. $0<f(a)<a$이고, $f(b)=b>0$이므로 $f(a)f(b)<ab$ (참)

ㄷ. 원점과 $(a, f(a))$를 연결한 직선의 기울기는 함수 $y=f(x)$의 $x=a$에서의 접선의 기울기보다 작다. (참)

따라서 옳은 것은 ㄱ, ㄴ, ㄷ이다.

답 ㄱ, ㄴ, ㄷ

0497

그림은 함수 $y=f(x)$의 그래프이다. $a<0<b$일 때, 〈보기〉에서 옳은 것만을 있는 대로 고른 것은?

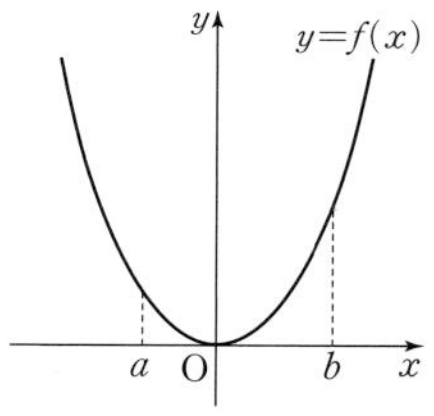

| 보기 |

ㄱ. $f'(a)<f'(b)$

ㄴ. $\dfrac{f(a)}{a}<\dfrac{f(b)}{b}$

ㄷ. $\dfrac{f(b)-f(a)}{b-a}=f'(c)$인 c가 a와 b 사이에 존재한다.

원점과 $(b, f(b))$를 연결한 직선의 기울기임을 이용하자.

x의 값이 a에서 b까지 변할 때의 평균변화율임을 이용하자.

ㄱ. $f'(a)$는 점 $(a, f(a))$에서의 접선의 기울기이고, $f'(b)$는 점 $(b, f(b))$에서의 접선의 기울기이다. 점 $(a, f(a))$에서의 접선의 기울기는 음수이고, 점 $(b, f(b))$에서의 접선의 기울기는 양수이므로 $f'(a)<f'(b)$ (참)

ㄴ. 원점과 점 $(a, f(a))$를 지나는 직선의 기울기보다 원점과 점 $(b, f(b))$를 지나는 직선의 기울기가 더 크므로

$$\frac{f(a)-0}{a-0}<\frac{f(b)-0}{b-0}$$

$$\therefore \frac{f(a)}{a}<\frac{f(b)}{b} \text{ (참)}$$

ㄷ. $\dfrac{f(b)-f(a)}{b-a}$는 두 점 $(a, f(a))$, $(b, f(b))$를 지나는 직선의 기울기이고, $f'(c)$는 점 $(c, f(c))$에서의 접선의 기울기이다.

즉, $\dfrac{f(b)-f(a)}{b-a}=f'(c)$인 c가 그림과 같이 a와 b 사이에 존재한다. (참)

따라서 ㄱ, ㄴ, ㄷ 모두 옳다.

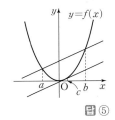

답 ⑤

0498

그림은 원점을 지나는 다항함수 $y=f(x)$와 $y=x$의 그래프이다. 〈보기〉에서 옳은 것만을 있는 대로 고르시오. (단, $0<a<1<b$)

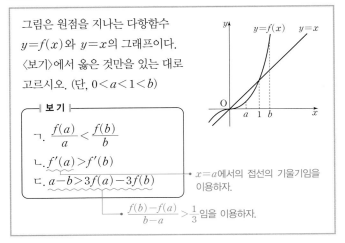

┤ 보기 ├
ㄱ. $\dfrac{f(a)}{a}<\dfrac{f(b)}{b}$
ㄴ. $f'(a)>f'(b)$ ← $x=a$에서의 접선의 기울기임을 이용하자.
ㄷ. $a-b>3f(a)-3f(b)$ ← $\dfrac{f(b)-f(a)}{b-a}>\dfrac{1}{3}$임을 이용하자.

ㄱ. 함수 $y=f(x)$에서 $\dfrac{f(a)}{a}=\dfrac{f(a)-0}{a-0}$은 0부터 a까지의 평균변화율이고, $\dfrac{f(b)}{b}=\dfrac{f(b)-0}{b-0}$은 0부터 b까지의 평균변화율이다.

$\therefore \dfrac{f(a)}{a}<\dfrac{f(b)}{b}$ (참)

ㄴ. 함수 $y=f(x)$에서 $f'(a)$는 $x=a$에서의 접선의 기울기이고, $f'(b)$는 $x=b$에서의 접선의 기울기이다.

$\therefore f'(a)<f'(b)$ (거짓)

ㄷ. $a-b>3f(a)-3f(b)$에서 $3\{f(b)-f(a)\}>b-a$

$b-a>0$이므로

$\dfrac{f(b)-f(a)}{b-a}>\dfrac{1}{3}$

그래프에서 $f(a)<a$이고 $f(b)>b$이므로

$\dfrac{f(b)-f(a)}{b-a}>1$

$\therefore \dfrac{f(b)-f(a)}{b-a}>\dfrac{1}{3}$ (참)

따라서 옳은 것은 ㄱ, ㄷ이다.

답 ㄱ, ㄷ

0499

그림은 두 함수 $y=f(x)$, $y=x$의 그래프이다. $0<a<b$일 때, 〈보기〉에서 옳은 것만을 있는 대로 고른 것은?

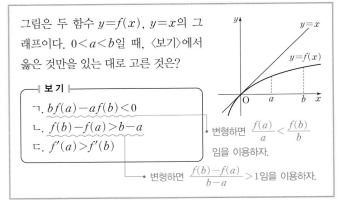

┤ 보기 ├
ㄱ. $bf(a)-af(b)<0$ ← 변형하면 $\dfrac{f(a)}{a}<\dfrac{f(b)}{b}$ 임을 이용하자.
ㄴ. $f(b)-f(a)>b-a$ ← 변형하면 $\dfrac{f(b)-f(a)}{b-a}>1$임을 이용하자.
ㄷ. $f'(a)>f'(b)$

ㄱ. $\dfrac{f(a)}{a}$는 원점과 점 $(a, f(a))$를 지나는 직선의 기울기이고,

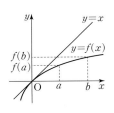

$\dfrac{f(b)}{b}$는 원점과 점 $(b, f(b))$를 지나는 직선의 기울기이므로

$\dfrac{f(a)}{a}>\dfrac{f(b)}{b}$ ……㉠

$ab>0$이므로 ㉠의 양변에 ab를 곱하면

$bf(a)>af(b)$ $\therefore bf(a)-af(b)>0$ (거짓)

ㄴ. 두 점 $(a, f(a))$, $(b, f(b))$를 지나는 직선의 기울기는 직선 $y=x$의 기울기인 1보다 작으므로

$\dfrac{f(b)-f(a)}{b-a}<1$ ……㉡

$a<b$에서 $b-a>0$이므로 ㉡의 양변에 $b-a$를 곱하면

$f(b)-f(a)<b-a$ (거짓)

ㄷ. $f'(a)$는 점 $(a, f(a))$에서의 접선의 기울기이고, $f'(b)$는 점 $(b, f(b))$에서의 접선의 기울기이다.

그런데 점 $(a, f(a))$에서의 접선의 기울기가 점 $(b, f(b))$에서의 접선의 기울기보다 크므로

$f'(a)>f'(b)$ (참)

따라서 옳은 것은 ㄷ뿐이다.

답 ③

0500

함수 $f(x)=\begin{cases} ax+4 & (x\geq 2) \\ x^2+2a & (x<2) \end{cases}$ 가 모든 실수 x에 대하여 미분가능하도록 하는 상수 a의 값을 구하시오.

← $x=2$에서 미분가능하려면
(i) 함수 $f(x)$가 $x=2$에서 연속이다.
(ii) $\displaystyle\lim_{x \to 2+}\dfrac{f(x)-f(2)}{x-2}=\lim_{x \to 2-}\dfrac{f(x)-f(2)}{x-2}$를 만족하여야 한다.

$\displaystyle\lim_{x \to 2}f(x)=f(2)=2a+4$이므로 함수 $y=f(x)$는 $x=2$에서 연속이다.

$x=2$에서 미분가능하려면 미분계수 $f'(2)$가 존재해야 한다.

$\displaystyle\lim_{x \to 2+}\dfrac{f(x)-f(2)}{x-2}=\lim_{x \to 2+}\dfrac{(ax+4)-(2a+4)}{x-2}$

$=\displaystyle\lim_{x \to 2+}\dfrac{a(x-2)}{x-2}=a$

$$\lim_{x \to 2^-} \frac{f(x)-f(2)}{x-2} = \lim_{x \to 2^-} \frac{(x^2+2a)-(2a+4)}{x-2}$$
$$= \lim_{x \to 2^-} \frac{(x+2)(x-2)}{x-2}$$
$$= 4$$

이므로

$$\lim_{x \to 2^+} \frac{f(x)-f(2)}{x-2} = \lim_{x \to 2^-} \frac{f(x)-f(2)}{x-2} \text{에서}$$

$a=4$

답 4

0501

$\lim\limits_{h \to 0^+} \dfrac{f(1+h)-f(1)}{h} = \lim\limits_{h \to 0^-} \dfrac{f(1+h)-f(1)}{h}$ 임을 이용하자.

함수 $f(x) = \begin{cases} x^2+a & (x \geq 1) \\ bx+5 & (x<1) \end{cases}$ 가 $x=1$에서 미분가능할 때,

두 상수 a, b에 대하여 ab의 값을 구하시오.

$x=1$에서 연속임을 이용하자.

함수 $y=f(x)$가 $x=1$에서 미분가능하면 $x=1$에서 연속이므로
$f(1) = \lim\limits_{x \to 1} f(x)$에서
$1+a = b+5$
$\therefore a-b=4$ ······ ㉠

또 함수 $y=f(x)$의 $x=1$에서의 미분계수 $f'(1)$이 존재하므로

$$\lim_{h \to 0^+} \frac{f(1+h)-f(1)}{h} = \lim_{h \to 0^+} \frac{(1+h)^2+a-(1+a)}{h}$$
$$= \lim_{h \to 0^+} \frac{h(h+2)}{h}$$
$$= \lim_{h \to 0^+} (h+2) = 2$$

$$\lim_{h \to 0^-} \frac{f(1+h)-f(1)}{h} = \lim_{h \to 0^-} \frac{b(1+h)+5-(1+a)}{h}$$
$$= \lim_{h \to 0^-} \frac{b(1+h)+5-(b+5)}{h} \quad (\because \text{㉠})$$
$$= \lim_{h \to 0^-} \frac{bh}{h} = b$$

$\therefore b=2$
$b=2$를 ㉠에 대입하면 $a=6$
$\therefore ab=12$

답 12

0502

$\lim\limits_{x \to 1^+} \dfrac{f(x)-f(1)}{x-1} = \lim\limits_{x \to 1^-} \dfrac{f(x)-f(1)}{x-1}$ 임을 이용하자.

함수 $f(x) = \begin{cases} 2x^3+ax^2+bx & (x \geq 1) \\ 3x^2+1 & (x<1) \end{cases}$ 이 모든 실수 x에서

미분가능할 때, 두 상수 a, b에 대하여 ab의 값은?

$x=1$에서도 미분가능하다. 즉 $x=1$에서 연속임을 이용하자.

함수 $y=f(x)$가 $x=1$에서 미분가능하면 $x=1$에서 연속이므로
$\lim\limits_{x \to 1^+} (2x^3+ax^2+bx) = \lim\limits_{x \to 1^-} (3x^2+1) = f(1)$에서
$2+a+b=4$
$\therefore a+b=2$ ······ ㉠
또 함수 $y=f(x)$의 $x=1$에서의 미분계수가 존재하므로

$$\lim_{x \to 1^+} \frac{f(x)-f(1)}{x-1}$$
$$= \lim_{x \to 1^+} \frac{2x^3+ax^2+bx-(2+a+b)}{x-1}$$
$$= \lim_{x \to 1^+} \frac{(x-1)\{2x^2+(a+2)x+a+b+2\}}{x-1}$$
$$= \lim_{x \to 1^+} \{2x^2+(a+2)x+a+b+2\} = 2a+b+6$$

$$\lim_{x \to 1^-} \frac{f(x)-f(1)}{x-1} = \lim_{x \to 1^-} \frac{3x^2+1-(2+a+b)}{x-1}$$
$$= \lim_{x \to 1^-} \frac{(3x^2+1)-4}{x-1}$$
$$= \lim_{x \to 1^-} \frac{3(x+1)(x-1)}{x-1}$$
$$= \lim_{x \to 1^-} 3(x+1) = 6$$

$\therefore 2a+b=0$ ······ ㉡
㉠, ㉡을 연립하여 풀면 $a=-2$, $b=4$
$\therefore ab=-8$

답 ①

0503

$\lim\limits_{h \to 0^+} \dfrac{f(0+h)-f(0)}{h} \neq \lim\limits_{h \to 0^-} \dfrac{f(0+h)-f(0)}{h}$ 인 것을 찾자.

다음 함수 중에서 $x=0$에서 연속이지만 미분가능하지 않은 것은?

① $f(x) = x^2+3$ ② $f(x) = \dfrac{1}{x}$ ③ $f(x) = \sqrt{x^2}$

④ $f(x) = |x|^2$ ⑤ $f(x) = x^2|x|$

① $\lim\limits_{x \to 0} f(x) = f(0) = 3$이므로 함수 $y=f(x)$는 $x=0$에서 연속이다.
$$f'(0) = \lim_{h \to 0} \frac{f(0+h)-f(0)}{h}$$
$$= \lim_{h \to 0} \frac{(h^2+3)-3}{h} = \lim_{h \to 0} h = 0$$
이므로 함수 $y=f(x)$는 $x=0$에서 미분가능하다.

② $x=0$일 때, $f(0)$의 값이 정의되지 않는다.
따라서 함수 $y=f(x)$는 $x=0$에서 불연속이므로 미분가능하지 않다.

③ $f(x) = \sqrt{x^2} = |x|$에서 $f(0)=0$이고,
$\lim\limits_{x \to 0^+} f(x) = \lim\limits_{x \to 0^+} |x| = \lim\limits_{x \to 0^+} x = 0$,
$\lim\limits_{x \to 0^-} f(x) = \lim\limits_{x \to 0^-} |x| = \lim\limits_{x \to 0^-} (-x) = 0$
즉, $\lim\limits_{x \to 0} f(x) = f(0)$이므로 함수 $y=f(x)$는 $x=0$에서 연속이다.

$$\lim_{h \to 0^+} \frac{f(0+h)-f(0)}{h} = \lim_{h \to 0^+} \frac{|h|}{h}$$
$$= \lim_{h \to 0^+} \frac{h}{h} = 1$$

$$\lim_{h \to 0^-} \frac{f(0+h)-f(0)}{h} = \lim_{h \to 0^-} \frac{|h|}{h}$$
$$= \lim_{h \to 0^-} \frac{-h}{h} = -1$$

이므로 함수 $y=f(x)$는 $x=0$에서 미분가능하지 않다.

④ $f(x) = |x|^2 = x^2$에서 $\lim\limits_{x \to 0} f(x) = f(0) = 0$이므로
함수 $y=f(x)$는 $x=0$에서 연속이다.
$$f'(0) = \lim_{h \to 0} \frac{f(0+h)-f(0)}{h}$$
$$= \lim_{h \to 0} \frac{h^2}{h} = \lim_{h \to 0} h = 0$$
이므로 함수 $y=f(x)$는 $x=0$에서 미분가능하다.

⑤ $f(x)=x^2|x|=\begin{cases} x^3 & (x\geq0) \\ -x^3 & (x<0) \end{cases}$ 에서

$\displaystyle\lim_{x\to0}f(x)=f(0)=0$ 이므로 함수 $y=f(x)$는 $x=0$에서 연속이다.

$\displaystyle\lim_{h\to0+}\frac{f(0+h)-f(0)}{h}=\lim_{h\to0+}\frac{h^3}{h}$
$\qquad\qquad\qquad\qquad=\lim_{h\to0+}h^2=0$

$\displaystyle\lim_{h\to0-}\frac{f(0+h)-f(0)}{h}=\lim_{h\to0-}\frac{-h^3}{h}$
$\qquad\qquad\qquad\qquad=\lim_{h\to0-}(-h^2)=0$

이므로 함수 $y=f(x)$는 $x=0$에서 미분가능하다.

따라서 $x=0$에서 연속이지만 미분가능하지 않은 함수는 ③이다.

답 ③

0504

> $\displaystyle\lim_{h\to0+}\frac{f(0+h)-f(0)}{h}\neq\lim_{h\to0-}\frac{f(0+h)-f(0)}{h}$ 이면 $x=0$에서 미분가능하지 않다.

다음 〈보기〉의 함수 중에서 $x=0$에서 미분가능한 것만을 있는 대로 고른 것은? (단, $[x]$는 x보다 크지 않은 최대의 정수이다.)

> **┤보기├**
>
> ㄱ. $f(x)=\begin{cases} x & (x\geq0) \\ -x & (x<0) \end{cases}$
>
> ㄴ. $f(x)=\begin{cases} (x+1)^2 & (x\geq0) \\ 2x+1 & (x<0) \end{cases}$
>
> ㄷ. $f(x)=[x]$ ← $y=[x]$는 $x=$(정수)에서 불연속이다.
>
> ㄹ. $f(x)=x^2|x|$

ㄱ. 함수 $y=f(x)$는 $x=0$에서 연속이지만

$\displaystyle\lim_{h\to0+}\frac{f(0+h)-f(0)}{h}=\lim_{h\to0+}\frac{h}{h}=1$

$\displaystyle\lim_{h\to0-}\frac{f(0+h)-f(0)}{h}=\lim_{h\to0-}\frac{-h}{h}=-1$

이므로 $f'(0)$이 존재하지 않는다.

따라서 함수 $y=f(x)$는 $x=0$에서 미분가능하지 않다.

ㄴ. 함수 $y=f(x)$는 $x=0$에서 연속이고

$\displaystyle\lim_{h\to0+}\frac{f(0+h)-f(0)}{h}=\lim_{h\to0+}\frac{(h+1)^2-1}{h}$
$\qquad\qquad\qquad\qquad=\lim_{h\to0+}(h+2)$
$\qquad\qquad\qquad\qquad=2$

$\displaystyle\lim_{h\to0-}\frac{f(0+h)-f(0)}{h}=\lim_{h\to0-}\frac{(2h+1)-1}{h}$
$\qquad\qquad\qquad\qquad=2$

이므로 $f'(0)$이 존재한다.

따라서 함수 $y=f(x)$는 $x=0$에서 미분가능하다.

ㄷ. 함수 $f(x)=[x]$는 $x=0$에서 불연속이므로 미분가능하지 않다.

ㄹ. $f(x)=x^2|x|=\begin{cases} x^3 & (x\geq0) \\ -x^3 & (x<0) \end{cases}$ 에서

함수 $y=f(x)$는 $x=0$에서 연속이고

$\displaystyle\lim_{h\to0+}\frac{f(0+h)-f(0)}{h}=\lim_{h\to0+}\frac{(0+h)^3-0}{h}$
$\qquad\qquad\qquad\qquad=\lim_{h\to0+}h^2=0$

$\displaystyle\lim_{h\to0-}\frac{f(0+h)-f(0)}{h}=\lim_{h\to0-}\frac{-(0+h)^3-0}{h}$
$\qquad\qquad\qquad\qquad=\lim_{h\to0-}(-h^2)=0$

이므로 $f'(0)$이 존재한다.

따라서 함수 $y=f(x)$는 $x=0$에서 미분가능하다.

그러므로 $x=0$에서 미분가능한 것은 ㄴ, ㄹ이다.

답 ②

0505

> $\displaystyle\lim_{h\to0+}\frac{f(1+h)-f(1)}{h}\neq\lim_{h\to0-}\frac{f(1+h)-f(1)}{h}$ 이면 $x=1$에서 미분가능하지 않다.

〈보기〉의 함수 중에서 $x=1$에서 미분가능하지 <u>않은</u> 것만을 있는 대로 고른 것은?

> **┤보기├**
>
> ㄱ. $f(x)=|x^2-1|$ ㄴ. $f(x)=(x-1)|x-1|$
>
> ㄷ. $f(x)=\dfrac{x^2-1}{|x-1|}$
>
> ← $f(x)$는 $x=1$에서 정의되지 않는다.

ㄱ. $f(1)=0$, $\displaystyle\lim_{x\to1}f(x)=\lim_{x\to1}|x^2-1|=0$ 이므로

$\displaystyle\lim_{x\to1}f(x)=f(1)$

즉, 함수 $y=f(x)$는 $x=1$에서 연속이다.

$f'(1)=\displaystyle\lim_{h\to0}\frac{f(1+h)-f(1)}{h}$
$\quad\;\;=\displaystyle\lim_{h\to0}\frac{|(1+h)^2-1|-|1^2-1|}{h}$
$\quad\;\;=\displaystyle\lim_{h\to0}\frac{|h^2+2h|}{h}$

에서

$\displaystyle\lim_{h\to0+}\frac{|h^2+2h|}{h}=\lim_{h\to0+}\frac{h^2+2h}{h}$
$\qquad\qquad\qquad=\lim_{h\to0+}(h+2)=2$

$\displaystyle\lim_{h\to0-}\frac{|h^2+2h|}{h}=\lim_{h\to0-}\frac{-h^2-2h}{h}$
$\qquad\qquad\qquad=\lim_{h\to0-}(-h-2)=-2$

이므로 함수 $y=f(x)$는 $x=1$에서 미분가능하지 않다.

ㄴ. $f(1)=0$, $\displaystyle\lim_{x\to1}f(x)=\lim_{x\to1}(x-1)|x-1|=0$ 이므로

$\displaystyle\lim_{x\to1}f(x)=f(1)$

즉, 함수 $y=f(x)$는 $x=1$에서 연속이다.

$f'(1)=\displaystyle\lim_{x\to1}\frac{f(x)-f(1)}{x-1}$
$\quad\;\;=\displaystyle\lim_{x\to1}\frac{(x-1)|x-1|}{x-1}$
$\quad\;\;=\displaystyle\lim_{x\to1}|x-1|=0$

이므로 함수 $y=f(x)$는 $x=1$에서 미분가능하다.

ㄷ. $f(x)=\dfrac{x^2-1}{|x-1|}$ 에서 $f(1)$이 정의되지 않는다.

즉, 함수 $y=f(x)$는 $x=1$에서 불연속이므로 미분가능하지 않다.

따라서 $x=1$에서 미분가능하지 않은 함수는 ㄱ, ㄷ이다.

답 ④

0506

함수 $f(x)=|x-2|(x+a)$가 $x=2$에서 미분가능하도록 하는 상수 a의 값을 구하시오.

$\displaystyle\lim_{x\to 2+}\frac{f(x)-f(2)}{x-2}=\lim_{x\to 2-}\frac{f(x)-f(2)}{x-2}$ 임을 이용하자.

$f(x)=|x-2|(x+a)=\begin{cases}(x-2)(x+a) & (x\geq 2)\\(2-x)(x+a) & (x<2)\end{cases}$ 에서

미분계수 $f'(2)$가 존재해야 하므로

$\displaystyle\lim_{x\to 2+}\frac{f(x)-f(2)}{x-2}=\lim_{x\to 2+}\frac{(x-2)(x+a)}{x-2}=2+a$

$\displaystyle\lim_{x\to 2-}\frac{f(x)-f(2)}{x-2}=\lim_{x\to 2-}\frac{(2-x)(x+a)}{x-2}=-2-a$

즉, $2+a=-2-a$이므로 $2a=-4$

$\therefore a=-2$

답 -2

0507

다음 〈보기〉의 함수 중에서 $x=0$에서 연속이지만 미분가능하지 않은 것만을 있는 대로 고른 것은?

┤ 보기 ├
• $f(x)$는 $x=0$에서 정의되지 않는다.

ㄱ. $f(x)=\dfrac{5}{x}$ ㄴ. $f(x)=|x|^3$

ㄷ. $f(x)=\sqrt{x^2}$

• $\displaystyle\lim_{h\to 0+}\frac{f(0+h)-f(0)}{h}\neq\lim_{h\to 0-}\frac{f(0+h)-f(0)}{h}$ 이면 $x=0$에서 미분가능하지 않다.

ㄱ. $x=0$일 때, $f(0)$이 정의되지 않는다.

따라서 함수 $y=f(x)$는 $x=0$에서 불연속이므로 미분가능하지 않다.

ㄴ. $\displaystyle\lim_{x\to 0}f(x)=\lim_{x\to 0}|x|^3=0$, $f(0)=0$이므로

$\displaystyle\lim_{x\to 0}f(x)=f(0)$

즉, 함수 $y=f(x)$는 $x=0$에서 연속이다. 또한,

$f'(0)=\displaystyle\lim_{h\to 0}\frac{f(0+h)-f(0)}{h}$

$=\displaystyle\lim_{h\to 0}\frac{|h|^3-0}{h}$

$=\displaystyle\lim_{h\to 0}\frac{h^2\times|h|}{h}$

$=\displaystyle\lim_{h\to 0}h|h|=0$

이므로 함수 $y=f(x)$는 $x=0$에서 미분가능하다.

ㄷ. $\displaystyle\lim_{x\to 0}f(x)=\lim_{x\to 0}\sqrt{x^2}=\lim_{x\to 0}|x|=0$, $f(0)=0$이므로

$\displaystyle\lim_{x\to 0}f(x)=f(0)$

즉, 함수 $y=f(x)$는 $x=0$에서 연속이다.

또한, $f'(0)=\displaystyle\lim_{h\to 0}\frac{f(0+h)-f(0)}{h}=\lim_{h\to 0}\frac{|h|}{h}$ 에서

$\displaystyle\lim_{h\to 0+}\frac{h}{h}=1$, $\lim_{h\to 0-}\frac{-h}{h}=-1$

이므로 $f'(0)$이 존재하지 않는다.

따라서 함수 $y=f(x)$는 $x=0$에서 미분가능하지 않다.

그러므로 $x=0$에서 연속이지만 미분가능하지 않은 함수는 ㄷ뿐이다.

답 ③

0508

다음 〈보기〉의 함수 중에서 $x=1$에서 연속이지만 미분가능하지 않은 것만을 있는 대로 고른 것은?

┤ 보기 ├

ㄱ. $f(x)=\sqrt{(x-1)^2}$ ← $x=1$에서 연속이면서

ㄴ. $f(x)=(x-1)|x-1|$ $\displaystyle\lim_{x\to 1+}\frac{f(x)-f(1)}{x-1}=\lim_{x\to 1-}\frac{f(x)-f(1)}{x-1}$ 이어야 미분가능하다.

ㄷ. $f(x)=\dfrac{x^2-1}{|x-1|}$

• $f(x)$는 $x=1$에서 정의되지 않는다.

ㄱ. $f(x)=\sqrt{(x-1)^2}=|x-1|$

$=\begin{cases}x-1 & (x\geq 1)\\-x+1 & (x<1)\end{cases}$

에서 $\displaystyle\lim_{x\to 1}f(x)=0$, $f(1)=0$이므로

$\displaystyle\lim_{x\to 1}f(x)=f(1)$

즉, 함수 $y=f(x)$는 $x=1$에서 연속이다.

또한, $f'(1)=\displaystyle\lim_{x\to 1}\frac{f(x)-f(1)}{x-1}=\lim_{x\to 1}\frac{|x-1|}{x-1}$ 에서

$\displaystyle\lim_{x\to 1+}\frac{|x-1|}{x-1}=\lim_{x\to 1+}\frac{x-1}{x-1}=1$

$\displaystyle\lim_{x\to 1-}\frac{|x-1|}{x-1}=\lim_{x\to 1-}\frac{-(x-1)}{x-1}=-1$

이므로 $f'(1)$이 존재하지 않는다.

따라서 함수 $y=f(x)$는 $x=1$에서 미분가능하지 않다.

ㄴ. $f(x)=(x-1)|x-1|$

$=\begin{cases}(x-1)^2 & (x\geq 1)\\-(x-1)^2 & (x<1)\end{cases}$

에서 $\displaystyle\lim_{x\to 1}f(x)=0$, $f(1)=0$이므로

$\displaystyle\lim_{x\to 1}f(x)=f(1)$

즉, 함수 $y=f(x)$는 $x=1$에서 연속이다. 또한,

$f'(1)=\displaystyle\lim_{x\to 1}\frac{f(x)-f(1)}{x-1}$

$=\displaystyle\lim_{x\to 1}\frac{(x-1)|x-1|}{x-1}$

$=\displaystyle\lim_{x\to 1}|x-1|=0$

이므로 함수 $y=f(x)$는 $x=1$에서 미분가능하다.

ㄷ. $x=1$일 때, $f(1)$이 정의되지 않는다.

따라서 함수 $y=f(x)$는 $x=1$에서 불연속이므로 미분가능하지 않다.

따라서 $x=1$에서 연속이지만 미분가능하지 않은 함수는 ㄱ뿐이다.

답 ①

0509

$x=0$에서 연속이면서

$\displaystyle\lim_{h\to 0+}\frac{f(0+h)-f(0)}{h}\neq\lim_{h\to 0-}\frac{f(0+h)-f(0)}{h}$ 인 것을 찾자.

다음 함수 중에서 $x=0$에서 연속이지만 미분가능하지 않은 함수는?

① $f(x)=8$ ② $f(x)=x|x|$ ③ $f(x)=x+|x|$

④ $f(x)=\dfrac{|x|}{x}$ ⑤ $f(x)=|x|^2$

① $\lim\limits_{x \to 0} f(x) = f(0) = 8$이므로 함수 $y = f(x)$는 $x = 0$에서 연속이다.

$$f'(0) = \lim\limits_{h \to 0} \frac{f(0+h) - f(0)}{h}$$

$$= \lim\limits_{h \to 0} \frac{8 - 8}{h} = 0$$

이므로 함수 $y = f(x)$는 $x = 0$에서 미분가능하다.

② $\lim\limits_{x \to 0} f(x) = \lim\limits_{x \to 0} x|x| = 0$, $f(0) = 0$이므로

$$\lim\limits_{x \to 0} f(x) = f(0)$$

즉, 함수 $y = f(x)$는 $x = 0$에서 연속이다. 또한,

$$f'(0) = \lim\limits_{h \to 0} \frac{f(0+h) - f(0)}{h}$$

$$= \lim\limits_{h \to 0} \frac{h|h|}{h} = \lim\limits_{h \to 0} |h| = 0$$

이므로 함수 $y = f(x)$는 $x = 0$에서 미분가능하다.

③ $\lim\limits_{x \to 0} f(x) = \lim\limits_{x \to 0} (x + |x|) = 0$, $f(0) = 0$이므로

$$\lim\limits_{x \to 0} f(x) = f(0)$$

즉, 함수 $y = f(x)$는 $x = 0$에서 연속이다.

또한, $f'(0) = \lim\limits_{h \to 0} \frac{f(0+h) - f(0)}{h} = \lim\limits_{h \to 0} \frac{h + |h|}{h}$에서

$$\lim\limits_{h \to 0+} \frac{h + |h|}{h} = \lim\limits_{h \to 0+} \frac{h + h}{h} = 2$$

$$\lim\limits_{h \to 0-} \frac{h + |h|}{h} = \lim\limits_{h \to 0-} \frac{h - h}{h} = 0$$

이므로 $f'(0)$이 존재하지 않는다.

따라서 함수 $y = f(x)$는 $x = 0$에서 미분가능하지 않다.

④ $x = 0$일 때, $f(0)$이 정의되지 않는다.

따라서 함수 $y = f(x)$는 $x = 0$에서 불연속이므로 미분가능하지 않다.

⑤ $\lim\limits_{x \to 0} f(x) = \lim\limits_{x \to 0} |x|^2 = 0$, $f(0) = 0$이므로

$$\lim\limits_{x \to 0} f(x) = f(0)$$

즉, 함수 $y = f(x)$는 $x = 0$에서 연속이다. 또한,

$$f'(0) = \lim\limits_{h \to 0} \frac{f(0+h) - f(0)}{h}$$

$$= \lim\limits_{h \to 0} \frac{|h|^2}{h}$$

$$= \lim\limits_{h \to 0} \frac{h^2}{h} = \lim\limits_{h \to 0} h = 0$$

이므로 함수 $y = f(x)$는 $x = 0$에서 미분가능하다.

따라서 $x = 0$에서 연속이지만 미분가능하지 않은 함수는 ③이다.

답 ③

0510 $x = a$에서 불연속이거나 뾰족한 점을 가질 때, $x = a$에서 미분가능하지 않다.

다음 함수 $y = f(x)$의 그래프 중에서 $x = a$에서 미분가능한 것은?

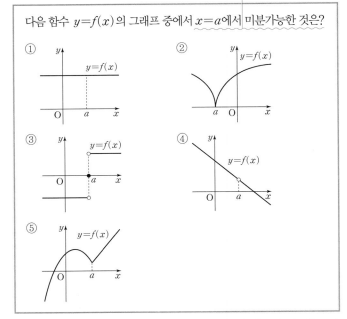

① 함수 $y = f(x)$는 $x = a$에서 연속이고, 점 $(a, f(a))$에서 접선을 그을 수 있다. 즉, $f'(a)$가 존재하므로 $x = a$에서 미분가능하다.

②, ⑤ 함수 $y = f(x)$의 그래프의 뾰족한 점에서는 미분가능하지 않으므로 $x = a$에서 미분가능하지 않다.

③, ④ 함수 $y = f(x)$는 $x = a$에서 불연속이므로 미분가능하지 않다.

따라서 $x = a$에서 미분가능한 것은 ①이다.

답 ①

0511

$0 < x < 4$에서 정의된 함수 $y = f(x)$의 그래프가 그림과 같을 때, 〈보기〉에서 옳은 것만을 있는 대로 고르시오.

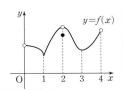

─┤ 보 기 ├─

ㄱ. $\lim\limits_{x \to 2} f(x)$의 값이 존재한다. ···· $\lim\limits_{x \to 2-} f(x) = \lim\limits_{x \to 2+} f(x)$이어야 한다.

ㄴ. $f'(x) = 0$인 x의 값은 2개이다.

ㄷ. 미분가능하지 않은 x의 값은 2개이다. ···· 불연속이거나 뾰족점인 경우 미분가능하지 않다.

ㄱ. $\lim\limits_{x \to 2-} f(x) = \lim\limits_{x \to 2+} f(x)$이므로 $\lim\limits_{x \to 2} f(x)$의 값이 존재한다. (참)

ㄴ. $f'(x) = 0$인 x의 값은 $x = 3$일 때의 1개이다. (거짓)

ㄷ. 함수 $y = f(x)$가 $x = 1$에서 뾰족한 점을 가지고, $x = 2$에서 불연속 이므로 미분가능하지 않다.

따라서 함수 $y = f(x)$가 미분가능하지 않은 x의 값은 $x = 1$, $x = 2$ 일 때의 2개이다. (참)

따라서 옳은 것은 ㄱ, ㄷ이다.

답 ㄱ, ㄷ

0512

그림은 열린구간 $(-1, 5)$에서 정의
된 함수 $y=f(x)$의 그래프이다.
다음 설명 중 옳지 <u>않은</u> 것은?

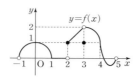

① $\lim\limits_{x \to 3} f(x)$의 값이 존재한다.

② 함수 $y=f(x)$가 미분가능하지 않은 x의 값은 3개이다.

③ $f'(4)<0$ ⟶ $x=4$에서의 접선의 기울기이다.

④ $f'(x)=0$인 x의 값은 3개이다.

⑤ 함수 $y=f(x)$가 불연속인 x의 값은 2개이다.
　⌐ 그래프가 이어지지 않은 점의 개수를 센다.

① $\lim\limits_{x \to 3-} f(x) = \lim\limits_{x \to 3+} f(x) = 2$이므로
　$\lim\limits_{x \to 3} f(x) = 2$ (참)

② 불연속인 점과 뾰족한 점에서는 미분가능하지 않으므로
　함수 $y=f(x)$가 미분가능하지 않은 x의 값은 $x=1$, $x=2$, $x=3$일
　때의 3개이다. (참)

③ $x=4$에서의 접선의 기울기는 음수이므로
　$f'(4)<0$ (참)

④ $f'(x)=0$인 x의 값은 구간 $(-1, 1)$, $(4, 5)$에 하나씩 존재하고, 구
　간 $(1, 2)$에서는 $f(x)$가 상수이므로 구간 $(1, 2)$의 모든 x의 값에
　대하여 $f'(x)=0$이다. (거짓)

⑤ 함수 $y=f(x)$는 $x=2$, $x=3$에서 불연속이므로 불연속인 x의 값은
　2개이다. (참)

따라서 옳지 않은 것은 ④이다.　　　　　　　　　　　　**답** ④

0513　⌐ $y=f(x)$는 $x=0$에서 연속이지만 미분가능하지 않다.

함수 $y=f(x)$의 그래프가 그림과 같을 때, 〈보기〉의 함수 중에서
$x=0$에서 미분가능한 것만을 있는 대로 고른 것은?

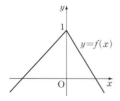

┤ 보기 ├

ㄱ. $y=x+f(x)$

ㄴ. $y=xf(x)$ ⟶ $\lim\limits_{x \to 0} \dfrac{\{x+f(x)\}-f(0)}{x-0}$ 임을 확인하자.

ㄷ. $y=\dfrac{1}{1+xf(x)}$

ㄱ. $\lim\limits_{x \to 0}\{x+f(x)\}=0+f(0)=1$이므로
　함수 $y=x+f(x)$는 $x=0$에서 연속이다.
　$\lim\limits_{x \to 0} \dfrac{\{x+f(x)\}-f(0)}{x-0} = \lim\limits_{x \to 0}\left\{1+\dfrac{f(x)-f(0)}{x-0}\right\}$
　주어진 그래프에서 $\lim\limits_{x \to 0} \dfrac{f(x)-f(0)}{x-0}$의 값이 존재하지 않으므로
　함수 $y=x+f(x)$는 $x=0$에서 미분가능하지 않다.

ㄴ. $\lim\limits_{x \to 0} xf(x) = 0 \times f(0) = 0$이므로
　함수 $y=xf(x)$는 $x=0$에서 연속이다.
　$\lim\limits_{x \to 0} \dfrac{xf(x)-0 \times f(0)}{x-0} = \lim\limits_{x \to 0} f(x) = 1$
　즉, 함수 $y=xf(x)$는 $x=0$에서 미분가능하다.

ㄷ. $\lim\limits_{x \to 0} \dfrac{1}{1+xf(x)} = \dfrac{1}{1+0 \times f(0)} = 1$이므로
　함수 $y=\dfrac{1}{1+xf(x)}$은 $x=0$에서 연속이다.
　$\lim\limits_{x \to 0} \dfrac{\dfrac{1}{1+xf(x)} - \dfrac{1}{1+0 \times f(0)}}{x-0}$
　$=\lim\limits_{x \to 0} \dfrac{\dfrac{-xf(x)}{1+xf(x)}}{x} = \lim\limits_{x \to 0} \dfrac{-xf(x)}{x\{1+xf(x)\}}$
　$=\lim\limits_{x \to 0} \dfrac{-f(x)}{1+xf(x)} = \dfrac{-f(0)}{1+0 \times f(0)} = -1$
　즉, 함수 $y=\dfrac{1}{1+xf(x)}$은 $x=0$에서 미분가능하다.

따라서 $x=0$에서 미분가능한 함수는 ㄴ, ㄷ이다.　　　　**답** ④

0514　　　　　⌐ $y=f(x)$는 $x=a$에서 연속이다.

$0<x<8$에서 함수 $y=f(x)$의 그
래프가 그림과 같이 직선으로만 이
루어져 있고, $f(4)$의 값은 존재하지
않는다. 두 집합

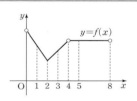

$A = \left\{ a \,\middle|\, \lim\limits_{x \to a} f(x) = f(a) \right\}$,

$B = \left\{ a \,\middle|\, \lim\limits_{x \to a+} \dfrac{f(x)-f(a)}{x-a} = \lim\limits_{x \to a-} \dfrac{f(x)-f(a)}{x-a} \right\}$

에 대하여 $A \cap B^C$의 모든 원소의 합을 구하시오.

　　　⌐ 연속이지만 미분가능하지 않은 점들을 찾자.

집합 A의 원소 a는 함수 $y=f(x)$의 그래프에서 연속인 x의 값이다.
또 집합 B의 원소 a는 함수 $y=f(x)$의 그래프에서 미분가능한 x의 값
이다.
즉, $A \cap B^C$의 원소는 연속이지만 미분가능하지 않은 x의 값이므로 그
래프에서 $x=2$일 때이다.
따라서 $A \cap B^C$의 원소의 합은 2이다.　　　　　　　　**답** 2

0515

함수 $f(x)=-2x+4$에서 x의 값이 2에서 4까지 변할 때의 평
균변화율을 구하시오.
　　⌐ 함수 $y=f(x)$에서 x의 값이 a에서 b까지 변할 때의 평균변화율은
　　　$\dfrac{f(b)-f(a)}{b-a}$ 임을 이용하자.

함수 $y=f(x)$에서 x의 값이 2에서 4까지 변할 때의 평균변화율은
$\dfrac{f(4)-f(2)}{4-2} = \dfrac{-4-0}{2} = -2$　　　　　　　　　**답** -2

0516 ✏️서술형

> 함수 $f(x)=x^3-x$의 $x=1$에서의 순간변화율을 정의를 이용하여 구하시오.
>
> 함수 $y=f(x)$의 $x=a$에서의 순간변화율 $f'(a)$는
>
> $f'(a)=\lim\limits_{\Delta x \to 0}\dfrac{f(a+\Delta x)-f(a)}{\Delta x}=\lim\limits_{x \to a}\dfrac{f(x)-f(a)}{x-a}$ 임을 이용하자.

$$f'(1)=\lim_{x \to 1}\frac{f(x)-f(1)}{x-1} \qquad \cdots\cdots \text{30\%}$$

$$=\lim_{x \to 1}\frac{x^3-x-0}{x-1}$$

$$=\lim_{x \to 1}\frac{x(x-1)(x+1)}{x-1} \qquad \cdots\cdots \text{30\%}$$

$$=\lim_{x \to 1}x(x+1)=2 \qquad \cdots\cdots \text{40\%}$$

답 2

0517

> 함수 $y=f(x)$에서 x의 값이 a에서 b까지 변할 때의
>
> 평균변화율은 $\dfrac{f(b)-f(a)}{b-a}$임을 이용하자.
>
> 함수 $f(x)=x^2+x+2$에서 x의 값이 -1에서 2까지 변할 때의 평균변화율과 $x=a$에서의 미분계수가 같을 때, 상수 a의 값을 구하시오.
>
> $x=a$에서의 순간변화율 $f'(a)$는
>
> $f'(a)=\lim\limits_{h \to 0}\dfrac{f(a+h)-f(a)}{h}$ 임을 이용하자.

x의 값이 -1에서 2까지 변할 때의 함수 $y=f(x)$의 평균변화율은

$$\frac{f(2)-f(-1)}{2-(-1)}=\frac{8-2}{3}=2$$

함수 $y=f(x)$의 $x=a$에서의 미분계수는

$$f'(a)=\lim_{h \to 0}\frac{f(a+h)-f(a)}{h}$$

$$=\lim_{h \to 0}\frac{\{(a+h)^2+(a+h)+2\}-(a^2+a+2)}{h}$$

$$=\lim_{h \to 0}\frac{2ah+h^2+h}{h}$$

$$=\lim_{h \to 0}(2a+h+1)=2a+1$$

$2a+1=2$이므로 $a=\dfrac{1}{2}$

답 $\dfrac{1}{2}$

0518

> 다항함수 $y=f(x)$에 대하여 $f'(1)=2$일 때,
>
> $\lim\limits_{h \to 0}\dfrac{f\left(1-\dfrac{3}{2}h\right)-f(1)}{h}$ 의 값을 구하시오.
>
> $\lim\limits_{h \to 0}\dfrac{f\left(1-\frac{3}{2}h\right)-f(1)}{-\frac{3}{2}h}\times\left(-\dfrac{3}{2}\right)$의 형태로 변형하자.

$$\lim_{h \to 0}\frac{f\left(1-\frac{3}{2}h\right)-f(1)}{h}=\lim_{h \to 0}\frac{f\left(1-\frac{3}{2}h\right)-f(1)}{-\frac{3}{2}h}\times\left(-\frac{3}{2}\right)$$

$$=-\frac{3}{2}f'(1)$$

$$=-\frac{3}{2}\times 2=-3$$

답 -3

0519

> 다항함수 $y=f(x)$에 대하여 $f'(3)=2$일 때,
>
> $\lim\limits_{h \to 0}\dfrac{f(3+h)-f(3-h)}{3h}$ 의 값을 구하시오.
>
> $\dfrac{1}{3}\lim\limits_{h \to 0}\dfrac{f(3+h)-f(3)-\{f(3-h)-f(3)\}}{h}$ 임을 이용하자.

$$\lim_{h \to 0}\frac{f(3+h)-f(3-h)}{3h}$$

$$=\frac{1}{3}\lim_{h \to 0}\frac{f(3+h)-f(3)-\{f(3-h)-f(3)\}}{h}$$

$$=\frac{1}{3}\lim_{h \to 0}\left\{\frac{f(3+h)-f(3)}{h}+\frac{f(3-h)-f(3)}{-h}\right\}$$

$$=\frac{1}{3}\{f'(3)+f'(3)\}=\frac{2}{3}f'(3)$$

$$=\frac{2}{3}\times 2=\frac{4}{3}$$

답 $\dfrac{4}{3}$

0520

> 다항함수 $y=f(x)$에 대하여 $f(2)=2f'(2)=2$일 때,
>
> $\lim\limits_{x \to 2}\dfrac{x^2f(2)-4f(x)}{x-2}$ 의 값을 구하시오.
>
> $\lim\limits_{x \to 2}\dfrac{-4f(x)+4f(2)-4f(2)+x^2f(2)}{x-2}$ 임을 이용하자.

$$\lim_{x \to 2}\frac{x^2f(2)-4f(x)}{x-2}$$

$$=\lim_{x \to 2}\frac{-4\{f(x)-f(2)\}-4f(2)+x^2f(2)}{x-2}$$

$$=\lim_{x \to 2}\frac{-4\{f(x)-f(2)\}+f(2)(x-2)(x+2)}{x-2}$$

$$=-4f'(2)+4f(2)$$

$$=-4\times 1+4\times 2=4$$

답 4

0521

> 다항함수 $y=f(x)$에 대하여 $f'(1)=2$일 때,
>
> $\lim\limits_{n \to \infty}n\left\{f\left(1+\dfrac{3}{n}\right)-f\left(1-\dfrac{9}{n}\right)\right\}$ 의 값은?
>
> $\dfrac{3}{n}=h$로 놓으면 $n \to \infty$일 때, $h \to 0$임을 이용하자.

$\dfrac{3}{n}=h$로 놓으면 $n \to \infty$일 때, $h \to 0$이므로

$$\lim_{n \to \infty}n\left\{f\left(1+\frac{3}{n}\right)-f\left(1-\frac{9}{n}\right)\right\}$$

$$=\lim_{h \to 0}\frac{3}{h}\{f(1+h)-f(1-3h)\}$$

$$=3\lim_{h \to 0}\frac{f(1+h)-f(1)-\{f(1-3h)-f(1)\}}{h}$$

$$=3\lim_{h \to 0}\left\{\frac{f(1+h)-f(1)}{h}+\frac{f(1-3h)-f(1)}{-3h}\times 3\right\}$$

$$=3\{f'(1)+3f'(1)\}$$

$$=12f'(1)$$

$$=12\times 2=24$$

답 ⑤

0522

$x=0$, $y=0$을 대입하면 $f(0)=f(0)+f(0)$임을 이용하자.

미분가능한 함수 f가 모든 실수 x, y에 대하여
$$f(x+y)=f(x)+f(y)-xy$$
를 만족시키고 $f'(0)=3$일 때, $f'(1)$의 값은?

$f(1+h)=f(1)+f(h)-h$임을 이용하자.

주어진 식에 $x=0$, $y=0$을 대입하면
$f(0)=f(0)+f(0)$에서 $f(0)=0$

$$\therefore f'(1)=\lim_{h\to 0}\frac{f(1+h)-f(1)}{h}$$
$$=\lim_{h\to 0}\frac{f(1)+f(h)-h-f(1)}{h}$$
$$=\lim_{h\to 0}\frac{f(h)}{h}-1$$
$$=\lim_{h\to 0}\frac{f(h)-f(0)}{h}-1$$
$$=f'(0)-1=3-1=2$$

답 ④

0523

그림은 $f(x)=x^2$의 그래프이다. 두 점 $A(a, a^2)$, $B(b, b^2)$에 대하여 직선 AB의 기울기가 3이고, 직선 AB와 평행하고 함수 $y=f(x)$의 그래프에 접하는 직선의 접점의 x좌표가 c일 때, 〈보기〉에서 옳은 것만을 있는 대로 고른 것은?

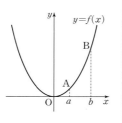

직선 AB의 기울기는 $\dfrac{b^2-a^2}{b-a}$임을 이용하자.

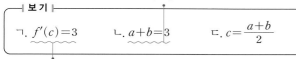

┤보기├

ㄱ. $f'(c)=3$ ㄴ. $a+b=3$ ㄷ. $c=\dfrac{a+b}{2}$

직선 AB의 기울기가 3이므로 $x=c$에서의 접선의 기울기도 3이다.

ㄱ. $x=c$에서의 접선의 기울기는 3이므로
$f'(c)=3$ (참)

ㄴ. 직선 AB의 기울기는 $\dfrac{b^2-a^2}{b-a}=\dfrac{(b-a)(b+a)}{b-a}=3$
$\therefore a+b=3$ (참)

ㄷ. $f'(c)=\lim_{x\to c}\dfrac{f(x)-f(c)}{x-c}$
$=\lim_{x\to c}\dfrac{x^2-c^2}{x-c}$
$=\lim_{x\to c}(x+c)=2c$

즉, $2c=3$이므로 $c=\dfrac{3}{2}$

$a+b=3$이므로 $c=\dfrac{a+b}{2}$ (참)

따라서 ㄱ, ㄴ, ㄷ 모두 옳다.

답 ⑤

0524 서술형

$x=2$에서의 미분계수가 존재하여야 한다.

함수 $f(x)=\begin{cases} ax^2-2 & (x\geq 2) \\ 4x+b & (x<2) \end{cases}$ 가 $x=2$에서 미분가능할 때, 두 상수 a, b에 대하여 $a+b$의 값을 구하시오.

(단, 미분계수의 정의를 이용하시오.)

$x=2$에서 연속임을 이용하자.

함수 $y=f(x)$가 $x=2$에서 미분가능하면 $x=2$에서 연속이므로
$\lim_{x\to 2+}(ax^2-2)=\lim_{x\to 2-}(4x+b)=f(2)$에서
$4a-2=8+b$
$\therefore 4a-b=10$ ······㉠ ······40%

또 함수 $y=f(x)$의 $x=2$에서의 미분계수가 존재하므로

$$\lim_{x\to 2+}\frac{f(x)-f(2)}{x-2}=\lim_{x\to 2+}\frac{(ax^2-2)-(4a-2)}{x-2}$$
$$=\lim_{x\to 2+}\frac{ax^2-4a}{x-2}$$
$$=\lim_{x\to 2+}\frac{a(x+2)(x-2)}{x-2}$$
$$=\lim_{x\to 2+}a(x+2)=4a$$

$$\lim_{x\to 2-}\frac{f(x)-f(2)}{x-2}=\lim_{x\to 2-}\frac{4x+b-(4a-2)}{x-2}$$
$$=\lim_{x\to 2-}\frac{4x+b-(8+b)}{x-2}$$
$$=\lim_{x\to 2-}\frac{4(x-2)}{x-2}=4$$

즉, $4a=4$이므로 $a=1$ ······40%
$a=1$을 ㉠에 대입하면 $b=-6$
$\therefore a+b=-5$ ······20%

답 -5

0525

다음 〈보기〉의 함수 중에서 $x=1$에서 미분가능한 것만을 있는 대로 고른 것은?

다항함수는 실수 전체에서 미분가능하다.

┤보기├

ㄱ. $f(x)=x^3$ ㄴ. $f(x)=|x^2-x|$

ㄷ. $f(x)=\dfrac{3}{x}$

$x\neq 0$에서 미분가능하다.

ㄱ. $\lim_{h\to 0}\dfrac{f(1+h)-f(1)}{h}=\lim_{h\to 0}\dfrac{(1+h)^3-1}{h}$
$=\lim_{h\to 0}\dfrac{h(h^2+3h+3)}{h}$
$=\lim_{h\to 0}(h^2+3h+3)$
$=3$

이므로 함수 $y=f(x)$는 $x=1$에서 미분가능하다.

ㄴ. $f(x)=|x^2-x|$
$=\begin{cases} x^2-x & (x<0, x>1) \\ -x^2+x & (0\leq x\leq 1) \end{cases}$

에서

함수 $y=f(x)$는 $x=1$에서 연속이지만

$$\lim_{h\to 0+}\frac{f(1+h)-f(1)}{h}=\lim_{h\to 0+}\frac{(1+h)^2-(1+h)}{h}$$
$$=\lim_{h\to 0+}\frac{h(h+1)}{h}$$
$$=\lim_{h\to 0+}(h+1)=1$$

$$\lim_{h\to 0-}\frac{f(1+h)-f(1)}{h}=\lim_{h\to 0-}\frac{-(1+h)^2+(1+h)}{h}$$
$$=\lim_{h\to 0-}\frac{-h(h+1)}{h}$$
$$=\lim_{h\to 0-}\{-(h+1)\}=-1$$

이므로 $f'(1)$이 존재하지 않는다.

따라서 함수 $y=f(x)$는 $x=1$에서 미분가능하지 않다.

ㄷ. $\lim_{h\to 0}\frac{f(1+h)-f(1)}{h}=\lim_{h\to 0}\frac{\dfrac{3}{1+h}-3}{h}$

$$=\lim_{h\to 0}\frac{-3}{1+h}=-3$$

이므로 함수 $y=f(x)$는 $x=1$에서 미분가능하다.

따라서 $x=1$에서 미분가능한 것은 ㄱ, ㄷ이다.　　답 ④

0526

그림은 $-1<x<6$에서 정의된 함수 $y=f(x)$의 그래프이다. 다음 중 옳지 <u>않은</u> 것은?

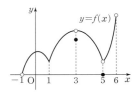

① $f'(2)$는 양수이다. —→ $f'(2)$는 $x=2$에서의 접선의 기울기이다.

② $\lim_{x\to 3}f(x)$의 값이 존재한다. —→ $x=3$에서 좌극한값과 우극한값은 같다.

③ $f(x)$가 불연속인 x의 값은 2개이다.

④ $f(x)$가 미분가능하지 않은 x의 값은 3개이다.

⑤ $f'(x)=0$인 x의 값은 2개이다.
　　→ $x=a$에서 불연속이거나 뾰족한 점을 가질 때, $x=a$에서 미분가능하지 않다.

① $x=2$인 점에서의 접선의 기울기가 양수이므로
$$f'(2)>0$$

② $\lim_{x\to 3+}f(x)=\lim_{x\to 3-}f(x)$이므로 $\lim_{x\to 3}f(x)$의 값이 존재한다.

③ $x=3$, $x=5$에서 불연속이므로 $-1<x<6$에서 $f(x)$가 불연속인 x의 값은 2개이다.

④ 함수 $y=f(x)$의 그래프에서 불연속인 점, 뾰족한 점에서는 미분가능하지 않으므로 $f(x)$가 미분가능하지 않은 x의 값은 $x=1$, $x=3$, $x=5$일 때의 3개이다.

⑤ $-1<x<1$에서 $f'(x)=0$인 x의 값이 1개 존재한다.

따라서 옳지 않은 것은 ⑤이다.　　답 ⑤

0527

다항함수 $y=f(x)$가 임의의 실수 x에 대하여 $f(3x)=3f(x)$를 만족시키고 $f'(1)=a$일 때, $f'(3)$의 값은?
　　($x=1$을 대입하면 $f(3)=3f(1)$임을 이용하자.)
　　($f(3+h)=f\left(3\left(1+\dfrac{h}{3}\right)\right)$임을 이용하자.)

$f(3x)=3f(x)$의 양변에 $x=1$을 대입하면
$$f(3)=3f(1)$$
$$f(3+h)=f\left(3\left(1+\frac{h}{3}\right)\right)=3f\left(1+\frac{h}{3}\right)$$이므로

$$f'(3)=\lim_{h\to 0}\frac{f(3+h)-f(3)}{h}$$
$$=\lim_{h\to 0}\frac{3f\left(1+\dfrac{h}{3}\right)-3f(1)}{h}$$
$$=\lim_{h\to 0}\frac{f\left(1+\dfrac{h}{3}\right)-f(1)}{\dfrac{h}{3}}=f'(1)=a$$

답 ③

0528

그림은 함수 $y=f(x)$의 그래프와 이 그래프 위의 $x=1$인 점에서의 접선을 나타낸 것이다. $\lim_{x\to 1}\dfrac{x^3f(1)-f(x^3)}{x-1}$의 값을 구하시오.
　　($x=1$에서의 접선의 기울기는 $f'(1)$이다.)
　　$\lim_{x\to 1}\dfrac{x^3f(1)-f(1)-\{f(x^3)-f(1)\}}{x-1}$ 임을 이용하자.

$x=1$에서의 미분계수 $f'(1)$은 곡선 $y=f(x)$ 위의 점 $(1, 3)$에서의 접선의 기울기이므로
$$f'(1)=\frac{3-(-1)}{1-0}=4, \ f(1)=3$$

$$\therefore \lim_{x\to 1}\frac{x^3f(1)-f(x^3)}{x-1}$$
$$=\lim_{x\to 1}\frac{x^3f(1)-f(1)-\{f(x^3)-f(1)\}}{x-1}$$
$$=\lim_{x\to 1}\frac{(x^3-1)f(1)}{x-1}-\lim_{x\to 1}\frac{f(x^3)-f(1)}{x-1}$$
$$=\lim_{x\to 1}(x^2+x+1)f(1)-\lim_{x\to 1}\left\{\frac{f(x^3)-f(1)}{x^3-1}\times(x^2+x+1)\right\}$$
$$=3f(1)-3f'(1)$$
$$=3\times 3-3\times 4=-3$$

답 -3

0529

미분가능한 함수 $y=f(x)$에 대하여 $f'(1)=5$일 때,
$$\lim_{n\to\infty}5n\left\{f\left(\frac{n+2}{n}\right)-f\left(\frac{n+1}{n}\right)\right\}$$의 값을 구하시오.
　　($\dfrac{n+1}{n}=1+\dfrac{1}{n}$로 변형하자.)
　　$\dfrac{1}{n}=h$로 놓으면 $n\to\infty$일 때, $h\to 0$임을 이용하자.

$\dfrac{1}{n}=h$로 놓으면 $n \to \infty$일 때 $h \to 0$이고, $f'(1)=5$이므로

$$\lim_{n \to \infty} 5n\left\{f\left(\dfrac{n+2}{n}\right)-f\left(\dfrac{n+1}{n}\right)\right\}$$

$$=\lim_{h \to 0} \dfrac{5}{h}\{f(1+2h)-f(1+h)\}$$

$$=5\lim_{h \to 0} \dfrac{f(1+2h)-f(1)-\{f(1+h)-f(1)\}}{h}$$

$$=5\lim_{h \to 0}\left\{\dfrac{f(1+2h)-f(1)}{2h}\times 2-\dfrac{f(1+h)-f(1)}{h}\right\}$$

$$=5\{2f'(1)-f'(1)\}=5f'(1)=5\times 5=25$$

답 25

0530

> $\bullet$ $x=0$, $y=0$을 대입하면 $f(0)=2\{f(0)\}^2$임을 이용하자.

실수 전체의 집합을 R, 양의 실수 전체의 집합을 P라 할 때, 미분가능한 함수 $f : R \longrightarrow P$가 임의의 실수 x, y에 대하여

$$f(x+y)=2f(x)f(y)$$

를 만족시킨다. $f'(0)=3$일 때, $\dfrac{f'(-3)}{f(-3)}$의 값을 구하시오.

> $\bullet$ $f(-3+h)=2f(-3)f(h)$임을 이용하자.

주어진 식에 $x=0$, $y=0$을 대입하면

$f(0)=2\{f(0)\}^2$, $f(0)\{2f(0)-1\}=0$

$\therefore f(0)=\dfrac{1}{2}$ ($\because f(x)>0$)

$$f'(-3)=\lim_{h \to 0}\dfrac{f(-3+h)-f(-3)}{h}$$

$$=\lim_{h \to 0}\dfrac{2f(-3)f(h)-f(-3)}{h}$$

$$=2f(-3)\times\lim_{h \to 0}\dfrac{f(h)-\dfrac{1}{2}}{h}$$

$$=2f(-3)\times\lim_{h \to 0}\dfrac{f(h)-f(0)}{h}$$

$$=2f(-3)f'(0)$$

이므로

$$\dfrac{f'(-3)}{f(-3)}=\dfrac{2f(-3)f'(0)}{f(-3)}=2f'(0)$$

$$=2\times 3=6$$

답 6

0531

다음 그림은 미분가능한 함수 $y=f(x)$의 그래프이다.

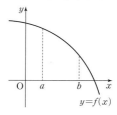

〈보기〉에서 옳은 것만을 있는 대로 고른 것은? (단, $0<a<b$)

> $\bullet$ $0<a<b$이고, $f'(b)<f'(a)<0$임을 이용하자.

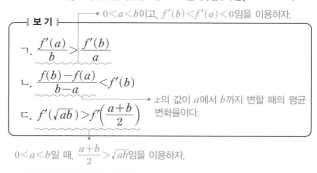

┤ 보기 ├

ㄱ. $\dfrac{f'(a)}{b}>\dfrac{f'(b)}{a}$

ㄴ. $\dfrac{f(b)-f(a)}{b-a}<f'(b)$

> $\bullet$ x의 값이 a에서 b까지 변할 때의 평균 변화율이다.

ㄷ. $f'(\sqrt{ab})>f'\left(\dfrac{a+b}{2}\right)$

> $\bullet$ $0<a<b$일 때, $\dfrac{a+b}{2}>\sqrt{ab}$임을 이용하자.

ㄱ. $0>f'(a)>f'(b)$이고 $0<a<b$이므로

$$\dfrac{f'(a)}{b}>\dfrac{f'(b)}{b}>\dfrac{f'(b)}{a} \text{ (참)}$$

ㄴ. 두 점 $(a, f(a))$, $(b, f(b))$를 지나는 직선의 기울기는 $x=b$에서의 접선의 기울기보다 크다.

$$\therefore \dfrac{f(b)-f(a)}{b-a}>f'(b) \text{ (거짓)}$$

ㄷ. $0<a<b$에 대하여 $\dfrac{a+b}{2}>\sqrt{ab}$이고, 열린구간 (a, b)에서 접선의 기울기는 점점 감소하므로

$$f'(\sqrt{ab})>f'\left(\dfrac{a+b}{2}\right) \text{ (참)}$$

따라서 옳은 것은 ㄱ, ㄷ이다.

답 ④

0532

> $\bullet$ 먼저 연속임을 확인하자.

〈보기〉의 함수 중에서 $x=0$에서 연속이지만 미분가능하지 <u>않은</u> 것만을 있는 대로 고르시오.

(단, $[x]$는 x보다 크지 않은 최대의 정수이다.)

┤ 보기 ├

ㄱ. $y=x[x]$

ㄴ. $y=x-[x]$

ㄷ. $y=x+|x|$

> $\bullet$ $\lim_{x \to 0+} x[x]=\lim_{x \to 0-} x[x]$임을 확인하자.

ㄱ. $f(x)=x[x]$라 하면

$f(0)=0$, $\lim_{x \to 0} f(x)=\lim_{x \to 0} x[x]=0$이므로

$$\lim_{x \to 0} f(x)=f(0)$$

즉, 함수 $y=f(x)$는 $x=0$에서 연속이다.

$$\lim_{h \to 0+}\dfrac{f(0+h)-f(0)}{h}=\lim_{h \to 0+}\dfrac{h[h]}{h}=\lim_{h \to 0+}[h]=0$$

$$\lim_{h \to 0-} \frac{f(0+h)-f(0)}{h} = \lim_{h \to 0-} \frac{h[h]}{h} = \lim_{h \to 0-} [h] = -1$$

이므로 함수 $y=f(x)$는 $x=0$에서 미분가능하지 않다.

ㄴ. $f(x)=x-[x]$라 하면

$$\lim_{x \to 0+} f(x) = \lim_{x \to 0+} (x-[x]) = 0-0 = 0$$

$$\lim_{x \to 0-} f(x) = \lim_{x \to 0-} (x-[x]) = 0-(-1) = 1$$

즉, 함수 $y=f(x)$는 $x=0$에서 불연속이므로 미분가능하지 않다.

ㄷ. $f(x)=x+|x|$라 하면

$f(0)=0$, $\lim_{x \to 0} f(x) = \lim_{x \to 0} (x+|x|) = 0$이므로

$$\lim_{x \to 0} f(x) = f(0)$$

즉, 함수 $y=f(x)$는 $x=0$에서 연속이다.

$$\lim_{h \to 0+} \frac{f(0+h)-f(0)}{h} = \lim_{h \to 0+} \frac{h+|h|}{h}$$
$$= \lim_{h \to 0+} \frac{h+h}{h} = 2$$

$$\lim_{h \to 0-} \frac{f(0+h)-f(0)}{h} = \lim_{h \to 0-} \frac{h+|h|}{h}$$
$$= \lim_{h \to 0-} \frac{h-h}{h} = 0$$

이므로 함수 $y=f(x)$는 $x=0$에서 미분가능하지 않다.

따라서 $x=0$에서 연속이지만 미분가능하지 않은 함수는 ㄱ, ㄷ이다.

달 ㄱ, ㄷ

0533

$\longrightarrow \lim_{x \to 1} \frac{f(x)-3-3x^2+3}{x-1}$ 임을 이용하자.

> 미분가능한 함수 $y=f(x)$가
> $f(1)=3$, $\lim_{x \to 1} \frac{f(x)-3x^2}{x-1} = 10$을 만족시킬 때,
> $\lim_{h \to \infty} h\left\{ \sum_{k=1}^{10} f\left(1+\frac{k}{h}\right) - 10f(1) \right\}$의 값을 구하시오.
>
> $\frac{1}{h}=t$로 놓으면 $h \to \infty$일 때, $t \to 0$임을 이용하자.

$$\lim_{x \to 1} \frac{f(x)-3x^2}{x-1} = \lim_{x \to 1} \frac{f(x)-3-(3x^2-3)}{x-1}$$
$$= \lim_{x \to 1} \frac{f(x)-f(1)}{x-1} - \lim_{x \to 1} \frac{3(x+1)(x-1)}{x-1}$$
$$= f'(1) - \lim_{x \to 1} 3(x+1)$$
$$= f'(1) - 6$$

$f'(1)-6=10$이므로 $f'(1)=16$

$\frac{1}{h}=t$로 놓으면 $h \to \infty$일 때 $t \to 0$이므로

$$\lim_{h \to \infty} h\left\{ \sum_{k=1}^{10} f\left(1+\frac{k}{h}\right) - 10f(1) \right\} = \lim_{h \to \infty} h\left\{ \sum_{k=1}^{10} f\left(1+\frac{k}{h}\right) - \sum_{k=1}^{10} f(1) \right\}$$
$$= \lim_{h \to \infty} h \sum_{k=1}^{10} \left\{ f\left(1+\frac{k}{h}\right) - f(1) \right\}$$
$$= \lim_{t \to 0} \sum_{k=1}^{10} \frac{f(1+kt)-f(1)}{t}$$
$$= \sum_{k=1}^{10} \lim_{t \to 0} \frac{f(1+kt)-f(1)}{kt} \times k$$
$$= \sum_{k=1}^{10} kf'(1) = \frac{10 \times 11}{2} \times f'(1)$$
$$= 55 \times 16 = 880$$

달 880

0534

$f'(a) = \lim_{h \to 0} \frac{f(a+kh)-f(a)}{kh}$ 임을 이용하자.

> 다항함수 $y=f(x)$에 대하여 $f'(1)=3$이고,
> $\lim_{h \to 0} \frac{\sum_{k=1}^{n} f(1+kh) - nf(1)}{h} = 273$일 때, 자연수 n의 값을 구하시오.
>
> $\lim_{h \to 0} \frac{\sum_{k=1}^{n} f(a+kh) - \sum_{k=1}^{n} f(1)}{h}$ 임을 이용하자.

$$\lim_{h \to 0} \frac{\sum_{k=1}^{n} f(1+kh) - nf(1)}{h} = \lim_{h \to 0} \frac{\sum_{k=1}^{n} f(1+kh) - \sum_{k=1}^{n} f(1)}{h}$$
$$= \lim_{h \to 0} \sum_{k=1}^{n} \frac{f(1+kh)-f(1)}{h}$$
$$= \sum_{k=1}^{n} \lim_{h \to 0} \frac{f(1+kh)-f(1)}{kh} \times k$$
$$= \sum_{k=1}^{n} kf'(1)$$
$$= f'(1) \times \sum_{k=1}^{n} k$$
$$= 3 \times \frac{n(n+1)}{2}$$

즉, $\frac{3n(n+1)}{2} = 273$에서

$n^2+n-182=0$

$(n-13)(n+14)=0$

$\therefore n=13$ ($\because n$은 자연수)

달 13

0535

$\longrightarrow x=1$에서 연속임을 이용하자.

> 최고차항의 계수가 1인 이차함수 f에 대하여 함수
> $$g(x) = \begin{cases} x^4+6 & (x \geq 1) \\ f(x) & (x < 1) \end{cases}$$
> 라 하자. 함수 $y=g(x)$가 $x=1$에서 미분가능할 때, $g(-2)$의 값을 구하시오.
>
> $x=1$에서의 미분계수가 존재한다.

이차함수 $y=f(x)$의 최고차항의 계수가 1이므로

$f(x)=x^2+ax+b$ (a, b는 상수)라 하자.

함수 $y=g(x)$가 $x=1$에서 미분가능하면 $x=1$에서 연속이므로

$\lim_{x \to 1} g(x) = g(1)$에서

$f(1)=1+a+b=7$

$\therefore b=-a+6$ ······ ㉠

또 함수 $y=g(x)$의 $x=1$에서의 미분계수 $g'(1)$이 존재하므로

$$\lim_{x \to 1+} \frac{g(x)-g(1)}{x-1} = \lim_{x \to 1+} \frac{(x^4+6)-7}{x-1}$$
$$= \lim_{x \to 1+} \frac{x^4-1}{x-1}$$
$$= \lim_{x \to 1+} \frac{(x-1)(x+1)(x^2+1)}{x-1}$$
$$= \lim_{x \to 1+} (x+1)(x^2+1)$$
$$= 4$$

$$\lim_{x\to1-}\frac{g(x)-g(1)}{x-1}=\lim_{x\to1-}\frac{f(x)-7}{x-1}$$
$$=\lim_{x\to1-}\frac{(x^2+ax-a+6)-7}{x-1}\ (\because \text{㉠})$$
$$=\lim_{x\to1-}\frac{(x-1)(x+a+1)}{x-1}$$
$$=\lim_{x\to1-}(x+a+1)$$
$$=2+a$$

즉, $2+a=4$에서 $a=2$

$a=2$를 ㉠에 대입하면 $b=4$

따라서 함수

$$g(x)=\begin{cases} x^4+6 & (x\geq1) \\ x^2+2x+4 & (x<1) \end{cases}$$

이므로

$g(-2)=4-4+4=4$ 답 4

0536 $x\to2$일 때, (분모) $\to0$이므로 (분자) $\to0$임을 이용하자.

> 미분가능한 함수 $y=f(x)$가
> $$\lim_{x\to2}\frac{f(x)}{x-2}=3,\ \lim_{x\to0}\frac{f(x)}{x}=2$$
> 를 만족시킬 때, $\lim_{x\to2}\frac{f(f(x))}{x-2}$의 값은?
>
> $x\to0$일 때, (분모) $\to0$이므로 $f(0)=0$임을 이용하자.

$\lim_{x\to2}\dfrac{f(x)}{x-2}=3$에서 $x\to2$일 때, (분모) $\to0$이므로

(분자) $\to0$이어야 한다.

즉, $\lim_{x\to2}f(x)=0$이므로 $f(2)=0$

$\therefore \lim_{x\to2}\dfrac{f(x)}{x-2}=\lim_{x\to2}\dfrac{f(x)-f(2)}{x-2}=f'(2)=3$

$\lim_{x\to0}\dfrac{f(x)}{x}=2$에서 $x\to0$일 때, (분모) $\to0$이므로

(분자) $\to0$이어야 한다.

즉, $\lim_{x\to0}f(x)=0$이므로 $f(0)=0$

$\lim_{x\to0}\dfrac{f(x)}{x}=\lim_{x\to0}\dfrac{f(x)-f(0)}{x-0}=f'(0)=2$

$f(2)=0,\ f(0)=0$에서 $f(f(2))=0$이므로

$$\lim_{x\to2}\frac{f(f(x))}{x-2}=\lim_{x\to2}\left\{\frac{f(f(x))-f(f(2))}{f(x)-f(2)}\times\frac{f(x)-f(2)}{x-2}\right\}$$
$$=f'(f(2))\times f'(2)$$
$$=f'(0)\times f'(2)$$
$$=2\times3=6$$ 답 ⑤

0537 $f'(5-a)=-f'(5+a)$임을 이용하자.

> 이차함수 $y=f(x)$의 그래프가 직선 $x=5$에 대하여 대칭이고
> $a+b=10$일 때, $\sum_{k=1}^{10}\{f'(a-k)+f'(b+k)+f'(k)\}=30$이다.
> $f'(1)$의 값을 구하시오.
>
> $\dfrac{a+b}{2}=5$이므로 $f'(a-k)+f'(b+k)=0$임을 이용하자.

이차함수의 그래프가 직선 $x=5$에
대하여 대칭이면 $f'(5)=0$이고
임의의 양수 a에 대하여
$f'(5-a)+f'(5+a)=0$
이므로

$f'(4)+f'(6)=0$
$f'(3)+f'(7)=0$
$f'(2)+f'(8)=0$
$f'(1)+f'(9)=0$

$\therefore \sum_{k=1}^{10}f'(k)=f'(1)+f'(2)+\cdots+f'(9)+f'(10)=f'(10)$

또 $\dfrac{a+b}{2}=5$이므로 수직선에서 두 점 $A(a)$, $B(b)$의 중점은

$P(5)$이다.

그러므로 양수 k에 대하여 두 점 $A'(a-k)$, $B'(b+k)$도

점 $P(5)$에 대하여 대칭이다.

$\therefore f'(a-k)+f'(b+k)=0$

$\therefore \sum_{k=1}^{10}\{f'(a-k)+f'(b+k)\}=0$

$f(x)=p(x-5)^2+q\ (p\neq0)$라 하면

$f'(k)$
$$=\lim_{h\to0}\frac{p(k+h-5)^2+q-\{p(k-5)^2+q\}}{h}$$
$$=\lim_{h\to0}\frac{p(k^2+h^2+25+2kh-10h-10k)+q-p(k^2-10k+25)-q}{h}$$
$$=\lim_{h\to0}\frac{h^2p+2khp-10hp}{h}=\lim_{h\to0}(hp+2kp-10p)$$
$$=2kp-10p$$

$\therefore f'(10)=10p$

$\sum_{k=1}^{10}\{f'(a-k)+f'(b+k)+f'(k)\}$
$$=\sum_{k=1}^{10}\{f'(a-k)+f'(b+k)\}+\sum_{k=1}^{10}f'(k)$$
$$=0+f'(10)=10p=30$$

$\therefore p=3$

따라서 $f'(k)=6k-30$이므로

$f'(1)=6-30=-24$ 답 -24

0538 $x=1$에서 연속이고, $x=1$에서의 미분계수가 존재함을 이용하자.

> 함수 $f(x)=[2x](x^2+ax+b)$가 $x=1$에서 미분가능할 때,
> $f(2)$의 값을 구하시오.
> (단, a, b는 상수이고, $[x]$는 x보다 크지 않은 최대의 정수이다.)

$\dfrac{1}{2}\leq x<1$일 때, $1\leq2x<2$이므로 $[2x]=1$

$\therefore f(x)=x^2+ax+b$

$1\leq x<\dfrac{3}{2}$일 때, $2\leq2x<3$이므로 $[2x]=2$

$\therefore f(x)=2(x^2+ax+b)$

$$\therefore f(x)=\begin{cases} \ \vdots \\ x^2+ax+b & \left(\dfrac{1}{2}\leq x<1\right) \\ 2(x^2+ax+b) & \left(1\leq x<\dfrac{3}{2}\right) \\ \ \vdots \end{cases}$$

함수 $y=f(x)$가 $x=1$에서 미분가능하면 연속이므로

$\lim\limits_{x \to 1+} f(x) = \lim\limits_{x \to 1-} f(x) = f(1)$에서

$\lim\limits_{x \to 1+} 2(x^2+ax+b) = \lim\limits_{x \to 1-} (x^2+ax+b)$

$1+a+b = 2(1+a+b)$

$\therefore a+b = -1 \quad \cdots\cdots \unicode{x1F101}$

또 함수 $y=f(x)$의 $x=1$에서의 미분계수가 존재하므로

$\lim\limits_{h \to 0+} \dfrac{f(1+h)-f(1)}{h}$

$= \lim\limits_{h \to 0+} \dfrac{2\{(1+h)^2+a(1+h)+b\}-2(1+a+b)}{h}$

$= \lim\limits_{h \to 0+} \dfrac{2h^2+4h+2ah}{h}$

$= \lim\limits_{h \to 0+} (2h+4+2a)$

$= 4+2a$

$\lim\limits_{h \to 0-} \dfrac{f(1+h)-f(1)}{h}$

$= \lim\limits_{h \to 0-} \dfrac{(1+h)^2+a(1+h)+b-(1+a+b)}{h}$

$= \lim\limits_{h \to 0-} \dfrac{h^2+2h+ah}{h}$

$= \lim\limits_{h \to 0-} (h+2+a) = 2+a$

즉, $4+2a = 2+a$이므로 $a = -2$

$a=-2$를 $\unicode{x1F101}$에 대입하면 $b=1$

따라서 $f(x) = [2x](x^2-2x+1)$이므로

$f(2) = [4](4-4+1) = 4$ 目 4

0539

함수 $f(x) = \begin{cases} 1-x & (x<0) \\ x^2-1 & (0 \le x < 1) \\ \dfrac{2}{3}(x^3-1) & (x \ge 1) \end{cases}$ 에 대하여

〈보기〉에서 옳은 것만을 있는 대로 고른 것은?

┤ 보기 ├ ─── $x=1$에서 연속이고, $x=1$에서의 미분계수가 존재함을 이용하자.

ㄱ. 함수 $y=f(x)$는 $x=1$에서 미분가능하다.

ㄴ. 함수 $y=|f(x)|$는 $x=0$에서 미분가능하다.

ㄷ. 함수 $y=x^k f(x)$가 $x=0$에서 미분가능하도록 하는 자연수 k의 최솟값은 2이다.

$\lim\limits_{h \to 0+} \dfrac{h^k f(h)}{h} = \lim\limits_{h \to 0-} \dfrac{h^k f(h)}{h}$ 이어야 한다.

ㄱ. $\lim\limits_{x \to 1+} f(x) = \lim\limits_{x \to 1+} \dfrac{2}{3}(x^3-1) = 0$,

$\lim\limits_{x \to 1-} f(x) = \lim\limits_{x \to 1-} (x^2-1) = 0$, $f(1)=0$이므로

$\lim\limits_{x \to 1} f(x) = f(1)$

즉, 함수 $y=f(x)$는 $x=1$에서 연속이다.

$\lim\limits_{h \to 0+} \dfrac{f(1+h)-f(1)}{h} = \lim\limits_{h \to 0+} \dfrac{\dfrac{2}{3}\{(1+h)^3-1\}-0}{h}$

$= \lim\limits_{h \to 0+} \dfrac{\dfrac{2}{3}(h^3+3h^2+3h)}{h}$

$= \lim\limits_{h \to 0+} \dfrac{2}{3}(h^2+3h+3) = 2$

$\lim\limits_{h \to 0-} \dfrac{f(1+h)-f(1)}{h} = \lim\limits_{h \to 0-} \dfrac{\{(1+h)^2-1\}-0}{h}$

$= \lim\limits_{h \to 0-} \dfrac{h^2+2h}{h}$

$= \lim\limits_{h \to 0-} (h+2) = 2$

이므로 함수 $y=f(x)$는 $x=1$에서 미분가능하다. (참)

ㄴ. $F(x) = |f(x)|$로 놓으면

$\lim\limits_{x \to 0+} F(x) = \lim\limits_{x \to 0+} |x^2-1| = 1$,

$\lim\limits_{x \to 0-} F(x) = \lim\limits_{x \to 0-} |1-x| = 1$, $F(0)=1$이므로

$\lim\limits_{x \to 0} F(x) = F(0)$

즉, 함수 $y=F(x)$는 $x=0$에서 연속이다.

$\lim\limits_{h \to 0+} \dfrac{F(0+h)-F(0)}{h} = \lim\limits_{h \to 0+} \dfrac{|f(h)|-|f(0)|}{h}$

$= \lim\limits_{h \to 0+} \dfrac{|h^2-1|-1}{h}$

$= \lim\limits_{h \to 0+} \dfrac{-(h^2-1)-1}{h}$

$= \lim\limits_{h \to 0+} (-h) = 0$

$\lim\limits_{h \to 0-} \dfrac{F(0+h)-F(0)}{h} = \lim\limits_{h \to 0-} \dfrac{|f(h)|-|f(0)|}{h}$

$= \lim\limits_{h \to 0-} \dfrac{|1-h|-1}{h}$

$= \lim\limits_{h \to 0-} \dfrac{(1-h)-1}{h} = -1$

이므로 함수 $y=|f(x)|$는 $x=0$에서 미분가능하지 않다. (거짓)

ㄷ. $G(x) = x^k f(x)$로 놓으면

$\lim\limits_{x \to 0} G(x) = G(0) = 0$이므로 함수 $y=G(x)$는 $x=0$에서 연속이다.

$\lim\limits_{h \to 0+} \dfrac{G(0+h)-G(0)}{h} = \lim\limits_{h \to 0+} \dfrac{h^k f(h)}{h}$

$= \lim\limits_{h \to 0+} \dfrac{h^k(h^2-1)}{h}$

$= \lim\limits_{h \to 0+} h^{k-1}(h^2-1) \quad \cdots\cdots \unicode{x1F101}$

$\lim\limits_{h \to 0-} \dfrac{G(0+h)-G(0)}{h} = \lim\limits_{h \to 0-} \dfrac{h^k f(h)}{h}$

$= \lim\limits_{h \to 0-} \dfrac{h^k(1-h)}{h}$

$= \lim\limits_{h \to 0-} h^{k-1}(1-h) \quad \cdots\cdots \unicode{x1F102}$

(i) $k=1$일 때,

$\unicode{x1F101}$에서 $\lim\limits_{h \to 0+} (h^2-1) = -1$

$\unicode{x1F102}$에서 $\lim\limits_{h \to 0-} (1-h) = 1$

이므로 함수 $y=G(x)$는 $x=0$에서 미분가능하지 않다.

(ii) $k \ge 2$일 때,

$\unicode{x1F101}$에서 $\lim\limits_{h \to 0+} h^{k-1}(h^2-1) = 0$

$\unicode{x1F102}$에서 $\lim\limits_{h \to 0-} h^{k-1}(1-h) = 0$

이므로 함수 $y=G(x)$가 $x=0$에서 미분가능하다.

(i), (ii)에서 함수 $y=x^k f(x)$가 $x=0$에서 미분가능하도록 하는 자연수 k의 최솟값은 2이다. (참)

따라서 옳은 것은 ㄱ, ㄷ이다. 目 ③

0540

→ $y=f(x)$는 $x=0$, 2에서 연속인지 아닌지 알 수 없다.

다음 그림을 나타내는 함수 $y=f(x)$는

$$f(x)=\begin{cases} x^2-2x & (x\leq 0) \\ ax^3+bx^2+cx+d & (0<x<2) \\ x-2 & (x\geq 2) \end{cases}$$

이고, 함수 $y=f(x)$가 모든 실수 x에 대하여 미분가능할 때, $f(1)$의 값을 구하시오. (단, a, b, c, d는 상수이다.)

$x=0$, 2에서 연속이고, 미분계수가 존재함을 이용하자.

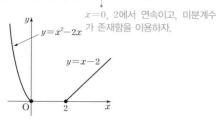

함수 $y=f(x)$가 모든 실수 x에 대하여 미분가능하므로 $x=0$, $x=2$에서 연속이다.

$\lim\limits_{x\to 0+} f(x) = \lim\limits_{x\to 0-} f(x) = f(0)$에서

$\lim\limits_{x\to 0+}(ax^3+bx^2+cx+d) = \lim\limits_{x\to 0-}(x^2-2x)=0$

$\therefore d=0$

$\lim\limits_{x\to 2+} f(x) = \lim\limits_{x\to 2-} f(x) = f(2)$에서

$\lim\limits_{x\to 2+}(x-2) = \lim\limits_{x\to 2-}(ax^3+bx^2+cx+d)=0$

$\therefore 8a+4b+2c+d=0$ ······ ㉠

또 $x=0$, $x=2$에서의 미분계수가 존재하므로

$\lim\limits_{x\to 0+}\dfrac{f(x)-f(0)}{x} = \lim\limits_{x\to 0-}\dfrac{f(x)-f(0)}{x}$에서

$\lim\limits_{x\to 0+}\dfrac{ax^3+bx^2+cx+d-d}{x} = \lim\limits_{x\to 0-}\dfrac{x^2-2x}{x}$

$\lim\limits_{x\to 0+}(ax^2+bx+c) = \lim\limits_{x\to 0-}(x-2)$

$\therefore c=-2$

$\lim\limits_{x\to 2+}\dfrac{f(x)-f(2)}{x-2} = \lim\limits_{x\to 2-}\dfrac{f(x)-f(2)}{x-2}$에서

$\lim\limits_{x\to 2+}\dfrac{x-2}{x-2}$

$=\lim\limits_{x\to 2-}\dfrac{ax^3+bx^2+cx+d-(8a+4b+2c+d)}{x-2}$

$\lim\limits_{x\to 2+}1=\lim\limits_{x\to 2-}\dfrac{(x-2)\{ax^2+(2a+b)x+4a+2b+c\}}{x-2}$

$\lim\limits_{x\to 2-}\{ax^2+(2a+b)x+4a+2b+c\}=1$

$4a+2(2a+b)+4a+2b+c=1$

$\therefore 12a+4b+c=1$ ······ ㉡

$c=-2$, $d=0$을 ㉠, ㉡에 대입하여 정리하면

$8a+4b-4=0$에서 $2a+b=1$

$12a+4b-2=1$에서 $12a+4b=3$

위의 두 식을 연립하여 풀면 $a=-\dfrac{1}{4}$, $b=\dfrac{3}{2}$

따라서 $0<x<2$일 때,

$f(x)=-\dfrac{1}{4}x^3+\dfrac{3}{2}x^2-2x$이므로

$f(1)=-\dfrac{1}{4}+\dfrac{3}{2}-2=-\dfrac{3}{4}$

📋 $-\dfrac{3}{4}$

0541

→ $y=g(x)$는 $x=k$에서 연속이지만, $x=k$에서 미분가능인지 불가능인지 알 수 없다.

삼차함수 $f(x)=x^3-x^2-9x+1$에 대하여 함수 $y=g(x)$를

$$g(x)=\begin{cases} f(x) & (x\geq k) \\ f(2k-x) & (x<k) \end{cases}$$

라 하자. 함수 $y=g(x)$가 실수 전체의 집합에서 미분가능하도록 하는 모든 실수 k의 값의 합을 $\dfrac{q}{p}$라 할 때, p^2+q^2의 값을 구하시오. (단, p, q는 서로소인 자연수이다.)

$x=k$에서 미분가능해야 한다.

함수 $y=g(x)$가 실수 전체의 집합에서 미분가능하기 위해서는 $x=k$에서 미분가능하면 된다.

$\lim\limits_{x\to k+}\dfrac{g(x)-g(k)}{x-k}$

$=\lim\limits_{x\to k+}\dfrac{f(x)-f(k)}{x-k}$

$=\lim\limits_{x\to k+}\dfrac{(x^3-x^2-9x+1)-(k^3-k^2-9k+1)}{x-k}$

$=\lim\limits_{x\to k+}\dfrac{(x-k)\{x^2+kx+k^2-(x+k)-9\}}{x-k}$

$=3k^2-2k-9$

$\lim\limits_{x\to k-}\dfrac{g(x)-g(k)}{x-k}$

$=\lim\limits_{x\to k-}\dfrac{f(2k-x)-f(k)}{x-k}$

$=\lim\limits_{x\to k-}\left[\dfrac{\{(2k-x)^3-(2k-x)^2-9(2k-x)+1\}}{x-k}\right.$

$\left. -\dfrac{(k^3-k^2-9k+1)}{x-k}\right]$

$=\lim\limits_{x\to k-}\left[(k-x)\times\dfrac{\{(2k-x)^2+k(2k-x)+k^2-(3k-x)-9\}}{x-k}\right]$

$=-3k^2+2k+9$

즉, $3k^2-2k-9=-3k^2+2k+9$이므로

$3k^2-2k-9=0$

따라서 이차방정식의 근과 계수의 관계에 의하여 구하는 모든 실수 k의 값의 합은 $\dfrac{2}{3}$이므로 $p=3$, $q=2$

$\therefore p^2+q^2=13$

📋 13

참고 함수 $y=f(2k-x)$의 그래프는 함수 $y=f(x)$의 그래프와 직선 $x=k$에 대하여 대칭이다. 따라서 함수 $y=g(x)$의 그래프는 $x=k$에 대하여 대칭이고, 함수 $y=g(x)$가 실수 전체의 집합에서 미분가능하기 위해서는 $f'(k)=0$이어야 한다.

04 도함수

본책 106~136쪽

0542

미분가능한 함수 $y=f(x)$의 정의역에 속하는 각각의 원소 x에 그 미분계수 $f'(x)$를 대응시키는 새로운 함수를 함수

$y=f(x)$의 [도함수]라고 한다.

함수 $y=f(x)$의 도함수 $y=f'(x)$는

$$f'(x)=\lim_{\Delta x \to 0}\frac{\Delta y}{\Delta x}=\lim_{\Delta x \to 0}\frac{f(x+\boxed{\Delta x})-f(x)}{\boxed{\Delta x}}$$

답 도함수, Δx, Δx

0543

$$f'(x)=\lim_{h \to 0}\frac{f(x+h)-f(x)}{h}$$
$$=\lim_{h \to 0}\frac{\{2(x+h)+5\}-(2x+5)}{h}$$
$$=\lim_{h \to 0}\frac{\boxed{2h}}{h}$$
$$=\boxed{2}$$

답 $2h$, 2

0544

$$f'(x)=\lim_{\Delta x \to 0}\frac{f(x+\Delta x)-f(x)}{\Delta x}$$
$$=\lim_{\Delta x \to 0}\frac{\{(x+\Delta x)+7\}-(x+7)}{\Delta x}$$
$$=\lim_{\Delta x \to 0}\frac{\Delta x}{\Delta x}=1$$

답 $f'(x)=1$

0545

$$f'(x)=\lim_{\Delta x \to 0}\frac{f(x+\Delta x)-f(x)}{\Delta x}$$
$$=\lim_{\Delta x \to 0}\frac{\{3(x+\Delta x)+5\}-(3x+5)}{\Delta x}$$
$$=\lim_{\Delta x \to 0}\frac{3\Delta x}{\Delta x}=3$$

답 $f'(x)=3$

0546

$$f'(x)=\lim_{\Delta x \to 0}\frac{f(x+\Delta x)-f(x)}{\Delta x}$$
$$=\lim_{\Delta x \to 0}\frac{2-2}{\Delta x}=0$$

답 $f'(x)=0$

0547

$$f'(x)=\lim_{h \to 0}\frac{f(x+h)-f(x)}{h}$$
$$=\lim_{h \to 0}\frac{\{(\boxed{x+h})^2-5(\boxed{x+h})\}-(x^2-5x)}{h}$$
$$=\lim_{h \to 0}\frac{\boxed{h^2+2hx-5h}}{h}$$
$$=\lim_{h \to 0}(h+2x-5)$$
$$=\boxed{2x-5}$$

답 $x+h$, $x+h$, $h^2+2hx-5h$, $2x-5$

0548

$$f'(x)=\lim_{h \to 0}\frac{f(x+h)-f(x)}{h}$$
$$=\lim_{h \to 0}\frac{\{(x+h)^2-1\}-(x^2-1)}{h}$$
$$=\lim_{h \to 0}\frac{h^2+2xh}{h}$$
$$=\lim_{h \to 0}(h+2x)=2x$$

답 $f'(x)=2x$

0549

$$f'(x)=\lim_{h \to 0}\frac{f(x+h)-f(x)}{h}$$
$$=\lim_{h \to 0}\frac{\{(x+h)^2+(x+h)\}-(x^2+x)}{h}$$
$$=\lim_{h \to 0}\frac{h^2+2xh+h}{h}$$
$$=\lim_{h \to 0}(h+2x+1)$$
$$=2x+1$$

답 $f'(x)=2x+1$

0550

함수 $y=f(x)$의 $x=3$에서의 미분계수는

$$f'(3)=2\times3+1=7$$

답 7

0551

$$y'=(x^2)'=2x$$

답 $y'=2x$

0552

$$y'=(x^3)'=3x^2$$

답 $y'=3x^2$

0553

$$y'=(x^5)'=5x^4$$

답 $y'=5x^4$

0554

$$y'=(5)'=0$$

답 $y'=0$

0555

$$y'=(-x^2)'=-(x^2)'$$
$$=-1\times2x=-2x$$

답 $y'=-2x$

0556

$$y'=(2x^5)'=2(x^5)'$$
$$=2\times5x^4=10x^4$$

답 $y'=10x^4$

0557

$$y'=(x+2)'$$
$$=(x)'+(2)'=1$$

답 $y'=1$

0558

$$y'=(2x-1)'$$
$$=(2x)'+(-1)'=2$$

답 $y'=2$

0559

$$y'=(x^2+5)'$$
$$=(x^2)'+(5)'=2x$$

답 $y'=2x$

0560

$y' = (x^2 + 3x)'$
$\quad = (x^2)' + (3x)' = 2x + 3$ 　　　　　**답** $y' = 2x + 3$

0561

$y' = (x^3 - 2x^2)'$
$\quad = (x^3)' + (-2x^2)'$
$\quad = 3x^2 - 2 \times 2x$
$\quad = 3x^2 - 4x$ 　　　　　**답** $y' = 3x^2 - 4x$

0562

$f'(x) = (x^2 + 1)' = (x^2)' + (1)' = 2x$
따라서 함수 $y = f(x)$의 $x = 1$에서의 미분계수는
$f'(1) = 2$ 　　　　　**답** 2

0563

$f'(x) = (x^2 + 3x - 2)' = (x^2)' + (3x)' + (-2)' = 2x + 3$
따라서 함수 $y = f(x)$의 $x = 1$에서의 미분계수는
$f'(1) = 2 + 3 = 5$ 　　　　　**답** 5

0564

$f'(x) = (2x^2 - 5x)' = (2x^2)' + (-5x)' = 4x - 5$
따라서 함수 $y = f(x)$의 $x = 1$에서의 미분계수는
$f'(1) = 4 - 5 = -1$ 　　　　　**답** -1

0565

$f'(x) = (x^3 - 2x^2 + x + 3)'$
$\quad = (x^3)' + (-2x^2)' + (x)' + (3)'$
$\quad = 3x^2 - 4x + 1$
따라서 함수 $y = f(x)$의 $x = 1$에서의 미분계수는
$f'(1) = 3 - 4 + 1 = 0$ 　　　　　**답** 0

0566

$f'(x) = (3x^2 + 2x - 1)'$
$\quad = (3x^2)' + (2x)' + (-1)'$
$\quad = 6x + 2$
따라서 함수 $y = f(x)$의 $x = -1$에서의 미분계수는
$f'(-1) = -6 + 2 = -4$ 　　　　　**답** -4

0567

$f'(x) = (x^{100} + x^{99})' = (x^{100})' + (x^{99})' = 100x^{99} + 99x^{98}$
따라서 함수 $y = f(x)$의 $x = -1$에서의 미분계수는
$f'(-1) = -100 + 99 = -1$ 　　　　　**답** -1

0568

$f'(x) = (-15)' = 0$
따라서 함수 $y = f(x)$의 $x = 2$에서의 미분계수는
$f'(2) = 0$ 　　　　　**답** 0

0569

$f'(x) = (4x + 5)' = (4x)' + (5)' = 4$
따라서 함수 $y = f(x)$의 $x = 2$에서의 미분계수는

$f'(2) = 4$ 　　　　　**답** 4

0570

함수 $y = 3f(x)$의 $x = 1$에서의 미분계수는
$3f'(1) = 3 \times 2 = 6$ 　　　　　**답** 6

0571

함수 $y = f(x) + g(x)$의 $x = 1$에서의 미분계수는
$f'(1) + g'(1) = 2 - 3 = -1$ 　　　　　**답** -1

0572

함수 $y = f(x) - g(x)$의 $x = 1$에서의 미분계수는
$f'(1) - g'(1) = 2 - (-3) = 5$ 　　　　　**답** 5

0573

함수 $y = 3f(x) + 5g(x)$의 $x = 1$에서의 미분계수는
$3f'(1) + 5g'(1) = 3 \times 2 + 5 \times (-3) = -9$ 　　　　　**답** -9

0574

$f'(x) = \{(x+2)(2x+1)\}'$
$\quad = (x+2)'(2x+1) + (x+2)(2x+1)'$
$\quad = \boxed{1} \times (2x+1) + (x+2) \times \boxed{2}$
$\quad = (\boxed{2x+1}) + (\boxed{2x+4})$
$\quad = \boxed{4x+5}$

답 $1, 2, 2x+1, 2x+4, 4x+5$

0575

$y' = \{x(x+2)\}'$
$\quad = (x)'(x+2) + x(x+2)'$
$\quad = (x+2) + x$
$\quad = 2x + 2$ 　　　　　**답** $y' = 2x + 2$

0576

$y' = \{(x-2)(x+1)\}'$
$\quad = (x-2)'(x+1) + (x-2)(x+1)'$
$\quad = (x+1) + (x-2)$
$\quad = 2x - 1$ 　　　　　**답** $y' = 2x - 1$
$y' = -15x^2 - 5$

0577

$y' = \{(x^2+2)(x-1)\}'$
$\quad = (x^2+2)'(x-1) + (x^2+2)(x-1)'$
$\quad = 2x(x-1) + (x^2+2)$
$\quad = 3x^2 - 2x + 2$ 　　　　　**답** $y' = 3x^2 - 2x + 2$

0578

$y' = \{(x+2)(x^2-3x+4)\}'$
$\quad = (x+2)'(x^2-3x+4) + (x+2)(x^2-3x+4)'$
$\quad = (x^2-3x+4) + (x+2)(2x-3)$
$\quad = (x^2-3x+4) + (2x^2+x-6)$
$\quad = 3x^2 - 2x - 2$ 　　　　　**답** $y' = 3x^2 - 2x - 2$

0579

$f(x)=x^2+2x+5$ 에서

$f'(x)=2x+2$

답 $f'(x)=2x+2$

0580

$f'(x)=2x+2$ 이므로

$f'(1)=2+2=4$

답 4

0581

$f'(x)=2x+2$ 이므로 점 $(1, 8)$ 에서의 접선의 기울기는

$f'(1)=2+2=4$

답 4

[0582-0585] $f(x)=x^3+2x-1$ 에서 $f'(x)=3x^2+2$

0582

$\lim\limits_{h\to 0} \dfrac{f(1+h)-f(1)}{h}=f'(1)$ 이므로

$f'(1)=3+2=5$

답 5

0583

$\lim\limits_{h\to 0} \dfrac{f(1+3h)-f(1)}{h}=\lim\limits_{h\to 0}\dfrac{f(1+3h)-f(1)}{3h}\times 3=3f'(1)$

이므로

$3f'(1)=3\times 5=15$

답 15

0584

$\lim\limits_{h\to 0}\dfrac{f(1+h)-f(1-h)}{h}$

$=\lim\limits_{h\to 0}\dfrac{f(1+h)-f(1)-\{f(1-h)-f(1)\}}{h}$

$=\lim\limits_{h\to 0}\dfrac{f(1+h)-f(1)}{h}+\lim\limits_{h\to 0}\dfrac{f(1-h)-f(1)}{-h}$

$=2f'(1)$

이므로

$2f'(1)=2\times 5=10$

답 10

0585

$\lim\limits_{x\to 1}\dfrac{f(x)-f(1)}{x^2-1}=\lim\limits_{x\to 1}\left\{\dfrac{f(x)-f(1)}{x-1}\times\dfrac{1}{x+1}\right\}=\dfrac{1}{2}f'(1)$

이므로

$\dfrac{1}{2}f'(1)=\dfrac{1}{2}\times 5=\dfrac{5}{2}$

답 $\dfrac{5}{2}$

0586

$\lim\limits_{x\to 2}\dfrac{f(x)-3}{x-2}=5$ 에서 $x\to 2$ 일 때, (분모)$\to 0$이므로

(분자)$\to 0$이어야 한다.

$\therefore f(2)=3$

답 3

0587

$\lim\limits_{x\to 2}\dfrac{f(x)-3}{x-2}=\lim\limits_{x\to 2}\dfrac{f(x)-f(2)}{x-2}=f'(2)$ 이므로

$f'(2)=5$

답 5

0588

$\lim\limits_{x\to -1}\dfrac{f(x)}{x+1}=2$ 에서 $x\to -1$ 일 때, (분모)$\to 0$이므로

(분자)$\to 0$이어야 한다.

$\therefore f(-1)=0$

답 0

0589

$\lim\limits_{x\to -1}\dfrac{f(x)}{x+1}=\lim\limits_{x\to -1}\dfrac{f(x)-f(-1)}{x-(-1)}=f'(-1)$ 이므로

$f'(-1)=2$

답 2

0590

$\lim\limits_{x\to 1}\dfrac{x-1}{f(x)-2}=\dfrac{1}{3}$ 에서 $x\to 1$ 일 때, (분자)$\to 0$이고 0이 아닌

극한값이 존재하므로 (분모)$\to 0$이어야 한다.

$\therefore f(1)=2$

답 2

0591

$\lim\limits_{x\to 1}\dfrac{x-1}{f(x)-2}=\lim\limits_{x\to 1}\dfrac{1}{\dfrac{f(x)-f(1)}{x-1}}=\dfrac{1}{f'(1)}$

이므로

$\dfrac{1}{f'(1)}=\dfrac{1}{3}$ $\therefore f'(1)=3$

답 3

0592

> $f'(x)=\lim\limits_{\Delta x\to 0}\dfrac{\Delta y}{\Delta x}$ 임을 이용하자. 이 때 $\Delta x=(x+h)-x$이고,
> $\Delta y=f(x+h)-f(x)$이다.

다음은 함수 $f(x)=x^3$의 도함수를 구하는 과정이다.

$f'(x)=\lim\limits_{h\to 0}\dfrac{f(\boxed{\text{(가)}})-f(x)}{h}$

$=\lim\limits_{h\to 0}\dfrac{(x+h)^3-x^3}{h}$

$=\lim\limits_{h\to 0}\dfrac{(\boxed{\text{(나)}}-x)\{(x+h)^2+x(x+h)+x^2\}}{h}$

$=\lim\limits_{h\to 0}\{(x+h)^2+x(x+h)+x^2\}=\boxed{\text{(다)}}$

> 연속함수이므로 h에 0을 대입하자.

위의 과정에서 (가), (나), (다)에 알맞은 것을 써넣으시오.

$f'(x)=\lim\limits_{h\to 0}\dfrac{f(\boxed{x+h})-f(x)}{h}$

$=\lim\limits_{h\to 0}\dfrac{(x+h)^3-x^3}{h}$

$=\lim\limits_{h\to 0}\dfrac{(\boxed{x+h}-x)\{(x+h)^2+x(x+h)+x^2\}}{h}$

$=\lim\limits_{h\to 0}\{(x+h)^2+x(x+h)+x^2\}=\boxed{3x^2}$

$\therefore$ (가): $x+h$, (나): $x+h$, (다): $3x^2$

답 (가): $x+h$, (나): $x+h$, (다): $3x^2$

0593

함수 $f(x)=x^2-2x$의 도함수를 도함수의 정의를 이용하여 구하시오. $f'(x)=\lim\limits_{h\to0}\dfrac{f(x+h)-f(x)}{h}$임을 이용하자.

$f'(x)=\lim\limits_{h\to0}\dfrac{f(x+h)-f(x)}{h}$

$=\lim\limits_{h\to0}\dfrac{\{(x+h)^2-2(x+h)\}-(x^2-2x)}{h}$

$=\lim\limits_{h\to0}\dfrac{h^2+2hx-2h}{h}$

$=\lim\limits_{h\to0}(h+2x-2)$

$=2x-2$

답 $2x-2$

0594

$y=f(x)\pm g(x)$일 때, $y'=f'(x)\pm g'(x)$임을 이용하자.

함수 $f(x)=2x^3-3x+1$에 대하여 $f'(x)$는?

$y=x^n$(n은 자연수)일 때, $y'=nx^{n-1}$임을 이용하자.

$f(x)=2x^3-3x+1$에서

$f'(x)=6x^2-3$

답 ③

0595

$y=f(x)\pm g(x)$일 때, $y'=f'(x)\pm g'(x)$임을 이용하자.

함수 $f(x)=x^3-x^2+3x+5$에 대하여 $f'(2)$의 값을 구하시오. $y=x^n$(n은 자연수)일 때, $y'=nx^{n-1}$임을 이용하자.

$f(x)=x^3-x^2+3x+5$에서

$f'(x)=3x^2-2x+3$이므로

$f'(2)=12-4+3=11$

답 11

0596

$y=f(x)\pm g(x)$일 때, $y'=f'(x)\pm g'(x)$임을 이용하자.

함수 $f(x)=x^2+3x-2$에 대하여 $x=1$에서의 미분계수를 구하시오. $y=x^n$(n은 자연수)일 때, $y'=nx^{n-1}$임을 이용하자.

$f(x)=x^2+3x-2$에서

$f'(x)=2x+3$이므로

$f'(1)=2+3=5$

답 5

0597

$y=cf(x)$일 때, $y'=cf'(x)$임을 이용하자.

함수 $f(x)=x^3+2x^2+ax+4$에 대하여 $f'(1)=12$일 때, 상수 a의 값을 구하시오. a의 값을 구할 수 있다.

$f(x)=x^3+2x^2+ax+4$에서 $f'(x)=3x^2+4x+a$

$f'(1)=12$이므로

$f'(1)=3+4+a=12$

$\therefore a=5$

답 5

0598

$f'(1)$의 값임을 이용하자.

함수 $f(x)=x^4-2x^2+ax+3$의 $x=1$에서의 미분계수가 5일 때, 상수 a의 값은? $y=cf(x)$일 때, $y'=cf'(x)$임을 이용하자.

$f(x)=x^4-2x^2+ax+3$에서

$f'(x)=4x^3-4x+a$

$f'(1)=5$이므로

$f'(1)=4-4+a=5$

$\therefore a=5$

답 ④

0599

각 식을 연립하자.

함수 $f(x)=x^2+ax+b$에 대하여 $f(2)=1$, $f'(1)=-2$일 때, $f(1)$의 값을 구하시오. (단, a, b는 상수이다.) $f'(x)$를 구하자.

$f(x)=x^2+ax+b$에서

$f'(x)=2x+a$

$f(2)=1$, $f'(1)=-2$이므로

$f(2)=4+2a+b=1$

$\therefore 2a+b=-3$ ...... ㉠

$f'(1)=2+a=-2$

$\therefore a=-4$

$a=-4$를 ㉠에 대입하면

$b=5$

따라서 $f(x)=x^2-4x+5$이므로

$f(1)=1-4+5=2$

답 2

0600

함수 $f(x)=\dfrac{1}{3}x^3+\dfrac{1}{5}x^5+\dfrac{1}{7}x^7+\cdots+\dfrac{1}{97}x^{97}$에 대하여 $f'(1)$의 값을 구하시오. 각 항의 도함수들의 규칙을 파악하자.

$f(x)=\dfrac{1}{3}x^3+\dfrac{1}{5}x^5+\dfrac{1}{7}x^7+\cdots+\dfrac{1}{97}x^{97}$에서

$f'(x)=x^2+x^4+x^6+\cdots+x^{96}$이므로

$f'(1)=1+1+1+\cdots+1=48$

답 48

0601

미분법의 공식을 이용하여 도함수를 구하자.

함수 $f(x)=2x^3+4x$에 대하여 $\sum\limits_{k=1}^{10}f'(k)$의 값은? $\sum\limits_{k=1}^{n}k^2=\dfrac{n(n+1)(2n+1)}{6}$임을 이용하자.

$f(x)=2x^3+4x$에서

$f'(x)=6x^2+4$

$$\therefore \sum_{k=1}^{10}f'(k)=\sum_{k=1}^{10}(6k^2+4)$$
$$=6\sum_{k=1}^{10}k^2+\sum_{k=1}^{10}4$$
$$=6\times\frac{10\times11\times21}{6}+4\times10$$
$$=2310+40$$
$$=2350$$
답 ⑤

0602

미분가능한 함수 $y=f(x)$에 대하여 $f(x)=x^3+3f'(1)x+2$가 성립할 때, $f(2)+f'(2)$의 값은?
$f'(1)$의 값이 상수이므로 $f'(1)=p$라 놓을 수 있다.

$f(x)=x^3+3f'(1)x+2$에서 $f'(1)=p$라 하면
$f(x)=x^3+3px+2$
$f'(x)=3x^2+3p$
$\therefore f'(1)=3+3p$
즉, $p=3+3p$에서
$p=-\frac{3}{2}$
$\therefore f(x)=x^3-\frac{9}{2}x+2,\ f'(x)=3x^2-\frac{9}{2}$
$\therefore f(2)+f'(2)=(8-9+2)+\left(12-\frac{9}{2}\right)$
$$=\frac{17}{2}$$
답 ④

0603

함수 $y=(x^2+x-1)(x^3-2)$를 미분한 것은?
$y=f(x)g(x)$의 도함수는 $y'=f'(x)g(x)+f(x)g'(x)$임을 이용하자.

$y=(x^2+x-1)(x^3-2)$에서
$y'=(2x+1)(x^3-2)+(x^2+x-1)3x^2$
$=2x^4+x^3-4x-2+3x^4+3x^3-3x^2$
$=5x^4+4x^3-3x^2-4x-2$
답 ⑤

0604

함수 $f(x)=(x-1)(x^3+2x^2+8)$일 때, $f'(1)$의 값은?
$y=f(x)g(x)$의 도함수는 $y'=f'(x)g(x)+f(x)g'(x)$임을 이용하자.

$f'(x)=(x-1)'(x^3+2x^2+8)+(x-1)(x^3+2x^2+8)'$
$=x^3+2x^2+8+(x-1)(3x^2+4x)$
$\therefore f'(1)=1+2+8=11$
답 ③

0605

함수 $f(x)=(x^3+1)(x^4+x^2+x)$에 대하여 $f'(1)$의 값을 구하시오.
$y=f(x)g(x)$의 도함수는 $y'=f'(x)g(x)+f(x)g'(x)$임을 이용하자.

$f'(x)=3x^2(x^4+x^2+x)+(x^3+1)(4x^3+2x+1)$
$\therefore f'(1)=3\times3+2\times7=23$
답 23

0606

함수 $f(x)=x(2x-1)(-2x+3)$에 대하여 $f'(2)$의 값을 구하시오.
$y=f(x)g(x)h(x)$의 도함수는 $y'=f'(x)g(x)h(x)+f(x)g'(x)h(x)+f(x)g(x)h'(x)$임을 이용하자.

$f'(x)=(x)'(2x-1)(-2x+3)+x(2x-1)'(-2x+3)$
$\qquad+x(2x-1)(-2x+3)'$
$=(2x-1)(-2x+3)+x\times2\times(-2x+3)$
$\qquad+x(2x-1)\times(-2)$
$\therefore f'(2)=-3+(-4)+(-12)=-19$
답 -19

0607

함수 $f(x)=(2x^3+1)(x-1)^2$에 대하여 $f'(-1)$의 값을 구하시오.
$y=\{f(x)\}^n$의 도함수는 $y'=n\{f(x)\}^{n-1}f'(x)$임을 이용하자.

$f(x)=(2x^3+1)(x-1)^2$
$f'(x)=6x^2(x-1)^2+2(x-1)(2x^3+1)$
$f'(-1)=28$
답 28

0608

함수 $f(x)=(2x^2-a)^2$에 대하여 $f'(2)=64$일 때, 상수 a의 값은?
$y=\{f(x)\}^n$의 도함수는 $y'=n\{f(x)\}^{n-1}f'(x)$임을 이용하자.

$f(x)=(2x^2-a)^2=(2x^2-a)(2x^2-a)$이므로
$f'(x)=4x(2x^2-a)+(2x^2-a)\times4x$
$=16x^3-8ax$
$f'(2)=128-16a=64$
$\therefore a=4$
답 ④

[다른풀이] 1. $f(x)=(2x^2-a)^2$
$=4x^4-4ax^2+a^2$
$f'(x)=16x^3-8ax$이므로
$f'(2)=128-16a=64$
$\therefore a=4$

[다른풀이] 2. $f(x)=(2x^2-a)^2$에서
$f'(x)=2(2x^2-a)(2x^2-a)'$
$=2(2x^2-a)\times4x$
$=16x^3-8ax$
$f'(2)=128-16a=64$
$\therefore a=4$

0609

두 함수 $y=f(x)$, $y=g(x)$에 대하여 $f(-3)=2$, $f'(-3)=0$일 때, 함수 $p(x)=f(x)g(x)$로 정의하면 $p'(-3)=8$이다. $g'(-3)$의 값은?

$y=\{f(x)\}^n$의 도함수는 $y'=n\{f(x)\}^{n-1}f'(x)$임을 이용하자.

$p'(x)=f'(x)g(x)+f(x)g'(x)$이고, 주어진 그래프에서
$f(-3)=2$, $f'(-3)=0$이므로
$\begin{aligned} p'(-3)&=f'(-3)g(-3)+f(-3)g'(-3)\\ &=0\times g(-3)+2g'(-3)\\ &=2g'(-3) \end{aligned}$
따라서 $2g'(-3)=8$이므로
$g'(-3)=4$

目 ④

0610

$y=f(x)g(x)$의 도함수는 $y'=f'(x)g(x)+f(x)g'(x)$임을 이용하자.

모든 실수 x에 대하여 미분가능한 함수 $y=f(x)$가 $(x+1)f(x)=x^3+x^2+x+1$을 만족시킬 때, $f'(1)$의 값을 구하시오.

$x=1$을 대입하면 $f(1)$의 값을 구할 수 있다.

$(x+1)f(x)=x^3+x^2+x+1$ ...... ㉠
㉠의 양변에 $x=1$을 대입하면
$2f(1)=4$ ∴ $f(1)=2$
㉠의 양변을 x에 대하여 미분하면
$f(x)+(x+1)f'(x)=3x^2+2x+1$ ...... ㉡
㉡의 양변에 $x=1$을 대입하면
$f(1)+2f'(1)=6$
$2+2f'(1)=6$
∴ $f'(1)=2$

目 2

0611

함수 $f(x)=(x-1)(x-2)(x-3)\cdots(x-10)$에 대하여 $\dfrac{f'(1)}{f'(4)}$의 값은?

$y=f_1(x)f_2(x)\cdots f_n(x)$의 도함수는
$y'=f_1'(x)f_2(x)\cdots f_n(x)+f_1(x)f_2'(x)\cdots f_n(x)+$
$\cdots+f_1(x)f_2(x)\cdots f_n'(x)$ 이다.

$\begin{aligned} f'(x)&=(x-2)(x-3)\cdots(x-10)\\ &\quad+(x-1)(x-3)\cdots(x-10)\\ &\qquad\vdots\\ &\quad+(x-1)(x-2)\cdots(x-9) \end{aligned}$
$f'(1)=(1-2)(1-3)\cdots(1-10)$
$f'(4)=(4-1)(4-2)(4-3)(4-5)\cdots(4-10)$
$\dfrac{f'(1)}{f'(4)}=\dfrac{(-7)\times(-8)\times(-9)}{3\times2\times1}=-84$

目 ②

0612

미분가능한 함수 $f(x)$가 $f(1)=2$, $f'(1)=4$를 만족시킬 때, 함수 $g(x)=(x+1)f(x)$의 $x=1$에서의 미분계수를 구하시오.

$y=f(x)g(x)$의 도함수는 $y'=f'(x)g(x)+f(x)g'(x)$임을 이용하자.

$g'(x)=f(x)+(x+1)f'(x)$이므로
$g'(1)=f(1)+2f'(1)=2+2\times4=10$

目 10

0613

미분가능한 함수 $y=f(x)$가 $f(1)=2$, $f'(1)=4$를 만족시킬 때, 함수 $g(x)=(x^2+x)f(x)$에 대하여 $g'(1)$의 값을 구하시오.

$y=f(x)g(x)$의 도함수는 $y'=f'(x)g(x)+f(x)g'(x)$임을 이용하자.

$g(x)=(x^2+x)f(x)$에서
$g'(x)=(2x+1)f(x)+(x^2+x)f'(x)$
$\begin{aligned} \therefore g'(1)&=3f(1)+2f'(1)\\ &=3\times2+2\times4\\ &=14 \end{aligned}$

目 14

0614

$f(x)=(x-1)(x-2)(x-\alpha)$임을 이용하자.

최고차항의 계수가 1인 삼차함수 $f(x)$가 $f(1)=f(2)=0$, $f(0)=-4$일 때, $f'(1)+f'(3)$의 값을 구하시오.

$x=0$을 대입하자.

최고차항의 계수가 1인 삼차함수 $f(x)$가 $f(1)=f(2)=0$이 성립하므로
$f(x)=(x-1)(x-2)(x-\alpha)$라 하자.
$f(0)=-4$이므로
$f(0)=2\times(-\alpha)=-4$
∴ $\alpha=2$
∴ $f(x)=(x-1)(x-2)^2$
$\begin{aligned} f'(x)&=(x-2)^2+(x-1)\times2\times(x-2)\\ &=(x-2)(x-2+2x-2)\\ &=(x-2)(3x-4) \end{aligned}$
∴ $f'(1)+f'(3)=1+5=6$

目 6

0615

$f(x)-3=0$의 근이 1, 2, 3임을 이용하자.

삼차함수 $f(x)$가 $f(0)=-3$, $f(1)=f(2)=f(3)=3$을 만족시킬 때, $f'(4)$의 값을 구하시오.

곱의 미분법을 이용하자.

$f(1)=f(2)=f(3)=3$이므로
$f(x)=k(x-1)(x-2)(x-3)+3$ (k는 상수)라 하면
$f(0)=k\times(-1)\times(-2)\times(-3)+3=-3$에서 $k=1$
∴ $f(x)=(x-1)(x-2)(x-3)+3$
$\qquad=x^3-6x^2+11x-3$
$f'(x)=3x^2-12x+11$

따라서 $f'(4)=3\times4^2-12\times4+11=11$ 답 11

0616 $f(a)=k$라 놓으면 $f(x)-k=(x-a)(x-2)(x-6)$임을 이용하자.

> 최고차항의 계수가 1인 삼차함수 $f(x)$와 실수 a가 다음 조건을
> 만족시킬 때, $f'(a)$의 값을 구하시오.
>
> > (가) $f(a)=f(2)=f(6)$
> > (나) $f'(2)=-4$
>
> 곱의 미분법을 이용하자.

조건 (가)에서 $f(a)=f(2)=f(6)=k$로 놓으면
$f(a)-k=f(2)-k=f(6)-k=0$
$g(x)=f(x)-k$라 하면
$g(a)=g(2)=g(6)=0$
$g(x)=(x-a)(x-2)(x-6)$
그러므로 $f(x)=(x-a)(x-2)(x-6)+k$
$f(x)$를 미분하면
$f'(x)=(x-2)(x-6)+(x-a)(x-6)+(x-a)(x-2)$
조건 (나)에서 $f'(2)=-4$이므로
$-4(2-a)=-4$ $\therefore a=1$
$f'(a)=(a-2)(a-6)=(-1)\times(-5)=5$ 답 5

0617 $f(x)-3=k(x-a)(x-a-1)(x-a-2)$로 놓을 수 있다.

> 실수 a에 대하여 삼차함수 $f(x)$가 다음 조건을 만족시킬 때,
> $f'(a+2)$의 값을 구하시오.
>
> > (가) $f(a)=f(a+1)=f(a+2)=3$
> > (나) $f'(a)=12$
>
> 곱의 미분법을 이용하자.

$f(a)=f(a+1)=f(a+2)=3$이므로
$f(x)=k(x-a)(x-a-1)(x-a-2)+3$
$f'(x)=k\{(x-a-1)(x-a-2)+(x-a)(x-a-2)$
$\qquad\qquad\qquad\qquad\qquad +(x-a)(x-a-1)\}$
$f'(a)=k\times2=12$
$\therefore k=6$
$\therefore f'(a+2)=6\times2=12$ 답 12

0618 $f'(x)$를 구하자.

> 함수 $f(x)=x^4+6x^2+9$에 대하여 $\displaystyle\lim_{h\to0}\frac{f(1+h)-f(1)}{16h}$의 값은?
>
> $\displaystyle\lim_{h\to0}\left\{\frac{f(1+h)-f(1)}{h}\times\frac{1}{16}\right\}$임을 이용하자.

$f(x)=x^4+6x^2+9$에서
$f'(x)=4x^3+12x$

$\therefore \displaystyle\lim_{h\to0}\frac{f(1+h)-f(1)}{16h}=\frac{1}{16}\lim_{h\to0}\frac{f(1+h)-f(1)}{h}$
$\qquad\qquad\qquad\qquad\quad =\frac{1}{16}f'(1)$
$\qquad\qquad\qquad\qquad\quad =\frac{1}{16}(4+12)=1$ 답 ①

0619 $f(1)=3$임을 알 수 있다.

> 함수 $f(x)=x^2+4x-2$에 대하여 $\displaystyle\lim_{h\to0}\frac{f(1+2h)-3}{h}$의 값은?
>
> $\displaystyle\lim_{h\to0}\left\{\frac{f(1+2h)-f(1)}{2h}\times2\right\}$임을 이용하자.

함수 $f(x)=x^2+4x-2$에서 $f(1)=3$이고
$f'(x)=2x+4$이므로 $f'(1)=6$
$\displaystyle\lim_{h\to0}\frac{f(1+2h)-3}{h}=\lim_{h\to0}\frac{f(1+2h)-f(1)}{2h}\times2$
$\qquad\qquad\qquad\quad =2f'(1)$
$\qquad\qquad\qquad\quad =2\times6=12$ 답 ①

0620 $f'(x)$를 구하자.

> 함수 $f(x)=x^3-x$에 대하여 $\displaystyle\lim_{h\to0}\frac{f(1+3h)-f(1)}{2h}$의 값을 구하
> 시오.
> $\displaystyle\lim_{h\to0}\left\{\frac{f(1+3h)-f(1)}{3h}\times\frac{3}{2}\right\}$임을 이용하자.

$f(x)$의 도함수를 구하면 $f'(x)=3x^2-1$이 되고
(주어진 식)$=\displaystyle\lim_{h\to0}\frac{f(1+3h)-f(1)}{3h}\times\frac{3}{2}$
$\qquad\qquad =\frac{3}{2}f'(1)$
$\qquad\qquad =\frac{3}{2}\times2=3$ 답 3

0621

> 함수 $f(x)=2x^3-ax^2+5$에 대하여 $\displaystyle\lim_{h\to0}\frac{f(1-h)-f(1)}{2h}=4$
> 를 만족시키는 상수 a의 값을 구하시오.
> $\displaystyle\lim_{h\to0}\left\{\frac{f(1-h)-f(1)}{-h}\times\left(-\frac{1}{2}\right)\right\}$임을 이용하자.

$\displaystyle\lim_{h\to0}\frac{f(1-h)-f(1)}{2h}=\lim_{h\to0}\frac{f(1-h)-f(1)}{-h}\times\left(-\frac{1}{2}\right)$
$\qquad\qquad\qquad\qquad =-\frac{1}{2}f'(1)=4$
$\therefore f'(1)=-8$
$f(x)=2x^3-ax^2+5$에서 $f'(x)=6x^2-2ax$이므로
$f'(1)=6-2a=-8$
$\therefore a=7$ 답 7

0622 $f'(x)$를 구하자.

함수 $f(x)=x^2+x-3$에 대하여 $\lim\limits_{h \to 0}\dfrac{f(2+ah)-f(2)}{h}=15$

를 만족시키는 상수 a가 존재할 때, $f'(a)$의 값을 구하시오.

$\lim\limits_{h \to 0}\left\{\dfrac{f(2+ah)-f(2)}{ah}\times a\right\}$임을 이용하자.

$f(x)=x^2+x-3$에서 $f'(x)=2x+1$

$\therefore \lim\limits_{h \to 0}\dfrac{f(2+ah)-f(2)}{h}=\lim\limits_{h \to 0}\dfrac{f(2+ah)-f(2)}{ah}\times a$
$\qquad\qquad\qquad\qquad\quad =af'(2)$
$\qquad\qquad\qquad\qquad\quad =a\times 5$
$\qquad\qquad\qquad\qquad\quad =15$

따라서 $a=3$이므로
$f'(a)=f'(3)=7$

目 **7**

0623 $f'(x)$를 구하자.

함수 $f(x)=x^3+2x^2-1$에 대하여

$\lim\limits_{h \to 0}\dfrac{f(1+2h)-f(1-2h)}{h}$의 값을 구하시오.

$\lim\limits_{h \to 0}\dfrac{f(1+2h)-f(1)-\{f(1-2h)-f(1)\}}{2h}\times 2$임을 이용하자.

$f(x)=x^3+2x^2-1$에서 $f'(x)=3x^2+4x$이므로

$\lim\limits_{h \to 0}\dfrac{f(1+2h)-f(1-2h)}{h}$

$=\lim\limits_{h \to 0}\dfrac{f(1+2h)-f(1)-\{f(1-2h)-f(1)\}}{h}$

$=\lim\limits_{h \to 0}\dfrac{f(1+2h)-f(1)}{2h}\times 2+\lim\limits_{h \to 0}\dfrac{f(1-2h)-f(1)}{-2h}\times 2$

$=2f'(1)+2f'(1)$

$=4f'(1)$

$=4\times 7=28$

目 **28**

0624 $f'(x)$를 구하자.

함수 $f(x)=x^2-6x+5$에 대하여

$\lim\limits_{h \to 0}\dfrac{f(a+h)-f(a-h)}{h}=8$을 만족하는 상수 a의 값은?

$\lim\limits_{h \to 0}\dfrac{f(a+h)-f(a)-\{f(a-h)-f(a)\}}{h}$임을 이용하자.

$f(x)=x^2-6x+5$에서 $f'(x)=2x-6$이므로

$\lim\limits_{h \to 0}\dfrac{f(a+h)-f(a-h)}{h}$

$=\lim\limits_{h \to 0}\dfrac{f(a+h)-f(a)-f(a-h)+f(a)}{h}$

$=2f'(a)$

$=2(2a-6)$

$=4a-12=8$

$\therefore a=5$

目 ①

0625 $f'(x)$와 $g'(x)$를 구하자.

두 함수 $f(x)=x+2x^3+3x^5$, $g(x)=3x^2+2x^4+x^5$에 대하여
$\lim\limits_{h \to 0}\dfrac{f(1+2h)-g(1-h)}{3h}$의 값은?

$\lim\limits_{h \to 0}\dfrac{f(1+2h)-f(1)-\{g(1-h)-g(1)\}}{3h}$임을 이용하자.

$f(1)=g(1)=6$이므로

$\lim\limits_{h \to 0}\dfrac{f(1+2h)-g(1-h)}{3h}$

$=\lim\limits_{h \to 0}\dfrac{f(1+2h)-f(1)-\{g(1-h)-g(1)\}}{3h}$

$=\lim\limits_{h \to 0}\dfrac{f(1+2h)-f(1)}{2h}\times \dfrac{2}{3}+\lim\limits_{h \to 0}\dfrac{g(1-h)-g(1)}{-h}\times \dfrac{1}{3}$

$=\dfrac{2}{3}f'(1)+\dfrac{1}{3}g'(1)$

이때, $f'(x)=1+6x^2+15x^4$, $g'(x)=6x+8x^3+5x^4$이므로
$f'(1)=22$, $g'(1)=19$
따라서 구하는 값은

$\dfrac{2}{3}\cdot 22+\dfrac{1}{3}\cdot 19=\dfrac{63}{3}=21$

目 ②

0626 $f'(x)$를 구하자.

함수 $f(x)=x^3-6x^2+12x-8$에 대하여

$\lim\limits_{h \to 0}\dfrac{h}{f(1+2h)-f(1-2h)}$의 값을 구하시오.

$\lim\limits_{h \to 0}\dfrac{1}{\dfrac{f(1+2h)-f(1)-\{f(1-2h)-f(1)\}}{h}}$임을 이용하자.

$f'(x)=3x^2-12x+12$이므로

$\lim\limits_{h \to 0}\dfrac{h}{f(1+2h)-f(1-2h)}$

$=\lim\limits_{h \to 0}\dfrac{1}{\dfrac{f(1+2h)-f(1)-\{f(1-2h)-f(1)\}}{h}}$

$=\lim\limits_{h \to 0}\dfrac{1}{\dfrac{f(1+2h)-f(1)}{2h}\times 2+\dfrac{f(1-2h)-f(1)}{-2h}\times 2}$

$=\dfrac{1}{4f'(1)}$

$=\dfrac{1}{4\times 3}=\dfrac{1}{12}$

目 $\dfrac{1}{12}$

다른풀이 $f(x)=(x-2)^3$에서 $f'(x)=3(x-2)^2$

$\therefore \lim\limits_{h \to 0}\dfrac{h}{f(1+2h)-f(1-2h)}=\dfrac{1}{4f'(1)}$
$\qquad\qquad\qquad\qquad\qquad\qquad =\dfrac{1}{12}$

0627 $\dfrac{1}{n}=h$로 놓으면 $n \longrightarrow \infty$일 때, $h \longrightarrow 0$이다.

> 함수 $f(x)=x^2+3x+7$에 대하여
>
> $\displaystyle\lim_{n\to\infty} n\left\{f\left(a+\dfrac{1}{n}\right)-f(a)\right\}=13$일 때, 상수 a의 값은?
>
> $\displaystyle\lim_{h\to 0}\dfrac{f(a+h)-f(a)}{h}$임을 이용하자.

$\dfrac{1}{n}=h$로 놓으면 $n\to\infty$일 때 $h\to 0$이므로

$\displaystyle\lim_{n\to\infty} n\left\{f\left(a+\dfrac{1}{n}\right)-f(a)\right\}=\lim_{h\to 0}\dfrac{f(a+h)-f(a)}{h}$

$\qquad\qquad\qquad\qquad\qquad =f'(a)=13$

$f(x)=x^2+3x+7$에서

$f'(x)=2x+3$이므로

$f'(a)=2a+3=13$

$\therefore a=5$ 　　　　　　　　　　답 ④

0628 $\displaystyle\lim_{h\to 0}\dfrac{f(1+h)-f(1)}{h}$임을 이용하자.

> 함수 $f(x)=2x^4-x-1$에 대하여 $\displaystyle\lim_{n\to\infty} nf\left(1+\dfrac{1}{n}\right)$의 값을 구하시오.
>
> $\dfrac{1}{n}=h$로 놓으면 $n \longrightarrow \infty$일 때, $h \longrightarrow 0$이다.

$f(x)=2x^4-x-1$에서 $f(1)=0$이고,

$f'(x)=8x^3-1$

$\dfrac{1}{n}=h$로 놓으면 $n\to\infty$일 때 $h\to 0$이므로

$\displaystyle\lim_{n\to\infty} nf\left(1+\dfrac{1}{n}\right)=\lim_{h\to 0}\dfrac{f(1+h)-f(1)}{h}\ (\because f(1)=0)$

$\qquad\qquad\qquad =f'(1)=7$ 　　　　　답 7

0629 $f(x)$는 상수항이 없는 일차함수이다.

> 다항함수 $f(x)$가 임의의 실수 k에 대하여
>
> $\qquad f(kx)=kf(x)$
>
> 를 만족시킨다. $f'(3)=6$일 때, $\displaystyle\lim_{h\to 0}\dfrac{f(1+3h)-f(1)}{2h}$의 값을 구하시오.
>
> $\displaystyle\lim_{h\to 0}\dfrac{f(1+3h)-f(1)}{3h}\times\dfrac{3}{2}$임을 이용하자.

$f(kx)=kf(x)$에 $x=1$을 대입하면

$f(k)=kf(1)$

$f(1)=a$라 하면

$f(k)=ak$

임의의 실수 k에 대하여 성립해야 하므로 $f(x)=ax$

$f'(x)=a$

$f'(3)=6$으로부터 $a=6$

$\displaystyle\lim_{h\to 0}\dfrac{f(1+3h)-f(1)}{2h}=\dfrac{3}{2}f'(1)=\dfrac{3}{2}\times 6=9$ 　답 9

0630 $f(1)=1$임을 이용하자.

> 함수 $f(x)=2x^3+x-2$에 대하여 $\displaystyle\lim_{x\to 1}\dfrac{f(x)-1}{x-1}$의 값은?
>
> $f'(a)=\displaystyle\lim_{x\to a}\dfrac{f(x)-f(a)}{x-a}$임을 이용하자.

$f(x)=2x^3+x-2$에서 $f(1)=1$이고,

$f'(x)=6x^2+1$이므로

$\displaystyle\lim_{x\to 1}\dfrac{f(x)-1}{x-1}=\lim_{x\to 1}\dfrac{f(x)-f(1)}{x-1}$

$\qquad\qquad\qquad =f'(1)=7$ 　　　　답 ④

0631 $f'(x)$를 구하자.

> 함수 $f(x)=x^2-x+2$에 대하여 $\displaystyle\lim_{x\to 2}\dfrac{f(x)-f(2)}{x^2-4}$의 값은?
>
> $\displaystyle\lim_{x\to 2}\left\{\dfrac{f(x)-f(2)}{x-2}\times\dfrac{1}{x+2}\right\}$임을 이용하자.

$f(x)=x^2-x+2$에서

$f'(x)=2x-1$이므로

$\displaystyle\lim_{x\to 2}\dfrac{f(x)-f(2)}{x^2-4}=\lim_{x\to 2}\left\{\dfrac{f(x)-f(2)}{x-2}\times\dfrac{1}{x+2}\right\}$

$\qquad\qquad\qquad =\dfrac{1}{4}f'(2)$

$\qquad\qquad\qquad =\dfrac{1}{4}(4-1)=\dfrac{3}{4}$ 　　답 ③

0632 $f'(x)$를 구하자.

> 함수 $f(x)=x^3+x-1$에 대하여 $\displaystyle\lim_{x\to 1}\dfrac{f(x^2)-1}{x-1}$의 값은?
>
> $\displaystyle\lim_{x\to 1}\left\{\dfrac{f(x^2)-f(2)}{x^2-1}\times(x+1)\right\}$임을 이용하자.

$f(x)=x^3+x-1$에서 $f(1)=1$이고, $f'(x)=3x^2+1$이므로

$\displaystyle\lim_{x\to 1}\dfrac{f(x^2)-1}{x-1}=\lim_{x\to 1}\dfrac{f(x^2)-f(1)}{x-1}$

$\qquad\qquad\qquad =\lim_{x\to 1}\left\{\dfrac{f(x^2)-f(1)}{x^2-1}\times(x+1)\right\}$

$\qquad\qquad\qquad =2f'(1)$

$\qquad\qquad\qquad =2\times 4=8$ 　　答 ②

0633 $f'(x)$를 구하자.

> 함수 $f(x)=\dfrac{1}{2}x^2+2x$에 대하여 $\displaystyle\sum_{n=1}^{5}\lim_{x\to n}\dfrac{f(x)-f(n)}{x-n}$의 값을 구하시오.
>
> $f'(a)=\displaystyle\lim_{x\to a}\dfrac{f(x)-f(a)}{x-a}$임을 이용하자.

$\displaystyle\sum_{n=1}^{5}\lim_{x\to n}\dfrac{f(x)-f(n)}{x-n}=\sum_{n=1}^{5}f'(n)$

이때, $f(x)=\dfrac{1}{2}x^2+2x$에서 $f'(x)=x+2$이므로

$f'(n)=n+2$

따라서 구하는 값은

$\displaystyle\sum_{n=1}^{5}(n+2)=\dfrac{5\times 6}{2}+2\times 5$

$\qquad\qquad\qquad =15+10=25$ 　　　　　　　　　　답 25

0634 $f'(x)$를 구하자.

> 함수 $f(x)=-x^3+8x+5$에 대하여
>
> $\displaystyle\lim_{x\to 2}\dfrac{\{f(x)\}^2-\{f(2)\}^2}{2-x}$ 의 값을 구하시오.
>
> $-\displaystyle\lim_{x\to 2}\dfrac{\{f(x)-f(2)\}\{f(x)+f(2)\}}{x-2}$임을 이용하자.

$f(x)=-x^3+8x+5$에서 $f(2)=13$이고,

$f'(x)=-3x^2+8$

$\therefore \displaystyle\lim_{x\to 2}\dfrac{\{f(x)\}^2-\{f(2)\}^2}{2-x}$

$\quad =-\displaystyle\lim_{x\to 2}\dfrac{\{f(x)-f(2)\}\{f(x)+f(2)\}}{x-2}$

$\quad =-\displaystyle\lim_{x\to 2}\dfrac{f(x)-f(2)}{x-2}\times\lim_{x\to 2}\{f(x)+f(2)\}$

$\quad =-f'(2)\times 2f(2)$

$\quad =-(-12+8)\times 2\times 13=104$ 　　　답 104

0635 $f'(x)$를 구하자.

> 함수 $f(x)=x^2-3x+5$에 대하여 $\displaystyle\lim_{x\to 2}\dfrac{x^2f(2)-4f(x)}{x-2}$ 의 값을 구하시오.
>
> $\displaystyle\lim_{x\to 2}\dfrac{x^2f(2)-4f(2)-\{4f(x)-4f(2)\}}{x-2}$임을 이용하자.

$f(x)=x^2-3x+5$에서 $f'(x)=2x-3$

$\therefore \displaystyle\lim_{x\to 2}\dfrac{x^2f(2)-4f(x)}{x-2}$

$\quad =\displaystyle\lim_{x\to 2}\dfrac{x^2f(2)-4f(2)-\{4f(x)-4f(2)\}}{x-2}$

$\quad =\displaystyle\lim_{x\to 2}\dfrac{(x-2)(x+2)f(2)}{x-2}-\lim_{x\to 2}\dfrac{4\{f(x)-f(2)\}}{x-2}$

$\quad =4f(2)-4f'(2)$

$\quad =4(4-6+5)-4(4-3)=8$ 　　　　답 8

0636 $y=f(x)g(x)$의 도함수는 $y'=f'(x)g(x)+f(x)g'(x)$

> 함수 $f(x)=(2x-15)(10-x)$에 대하여
>
> $\displaystyle\lim_{x\to 2}\dfrac{x-2}{f(x^3)-f(8)}$ 의 값을 구하시오.
>
> $\displaystyle\lim_{x\to 2}\dfrac{1}{\dfrac{f(x^3)-f(8)}{x-2}}$임을 이용하자.

$f(x)=(2x-15)(10-x)$에서

$f'(x)=2(10-x)-(2x-15)$

$\qquad =-4x+35$

$\therefore \displaystyle\lim_{x\to 2}\dfrac{x-2}{f(x^3)-f(8)}=\lim_{x\to 2}\dfrac{1}{\dfrac{f(x^3)-f(8)}{x-2}}$

$\qquad\qquad =\displaystyle\lim_{x\to 2}\dfrac{1}{\dfrac{f(x^3)-f(8)}{x^3-8}\times (x^2+2x+4)}$

$\qquad\qquad =\dfrac{1}{12f'(8)}$

$\qquad\qquad =\dfrac{1}{12(-4\times 8+35)}=\dfrac{1}{36}$ 　답 $\dfrac{1}{36}$

0637 $y=f(x)g(x)$의 도함수는 $y'=f'(x)g(x)+f(x)g'(x)$

> 함수 $f(x)=(4x-3)(x^2+2)$에 대하여
>
> $\displaystyle\lim_{h\to 0}\dfrac{f(1+h)-f(1-h)}{h}$ 의 값을 구하시오.
>
> $\displaystyle\lim_{h\to 0}\dfrac{f(1+h)-f(1)-\{f(1-h)-f(1)\}}{h}$임을 이용하자.

$f(x)=(4x-3)(x^2+2)$에서

$f'(x)=4(x^2+2)+(4x-3)\times 2x$

$\qquad =12x^2-6x+8$

$\therefore \displaystyle\lim_{h\to 0}\dfrac{f(1+h)-f(1-h)}{h}$

$\quad =\displaystyle\lim_{h\to 0}\dfrac{f(1+h)-f(1)-\{f(1-h)-f(1)\}}{h}$

$\quad =\displaystyle\lim_{h\to 0}\dfrac{f(1+h)-f(1)}{h}+\lim_{h\to 0}\dfrac{f(1-h)-f(1)}{-h}$

$\quad =2f'(1)$

$\quad =2(12-6+8)=28$ 　　　　　　답 28

0638 $f'(x)$를 구하자.

> 함수 $f(x)=(2x-1)(x+a)$에 대하여
>
> $\displaystyle\lim_{x\to 1}\dfrac{f(x)-f(1)}{x^2-1}=3$일 때, 상수 a의 값은?
>
> $\displaystyle\lim_{h\to 0}\left\{\dfrac{f(x)-f(1)}{x-1}\times\dfrac{1}{x+1}\right\}$임을 이용하자.

$\displaystyle\lim_{x\to 1}\dfrac{f(x)-f(1)}{x^2-1}=\lim_{x\to 1}\left\{\dfrac{f(x)-f(1)}{x-1}\times\dfrac{1}{x+1}\right\}$

$\qquad\qquad\qquad =\dfrac{1}{2}f'(1)=3$

$\therefore f'(1)=6$

$f(x)=(2x-1)(x+a)$에서

$f'(x)=2(x+a)+(2x-1)=4x+2a-1$

이므로

$f'(1)=2a+3=6$

$\therefore a=\dfrac{3}{2}$ 　　　　　　　　　　　답 ②

0639

$\lim\limits_{h \to 0}\dfrac{f(1+h)-f(1)-\{g(1-h)-g(1)\}}{2h}$임을 이용하자.

> 함수 $f(x)=x^4-2x^3+5$에 대하여 $g(x)=xf(x)$라 할 때,
> $\lim\limits_{h \to 0}\dfrac{f(1+h)-g(1-h)}{2h}$의 값은?
>
> $y=f(x)g(x)$의 도함수는 $y'=f'(x)g(x)+f(x)g'(x)$임을 이용하자.

$g(x)=xf(x)$에서 $g(1)=f(1)$

$f'(x)=4x^3-6x^2$, $g'(x)=f(x)+xf'(x)$

$\therefore \lim\limits_{h \to 0}\dfrac{f(1+h)-g(1-h)}{2h}$

$=\lim\limits_{h \to 0}\dfrac{f(1+h)-f(1)-\{g(1-h)-g(1)\}}{2h}$ $(\because f(1)=g(1))$

$=\dfrac{1}{2}\lim\limits_{h \to 0}\dfrac{f(1+h)-f(1)}{h}+\dfrac{1}{2}\lim\limits_{h \to 0}\dfrac{g(1-h)-g(1)}{-h}$

$=\dfrac{1}{2}f'(1)+\dfrac{1}{2}g'(1)$

$=\dfrac{1}{2}(4-6)+\dfrac{1}{2}(4-2)$

$=-1+1=0$ **답 ②**

다른풀이 $\lim\limits_{h \to 0}\dfrac{f(1+h)-g(1-h)}{2h}$

$=\lim\limits_{h \to 0}\dfrac{f(1+h)-(1-h)f(1-h)}{2h}$

$=\lim\limits_{h \to 0}\dfrac{f(1+h)-f(1-h)}{2h}+\lim\limits_{h \to 0}\dfrac{hf(1-h)}{2h}$

$=f'(1)+\dfrac{f(1)}{2}$

$=-2+\dfrac{4}{2}=0$

0640

$g(x)=(x^2+3)f(x)$라 하면 $g(2)=7f(2)$임을 이용하자.

> 다항함수 $y=f(x)$에 대하여 $f(2)=3$, $f'(2)=1$일 때,
> $\lim\limits_{x \to 2}\dfrac{(x^2+3)f(x)-7f(2)}{x-2}$의 값을 구하시오.
>
> $\lim\limits_{x \to 2}\dfrac{g(x)-g(2)}{x-2}$임을 이용하자.

$g(x)=(x^2+3)f(x)$라 하면

$g(2)=7f(2)$이므로

$\lim\limits_{x \to 2}\dfrac{(x^2+3)f(x)-7f(2)}{x-2}=\lim\limits_{x \to 2}\dfrac{g(x)-g(2)}{x-2}$

$=g'(2)$

$g'(x)=2xf(x)+(x^2+3)f'(x)$이므로

$g'(2)=4f(2)+7f'(2)$

$=4\times3+7\times1$

$=19$ **답 19**

0641

$y=f(x)g(x)$의 도함수는 $y'=f'(x)g(x)+f(x)g'(x)$임을 이용하자.

> 다항함수 $y=f(x)$가 $\lim\limits_{h \to 0}\dfrac{f(1+2h)-3}{h}=6$을 만족시킬 때,
> 함수 $y=(x^2+2x)f(x)$의 $x=1$에서의 미분계수를 구하시오.
>
> $f(1)=3$임을 이용하자.

$\lim\limits_{h \to 0}\dfrac{f(1+2h)-3}{h}=6$에서 $h \to 0$일 때, (분모)$\to 0$이므로

(분자)$\to 0$이어야 한다.

즉, $\lim\limits_{h \to 0}\{f(1+2h)-3\}=0$이므로 $f(1)=3$

$\therefore \lim\limits_{h \to 0}\dfrac{f(1+2h)-3}{h}=\lim\limits_{h \to 0}\dfrac{f(1+2h)-f(1)}{h}$

$=\lim\limits_{h \to 0}\dfrac{f(1+2h)-f(1)}{2h}\times2$

$=2f'(1)=6$

$\therefore f'(1)=3$

$g(x)=(x^2+2x)f(x)$라 하면

$g'(x)=(2x+2)f(x)+(x^2+2x)f'(x)$이므로

$g'(1)=4f(1)+3f'(1)$

$=4\times3+3\times3=21$ **답 21**

0642

$y=f(x)g(x)$의 도함수는 $y'=f'(x)g(x)+f(x)g'(x)$임을 이용하자.

> 다항함수 $f(x)$가 $\lim\limits_{x \to 1}\dfrac{f(x)-3}{x-1}=2$를 만족시킨다.
> $g(x)=x^3f(x)$라 할 때, $g'(1)$의 값을 구하시오.
>
> $f(1)=3$임을 이용하자.

$\lim\limits_{x \to 1}\dfrac{f(x)-3}{x-1}=2$이고 $\lim\limits_{x \to 1}(x-1)=0$이므로

$\lim\limits_{x \to 1}\{f(x)-3\}=0$에서 $f(1)=3$

$\lim\limits_{x \to 1}\dfrac{f(x)-3}{x-1}=\lim\limits_{x \to 1}\dfrac{f(x)-f(1)}{x-1}=f'(1)$이므로

$f'(1)=2$

$g'(x)=3x^2f(x)+x^3f'(x)$이므로

$g'(1)=3f(1)+f'(1)=3\times3+2=11$ **답 11**

0643

$y=f(x)g(x)$의 도함수는 $y'=f'(x)g(x)+f(x)g'(x)$임을 이용하자.

> 다항함수 $f(x)$가 $\lim\limits_{x \to 1}\dfrac{f(x)-2}{x-1}=12$를 만족시킨다.
> $g(x)=(x^2+1)f(x)$라 할 때, $g'(1)$의 값을 구하시오.
>
> $f(1)=2$임을 이용하자.

$\lim\limits_{x \to 1}\dfrac{f(x)-2}{x-1}=12$에서 극한값이 존재하고

$x \to 1$일 때, (분모)$\to 0$이므로 (분자)$\to 0$

$\lim\limits_{x \to 1}\{f(x)-2\}=0$에서 $f(1)=2$이다.

$\lim\limits_{x \to 1}\dfrac{f(x)-2}{x-1}=\lim\limits_{x \to 1}\dfrac{f(x)-f(1)}{x-1}=f'(1)=12$

$g'(x)=2xf(x)+(x^2+1)f'(x)$이므로
$g'(1)=2f(1)+2f'(1)$
$\qquad =2\times2+2\times12$
$\qquad =4+24=28$

달 28

0644

다항함수 $f(x)$에 대하여 $f(1)=1$, $f'(1)=2$이고, 함수 $g(x)=x^2+3x$일 때, $\displaystyle\lim_{x\to1}\frac{f(x)g(x)-f(1)g(1)}{x-1}$ 의 값은?

$h(x)=f(x)g(x)$라 하면 $\displaystyle\lim_{x\to1}\frac{h(x)-h(1)}{x-1}$임을 이용하자.

함수 $h(x)=f(x)g(x)$라 하면
$\displaystyle\lim_{x\to1}\frac{f(x)g(x)-f(1)g(1)}{x-1}=\lim_{x\to1}\frac{h(x)-h(1)}{x-1}$
$\qquad\qquad\qquad\qquad\qquad\quad =h'(1)$
$h'(x)=f'(x)g(x)+f(x)g'(x)$, $g'(x)=2x+3$이므로
$h'(1)=f'(1)g(1)+f(1)g'(1)$
$\qquad =2\times4+1\times5$
$\qquad =13$

달 ③

0645

$f(0)=2$임을 이용하자.

두 다항함수 $f(x)$, $g(x)$가
$$\lim_{x\to0}\frac{f(x)-2}{x}=3,\quad \lim_{x\to3}\frac{g(x-3)-1}{x-3}=6$$
을 만족시킨다. 함수 $h(x)=f(x)g(x)$일 때, $h'(0)$의 값을 구하시오.

$x-3=t$라 하면 $\displaystyle\lim_{t\to0}\frac{g(t)-1}{t}$임을 이용하자.

$\displaystyle\lim_{x\to0}\frac{f(x)-2}{x}=3$에서 $x\to0$일 때 (분모) $\to0$이면서 극한값이 존재하므로 (분자) $\to0$이다.
$f(0)=2$이고 $f'(0)=3$
$\displaystyle\lim_{x\to3}\frac{g(x-3)-1}{x-3}=6$에서 $x-3=t$라 두면
$x\to3$일 때, $t\to0$
$\displaystyle\lim_{t\to0}\frac{g(t)-1}{t}=6$
마찬가지로, $g(0)=1$이고 $g'(0)=6$
$h(x)=f(x)g(x)$에서
$h'(x)=f'(x)g(x)+f(x)g'(x)$이므로
$h'(0)=f'(0)g(0)+f(0)g'(0)$
$\qquad =3\times1+2\times6$
$\qquad =15$

달 15

0646

두 다항함수 $f(x)$, $g(x)$가 다음 조건을 만족시킬 때, $g'(0)$의 값을 구하시오.

(가) $f(0)=1$, $f'(0)=-6$, $g(0)=4$
(나) $\displaystyle\lim_{x\to0}\frac{f(x)g(x)-4}{x}=0$

$F(x)=f(x)g(x)$라 하면 $\displaystyle\lim_{t\to0}\frac{F(x)-F(0)}{x}$임을 이용하자.

$F(x)=f(x)g(x)$라 하면
$F(0)=f(0)g(0)=4$, $F'(x)=f'(x)g(x)+f(x)g'(x)$이므로
(나)에서
$\displaystyle\lim_{x\to0}\frac{F(x)-F(0)}{x}=F'(0)$
$\qquad\qquad\qquad\qquad =f'(0)g(0)+f(0)g'(0)$
$\qquad\qquad\qquad\qquad =(-6)\times4+1\times g'(0)$
$\qquad\qquad\qquad\qquad =-24+g'(0)=0$
$\therefore g'(0)=24$

달 24

0647

$f(2)=4$이고 $f'(2)=3$임을 알 수 있다.

함수 $f(x)=3x^2+ax+b$가 $\displaystyle\lim_{h\to0}\frac{f(2+h)-4}{h}=3$을 만족시킬 때, 두 상수 a, b에 대하여 a^2+b^2의 값을 구하시오.

a와 b에 관한 연립방정식을 풀자.

$\displaystyle\lim_{h\to0}\frac{f(2+h)-4}{h}=3$에서 극한값이 존재하면서 $\displaystyle\lim_{h\to0}h=0$이므로
$\displaystyle\lim_{h\to0}\{f(2+h)-4\}=0$이다.
$\therefore f(2)=4$
$f(2)=12+2a+b=4$에서 $2a+b=-8$ $\qquad\cdots\cdots$ ㉠
$\displaystyle\lim_{h\to0}\frac{f(2+h)-4}{h}=\lim_{h\to0}\frac{f(2+h)-f(2)}{h}=f'(2)=3$
$f'(x)=6x+a$이므로 $f'(2)=12+a=3$, $a=-9$ $\qquad\cdots\cdots$ ㉡
㉠, ㉡에서 $a=-9$, $b=10$
$\therefore a^2+b^2=81+100=181$

달 181

0648

$f(1)=0$이고 $f'(1)=3$임을 알 수 있다.

함수 $f(x)=x^2+ax+b$가 $f(1)=0$, $\displaystyle\lim_{x\to1}\frac{f(x)-f(1)}{x-1}=3$을 만족시킬 때, 두 상수 a, b에 대하여 ab의 값을 구하시오.

a와 b에 관한 연립방정식을 풀자.

$f(x)=x^2+ax+b$에서 $f(1)=0$이므로
$1+a+b=0$
$\therefore a+b=-1$ $\qquad\cdots\cdots$ ㉠
$\displaystyle\lim_{x\to1}\frac{f(x)-f(1)}{x-1}=3$에서 $f'(1)=3$
$f'(x)=2x+a$이므로

$f'(1)=2+a=3$

$\therefore a=1$

$a=1$을 ㉠에 대입하면 $b=-2$

$\therefore ab=-2$

답 -2

0649 a와 b에 관한 연립방정식을 풀자.

다항함수 $f(x)=x^3+ax^2+bx-3$에 대하여

$$\lim_{x \to 1}\frac{f(x)-1}{x-1}=8$$

일 때, $\displaystyle\lim_{h \to 0}\frac{f(2+h)-f(2-h)}{h}$ 의 값을 구하시오.

$f(1)=1$이고 $f'(1)=8$임을 알 수 있다.   (단, a, b는 상수이다.)

$\displaystyle\lim_{x \to 1}\frac{f(x)-1}{x-1}=8$에서 $x \to 1$일 때, (분모)$\to 0$이므로

(분자)$\to 0$이어야 한다.

즉, $\displaystyle\lim_{x \to 1}\{f(x)-1\}=0$에서

$f(1)=1+a+b-3=1$ $\therefore a+b=3$ …… ㉠

$\displaystyle\lim_{x \to 1}\frac{f(x)-1}{x-1}=\lim_{x \to 1}\frac{f(x)-f(1)}{x-1}=8$에서 $f'(1)=8$

$f'(x)=3x^2+2ax+b$이므로

$f'(1)=3+2a+b=8$ $\therefore 2a+b=5$ …… ㉡

㉠, ㉡을 연립하여 풀면 $a=2$, $b=1$

따라서 $f'(x)=3x^2+4x+1$이므로

$\displaystyle\lim_{h \to 0}\frac{f(2+h)-f(2-h)}{h}$

$=\displaystyle\lim_{h \to 0}\frac{f(2+h)-f(2)-\{f(2-h)-f(2)\}}{h}$

$=\displaystyle\lim_{h \to 0}\frac{f(2+h)-f(2)}{h}+\lim_{h \to 0}\frac{f(2-h)-f(2)}{-h}$

$=2f'(2)=2 \times 21=42$

답 42

0650 $\displaystyle\lim_{x \to 1}\left\{\frac{f(x^2)-f(1)}{x^2-1} \times (x+1)\right\}$임을 이용하자.

함수 $f(x)=ax^2+bx$가 다음 조건을 만족시킬 때, 두 상수 a, b에 대하여 a^2+b^2의 값을 구하시오.

> (가) $\displaystyle\lim_{x \to 1}\frac{f(x^2)-f(1)}{x-1}=6$
>
> (나) $\displaystyle\lim_{x \to 2}\frac{x-2}{f(x)-f(2)}=1$

$\displaystyle\lim_{x \to 2}\frac{1}{\frac{f(x)-f(2)}{x-2}}$임을 이용하자.

조건 (가)에서

$\displaystyle\lim_{x \to 1}\frac{f(x^2)-f(1)}{x-1}=\lim_{x \to 1}\left\{\frac{f(x^2)-f(1)}{x^2-1} \times (x+1)\right\}$

$\qquad\qquad\qquad\qquad\qquad =2f'(1)=6$

$\therefore f'(1)=3$

조건 (나)에서

$\displaystyle\lim_{x \to 2}\frac{x-2}{f(x)-f(2)}=\lim_{x \to 2}\frac{1}{\frac{f(x)-f(2)}{x-2}}$

$\qquad\qquad\qquad\qquad =\dfrac{1}{f'(2)}=1$

$\therefore f'(2)=1$

$f(x)=ax^2+bx$에서

$f'(x)=2ax+b$이므로

$f'(1)=2a+b=3$ …… ㉠

$f'(2)=4a+b=1$ …… ㉡

㉠, ㉡을 연립하여 풀면

$a=-1$, $b=5$

$\therefore a^2+b^2=(-1)^2+5^2=26$

답 26

0651 $\displaystyle\lim_{x \to 1}\left\{\frac{x-1}{f(x)-f(1)} \times (x^2+x+1)\right\}$임을 이용하자.

함수 $f(x)=(x^2+x-1)(ax+b)$가

$$\lim_{x \to 2}\frac{f(x)-f(2)}{x-2}=10, \quad \lim_{x \to 1}\frac{x^3-1}{f(x)-f(1)}=1$$

을 만족시킬 때, $f(3)$의 값을 구하시오.

$f'(2)=10$임을 알 수 있다.   (단, $a \neq 0$, a, b는 상수이다.)

$\displaystyle\lim_{x \to 2}\frac{f(x)-f(2)}{x-2}=10$에서 $f'(2)=10$

$\displaystyle\lim_{x \to 1}\frac{x^3-1}{f(x)-f(1)}=\lim_{x \to 1}\left\{\frac{x-1}{f(x)-f(1)} \times (x^2+x+1)\right\}$

$\qquad\qquad\qquad\qquad =\dfrac{1}{f'(1)} \times 3=1$

$\therefore f'(1)=3$

$f'(x)=(2x+1)(ax+b)+(x^2+x-1) \times a$

$\qquad =3ax^2+2(a+b)x-a+b$

이므로

$f'(2)=10$에서 $12a+4(a+b)-a+b=10$

$\therefore 3a+b=2$ …… ㉠

$f'(1)=3$에서 $3a+2(a+b)-a+b=3$

$\therefore 4a+3b=3$ …… ㉡

㉠, ㉡을 연립하여 풀면 $a=\dfrac{3}{5}$, $b=\dfrac{1}{5}$

따라서 $f(x)=(x^2+x-1)\left(\dfrac{3}{5}x+\dfrac{1}{5}\right)$이므로

$f(3)=(9+3-1)\left(\dfrac{9}{5}+\dfrac{1}{5}\right)=22$

답 22

0652 $x+1=t$로 놓으면 $x \to 2$일 때 $t \to 3$이다.

함수 $f(x)=x^2+5ax+b$에 대하여 $\displaystyle\lim_{x \to 2}\frac{f(x+1)-8}{x^2-4}=6$일 때, $f(2)$의 값은? (단, a, b는 상수이다.)

$\displaystyle\lim_{t \to 3}\frac{f(t)-f(3)}{(t-1)^2-4}$임을 이용하자.

$\displaystyle\lim_{x \to 2}\frac{f(x+1)-8}{x^2-4}=6$에서 $x \to 2$일 때, (분모)$\to 0$이므로

(분자)$\to 0$이어야 한다.

즉, $\lim_{x \to 2}\{f(x+1)-8\}=0$이므로

$f(3)=8$ ...... ㉠

$x+1=t$로 놓으면 $x \to 2$일 때 $t \to 3$이므로

$$\lim_{x \to 2}\frac{f(x+1)-8}{x^2-4}=\lim_{t \to 3}\frac{f(t)-f(3)}{(t-1)^2-4}$$

$$=\lim_{t \to 3}\frac{f(t)-f(3)}{t^2-2t-3}$$

$$=\lim_{t \to 3}\left\{\frac{f(t)-f(3)}{t-3}\times\frac{1}{t+1}\right\}$$

$$=\frac{1}{4}f'(3)=6$$

$\therefore f'(3)=24$

$f'(x)=2x+5a$이므로

$f'(3)=6+5a=24$

$\therefore a=\dfrac{18}{5}$

즉, $f(x)=x^2+18x+b$이므로 ㉠에서

$f(3)=9+54+b=8$

$\therefore b=-55$

따라서 $f(x)=x^2+18x-55$이므로

$f(2)=4+36-55=-15$ 답 ①

0653 $f(x)$는 이차식이고 일차항의 계수는 $2a$이다.

다항함수 $f(x)$가 $\lim_{x \to \infty}\dfrac{f(x)-3x^2}{2x-3}=a$, $\lim_{x \to 1}\dfrac{f(x)}{x-1}=12$를
만족시킬 때, $f(1)+f'(a)$의 값을 구하시오. (단, a는 상수이다.)
$f(x)=3x^2+2ax+b$라 놓자.

$\lim_{x \to \infty}\dfrac{f(x)-3x^2}{2x-3}$이 a에 수렴하므로

$f(x)=3x^2+2ax+b$로 놓으면

$\lim_{x \to 1}\dfrac{3x^2+2ax+b}{x-1}=12$에서

$3+2a+b=0$

$\therefore b=-2a-3$

$f(x)$에 대입하면

$f(x)=3x^2+2ax-2a-3=3(x-1)(x+1)+2a(x-1)$

$\qquad =(x-1)(3x+3+2a)$

$\lim_{x \to 1}\dfrac{(x-1)(3x+3+2a)}{x-1}=6+2a=12$

$\therefore a=3, b=-9$

$f(x)=3x^2+6x-9$

$f'(x)=6x+6$

$\therefore f(1)+f'(3)=0+24=24$ 답 24

0654 $f(x)$는 이차함수이고 최고차항의 계수는 4이다.

다항함수 $f(x)$가 다음 조건을 만족시킨다.

(가) $\lim_{x \to \infty}\dfrac{f(x)-2x^2}{x^2-1}=2$

(나) $\lim_{x \to 1}\dfrac{f(x)-2x^2}{x^2-1}=2$

$f'(5)$의 값을 구하시오.
$f(x)-2x^2$은 $(x-1)$을 인수로 가진다.

(가)에서 함수 $f(x)-2x^2$은 이차항의 계수가 2인 이차함수이고

(나)에서 $\lim_{x \to 1}\{f(x)-2x^2\}=0$이므로

$f(x)-2x^2=2(x-1)(x-a)$로 놓으면

$\lim_{x \to 1}\dfrac{2(x-1)(x-a)}{x^2-1}=\lim_{x \to 1}\dfrac{2(x-a)}{x+1}=1-a=2$에서 $a=-1$

$f(x)=2x^2+2(x-1)(x+1)=4x^2-2$

따라서 $f'(x)=8x$이므로 $f'(5)=40$ 답 40

0655 분모, 분자의 최고차항의 계수를 비교하자.

함수 $f(x)=ax^2+bx+c$가 다음 조건을 만족시킬 때, $f(2)$의
값을 구하시오. (단, a, b, c는 상수, $a \neq 0$)

(가) $\lim_{x \to \infty}\dfrac{3x^2f(x)-f(x^2)}{\{f(x)\}^2}=4$

(나) $\lim_{x \to 0}\dfrac{f(x)}{x}=5$

$x \to 0$일 때, (분모) $\to 0$이므로 (분자) $\to 0$임을 이용하자.

$\lim_{x \to \infty}\dfrac{3x^2f(x)-f(x^2)}{\{f(x)\}^2}=4$에서 분모, 분자의 최고차항끼리 비교하면

$\lim_{x \to \infty}\dfrac{3ax^4-ax^4}{a^2x^4}=\dfrac{2}{a}=4$ $\therefore a=\dfrac{1}{2}$

또 $\lim_{x \to 0}\dfrac{f(x)}{x}=5$에서 $x \to 0$일 때, (분모)$\to 0$이므로 (분자)$\to 0$이어야
한다.

즉, $f(0)=0$이므로 $f(0)=c=0$

$\therefore \lim_{x \to 0}\dfrac{f(x)}{x}=\lim_{x \to 0}\dfrac{f(x)-f(0)}{x-0}=f'(0)=5$

한편, $f'(x)=2ax+b$이므로

$f'(0)=b=5$

따라서 $f(x)=\dfrac{1}{2}x^2+5x$이므로

$f(2)=2+10=12$ 답 12

0656

곡선 $f(x)=2x^3-x^2+5$ 위의 점 $(2, f(2))$에서의 접선의
기울기를 구하시오.

$y=f(x)$의 $x=2$에서 미분계수 $f'(2)$와 같다.

$f(x)=2x^3-x^2+5$에서
$f'(x)=6x^2-2x$
$\therefore f'(2)=24-4=20$

답 20

0657

함수 $f(x)=x^2+ax+2$의 그래프 위의 점 $(1, 3)$에서의 접선의 기울기가 k일 때, 두 상수 a, k에 대하여 $a+k$의 값을 구하시오.

$f'(1)=k$임을 이용하자.

$f(x)=x^2+ax+2$에서 $f'(x)=2x+a$
함수 $y=f(x)$의 그래프가 점 $(1, 3)$을 지나므로
$f(1)=1+a+2=3$ $\therefore a=0$
또 점 $(1, 3)$에서의 접선의 기울기가 k이므로
$f'(1)=2=k$
$\therefore a+k=0+2=2$

답 2

0658

$x=1, y=4$를 대입하자.

곡선 $y=x^3+ax^2+b$ 위의 점 $(1, 4)$에서의 접선의 기울기가 6일 때, 두 상수 a, b에 대하여 $a+2b$의 값을 구하시오.

$f'(1)=6$임을 이용하자.

$f(x)=x^3+ax^2+b$라 하면
$f'(x)=3x^2+2ax$
함수 $y=f(x)$의 그래프가 점 $(1, 4)$를 지나므로
$f(1)=1+a+b=4$
$\therefore a+b=3$ $\cdots\cdots$ ㉠
점 $(1, 4)$에서의 접선의 기울기가 6이므로
$f'(1)=3+2a=6$
$\therefore a=\dfrac{3}{2}$

$a=\dfrac{3}{2}$ 을 ㉠에 대입하면
$\dfrac{3}{2}+b=3$ $\therefore b=\dfrac{3}{2}$
$\therefore a+2b=\dfrac{3}{2}+3=\dfrac{9}{2}$

답 $\dfrac{9}{2}$

0659

삼차함수 $y=(2x+a)(x^2+1)$의 그래프 위의 $x=1$인 점에서의 접선의 기울기가 24일 때, 상수 a의 값은?

$f'(1)=24$임을 이용하자.

$f(x)=(2x+a)(x^2+1)$이라 하면
$f'(x)=2(x^2+1)+(2x+a)\times 2x$
$\quad\quad=6x^2+2ax+2$
$x=1$인 점에서의 접선의 기울기가 24이므로
$f'(1)=6+2a+2=24$, $2a=16$
$\therefore a=8$

답 ③

0660

$f(2)=1$이고 $f'(2)=2$임을 이용하자.

다항함수 $f(x)$에 대하여 곡선 $y=f(x)$ 위의 점 $(2, 1)$에서의 접선의 기울기가 2이다. $g(x)=x^3f(x)$일 때, $g'(2)$의 값을 구하시오.

곱의 미분법을 이용하자.

곡선 $y=f(x)$ 위의 점 $(2, 1)$에서의 접선의 기울기가 2이므로
$f'(2)=2$이다. 그리고 $(2, 1)$이 $f(x)$ 위의 점이므로 $f(2)=1$이다.
$g(x)=x^3f(x)$에서 $g'(x)=3x^2f(x)+x^3f'(x)$
$\therefore g'(2)=12f(2)+8f'(2)=12+16=28$

답 28

0661

$f(x)=x^3+ax^2+bx+2$임을 이용하자.

최고차항의 계수가 1이고 $f(0)=2$인 삼차함수 $f(x)$가
$$\lim_{x\to 1}\dfrac{f(x)-x^2}{x-1}=-2$$
를 만족시킨다. 곡선 $y=f(x)$ 위의 점 $(3, f(3))$에서의 접선의 기울기를 구하시오.

$g(x)=f(x)-x^2$이라 하면 $g(1)=0$이고 $g'(1)=-2$임을 이용하자.

$g(x)=f(x)-x^2$이라 하자.
$g(1)=f(1)-1=0$, $f(1)=1$
$\lim_{x\to 1}\dfrac{g(x)-g(1)}{x-1}=g'(1)=-2$
$g'(x)=f'(x)-2x$이므로 $f'(1)-2=-2$에서 $f'(1)=0$
$f(x)=x^3+ax^2+bx+c$라 하면
$f(0)=2$에서 $c=2$
$f(1)=1+a+b+2=1$, $a+b=-2$ $\cdots\cdots$ ㉠
$f'(x)=3x^2+2ax+b$
$f'(1)=3+2a+b=0$, $2a+b=-3$ $\cdots\cdots$ ㉡
㉠, ㉡을 연립하여 풀면 $a=-1$, $b=-1$
따라서 $f'(3)=27-6-1=20$

답 20

0662

$f(1)=3$이고 $f'(1)=5$임을 이용하자.

곡선 $y=f(x)$ 위의 점 $(1, 3)$에서의 접선의 기울기가 5일 때,
$$\lim_{x\to 1}\dfrac{x^3f(1)-f(x^3)}{x-1}$$의 값을 구하시오.

$\lim_{x\to 1}\dfrac{x^3f(1)-f(1)-\{f(x^3)-f(1)\}}{x-1}$임을 이용하자.

함수 $y=f(x)$의 그래프 위의 점 $(1, 3)$에서의 접선의 기울기가 5이므로
$f(1)=3$, $f'(1)=5$
$\therefore \lim_{x\to 1}\dfrac{x^3f(1)-f(x^3)}{x-1}$
$=\lim_{x\to 1}\dfrac{(x^3-1)f(1)}{x-1}-\lim_{x\to 1}\dfrac{f(x^3)-f(1)}{x-1}$
$=\lim_{x\to 1}(x^2+x+1)f(1)-\lim_{x\to 1}\left\{\dfrac{f(x^3)-f(1)}{x^3-1}\times(x^2+x+1)\right\}$
$=3f(1)-3f'(1)$
$=3\times 3-3\times 5$
$=-6$

답 -6

0663

$f(2)=4$임을 이용하자.

> 곡선 $y=ax^2+bx+c$가 점 $(2, 4)$를 지나고, 곡선 위의 점
> $(1, 0)$에서의 접선의 기울기가 3일 때, 세 상수 a, b, c에 대하여
> $a-b-c$의 값을 구하시오. (단, $a\neq0$)
>
> $f(1)=0$이고 $f'(1)=3$임을 이용하자. a, b, c에 관한 연립방정식을 풀자.

$f(x)=ax^2+bx+c$라 하면 $f'(x)=2ax+b$

곡선 $y=f(x)$가 두 점 $(2, 4)$, $(1, 0)$을 지나므로

$f(2)=4a+2b+c=4$ ······ ㉠

$f(1)=a+b+c=0$ ······ ㉡

또 점 $(1, 0)$에서의 접선의 기울기가 3이므로

$f'(1)=2a+b=3$ ······ ㉢

㉠, ㉡, ㉢을 연립하여 풀면

$a=1$, $b=1$, $c=-2$

$\therefore a-b-c=1-1-(-2)=2$ 답 2

0664

$y=f(x)g(x)h(x)$의 도함수는
$y'=f'(x)g(x)h(x)+f(x)g'(x)h(x)+f(x)g(x)h'(x)$이다.

> 삼차함수 $f(x)=(x-a)(x-b)(x-c)$가 다음 조건을 만족시
> 킬 때, $\dfrac{1}{a-2}+\dfrac{1}{b-2}+\dfrac{1}{c-2}$의 값을 구하시오.
>
> (단, a, b, c는 상수이다.)
>
> > (개) 함수 $y=f(x)$의 그래프는 점 $(2, -1)$을 지난다.
> > (내) 곡선 $y=f(x)$ 위의 $x=2$인 점에서의 접선의 기울기는 4이다.
>
> $f(2)=-1$임을 이용하자. $f'(2)=4$임을 이용하자.

$f(x)=(x-a)(x-b)(x-c)$의 그래프가 점 $(2, -1)$을 지나므로

$-1=(2-a)(2-b)(2-c)$ ······ ㉠

$f'(x)=(x-b)(x-c)+(x-a)(x-c)+(x-a)(x-b)$

$f'(2)=(2-b)(2-c)+(2-a)(2-c)+(2-a)(2-b)$
$\qquad=4$

이 식을 ㉠으로 변변 나누면

$\dfrac{1}{2-a}+\dfrac{1}{2-b}+\dfrac{1}{2-c}=-4$

$\therefore \dfrac{1}{a-2}+\dfrac{1}{b-2}+\dfrac{1}{c-2}=4$ 답 4

0665

$x=0$, $y=0$을 대입하면 $f(0)=f(0)+f(0)$임을 이용하자.

> 미분가능한 함수 f가 모든 실수 x, y에 대하여
> $f(x+y)=f(x)+f(y)-2xy$
> 를 만족시키고 $f'(0)=2$일 때, $f'(x)$는?
>
> $f(x+h)=f(x)+f(h)-2xh$임을 이용하자.

주어진 식의 양변에 $x=0$, $y=0$을 대입하면

$f(0)=f(0)+f(0)-0$ $\therefore f(0)=0$

$f'(x)=\lim_{h\to0}\dfrac{f(x+h)-f(x)}{h}$

$\qquad=\lim_{h\to0}\dfrac{f(x)+f(h)-2xh-f(x)}{h}$

$\qquad=\lim_{h\to0}\dfrac{f(h)-2xh}{h}=\lim_{h\to0}\dfrac{f(h)}{h}-2x$

$\qquad=\lim_{h\to0}\dfrac{f(h)-f(0)}{h}-2x$

$\qquad=f'(0)-2x$

$\qquad=-2x+2$ 답 ②

0666

$x=0$, $y=0$을 대입하면 $f(0)=f(0)+f(0)-1$임을 이용하자.

> 미분가능한 함수 f가 모든 실수 x, y에 대하여
> $f(x+y)=f(x)+f(y)+xy-1$
> 을 만족시키고 $f'(0)=3$일 때, $f'(2)$의 값을 구하시오.
>
> $f(x+h)=f(x)+f(h)+xh-1$임을 이용하자.

주어진 식의 양변에 $x=0$, $y=0$을 대입하면

$f(0)=f(0)+f(0)-1$ $\therefore f(0)=1$

$f'(x)=\lim_{h\to0}\dfrac{f(x+h)-f(x)}{h}$

$\qquad=\lim_{h\to0}\dfrac{f(x)+f(h)+xh-1-f(x)}{h}$

$\qquad=\lim_{h\to0}\dfrac{f(h)+xh-1}{h}$

$\qquad=\lim_{h\to0}\dfrac{f(h)-1}{h}+x$

$\qquad=\lim_{h\to0}\dfrac{f(h)-f(0)}{h}+x$

$\qquad=f'(0)+x$

$\qquad=x+3$

$\therefore f'(2)=5$ 답 5

0667

$x=0$, $y=0$을 대입하면 $f(0)=f(0)+f(0)+4$임을 이용하자.

> 미분가능한 함수 f가 모든 실수 x, y에 대하여
> $f(x+y)=f(x)+f(y)+4$
> 를 만족시키고 $f'(0)=3$일 때, $\sum_{k=1}^{10}f'(k)$의 값을 구하시오.
>
> $f(x+h)=f(x)+f(h)+4$임을 이용하자.

주어진 식의 양변에 $x=0$, $y=0$을 대입하면

$f(0)=f(0)+f(0)+4$ $\therefore f(0)=-4$

$f'(x)=\lim_{h\to0}\dfrac{f(x+h)-f(x)}{h}$

$\qquad=\lim_{h\to0}\dfrac{f(x)+f(h)+4-f(x)}{h}$

$\qquad=\lim_{h\to0}\dfrac{f(h)+4}{h}$

$\qquad=\lim_{h\to0}\dfrac{f(h)-f(0)}{h}$

$\qquad=f'(0)=3$

$\therefore \sum_{k=1}^{10}f'(k)=\sum_{k=1}^{10}3=30$ 답 30

0668 $x=0$, $y=0$을 대입하면 $f(0)=f(0)+f(0)$임을 이용하자.

> 미분가능한 함수 f가 모든 실수 x, y에 대하여
> $$f(x+y)=f(x)+f(y)-4xy, \quad f'(0)=1$$
> 을 만족시킬 때, 〈보기〉에서 옳은 것만을 있는 대로 고른 것은?
>
> ┤ 보기 ├
> ㄱ. $f(0)=0$ $f(x+h)=f(x)+f(h)-4xh$임을 이용하자.
> ㄴ. $f'(x)=-4x+1$
> ㄷ. 모든 실수 a에 대하여 $f(a)=\lim\limits_{x\to a}f(x)$
>
> 모든 실수 a에 대하여 연속임을 뜻한다.

ㄱ. $f(x+y)=f(x)+f(y)-4xy$의 양변에 $x=0$, $y=0$을 대입하면
$$f(0)=f(0)+f(0) \quad \therefore f(0)=0 \ (참)$$

ㄴ. $f'(x)=\lim\limits_{h\to 0}\dfrac{f(x+h)-f(x)}{h}$
$$=\lim_{h\to 0}\frac{f(x)+f(h)-4xh-f(x)}{h}$$
$$=\lim_{h\to 0}\frac{f(h)-4xh}{h}=\lim_{h\to 0}\frac{f(h)}{h}-4x$$
$$=\lim_{h\to 0}\frac{f(h)-f(0)}{h}-4x$$
$$=f'(0)-4x$$
$$=-4x+1 \ (참)$$

ㄷ. 함수 $y=f(x)$가 모든 실수 x에 대하여 미분가능하므로 모든 실수 a에 대하여 연속이다.
$$\therefore f(a)=\lim_{x\to a}f(x) \ (참)$$

따라서 ㄱ, ㄴ, ㄷ 모두 옳다.   답 ⑤

0669 $x=0$, $y=0$을 대입하면 $f(0)=f(0)+f(0)-1$임을 이용하자.

> 다항함수 f는 모든 실수 x, y에 대하여
> $$f(x+y)=f(x)+f(y)+2xy-1$$
> 을 만족시킨다. $\lim\limits_{x\to 1}\dfrac{f(x)-f'(x)}{x^2-1}=14$일 때, $f'(0)$의 값을 구하시오.
> $f(1)=f'(1)$임을 이용하자.

주어진 식의 양변에 $x=0$, $y=0$을 대입하면
$$f(0)=f(0)+f(0)-1 \quad \therefore f(0)=1$$
$$f'(x)=\lim_{h\to 0}\frac{f(x+h)-f(x)}{h}$$
$$=\lim_{h\to 0}\frac{f(x)+f(h)+2xh-1-f(x)}{h}$$
$$=2x+\lim_{h\to 0}\frac{f(h)-1}{h}$$
$$=2x+\lim_{h\to 0}\frac{f(h)-f(0)}{h}$$
$$=2x+f'(0) \quad\quad \cdots\cdots \ \boxed{\bigcirc}$$

$\lim\limits_{x\to 1}\dfrac{f(x)-f'(x)}{x^2-1}=14$에서 $x\to 1$일 때, (분모) $\to 0$이므로

(분자) $\to 0$이어야 한다.
$$\therefore f(1)=f'(1)$$
㉠에서 $f'(1)=2+f'(0)$이므로

$$f'(0)=f'(1)-2=f(1)-2 \quad\quad \cdots\cdots \ \boxed{\bigcirc}$$
$$\therefore \lim_{x\to 1}\frac{f(x)-f'(x)}{x^2-1}$$
$$=\lim_{x\to 1}\frac{f(x)-2x-f'(0)}{x^2-1} \ (\because \ ㉠)$$
$$=\lim_{x\to 1}\frac{f(x)-2x-f(1)+2}{x^2-1} \ (\because \ ㉡)$$
$$=\lim_{x\to 1}\frac{f(x)-f(1)}{x^2-1}-\lim_{x\to 1}\frac{2(x-1)}{x^2-1}$$
$$=\lim_{x\to 1}\left\{\frac{f(x)-f(1)}{x-1}\times\frac{1}{x+1}\right\}-\lim_{x\to 1}\frac{2(x-1)}{(x-1)(x+1)}$$
$$=\frac{1}{2}f'(1)-1$$
$$=14$$
$$\therefore f'(1)=30$$
$f'(1)=30$을 ㉡에 대입하면
$$f'(0)=f'(1)-2=28$$ 답 28

0670 $f(x)=x^{10}+x$라 하면 $f(1)=2$이다.

> $$\lim_{x\to 1}\frac{x^{10}+x-2}{x-1}$$ 의 값은?
>
> $\lim\limits_{x\to 1}\dfrac{f(x)-f(1)}{x-1}$임을 이용하자.

$f(x)=x^{10}+x$라 하면 $f(1)=2$이므로
$$\lim_{x\to 1}\frac{x^{10}+x-2}{x-1}=\lim_{x\to 1}\frac{f(x)-f(1)}{x-1}=f'(1)$$
$f'(x)=10x^9+1$이므로
$$f'(1)=11$$ 답 ⑤

0671 $f(x)=x^n+x^2+x$라 하면 $f(1)=3$이다.

> $$\lim_{x\to 1}\frac{x^n+x^2+x-3}{x-1}=7$$을 만족시키는 자연수 n의 값을 구하시오.
> $\lim\limits_{x\to 1}\dfrac{f(x)-f(1)}{x-1}$임을 이용하자.

$f(x)=x^n+x^2+x$라 하면 $f(1)=3$이므로
$$\lim_{x\to 1}\frac{x^n+x^2+x-3}{x-1}=\lim_{x\to 1}\frac{f(x)-f(1)}{x-1}=f'(1)=7$$
$f'(x)=nx^{n-1}+2x+1$에서
$$f'(1)=n+3=7 \quad \therefore n=4$$ 답 4

0672 $\lim\limits_{x\to 1}(x^n-kx+2)=0$임을 이용하자.

> $$\lim_{x\to 1}\frac{x^n-kx+2}{x-1}=14$$를 만족시키는 두 양의 정수 n, k에 대하여
> $n+k$의 값을 구하시오.
> $\lim\limits_{x\to a}\dfrac{f(x)-f(a)}{x-a}=f'(a)$임을 이용하자.

$\lim\limits_{x \to 1} \dfrac{x^n - kx + 2}{x-1} = 14$에서 $x \to 1$일 때, (분모) $\to 0$이므로

(분자) $\to 0$이어야 한다.

즉, $\lim\limits_{x \to 1}(x^n - kx + 2) = 0$에서

$1 - k + 2 = 0$ $\therefore k = 3$

$f(x) = x^n - 3x$라 하면 $f(1) = -2$이므로

$\lim\limits_{x \to 1} \dfrac{x^n - 3x + 2}{x-1} = \lim\limits_{x \to 1} \dfrac{f(x) - f(1)}{x-1}$
$\qquad\qquad\qquad\qquad = f'(1) = 14$

$f'(x) = nx^{n-1} - 3$에서

$f'(1) = n - 3 = 14$ $\therefore n = 17$

$\therefore n + k = 17 + 3 = 20$ **답** 20

0673

> 다항함수 $f(x)$에 대하여 $f(x) = x^3 + 2xf'(1) + 3$일 때, $f'(3)$
> 의 값을 구하시오.
> $f'(x) = 3x^2 + 2f'(1)$임을 이용하자.

$f'(x) = 3x^2 + 2f'(1)$에서 $x = 1$을 대입하면

$f'(1) = 3 + 2f'(1)$

$f'(1) = -3$이므로

$f'(x) = 3x^2 - 6$

$\therefore f'(3) = 21$ **답** 21

0674

$f(x) = x^2 + ax + b$라 하자.

> 최고차항의 계수가 1인 이차함수 $f(x)$가 모든 실수 x에 대하여
> $$2f(x) = (x+1)f'(x)$$
> 를 만족시킬 때, $f(3)$의 값을 구하시오.
> $f'(x) = 2x + a$임을 이용하자.

두 상수 a, b에 대하여 함수 $f(x) = x^2 + ax + b$라 하면

$f'(x) = 2x + a$

모든 실수 x에 대하여 $2f(x) = (x+1)f'(x)$이므로

$2(x^2 + ax + b) = (x+1)(2x+a)$

등식 $2x^2 + 2ax + 2b = 2x^2 + (a+2)x + a$는 항등식이므로

$2a = a + 2, 2b = a$에서 $a = 2, b = 1$

따라서 $f(x) = x^2 + 2x + 1$이므로 $f(3) = 16$ **답** 16

0675

$f'(x) = 2ax$임을 이용하자.

> 함수 $f(x) = ax^2 + b$가 모든 실수 x에 대하여
> $$4f(x) = \{f'(x)\}^2 + x^2 + 4$$
> 를 만족시킨다. $f(2)$의 값은? (단, a, b는 상수이다.)
> x에 대한 항등식을 이용하자.

$f(x) = ax^2 + b$에서

$f'(x) = 2ax$

$4(ax^2 + b) = (2ax)^2 + x^2 + 4$

$4ax^2 + 4b = 4a^2x^2 + x^2 + 4$

$4ax^2 + 4b = (4a^2 + 1)x^2 + 4$

$4a = 4a^2 + 1, 4b = 4$

$(2a-1)^2 = 0, b = 1$

즉 $a = \dfrac{1}{2}, b = 1$이므로

$f(x) = \dfrac{1}{2}x^2 + 1$

따라서 $f(2) = \dfrac{1}{2} \times 4 + 1 = 2 + 1 = 3$ **답** ①

0676

$f(x) = ax^2 + bx + c$라 하면 $f'(x) = 2ax + b$임을 이용하자.

> 이차함수 $y = f(x)$가 모든 실수 x에 대하여 다음 조건을 만족시
> 킬 때, $f'(3)$의 값을 구하시오.
>
> > (가) $2 - xf'(x) + f(x) = x^2 + 3$
> > (나) $f'(1) = 1$
> > x에 대한 항등식을 이용하자.

$f(x) = ax^2 + bx + c \, (a \neq 0)$라 하면

$f'(x) = 2ax + b$

조건 (가)에서 $2 - x(2ax + b) + ax^2 + bx + c = x^2 + 3$

$-ax^2 + 2 + c = x^2 + 3$

위의 식이 모든 실수 x에 대하여 성립하므로

$-a = 1, 2 + c = 3$

$\therefore a = -1, c = 1$

조건 (나)에서 $f'(1) = 1$이므로

$2a + b = 1$ ······ ㉠

$a = -1$을 ㉠에 대입하면 $b = 3$

따라서 $f'(x) = -2x + 3$이므로

$f'(3) = -6 + 3 = -3$ **답** -3

0677

$f(x) = x^2 + ax + b$라 하면 $f'(x) = 2x + a$임을 이용하자.

> 최고차항의 계수가 1인 다항함수 $f(x)$가
> $$f(x)f'(x) = 2x^3 - 9x^2 + 5x + 6$$
> 을 만족할 때, $f(-3)$의 값을 구하시오.
> x에 대한 항등식을 이용하자.

$f(x)$가 n차 함수이면 $f'(x)$는 $(n-1)$차 함수이다.

$\therefore n = 2$

$f(x) = x^2 + ax + b, f'(x) = 2x + a$

$f(x)f'(x) = (x^2 + ax + b)(2x + a)$

$3a = -9, ab = 6$이므로 $a = -3, b = -2$

따라서 $f(x) = x^2 - 3x - 2$이므로

$f(-3) = 9 + 9 - 2 = 16$ **답** 16

0678

$y = f(x)$가 n차 함수이면 $y = f'(x)$는 $(n-1)$차 함수이다.

> 다항함수 $y = f(x)$가 모든 실수 x에 대하여
> $f(x) = f'(x) + 3x^2$을 만족시킬 때, $f'(2)$의 값을 구하시오.
> $y = f(x)$는 이차함수임을 알 수 있다.

$y=f(x)$가 n차 함수이면 $y=f'(x)$는 $(n-1)$차 함수이므로
$f(x)$는 $3x^2$의 차수와 같아야 한다.
즉, $y=f(x)$는 이차함수이어야 하므로
$f(x)=ax^2+bx+c$ $(a\neq0)$라 하면
$f'(x)=2ax+b$
$\therefore ax^2+bx+c=2ax+b+3x^2$
이 식이 모든 실수 x에 대하여 성립하므로
$a=3,\ b=2a,\ c=b$
$\therefore b=6,\ c=6$
따라서 $f'(x)=6x+6$이므로
$f'(2)=12+6=18$ 답 18

0679 $y=f'(x)$가 n차 함수이면 $y=f'(x)$는 $(n-1)$차 함수이다.

> 다항함수 $y=f(x)$가 모든 실수 x에 대하여
> $$f(x)=f'(x)+x^2-2x+3$$
> 을 만족시킬 때, $f(0)-2f(1)$의 값을 구하시오.
> $y=f(x)$는 이차함수이므로 $f(x)=ax^2+bx+c$라 하자.

$f(x)-f'(x)$가 이차식이므로 $y=f(x)$는 이차함수이다.
$f(x)=ax^2+bx+c$ $(a\neq0)$라 하면
$f'(x)=2ax+b$이므로
$(ax^2+bx+c)-(2ax+b)=x^2-2x+3$
$\therefore (a-1)x^2+(b-2a+2)x+c-b-3=0$
모든 실수 x에 대하여 성립하므로
$a-1=0,\ b-2a+2=0,\ c-b-3=0$
$\therefore a=1,\ b=0,\ c=3$
따라서 $f(x)=x^2+3$이므로
$f(0)-2f(1)=3-2\times4=-5$ 답 -5

0680 $f(x)$의 최고차항을 ax^n이라 하자.

> 다항함수 $y=f(x)$가 모든 실수 x에 대하여 다음 조건을 만족시킬 때, $f(2)$의 값을 구하시오.
>
> > (가) $\dfrac{1}{2}(x+1)f'(x)=f(x)+2$
> > (나) $f(0)=0$ x에 대한 항등식임을 이용하자.

$y=f(x)$가 상수함수, 즉 $f(x)=k$라 하면 $f(0)=0$이므로
$f(x)=0,\ f'(x)=0$
그런데 $\dfrac{1}{2}(x+1)f'(x)=0,\ f(x)+2=2$이므로 $y=f(x)$는
상수함수가 아니다.
즉, $y=f(x)$는 일차 이상의 다항함수이므로
$f(x)$의 최고차항을 ax^n $(a\neq0,\ n\geq1)$이라 하면
$f'(x)$의 최고차항은 anx^{n-1}이다.
$\dfrac{1}{2}(x+1)f'(x)=f(x)+2$에서
좌변의 최고차항은 $\dfrac{1}{2}anx^n$, 우변의 최고차항은 ax^n이므로
$\dfrac{1}{2}anx^n=ax^n$ $\therefore n=2$

즉, $f(x)=ax^2+bx+c$ $(a\neq0)$라 하면
$f(0)=0$에서 $c=0$이므로
$f(x)=ax^2+bx$이고, $f'(x)=2ax+b$
조건 (가)에서 $\dfrac{1}{2}(x+1)(2ax+b)=ax^2+bx+2$
$2ax^2+(2a+b)x+b=2ax^2+2bx+4$
위의 식이 모든 실수 x에 대하여 성립하므로
$2a+b=2b,\ b=4$
$\therefore a=2$
따라서 $f(x)=2x^2+4x$이므로
$f(2)=8+8=16$ 답 16

0681 $y=f(x)$의 최고차항을 ax^n이라 하자.

> 다항함수 $y=f(x)$가 모든 실수 x에 대하여
> $$(2x^2-x-4)f'(x)+2f(x)=2f(x)f'(x)-4$$
> 를 만족시킬 때, $f(x)$를 구하시오.
> 양변의 최고차항을 비교하자.

$(2x^2-x-4)f'(x)+2f(x)=2f(x)f'(x)-4$ ······㉠
에서 $y=f(x)$를 n차 함수라 하면 $y=f'(x)$는 $(n-1)$차 함수이므로
㉠의 좌변의 차수는 $2+(n-1)$
㉠의 우변의 차수는 $n+(n-1)$
즉, $2+(n-1)=n+(n-1)$이므로
$n+1=2n-1$ $\therefore n=2$
$y=f(x)$는 이차함수이므로 $f(x)=ax^2+bx+c$ $(a\neq0)$라 하면
$f'(x)=2ax+b$
$f(x),\ f'(x)$를 ㉠에 대입하면
$(2x^2-x-4)(2ax+b)+2(ax^2+bx+c)$
$\quad=2(ax^2+bx+c)(2ax+b)-4$
$4ax^3+2bx^2-(8a-b)x-4b+2c$
$\quad=4a^2x^3+6abx^2+2(b^2+2ac)x+2bc-4$
모든 실수 x에 대하여 성립하므로
$4a=4a^2,\ 2b=6ab,$
$-8a+b=2b^2+4ac,\ -4b+2c=2bc-4$
이 식을 연립하여 풀면
$a=1,\ b=0,\ c=-2$ $(\because a\neq0)$
$\therefore f(x)=x^2-2$ 답 $f(x)=x^2-2$

0682 $f(x)=(x-1)^2Q(x)+2x+3$이라 하자.

> 다항식 $f(x)$를 $(x-1)^2$으로 나누었을 때의 나머지가 $2x+3$일 때, $f(1)+f'(1)$의 값을 구하시오.
> $f'(x)=2(x-1)Q(x)+(x-1)^2Q'(x)+2$이다.

다항식 $f(x)$를 $(x-1)^2$으로 나누었을 때의 몫을 $Q(x)$라 하면
$f(x)=(x-1)^2Q(x)+2x+3$ ······㉠
㉠의 양변에 $x=1$을 대입하면
$f(1)=5$
㉠의 양변을 x에 대하여 미분하면
$f'(x)=2(x-1)Q(x)+(x-1)^2Q'(x)+2$

위의 식의 양변에 $x=1$을 대입하면

$f'(1)=2$

$\therefore f(1)+f'(1)=5+2=7$　　　　　　　　답 7

0683 $f(x)=(x-1)^2Q(x)+ax+b$라 하자.

> 다항식 x^7-4x+5를 $(x-1)^2$으로 나누었을 때의 나머지는?
>
> $f'(x)=2(x-1)Q(x)+(x-1)^2Q'(x)+a$이다.

다항식 x^7-4x+5를 $(x-1)^2$으로 나누었을 때의 몫을 $Q(x)$, 나머지를 $ax+b$ (a, b는 상수)라 하면

$x^7-4x+5=(x-1)^2Q(x)+ax+b$　　……㉠

㉠의 양변에 $x=1$을 대입하면

$1-4+5=a+b$　　$\therefore a+b=2$　　……㉡

㉠의 양변을 x에 대하여 미분하면

$7x^6-4=2(x-1)Q(x)+(x-1)^2Q'(x)+a$

위의 식의 양변에 $x=1$을 대입하면 $a=3$

$a=3$을 ㉡에 대입하면 $b=-1$

따라서 구하는 나머지는 $3x-1$이다.　　　답 ④

0684 $f(x)=(x-1)^2Q(x)+ax+b$라 하자.

> 다항식 $x^{12}-x+1$을 $(x-1)^2$으로 나누었을 때의 나머지를 $R(x)$라 할 때, $R(2)$의 값을 구하시오.
>
> $f'(x)=2(x-1)Q(x)+(x-1)^2Q'(x)+a$이다.

다항식 $x^{12}-x+1$을 $(x-1)^2$으로 나누었을 때의 몫을 $Q(x)$, 나머지를 $R(x)=ax+b$ (a, b는 상수)라 하면

$x^{12}-x+1=(x-1)^2Q(x)+ax+b$　　……㉠

㉠의 양변에 $x=1$을 대입하면

$1-1+1=a+b$　　$\therefore a+b=1$　　……㉡

㉠의 양변을 x에 대하여 미분하면

$12x^{11}-1=2(x-1)Q(x)+(x-1)^2Q'(x)+a$

양변에 $x=1$을 대입하면

$12-1=a$　　$\therefore a=11$

$a=11$을 ㉡에 대입하면

$b=-10$

$\therefore R(x)=11x-10$　　$\therefore R(2)=12$　　　답 12

다른풀이 $f(x)=x^{12}-x+1$이라 하면 $f'(x)=12x^{11}-1$

$f(x)$를 $(x-1)^2$으로 나누었을 때의 나머지는

$f'(1)(x-1)+f(1)=11(x-1)+1$

$\qquad\qquad\qquad\qquad\quad =11x-10$

0685 $x^{13}-ax+b=(x-1)^2Q(x)$라 하자.

> 다항식 $x^{13}-ax+b$가 $(x-1)^2$으로 나누어떨어질 때, 두 상수 a, b에 대하여 $a+b$의 값은?
>
> $13x^{12}-a=2(x-1)Q(x)+(x-1)^2Q'(x)$이다.

다항식 $x^{13}-ax+b$를 $(x-1)^2$으로 나누었을 때의 몫을 $Q(x)$라 하면

$x^{13}-ax+b=(x-1)^2Q(x)$　　……㉠

㉠의 양변에 $x=1$을 대입하면

$1-a+b=0$　　　……㉡

㉠의 양변을 x에 대하여 미분하면

$13x^{12}-a=2(x-1)Q(x)+(x-1)^2Q'(x)$

위의 식의 양변에 $x=1$을 대입하면

$13-a=0$　　$\therefore a=13$

$a=13$을 ㉡에 대입하면 $b=12$

$\therefore a+b=25$　　　답 ⑤

다른풀이 $f(x)=x^{13}-ax+b$라 하면 $f(x)$가 $(x-1)^2$으로 나누어떨어지므로 $f(1)=0$, $f'(1)=0$

$f(1)=0$에서 $1-a+b=0$　　　……㉠

$f'(x)=13x^{12}-a$이므로 $f'(1)=0$에서

$13-a=0$　　$\therefore a=13$

$a=13$을 ㉠에 대입하면 $b=12$

$\therefore a+b=25$

0686 $x^{10}+ax^2+b=(x-1)^2Q(x)+6x+2$라 하고, 양변에 $x=1$을 대입하자.

> 다항식 $x^{10}+ax^2+b$을 $(x-1)^2$으로 나누었을 때, 나머지가 $6x+2$이다. 두 상수 a, b에 대하여 $b-a$의 값을 구하시오.
>
> $10x^9+2ax=2(x-1)Q(x)+(x-1)^2Q'(x)+6$임을 이용하자.

$x^{10}+ax^2+b=(x-1)^2Q(x)+6x+2$가 항등식이므로

양변에 $x=1$을 대입하면

$a+b=7$

양변을 각각 미분하면

$10x^9+2ax=2(x-1)Q(x)+(x-1)^2Q'(x)+6$

이므로 $x=1$을 대입하면

$10+2a=6$

$a=-2$, $b=9$

$\therefore b-a=11$　　　답 11

0687 $(x-1)^2Q(x)+2x-1$이라 하고, 양변에 $x=1$을 대입하자.

> 다항식 x^3-2ax^2+bx-1을 $(x-1)^2$으로 나눈 나머지가 $2x-1$일 때, 다항식 $3x^2-4ax+b$를 $x-1$로 나눈 나머지는?　(단, a, b는 상수)
>
> x 대신 1을 대입한 값이다.

다항식 x^3-2ax^2+bx-1을 $(x-1)^2$으로 나눌 때의 몫을 $Q(x)$라 하면

$x^3-2ax^2+bx-1=(x-1)^2Q(x)+2x-1$　　……㉠

㉠의 양변에 $x=1$을 대입하면

$1-2a+b-1=1$　　$\therefore 2a-b=-1$　　……㉡

㉠의 양변을 x에 대하여 미분하면

$3x^2-4ax+b=2(x-1)Q(x)+(x-1)^2Q'(x)+2$

양변에 $x=1$을 대입하면

$3-4a+b=2$　　$\therefore 4a-b=1$　　……㉢

㉡, ㉢을 연립하여 풀면

$a=1$, $b=3$

따라서 다항식 $3x^2-4x+3$을 $x-1$로 나눈 나머지는

$3-4+3=2$　　　답 ⑤

0688

$a=f(3)$임을 이용하자.

다항식 $f(x)$에 대하여 $\lim\limits_{x\to3}\dfrac{f(x)-a}{x-3}=9$이고, $f(x)$를 $(x-3)^2$으로 나눈 나머지를 $bx-5$라 할 때, 두 상수 a, b에 대하여 $a-b$의 값을 구하시오. $f(x)=(x-3)^2Q(x)+bx-5$임을 이용하자.

$\lim\limits_{x\to3}\dfrac{f(x)-a}{x-3}=9$에서 $x\to3$일 때 (분모)$\to0$이므로

(분자)$\to0$이어야 한다.

즉, $f(3)-a=0$에서 $a=f(3)$

$\therefore \lim\limits_{x\to3}\dfrac{f(x)-a}{x-3}=\lim\limits_{x\to3}\dfrac{f(x)-f(3)}{x-3}$

$=f'(3)=9$

다항식 $f(x)$를 $(x-3)^2$으로 나눈 몫을 $Q(x)$라 하면

$f(x)=(x-3)^2Q(x)+bx-5$ ······ ㉠

㉠의 양변에 $x=3$을 대입하면

$f(3)=3b-5=a$ ······ ㉡

㉠의 양변을 x에 대하여 미분하면

$f'(x)=2(x-3)Q(x)+(x-3)^2Q'(x)+b$

위의 식의 양변에 $x=3$을 대입하면

$f'(3)=b$ $\therefore b=9$

$b=9$를 ㉡에 대입하면 $a=22$

$\therefore a-b=13$ **답** 13

0689

다항식 $f(x)$에 대하여

$f(-2)=2$, $f'(-2)=-3$

이고, $f(x)$를 $(x+2)^2$으로 나누었을 때의 나머지를 $ax+b$라 할 때, 두 상수 a, b에 대하여 $a+b$의 값을 구하시오. $f(x)=(x+2)^2Q(x)+ax+b$라 하고, 양변에 $x=-2$를 대입하자.

다항식 $f(x)$를 $(x+2)^2$으로 나누었을 때의 몫을 $Q(x)$라 하면

$f(x)=(x+2)^2Q(x)+ax+b$ ······ ㉠

㉠의 양변에 $x=-2$를 대입하면

$f(-2)=-2a+b=2$ ······ ㉡

㉠의 양변을 x에 대하여 미분하면

$f'(x)=2(x+2)Q(x)+(x+2)^2Q'(x)+a$

위의 식의 양변에 $x=-2$를 대입하면

$f'(-2)=a=-3$

$a=-3$을 ㉡에 대입하면 $b=-4$

$\therefore a+b=-7$ **답** -7

0690

$y=f(x)$는 $x=1$에서 연속인지 아닌지 알 수 없다.

함수 $f(x)=\begin{cases} ax^2 & (x\le1) \\ 4x-b & (x>1) \end{cases}$ 가 $x=1$에서 미분가능할 때, a^2+b^2의 값은? (단, a, b는 상수이다.) $y=f(x)$는 $x=1$에서 연속이고 미분계수가 존재해야 한다.

$g(x)=ax^2$, $h(x)=4x-b$라 하면

$g'(x)=2ax$, $h'(x)=4$

함수 $y=f(x)$는 $x=1$에서 연속이므로 $g(1)=h(1)$

$\therefore a=4-b$ ······ ㉠

함수 $y=f(x)$는 $x=1$에서 미분계수가 존재하므로

$g'(1)=h'(1)$

$2a=4$ $\therefore a=2$

$a=2$를 ㉠에 대입하면 $b=2$

$\therefore a^2+b^2=4+4=8$ **답** ①

0691

$y=f(x)$는 $x=1$에서 연속이어야 한다.

함수 $f(x)=\begin{cases} x^3+ax^2+bx & (x\ge1) \\ 2x^2+1 & (x<1) \end{cases}$ 이 모든 실수 x에서 미분 가능할 때, 두 상수 a, b에 대하여 ab의 값을 구하시오. $y=f(x)$는 $x=1$에서 미분계수가 존재한다.

$g(x)=x^3+ax^2+bx$, $h(x)=2x^2+1$이라 하면

$g'(x)=3x^2+2ax+b$, $h'(x)=4x$

함수 $y=f(x)$가 모든 실수 x에 대하여 미분가능하려면 $x=1$에서 미분가능해야 한다.

함수 $y=f(x)$는 $x=1$에서 연속이므로 $g(1)=h(1)$

$1+a+b=2+1$ $\therefore a+b=2$ ······ ㉠

함수 $y=f(x)$는 $x=1$에서 미분계수가 존재하므로

$g'(1)=h'(1)$

$3+2a+b=4$ $\therefore 2a+b=1$ ······ ㉡

㉠, ㉡을 연립하여 풀면

$a=-1$, $b=3$

$\therefore ab=-3$ **답** -3

0692

$y=f(x)$는 $x=2$에서 연속이어야 한다.

두 상수 a, b에 대하여 함수 $f(x)=\begin{cases} 2x^2+ax+b & (x<2) \\ 5ax-12 & (x\ge2) \end{cases}$ 가 $x=2$에서 미분가능할 때, a^2+b^2의 값을 구하시오. $y=f(x)$는 $x=2$에서 미분계수가 존재한다.

(i) 함수 $f(x)$가 $x=2$에서 미분가능하므로 $x=2$에서 연속이다.

$\lim\limits_{x\to2+}f(x)=\lim\limits_{x\to2-}f(x)=f(2)$이므로

$10a-12=8+2a+b$

즉, $8a-b=20$

(ii) 함수 $f(x)$가 $x=2$에서 미분가능하므로 미분계수 $f'(2)$가 존재한다.

$\lim\limits_{h\to0-}\dfrac{f(2+h)-f(2)}{h}$

$=\lim\limits_{h\to0-}\dfrac{\{2(2+h)^2+a(2+h)+b\}-(10a-12)}{h}$

$=8+a$

$\lim\limits_{h\to0+}\dfrac{f(2+h)-f(2)}{h}$

$=\lim\limits_{h\to0+}\dfrac{\{5a(2+h)-12\}-(10a-12)}{h}$

$=5a$

$\lim\limits_{h \to 0-} \dfrac{f(2+h)-f(2)}{h} = \lim\limits_{h \to 0+} \dfrac{f(2+h)-f(2)}{h}$ 이므로

$8+a=5a$, 즉 $a=2$, $b=-4$

따라서 $a^2+b^2=20$ 🖺 20

0693 $y=f(x)$는 $x=1$에서 연속이이야 한다.

함수 $f(x) = \begin{cases} ax^2-5x+2 & (x \leq 1) \\ x^3-x^2+bx & (x>1) \end{cases}$ 가 모든 실수 x에 대하여 미분가능할 때, a^2+b^2의 값을 구하시오. (단, a, b는 상수이다.)

$y=f(x)$는 $x=1$에서 미분계수가 존재하여야 한다.

$g(x)=ax^2-5x+2$, $h(x)=x^3-x^2+bx$라 하면

$g'(x)=2ax-5$, $h'(x)=3x^2-2x+b$

함수 $y=f(x)$가 모든 실수 x에 대하여 미분가능하려면 $x=1$에서 미분가능해야 한다.

함수 $y=f(x)$는 $x=1$에서 연속이므로 $g(1)=h(1)$

$a-5+2=1-1+b$

$\therefore a-b=3$ ……㉠

함수 $y=f(x)$는 $x=1$에서 미분계수가 존재하므로 $g'(1)=h'(1)$

$2a-5=3-2+b$

$\therefore 2a-b=6$ ……㉡

㉠, ㉡을 연립하여 풀면

$a=3$, $b=0$

$\therefore a^2+b^2=9$ 🖺 9

0694 $y=f(x)$는 $x=1$에서 연속인지 아닌지 알 수 없다.

함수 $f(x) = \begin{cases} -x^3+a & (x<1) \\ x^2+bx+2 & (x \geq 1) \end{cases}$ 가 모든 실수 x에 대하여 미분가능할 때, $f(-2)$의 값은? (단, a, b는 상수이다.)

$y=f(x)$는 $x=1$에서 연속이고 미분계수가 존재해야 한다.

함수 $y=f(x)$가 모든 실수 x에 대하여 미분가능하려면 $x=1$에서 연속이고 미분가능해야 한다.

$\lim\limits_{x \to 1-} f(x) = \lim\limits_{x \to 1+} f(x) = f(1)$이므로

$-1+a=b+3$

$\therefore b-a=-4$ ……㉠

함수 $y=f(x)$는 $x=1$에서 미분계수가 존재하므로

$f'(x) = \begin{cases} -3x^2 & (x<1) \\ 2x+b & (x>1) \end{cases}$ 에서

$\lim\limits_{x \to 1-} f'(x) = \lim\limits_{x \to 1+} f'(x)$

$-3=2+b$

$\therefore b=-5$

$b=-5$를 ㉠에 대입하면 $a=-1$

따라서 $f(x) = \begin{cases} -x^3-1 & (x<1) \\ x^2-5x+2 & (x \geq 1) \end{cases}$ 이므로

$f(-2)=8-1=7$ 🖺 ④

0695 $y=f(x)$는 $x=b$에서 연속이어야 한다.

함수 $f(x) = \begin{cases} |3x^2-12| & (x<b) \\ 6x+a & (x \geq b) \end{cases}$ 가 $x=b$에서 미분가능할 때, $f(-2)+f(0)$의 값을 구하시오. (단, a, b는 상수이다.)

$y=f(x)$는 $x=b$에서 미분계수가 존재하여야 한다.

함수 $f(x)$가 $x \geq b$에서 기울기가 6인 직선이다.

$x=b$에서 미분가능하려면

(i) $x=b$에서 연속이므로 $|3b^2-12|=6b+a$

(ii) $x=b$에서 미분계수가 존재해야 한다.

즉, $g(x)=|3x^2-12|$의 그래프에서 $g'(b)=6$을 만족하는 b를 구해야 한다. $g(x) = \begin{cases} 3x^2-12 & (x \leq -2, x \geq 2) \\ -3x^2+12 & (-2<x<2) \end{cases}$

$g'(x) = \begin{cases} 6x & (x<-2, x>2) \\ -6x & (-2<x<2) \end{cases}$, $g'(b)=6$을 만족하는 b의 값은

① $b<-2$, $b>2$일 때, $b=1$이 되어 만족하지 않는다.

② $-2<b<2$일 때, $b=-1$이 되어 만족한다.

(ii)에 의하여 $b=-1$이고, (i)에 b의 값을 대입하면

$9=-6+a$

$\therefore a=15$, $b=-1$

$f(x) = \begin{cases} |3x^2-12| & (x<-1) \\ 6x+15 & (x \geq -1) \end{cases}$

$f(-2)+f(0)=0+15=15$ 🖺 15

0696

함수 $f(x)=|x-2|(x+a)$가 $x=2$에서 미분가능할 때, 상수 a의 값을 구하시오.

$\lim\limits_{x \to 2+} f'(x) = \lim\limits_{x \to 2-} f'(x)$임을 이용하자.

$f(x)=|x-2|(x+a)$에서

$f(x) = \begin{cases} (x-2)(x+a) & (x \geq 2) \\ -(x-2)(x+a) & (x<2) \end{cases}$ 이므로

$f'(x) = \begin{cases} 2x+a-2 & (x>2) \\ -2x-a+2 & (x<2) \end{cases}$

함수 $y=f(x)$는 $x=2$에서 미분계수가 존재하므로

$\lim\limits_{x \to 2+} f'(x) = \lim\limits_{x \to 2-} f'(x)$

$\lim\limits_{x \to 2+} (2x+a-2) = \lim\limits_{x \to 2-} (-2x-a+2)$

$a+2=-a-2$

$\therefore a=-2$ 🖺 -2

0697 $f(2)=f(0)$임을 이용하자.

$f(x)=x^3+ax^2+bx$ $(0 \leq x<2)$로 정의되고, $f(x+2)=f(x)$를 만족시키는 함수 $y=f(x)$가 모든 실수에서 미분가능할 때, 두 상수 a, b에 대하여 $b-a$의 값을 구하시오.

$f'(2)=f'(0)$임을 이용하자.

$f(x)=x^3+ax^2+bx$ $(0 \leq x<2)$에서

$f'(x)=3x^2+2ax+b$

함수 $y=f(x)$가 모든 실수에서 미분가능하고 $f(x+2)=f(x)$이므로

$f(2)=f(0)$에서 $8+4a+2b=0$ ······ ㉠

$f'(2)=f'(0)$에서 $12+4a+b=b$

$\therefore a=-3$

$a=-3$을 ㉠에 대입하면

$8+(-12)+2b=0$ $\therefore b=2$

$\therefore b-a=2-(-3)=5$ 　답 5

0698 <small>$y=f(x)$는 $x=2$에서 미분가능하지 않다.</small>

> 두 함수 $f(x)=|x-2|+2$, $g(x)=ax^2+1$에 대하여 함수 $y=f(x)g(x)$가 실수 전체의 집합에서 미분가능할 때, 상수 a의 값을 구하시오. <small>$x=2$에서 연속이고 미분계수가 존재하여야 한다.</small>

$f(x)=\begin{cases} x & (x\geq2) \\ -x+4 & (x<2) \end{cases}$ 이므로

$f(x)g(x)=\begin{cases} x(ax^2+1) & (x\geq2) \\ (-x+4)(ax^2+1) & (x<2) \end{cases}$

함수 $y=f(x)g(x)$가 실수 전체의 집합에서 미분가능하므로 $x=2$에서 연속이고 미분가능해야 한다.

$\lim\limits_{x\to2+}f(x)g(x)=\lim\limits_{x\to2-}f(x)g(x)=2(4a+1)$ 이고

${f(x)g(x)}'=\begin{cases} 3ax^2+1 & (x>2) \\ -3ax^2+8ax-1 & (x<2) \end{cases}$ 에서

함수 $y=f(x)g(x)$는 $x=2$에서 미분계수가 존재하므로

$\lim\limits_{x\to2+}{f(x)g(x)}'=\lim\limits_{x\to2-}{f(x)g(x)}'$

$12a+1=-12a+16a-1$

$8a=-2$ $\therefore a=-\dfrac{1}{4}$ 　답 $-\dfrac{1}{4}$

0699 <small>$y=f(x)$는 $x=2$에서 미분가능하지 않다.</small>

> 두 함수 $f(x)=\begin{cases} x^2 & (x\leq2) \\ -x+6 & (x>2) \end{cases}$, $g(x)=|x-2|+kx$ 에 대하여 함수 $f(x)g(x)$가 실수 전체의 집합에서 미분가능할 때, $g(5)$의 값을 구하시오. (단, k는 상수이다.) <small>$x=2$에서 연속이고 미분계수가 존재하여야 한다.</small>

$f(x)=\begin{cases} x^2 & (x\leq2) \\ -x+6 & (x>2) \end{cases}$, $g(x)=\begin{cases} (k-1)x+2 & (x\leq2) \\ (k+1)x-2 & (x>2) \end{cases}$ 에서

$h(x)=f(x)g(x)$라 하면

$h(x)=\begin{cases} (k-1)x^3+2x^2 & (x\leq2) \\ (-x+6)\{(k+1)x-2\} & (x>2) \end{cases}$

$h'(x)=\begin{cases} 3(k-1)x^2+4x & (x\leq2) \\ -\{(k+1)x-2\}+(k+1)(-x+6) & (x>2) \end{cases}$

$h(x)=f(x)g(x)$가 실수 전체의 집합에서 미분가능하기 위해서는 $x=2$에서의 좌미분계수 $12(k-1)+8$과 우미분계수 $2k+4$가 같아야 한다.

$12k-12+8=2k+4$에서 $10k=8$

$\therefore k=\dfrac{4}{5}$

$\therefore g(5)=3+\dfrac{4}{5}\times5=7$ 　답 7

0700 <small>$y=f(x)$는 $x=a$, $x=b$에서 연속이어야 한다.</small>

> 삼차함수 $f(x)=x^3+3x^2-9x$에 대하여 함수 $g(x)$를
> $$g(x)=\begin{cases} f(x) & (x<a) \\ m-f(x) & (a\leq x<b) \\ n+f(x) & (x\geq b) \end{cases}$$
> 로 정의한다. 함수 $g(x)$가 모든 실수 x에서 미분가능하도록 네 상수 a, b와 m, n의 값을 정할 때, $m+n$의 값을 구하시오. <small>$y=f(x)$는 $x=a$, $x=b$에서 미분계수가 존재하여야 한다.</small>

(ⅰ) 함수 $g(x)$가 $x=a$에서 연속이어야 하므로

$f(a)=m-f(a)$

$\therefore m=2f(a)$ ······ ㉠

$g(x)$가 $x=b$에서 연속이어야 하므로

$m-f(b)=n+f(b)$

$\therefore n=m-2f(b)$ ······ ㉡

(ⅱ) $g'(x)=\begin{cases} f'(x) & (x<a) \\ -f'(x) & (a<x<b) \\ f'(x) & (x>b) \end{cases}$

$g(x)$의 $x=a$에서의 미분계수가 존재해야 하므로

$f'(a)=-f'(a)$

$\therefore f'(a)=0$ ······ ㉢

$g(x)$의 $x=b$에서의 미분계수가 존재해야 하므로

$-f'(b)=f'(b)$

$\therefore f'(b)=0$ ······ ㉣

이때, $f'(x)=3x^2+6x-9=3(x+3)(x-1)$이고

㉢, ㉣에서 a, b는 $f'(x)=0$의 두 근이므로

$a=-3$, $b=1$

㉠, ㉡에서

$m=2f(-3)=2\cdot27=54$

$n=54-2f(1)=54-2\cdot(-5)=64$

$\therefore m+n=118$ 　답 118

<small>$f(x)=|x-a|$에 대하여 $\lim\limits_{h\to0}\dfrac{f(a+h^2)-f(a)}{h^2}=\lim\limits_{h\to0}\dfrac{|h^2|}{h^2}=1$로</small>

0701 <small>그 값이 존재하지만 $x=a$에서 미분계수가 존재하지 않는다.</small>

> 실수 전체의 집합에서 정의된 함수 $y=f(x)$가 $x=a$에서 미분가능하기 위한 필요충분조건인 것만을 〈보기〉에서 있는 대로 고른 것은?
>
> ┤보기├
> ㄱ. $\lim\limits_{h\to0}\dfrac{f(a+h^2)-f(a)}{h^2}$의 값이 존재한다.
> ㄴ. $\lim\limits_{h\to0}\dfrac{f(a+h^3)-f(a)}{h^3}$의 값이 존재한다.
> ㄷ. $\lim\limits_{h\to0}\dfrac{f(a+h)-f(a-h)}{2h}$의 값이 존재한다.

ㄱ. 함수 $y=f(x)$가 $x=a$에서 미분가능하면

$\lim\limits_{h\to0}\dfrac{f(a+h^2)-f(a)}{h^2}=\lim\limits_{t\to0+}\dfrac{f(a+t)-f(a)}{t}$

$$=f'(a)$$

이므로 그 값이 존재한다.

그런데 함수 $f(x)=|x-a|$에 대하여

$$\lim_{h \to 0} \frac{f(a+h^2)-f(a)}{h^2}=\lim_{h \to 0} \frac{|h^2|}{h^2}=1$$

이므로 그 값이 존재하지만 주어진 함수는 $x=a$에서 미분가능하지 않다.

즉, 함수 $y=f(x)$가 $x=a$에서 미분가능하면 ㄱ이기 위한 충분조건이지만 필요조건은 아니다.

ㄴ. 함수 $y=f(x)$가 $x=a$에서 미분가능하면

$$\lim_{h \to 0} \frac{f(a+h^3)-f(a)}{h^3}=\lim_{t \to 0} \frac{f(a+t)-f(a)}{t}$$
$$=f'(a)$$

이므로 그 값이 존재한다.

또한, $h^3=t$로 놓으면

$h \to 0+$일 때 $t \to 0+$이고

$h \to 0-$일 때 $t \to 0-$이므로

$$\lim_{h \to 0} \frac{f(a+h^3)-f(a)}{h^3}=\lim_{t \to 0} \frac{f(a+t)-f(a)}{t}$$

따라서 $\lim\limits_{h \to 0} \dfrac{f(a+h^3)-f(a)}{h^3}$의 값이 존재하면

$\lim\limits_{t \to 0} \dfrac{f(a+t)-f(a)}{t}$, 즉 $\lim\limits_{h \to 0} \dfrac{f(a+h)-f(a)}{h}$의 값이

존재하므로 함수 $y=f(x)$가 $x=a$에서 미분가능하면 ㄴ이기 위한 필요충분조건이다.

ㄷ. 함수 $y=f(x)$가 $x=a$에서 미분가능하면

$$\lim_{h \to 0} \frac{f(a+h)-f(a-h)}{2h}$$
$$=\frac{1}{2}\lim_{h \to 0}\left\{ \frac{f(a+h)-f(a)}{h}+\frac{f(a-h)-f(a)}{-h} \right\}$$
$$=\frac{1}{2}\{f'(a)+f'(a)\}$$
$$=f'(a)$$

이므로 그 값이 존재한다.

그런데 함수 $f(x)=|x-a|$에 대하여

$$\lim_{h \to 0} \frac{f(a+h)-f(a-h)}{2h}=\lim_{h \to 0} \frac{|h|-|-h|}{2h}=0$$

이므로 그 값이 존재하지만 주어진 함수는 $x=a$에서 미분가능하지 않다.

즉, 함수 $y=f(x)$가 $x=a$에서 미분가능하면 ㄷ이기 위한 충분조건이지만 필요조건은 아니다.

따라서 함수 $y=f(x)$가 $x=a$에서 미분가능하기 위한 필요충분조건인 것은 ㄴ뿐이다.　　　　　　　　　답 ②

0702　　〔$y=f(x)$는 $x=0$에서 미분가능하지 않다.〕

> 두 함수 $f(x)=|x|$, $g(x)=\begin{cases} 2x+1 & (x \geq 0) \\ -x-1 & (x < 0) \end{cases}$ 에 대하여
>
> $x=0$에서 미분가능한 함수만을 〈보기〉에서 있는 대로 고른 것은?
>
> ┤ 보기 ├
> ㄱ. $xf(x)$　　　　　　　　ㄴ. $f(x)g(x)$
> ㄷ. $|f(x)-g(x)|$

〔ㄱ.ㄴ: $x=0$에서 연속이고 미분계수가 존재하여야 한다.〕　〔ㄷ: $x \geq 0$일 때, $2x^2+x$이고 $x<0$일 때, x^2+x임을 이용하자.〕

ㄱ. $xf(x)=\begin{cases} x^2 & (x \geq 0) \\ -x^2 & (x < 0) \end{cases}$ 이므로

$xf(x)=h_1(x)$라 하면

$$\lim_{x \to 0+} \frac{h_1(x)-h_1(0)}{x-0}=\lim_{x \to 0+} \frac{x^2}{x}=0$$
$$\lim_{x \to 0-} \frac{h_1(x)-h_1(0)}{x-0}=\lim_{x \to 0-} \frac{-x^2}{x}=0$$
$$\therefore h_1'(0)=0$$

함수 $xf(x)$는 $x=0$에서 미분가능하다.

ㄴ. $f(x)g(x)=\begin{cases} 2x^2+x & (x \geq 0) \\ x^2+x & (x < 0) \end{cases}$ 이므로

$f(x)g(x)=h_2(x)$라 하면

$$\lim_{x \to 0+} \frac{h_2(x)-h_2(0)}{x-0}=\lim_{x \to 0+} \frac{2x^2+x}{x}=1$$
$$\lim_{x \to 0-} \frac{h_2(x)-h_2(0)}{x-0}=\lim_{x \to 0-} \frac{x^2+x}{x}=1$$
$$\therefore h_2'(0)=1$$

함수 $f(x)g(x)$는 $x=0$에서 미분가능하다.

ㄷ. $f(x)-g(x)=\begin{cases} -x-1 & (x \geq 0) \\ 1 & (x < 0) \end{cases}$ 이고

$x \geq 0$에서 $-x-1<0$이므로

$$|f(x)-g(x)|=\begin{cases} x+1 & (x \geq 0) \\ 1 & (x < 0) \end{cases}$$

$|f(x)-g(x)|=h_3(x)$라 하면

$$\lim_{x \to 0+} \frac{h_3(x)-h_3(0)}{x-0}=\lim_{x \to 0+} \frac{(x+1)-1}{x}=1$$
$$\lim_{x \to 0-} \frac{h_3(x)-h_3(0)}{x-0}=\lim_{x \to 0-} \frac{1-1}{x}=0$$

함수 $|f(x)-g(x)|$는 $x=0$에서 미분가능하지 않다.

따라서 $x=0$에서 미분가능한 함수는 ㄱ, ㄴ이다.　　답 ③

0703　　〔$x=4$에서 미분가능하지 않다.〕

> 최고차항의 계수가 1인 삼차함수 $f(x)$와 함수
>
> $$g(x)=\begin{cases} \dfrac{1}{x-4} & (x \neq 4) \\ 2 & (x=4) \end{cases}$$
>
> 에 대하여 $h(x)=f(x)g(x)$라 할 때, 함수 $h(x)$는 실수 전체의 집합에서 미분가능하고 $h'(4)=6$이다. $f(0)$의 값을 구하시오.

〔$x=4$에서 연속이고 미분가능하여야 한다.〕

$$h'(4)=\lim_{x\to4}\frac{f(x)g(x)-f(4)g(4)}{x-4}=\lim_{x\to4}\frac{f(x)\times\frac{1}{x-4}-2f(4)}{x-4}$$
$$=\lim_{x\to4}\frac{f(x)-2(x-4)f(4)}{(x-4)^2} \qquad \cdots\cdots \text{㉠}$$

에서 $\lim_{x\to4}(x-4)^2=0$이므로

$\lim_{x\to4}\{f(x)-2(x-4)f(4)\}=f(4)=0$

$f(x)=(x-4)(x^2+ax+b)$ 라 두고 ㉠에 대입하면

$$h'(4)=\lim_{x\to4}\frac{(x-4)(x^2+ax+b)}{(x-4)^2}=\lim_{x\to4}\frac{x^2+ax+b}{x-4} \qquad \cdots\cdots \text{㉡}$$

이고 $\lim_{x\to4}(x-4)=0$이므로

$\lim_{x\to4}(x^2+ax+b)=16+4a+b=0$

$b=-4a-16$이고 이를 ㉡에 대입하면

$$h'(4)=\lim_{x\to4}\frac{x^2+ax-4a-16}{x-4}=\lim_{x\to4}\frac{(x-4)(x+a+4)}{x-4}$$
$$=a+8=6$$

에서 $a=-2$, $b=-8$이다.

$\therefore f(x)=(x-4)^2(x+2)$

따라서 $f(0)=16\times2=32$ <u>답</u> 32

0704

함수 $f(x)=x^3+3x^2-6$에 대하여 $f'(1)$의 값은?

> $y=x^n$(n은 자연수)일 때, $y'=nx^{n-1}$임을 이용하자.

$f(x)=x^3+3x^2-6$에서

$f'(x)=3x^2+6x$이므로

$f'(1)=3+6=9$ <u>답</u> ④

0705

함수 $f(x)=(5x+3)(4x^2-4x+1)$에 대하여 $f'(0)$의 값은?

> $y=f(x)g(x)$의 도함수는 $y'=f'(x)g(x)+f(x)g'(x)$임을 이용하자.

$f(x)=(5x+3)(4x^2-4x+1)$에서

$f'(x)=5(4x^2-4x+1)+(5x+3)(8x-4)$

$\therefore f'(0)=5+(-12)=-7$ <u>답</u> ②

0706

> $y=f(x)g(x)$의 도함수는 $y'=f'(x)g(x)+f(x)g'(x)$임을 이용하자.

두 다항함수 $y=f(x)$, $y=g(x)$가 $f(x)=(x^2+1)g(x)$를 만족시킨다. $f'(1)=10$, $g(1)=2$일 때, $g'(1)$의 값을 구하시오.

$f(x)=(x^2+1)g(x)$에서

$f'(x)=2xg(x)+(x^2+1)g'(x)$

$\therefore f'(1)=2g(1)+2g'(1)$

$f'(1)=10$, $g(1)=2$이므로

$10=4+2g'(1)$

$\therefore g'(1)=3$ <u>답</u> 3

0707

> $f'(x)$를 구하자.

함수 $f(x)=x^2+x+1$에 대하여 $\lim_{h\to0}\frac{f(1+2h)-f(1)}{h}$의 값은?

> $\lim_{h\to0}\left\{\frac{f(1+2h)-f(1)}{2h}\times2\right\}$임을 이용하자.

$f(x)=x^2+x+1$에서

$f'(x)=2x+1$

$$\therefore \lim_{h\to0}\frac{f(1+2h)-f(1)}{h}=\lim_{h\to0}\frac{f(1+2h)-f(1)}{2h}\times2$$
$$=2f'(1)$$
$$=2\times3=6$$ <u>답</u> ④

0708

> $f(3)=2$임을 이용하자.

다항함수 $f(x)$, $g(x)$가

$$\lim_{x\to3}\frac{f(x)-2}{x-3}=1,\quad \lim_{x\to3}\frac{g(x)-4}{x-3}=5$$

를 만족시킬 때, 함수 $y=f(x)g(x)$의 $x=3$에서의 미분계수를 구하시오.

> $g(3)=4$임을 이용하자.

$h(x)=f(x)g(x)$라 하고 x에 대하여 미분하면

$h'(x)=f'(x)g(x)+f(x)g'(x)$이므로

$h'(3)=f'(3)g(3)+f(3)g'(3) \qquad \cdots\cdots \text{㉠}$

이때 $\lim_{x\to3}\frac{f(x)-2}{x-3}=1$을 살펴보면 $\lim_{x\to3}(x-3)=0$이므로

$\lim_{x\to3}\{f(x)-2\}=0$

$\therefore f(3)=2$

즉, $\lim_{x\to3}\frac{f(x)-f(3)}{x-3}=f'(3)=1$이다.

또, $\lim_{x\to3}\frac{g(x)-4}{x-3}=5$에서 마찬가지로 $g(3)=4$이므로

$\lim_{x\to3}\frac{g(x)-g(3)}{x-3}=g'(3)=5$

이를 ㉠에 대입하면

$h'(3)=1\times4+2\times5=14$ <u>답</u> 14

0709 ✏️서술형

함수 $f(x)=x^3+2ax^2+4bx$가 $\lim_{x\to1}\frac{f(x)-3}{x-1}=3$을 만족시킬 때, 두 상수 a, b에 대하여 $b-a$의 값을 구하시오.

> $f'(x)$를 구하자. $f(1)=3$임을 이용하자.

$\lim_{x\to1}\frac{f(x)-3}{x-1}=3$에서 $x\to1$일 때, (분모)$\to0$이므로

(분자)$\to0$이어야 한다.

즉, $\lim_{x\to1}\{f(x)-3\}=0$에서 $f(1)=1+2a+4b=3$

$\therefore a+2b=1 \qquad \cdots\cdots \text{㉠}$ ····· 40%

$\lim_{x\to1}\frac{f(x)-3}{x-1}=\lim_{x\to1}\frac{f(x)-f(1)}{x-1}=f'(1)=3$

$f(x)=x^3+2ax^2+4bx$에서 $f'(x)=3x^2+4ax+4b$ ····· 40%

$f'(1)=3+4a+4b=3$

$\therefore a+b=0$ ...... ㉡

㉠, ㉡을 연립하여 풀면 $a=-1$, $b=1$

$\therefore b-a=2$ 20%

답 2

0710

두 곡선 $y=x^3+2x$, $y=x^2+ax-3$의 $x=1$에서의 각 접선이 서로 평행할 때, 상수 a의 값을 구하시오.

$x=1$에서의 접선의 기울기는 $x=1$에서의 미분계수임을 이용하자.

$f(x)=x^3+2x$, $g(x)=x^2+ax-3$이라 하면

$f'(x)=3x^2+2$, $g'(x)=2x+a$

두 곡선의 $x=1$에서의 접선의 기울기가 서로 같아야 하므로

$f'(1)=g'(1)$

$3+2=2+a$ $\therefore a=3$

답 3

0711

$x=0$, $y=0$을 대입하면 $f(0)=f(0)+f(0)-1$임을 이용하자.

미분가능한 함수 f가 모든 실수 x, y에 대하여

$$f(x+y)=f(x)+f(y)+3xy-1$$

을 만족시키고 $f'(3)=7$일 때, $f'(10)$의 값을 구하시오.

$f(x+h)=f(x)+f(h)+3xh-1$임을 이용하자.

주어진 식의 양변에 $x=0$, $y=0$을 대입하면

$f(0)=f(0)+f(0)-1$ $\therefore f(0)=1$

$f'(x)=\lim\limits_{h\to 0}\dfrac{f(x+h)-f(x)}{h}$

$=\lim\limits_{h\to 0}\dfrac{f(x)+f(h)+3xh-1-f(x)}{h}$

$=\lim\limits_{h\to 0}\dfrac{f(h)+3xh-1}{h}$

$=\lim\limits_{h\to 0}\dfrac{f(h)-1}{h}+3x$

$=\lim\limits_{h\to 0}\dfrac{f(h)-f(0)}{h}+3x$

$=f'(0)+3x$

$x=3$을 대입하면

$f'(3)=f'(0)+9$

$f'(3)=7$이므로 $f'(0)=-2$

따라서 $f'(x)=3x-2$이므로

$f'(10)=3\times 10-2=28$

답 28

0712

$f(x)=ax^2+bx+c$라 하면 $f'(x)=2ax+b$임을 이용하자.

이차함수 $y=f(x)$가 모든 실수 x에 대하여 다음 조건을 만족시킨다.

(가) $f(x)-xf'(x)=2x^2+3$

(나) $f(1)=3$ x에 대한 항등식임을 이용하자.

$f(3)$의 값을 구하시오.

$f(x)=ax^2+bx+c$ $(a\neq 0)$라 하면 $f'(x)=2ax+b$

$f(x)-xf'(x)=2x^2+3$에서

$(ax^2+bx+c)-x(2ax+b)=-ax^2+c$

$=2x^2+3$

$\therefore a=-2$, $c=3$

즉, $f(x)=-2x^2+bx+3$이고 $f(1)=3$이므로

$f(1)=-2+b+3=3$ $\therefore b=2$

따라서 $f(x)=-2x^2+2x+3$이므로

$f(3)=-18+6+3=-9$

답 -9

0713 ✏️서술형 $f(x)=(x+1)^2Q(x)+ax+b$라 하자.

다항식 $x^{10}-x^4+5$를 $(x+1)^2$으로 나누었을 때의 나머지를 $R(x)$라 할 때, $R(-2)+R'(2)$의 값을 구하시오.

$f'(x)=2(x+1)Q(x)+(x+1)^2Q'(x)+a$이다.

나눈 몫을 $Q(x)$, 나머지를 $R(x)=ax+b$라 하면

$x^{10}-x^4+5=(x+1)^2Q(x)+ax+b$가 항등식이므로

양변에 $x=-1$을 대입하면

$5=-a+b$

즉, $a-b=-5$ 40%

양변을 x에 대해 미분하면

$10x^9-4x^3=2(x+1)Q(x)+(x+1)^2Q'(x)+a$

이므로 양변에 $x=-1$을 대입하면

$a=-6$, $b=-1$

$\therefore R(x)=-6x-1$ 40%

$R'(x)=-6$이므로

$R(-2)+R'(2)=11-6=5$ 20%

답 5

0714 $y=f(x)$는 $x=1$에서 연속이어야 한다.

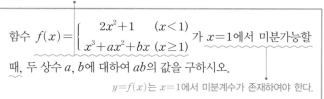

함수 $f(x)=\begin{cases} 2x^2+1 & (x<1) \\ x^3+ax^2+bx & (x\geq 1) \end{cases}$가 $x=1$에서 미분가능할 때, 두 상수 a, b에 대하여 ab의 값을 구하시오.

$y=f(x)$는 $x=1$에서 미분계수가 존재하여야 한다.

함수 $y=f(x)$가 모든 실수 x에서 미분가능하려면

$x=1$에서 연속이고 미분가능해야 한다.

$\lim\limits_{x\to 1-}f(x)=\lim\limits_{x\to 1+}f(x)=f(1)$이므로

$3=1+a+b$

$\therefore a+b=2$ ...... ㉠

함수 $y=f(x)$는 $x=1$에서 미분계수가 존재하므로

$f'(x)=\begin{cases} 4x & (x<1) \\ 3x^2+2ax+b & (x>1) \end{cases}$ 에서

$\lim_{x\to1-}f'(x)=\lim_{x\to1+}f'(x)$ 이므로

$4=3+2a+b$

$\therefore 2a+b=1$ ...... ㉡

㉠, ㉡을 연립하여 풀면

$a=-1,\ b=3$

$\therefore ab=-3$

답 -3

0715

> $f'(3)=f'(0)$임을 이용하자.

함수 $y=f(x)$가 모든 실수 x에서 미분가능하고, $f(x+3)=f(x)$를 만족시킨다. $0\le x<3$에서 $f(x)=2x^3+3ax^2+bx$일 때, 두 상수 $a,\ b$에 대하여 $a+b$의 값을 구하시오.

> $f(3)=f(0)$임을 이용하자.

$f(x+3)=f(x)$이므로

$f(3)=f(0)$에서

$54+27a+3b=0$ ...... ㉠

함수 $y=f(x)$가 모든 실수 x에서 미분가능하고,

$f(x)=2x^3+3ax^2+bx\ (0\le x<3)$에서

$f'(x)=6x^2+6ax+b$이므로

$f'(3)=f'(0)$에서

$54+18a+b=b$ $\therefore a=-3$

$a=-3$을 ㉠에 대입하면

$54+(-81)+3b=0$ $\therefore b=9$

$\therefore a+b=(-3)+9=6$

답 6

0716

다항함수 $y=f(x)$에 대하여 $f(1)=4,\ f'(1)=3$이다. 함수 $y=g(x)$가 $g(x)=\sum_{k=1}^{10}x^kf(x)$일 때, $g'(1)$의 값을 구하시오.

> $g'(x)=\sum_{k=1}^{10}\{x^kf(x)\}'$임을 이용하자.

$g'(x)=\sum_{k=1}^{10}\{x^kf(x)\}'=\sum_{k=1}^{10}\{kx^{k-1}f(x)+x^kf'(x)\}$이므로

$g'(1)=\sum_{k=1}^{10}\{kf(1)+f'(1)\}$

$\quad=\sum_{k=1}^{10}(4k+3)$

$\quad=4\times\dfrac{10\times11}{2}+3\times10$

$\quad=220+30=250$

답 250

참고 $y=\sum_{k=1}^{n}f_k(x)=f_1(x)+f_2(x)+\cdots+f_n(x)$일 때,

$y'=f_1'(x)+f_2'(x)+\cdots+f_n'(x)=\sum_{k=1}^{n}f_k'(x)$

0717

> $y=f(x)g(x)$의 도함수는 $y'=f'(x)g(x)+f(x)g'(x)$임을 이용하자.

그림은 미분가능한 함수 $y=f(x)$의 그래프이다. 함수 $y=g(x)$를 $g(x)=(x^2+1)f(x)$라 할 때, 다음 중 항상 옳은 것은?

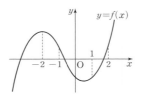

① $g'(-2)>0$ ② $g'(-1)>0$ ③ $g'(0)>0$
④ $g'(1)>0$ ⑤ $g'(2)>0$

> $f(-2)>0$이고 $f'(-2)=0$임을 이용하자.

$g(x)=(x^2+1)f(x)$에서

$g'(x)=2xf(x)+(x^2+1)f'(x)$

① $g'(-2)=-4f(-2)+5f'(-2)$이고
  $f(-2)>0,\ f'(-2)=0$이므로
  $g'(-2)<0$

② $g'(-1)=-2f(-1)+2f'(-1)$이고
  $f(-1)>0,\ f'(-1)<0$이므로
  $g'(-1)<0$

③ $g'(0)=f'(0)<0$

④ $g'(1)=2f(1)+2f'(1)$
  $f(1)<0,\ f'(1)>0$이므로
  항상 $g'(1)>0$이라고 할 수 없다.

⑤ $g'(2)=4f(2)+5f'(2)$
  $f(2)>0,\ f'(2)>0$이므로
  $g'(2)>0$

따라서 항상 옳은 것은 ⑤이다.

답 ⑤

0718

함수 $f(x)=(x^2-3x)(x^2+5x-3)$에 대하여 $\lim_{x\to2}\dfrac{x^2f(2)-4f(x)}{x^2-4}$의 값은?

> $\lim_{x\to2}\dfrac{x^2f(2)-4f(2)-\{4f(x)-4f(2)\}}{x^2-4}$임을 이용하자.

$f(x)=(x^2-3x)(x^2+5x-3)$에서

$f'(x)=(2x-3)(x^2+5x-3)+(x^2-3x)(2x+5)$

$\therefore \lim_{x\to2}\dfrac{x^2f(2)-4f(x)}{x^2-4}$

$=\lim_{x\to2}\dfrac{x^2f(2)-4f(2)-\{4f(x)-4f(2)\}}{(x+2)(x-2)}$

$=\lim_{x\to2}\dfrac{(x+2)(x-2)f(2)}{(x+2)(x-2)}-\lim_{x\to2}\dfrac{4\{f(x)-f(2)\}}{(x+2)(x-2)}$

$=f(2)-f'(2)$

$=-22+7=-15$

답 ③

0719 $3x^2-x-1=t$로 놓으면 $x \longrightarrow 1$일 때 $t \longrightarrow 1$이다.

함수 $f(x)=(2x-1)(3x^2+1)$에 대하여

$\displaystyle\lim_{x \to 1}\frac{f(3x^2-x-1)-f(1)}{x-1}$ 의 값을 구하시오.

$\displaystyle\lim_{t \to 1}\left\{\frac{f(t)-f(1)}{t-1} \times \frac{t-1}{x-1}\right\}$임을 이용하자.

$f(x)=(2x-1)(3x^2+1)$에서

$f'(x)=2(3x^2+1)+(2x-1)\times 6x$

$\qquad =18x^2-6x+2$

$3x^2-x-1=t$로 놓으면 $x \longrightarrow 1$일 때 $t \longrightarrow 1$이므로

$\displaystyle\lim_{x \to 1}\frac{f(3x^2-x-1)-f(1)}{x-1}$

$=\displaystyle\lim_{t \to 1}\left\{\frac{f(t)-f(1)}{t-1} \times \frac{t-1}{x-1}\right\}$

$=f'(1) \times \displaystyle\lim_{x \to 1}\frac{3x^2-x-2}{x-1}$

$=f'(1) \times \displaystyle\lim_{x \to 1}\frac{(3x+2)(x-1)}{x-1}$

$=5f'(1)$

$=5 \times 14$

$=70$

답 70

0720 $f(2)=0$임을 이용하자.

함수 $f(x)=x^3+ax^2+bx+c$에 대하여

$\displaystyle\lim_{x \to 2}\frac{f(x)}{x-2}=8$, $\displaystyle\lim_{h \to 0}\frac{f(1+h)-f(1-h)}{h}=2$

일 때, $f(1)$의 값을 구하시오. (단, a, b, c는 상수이다.)

$\displaystyle\lim_{h \to 0}\frac{f(1+h)-f(1)-\{f(1-h)-f(1)\}}{h}$임을 이용하자.

$\displaystyle\lim_{x \to 2}\frac{f(x)}{x-2}=8$에서 $x \longrightarrow 2$일 때, (분모)$\longrightarrow 0$이므로 (분자)$\longrightarrow 0$이어야

한다.

즉, $\displaystyle\lim_{x \to 2}f(x)=0$에서

$f(2)=8+4a+2b+c=0$ $\qquad$ ……㉠

$\therefore \displaystyle\lim_{x \to 2}\frac{f(x)}{x-2}=\displaystyle\lim_{x \to 2}\frac{f(x)-f(2)}{x-2}=f'(2)=8$

$\displaystyle\lim_{h \to 0}\frac{f(1+h)-f(1-h)}{h}$

$=\displaystyle\lim_{h \to 0}\frac{f(1+h)-f(1)-\{f(1-h)-f(1)\}}{h}$

$=\displaystyle\lim_{h \to 0}\frac{f(1+h)-f(1)}{h}+\displaystyle\lim_{h \to 0}\frac{f(1-h)-f(1)}{-h}$

$=2f'(1)=2$

$\therefore f'(1)=1$

$f(x)=x^3+ax^2+bx+c$에서

$f'(x)=3x^2+2ax+b$이므로

$f'(2)=8$에서 $12+4a+b=8$ $\qquad$ ……㉡

$f'(1)=1$에서 $3+2a+b=1$ $\qquad$ ……㉢

㉠, ㉡, ㉢을 연립하여 풀면

$a=-1$, $b=0$, $c=-4$

따라서 $f(x)=x^3-x^2-4$이므로

$f(1)=1-1-4=-4$ $\qquad$ 답 -4

0721 $y=f(x)$는 $x=1$에서 연속이고 미분계수가 존재하여야 한다.

함수 $f(x)=\begin{cases} x^3+2x+1 & (x>1) \\ ax^2+b & (x \le 1) \end{cases}$ 가 $x=1$에서 미분가능할 때,

$\displaystyle\lim_{h \to 0}\frac{f(1+2h)-f(1-h)}{h}$ 의 값은? (단, a, b는 상수)

$\displaystyle\lim_{h \to 0}\frac{f(1+2h)-f(1)-\{f(1-h)-f(1)\}}{h}$임을 이용하자.

$f(x)=\begin{cases} x^3+2x+1 & (x>1) \\ ax^2+b & (x \le 1) \end{cases}$에서

$f'(x)=\begin{cases} 3x^2+2 & (x>1) \\ 2ax & (x \le 1) \end{cases}$

이때, $f(x)$가 $x=1$에서 연속이므로

$\displaystyle\lim_{x \to 1+}f(x)=f(1)$에서 $4=a+b$ $\qquad$ ……㉠

또 $f(x)$가 $x=1$에서 미분계수가 존재하므로

$\displaystyle\lim_{x \to 1+}f'(x)=\displaystyle\lim_{x \to 1-}f'(x)$에서 $5=2a$

$\therefore a=\dfrac{5}{2}$

$a=\dfrac{5}{2}$를 ㉠에 대입하면 $b=\dfrac{3}{2}$

$\therefore f'(x)=\begin{cases} 3x^2+2 & (x>1) \\ 5x & (x \le 1) \end{cases}$

$\therefore \displaystyle\lim_{h \to 0}\frac{f(1+2h)-f(1-h)}{h}$

$=\displaystyle\lim_{h \to 0}\frac{f(1+2h)-f(1)-\{f(1-h)-f(1)\}}{h}$

$=\displaystyle\lim_{h \to 0}\frac{f(1+2h)-f(1)}{2h}\cdot 2+\displaystyle\lim_{h \to 0}\frac{f(1-h)-f(1)}{-h}$

$=2f'(1)+f'(1)=3f'(1)$

$=3 \cdot 5=15$ $\qquad$ 답 ④

0722

다항함수 $f(x)$가 모든 실수 x에 대하여

$(x^k+3)f'(x)=f(x)$

를 만족하고 $f(2)=5$일 때, $f(1)+k$의 값을 구하시오.

좌변과 우변의 최고차항을 비교하자.

$f(x)$의 최고차항을 ax^n $(a \ne 0)$이라 하면 $f'(x)$의 최고차항은

anx^{n-1}이다.

즉, $(x^k+3)f'(x)=f(x)$에서

좌변과 우변의 최고차항의 차수가 같으므로

$k+n-1=n$

$\therefore k=1$

또 좌변과 우변의 최고차항의 계수가 같으므로

$an=a$

$\therefore n=1$

즉, $f(x)=ax+b$로 놓으면

$f'(x) = a$

$f(x)$, $f'(x)$를 주어진 등식에 대입하면

$(x+3)a = ax + b$

$ax + 3a = ax + b$

$\therefore b = 3a$ ...... ㉠

이때, $f(2) = 5$이므로

$2a + b = 5$ ...... ㉡

㉠, ㉡을 연립하여 풀면 $a = 1$, $b = 3$

$\therefore f(x) = x + 3$

$\therefore f(1) + k = 4 + 1 = 5$ 답 5

0723

$f(x)$의 차수를 n이라 하면 분자의 차수는 $2n$, 분모의 차수는 $n+3$임을 이용하자.

최고차항의 계수가 1이 아닌 다항함수 $y = f(x)$가 다음 조건을 만족시킬 때, $f'(1)$의 값을 구하시오.

┤ **보기** ├

(가) $\lim\limits_{x \to \infty} \dfrac{\{f(x)\}^2 - f(x^2)}{x^3 f(x)} = 4$

(나) $\lim\limits_{x \to 0} \dfrac{f'(x)}{x} = 4$ 분모와 분자의 차수는 같고 최고차항의 계수의 비는 4이다.

$f(x)$의 최고차항을 ax^n ($a \neq 0$, $a \neq 1$)이라 하면

$\lim\limits_{x \to \infty} \dfrac{\{f(x)\}^2 - f(x^2)}{x^3 f(x)} = 4$에서

분모와 분자의 차수는 같고 최고차항의 계수의 비는 4이다.

즉, $2n = n + 3$에서 $n = 3$

$\dfrac{a^2 - a}{a} = 4$에서 $a - 1 = 4$ $\therefore a = 5$

$f(x) = 5x^3 + bx^2 + cx + d$ (b, c, d는 상수)라 하면

$f'(x) = 15x^2 + 2bx + c$

조건 (나)에서

$\lim\limits_{x \to 0} \dfrac{f'(x)}{x} = \lim\limits_{x \to 0} \dfrac{15x^2 + 2bx + c}{x} = 4$

이고, $x \to 0$일 때, (분모) $\to 0$이므로 (분자) $\to 0$이어야 한다.

즉, $\lim\limits_{x \to 0}(15x^2 + 2bx + c) = c = 0$이므로

$f'(x) = 15x^2 + 2bx$

$\therefore \lim\limits_{x \to 0} \dfrac{f'(x)}{x} = \lim\limits_{x \to 0} \dfrac{15x^2 + 2bx}{x}$

$= \lim\limits_{x \to 0} \dfrac{x(15x + 2b)}{x}$

$= \lim\limits_{x \to 0} (15x + 2b)$

$= 2b = 4$

즉, $b = 2$이므로 $f'(x) = 15x^2 + 4x$

$\therefore f'(1) = 15 + 4 = 19$ 답 19

0724

$x = 0$, $y = 0$을 대입하면 $f(0) = f(0) + f(0) - 2$임을 이용하자.

미분가능한 함수 f가 모든 실수 x, y에 대하여

$$f(x+y) = f(x) + f(y) + 5xy - 2$$

를 만족시키고 $f'(2) = 9$일 때, $\lim\limits_{x \to 2} \dfrac{f(x) - f(2)}{x^2 - f'(1)}$의 값을 구하시오. $f(x+h) = f(x) + f(h) + 5xh - 2$임을 이용하자.

주어진 식의 양변에 $x = 0$, $y = 0$을 대입하면

$f(0) = f(0) + f(0) - 2$ $\therefore f(0) = 2$

$f'(x) = \lim\limits_{h \to 0} \dfrac{f(x+h) - f(x)}{h}$

$= \lim\limits_{h \to 0} \dfrac{f(x) + f(h) + 5xh - 2 - f(x)}{h}$

$= \lim\limits_{h \to 0} \dfrac{f(h) + 5xh - 2}{h}$

$= \lim\limits_{h \to 0} \dfrac{f(h) - 2}{h} + 5x$

$= \lim\limits_{h \to 0} \dfrac{f(h) - f(0)}{h} + 5x$

$= f'(0) + 5x$

이 식에 $x = 2$를 대입하면

$f'(2) = f'(0) + 10$

$f'(2) = 9$이므로 $9 = f'(0) + 10$

$\therefore f'(0) = -1$

$\therefore f'(x) = 5x - 1$

이때, $f'(1) = 4$이므로

$\lim\limits_{x \to 2} \dfrac{f(x) - f(2)}{x^2 - f'(1)} = \lim\limits_{x \to 2} \dfrac{f(x) - f(2)}{x^2 - 4}$

$= \lim\limits_{x \to 2} \left\{ \dfrac{f(x) - f(2)}{x - 2} \times \dfrac{1}{x + 2} \right\}$

$= f'(2) \times \dfrac{1}{4}$

$= 9 \times \dfrac{1}{4} = \dfrac{9}{4}$ 답 $\dfrac{9}{4}$

0725

$f(x) = x^n + x$라 하면 $f(1) = 2$임을 이용하자.

$a_n = \lim\limits_{x \to 1} \dfrac{x^n + x - 2}{x - 1}$일 때, $\sum\limits_{k=1}^{11} \dfrac{12}{ka_k}$의 값을 구하시오.

(단, n은 자연수이다.)

$a_n = \lim\limits_{x \to 1} \dfrac{f(x) - f(1)}{x - 1}$임을 이용하자.

$f(x) = x^n + x$라 하면 $f(1) = 2$이므로

$a_n = \lim\limits_{x \to 1} \dfrac{x^n + x - 2}{x - 1} = \lim\limits_{x \to 1} \dfrac{f(x) - f(1)}{x - 1} = f'(1)$

$f'(x) = nx^{n-1} + 1$이므로

$a_n = f'(1) = n + 1$

$\therefore \sum\limits_{k=1}^{11} \dfrac{12}{ka_k} = \sum\limits_{k=1}^{11} \dfrac{12}{k(k+1)}$

$= 12 \sum\limits_{k=1}^{11} \left(\dfrac{1}{k} - \dfrac{1}{k+1} \right)$

$= 12 \left\{ \left(\dfrac{1}{1} - \dfrac{1}{2} \right) + \left(\dfrac{1}{2} - \dfrac{1}{3} \right) + \cdots + \left(\dfrac{1}{11} - \dfrac{1}{12} \right) \right\}$

$= 12 \left(1 - \dfrac{1}{12} \right)$

$= 11$ 답 11

0726

$x^{10}-x=3=(x+1)(x-1)^2Q(x)+ax^2+bx+c$이다.

> 다항식 $x^{10}-x+3$을 $(x+1)(x-1)^2$으로 나누었을 때의 나머지
> 를 $R(x)$라 할 때, $R(2)$의 값을 구하시오.
>
> $x=1$과 $x=-1$을 대입하자.

다항식 $x^{10}-x+3$을 $(x+1)(x-1)^2$으로 나누었을 때의 몫을 $Q(x)$,
나머지를 $R(x)=ax^2+bx+c$ (a, b, c는 상수)라 하면
$$x^{10}-x+3=(x+1)(x-1)^2Q(x)+ax^2+bx+c \quad\cdots\cdots ㉠$$
㉠의 양변에 $x=1$을 대입하면
$$1-1+3=a+b+c$$
$$\therefore a+b+c=3 \quad\cdots\cdots ㉡$$
㉠의 양변에 $x=-1$을 대입하면
$$1-(-1)+3=a-b+c$$
$$\therefore a-b+c=5 \quad\cdots\cdots ㉢$$
㉠의 양변을 x에 대하여 미분하면
$$10x^9-1=(x-1)^2Q(x)+2(x+1)(x-1)Q(x)$$
$$+(x+1)(x-1)^2Q'(x)+2ax+b$$
양변에 $x=1$을 대입하면
$$10-1=2a+b$$
$$\therefore 2a+b=9 \quad\cdots\cdots ㉣$$
㉡, ㉢, ㉣을 연립하여 풀면
$$a=5,\ b=-1,\ c=-1$$
따라서 $R(x)=5x^2-x-1$이므로
$$R(2)=20-2-1=17$$
답 17

0727

$x^n(x^2+ax+b)=(x-3)^2Q(x)+3^n(x-3)$임을 이용하자.

> 자연수 n에 대하여 다항식 $x^n(x^2+ax+b)$를 $(x-3)^2$으로 나누
> 었을 때의 나머지가 $3^n(x-3)$이라고 한다. 두 상수 a, b에 대하
> 여 ab의 값을 구하시오.
>
> $nx^{n-1}(x^2+ax+b)+x^n(2x+a)=2(x-3)Q(x)+(x-3)^2Q'(x)+3^n$
> 임을 이용하자.

다항식 $x^n(x^2+ax+b)$를 $(x-3)^2$으로 나누었을 때의 몫을 $Q(x)$라
하면
$$x^n(x^2+ax+b)=(x-3)^2Q(x)+3^n(x-3) \quad\cdots\cdots ㉠$$
㉠의 양변에 $x=3$을 대입하면
$$3^n(9+3a+b)=0$$
$$\therefore 3a+b+9=0 \quad\cdots\cdots ㉡$$
㉠의 양변을 x에 대하여 미분하면
$$nx^{n-1}(x^2+ax+b)+x^n(2x+a)$$
$$=2(x-3)Q(x)+(x-3)^2Q'(x)+3^n$$
양변에 $x=3$을 대입하면
$$n\times3^{n-1}(9+3a+b)+3^n(6+a)=3^n$$
㉡에서 $3a+b+9=0$이므로
$$3^n(6+a)=3^n$$
$$6+a=1 \quad\therefore a=-5$$
$a=-5$를 ㉡에 대입하면 $b=6$
$$\therefore ab=-30$$
답 -30

0728

$y=f(x)$의 최고차항을 ax^n이라 하면 $f'(x)$의 최고차항은 anx^{n-1}
임을 이용하자.

> 두 다항함수 $y=f(x)$, $y=g(x)$가 모든 실수 x, y에 대하여
> $$x\{f(x+y)-f(x-y)\}=4y\{f(x)+g(y)\}$$
> 를 만족시킨다. $f(1)=4$, $g(0)=1$일 때, $f'(2)$의 값을 구하시오.
>
> y 대신 h를 대입하면 $x\{f(x+h)-f(x-h)\}=4h\{f(x)+g(h)\}$임을
> 이용하자.

주어진 식의 양변에 $y=h$를 대입하면
$$x\{f(x+h)-f(x-h)\}=4h\{f(x)+g(h)\}$$
$$\therefore x\times\frac{f(x+h)-f(x-h)}{2h}=2\{f(x)+g(h)\} \quad\cdots\cdots ㉠$$
두 다항함수 $y=f(x)$, $y=g(x)$는 연속이면서 미분가능하므로 ㉠의 좌
변에서
$$\lim_{h\to0}\left\{x\times\frac{f(x+h)-f(x-h)}{2h}\right\}$$
$$=\lim_{h\to0}\left\{x\times\frac{f(x+h)-f(x)-f(x-h)+f(x)}{2h}\right\}$$
$$=\frac{x}{2}\lim_{h\to0}\left\{\frac{f(x+h)-f(x)}{h}+\frac{f(x-h)-f(x)}{-h}\right\}$$
$$=\frac{x}{2}\times2f'(x)=xf'(x)$$
㉠의 우변에서
$$\lim_{h\to0}2\{f(x)+g(h)\}=2\{f(x)+g(0)\}$$
$$=2\{f(x)+1\} \quad(\because g(0)=1)$$
$$\therefore xf'(x)=2\{f(x)+1\} \quad\cdots\cdots ㉡$$
다항함수 $y=f(x)$의 최고차항을 ax^n ($a\neq0$)이라 하면 $f'(x)$의 최고차
항은 anx^{n-1}이므로 $xf'(x)$의 최고차항의 계수는 an이고,
$2\{f(x)+1\}$의 최고차항의 계수는 $2a$이다.
즉, $an=2a$이므로 $a(n-2)=0$
$$\therefore n=2 \quad(\because a\neq0)$$
즉, $y=f(x)$는 이차함수이므로
$f(x)=ax^2+bx+c$ (a, b, c는 상수, $a\neq0$)라 하면
$$f'(x)=2ax+b$$
㉡에서 $x(2ax+b)=2(ax^2+bx+c+1)$
$$2ax^2+bx=2ax^2+2bx+2c+2$$
모든 실수 x에 대하여 성립해야 하므로
$$b=2b,\ 0=2c+2$$
$$\therefore b=0,\ c=-1$$
또한, $f(1)=4$이므로
$$a+b+c=4 \quad\therefore a=5$$
따라서 $f(x)=5x^2-1$이므로
$$f'(x)=10x$$
$$\therefore f'(2)=10\times2=20$$
답 20

0729 0<t≤1, 1<t≤2, 2<t≤3, 3<t<4일 때로 나누어 구하자.

좌표평면 위에 그림과 같이 색칠한 부분을 내부로 하는 도형이 있다. 이 도형과 네 점 $(0, 0)$, $(t, 0)$, (t, t), $(0, t)$를 꼭짓점으로 하는 정사각형이 겹치는 부분의 넓이를 $f(t)$라 하자.

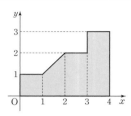

열린구간 $(0, 4)$에서 함수 $y=f(t)$가 미분가능하지 않은 모든 t의 값의 합을 구하시오.

각 구간에서의 도함수를 구하자.

함수 $y=f(t)$를 구하면 다음과 같다.

(i) $0<t≤1$일 때

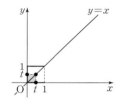

$$∴ f(t)=t^2$$

(ii) $1<t≤2$일 때

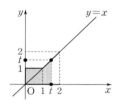

$$∴ f(t)=1×1+\frac{1}{2}(t+1)(t-1)$$
$$=\frac{1}{2}t^2+\frac{1}{2}$$

(iii) $2<t≤3$일 때

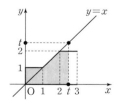

$$∴ f(t)=1×1+\frac{1}{2}×(1+2)×1+(t-2)×2$$
$$=2t-\frac{3}{2}$$

(iv) $3<t<4$일 때

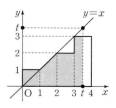

$$∴ f(t)=1×1+\frac{1}{2}×(1+2)×1+1×2+(t-3)×3$$
$$=3t-\frac{9}{2}$$

(i)~(iv)에 의하여

$$f(t)=\begin{cases} t^2 & (0<t≤1) \\ \frac{1}{2}t^2+\frac{1}{2} & (1<t≤2) \\ 2t-\frac{3}{2} & (2<t≤3) \\ 3t-\frac{9}{2} & (3<t<4) \end{cases}$$

이므로

$$f'(t)=\begin{cases} 2t & (0<t<1) \\ t & (1<t<2) \\ 2 & (2<t<3) \\ 3 & (3<t<4) \end{cases}$$

열린구간 $(0, 4)$에서 $t≠1$, $t≠2$, $t≠3$인 경우에 함수 $y=f(t)$는 미분가능하므로 $t=1$, $t=2$, $t=3$에서 함수 $y=f(t)$가 미분가능한지를 조사해 보면 된다.

(i) $t=1$일 때

$$\lim_{t→1-} f(t)=\lim_{t→1-} t^2=1,$$
$$\lim_{t→1+} f(t)=\lim_{t→1+} \left(\frac{1}{2}t^2+\frac{1}{2}\right)=1$$

즉, $\lim_{t→1} f(t)=f(1)$이므로 $t=1$에서 연속이지만

$$\lim_{t→1-} f'(t)=\lim_{t→1-} 2t=2,$$
$$\lim_{t→1+} f'(t)=\lim_{t→1+} t=1$$

이므로 $t=1$에서 미분가능하지 않다.

(ii) $t=2$일 때

$$\lim_{t→2-} f(t)=\lim_{t→2-} \left(\frac{1}{2}t^2+\frac{1}{2}\right)=\frac{5}{2},$$
$$\lim_{t→2+} f(t)=\lim_{t→2+} \left(2t-\frac{3}{2}\right)=\frac{5}{2}$$

즉, $\lim_{t→2} f(t)=f(2)$이므로 $t=2$에서 연속이다.

또 $\lim_{t→2-} f'(t)=\lim_{t→2-} t=2$, $\lim_{t→2+} f'(t)=2$

이므로 $t=2$에서 미분가능하다.

(iii) $t=3$일 때

$$\lim_{t→3-} f(t)=\lim_{t→3-} \left(2t-\frac{3}{2}\right)=\frac{9}{2},$$
$$\lim_{t→3+} f(t)=\lim_{t→3+} \left(3t-\frac{9}{2}\right)=\frac{9}{2}$$

즉, $\lim_{t→3} f(t)=f(3)$이므로 $t=3$에서 연속이지만

$$\lim_{t→3-} f'(t)=2, \lim_{t→3+} f'(t)=3$$

이므로 $t=3$에서 미분가능하지 않다.

(i), (ii), (iii)에 의하여 함수 $y=f(t)$가 미분가능하지 않은 모든 t의 값의 합은

$1+3=4$　　　　　　　　　　　　　　　　**탑 4**

0730

최고차항의 계수가 1인 삼차함수 $f(x)$에 대하여 함수 $g(x)$가 다음 조건을 만족시킨다. $y=g(x)$는 주기가 2인 주기함수이다.

> (가) $0 \leq x < 2$일 때, $g(x) = \begin{cases} f(x) & (0 \leq x < 1) \\ f(2-x) & (1 \leq x < 2) \end{cases}$ 이다.
>
> (나) 모든 실수 x에 대하여 $g(x+2) = g(x)$이다.
>
> (다) 함수 $g(x)$는 실수 전체의 집합에서 미분가능하다.

$g(6) - g(3) = \dfrac{q}{p}$라 할 때, $p+q$의 값을 구하시오.

$x=1$에서 미분가능함을 이용하자. (단, p와 q는 서로소인 자연수이다.)

함수 $g(x)$가 $x=1$에서 미분가능하므로
$$g'(1) = \lim_{x \to 1-} \frac{g(x)-g(1)}{x-1} = \lim_{x \to 1+} \frac{g(x)-g(1)}{x-1}$$

$$\lim_{x \to 1-} \frac{g(x)-g(1)}{x-1} = \lim_{x \to 1-} \frac{f(x)-f(1)}{x-1} = f'(1)$$

(가)에서 $1 < x < 2$일 때, $g(x) = f(2-x)$이므로

$$\lim_{x \to 1+} \frac{g(x)-g(1)}{x-1} = \lim_{x \to 1+} \frac{f(2-x)-f(1)}{x-1}$$
$$= -\lim_{x \to 1+} \frac{f(2-x)-f(1)}{(2-x)-1}$$
$$= -f'(1)$$

이다. 즉, $f'(1) = -f'(1)$에서 $f'(1) = 0$ ...... ㉠

또, 함수 $g(x)$가 $x=0$에서 미분가능하므로
$$g'(0) = \lim_{x \to 0-} \frac{g(x)-g(0)}{x} = \lim_{x \to 0+} \frac{g(x)-g(0)}{x}$$

$$\lim_{x \to 0+} \frac{g(x)-g(0)}{x} = \lim_{x \to 0+} \frac{f(x)-f(0)}{x} = f'(0)$$

$-1 < x < 0$일 때, $1 < x+2 < 2$이고
$g(x) = g(x+2) = f(2-(x+2)) = f(-x)$이므로

$$\lim_{x \to 0-} \frac{g(x)-g(0)}{x} = \lim_{x \to 0-} \frac{f(-x)-f(0)}{x}$$
$$= -\lim_{x \to 0-} \frac{f(-x)-f(0)}{(-x)-0}$$
$$= -f'(0)$$

이다. 즉, $f'(0) = -f'(0)$에서 $f'(0) = 0$ ...... ㉡
$f(x) = x^3 + ax^2 + bx + c$라 하면
$f'(x) = 3x^2 + 2ax + b$이고
㉠, ㉡에서 $f'(x) = 3x(x-1) = 3x^2 - 3x$이므로
$a = -\dfrac{3}{2}$, $b = 0$

$\therefore f(x) = x^3 - \dfrac{3}{2}x^2 + c$

함수 $g(x)$는 주기가 2인 주기함수이므로
$$g(6) - g(3) = g(0) - g(1) = f(0) - f(1)$$
$$= c - \left(1 - \frac{3}{2} + c\right) = \frac{1}{2}$$

따라서 $p + q = 2 + 1 = 3$

답 3

0731

$\lim\limits_{x \to 0-} g(x) = \dfrac{3}{2}|3k-9|$임을 이용하자.

함수 $f(x) = |3x-9|$에 대하여 함수 $g(x)$는
$$g(x) = \begin{cases} \dfrac{3}{2}f(x+k) & (x<0) \\ f(x) & (x \geq 0) \end{cases}$$

$\lim\limits_{x \to 0+} g(x) = 9$임을 이용하자.

이다. 최고차항의 계수가 1인 삼차함수 $h(x)$가 다음 조건을 만족시킬 때, 모든 $h(k)$의 값의 합을 구하시오. (단, $k > 0$)

> (가) 함수 $g(x)h(x)$는 실수 전체의 집합에서 미분가능하다.
>
> (나) $h'(3) = 15$ $x=0$과 $x=3$에서도 미분가능하다.

함수 $g(x)$가 $x=0$에서 연속이면
$$\lim_{x \to 0+} g(x) = 9, \quad \lim_{x \to 0-} g(x) = \frac{3}{2}|3k-9|$$이므로
$$9 = \frac{3}{2}|3k-9|$$
$$|k-3| = 2$$
$$k=1 \text{ 또는 } k=5$$

(i) $k=1$인 경우
함수 $g(x)h(x)$가 $x=3$에서 미분가능하므로
$$\lim_{x \to 3+} \frac{g(x)h(x)-g(3)h(3)}{x-3}$$
$$= \lim_{x \to 3+} \frac{(3x-9)h(x)}{x-3}$$
$$= \lim_{x \to 3+} 3h(x)$$
$$= 3h(3)$$

$$\lim_{x \to 3-} \frac{g(x)h(x)-g(3)h(3)}{x-3}$$
$$= \lim_{x \to 3-} \frac{(9-3x)h(x)}{x-3}$$
$$= \lim_{x \to 3-} \{-3h(x)\}$$
$$= -3h(3)$$

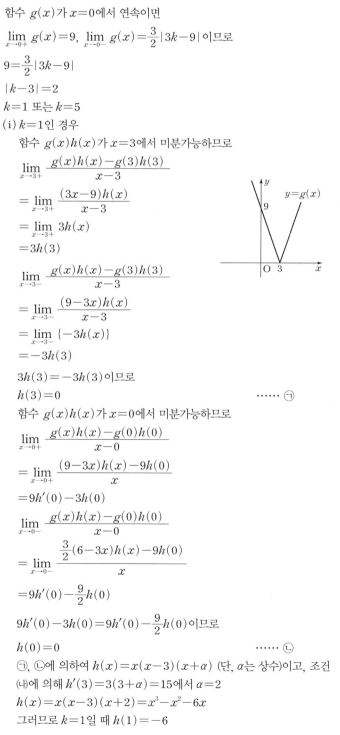

$3h(3) = -3h(3)$이므로
$$h(3) = 0 \qquad \cdots\cdots ㉠$$
함수 $g(x)h(x)$가 $x=0$에서 미분가능하므로
$$\lim_{x \to 0+} \frac{g(x)h(x)-g(0)h(0)}{x-0}$$
$$= \lim_{x \to 0+} \frac{(9-3x)h(x)-9h(0)}{x}$$
$$= 9h'(0) - 3h(0)$$

$$\lim_{x \to 0-} \frac{g(x)h(x)-g(0)h(0)}{x-0}$$
$$= \lim_{x \to 0-} \frac{\dfrac{3}{2}(6-3x)h(x)-9h(0)}{x}$$
$$= 9h'(0) - \frac{9}{2}h(0)$$

$9h'(0) - 3h(0) = 9h'(0) - \dfrac{9}{2}h(0)$이므로
$$h(0) = 0 \qquad \cdots\cdots ㉡$$
㉠, ㉡에 의하여 $h(x) = x(x-3)(x+\alpha)$ (단, α는 상수)이고, 조건
(나)에 의해 $h'(3) = 3(3+\alpha) = 15$에서 $\alpha = 2$
$h(x) = x(x-3)(x+2) = x^3 - x^2 - 6x$
그러므로 $k=1$일 때 $h(1) = -6$

(ii) $k=5$인 경우

(i)과 같은 방법으로

$h(3)=h(0)=h(-2)=0$이고

$h(x)=x^3-x^2-6x$

그러므로 $k=5$일 때 $h(5)=70$

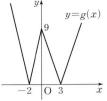

(iii) $k\neq1$, $k\neq5$인 경우

함수 $g(x)$는 $x=0$에서 연속이 아니고 함수 $g(x)h(x)$가 $x=0$에서 연속이므로

$$\lim_{x\to0-}g(x)h(x)=g(0)h(0)$$

$$\frac{3}{2}|3k-9|\times h(0)=9h(0)$$

$h(0)=0$ ...... ㉢

함수 $g(x)h(x)$가 $x=0$에서 미분가능하므로

$$\lim_{x\to0-}\frac{g(x)h(x)-g(0)h(0)}{x-0}=\frac{3}{2}|3k-9|\times h'(0)$$

$$\lim_{x\to0+}\frac{g(x)h(x)-g(0)h(0)}{x-0}=9h'(0)$$

$\frac{3}{2}|3k-9|\times h'(0)=9h'(0)$이므로 $h'(0)=0$ ...... ㉣

함수 $g(x)h(x)$가 $x=3$에서 미분가능하므로

㉠과 같은 방법으로 $h(3)=0$ ...... ㉤

㉢, ㉣, ㉤에 의하여 $h(x)$는 x^2과 $x-3$을 인수로 가지므로

$h(x)=x^2(x-3)$, $h'(3)=9$

조건 ㈏를 만족시키지 않으므로 $h(x)$는 존재하지 않는다.

따라서 (i), (ii), (iii)에 의해 모든 $h(k)$의 값의 합은 $(-6)+70=64$

답 64

05 접선의 방정식과 평균값 정리

본책 140~168쪽

0732

기울기가 2이고 y절편이 3인 직선의 방정식은

$y=2x+3$

답 $y=2x+3$

참고 x절편이 a인 직선은 점 $(a,0)$, y절편이 b인 직선은 점 $(0,b)$를 지난다.

0733

기울기가 3이고 원점을 지나는 직선의 방정식은

$y-0=3(x-0)$

$\therefore y=3x$

답 $y=3x$

0734

기울기가 1이고 점 $(2,3)$을 지나는 직선의 방정식은

$y-3=1\times(x-2)$

$\therefore y=x+1$

답 $y=x+1$

참고 한 점과 기울기가 주어진 직선의 방정식

점 (a,b)를 지나고 기울기가 m인 직선의 방정식은

$y-b=m(x-a)$

0735

기울기가 5이고 점 $(-2,15)$를 지나는 직선의 방정식은

$y-15=5\{x-(-2)\}$

$y-15=5x+10$

$\therefore y=5x+25$

답 $y=5x+25$

0736

기울기가 -3이고 점 $(-1,-2)$를 지나는 직선의 방정식은

$y-(-2)=-3\{x-(-1)\}$

$y+2=-3x-3$

$\therefore y=-3x-5$

답 $y=-3x-5$

0737

두 점 $(0,0)$, $(2,8)$을 지나는 직선의 기울기는

$\frac{8-0}{2-0}=\frac{8}{2}=4$

답 4

0738

두 점 $(3,1)$, $(6,7)$을 지나는 직선의 기울기는

$\frac{7-1}{6-3}=\frac{6}{3}=2$

답 2

0739

두 점 $(1,-1)$, $(6,4)$를 지나는 직선의 기울기는

$\frac{4-(-1)}{6-1}=\frac{5}{5}=1$

답 1

0740

두 점 $(0,0)$, $(3,6)$을 지나는 직선의 기울기는

$\frac{6-0}{3-0}=2$

기울기가 2이고 점 $(0, 0)$을 지나는 직선의 방정식은

$y-0=2(x-0)$

$\therefore y=2x$ 　　　　　　　　　　　　　　　　답 $y=2x$

0741

두 점 $(2, 1)$, $(6, 7)$을 지나는 직선의 기울기는

$\dfrac{7-1}{6-2}=\dfrac{6}{4}=\dfrac{3}{2}$

기울기가 $\dfrac{3}{2}$이고 점 $(2, 1)$을 지나는 직선의 방정식은

$y-1=\dfrac{3}{2}(x-2)$

$y-1=\dfrac{3}{2}x-3$

$\therefore y=\dfrac{3}{2}x-2$ 　　　　　　　　　　답 $y=\dfrac{3}{2}x-2$

0742

두 점 $(-1, -3)$, $(1, 1)$을 지나는 직선의 기울기는

$\dfrac{1-(-3)}{1-(-1)}=\dfrac{4}{2}=2$

기울기가 2이고 점 $(1, 1)$을 지나는 직선의 방정식은

$y-1=2(x-1)$, $y-1=2x-2$

$\therefore y=2x-1$ 　　　　　　　　　　　　답 $y=2x-1$

0743

$f(x)=x^2+x$라 하면

$f'(x)=2x+1$

$\therefore f'(1)=2\times1+1=3$ 　　　　　　　　　답 3

0744

$f(x)=-x^2+2$라 하면

$f'(x)=-2x$

$\therefore f'(1)=-2\times1=-2$ 　　　　　　　　답 -2

0745

$f(x)=4x^2+3x+1$이라 하면

$f'(x)=8x+3$

$\therefore f'(1)=8\times1+3=11$ 　　　　　　　답 11

0746

$f(x)=-2x^2+5x$라 하면

$f'(x)=-4x+5$

따라서 곡선 $y=f(x)$ 위의 점 $(2, 2)$에서의 접선의 기울기는

$f'(2)=-4\times2+5=-3$ 　　　　　　　　　답 -3

0747

$f(x)=3x^2+x-1$이라 하면

$f'(x)=6x+1$

따라서 곡선 $y=f(x)$ 위의 점 $(-1, 1)$에서의 접선의 기울기는

$f'(-1)=6\times(-1)+1=-5$ 　　　　　　　답 -5

0748

$f(x)=x^3-2x+1$이라 하면

$f'(x)=3x^2-2$

따라서 곡선 $y=f(x)$ 위의 점 $(0, 1)$에서의 접선의 기울기는

$f'(0)=3\times0^2-2=-2$ 　　　　　　　　답 -2

0749

$f(x)=x^2+2$라 하면

$f'(x)=2x$

곡선 $y=f(x)$ 위의 점 $(2, 6)$에서의 접선의 기울기는

$f'(2)=2\times2=4$

따라서 구하는 접선의 방정식은

$y-6=4(x-2)$

$\therefore y=4x-2$ 　　　　　　　　　　　답 $y=4x-2$

0750

$f(x)=-x^2+4x-3$이라 하면

$f'(x)=-2x+4$

곡선 $y=f(x)$ 위의 점 $(1, 0)$에서의 접선의 기울기는

$f'(1)=-2\times1+4=2$

따라서 구하는 접선의 방정식은

$y-0=2(x-1)$

$\therefore y=2x-2$ 　　　　　　　　　　　답 $y=2x-2$

0751

$f(x)=x^3$이라 하면 $f'(x)=3x^2$

곡선 $y=f(x)$ 위의 점 $(-1, -1)$에서의 접선의 기울기는

$f'(-1)=3\times(-1)^2=3$

따라서 구하는 접선의 방정식은

$y-(-1)=3\{x-(-1)\}$

$\therefore y=3x+2$ 　　　　　　　　　　　답 $y=3x+2$

0752

$f(x)=x^3+2x$라 하면

$f'(x)=3x^2+2$

곡선 $y=f(x)$ 위의 점 $(1, 3)$에서의 접선의 기울기는

$f'(1)=3\times1^2+2=5$

따라서 구하는 접선의 방정식은

$y-3=5(x-1)$

$\therefore y=5x-2$ 　　　　　　　　　　　답 $y=5x-2$

0753

$f(x)=-x^3+2x^2-1$이라 하면

$f'(x)=-3x^2+4x$

곡선 $y=f(x)$ 위의 점 $(2, -1)$에서의 접선의 기울기는

$f'(2)=-3\times2^2+4\times2=-4$

따라서 구하는 접선의 방정식은

$y-(-1)=-4(x-2)$

$\therefore y=-4x+7$ 　　　　　　　　　　답 $y=-4x+7$

0754

$f(x)=x^2$이라 하면

$f'(x)=2x$

접점의 좌표를 (a, a^2)이라 하면 접선의 기울기가 2이므로

$f'(a)=2a=2$ 　　　$\therefore a=1$

따라서 접점의 좌표는 $(1, 1)$이다. 　　　　답 $(1, 1)$

0755

$f(x)=-x^2+4x-3$이라 하면

$f'(x)=-2x+4$

접점의 좌표를 $(a, -a^2+4a-3)$이라 하면 접선의 기울기가
2이므로

$f'(a)=-2a+4=2$ ∴ $a=1$

따라서 접점의 좌표는 $(1, 0)$이다. 답 $(1, 0)$

0756

$f(x)=x^3-3x^2+5x-2$라 하면

$f'(x)=3x^2-6x+5$

접점의 좌표를 (a, a^3-3a^2+5a-2)라 하면 접선의 기울기가 2이므로

$f'(a)=3a^2-6a+5=2$

$a^2-2a+1=0$

$(a-1)^2=0$ ∴ $a=1$

따라서 접점의 좌표는 $(1, 1)$이다. 답 $(1, 1)$

0757

$f(x)=-x^2+5x$라 하면

$f'(x)=-2x+5$

접점의 좌표를 $(a, -a^2+5a)$라 하면

접선의 기울기가 3이므로

$f'(a)=\boxed{-2a+5}=3$ ∴ $a=1$

따라서 접점의 좌표가 $\boxed{(1, 4)}$이므로

구하는 접선의 방정식은

$y-\boxed{4}=3(x-\boxed{1})$

∴ $y=\boxed{3x+1}$ 답 $-2a+5$, $(1, 4)$, 4, 1, $3x+1$

0758

$f(x)=x^2-x-4$라 하면

$f'(x)=2x-1$

접점의 좌표를 (a, a^2-a-4)라 하면 접선의 기울기가 3이므로

$f'(a)=2a-1=3$ ∴ $a=2$

따라서 접점의 좌표는 $(2, -2)$이므로 구하는 접선의 방정식은

$y-(-2)=3(x-2)$

∴ $y=3x-8$ 답 $y=3x-8$

0759

$f(x)=-2x^2+x$라 하면

$f'(x)=-4x+1$

접점의 좌표를 $(a, -2a^2+a)$라 하면 접선의 기울기가 5이므로

$f'(a)=-4a+1=5$ ∴ $a=-1$

따라서 접점의 좌표는 $(-1, -3)$이므로 구하는 접선의 방정식은

$y-(-3)=5\{x-(-1)\}$

∴ $y=5x+2$ 답 $y=5x+2$

0760

$f(x)=x^3-x-1$이라 하면

$f'(x)=3x^2-1$

접점의 좌표를 (a, a^3-a-1)이라 하면 접선의 기울기가 2이므로

$f'(a)=3a^2-1=2$

$a^2=1$ ∴ $a=-1$ 또는 $a=1$

(i) $a=-1$일 때, 접점의 좌표는 $(-1, -1)$이므로 접선의 방정식은

$y-(-1)=2\{x-(-1)\}$

∴ $y=2x+1$

(ii) $a=1$일 때, 접점의 좌표는 $(1, -1)$이므로 접선의 방정식은

$y-(-1)=2(x-1)$

∴ $y=2x-3$ 답 $y=2x+1$ 또는 $y=2x-3$

0761

$f(x)=x^2+4x$라 하면

$f'(x)=2x+4$

접점의 좌표를 (a, a^2+4a)라 하면 직선 $y=2x+3$에 평행한 직선은
기울기가 2이므로

$f'(a)=2a+4=2$ ∴ $a=-1$

따라서 접점의 좌표가 $(-1, -3)$이므로 구하는 직선의 방정식은

$y-(-3)=2\{x-(-1)\}$

∴ $y=2x-1$ 답 $y=2x-1$

0762

$f(x)=x^2-2x-3$이라 하면

$f'(x)=2x-2$

접점의 좌표를 (a, a^2-2a-3)이라 하면 x축에 평행한 직선은 기울기
가 0이므로

$f'(a)=2a-2=0$ ∴ $a=1$

따라서 접점의 좌표가 $(1, -4)$이므로 구하는 직선의 방정식은

$y=-4$ 답 $y=-4$

0763

$f(x)=x^2-5x+5$라 하면 $f'(x)=2x-5$

접점의 좌표를 (a, a^2-5a+5)라 하면 접선의 기울기는

$f'(a)=2a-5$이므로 접선의 방정식은

$y-(\boxed{a^2-5a+5})=(\boxed{2a-5})(x-\boxed{a})$

∴ $y=(2a-5)x-a^2+5$ ······㉠

이 직선이 점 $\boxed{(3, -2)}$를 지나므로

$-2=3(2a-5)-a^2+5$

$a^2-6a+8=0$, $(a-2)(a-4)=0$

∴ $a=2$ 또는 $a=4$

이것을 ㉠에 대입하면 구하는 접선의 방정식은

$y=\boxed{-x+1}$ 또는 $y=\boxed{3x-11}$

답 a^2-5a+5, $2a-5$, a, $(3, -2)$, $-x+1$, $3x-11$

0764

함수 $y=f(x)$가 닫힌구간 $[a, b]$에서 연속이고 열린구간
(a, b)에서 미분가능할 때, $f(a)=f(b)$이면 $f'(c)=\boxed{0}$인
c가 열린구간 (a, b)에 적어도 하나 존재한다. 답 0

0765

함수 $f(x)=x^2-x$는 닫힌구간 $[0, 1]$에서 연속이고 열린구간 $(0, 1)$
에서 미분가능하며 $f(0)=f(1)=0$이므로 롤의 정리에 의하여
$f'(c)=0$인 실수 c가 열린구간 $(0, 1)$에 적어도 하나 존재한다.

$f'(x)=2x-1$이므로 $f'(c)=2c-1=0$

∴ $c=\dfrac{1}{2}$ 답 $\dfrac{1}{2}$

0766

함수 $f(x)=x^2-2x-4$는 닫힌구간 $[-1, 3]$에서 연속이고 열린구간 $(-1, 3)$에서 미분가능하며 $f(-1)=f(3)=-1$이므로 롤의 정리에 의하여 $f'(c)=0$인 실수 c가 열린구간 $(-1, 3)$에 적어도 하나 존재한다.

$f'(x)=2x-2$이므로 $f'(c)=2c-2=0$

$\therefore c=1$

답 1

0767

함수 $y=f(x)$가 닫힌구간 $[a, b]$에서 연속이고 열린구간 (a, b)에서 미분가능하면

$$\frac{f(b)-f(a)}{b-a}=\boxed{f'(c)}$$

인 c가 열린구간 (a, b)에 적어도 하나 존재한다.

이때 평균값 정리에서 $f(a)=f(b)$인 경우가 롤의 정리이다.

답 $f'(c)$

0768

함수 $f(x)=x^2-4x+1$은 닫힌구간 $[0, 2]$에서 연속이고 열린구간 $(0, 2)$에서 미분가능하므로 평균값 정리에 의하여

$$\frac{f(2)-f(0)}{2-0}=\frac{-3-1}{2-0}=-2=f'(c)$$

인 c가 열린구간 $(0, 2)$에 적어도 하나 존재한다.

$f'(x)=2x-4$이므로 $f'(c)=2c-4=-2$

$\therefore c=1$

답 1

0769

함수 $f(x)=-x^2+5x$는 닫힌구간 $[1, 3]$에서 연속이고 열린구간 $(1, 3)$에서 미분가능하므로 평균값 정리에 의하여

$$\frac{f(3)-f(1)}{3-1}=\frac{6-4}{3-1}=1=f'(c)$$

인 c가 열린구간 $(1, 3)$에 적어도 하나 존재한다.

$f'(x)=-2x+5$이므로

$f'(c)=-2c+5=1$

$\therefore c=2$

답 2

0770

곡선 $y=-2x^3+5x$ 위의 점 $(1, 3)$에서의 접선의 기울기는?
$\underset{\text{\small $x=1$에서의 미분계수 $f'(1)$과 같다.}}{}$

$y'=-6x^2+5$이므로 점 $(1, 3)$에서의 접선의 기울기는

$-6\times 1^2+5=-1$

답 ⑤

0771

주어진 함수식에 $x=a$, $f(x)=b$를 대입하면 성립한다.

함수 $f(x)=3x^2+4x+5$의 그래프 위의 점 (a, b)에서의 접선의 기울기가 -2일 때, 두 상수 a, b에 대하여 $a+b$의 값은?
$\underset{\text{\small $f'(a)=-2$임을 이용하자.}}{}$

$f(x)=3x^2+4x+5$에서

$f'(x)=6x+4$

함수 $y=f(x)$의 그래프가 점 (a, b)를 지나므로

$f(a)=3a^2+4a+5=b$ ······ ㉠

또 점 (a, b)에서의 접선의 기울기가 -2이므로

$f'(a)=6a+4=-2$

$6a=-6$ $\therefore a=-1$ ······ ㉡

㉡을 ㉠에 대입하면

$3-4+5=b$ $\therefore b=4$

$\therefore a+b=(-1)+4=3$

답 ③

0772

주어진 함수식에 $x=1$, $y=2$를 대입하면 성립한다.

곡선 $y=x^3+ax^2+bx$ 위의 점 $(1, 2)$에서의 접선의 기울기가 5일 때, 두 상수 a, b에 대하여 a^2+b^2의 값은?
$\underset{\text{\small $f'(1)=5$임을 이용하자.}}{}$

$f(x)=x^3+ax^2+bx$로 놓으면

$f'(x)=3x^2+2ax+b$

곡선 $y=f(x)$가 점 $(1, 2)$를 지나므로

$f(1)=1+a+b=2$

$\therefore a+b=1$ ······ ㉠

또 점 $(1, 2)$에서의 접선의 기울기가 5이므로

$f'(1)=3+2a+b=5$

$\therefore 2a+b=2$ ······ ㉡

㉠, ㉡을 연립하여 풀면

$a=1$, $b=0$

$\therefore a^2+b^2=1^2+0^2=1$

답 ①

0773

접선의 기울기는 $x=1$에서의 미분계수 $f'(1)$과 같다.

곡선 $y=x^4-3x^2+1$ 위의 점 $(1, -1)$에서의 접선이 직선 $ax+y-3=0$과 서로 평행할 때, 상수 a의 값을 구하시오.
$\underset{\text{\small 서로 기울기가 같음을 이용하자.}}{}$

$f(x)=x^4-3x^2+1$이라 하면

$f'(x)=4x^3-6x$

점 $(1, -1)$에서의 접선의 기울기는

$f'(1)=-2$

직선 $ax+y-3=0$, 즉 $y=-ax+3$의 기울기는 $-a$이고 접선과 평행하므로

$-a=-2$ $\therefore a=2$

답 2

0774

접선의 기울기는 $f'(1)$과 같음을 이용하자.

곡선 $y=x^2-ax+5$ 위의 $x=1$인 점에서의 접선과 $x=2$인 점에서의 접선이 서로 수직일 때, 상수 a의 값을 구하시오.
$\underset{\text{\small 기울기의 곱은 -1임을 이용하자.}}{}$

$f(x)=x^2-ax+5$라 하면

$f'(x)=2x-a$

$x=1$, $x=2$인 점에서의 접선의 기울기는 각각

$f'(1)=2-a$

$f'(2)=4-a$

두 접선이 서로 수직이므로

$(2-a)(4-a)=-1$

$a^2-6a+9=0$, $(a-3)^2=0$

$\therefore a=3$

답 3

0775

x=2에서의 미분계수 $f'(2)$와 같다.

> 곡선 $y=f(x)$ 위의 점 $(2, f(2))$에서의 접선의 기울기가 2일
> 때, $\displaystyle\lim_{h\to0}\frac{f(2+4h)-f(2-2h)}{h}$ 의 값은?
>
> $\displaystyle\lim_{h\to0}\frac{f(2+4h)-f(2)-\{f(2-2h)-f(2)\}}{h}$ 임을 이용하자.

곡선 $y=f(x)$ 위의 점 $(2, f(2))$에서의 접선의 기울기가 2이므로

$f'(2)=2$

$\therefore \displaystyle\lim_{h\to0}\frac{f(2+4h)-f(2-2h)}{h}$

$=\displaystyle\lim_{h\to0}\frac{f(2+4h)-f(2)-\{f(2-2h)-f(2)\}}{h}$

$=\displaystyle\lim_{h\to0}\frac{f(2+4h)-f(2)}{4h}\cdot4+\lim_{h\to0}\frac{f(2-2h)-f(2)}{-2h}\cdot2$

$=4f'(2)+2f'(2)$

$=6f'(2)=12$

답 ④

0776

$(1, 1)$을 지나면서 기울기가 $f'(1)$인 직선의 방정식이다.

> 곡선 $y=x^3$ 위의 점 $(1, 1)$에서의 접선의 방정식이 $y=ax+b$
> 일 때, ab의 값은? (단, a, b는 상수이다.)

$f(x)=x^3$이라 하면

$f'(x)=3x^2$

점 $(1, 1)$에서의 접선의 기울기는

$f'(1)=3$

점 $(1, 1)$을 지나므로 접선의 방정식은

$y-1=3(x-1)$ $\therefore y=3x-2$

따라서 $a=3$, $b=-2$이므로

$ab=3\times(-2)=-6$

답 ①

0777

x=1일 때의 y좌표를 구하자.

> 곡선 $y=2x^3-3x+10$ 위의 $x=1$인 점에서의 접선의 x절편과
> y절편의 합을 구하시오. 접선의 기울기는 $f'(1)$임을 이용하자.

$f(x)=2x^3-3x+10$이라 하면

$f'(x)=6x^2-3$

$x=1$인 점에서의 접선의 기울기는

$f'(1)=6-3=3$

접점의 좌표는 $(1, 9)$이므로 구하는 접선의 방정식은

$y-9=3(x-1)$ $\therefore y=3x+6$

따라서 이 접선의 x절편은 -2, y절편은 6이므로 합은

$(-2)+6=4$

답 4

0778

기울기가 $x=1$에서의 미분계수이면서 $(1, -1)$을 지나는 직선임을 이용하자.

> 곡선 $y=x^4-3x^2+1$ 위의 점 $(1, -1)$에서의 접선의 방정식을
> $y=g(x)$라 할 때, $g(3)$의 값을 구하시오.

$f(x)=x^4-3x^2+1$로 놓으면

$f'(x)=4x^3-6x$에서 $f'(1)=-2$

따라서 접선의 방정식은

$y-(-1)=-2(x-1)$

$y=-2x+1$

$\therefore g(x)=-2x+1$

$\therefore g(3)=-5$

답 -5

0779

$x=a$, $y=-6$을 대입하자.

> 곡선 $y=x^3+2$ 위의 점 $P(a, -6)$에서의 접선의 방정식을
> $y=mx+n$이라 할 때, $a+m+n$의 값을 구하시오.
>
> m은 $x=a$에서의 미분계수임을 이용하자. (단, m, n은 상수이다.)

$f(x)=x^3+2$라 하면 $f'(x)=3x^2$

점 $P(a, -6)$이 곡선 $y=f(x)$ 위에 있으므로

$f(a)=a^3+2=-6$, $a^3=-8$

$\therefore a=-2$

즉, 점 $P(-2, -6)$에서의 접선의 기울기는

$f'(-2)=3\times(-2)^2=12$

구하는 접선의 방정식은

$y-(-6)=12\{x-(-2)\}$ $\therefore y=12x+18$

따라서 $a=-2$, $m=12$, $n=18$이므로

$a+m+n=28$

답 28

0780

$f'(1)=2$임을 이용하자.

> 삼차함수 $f(x)=x^3+ax^2+9x+3$의 그래프 위의 점
> $(1, f(1))$에서의 접선의 방정식이 $y=2x+b$일 때, $a+b$의 값
> 을 구하시오. (단, a, b는 상수이다.)
>
> $(1, f(1))$을 지나는 직선임을 이용하자.

$f(x)=x^3+ax^2+9x+3$에서

$f'(x)=3x^2+2ax+9$

점 $(1, f(1))$에서의 접선의 기울기가 2이므로

$f'(1)=3+2a+9=2$

$2a=-10$ $\therefore a=-5$

또 $f(1)=2+b$에서

$1-5+9+3=2+b$ $\therefore b=6$

$\therefore a+b=-5+6=1$

답 1

0781 $x=3$을 대입하면 $y=0$임을 이용하자.

> 곡선 $y=(x^2+1)(x-3)$ 위의 $x=3$인 점에서의 접선이
> 점 $(2, a)$를 지날 때, a의 값을 구하시오.
> 접선의 기울기는 $f'(3)$임을 이용하자.

$f(x)=(x^2+1)(x-3)$이라 하면
$f'(x)=2x(x-3)+x^2+1$
$\quad\;\;=3x^2-6x+1$
$x=3$인 점에서의 접선의 기울기는
$f'(3)=3\times3^2-6\times3+1=10$
접점의 좌표는 $(3, 0)$이므로 구하는 접선의 방정식은
$y-0=10(x-3)$ $\quad\therefore y=10x-30$
이 직선이 점 $(2, a)$를 지나므로
$a=10\times2-30=-10$

답 -10

0782 $x=-1$일 때 $f(x)=b$임을 이용하자.

> 곡선 $f(x)=x^3+ax+3$이 점 $(-1, b)$에서 직선 $y=4x+c$와
> 접할 때, abc의 값을 구하시오. (단, a, c는 상수이다.)
> $f'(-1)=4$임을 이용하자.

$f(x)=x^3+ax+3$에서 $f'(x)=3x^2+a$
점 $(-1, b)$에서의 접선의 기울기가 4이므로
$f'(-1)=3\times(-1)^2+a=4$
$\therefore a=1$
즉, 곡선 $f(x)=x^3+x+3$이 점 $(-1, b)$를 지나므로
$f(-1)=(-1)^3+(-1)+3=1=b$
또 직선 $y=4x+c$도 점 $(-1, 1)$을 지나므로
$1=4\times(-1)+c$ $\quad\therefore c=5$
$\therefore abc=1\times1\times5=5$

답 5

0783 $f(1)=-1$임을 이용하자. 접선의 기울기는 0이다.

> 곡선 $y=f(x)$ 위의 점 $(1, -1)$에서의 접선의 방정식이 $y=-1$
> 일 때, 곡선 $y=x^2f(x)$ 위의 $x=1$인 점에서의 접선의 방정식은
> $y=mx+n$이다. 두 상수 m, n에 대하여 $m+n$의 값을 구하시오.
> 기울기 m은 $x=1$에서의 미분계수임을 이용하자.

곡선 $y=f(x)$가 점 $(1, -1)$을 지나고, 이 점에서의 접선의 기울기가
0이므로
$f(1)=-1$, $f'(1)=0$
$g(x)=x^2f(x)$라 하면
$g'(x)=2xf(x)+x^2f'(x)$
$x=1$인 점에서의 접선의 기울기는
$g'(1)=2f(1)+f'(1)$
$\quad\quad\;\;=2\times(-1)+0=-2$
$g(1)=f(1)=-1$이므로 곡선 $y=g(x)$위의 점 $(1, -1)$에서의 접선
의 방정식은
$y-(-1)=-2(x-1)$
$\therefore y=-2x+1$
따라서 $m=-2$, $n=1$이므로

$m+n=-1$

답 -1

0784 $x=1$일 때 $\{f(x)\}^2=4$임을 이용하자.

> 다항함수 $y=f(x)$의 그래프 위의 점 $(1, 2)$에서의 접선의 방정
> 식이 $y=3x-1$이다. 곡선 $y=\{f(x)\}^2$ 위의 x좌표가 1인 점에
> 서의 접선이 점 $(a, 16)$을 지날 때, a의 값을 구하시오.
> $\{f(x)\}^2=F(x)$라 놓으면 $F'(x)=2f(x)\times f'(x)$임을 이용하자.

곡선 $y=f(x)$ 위의 점 $(1, 2)$에서의 접선의 기울기가 3이므로
$f(1)=2$, $f'(1)=3$
$\{f(x)\}^2=F(x)$라 놓으면
$F'(x)=2f(x)\times f'(x)$이므로
x좌표가 1인 점에서의 접선의 기울기는
$F'(1)=2f(1)f'(1)=12$이고,
$F(1)=\{f(1)\}^2=4$이므로
접선의 방정식은
$y=12(x-1)+4$
$\quad=12x-8$
이 접선이 점 $(a, 16)$을 지나므로
$12\times a-8=16$
$\therefore a=2$

답 2

참고 $y=\{f(x)\}^2=f(x)f(x)$이므로
$y'=f'(x)f(x)+f(x)f'(x)=2f(x)f'(x)$

0785

> 곡선 $y=x^3-2x$ 위의 점 $(1, -1)$을 지나고 이 점에서의 접선에
> 수직인 직선의 방정식을 $y=mx+n$이라 할 때, 두 상수 m, n에
> 대하여 $m-n$의 값은?
> $m=-\dfrac{1}{f'(1)}$임을 이용하자.

$f(x)=x^3-2x$라 하면
$f'(x)=3x^2-2$
점 $(1, -1)$에서의 접선의 기울기는
$f'(1)=3-2=1$
이므로 접선에 수직인 직선의 기울기는 -1이다.
즉, 점 $(1, -1)$을 지나고 기울기가 -1인 직선의 방정식은
$y-(-1)=-(x-1)$
$\therefore y=-x$
따라서 $m=-1$, $n=0$이므로
$m-n=-1$

답 ⑤

0786 $x=1$, $y=1$을 대입하자.

> 곡선 $y=x^3-ax+b$ 위의 점 $(1, 1)$에서의 접선과 수직인 직선
> 의 기울기가 $-\dfrac{1}{2}$이다. 두 상수 a, b에 대하여 $a+b$의 값을 구
> 하시오. 접선의 기울기는 2임을 알 수 있다.

정답 및 해설

$y'=3x^2-a$이므로 점 $(1,1)$에서의 접선의 기울기는 $3-a$

따라서 이 접선과 수직인 직선의 기울기가 $-\dfrac{1}{2}$이므로

$(3-a)\times\left(-\dfrac{1}{2}\right)=-1,\ 3-a=2$

즉, $a=1$이다.

또한, 점 $(1,1)$은 곡선 $y=x^3-x+b$ 위의 점이므로

$1=1^3-1+b$

$b=1$

따라서 $a+b=2$이다.   답 2

0787 $x=a$에서의 미분계수는 -8임을 이용하자.

> 곡선 $y=x^3-11x+3$ 위의 점 (a,b)에서의 접선과 직선 $x-8y+16=0$이 서로 수직일 때, $a+b$의 값을 구하시오.
> (단, $a>0$)
> 직선의 기울기는 $\dfrac{1}{8}$이다.

직선 $x-8y+16=0$에 수직이므로 접선의 기울기를 m이라 하면

$\dfrac{1}{8}\times m=-1$

에서 $m=-8$

한편, 곡선 위의 점 (a,b)에서의 접선의 기울기는

$y'=3x^2-11$이므로

$3a^2-11=-8,\ a^2=1$

$\therefore a=1\ (\because a>0)$

$b=1-11+3=-7$

$\therefore a+b=-6$ 답 -6

0788 $x=1$일 때, $y=k$임을 이용하자.

> 곡선 $y=x^3-x^2+k$ 위의 $x=1$인 점을 지나고 이 점에서의 접선에 수직인 직선의 y절편이 3일 때, 상수 k의 값을 구하시오.
> 직선의 기울기는 $-\dfrac{1}{f'(1)}$임을 이용하자.

$f(x)=x^3-x^2+k$라 하면

$f'(x)=3x^2-2x$

$x=1$인 점에서의 접선의 기울기는

$f'(1)=3-2=1$

이므로 이 접선에 수직인 직선의 기울기는 -1이다.

$f(1)=1-1+k=k$이므로 점 $(1,k)$를 지나고

기울기가 -1인 직선의 방정식은

$y-k=-(x-1)$

$\therefore y=-x+k+1$

이 직선의 y절편이 3이므로

$k+1=3\qquad \therefore k=2$ 답 2

0789   접선의 기울기가 서로 같다.

> 곡선 $y=x^3-3x^2+x+1$ 위의 서로 다른 두 점 A, B에서의 접선이 서로 평행하다. 점 A의 x좌표가 3일 때, 점 B에서의 접선에 수직인 직선이 점 $(9,a)$를 지난다. a의 값을 구하시오.
> $f'(3)$의 값을 구하자.

$f(x)=x^3-3x^2+x+1$이라 하면

$f'(x)=3x^2-6x+1$

점 A에서의 접선의 기울기는

$f'(3)=27-18+1=10$

$3x^2-6x+1=10$에서 $3x^2-6x-9=0$

$3(x+1)(x-3)=0\qquad \therefore x=-1$ 또는 $x=3$

$\therefore \text{B}(-1,-4)$

점 B에서의 접선의 기울기가 10이므로 이 접선에 수직인 직선의

기울기는 $-\dfrac{1}{10}$이다.

즉, 점 $\text{B}(-1,-4)$를 지나고 기울기가 $-\dfrac{1}{10}$인 직선의 방정식은

$y-(-4)=-\dfrac{1}{10}\{x-(-1)\}$

$\therefore y=-\dfrac{1}{10}x-\dfrac{41}{10}$

이 직선이 점 $(9,a)$를 지나므로

$a=-\dfrac{1}{10}\times9-\dfrac{41}{10}=-5$ 답 -5

0790 $h(x)=f(x)g(x)$로 놓으면 $h'(x)=f'(x)g(x)+f(x)g'(x)$이다.

> 두 함수 $f(x)=x^2-x+1$, $g(x)=x^2+2x-3$에 대하여 곡선 $y=f(x)g(x)$ 위의 점 $(1,0)$에서의 접선에 수직이고 점 $(4,0)$을 지나는 직선의 방정식을 $y=ax+b$라 할 때, $a+b$의 값을 구하시오.
> $a=h'(1)$임을 이용하자.

$f'(x)=2x-1$, $g'(x)=2x+2$이므로

$f(1)=1$, $f'(1)=1$, $g(1)=0$, $g'(1)=4$

$h(x)=f(x)g(x)$로 놓으면

$h'(x)=f'(x)g(x)+f(x)g'(x)$

$h'(1)=f'(1)g(1)+f(1)g'(1)$

$\qquad=4$

$x=1$에서의 접선에 수직이므로 수직인 직선의 기울기를 m이라 하면

$4\times m=-1,\ m=-\dfrac{1}{4}$

따라서 구하는 직선의 방정식은

$y=-\dfrac{1}{4}(x-4)$

$\therefore y=-\dfrac{1}{4}x+1$

$\therefore a=-\dfrac{1}{4},\ b=1$

$\therefore a+b=\dfrac{3}{4}$ 답 $\dfrac{3}{4}$

0791 접점의 x좌표를 t라 하자.

> 곡선 $y=x^2-4x+3$에 접하고 기울기가 -2인 접선의 방정식이 $y=ax+b$일 때, 두 상수 a, b에 대하여 $a+b$의 값을 구하시오.
>
> $f'(t)=-2$임을 이용하자.

접점의 x좌표를 t라 하면

$f'(t)=2t-4=-2$에서

$t=1$

따라서 접점의 좌표가 $(1, 0)$이므로 접선의 방정식은

$y=-2(x-1)=-2x+2$

$\therefore a=-2, b=2$

$\therefore a+b=0$

目 0

0792 두 점 A, B를 지나는 직선의 기울기는 $\dfrac{-3-0}{2-1}$임을 이용하자.

> 곡선 $y=-x^2+1$의 접선 중에서 곡선 위의 두 점 $A(1, 0)$, $B(2, -3)$을 지나는 직선과 기울기가 같은 접선의 방정식은?
>
> ① $3x+y-9=0$ ② $9x+3y-13=0$
> ③ $12x+4y+9=0$ ④ $12x+4y-13=0$
> ⑤ $12x-4y+13=0$ 접점의 좌표를 $(t, -t^2+1)$이라 하자.

두 점 A, B를 지나는 직선의 기울기는

$\dfrac{-3-0}{2-1}=-3$

$f(x)=-x^2+1$이라 하면 $f'(x)=-2x$

접점의 좌표를 $(t, -t^2+1)$이라 하면 $x=t$인 점에서의 접선의 기울기는 $f'(t)=-2t$이므로

$-2t=-3$ $\therefore t=\dfrac{3}{2}$

따라서 접점의 좌표는 $\left(\dfrac{3}{2}, -\dfrac{5}{4}\right)$이고, 접선의 기울기가 -3이므로 구하는 접선의 방정식은

$y-\left(-\dfrac{5}{4}\right)=-3\left(x-\dfrac{3}{2}\right)$

$\therefore 12x+4y-13=0$

目 ④

0793 기울기는 3이다.

> 직선 $y=3x+5$에 평행하고 곡선 $y=x^2+x$에 접하는 직선의 y절편은?
>
> 접점의 좌표를 (t, t^2+t)라 하자.

$f(x)=x^2+x$라 하면

$f'(x)=2x+1$

접점의 좌표를 (t, t^2+t)라 하면

직선 $y=3x+5$에 평행한 접선의 기울기는 3이므로

$f'(t)=2t+1=3$ $\therefore t=1$

즉, 접점의 좌표는 $(1, 2)$이므로 접선의 방정식은

$y-2=3(x-1)$ $\therefore y=3x-1$

따라서 구하는 y절편은 -1이다.

目 ②

0794 접점의 좌표를 $(t, 2t^2-t+3)$이라 하자.

> 곡선 $y=2x^2-x+3$에 접하고 직선 $x+3y+1=0$에 수직인 직선이 x축과 만나는 점의 좌표가 $(\alpha, 0)$일 때, 3α의 값을 구하시오.
>
> 기울기는 3이다.

$f(x)=2x^2-x+3$이라 하면

$f'(x)=4x-1$

접점의 좌표를 $(t, 2t^2-t+3)$이라 하면 $x=t$인 점에서의 접선의 기울기는 직선 $x+3y+1=0$, 즉 $y=-\dfrac{1}{3}x-\dfrac{1}{3}$의 기울기와 수직이므로

$f'(t)=4t-1=3$ $\therefore t=1$

즉, 접점의 좌표는 $(1, 4)$이므로 접선의 방정식은

$y-4=3(x-1)$ $\therefore y=3x+1$

이 직선이 x축과 만나는 점의 좌표는 $\left(-\dfrac{1}{3}, 0\right)$이므로

$\alpha=-\dfrac{1}{3}$ $\therefore 3\alpha=-1$

目 -1

0795 접점의 좌표를 $(t, -t^3+2t+1)$이라 하자.

> $x>0$에서 곡선 $y=-x^3+2x+1$이 직선 $y=-x+k$에 접할 때, 상수 k의 값을 구하시오. 접선의 기울기는 -1이다.

$f(x)=-x^3+2x+1$이라 하면

$f'(x)=-3x^2+2$

접점의 좌표를 $(t, -t^3+2t+1)$이라 하면

접선의 기울기는 -1이므로

$f'(t)=-3t^2+2=-1, t^2=1$

$\therefore t=1 \ (\because t>0)$

즉, 접점의 좌표는 $(1, 2)$이므로 접선의 방정식은

$y-2=-(x-1)$ $\therefore y=-x+3$

$\therefore k=3$

目 3

0796 $f'(a)=3$임을 이용하자.

> 곡선 $y=2x^2-x+3$에서 기울기가 3인 접선을 그을 때, 접점의 좌표를 (a, b)라 하면 $a+b$의 값을 구하시오.

$f(x)=2x^2-x+3$이라 하면

$f'(x)=4x-1$

점 (a, b)에서의 접선의 기울기가 3이므로

$f'(a)=4a-1=3$ $\therefore a=1$

따라서 접점의 좌표는 $(1, 4)$이므로

$b=4$

$\therefore a+b=5$

目 5

0797 접점의 좌표를 (t, t^3-3t^2-8t+1)이라 하자.

> 곡선 $y=x^3-3x^2-8x+1$에 접하고 기울기가 1인 직선은 2개이다. 이 두 접선의 방정식을 각각 $y=x+a$, $y=x+b$라 할 때, 두 상수 a, b에 대하여 $a-b$의 값을 구하시오. (단, $a>b$)
> $f'(t)=1$을 만족하는 t가 2개이다.

$f(x)=x^3-3x^2-8x+1$이라 하면
$f'(x)=3x^2-6x-8$
접점의 좌표를 (t, t^3-3t^2-8t+1)이라 하면 접선의 기울기가 1이므로
$f'(t)=3t^2-6t-8=1$, $3(t^2-2t-3)=0$
$3(t+1)(t-3)=0$ $\therefore t=-1$ 또는 $t=3$
즉, 접점의 좌표는 $(-1, 5)$, $(3, -23)$이므로 접선의 방정식은
$y-5=1\times\{x-(-1)\}$ 또는 $y-(-23)=1\times(x-3)$
$\therefore y=x+6$ 또는 $y=x-26$
따라서 $a=6$, $b=-26$이므로
$a-b=6-(-26)=32$ 답 **32**

0798 접점의 좌표를 (t, t^3-3t^2+4)라 하자.

> 곡선 $y=x^3-3x^2+4$에 접하는 두 직선의 방정식이 $y=9x+a$, $y=9x+b$일 때, 두 상수 a, b에 대하여 $a+b$의 값을 구하시오.
> $f'(t)=9$를 만족하는 t가 2개이다.

$f(x)=x^3-3x^2+4$라 하면
$f'(x)=3x^2-6x$
접점의 좌표를 (t, t^3-3t^2+4)라 하면 접선의 기울기가 9이므로
$f'(t)=3t^2-6t=9$
$t^2-2t-3=0$, $(t+1)(t-3)=0$
$\therefore t=-1$ 또는 $t=3$
즉, 접점의 좌표는 $(-1, 0)$, $(3, 4)$이므로 접선의 방정식은
$y=9\{x-(-1)\}$, $y-4=9(x-3)$
$\therefore y=9x+9$, $y=9x-23$
따라서 $a=9$, $b=-23$ 또는 $a=-23$, $b=9$이므로
$a+b=9+(-23)=-14$ 답 **-14**

0799 접점의 좌표를 (t, t^3-3t^2-6t+a)라 하자.

> 곡선 $y=x^3-3x^2-6x+a$와 직선 $y=-9x+3$이 접할 때, 상수 a의 값은?
> 주어진 곡선의 $x=t$에서의 접선이다.

$f(x)=x^3-3x^2-6x+a$라 하면
$f'(x)=3x^2-6x-6$
접점의 좌표를 (t, t^3-3t^2-6t+a)라 하면 접선의 기울기는
$f'(t)=3t^2-6t-6$
이므로 접선의 방정식은
$y-(t^3-3t^2-6t+a)=(3t^2-6t-6)(x-t)$
$\therefore y=(3t^2-6t-6)x-2t^3+3t^2+a$
이 직선의 방정식은 $y=-9x+3$과 일치해야 하므로
$3t^2-6t-6=-9$ ......㉠
$-2t^3+3t^2+a=3$ ......㉡

㉠에서 $3(t-1)^2=0$ $\therefore t=1$
$t=1$을 ㉡에 대입하면 $-2+3+a=3$
$\therefore a=2$ 답 **②**

[다른풀이] $f(x)=x^3-3x^2-6x+a$, $g(x)=-9x+3$이라 하면
$f'(x)=3x^2-6x-6$, $g'(x)=-9$
곡선과 직선이 $x=t$인 점에서 접한다고 하면
$f(t)=g(t)$에서 $t^3-3t^2-6t+a=-9t+3$ ......㉠
$f'(t)=g'(t)$에서 $3t^2-6t-6=-9$
$3(t-1)^2=0$ $\therefore t=1$
$t=1$을 ㉠에 대입하면 $-8+a=-6$
$\therefore a=2$

0800 $y'=3x^2-4x-2$임을 이용하자.

> 곡선 $y=x^3-2x^2-2x+1$에 접하고 기울기가 1인 직선은 두 개가 있다. 이 두 접선의 접점의 x좌표를 각각 α, β라 할 때, $\dfrac{1}{\alpha}+\dfrac{1}{\beta}$의 값을 구하시오. $3x^2-4x-2=1$의 두 근이 α, β임을 이용하자.

$y=x^3-2x^2-2x+1$에서 $y'=3x^2-4x-2$
곡선 $y=x^3-2x^2-2x+1$에 접하고 기울기가 1인 두 접선의 접점의 x좌표가 각각 α, β이므로 α, β는 방정식
$3x^2-4x-2=1$, 즉 $3x^2-4x-3=0$의 두 근이다.
따라서 이차방정식의 근과 계수의 관계에 의하여
$\alpha+\beta=\dfrac{4}{3}$, $\alpha\beta=\dfrac{-3}{3}=-1$

$\therefore \dfrac{1}{\alpha}+\dfrac{1}{\beta}=\dfrac{\alpha+\beta}{\alpha\beta}=\dfrac{\frac{4}{3}}{-1}=-\dfrac{4}{3}$ 답 $-\dfrac{4}{3}$

0801 $y'=3(x-1)^2$임을 이용하자.

> 곡선 $y=(x-1)^3$ 위의 점 $(2, 1)$에서의 접선과 이 접선에 평행한 또 다른 접선 사이의 거리는?
> 접선의 기울기는 $f'(2)$와 같음을 이용하자.

$f(x)=(x-1)^3$이라 하면 $f'(x)=3(x-1)^2$
점 $(2, 1)$에서의 접선의 기울기는 $f'(2)=3$
이므로 접선의 방정식은
$y-1=3(x-2)$ $\therefore y=3x-5$ ......㉠
접선 ㉠에 평행한 또 다른 접선의 접점의 x좌표는
$3(x-1)^2=3$에서 $x=0$ ($\because x\neq2$)
접선 ㉠과 다른 접선의 접점의 좌표는 $(0, -1)$이므로 접선의 방정식은
$y=3x-1$ ......㉡
따라서 두 접선 ㉠과 ㉡ 사이의 거리는 $y=3x-1$ 위의 점 $(0, -1)$과 직선 $3x-y-5=0$ 사이의 거리와 같으므로
$\dfrac{|1-5|}{\sqrt{9+1}}=\dfrac{4}{\sqrt{10}}=\dfrac{2\sqrt{10}}{5}$ 답 **②**

[참고] ① $y=\{f(x)\}^n \Rightarrow y'=n\{f(x)\}^{n-1}f'(x)$
이므로 $f(x)=(x-1)^3$에서
$f'(x)=3(x-1)^2(x-1)'$
$\quad\quad=3(x-1)^2$
으로 구할 수 있다.

② $f(x)=(x-1)^3=x^3-3x^2+3x-1$이므로
$f'(x)=3x^2-6x+3$
으로 구해도 된다.

0802 접점의 좌표를 $(t,\ t^3-t+2)$라 하자.

> 곡선 $y=x^3-x+2$의 접선 중에서 직선 $y=2x-1$과 평행한 접선
> 은 2개이다. 이 두 접선 사이의 거리는?
> $f'(t)=2$를 만족하는 t가 2개이다.

$f(x)=x^3-x+2$라 하면
$f'(x)=3x^2-1$
접점의 좌표를 $(t,\ t^3-t+2)$라 하면 접선의 기울기가 2이므로
$f'(t)=3t^2-1=2,\ t^2=1$
$\therefore t=-1$ 또는 $t=1$
즉, 접점의 좌표는 $(-1,\ 2),\ (1,\ 2)$이므로 접선의 방정식은
$y-2=2\{x-(-1)\}$ 또는 $y-2=2(x-1)$
$\therefore y=2x+4$ 또는 $y=2x$
두 접선 사이의 거리는 $y=2x$ 위의 점 $(0,\ 0)$과 직선
$2x-y+4=0$ 사이의 거리와 같으므로
$$\dfrac{|2\times 0-0+4|}{\sqrt{2^2+(-1)^2}}=\dfrac{4\sqrt{5}}{5}$$
답 ③

0803 항상 증가하는 함수이다.

> 곡선 $y=x^3-9x^2+31x-3$ 위의 임의의 점에서 그은 접선의 기
> 울기를 m이라 할 때, m의 최솟값은?
> 접선의 기울기의 최대 · 최소는 $f'(x)$의 최대 · 최소를 이용하자.

$f(x)=x^3-9x^2+31x-3$으로 놓으면
$f'(x)=3x^2-18x+31=3(x-3)^2+4$
이므로 $f'(x)$는 $x=3$일 때 최솟값 4를 갖는다.
따라서 곡선 $y=f(x)$위의 임의의 점에서 그은 접선의 기울기 m의 최
솟값은 4이다.
답 ③

0804

> 곡선 $y=x^3-3x^2+4x+1$ 위의 점 $\mathrm{P}(x,\ y)$에서의 접선의 기울
> 기가 최소일 때, 접선의 방정식을 구하시오.
> 접선의 기울기의 최대 · 최소는 $f'(x)$의 최대 · 최소를 이용하자.

$f(x)=x^3-3x^2+4x+1$이라 하면
$f'(x)=3x^2-6x+4$
$\qquad =3(x^2-2x+1)+1$
$\qquad =3(x-1)^2+1$
이므로 기울기는 $x=1$일 때, 최솟값 1을 갖는다.
$x=1$일 때, $y=3$이므로 접점 P의 좌표는 $(1,\ 3)$이고 접선의 방정식은
$y-3=1\times(x-1)$
$\therefore y=x+2$
답 $y=x+2$

0805 $f'(x)$를 구하자.

> 곡선 $f(x)=-x^3+3x^2-4$ 위의 임의의 점에서 그은 접선 중에서
> 그 기울기의 최댓값을 M, 이때의 접점의 좌표를 $(p,\ q)$라 하자.
> pqM의 값은? $f'(x)$의 최대 · 최소를 이용하자.

곡선 $y=f(x)$의 접선의 기울기는 $f'(x)$이므로
$f(x)=-x^3+3x^2-4$에서
$f'(x)=-3x^2+6x=-3(x-1)^2+3$
즉, $x=1$일 때, 기울기의 최댓값은 3이다.
따라서 접점의 좌표는 $(1,\ -2)$이므로
$p=1,\ q=-2,\ M=3$
$\therefore pqM=-6$
답 ②

0806 $f'(2)=4$임을 알 수 있다.

> 곡선 $y=f(x)$와 직선 $y=4x+3$이 점 $(2,\ 11)$에서 접할 때,
> $$\lim_{h\to 0}\dfrac{f(2+h)-f(2-h)}{h}\text{의 값은?}$$
> $\lim\limits_{h\to 0}\dfrac{f(2+h)-f(2)-\{f(2-h)-f(2)\}}{h}$임을 이용하자.

곡선 $y=f(x)$ 위의 점 $(2,\ 11)$에서의 접선의 방정식이
$y=4x+3$이므로
$f'(2)=4$
$\therefore \lim\limits_{h\to 0}\dfrac{f(2+h)-f(2-h)}{h}$
$=\lim\limits_{h\to 0}\dfrac{f(2+h)-f(2)-\{f(2-h)-f(2)\}}{h}$
$=\lim\limits_{h\to 0}\dfrac{f(2+h)-f(2)}{h}+\lim\limits_{h\to 0}\dfrac{f(2-h)-f(2)}{-h}$
$=f'(2)+f'(2)$
$=2f'(2)=8$
답 ⑤

0807 $f(1)=2$이고, $f'(1)=3$임을 알 수 있다.

> 다항함수 $y=f(x)$에 대하여 $\lim\limits_{x\to 1}\dfrac{f(x)-2}{x-1}=3$을 만족시킬 때,
> 곡선 $y=f(x)$ 위의 점 $(1,\ f(1))$에서의 접선의 방정식은?
> 접선의 기울기는 $f'(1)$임을 이용하자.

$\lim\limits_{x\to 1}\dfrac{f(x)-2}{x-1}=3$에서 $x\to 1$일 때, (분모)$\to 0$이므로
(분자)$\to 0$이어야 한다.
즉, $\lim\limits_{x\to 1}\{f(x)-2\}=0$에서
$f(1)=2$
$\therefore \lim\limits_{x\to 1}\dfrac{f(x)-2}{x-1}=\lim\limits_{x\to 1}\dfrac{f(x)-f(1)}{x-1}$
$\qquad\qquad\qquad =f'(1)=3$
따라서 점 $(1,\ f(1))$에서의 접선의 방정식은
$y-f(1)=f'(1)(x-1),\ y-2=3(x-1)$
$\therefore y=3x-1$
답 ④

0808 $\lim_{x \to 2}\left\{\dfrac{f(x-1)-f(1)}{x-2} \times \dfrac{1}{x+2}\right\} = \dfrac{1}{4}f'(1) = 2$ 임을 이용하자.

> 다항함수 $f(x)$ 가 $\lim_{x \to 2}\dfrac{f(x-1)-6}{x^2-4} = 2$ 를 만족시킬 때,
> 곡선 $y=f(x)$ 위의 점 $(1, f(1))$ 에서의 접선의 y 절편을 구하시오.
> 접선의 기울기는 $f'(1)$ 임을 이용하자.

$x \to 2$ 일 때, (분모) $\to 0$ 이고 극한값이 존재하므로 (분자) $\to 0$ 이어야 한다.

$\therefore f(1)=6$

$\lim_{x \to 2}\left\{\dfrac{f(x-1)-f(1)}{x-2} \times \dfrac{1}{x+2}\right\} = \dfrac{1}{4}f'(1) = 2$

$\therefore f'(1)=8$

점 $(1, f(1))$ 에서의 접선의 방정식은

$y=8(x-1)+6$

$y=8x-2$

따라서 접선의 y 절편은 -2 이다. **답** -2

0809 $f(2)=2$ 이고, $f'(2)=-2$ 임을 알 수 있다.

> 미분가능한 함수 $f(x)$ 에 대하여 $\lim_{x \to 2}\dfrac{f(x)-2}{x-2} = -2$ 이고,
> 함수 $g(x)=(x-1)^2$ 이다. 이때, 곡선 $y=f(x)-g(x)$ 위의
> x 좌표가 2인 점에서의 접선의 기울기는?
> $f'(2)-g'(2)$ 의 값을 구하자.

$\lim_{x \to 2}\dfrac{f(x)-2}{x-2} = -2$ 에서 $x \to 2$ 일 때, (분모) $\to 0$ 이므로

(분자) $\to 0$ 이어야 한다.

즉, $f(2)-2=0$ 에서 $f(2)=2$

$\therefore \lim_{x \to 2}\dfrac{f(x)-2}{x-2} = \lim_{x \to 2}\dfrac{f(x)-f(2)}{x-2}$
$= f'(2) = -2$

또 $g(x)=(x-1)^2$ 에서 $g'(x)=2(x-1)$ 이므로

$g'(2)=2$

따라서 곡선 $y=f(x)-g(x)$ 위의 x 좌표가 2인 점에서의 접선의 기울기는

$f'(2)-g'(2) = -2-2 = -4$ **답** ②

0810 $f(1)=2$ 이고, $f'(1)=1$ 임을 알 수 있다.

> 두 다항함수 $y=f(x)$, $y=g(x)$ 가
> $\lim_{x \to 1}\dfrac{f(x)-2}{x-1} = 1$, $\lim_{x \to 1}\dfrac{g(x)+1}{x-1} = 2$
> 를 만족시킨다. 곡선 $y=f(x)g(x)$ 위의 $x=1$ 인 점에서의 접선
> 의 방정식을 $y=mx+n$ 이라 할 때, mn 의 값은?
> $g(1)=-1$ 이고, $g'(1)=2$ 임을 이용하자. (단, m, n 은 상수이다.)

$\lim_{x \to 1}\dfrac{f(x)-2}{x-1} = 1$ 에서 $x \to 1$ 일 때, (분모) $\to 0$ 이므로

(분자) $\to 0$ 이어야 한다.

즉, $\lim_{x \to 1}\{f(x)-2\}=0$ 에서

$f(1)=2$

$\therefore \lim_{x \to 1}\dfrac{f(x)-2}{x-1} = \lim_{x \to 1}\dfrac{f(x)-f(1)}{x-1} = f'(1) = 1$

$\lim_{x \to 1}\dfrac{g(x)+1}{x-1} = 2$ 에서 $x \to 1$ 일 때, (분모) $\to 0$ 이므로

(분자) $\to 0$ 이어야 한다.

즉, $\lim_{x \to 1}\{g(x)+1\}=0$ 에서

$g(1)=-1$

$\therefore \lim_{x \to 1}\dfrac{g(x)+1}{x-1} = \lim_{x \to 1}\dfrac{g(x)-g(1)}{x-1} = g'(1) = 2$

$y=f(x)g(x)$ 에서 $y'=f'(x)g(x)+f(x)g'(x)$

$x=1$ 인 점에서의 접선의 기울기는

$f'(1)g(1)+f(1)g'(1) = 1 \times (-1) + 2 \times 2 = 3$

이고, $f(1)g(1) = 2 \times (-1) = -2$ 이므로 점 $(1, -2)$ 에서의 접선의

방정식은

$y-(-2) = 3(x-1)$ $\therefore y=3x-5$

따라서 $m=3$, $n=-5$ 이므로

$mn=-15$ **답** ①

0811

> 점 $(1, -1)$ 에서 곡선 $y=x^2-x$ 에 그은 접선의 방정식을 모두
> 구하면?
> 접점의 좌표를 (t, t^2-t) 라 하면 접선의 방정식은
> $y-(t^2-t)=(2t-1)(x-t)$ 임을 이용하자.

$f(x)=x^2-x$ 라 하면

$f'(x)=2x-1$

접점의 좌표를 (t, t^2-t) 라 하면 접선의 기울기는

$f'(t)=2t-1$

이므로 접선의 방정식은

$y-(t^2-t)=(2t-1)(x-t)$

$\therefore y=(2t-1)x-t^2$

이 직선이 점 $(1, -1)$ 을 지나므로

$-1=2t-1-t^2$, $t^2-2t=0$

$t(t-2)=0$ $\therefore t=0$ 또는 $t=2$

따라서 구하는 접선의 방정식은

$y=-x$, $y=3x-4$ **답** ①

0812 접선의 방정식에 $x=2$, $y=0$ 을 대입하자.

> 점 $(2, 0)$ 에서 곡선 $y=x^2-3$ 에 그은 두 접선의 기울기의 곱은?
> 접점의 좌표를 (t, t^2-3) 이라 하면 접선의 방정식은
> $y-(t^2-3)=2t(x-t)$ 임을 이용하자.

$f(x)=x^2-3$ 이라 하면

$f'(x)=2x$

접점의 좌표를 (t, t^2-3) 이라 하면 접선의 기울기는

$f'(t)=2t$

이므로 접선의 방정식은

$y-(t^2-3)=2t(x-t)$

$\therefore y=2tx-t^2-3$

이 직선이 점 $(2, 0)$ 을 지나므로

$0=4t-t^2-3$, $t^2-4t+3=0$

$(t-1)(t-3)=0$

$\therefore t=1$ 또는 $t=3$

따라서 두 접선의 기울기의 곱은

$f'(1)\times f'(3)=2\times 6=12$ 　　　　答 ③

0813

$b=a-1$임을 이용하자.

> 직선 $y=x-1$ 위를 움직이는 점 $P(a,\ b)$에서 곡선 $y=\dfrac{1}{3}x^2$에
> 그은 두 접선이 이루는 각이 직각이 될 때, $a+b$의 값을 구하시오.
>
> 접점의 좌표를 $\left(t,\ \dfrac{1}{3}t^2\right)$이라 하면 접선의 방정식은 $y-\left(\dfrac{1}{3}t^2\right)=\dfrac{2}{3}t(x-t)$ 임을 이용하자.

$f(x)=\dfrac{1}{3}x^2$으로 놓으면 $f'(x)=\dfrac{2}{3}x$

접점의 좌표를 $\left(t,\ \dfrac{1}{3}t^2\right)$이라 하면 이 점에서의 접선의 기울기는

$f'(t)=\dfrac{2}{3}t$이므로 접선의 방정식은

$y-\dfrac{1}{3}t^2=\dfrac{2}{3}t(x-t)$　　$\therefore y=\dfrac{2}{3}tx-\dfrac{1}{3}t^2$

이 직선이 점 $P(a,\ a-1)$을 지나므로

$a-1=\dfrac{2}{3}ta-\dfrac{1}{3}t^2$

$\therefore t^2-2at+3(a-1)=0$ 　　…… ㉠

방정식 ㉠의 두 근을 $p,\ q$라 하면 $p,\ q$는 접점의 x좌표이므로

접점에서의 기울기는 각각 $\dfrac{2}{3}p$, $\dfrac{2}{3}q$이다.

이때, 두 접선이 이루는 각이 직각이므로

$\dfrac{2}{3}p\cdot\dfrac{2}{3}q=-1$　　$\therefore pq=-\dfrac{9}{4}$

㉠에서 근과 계수의 관계에 의하여 $pq=3(a-1)$이므로

$-\dfrac{9}{4}=3(a-1)$　　$\therefore a=\dfrac{1}{4}$

따라서 점 P의 좌표는 $P\left(\dfrac{1}{4},\ -\dfrac{3}{4}\right)$이므로

$a+b=\dfrac{1}{4}-\dfrac{3}{4}=-\dfrac{1}{2}$　　　　答 $-\dfrac{1}{2}$

0814

접선의 방정식에 $x=0$, $y=2$를 대입하자.

> 점 $(0,\ 2)$에서 곡선 $y=x^3+4$에 그은 접선의 방정식을
> $y=ax+b$라 할 때, 두 상수 $a,\ b$에 대하여 ab의 값은?
>
> 접점의 좌표를 $(t,\ t^3+4)$라 하면 접선의 방정식은 $y-(t^3+4)=3t^2(x-t)$임을 이용하자.

$f(x)=x^3+4$라 하면

$f'(x)=3x^2$

접점의 좌표를 $(t,\ t^3+4)$라 하면 접선의 기울기는

$f'(t)=3t^2$

이므로 접선의 방정식은

$y-(t^3+4)=3t^2(x-t)$

$\therefore y=3t^2x-2t^3+4$ 　　…… ㉠

이 직선이 점 $(0,\ 2)$를 지나므로

$2=-2t^3+4$, $t^3=1$　　$\therefore t=1$

$t=1$을 ㉠에 대입하면

$y=3x+2$

따라서 $a=3$, $b=2$이므로

$ab=6$ 　　　　答 ②

0815

접선의 방정식에 $x=0$, $y=0$을 대입하자.

> 원점을 지나고 곡선 $y=-x^3-x^2+x$에 접하는 모든 직선의 기울기의 합은?
>
> 접점의 좌표를 $(t,\ -t^3-t^2+t)$라 하면 접선의 방정식은 $y-(-t^3-t^2+t)=(-3t^2-2t+1)(x-t)$임을 이용하자.

$y'=-3x^2-2x+1$이므로 접점의 x좌표를 t라 하면

접점은 $(t,\ -t^3-t^2+t)$, 접선의 기울기는 $-3t^2-2t+1$이므로 접선의 방정식은

$y=(-3t^2-2t+1)(x-t)-t^3-t^2+t$

이 직선이 원점을 지나므로

$0=3t^3+2t^2-t-t^3-t^2+t$

$2t^3+t^2=0$, $t^2(2t+1)=0$

$\therefore t=0$ 또는 $t=-\dfrac{1}{2}$

$t=0$일 때, 접선의 기울기는 $y'=1$

$t=-\dfrac{1}{2}$일 때, 접선의 기울기는

$y'=-3\times\left(-\dfrac{1}{2}\right)^2-2\times\left(-\dfrac{1}{2}\right)+1=\dfrac{5}{4}$

$\therefore 1+\dfrac{5}{4}=\dfrac{9}{4}$ 　　　　答 ②

0816

접선의 방정식에 $x=0$, $y=2$를 대입하자.

> 점 $(0,\ 2)$를 지나는 직선이 곡선 $y=x^3-2x$에 접할 때, 이 접선과 원점 사이의 거리는?
>
> 접점의 좌표를 $(t,\ t^3-2t)$라 하면 접선의 방정식은 $y-(t^3-2t)=(3t^2-2)(x-t)$임을 이용하자.

$f(x)=x^3-2x$라 하면

$f'(x)=3x^2-2$

접점의 좌표를 $(t,\ t^3-2t)$라 하면 접선의 기울기는

$f'(t)=3t^2-2$

이므로 접선의 방정식은

$y-(t^3-2t)=(3t^2-2)(x-t)$

$\therefore y=(3t^2-2)x-2t^3$ 　　…… ㉠

이 직선이 점 $(0,\ 2)$를 지나므로

$2=-2t^3$, $t^3=-1$　　$\therefore t=-1$

$t=-1$을 ㉠에 대입하면

$y=x+2$

따라서 점 $(0,\ 0)$과 직선 $x-y+2=0$ 사이의 거리는

$\dfrac{|0-0+2|}{\sqrt{1^2+(-1)^2}}=\sqrt{2}$ 　　　　答 ③

0817 접선의 방정식에 $x=2$, $y=-3$을 대입하자.

> 점 $A(2, -3)$에서 곡선 $y=x^3-3x^2+2$에 두 개의 접선을 그을 때, 두 접점 사이의 거리는?
>
> 접점의 좌표를 (t, t^3-3t^2+2)라 하면 접선의 방정식은
> $y-(t^3-3t^2+2)=(3t^2-6t)(x-t)$임을 이용하자.

$f(x)=x^3-3x^2+2$라 하면 $f'(x)=3x^2-6x$

접점의 좌표를 (t, t^3-3t^2+2)라 하면 접선의 기울기는

$f'(t)=3t^2-6t$

이므로 접선의 방정식은

$y-(t^3-3t^2+2)=(3t^2-6t)(x-t)$

$\therefore y=(3t^2-6t)x-2t^3+3t^2+2$

이 직선이 점 $A(2, -3)$을 지나므로

$-3=6t^2-12t-2t^3+3t^2+2$

$2t^3-9t^2+12t-5=0$, $(t-1)^2(2t-5)=0$

$\therefore t=1$ 또는 $t=\dfrac{5}{2}$

따라서 두 접점의 좌표는 $(1, 0)$, $\left(\dfrac{5}{2}, -\dfrac{9}{8}\right)$이므로 두 접점 사이의

거리는

$\sqrt{\left(\dfrac{5}{2}-1\right)^2+\left(-\dfrac{9}{8}-0\right)^2}=\dfrac{15}{8}$ 답 ③

0818 접선의 방정식에 $x=0$, $y=0$을 대입하자.

> 원점 $O(0, 0)$에서 곡선 $y=x^3+3x+2$에 그은 접선을 l이라 하고, 곡선 $y=x^3+3x+2$의 접선 중 l과 평행하고 l이 아닌 접선을 m이라 하자. 직선 m의 y절편을 구하시오.
>
> 접점의 x좌표를 t라 하면 접선의 방정식은
> $y-(t^3+3t+2)=(3t^2+3)(x-t)$이다.

$f(x)=x^3+3x+2$ 위의 접점을 (t, t^3+3t+2)라 하면

$f'(x)=3x^2+3$이므로 $f'(t)=3t^2+3$

따라서 접선의 방정식은

$y-(t^3+3t+2)=(3t^2+3)(x-t)$

이 직선이 점 $(0, 0)$을 지나므로 대입하면

$-t^3-3t-2=-3t^3-3t$

$2t^3=2$

$\therefore t=1$

직선 l의 기울기가 $f'(1)=3+3=6$이므로

접선 m의 방정식은 접선 l과 평행하므로 기울기가 6이다.

한편, $f'(t)=3t^2+3=6$에서

$t=-1\ (\because t\neq 1)$

이때, $f(-1)=-1-3+2=-2$이므로

접선 m의 방정식은 접점 $(-1, -2)$를 지나고 기울기가 6인 직선이다.

$y=6(x+1)-2$

$y=6x+4$

따라서 접선 m의 y절편은 4이다. 답 4

0819

> 곡선 $y=x^3+2x+7$ 위의 점 $P(-1, 4)$에서의 접선이 점 P가 아닌 점 (a, b)에서 곡선과 만날 때, $a+b$의 값을 구하시오.
>
> 먼저 $(-1, 4)$에서의 접선의 방정식을 구하자.

$f(x)=x^3+2x+7$이라 하면

$f'(x)=3x^2+2$

점 $P(-1, 4)$에서의 접선의 기울기는

$f'(-1)=3\times(-1)^2+2=5$

점 $P(-1, 4)$를 지나므로 접선의 방정식은

$y-4=5\{x-(-1)\}$ $\therefore y=5x+9$

곡선과 접선의 교점을 구하면

$x^3+2x+7=5x+9$, $x^3-3x-2=0$

$(x+1)^2(x-2)=0$

$\therefore x=-1$ 또는 $x=2$

따라서 $a=2$, $b=19$이므로

$a+b=21$ 답 21

0820 $y=f'(1)(x-1)$임을 이용하자.

> 그림과 같이 곡선 $y=x^3-2x+1$ 위의 점 $P(1, 0)$에서의 접선이 y축과 만나는 점을 Q, 이 곡선과 다시 만나는 점을 R라 할 때, $\dfrac{\overline{PQ}}{\overline{QR}}$의 값을 구하시오.
>
> $x^3-2x+1=x-1$임을 이용하자.

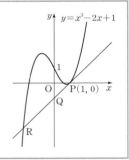

$f(x)=x^3-2x+1$이라 하면

$f'(x)=3x^2-2$

점 $(1, 0)$에서의 접선의 기울기는

$f'(1)=3-2=1$

즉, 점 $P(1, 0)$에서의 접선의 방정식은

$y-0=1\times(x-1)$ $\therefore y=x-1$

따라서 점 Q의 좌표는 $(0, -1)$이다.

직선 $y=x-1$이 곡선 $y=f(x)$와 다시 만나는 점의 x좌표는

$x^3-2x+1=x-1$에서 $x^3-3x+2=0$

$(x+2)(x-1)^2=0$

$\therefore x=-2$ 또는 $x=1$

따라서 점 R의 좌표는 $(-2, -3)$이므로

$\overline{PQ}=\sqrt{(0-1)^2+(-1-0)^2}=\sqrt{2}$

$\overline{QR}=\sqrt{(-2-0)^2+\{-3-(-1)\}^2}=2\sqrt{2}$

$\therefore \dfrac{\overline{PQ}}{\overline{QR}}=\dfrac{\sqrt{2}}{2\sqrt{2}}=\dfrac{1}{2}$ 답 $\dfrac{1}{2}$

0821 두 직선 중 하나는 원점에서의 접선이다.

그림은 삼차함수 $f(x)=x^3-3x^2+3x$의 그래프이다. 원점을 지나고 곡선 $y=f(x)$에 접하는 두 직선이 곡선과 만나는 점을 각각 A, B라 할 때, 두 점 A, B의 x좌표의 합을 구하시오.

점 B의 좌표를 (t, t^3-3t^2+3t)라 하면 접선의 방정식은 $y-(t^3-3t^2+3t)=(3t^2-6t+3)(x-t)$임을 이용하자.

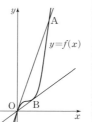

$f(x)=x^3-3x^2+3x$에서
$f'(x)=3x^2-6x+3$
원점에서의 접선의 기울기는
$f'(0)=3$
이므로 접선의 방정식은
$y-0=3(x-0)$ ∴ $y=3x$
점 A는 곡선 위의 점인 원점에서의 접선과 곡선의 교점이므로
$x^3-3x^2+3x=3x$, $x^2(x-3)=0$
∴ $x=0$ 또는 $x=3$
즉, 점 A의 x좌표는 3이다.
점 B의 좌표를 (t, t^3-3t^2+3t)라 하면 접선의 기울기는
$f'(t)=3t^2-6t+3$
이므로 접선의 방정식은
$y-(t^3-3t^2+3t)=(3t^2-6t+3)(x-t)$
∴ $y=(3t^2-6t+3)x-2t^3+3t^2$
이 접선이 원점을 지나므로
$0=-2t^3+3t^2$, $t^2(2t-3)=0$
∴ $t=0$ 또는 $t=\dfrac{3}{2}$

즉, 점 B의 x좌표는 $\dfrac{3}{2}$이다.

따라서 두 점 A, B의 x좌표의 합은
$3+\dfrac{3}{2}=\dfrac{9}{2}$

답 $\dfrac{9}{2}$

0822 $y=f'(2)(x-2)$임을 이용하자.

곡선 $y=x^3-3x^2+4$ 위의 점 $(2, 0)$에서의 접선이 이 곡선과 다시 만나는 점을 A라고 하자. 점 A에서의 접선의 방정식이 $y=mx+n$일 때, $m+n$의 값은? (단, m, n은 상수)

주어진 곡선과 접선을 연립하여 정리하자.

$f(x)=x^3-3x^2+4$로 놓으면 $f'(x)=3x^2-6x$
점 $(2, 0)$에서의 접선의 기울기는
$f'(2)=3\cdot2^2-6\cdot2=0$
이므로 점 $(2, 0)$에서의 접선의 방정식은
$y-0=0(x-2)$ ∴ $y=0$
직선 $y=0$이 주어진 곡선과 다시 만나는 점의 x좌표는
$x^3-3x^2+4=0$, $(x+1)(x-2)^2=0$
∴ $x=-1$ 또는 $x=2$
점 A$(-1, 0)$에서의 접선의 기울기는
$f'(-1)=3\cdot(-1)^2-6\cdot(-1)=9$
이므로 구하는 접선의 방정식은

$y-0=9\{x-(-1)\}$ ∴ $y=9x+9$
따라서 $m=9$, $n=9$이므로
$m+n=18$

답 ⑤

0823 $y+2=f'(-1)(x+1)$임을 이용하자.

함수 $f(x)=x^4+3x^3$에 대하여 곡선 $y=f(x)$ 위의 점 A$(-1, -2)$에서의 접선은 점 A가 아닌 두 점 B, C에서 곡선 $y=f(x)$와 만난다. 두 점 B, C의 x좌표를 각각 α, β라 할 때, $\alpha^2+\beta^2$의 값을 구하시오.

주어진 곡선과 접선을 연립하여 정리하자.

$f'(x)=4x^3+9x^2$에서 $f'(-1)=-4+9=5$
$x=-1$에서의 접선의 기울기는 5이므로 접선의 방정식은
$y+2=5(x+1)$
$y=5x+3$
곡선 $y=f(x)$와 직선 $y=5x+3$을 연립하면
$x^4+3x^3=5x+3$
$x^4+3x^3-5x-3=0$
$(x+1)^2(x^2+x-3)=0$
이때 $x^2+x-3=0$의 두 근이 α, β이므로
$\alpha+\beta=-1$, $\alpha\beta=-3$
∴ $\alpha^2+\beta^2=(\alpha+\beta)^2-2\alpha\beta=(-1)^2-2\times(-3)=7$

답 7

0824 $y=f'(1)(x-1)+n+2$임을 이용하자.

자연수 n에 대하여 곡선 $y=x^3+nx^2+x$ 위의 점 $(1, n+2)$에서의 접선이 이 곡선과 다시 만나는 점의 x좌표를 a_n이라 할 때, $\displaystyle\sum_{n=1}^{10}a_n$의 값을 구하시오.

주어진 곡선과 접선을 연립하여 정리하자.

$f(x)=x^3+nx^2+x$로 놓으면
$f'(x)=3x^2+2nx+1$이므로
$f'(1)=3+2n+1=2n+4$
즉, 점 $(1, n+2)$에서의 접선의 방정식은
$y-(n+2)=(2n+4)(x-1)$
∴ $y=(2n+4)x-(n+2)$
이때, 곡선과 직선이 다시 만나므로
$x^3+nx^2+x=(2n+4)x-(n+2)$
$x^3+nx^2-(2n+3)x+(n+2)=0$
$(x-1)^2(x+n+2)=0$
∴ $x=1$ 또는 $x=-(n+2)$
따라서 $a_n=-(n+2)$이므로
$\displaystyle\sum_{n=1}^{10}a_n=\sum_{n=1}^{10}(-n-2)$
$=-\dfrac{10\cdot11}{2}-2\cdot10=-75$

답 -75

0825

점 P에서의 접선이 직선 $x-y-10=0$과 평행일 때 거리가 최소가 된다.

> 곡선 $y=\dfrac{1}{3}x^3+\dfrac{11}{3}$ $(x>0)$ 위를 움직이는 점 P와 직선
> $x-y-10=0$ 사이의 거리를 최소가 되게 하는 곡선 위의 점 P
> 의 좌표를 (a,b)라 할 때, $a+b$의 값을 구하시오.

점 P는 직선 $x-y-10=0$을 평행이동하여 움직일 때 곡선과 처음으로 만나는 점, 즉 접점이므로 점 P에서 곡선에 그은 접선의 기울기는 1이다.

$f(x)=\dfrac{1}{3}x^3+\dfrac{11}{3}$이라 하면 $f'(x)=x^2$

$x^2=1$ $\therefore x=1\ (\because x>0)$

$\therefore f(1)=\dfrac{1}{3}+\dfrac{11}{3}=4$

따라서 점 P의 좌표는 $(1,4)$이므로

$a+b=1+4=5$

답 5

0826

> 곡선 $y=x^2-2x+5$와 직선 $y=2x-1$ 사이의 최단 거리는?
>
> $y=x^2-2x+5$의 접선 중 기울기가 2인 접선과 $y=2x-1$ 사이의 거리가 최단 거리임을 이용하자.

곡선 $y=x^2-2x+5$와 직선 $y=2x-1$ 사이의 최단 거리는 기울기가 2인 곡선의 접선과 직선 $y=2x-1$ 사이의 거리이다.

$f(x)=x^2-2x+5$라 하면

$f'(x)=2x-2$

기울기가 2인 접선의 접점의 좌표를 (t,t^2-2t+5)라 하면

접선의 기울기는

$f'(t)=2t-2=2$ $\therefore t=2$

따라서 접점의 좌표가 $(2,5)$이므로

접선의 방정식은

$y-5=2(x-2)$

$\therefore y=2x+1$

따라서 두 직선 $y=2x+1$과 $y=2x-1$ 사이의 거리는 직선 $y=2x+1$ 위의 점 $(0,1)$과 직선 $2x-y-1=0$ 사이의 거리와 같으므로

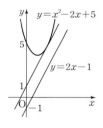

$\dfrac{|2\times0-1-1|}{\sqrt{2^2+(-1)^2}}=\dfrac{2}{\sqrt5}=\dfrac{2\sqrt5}{5}$

답 ④

0827

> 그림과 같이 곡선 $y=x^2+3x+3$ 위의 임의의 점 P와 직선 $y=x$ 위의 두 점 A$(1,1)$, B$(2,2)$에 대하여 삼각형 ABP의 넓이의 최솟값을 구하시오.
>
> $\overline{AB}$는 고정된 값이므로 주어진 곡선과 $y=x$ 사이의 거리가 최소일 때, 삼각형 ABP의 넓이도 최소이다.

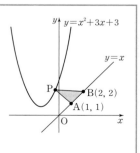

삼각형 ABP의 넓이가 최소가 되려면 점 P와 두 점 A, B를 지나는 직

선 사이의 거리가 최소가 되어야 하므로 점 P에서의 접선의 기울기가 1이어야 한다.

$f(x)=x^2+3x+3$이라 하면

$f'(x)=2x+3$

기울기가 1인 접선의 접점의 좌표를 (t,t^2+3t+3)이라 하면

접선의 기울기는

$f'(t)=2t+3=1$ $\therefore t=-1$

따라서 점 P의 좌표는 $(-1,1)$이고, 점 P와 직선 $y=x$, 즉 $x-y=0$ 사이의 거리는

$\dfrac{|-1-1|}{\sqrt{1^2+(-1)^2}}=\dfrac{2}{\sqrt2}=\sqrt2$

$\overline{AB}=\sqrt{(2-1)^2+(2-1)^2}=\sqrt2$

이므로 삼각형 ABP의 넓이의 최솟값은

$\dfrac{1}{2}\times\sqrt2\times\sqrt2=1$

답 1

0828

$\overline{OA}$의 길이는 고정된 값이다.

> 닫힌구간 $[0,3]$에서 정의된 함수
> $f(x)=ax(x-3)^2$ $\left(a>\dfrac{1}{2}\right)$에 대
> 하여 곡선 $y=f(x)$와 직선 $y=x$의
> 교점 중에서 원점 O가 아닌 점을 A
> 라 하자. 점 P가 원점으로부터 점
> A까지 곡선 $y=f(x)$ 위를 움직일 때, 삼각형 OAP의 넓이가
> 최대가 되는 점 P의 x좌표가 $\dfrac{3}{4}$이다. 상수 a의 값을 구하시오.
>
> 점 P와 $y=x$ 사이의 거리가 최대일 때, 삼각형 OAP의 넓이도 최대이다.

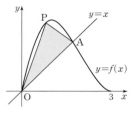

삼각형 OAP의 넓이가 최대가 되려면 점 P에서 직선 $y=x$까지의 거리가 최대이어야 한다.

즉, 점 P에서의 접선이 직선 $y=x$와 평행일 때이므로 $f'(x)=1$

$f(x)=ax(x-3)^2$에서

$f'(x)=a\{(x-3)^2+2x(x-3)\}$이므로

$a\{(x-3)^2+2x(x-3)\}=1,\ 3ax^2-12ax+9a-1=0$

이 이차방정식의 한 근이 $x=\dfrac{3}{4}$이므로

$3a\times\left(\dfrac{3}{4}\right)^2-12a\times\dfrac{3}{4}+9a-1=0$

$\dfrac{27}{16}a=1$ $\therefore a=\dfrac{16}{27}$

답 $\dfrac{16}{27}$

참고 ① $y=\{f(x)\}^n \Rightarrow y'=n\{f(x)\}^{n-1}f'(x)$

이므로 $f(x)=ax(x-3)^2$에서

$f'(x)=a\{(x-3)^2+2x(x-3)\}$으로 구할 수 있다.

② $f(x)=ax(x-3)^2=ax(x^2-6x+9)$이므로

$f'(x)=a\{x^2-6x+9+x(2x-6)\}$

$\qquad=a(3x^2-12x+9)$

로 구해도 된다.

0829

접점 P의 좌표를 (a, a^3)이라 하면, 접선의 방정식은 $y-a^3=3a^2(x-a)$임을 이용하자.

그림과 같이 점 A$(0, 16)$에서 곡선 $y=x^3$에 접선을 그을 때, 그 접점을 P라 하고 곡선과 만나는 다른 교점을 Q라 한다. 또 두 점 P, Q 사이의 곡선 위의 점 R 를 지나 x축에 평행한 직선이 접선과 만나는 점을 S라 할 때, $\overline{SR}$의 길이가 최대 가 되는 점 R의 좌표는? —— 점 R에서의 접선이 직선 PQ와 평행할 때, 최대가 된다.

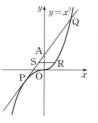

$f(x)=x^3$으로 놓으면 $f'(x)=3x^2$

접점 P의 좌표를 P(a, a^3)이라 하면 접선의 방정식은

$y-a^3=3a^2(x-a)$

이 접선이 점 A$(0, 16)$을 지나므로

$16-a^3=-3a^3$

$a^3=-8$ ∴ $a=-2$

이때, 점 P$(-2, -8)$에서의 접선의 기울기는

$f'(-2)=3\cdot4=12$

한편, $\overline{SR}$의 길이가 최대일 때는 점 R에서의 접선이 직선 PQ와 평행할 때이므로 점 R의 좌표를 R(t, t^3)이라 하면

$f'(t)=3t^2=12, t^2=4$

∴ $t=2$ $(\because t>-2)$

따라서 점 R의 좌표는 R$(2, 8)$이다. 답 ⑤

0830

접점의 좌표를 $(t, f(t))$로 놓고 접선의 방정식을 구하자.

점 A$(2, k)$에서 곡선 $y=-x^2+6$에 그은 접선이 2개일 때, k의 값의 범위는?

방정식의 판별식을 이용하자.

$f(x)=-x^2+6$이라 하면

$f'(x)=-2x$

곡선 위의 점 $(t, -t^2+6)$에서의 접선의 방정식은

$y=-2t(x-t)-t^2+6$

이 접선이 점 A$(2, k)$를 지나므로

$k=-2t(2-t)-t^2+6$

$t^2-4t+6-k=0$

접선의 개수가 2이면 이 방정식이 서로 다른 두 실근을 가지므로

$\dfrac{D}{4}=4-(6-k)>0$

∴ $k>2$ 답 ⑤

0831

접점의 좌표를 $(t, -t^3+1)$이라 하고 접선의 방정식을 구하자.

직선 $y=ax-1$이 곡선 $y=-x^3+1$에 접할 때, 상수 a의 값을 구하시오.

접선의 방정식이 $y=ax-1$과 일치함을 이용하자.

$f(x)=-x^3+1$이라 하면

$f'(x)=-3x^2$

접점의 좌표를 $(t, -t^3+1)$이라 하면 접선의 기울기는

$f'(t)=-3t^2$

이므로 접선의 방정식은

$y-(-t^3+1)=-3t^2(x-t)$

∴ $y=-3t^2x+2t^3+1$

이 직선의 방정식은 $y=ax-1$과 일치해야 하므로

$-3t^2=a$ ……㉠

$2t^3+1=-1$ ……㉡

㉡에서 $t^3+1=0$, $(t+1)(t^2-t+1)=0$

∴ $t=-1$ $(\because t^2-t+1>0)$

$t=-1$을 ㉠에 대입하면 $a=-3$ 답 -3

0832

접점의 좌표를 (t, t^3+at^2+at+2)로 놓고 접선의 방정식을 구하자.

곡선 $y=x^3+ax^2+ax+2$와 직선 $y=x+2$가 접하도록 하는 모든 상수 a의 값의 합을 구하시오.

접선의 방정식이 $y=x+2$와 일치함을 이용하자.

$f(x)=x^3+ax^2+ax+2$라 하면

$f'(x)=3x^2+2ax+a$

접점의 좌표를 (t, t^3+at^2+at+2)라 하면 접선의 기울기는

$f'(t)=3t^2+2at+a$

이므로 접선의 방정식은

$y-(t^3+at^2+at+2)=(3t^2+2at+a)(x-t)$

∴ $y=(3t^2+2at+a)x-2t^3-at^2+2$

이 직선의 방정식은 $y=x+2$와 일치해야 하므로

$3t^2+2at+a=1$ ……㉠

$-2t^3-at^2+2=2$ ……㉡

㉡에서 $t^2(2t+a)=0$

∴ $t=0$ 또는 $t=-\dfrac{a}{2}$

$t=0$을 ㉠에 대입하면 $a=1$

$t=-\dfrac{a}{2}$를 ㉠에 대입하면

$\dfrac{3}{4}a^2-a^2+a=1$, $(a-2)^2=0$

∴ $a=2$

따라서 구하는 모든 상수 a의 값의 합은

$1+2=3$ 답 3

0833 $f'(a)=m$임을 이용하자.

> 좌표평면에서 곡선 $y=x^3-10x+16$과 직선 $y=mx$가 서로 접하도록 상수 m의 값을 정하면 그 접점의 좌표는 (α, β)이다. 이때 $m^2+\alpha^2+\beta^2$의 값을 구하시오.
> 점 (α, β)는 $y=mx$ 위의 점임을 이용하자.

곡선 $y=x^3-10x+16$과 직선 $y=mx$가 서로 접할 때,
접점의 x좌표를 t라 하면
$t^3-10t+16=mt$ ······ ㉠
곡선 $y=x^3-10x+16$의 $x=t$에서의 접선의 기울기가 m이므로
$3t^2-10=m$ ······ ㉡
㉠, ㉡을 연립하여 풀면
$t^3-10t+16=(3t^2-10)t$, $t^3=8$
따라서 $t=2$, $m=2$이므로 $x^3-10x+16=2x$에서
$(x+4)(x-2)^2=0$
따라서 접점의 좌표는 $(2, 4)$이다.
$\therefore m^2+\alpha^2+\beta^2=4+4+16=24$

🖺 24

0834 $f'(x)=1$임을 이용하자.

> 곡선 $y=x^3+3x^2+ax+2$에 대하여 기울기가 1인 접선이 오직 한 개 존재할 때, 이 접선의 방정식을 구하면? (단, a는 상수)
> 방정식의 판별식을 이용하자.

$y=x^3+3x^2+ax+2$에서 $y'=3x^2+6x+a$
이때, 접선의 기울기가 1이므로
$3x^2+6x+a=1$, 즉 $3x^2+6x+a-1=0$ ······ ㉠
㉠의 근이 오직 한 개 존재해야 하므로 판별식을 D라 하면
$\dfrac{D}{4}=9-3(a-1)=0$ $\therefore a=4$
$a=4$를 ㉠에 대입하면
$3x^2+6x+3=0$
$3(x+1)^2=0$ $\therefore x=-1$
즉, $y=x^3+3x^2+4x+2$에서 접점의 좌표는 $(-1, 0)$이고
기울기는 1이므로 구하는 접선의 방정식은
$y-0=1(x+1)$ $\therefore y=x+1$

🖺 ①

0835 $y-2=f'(1)(x-1)$임을 이용하자.

> 곡선 $y=x^2-4x+5$ 위의 점 $(1, 2)$에서의 접선과 x축 및 y축으로 둘러싸인 도형의 넓이를 구하시오.
> x절편과 y절편을 구하자.

$f(x)=x^2-4x+5$라 하면
$f'(x)=2x-4$
점 $(1, 2)$에서의 접선의 기울기는
$f'(1)=2\times1-4=-2$
점 $(1, 2)$를 지나므로 접선의 방정식은
$y-2=-2(x-1)$ $\therefore y=-2x+4$
접선의 x절편과 y절편이 각각 2, 4이므로 구하는 도형의 넓이는
$\dfrac{1}{2}\times2\times4=4$

🖺 4

0836 $y-2=f'(1)(x-1)$임을 이용하자.

> 그림과 같이 곡선 $y=3x^2-1$ 위의 점 $(1, 2)$에서의 접선과 직선 $y=2$ 및 y축으로 둘러싸인 삼각형의 넓이는?
> 접선의 y절편을 구하자.
>
> ① 2 ② $\dfrac{5}{2}$
> ③ 3 ④ $\dfrac{7}{2}$
> ⑤ 4

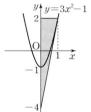

$f(x)=3x^2-1$이라 하면 $f'(x)=6x$
이므로 점 $(1, 2)$에서의 접선의 기울기는
$f'(1)=6$
따라서 접선의 방정식은
$y-2=6(x-1)$
$\therefore y=6x-4$
즉, 접선의 y절편이 -4이므로
구하는 삼각형의 넓이는
$\dfrac{1}{2}\times6\times1=3$

🖺 ③

0837 접점의 좌표를 (t, t^2-4)로 놓고 접선의 방정식을 구하자.

> 점 $A(0, -8)$에서 곡선 $y=x^2-4$에 그은 두 접선의 접점을 각각 B, C라 할 때, 삼각형 ABC의 넓이를 구하시오.
> 주어진 곡선과 접선을 연립하여 정리하자.

$f(x)=x^2-4$로 놓으면 $f'(x)=2x$
접점의 좌표를 (t, t^2-4)라 하면 이 점에서의 접선의 기울기는
$f'(t)=2t$이므로 접선의 방정식은
$y-(t^2-4)=2t(x-t)$
$\therefore y=2tx-t^2-4$
이 직선이 점 $A(0, -8)$을 지나므로
$-8=-t^2-4$, $t^2=4$
$\therefore t=-2$ 또는 $t=2$
따라서 두 점 B, C의 좌표는 각각
$(-2, 0)$, $(2, 0)$이므로 삼각형 ABC의 넓이는
$\dfrac{1}{2}\cdot4\cdot8=16$

🖺 16

0838 접선의 방정식에 $x=2$, $y=-2$를 대입하자.

그림과 같이 점 $A(2, -2)$에서 곡선 $y=x^2+3$에 그은 두 접선의 접점을 각각 B, C라 할 때, 삼각형 ABC의 넓이를 구하시오.

접점의 좌표를 (t, t^2+3)으로 놓고 접선의 방정식을 구하자.

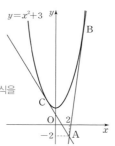

$f(x)=x^2+3$이라 하면
$f'(x)=2x$
접점의 좌표를 (t, t^2+3)이라 하면 이 점에서의 접선의 기울기는
$f'(t)=2t$이므로 접선의 방정식은
$y-(t^2+3)=2t(x-t)$
$\therefore y=2tx-t^2+3$
이 직선이 점 $A(2, -2)$를 지나므로
$-2=4t-t^2+3$
$t^2-4t-5=0$
$(t+1)(t-5)=0$
$\therefore t=-1$ 또는 $t=5$
따라서 두 접점 B, C의 좌표는 각각
$(5, 28)$, $(-1, 4)$이므로 삼각형 ABC의 넓이는
$6\times30-\left(\dfrac{1}{2}\times3\times6+\dfrac{1}{2}\times3\times30+\dfrac{1}{2}\times6\times24\right)=54$

🖐 **54**

0839 접선의 방정식에 $x=3$, $y=7$을 대입하자.

점 $(3, 7)$에서 곡선 $y=-x^2+4x$에 그은 두 접선과 y축으로 둘러싸인 부분의 넓이는?

접점의 좌표를 $(t, -t^2+4t)$로 놓고 접선의 방정식을 구하자.

$f(x)=-x^2+4x$로 놓으면 $f'(x)=-2x+4$
접점의 좌표를 $(a, -a^2+4a)$라 하면 접선의 기울기는
$f'(a)=-2a+4$
이므로 접선의 방정식은
$y-(-a^2+4a)=(-2a+4)(x-a)$
$\therefore y=(-2a+4)x+a^2 \quad \cdots\cdots \bigcirc$
직선 $\bigcirc$이 점 $(3, 7)$을 지나므로
$7=3(-2a+4)+a^2$
$a^2-6a+5=0$, $(a-1)(a-5)=0$
$\therefore a=1$ 또는 $a=5$
이 값을 $\bigcirc$에 대입하면
$y=2x+1$ 또는 $y=-6x+25$
위의 두 직선과 y축으로 둘러싸인 부분은 그림의 어두운 부분과 같으므로 구하는 넓이는
$\dfrac{1}{2}\cdot24\cdot3=36$

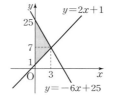

🖐 **②**

0840

점 $(0, 4)$를 지나고 곡선 $y=-x^3+2$에 접하는 직선과 x축 및 y축으로 둘러싸인 삼각형의 넓이를 구하시오.

접점을 $(t, -t^3+2)$라 하면 접선의 방정식은 $y+t^3-2=(-3t^2)(x-t)$임을 이용하자.

$f(x)=-x^3+2$라 하면
$f'(x)=-3x^2$
접점을 $(t, -t^3+2)$라 하면 접선의 방정식은
$y+t^3-2=(-3t^2)(x-t)$
이 접선이 $(0, 4)$를 지나야 하므로 대입하면
$4+t^3-2=(-3t^2)\times(-t)$
$2t^3-2=0$
$\therefore t=1$
따라서 접선의 방정식은
$y=-3x+4$
이고, x절편은 $\dfrac{4}{3}$, y절편은 4이다.
따라서 구하는 넓이는
$\dfrac{1}{2}\times\dfrac{4}{3}\times4=\dfrac{8}{3}$

🖐 $\dfrac{8}{3}$

0841

$\dfrac{1}{2}\times\overline{OQ}\times a$임을 이용하자.

곡선 $y=x^3$ 위의 점 $P(a, a^3)$에서의 접선과 y축이 만나는 점을 Q, x축에 내린 수선의 발을 R라 할 때, 삼각형 OQP와 삼각형 PQR의 넓이는 각각 S_1, S_2이다. $\dfrac{S_2}{S_1}$의 값을 구하시오.

$\dfrac{1}{2}\times a^3\times a$임을 이용하자. (단, $a>0$)

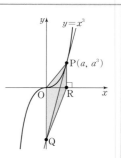

$f(x)=x^3$이라 하면 $f'(x)=3x^2$
접점 $P(a, a^3)$에서의 접선의 기울기는
$f'(a)=3a^2$
이므로 접선의 방정식은
$y-a^3=3a^2(x-a)$
$\therefore y=3a^2x-2a^3$
점 Q의 좌표는 $(0, -2a^3)$이므로
$S_1=\dfrac{1}{2}\times2a^3\times a=a^4$
$S_2=\dfrac{1}{2}\times a^3\times a=\dfrac{1}{2}a^4$
$\therefore \dfrac{S_2}{S_1}=\dfrac{\dfrac{1}{2}a^4}{a^4}=\dfrac{1}{2}$

🖐 $\dfrac{1}{2}$

0842

사각형 AQCP의 넓이가 최대가 되려면 접선의 기울기가 직선 AC의
기울기와 같게 되는 접점을 P와 Q로 하면 된다.

> 곡선 $y=x^3-5x^2+4x+4$ 위에
> 세 점 A$(-1, -6)$, B$(2, 0)$,
> C$(4, 4)$가 있다. 곡선 위에서 두 점
> A, B 사이를 움직이는 점 P와 곡선
> 위에서 두 점 B, C 사이를 움직이
> 는 점 Q에 대하여 사각형 AQCP
> 의 넓이가 최대가 되도록 하는 두 점 P, Q의 x좌표의 곱은?
>
> 근과 계수의 관계를 이용하자.

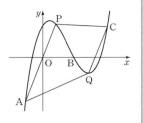

(사각형 AQCP의 넓이)

= (삼각형 ACP의 넓이) + (삼각형 AQC의 넓이)

직선 AC의 기울기가 2이므로 사각형 AQCP의 넓이가 최대가 되려면
접선의 기울기가 2가 되는 접점을 P와 Q로 하면 된다.

$y'=3x^2-10x+4$에서 $3x^2-10x+4=2$, $3x^2-10x+2=0$의 두 근
이 점 P, Q의 x좌표이므로 두 점 P, Q의 x좌표의 곱은 $\dfrac{2}{3}$이다.

답 ④

0843

기울기는 $-\dfrac{1}{2t}$인 직선이다.

> 그림과 같이 곡선 $y=x^2$ 위를 움직이
> 는 점 P(t, t^2)이 있다. 점 P를 지나고
> 점 P에서의 접선에 수직인 직선이 y축
> 과 만나는 점을 Q$(0, f(t))$라 할 때,
> $\lim\limits_{t \to 0} f(t)$의 값을 구하시오.
>
> $x \longrightarrow 0$일 때, y절편의 극한값이다.

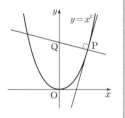

$g(x)=x^2$이라 하면 $g'(x)=2x$
점 P(t, t^2)에서의 접선의 기울기는
$g'(t)=2t$

이므로 이 접선에 수직인 직선의 기울기는 $-\dfrac{1}{2t}$이다.

즉, 점 P를 지나고 점 P에서의 접선과 수직인 직선의 방정식은

$y-t^2=-\dfrac{1}{2t}(x-t)$

$\therefore y=-\dfrac{1}{2t}x+\dfrac{1}{2}+t^2$

$x=0$일 때, $y=\dfrac{1}{2}+t^2$이므로

$f(t)=\dfrac{1}{2}+t^2$

$\therefore \lim\limits_{t \to 0} f(t)=\lim\limits_{t \to 0}\left(\dfrac{1}{2}+t^2\right)=\dfrac{1}{2}$

답 $\dfrac{1}{2}$

0844

접선의 기울기는 $3t^2$임을 이용하자.

> 곡선 $y=x^3$ 위의 점 P(t, t^3)에서의 접선과 원점 사이의 거리를
> $f(t)$라 하자. $\lim\limits_{t \to \infty}\dfrac{f(t)}{t}=\alpha$일 때, 상수 α에 대하여 30α의 값을
> 구하시오.
>
> 직선 $ax+by+c=0$과 원점 사이의 거리는 $\dfrac{|c|}{\sqrt{a^2+b^2}}$임을 이용하자.

$f(x)=x^3$이라 하면 $f'(x)=3x^2$
점 P(t, t^3)에서의 접선의 기울기는
$f'(t)=3t^2$
이므로 접선의 방정식은
$y-t^3=3t^2(x-t)$
$\therefore 3t^2x-y-2t^3=0$ ·····㉠
직선 ㉠과 원점 사이의 거리는

$f(t)=\dfrac{|-2t^3|}{\sqrt{(3t^2)^2+(-1)^2}}=\dfrac{|-2t^3|}{\sqrt{9t^4+1}}$

$\therefore \alpha=\lim\limits_{t \to \infty}\dfrac{f(t)}{t}=\lim\limits_{t \to \infty}\dfrac{|-2t^3|}{t\sqrt{9t^4+1}}$

$=\lim\limits_{t \to \infty}\dfrac{2t^2}{\sqrt{9t^4+1}}=\lim\limits_{t \to \infty}\dfrac{2}{\sqrt{9+\dfrac{1}{t^4}}}=\dfrac{2}{3}$

$\therefore 30\alpha=30 \times \dfrac{2}{3}=20$

답 20

0845

변 AB와 변 CD의 기울기는 1임을 이용하자.

> 그림과 같이 정사각형 ABCD의 두
> 꼭짓점 A, C는 y축 위에 있고, 두
> 꼭짓점 B, D는 x축 위에 있다. 변
> AB와 변 CD가 각각 삼차함수
> $y=x^3-5x$의 그래프에 접할 때, 정
> 사각형 ABCD의 둘레의 길이를 구
> 하시오.
>
> 접선의 기울기가 1이 되는 접점을 찾자.

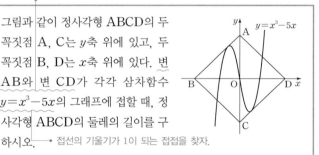

$f(x)=x^3-5x$라 하고 직선 AB와 접하는 점의 좌표를 (x_1, y_1)이라 하자.
직선 AB의 기울기가 1이므로
$f'(x)=3x^2-5$에서
$f'(x_1)=3x_1^2-5=1$
$x_1^2=2$ $\therefore x_1=-\sqrt{2}$ $(\because x_1<0)$
$y_1=-2\sqrt{2}+5\sqrt{2}=3\sqrt{2}$
직선 AB의 방정식은
$y-3\sqrt{2}=1 \times \{x-(-\sqrt{2})\}$
$\therefore y=x+4\sqrt{2}$
즉, 두 점 A, B의 좌표는 각각 $(0, 4\sqrt{2})$, $(-4\sqrt{2}, 0)$이므로
$\overline{AB}=\sqrt{(4\sqrt{2})^2+(4\sqrt{2})^2}=8$
따라서 정사각형 ABCD의 둘레의 길이는
$4\overline{AB}=4 \times 8=32$

답 32

0846

접점을 P라 하면, 점 P에서의 접선과 반지름 CP는 서로 수직임을 이용하자.

곡선 $y=\dfrac{1}{2}x^2$과 서로 다른 두 점에서 접하고, 중심 C의 좌표가 $(0, 3)$인 원의 넓이는?

① π ② 2π

③ 3π ④ 4π

⑤ 5π

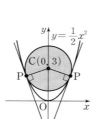

$f(x)=\dfrac{1}{2}x^2$이라 하면 $f'(x)=x$

접점을 점 $P\left(a, \dfrac{1}{2}a^2\right)$이라 하면 접선의 기울기는 $f'(a)=a$

또 원의 중심은 $C(0, 3)$이므로 직선 CP의 기울기는

$\dfrac{\frac{1}{2}a^2-3}{a-0}=\dfrac{a^2-6}{2a}$

접선과 직선 CP는 수직이므로

$a \times \dfrac{a^2-6}{2a}=-1,\ a^2=4$

$\therefore a=-2$ 또는 $a=2$

즉, 접점 P의 좌표는 $(-2, 2),\ (2, 2)$이므로 원의 반지름의 길이는

$\overline{CP}=\sqrt{(2-0)^2+(2-3)^2}=\sqrt{5}$

따라서 원의 넓이는 5π 답 ⑤

0847

점 P에서의 접선의 기울기는 $f'(1)$이다.

곡선 $y=x^3-x^2+1$ 위의 점 $P(1, 1)$에서 접하고, 중심이 x축 위에 있는 원의 넓이는? 원 위의 한 점에서 중심까지 이은 선분과 접선은 수직임을 이용하자.

① $\dfrac{\pi}{2}$ ② π

③ 2π ④ 3π

⑤ 4π

$f(x)=x^3-x^2+1$이라 하면

$f'(x)=3x^2-2x$

점 $P(1, 1)$에서의 접선의 기울기는

$f'(1)=3-2=1$

또 원의 중심을 $C(a, 0)$이라 하면 직선 CP의 기울기는

$\dfrac{1-0}{1-a}=\dfrac{1}{1-a}$

접선과 직선 CP는 수직이므로

$1 \times \dfrac{1}{1-a}=-1 \qquad \therefore a=2$

원의 중심은 $C(2, 0)$이므로 원의 반지름의 길이는

$\overline{CP}=\sqrt{(1-2)^2+(1-0)^2}=\sqrt{2}$

따라서 원의 넓이는 2π이다.   답 ③

0848

미분계수를 이용하여 $\overline{AC}$와 $\overline{BC}$의 기울기를 구하자.

그림과 같이 삼차함수 $f(x)=-x^3+4x^2-3x$의 그래프 위의 점 $(a, f(a))$에서 기울기가 양의 값인 접선을 그어 x축과 만나는 점을 A, 점 $B(3, 0)$에서 접선을 그어 두 접선이 만나는 점을 C, 점 C에서 x축에 수선을 그어 만나는 점을 D라 하고 $\overline{AD}:\overline{DB}=3:1$일 때, a의 값들의 곱은? $\overline{BD}=k$라 하면 $\overline{AD}=3k$임을 이용하자.

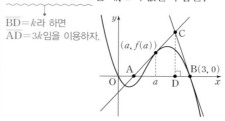

점 B에서의 접선의 기울기는 $f'(3)=-6$

$\overline{AD}:\overline{DB}=3:1$이므로 $\overline{BD}=k(k>0)$라 하면 $\overline{AD}=3k$

직선 BC의 기울기는 $\dfrac{\overline{CD}}{-k}=-6$이므로

$\overline{CD}=6k$

또, 직선 AC의 기울기는 $\dfrac{6k}{3k}=2$

따라서 $f'(a)=-3a^2+8a-3$에서

$-3a^2+8a-3=2,\ 3a^2-8a+5=0$

따라서 모든 a의 값들의 곱은 $\dfrac{5}{3}$이다.   답 ⑤

0849

접선의 기울기는 $x=-1$에서의 미분계수와 같다.

삼차함수 $f(x)=x^3+ax$가 있다. 곡선 $y=f(x)$ 위의 점 $A(-1, -1-a)$에서의 접선이 이 곡선과 만나는 다른 한 점을 B라 하자. 또, 곡선 $y=f(x)$ 위의 점 B에서의 접선이 이 곡선과 만나는 다른 한 점을 C라 하자. 두 점 B, C의 x좌표를 각각 b, c라 할 때, $f(b)+f(c)=-80$을 만족시킨다. 상수 a의 값은? $y=f(x)$와 접선의 방정식을 연립하자.

$f(x)=x^3+ax$에서

$f'(x)=3x^2+a$

곡선 $y=f(x)$ 위의 점 A에서의 접선의 기울기는

$f'(-1)=3+a$

곡선 $y=f(x)$ 위의 점 A에서의 접선의 방정식은

$y=(3+a)(x+1)+(-1-a)$

이 접선이 곡선 $y=f(x)$와 만나는 점을 구하면

$x^3+ax=(3+a)(x+1)+(-1-a)$

$x^3-3x-2=0,\ (x+1)^2(x-2)=0$

$\therefore b=2$

따라서 점 B의 좌표는 $(2, 8+2a)$이다.

마찬가지로 점 B에서의 접선의 방정식은

$y=(12+a)(x-2)+(8+2a)$

이 접선이 곡선 $y=f(x)$와 만나는 점을 구하면

$x^3+ax=(12+a)(x-2)+(8+2a)$

$x^3-12x+16=0,\ (x-2)^2(x+4)=0$

$\therefore c=-4$

주어진 조건에서

$f(b)+f(c)=f(2)+f(-4)=8+2a-64-4a=-80$

$\therefore a=12$ 답 ③

0850

$y=f(x)$, $y=g(x)$가 점 $(a,\ b)$에서 공통접선을 가지면 $f(a)=g(a)=b$이고 $f'(a)=g'(a)$임을 이용하자.

> 두 곡선 $y=-x^3+2$, $y=x^2+ax+b$가 점 $(1,\ 1)$에서 공통접선을 가질 때, 두 상수 $a,\ b$에 대하여 a^2+b^2의 값을 구하시오.

$f(x)=-x^3+2$, $g(x)=x^2+ax+b$라 하면

$f'(x)=-3x^2$, $g'(x)=2x+a$

두 곡선이 점 $(1,\ 1)$에서 공통접선을 가지므로

$f(1)=g(1)$에서 $1=1+a+b$ $\cdots\cdots$ ㉠

$f'(1)=g'(1)$에서 $-3=2+a$ $\quad\therefore a=-5$

$a=-5$를 ㉠에 대입하면 $b=5$

$\therefore a^2+b^2=(-5)^2+5^2=50$ 답 50

0851

> 두 곡선 $y=-x^3-ax+3$, $y=x^2+2$가 한 점에서 접할 때, 상수 a의 값은? $y=f(x)$, $y=g(x)$가 점 $(a,\ b)$에서 공통접선을 가지면 $f(a)=g(a)=b$이고 $f'(a)=g'(a)$임을 이용하자.

$f(x)=-x^3-ax+3$, $g(x)=x^2+2$라 하면

$f'(x)=-3x^2-a$, $g'(x)=2x$

접점의 x좌표를 t라 하면

$f(t)=g(t)$에서 $-t^3-at+3=t^2+2$ $\cdots\cdots$ ㉠

$f'(t)=g'(t)$에서 $-3t^2-a=2t$

$a=-3t^2-2t$ $\cdots\cdots$ ㉡

㉡을 ㉠에 대입하면

$-t^3-(-3t^2-2t)t+3=t^2+2$

$2t^3+t^2+1=0$, $(t+1)(2t^2-t+1)=0$

$2t^2-t+1>0$이므로 $t=-1$

$t=-1$을 ㉡에 대입하면

$a=-3\times(-1)^2-2\times(-1)=-1$ 답 ①

0852

> 두 곡선 $y=2x^3+3$, $y=3x^2+2$가 접할 때, 그 접점에서의 접선의 방정식은? 두 곡선이 서로 접한다는 것은 두 곡선의 접점에서 공통접선을 가지는 것과 같다.

$f(x)=2x^3+3$, $g(x)=3x^2+2$라 하면

$f'(x)=6x^2$, $g'(x)=6x$

접점의 x좌표를 t라 하면

$f(t)=g(t)$에서 $2t^3+3=3t^2+2$

$2t^3-3t^2+1=0$, $(2t+1)(t-1)^2=0$

$\therefore t=-\dfrac{1}{2}$ 또는 $t=1$ $\cdots\cdots$ ㉠

$f'(t)=g'(t)$에서 $6t^2=6t$

$t(t-1)=0$

$\therefore t=0$ 또는 $t=1$ $\cdots\cdots$ ㉡

㉠, ㉡을 동시에 만족시키는 t의 값은 1이므로 두 곡선의 접점의 좌표는 $(1,\ 5)$이고, 접선의 기울기는 6이다.

따라서 구하는 접선의 방정식은

$y-5=6(x-1)$

$\therefore y=6x-1$ 답 ③

0853

> 함수 $f(x)=x^2-6x$에 대하여 닫힌구간 $[1,\ 5]$에서 롤의 정리를 만족시키는 실수 c의 값은? $f(1)=f(5)$로 서로 같으므로 롤의 정리에 의해 $f'(c)=0$을 만족하는 c가 $(1,\ 5)$에 적어도 하나 존재한다.

함수 $f(x)=x^2-6x$는 닫힌구간 $[1,\ 5]$에서 연속이고 열린구간 $(1,\ 5)$에서 미분가능하며 $f(1)=f(5)=-5$이므로 롤의 정리에 의하여 $f'(c)=0$인 c가 열린구간 $(1,\ 5)$에 적어도 하나 존재한다.

$f'(x)=2x-6$이므로 $f'(c)=2c-6=0$

$\therefore c=3$ 답 ④

0854

$f(2)=f(6)$이어야 한다.

> 함수 $f(x)=-x^2+ax-7$에 대하여 닫힌구간 $[2,\ 6]$에서 롤의 정리를 만족시키는 실수 c의 값이 4일 때, 상수 a의 값을 구하시오. $f'(4)=0$임을 이용하자.

함수 $f(x)=-x^2+ax-7$은 닫힌구간 $[2,\ 6]$에서 롤의 정리를 만족시키는 실수 4가 존재하므로

$f'(x)=-2x+a$에서

$f'(4)=-8+a=0$

$\therefore a=8$ 답 8

0855

$f(1)=f(2)$임을 알 수 있다.

> 함수 $f(x)=x^3-5x^2+8x-4$에 대하여 닫힌구간 $[1,\ 2]$에서 롤의 정리를 만족시키는 실수 c의 값은? $f'(c)=0$을 만족하는 c를 찾자. (단, $1<c<2$)

함수 $f(x)=x^3-5x^2+8x-4$는 닫힌구간 $[1,\ 2]$에서 연속이고 열린구간 $(1,\ 2)$에서 미분가능하며 $f(1)=f(2)=0$이므로 롤의 정리에 의하여 $f'(c)=0$인 c가 열린구간 $(1,\ 2)$에 적어도 하나 존재한다.

$f'(x)=3x^2-10x+8$에서

$f'(c)=3c^2-10c+8=0$

$(c-2)(3c-4)=0$

$\therefore c=\dfrac{4}{3}$ $(\because 1<c<2)$ 답 ④

0856 $f(-1)=f(1)$임을 알 수 있다.

> 함수 $f(x)=x^3-x+5$에 대하여 닫힌구간 $[-1, 1]$에서 롤의 정리를 만족시키는 실수 c의 개수를 구하시오.
>
> $f'(c)=0$을 만족하는 c의 개수를 구하자. (단, $-1<c<1$)

함수 $f(x)=x^3-x+5$는 닫힌구간 $[-1, 1]$에서 연속이고 열린구간 $(-1, 1)$에서 미분가능하며 $f(-1)=f(1)=5$이므로 롤의 정리에 의하여 $f'(c)=0$인 c가 열린구간 $(-1, 1)$에 적어도 하나 존재한다.
$f'(x)=3x^2-1$이므로
$f'(c)=3c^2-1=0$
$\therefore c=\pm\dfrac{\sqrt{3}}{3}$

따라서 실수 c의 개수는 2이다.　　　　　　　**답** 2

0857 다항함수는 모든 실수 x에서 미분가능하다.

> 함수 $f(x)=-x^3+3x$에 대하여 닫힌구간 $[0, a]$에서 롤의 정리를 만족시키는 실수 c와 a의 곱 ca의 값은? (단, $a>0$)
>
> $f(0)=f(a)$이어야 한다.

$f(0)=0$, $f(a)=-a^3+3a$이므로 닫힌구간 $[0, a]$에서 롤의 정리를 만족하려면 $f(0)=f(a)$이어야 한다.
$0=-a^3+3a$
$a^3-3a=0$
$a(a+\sqrt{3})(a-\sqrt{3})=0$
$\therefore a=\sqrt{3}$ ($\because a>0$)
함수 $f(x)$를 x에 대하여 미분하면
$f'(x)=-3x^2+3$
이고 $f'(c)=0$인 c의 값은
$-3c^2+3=0$
$\therefore c=1$ ($\because 0<c<\sqrt{3}$)
따라서 $ca=\sqrt{3}$이다.　　　　　　　**답** ①

0858 $[0, 3]$에서 연속이고, $(0, 3)$에서 미분가능하며, $f(0)=f(3)$이어야 한다.

> 〈보기〉의 함수 중에서 닫힌구간 $[0, 3]$에서 롤의 정리가 성립하는 것만을 있는 대로 고른 것은?
>
> ┤ **보기** ├
> ㄱ. $f(x)=x^2(x-3)$　　　　ㄴ. $f(x)=|x-2|$
> ㄷ. $f(x)=\dfrac{|x+2|}{x+2}$

함수 $y=f(x)$가 닫힌구간 $[0, 3]$에서 롤의 정리가 성립하려면
닫힌구간 $[0, 3]$에서 연속이고, 열린구간 $(0, 3)$에서 미분가능하며 $f(0)=f(3)$이어야 한다.
ㄱ. $f(x)=x^2(x-3)$은 다항함수이므로 닫힌구간 $[0, 3]$에서 연속이고, 열린구간 $(0, 3)$에서 미분가능하며 $f(0)=f(3)=0$이다.

ㄴ. 함수 $f(x)=|x-2|$의 그래프는 그림과 같다. 즉, 함수 $y=f(x)$는 닫힌구간 $[0, 3]$에서 연속이지만 $f(0)\neq f(3)$이고, $x=2$에서 미분가능하지 않다.

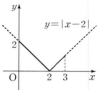

ㄷ. $0\leq x\leq 3$에서 $x+2>0$이므로
$$f(x)=\frac{|x+2|}{x+2}=\frac{x+2}{x+2}=1$$
즉, 함수 $y=f(x)$는 닫힌구간 $[0, 3]$에서 연속이고, 열린구간 $(0, 3)$에서 미분가능하며 $f(0)=f(3)=1$이다.
따라서 롤의 정리가 성립하는 함수는 ㄱ, ㄷ이다.　　**답** ③

0859

> 함수 $f(x)=x^2$에 대하여 닫힌구간 $[1, 3]$에서 평균값 정리를 만족시키는 실수 c의 값은?
>
> $f'(c)$의 값이 닫힌구간 $[1, 3]$에서의 평균변화율과 같아야 한다.

함수 $f(x)=x^2$은 닫힌구간 $[1, 3]$에서 연속이고, 열린구간 $(1, 3)$에서 미분가능하므로 평균값 정리에 의하여
$$\frac{f(3)-f(1)}{3-1}=\frac{9-1}{3-1}=4=f'(c)$$
인 c가 열린구간 $(1, 3)$에 적어도 하나 존재한다.
$f'(x)=2x$이므로 $f'(c)=2c=4$
$\therefore c=2$　　　　　　　**답** ②

0860

> 함수 $f(x)=-x^2+4x-5$에 대하여 닫힌구간 $[1, 5]$에서 평균값 정리를 만족시키는 상수 c의 값을 구하시오.
>
> $f'(c)$의 값이 닫힌구간 $[1, 5]$에서의 평균변화율과 같아야 한다.

함수 $f(x)=-x^2+4x-5$는 닫힌구간 $[1, 5]$에서 연속이고 열린구간 $(1, 5)$에서 미분가능하므로 평균값 정리에 의하여
$$\frac{f(5)-f(1)}{5-1}=\frac{(-10)-(-2)}{4}=-2=f'(c)$$
인 c가 열린구간 $(1, 5)$에 적어도 하나 존재한다.
$f'(x)=-2x+4$이므로
$f'(c)=-2c+4=-2$
$\therefore c=3$　　　　　　　**답** 3

0861

> 함수 $f(x)=-x^2+3x+1$에 대하여 닫힌구간 $[1, k]$에서 평균값 정리를 만족시키는 실수 c의 값이 3일 때, k의 값을 구하시오. (단, $k>3$)
>
> $\dfrac{f(k)-f(1)}{k-1}=f'(3)$임을 이용하자.

함수 $f(x)=-x^2+3x+1$은 닫힌구간 $[1, k]$에서 평균값 정리를 만족시키는 실수 3이 존재하므로
$$\frac{f(k)-f(1)}{k-1}=\frac{-k^2+3k+1-3}{k-1}$$

$$= \frac{-(k-2)(k-1)}{k-1}$$
$$= -k+2 \; (\because k>3)$$
$$= f'(3)$$

$f'(x)=-2x+3$이므로 $f'(3)=-3$

즉, $-k+2=-3$이므로

$k=5$

답 **5**

0862

> 함수 $f(x)=x^3-3x+4$에 대하여 닫힌구간 $[0,3]$에서 평균값 정리를 만족시키는 상수 c의 값을 구하시오.
>
> $f'(c)$의 값이 닫힌구간 $[0,3]$에서의 평균변화율과 같아야 한다.

함수 $f(x)=x^3-3x+4$는 닫힌구간 $[0,3]$에서 연속이고 열린구간 $(0,3)$에서 미분가능하므로 평균값 정리에 의하여

$$\frac{f(3)-f(0)}{3-0}=\frac{22-4}{3-0}=6=f'(c)$$

인 c가 열린구간 $(0,3)$에 적어도 하나 존재한다.

$f'(x)=3x^2-3$이므로

$f'(c)=3c^2-3=6$

$c^2=3$

$\therefore c=\sqrt{3} \; (\because 0<c<3)$

답 $\sqrt{3}$

0863

$f'(1)=0$임을 이용하자. $f(0)=f(2)$이어야 한다.

> 함수 $f(x)=x^2+ax-2$에 대하여 닫힌구간 $[0,2]$에서 롤의 정리를 만족시키는 실수 c의 값이 1이고, 닫힌구간 $[0,4]$에서 평균값 정리를 만족시키는 실수 b가 존재할 때, $a+b$의 값을 구하시오. (단, a는 상수이다.)
>
> $f'(b)=\dfrac{f(4)-f(0)}{4-0}$임을 이용하자.

함수 $f(x)=x^2+ax-2$는 닫힌구간 $[0,2]$에서 롤의 정리를 만족시키는 실수 1이 존재하므로

$f'(x)=2x+a$에서 $f'(1)=2+a=0$

$\therefore a=-2$

$f(x)=x^2-2x-2$이므로 닫힌구간 $[0,4]$에서 평균값 정리에 의하여

$$\frac{f(4)-f(0)}{4-0}=\frac{6-(-2)}{4}=2=f'(b)$$

인 b가 0과 4 사이에 적어도 하나 존재한다.

$f'(x)=2x-2$이므로

$f'(b)=2b-2=2$

$\therefore b=2$

$\therefore a+b=(-2)+2=0$

답 **0**

0864

$(-1, f(-1))$, $(5, f(5))$를 지나는 직선을 그리자.

> 함수 $y=f(x)$의 그래프가 그림과 같을 때, 닫힌구간 $[-1, 5]$에서 평균값 정리를 만족시키는 실수 c의 개수를 구하시오.
>
> 평행한 직선은 기울기가 같음을 이용하자.
>
>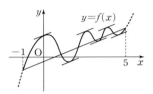

닫힌구간 $[-1, 5]$에서 평균값 정리를 만족시키는 실수 c는 두 점 $(-1, f(-1))$, $(5, f(5))$를 잇는 직선의 기울기와 같은 미분계수를 갖는 점의 x좌표이다.

그림과 같이 두 점 $(-1, f(-1))$, $(5, f(5))$를 잇는 직선과 평행한 접선을 6개 그을 수 있으므로 실수 c의 개수는 6이다.

답 **6**

0865

다항함수는 실수 전체의 집합에서 연속이고 미분가능하다.

> 함수 $f(x)=x^3-5x^2+8x-4$에 대하여 닫힌구간 $[0,3]$에서 $f(3)-f(0)=3f'(c)$를 만족시키는 모든 실수 c의 값의 곱을 구하시오.
>
> 정리하면 $\dfrac{f(3)-f(0)}{3}=f'(c)$임을 이용하자.

함수 $f(x)=x^3-5x^2+8x-4$는 닫힌구간 $[0,3]$에서 연속이고 열린구간 $(0,3)$에서 미분가능하고 $f(3)-f(0)=3f'(c)$

에서 $\dfrac{f(3)-f(0)}{3}=f'(c)$이므로 평균값 정리에 의하여

$$\frac{f(3)-f(0)}{3-0}=\frac{2-(-4)}{3-0}=2=f'(c)$$

인 c가 열린구간 $(0,3)$에 적어도 하나 존재한다.

$f'(x)=3x^2-10x+8$이므로

$f'(c)=3c^2-10c+8=2$에서

$3c^2-10c+6=0$

$\therefore c=\dfrac{5\pm\sqrt{7}}{3}$

$0<\dfrac{5-\sqrt{7}}{3}<3$이고 $0<\dfrac{5+\sqrt{7}}{3}<3$이므로

모든 실수 c의 값의 곱은

$$\left(\frac{5+\sqrt{7}}{3}\right)\times\left(\frac{5-\sqrt{7}}{3}\right)=2$$

답 **2**

0866 평균값 정리를 이용할 수 있다.

함수 $f(x)=x^3+x$에 대하여 닫힌구간 $[1, k]$에서
$f(k)=f(1)+(k-1)f'(c)$ $(1<c<k)$를 만족시키는 c의 값이 $\sqrt{7}$일 때, 실수 k의 값은? 정리하면 $\dfrac{f(k)-f(1)}{k-1}=f'(c)$임을 이용하자.

$f(k)=f(1)+(k-1)f'(c)$에서
$\dfrac{f(k)-f(1)}{k-1}=f'(c)$ $(1<c<k)$
$f(x)=x^3+x$에서 $f'(x)=3x^2+1$이고
$c=\sqrt{7}$이므로 $f'(c)=22$
즉, $\dfrac{(k^3+k)-2}{k-1}=f'(\sqrt{7})$이므로
$\dfrac{(k-1)(k^2+k+2)}{k-1}=22$, $k^2+k+2=22$
$k^2+k-20=0$, $(k+5)(k-4)=0$
$\therefore k=4$ $(\because k>1)$ 달 ④

0867 평균값 정리를 이용할 수 있다.

모든 실수 x에 대하여 미분가능한 함수 $f(x)$가 $\lim\limits_{x\to\infty}f'(x)=12$ 일 때, $\lim\limits_{x\to\infty}\{f(x+1)-f(x-1)\}$의 값을 구하시오.

$\dfrac{f(x+1)-f(x-1)}{2}=f'(c)$임을 이용하자. (단, $x-1<c<x+1$)

함수 $f(x)$가 닫힌구간 $[x-1, x+1]$에서 연속이고 열린구간 $(x-1, x+1)$에서 미분가능하므로 평균값 정리에 의하여
$\dfrac{f(x+1)-f(x-1)}{(x+1)-(x-1)}=f'(c)$
인 c가 구간 $(x-1, x+1)$에 적어도 하나 존재한다.
즉, $f(x+1)-f(x-1)=2f'(c)$이고,
$x-1<c<x+1$에서 $x\to\infty$일 때, $c\to\infty$이므로
$\lim\limits_{x\to\infty}\{f(x+1)-f(x-1)\}=\lim\limits_{c\to\infty}2f'(c)$
    $=\lim\limits_{x\to\infty}2f'(x)=24$ 달 24

0868

다항함수 $f(x)$가 닫힌구간 $[2, 4]$에 속하는 모든 x에 대하여 $f'(x)\leq5$이고 $f(2)=1$일 때, $f(4)$의 최댓값을 구하시오.

평균값의 정리에 의하여 $\dfrac{f(4)-f(2)}{4-2}=f'(c)\leq5$ (단, $2<c<4$)

다항함수는 모든 실수 x에서 미분가능하므로 함수 $f(x)$는 닫힌구간 $[2, 4]$에서 연속이고 열린구간 $(2, 4)$에서 미분가능하다.
닫힌구간 $[2, 4]$에 속하는 모든 x에 대하여 $f'(x)\leq5$이고
평균값 정리에 의하여
$\dfrac{f(4)-f(2)}{4-2}=f'(c)\leq5$ $(2<c<4)$이므로
$\dfrac{f(4)-1}{2}\leq5$
$\therefore f(4)\leq11$
따라서 $f(4)$의 최댓값은 11이다.   달 11

0869

다항함수 $y=f(x)$의 그래프가 다음 조건을 모두 만족시킬 때, $f(-2)$의 최댓값을 구하시오.

㈎ 점 $(0, 3)$을 지난다.
㈏ $-2<x<0$인 임의의 x에서 접선의 기울기가 5 이상이다.

평균값의 정리에 의하여 $\dfrac{f(0)-f(-2)}{0-(-2)}=f'(c)\geq5$ (단, $-2<c<0$) 임을 이용하자.

다항함수는 모든 실수 x에서 미분가능하므로 함수 $f(x)$는 닫힌구간 $[-2, 0]$에서 연속이고 열린구간 $(-2, 0)$에서 미분가능하다.
열린구간 $(-2, 0)$의 임의의 실수 x에 대하여 $f'(x)\geq5$이고
평균값 정리에 의하여
$\dfrac{f(0)-f(-2)}{0-(-2)}=f'(c)\geq5$ $(-2<c<0)$
$\dfrac{3-f(-2)}{2}\geq5$
$\therefore f(-2)\leq-7$
따라서 $f(-2)$의 최댓값은 -7이다.   달 -7

0870 함수 $g(x)$는 $(0, 5)$에서 미분가능하다.

함수 $f(x)$는 실수 전체의 집합에서 미분가능하고, $f(0)=4$, $f(5)=-1$이다. 함수 $g(x)$를 $g(x)=\dfrac{f(x)}{x+1}$로 정의할 때, 구간 $[0, 5]$에서 평균값 정리를 만족하는 c의 값에 대하여 $g'(c)$의 값은?

$\dfrac{g(5)-g(0)}{5-0}=g'(c)$ (단, $0<c<5$)임을 이용하자.

$f(x)$가 미분가능한 함수이므로 $g(x)=\dfrac{f(x)}{x+1}$도 열린구간 $(0, 5)$에서 미분가능한 함수이다.
또 $f(0)=4$, $f(5)=-1$이므로
$g(0)=4$, $g(5)=-\dfrac{1}{6}$
따라서 평균값 정리에 의하여
$\dfrac{g(5)-g(0)}{5-0}=g'(c)$
인 c가 열린구간 $(0, 5)$에 존재한다.
$\therefore g'(c)=\dfrac{-\dfrac{1}{6}-4}{5}=-\dfrac{5}{6}$ 달 ②

0871 $f(x)=x^3+2x-3$이라 하면 $x=2$에서의 미분계수 $f'(2)$와 같다.

곡선 $y=x^3+2x-3$ 위의 점 $(2, 9)$에서 접하는 접선의 기울기를 구하시오.

$f(x)=x^3+2x-3$이라 하면
$f'(x)=3x^2+2$
따라서 $(2, 9)$에서의 접선의 기울기는
$f'(2)=14$ 달 14

0872

> 접선의 기울기는 $f'(1)$임을 이용하자.
>
> 곡선 $y=x^3-2x^2+3x+1$ 위의 점 $(1, 3)$에서의 접선의 방정식을 $y=ax+b$라 할 때, 두 상수 a, b의 곱 ab의 값을 구하시오.
>
> 점 $(1, 3)$을 지나는 직선임을 이용하자.

$f(x)=x^3-2x^2+3x+1$로 놓으면

$f'(x)=3x^2-4x+3$ $\therefore f'(1)=2$

점 $(1, 3)$을 지나고 기울기가 2인 직선의 방정식은

$y-3=2(x-1)$ $\therefore y=2x+1$

따라서 $a=2$, $b=1$이므로 $ab=2$ **답** 2

0873

> 직선의 기울기는 $-\dfrac{1}{f'(2)}$임을 이용하자.
>
> 곡선 $y=x^2-3x-1$ 위의 점 $(2, -3)$을 지나고, 이 점에서의 접선에 수직인 직선의 방정식을 $y=ax+b$라 하자. 두 상수 a, b에 대하여 $a+b$의 값은?
>
> 점 $(2, -3)$을 지나는 직선임을 이용하자.

$f(x)=x^2-3x-1$이라 하면

$f'(x)=2x-3$

점 $(2, -3)$에서의 접선의 기울기는

$f'(2)=4-3=1$

이므로 이 접선에 수직인 직선의 기울기는 -1이다.

즉, 점 $(2, -3)$을 지나고 기울기가 -1인 직선의 방정식은

$y-(-3)=-(x-2)$

$\therefore y=-x-1$

따라서 $a=-1$, $b=-1$이므로

$a+b=-2$ **답** ②

0874

> 접점의 좌표를 $(t, 3t^2-4t-2)$라 하자.
>
> 곡선 $y=3x^2-4x-2$에 접하고 기울기가 2인 접선의 방정식을 $y=2x+k$라 할 때, 상수 k의 값을 구하시오.
>
> $f'(t)=2$를 만족하는 t를 구하자.

$f(x)=3x^2-4x-2$라 하면

$f'(x)=6x-4$

접점의 좌표를 $(t, 3t^2-4t-2)$라 하면 접선의 기울기는 2이므로

$f'(t)=6t-4=2$ $\therefore t=1$

즉, 접점의 좌표는 $(1, -3)$이므로 접선의 방정식은

$y-(-3)=2(x-1)$

$\therefore y=2x-5$

$\therefore k=-5$ **답** -5

0875

> $y'=3x^2-6x+1$임을 이용하자.
>
> 곡선 $y=x^3-3x^2+x+1$ 위의 점 $(0, 1)$에서의 접선과 이 접선에 평행한 또 다른 접선 사이의 거리를 구하시오.
>
> 접선의 기울기는 $f'(0)$과 같음을 이용하자.

$f(x)=x^3-3x^2+x+1$로 놓으면

$f'(x)=3x^2-6x+1$

$f'(0)=1$

기울기가 1인 또 다른 접선의 접점의 x좌표는

$3x^2-6x+1=1$에서 $x=2$ $(\because x\neq 0)$

이때 $f(2)=-1$

따라서 기울기가 1이고 두 접점 $(0, 1)$, $(2, -1)$을 지나는 두 접선은

$y-1=x$에서 $x-y+1=0$ ······ ㉠

$y+1=x-2$에서 $x-y-3=0$ ······ ㉡

따라서 직선 ㉠ 위의 점 $(0, 1)$에서 직선 ㉡까지의 거리 d는

$d=\dfrac{|0-1-3|}{\sqrt{1+1}}=\dfrac{4}{\sqrt 2}=2\sqrt 2$ **답** $2\sqrt 2$

0876 ✒서술형

> 접선의 방정식에 $x=1$, $y=4$를 대입하자.
>
> 점 $(1, 4)$에서 곡선 $y=-x^2+x+3$에 그은 접선의 방정식을 모두 구하시오.
>
> 접점의 좌표를 $(t, -t^2+t+3)$이라 하면 접선의 방정식은 $y-(-t^2+t+3)=(-2t+1)(x-t)$임을 이용하자.

$f(x)=-x^2+x+3$ 위의 한 점을 $(t, f(t))$라 할 때,

$f'(x)=-2x+1$이므로

$(t, f(t))$에서의 접선의 방정식은

$y-f(t)=f'(t)(x-t)$

$y-(-t^2+t+3)=(-2t+1)(x-t)$ ······ 30%

이 직선이 점 $(1, 4)$를 지나므로

$4-(-t^2+t+3)=(-2t+1)(1-t)$

$4+t^2-t-3=-2t+1+2t^2-t$

$t^2-2t=0$

$t=0$ 또는 $t=2$ ······ 30%

함수 $f(x)$ 위의 점 $(0, 3)$, $(2, 1)$에서의 접선의 방정식이 된다.

(i) 점 $(0, 3)$을 지나고, 기울기가 $f'(0)=1$인 경우

$y-3=1\times(x-0)$

$y=x+3$

(ii) 점 $(2, 1)$을 지나고, 기울기가 $f'(2)=-3$인 경우

$y-1=-3(x-2)$

$y=-3x+7$ ······ 40%

답 $y=x+3$, $y=-3x+7$

0877

> 접선의 방정식에 $x=1$, $y=3$을 대입하자.
>
> 점 $(1, 3)$에서 곡선 $y=x^3-2x$에 그은 접선의 x절편을 a, y절편을 b라 할 때, ab의 값을 구하시오.
>
> 접점의 좌표를 (t, t^3-2t)라 하면 접선의 방정식은 $y-(t^3-2t)=(3t^2-2)(x-t)$임을 이용하자.

$f(x)=x^3-2x$라 하면 $f'(x)=3x^2-2$

접점의 좌표를 (t, t^3-2t)라 하면 접선의 기울기는

$f'(t)=3t^2-2$

이므로 접선의 방정식은

$y-(t^3-2t)=(3t^2-2)(x-t)$

$\therefore y=(3t^2-2)x-2t^3$ ······ ㉠

이 직선이 점 $(1, 3)$을 지나므로 $3=3t^2-2-2t^3$

$2t^3-3t^2+5=0$, $(t+1)(2t^2-5t+5)=0$

$2t^2-5t+5>0$이므로 $t=-1$

$t=-1$을 ㉠에 대입하면 $y=x+2$
따라서 접선의 x절편은 -2, y절편은 2이므로
$ab=(-2)\times2=-4$

답 -4

0878 접선의 방정식에 $x=-1$, $y=-3$을 대입하자.

점 $(-1, -3)$에서 곡선 $y=x^2+2x$에 그은 두 접선의 기울기가
각각 m_1, m_2일 때, m_1m_2의 값을 구하시오.
접점의 좌표를 (t, t^2+2t)라 하면 접선의 방정식은
$y-(t^2+2t)=(2t+2)(x-t)$임을 이용하자.

$f(x)=x^2+2x$라 하면
$f'(x)=2x+2$
접점의 좌표를 (t, t^2+2t)라 하면 접선의 기울기는
$f'(t)=2t+2$
이므로 접선의 방정식은
$y-(t^2+2t)=(2t+2)(x-t)$
$\therefore y=(2t+2)x-t^2$
이 직선이 점 $(-1, -3)$을 지나므로
$-3=(2t+2)\times(-1)-t^2$, $t^2+2t-1=0$
$\therefore t=-1\pm\sqrt{2}$
즉, 접선의 기울기는 $2t+2$이므로
$2(-1-\sqrt{2})+2=-2\sqrt{2}$ 또는
$2(-1+\sqrt{2})+2=2\sqrt{2}$
따라서 두 접선의 기울기의 곱은
$m_1m_2=-8$

답 -8

다른풀이 $t^2+2t-1=0$에서 두 접점의 x좌표를 각각 t_1, t_2라 하면
근과 계수의 관계에 의하여
$t_1+t_2=-2$, $t_1t_2=-1$
따라서 두 접선의 기울기의 곱은
$(2t_1+2)(2t_2+2)=4(t_1t_2+t_1+t_2+1)$
$=4(-1-2+1)$
$=-8$

0879 접점의 좌표를 (t, t^2+2t+5)라 하자.

그림과 같이 점 A$(1, -1)$에서 곡선
$y=x^2+2x+5$에 그은 두 접선의 접점
을 각각 B, C라 할 때, 삼각형 ABC의
넓이를 구하시오.
삼각형 ABC를 포함하는 직사각형의 넓이에
서 직각삼각형 3개의 넓이를 빼면 구할 수
있다.

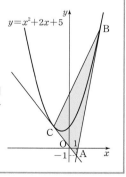

$f(x)=x^2+2x+5$라 하면
$f'(x)=2x+2$
접점의 좌표를 (t, t^2+2t+5)라 하면
이 점에서의 접선의 기울기는
$f'(t)=2t+2$이므로
접선의 방정식은
$y-(t^2+2t+5)=(2t+2)(x-t)$
$\therefore y=(2t+2)x-t^2+5$
이 직선이 점 A$(1, -1)$을 지나므로
$-1=2t+2-t^2+5$
$t^2-2t-8=0$, $(t+2)(t-4)=0$
$\therefore t=-2$ 또는 $t=4$
따라서 두 접점의 좌표는 $(-2, 5)$, $(4, 29)$이므로 삼각형
ABC의 넓이는
$6\times30-\left(\dfrac{1}{2}\times3\times6+\dfrac{1}{2}\times3\times30+\dfrac{1}{2}\times6\times24\right)=54$

답 54

0880 ✏️서술형 $f(0)=f(7)$임을 알 수 있다.

함수 $f(x)=-2x^2+14x+3$에 대하여 닫힌구간 $[0, 7]$에서 롤
의 정리를 만족시키는 실수 c의 값을 구하시오.
$f'(c)=0$을 만족하는 c를 찾자. (단, $0<c<7$)

함수 $f(x)=-2x^2+14x+3$은 닫힌구간 $[0, 7]$에서 연속이고 열린구
간 $(0, 7)$에서 미분가능하며 $f(0)=f(7)=3$이다. ····· 40%
롤의 정리에 의하여 $f'(c)=0$인 c가 열린구간 $(0, 7)$에 적어도 하나 존
재한다. ····· 40%
$f'(x)=-4x+14$이므로
$f'(c)=-4c+14=0$
$\therefore c=\dfrac{7}{2}$ ····· 20%

답 $\dfrac{7}{2}$

0881

함수 $f(x)=x^2-3x$에 대하여 닫힌구간 $[1, 4]$에서 평균값 정리
를 만족시키는 실수 c의 값을 구하시오.
$f'(c)$의 값이 닫힌구간 $[1, 3]$에서의 평균변화율과 같아야 한다.

함수 $f(x)=x^2-3x$는 닫힌구간 $[1, 4]$에서 연속이고 열린구간 $(1, 4)$
에서 미분가능하므로 평균값 정리에 의하여
$\dfrac{f(4)-f(1)}{4-1}=\dfrac{4-(-2)}{4-1}=2=f'(c)$
인 c가 열린구간 $(1, 4)$에 적어도 하나 존재한다.
$f'(x)=2x-3$이므로
$f'(c)=2c-3=2$
$\therefore c=\dfrac{5}{2}$

답 $\dfrac{5}{2}$

0882 $[x, x+2]$에서 연속이고, $(x, x+2)$에서 미분가능하다.

> 함수 $f(x)$가 $x \geq 0$에서 연속이고 $x > 0$에서 미분가능하며 $\lim\limits_{x \to \infty} f'(x) = -3$일 때, $\lim\limits_{x \to \infty}\{f(x+2) - f(x)\}$의 값은?
>
> 평균값 정리에 의하여 $\dfrac{f(x+2) - f(x)}{(x+2) - x} = f'(c)$인 c가 구간 $(x, x+2)$에 적어도 하나 존재한다.

$x \geq 0$일 때, 함수 $f(x)$는 닫힌구간 $[x, x+2]$에서 연속이고 열린구간 $(x, x+2)$에서 미분가능하므로

$\dfrac{f(x+2) - f(x)}{(x+2) - x} = f'(c)$, 즉 $f(x+2) - f(x) = 2f'(c)$

인 c가 구간 $(x, x+2)$에 적어도 하나 존재한다.

$x < c < x+2$에서 $x \to \infty$일 때 $c \to \infty$이므로

$\lim\limits_{x \to \infty}\{f(x+2) - f(x)\} = \lim\limits_{c \to \infty} 2f'(c)$

$\qquad\qquad\qquad\qquad = \lim\limits_{x \to \infty} 2f'(x)$

$\qquad\qquad\qquad\qquad = 2 \cdot (-3) = -6$ 🔲 ①

0883 $g(3) = t$라 하면, $f(t) = 3$임을 이용하자.

> 함수 $f(x) = x^3 + 2$와 그 역함수 $y = g(x)$에 대하여 곡선 $y = g(x)$ 위의 점 $(3, g(3))$에서의 접선의 방정식은?
>
> 먼저 $y = f(x)$ 위의 점 $(t, 3)$에서의 접선의 방정식을 구하자.

$g(3) = t$라 하면 $f(t) = 3$이므로

$t^3 + 2 = 3$, $t^3 = 1$ $\therefore t = 1$

두 곡선 $y = f(x)$, $y = g(x)$는 직선 $y = x$에 대하여 서로 대칭이므로 곡선 $y = g(x)$ 위의 점 $(3, 1)$에서의 접선도 곡선 $y = f(x)$ 위의 점 $(1, 3)$에서의 접선과 직선 $y = x$에 대하여 대칭이다.

즉, $f'(x) = 3x^2$에서 $f'(1) = 3$이므로 곡선 $y = f(x)$ 위의 점 $(1, 3)$에서의 접선의 방정식은

$y - 3 = 3(x - 1)$ $\therefore y = 3x$

따라서 곡선 $y = g(x)$ 위의 점 $(3, 1)$에서의 접선의 방정식은

$x = 3y$ $\therefore y = \dfrac{1}{3}x$ 🔲 ①

> [참고] 역함수 $y = g(x)$의 그래프는 함수 $y = f(x)$의 그래프와 직선 $y = x$에 대하여 대칭이므로 곡선 $y = g(x)$ 위의 점 $(a, g(a))$에서의 접선의 방정식은 곡선 $y = f(x)$ 위의 점 $(f^{-1}(a), a)$에서의 접선의 방정식과 직선 $y = x$에 대하여 대칭이다. $(\because f^{-1}(a) = g(a))$

0884 점 $(-1, 3)$에서 접선의 기울기는 $x = -1$에서의 미분계수임을 이용하자.

> 곡선 $y = 2x^2 + 1$ 위의 점 $(-1, 3)$에서의 접선이 곡선 $y = 2x^3 - ax + 3$에 접할 때, 상수 a의 값을 구하시오.
>
> 접점의 좌표를 $(t, 2t^3 - at + 3)$이라 하자.

$f(x) = 2x^2 + 1$이라 하면

$f'(x) = 4x$

점 $(-1, 3)$에서의 접선의 기울기는

$f'(-1) = -4$

이므로 접선의 방정식은

$y - 3 = -4\{x - (-1)\}$ $\therefore y = -4x - 1$

$g(x) = 2x^3 - ax + 3$이라 하면

$g'(x) = 6x^2 - a$

접점의 좌표를 $(t, 2t^3 - at + 3)$이라 하면 접선의 기울기는

$g'(t) = 6t^2 - a$

이므로 접선의 방정식은

$y - (2t^3 - at + 3) = (6t^2 - a)(x - t)$

$\therefore y = (6t^2 - a)x - 4t^3 + 3$

이 직선의 방정식은 $y = -4x - 1$과 일치해야 하므로

$6t^2 - a = -4$ ……㉠

$-4t^3 + 3 = -1$ ……㉡

㉡에서 $t^3 - 1 = 0$, $(t - 1)(t^2 + t + 1) = 0$

$\therefore t = 1$ $(\because t^2 + t + 1 > 0)$

$t = 1$을 ㉠에 대입하면

$6 - a = -4$ $\therefore a = 10$ 🔲 10

0885 접선의 기울기를 k라 하면 두 점 P, Q의 x좌표는 $3x^2 + 6x + 2 = k$의 두 근임을 이용하자.

> 함수 $f(x) = x^3 + 3x^2 + 2x$의 그래프 위의 두 점 P, Q에서 그은 두 접선이 서로 평행할 때, 두 점 P, Q의 중점의 좌표는?
>
> 두 점 P, Q의 x좌표를 각각 α, β라 하자.

$f(x) = x^3 + 3x^2 + 2x$에서 $f'(x) = 3x^2 + 6x + 2$

함수 $y = f(x)$의 그래프 위의 두 점 P, Q의 x좌표를 각각 α, β라 하고, 두 점 P, Q에서의 접선의 기울기를 k라 하면 α, β는

$3x^2 + 6x + 2 = k$, 즉 $3x^2 + 6x + 2 - k = 0$의 두 근이므로

근과 계수의 관계에 의하여

$\alpha + \beta = -2$, $\alpha\beta = \dfrac{2 - k}{3}$

두 점 P, Q의 중점의 좌표는 $\left(\dfrac{\alpha + \beta}{2}, \dfrac{f(\alpha) + f(\beta)}{2}\right)$이고,

$\alpha^2 + \beta^2 = (\alpha + \beta)^2 - 2\alpha\beta = 4 - 2 \times \dfrac{2 - k}{3} = \dfrac{8 + 2k}{3}$

$\alpha^3 + \beta^3 = (\alpha + \beta)^3 - 3\alpha\beta(\alpha + \beta)$

$\qquad\qquad = -8 - 3 \times \dfrac{2 - k}{3} \times (-2) = -4 - 2k$

$\therefore f(\alpha) + f(\beta) = \alpha^3 + \beta^3 + 3(\alpha^2 + \beta^2) + 2(\alpha + \beta)$

$\qquad\qquad\qquad = -4 - 2k + 3 \times \dfrac{8 + 2k}{3} + 2 \times (-2) = 0$

즉, $\dfrac{\alpha + \beta}{2} = -1$, $\dfrac{f(\alpha) + f(\beta)}{2} = 0$이므로

두 점 P, Q의 중점의 좌표는 $(-1, 0)$이다.   🔲 ②

0886

$y-a^3=3a^2(x-a)$임을 이용하자.

곡선 $y=x^3$ 위의 점 $A(a, a^3)$에서의 접선이 y축과 만나는 점을 B라 하고, 점 A를 지나며 이 점에서의 접선에 수직인 직선이 y축과 만나는 점을 C라 하자. 삼각형 ABC의 넓이를 S라 할 때, $\lim\limits_{a \to 0} S$의 값을 구하시오. 직선의 기울기는 $-\dfrac{1}{3a^2}$이고 (a, a^3)을 지나는 직선임을 이용하자.

$f(x)=x^3$이라 하면 $f'(x)=3x^2$이므로
점 $A(a, a^3)$에서의 접선의 방정식은
$y-a^3=3a^2(x-a)$

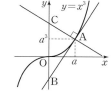

즉, $y=3a^2x-2a^3$이므로 점 B의 좌표는
$(0, -2a^3)$
또 점 A에서의 접선과 수직인 직선의
기울기는 $-\dfrac{1}{3a^2}$이므로 직선의 방정식은
$y-a^3=-\dfrac{1}{3a^2}(x-a) \quad \therefore y=-\dfrac{1}{3a^2}x+\dfrac{1}{3a}+a^3$
즉, 점 C의 좌표는 $\left(0, \dfrac{1}{3a}+a^3\right)$
$\therefore S=\dfrac{1}{2}\left|\left(\dfrac{1}{3a}+a^3+2a^3\right)\times a\right|=\dfrac{1}{6}+\dfrac{3}{2}a^4$
$\therefore \lim\limits_{a \to 0} S=\lim\limits_{a \to 0}\left(\dfrac{1}{6}+\dfrac{3}{2}a^4\right)=\dfrac{1}{6}$ 답 $\dfrac{1}{6}$

0887

$y=g(x)$는 $[0, 3]$에서 연속이고, $(0, 3)$에서 미분가능하다.

실수 전체의 집합에서 미분가능한 함수 $y=f(x)$에 대하여 $f(0)=2$, $f(3)=2$이다. 함수 $g(x)=(x^2+1)f(x)$라 할 때, 닫힌구간 $[0, 3]$에서 평균값 정리를 만족시키는 실수 c의 값에 대하여 $g'(c)$의 값을 구하시오. 평균값 정리에 의하여 $\dfrac{g(3)-g(0)}{3-0}=g'(c)$인 c가 $(0, 3)$에 적어도 하나 존재한다.

함수 $y=f(x)$가 실수 전체의 집합에서 미분가능하므로 연속이다.
즉, $y=g(x)$는 닫힌구간 $[0, 3]$에서 연속이고, 열린구간 $(0, 3)$에서 미분가능한 함수이다.
$g(0)=f(0)=2$, $g(3)=10f(3)=20$이므로 평균값 정리에 의하여
$g'(c)=\dfrac{g(3)-g(0)}{3-0}=\dfrac{20-2}{3}=6$ 답 6

0888

평균값 정리를 이용할 수 있다.

실수 전체의 집합에서 미분가능한 함수 $y=f(x)$에 대하여 $\lim\limits_{x \to \infty} f'(x)=7$일 때, $\lim\limits_{h \to 0+}\left\{f\left(\dfrac{1+h}{h}\right)-f\left(\dfrac{1-h}{h}\right)\right\}$의 값을 구하시오. $\dfrac{1}{h}=t$라 하면 $h \longrightarrow 0+$일 때 $t \longrightarrow \infty$임을 이용하자.

$\dfrac{1}{h}=t$로 놓으면 $h \longrightarrow 0+$일 때 $t \longrightarrow \infty$이므로
$\lim\limits_{h \to 0+}\left\{f\left(\dfrac{1+h}{h}\right)-f\left(\dfrac{1-h}{h}\right)\right\}=\lim\limits_{h \to 0+}\left\{f\left(\dfrac{1}{h}+1\right)-f\left(\dfrac{1}{h}-1\right)\right\}$

$=\lim\limits_{t \to \infty}\{f(t+1)-f(t-1)\}$

함수 $y=f(x)$가 실수 전체의 집합에서 미분가능하므로 함수 $y=f(x)$는 닫힌구간 $[t-1, t+1]$에서 연속이고 열린구간 $(t-1, t+1)$에서 미분가능하다.
따라서 평균값 정리에 의하여
$\dfrac{f(t+1)-f(t-1)}{(t+1)-(t-1)}=f'(c)$
인 c가 열린구간 $(t-1, t+1)$에 적어도 하나 존재한다.
$\therefore \lim\limits_{t \to \infty}\{f(t+1)-f(t-1)\}$
$=2\lim\limits_{t \to \infty}\dfrac{f(t+1)-f(t-1)}{2}$
$=2\lim\limits_{t \to \infty}\dfrac{f(t+1)-f(t-1)}{(t+1)-(t-1)}$
$=2\lim\limits_{t \to \infty}f'(c) \ (t-1<c<t+1)$
$=2\lim\limits_{c \to \infty}f'(c)$
$=2\times 7=14$ 답 14

0889

$f(x)=x^3+ax^2+bx+c$라 하자.

삼차항의 계수가 1인 삼차다항식 $f(x)$가 $f(-2)=f(0)=f(2)=5$를 만족시킬 때, 곡선 $y=f(x)$ 위의 점 $(2, f(2))$에서의 접선의 방정식을 구하시오.

접선의 기울기는 $f'(2)$임을 이용하자.

삼차항의 계수가 1인 삼차다항식 $f(x)$를
$f(x)=x^3+ax^2+bx+c$라 하면
$f(-2)=5$이므로 $-8+4a-2b+c=5$ $\cdots\cdots$ ㉠
$f(0)=5$이므로 $c=5$ $\cdots\cdots$ ㉡
$f(2)=5$이므로 $8+4a+2b+c=5$ $\cdots\cdots$ ㉢
㉠, ㉡, ㉢을 연립하여 풀면 $a=0$, $b=-4$, $c=5$
$\therefore f(x)=x^3-4x+5$
$f'(x)=3x^2-4$이므로 곡선 $y=f(x)$ 위의 점 $(2, f(2))$에서의 접선의 기울기는
$f'(2)=12-4=8$
따라서 점 $(2, f(2))$, 즉 점 $(2, 5)$에서의 접선의 방정식은
$y-5=8(x-2)$
$\therefore y=8x-11$ 답 $y=8x-11$

다른풀이 $f(x)-5=g(x)$라 하면
$f(-2)=f(0)=f(2)=5$이므로
$g(-2)=g(0)=g(2)=0$
즉, $g(x)=ax(x+2)(x-2)$이므로
$f(x)=ax(x+2)(x-2)+5$
삼차다항식 $f(x)$의 삼차항의 계수가 1이므로 $a=1$
$\therefore f(x)=x(x+2)(x-2)+5=x^3-4x+5$
$f'(x)=3x^2-4$이므로 $f'(2)=8$
따라서 구하는 접선의 방정식은
$y-5=8(x-2) \quad \therefore y=8x-11$

0890

두 다항함수 $y=f(x)$, $y=g(x)$가 다음 조건을 만족시킨다.

> (가) $g(x)=x^3 f(x)-7$ $\leftarrow$ $x=2$를 대입하면 $g(2)=8f(2)-7$임을 이용하자.
> (나) $\displaystyle\lim_{x\to 2}\frac{f(x)-g(x)}{x-2}=2$ $\leftarrow$ $f(2)=g(2)$임을 알 수 있다.

곡선 $y=g(x)$ 위의 점 $(2, g(2))$에서의 접선의 방정식이 $y=ax+b$일 때, 두 상수 a, b에 대하여 a^2+b^2의 값을 구하시오.

조건 (나)에서 $x\to 2$일 때, (분모)$\to 0$이므로 (분자)$\to 0$이어야 한다.

즉, $\displaystyle\lim_{x\to 2}\{f(x)-g(x)\}=0$에서 $f(2)=g(2)$

$\therefore \displaystyle\lim_{x\to 2}\frac{\{f(x)-f(2)\}-\{g(x)-g(2)\}}{x-2}=f'(2)-g'(2)=2$

조건 (가)에서 $x=2$를 대입하면

$g(2)=8f(2)-7$이므로

$g(2)=8g(2)-7$ $\therefore g(2)=1$

조건 (가)의 양변을 x에 대하여 미분하면

$g'(x)=3x^2 f(x)+x^3 f'(x)$

양변에 $x=2$를 대입하면

$g'(2)=12f(2)+8f'(2)$
$\quad\quad =12\times 1+8\{g'(2)+2\}$ ($\because f(2)=g(2)=1$)
$\quad\quad =8g'(2)+28$

$\therefore g'(2)=-4$

따라서 점 $(2, g(2))$, 즉 점 $(2, 1)$에서의 접선의 방정식은

$y-1=-4(x-2)$ $\therefore y=-4x+9$

$\therefore a^2+b^2=(-4)^2+9^2=97$ 답 97

0891 $f'(0)=-3$이므로 접선 l의 방정식은 $y=-3x$임을 이용하자.

곡선 $y=x^3-3x$ 위의 원점 $O(0, 0)$에서의 접선을 l이라 하자. 이 곡선 위의 한 점 P가 다음 조건을 만족시킬 때, 점 P의 x좌표는?

> (가) 점 P의 x좌표는 양수이다.
> (나) 점 P에서의 접선 l'은 직선 l과 직교한다.

점 P의 x좌표를 p라 하면 접선 l'의 기울기는 $3p^2-3$임을 이용하자.

$f(x)=x^3-3x$라 하면 $f'(x)=3x^2-3$이므로

접선 l의 기울기는 $f'(0)=-3$이다.

또한, 접선 l은 원점을 지나므로 그 방정식은

$y=-3x$

점 P의 x좌표를 p라 하면 접선 l'의 기울기는 $3p^2-3$이고,

$l\perp l'$이므로

$-3(3p^2-3)=-1$

$3p^2-3=\dfrac{1}{3}$ $\therefore p^2=\dfrac{10}{9}$

따라서 $p>0$이므로

$p=\sqrt{\dfrac{10}{9}}=\dfrac{\sqrt{10}}{3}$

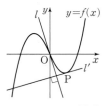

답 ②

0892

곡선 $y=x^3+ax^2-2ax+3$은 실수 a의 값에 관계없이 항상 일정한 두 점을 지난다. 이 두 점에서의 접선이 서로 수직이 되도록 하는 모든 실수 a의 값의 합을 구하시오.

a에 관하여 정리하면 $a(x^2-2x)+(x^3+3-y)=0$이므로 $x^2-2x=0$, $x^3+3-y=0$임을 이용하자.

$y=x^3+ax^2-2ax+3$을 a에 대하여 정리하면

$a(x^2-2x)+x^3+3-y=0$

위의 식이 실수 a의 값에 관계없이 항상 성립하려면

$x^2-2x=0$, $x^3+3-y=0$

$x^2-2x=0$에서 $x(x-2)=0$

$\therefore x=0$ 또는 $x=2$

$f(x)=x^3+ax^2-2ax+3$이라 하면

$f'(x)=3x^2+2ax-2a$

$x=0$, $x=2$인 점에서의 접선의 기울기는 각각

$f'(0)=-2a$, $f'(2)=12+4a-2a=2a+12$

$x=0$, $x=2$인 점에서의 접선이 서로 수직이므로

$-2a(2a+12)=-1$ $\therefore 4a^2+24a-1=0$

따라서 이차방정식의 근과 계수의 관계에 의하여 모든 실수

a의 값의 합은 $-\dfrac{24}{4}=-6$ 답 -6

0893 점 P에서의 접선과 반지름 $\overline{CP}$는 서로 수직이다.

그림과 같이 곡선 $y=ax^3$이 원 $(x-b)^2+(y-1)^2=1$ $(b>0)$과 점 P에서 접한다. 원의 중심 C에서 x축에 내린 수선의 발을 H라 할 때, $\angle PCH=120°$가 되도록 하는 두 상수 a, b에 대하여 $81ab$의 값을 구하시오. $\leftarrow$ 접선과 x축이 이루는 각은 $60°$임을 이용하자.

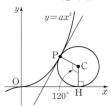

그림과 같이 곡선 $y=ax^3$ 위의 점 $P(p, ap^3)$에서의 접선이 x축과 만나는 점을 A, 점 P에서 x축에 내린 수선의 발을 B, 점 C에서 y축에 내린 수선과 선분 PB의 교점을 D라 하자.

$\angle PCD=120°-90°=30°$이므로

$\overline{PD}=\dfrac{1}{2}$ $\therefore \overline{PB}=ap^3=\dfrac{3}{2}$ $\cdots\cdots$ ㉠

또 $\angle PAB=60°$이므로 직선 AP의 기울기는 $\tan 60°=\sqrt{3}$

점 $P\left(p, \dfrac{3}{2}\right)$은 곡선 $y=ax^3$ 위의 점이고

이 점에서의 접선의 기울기가 $\sqrt{3}$이므로

$y'=3ax^2$에서 $3ap^2=\sqrt{3}$ $\cdots\cdots$ ㉡

㉠, ㉡을 연립하여 풀면 $p=\dfrac{3\sqrt{3}}{2}$, $a=\dfrac{4\sqrt{3}}{81}$

점 $P\left(\dfrac{3\sqrt{3}}{2}, \dfrac{3}{2}\right)$은 원 $(x-b)^2+(y-1)^2=1$ 위의 점이므로

$\left(\dfrac{3\sqrt{3}}{2}-b\right)^2+\left(\dfrac{3}{2}-1\right)^2=1$　　$\therefore b=2\sqrt{3}\ (\because b>p)$

$\therefore 81ab=81\times\dfrac{4\sqrt{3}}{81}\times2\sqrt{3}=24$　　　　🔖24

0894

> $\dfrac{f(1)-f(-1)}{1-(-1)}=f'(c)$임을 이용하자.
>
> 〈보기〉의 함수 중에서 $f(1)-f(-1)=2f'(c)$를 만족시키는 실수 c가 열린구간 $(-1, 1)$에 존재하는 것만을 있는 대로 고른 것은?
>
> ┤ 보 기 ├ ── $f(-1)=f(1)$이므로 $f'(c)=0$인 c를 찾자. $(-1<c<1)$
>
> ㄱ. $f(x)=|x|-3$
>
> ㄴ. $f(x)=\begin{cases} -3x-1 & (x<-1) \\ 2 & (-1\le x<1) \\ 3x-1 & (x\ge1) \end{cases}$
>
> ㄷ. $f(x)=-x^2+4$

$f(1)-f(-1)=2f'(c)$에서 $\dfrac{f(1)-f(-1)}{1-(-1)}=f'(c)$

〈보기〉의 세 함수는 모두 $f(1)=f(-1)$을 만족시키므로 $f'(c)=0$을 만족시키는 실수 c가 열린구간 $(-1, 1)$에 존재하는지 알아보아야 한다.

ㄱ. 함수 $f(x)=|x|-3$의 그래프는 그림과 같으므로 $f'(c)=0$을 만족시키는 실수 c가 열린구간 $(-1, 1)$에 존재하지 않는다.

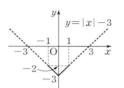

ㄴ, ㄷ. 함수 $y=f(x)$는 닫힌구간 $[-1, 1]$에서 연속이고 열린구간 $(-1, 1)$에서 미분가능하며 $f(-1)=f(1)$이므로 롤의 정리에 의하여 $f'(c)=0$을 만족시키는 실수 c가 열린구간 $(-1, 1)$에 적어도 하나 존재한다.

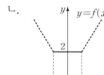 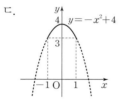

따라서 주어진 조건을 만족시키는 함수는 ㄴ, ㄷ이다.

🔖⑤

0895

> 곡선과 접선의 방정식을 연립한 방정식의 서로 다른 실근의 개수는 2임을 이용하자.
>
> 곡선 $y=x^4-8x^2+x$ 위의 서로 다른 두 점에서 접하는 직선의 방정식이 $y=ax+b$일 때, 두 상수 a, b에 대하여 $a-b$의 값을 구하시오.
>
> ── 접점의 좌표를 (t, t^4-8t^2+t)라 하자.

$f(x)=x^4-8x^2+x$라 하면
$f'(x)=4x^3-16x+1$

접점의 좌표를 (t, t^4-8t^2+t)라 하면 접선의 기울기는 $f'(t)=4t^3-16t+1$이므로 접선의 방정식은

$y-(t^4-8t^2+t)=(4t^3-16t+1)(x-t)$
$\therefore y=(4t^3-16t+1)x-3t^4+8t^2$　　……㉠

이 접선과 곡선 $y=f(x)$의 교점의 x좌표는
$x^4-8x^2+x=(4t^3-16t+1)x-3t^4+8t^2$에서
$x^4-8x^2-(4t^3-16t)x+3t^4-8t^2=0$
$(x-t)\{x^3+tx^2+(t^2-8)x-3t^3+8t\}=0$
$(x-t)^2\{x^2+2tx+3t^2-8\}=0$

직선 ㉠과 곡선 $y=f(x)$가 서로 다른 두 점에서 접하려면 위의 방정식이 서로 다른 두 중근을 가져야 한다.

즉, x에 대한 이차방정식 $x^2+2tx+3t^2-8=0$이 중근을 가져야 하므로 이 방정식의 판별식을 D라 하면

$\dfrac{D}{4}=t^2-(3t^2-8)=0$에서

$t^2=4$　　$\therefore t=\pm2$

이것을 ㉠에 대입하여 정리하면
$y=x-16$이므로
$a=1$, $b=-16$
$\therefore a-b=1-(-16)=17$　　　　🔖17

0896

> 두 접점을 $P(\alpha, \alpha^3-3\alpha^2+2\alpha)$, $Q(\beta, \beta^3-3\beta^2+2\beta)$라 하자.
>
> 곡선 $y=x^3-3x^2+2x$에 기울기가 m인 접선을 두 개 그었을 때, 두 접점을 P, Q라 하자. 〈보기〉에서 옳은 것만을 있는 대로 고른 것은? (단, P, Q는 서로 다른 점이다.)
>
> ┤ 보 기 ├── $y'=3x^2-6x+2=m$의 근은 α, β임을 이용하자.
>
> ㄱ. 두 점 P, Q의 x좌표의 합은 2이다.
>
> ㄴ. $m>-1$
>
> ㄷ. 두 접선 사이의 거리와 $\overline{PQ}$가 같아지는 실수 m이 존재한다.
>
> 두 접점 P, Q를 지나는 직선과 접선이 수직이어야 한다.

두 접점을 각각
$P(\alpha, \alpha^3-3\alpha^2+2\alpha)$, $Q(\beta, \beta^3-3\beta^2+2\beta)$라 하면

ㄱ. $y'=3x^2-6x+2$이므로 기울기가 m인 접선의 두 접점의 x좌표는 $3x^2-6x+2-m=0$을 만족시키므로 $\alpha+\beta=2$ 이다. (참)

ㄴ. 기울기가 m인 접선의 두 접점이 존재하므로 α, β는 서로 다른 실수 이다.

$3x^2-6x+2-m=0$이 서로 다른 두 실근을 가지므로 이 이차방정식의 판별식을 D라 하면

$\dfrac{D}{4}=(-3)^2-3(2-m)>0$, $3+3m>0$

$\therefore m>-1$ (참)

ㄷ. 두 접선은 평행하므로 두 접선 사이의 거리가 $\overline{PQ}$가 되기 위해서는 두 접점 P, Q를 지나는 직선과 접선이 수직이어야 한다. 즉, 기울기의 곱은 -1이다.

$m\times\dfrac{(\alpha^3-3\alpha^2+2\alpha)-(\beta^3-3\beta^2+2\beta)}{\alpha-\beta}=-1$

$m\times\dfrac{(\alpha-\beta)\{\alpha^2+\alpha\beta+\beta^2-3(\alpha+\beta)+2\}}{\alpha-\beta}=-1$

$m\{\alpha^2+\beta^2+\alpha\beta-3(\alpha+\beta)+2\}=-1$

$m\{(\alpha+\beta)^2-\alpha\beta-3(\alpha+\beta)+2\}=-1$

α, β는 $3x^2-6x+2-m=0$의 두 근이므로 근과 계수의 관계에 의

하여

$\alpha+\beta=2$, $\alpha\beta=\dfrac{2-m}{3}$

$m\times\left(-\dfrac{2-m}{3}\right)=-1$

$\therefore m^2-2m+3=0$

이 식의 판별식을 D라 하면

$\dfrac{D}{4}=(-1)^2-3=-2<0$이므로 실수 m이 존재하지 않는다.

따라서 두 접선 사이의 거리와 $\overline{PQ}$가 같아지는 실수 m은 존재하지 않는다. (거짓)

따라서 옳은 것은 ㄱ, ㄴ이다.

답 ③

0897 $\overline{OP}$의 기울기는 p이고, $\overline{OQ}$의 기울기는 q이다.

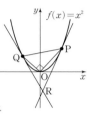

그림과 같이 함수 $f(x)=x^2$의 그래프 위의 두 점 $P(p, p^2)$, $Q(q, q^2)$ ($p>0$, $q<0$)과 원점 O를 잇는 삼각형 POQ에서 $\angle POQ=90°$일 때, 두 점 P, Q에서 각각 그은 두 접선이 만나는 점 R에 대하여 $\dfrac{\triangle POQ}{\triangle PRQ}$의 최댓값은? $pq=-1$임을 이용하자.

점 P에서의 접선의 방정식은 $y-p^2=2p(x-p)$이다.

$\overline{OP}$의 기울기는 p, $\overline{OQ}$의 기울기는 q이고

$\angle POQ=90°$이므로 $pq=-1$

$\therefore \triangle POQ=\dfrac{1}{2}(p^2+q^2)(p-q)-\dfrac{1}{2}(p^3-q^3)$

$=\dfrac{1}{2}(-p^2q+pq^2)$

$=\dfrac{1}{2}(p-q)$

$f'(x)=2x$이므로 점 $P(p, p^2)$에서의 접선의 방정식은

$y-p^2=2p(x-p)$ $\therefore y=2px-p^2$ ⋯⋯ ㉠

점 $Q(q, q^2)$에서의 접선의 방정식은

$y-q^2=2q(x-q)$ $\therefore y=2qx-q^2$ ⋯⋯ ㉡

㉠, ㉡에서 $2px-p^2=2qx-q^2$

$\therefore x=\dfrac{p+q}{2}$, $y=pq=-1$

즉, 두 접선의 교점이 $R\left(\dfrac{p+q}{2}, -1\right)$이므로

$\triangle PRQ=\dfrac{1}{2}\left|pq^2-q+\dfrac{p^3+p^2q}{2}-p^2q-\dfrac{pq^2+q^3}{2}+p\right|$

$=\dfrac{1}{2}\left|-2q+2p+\dfrac{p^3-p+q-q^3}{2}\right|$ $(\because pq=-1)$

$=\dfrac{1}{2}\left|\dfrac{p^3+3p-3q-q^3}{2}\right|$

$=\dfrac{1}{2}\left|\dfrac{p^3-q^3-3pq(p-q)}{2}\right|$ $(\because pq=-1)$

$=\dfrac{1}{2}\left|\dfrac{(p-q)^3}{2}\right|=\dfrac{1}{4}(p-q)^3$

$\therefore \dfrac{\triangle POQ}{\triangle PRQ}=\dfrac{\dfrac{1}{2}(p-q)}{\dfrac{1}{4}(p-q)^3}=\dfrac{2}{p^2-2pq+q^2}$

$=\dfrac{2}{p^2+2+\dfrac{1}{p^2}}$ $(\because pq=-1)$ ⋯⋯ ㉢

이때, $p^2+2+\dfrac{1}{p^2}$의 값이 최소이어야 하므로 산술평균과 기하 평균의 관계에 의하여

$p^2+\dfrac{1}{p^2}\geq 2\sqrt{p^2\cdot\dfrac{1}{p^2}}=2$ (단, 등호는 $p=\dfrac{1}{p}$, 즉 $p=1$일 때 성립)

따라서 $\dfrac{\triangle POQ}{\triangle PRQ}$의 최댓값은 ㉢에서

$\dfrac{2}{p^2+\dfrac{1}{p^2}+2}=\dfrac{2}{2+2}=\dfrac{1}{2}$

답 ③

참고 좌표평면 위의 세 점 (x_1, y_1), (x_2, y_2), (x_3, y_3)으로 이루어진 삼각형의 넓이 S는

$S=\dfrac{1}{2}\begin{vmatrix} x_1 & x_2 & x_3 & x_1 \\ y_1 & y_2 & y_3 & y_1 \end{vmatrix}$

$=\dfrac{1}{2}|x_1y_2+x_2y_3+x_3y_1-(x_2y_1+x_3y_2+x_1y_3)|$

0898 $y-(t^3+at^2+bt)=(3t^2+2at+b)(x-t)$이다.

좌표평면에서 삼차함수 $f(x)=x^3+ax^2+bx$와 실수 t에 대하여 곡선 $y=f(x)$ 위의 점 $(t, f(t))$에서의 접선이 y축과 만나는 점을 P라 할 때, 원점에서 점 P까지의 거리를 $g(t)$라 하자. 함수 $y=f(x)$와 함수 $y=g(t)$는 다음 조건을 만족시킨다. 정리하면 $g(t)=|-2t^3-at^2|$임을 알 수 있다.

(가) $f(1)=2$
(나) 함수 $y=g(t)$는 실수 전체의 집합에서 미분가능하다.

$f(x)=x^3+ax^2+bx$에서

$f'(x)=3x^2+2ax+b$

이므로 점 $(t, f(t))$에서의 접선의 방정식은

$y-(t^3+at^2+bt)=(3t^2+2at+b)(x-t)$

$\therefore y=(3t^2+2at+b)x-2t^3-at^2$

즉, 접선이 y축과 만나는 점 P의 좌표는 $(0, -2t^3-at^2)$이다.

$\therefore g(t)=|-2t^3-at^2|=t^2|2t+a|$

$=\begin{cases} 2t^3+at^2 & \left(t\geq -\dfrac{a}{2}\right) \\ -2t^3-at^2 & \left(t< -\dfrac{a}{2}\right) \end{cases}$

조건 (가)에서 $f(1)=1+a+b=2$

$\therefore a+b=1$ ⋯⋯ ㉠

함수 $y=g(t)$가 실수 전체의 집합에서 미분가능해야 하므로

$t=-\dfrac{a}{2}$에서도 미분가능해야 한다.

$g'(t)=\begin{cases} 6t^2+2at & \left(t> -\dfrac{a}{2}\right) \\ -6t^2-2at & \left(t< -\dfrac{a}{2}\right) \end{cases}$

이므로 $\lim\limits_{t\to-\frac{a}{2}+}g'(t)=\lim\limits_{t\to-\frac{a}{2}-}g'(t)$에서

$6\left(-\dfrac{a}{2}\right)^2+2a\left(-\dfrac{a}{2}\right)=-6\left(-\dfrac{a}{2}\right)^2-2a\left(-\dfrac{a}{2}\right)$

$\dfrac{1}{2}a^2=-\dfrac{1}{2}a^2$, $a^2=0$ $\therefore a=0$

$a=0$을 ㉠에 대입하면 $b=1$

$\therefore f(3)=3^3+1\times 3=30$

답 30

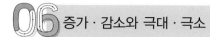
0899

구간 $[1, 3]$에 속하는 임의의 두 실수 x_1, x_2에 대하여
$x_1 < x_2$일 때, $f(x_1) < f(x_2)$이므로 함수 $y = f(x)$는 구간
$[1, 3]$에서 증가한다.

🔁 구간 $[1, 3]$

0900

구간 $(-\infty, 1]$, $[3, \infty)$에 속하는 임의의 두 실수 x_1, x_2에 대하여
$x_1 < x_2$일 때, $f(x_1) > f(x_2)$이므로 함수 $y = f(x)$는 구간 $(-\infty, 1]$,
$[3, \infty)$에서 감소한다.

🔁 구간 $(-\infty, 1]$, $[3, \infty)$

0901

구간 $[0, \infty)$에 속하는 임의의 두 실수 x_1, x_2에 대하여
$x_1 < x_2$일 때, $f(x_1) < f(x_2)$이므로 함수 $y = f(x)$는 구간
$[0, \infty)$에서 증가한다.

🔁 증가

0902

구간 $[0, \infty)$에 속하는 임의의 두 실수 x_1, x_2에 대하여
$x_1 < x_2$일 때, $f(x_1) > f(x_2)$이므로 함수 $y = f(x)$는 구간
$[0, \infty)$에서 감소한다.

🔁 감소

0903

구간 $(-\infty, \infty)$에 속하는 임의의 두 실수 x_1, x_2에 대하여
$x_1 < x_2$일 때, $f(x_1) < f(x_2)$이므로 함수 $y = f(x)$는 구간
$(-\infty, \infty)$에서 증가한다.

🔁 증가

0904

구간 $(-\infty, \infty)$에 속하는 임의의 두 실수 x_1, x_2에 대하여
$x_1 < x_2$일 때, $f(x_1) > f(x_2)$이므로 함수 $y = f(x)$는 구간
$(-\infty, \infty)$에서 감소한다.

🔁 감소

0905

$f'(x) = 3x^2 - 3 = 3(x+1)(x-1)$이므로
$f'(x) = 0$에서 $x = -1$ 또는 $x = 1$
$x < -1$ 또는 $x > 1$일 때, $f'(x) \boxed{>} 0$
$-1 < x < 1$일 때, $f'(x) \boxed{<} 0$
함수 $y = f(x)$의 증가, 감소를 표로 나타내면 다음과 같다.

x	$\cdots$	-1	$\cdots$	1	$\cdots$
$f'(x)$	$+$	0	$-$	0	$+$
$f(x)$	↗	3	↘	-1	↗

따라서 함수 $y = f(x)$는
구간 $(-\infty, -1]$ 또는 $[1, \infty)$에서 $\boxed{증가}$하고,
구간 $[-1, 1]$에서 $\boxed{감소}$한다.

🔁 $>$, $<$, 증가, 감소

0906

$f(x) = 3x + 1$에서 $f'(x) = 3 > 0$이므로
주어진 함수는 실수 전체의 집합, 즉 구간 $(-\infty, \infty)$에서 증가한다.

🔁 구간 $(-\infty, \infty)$에서 증가

0907

$f(x) = x^2 - 2x + 5$에서
$f'(x) = 2x - 2$
$f'(x) = 0$에서 $x = 1$
함수 $y = f(x)$의 증가, 감소를 표로 나타내면 다음과 같다.

x	$\cdots$	1	$\cdots$
$f'(x)$	$-$	0	$+$
$f(x)$	↘	4	↗

따라서 함수 $y = f(x)$는 구간 $[1, \infty)$에서 증가하고, 구간
$(-\infty, 1]$에서 감소한다.

🔁 구간 $[1, \infty)$에서 증가, 구간 $(-\infty, 1]$에서 감소

0908

$f(x) = -x^2 + 6x + 3$에서
$f'(x) = -2x + 6$
$f'(x) = 0$에서 $x = 3$
함수 $y = f(x)$의 증가, 감소를 표로 나타내면 다음과 같다.

x	$\cdots$	3	$\cdots$
$f'(x)$	$+$	0	$-$
$f(x)$	↗	12	↘

따라서 함수 $y = f(x)$는 구간 $(-\infty, 3]$에서 증가하고, 구간 $[3, \infty)$
에서 감소한다.

🔁 구간 $(-\infty, 3]$에서 증가, 구간 $[3, \infty)$에서 감소

0909

$f(x) = x^3 - 3x^2 + 1$에서
$f'(x) = 3x^2 - 6x = 3x(x-2)$
$f'(x) = 0$에서 $x = 0$ 또는 $x = 2$
함수 $y = f(x)$의 증가, 감소를 표로 나타내면 다음과 같다.

x	$\cdots$	0	$\cdots$	2	$\cdots$
$f'(x)$	$+$	0	$-$	0	$+$
$f(x)$	↗	1	↘	-3	↗

따라서 함수 $y = f(x)$는 구간 $(-\infty, 0]$, $[2, \infty)$에서 증가하고, 구간
$[0, 2]$에서 감소한다.

🔁 구간 $(-\infty, 0]$, $[2, \infty)$에서 증가, 구간 $[0, 2]$에서 감소

0910

$f(x) = -x^3 + 6x^2 + 2$에서
$f'(x) = -3x^2 + 12x = -3x(x-4)$
$f'(x) = 0$에서 $x = 0$ 또는 $x = 4$
함수 $y = f(x)$의 증가, 감소를 표로 나타내면 다음과 같다.

x	$\cdots$	0	$\cdots$	4	$\cdots$
$f'(x)$	$-$	0	$+$	0	$-$
$f(x)$	↘	2	↗	34	↘

따라서 함수 $y = f(x)$는 구간 $[0, 4]$에서 증가하고, 구간
$(-\infty, 0]$, $[4, \infty)$에서 감소한다.

🔁 구간 $[0, 4]$에서 증가, 구간 $(-\infty, 0]$, $[4, \infty)$에서 감소

0911

$f(x) = x^3 - 3x^2 - 9x + 1$에서

$f'(x)=3x^2-6x-9=3(x+1)(x-3)$

$f'(x)=0$에서 $x=-1$ 또는 $x=3$

따라서 ▢ 안에 알맞은 x의 값은 그림과 같다.

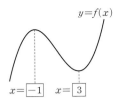

답 $-1, 3$

0912

$f(x)=-x^3+12x$에서

$f'(x)=-3x^2+12=-3(x+2)(x-2)$

$f'(x)=0$에서 $x=-2$ 또는 $x=2$

따라서 ▢ 안에 알맞은 x의 값은 그림과 같다.

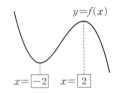

답 $-2, 2$

0913

$f(x)=x^4-2x^2-2$에서

$f'(x)=4x^3-4x=4x(x+1)(x-1)$

$f'(x)=0$에서 $x=-1$ 또는 $x=0$ 또는 $x=1$

따라서 ▢ 안에 알맞은 x의 값은 그림과 같다.

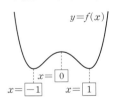

답 $-1, 0, 1$

0914

$f(x)=-3x^4+4x^3-1$에서

$f'(x)=-12x^3+12x^2=-12x^2(x-1)$

$f'(x)=0$에서 $x=0$ 또는 $x=1$

따라서 ▢ 안에 알맞은 x의 값은 그림과 같다.

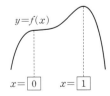

답 $0, 1$

0915

함수 $y=f(x)$가 $x=0$의 좌우에서 증가하다가 감소하므로 $x=0$에서 극대이고, $x=2$의 좌우에서 감소하다가 증가하므로 $x=2$에서 극소이다.

따라서 극값을 갖는 x의 값은 0, 2이다.

답 $0, 2$

0916

$f(0)=1$이므로 극댓값은 1이다.

답 1

0917

$f(2)=-3$이므로 극솟값은 -3이다.

답 -3

0918

함수 $y=f(x)$가 $x=0$에서 미분가능하고 극댓값을 가지므로

$f'(0)=0$

답 0

0919

함수 $y=f(x)$가 $x=2$에서 미분가능하고 극솟값을 가지므로

$f'(2)=0$

답 0

0920

함수 $y=f(x)$가 $x=7$의 좌우에서 증가하다가 감소하므로

$x=7$에서 극대이고, 극댓값은 $f(7)=4$이다.

답 4

0921

함수 $y=f(x)$가 $x=3$의 좌우에서 감소하다가 증가하므로

$x=3$에서 극소이고, 극솟값은 $f(3)=1$이다.

답 1

0922

함수 $y=f(x)$가 $x=3$ 또는 $x=7$에서 미분가능하고 극값을 가지므로

$f'(3)=0$, $f'(7)=0$이다.

따라서 $f'(x)=0$의 해는 $x=3$ 또는 $x=7$

답 $x=3$ 또는 $x=7$

0923

$f(x)=x^3-6x^2+9x+1$에서

$f'(x)=3x^2-12x+9=3(x-1)(x-3)$

$f'(x)=0$에서 $x=1$ 또는 $x=3$

답 $x=1$ 또는 $x=3$

0924

함수 $y=f(x)$의 증가, 감소를 표로 나타내면 다음과 같다.

x	$\cdots$	1	$\cdots$	3	$\cdots$
$f'(x)$	$+$	0	$-$	0	$+$
$f(x)$	$\nearrow$	5	$\searrow$	1	$\nearrow$

답 풀이 참조

0925

$x=1$일 때, 극대이고 극댓값은 $f(1)=5$

답 5

0926

$x=3$일 때, 극소이고 극솟값은 $f(3)=1$

답 1

0927

함수 $f(x)=x^3-6x^2+9x+1$의 그래프는 그림과 같다.

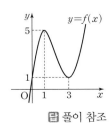

답 풀이 참조

0928

$f(x)=x^3-3x+1$에서

$f'(x)=3x^2-3=3(x+1)(x-1)$

$f'(x)=0$에서 $x=-1$ 또는 $x=1$

함수 $y=f(x)$의 증가, 감소를 표로 나타내면 다음과 같다.

x	$\cdots$	-1	$\cdots$	1	$\cdots$
$f'(x)$	$+$	0	$-$	0	$+$
$f(x)$	$\nearrow$	3	$\searrow$	-1	$\nearrow$

따라서 함수 $y=f(x)$는 $x=-1$일 때 극댓값 3, $x=1$일 때 극솟값 -1을 가지므로 $\square$ 안에 알맞은 점의 좌표는 각각 $(-1, 3)$, $(1, -1)$이다.

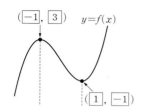

달 $(-1, 3)$, $(1, -1)$

0929

$f(x)=-2x^3+6x+1$에서

$f'(x)=-6x^2+6=-6(x+1)(x-1)$

$f'(x)=0$에서 $x=-1$ 또는 $x=1$

함수 $y=f(x)$의 증가, 감소를 표로 나타내면 다음과 같다.

x	$\cdots$	-1	$\cdots$	1	$\cdots$
$f'(x)$	$-$	0	$+$	0	$-$
$f(x)$	$\searrow$	-3	$\nearrow$	5	$\searrow$

따라서 함수 $y=f(x)$는 $x=-1$일 때 극솟값 -3, $x=1$일 때 극댓값 5를 가지므로 $\square$ 안에 알맞은 점의 좌표는 각각 $(-1, -3)$, $(1, 5)$이다.

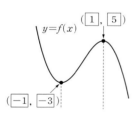

달 $(-1, -3)$, $(1, 5)$

0930

$f(x)=x^4-4x^3+4x^2+2$에서

$f'(x)=4x^3-12x^2+8x=4x(x-1)(x-2)$

$f'(x)=0$에서 $x=0$ 또는 $x=1$ 또는 $x=2$

함수 $y=f(x)$의 증가, 감소를 표로 나타내면 다음과 같다.

x	$\cdots$	0	$\cdots$	1	$\cdots$	2	$\cdots$
$f'(x)$	$-$	0	$+$	0	$-$	0	$+$
$f(x)$	$\searrow$	2	$\nearrow$	3	$\searrow$	2	$\nearrow$

따라서 함수 $y=f(x)$는 $x=0$ 또는 $x=2$일 때 극솟값 2, $x=1$일 때 극댓값 3을 가지므로 $\square$ 안에 알맞은 점의 좌표는 각각 $(0, 2)$, $(1, 3)$, $(2, 2)$이다.

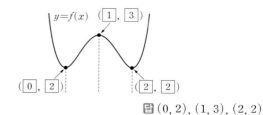

달 $(0, 2)$, $(1, 3)$, $(2, 2)$

0931

$f(x)=x^2-8x+3$에서

$f'(x)=2x-8$

$f'(x)=0$에서 $x=4$

함수 $y=f(x)$의 증가, 감소를 표로 나타내면 다음과 같다.

x	$\cdots$	4	$\cdots$
$f'(x)$	$-$	0	$+$
$f(x)$	$\searrow$	-13	$\nearrow$

따라서 함수 $y=f(x)$는 $x=4$일 때 극솟값 -13을 갖는다.

달 극솟값: -13

0932

$f(x)=x^3+3x^2-24$에서

$f'(x)=3x^2+6x=3x(x+2)$

$f'(x)=0$에서 $x=-2$ 또는 $x=0$

함수 $y=f(x)$의 증가, 감소를 표로 나타내면 다음과 같다.

x	$\cdots$	-2	$\cdots$	0	$\cdots$
$f'(x)$	$+$	0	$-$	0	$+$
$f(x)$	$\nearrow$	-20	$\searrow$	-24	$\nearrow$

따라서 함수 $y=f(x)$는 $x=-2$일 때 극댓값 -20, $x=0$일 때 극솟값 -24를 갖는다.

달 극댓값: -20, 극솟값: -24

0933

$f(x)=-2x^3+6x+1$에서

$f'(x)=-6x^2+6=-6(x+1)(x-1)$

$f'(x)=0$에서 $x=-1$ 또는 $x=1$

함수 $y=f(x)$의 증가, 감소를 표로 나타내면 다음과 같다.

x	$\cdots$	-1	$\cdots$	1	$\cdots$
$f'(x)$	$-$	0	$+$	0	$-$
$f(x)$	$\searrow$	-3	$\nearrow$	5	$\searrow$

따라서 함수 $y=f(x)$는 $x=-1$일 때 극솟값 -3, $x=1$일 때 극댓값 5를 갖는다.

달 극댓값: 5, 극솟값: -3

0934

$f(x)=x^4-2x^2$에서

$f'(x)=4x^3-4x$

$\quad=4x(x+1)(x-1)$

$f'(x)=0$에서 $x=-1$ 또는 $x=0$ 또는 $x=1$

함수 $y=f(x)$의 증가, 감소를 표로 나타내면 다음과 같다.

x	$\cdots$	-1	$\cdots$	0	$\cdots$	1	$\cdots$
$f'(x)$	$-$	0	$+$	0	$-$	0	$+$
$f(x)$	$\searrow$	-1	$\nearrow$	0	$\searrow$	-1	$\nearrow$

따라서 함수 $y=f(x)$는 $x=-1$ 또는 $x=1$일 때 극솟값 -1, $x=0$일 때 극댓값 0을 갖는다. 　　　　　　답 극댓값: 0, 극솟값: -1

0935

$f(x)=x^2-3x+4$에서

$f'(x)=2x-3$

$f'(x)=0$에서 $x=\dfrac{3}{2}$

함수 $y=f(x)$의 증가, 감소를 표로 나타내면 다음과 같다.

x	$\cdots$	$\dfrac{3}{2}$	$\cdots$
$f'(x)$	$-$	0	$+$
$f(x)$	$\searrow$	$\dfrac{7}{4}$	$\nearrow$

따라서 주어진 함수의 극솟값은 $\dfrac{7}{4}$이고 그 그래프는 그림과 같다.

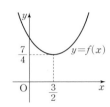

답 풀이 참조

0936

$f(x)=\dfrac{1}{3}x^3-x^2-3x+1$에서

$f'(x)=x^2-2x-3$

　　　　$=(x+1)(x-3)$

$f'(x)=0$에서 $x=-1$ 또는 $x=3$

함수 $y=f(x)$의 증가, 감소를 표로 나타내면 다음과 같다.

x	$\cdots$	-1	$\cdots$	3	$\cdots$
$f'(x)$	$+$	0	$-$	0	$+$
$f(x)$	$\nearrow$	$\dfrac{8}{3}$	$\searrow$	-8	$\nearrow$

따라서 주어진 함수의 극댓값은 $\dfrac{8}{3}$,

극솟값은 -8이고 그 그래프는 그림과 같다.

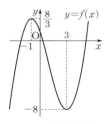

답 풀이 참조

0937

$f(x)=-x^3+3x+2$에서

$f'(x)=-3x^2+3$

　　　　$=-3(x+1)(x-1)$

$f'(x)=0$에서 $x=-1$ 또는 $x=1$

함수 $y=f(x)$의 증가, 감소를 표로 나타내면 다음과 같다.

x	$\cdots$	-1	$\cdots$	1	$\cdots$
$f'(x)$	$-$	0	$+$	0	$-$
$f(x)$	$\searrow$	0	$\nearrow$	4	$\searrow$

따라서 주어진 함수의 극댓값은 4, 극솟값은 0이고 그 그래프는 그림과 같다.

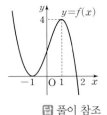

답 풀이 참조

0938

$f(x)=x^4-2x^3-2x^2+6x$에서

$f'(x)=4x^3-6x^2-4x+6$

　　　　$=2(x+1)(x-1)(2x-3)$

$f'(x)=0$에서 $x=-1$ 또는 $x=1$ 또는 $x=\dfrac{3}{2}$

함수 $y=f(x)$의 증가, 감소를 표로 나타내면 다음과 같다.

x	$\cdots$	-1	$\cdots$	1	$\cdots$	$\dfrac{3}{2}$	$\cdots$
$f'(x)$	$-$	0	$+$	0	$-$	0	$+$
$f(x)$	$\searrow$	-5	$\nearrow$	3	$\searrow$	$\dfrac{45}{16}$	$\nearrow$

따라서 주어진 함수의 극댓값은 3,

극솟값은 -5, $\dfrac{45}{16}$이고 그 그래프는

그림과 같다.

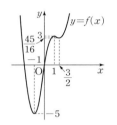

답 풀이 참조

0939

답 최댓값: 2, 최솟값: -6

0940

답 최댓값: 2, 최솟값: -5

0941

답 최댓값: 3, 최솟값: -5

0942

$f(x)=x^2-2x+3$에서 $f'(x)=2x-2$

$f'(x)=0$에서 $x=1$

구간 $[0,3]$에서 함수 $y=f(x)$의 증가, 감소를 표로 나타내면 다음과 같다.

x	0	$\cdots$	1	$\cdots$	3
$f'(x)$		$-$	0	$+$	
$f(x)$	3	$\searrow$	2	$\nearrow$	6

따라서 함수 $y=f(x)$는 $x=3$일 때 최댓값 6, $x=1$일 때 최솟값 2 를 갖는다.

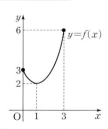

답 최댓값: 6, 최솟값: 2

0943

$f(x)=x^3-3x^2-1$에서

$f'(x)=3x^2-6x=3x(x-2)$

$f'(x)=0$에서 $x=0$ 또는 $x=2$

구간 $[-1, 3]$에서 함수 $y=f(x)$의 증가, 감소를 표로 나타내면 다음과 같다.

x	-1	$\cdots$	0	$\cdots$	2	$\cdots$	3
$f'(x)$		$+$	0	$-$	0	$+$	
$f(x)$	-5	$\nearrow$	-1	$\searrow$	-5	$\nearrow$	-1

따라서 함수 $y=f(x)$는

$x=0$ 또는 $x=3$일 때 최댓값 -1,

$x=-1$ 또는 $x=2$일 때 최솟값 -5

를 갖는다.

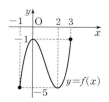

🖺 최댓값: -1, 최솟값: -5

0944 함수 $y=f(x)$의 증가, 감소를 표로 나타내자.

> 함수 $f(x)=x^3-3x$의 증가, 감소에 대한 설명 중 옳은 것은?
>
> ① $y=f(x)$는 $0\le x\le 3$에서 감소한다.
> ② $y=f(x)$는 $-3\le x\le 3$에서 증가한다.
> ③ $y=f(x)$는 $-1\le x\le 1$에서 증가한다.
> ④ $y=f(x)$는 $x\le 1$에서 감소한다.
> ⑤ $y=f(x)$는 $x\le -1$ 또는 $x\ge 1$에서 증가한다.

$f(x)=x^3-3x$에서

$f'(x)=3x^2-3=3(x+1)(x-1)$

$f'(x)=0$에서 $x=-1$ 또는 $x=1$

함수 $y=f(x)$의 증가, 감소를 표로 나타내면 다음과 같다.

x	$\cdots$	-1	$\cdots$	1	$\cdots$
$f'(x)$	$+$	0	$-$	0	$+$
$f(x)$	$\nearrow$	2	$\searrow$	-2	$\nearrow$

따라서 함수 $y=f(x)$는 $x\le -1$ 또는 $x\ge 1$에서 증가하고 $-1\le x\le 1$에서 감소하므로 옳은 것은 ⑤이다.

🖺 ⑤

0945 $y=f(x)$가 감소하는 구간에서 $f'(x)<0$임을 이용하자.

> 함수 $f(x)=x^3-6x^2+9x-1$이 감소하는 구간이 $[\alpha, \beta]$일 때, $\alpha^2+\beta^2$의 값을 구하시오.

$f(x)=x^3-6x^2+9x-1$에서

$f'(x)=3x^2-12x+9=3(x^2-4x+3)$

$\qquad =3(x-1)(x-3)$

함수 $y=f(x)$가 감소하는 구간은

$f'(x)\le 0$에서 $3(x-1)(x-3)\le 0$

$\therefore 1\le x\le 3$

따라서 $\alpha=1$, $\beta=3$이므로

$\alpha^2+\beta^2=1+9=10$

🖺 10

0946

> 함수 $f(x)=x^3-6x^2-15x-1$이 감소하는 구간에 속하는 모든 정수 x의 값의 합을 구하시오.
>
> $y=f(x)$가 어떤 구간에서 미분가능하고 $f'(x)<0$이면 그 구간에서 감소한다.

$f(x)=x^3-6x^2-15x-1$에서

$f'(x)=3x^2-12x-15$

$\qquad =3(x^2-4x-5)$

$\qquad =3(x+1)(x-5)$

함수 $f(x)$가 감소하는 구간은 $f'(x)<0$에서

$(x+1)(x-5)<0$

$\therefore -1<x<5$

따라서 감소하는 구간에 속하는 정수 x는 0, 1, 2, 3, 4이므로 그 합은

$0+1+2+3+4=10$

🖺 10

0947 $x\le a$에서 $f'(x)\ge 0$이어야 한다.

> 함수 $f(x)=x^3-12x+6$이 구간 $(-\infty, a]$, $[b, \infty)$에서 증가할 때, a의 최댓값과 b의 최솟값의 합을 구하시오. (단, a와 b는 실수이다.)
>
> $x\ge b$에서 $f'(x)\ge 0$이어야 한다.

$f(x)=x^3-12x+6$에서

$f'(x)=3x^2-12$

$\qquad =3(x^2-4)$

$\qquad =3(x-2)(x+2)$

$f'(x)=0$에서 $x=-2$ 또는 $x=2$

함수 $y=f(x)$의 증가, 감소를 표로 나타내면 다음과 같다.

x	$\cdots$	-2	$\cdots$	2	$\cdots$
$f'(x)$	$+$	0	$-$	0	$+$
$f(x)$	$\nearrow$	극대	$\searrow$	극소	$\nearrow$

$(-\infty, -2]$, $[2, \infty)$에서 증가하므로

a의 최댓값은 -2, b의 최솟값은 2이다.

따라서 구하는 합은 0이다.

🖺 0

0948 구간 (a, b)에서 $f'(x)>0$을 만족시킴을 이용하자.

> 함수 $f(x)=-\dfrac{2}{3}x^3+3x^2+20x$가 구간 (a, b)에서 증가할 때, a의 최솟값과 b의 최댓값의 합은?

$f(x)=-\dfrac{2}{3}x^3+3x^2+20x$에서

$f'(x)=-2x^2+6x+20$

$\qquad =-2(x^2-3x-10)$

$\qquad =-2(x+2)(x-5)$

함수 $f(x)$가 증가하는 구간은 $f'(x)>0$에서

$-2(x+2)(x-5)>0$, $(x+2)(x-5)<0$

$\therefore -2<x<5$

따라서 a의 최솟값은 -2, b의 최댓값은 5이므로 그 합은

$-2+5=3$

🖺 ②

0949

다항함수 $y=f(x)$의 도함수 $y=f'(x)$의 그래프가 그림과 같을 때, 다음 중 옳은 것은?

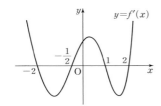

① $y=f(x)$는 구간 $(-\infty, -2)$에서 감소한다.
② $y=f(x)$는 구간 $(1, 2)$에서 증가한다. ← 해당 구간에서 $f'(x) > 0$이므로 $y=f(x)$는 증가한다.
③ $y=f(x)$는 구간 $\left(-2, -\frac{1}{2}\right)$에서 증가한다.
④ $y=f(x)$는 구간 $(2, \infty)$에서 감소한다.
⑤ $y=f(x)$는 구간 $\left(-\frac{1}{2}, 1\right)$에서 증가한다.

구간 $(1, 2)$에서 $f'(x) < 0$이므로 $y=f(x)$는 감소한다.

도함수 $y=f'(x)$의 그래프에서 주어진 구간에 따라 $f'(x)$의 부호를 조사하면 다음과 같다.
① 구간 $(-\infty, -2)$에서 $f'(x) > 0$이므로
 $y=f(x)$는 이 구간에서 증가한다.
② 구간 $(1, 2)$에서 $f'(x) < 0$이므로
 $y=f(x)$는 이 구간에서 감소한다.
③ 구간 $\left(-2, -\frac{1}{2}\right)$에서 $f'(x) < 0$이므로
 $y=f(x)$는 이 구간에서 감소한다.
④ 구간 $(2, \infty)$에서 $f'(x) > 0$이므로
 $y=f(x)$는 이 구간에서 증가한다.
⑤ 구간 $\left(-\frac{1}{2}, 1\right)$에서 $f'(x) > 0$이므로
 $y=f(x)$는 이 구간에서 증가한다.
따라서 옳은 것은 ⑤이다. 　　　　　　　　　　　답 ⑤

0950 　다항함수는 실수 전체의 구간에서 미분가능하다.

함수 $f(x)=-x^3+2x^2+ax-1$이 실수 전체의 집합에서 감소하기 위한 정수 a의 최댓값은?
모든 실수 x에 대하여 $f'(x) \leq 0$이어야 한다.

$f(x)=-x^3+2x^2+ax-1$에서
$f'(x)=-3x^2+4x+a$
함수 $f(x)$가 실수 전체의 집합에서 감소하려면 모든 실수 x에 대하여 $f'(x) \leq 0$이어야 하므로 방정식 $f'(x)=0$의 판별식을 D라 하면
$\dfrac{D}{4}=4+3a \leq 0 \quad \therefore a \leq -\dfrac{4}{3}$
따라서 정수 a의 최댓값은 -2이다. 　　　　　　답 ③

0951 　다항함수는 실수 전체의 구간에서 미분가능하다.

삼차함수 $f(x)=x^3+ax^2+2ax$가 구간 $(-\infty, \infty)$에서 증가하도록 하는 실수 a의 최댓값을 M이라 하고, 최솟값을 m이라 할 때, $M-m$의 값은? 　$f'(x) \geq 0$임을 이용하자.

삼차함수 $f(x)=x^3+ax^2+2ax$가 실수 전체에서 증가하므로 $f'(x)=3x^2+2ax+2a \geq 0$이 모든 실수 x에 대하여 항상 만족해야 한다.
$\therefore \dfrac{D}{4}=a^2-6a \leq 0,\ 0 \leq a \leq 6$
따라서 최댓값은 6, 최솟값은 0이므로
$M-m=6$ 　　　　　　　　　　　　　　答 ④

0952 　다항함수는 실수 전체의 구간에서 미분가능하다.

함수 $f(x)=x^3-ax^2+(a+6)x+7$이 구간 $(-\infty, \infty)$에서 증가하도록 하는 상수 a의 값의 범위는?
모든 실수 x에 대하여 $f'(x) \geq 0$임을 이용하자.

$f(x)=x^3-ax^2+(a+6)x+7$에서
$f'(x)=3x^2-2ax+a+6$
함수 $f(x)$가 구간 $(-\infty, \infty)$에서 증가하려면 모든 실수 x에 대하여 $f'(x) \geq 0$이어야 하므로 $f'(x)=0$의 판별식을 D라 하면
$\dfrac{D}{4}=a^2-3(a+6) \leq 0,\ a^2-3a-18 \leq 0$
$(a+3)(a-6) \leq 0$
$\therefore -3 \leq a \leq 6$ 　　　　　　　　　　答 ②

0953 　　　　　　　　　　항상 증가하여야 한다.

실수 전체의 집합에서 정의된 함수 $f(x)=2x^3+x^2+kx+1$이 임의의 두 실수 x_1, x_2에 대하여 $x_1 \neq x_2$이면 $f(x_1) \neq f(x_2)$를 만족시킬 때, 정수 k의 최솟값을 구하시오.
일대일함수임을 뜻한다.

임의의 두 실수 x_1, x_2에 대하여 $x_1 \neq x_2$이면 $f(x_1) \neq f(x_2)$를 만족시키는 함수는 일대일함수이고, 함수 $y=f(x)$의 최고차항의 계수가 양수이므로 함수 $y=f(x)$는 실수 전체의 집합에서 증가한다.
즉, 모든 실수 x에 대하여 $f'(x) \geq 0$이어야 하므로
$f(x)=2x^3+x^2+kx+1$에서
$f'(x)=6x^2+2x+k \geq 0$
이차방정식 $f'(x)=0$의 판별식을 D라 하면
$\dfrac{D}{4}=1-6k \leq 0 \quad \therefore k \geq \dfrac{1}{6}$
따라서 정수 k의 최솟값은 1이다. 　　　　　　답 1

0954 모든 실수 x에 대하여 $f'(x) \le 0$이어야 한다.

삼차함수 $f(x) = -2x^3 + ax^2 - 6x - 1$에 대하여 임의의 두 실수 x_1, x_2가 $x_1 < x_2$이면 $f(x_1) > f(x_2)$가 성립하도록 하는 정수 a의 개수를 구하시오. 실수 전체의 집합에서 감소하는 함수이다.

임의의 두 실수 x_1, x_2에 대하여 $x_1 < x_2$일 때, $f(x_1) > f(x_2)$이면 $y = f(x)$는 구간 $(-\infty, \infty)$에서 감소하므로 모든 실수 x에 대하여 $f'(x) \le 0$이어야 한다.
$f(x) = -2x^3 + ax^2 - 6x - 1$에서
$f'(x) = -6x^2 + 2ax - 6$
이차방정식 $f'(x) = 0$의 판별식을 D라 하면
$\dfrac{D}{4} = a^2 - 36 \le 0$, $(a+6)(a-6) \le 0$
$\therefore -6 \le a \le 6$
따라서 정수 a의 개수는 -6, -5, -4, -3, -2, -1, 0, 1, 2, 3, 4, 5, 6의 13이다.　　　　　　　　　📳 13

0955 모든 실수 x에 대하여 $f'(x) \le 0$이어야 한다.

삼차함수 $f(x) = ax^3 - 3x^2 + (a+2)x + 3$이 $x_1 < x_2$인 임의의 두 실수 x_1, x_2에 대하여 항상 $f(x_1) > f(x_2)$일 때, 실수 a의 값의 범위를 구하시오. 실수 전체의 집합에서 감소하는 함수이다.

$f(x) = ax^3 - 3x^2 + (a+2)x + 3$에서
$f'(x) = 3ax^2 - 6x + (a+2)$
$x_1 < x_2$인 임의의 두 실수 x_1, x_2에 대하여 항상 $f(x_1) > f(x_2)$가 성립하려면 함수 $f(x)$가 실수 전체의 집합에서 감소해야 하므로 $a < 0$이고 모든 실수 x에 대하여 $f'(x) \le 0$이어야 한다.
이차방정식 $f'(x) = 0$의 판별식을 D라 하면
$\dfrac{D}{4} = -3a^2 - 6a + 9 \le 0$, $(a-1)(a+3) \ge 0$
$\therefore a \le -3$ 또는 $a \ge 1$
$\therefore a \le -3$ $(\because a < 0)$　　　　　　📳 $a \le -3$

0956 모든 실수 x에 대하여 $f'(x) \ge 0$이어야 한다.

삼차함수 $f(x) = \dfrac{1}{3}x^3 + ax^2 + 4x$의 역함수가 존재하도록 하는 실수 a의 값의 범위는? 실수 전체의 집합에서 증가하거나 감소하는 함수이다.

삼차함수 $y = f(x)$의 역함수가 존재하기 위해서는 $y = f(x)$가 항상 증가해야 하므로 모든 실수 x에 대하여 $f'(x) \ge 0$이어야 한다.
$f(x) = \dfrac{1}{3}x^3 + ax^2 + 4x$에서
$f'(x) = x^2 + 2ax + 4$
이차방정식 $f'(x) = 0$의 판별식을 D라 하면
$\dfrac{D}{4} = a^2 - 4 \le 0$, $(a+2)(a-2) \le 0$
$\therefore -2 \le a \le 2$　　　　　　　　　📳 ①

0957 모든 실수 x에 대하여 $f'(x) \le 0$이어야 한다.

실수 전체의 집합 R에서 R로의 함수
$$f(x) = -\frac{2}{3}x^3 + ax^2 - (a+4)x + 1$$
의 역함수가 존재하도록 하는 실수 a의 값의 범위가 $\alpha \le a \le \beta$일 때, $\alpha + \beta$의 값을 구하시오. 실수 전체의 집합에서 증가하거나 감소하는 함수이다.

함수 $y = f(x)$는 삼차함수이므로 역함수가 존재하기 위해서는 실수 전체의 집합에서 증가하거나 감소해야 한다.
함수 $y = f(x)$의 최고차항의 계수가 음수이므로 실수 전체의 집합에서 감소해야 한다.
즉, 모든 실수 x에 대하여 $f'(x) \le 0$이어야 하므로
$f(x) = -\dfrac{2}{3}x^3 + ax^2 - (a+4)x + 1$에서
$f'(x) = -2x^2 + 2ax - (a+4) \le 0$
즉, $2x^2 - 2ax + a + 4 \ge 0$이므로
이차방정식 $f'(x) = 0$의 판별식을 D라 하면
$\dfrac{D}{4} = a^2 - 2(a+4) \le 0$
$a^2 - 2a - 8 \le 0$, $(a+2)(a-4) \le 0$
$\therefore -2 \le a \le 4$
따라서 $\alpha = -2$, $\beta = 4$이므로
$\alpha + \beta = 2$　　　　　　　　　📳 2

0958 $x \ge 2a$일 때와 $x < 2a$일 때로 경우를 나누자.

함수 $f(x) = x^3 + 6x^2 + 15|x - 2a| + 3$이 실수 전체의 집합에서 증가하도록 하는 실수 a의 최댓값을 구하시오. $f'(x) \ge 0$이어야 한다.

$f(x) = x^3 + 6x^2 + 15|x - 2a| + 3$
$\quad = \begin{cases} x^3 + 6x^2 + 15x - 30a + 3 & (x \ge 2a) \\ x^3 + 6x^2 - 15x + 30a + 3 & (x < 2a) \end{cases}$

(i) $x \ge 2a$일 때,
$f'(x) = 3x^2 + 12x + 15 = 3(x+2)^2 + 3 > 0$이므로
함수 $y = f(x)$는 증가한다.

(ii) $x < 2a$일 때,
$f'(x) = 3x^2 + 12x - 15 = 3(x^2 + 4x - 5)$
$\qquad = 3(x+5)(x-1)$
함수 $y = f(x)$가 증가하려면 $f'(x) \ge 0$이어야 하므로
$(x+5)(x-1) \ge 0$에서 $x \le -5$ 또는 $x \ge 1$
따라서 $2a \le -5$이어야 하므로 $a \le -\dfrac{5}{2}$

(i), (ii)에서 $a \le -\dfrac{5}{2}$

따라서 실수 a의 최댓값은 $-\dfrac{5}{2}$이다.　　📳 $-\dfrac{5}{2}$

06. 증가·감소와 극대·극소　**179**

0959

> 해당 구간에서 $f'(x) \geq 0$이다.
>
> 함수 $f(x)=x^3+ax^2+bx+1$이 $x \leq -1$ 또는 $x \geq 2$에서 증가하고, $-1 \leq x \leq 2$에서 감소할 때, 두 상수 a, b에 대하여 ab의 값을 구하시오.
>
> 해당 구간에서 $f'(x) \leq 0$이다.

$f(x)=x^3+ax^2+bx+1$에서

$f'(x)=3x^2+2ax+b$

함수 $y=f(x)$가 $x \leq -1$ 또는 $x \geq 2$에서 증가하고,

$-1 \leq x \leq 2$에서 감소하므로 이차방정식 $f'(x)=0$의 두 근이

-1, 2이다.

따라서 이차방정식의 근과 계수의 관계에 의하여

$-1+2=-\dfrac{2a}{3}$, $(-1) \times 2 = \dfrac{b}{3}$

$\therefore a=-\dfrac{3}{2}$, $b=-6$

$\therefore ab=9$

답 9

0960

> 부등식 $f'(x) \geq 0$의 해는 $3 \leq x \leq 4$임을 이용하자.
>
> 함수 $f(x)=-\dfrac{1}{3}x^3+\dfrac{1}{2}ax^2-bx-2$가 증가하는 구간이 $[3, 4]$일 때, 두 상수 a, b에 대하여 ab의 값은?

$f(x)=-\dfrac{1}{3}x^3+\dfrac{1}{2}ax^2-bx-2$에서

$f'(x)=-x^2+ax-b$

함수 $y=f(x)$가 증가하는 구간이 $[3, 4]$이므로

$f'(x) \geq 0$, 즉 $x^2-ax+b \leq 0$의 해는 $3 \leq x \leq 4$이다.

따라서 이차방정식 $x^2-ax+b=0$의 두 근이 3, 4이므로 근과 계수의 관계에 의하여

$a=3+4=7$, $b=3 \times 4=12$

$\therefore ab=84$

답 ②

0961

> 부등식 $f'(x) \leq 0$의 해는 $1 \leq x \leq b$임을 이용하자.
>
> 함수 $f(x)=\dfrac{1}{3}x^3-2x^2+ax+5$가 감소하는 구간이 $[1, b]$일 때, $a+b$의 값은? (단, a는 상수이다.)

$f(x)=\dfrac{1}{3}x^3-2x^2+ax+5$에서

$f'(x)=x^2-4x+a$

함수 $y=f(x)$가 감소하는 구간이 $[1, b]$이므로

$f'(x) \leq 0$, 즉 $x^2-4x+a \leq 0$의 해는 $1 \leq x \leq b$이다.

이차방정식 $f'(x)=0$의 두 근은 1, b이므로 근과 계수의 관계에 의하여

$1+b=4$, $1 \times b=a$

따라서 $a=3$, $b=3$이므로

$a+b=6$

답 ③

0962

> $2 \leq x \leq 3$에서 $f'(x) \geq 0$임을 이용하자.
>
> 함수 $f(x)=-x^3+x^2+ax+1$이 $2 \leq x \leq 3$에서 증가하도록 하는 실수 a의 최솟값을 구하시오.

$f(x)=-x^3+x^2+ax+1$에서

$f'(x)=-3x^2+2x+a$

$\qquad =-3\left(x-\dfrac{1}{3}\right)^2+a+\dfrac{1}{3}$

함수 $y=f(x)$가 $2 \leq x \leq 3$에서 증가하려면

이 구간에서 $f'(x) \geq 0$이어야 한다.

$f'(3)=-21+a \geq 0$

$\therefore a \geq 21$

따라서 실수 a의 최솟값은 21이다.

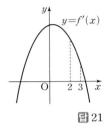

답 21

0963

> 해당 범위에서 $f'(x) \geq 0$임을 이용하자.
>
> 삼차함수 $f(x)=-x^3+kx^2-2$가 $1 \leq x \leq 2$에서 증가하고, $x \geq 3$에서 감소할 때, 실수 k의 값의 범위는?
>
> 해당 범위에서 $f'(x) \leq 0$임을 이용하자.

$f(x)=-x^3+kx^2-2$에서

$f'(x)=-3x^2+2kx$

함수 $y=f(x)$가 $1 \leq x \leq 2$에서 증가하므로

이 구간에서 $f'(x) \geq 0$이고, $x \geq 3$에서 감소하

므로 이 구간에서 $f'(x) \leq 0$이다.

즉, 함수 $y=f'(x)$의 그래프는 그림과 같다.

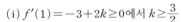

(i) $f'(1)=-3+2k \geq 0$에서 $k \geq \dfrac{3}{2}$

(ii) $f'(2)=-12+4k \geq 0$에서 $k \geq 3$

(iii) $f'(3)=-27+6k \leq 0$에서 $k \leq \dfrac{9}{2}$

(i), (ii), (iii)에서 $3 \leq k \leq \dfrac{9}{2}$

답 ③

0964

> $-2 \leq x \leq 1$에서 $f'(x) \leq 0$임을 이용하자.
>
> 함수 $f(x)=x^3+kx^2-7x+2$가 구간 $[-2, 1]$에서 감소하도록 하는 실수 k의 값의 범위가 $\alpha \leq k \leq \beta$일 때, $\alpha\beta$의 값은?
>
> $y=f'(x)$의 그래프의 개형을 그려보자.

$f(x)=x^3+kx^2-7x+2$에서

$f'(x)=3x^2+2kx-7$

함수 $y=f(x)$가 $-2 \leq x \leq 1$에서

감소하려면 이 구간에서 $f'(x) \leq 0$이어야

한다.

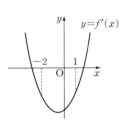

(i) $f'(-2)=12-4k-7 \leq 0$에서

$\quad k \geq \dfrac{5}{4}$

(ii) $f'(1)=3+2k-7 \leq 0$에서

$\quad k \leq 2$

(ⅰ), (ⅱ)의 공통 범위는 $\dfrac{5}{4} \le k \le 2$

따라서 $\alpha = \dfrac{5}{4}$, $\beta = 2$이므로

$\alpha\beta = \dfrac{5}{4} \times 2 = \dfrac{5}{2}$ 目 ②

0965

함수 $f(x) = x^3 - 3x^2 + 20$의 극솟값을 구하시오.

$f'(x)$의 부호가 $x = a$에서 음수에서 양수로 바뀌면
$y = f(x)$는 $x = a$에서 극소이다.

$f(x) = x^3 - 3x^2 + 20$에서
$f'(x) = 3x^2 - 6x = 3x(x-2)$
$f'(x) = 0$에서 $x = 0$ 또는 $x = 2$
함수 $y = f(x)$의 증가, 감소를 표로 나타내면 다음과 같다.

x	$\cdots$	0	$\cdots$	2	$\cdots$
$f'(x)$	+	0	−	0	+
$f(x)$	↗	20	↘	16	↗

$x = 2$에서 극솟값 $f(2) = 16$을 가진다.   目 16

0966

함수 $f(x) = x^3 - 9x^2 + 24x + 5$의 극댓값을 구하시오.

$f'(x)$의 부호가 $x = a$에서 양수에서 음수로 바뀌면
$y = f(x)$는 $x = a$에서 극대이다.

$f(x) = x^3 - 9x^2 + 24x + 5$에서
$f'(x) = 3x^2 - 18x + 24 = 3(x-2)(x-4)$
$f'(x) = 0$에서 $x = 2$ 또는 $x = 4$
함수 $y = f(x)$의 증가, 감소를 표로 나타내면 다음과 같다.

x	$\cdots$	2	$\cdots$	4	$\cdots$
$f'(x)$	+	0	−	0	+
$f(x)$	↗	극대	↘	극소	↗

$x = 2$에서 극댓값 $f(2) = 25$를 가진다.   目 25

0967 $f'(a) = 0$이다. $f'(x)$의 부호가 $x = a$에서 양수에서 음수로 바뀌어야 한다.

함수 $f(x) = x^3 - 6x^2 + 9x + 1$이 $x = a$에서 극댓값 M을 가질 때, $a + M$의 값은?

$f(x) = x^3 - 6x^2 + 9x + 1$에서
$f'(x) = 3x^2 - 12x + 9 = 3(x-1)(x-3)$
$f'(x) = 0$에서 $x = 1$ 또는 $x = 3$
함수 $y = f(x)$의 증가, 감소를 표로 나타내면 다음과 같다.

x	$\cdots$	1	$\cdots$	3	$\cdots$
$f'(x)$	+	0	−	0	+
$f(x)$	↗	5	↘	1	↗

$\therefore a = 1$, $M = f(1) = 5$
따라서 $a + M = 6$ 目 ②

0968 $y = f(x)$의 증가 · 감소를 표로 나타내자.

함수 $f(x) = 2x^3 - 9x^2 + 12x + 2$의 극댓값을 M, 극솟값을 m 이라 할 때, $M + m$의 값을 구하시오.

$f'(x)$의 부호가 $x = a$에서 음수에서 양수로 바뀌면
$y = f(x)$는 $x = a$에서 극소이다.

$f(x) = 2x^3 - 9x^2 + 12x + 2$에서
$f'(x) = 6x^2 - 18x + 12 = 6(x^2 - 3x + 2)$
      $= 6(x-1)(x-2)$
$f'(x) = 0$에서 $x = 1$ 또는 $x = 2$
함수 $y = f(x)$의 증가, 감소를 표로 나타내면 다음과 같다.

x	$\cdots$	1	$\cdots$	2	$\cdots$
$f'(x)$	+	0	−	0	+
$f(x)$	↗	7	↘	6	↗

따라서 함수 $y = f(x)$는 $x = 1$에서 극댓값 7, $x = 2$에서 극솟값 6을 갖는다.
즉, $M = 7$, $m = 6$이므로
$M + m = 7 + 6 = 13$ 目 13

0969 $y = f(x)$의 증가 · 감소를 표로 나타내자.

삼차함수 $f(x) = -x^3 + 6x^2 - 9x + 2$의 극댓값을 M, 극솟값을 m이라 할 때, $M - m$의 값을 구하시오.

$f'(x)$의 부호가 $x = a$에서 음수에서 양수로 바뀌면
$y = f(x)$는 $x = a$에서 극소이다.

$f(x) = -x^3 + 6x^2 - 9x + 2$에서
$f'(x) = -3x^2 + 12x - 9$
      $= -3(x-1)(x-3)$
$f'(x) = 0$에서 $x = 1$ 또는 $x = 3$
함수 $y = f(x)$의 증가, 감소를 표로 나타내면 다음과 같다.

x	$\cdots$	1	$\cdots$	3	$\cdots$
$f'(x)$	−	0	+	0	−
$f(x)$	↘	−2	↗	2	↘

따라서 함수 $y = f(x)$는 $x = 3$일 때 극댓값 2,
$x = 1$일 때 극솟값 -2를 갖는다.
즉, $M = 2$, $m = -2$이므로
$M - m = 2 - (-2) = 4$ 目 4

0970   각 경우의 도함수를 구하자.

함수 $f(x) = \begin{cases} -x^2 - 2x + 1 & (x < 0) \\ 2x^3 - 9x^2 + 12x + 1 & (x \ge 0) \end{cases}$ 의 모든 극값의 합을 구하시오.

미분가능하지 않아도 극값을 가질 수 있다.

$f'(x) = \begin{cases} -2x - 2 & (x < 0) \\ 6x^2 - 18x + 12 & (x > 0) \end{cases}$
$x = -1, 1$에서 극대, $x = 0, 2$에서 극소를 갖는다.

$f(-1)=2$, $f(0)=1$, $f(1)=6$, $f(2)=5$

모든 극값의 합은 $2+1+6+5=14$

답 14

0971

$f'(x)=0$인 점을 기준으로 나누자.

함수 $f(x)=x^4-4x^3+4x^2+1$에 대하여 다음 물음에 답하시오.

(1) 함수 $y=f(x)$의 증가, 감소를 나타내는 표를 완성하시오.

x	$\cdots$		$\cdots$		$\cdots$		$\cdots$
$f'(x)$							
$f(x)$							

(2) 함수 $y=f(x)$의 극댓값과 극솟값을 구하시오.

$f'(x)$의 부호가 $x=a$에서 $+$에서 $-$로 바뀌면
$y=f(x)$는 $x=a$에서 극대이다.

$f'(x)=4x^3-12x^2+8x=4x(x-1)(x-2)$

$f'(x)=0$에서 $x=0$ 또는 $x=1$ 또는 $x=2$

(1)
x	$\cdots$	0	$\cdots$	1	$\cdots$	2	$\cdots$
$f'(x)$	$-$	0	$+$	0	$-$	0	$+$
$f(x)$	$\searrow$	1	$\nearrow$	2	$\searrow$	1	$\nearrow$

(2) $x=1$일 때, 극댓값 2

$x=0$일 때, 극솟값 1

$x=2$일 때, 극솟값 1

답 풀이 참조

0972

$y=f(x)$의 증가 · 감소를 표로 나타내자.

함수 $f(x)=-3x^4+8x^3-6x^2+2$는 $x=a$일 때, 극댓값 b를 갖는다. $a+b$의 값을 구하시오.

$f'(x)$의 부호가 $x=a$에서 양수에서 음수로
바뀌면 $y=f(x)$는 $x=a$에서 극대이다.

$f(x)=-3x^4+8x^3-6x^2+2$에서

$f'(x)=-12x^3+24x^2-12x$

$\qquad =-12x(x^2-2x+1)$

$\qquad =-12x(x-1)^2$

$f'(x)=0$에서 $x=0$ 또는 $x=1$

함수 $y=f(x)$의 증가, 감소를 표로 나타내면 다음과 같다.

x	$\cdots$	0	$\cdots$	1	$\cdots$
$f'(x)$	$+$	0	$-$	0	$-$
$f(x)$	$\nearrow$	2	$\searrow$	1	$\searrow$

따라서 함수 $y=f(x)$는 $x=0$일 때 극댓값 2를 가지므로

$a=0$, $b=2$

$\therefore a+b=2$

답 2

0973

$y=f(x)$의 증가 · 감소를 표로 나타내자.

함수 $f(x)=2x^3-9x^2+12x+a$의 극댓값이 7일 때, 상수 a의 값은?

$f'(x)$의 부호가 $x=a$에서 양수에서 음수로 바뀌면
$y=f(x)$는 $x=a$에서 극댓값을 가진다.

$f(x)=2x^3-9x^2+12x+a$에서

$f'(x)=6x^2-18x+12$

$\qquad =6(x^2-3x+2)$

$\qquad =6(x-1)(x-2)$

$f'(x)=0$에서 $x=1$ 또는 $x=2$

함수 $y=f(x)$의 증가, 감소를 표로 나타내면 다음과 같다.

x	$\cdots$	1	$\cdots$	2	$\cdots$
$f'(x)$	$+$	0	$-$	0	$+$
$f(x)$	$\nearrow$	극대	$\searrow$	극소	$\nearrow$

따라서 함수 $y=f(x)$는 $x=1$에서 극댓값 7을 가지므로

$f(1)=2-9+12+a=7$

$\therefore a=2$

답 ②

0974

$f'(-3)=0$임을 이용하자.

함수 $f(x)=x^3+3x^2+ax+3$이 $x=-3$에서 극댓값을 가질 때, 극솟값은? (단, a는 상수이다.)

$f'(x)=0$을 만족하는 x를 찾자.

$f(x)=x^3+3x^2+ax+3$에서

$f'(x)=3x^2+6x+a$

함수 $y=f(x)$가 $x=-3$에서 극댓값을 가지므로

$f'(-3)=27-18+a=0$

$\therefore a=-9$

즉, $f(x)=x^3+3x^2-9x+3$이고

$f'(x)=3x^2+6x-9$

$\qquad =3(x+3)(x-1)$

$f'(x)=0$에서 $x=-3$ 또는 $x=1$

함수 $y=f(x)$의 증가, 감소를 표로 나타내면 다음과 같다.

x	$\cdots$	-3	$\cdots$	1	$\cdots$
$f'(x)$	$+$	0	$-$	0	$+$
$f(x)$	$\nearrow$	30	$\searrow$	-2	$\nearrow$

따라서 함수 $y=f(x)$는 $x=1$에서 극솟값 -2를 갖는다.

답 ①

0975

$f'(1)=0$임을 이용하자.

두 상수 a, b에 대하여 함수 $f(x)=x^3+ax^2+9x+b$가 $x=1$에서 극댓값 0을 가질 때, ab의 값을 구하시오.

$f(1)=0$임을 이용하자.

$f(x)=x^3+ax^2+9x+b$에서

$f'(x)=3x^2+2ax+9$

$f(1)=0$, $f'(1)=0$이므로

$f(1)=1+a+9+b=0$ ······ ㉠

$f'(1)=3+2a+9=0$ ······ ㉡

㉠, ㉡을 연립하여 풀면 $a=-6$, $b=-4$

$\therefore ab=24$

답 24

0976

$f'(1)=0$임을 이용하자.

함수 $f(x)=2x^3+ax^2-12x+b$가 $x=1$에서 극솟값 0을 가질 때, 함수 $y=f(x)$의 극댓값을 구하시오. (단, a, b는 상수이다.)

$f(1)=0$임을 이용하자.　　$f'(x)=0$을 만족하는 x를 찾자.

$f(x)=2x^3+ax^2-12x+b$에서

$f'(x)=6x^2+2ax-12$

함수 $y=f(x)$가 $x=1$에서 극솟값 0을 가지므로

$f(1)=0$에서 $2+a-12+b=0$

$\therefore a+b=10$ ······ ㉠

$f'(1)=0$에서 $6+2a-12=0$

$\therefore a=3$

$a=3$을 ㉠에 대입하면 $b=7$

즉, $f(x)=2x^3+3x^2-12x+7$에서

$f'(x)=6x^2+6x-12$

$\qquad =6(x^2+x-2)$

$\qquad =6(x+2)(x-1)$

$f'(x)=0$에서 $x=-2$ 또는 $x=1$

함수 $y=f(x)$의 증가, 감소를 표로 나타내면 다음과 같다.

x	$\cdots$	-2	$\cdots$	1	$\cdots$
$f'(x)$	$+$	0	$-$	0	$+$
$f(x)$	↗	극대	↘	극소	↗

따라서 함수 $y=f(x)$는 $x=-2$에서 극대이고 극댓값은

$f(-2)=-16+12+24+7=27$

답 27

0977

$f'(0)=0$임을 이용하자.

삼차함수 $f(x)=x^3+ax^2+bx-3$이 $x=0$에서 극댓값, $x=2$에서 극솟값을 가질 때, $f(2)$의 값을 구하시오. (단, a, b는 상수이다.)

$f'(2)=0$임을 이용하자.

$f(x)=x^3+ax^2+bx-3$에서

$f'(x)=3x^2+2ax+b$

함수 $y=f(x)$가 $x=0$, $x=2$에서 극값을 가지므로

$f'(0)=b=0$

$f'(2)=12+4a=0$ $\quad \therefore a=-3$

따라서 $f(x)=x^3-3x^2-3$이므로

$f(2)=8-12-3=-7$

답 -7

0978

$f'(-2)=0$임을 이용하자.　　$f(-2)=16$임을 이용하자.

함수 $f(x)=2x^3+ax^2+bx-4$가 $x=-2$에서 극댓값 16을 갖고, $x=c$에서 극솟값을 가질 때, c의 값을 구하시오. (단, a, b는 상수이다.)

$f'(x)=0$을 만족하는 x를 찾자.

$f(x)=2x^3+ax^2+bx-4$에서

$f'(x)=6x^2+2ax+b$

함수 $y=f(x)$가 $x=-2$에서 극댓값 16을 가지므로

$f(-2)=-16+4a-2b-4=16$

$\therefore 2a-b=18$ ······ ㉠

$f'(-2)=24-4a+b=0$

$\therefore 4a-b=24$ ······ ㉡

㉠, ㉡을 연립하여 풀면

$a=3$, $b=-12$

즉, $f(x)=2x^3+3x^2-12x-4$이므로

$f'(x)=6x^2+6x-12$

$\qquad =6(x^2+x-2)$

$\qquad =6(x+2)(x-1)$

$f'(x)=0$에서 $x=-2$ 또는 $x=1$

함수 $y=f(x)$의 증가, 감소를 표로 나타내면 다음과 같다.

x	$\cdots$	-2	$\cdots$	1	$\cdots$
$f'(x)$	$+$	0	$-$	0	$+$
$f(x)$	↗	극대	↘	극소	↗

따라서 함수 $y=f(x)$는 $x=1$에서 극솟값을 가지므로

$c=1$

답 1

0979

$f'(1)=0$임을 이용하자.　　$f'(3)=0$임을 이용하자.

함수 $f(x)=x^3+ax^2+bx+1$이 $x=1$, $x=3$에서 극값을 가질 때, 함수 $y=f(x)$의 극댓값을 구하시오. (단, a, b는 상수이다.)

$y=f(x)$의 증가·감소를 표로 나타내자.

$f(x)=x^3+ax^2+bx+1$에서

$f'(x)=3x^2+2ax+b$

함수 $y=f(x)$가 $x=1$, $x=3$에서 극값을 가지므로

$f'(1)=0$에서 $3+2a+b=0$

$\therefore 2a+b=-3$ ······ ㉠

$f'(3)=0$에서 $27+6a+b=0$

$\therefore 6a+b=-27$ ······ ㉡

㉠, ㉡을 연립하여 풀면

$a=-6$, $b=9$

$\therefore f(x)=x^3-6x^2+9x+1$

함수 $y=f(x)$의 증가, 감소를 표로 나타내면 다음과 같다.

x	$\cdots$	1	$\cdots$	3	$\cdots$
$f'(x)$	$+$	0	$-$	0	$+$
$f(x)$	↗	극대	↘	극소	↗

따라서 함수 $y=f(x)$는 $x=1$에서 극대이고 극댓값은

$f(1)=1-6+9+1=5$

답 5

0980 $y=f(x)$의 증가 · 감소를 표로 나타내자.

> 함수 $f(x)=x^3-3k^2x+k$의 극댓값과 극솟값의 합이 4일 때, 양수 k의 값을 구하시오.

$f(x)=x^3-3k^2x+k$에서

$f'(x)=3x^2-3k^2=3(x+k)(x-k)$

$f'(x)=0$에서 $x=-k$ 또는 $x=k$

함수 $y=f(x)$의 증가, 감소를 표로 나타내면 다음과 같다.

x	$\cdots$	$-k$	$\cdots$	k	$\cdots$
$f'(x)$	$+$	0	$-$	0	$+$
$f(x)$	$\nearrow$	극대	$\searrow$	극소	$\nearrow$

따라서 함수 $y=f(x)$는 $x=-k$일 때 극댓값

$f(-k)=-k^3+3k^3+k=2k^3+k$

$x=k$일 때 극솟값

$f(k)=k^3-3k^3+k=-2k^3+k$

를 갖는다. 극댓값과 극솟값의 합이 4이므로

$(2k^3+k)+(-2k^3+k)=4$, $2k=4$

$\therefore k=2$ 답 2

0981 $f'(-2)=f'(3)=0$임을 이용하자.

> 함수 $f(x)=x^3+ax^2+bx+c$는 $x=-2$, $x=3$에서 극값을 갖고 극댓값이 16이다. 이때, 극솟값은? (단, a, b, c는 상수)
>
> $f(-2)=16$임을 이용하자.

$f(x)=x^3+ax^2+bx+c$에서

$f'(x)=3x^2+2ax+b$

이때, 함수 $f(x)$가 $x=-2$, $x=3$에서 극값을 가지므로

$f'(-2)=0$에서 $12-4a+b=0$

$\therefore 4a-b=12$ ······ ㉠

$f'(3)=0$에서 $27+6a+b=0$

$\therefore 6a+b=-27$ ······ ㉡

㉠, ㉡을 연립하여 풀면

$a=-\dfrac{3}{2}$, $b=-18$

즉, $f(x)=x^3-\dfrac{3}{2}x^2-18x+c$에서

$f'(x)=3x^2-3x-18$

$\qquad =3(x^2-x-6)$

$\qquad =3(x+2)(x-3)$

$f'(x)=0$에서 $x=-2$ 또는 $x=3$

x	$\cdots$	-2	$\cdots$	3	$\cdots$
$f'(x)$	$+$	0	$-$	0	$+$
$f(x)$	$\nearrow$	극대	$\searrow$	극소	$\nearrow$

함수 $f(x)$는 $x=-2$에서 극댓값 16을 가지므로

$f(-2)=-8-6+36+c=16$

$\therefore c=-6$

따라서 극솟값은

$f(3)=27-\dfrac{27}{2}-54-6=-\dfrac{93}{2}$ 답 ⑤

0982 $f'(1)=f'(3)=0$임을 이용하자.

> 삼차함수 $f(x)=x^3+ax^2+bx+c$는 $x=1$에서 극댓값, $x=3$에서 극솟값을 갖고 극댓값이 극솟값의 3배가 될 때, $a^2+b^2+c^2$의 값을 구하시오. (단, a, b, c는 상수이다.)
>
> $f(1)=3f(3)$임을 이용하자.

$f(x)=x^3+ax^2+bx+c$에서

$f'(x)=3x^2+2ax+b$

함수 $y=f(x)$가 $x=1$, $x=3$에서 극값을 가지므로

$f'(1)=3+2a+b=0$ ······ ㉠

$f'(3)=27+6a+b=0$ ······ ㉡

㉠, ㉡을 연립하여 풀면

$a=-6$, $b=9$

$\therefore f(x)=x^3-6x^2+9x+c$

극댓값이 극솟값의 3배이므로

$f(1)=3f(3)$에서 $4+c=3c$

$\therefore c=2$

$\therefore a^2+b^2+c^2=36+81+4=121$ 답 121

0983 $f'(x)=0$의 근은 α, β, γ임을 이용하자.

> 사차함수 $f(x)=\dfrac{1}{4}x^4+\dfrac{1}{3}(a+1)x^3-ax$가 $x=\alpha$, γ에서 극소, $x=\beta$에서 극대일 때, 실수 a의 값의 범위는?
>
> (단, $\alpha<0<\beta<\gamma<3$)
>
> α만 음수임에 유의 하자.

$f'(x)=(x+1)(x^2+ax-a)$

$\alpha=-1$이고, 이차방정식 $x^2+ax-a=0$의 서로 다른 두 실근이 β, γ이다.

$g(x)=x^2+ax-a$라 하면

$0<\beta<\gamma<3$이므로 $g(x)=0$의 판별식 D에 대하여

$D>0$, $0<$(대칭축)<3, $g(0)>0$, $g(3)>0$이어야 한다.

(i) $D>0$에서 $a<-4$ 또는 $a>0$

(ii) $0<$(대칭축)<3에서 $0<-\dfrac{a}{2}<3$ $\therefore -6<a<0$

(iii) $g(0)=-a>0$ $\therefore a<0$

(iv) $g(3)=2a+9>0$ $\therefore a>-\dfrac{9}{2}$

(i)~(iv)에서 실수 a의 값의 범위는 $-\dfrac{9}{2}<a<-4$ 답 ①

0984 a의 범위에 따라 그래프의 개형이 달라짐에 유의 하자.

> 사차함수 $f(x)=x^4+2ax^2-a$가 극솟값 -2를 갖도록 하는 모든 실수 a의 값의 합을 구하시오.
>
> $f'(x)$의 부호가 $x=\alpha$에서 음수에서 양수로 바뀌면 $y=f(x)$는 $x=\alpha$에서 극소이다.

$f(x)=x^4+2ax^2-a$에서 $f'(x)=4x^3+4ax=4x(x^2+a)$

(i) $a\geq0$이면 $x=0$에서 극솟값을 가진다.

$\quad f(0)=-a=-2$, $a=2$

(ii) $a<0$이면 $x=-\sqrt{-a}$, $x=\sqrt{-a}$에서 극솟값을 가진다.

$$f(-\sqrt{-a})=f(\sqrt{-a})=a^2-2a^2-a=-2$$
$$a^2+a-2=0,\ (a+2)(a-1)=0,\ a=-2$$

(i), (ii)에서 $a=-2$ 또는 $a=2$이므로 모든 실수 a의 값의 합은

$2+(-2)=0$ 답 0

0985 $f'(x)=0$을 만족하는 x를 찾자.

> 함수 $f(x)=x^3-3x+4$의 그래프에서 극대가 되는 점과 극소가 되는 점 사이의 거리를 구하시오.
>
> 극대, 극소가 되는 점의 좌표를 구하자.

$f(x)=x^3-3x+4$에서

$f'(x)=3x^2-3=3(x+1)(x-1)$

$f'(x)=0$에서 $x=-1$ 또는 $x=1$

함수 $y=f(x)$의 증가, 감소를 표로 나타내면 다음과 같다.

x	$\cdots$	-1	$\cdots$	1	$\cdots$
$f'(x)$	$+$	0	$-$	0	$+$
$f(x)$	↗	6	↘	2	↗

따라서 함수 $y=f(x)$는 $x=-1$일 때 극댓값 6, $x=1$일 때 극솟값 2를 가지므로 극대가 되는 점 $(-1,6)$과 극소가 되는 점 $(1,2)$ 사이의 거리는

$\sqrt{(1+1)^2+(2-6)^2}=\sqrt{20}=2\sqrt{5}$ 답 $2\sqrt{5}$

0986 $y=f(x)$의 증가·감소를 표로 나타내자.

> 함수 $f(x)=\dfrac{8}{27}x^3-\dfrac{4}{3}x^2+4$의 그래프에서 극대가 되는 점을 P, 극소가 되는 점을 Q라 할 때, 삼각형 OPQ의 넓이를 구하시오.
> (단, O는 원점이다.)
>
> 극대, 극소가 되는 점의 좌표를 구하자.

$f(x)=\dfrac{8}{27}x^3-\dfrac{4}{3}x^2+4$에서

$f'(x)=\dfrac{8}{9}x^2-\dfrac{8}{3}x=\dfrac{8}{9}x(x-3)$

$f'(x)=0$에서 $x=0$ 또는 $x=3$

함수 $y=f(x)$의 증가, 감소를 표로 나타내면 다음과 같다.

x	$\cdots$	0	$\cdots$	3	$\cdots$
$f'(x)$	$+$	0	$-$	0	$+$
$f(x)$	↗	4	↘	0	↗

따라서 함수 $y=f(x)$는 $x=0$일 때 극댓값 4, $x=3$일 때 극솟값 0을 갖는다.

즉, 두 점 P, Q의 좌표가 각각 $(0,4)$, $(3,0)$이므로 삼각형 OPQ의 넓이는

$\dfrac{1}{2}\times3\times4=6$

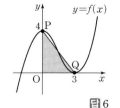

답 6

0987 $y=f(x)$의 증가·감소를 표로 나타내자.

> 함수 $f(x)=-\dfrac{1}{2}x^4+4x^2$의 그래프에서 극대 또는 극소가 되는 점이 3개 있다. 이 세 점을 꼭짓점으로 하는 삼각형의 넓이를 구하시오.
>
> 극대, 극소가 되는 점의 좌표를 구하자.

$f(x)=-\dfrac{1}{2}x^4+4x^2$에서

$f'(x)=-2x^3+8x$
$\quad\ =-2x(x+2)(x-2)$

$f'(x)=0$에서 $x=-2$ 또는 $x=0$ 또는 $x=2$

함수 $y=f(x)$의 증가, 감소를 표로 나타내면 다음과 같다.

x	$\cdots$	-2	$\cdots$	0	$\cdots$	2	$\cdots$
$f'(x)$	$+$	0	$-$	0	$+$	0	$-$
$f(x)$	↗	8	↘	0	↗	8	↘

따라서 함수 $y=f(x)$는 $x=-2$ 또는 $x=2$일 때 극댓값 8, $x=0$일 때 극솟값 0을 갖는다.

즉, 극대가 되는 점은 $(-2,8)$, $(2,8)$, 극소가 되는 점은 $(0,0)$이므로 이 세 점을 꼭짓점으로 하는 삼각형의 넓이는

$\dfrac{1}{2}\times4\times8=16$

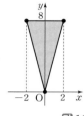

답 16

0988

> 삼차함수 $f(x)$에 대하여 방정식 $f'(x)=0$의 두 실근 α, β가 다음 조건을 만족시킬 때, 함수 $f(x)$의 극댓값을 M, 극솟값을 m이라 하자. $M-m$의 값을 구하시오.
>
> $\sqrt{(\alpha-\beta)^2}$임을 이용하자.
>
> (가) $|\alpha-\beta|=9$
> (나) 두 점 $(\alpha,f(\alpha))$, $(\beta,f(\beta))$ 사이의 거리는 15이다.
>
> $\sqrt{(\alpha-\beta)^2+\{f(\alpha)-f(\beta)\}^2}=15$임을 이용하자.

두 점 $(\alpha,f(\alpha))$, $(\beta,f(\beta))$ 사이의 거리가 15이므로

$\sqrt{(\alpha-\beta)^2+\{f(\alpha)-f(\beta)\}^2}=15$

$81+\{f(\alpha)-f(\beta)\}^2=225$

$\{f(\alpha)-f(\beta)\}^2=144$

$f(\alpha)$, $f(\beta)$는 극값이고, 극댓값이 극솟값보다 크기 때문에

$M-m=\sqrt{144}=12$ 답 12

0989 극소가 되는 점의 좌표를 구하자.

> 함수 $f(x)=\dfrac{1}{3}x^3-x^2-3x$는 $x=a$에서 극솟값 b를 가진다.
> 함수 $y=f(x)$의 그래프 위의 점 $(2,f(2))$에서 접하는 직선을 l이라 할 때, 점 (a,b)에서 직선 l까지의 거리가 d이다. $90d^2$의 값을 구하시오. 직선 l의 기울기는 $f'(2)$임을 이용하자.

$f'(x)=x^2-2x-3$
$\quad\ =(x+1)(x-3)$

$x=3$에서 극솟값 $f(3)=-9$를 가지므로

$a=3$, $b=-9$

점 $(2, f(2))$에서의 접선 l의 방정식은

$y=f'(2)(x-2)+f(2)$

$\quad =-3(x-2)+\dfrac{8}{3}-10$

$\quad =-3x-\dfrac{4}{3}$

따라서 점 $(3, -9)$와 직선 $9x+3y+4=0$ 사이의 거리 d는

$d=\dfrac{|9\times3+3\times(-9)+4|}{\sqrt{9^2+3^2}}=\dfrac{4}{\sqrt{90}}$

이므로 $90d^2=16$

답 16

0990

$f'(a)=0$이고, $x=a$의 좌우에서 부호가 양에서 음으로 변하면
$y=f(x)$는 $x=a$에서 극대임을 이용하자.

함수 $y=f(x)$의 도함수 $y=f'(x)$의 그래프가 그림과 같을 때, 다음 중 옳은 것은?

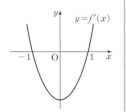

① 함수 $y=f(x)$는 $x=0$에서 극솟값을 갖는다.

② 함수 $y=f(x)$는 $x=0$에서 극댓값을 갖는다.

③ 함수 $y=f(x)$는 $-1<x<1$에서 증가한다.

④ 함수 $y=f(x)$는 $x=-1$에서 극댓값, $x=1$에서 극솟값을 갖는다.

⑤ 함수 $y=f(x)$는 $x=-1$에서 극솟값, $x=1$에서 극댓값을 갖는다.

주어진 그래프에서 $f'(-1)=0$, $f'(1)=0$이므로

함수 $y=f(x)$의 증가, 감소를 표로 나타내면 다음과 같다.

x	$\cdots$	-1	$\cdots$	1	$\cdots$
$f'(x)$	$+$	0	$-$	0	$+$
$f(x)$	↗	극대	↘	극소	↗

즉, 함수 $y=f(x)$는 $x<-1$ 또는 $x>1$에서 증가하고,

$-1<x<1$에서 감소하며,

$x=-1$에서 극댓값, $x=1$에서 극솟값을 갖는다.

따라서 옳은 것은 ④이다.

답 ④

0991

함수 $f(x)=x^3+ax^2+bx+c$에 대하여 도함수 $y=f'(x)$의 그래프가 그림과 같다. 함수 $y=f(x)$의 극솟값이 -6일 때, $f(2)$의 값을 구하시오.

(단, a, b, c는 상수이다.)

부호가 음에서 양으로 변하는 x의 값을 찾자.

주어진 그래프에서 $f'(-3)=0$, $f'(1)=0$이므로

함수 $y=f(x)$의 증가, 감소를 표로 나타내면 다음과 같다.

x	$\cdots$	-3	$\cdots$	1	$\cdots$
$f'(x)$	$+$	0	$-$	0	$+$
$f(x)$	↗	극대	↘	극소	↗

$f(x)=x^3+ax^2+bx+c$에서

$f'(x)=3x^2+2ax+b$이므로

$f'(-3)=27-6a+b=0$ ······㉠

$f'(1)=3+2a+b=0$ ······㉡

㉠, ㉡을 연립하여 풀면

$a=3$, $b=-9$

함수 $y=f(x)$는 $x=1$에서 극솟값 -6을 가지므로

$f(1)=1+a+b+c=-6$

$-5+c=-6$ ∴ $c=-1$

따라서 $f(x)=x^3+3x^2-9x-1$이므로

$f(2)=8+12-18-1=1$

답 1

0992

$x=2$일 때 극솟값을 가진다.

그림은 함수 $y=f(x)$의 도함수 $y=f'(x)$의 그래프를 나타낸 것이다. 함수 $f(x)=x^3+ax^2+bx+c$의 극솟값이 7일 때, 극댓값을 구하시오. (단, a, b, c는 상수이다.)

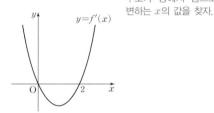

부호가 양에서 음으로 변하는 x의 값을 찾자.

$f(x)=x^3+ax^2+bx+c$에서

$f'(x)=3x^2+2ax+b$

주어진 그래프에서 $f'(0)=0$, $f'(2)=0$이므로

$b=0$, $12+4a+b=0$

∴ $a=-3$, $b=0$

∴ $f(x)=x^3-3x^2+c$

함수 $y=f(x)$의 증가, 감소를 표로 나타내면 다음과 같다.

x	$\cdots$	0	$\cdots$	2	$\cdots$
$f'(x)$	$+$	0	$-$	0	$+$
$f(x)$	↗	극대	↘	극소	↗

즉, 함수 $y=f(x)$는 $x=2$에서 극소이고 극솟값은

$f(2)=8-12+c=7$ ∴ $c=11$

따라서 구하는 극댓값은

$f(0)=c=11$

답 11

0993

먼저 $f'(x)=0$을 만족하는 x의 값을 찾자.

삼차함수 $y=f(x)$의 도함수 $y=f'(x)$의 그래프가 그림과 같을 때, 〈보기〉에서 옳은 것만을 있는 대로 고르시오.

(단, $f(0)=0$)

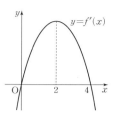

┤ 보기 ├

ㄱ. 함수 $y=f(x)$의 극솟값은 4이다

ㄴ. 함수 $y=f(x)$는 $x=2$일 때, 극댓값을 갖는다.

ㄷ. 함수 $y=f(x)$의 그래프는 $x=0$에서 x축에 접한다.

$f(0)=0$이고 $f'(0)=0$임을 이용하자.

주어진 그래프에서 $f'(0)=0$, $f'(4)=0$이므로
함수 $y=f(x)$의 증가, 감소를 표로 나타내면 다음과 같다.

x	$\cdots$	0	$\cdots$	4	$\cdots$
$f'(x)$	$-$	0	$+$	0	$-$
$f(x)$	↘	극소	↗	극대	↘

ㄱ. 함수 $y=f(x)$의 극솟값은 $f(0)=0$이다. (거짓)

ㄴ. 함수 $y=f(x)$는 $x=4$일 때, 극댓값을 갖는다. (거짓)

ㄷ. 함수 $y=f(x)$는 $x=0$일 때 극소이고, 극솟값은 0이므로 x축에 접한다. (참)

따라서 옳은 것은 ㄷ뿐이다. 🅰 ㄷ

0994

$x=-1$, 3일 때 $f'(x)=0$을 만족한다.

삼차함수 $y=f(x)$의 도함수 $y=f'(x)$의 그래프가 그림과 같을 때, 방정식 $f(x)=0$의 서로 다른 실근의 개수를 구하시오.

(단, $f(-1)=-3$, $f(3)=0$)

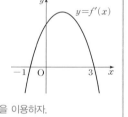

$f'(3)=0$, $f(3)=0$임을 이용하자.

주어진 그래프에서 $f'(-1)=0$, $f'(3)=0$이므로
함수 $y=f(x)$의 증가, 감소를 표로 나타내고 그 그래프를 그리면 다음과 같다.

x	$\cdots$	-1	$\cdots$	3	$\cdots$
$f'(x)$	$-$	0	$+$	0	$-$
$f(x)$	↘	-3 (극소)	↗	0 (극대)	↘

따라서 방정식 $f(x)=0$의 서로 다른 실근의 개수는 2이다.

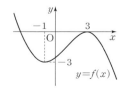

🅰 2

0995

$f'(x)$의 부호가 양에서 음으로 변하는 x의 값을 찾자.

미분가능한 함수 $y=f(x)$의 도함수 $y=f'(x)$의 그래프가 그림과 같다. 함수 $y=f(x)$가 $x=a$에서 극댓값을 가질 때, a의 값은?

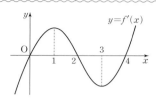

주어진 그래프에서 $f'(x)$의 부호가 양에서 음으로 바뀌는 점의 x좌표는 2이므로 함수 $y=f(x)$는 $x=2$에서 극댓값을 갖는다.

$\therefore a=2$ 🅰 ③

0996

함수 $y=f(x)$의 도함수 $y=f'(x)$의 그래프가 그림과 같을 때, 〈보기〉에서 옳은 것만을 있는 대로 고른 것은?

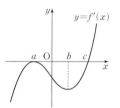

$x=a$의 좌우에서 부호가 바뀌지 않는다.

┤ 보기 ├

ㄱ. $x=a$에서 함수 $y=f(x)$는 극대이다.

ㄴ. $x=b$에서 함수 $y=f(x)$는 극소이다.

ㄷ. $x=c$에서 함수 $y=f(x)$는 극소이다.

$x=b$의 좌우에서 부호가 바뀌지 않는다.

주어진 도함수 $y=f'(x)$의 그래프를 이용하여 함수 $y=f(x)$의 증가, 감소를 표로 나타내면 다음과 같다.

x	$\cdots$	a	$\cdots$	b	$\cdots$	c	$\cdots$
$f'(x)$	$-$	0	$-$		$-$	0	$+$
$f(x)$	↘		↘		↘	극소	↗

ㄱ. $x=a$의 좌우에서 $f'(x)$의 부호가 바뀌지 않으므로 극대가 아니다. (거짓)

ㄴ. $x=b$의 좌우에서 $f'(x)$의 부호가 바뀌지 않으므로 극소가 아니다. (거짓)

ㄷ. $x=c$의 좌우에서 $f'(x)$의 부호가 음에서 양으로 바뀌므로 $x=c$에서 극소이다. (참)

따라서 옳은 것은 ㄷ뿐이다. 🅰 ②

0997

다항함수 $y=f(x)$의 도함수 $y=f'(x)$의 그래프가 그림과 같을 때, 〈보기〉에서 옳은 것만을 있는 대로 고른 것은?

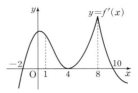

$x=3$의 좌우에서 부호가 바뀌지 않는다.

┤ 보 기 ├
ㄱ. 함수 $y=f(x)$는 $x=2$에서 극소이다.
ㄴ. 함수 $y=f(x)$는 $x=3$에서 극대이다.
ㄷ. 함수 $y=f(x)$는 구간 $(-2, 2)$에서 감소한다.
ㄹ. 함수 $y=f(x)$의 그래프는 $x=4$에서 x축에 접한다.

$x=4$의 좌우에서 부호가 바뀌지 않는다.

주어진 그래프에서 $f'(-2)=0$, $f'(2)=0$, $f'(4)=0$이므로 함수 $y=f(x)$의 증가, 감소를 표로 나타내면 다음과 같다.

x	...	-2	...	2	...	4	...
$f'(x)$	$+$	0	$-$	0	$+$	0	$+$
$f(x)$	↗	극대	↘	극소	↗		↗

ㄱ. $x=2$의 좌우에서 $f'(x)$의 부호가 음에서 양으로 바뀌므로 $x=2$에서 극소이다. (참)
ㄴ. $x=3$의 좌우에서 $f'(x)$의 부호가 바뀌지 않으므로 극대가 아니다. (거짓)
ㄷ. 구간 $(-2, 2)$에서 $f'(x)<0$이므로 함수 $y=f(x)$는 감소한다. (참)
ㄹ. $x=4$의 좌우에서 $f'(x)$의 부호가 바뀌지 않으므로 극값을 갖지 않는다. 즉, $x=4$에서 x축에 접하지 않는다. (거짓)
따라서 옳은 것은 ㄱ, ㄷ이다. **답 ②**

0998 $f'(x)$의 부호가 양에서 음으로 변하는 x의 값을 찾자.

구간 $[-3, 10]$에서 함수 $y=f(x)$의 도함수 $y=f'(x)$의 그래프가 그림과 같다. 함수 $y=f(x)$가 극댓값을 갖는 모든 x의 값의 합을 구하시오.

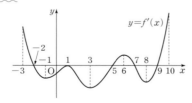

주어진 그래프에서 $f'(x)$의 부호가 양에서 음으로 바뀌는 점의 x좌표는 -2, 7이므로 함수 $y=f(x)$는 $x=-2$, $x=7$에서 극댓값을 갖는다.
따라서 구하는 모든 x의 값의 합은
$-2+7=5$ **답 5**

0999

함수 $y=f(x)$의 도함수 $y=f'(x)$의 그래프가 그림과 같다. 함수 $y=f(x)$에 대한 설명 중 옳은 것은?

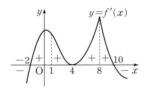

① $x=-2$에서 극대이다.
② $x=1$에서 극대이다. ← $x=-2$의 좌우에서 $f'(x)$의 부호가 음에서 양으로 변함을 이용하자.
③ $x=4$에서 극소이다.
④ $x=8$에서 미분가능하지 않다.
⑤ $x=10$에서 극대이다. ← $f'(8)$의 값이 존재한다는 것은 $y=f(x)$는 $x=8$에서 미분가능하다는 뜻이다.

① $x=-2$의 좌우에서 $f'(x)$의 부호가 음에서 양으로 변하므로 $x=-2$에서 극소이다.
②, ③ $x=1$과 $x=4$의 좌우에서는 $f'(x)$의 부호에 변화가 없으므로 극값을 갖지 않는다.
④ $f'(8)$의 값이 존재하므로 $x=8$에서 $y=f(x)$는 미분가능하다.
⑤ $x=10$의 좌우에서 $f'(x)$의 부호가 양에서 음으로 변하므로 $x=10$에서 극대이다.
따라서 옳은 것은 ⑤이다. **답 ⑤**

1000

미분가능한 함수 $y=f(x)$에 대하여 그 도함수 $y=f'(x)$의 그래프가 그림과 같다. 함수 $y=f(x)$에 대한 설명 중 옳지 않은 것은?

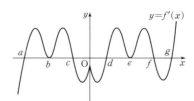

① $x>0$에서 극값을 3개 갖는다.
② 극댓값을 3개 갖는다. ← 좌우에서 부호가 바뀌는 값들을 찾자.
③ 극솟값을 3개 갖는다.
④ $a<x<c$에서 $y=f(x)$는 증가한다.
⑤ $x<a$에서 $y=f(x)$는 감소한다.
  $f'(x)$의 부호가 음에서 양으로 변하는 x의 값을 찾자.

① $x>0$일 때, $x=d$, $x=f$, $x=g$의 좌우에서 부호가 바뀌므로 극값을 3개 갖는다.
② $x=c$, $x=f$의 좌우에서 $f'(x)$의 부호가 양에서 음으로 바뀌므로 함수 $y=f(x)$는 $x=c$, $x=f$에서 극댓값을 갖는다.

③ $x=a$, $x=d$, $x=g$의 좌우에서 $f'(x)$의 부호가 음에서 양으로 바뀌므로 함수 $y=f(x)$는 $x=a$, $x=d$, $x=g$에서 극솟값을 갖는다.

④ $a<x<c$에서 $f'(x)\geq0$이므로 $y=f(x)$는 증가한다.

⑤ $x<a$에서 $f'(x)<0$이므로 $y=f(x)$는 감소한다.

따라서 함수 $y=f(x)$에 대한 설명 중 옳지 않은 것은 ②이다.

답 ②

1001

$x>0$일 때 $y=f(x)$는 감소 상태에 있다.

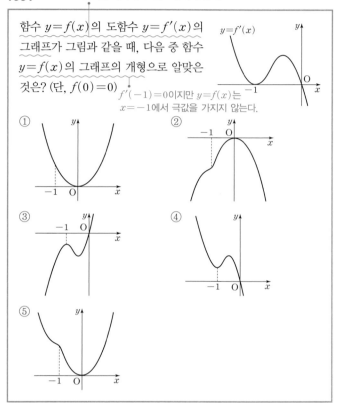

함수 $y=f(x)$의 도함수 $y=f'(x)$의 그래프가 그림과 같을 때, 다음 중 함수 $y=f(x)$의 그래프의 개형으로 알맞은 것은? (단, $f(0)=0$)

$f'(-1)=0$이지만 $y=f(x)$는 $x=-1$에서 극값을 가지지 않는다.

주어진 그래프에서 $f'(-1)=0$, $f'(0)=0$이므로 함수 $y=f(x)$의 증가, 감소를 표로 나타내면 다음과 같다.

x	$\cdots$	-1	$\cdots$	0	$\cdots$
$f'(x)$	$+$	0	$+$	0	$-$
$f(x)$	↗		↗	0	↘

따라서 함수 $y=f(x)$는 $x=0$에서 극댓값 0을 갖고, $x=-1$에서는 극값을 갖지 않으므로 함수 $y=f(x)$의 그래프의 개형으로 알맞은 것은 ②이다.

답 ②

1002

그래프의 개형에서 $a<0$이고, y절편에서 $d<0$임을 알 수 있다.

함수 $f(x)=ax^3+bx^2+cx+d$의 그래프가 그림과 같을 때, 〈보기〉에서 옳은 것만을 있는 대로 고른 것은?

(단, a, b, c, d는 상수이다.)

┤ 보 기 ├

ㄱ. $ab>0$　　　　ㄴ. $cd>0$　　　　ㄷ. $b^2-3ac>0$

b와 c의 부호를 판별하기 위해 $y=f'(x)$를 구하자.

함수 $f(x)=ax^3+bx^2+cx+d$의 그래프에서

(ⅰ) 삼차함수의 그래프의 개형에서 $a<0$

(ⅱ) 주어진 그래프에서 $f(0)=d<0$

(ⅲ) $f'(x)=3ax^2+2bx+c$에서 $f'(0)=c$
즉, c는 $x=0$에서의 접선의 기울기이므로 $c<0$

(ⅳ) $f'(x)=0$, 즉 $3ax^2+2bx+c=0$의 두 근이 α, β이므로 이차방정식의 근과 계수의 관계에 의하여

$\alpha+\beta=-\dfrac{2b}{3a}>0\ (\because\ \alpha>0,\ \beta>0)$

$\therefore b>0\ (\because\ a<0)$

ㄱ. $ab<0$ (거짓)

ㄴ. $cd>0$ (참)

ㄷ. 방정식 $f'(x)=0$이 서로 다른 두 실근을 가지므로
$3ax^2+2bx+c=0$의 판별식을 D라 하면

$\dfrac{D}{4}=b^2-3ac>0$ (참)

따라서 옳은 것은 ㄴ, ㄷ이다.

답 ④

1003

삼차함수 $y=f(x)$가 극값을 가지지 않으려면 이차방정식 $f'(x)=0$이 중근 혹은 허근을 가져야 한다.

함수 $f(x)=-x^3+ax^2-2ax+1$이 극값을 갖지 않도록 하는 정수 a의 개수를 구하시오.

$f(x)=-x^3+ax^2-2ax+1$에서

$f'(x)=-3x^2+2ax-2a$

함수 $y=f(x)$가 극값을 갖지 않기 위해서는 방정식 $f'(x)=0$이 중근 또는 허근을 가져야 한다.

이차방정식 $f'(x)=0$의 판별식을 D라 하면

$\dfrac{D}{4}=a^2-6a\leq0$

$a(a-6)\leq0$

$\therefore 0\leq a\leq6$

따라서 정수 a의 개수는 0, 1, 2, 3, 4, 5, 6의 7이다.

답 7

1004

삼차함수 $y=f(x)$가 극값을 가지지 않으려면 이차방정식 $f'(x)=0$이 중근 혹은 허근을 가져야 한다.

함수 $f(x)=\dfrac{1}{3}x^3+ax^2+(5a-4)x+2$가 극값을 갖지 않도록 하는 실수 a의 최댓값과 최솟값의 합을 구하시오.

$f(x)=\dfrac{1}{3}x^3+ax^2+(5a-4)x+2$에서

$f'(x)=x^2+2ax+5a-4$

함수 $y=f(x)$가 극값을 갖지 않기 위해서는 방정식 $f'(x)=0$이 중근 또는 허근을 가져야 하므로 이차방정식 $f'(x)=0$의 판별식을 D라 하면

$\dfrac{D}{4}=a^2-(5a-4)\leq0,\ a^2-5a+4\leq0$

$(a-1)(a-4)\leq0$

$\therefore\ 1\leq a\leq4$

따라서 실수 a의 최댓값은 4, 최솟값은 1이므로 그 합은

$4+1=5$ 답 5

1005

삼차함수 $f(x)=\dfrac{1}{3}ax^3+(b-1)x^2-(a-2)x+1$이 극값을 갖지 않을 때, 점 (a,b)가 존재하는 영역의 넓이는?

이차방정식 $f'(x)=0$의 판별식을 D라 하면 $D\leq0$임을 이용하자.

$f(x)=\dfrac{1}{3}ax^3+(b-1)x^2-(a-2)x+1$에서

$f'(x)=ax^2+2(b-1)x-(a-2)$

이때, $a\neq0$이므로 함수 $f(x)$가 극값을 갖지 않기 위해서는 방정식 $f'(x)=0$이 중근 또는 허근을 가져야 한다.

즉, $f'(x)=0$의 판별식을 D라 하면

$\dfrac{D}{4}=(b-1)^2+a(a-2)\leq0$

$\therefore\ (b-1)^2+(a-1)^2\leq1$

따라서 점 (a,b)가 존재하는 영역의 넓이는 반지름의 길이가 1인 원의 넓이이므로

$\pi\cdot1^2=\pi$ 답 ①

1006 이차방정식 $f'(x)=0$의 판별식을 D라 하면 $D\leq0$임을 이용하자.

함수 $f(x)=x^3+ax^2+bx$는 극댓값과 극솟값을 갖지 않는다. 곡선 $y=f(x)$가 점 $(1,7)$을 지날 때, a의 값의 범위를 $\alpha\leq a\leq\beta$라 하면 두 상수 α,β에 대하여 $\alpha^2+\beta^2$의 값은? (단, a,b는 상수)

$f(1)=7$임을 이용하자.

$f(x)=x^3+ax^2+bx$에서

$f'(x)=3x^2+2ax+b$

함수 $f(x)$가 극댓값과 극솟값을 모두 갖지 않기 위해서는 방정식 $f'(x)=0$이 중근 또는 허근을 가져야 하므로 $3x^2+2ax+b=0$의 판별식을 D라 하면

$\dfrac{D}{4}=a^2-3b\leq0$ ······㉠

또 곡선 $y=f(x)$가 점 $(1,7)$을 지나므로

$f(1)=1+a+b=7$ $\therefore\ b=-a+6$

$b=-a+6$을 ㉠에 대입하면

$a^2-3(-a+6)\leq0,\ a^2+3a-18\leq0$

$(a+6)(a-3)\leq0$ $\therefore\ -6\leq a\leq3$

따라서 $\alpha=-6,\ \beta=3$이므로 $\alpha^2+\beta^2=36+9=45$ 답 ④

1007

함수 $f(x)=x^3+3(a-1)x^2-3(a-3)x+5$가 $x\leq0$에서 극값을 갖지 않도록 하는 정수 a의 최댓값은?

$y=f(x)$가 극값을 가지지 않거나 $x>0$에서만 극값을 가져야 한다.

$f(x)=x^3+3(a-1)x^2-3(a-3)x+5$에서

$f'(x)=3x^2+6(a-1)x-3a+9$

함수 $y=f(x)$가 $x\leq0$에서 극값을 갖지 않으려면 함수 $y=f(x)$가 극값을 갖지 않거나 $x>0$에서만 극값을 가져야 한다.

이차방정식 $3x^2+6(a-1)x-3a+9=0$의 판별식을 D라 하면

(i) 함수 $y=f(x)$가 극값을 갖지 않는 경우

방정식 $f'(x)=0$이 중근 또는 허근을 가져야 하므로

$\dfrac{D}{4}=9(a-1)^2-3(-3a+9)\leq0$

$a^2-a-2\leq0,\ (a+1)(a-2)\leq0$

$\therefore\ -1\leq a\leq2$

(ii) 함수 $y=f(x)$가 $x>0$에서만 극값을 갖는 경우

방정식 $f'(x)=0$이 서로 다른 두 양의 실근을 가져야 하므로

$\dfrac{D}{4}=9(a-1)^2-3(-3a+9)>0$

$a^2-a-2>0,\ (a+1)(a-2)>0$

$\therefore\ a<-1$ 또는 $a>2$ ······㉠

이차방정식의 근과 계수의 관계에 의하여

(두 근의 합)$=-2(a-1)>0$ $\therefore\ a<1$ ······㉡

(두 근의 곱)$=-a+3>0$ $\therefore\ a<3$ ······㉢

㉠, ㉡, ㉢에서 $a<-1$

(i), (ii)에서 $a\leq2$

따라서 정수 a의 최댓값은 2이다. 답 ②

1008

함수 $f(x)=x^3+6kx^2+24x+32$가 극댓값과 극솟값을 모두 갖도록 하는 실수 k의 값의 범위는?

삼차함수 $y=f(x)$가 극값을 가지려면 이차방정식 $f'(x)=0$이 서로 다른 두 실근을 가져야 한다.

$f(x)=x^3+6kx^2+24x+32$에서

$f'(x)=3x^2+12kx+24$

$=3(x^2+4kx+8)$

함수 $y=f(x)$가 극댓값과 극솟값을 갖기 위해서는 방정식 $f'(x)=0$이 서로 다른 두 실근을 가져야 한다.

이차방정식 $x^2+4kx+8=0$의 판별식을 D라 하면

$\dfrac{D}{4}=4k^2-8>0,\ (k+\sqrt{2})(k-\sqrt{2})>0$

$\therefore\ k<-\sqrt{2}$ 또는 $k>\sqrt{2}$ 답 ④

1009

함수 $f(x)=x^3+ax^2+ax+3$이 극댓값과 극솟값을 모두 갖도록 하는 실수 a의 값의 범위는?

> 삼차함수 $y=f(x)$가 극값을 가지려면 이차방정식 $f'(x)=0$이 서로 다른 두 실근을 가져야 한다.

$f(x)=x^3+ax^2+ax+3$에서

$f'(x)=3x^2+2ax+a$

함수 $y=f(x)$가 극댓값과 극솟값을 가지려면 방정식 $f'(x)=0$이 서로 다른 두 실근을 가져야 한다.

이차방정식 $f'(x)=0$의 판별식을 D라 하면

$\dfrac{D}{4}=a^2-3a>0$

$a(a-3)>0$

$\therefore a<0$ 또는 $a>3$ **탑** ③

1010

> 이차방정식 $f'(x)=0$의 두 실근 중 한 근은 $-2<x<2$에 있고, 다른 한 근은 $x>2$에 있어야 한다.

함수 $f(x)=x^3-kx^2-k^2x+3$이 $-2<x<2$에서 극댓값을 갖고, $x>2$에서 극솟값을 갖도록 하는 실수 k의 값의 범위가 $a<k<b$라고 한다. $a+b$의 값을 구하시오.

$f(x)=x^3-kx^2-k^2x+3$에서

$f'(x)=3x^2-2kx-k^2$

함수 $y=f(x)$가 $-2<x<2$에서 극댓값을 갖고, $x>2$에서 극솟값을 갖기 위해서는 이차방정식 $f'(x)=0$의 서로 다른 두 실근 중에서 한 근은 $-2<x<2$에 있고, 다른 한 근은 $x>2$에 있어야 한다. 즉, 이차함수 $y=f'(x)$의 그래프는 그림과 같아야 한다.

(ⅰ) $f'(-2)=-k^2+4k+12>0$에서

$(k+2)(k-6)<0$

$\therefore -2<k<6$

(ⅱ) $f'(2)=-k^2-4k+12<0$에서

$(k+6)(k-2)>0$

$\therefore k<-6$ 또는 $k>2$

(ⅰ), (ⅱ)에서 실수 k의 값의 범위는

$2<k<6$

따라서 $a=2$, $b=6$이므로

$a+b=8$ **탑** 8

1011

> 이차방정식 $f'(x)=0$의 두 근을 α, β라 하면 $\alpha<-1<\beta<1$임을 이용하자.

함수 $f(x)=-x^3-ax^2+2a$가 $x<-1$에서 극솟값을 가지고, $|x|<1$에서 극댓값을 가진다고 할 때, 다음 중 상수 a의 값이 될 수 없는 것은?

① 1   ② 2   ③ 3

④ 5   ⑤ 10

$f(x)=-x^3-ax^2+2a$에서

$f'(x)=-3x^2-2ax$

$f'(x)=0$의 두 근을 α, β $(\alpha<\beta)$라 하면

$\alpha<-1<\beta<1$이어야 하므로

$f'(-1)=-3+2a>0$

$\therefore a>\dfrac{3}{2}$ $\cdots\cdots$ ㉠

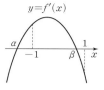

$f'(1)=-3-2a<0$

$\therefore a>-\dfrac{3}{2}$ $\cdots\cdots$ ㉡

㉠, ㉡의 공통 범위는 $a>\dfrac{3}{2}$

따라서 a의 값이 될 수 없는 것은 1이다.   **탑** ①

1012

삼차함수 $f(x)=x^3-3x^2+ax-2$가 $0<x<2$에서 극댓값과 극솟값을 모두 갖도록 하는 실수 a의 값의 범위는?

> 이차방정식 $f'(x)=0$이 $0<x<2$에서 서로 다른 두 실근을 가져야 한다.

$f(x)=x^3-3x^2+ax-2$에서

$f'(x)=3x^2-6x+a$

함수 $y=f(x)$가 $0<x<2$에서 극댓값과 극솟값을 모두 가지려면 방정식 $f'(x)=0$이 $0<x<2$에서 서로 다른 두 실근을 가져야 한다.

(ⅰ) $f'(x)=0$의 판별식을 D라 하면

$\dfrac{D}{4}=9-3a>0$에서

$a<3$

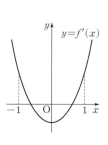

(ⅱ) $f'(0)=a>0$, $f'(2)=a>0$

(ⅲ) 이차함수 $y=f'(x)$의 그래프의 축의 방정식이 $x=1$이고 $0<1<2$이다.

(ⅰ), (ⅱ), (ⅲ)에서 실수 a의 값의 범위는

$0<a<3$ **탑** ②

1013

함수 $f(x)=\dfrac{1}{3}x^3+kx^2+3kx+5$가 $-1<x<1$에서 극댓값과 극솟값을 모두 갖도록 하는 실수 k의 값의 범위는?

> 이차방정식 $f'(x)=0$이 $-1<x<1$에서 서로 다른 두 실근을 가져야 한다.

$f(x)=\dfrac{1}{3}x^3+kx^2+3kx+5$에서

$f'(x)=x^2+2kx+3k$

함수 $y=f(x)$가 $-1<x<1$에서 극댓값과 극솟값을 모두 갖기 위해서는 이차방정식 $f'(x)=0$의 서로 다른 두 실근이 모두 $-1<x<1$에 있어야 한다. 즉, 이차함수 $y=f'(x)$의 그래프가 그림과 같아야 한다.

(ⅰ) 이차방정식 $x^2+2kx+3k=0$의 판별식을 D라 하면

$\dfrac{D}{4}=k^2-3k>0$, $k(k-3)>0$

$\therefore k<0$ 또는 $k>3$

(ii) $f'(1)=1+5k>0$에서 $k>-\dfrac{1}{5}$

(iii) $f'(-1)=1+k>0$에서 $k>-1$

(iv) 이차함수 $y=f'(x)$의 그래프의 축이 $-1<x<1$에 있어야 하므로

$-1<-k<1$에서 $-1<k<1$

(i)~(iv)에서 실수 k의 값의 범위는

$-\dfrac{1}{5}<k<0$ 답 ③

1014

> 함수 $f(x)=3x^4-8x^3+6ax^2+7$이 극댓값과 극솟값을 모두 갖
> 도록 하는 실수 a의 값의 범위는?
>
> 삼차방정식 $f'(x)=0$이 서로 다른 세 실근을 가짐을 이용하자.

$f(x)=3x^4-8x^3+6ax^2+7$에서

$f'(x)=12x^3-24x^2+12ax=12x(x^2-2x+a)$

사차함수 $y=f(x)$가 극댓값과 극솟값을 모두 가지려면 방정식

$f'(x)=0$이 서로 다른 세 실근을 가져야 하므로 이차방정식

$x^2-2x+a=0$은 0이 아닌 서로 다른 두 실근을 가져야 한다.

(i) 이차방정식 $x^2-2x+a=0$은 0을 제외한 근을 가져야 하므로

$a\neq0$

(ii) 이차방정식 $x^2-2x+a=0$의 판별식을 D라 하면

$\dfrac{D}{4}=1-a>0$ $\therefore a<1$

(i), (ii)에서 $a<0$ 또는 $0<a<1$ 답 ④

1015

삼차방정식 $f'(x)=0$이 한 실근과 두 허근 또는 한 실근과 중근
(또는 삼중근)을 가져야 한다.

> 함수 $f(x)=-x^4+2x^3-2ax^2+1$이 극솟값을 갖지 않도록 하는
> 정수 a의 값의 합을 구하시오. (단, $-5<a<5$)

$f(x)=-x^4+2x^3-2ax^2+1$에서

$f'(x)=-4x^3+6x^2-4ax$

$=-2x(2x^2-3x+2a)$

사차함수 $y=f(x)$가 극솟값을 갖지 않으려면 방정식 $f'(x)=0$이 한 실
근과 두 허근 또는 한 실근과 중근 (또는 삼중근)을 가져야 한다.

이차방정식 $2x^2-3x+2a=0$의 판별식을 D라 하면

(i) 이차방정식 $2x^2-3x+2a=0$이 허근을 가질 때

$D=9-16a<0$ $\therefore a>\dfrac{9}{16}$

(ii) 이차방정식 $2x^2-3x+2a=0$이 $x=0$을 근으로 가질 때

$2a=0$ $\therefore a=0$

(iii) 이차방정식 $2x^2-3x+2a=0$이 중근을 가질 때

$D=9-16a=0$ $\therefore a=\dfrac{9}{16}$

(i), (ii), (iii)에서 $a=0$ 또는 $a\geq\dfrac{9}{16}$ $\cdots\cdots$ ㉠

$-5<a<5$이므로 ㉠을 만족시키는 정수 a는

0, 1, 2, 3, 4이고

그 합은 $0+1+2+3+4=10$ 답 10

1016

삼차방정식 $f'(x)=0$이 한 실근과 두 허근 또는 한 실근과 중근
(또는 삼중근)을 가져야 한다.

> 사차함수 $f(x)=3x^4+ax^3+6x^2$이 극값을 하나만 가질 때,
> 실수 a의 최댓값과 최솟값의 합을 구하시오.

$f(x)=3x^4+ax^3+6x^2$에서

$f'(x)=12x^3+3ax^2+12x$

$=3x(4x^2+ax+4)$

사차함수 $y=f(x)$는 최고차항의 계수가 양수이므로 극값을

하나만 가지려면 함수 $y=f(x)$는 극댓값을 갖지 않아야 한다.

즉, 방정식 $f'(x)=0$이 한 실근과 두 허근 또는 한 실근과 중근 (또는

삼중근)을 가져야 하므로 이차방정식

$4x^2+ax+4=0$ $\cdots\cdots$ ㉠

이 중근 또는 허근을 갖거나 $x=0$을 근으로 가져야 한다.

(i) ㉠이 중근 또는 허근을 가질 때

㉠의 판별식을 D라 하면

$D=a^2-64\leq0$

$(a+8)(a-8)\leq0$

$\therefore -8\leq a\leq8$

(ii) ㉠이 $x=0$을 근으로 가질 때

$4\neq0$이므로 만족하는 x의 값은 없다.

(i), (ii)에서 실수 a의 값의 범위는 $-8\leq a\leq8$

따라서 실수 a의 최댓값은 8, 최솟값은 -8이므로 그 합은

$8+(-8)=0$ 답 0

1017

> 최고차항의 계수가 1인 삼차함수 $f(x)$가 다음 조건을 만족시킬
> 때, $f(x)$의 극댓값을 구하시오. $y=f'(x)$의 그래프는 y축에
> 대하여 대칭이다.
>
> ㈎ 모든 실수 x에 대하여 $f'(x)=f'(-x)$이다.
> ㈏ 함수 $f(x)$는 $x=1$에서 극솟값 0을 갖는다.
>
> $f(1)=0$이고 $f'(1)=0$임을 이용하자.

$f(x)=x^3+ax^2+bx+c$라 하면 $f'(x)=3x^2+2ax+b$

조건 ㈎에 의하여 $y=f'(x)$의 그래프는 y축에 대칭이므로 $a=0$

따라서 $f'(x)=3x^2+b$이고, 조건 ㈏에서 $f'(1)=0$이므로 $b=-3$,

$f(1)=0$이므로 $c=2$

즉, $f(x)=x^3-3x+2$, $f'(x)=3x^2-3=3(x+1)(x-1)$이므로

$f'(x)=0$에서 $x=-1$ 또는 $x=1$

함수 $y=f(x)$의 증가, 감소를 표로 나타내면 다음과 같다.

x	$\cdots$	-1	$\cdots$	1	$\cdots$
$f'(x)$	$+$	0	$-$	0	$+$
$f(x)$	↗	극대	↘	극소	↗

따라서 $f(x)$의 극댓값 $f(-1)=4$ 답 4

1018

$f(1)=-4$이고 $f'(1)=0$임을 이용하자.

삼차함수 $y=f(x)$가 $x=1$에서 극솟값 -4를 가지고 $x=-1$
에서 직선 $y=-12x$에 접한다. $f(3)$의 값을 구하시오.

$x=-1$일 때 $y=12$임을 이용하자.

$f(x)=ax^3+bx^2+cx+d$ $(a \neq 0)$라 하면

$f'(x)=3ax^2+2bx+c$

함수 $y=f(x)$가 $x=1$에서 극솟값 -4를 가지므로

$f(1)=-4$에서 $a+b+c+d=-4$ ······ ㉠

$f'(1)=0$에서 $3a+2b+c=0$ ······ ㉡

함수 $y=f(x)$ 위의 $x=-1$인 점에서의 접선의 방정식이

$y=-12x$이므로

$f(-1)=12$에서 $-a+b-c+d=12$ ······ ㉢

$f'(-1)=-12$에서 $3a-2b+c=-12$ ······ ㉣

㉠, ㉡, ㉢, ㉣을 연립하여 풀면

$a=1$, $b=3$, $c=-9$, $d=1$

따라서 $f(x)=x^3+3x^2-9x+1$이므로

$f(3)=27+27-27+1=28$

답 28

1019

$f(x)=x^3+ax^2+bx+c$라 하자.

최고차항의 계수가 1인 삼차함수 $y=f(x)$에 대하여 $f(0)=12$,
$f(2)=f'(2)=0$이 성립한다. 함수 $y=f(x)$의 극댓값을 k라 할
때, $27k$의 값을 구하시오.

방정식을 연립하여 계수를 구하자.

$f(x)=x^3+ax^2+bx+c$라 하면

$f'(x)=3x^2+2ax+b$

$f(0)=12$에서 $c=12$

$f(2)=0$에서 $8+4a+2b+12=0$

$\therefore 2a+b=-10$ ······ ㉠

$f'(2)=0$에서 $12+4a+b=0$

$\therefore 4a+b=-12$ ······ ㉡

㉠, ㉡을 연립하여 풀면 $a=-1$, $b=-8$

$\therefore f(x)=x^3-x^2-8x+12$

$f'(x)=3x^2-2x-8=(3x+4)(x-2)$

$f'(x)=0$에서 $x=-\dfrac{4}{3}$ 또는 $x=2$

함수 $y=f(x)$의 증가, 감소를 표로 나타내면 다음과 같다.

x	$\cdots$	$-\dfrac{4}{3}$	$\cdots$	2	$\cdots$
$f'(x)$	$+$	0	$-$	0	$+$
$f(x)$	↗	극대	↘	극소	↗

따라서 함수 $y=f(x)$는 $x=-\dfrac{4}{3}$일 때 극댓값을 가지므로

$f\left(-\dfrac{4}{3}\right)=\left(-\dfrac{4}{3}\right)^3-\left(-\dfrac{4}{3}\right)^2-8\left(-\dfrac{4}{3}\right)+12$

$=\dfrac{500}{27}=k$

$\therefore 27k=500$

답 500

참고 $f(2)=f'(2)=0$이므로 $f(x)$는 $(x-2)^2$으로 나누어떨어진다.

즉, $f(x)=(x-2)^2(x-a)$ (a는 상수)로 놓고 문제를 해결할 수 있다.

1020

함수 $f(x)=x^3+ax^2+bx+c$가 다음 조건을 만족시킬 때,
함수 $y=f(x)$의 극댓값을 구하시오. (단, a, b, c는 상수이다.)

$f(3)=0$이고 $f'(3)=3$임을 알 수 있다.

(가) $\displaystyle \lim_{x \to 3} \dfrac{f(x)}{x-3}=3$

(나) 함수 $y=f(x)$는 $x=0$에서 극댓값을 가진다.

$f'(0)=0$임을 알 수 있다.

조건 (가)에서 $x \to 3$일 때, (분모)$\to 0$이므로 (분자)$\to 0$이어야 한다.

즉, $\displaystyle \lim_{x \to 3} f(x)=0$에서

$f(3)=27+9a+3b+c=0$ ······ ㉠

$\therefore \displaystyle \lim_{x \to 3} \dfrac{f(x)}{x-3}=\lim_{x \to 3} \dfrac{f(x)-f(3)}{x-3}$

$=f'(3)=3$

$f'(x)=3x^2+2ax+b$이므로

$f'(3)=27+6a+b=3$

$\therefore 6a+b=-24$ ······ ㉡

조건 (나)에서 $f'(0)=0$이므로

$f'(0)=b=0$

$b=0$을 ㉡에 대입하면

$6a=-24$ $\therefore a=-4$

$a=-4$, $b=0$을 ㉠에 대입하면

$27+9 \times (-4)+0+c=0$

$\therefore c=9$

따라서 $f(x)=x^3-4x^2+9$이므로

극댓값은 $f(0)=9$

답 9

1021

$f(x)$는 $(x-3)$을 인수로 가진다.

최고차항의 계수가 1인 삼차함수 $y=f(x)$가 $f(3)=0$이고, 모
든 실수 x에 대하여 $(x+3)f(x) \geq 0$일 때, 함수 $y=f(x)$의 극
댓값을 구하시오.

$x=3$, $x=-3$일 때, x축과 만난다.

$f(x)$는 최고차항의 계수가 1인 삼차함수이고, $f(3)=0$이므로

$(x+3)f(x)=(x+3)(x-3)(x^2+ax+b) \geq 0$에서

$x=3$, $x=-3$일 때 x축과 만나면서 모든 실수 x에서 0보다 크거나 같
은 값을 가지려면

$f(x)=(x-3)^2(x+3)$이어야 한다.

$f'(x)=2(x-3)(x+3)+(x-3)^2=(x-3)(3x+3)$

$f'(x)=0$에서 $x=-1$ 또는 $x=3$

따라서 $x=-1$에서 극댓값을 가진다.

$\therefore f(-1)=32$

답 32

1022 $y=f(x)$는 $x=2$에 대하여 대칭이다.

> 원점을 지나는 최고차항의 계수가 1인 사차함수 $y=f(x)$가
> $f(4-x)=f(x)$를 만족시키고 $x=3$에서 극솟값을 가질 때,
> 함수 $y=f(x)$의 극댓값을 구하시오. $x=1$에서 극솟값, $x=2$에서
> 극댓값을 가진다.

원점을 지나고 최고차항의 계수가 1인 사차함수

$f(x)=x^4+ax^3+bx^2+cx$라 하면

$f(4-x)=f(x)$이므로 $x=2$에 대하여 대칭이고,

$x=3$에서 극소이므로 $x=1$에서 극소이고, $x=2$에서 극대이다.

$f'(x)=4x^3+3ax^2+2bx+c$

$\quad =4(x-1)(x-2)(x-3)$

$\quad =4x^3-24x^2+44x-24$

$a=-8,\ b=22,\ c=-24$이므로

$f(x)=x^4-8x^3+22x^2-24x$

따라서 함수 $y=f(x)$는 $x=2$일 때 극대이고 극댓값은

$f(2)=16-8\times8+22\times4-24\times2=-8$ 답 -8

1023 $f(0)=5$이고 $f'(0)=12$임을 이용하자.

> 삼차함수 $f(x)$에 대하여
> $$\lim_{x\to0}\frac{f(x)-5}{x}=12,\quad \lim_{x\to-2}\frac{f(x)-9}{x+2}=-24$$
> 가 성립하고 함수 $f(x)$는 $x=\alpha$에서 극댓값, $x=\beta$에서 극솟값
> 을 갖는다고 할 때, $\alpha-\beta$의 값은?
> $f(-2)=9$이고 $f'(-2)=-24$임을 이용하자.

$f(x)=ax^3+bx^2+cx+d$로 놓으면

$f'(x)=3ax^2+2bx+c$

(i) $\displaystyle\lim_{x\to0}\frac{f(x)-5}{x}=12$에서 $f(0)=5$이므로

$\quad\displaystyle\lim_{x\to0}\frac{f(x)-5}{x}=\lim_{x\to0}\frac{f(x)-f(0)}{x-0}$

$\qquad\qquad\qquad\quad=f'(0)=12$

$\quad\therefore f(0)=5,\ f'(0)=12$ ……㉠

(ii) $\displaystyle\lim_{x\to-2}\frac{f(x)-9}{x+2}=-24$에서 $f(-2)=9$이므로

$\quad\displaystyle\lim_{x\to-2}\frac{f(x)-9}{x+2}=\lim_{x\to-2}\frac{f(x)-f(-2)}{x-(-2)}$

$\qquad\qquad\qquad\qquad=f'(-2)=-24$

$\quad\therefore f(-2)=9,\ f'(-2)=-24$ ……㉡

㉠에서

$f(0)=d=5,\ f'(0)=c=12$이므로

$f(x)=ax^3+bx^2+12x+5$

$f'(x)=3ax^2+2bx+12$

㉡에서

$f(-2)=-8a+4b-24+5=9$

$\therefore 2a-b=-7$ ……㉢

$f'(-2)=12a-4b+12=-24$

$\therefore 3a-b=-9$ ……㉣

㉢, ㉣을 연립하여 풀면 $a=-2,\ b=3$

즉, $f(x)=-2x^3+3x^2+12x+5$이므로

$f'(x)=-6x^2+6x+12$

$\quad =-6(x+1)(x-2)$

$f'(x)=0$에서 $x=-1$ 또는 $x=2$

x	$\cdots$	-1	$\cdots$	2	$\cdots$
$f'(x)$	$-$	0	$+$	0	$-$
$f(x)$	↘	극소	↗	극대	↘

따라서 $f(x)$는 $x=2$에서 극대, $x=-1$에서 극소이므로

$\alpha=2,\ \beta=-1$

$\therefore \alpha-\beta=3$ 답 ①

1024 $x=1,\ y=9$를 대입하자.

> 삼차함수 $f(x)=x^3+ax^2+bx+c$가 다음 세 조건을 만족시킨다.
>
> (가) $y=f(x)$의 그래프는 점 $(1,\ 9)$를 지난다.
> (나) $f(x)$는 극댓값과 극솟값을 갖는다.
> (다) 극값을 갖는 두 점을 이은 직선의 기울기는 -1보다 크다.
>
> $f'(x)=0$은 서로 다른 두 실근을 가진다.
> $a,\ b,\ c$가 자연수일 때, abc의 최댓값은?

$f(x)=x^3+ax^2+bx+c$에서 $f'(x)=3x^2+2ax+b$

(가)에서

$f(1)=1+a+b+c=9$

$\therefore a+b+c=8$ ……㉠

(나)에서 방정식 $f'(x)=0$은 서로 다른 두 실근을 가지므로 판별식을 D

라 하면

$\dfrac{D}{4}=a^2-3b>0\qquad \therefore b<\dfrac{a^2}{3}$ ……㉡

한편, $3x^2+2ax+b=0$의 두 실근을 $\alpha,\ \beta$라 하면 근과 계수의 관계에

의하여

$\alpha+\beta=-\dfrac{2a}{3},\ \alpha\beta=\dfrac{b}{3}$

즉, 두 점 $(\alpha,\ f(\alpha)),\ (\beta,\ f(\beta))$를 이은 직선의 기울기는

$\dfrac{f(\alpha)-f(\beta)}{\alpha-\beta}=\dfrac{\alpha^3-\beta^3+a(\alpha^2-\beta^2)+b(\alpha-\beta)}{\alpha-\beta}$

$\qquad\qquad\quad =\alpha^2+\alpha\beta+\beta^2+a(\alpha+\beta)+b$

$\qquad\qquad\quad =(\alpha+\beta)^2-\alpha\beta+a(\alpha+\beta)+b$

$\qquad\qquad\quad =\left(-\dfrac{2a}{3}\right)^2-\dfrac{b}{3}+a\cdot\left(-\dfrac{2a}{3}\right)+b$

$\qquad\qquad\quad =-\dfrac{2}{9}(a^2-3b)$

이때, (다)에서 $-\dfrac{2}{9}(a^2-3b)>-1$이므로

$a^2-3b<\dfrac{9}{2}\qquad \therefore b>\dfrac{a^2}{3}-\dfrac{3}{2}$ ……㉢

㉡, ㉢에서 $\dfrac{a^2}{3}-\dfrac{3}{2}<b<\dfrac{a^2}{3}$ ……㉣

이때, $a,\ b,\ c$는 자연수이므로 ㉠, ㉣을 만족시키는 $a,\ b,\ c$의 순서쌍

$(a,\ b,\ c)$는

$(2,\ 1,\ 5),\ (3,\ 2,\ 3)$

따라서 $a=3,\ b=2,\ c=3$일 때 abc의 최댓값은 18이다. 답 ③

1025

다음 조건을 만족시키는 삼차함수 $y=f(x)$의 극댓값을 구하시오.
  $\bullet$ $f(-x)=-f(x)$임을 이용하자.

(가) 곡선 $y=f(x)$는 원점에 대하여 대칭이다.
(나) 함수 $y=f(x)$는 $x=1$에서 극솟값을 갖는다.
(다) 곡선 $y=f(x)$ 위의 $x=3$인 점에서의 접선의 기울기는 24
  이다. $\bullet$ $f'(1)=0$임을 이용하자.

  $f'(3)=24$임을 이용하자.

$y=f(x)$는 삼차함수이므로
$f(x)=ax^3+bx^2+cx+d \ (a\neq 0)$로 놓을 수 있다.
조건 (가)에서 곡선 $y=f(x)$가 원점에 대하여 대칭이므로
모든 실수 x에 대하여 $f(-x)=-f(x)$이어야 한다. 즉,
$a(-x)^3+b(-x)^2+c(-x)+d=-ax^3-bx^2-cx-d$
$2bx^2+2d=0$
따라서 $b=0$, $d=0$이므로
$f(x)=ax^3+cx$
조건 (나)에서 함수 $y=f(x)$는 $x=1$에서 극솟값을 가지므로
$f'(x)=3ax^2+c$에서
$f'(1)=3a+c=0 \qquad \cdots\cdots \text{㉠}$
조건 (다)에서 곡선 $y=f(x)$ 위의 $x=3$인 점에서의 접선의 기울기가 24
이므로
$f'(3)=27a+c=24 \qquad \cdots\cdots \text{㉡}$
㉠, ㉡을 연립하여 풀면
$a=1$, $c=-3$
즉, $f(x)=x^3-3x$이고
$f'(x)=3x^2-3=3(x+1)(x-1)$
$f'(x)=0$에서 $x=-1$ 또는 $x=1$
함수 $y=f(x)$의 증가, 감소를 표로 나타내면 다음과 같다.

x	$\cdots$	-1	$\cdots$	1	$\cdots$
$f'(x)$	$+$	0	$-$	0	$+$
$f(x)$	↗	2	↘	-2	↗

따라서 함수 $y=f(x)$는 $x=-1$에서 극댓값 2를 갖는다.

답 2

1026

최고차항의 계수가 1인 삼차함수 $f(x)$가 다음 조건을 만족할 때,
$f(2)$의 최솟값을 구하시오.

(가) $f(0)=f'(0)$ $\bullet$ 일차항의 계수와 상수항의 계수가 같다.
(나) $x\geq -1$인 모든 실수 x에 대하여 $f(x)\geq f'(x)$이다.

  $x\geq -1$인 구간에서 $f(x)-f'(x)$의 최솟값이 0보다 크거나 같다.

$f(0)=f'(0)$이므로
$f(x)=x^3+ax^2+bx+b$, $f'(x)=3x^2+2ax+b$
$h(x)=f(x)-f'(x)$라 하면
$h(x)=x^3+(a-3)x^2+(b-2a)x$
$x\geq -1$에서 $h(x)\geq 0$이므로
$h(-1)=-1+a-3-b+2a=3a-b-4\geq 0$

$\therefore b\leq 3a-4$
$h'(x)=3x^2+2(a-3)x+b-2a$
$\dfrac{D}{4}=(a-3)^2-3b+6a=a^2-3b+9$
$\qquad \geq a^2-3(3a-4)+9 \ (\because b\leq 3a-4)$
$\qquad =a^2-9a+21=\left(a-\dfrac{9}{2}\right)^2+\dfrac{3}{4}>0$
따라서 $h'(x)=0$은 서로 다른 두 실근 α, β를 가지고 $h(0)=0$이다.

x	$\cdots$	α	$\cdots$	β	$\cdots$
$h'(x)$	$+$	0	$-$	0	$+$
$h(x)$	↗		↘		↗

$h(-1)\geq 0$, $h(0)=0$에서 $\beta=0$
$\therefore h'(0)=b-2a=0$
$\therefore b=2a$
$b\leq 3a-4$에서 $2a\leq 3a-4$
$\therefore a\geq 4$
$f(x)=x^3+ax^2+2ax+2a$
$f(2)=8+4a+4a+2a=8+10a\geq 8+10\times 4=48$
따라서 $f(2)$의 최솟값은 48이다.

답 48

1027 $y=g(x)$와 $y=f(x)$는 $x=-2$와 $x=1$에서 접한다.

그림과 같이 일차함수 $y=f(x)$의 그래프와 최고차항의 계수가
1인 사차함수 $y=g(x)$의 그래프는 x좌표가 -2, 1인 두 점에
서 접한다. 함수 $h(x)=g(x)-f(x)$라 할 때, 함수 $h(x)$의 극
댓값은?
  $h(x)=(x+2)^2(x-1)^2$임을 이용하자.

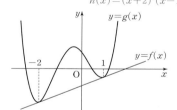

$h(x)=g(x)-f(x)=(x+2)^2(x-1)^2$
$h'(x)=2(x+2)(x-1)(2x+1)$

x	$\cdots$	-2	$\cdots$	$-\dfrac{1}{2}$	$\cdots$	1	$\cdots$
$h'(x)$	$-$	0	$+$	0	$-$	0	$+$
$h(x)$	↘	극소	↗	극대	↘	극소	↗

따라서 $h\left(-\dfrac{1}{2}\right)=\left(\dfrac{3}{2}\right)^2\times\left(-\dfrac{3}{2}\right)^2=\dfrac{81}{16}$

답 ①

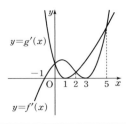

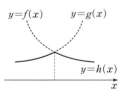

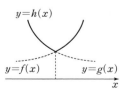

1028 $h(x)=f(x)-g(x)$라 하면 $h'(x)=f'(x)-g'(x)$임을 이용하자.

두 함수 $y=f(x)$, $y=g(x)$의 도함수의 그래프가 그림과 같을 때, 함수 $y=f(x)-g(x)$가 극댓값을 갖는 x의 값은?

$h(x)=f(x)-g(x)$라 하면

$h'(x)=f'(x)-g'(x)$

$h'(x)=0$에서 $x=0$ 또는 $x=2$ 또는 $x=5$

함수 $y=h(x)$의 증가, 감소를 표로 나타내면 다음과 같다.

x	$\cdots$	0	$\cdots$	2	$\cdots$	5	$\cdots$
$h'(x)$	$-$	0	$+$	0	$-$	0	$+$
$h(x)$	$\searrow$	극소	$\nearrow$	극대	$\searrow$	극소	$\nearrow$

따라서 극댓값을 갖는 x의 값은 2이다.　답 ③

1029 $f(1)=-1$이고 $f'(1)=0$임을 이용하자.

$x=1$에서 극솟값 -1을 갖는 미분가능한 함수 $f(x)$에 대하여 $g(x)=xf(x)$라 할 때, 미분계수 $g'(1)$의 값은?

$g'(x)=f(x)+xf'(x)$임을 이용하자.

$f(x)$가 $x=1$에서 극솟값 -1을 가지므로

$f'(1)=0$, $f(1)=-1$　……㉠

$g(x)=xf(x)$에서

$g'(x)=f(x)+xf'(x)$　……㉡

㉠, ㉡에서 $g'(1)=f(1)+1\cdot f'(1)=-1$　답 ④

1030 $g'(x)=3x^2f(x)+(x^3+2)f'(x)$임을 이용하자.

두 다항함수 $f(x)$와 $g(x)$가 모든 실수 x에 대하여

$g(x)=(x^3+2)f(x)$

를 만족시킨다. $g(x)$가 $x=1$에서 극솟값 24를 가질 때, $f(1)-f'(1)$의 값을 구하시오. $g(1)=24$이고 $g'(1)=0$임을 이용하자.

$g(x)=(x^3+2)f(x)$에서

$g'(x)=3x^2f(x)+(x^3+2)f'(x)$

$g(x)$가 $x=1$에서 극솟값 24를 가지므로

$g(1)=3f(1)=24$

$\therefore f(1)=8$

$g'(1)=3f(1)+3f'(1)=24+3f'(1)=0$

$\therefore f'(1)=-8$

$\therefore f(1)-f'(1)=8-(-8)=16$　답 16

1031

다항함수 $f(x)$, $g(x)$에 대하여 함수 $h(x)$를

$$h(x)=\begin{cases} f(x) & (x\geq 0) \\ g(x) & (x<0) \end{cases}$$

라고 하자. $h(x)$가 실수 전체의 집합에서 연속일 때, 옳은 것만을 〈보기〉에서 있는 대로 고른 것은?

┤ 보기 ├　　→ $h(x)$가 실수 전체의 집합에서 연속임을 이용하자.

ㄱ. $f(0)=g(0)$

ㄴ. $f'(0)=g'(0)$이면 $h(x)$는 $x=0$에서 미분가능하다.

ㄷ. $f'(0)g'(0)<0$이면 $h(x)$는 $x=0$에서 극값을 갖는다.

$f'(0)<0$, $g'(0)>0$인 경우와 $f'(0)>0$, $g'(0)<0$인 경우로 나누어 생각하자.

ㄱ. $h(x)$가 실수 전체의 집합에서 연속이므로

$\displaystyle\lim_{x\to 0+} h(x)=\lim_{x\to 0-} h(x)=h(0)$

따라서 $\displaystyle\lim_{x\to 0+} f(x)=\lim_{x\to 0-} g(x)$에서

$f(0)=g(0)$ (참)

ㄴ. $f'(0)=g'(0)=k$라 하면

$\displaystyle\lim_{x\to 0+}\frac{h(x)-h(0)}{x}=\lim_{x\to 0+}\frac{f(x)-f(0)}{x}$

$\qquad\qquad=f'(0)=k$

$\displaystyle\lim_{x\to 0-}\frac{h(x)-h(0)}{x}=\lim_{x\to 0-}\frac{g(x)-f(0)}{x}$

$\qquad\qquad=\lim_{x\to 0-}\frac{g(x)-g(0)}{x}$

$\qquad\qquad=g'(0)=k$

$\therefore h'(0)=\displaystyle\lim_{x\to 0}\frac{h(x)-h(0)}{x}=k$ (참)

ㄷ. (i) $f'(0)<0$, $g'(0)>0$

$f(x)$는 $x=0$에서 감소상태, $g(x)$는 $x=0$에서 증가상태이고, $f(0)=g(0)$이므로 아래의 그림과 같이 함수 $h(x)$는 $x=0$에서 극댓값을 갖는다.

(ii) $f'(0)>0$, $g'(0)<0$

$f(x)$는 $x=0$에서 증가상태, $g(x)$는 $x=0$에서 감소상태이고, $f(0)=g(0)$이므로 아래의 그림과 같이 함수 $h(x)$는 $x=0$에서 극솟값을 갖는다.

따라서 $h(x)$는 $x=0$에서 극값을 갖는다. (참)

그러므로 보기 중 옳은 것은 ㄱ, ㄴ, ㄷ이다.　답 ⑤

1032

$g'(x)=f'(x)-k$임을 이용하자.

함수 $f(x)$의 도함수 $f'(x)$가 $f'(x)=x^2-1$일 때, 다음 물음에 답하시오. 함수 $g(x)=f(x)-kx$가 $x=-3$에서 극값을 가질 때, 상수 k의 값은? $g'(-3)=0$임을 이용하자.

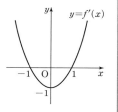

$g(x)=f(x)-kx$에서
$g'(x)=f'(x)-k$
$\quad=x^2-1-k$
함수 $g(x)$가 $x=-3$에서 극값을 가지므로
$g'(-3)=(-3)^2-1-k$
$\quad\quad=8-k=0$
$\therefore k=8$

답 ⑤

1033

$g'(x)=2f(x)+(2x+1)f'(x)$임을 이용하자.

미분가능한 함수 $f(x)$는 $x=-1$에서 극댓값 4를 갖는다. 함수 $g(x)$를 $g(x)=(2x+1)f(x)$라 할 때, 곡선 $y=g(x)$의 $x=-1$인 점에서의 접선과 x축 및 y축으로 둘러싸인 도형의 넓이를 구하시오. 접선의 기울기는 $g'(-1)$이다.

함수 $f(x)$는 $x=-1$에서 극댓값 4를 가지므로
$f(-1)=4,\ f'(-1)=0$ ······㉠
이때, $g(x)=(2x+1)f(x)$에서
$g'(x)=2f(x)+(2x+1)f'(x)$
㉠에서
$g(-1)=-f(-1)=-4$
$g'(-1)=2f(-1)-f'(-1)=8$
따라서 곡선 $y=g(x)$의 $x=-1$인 점, 즉 점 $(-1,\ -4)$에서의 접선의 방정식은
$y-(-4)=8\{x-(-1)\}$
$\therefore y=8x+4$
이 직선의 x절편이 $-\dfrac{1}{2}$, y절편이 4이므로 구하는 넓이는
$\dfrac{1}{2}\cdot\dfrac{1}{2}\cdot4=1$

답 1

1034

$y=h(x)$의 증가·감소를 표로 나타내자.

삼차함수 $y=f(x)$의 도함수의 그래프와 이차함수 $y=g(x)$의 도함수의 그래프가 그림과 같다.
함수 $h(x)=f(x)-g(x)$라 하자.
$f(0)=g(0)$일 때, 함수 $y=h(x)$는 $x=a$에서 극솟값을 갖고, x축과 n개의 점에서 만난다. $a+n$의 값을 구하시오.
$h(0)=0$이고 $h'(0)=0$임을 이용하자.

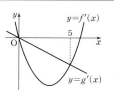

$h(x)=f(x)-g(x)$에서

$h'(x)=f'(x)-g'(x)$
$h'(x)=0$에서 $x=0$ 또는 $x=5$
함수 $y=h(x)$의 증가, 감소를 표로 나타내면 다음과 같다.

x	...	0	...	5	...
$h'(x)$	+	0	−	0	+
$h(x)$	↗	극대	↘	극소	↗

함수 $h(x)$는 $x=5$에서 극솟값을 가지므로 $a=5$이고, 삼차함수 $h(x)$의 극댓값이 0이므로 함수 $h(x)$는 x축과 2개의 점에서 만난다.
$\therefore a+n=5+2=7$

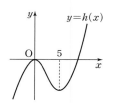

답 7

1035

이차함수 $y=f(x)$의 그래프 위의 한 점 $(a,\ f(a))$에서의 접선의 방정식을 $y=g(x)$라 하자. $h(x)=f(x)-g(x)$라 할 때, 〈보기〉에서 옳은 것을 모두 고른 것은?

┤ 보기 ├
ㄱ. $h(x_1)=h(x_2)$를 만족시키는 서로 다른 두 실수 x_1, x_2가 존재한다. 일대일함수가 아님을 뜻한다.
ㄴ. $h(x)$는 $x=a$에서 극소이다.
ㄷ. 부등식 $|h(x)|<\dfrac{1}{100}$의 해는 항상 존재한다.

$h'(a)=0$이면 $x=a$의 좌우에서 부호의 변화에 주목하자.

ㄱ. $h(x_1)=h(x_2)$를 만족시키는 서로 다른 두 실수 x_1, x_2가 존재하려면 함수 $h(x)$가 일대일함수가 아님을 보여주면 된다.
$h(x)=f(x)-g(x)$에서 접점 $(a,\ f(a))$에서는 $f(x)$와 $g(x)$의 함수 값이 동일하므로 $h(x)=0$이다. 또한 다음의 그림을 보면 $x<a$ 또는 $x>a$에서 $h(x)$가 둘 다 양수이거나 둘 다 음수임을 알 수 있다. 그러므로 $h(x)$는 일대일함수가 아니며 ㄱ은 성립한다. (참)

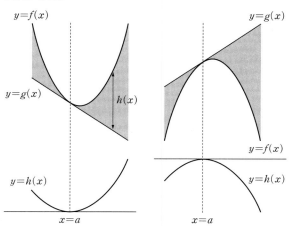

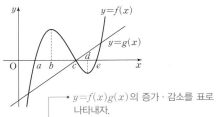

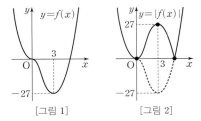

ㄴ. 위의 그림에서 보듯이 $x=a$에서 극소만 존재하는 것이 아니라 극대
도 가능하다. (거짓)

ㄷ. $x=a$에서 $h(x)=0$이므로

$|h(x)|<\dfrac{1}{100}$ 은 항상 존재한다. (참)

따라서 옳은 것은 ㄱ, ㄷ이다. 　　　　　　　　　　　　　　　답 ⑤

1036

삼차함수 $y=f(x)$와 일차함수 $y=g(x)$의 그래프가 그림과 같
고, $f'(b)=f'(d)=0$이다.

• $y=f(x)g(x)$의 증가 · 감소를 표로
나타내자.

함수 $y=f(x)g(x)$는 $x=p$와 $x=q$에서 극소이다. 다음 중 옳
은 것은? (단, $p<q$)

• $y'=f'(x)g(x)+f(x)g'(x)$임을 이용하자.

① $a<p<b$이고 $c<q<d$
② $a<p<b$이고 $d<q<e$
③ $b<p<c$이고 $c<q<d$
④ $b<p<c$이고 $d<q<e$
⑤ $c<p<d$이고 $d<q<e$

$y'=f'(x)g(x)+f(x)g'(x)$이므로 그래프를 이용하여 x의 값의 범위
에 따라 y'의 값의 부호를 확인하면 다음 표와 같다.

x	$f'(x)g(x)$	$f(x)g'(x)$	y'
$x<a$	$-$		$-$
$x=a$	$-$	0	$-$
$a<x<b$	$-$	$+$	
$x=b$	0	$+$	$+$
$b<x<c$	$+$	$+$	$+$
$x=c$	0	0	0
$c<x<d$	$-$	$-$	$-$
$x=d$	0	$-$	
$d<x<e$	$+$	$-$	
$x=e$	$+$	0	$+$
$x>e$	$+$	$+$	$+$

함수 $f(x)g(x)$는 $x=c$에서 극대이고, $a<x<b$와 $d<x<e$에서 극
소이다.

따라서 $p<q$이므로 $a<p<b$이고 $d<q<e$이다. 　　　　　답 ②

1037

주어진 함수의 그래프는 $y=x^4-4x^3$의 그래프의 x축 아래쪽을
위쪽으로 접어 올린 것이다.

함수 $y=|x^4-4x^3|$의 극대가 되는 점의 개수를 m, 극소가 되는
점의 개수를 n이라 할 때, $m-n$의 값은?

그래프를 그려 판단하자.

$f(x)=x^4-4x^3$으로 놓으면

$f'(x)=4x^3-12x^2=4x^2(x-3)$

$f'(x)=0$에서 $x=0$ 또는 $x=3$

x	$\cdots$	0	$\cdots$	3	$\cdots$
$f'(x)$	$-$	0	$-$	0	$+$
$f(x)$	$\searrow$	0	$\searrow$	-27	$\nearrow$

즉, 함수 $y=f(x)$의 그래프는 [그림1]과 같고, $y=|f(x)|$의 그래프는
$y=f(x)$의 그래프의 x축 아래쪽을 위쪽으로 접어 올린 것이므로
[그림2]와 같다.

[그림 1]　　　　　　[그림 2]

따라서 $y=|x^4-4x^3|$의 극대가 되는 점의 개수는 1, 극소가 되는 점의
개수는 2이므로

$m-n=1-2=-1$ 　　　　　　　　　　　　　　　　　　답 ②

1038

$x>2$인 경우와 $x<2$인 경우로 나누어 생각하자.

함수 $f(x)=x|x-2|$에 대하여 옳은 것만을 〈보기〉에서 있는
대로 고른 것은?

| 보 기 |

ㄱ. $x=2$에서 미분가능하지 않다.

ㄴ. $x=1$에서 극댓값을 가진다.

ㄷ. 극솟값을 가지지 않는다.

• $x=a$에서 미분가능하지 않더라도 극값을 가질 수 있다.

ㄱ. $x>2$일 때, $f(x)=x^2-2x$이므로

$f'(x)=2x-2$ 　　$\therefore \lim\limits_{x\to 2+}f'(x)=2$

$x<2$일 때, $f(x)=-x^2+2x$이므로

$f'(x)=-2x+2$ 　　$\therefore \lim\limits_{x\to 2-}f'(x)=-2$

즉, $x=2$에서 미분계수가 존재하지 않으므로 미분가능하지 않다. (참)

$x>2$일 때, $f'(x)=2(x-1)$이므로 $f'(x)=0$을 만족하는 x의
값은 존재하지 않는다.

또 $x<2$일 때, $f'(x)=-2(x-1)$이므로 $f'(x)=0$에서 $x=1$

x	$\cdots$	1	$\cdots$	2	$\cdots$
$f'(x)$	$+$	0	$-$		$+$
$f(x)$	$\nearrow$	1	$\searrow$	0	$\nearrow$

ㄴ. 함수 $f(x)$는 $x=1$일 때 극댓값 1을 가진다. (참)

ㄷ. 함수 $f(x)$는 $x=2$일 때 극솟값 0을 가진다. (거짓)

따라서 옳은 것은 ㄱ, ㄴ이다. 　　　　　　　　　　　　　　답 ③

1039

함수 $f(x)=x^3-3x$에 대한 〈보기〉의 설명 중에서 옳은 것을 모두 고른 것은? → $y=f(x)$의 증가 · 감소를 표로 나타내자.

┤ 보기 ├

ㄱ. $f(x)$는 극댓값과 극솟값을 가진다.

ㄴ. $x \geq 2$이면 $f(x) \geq 2$이다.

ㄷ. $|x| \leq 2$이면 $|f(x)| \leq 2$이다.

$-2 \leq x \leq 2$에서 $f(x)$의 최댓값과 최솟값을 구하자.

$f'(x)=3x^2-3=3(x+1)(x-1)$
$f'(x)=0$에서 $x=-1$ 또는 $x=1$
이때 함수 $f(x)$의 증가, 감소를 조사하면 다음과 같다.

x	$\cdots$	-1	$\cdots$	1	$\cdots$
$f'(x)$	$+$	0	$-$	0	$+$
$f(x)$	↗	2 (극대)	↘	-2 (극소)	↗

ㄱ. 함수 $f(x)$는 극댓값과 극솟값을 가진다. (참)

ㄴ. 함수 $f(x)$는 $x > 1$인 범위에서 증가함수이고, $f(2)=2$이므로
　　$x \geq 2$이면 $f(x) \geq 2$이다. (참)

ㄷ. $|x| \leq 2$ 즉, $-2 \leq x \leq 2$에서
　　$f(-2)=-2$, $f(2)=2$
　　이고, 함수 $f(x)$는 $x=-1$에서 극댓값 2, $x=1$에서 극솟값 -2
　　를 가지므로
　　$-2 \leq f(x) \leq 2$
　　$\therefore |f(x)| \leq 2$ (참)

따라서 옳은 것은 ㄱ, ㄴ, ㄷ이다.　　　　답 ⑤

1040

최고차항의 계수가 1인 사차함수 $y=f(x)$에 대하여
함수 $g(x)=|f(x)|$가 다음 조건을 만족시킬 때, $g(2)$의 값을 구하시오. → $g(a)=0$이면 $f(a)=0$임을 이용하자.

(가) 함수 $y=g(x)$는 $x=1$에서 미분가능하고 $g(1)=g'(1)$이다.
(나) 함수 $y=g(x)$는 $x=-1$, $x=0$, $x=1$에서 극솟값을 갖는다.

$g(1)=g'(1)=0$임을 이용하자.

$g(1)=g'(1)$이고 $x=1$에서 극솟값을 가지므로
$g(1)=g'(1)=0$　　　……㉠
㉠에서 $f(1)=f'(1)=0$, 함수 $y=g(x)$는 $x=-1$, $x=0$,
$x=1$에서 극솟값을 가지므로 그래프를 그리면 다음과 같다.

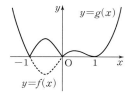

따라서 $f(x)=x(x+1)(x-1)^2$이므로
$g(x)=|x(x+1)(x-1)^2|$

$\therefore g(2)=6$　　　　답 6

1041

극댓값, $f(0)$, $f(2)$ 중에서 최대인 것

$0 \leq x \leq 2$에서 함수 $f(x)=2x^3-6x+4$의 최댓값을 M, 최솟값을 m이라 할 때, $M+m$의 값은?

극솟값, $f(0)$, $f(2)$ 중에서 최소인 것

$f(x)=2x^3-6x+4$에서
$f'(x)=6x^2-6=6(x-1)(x+1)$
$f'(x)=0$에서 $x=-1$ 또는 $x=1$
$0 \leq x \leq 2$에서 함수 $f(x)$의 증가, 감소를 조사하면 다음과 같다.

x	0	$\cdots$	1	$\cdots$	2
$f'(x)$		$-$	0	$+$	
$f(x)$	4	↘	0	↗	8

따라서 함수 $f(x)$는
$x=2$일 때 최댓값 $M=f(2)=8$
$x=1$일 때 최솟값 $m=f(1)=0$
$\therefore M+m=8+0=8$　　　　답 ②

1042

극댓값, $f(-2)$, $f(3)$ 중에서 최대인 것

구간 $[-2, 3]$에서 함수 $f(x)=-x^3+3x^2$의 최댓값을 M, 최솟값을 m이라 할 때, $M+m$의 값은?

극솟값, $f(-2)$, $f(3)$ 중에서 최소인 것

$f(x)=-x^3+3x^2$에서
$f'(x)=-3x^2+6x=-3x(x-2)$
$f'(x)=0$에서 $x=0$ 또는 $x=2$
구간 $[-2, 3]$에서 함수 $y=f(x)$의 증가, 감소를 표로 나타내면 다음과 같다.

x	-2	$\cdots$	0	$\cdots$	2	$\cdots$	3
$f'(x)$		$-$	0	$+$	0	$-$	
$f(x)$	20	↘	0	↗	4	↘	0

따라서 함수 $y=f(x)$는 $x=-2$일 때 최댓값 $M=20$,
$x=0$ 또는 $x=3$일 때 최솟값 $m=0$을 가지므로
$M+m=20+0=20$　　　　답 ⑤

1043

극댓값, $f(-2)$, $f(1)$ 중에서 최대인 것

구간 $[-2, 1]$에서 함수 $f(x)=x^4-2x^2-2$의 최댓값을 M, 최솟값을 m이라 할 때, $M-m$의 값을 구하시오.

극솟값, $f(-2)$, $f(1)$ 중에서 최소인 것

$f(x)=x^4-2x^2-2$에서
$f'(x)=4x^3-4x$
　　　$=4x(x+1)(x-1)$
$f'(x)=0$에서 $x=-1$ 또는 $x=0$ 또는 $x=1$

구간 $[-2, 1]$에서 함수 $y=f(x)$의 증가, 감소를 표로 나타내면 다음과 같다.

x	-2	$\cdots$	-1	$\cdots$	0	$\cdots$	1
$f'(x)$		$-$	0	$+$	0	$-$	0
$f(x)$	6	$\searrow$	-3	$\nearrow$	-2	$\searrow$	-3

따라서 함수 $y=f(x)$는 $x=-2$일 때 최댓값 $M=6$,
$x=-1$ 또는 $x=1$일 때 최솟값 $m=-3$을 가지므로
$M-m=6-(-3)=9$

답 9

1044 — $y=f(x)$의 증가·감소를 표로 나타내자.

삼차함수 $y=f(x)$의 도함수 $y=f'(x)$의 그래프가 그림과 같을 때, 구간 $[-1, 2]$에서 함수 $y=f(x)$의 최댓값은?

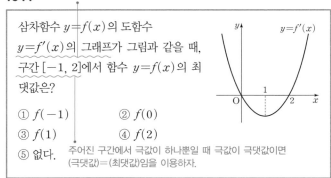

① $f(-1)$ 　② $f(0)$
③ $f(1)$ 　④ $f(2)$
⑤ 없다.　　주어진 구간에서 극값이 하나뿐일 때 극값이 극댓값이면 (극댓값)=(최댓값)임을 이용하자.

주어진 도함수 $y=f'(x)$의 그래프를 이용하여 구간 $[-1, 2]$에서 함수 $y=f(x)$의 증가, 감소를 표로 나타내면 다음과 같다.

x	-1	$\cdots$	0	$\cdots$	2
$f'(x)$		$+$	0	$-$	0
$f(x)$		$\nearrow$	극대	$\searrow$	

따라서 함수 $y=f(x)$는 $x=0$에서 최댓값 $f(0)$을 갖는다.

답 ②

1045 — 주어진 구간에서 t의 범위를 새로 구하자.

$0 \leq x \leq 4$에서 함수
$$y=-\left(\frac{3}{2}x^2-6x+3\right)^3+27\left(\frac{3}{2}x^2-6x+3\right)-1$$
의 최댓값과 최솟값의 합은?

$\frac{3}{2}x^2-6x+3=t$로 놓자.

$y=-\left(\frac{3}{2}x^2-6x+3\right)^3+27\left(\frac{3}{2}x^2-6x+3\right)-1$에서

$\frac{3}{2}x^2-6x+3=t$로 놓으면

$y=-t^3+27t-1$

이때, $t=\frac{3}{2}x^2-6x+3=\frac{3}{2}(x-2)^2-3$

의 그래프는 그림과 같으므로

$0 \leq x \leq 4$일 때

$-3 \leq t \leq 3$

$f(t)=-t^3+27t-1$로 놓으면

$f'(t)=-3t^2+27=-3(t+3)(t-3)$

$f'(t)=0$에서 $t=-3$ 또는 $t=3$

$-3 \leq t \leq 3$에서 함수 $f(t)$의 증가, 감소를 조사하면 다음과 같다.

t	-3	$\cdots$	3
$f'(t)$	0	$+$	0
$f(t)$	-55	$\nearrow$	53

따라서 함수 $f(t)$는 $t=3$일 때 최댓값 53,
$t=-3$일 때 최솟값 -55를 가지므로 그 합은
$53+(-55)=-2$

답 ①

1046 — $g(x)=t$로 놓자.

두 함수 $f(x)=-x^3+3x+2$, $g(x)=x^2+2x-1$에 대하여 합성함수 $f \circ g$의 최댓값을 구하시오.

$f(g(x))=-t^3+3t+2$임을 이용하자.

$g(x)=x^2+2x-1=(x+1)^2-2$
이므로 $g(x)=t$로 놓으면 $t \geq -2$이고
$(f \circ g)(x)=f(g(x))$
$\qquad\qquad\quad =f(t)$
$\qquad\qquad\quad =-t^3+3t+2$
$h(t)=-t^3+3t+2 \ (t \geq -2)$라 하면
$h'(t)=-3t^2+3=-3(t+1)(t-1)$
$h'(t)=0$에서 $t=-1$ 또는 $t=1$

$t \geq -2$에서 함수 $y=h(t)$의 증가, 감소를 표로 나타내면 다음과 같다.

t	-2	$\cdots$	-1	$\cdots$	1	$\cdots$
$h'(t)$		$-$	0	$+$	0	$-$
$h(t)$	4	$\searrow$	0	$\nearrow$	4	$\searrow$

따라서 함수 $y=h(t)$는 $t=-2$ 또는 $t=1$일 때 최댓값 4를 갖는다.

답 4

1047 — $y=f(x)$의 증가·감소를 표로 나타내자.

$-1 \leq x \leq 1$에서 함수 $f(x)=2x^3-3x^2+a$의 최솟값이 -3일 때, 상수 a의 값을 구하시오.

극솟값, $f(-1)$, $f(1)$ 중에서 최소인 것이다.

$f(x)=2x^3-3x^2+a$에서
$f'(x)=6x^2-6x$
$\qquad =6x(x-1)$
$f'(x)=0$에서 $x=0$ 또는 $x=1$

$-1 \leq x \leq 1$에서 함수 $y=f(x)$의 증가, 감소를 표로 나타내면 다음과 같다.

x	-1	$\cdots$	0	$\cdots$	1
$f'(x)$		$+$	0	$-$	0
$f(x)$	$a-5$	$\nearrow$	a	$\searrow$	$a-1$

따라서 함수 $y=f(x)$는 $x=-1$일 때 최솟값 $a-5$를 가지므로
$a-5=-3$ $\quad \therefore a=2$

답 2

1048

닫힌구간 $[-1, 2]$에서 함수 $f(x)=ax^3-6ax^2+1$의 최솟값이 -31일 때, 양수 a의 값을 구하시오.

극솟값, $f(-1)$, $f(2)$ 중에서 최소인 것이다.

$f(x)=ax^3-6ax^2+1$을 미분하면
$f'(x)=3ax^2-12ax=3ax(x-4)$이므로 닫힌구간 $[-1, 2]$에서
최솟값은 $x=-1$ 또는 $x=2$에서 갖는다.
$f(-1)=-a-6a+1=-7a+1$,
$f(2)=8a-24a+1=-16a+1$
이고 $a>0$이므로 최솟값은
$-16a+1=-31$
$\therefore a=2$

답 2

1049

극댓값, $f(-3)$, $f(2)$ 중에서 최대인 것

구간 $[-3, 2]$에서 함수 $f(x)=ax^3+3ax^2+b$의 최댓값이 10 이고 최솟값이 -30일 때, 두 상수 a, b에 대하여 $a+b$의 값을 구하시오. (단, $a>0$)

$y=f(x)$의 증가·감소를 표로 나타내자.

극솟값, $f(-3)$, $f(2)$ 중에서 최소인 것

$f(x)=ax^3+3ax^2+b$에서
$f'(x)=3ax^2+6ax$
$\qquad =3ax(x+2)$
$f'(x)=0$에서 $x=-2$ 또는 $x=0$
구간 $[-3, 2]$에서 함수 $y=f(x)$의 증가, 감소를 표로 나타내면 다음과 같다.

x	-3	$\cdots$	-2	$\cdots$	0	$\cdots$	2
$f'(x)$		$+$	0	$-$	0	$+$	
$f(x)$	b	↗	$4a+b$	↘	b	↗	$20a+b$

$a>0$이므로 함수 $y=f(x)$는 $x=2$일 때 최댓값 $20a+b$, $x=-3$ 또는 $x=0$일 때 최솟값 b를 갖는다.
즉, $20a+b=10$, $b=-30$이므로
$a=2$, $b=-30$
$\therefore a+b=-28$

답 -28

1050

주어진 구간에서 극값이 하나뿐일 때 극값이 극댓값이면 (극댓값)=(최댓값)임을 이용하자.

함수 $f(x)=-x^4+ax^3+b$의 최댓값이 30이고 $f'(-1)=-8$ 일 때, 두 상수 a, b에 대하여 a^2+b^2의 값은?

a의 값을 구할 수 있다.

$f(x)=-x^4+ax^3+b$에서
$f'(x)=-4x^3+3ax^2$
$f'(-1)=-8$이므로
$4+3a=-8$ $\qquad \therefore a=-4$
즉, $f(x)=-x^4-4x^3+b$이고
$f'(x)=-4x^3-12x^2=-4x^2(x+3)$
$f'(x)=0$에서 $x=-3$ 또는 $x=0$

함수 $y=f(x)$의 증가, 감소를 표로 나타내면 다음과 같다.

x	$\cdots$	-3	$\cdots$	0	$\cdots$
$f'(x)$	$+$	0	$-$	0	$-$
$f(x)$	↗	$27+b$	↘	b	↘

따라서 함수 $y=f(x)$는 $x=-3$일 때 최댓값 $27+b$를 가지므로
$27+b=30$ $\qquad \therefore b=3$
$\therefore a^2+b^2=16+9=25$

답 ④

1051

$y=f(x)$의 증가·감소를 표로 나타내자.

$0 \le x \le a$에서 함수 $f(x)=2x^3-6x+4$의 최댓값이 8, 최솟값이 m이라 할 때, $a+m$의 값을 구하시오.

주어진 구간에서 극값이 하나뿐일 때 극값이 극솟값이면 (극솟값)=(최솟값)임을 이용하자.

$f(x)=2x^3-6x+4$에서
$f'(x)=6x^2-6=6(x+1)(x-1)$
$f'(x)=0$에서 $x=-1$ 또는 $x=1$
$f(0)=4$이고 최댓값은 8이므로 $a>1$
$0 \le x \le a$에서 함수 $y=f(x)$의 증가, 감소를 표로 나타내면 다음과 같다.

x	0	$\cdots$	1	$\cdots$	a
$f'(x)$		$-$	0	$+$	
$f(x)$	4	↘	0	↗	8

따라서 함수 $y=f(x)$는 $x=a$일 때 최댓값이 8이어야 하므로
$f(a)=2a^3-6a+4=8$
$a^3-3a-2=0$, $(a+1)^2(a-2)=0$
$\therefore a=2$ $(\because a>1)$
$x=1$일 때 최솟값이 0이므로 $m=0$
$\therefore a+m=2+0=2$

답 2

1052

$f(1)$, $f(4)$ 중에서 최대인 것

닫힌구간 $[1, 4]$에서 함수 $f(x)=x^3-3x^2+a$의 최댓값을 M, 최솟값을 m이라 하자. $M+m=20$일 때, 상수 a의 값은?

주어진 구간에서 극값이 하나뿐일 때 극값이 극솟값이면 (극솟값)=(최솟값)임을 이용하자.

$f'(x)=3x^2-6x=0$에서 $x=0$ 또는 $x=2$
닫힌구간 $[1, 4]$에서 함수 $y=f(x)$의 증가, 감소를 표로 나타내면 다음과 같다.

x	1	$\cdots$	2	$\cdots$	4
$f'(x)$	$-$	$-$	0	$+$	$+$
$f(x)$	$a-2$	↘	$a-4$	↗	$a+16$

$M=f(4)=16+a$, $m=f(2)=a-4$이므로
$M+m=12+2a=20$
$\therefore a=4$

답 ④

1053 $f'(x)=3x^2+2ax+b$임을 이용하자.

> 함수 $f(x)=x^3+ax^2+bx+c$가 $f'(-1)=-3$, $f'(1)=9$이고 구간 $[0, 2]$에서 최댓값이 24일 때, 세 상수 a, b, c에 대하여 $a+b+c$의 값을 구하시오. 연립하여 계수를 구하자.

$f(x)=x^3+ax^2+bx+c$에서 $f'(x)=3x^2+2ax+b$

$f'(-1)=3-2a+b=-3$

$\therefore -2a+b=-6$ ······㉠

$f'(1)=3+2a+b=9$

$\therefore 2a+b=6$ ······㉡

㉠, ㉡을 연립하여 풀면 $a=3$, $b=0$

즉, $f(x)=x^3+3x^2+c$이고

$f'(x)=3x^2+6x=3x(x+2)$

$f'(x)=0$에서 $x=-2$ 또는 $x=0$

구간 $[0, 2]$에서 함수 $y=f(x)$의 증가, 감소를 표로 나타내면 다음과 같다.

x	0	$\cdots$	2
$f'(x)$	0	$+$	$+$
$f(x)$	c	↗	$20+c$

따라서 함수 $y=f(x)$는 $x=2$에서 최댓값 $20+c$를 가지므로

$20+c=24$ $\therefore c=4$

$\therefore a+b+c=3+0+4=7$　　답 7

1054 주어진 함수를 미분하여 극값을 찾자.

> 양수 a에 대하여 함수 $f(x)=x^3+ax^2-a^2x+2$가 닫힌구간 $[-a, a]$에서 최댓값 M, 최솟값 $\dfrac{14}{27}$를 갖는다. $a+M$의 값을 구하시오. 주어진 구간에서 극값이 하나뿐일 때 극값이 극솟값이면 (극솟값)=(최솟값)임을 이용하자.

$f'(x)=3x^2+2ax-a^2$

$=(x+a)(3x-a)$

$f'(x)=0$에서 $x=-a$ 또는 $x=\dfrac{a}{3}$

즉, 함수 $f(x)$는 $x=-a$에서 극대이고 $x=\dfrac{a}{3}$에서 극소이므로

함수 $f(x)$는 $x=\dfrac{a}{3}$에서 극솟값 $f\left(\dfrac{a}{3}\right)$를 갖는다.

$f\left(\dfrac{a}{3}\right)=\left(\dfrac{a}{3}\right)^3+a\times\left(\dfrac{a}{3}\right)^2-a^2\times\dfrac{a}{3}+2$

$=-\dfrac{5}{27}a^3+2$

$-\dfrac{5}{27}a^3+2=\dfrac{14}{27}$에서 $a^3=8$, $a=2$

$f(x)=x^3+2x^2-4x+2$이므로

$f(2)=2^3+2\times2^2-4\times2+2=10$

$f(-2)=(-2)^3+2\times(-2)^2-4\times(-2)+2$

$=10$

이므로 $M=10$

따라서 $a+M=2+10=12$　　답 12

1055 $g(x)$가 $x=0$에서 미분가능해야 한다.

> 최고차항의 계수가 1인 삼차함수 $f(x)$에 대하여 함수 $g(x)$는 $g(x)=\begin{cases} 3 & (x<0) \\ f(x) & (x\geq0) \end{cases}$ 이다. $g(x)$가 실수 전체에서 미분가능하고 $g(x)$의 최솟값이 -1일 때, $g(3)$의 값을 구하시오.

주어진 구간에서 극값이 하나뿐일 때 극값이 극솟값이면 (극솟값)=(최솟값)임을 이용하자.

$g(x)$가 $x=0$에서 미분가능하므로

$f(0)=3$, $f'(0)=0$이다.

$f(x)=x^3+ax^2+bx+3$이라 하면

$f'(x)=3x^2+2ax+b$에서 $b=0$

$f'(x)=3x^2+2ax=x(3x+2a)$

$x=-\dfrac{2a}{3}$에서 최솟값 -1을 가진다.

$-\dfrac{8a^3}{27}+\dfrac{4a^3}{9}+3=-1$

$4a^3=-4\times27$

$\therefore a=-3$

$f(x)=x^3-3x^2+3$

$g(3)=27-27+3=3$　　답 3

1056 a의 값에 따라 함수식이 달라진다.

> 함수 $f(x)=x^2-2x$에 대하여 닫힌구간 $[a, a+1]$에서 함수 $f(x)$의 최솟값을 $g(a)$라 하자. $-2\leq a\leq2$일 때, 함수 $g(a)$의 최댓값과 최솟값을 각각 M, m이라 하자. $M+m$의 값을 구하시오.
>
> $-2\leq a<0$, $0\leq a\leq1$, $1<a\leq2$인 경우로 나누어 생각하자.

$f(x)=x^2-2x$에서

$f'(x)=2x-2$

$f'(x)=0$에서 $x=1$

$g(a)=\begin{cases} f(a+1) & (-2\leq a<0) \\ f(1) & (0\leq a\leq1) \\ f(a) & (1<a\leq2) \end{cases}=\begin{cases} a^2-1 & (-2\leq a<0) \\ -1 & (0\leq a\leq1) \\ a^2-2a & (1<a\leq2) \end{cases}$

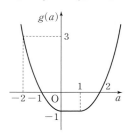

$M=3$, $m=-1$

$\therefore M+m=2$　　답 2

1057

함수 $f(x)=x^3-6x^2+9x-3$과 실수 t에 대하여 $x \le t$에서 $f(x)$의 최댓값을 $g(t)$라 하자. 함수 $g(t)$가 $t=a$에서 미분가능하지 않을 때, $f(a-1)$의 값을 구하시오.

> 먼저 주어진 함수의 그래프를 그리자.

> t의 값의 범위에 따라 $g(t)$의 함수식이 달라짐을 이용하자.

$f'(x)=3x^2-12x+9=3(x-1)(x-3)$
$f'(x)=0$에서 $x=1$ 또는 $x=3$
$f(1)=1, f(3)=-3$이므로 함수 $y=f(x)$의 그래프는 다음과 같다.
이때 $f(x)=1$에서
$x^3-6x^2+9x-4=0$,
$(x-4)(x-1)^2=0$이므로
$f(1)=f(4)=1$

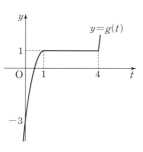

$$\therefore g(t)=\begin{cases} f(t) & (t \le 1) \\ 1 & (1<t \le 4) \\ f(t) & (t>4) \end{cases}$$

따라서 함수 $y=g(t)$의 그래프는
오른쪽과 같다.
$1 \le t \le 4$에서 $f'(t)=0$, $f'(1)=0$,
$f'(4)=9$
$1<t<4$일 때 $g'(t)=0$이고
$f'(1)=0$이므로 $g'(1)=0$
$1<t<4$일 때 $g'(t)=0$이고
$f'(4)=9$이므로
$x=4$에서 미분가능하지 않다.
$\therefore a=4$
$\therefore f(a-1)=f(3)$
$\qquad =27-54+27-3$
$\qquad =-3$

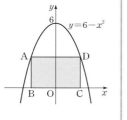

🅐 -3

1058

> 점 D의 좌표를 $(a, 6-a^2)$이라 하자.

그림과 같이 직사각형 ABCD의 두 꼭짓점 A, D가 곡선 $y=6-x^2$ 위에 있고 변 BC가 x축 위에 있을 때, 직사각형 ABCD의 넓이의 최댓값을 구하시오.

> 주어진 구간에서 극값이 하나뿐일 때 극값이 극댓값이면 (극댓값)=(최댓값)이다.

곡선 $y=6-x^2$ 위의 점 D의 좌표를 $(a, 6-a^2)$이라 하면 직사각형 ABCD의 넓이는 $2a(6-a^2)$이다.
$f(a)=2a(6-a^2)$ $(0<a<\sqrt{6})$이라 하면
$f'(a)=-6a^2+12$
$\qquad =-6(a^2-2)$
$\qquad =-6(a+\sqrt{2})(a-\sqrt{2})$
$f'(a)=0$에서 $a=-\sqrt{2}$ 또는 $a=\sqrt{2}$
$0<a<\sqrt{6}$에서 함수 $y=f(a)$의 증가, 감소를 표로 나타내면 다음과 같다.

a	(0)	$\cdots$	$\sqrt{2}$	$\cdots$	$(\sqrt{6})$
$f'(a)$		$+$	0	$-$	
$f(a)$		↗	$8\sqrt{2}$	↘	

따라서 함수 $y=f(a)$는 $a=\sqrt{2}$일 때, 최댓값 $8\sqrt{2}$를 가지므로 직사각형 ABCD의 넓이의 최댓값은 $8\sqrt{2}$이다.

🅐 $8\sqrt{2}$

1059

> 점 C의 좌표를 (x, y)라 하자.

그림과 같이 곡선 $y=-x^2+4$와 x축으로 둘러싸인 부분에 내접하고 한 변이 x축 위에 놓여 있는 사다리꼴 ABCD가 있다. 사다리꼴 ABCD의 넓이가 최대일 때, 사다리꼴 ABCD의 높이를 구하시오.

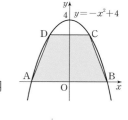

> 주어진 구간에서 극값이 하나뿐일 때 극값이 극댓값이면 (극댓값)=(최댓값)이다.

곡선 $y=-x^2+4$와 x축의 교점의 x좌표가 $x=-2$, $x=2$이므로 점 A의 x좌표는 -2, 점 B의 x좌표는 2이다.
점 C의 좌표를 (x, y)라 하면 점 D의 좌표는 $(-x, y)$가 되므로 사다리꼴 ABCD의 넓이를 $S(x)$라 하면

$$S(x)=\frac{1}{2}(\overline{AB}+\overline{CD}) \times y$$
$$=\frac{1}{2}(4+2x)(-x^2+4)$$
$$=-x^3-2x^2+4x+8$$

이므로
$S'(x)=-3x^2-4x+4$
$\qquad =-(x+2)(3x-2)$
$S'(x)=0$에서 $x=-2$ 또는 $x=\dfrac{2}{3}$
$0<x<2$에서 함수 $y=S(x)$의 증가, 감소를 표로 나타내면 다음과 같다.

x	(0)	$\cdots$	$\dfrac{2}{3}$	$\cdots$	(2)
$S'(x)$		$+$	0	$-$	
$S(x)$		↗	극대	↘	

따라서 사다리꼴 ABCD의 넓이는 $x=\dfrac{2}{3}$일 때 최대이므로
그 때의 높이는
$$-\left(\frac{2}{3}\right)^2+4=\frac{32}{9}$$

🅐 $\dfrac{32}{9}$

1060

> 점 P의 좌표를 $(a, a(a-2)^2)$이라 하자.

그림과 같이 곡선 $y=x(x-2)^2$이 x축과 만나는 두 점을 각각 O, A라 하자. 두 점 O, A 사이를 움직이는 곡선 위의 점 P에서 x축에 내린 수선의 발을 H라 할 때, 삼각형 OHP의 넓이의 최댓값을 구하시오.

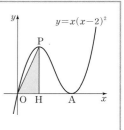

> 주어진 구간에서 극값이 하나뿐일 때 극값이 극댓값이면 (극댓값)=(최댓값)이다.

두 점 O, A 사이를 움직이는 곡선 위의 점 P의 좌표를

$(a, a(a-2)^2)$이라 하면 삼각형 OHP의 넓이는

$\frac{1}{2}a \times a(a-2)^2$이다.

$f(a) = \frac{1}{2}a \times a(a-2)^2$ $(0 < a < 2)$이라 하면

$f(a) = \frac{1}{2}a \times a(a-2)^2$

$= \frac{1}{2}a^2(a-2)^2$

$= \frac{1}{2}a^4 - 2a^3 + 2a^2$

$\therefore f'(a) = 2a^3 - 6a^2 + 4a$

$= 2a(a-1)(a-2)$

$f'(a) = 0$에서 $a=0$ 또는 $a=1$ 또는 $a=2$

$0 < a < 2$에서 함수 $y=f(a)$의 증가, 감소를 표로 나타내면 다음과 같다.

a	(0)	$\cdots$	1	$\cdots$	(2)
$f'(a)$		$+$	0	$-$	0
$f(a)$		$\nearrow$	$\frac{1}{2}$	$\searrow$	

따라서 함수 $y=f(a)$는 $a=1$일 때 최댓값 $\frac{1}{2}$을 가지므로

삼각형 OHP의 넓이의 최댓값은 $\frac{1}{2}$이다. 답 $\frac{1}{2}$

1061

잘라 낸 정사각형의 한 변의 길이를
$x \, \text{cm} \, (0 < x < 3)$라 하자.

[그림 1]과 같이 가로의 길이가 12 cm, 세로의 길이가 6 cm인 직사각형 모양의 종이가 있다. 네 모퉁이에서 크기가 같은 정사각형 모양의 종이를 잘라 낸 후 남는 부분을 접어서 [그림 2]와 같이 뚜껑이 없는 직육면체 모양의 상자를 만들려고 한다. 이 상자의 부피의 최댓값을 $M \, \text{cm}^3$이라 할 때, $\frac{\sqrt{3}}{3}M$의 값을 구하시오.

주어진 구간에서 극값이 하나뿐일 때
극값이 극댓값이면 (극댓값)=(최댓값)이다. (단, 종이의 두께는 무시한다.)

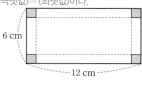

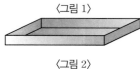

〈그림 1〉

〈그림 2〉

잘라 낸 정사각형의 한 변의 길이를 x라 하고
상자의 부피를 $V(x)$라 하면

$V(x) = x(6-2x)(12-2x)$ (단, $0 < x < 3$)

$V'(x) = 12(x^2 - 6x + 6) = 0$이므로

$x = 3 - \sqrt{3}$에서 최댓값을 갖는다.

따라서 $M = 24\sqrt{3}$이므로 $\frac{\sqrt{3}}{3}M = 24$ 답 24

1062

삼각형의 한 변에서 양쪽 끝에서 잘리는 부분의 길이를
$x \, (0 < x < 4)$라 하자.

그림과 같이 한 변의 길이가 8인 정삼각형 모양의 종이의 세 꼭짓점에서 합동인 사각형을 잘라 내어 뚜껑이 없는 삼각기둥 모양의 상자를 만들려고 한다. 삼각기둥의 부피의 최댓값을 구하시오.

(단, 종이의 두께는 무시한다.)

주어진 구간에서 극값이 하나뿐일 때 극값이 극댓값이면
(극댓값)=(최댓값)이다.

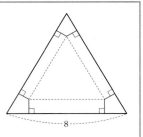

삼각형의 한 변에서 양쪽 끝에서 잘리는 부분의 길이를 x라 하면 삼각기둥의 밑면 삼각형의 한 변의 길이는 $8-2x$, 높이는 $\frac{1}{\sqrt{3}}x$이므로 부피를 V라 하면

$V = \frac{\sqrt{3}}{4}(8-2x)^2 \times \frac{x}{\sqrt{3}}$ (단, $0 < x < 4$)

$= x^3 - 8x^2 + 16x$

$V' = 3x^2 - 16x + 16$

$= (3x-4)(x-4)$

$x = \frac{4}{3}$일 때, 부피가 최대이므로

$\left(\frac{4}{3}\right)^3 - 8 \times \left(\frac{4}{3}\right)^2 + 16 \times \frac{4}{3} = \frac{64 - 128 \times 3 + 64 \times 9}{27} = \frac{256}{27}$

답 $\frac{256}{27}$

1063 피타고라스 정리를 이용하자.

그림과 같이 밑면의 반지름의 길이가 r, 높이가 h인 원기둥이 있다. 이 원기둥의 밑면의 지름을 포함하고 밑면에 수직인 평면으로 자른 도형의 대각선의 길이가 15로 일정하다고 한다. 원기둥의 부피 V가 최대가 될 때의 높이 h의 값을 구하시오.

$V = \pi r^2 h$이다.

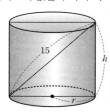

피타고라스의 정리에 의하여

$4r^2 + h^2 = 225$

이고 원기둥의 부피 V는

$V = \pi r^2 h$

$= \frac{1}{4}\pi h(225 - h^2)$ (단, $0 < h < 15$)

부피를 h에 대하여 미분하면

$V' = -\frac{3}{4}\pi(h + 5\sqrt{3})(h - 5\sqrt{3})$

따라서 부피 V는 $h = 5\sqrt{3}$일 때 극대이면서 최대이다. 답 $5\sqrt{3}$

1064 삼각형의 닮음을 이용하자.

그림과 같이 밑면의 반지름의 길이가 1인 원뿔에 원기둥을 내접시키려고 한다. 원기둥의 부피가 최대가 되도록 하는 원기둥의 밑면의 반지름의 길이를 구하시오. 주어진 구간에서 극값이 하나뿐일 때 극값이 극댓값이면 (극댓값)=(최댓값)이다.

그림과 같이 원뿔의 높이를 h라 하고, 원기둥의 밑면의 반지름의 길이를 x, 원기둥의 높이를 y라 하면
$\triangle ABC \sim \triangle AOD$이므로
$(h-y):x=h:1$
$\therefore y=h(1-x)$
원기둥의 부피를 $f(x)$라 하면
$f(x)=\pi x^2 h(1-x)=\pi h(x^2-x^3)$ $(0<x<1)$
$f'(x)=\pi h(2x-3x^2)=-3\pi hx\left(x-\dfrac{2}{3}\right)$

$f'(x)=0$에서 $x=0$ 또는 $x=\dfrac{2}{3}$

$0<x<1$에서 함수 $y=f(x)$의 증가, 감소를 표로 나타내면 다음과 같다.

x	(0)	$\cdots$	$\dfrac{2}{3}$	$\cdots$	(1)
$f'(x)$		$+$	0	$-$	
$f(x)$		↗	극대	↘	

따라서 원기둥의 부피는 $x=\dfrac{2}{3}$일 때 최대이므로 부피가 최대가

되도록 하는 원기둥의 밑면의 반지름의 길이는 $\dfrac{2}{3}$이다. 　目 $\dfrac{2}{3}$

1065 매출액은 $1200x$이다.

A 제품을 하루에 x개 생산하는 데 드는 비용을 $W(x)$원이라 하면 $W(x)=x^3-60x^2+1200x+5000$이라 한다. 생산된 제품은 한 개에 1200원씩 그날 모두 팔린다고 할 때, 하루에 몇 개를 생산하면 이익이 최대가 되는지 구하시오.

(이익)$=1200x-W(x)$임을 이용하자.

하루에 $x(x>0)$개 생산할 때의 이익을 $f(x)$라 하면
$f(x)=$(매출액)$-$(생산 비용)
$\quad =1200x-W(x)$
$\quad =1200x-(x^3-60x^2+1200x+5000)$
$\quad =-x^3+60x^2-5000$
$f'(x)=-3x^2+120x=-3x(x-40)$
$f'(x)=0$에서 $x=0$ 또는 $x=40$

x	(0)	$\cdots$	40	$\cdots$
$f'(x)$		$+$	0	$-$
$f(x)$		↗	극대	↘

따라서 함수 $f(x)$는 $x>0$에서 $x=40$일 때 최대이므로 하루에 40개를 생산하면 이익이 최대가 된다. 　目 40개

1066 다항함수는 실수 전체의 구간에서 미분가능하다.

함수 $f(x)=\dfrac{1}{3}x^3+ax^2+4x+5$가 실수 전체의 집합에서 증가하도록 하는 정수 a의 개수를 구하시오. 모든 실수 x에 대하여 $f'(x)\geq 0$임을 이용하자.

$f(x)=\dfrac{1}{3}x^3+ax^2+4x+5$에서

$f'(x)=x^2+2ax+4$
함수 $y=f(x)$가 실수 전체의 집합에서 증가하려면 모든 실수 x에 대하여 $f'(x)\geq 0$이어야 하므로
이차방정식 $f'(x)=0$의 판별식을 D라 하면
$$\dfrac{D}{4}=a^2-4\leq 0, \ (a+2)(a-2)\leq 0$$
$\therefore -2\leq a\leq 2$
따라서 정수 a의 개수는 $-2, -1, 0, 1, 2$의 5이다. 　目 5

1067

함수 $f(x)=-x^3+2x^2+kx-3$이 $1<x<2$에서 증가하도록 하는 실수 k의 최솟값은? $\quad \longrightarrow 1<x<2$에서 $f'(x)\geq 0$이어야 한다.

$f(x)=-x^3+2x^2+kx-3$에서
$f'(x)=-3x^2+4x+k$
함수 $f(x)$가 $1<x<2$에서 증가하려면 이 구간에서 $f'(x)\geq 0$이어야 하므로 $y=f'(x)$의 그래프는 그림과 같아야 한다.

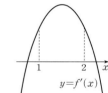

(i) $f'(1)=-3+4+k\geq 0$에서 $k\geq -1$
(ii) $f'(2)=-12+8+k\geq 0$에서 $k\geq 4$
(i), (ii)의 공통 범위는 $k\geq 4$
따라서 구하는 실수 k의 최솟값은 4이다. 　目 ③

1068 $y=f(x)$의 증가·감소를 표로 나타내자.

함수 $f(x)=x^3-12x+2$의 극댓값을 M, 극솟값을 m이라 할 때, $M+m$의 값은? $f'(x)$의 부호가 $x=a$에서 양수에서 음수로 바뀌면 $y=f(x)$는 $x=a$에서 극대이다.

$f(x)=x^3-12x+2$에서
$f'(x)=3x^2-12$
$\quad =3(x+2)(x-2)$
$f'(x)=0$에서 $x=-2$ 또는 $x=2$
함수 $y=f(x)$의 증가, 감소를 표로 나타내면 다음과 같다.

x	$\cdots$	-2	$\cdots$	2	$\cdots$
$f'(x)$		$+$	0	$-$	0	$+$
$f(x)$	↗	18	↘	-14	↗

따라서 함수 $y=f(x)$는 $x=-2$일 때 극댓값 18, $x=2$일 때 극솟값 -14를 갖는다.
즉, $M=18$, $m=-14$이므로
$M+m=4$ 　目 ④

1069 서술형

$f(1)=0$이고 $f'(1)=0$임을 이용하자.

> 함수 $f(x)=x^3+ax^2+9x+b$가 $x=1$에서 극댓값 0을 가질 때, 함수 $f(x)$의 극솟값을 구하시오. (단, a, b는 상수)
>
> 주어진 함수를 미분하자.

$f(x)=x^3+ax^2+9x+b$에서
$f'(x)=3x^2+2ax+9$
이때, 함수 $f(x)$가 $x=1$에서 극댓값 0을 가지므로
$f(1)=0$에서 $1+a+9+b=0$
$\therefore a+b=-10$ ⋯⋯ ㉠
$f'(1)=0$에서 $3+2a+9=0$
$\therefore a=-6$ ⋯⋯ 40%
$a=-6$을 ㉠에 대입하면 $b=-4$
즉, $f(x)=x^3-6x^2+9x-4$에서
$f'(x)=3x^2-12x+9$
$=3(x^2-4x+3)$
$=3(x-1)(x-3)$
$f'(x)=0$에서 $x=1$ 또는 $x=3$ ⋯⋯ 40%

x	⋯	1	⋯	3	⋯
$f'(x)$	+	0	−	0	+
$f(x)$	↗	극대	↘	극소	↗

함수 $f(x)$는 $x=3$에서 극소이고 극솟값은
$f(3)=27-54+27-4=-4$ ⋯⋯ 20%

답 -4

1070

$y=f(x)$의 증가 · 감소를 표로 나타내자.

> 함수 $y=f(x)$의 도함수 $y=f'(x)$의 그래프가 그림과 같을 때, 다음 설명 중 옳은 것은?

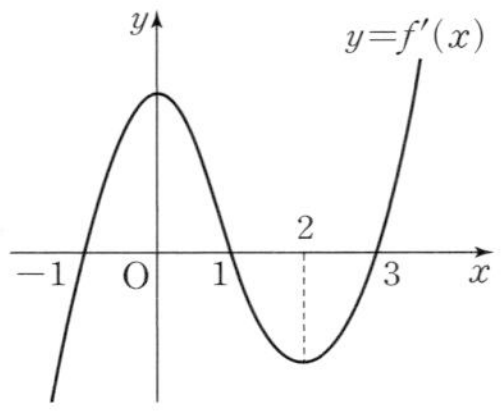

> ① 함수 $y=f(x)$가 증가하는 구간은 $[-1, 1]$뿐이다.
> ② 함수 $y=f(x)$는 구간 $[0, 2]$에서 감소한다.
> ③ 함수 $y=f(x)$는 $x=-1$에서 극소이다.
> ④ 함수 $y=f(x)$는 $x=0$에서 극대이다.
> ⑤ 함수 $y=f(x)$의 극대 또는 극소인 점은 모두 2개이다.
>
> $[0, 1]$에서 증가한 뒤 $[1, 2]$에서 감소한다.

주어진 그래프에서 $f'(-1)=0$, $f'(1)=0$, $f'(3)=0$이므로 함수 $y=f(x)$의 증가, 감소를 표로 나타내면 다음과 같다.

x	⋯	-1	⋯	1	⋯	3	⋯
$f'(x)$	−	0	+	0	−	0	+
$f(x)$	↘	극소	↗	극대	↘	극소	↗

따라서 함수 $y=f(x)$는 구간 $[-1, 1]$, $[3, \infty)$에서 증가하고, 구간 $(-\infty, -1]$, $[1, 3]$에서 감소하며 $x=-1$, $x=3$에서 극소, $x=1$에서 극대이다.
따라서 옳은 것은 ③이다.

답 ③

1071

이차방정식 $f'(x)=0$의 판별식을 D라 하면 $D\le0$임을 이용하자.

> 삼차함수 $f(x)=x^3+3ax^2-3ax-2$가 극값을 갖지 않도록 하는 정수 a의 개수를 구하시오.

$f(x)=x^3+3ax^2-3ax-2$에서
$f'(x)=3x^2+6ax-3a=3(x^2+2ax-a)$
함수 $y=f(x)$가 극값을 갖지 않기 위해서는 방정식 $f'(x)=0$이 중근 또는 허근을 가져야 한다.
이차방정식 $x^2+2ax-a=0$의 판별식을 D라 하면
$\frac{D}{4}=a^2+a\le0$, $a(a+1)\le0$
$\therefore -1\le a\le0$
따라서 정수 a의 개수는 -1, 0의 2이다.

답 2

1072

$y=f'(x)$를 구하자.

> 함수 $f(x)=ax^3-2ax^2-5x+3$이 $x>1$에서 극댓값을 갖고, $x<1$에서 극솟값을 갖도록 하는 정수 a의 최댓값을 구하시오.
>
> $f'(x)$의 부호가 $x=a$에서 양수에서 음수로 바뀌면 $y=f(x)$는 $x=a$에서 극대이다.

$f(x)=ax^3-2ax^2-5x+3$에서
$f'(x)=3ax^2-4ax-5$
함수 $y=f(x)$가 $x>1$에서 극댓값을 갖고, $x<1$에서 극솟값을 가지려면 그림과 같이 함수 $y=f'(x)$의 그래프는 위로 볼록하고, 방정식 $f'(x)=0$의 두 근 사이에 1이 있어야 한다.

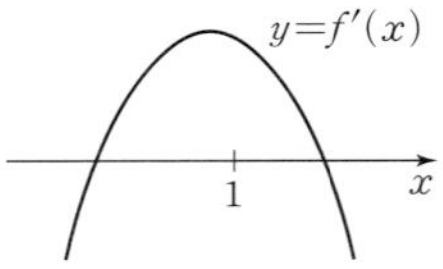

(i) $y=f'(x)$의 그래프가 위로 볼록하므로
$a<0$
(ii) $f'(1)=3a-4a-5>0$이므로
$-a-5>0$ $\therefore a<-5$
(i), (ii)에서 $a<-5$
따라서 정수 a의 최댓값은 -6이다.

답 -6

1073 서술형

> 삼차함수 $y=f(x)$가 다음 조건을 만족시킬 때, 함수 $y=f(x)$의 극댓값을 구하시오.
>
> (가) $\lim_{x\to0}\frac{f(x)}{x}=-6$ — $f(0)=0$이고 $f'(0)=-6$임을 이용하자.
> (나) 함수 $y=f(x)$는 $x=1$에서 극솟값 $-\frac{7}{2}$을 갖는다.
>
> $f(1)=-\frac{7}{2}$이고 $f'(1)=0$이다.

$f(x)=ax^3+bx^2+cx+d\,(a\ne0)$라 하면
$f'(x)=3ax^2+2bx+c$

$\lim\limits_{x \to 0} \dfrac{f(x)}{x} = -6$에서 $x \to 0$일 때, (분모)$\to 0$이므로
(분자)$\to 0$이어야 한다.

즉, $\lim\limits_{x \to 0} f(x) = 0$에서 $f(0) = d = 0$

$\therefore \lim\limits_{x \to 0} \dfrac{f(x)}{x} = \lim\limits_{x \to 0} \dfrac{f(x) - f(0)}{x - 0} = f'(0) = -6$

$\therefore c = -6$

조건 (나)에서 함수 $y = f(x)$는 $x = 1$에서 극솟값 $-\dfrac{7}{2}$을 가지므로

$f(1) = -\dfrac{7}{2}$에서 $a + b + c + d = -\dfrac{7}{2}$

$\therefore a + b = \dfrac{5}{2}$ ...... ㉠ 40%

$f'(1) = 0$에서 $3a + 2b + c = 0$

$\therefore 3a + 2b = 6$ ...... ㉡

㉠, ㉡을 연립하여 풀면 $a = 1$, $b = \dfrac{3}{2}$

$\therefore f(x) = x^3 + \dfrac{3}{2}x^2 - 6x$ 40%

$f'(x) = 3x^2 + 3x - 6 = 3(x^2 + x - 2)$
$\qquad = 3(x + 2)(x - 1)$

$f'(x) = 0$에서 $x = -2$ 또는 $x = 1$

따라서 함수 $y = f(x)$는 $x = -2$에서 극대이고 극댓값은

$f(-2) = -8 + 6 + 12 = 10$ 20%

답 10

1074

삼차함수 $y = f(x)$와 이차함수 $y = g(x)$의 도함수의 그래프가 그림과 같다. 함수 $h(x)$를 $h(x) = f(x) - g(x)$, $f(0) = g(0)$이라 할 때, 옳은 것만을 〈보기〉에서 있는 대로 고른 것은?

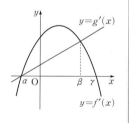

─┤ 보기 ├─

ㄱ. $a < x < \beta$에서 $h(x)$는 증가한다.

ㄴ. $h(x)$는 $x = \beta$에서 극댓값을 갖는다.

ㄷ. $h(x) = 0$은 서로 다른 세 실근을 갖는다.

$y = h(x)$의 증가·감소를 표로 나타내자.

$h(0) = 0$임을 이용하자.

$h'(x) = a(x - a)(x - \beta)$ $(a < 0)$로 놓으면
$h'(x) = 0$에서 $x = a$ 또는 $x = \beta$

x	$\cdots$	a	$\cdots$	β	$\cdots$
$h'(x)$	$-$	0	$+$	0	$-$
$h(x)$	$\searrow$	극소	$\nearrow$	극대	$\searrow$

ㄱ. $a < x < \beta$일 때, $h'(x) > 0$이므로 $h(x)$는 증가한다. (참)

ㄴ. $h'(\beta) = 0$이고, $x = \beta$에서 $h'(x)$의 부호가 양에서 음으로 바뀌므로 $h(x)$는 $x = \beta$에서 극댓값을 갖는다. (참)

ㄷ. $f(0) = g(0)$에서 $h(0) = 0$이므로 $y = h(x)$의 그래프의 개형은 다음과 같다.

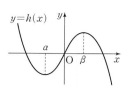

즉, $h(x) = 0$은 서로 다른 세 실근을 갖는다. (참)

따라서 ㄱ, ㄴ, ㄷ 모두 옳다. 답 ⑤

1075

주어진 구간에서 극값이 하나뿐일 때 극값이 극댓값이면 (극댓값)=(최댓값)이다.

구간 $[-1, 1]$에서 함수 $f(x) = x^3 - 6x^2 - 1$의 최댓값을 M, 최솟값을 m이라 할 때, Mm의 값을 구하시오.

$f(-1)$, $f(1)$ 중에서 최소인 것이다.

$f(x) = x^3 - 6x^2 - 1$에서
$f'(x) = 3x^2 - 12x$
$\qquad = 3x(x - 4)$

$f'(x) = 0$에서 $x = 0$ 또는 $x = 4$

구간 $[-1, 1]$에서 함수 $y = f(x)$의 증가, 감소를 표로 나타내면 다음과 같다.

x	-1	$\cdots$	0	$\cdots$	1
$f'(x)$		$+$	0	$-$	
$f(x)$	-8	$\nearrow$	-1	$\searrow$	-6

따라서 함수 $y = f(x)$는 $x = 0$에서 최댓값 $M = -1$,
$x = -1$에서 최솟값 $m = -8$을 가지므로
$Mm = (-1) \times (-8) = 8$ 답 8

1076

$y = f(x)$의 증가·감소를 표로 나타내자.

구간 $[0, 3]$에서 함수 $f(x) = ax^3 - 3ax^2 + b$의 최댓값은 2이고, 최솟값이 -2일 때, 두 상수 a, b에 대하여 $a + b$의 값은?

(단, $a > 0$)

주어진 구간에서 극값이 하나뿐일 때 극값이 극솟값이면 (극솟값)=(최솟값)임을 이용하자.

$f(x) = ax^3 - 3ax^2 + b$ $(a > 0)$에서
$f'(x) = 3ax^2 - 6ax = 3ax(x - 2)$

$f'(x) = 0$에서 $x = 0$ 또는 $x = 2$

구간 $[0, 3]$에서 함수 $y = f(x)$의 증가, 감소를 표로 나타내면 다음과 같다.

x	0	$\cdots$	2	$\cdots$	3
$f'(x)$	0	$-$	0	$+$	
$f(x)$	b	$\searrow$	$-4a + b$	$\nearrow$	b

따라서 함수 $y = f(x)$는 $x = 0$ 또는 $x = 3$에서 최댓값 b,
$x = 2$에서 최솟값 $-4a + b$를 가지므로
$b = 2$, $f(2) = -4a + b = -2$
$\therefore a = 1$
$\therefore a + b = 1 + 2 = 3$ 답 ③

1077 잘라 낸 정사각형의 한 변의 길이를 x cm $(0<x<4)$라 하자.

그림과 같이 가로의 길이가 15 cm, 세로의 길이가 8 cm인 직사각형 모양의 양철판의 네 귀퉁이에서 같은 크기의 정사각형을 잘라내고 남은 부분으로 상자를 만들어 그 부피가 최대가 되도록 하려고 한다. 잘라내야 할 정사각형의 한 변의 길이를 구하시오.

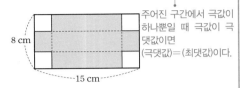

주어진 구간에서 극값이 하나뿐일 때 극값이 극댓값이면 (극댓값)=(최댓값)이다.

8 cm

15 cm

잘라야 할 정사각형의 한 변의 길이를 x cm라 하면 상자의 부피는 $x(8-2x)(15-2x)$이다.

$f(x)=x(8-2x)(15-2x)$ $(0<x<4)$라 하면

$$f(x)=x(8-2x)(15-2x)$$
$$=2(2x^3-23x^2+60x)$$
$$\therefore f'(x)=2(6x^2-46x+60)$$
$$=4(3x-5)(x-6)$$

$f'(x)=0$에서 $x=\dfrac{5}{3}$ 또는 $x=6$

$0<x<4$에서 함수 $y=f(x)$의 증가, 감소를 표로 나타내면 다음과 같다.

x	(0)	$\cdots$	$\dfrac{5}{3}$	$\cdots$	(4)
$f'(x)$		$+$	0	$-$	
$f(x)$		$\nearrow$	극대	$\searrow$	

따라서 상자의 부피는 $x=\dfrac{5}{3}$일 때 최대이므로 잘라내야 할 정사각형의 한 변의 길이는 $\dfrac{5}{3}$ cm이다.

답 $\dfrac{5}{3}$ cm

1078 $y=f'(x)$의 그래프의 개형을 그려보자.

함수 $y=f(x)$의 도함수 $y=f'(x)$가

$$f'(x)=\begin{cases} x^2-2x-3 & (x\le 3) \\ -x^2+8x-15 & (x>3) \end{cases}$$

일 때, 구간 $[k, k+1]$에서 함수 $y=f(x)$가 증가하기 위한 k의 최댓값은?

$f'(x)\ge 0$임을 이용하자.

$y=f'(x)$의 그래프의 개형을 그려보면 그림과 같다.

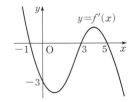

함수 $y=f(x)$가 증가하기 위해서는 $f'(x)\ge 0$이어야 하므로

$k+1\le -1$ 또는 $k\ge 3$, $k+1\le 5$

$\therefore k\le -2$ 또는 $3\le k\le 4$

따라서 k의 최댓값은 4이다.

답 ④

1079 $f(1)=7-b$이고 $f'(1)=0$임을 이용하자.

사차함수 $f(x)=3x^4+4(a+2)x^3+12ax^2+b$가 $x=1$에서 극솟값 $7-b$를 갖는다고 한다. 이때, $f(x)$의 극댓값은? (단, a, b는 상수)

$y=f'(x)$를 구하자.

$f(x)=3x^4+4(a+2)x^3+12ax^2+b$에서

$$f'(x)=12x^3+12(a+2)x^2+24ax$$
$$=12x\{x^2+(a+2)x+2a\}$$
$$=12x(x+2)(x+a)$$

이때, $f(x)$는 $x=1$에서 극솟값 $7-b$를 가지므로

$f'(1)=12\cdot 3(1+a)=0$ $\therefore a=-1$

$f(1)=3+4-12+b=7-b$ $\therefore b=6$

즉, $f(x)=3x^4+4x^3-12x^2+6$이므로

$$f'(x)=12x^3+12x^2-24x$$
$$=12x(x+2)(x-1)$$

$f'(x)=0$에서 $x=-2$ 또는 $x=0$ 또는 $x=1$

함수 $f(x)$의 증가, 감소를 조사하면 다음과 같다.

x	$\cdots$	-2	$\cdots$	0	$\cdots$	1	$\cdots$
$f'(x)$	$-$	0	$+$	0	$-$	0	$+$
$f(x)$	$\searrow$	극소	$\nearrow$	극대	$\searrow$	극소	$\nearrow$

따라서 함수 $f(x)$는 $x=0$일 때 극대이므로 극댓값은 $f(0)=6$

답 ③

1080 $y=f'(x)$를 구하자.

함수 $f(x)=x^3-3ax^2+3(a^2-1)x+1$의 극댓값이 5이고, $f(-2)>1$일 때, $f(2)$의 값을 구하시오. (단, a는 상수이다.)

$f'(x)=0$이 되는 x를 찾자.

$$f'(x)=3x^2-6ax+3(a^2-1)$$
$$=3\{x-(a-1)\}\{x-(a+1)\}$$

이므로 $x=a-1$일 때, 극댓값을 갖는다.

$$f(a-1)=(a-1)^3-3a(a-1)^2+3(a^2-1)(a-1)+1$$
$$=(a-1)^2\{(a-1)-3a+3(a+1)\}+1$$
$$=(a-1)^2(a+2)+1=5$$

$a^3-3a+3=5$, $a^3-3a-2=0$

$(a+1)^2(a-2)=0$ $\cdots\cdots$ ㉠

또, $f(-2)=-8-12a-6(a^2-1)+1$
$$=-6a^2-12a-1>1$$

$3a^2+6a+1<0$

부등식을 풀면 $\dfrac{-3-\sqrt{6}}{3}<a<\dfrac{-3+\sqrt{6}}{3}$

그러므로 ㉠에서 $a=-1$

따라서 $f(x)=x^3+3x^2+1$

$f(2)=8+12+1=21$

답 21

1081

$f'(x)=0$이 되는 x를 찾자.

$-3\le x\le 0$에서 함수 $f(x)=-\dfrac{1}{2}ax^4+3ax^2-4ax+b$의 최댓값이 27, 최솟값이 0일 때, 두 상수 a, b에 대하여 ab의 값을 구하시오. (단, $a>0$)

$y=f(x)$의 증가·감소를 표로 나타내자.

$f(x)=-\dfrac{1}{2}ax^4+3ax^2-4ax+b \;(a>0)$에서

$f'(x)=-2ax^3+6ax-4a=-2a(x^3-3x+2)$
$\qquad =-2a(x+2)(x-1)^2$

$f'(x)=0$에서 $x=-2$ 또는 $x=1$

$-3\le x\le 0$에서 함수 $y=f(x)$의 증가, 감소를 표로 나타내면 다음과 같다.

x	-3	$\cdots$	-2	$\cdots$	0
$f'(x)$		$+$	0	$-$	
$f(x)$	$-\dfrac{3}{2}a+b$	$\nearrow$	$12a+b$	$\searrow$	b

$a>0$이므로 함수 $y=f(x)$는 $x=-2$에서 최댓값 $12a+b$,

$x=-3$에서 최솟값 $-\dfrac{3}{2}a+b$를 갖는다.

즉, $12a+b=27$, $-\dfrac{3}{2}a+b=0$이므로

두 식을 연립하여 풀면 $a=2$, $b=3$

$\therefore ab=6$

답 6

1082

$h=10-x$임을 이용하자.

밑면의 반지름의 길이 x와 높이 h의 합이 10인 원기둥의 부피 V가 최대가 되도록 하는 높이 h의 값을 구하시오.

$V=\pi x^2 h$임을 이용하자.

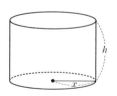

$x+h=10$이고

$V=\pi x^2 h=\pi x^2(10-x)=\pi(-x^3+10x^2)$ (단, $0<x<10$)

$V'=\pi(-3x^2+20x)=0$에서

$x=0$ 또는 $x=\dfrac{20}{3}$이므로

V는 $x=\dfrac{20}{3}$에서 극대이면서 최대이다.

따라서 부피가 최대인 h는

$h=10-x=10-\dfrac{20}{3}=\dfrac{10}{3}$

답 $\dfrac{10}{3}$

1083

$y^2\ge 0$임을 이용하자.

등식 $x^2+3y^2=9$를 만족시키는 실수 x, y에 대하여 x^2+xy^2의 최솟값은?

y^2을 소거하여 x에 관한 식으로 변형하자.

$x^2+3y^2=9$에서 $y^2=\dfrac{1}{3}(9-x^2)$ ...... ㉠

$y^2\ge 0$이므로 $-3\le x\le 3$ ...... ㉡

주어진 식에 ㉠을 대입한 식을 $f(x)$라 하면

$f(x)=-\dfrac{1}{3}x^3+x^2+3x$

$f'(x)=-x^2+2x+3=-(x+1)(x-3)$

㉡의 범위에서 함수 $y=f(x)$의 증가, 감소를 표로 나타내면 다음과 같다.

x	-3	$\cdots$	-1	$\cdots$	3
$f'(x)$		$-$	0	$+$	0
$f(x)$	9	$\searrow$	$-\dfrac{5}{3}$	$\nearrow$	9

따라서 주어진 식의 최솟값은 $-\dfrac{5}{3}$이다.

답 ①

1084

$y=f(x)$의 증가·감소를 표로 나타내자.

함수 $f(x)=x^4-2a^2x^2$의 그래프에서 극대인 점 한 개와 극소인 점 두 개를 이어서 만든 삼각형이 직각삼각형일 때, 이 삼각형의 넓이를 구하시오. (단, $a>0$)

직선의 기울기의 곱이 -1임을 이용하자.

$f(x)=x^4-2a^2x^2$에서

$f'(x)=4x^3-4a^2x=4x(x+a)(x-a)$

$f'(x)=0$에서 $x=-a$ 또는 $x=0$ 또는 $x=a$

함수 $y=f(x)$의 증가, 감소를 표로 나타내면 다음과 같다.

x	$\cdots$	$-a$	$\cdots$	0	$\cdots$	a	$\cdots$
$f'(x)$	$-$	0	$+$	0	$-$	0	$+$
$f(x)$	$\searrow$	$-a^4$	$\nearrow$	0	$\searrow$	$-a^4$	$\nearrow$

즉, 함수 $y=f(x)$는 $x=0$에서 극댓값, $x=-a$ 또는 $x=a$에서 극솟값을 갖는다.

극대인 점을 $O(0, 0)$, 극소인 점을 $P(-a, -a^4)$,

$Q(a, -a^4)$이라 하면 $\angle QOP$는 직각이어야 하므로 직선 OP와 직선 OQ의 기울기의 곱이 -1이다.

$\dfrac{-a^4}{-a}\times\dfrac{-a^4}{a}=-1$에서 $a^6=1$

$\therefore a=1 \;(\because a>0)$

즉, $P(-1, -1)$, $Q(1, -1)$

이므로

구하는 삼각형의 넓이는

$\dfrac{1}{2}\times 2\times 1=1$

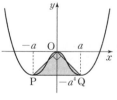

답 1

1085

모든 계수가 정수인 삼차함수 $f(x)$에 대하여 다음 조건을 만족시키는 함수 $f(x)$의 극댓값을 M, 극솟값을 m이라 할 때, M^2+m^2의 값을 구하시오.

> (가) 모든 실수 x에 대하여 $f(-x)=-f(x)$
> ↳ 삼차함수 $f(x)$는 삼차항과 일차항만으로 이루어져 있다.
> (나) $f(1)=5$
> (다) $1<f'(1)<7$
> ↳ (나)와 (다)를 연립하여 계수를 구하자.

$f(x)=ax^3+bx^2+cx+d$ $(a\neq0)$로 놓으면

$f'(x)=3ax^2+2bx+c$

(가)에서

$-ax^3+bx^2-cx+d=-ax^3-bx^2-cx-d$

$2bx^2+2d=0$ $\therefore b=0,\ d=0$

즉, $f(x)=ax^3+cx$, $f'(x)=3ax^2+c$

(나)에서

$f(1)=a+c=5$ $\therefore c=5-a$ ……㉠

(다)에서

$f'(1)=3a+c$이므로

$1<3a+c<7$ ……㉡

㉠을 ㉡에 대입하면

$1<2a+5<7,\ -4<2a<2$

$\therefore -2<a<1$

이때, a는 0이 아닌 정수이므로 $a=-1$

$a=-1$을 ㉡에 대입하면 $c=6$

즉, $f(x)=-x^3+6x$이므로

$f'(x)=-3x^2+6=-3(x^2-2)$

$\qquad\quad =-3(x+\sqrt{2})(x-\sqrt{2})$

$f'(x)=0$에서 $x=-\sqrt{2}$ 또는 $x=\sqrt{2}$

x	$\cdots$	$-\sqrt{2}$	$\cdots$	$\sqrt{2}$	$\cdots$
$f'(x)$	$-$	0	$+$	0	$-$
$f(x)$	$\searrow$	$-4\sqrt{2}$	$\nearrow$	$4\sqrt{2}$	$\searrow$

따라서 함수 $f(x)$의

극댓값은 $M=f(\sqrt{2})=4\sqrt{2}$

극솟값은 $m=f(-\sqrt{2})=-4\sqrt{2}$

$\therefore M^2+m^2=32+32=64$

답 64

1086

> $y=g(x)$의 그래프를 이용하여 $y=f(x)$의 증가 · 감소를 표로 나타내자.

실수 전체의 집합에서 함수 $y=f(x)$가 미분가능하고 도함수 $y=f'(x)$가 연속이다. x축과 만나는 x좌표가 $b,\ c,\ d$뿐인 함수 $g(x)=\dfrac{f'(x)}{x}$의 그래프가 그림과 같을 때, 〈보기〉에서 옳은 것만을 있는 대로 고른 것은?

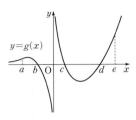

> | 보기 |
> ↳ 구간 $(b, 0)$에서 $g(x)<0$이고 $x<0$임을 이용하자.
> ㄱ. 함수 $y=f(x)$는 구간 $(b, 0)$에서 증가한다.
> ㄴ. 함수 $y=f(x)$는 $x=b$에서 극솟값을 갖는다.
> ㄷ. 함수 $y=f(x)$는 구간 $[a, e]$에서 4개의 극값을 갖는다.

주어진 함수 $y=g(x)$의 그래프를 이용하여 함수 $y=f(x)$의 증가, 감소를 표로 나타내면 다음과 같다.

x	$\cdots$	b	$\cdots$	0	$\cdots$	c	$\cdots$	d	$\cdots$
$g(x)$	$+$	0	$-$		$+$	0	$-$	0	$+$
$f'(x)$	$-$		$+$		$+$		$-$		$+$
$f(x)$	$\searrow$	극소	$\nearrow$		$\nearrow$	극대	$\searrow$	극소	$\nearrow$

ㄱ. 함수 $y=f(x)$는 구간 $(b, 0)$에서 증가한다. (참)

ㄴ. 함수 $y=f(x)$는 $x=b$에서 극솟값을 갖는다. (참)

ㄷ. 함수 $y=f(x)$는 구간 $[a, e]$에서 $x=b, c, d$일 때 극값을 가지므로 3개의 극값을 갖는다. (거짓)

따라서 옳은 것은 ㄱ, ㄴ이다.   답 ③

1087

$x=0$에서 극댓값을 갖는 모든 다항함수 $f(x)$에 대하여 옳은 것만을 〈보기〉에서 있는 대로 고른 것은?

> | 보기 |
> ↳ $f(0)<0$인 경우도 존재한다.
> ㄱ. 함수 $|f(x)|$은 $x=0$에서 극댓값을 갖는다.
> ㄴ. 함수 $f(|x|)$은 $x=0$에서 극댓값을 갖는다.
> ㄷ. 함수 $f(x)-x^2|x|$은 $x=0$에서 극댓값을 갖는다.
> ↳ $x\geq0$인 경우와 $x<0$인 경우로 나누어 생각하자.
> ↳ $y=f(|x|)$의 그래프는 y축에 대하여 대칭이다.

ㄱ. [반례] $f(x)=-x^2$ (거짓)

$\quad x=0$에서 $y=f(x)$가 극댓값을 갖지만 $|f(x)|$는 극솟값을 갖는다.

ㄴ. $f(|x|)=\begin{cases} f(-x) & (x<0) \\ f(x) & (x\geq0) \end{cases}$

$\quad f'(|x|)=\begin{cases} -f'(-x) & (x<0) \\ f'(x) & (x>0) \end{cases}$

$\quad$충분히 작은 양수 h에 대하여

$\quad x=-h$일 때, $-f'(-(-h))=-f'(h)>0$

$\quad x=h$일 때, $f'(h)<0$

$\quad$따라서, $x=0$에서 극대 (참)

ㄷ. $g(x)=f(x)-x^2|x|$라고 하면

$\quad g(x)=\begin{cases} f(x)+x^3 & (x<0) \\ f(x)-x^3 & (x\geq0) \end{cases}$

$$g'(x)=\begin{cases}f'(x)+3x^2 & (x<0)\\ f'(x)-3x^2 & (x>0)\end{cases}$$

$g'(-h)=f'(-h)+3h^2>0$

$g'(h)=f'(h)-3h^2<0$

따라서 $x=0$에서 극대 (참)

따라서 옳은 것은 ㄴ, ㄷ이다. 달 ⑤

1088 $y=f(x)$의 증가·감소를 표로 나타내자.

> 함수 $f(x)=x^4-6x^2-8x+13$에 대하여
> 함수 $g(x)=|f(x)-k|$라 하자. 함수 $y=g(x)$가 오직 한 점
> 에서만 미분가능하지 않도록 하는 k의 값을 a라 하고, 미분가능
> 하지 않는 점의 x좌표를 b라 할 때, $a+b$의 값을 구하시오.
>> k의 값의 범위에 따라 $g(x)=|f(x)-k|$의 그래프의 개형을
>> 그리자.

$f(x)=x^4-6x^2-8x+13$에서

$f'(x)=4x^3-12x-8=4(x+1)^2(x-2)$

$f'(x)=0$에서 $x=-1$ 또는 $x=2$

함수 $y=f(x)$의 증가, 감소를 표로 나타내고 그 그래프를 그리면 다음
과 같다.

x	$\cdots$	-1	$\cdots$	2	$\cdots$
$f'(x)$	$-$	0	$-$	0	$+$
$f(x)$	$\searrow$	16	$\searrow$	-11 (극소)	$\nearrow$

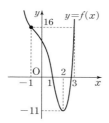

k의 값의 범위에 따라 함수 $g(x)=|f(x)-k|$의 그래프를 나타내면
다음과 같다.

(ⅰ) $k\leq-11$

함수 $y=g(x)$는 모든 실수 x에 대하여 미분가능하다.

(ⅱ) $-11<k<16$

함수 $y=g(x)$는 두 점에서
미분가능하지 않다.

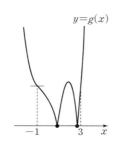

(ⅲ) $k=16$

함수 $y=g(x)$는 오직 한 점에서
미분가능하지 않다.

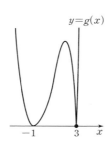

(ⅳ) $k>16$

함수 $y=g(x)$는 두 점에서
미분가능하지 않다.

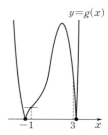

(ⅰ), (ⅱ), (ⅲ), (ⅳ)에서 함수 $y=g(x)$가 오직 한 점에서만 미분가능하지 않
으려면 함수 $y=f(x)$의 그래프를 y축의 방향으로
-16만큼 평행이동해야 하므로

$g(x)=|f(x)-16|$ $\therefore a=16$

이때 미분가능하지 않은 점의 x좌표는 3이므로

$b=3$

$\therefore a+b=16+3=19$ 달 19

참고 함수 $g(x)=|f(x)-k|$가 오직 한 점에서만 미분가능하지 않으
려면 함수 $y=f(x)$가 극값을 갖지 않으면서 $f'(x)=0$이 되는 점이 x
축을 지나도록 해야 한다.

1089 직선의 방정식은 $y=x+a^2-a$임을 이용하자.

> 그림과 같이 곡선 $y=x^2$ 위의 점
> $P(a, a^2)$ $(1\leq a<3)$을 지나고 기울기가
> 1인 직선이 이 곡선과 만나는 점 중 P가
> 아닌 점을 Q라 하자. 점 $A(0, 6)$에 대
> 하여 삼각형 AQP의 넓이가 최대가
> 되도록 하는 a의 값이 $a=\dfrac{3+q\sqrt{3}}{p}$일 때,
> 두 상수 p, q에 대하여 $p+q$의 값을 구하시오.
>> 점 A와 $\overline{PQ}$ 사이의 거리가 최대일 때임을 이용하자.

직선 PQ의 방정식은 기울기가 1이므로

$y-a^2=x-a$

$\therefore y=x+a^2-a$

이 직선과 곡선 $y=x^2$이 만나므로

$x^2=x+a^2-a$, $(x-a)(x+a-1)=0$

$\therefore x=a$ 또는 $x=1-a$

점 $Q(1-a, (1-a)^2)$이므로

$\overline{PQ}=\sqrt{\{a-(1-a)\}^2+\{a^2-(1-a)^2\}^2}$
$=\sqrt{2(2a-1)^2}=\sqrt{2}(2a-1)$

점 $A(0, 6)$과 직선 $x-y+a^2-a=0$ 사이의 거리를 h라 하면

$h=\dfrac{|a^2-a-6|}{\sqrt{2}}=\dfrac{|(a-3)(a+2)|}{\sqrt{2}}$

$=\dfrac{-a^2+a+6}{\sqrt{2}}$ $(\because 1\leq a<3)$

삼각형 AQP의 넓이를 $S(a)$라 하면

$S(a)=\dfrac{1}{2}\times\overline{PQ}\times h=\dfrac{\sqrt{2}(2a-1)}{2}\times\dfrac{-a^2+a+6}{\sqrt{2}}$

$=\dfrac{1}{2}(-2a^3+3a^2+11a-6)$

$S'(a)=\dfrac{1}{2}(-6a^2+6a+11)$

$S'(a)=0$에서 $a=\dfrac{3+\sqrt{9+66}}{6}=\dfrac{3+5\sqrt{3}}{6}$ $(\because 1\le a<3)$

$1\le a<3$에서 함수 $y=S(a)$의 증가, 감소를 표로 나타내면 다음과 같다.

a	1	$\cdots$	$\dfrac{3+5\sqrt{3}}{6}$	$\cdots$	(3)
$S'(a)$		$+$	0	$-$	
$S(a)$		↗	극대	↘	

따라서 $a=\dfrac{3+5\sqrt{3}}{6}$일 때, 삼각형 AQP의 넓이가 최대가

되므로 $p=6$, $q=5$

$\therefore p+q=11$

답 11

1090

내접하는 원뿔의 밑면의 반지름의 길이를 x라 하자.

밑면의 반지름의 길이가 3이고 높이가 6인 원뿔에 그림과 같이 내접하는 원뿔의 부피의 최댓값을 구하시오.

주어진 구간에서 극값이 하나뿐일 때 극값이 극댓값이면 (극댓값)=(최댓값)이다.

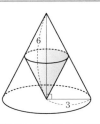

그림에서 내접하는 원뿔의 밑면의 반지름의 길이를 x라 하면

$h : x = 6 : 3$

$3h=6x$ $\therefore h=2x$

즉, 내접하는 원뿔의 높이는 $6-2x$이므로

그 부피를 $V(x)$라 하면

$V(x)=\dfrac{\pi}{3}x^2(6-2x)$

$\qquad =\dfrac{\pi}{3}(6x^2-2x^3)$ $(0<x<3)$

$V'(x)=\dfrac{\pi}{3}(12x-6x^2)=2\pi x(2-x)$

$V'(x)=0$에서 $x=0$ 또는 $x=2$

$0<x<3$에서 함수 $y=V(x)$의 증가, 감소를 표로 나타내면 다음과 같다.

x	(0)	$\cdots$	2	$\cdots$	(3)
$V'(x)$		$+$	0	$-$	
$V(x)$		↗	극대	↘	

따라서 원뿔의 부피 $V(x)$는 $x=2$에서 최대이므로 최댓값은

$\dfrac{\pi}{3}\times(24-16)=\dfrac{8}{3}\pi$

답 $\dfrac{8}{3}\pi$

1091

두 대각선의 교점을 $(t,\ t^2)$으로 두자.

그림과 같이 한 변의 길이가 1인 정사각형 ABCD의 두 대각선의 교점의 좌표는 $(0,\ 1)$이고, 한 변의 길이가 1인 정사각형 EFGH의 두 대각선의 교점은 곡선 $y=x^2$ 위에 있다. 두 정사각형의 내부의 공통부분의 넓이의 최댓값은? (단, 정사각형의 모든 변은 x축 또는 y축에 평행하다.)

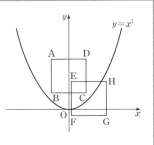

공통부분이 존재하려면 $-1<t<0$ 또는 $0<t<1$임을 이용하자.

정사각형 EFGH의 대각선의 교점의 좌표를 $(t,\ t^2)$이라 하면 곡선 $y=x^2$과 정사각형 ABCD는 y축에 대하여 각각 대칭이다.

따라서 $0<t<1$인 경우만 구하여도 된다.

$E\left(t-\dfrac{1}{2},\ t^2+\dfrac{1}{2}\right)$, $C\left(\dfrac{1}{2},\ \dfrac{1}{2}\right)$이므로

공통부분의 넓이를 $S(t)$라고 하면

$S(t)=(1-t)\times t^2=-t^3+t^2$

$S'(t)=-3t^2+2t=-t(3t-2)$

$0<t<1$이므로 $S(t)$는 $t=\dfrac{2}{3}$일 때 극대이며 최대가 된다.

따라서 공통부분의 넓이의 최댓값은

$S\left(\dfrac{2}{3}\right)=\dfrac{4}{9}-\dfrac{8}{27}=\dfrac{4}{27}$

답 ①

1092

자연수 n에 대하여 최고차항의 계수가 1이고 다음 조건을 만족시키는 삼차함수 $y=f(x)$의 극댓값을 a_n이라 하자.

(가) $f(n)=0$ $f(x)$는 $(x-n)$을 인수로 가진다.

(나) 모든 실수 x에 대하여 $(x+n)f(x)\ge0$이다.

a_n이 자연수가 되도록 하는 n의 최솟값을 구하시오.

$x+n>0$일 때 $f(x)\ge0$이고, $x+n<0$일 때 $f(x)\le0$임을 이용하자.

조건 (가)에서 함수 $y=f(x)$는 $x-n$을 인수로 갖고 조건 (나)에서

$x+n>0$, 즉 $x>-n$일 때 $f(x)\ge0$

$x+n<0$, 즉 $x<-n$일 때 $f(x)\le0$

이므로 함수 $y=f(x)$의 그래프의 개형은 그림과 같다.

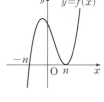

최고차항의 계수가 1이므로 삼차함수 $y=f(x)$를

$f(x)=(x+n)(x-n)^2=x^3-nx^2-n^2x+n^3$이라 하면

$f'(x)=3x^2-2nx-n^2$

$\qquad =(3x+n)(x-n)$

$f'(x)=0$에서 $x=-\dfrac{n}{3}$ 또는 $x=n$

함수 $y=f(x)$의 증가, 감소를 표로 나타내면 다음과 같다.

x	$\cdots$	$-\dfrac{n}{3}$	$\cdots$	n	$\cdots$
$f'(x)$	$+$	0	$-$	0	$+$
$f(x)$	↗	$\dfrac{32}{27}n^3$	↘	0	↗

따라서 함수 $y=f(x)$는 $x=-\dfrac{n}{3}$에서 극댓값 $\dfrac{32}{27}n^3$을 갖는다.

즉, $a_n=\dfrac{32}{27}n^3$이고 a_n이 자연수가 되도록 하는 자연수 n의

최솟값은 3이다.　　　　　　　　　　　　　　　　　🔲 3

1093　다항식 $g(x)$의 인수를 기준으로 경우를 나누어 생각하자.

> 두 삼차함수 $f(x)$와 $g(x)$가 모든 실수 x에 대하여
> $$f(x)g(x)=(x-1)^2(x-2)^2(x-3)^2$$
> 을 만족시킨다. $g(x)$의 최고차항의 계수가 3이고, $g(x)$가
> $x=2$에서 극댓값을 가질 때, $f'(0)=\dfrac{q}{p}$이다. $p+q$의 값을 구
> 하시오. (단, p와 q는 서로소인 자연수이다.)
>
> $g'(2)=0$임을 알 수 있다.

$f(x)g(x)=(x-1)^2(x-2)^2(x-3)^2$에서 삼차함수 $g(x)$의 최고차
항의 계수가 3이고, 함수 $f(x)g(x)$의 최고차항의 계수가 1이므로 삼
차함수 $f(x)$의 최고차항의 계수는 $\dfrac{1}{3}$이다.

(ⅰ) 다항식 $g(x)$가 서로 다른 세 개의 일차식을 인수로 가질 때,
　　$g(x)=3(x-1)(x-2)(x-3)$
　　이므로 함수 $g(x)=3(x-1)(x-2)(x-3)$
　　의 그래프의 개형은 다음과 같다.

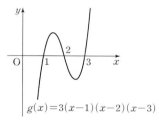

　　이때, 함수 $g(x)=3(x-1)(x-2)(x-3)$은 $x=2$에서 극값을
　　갖지 않으므로 주어진 조건을 만족시키지 않는다.

(ⅱ) 다항식 $g(x)$가 $(x-1)^2$을 인수로 가질 때,
　　$g(x)=3(x-1)^2(x-2)$
　　또는 $g(x)=3(x-1)^2(x-3)$
　　이다.
　　함수 $g(x)=3(x-1)^2(x-2)$의 그래프의 개형은 다음과 같다.

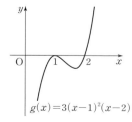

　　이때, 함수 $g(x)=3(x-1)^2(x-2)$는 $x=2$에서 극값을 갖지 않
　　으므로 주어진 조건을 만족시키지 않는다.

또, 함수 $g(x)=3(x-1)^2(x-3)$의 그래프의 개형은 다음과 같다.

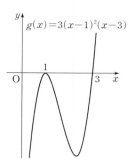

$g'(x)=6(x-1)(x-3)+3(x-1)^2$
　　　$=3(x-1)(3x-7)$

$g'(x)=0$에서

$x=1$ 또는 $x=\dfrac{7}{3}$

함수 $g(x)$는 $x=1$에서 극댓값을 갖고, $x=\dfrac{7}{3}$에서 극솟값을 갖는다.

따라서 함수 $g(x)=3(x-1)^2(x-3)$은 $x=2$에서 극값을 갖지 않
으므로 주어진 조건을 만족시키지 않는다.

(ⅲ) 다항식 $g(x)$가 $(x-2)^2$을 인수로 가질 때,
　　$g(x)=3(x-1)(x-2)^2$
　　또는
　　$g(x)=3(x-2)^2(x-3)$
　　이다.
　　함수 $g(x)=3(x-1)(x-2)^2$의 그래프의 개형은 다음과 같다.

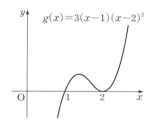

　　함수 $g(x)=3(x-1)(x-2)^2$은 $x=2$에서 극솟값을 가지므로 주
　　어진 조건을 만족시키지 않는다.

　　한편, 함수 $g(x)=3(x-2)^2(x-3)$의 그래프의 개형은 다음과 같다.

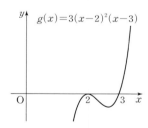

　　함수 $g(x)=3(x-2)^2(x-3)$은 $x=2$에서 극댓값을 가지므로 주
　　어진 조건을 만족시킨다.

(ⅳ) 다항식 $g(x)$가 $(x-3)^2$을 인수로 가질 때,
　　$g(x)=3(x-1)(x-3)^2$
　　또는
　　$g(x)=3(x-2)(x-3)^2$
　　이다.
　　함수 $g(x)=3(x-1)(x-3)^2$의 그래프의 개형은 다음과 같다.

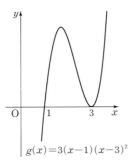

$$g'(x)=3(x-3)^2+6(x-1)(x-3)$$
$$=3(x-3)(3x-5)$$

$g'(x)=0$에서

$x=\dfrac{5}{3}$ 또는 $x=3$

함수 $g(x)$는 $x=\dfrac{5}{3}$에서 극댓값을 갖고, $x=3$에서 극솟값을 갖는다.

따라서 함수 $g(x)=3(x-1)(x-3)^2$은 $x=2$에서 극값을 갖지 않으므로 주어진 조건을 만족시키지 않는다.

또, 함수 $g(x)=3(x-2)(x-3)^2$의 그래프의 개형은 다음과 같다.

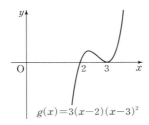

이때, 함수 $g(x)=3(x-2)(x-3)^2$은 $x=2$에서 극값을 갖지 않으므로 주어진 조건을 만족시키지 않는다.

(i)~(iv)에서

$g(x)=3(x-2)^2(x-3)$이므로

$f(x)=\dfrac{1}{3}(x-1)^2(x-3)$이다.

이때,

$$f'(x)=\dfrac{1}{3}\{2(x-1)(x-3)+(x-1)^2\}$$
$$=\dfrac{1}{3}(x-1)(3x-7)$$

이므로

$$f'(0)=\dfrac{1}{3}\times(-1)\times(-7)=\dfrac{7}{3}$$

따라서 $p=3$, $q=7$이므로

$p+q=10$ 답 10

1094 $y=f(x)$의 증가·감소를 표로 나타내자.

> 함수 $f(x)=-3x^4+4(a-1)x^3+6ax^2$과 실수 t에 대하여 $x\le t$에서의 함수 $y=f(x)$의 최댓값을 $g(t)$라 하자.
> 함수 $y=g(t)$가 실수 전체의 집합에서 미분가능하도록 하는 실수 a의 최댓값을 구하시오. (단, $a>0$)
> 극댓값이 두 개임에 유의하자.

$f(x)=-3x^4+4(a-1)x^3+6ax^2$ $(a>0)$에서

$$f'(x)=-12x^3+12(a-1)x^2+12ax$$
$$=-12x(x+1)(x-a)$$

$f'(x)=0$에서 $x=-1$ 또는 $x=0$ 또는 $x=a$

함수 $y=f(x)$의 증가, 감소를 표로 나타내면 다음과 같다.

x	$\cdots$	-1	$\cdots$	0	$\cdots$	a	$\cdots$
$f'(x)$	$+$	0	$-$	0	$+$	0	$-$
$f(x)$	$\nearrow$	$2a+1$	$\searrow$	0	$\nearrow$	a^4+2a^3	$\searrow$

함수 $y=f(x)$는 $x=-1$, $x=a$에서 극대이고 $x=0$에서 극소이므로

(i) $f(-1)\ge f(a)$일 때,

$$g(t)=\begin{cases} f(t) & (t<-1) \\ f(-1) & (t\ge -1) \end{cases}$$

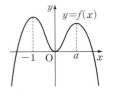

함수 $y=g(t)$가 실수 전체의 집합에서 미분가능하므로 $t=-1$에서 미분가능해야 한다. 즉,

$$\lim_{t\to -1-}g'(t)=\lim_{t\to -1-}f'(t)$$
$$=\lim_{t\to -1-}\{-12t(t+1)(t-a)\}=0$$
$$\lim_{t\to -1+}g'(t)=\lim_{t\to -1+}0=0$$

이므로 함수 $y=g(t)$는 실수 전체의 집합에서 미분가능하다.

(ii) $f(-1)<f(a)$일 때,

$0<x<a$에서 $f(-1)=f(x)$인 x의 값을 k라 하면

$$g(t)=\begin{cases} f(t) & (t<-1) \\ f(-1) & (-1\le t<k) \\ f(t) & (k\le t<a) \\ f(a) & (t\ge a) \end{cases}$$

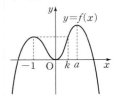

함수 $y=g(t)$가 실수 전체의 집합에서 미분가능하므로 $t=-1$, $t=k$, $t=a$에서 미분가능해야 한다.

그런데 (i)에서 함수 $y=g(t)$는 $t=-1$에서 미분가능하므로 $t=k$, $t=a$에서 미분가능성을 조사하면

$$\lim_{t\to k-}g'(t)=\lim_{t\to k-}0=0$$
$$\lim_{t\to k+}g'(t)=\lim_{t\to k+}f'(t)$$
$$=\lim_{t\to k+}\{-12t(t+1)(t-a)\}$$
$$=-12k(k+1)(k-a)$$

이므로 함수 $y=g(t)$는 $t=k$에서 미분가능하지 않다.

$$\lim_{t\to a-}g'(t)=\lim_{t\to a-}f'(t)$$
$$=\lim_{t\to a-}\{-12t(t+1)(t-a)\}=0$$
$$\lim_{t\to a+}g'(t)=\lim_{t\to a+}0=0$$

이므로 함수 $y=g(t)$는 $t=a$에서 미분가능하다.

(i), (ii)에서 함수 $y=g(t)$가 모든 실수 t에서 미분가능하려면 $f(-1)\ge f(a)$이어야 한다.

즉, $2a+1\ge a^4+2a^3$에서

$$a^4+2a^3-2a-1\le 0, \ (a+1)^3(a-1)\le 0$$
$$(a+1)(a-1)\le 0 \ (\because (a+1)^2>0)$$
$$\therefore 0<a\le 1 \ (\because a>0)$$

따라서 구하는 실수 a의 최댓값은 1이다.   답 1

1095

방정식 $f(x)=0$의 실근은 함수 $y=f(x)$의 그래프와 x축의 교점의 x좌표이다.

따라서 구하는 실근은 $x=2$ 또는 $x=3$ 또는 $x=4$

🖪 $x=2$ 또는 $x=3$ 또는 $x=4$

1096

방정식 $f(x)=g(x)$의 실근은 두 함수 $y=f(x)$, $y=g(x)$의 그래프의 교점의 x좌표이다.

따라서 구하는 실근은 $x=1$ 또는 $x=3$ 또는 $x=5$

🖪 $x=1$ 또는 $x=3$ 또는 $x=5$

1097

$f(x)=x^3-6x^2+9x-1$이라 하면

$f'(x)=3x^2-12x+9$
$\qquad =3(x-1)(x-3)$

$f'(x)=0$에서 $x=\boxed{1}$ 또는 $x=\boxed{3}$

함수 $y=f(x)$의 증가, 감소를 표로 나타내고 그 그래프를 그리면 다음과 같다.

x	$\cdots$	$\boxed{1}$	$\cdots$	$\boxed{3}$	$\cdots$
$f'(x)$	$+$	0	$-$	0	$+$
$f(x)$	$\nearrow$	$\boxed{3}$	$\searrow$	$\boxed{-1}$	$\nearrow$

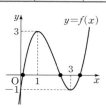

따라서 함수 $y=f(x)$의 그래프가 x축과 만나는 점의 개수가 $\boxed{3}$ 이므로 주어진 방정식의 서로 다른 실근의 개수는 $\boxed{3}$ 이다.

🖪 $1, 3, 1, 3, 3, -1, 3, 3$

1098

$f(x)=x^2-4x+1$이라 하면

$f'(x)=2x-4$

$f'(x)=0$에서 $x=2$

함수 $y=f(x)$의 증가, 감소를 표로 나타내면 다음과 같다.

x	$\cdots$	2	$\cdots$
$f'(x)$	$-$	0	$+$
$f(x)$	$\searrow$	-3	$\nearrow$

따라서 함수 $y=f(x)$의 그래프는

그림과 같이 x축과 서로 다른 두 점에서 만나므로 방정식 $f(x)=0$의 서로 다른 실근의 개수는 2이다.

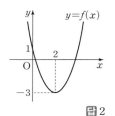

🖪 2

1099

$f(x)=3x^2+6x+3$이라 하면

$f'(x)=6x+6$

$f'(x)=0$에서 $x=-1$

함수 $y=f(x)$의 증가, 감소를 표로 나타내면 다음과 같다.

x	$\cdots$	-1	$\cdots$
$f'(x)$	$-$	0	$+$
$f(x)$	$\searrow$	0	$\nearrow$

따라서 함수 $y=f(x)$의 그래프는

그림과 같이 x축과 오직 한 점에서 만나므로 방정식 $f(x)=0$의 서로 다른 실근의 개수는 1이다.

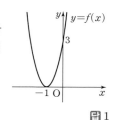

🖪 1

1100

$f(x)=x^3-3x+1$이라 하면

$f'(x)=3x^2-3=3(x+1)(x-1)$

$f'(x)=0$에서 $x=-1$ 또는 $x=1$

함수 $y=f(x)$의 증가, 감소를 표로 나타내면 다음과 같다.

x	$\cdots$	-1	$\cdots$	1	$\cdots$
$f'(x)$	$+$	0	$-$	0	$+$
$f(x)$	$\nearrow$	3	$\searrow$	-1	$\nearrow$

따라서 함수 $y=f(x)$의 그래프는

그림과 같이 x축과 서로 다른 세 점에서 만나므로 방정식 $f(x)=0$의 서로 다른 실근의 개수는 3이다.

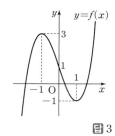

🖪 3

1101

$f(x)=x^3-3x^2+3$이라 하면

$f'(x)=3x^2-6x=3x(x-2)$

$f'(x)=0$에서 $x=0$ 또는 $x=2$

함수 $y=f(x)$의 증가, 감소를 표로 나타내면 다음과 같다.

x	$\cdots$	0	$\cdots$	2	$\cdots$
$f'(x)$	$+$	0	$-$	0	$+$
$f(x)$	$\nearrow$	3	$\searrow$	-1	$\nearrow$

따라서 함수 $y=f(x)$의 그래프는

그림과 같이 x축과 서로 다른 세 점에서 만나므로 방정식 $f(x)=0$의 서로 다른 실근의 개수는 3이다.

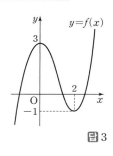

🖪 3

1102

$f(x)=x^4-2x^2+1$이라 하면

$f'(x)=4x^3-4x$
$\qquad =4x(x+1)(x-1)$

$f'(x)=0$에서 $x=-1$ 또는 $x=0$ 또는 $x=1$

함수 $y=f(x)$의 증가, 감소를 표로 나타내면 다음과 같다.

x	$\cdots$	-1	$\cdots$	0	$\cdots$	1	$\cdots$
$f'(x)$	$-$	0	$+$	0	$-$	0	$+$
$f(x)$	$\searrow$	0	$\nearrow$	1	$\searrow$	0	$\nearrow$

따라서 함수 $y=f(x)$의 그래프는
그림과 같이 x축과 서로 다른 두 점에서 만나
므로 방정식 $f(x)=0$의 서로 다른 실근의 개
수는 2이다.

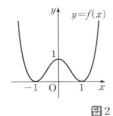

답 2

1103

$f(x)=x^4-6x^2-8x+13$이라 하면

$f'(x)=4x^3-12x-8=4(x+1)^2(x-2)$

$f'(x)=0$에서 $x=-1$ 또는 $x=2$

함수 $y=f(x)$의 증가, 감소를 표로 나타내면 다음과 같다.

x	$\cdots$	-1	$\cdots$	2	$\cdots$
$f'(x)$	$-$	0	$-$	0	$+$
$f(x)$	$\searrow$	16	$\searrow$	-11	$\nearrow$

따라서 함수 $y=f(x)$의 그래프는
그림과 같이 x축과 서로 다른 두 점에서 만나
므로 방정식 $f(x)=0$의 서로 다른 실근의 개
수는 2이다.

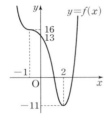

답 2

1104

$f(x)=x^3-6x^2+2$라 하면

$f'(x)=3x^2-12x=3x(x-4)$

$f'(x)=0$에서 $x=0$ 또는 $x=4$

함수 $y=f(x)$의 증가, 감소를 표로 나타내면 다음과 같다.

x	$\cdots$	0	$\cdots$	4	$\cdots$
$f'(x)$	$+$	0	$-$	0	$+$
$f(x)$	$\nearrow$	2	$\searrow$	-30	$\nearrow$

(극댓값)×(극솟값)<0이므로 방정식 $f(x)=0$은 서로 다른 세 실근을
갖는다.

답 ㄱ

1105

$f(x)=x^3-6x^2+9x$라 하면

$f'(x)=3x^2-12x+9=3(x-1)(x-3)$

$f'(x)=0$에서 $x=1$ 또는 $x=3$

함수 $y=f(x)$의 증가, 감소를 표로 나타내면 다음과 같다.

x	$\cdots$	1	$\cdots$	3	$\cdots$
$f'(x)$	$+$	0	$-$	0	$+$
$f(x)$	$\nearrow$	4	$\searrow$	0	$\nearrow$

(극댓값)×(극솟값)=0이므로 방정식 $f(x)=0$은 한 실근과 중근을 갖는
다.

답 ㄴ

1106

$f(x)=x^3-3x^2-4$라 하면

$f'(x)=3x^2-6x=3x(x-2)$

$f'(x)=0$에서 $x=0$ 또는 $x=2$

함수 $y=f(x)$의 증가, 감소를 표로 나타내면 다음과 같다.

x	$\cdots$	0	$\cdots$	2	$\cdots$
$f'(x)$	$+$	0	$-$	0	$+$
$f(x)$	$\nearrow$	-4	$\searrow$	-8	$\nearrow$

(극댓값)×(극솟값)>0이므로 방정식 $f(x)=0$은 한 실근과 두 허근을
갖는다.

답 ㄷ

1107

$f(x)=4x^3-18x^2+24x$라 하면

$f'(x)=12x^2-36x+24=12(x-1)(x-2)$

$f'(x)=0$에서 $x=1$ 또는 $x=2$

함수 $y=f(x)$의 증가, 감소를 표로 나타내면 다음과 같다.

x	$\cdots$	1	$\cdots$	2	$\cdots$
$f'(x)$	$+$	0	$-$	0	$+$
$f(x)$	$\nearrow$	10	$\searrow$	8	$\nearrow$

(극댓값)×(극솟값)>0이므로 방정식 $f(x)=0$은 한 실근과 두 허근을
갖는다.

답 ㄷ

1108

$f(x)=2x^3+3x^2-12x-4$라 하면

$f'(x)=6x^2+6x-12=6(x+2)(x-1)$

$f'(x)=0$에서 $x=-2$ 또는 $x=1$

함수 $y=f(x)$의 증가, 감소를 표로 나타내면 다음과 같다.

x	$\cdots$	-2	$\cdots$	1	$\cdots$
$f'(x)$	$+$	0	$-$	0	$+$
$f(x)$	$\nearrow$	16	$\searrow$	-11	$\nearrow$

(극댓값)×(극솟값)<0이므로 방정식 $f(x)=0$은 서로 다른 세 실근을
갖는다.

답 ㄱ

1109

도함수 $y=f'(x)$의 그래프에서 $x=a$의 좌우에서 $f'(x)$의 부호가 양
에서 음으로 바뀌고, $x=c$의 좌우에서 $f'(x)$의 부호가 음에서 양으로
바뀐다.

즉, 함수 $y=f(x)$는 $x=a$에서 극대 가 되고, $x=c$에서 극소 가 된
다.

따라서 방정식 $f(x)=0$이
서로 다른 세 실근을 가질 조건은
$f(a)>0$, $f(c)<0$
$\therefore f(a)f(c) \boxed{<} 0$

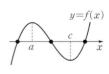

답 극대, 극소, <

[1110-1112] 삼차방정식 $2x^3-3x^2+k=0$에 대하여

$f(x)=2x^3-3x^2+k$라 하면

$f'(x)=6x^2-6x=6x(x-1)$

$f'(x)=0$에서 $x=0$ 또는 $x=1$

함수 $y=f(x)$의 증가, 감소를 표로 나타내면 다음과 같다.

x	$\cdots$	0	$\cdots$	1	$\cdots$
$f'(x)$	$+$	0	$-$	0	$+$
$f(x)$	↗	k	↘	$k-1$	↗

따라서 함수 $y=f(x)$는 $x=0$에서 극댓값 k, $x=1$에서 극솟값 $k-1$을 갖는다.

1110

서로 다른 세 실근을 가질 조건은

(극댓값)×(극솟값)$=k(k-1)<0$

$\therefore 0<k<1$ 답 $0<k<1$

1111

한 실근과 중근을 가질 조건은

(극댓값)×(극솟값)$=k(k-1)=0$

$\therefore k=0$ 또는 $k=1$ 답 $k=0$ 또는 $k=1$

1112

한 실근과 두 허근을 가질 조건은

(극댓값)×(극솟값)$=k(k-1)>0$

$\therefore k<0$ 또는 $k>1$ 답 $k<0$ 또는 $k>1$

1113

$f(x)=x^3-3x+2$라 하면

$f'(x)=\boxed{3x^2-3}$
$\quad\;\,=3(x+1)(x-1)$

$f'(x)=0$에서 $x=\boxed{1}$ $(\because x\geq 0)$이고

$x\geq 0$일 때, 함수 $y=f(x)$의 증가, 감소를 표로 나타내면 다음과 같다.

x	0	$\cdots$	1	$\cdots$
$f'(x)$		$-$	0	$+$
$f(x)$	2	↘	0	↗

$x\geq 0$일 때, 함수 $y=f(x)$의 최솟값은 $\boxed{0}$이므로

$f(x)\geq 0$

따라서 $x\geq 0$일 때, 부등식 $x^3-3x+2\geq 0$이 성립한다.

답 $3x^2-3,\ 1,\ 0$

1114

$f(x)=(x^3-8x)-(4x-9)=x^3-12x+9$라 하면

$f'(x)=3x^2-12=3(x+2)(x-2)$

$f'(x)=0$에서 $x=-2$ 또는 $x=2$

함수 $y=f(x)$의 증가, 감소를 표로 나타내면 다음과 같다.

x	$\cdots$	-2	$\cdots$	2	$\cdots$	3
$f'(x)$	$+$	0	$-$	0	$+$	
$f(x)$	↗	극대	↘	극소	↗	0

$x>3$일 때, $f'(x)\boxed{>}0$이므로 함수 $y=f(x)$는 $x>3$에서 증가한다.

한편, $f(3)=0$이므로 $x>3$일 때, $f(x)\boxed{>}0$이다.

따라서 $x>3$일 때, 부등식 $x^3-8x>4x-9$가 성립한다.

답 $>,\ >$

1115

$f(x)=(x^4+4x^3+9)-(2x^2+12x)$
$\quad\;\,=x^4+4x^3-2x^2-12x+9$라 하면

$f'(x)=4x^3+12x^2-4x-12$
$\quad\;\;\,=4(x+3)(x+1)(x-1)$

$f'(x)=0$에서 $x=\boxed{-3}$ 또는 $x=\boxed{-1}$ 또는 $x=\boxed{1}$

함수 $y=f(x)$의 증가, 감소를 표로 나타내면 다음과 같다.

x	$\cdots$	-3	$\cdots$	-1	$\cdots$	1	$\cdots$
$f'(x)$	$-$	0	$+$	0	$-$	0	$+$
$f(x)$	↘	0	↗	16	↘	0	↗

함수 $y=f(x)$는 $x=-3$ 또는 $x=1$에서 최솟값 $\boxed{0}$ 을 가지므로 모든 실수 x에 대하여 $f(x)\boxed{\geq}0$이다.

$\therefore x^4+4x^3+9\geq 2x^2+12x$ 답 $-3,\ -1,\ 1,\ 0,\ \geq$

1116

점 P의 시각 t에서의 속도를 v라 하면

$v=\dfrac{dx}{dt}=3$이므로 $t=1$에서 $v=3$ 답 3

1117

점 P의 시각 t에서의 속도를 v라 하면

$v=\dfrac{dx}{dt}=2t-6$이므로 $t=2$에서 $v=-2$ 답 -2

1118

점 P의 시각 t에서의 속도를 v라 하면

$v=\dfrac{dx}{dt}=3t^2-2$이므로 $t=3$에서 $v=25$ 답 25

1119

점 P의 시각 t에서의 속도를 v, 가속도를 a라 하면

$v=\dfrac{dx}{dt}=4$, $a=\dfrac{dv}{dt}=0$이므로

$t=3$에서 $a=0$ 답 0

1120

점 P의 시각 t에서의 속도를 v, 가속도를 a라 하면

$v=\dfrac{dx}{dt}=2t+2$, $a=\dfrac{dv}{dt}=2$이므로

$t=3$에서 $a=2$ 답 2

1121

점 P의 시각 t에서의 속도를 v, 가속도를 a라 하면

$v=\dfrac{dx}{dt}=6t^2-18t+12$, $a=\dfrac{dv}{dt}=12t-18$이므로

$t=5$에서 $a=42$ 답 42

1122

점 P의 t초 후의 속도를 v라 하면

$v=\dfrac{dx}{dt}=3t^2-12t$

따라서 점 P의 3초 후의 속도는

$v=3\times 3^2-12\times 3=-9$ 답 -9

1123

점 P의 t초 후의 가속도를 a라 하면

$a = \dfrac{dv}{dt} = 6t - 12$

따라서 점 P의 3초 후의 가속도는

$a = 6 \times 3 - 12 = 6$

답 6

1124

점 P의 t초 후의 위치가 $x = t^3 - 6t^2$이고

점 P가 다시 원점을 지날 때의 위치는 $x = 0$이므로

$t^3 - 6t^2 = 0,\ t^2(t - 6) = 0$ ∴ $t = 6\ (∵ t > 0)$

답 6초

1125

점 P가 운동 방향을 바꿀 때의 속도는 $v = 0$이므로

$v = 3t^2 - 12t = 3t(t - 4) = 0$

∴ $t = 4\ (∵ t > 0)$

답 4초

1126

지면과 수직인 방향으로 던진 공의 t초 후의 속도를 v라 하면

$v = f'(t) = 20 - 10t$이므로

$f'(1) = 10\ (\text{m/s}),\ f'(3) = -10\ (\text{m/s})$

답 10 m/s, -10 m/s

1127

지면과 수직인 방향으로 던진 공의 t초 후의 가속도를 a라 하면

$a = \dfrac{dv}{dt} = -10\ (\text{m/s}^2)$

답 -10 m/s²

1128

공의 최고 높이에 도달했을 때의 속도는 $v = 0$이므로

$20 - 10t = 0$ ∴ $t = 2$

따라서 공이 최고 높이에 도달하는 데 걸린 시간은 2초이다.

답 2초

1129

공이 2초 후에 최고 높이에 도달하므로 $t = 2$일 때의 높이는

$f(2) = 20 \times 2 - 5 \times 2^2 = 20$

따라서 공이 최고 높이에 도달했을 때의 높이는 20 m이다.

답 20 m

1130

공이 지면에 떨어질 때의 높이는 0 m이므로

$20t - 5t^2 = 0,\ t^2 - 4t = 0$

$t(t - 4) = 0$ ∴ $t = 4\ (∵ t > 0)$

따라서 공이 지면에 떨어질 때까지 걸린 시간은 4초이다.

답 4초

1131

공이 4초 후에 지면에 떨어지므로 $t = 4$일 때의 속도는

$20 - 10 \times 4 = -20\ (\text{m/s})$

답 -20 m/s

1132

주어진 그래프에서 속도 $v(t)$는 $2 \leq t \leq 4$에서 감소하므로

속도가 감소하는 시각 t의 범위는

$2 \leq t \leq 4$

답 $2 \leq t \leq 4$

1133

가속도는 $v'(t) = \dfrac{dv}{dt}$이므로

$v'(5) = \dfrac{1 - (-1)}{6 - 4} = 1$

따라서 $t = 5$에서의 가속도는 1이다.

답 1

1134

속도 $v(t)$의 부호가 바뀌는 지점에서 점 P의 운동 방향이 바뀌므로 점 P의 운동 방향이 바뀌는 시각은 $t = 3$, $t = 5$일 때이다.

답 3, 5

1135

$f(x) = x^3 - 6x^2 + 9x + a$라 하고 $y = f(x)$의 증가, 감소를 표로 나타내자.

삼차방정식 $x^3 - 6x^2 + 9x + a = 0$이 서로 다른 세 실근을 가질 때, 실수 a의 값의 범위는? (극댓값)×(극솟값)<0이어야 한다.

$f(x) = x^3 - 6x^2 + 9x + a$라 하면

$f'(x) = 3x^2 - 12x + 9$

$\quad\ = 3(x^2 - 4x + 3)$

$\quad\ = 3(x - 1)(x - 3)$

$f'(x) = 0$에서 $x = 1$ 또는 $x = 3$

함수 $y = f(x)$의 증가, 감소를 표로 나타내면 다음과 같다.

x	$\cdots$	1	$\cdots$	3	$\cdots$
$f'(x)$	$+$	0	$-$	0	$+$
$f(x)$	↗	$a+4$	↘	a	↗

삼차방정식 $f(x) = 0$이 서로 다른 세 실근을 가지려면

(극댓값)×(극솟값)<0이어야 하므로

$a(a + 4) < 0$ ∴ $-4 < a < 0$

답 ②

1136

$f(x) = x^3 + 3x^2 - 9x + 4 - k$라 하고 $y = f(x)$의 증가, 감소를 표로 나타내자.

삼차방정식 $x^3 + 3x^2 - 9x + 4 - k = 0$이 서로 다른 세 실근을 갖도록 하는 모든 정수 k의 개수를 구하시오. (극댓값)×(극솟값)<0이어야 한다.

$f(x) = x^3 + 3x^2 - 9x + 4 - k$라 하면

$f'(x) = 3(x + 3)(x - 1)$

$f'(x) = 0$에서 $x = -3$ 또는 $x = 1$

함수 $y = f(x)$의 증가, 감소를 표로 나타내면 다음과 같다.

x	$\cdots$	-3	$\cdots$	1	$\cdots$
$f'(x)$	$+$	0	$-$	0	$+$
$f(x)$	↗	$31-k$	↘	$-1-k$	↗

삼차방정식 $f(x) = 0$이 서로 다른 세 실근을 가지려면

(극댓값)×(극솟값)<0이어야 하므로

$(31 - k)(-1 - k) < 0$

$-1 < k < 31$

따라서 모든 정수 k의 개수는 31이다.

답 31

1137

> 삼차방정식 $2x^3-3x^2-12x+a=0$이 서로 다른 세 실근을 갖도록 하는 실수 a의 값의 범위를 구하시오.

$f(x)=-2x^3+3x^2+12x$라 하고 $y=f(x)$와 $y=a$와의 교점의 개수를 구하자.
(극댓값)×(극솟값)<0이어야 한다.

$2x^3-3x^2-12x+a=0$에서
$-2x^3+3x^2+12x=a$ ······㉠
$f(x)=-2x^3+3x^2+12x$라 하면
$f'(x)=-6x^2+6x+12$
$\qquad =-6(x^2-x-2)$
$\qquad =-6(x+1)(x-2)$
$f'(x)=0$에서 $x=-1$ 또는 $x=2$
함수 $y=f(x)$의 증가, 감소를 표로 나타내고 그 그래프를 그리면 다음과 같다.

x	$\cdots$	-1	$\cdots$	2	$\cdots$
$f'(x)$	$-$	0	$+$	0	$-$
$f(x)$	$\searrow$	-7	$\nearrow$	20	$\searrow$

즉, 방정식 ㉠의 서로 다른 실근의 개수는 곡선 $y=-2x^3+3x^2+12x$와 직선 $y=a$의 교점의 개수와 같으므로 서로 다른 세 실근을 가질 때 실수 a의 값의 범위는
$-7<a<20$

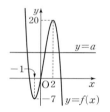

탑 $-7<a<20$

1138

> 삼차방정식 $x^3-3x^2-a+6=0$이 중근과 다른 한 실근을 갖도록 하는 모든 실수 a의 값의 합을 구하시오.

$f(x)=x^3-3x^2-a+6$이라 하고 $y=f(x)$의 증가, 감소를 표로 나타내자.
(극댓값)×(극솟값)$=0$이어야 한다.

$f(x)=x^3-3x^2-a+6$이라 하면
$f'(x)=3x^2-6x=3x(x-2)$
$f'(x)=0$에서 $x=0$ 또는 $x=2$
함수 $y=f(x)$의 증가, 감소를 표로 나타내면 다음과 같다.

x	$\cdots$	0	$\cdots$	2	$\cdots$
$f'(x)$	$+$	0	$-$	0	$+$
$f(x)$	$\nearrow$	$6-a$	$\searrow$	$2-a$	$\nearrow$

삼차방정식 $f(x)=0$이 중근과 다른 한 실근을 가지려면
(극댓값)×(극솟값)$=0$이어야 하므로
$(6-a)(2-a)=0$ $\qquad \therefore a=2$ 또는 $a=6$
따라서 모든 실수 a의 값의 합은
$2+6=8$

답 8

1139

> x에 대한 방정식 $2x^3+3x^2-12x=k$가 서로 다른 두 실근을 갖도록 하는 모든 실수 k의 값의 합은?

방정식의 근은 $y=2x^3+3x^2-12x$와 $y=k$와의 교점의 x좌표이다.
한 실근과 중근을 가진다.

$2x^3+3x^2-12x=k$ ······㉠
$f(x)=2x^3+3x^2-12x$라 하면
$f'(x)=6x^2+6x-12=6(x+2)(x-1)$
$f'(x)=0$에서 $x=-2$ 또는 $x=1$
함수 $y=f(x)$의 증가, 감소를 표로 나타내고 그 그래프를 그리면 다음과 같다.

x	$\cdots$	-2	$\cdots$	1	$\cdots$
$f'(x)$	$+$	0	$-$	0	$+$
$f(x)$	$\nearrow$	20	$\searrow$	-7	$\nearrow$

방정식 ㉠의 서로 다른 실근의 개수는 곡선 $y=2x^3+3x^2-12x$와 직선 $y=k$의 교점의 개수와 같다. 따라서 주어진 방정식이 서로 다른 두 실근을 가지려면
$k=20$ 또는 $k=-7$
따라서 모든 실수 k의 값의 합은
$20+(-7)=13$

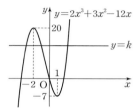

답 ⑤

다른풀이 $f(x)=2x^3+3x^2-12x-k$라 하면
$f'(x)=6x^2+6x-12=6(x+2)(x-1)$
$f'(x)=0$에서 $x=-2$ 또는 $x=1$
함수 $y=f(x)$의 증가, 감소를 표로 나타내면 다음과 같다.

x	$\cdots$	-2	$\cdots$	1	$\cdots$
$f'(x)$	$+$	0	$-$	0	$+$
$f(x)$	$\nearrow$	$20-k$	$\searrow$	$-7-k$	$\nearrow$

삼차방정식 $f(x)=0$이 서로 다른 두 실근을 가지려면
(극댓값)×(극솟값)$=0$이어야 하므로
$(20-k)(-7-k)=0$
$\therefore k=20$ 또는 $k=-7$
따라서 모든 실수 k의 값의 합은
$20+(-7)=13$

1140

> 삼차방정식 $x^3-3kx+2=0$이 오직 하나의 실근을 갖도록 하는 정수 k의 최댓값을 구하시오.

$k\le 0$일 때와 $k>0$일 때로 나누어 생각하자.
(극댓값)×(극솟값)>0이어야 한다.

$f(x)=x^3-3kx+2$라 하면
$f'(x)=3x^2-3k=3(x^2-k)$
(i) $k\le 0$일 때,
$f'(x)\ge 0$이므로 함수 $y=f(x)$는 실수 전체의 집합에서 증가하는 함수이다.
즉, $f(x)=0$은 오직 하나의 실근을 갖는다.
(ii) $k>0$일 때,
$f'(x)=3(x+\sqrt{k})(x-\sqrt{k})$
$f'(x)=0$에서 $x=-\sqrt{k}$ 또는 $x=\sqrt{k}$
함수 $y=f(x)$의 증가, 감소를 표로 나타내면 다음과 같다.

x	$\cdots$	$-\sqrt{k}$	$\cdots$	$\sqrt{k}$	$\cdots$
$f'(x)$	$+$	0	$-$	0	$+$
$f(x)$	$\nearrow$	$2k\sqrt{k}+2$	$\searrow$	$-2k\sqrt{k}+2$	$\nearrow$

삼차방정식 $f(x)=0$이 오직 하나의 실근을 가지려면
(극댓값)×(극솟값)>0이어야 하므로
$(2k\sqrt{k}+2)(-2k\sqrt{k}+2)>0$
$-4k^3+4>0$, $(k-1)(k^2+k+1)<0$
$k>0$이므로 $0<k<1$
(ⅰ), (ⅱ)에서 $k<1$
따라서 정수 k의 최댓값은 0이다.   답 0

1141

$x^3-3ax^2+4=0$임을 이용하자.

> 함수 $f(x)=x^3-3ax^2+2$에 대하여 방정식 $f(x)=-2$가 서로
> 다른 세 실근을 갖도록 하는 실수 a의 값의 범위는? (단, $a\neq0$)
> └─ (극댓값)×(극솟값)<0이어야 한다.

$f(x)=-2$, 즉 $x^3-3ax^2+2=-2$에서
$x^3-3ax^2+4=0$
$g(x)=x^3-3ax^2+4$라 하면
$g'(x)=3x^2-6ax=3x(x-2a)$
$g'(x)=0$에서 $x=0$ 또는 $x=2a$
함수 $y=g(x)$의 증가, 감소를 표로 나타내면 다음과 같다.
(ⅰ) $a<0$일 때

x	$\cdots$	$2a$	$\cdots$	0	$\cdots$
$g'(x)$	$+$	0	$-$	0	$+$
$g(x)$	↗	$4-4a^3$	↘	4	↗

극솟값 $f(0)=4>0$이므로 삼차방정식 $g(x)=0$은 오직 하나의 실근을 갖는다.
(ⅱ) $a>0$일 때

x	$\cdots$	0	$\cdots$	$2a$	$\cdots$
$g'(x)$	$+$	0	$-$	0	$+$
$g(x)$	↗	4	↘	$4-4a^3$	↗

삼차방정식 $g(x)=0$이 서로 다른 세 실근을 가지려면
(극댓값)×(극솟값)<0이어야 하므로
$4(4-4a^3)<0$, $a^3-1>0$
$(a-1)(a^2+a+1)>0$
$a^2+a+1>0$이므로 $a>1$
따라서 실수 a의 값의 범위는 $a>1$이다.   답 ⑤

1142

$g(x)=2x^3-3x^2-12x-10+a$임을 이용하자.

> 함수 $y=2x^3-3x^2-12x-10$의 그래프를 y축의 방향으로 a만큼
> 평행이동하였더니 함수 $y=g(x)$의 그래프가 되었다. 방정식
> $g(x)=0$이 서로 다른 두 실근을 갖도록 하는 모든 실수 a의 값
> 의 합을 구하시오. └─ (극댓값)×(극솟값)=0임을 이용하자.

$g(x)=2x^3-3x^2-12x-10+a=0$에서
$-2x^3+3x^2+12x+10=a$ ……㉠
$h(x)=-2x^3+3x^2+12x+10$이라 하면
$h'(x)=-6x^2+6x+12$
        $=-6(x^2-x-2)$
        $=-6(x+1)(x-2)$

$h'(x)=0$에서 $x=-1$ 또는 $x=2$
함수 $y=h(x)$의 증가, 감소를 표로 나타내고 그 그래프를 그리면 다음과 같다.

x	$\cdots$	-1	$\cdots$	2	$\cdots$
$h'(x)$	$-$	0	$+$	0	$-$
$h(x)$	↘	3	↗	30	↘

즉, 방정식 ㉠이 서로 다른 두 실근을
갖기 위해서는
$a=3$ 또는 $a=30$
따라서 모든 실수 a의 값의 합은
$3+30=33$

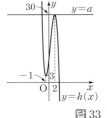

답 33

> **다른풀이** $f(x)=2x^3-3x^2-12x-10$이라 하면 함수 $y=f(x)$의 그래프를 y축의 방향으로 a만큼 평행이동하였으므로
$g(x)=f(x)+a$
     $=2x^3-3x^2-12x-10+a$
$g'(x)=6x^2-6x-12$
     $=6(x^2-x-2)$
     $=6(x+1)(x-2)$
$g'(x)=0$에서 $x=-1$ 또는 $x=2$
함수 $y=g(x)$의 증가, 감소를 표로 나타내면 다음과 같다.

x	$\cdots$	-1	$\cdots$	2	$\cdots$
$g'(x)$	$+$	0	$-$	0	$+$
$g(x)$	↗	$a-3$	↘	$a-30$	↗

삼차방정식 $g(x)=0$이 서로 다른 두 실근을 가지려면
(극댓값)×(극솟값)=0이어야 하므로
$g(-1)g(2)=(a-3)(a-30)=0$
∴ $a=3$ 또는 $a=30$
따라서 모든 실수 a의 값의 합은
$3+30=33$

1143

> 자연수 k에 대하여 삼차방정식 $x^3-12x+22-4k=0$의 양의
> 실근의 개수를 $f(k)$라 하자. $\displaystyle\sum_{k=1}^{10}f(k)$의 값을 구하시오.
> └─ $f(k)$는 $y=x^3-12x+22$의 그래프와 직선 $y=4k$
> 가 제1사분면에서 만나는 교점의 개수와 같다.

$x^3-12x+22-4k=0$에서
$x^3-12x+22=4k$
$g(x)=x^3-12x+22$라 하면 $g'(x)=3(x-2)(x+2)$
$g'(x)=0$에서 $x=-2$ 또는 $x=2$
함수 $y=g(x)$의 증가, 감소를 표로 나타내면 다음과 같다.

x	$\cdots$	-2	$\cdots$	2	$\cdots$
$g'(x)$	$+$	0	$-$	0	$+$
$g(x)$	↗	38	↘	6	↗

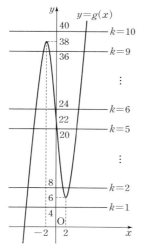

삼차방정식의 양의 실근의 개수 $f(k)$는 $y=g(x)$의 그래프와 직선 $y=4k$가 제1사분면에서 만나는 교점의 개수와 같다.

(i) $k=1$일 때 $f(k)=0$

(ii) $k=2, 3, 4, 5$일 때 $f(k)=2$

(iii) $k=6, 7, \cdots, 10$일 때 $f(k)=1$

따라서 $\displaystyle\sum_{k=1}^{10} f(k)=0\times1+2\times4+1\times5=13$　　　　**답** 13

1144

> x에 대한 방정식 $3x^4-4x^3-12x^2+15-k=0$이 서로 다른 네 실근을 가질 때, 실수 k의 값의 범위는?
>
> └→ $f(x)=3x^4-4x^3-12x^2+15$라 하면 $y=f(x)$와 $y=k$와의 교점의 개수가 4임을 이용하자.

$3x^4-4x^3-12x^2+15-k=0$에서

$3x^4-4x^3-12x^2+15=k$　　…… ㉠

$f(x)=3x^4-4x^3-12x^2+15$라 하면

$f'(x)=12x^3-12x^2-24x$

　　　　$=12x(x^2-x-2)$

　　　　$=12x(x+1)(x-2)$

$f'(x)=0$에서 $x=-1$ 또는 $x=0$ 또는 $x=2$

함수 $y=f(x)$의 증가, 감소를 표로 나타내고 그 그래프를 그리면 다음과 같다.

x	$\cdots$	-1	$\cdots$	0	$\cdots$	2	$\cdots$
$f'(x)$	$-$	0	$+$	0	$-$	0	$+$
$f(x)$	$\searrow$	10	$\nearrow$	15	$\searrow$	-17	$\nearrow$

방정식 ㉠의 서로 다른 실근의 개수는 곡선 $y=3x^4-4x^3-12x^2+15$와 직선 $y=k$의 교점의 개수와 같다.

따라서 주어진 방정식이 서로 다른 네 실근을 가질 때, 실수 k의 값의 범위는

$10 < k < 15$

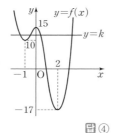

답 ④

1145

> $f(x)=3x^4-4x^3-12x^2$이라 하면 $y=f(x)$와 $y=-a$와의 교점의 개수가 3임을 이용하자.

> 사차방정식 $3x^4-4x^3-8x^2=4x^2-a$가 서로 다른 세 실근을 가질 때, 실수 a의 값을 구하시오.
>
> (단, 중근은 하나의 근으로 세기로 한다.)

$3x^4-4x^3-8x^2=4x^2-a$에서

$3x^4-4x^3-12x^2=-a$　　…… ㉠

$f(x)=3x^4-4x^3-12x^2$이라 하면

$f'(x)=12x^3-12x^2-24x$

　　　　$=12x(x^2-x-2)$

　　　　$=12x(x+1)(x-2)$

$f'(x)=0$에서 $x=-1$ 또는 $x=0$ 또는 $x=2$

함수 $y=f(x)$의 증가, 감소를 표로 나타내고 그 그래프를 그리면 다음과 같다.

x	$\cdots$	-1	$\cdots$	0	$\cdots$	2	$\cdots$
$f'(x)$	$-$	0	$+$	0	$-$	0	$+$
$f(x)$	$\searrow$	-5	$\nearrow$	0	$\searrow$	-32	$\nearrow$

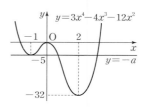

따라서 방정식 ㉠의 서로 다른 실근의 개수는 곡선 $y=3x^4-4x^3-12x^2$과 직선 $y=-a$의 교점의 개수와 같으므로 서로 다른 세 실근을 가지려면

$-a=0$ 또는 $-a=-5$

$\therefore a=0$ 또는 $a=5$　　　　**답** $a=0$ 또는 $a=5$

1146

> $g(x)=x^4-4x^2+6$이라고 하면 $y=g(x)$의 그래프는 y축 대칭임을 이용하자.

> 자연수 n에 대하여 사차방정식 $x^4-4x^2+6-n=0$의 서로 다른 실근의 개수를 $f(n)$이라고 할 때, $\displaystyle\sum_{n=1}^{10} f(n)$의 값을 구하시오.
>
> └→ $y=g(x)$와 $y=n$과의 교점의 개수임을 이용하자.

$x^4-4x^2+6=n$에서 $g(x)=x^4-4x^2+6$이라 하면

$g'(x)=4x^3-8x=4x(x^2-2)$

　　　　$=4x(x+\sqrt{2})(x-\sqrt{2})$

$g'(x)=0$에서 $x=-\sqrt{2}$ 또는 $x=0$ 또는 $x=\sqrt{2}$

함수 $y=g(x)$의 증가, 감소를 표로 나타내고 그 그래프를 그리면 다음과 같다.

x	$\cdots$	$-\sqrt{2}$	$\cdots$	0	$\cdots$	$\sqrt{2}$	$\cdots$
$g'(x)$	$-$	0	$+$	0	$-$	0	$+$
$g(x)$	$\searrow$	2	$\nearrow$	6	$\searrow$	2	$\nearrow$

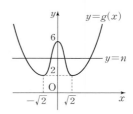

$n=1$이면 $f(n)=0$

$n=2$이면 $f(n)=2$

$3\le n\le5$이면 $f(n)=4$

$n=6$이면 $f(n)=3$

$n\ge7$이면 $f(n)=2$

따라서 $\displaystyle\sum_{n=1}^{10}f(n)=0+2+4\times3+3+2\times4=25$　　　　답 25

1147　　　$f(x)=x^3-9x-(3x+k)$라 하자.

> 곡선 $y=x^3-9x$와 직선 $y=3x+k$가 서로 다른 세 점에서 만나
> 도록 하는 상수 k의 값의 범위는?
> 　　　　　$f(x)=0$이 세 개의 실근을 가짐을 이용하자.

곡선과 직선이 서로 다른 세 점에서 만나려면 방정식

$x^3-9x=3x+k$가 서로 다른 세 실근을 가져야 한다.

$f(x)=x^3-9x-(3x+k)=x^3-12x-k$라 하면

$f'(x)=3x^2-12=3(x+2)(x-2)$

$f'(x)=0$에서 $x=-2$ 또는 $x=2$

함수 $y=f(x)$의 증가, 감소를 표로 나타내면 다음과 같다.

x	$\cdots$	-2	$\cdots$	2	$\cdots$
$f'(x)$	$+$	0	$-$	0	$+$
$f(x)$	$\nearrow$	$16-k$	$\searrow$	$-16-k$	$\nearrow$

삼차방정식 $f(x)=0$이 서로 다른 세 실근을 가지려면

(극댓값)$\times$(극솟값)<0이어야 하므로

$(16-k)(-16-k)<0$, $(k+16)(k-16)<0$

$\therefore -16<k<16$　　　　답 ③

1148　　　$f(x)=2x^3-3x^2-8x-(4x+a)$라 하자.

> 곡선 $y=2x^3-3x^2-8x$와 직선 $y=4x+a$가 서로 다른 두 점에
> 서 만나도록 하는 모든 실수 a의 값의 합을 구하시오.
> 　　　　$y=f(x)$의 (극댓값)$\times$(극솟값)$=0$임을 이용하자.

곡선과 직선이 서로 다른 두 점에서 만나려면 방정식

$2x^3-3x^2-8x=4x+a$가 서로 다른 두 실근을 가져야 한다.

$f(x)=2x^3-3x^2-8x-(4x+a)$

　　　　$=2x^3-3x^2-12x-a$

라 하면

$f'(x)=6x^2-6x-12=6(x+1)(x-2)$

$f'(x)=0$에서 $x=-1$ 또는 $x=2$

함수 $y=f(x)$의 증가, 감소를 표로 나타내면 다음과 같다.

x	$\cdots$	-1	$\cdots$	2	$\cdots$
$f'(x)$	$+$	0	$-$	0	$+$
$f(x)$	$\nearrow$	$-a+7$	$\searrow$	$-a-20$	$\nearrow$

삼차방정식 $f(x)=0$이 서로 다른 두 실근을 가지려면 중근과 서로 다
른 한 실근을 가져야하므로 (극댓값)$\times$(극솟값)$=0$이어야 한다.

즉, $(-a+7)(-a-20)=0$

$\therefore a=7$ 또는 $a=-20$

따라서 모든 실수 a의 값의 합은

$7+(-20)=-13$　　　　답 -13

1149　　　$f(x)=2x^3-3x^2-(12x+k)$라 하자.

> 곡선 $y=2x^3-3x^2$과 직선 $y=12x+k$가 오직 한 점에서 만나
> 기 위한 자연수 k의 최솟값을 구하시오.
> 　　　　$y=f(x)$의 (극댓값)$\times$(극솟값)>0임을 이용하자.

곡선과 직선이 오직 한 점에서 만나려면 방정식

$2x^3-3x^2=12x+k$가 오직 하나의 실근을 가져야 한다.

$f(x)=2x^3-3x^2-(12x+k)$

　　　　$=2x^3-3x^2-12x-k$

라 하면

$f'(x)=6x^2-6x-12$

　　　　$=6(x^2-x-2)$

　　　　$=6(x+1)(x-2)$

$f'(x)=0$에서 $x=-1$ 또는 $x=2$

함수 $y=f(x)$의 증가, 감소를 표로 나타내면 다음과 같다.

x	$\cdots$	-1	$\cdots$	2	$\cdots$
$f'(x)$	$+$	0	$-$	0	$+$
$f(x)$	$\nearrow$	$7-k$	$\searrow$	$-20-k$	$\nearrow$

삼차방정식 $f(x)=0$이 오직 하나의 실근을 가지려면

(극댓값)$\times$(극솟값)>0이어야 하므로

$f(-1)f(2)=(7-k)(-20-k)>0$

$\therefore k<-20$ 또는 $k>7$

따라서 자연수 k의 최솟값은 8이다.　　　　답 8

1150　　　$f(x)=2x^3+5x^2-7x-(2x^2+5x+k)$라 하자.

> 두 곡선 $y=2x^3+5x^2-7x$, $y=2x^2+5x+k$가 서로 다른 세
> 점에서 만날 때, 자연수 k의 최댓값을 구하시오.
> 　　　　$y=f(x)$의 (극댓값)$\times$(극솟값)<0임을 이용하자.

주어진 두 곡선이 서로 다른 세 점에서 만나려면 삼차방정식

$2x^3+5x^2-7x=2x^2+5x+k$가 서로 다른 세 실근을 가져야 한다.

$f(x)=2x^3+5x^2-7x-(2x^2+5x+k)$

　　　　$=2x^3+3x^2-12x-k$

라 하면

$f'(x)=6x^2+6x-12$

　　　　$=6(x+2)(x-1)$

$f'(x)=0$에서 $x=-2$ 또는 $x=1$

함수 $y=f(x)$의 증가, 감소를 표로 나타내면 다음과 같다.

x	$\cdots$	-2	$\cdots$	1	$\cdots$
$f'(x)$	$+$	0	$-$	0	$+$
$f(x)$	$\nearrow$	$20-k$	$\searrow$	$-7-k$	$\nearrow$

삼차방정식 $f(x)=0$이 서로 다른 세 실근을 가지려면

(극댓값)$\times$(극솟값)<0이어야 하므로

$(20-k)(-7-k)<0$

$(k+7)(k-20)<0$

$\therefore -7<k<20$

따라서 자연수 k의 최댓값은 19이다.　　　　답 19

1151 $f(x)=x^3-4x^2+2x-(2x^2-7x+a)$라 하자.

> 두 곡선 $y=x^3-4x^2+2x$, $y=2x^2-7x+a$가 서로 다른 두 점에서 만날 때, 양수 a의 값을 구하시오.
> └─● $y=f(x)$의 (극댓값)×(극솟값)$=0$임을 이용하자.

주어진 두 곡선이 서로 다른 두 점에서 만나려면 삼차방정식
$x^3-4x^2+2x=2x^2-7x+a$가 서로 다른 두 실근을 가져야 한다.
$f(x)=x^3-4x^2+2x-(2x^2-7x+a)=x^3-6x^2+9x-a$
라 하면
$f'(x)=3x^2-12x+9=3(x-1)(x-3)$
$f'(x)=0$에서 $x=1$ 또는 $x=3$
함수 $y=f(x)$의 증가, 감소를 표로 나타내면 다음과 같다.

x	$\cdots$	1	$\cdots$	3	$\cdots$
$f'(x)$	$+$	0	$-$	0	$+$
$f(x)$	↗	$4-a$	↘	$-a$	↗

삼차방정식 $f(x)=0$이 서로 다른 두 실근을 가지려면
(극댓값)×(극솟값)$=0$이어야 하므로
$f(1)f(3)=-a(4-a)=0$
$\therefore a=4$ ($\because a>0$)

답 4

1152 $f(x)=x^4-4x+a-(-x^2+2x-a)$라 하자.

> 두 곡선 $y=x^4-4x+a$, $y=-x^2+2x-a$가 오직 한 점에서 만날 때, 상수 a의 값을 구하시오.
> └─● $f(x)=0$의 근이 오직 한 개이어야 한다.

주어진 두 곡선이 오직 한 점에서 만나려면
$x^4-4x+a=-x^2+2x-a$가 오직 하나의 실근을 가져야 한다.
$f(x)=x^4-4x+a-(-x^2+2x-a)$
$\quad\;\; =x^4+x^2-6x+2a$
라 하면 사차방정식 $f(x)=0$의 실근이 오직 하나이어야 한다.
$f'(x)=4x^3+2x-6$
$\quad\;\;\; =(x-1)(4x^2+4x+6)$
$4x^2+4x+6=4\left(x+\dfrac{1}{2}\right)^2+5>0$이므로
$f'(x)=0$에서 $x=1$
함수 $y=f(x)$의 증가, 감소를 표로 나타내면 다음과 같다.

x	$\cdots$	1	$\cdots$
$f'(x)$	$-$	0	$+$
$f(x)$	↘	$f(1)$	↗

따라서 함수 $y=f(x)$는 $x=1$에서 최솟값 $f(1)$을 갖고 사차방정식
$f(x)=0$이 오직 하나의 실근을 가지려면 최솟값이 0이어야 하므로
$f(1)=1+1-6+2a=0$
$\therefore a=2$

답 2

1153 방정식의 실근은 $y=f(x)$의 그래프와 직선 $y=a$의 교점의 x좌표이다.

> 그림은 함수 $y=f(x)$의 그래프이다. 방정식 $f(x)=a$가 서로 다른 두 개의 음의 실근과 한 개의 양의 실근을 갖도록 하는 모든 정수 a의 값의 합을 구하시오.
> └─● a의 값에 따라 $y=a$의 그래프는 달라진다.

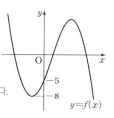

방정식 $f(x)=a$의 실근은 함수 $y=f(x)$의 그래프와 직선 $y=a$의 교점의 x좌표와 같다. 즉, 함수 $y=f(x)$의 그래프와 직선 $y=a$의 교점의 x좌표가 두 개는 음수이고 한 개는 양수가 되는 a의 값의 범위는 $-8<a<-5$이므로
조건을 만족시키는 모든 정수 a의 값의 합은
$(-6)+(-7)=-13$

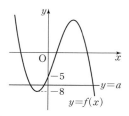

답 -13

1154 $f(x)=x^3-12x+8$이라 하고 $y=f(x)$의 증가, 감소를 표로 나타내자.

> 삼차방정식 $x^3-12x+8+k=0$이 서로 다른 두 개의 음의 실근과 한 개의 양의 실근을 갖도록 하는 실수 k의 값의 범위는 $\alpha<k<\beta$이다. $\alpha\beta$의 값을 구하시오.
> └─● 방정식의 실근은 $y=f(x)$의 그래프와 직선 $y=-k$의 교점의 x좌표임을 이용하자.

$x^3-12x+8+k=0$에서
$x^3-12x+8=-k$
$f(x)=x^3-12x+8$이라 하면
$f'(x)=3x^2-12=3(x+2)(x-2)$
$f'(x)=0$에서 $x=-2$ 또는 $x=2$
함수 $y=f(x)$의 증가, 감소를 표로 나타내고 그 그래프를 그리면 다음과 같다.

x	$\cdots$	-2	$\cdots$	2	$\cdots$
$f'(x)$	$+$	0	$-$	0	$+$
$f(x)$	↗	24	↘	-8	↗

따라서 함수 $y=f(x)$의 그래프와 직선 $y=-k$의 교점의 x좌표가 두 개는 음수이고, 한 개는 양수가 되는 $-k$의 값의 범위는
$8<-k<24$
$\therefore -24<k<-8$
따라서 $\alpha=-24$, $\beta=-8$이므로
$\alpha\beta=192$

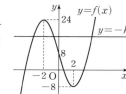

답 192

1155 $f(x)=2x^3-3x^2-12x$라 하고 $y=f(x)$의 증가, 감소를 표로 나타내자.

> 삼차방정식 $2x^3-3x^2-12x+a=0$이 서로 다른 두 개의 양의 실근과 한 개의 음의 실근을 가질 때, 정수 a의 개수를 구하시오.
> └─● 방정식의 실근은 $y=f(x)$의 그래프와 직선 $y=-a$의 교점의 x좌표임을 이용하자.

정답 및 해설

$2x^3-3x^2-12x+a=0$에서

$2x^3-3x^2-12x=-a$

$f(x)=2x^3-3x^2-12x$라 하면

$f'(x)=6x^2-6x-12$

$\qquad\;\;=6(x^2-x-2)$

$\qquad\;\;=6(x+1)(x-2)$

$f'(x)=0$에서 $x=-1$ 또는 $x=2$

함수 $y=f(x)$의 증가, 감소를 표로 나타내고 그 그래프를 그리면 다음과 같다.

x	$\cdots$	-1	$\cdots$	2	$\cdots$
$f'(x)$	$+$	0	$-$	0	$+$
$f(x)$	$\nearrow$	7	$\searrow$	-20	$\nearrow$

따라서 함수 $y=f(x)$의 그래프와
직선 $y=-a$의 교점의 x좌표가 두 개는 양수
이고, 한 개는 음수가 되는 $-a$의 값의 범위는
$-20<-a<0$
$\therefore 0<a<20$
따라서 정수 a의 개수는 $1, 2, 3, \cdots, 19$의 19
이다.

답 19

1156 $f(x)=x^3-12x$라 하고 $y=f(x)$의 증가, 감소를 표로 나타내자.

> 삼차방정식 $x^3-12x-a=0$이 오직 하나의 양의 실근을 갖도록
> 하는 정수 a의 최솟값을 구하시오.
> 방정식의 실근은 $y=f(x)$의 그래프와 직선 $y=a$의 교점의 x좌표임을 이용하자.

$x^3-12x-a=0$에서 $x^3-12x=a$ $\qquad$ …… ㉠

$f(x)=x^3-12x$라 하면

$f'(x)=3x^2-12=3(x+2)(x-2)$

$f'(x)=0$에서 $x=-2$ 또는 $x=2$

함수 $y=f(x)$의 증가, 감소를 표로 나타내고 그 그래프를 그리면 다음과 같다.

x	$\cdots$	-2	$\cdots$	2	$\cdots$
$f'(x)$	$+$	0	$-$	0	$+$
$f(x)$	$\nearrow$	16	$\searrow$	-16	$\nearrow$

방정식 ㉠이 오직 하나의 양의 실근을
갖도록 하는 a의 값의 범위는
$a>16$
따라서 정수 a의 최솟값은 17이다.

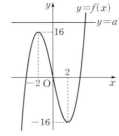

답 17

1157 $h(x)=f(x)-g(x)$라 하고 $y=h(x)$의 증가, 감소를 표로 나타내자.

> 두 함수 $f(x)=3x^3-x^2-3x$, $g(x)=x^3-4x^2+9x+a$에 대
> 하여 방정식 $f(x)=g(x)$가 서로 다른 두 개의 양의 실근과 한 개
> 의 음의 실근을 갖도록 하는 모든 정수 a의 개수를 구하시오.
> 방정식의 실근은 $y=h(x)$의 그래프와 직선 $y=a$의
> 교점의 x좌표임을 이용하자.

$f(x)=g(x)$에서 $3x^3-x^2-3x=x^3-4x^2+9x+a$이므로

$2x^3+3x^2-12x=a$

$h(x)=2x^3+3x^2-12x$라 하면

$h'(x)=6x^2+6x-12=6(x+2)(x-1)$

$h'(x)=0$에서 $x=-2$ 또는 $x=1$

함수 $y=h(x)$의 증가, 감소를 표로 나타내고 그 그래프를 그리면 다음과 같다.

x	$\cdots$	-2	$\cdots$	1	$\cdots$
$h'(x)$	$+$	0	$-$	0	$+$
$h(x)$	$\nearrow$	20	$\searrow$	-7	$\nearrow$

따라서 함수 $y=h(x)$의 그래프와
직선 $y=a$의 교점의 x좌표가 두 개는 양수이고,
한 개는 음수가 되는 a의 값의 범위는
$-7<a<0$이므로 정수 a의 개수는
$-6, -5, -4, -3, -2, -1$의 6이다.

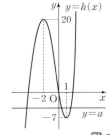

답 6

1158 $f(k)$는 $g(x)=x^3-3x+5$의 그래프와 직선 $y=2k$의 교점 중 x좌표가 양수인 교점의 개수임을 이용하자.

> 자연수 k에 대하여 삼차방정식 $x^3-3x+5-2k=0$의 양의 실
> 근의 개수를 $f(k)$라고 할 때, $\displaystyle\sum_{k=1}^{10} f(k)$의 값을 구하시오.

$x^3-3x+5-2k=0$에서 $x^3-3x+5=2k$

$g(x)=x^3-3x+5$라 하면 $y=g(x)$의 그래프와 $y=2k$의 교점 중
x좌표가 양수인 교점의 개수가 $f(k)$이다.

$g'(x)=3x^2-3=3(x-1)(x+1)$

$g'(x)=0$에서 $x=-1$ 또는 $x=1$

함수 $y=g(x)$의 증가, 감소를 표로 나타내고 그 그래프를 그리면 다음과 같다.

x	$\cdots$	-1	$\cdots$	1	$\cdots$
$g'(x)$	$+$	0	$-$	0	$+$
$g(x)$	$\nearrow$	7	$\searrow$	3	$\nearrow$

$k=1$일 때, $f(k)=0$

$k=2$일 때, $f(k)=2$

$k\geq3$일 때, $f(k)=1$

$\therefore \displaystyle\sum_{k=1}^{10} f(k)=0+1\times2+8\times1=10$

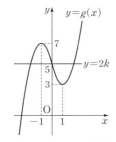

답 10

1159 $f(x)=x^4-4x^3-2x^2+12x+6$이라 하고 $y=f(x)$의 그래프를 그리자.

> 사차방정식 $x^4-4x^3-2x^2+12x+6-a=0$이 서로 다른 세 개의 양의 실근과 한 개의 음의 실근을 갖도록 하는 실수 a의 값의 범위는? ───▶ $y=f(x)$의 그래프와 직선 $y=a$의 교점의 x좌표가 세 개는 양수이고, 한 개는 음수가 되도록 a를 택하자.

$x^4-4x^3-2x^2+12x+6-a=0$에서

$x^4-4x^3-2x^2+12x+6=a$

$f(x)=x^4-4x^3-2x^2+12x+6$이라 하면

$f'(x)=4x^3-12x^2-4x+12$

$\qquad =4(x^3-3x^2-x+3)$

$\qquad =4(x+1)(x-1)(x-3)$

$f'(x)=0$에서 $x=-1$ 또는 $x=1$ 또는 $x=3$

함수 $y=f(x)$의 증가, 감소를 표로 나타내고 그 그래프를 그리면 다음과 같다.

x	$\cdots$	-1	$\cdots$	1	$\cdots$	3	$\cdots$
$f'(x)$	$-$	0	$+$	0	$-$	0	$+$
$f(x)$	$\searrow$	-3	$\nearrow$	13	$\searrow$	-3	$\nearrow$

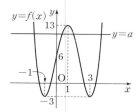

따라서 함수 $y=f(x)$의 그래프와 직선 $y=a$의 교점의 x좌표가 세 개는 양수이고, 한 개는 음수가 되는 a의 값의 범위는

$6<a<13$ 📋 ④

1160 $f(x)=-x^4+2x^2$이라 하고 $y=f(x)$의 그래프를 그리자.

> 사차방정식 $x^4-x^2+a=x^2$이 서로 다른 두 개의 양의 실근과 서로 다른 두 개의 음의 실근을 갖도록 하는 실수 a의 값의 범위는? ───▶ $y=f(x)$의 그래프와 직선 $y=a$의 교점의 x좌표가 두 개는 양수이고, 두 개는 음수가 되도록 a를 택하자.

$x^4-x^2+a=x^2$에서 $-x^4+2x^2=a$ $\cdots\cdots$ ㉠

$f(x)=-x^4+2x^2$이라 하면

$f'(x)=-4x^3+4x=-4x(x+1)(x-1)$

$f'(x)=0$에서 $x=-1$ 또는 $x=0$ 또는 $x=1$

함수 $y=f(x)$의 증가, 감소를 표로 나타내고 그 그래프를 그리면 다음과 같다.

x	$\cdots$	-1	$\cdots$	0	$\cdots$	1	$\cdots$
$f'(x)$	$+$	0	$-$	0	$+$	0	$-$
$f(x)$	$\nearrow$	1	$\searrow$	0	$\nearrow$	1	$\searrow$

방정식 ㉠이 서로 다른 두 개의 양의 실근과 서로 다른 두 개의 음의 실근을 갖도록 하는 실수 a의 값의 범위는

$0<a<1$

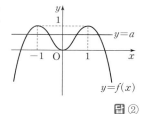

📋 ②

1161 $f(x)=x^3-12x$라 하고 $y=f(x)$의 그래프를 그리자.

> x에 대한 삼차방정식 $x^3-12x-k=0$이 서로 다른 세 실근을 가질 때, 가장 큰 근 α의 값의 범위는? (단, k는 상수) ───▶ $y=f(x)$의 그래프와 직선 $y=k$의 교점이 3개임을 이용하자.

$x^3-12x-k=0$에서 $x^3-12x=k$ $\cdots\cdots$ ㉠

$f(x)=x^3-12x$로 놓으면

$f'(x)=3x^2-12=3(x+2)(x-2)$

$f'(x)=0$에서 $x=-2$ 또는 $x=2$

함수 $f(x)$의 증가, 감소를 조사하고, 그래프를 그리면 다음과 같다.

x	$\cdots$	-2	$\cdots$	2	$\cdots$
$f'(x)$	$+$	0	$-$	0	$+$
$f(x)$	$\nearrow$	16	$\searrow$	-16	$\nearrow$

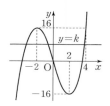

따라서 방정식 ㉠의 서로 다른 실근의 개수는

곡선 $y=x^3-12x$와 직선 $y=k$의 교점의 개수와 같으므로

서로 다른 세 실근을 가지려면

$-16<k<16$

이때, $x^3-12x=16$에서 $x^3-12x-16=0$

$(x+2)^2(x-4)=0$

$\therefore x=-2$ (중근) 또는 $x=4$

따라서 가장 큰 근 α의 값의 범위는

$2<\alpha<4$ 📋 ③

1162 접점의 좌표를 $(t,\ t^3+t^2)$이라 하고 접선의 방정식을 구하자.

> 점 $\mathrm{A}(0,\ a)$에서 곡선 $y=x^3+x^2$에 서로 다른 세 개의 접선을 그을 수 있도록 하는 실수 a의 값의 범위는? ───▶ 접선의 방정식에 $x=0,\ y=a$를 대입하여 실근의 개수가 3임을 이용하자.

$f(x)=x^3+x^2$이라 하면

$f'(x)=3x^2+2x$

곡선 $y=x^3+x^2$ 위의 점 $(t,\ t^3+t^2)$에서의 접선의 방정식은

$y-(t^3+t^2)=(3t^2+2t)(x-t)$

이 직선이 점 $(0,\ a)$를 지나므로

$a-(t^3+t^2)=(3t^2+2t)(0-t)$

$\therefore 2t^3+t^2+a=0$ $\cdots\cdots$ ㉠

점 $\mathrm{A}(0,\ a)$에서 곡선 $y=f(x)$에 서로 다른 세 개의 접선을 그을 수 있으려면 방정식 ㉠이 서로 다른 세 실근을 가져야 한다.

$g(t)=2t^3+t^2+a$라 하면

$g'(t)=6t^2+2t=2t(3t+1)$

$g'(t)=0$에서 $t=-\dfrac{1}{3}$ 또는 $t=0$

함수 $y=g(t)$의 증가, 감소를 표로 나타내면 다음과 같다.

정답 및 해설

t	$\cdots$	$-\dfrac{1}{3}$	$\cdots$	0	$\cdots$
$g'(t)$	$+$	0	$-$	0	$+$
$g(t)$	↗	$a+\dfrac{1}{27}$	↘	a	↗

삼차방정식 $g(t)=0$이 서로 다른 세 실근을 가지려면
(극댓값)×(극솟값)<0이어야 하므로

$$g\left(-\dfrac{1}{3}\right)g(0)=a\left(a+\dfrac{1}{27}\right)<0$$

$$\therefore -\dfrac{1}{27}<a<0$$

답 ③

1163

접점의 좌표를 $(t,\ 2t^3+3t^2+4t+k)$라 하자.

> 좌표평면 위의 원점에서 곡선 $y=2x^3+3x^2+4x+k$에 서로 다른 두 개의 접선을 그을 수 있도록 하는 모든 실수 k의 값의 합을 구하시오.
>
> 접선의 방정식에 $x=0,\ y=0$를 대입하여 실근의 개수가 2임을 이용하자.

$f(x)=2x^3+3x^2+4x+k$라 하면
$f'(x)=6x^2+6x+4$
곡선 $y=2x^3+3x^2+4x+k$ 위의 점 $(t,\ 2t^3+3t^2+4t+k)$에서의 접선의 방정식은
$y-(2t^3+3t^2+4t+k)=(6t^2+6t+4)(x-t)$
이 직선이 점 $(0,\ 0)$을 지나므로
$0-(2t^3+3t^2+4t+k)=(6t^2+6t+4)(0-t)$
$\therefore 4t^3+3t^2-k=0$ $\quad\cdots\cdots$ ㉠
점 $(0,\ 0)$에서 곡선 $y=f(x)$에 서로 다른 두 개의 접선을 그을 수 있으려면 방정식 ㉠이 서로 다른 두 실근을 가져야 한다.
$g(t)=4t^3+3t^2-k$라 하면
$g'(t)=12t^2+6t=6t(2t+1)$

$g'(t)=0$에서 $t=-\dfrac{1}{2}$ 또는 $t=0$

함수 $y=g(t)$의 증가, 감소를 표로 나타내면 다음과 같다.

t	$\cdots$	$-\dfrac{1}{2}$	$\cdots$	0	$\cdots$
$g'(t)$	$+$	0	$-$	0	$+$
$g(t)$	↗	$-k+\dfrac{1}{4}$	↘	$-k$	↗

삼차방정식 $g(t)=0$이 서로 다른 두 실근, 즉 중근과 다른 한 실근을 가지려면 (극댓값)×(극솟값)=0이어야 하므로

$$g\left(-\dfrac{1}{2}\right)g(0)=-k\left(-k+\dfrac{1}{4}\right)=0$$

$\therefore k=0$ 또는 $k=\dfrac{1}{4}$

따라서 모든 실수 k의 값의 합은

$$0+\dfrac{1}{4}=\dfrac{1}{4}$$

답 $\dfrac{1}{4}$

1164

접점의 좌표를 $(t,\ t^3-3t)$라 하자.

> 점 $(1,\ a)$에서 곡선 $y=x^3-3x$에 한 개의 접선을 그을 수 있도록 하는 실수 a의 값의 범위는?
>
> 접선의 방정식에 $x=1,\ y=a$를 대입하여 실근의 개수가 1임을 이용하자.

$f(x)=x^3-3x$로 놓으면 $f'(x)=3x^2-3$
곡선 $y=x^3-3x$ 위의 점 $(t,\ t^3-3t)$에서의 접선의 방정식은
$y-(t^3-3t)=(3t^2-3)(x-t)$
이 직선이 점 $(1,\ a)$를 지나므로
$a-(t^3-3t)=(3t^2-3)(1-t)$
$\therefore 2t^3-3t^2+3+a=0$ $\quad\cdots\cdots$ ㉠
이때, 점 $(1,\ a)$에서 곡선 $y=f(x)$에 한 개의 접선을 그을 수 있으려면 방정식 ㉠이 하나의 실근을 가져야 한다.
$g(t)=2t^3-3t^2+3+a$로 놓으면
$g'(t)=6t^2-6t=6t(t-1)$
$g'(t)=0$에서 $t=0$ 또는 $t=1$
함수 $g(t)$의 증가, 감소를 조사하면 다음과 같다.

t	$\cdots$	0	$\cdots$	1	$\cdots$
$g'(t)$	$+$	0	$-$	0	$+$
$g(t)$	↗	$a+3$	↘	$a+2$	↗

이때, 방정식 $g(t)=0$이 하나의 실근을 가지려면
(극댓값)×(극솟값)>0이어야 하므로
$g(0)g(1)=(a+3)(a+2)>0$
$\therefore a<-3$ 또는 $a>-2$

답 ③

1165

접점의 좌표를 $(t,\ t^3+3at-1)$이라 하자.

> 점 $(2,\ 0)$에서 곡선 $y=x^3+3ax-1$에 오직 한 개의 접선을 그을 수 있도록 하는 자연수 a의 최솟값은?
>
> 접선의 방정식에 $x=2,\ y=0$을 대입하여 실근의 개수가 1임을 이용하자.

$f(x)=x^3+3ax-1$로 놓으면
$f'(x)=3x^2+3a$
접점의 좌표를 $(t,\ t^3+3at-1)$이라 하면 접선의 기울기는
$f'(t)=3t^2+3a$이므로 접선의 방정식은
$y-(t^3+3at-1)=(3t^2+3a)(x-t)$
이 직선이 점 $(2,\ 0)$를 지나므로
$0-(t^3+3at-1)=(3t^2+3a)(2-t)$
$\therefore 2t^3-6t^2-6a+1=0$ $\quad\cdots\cdots$ ㉠
점 $(2,\ 0)$에서 곡선 $y=x^3+3ax-1$에 오직 한 개의 접선을 그을 수 있으려면 t에 대한 삼차방정식 ㉠이 오직 하나의 실근을 가져야 한다.
$g(t)=2t^3-6t^2-6a+1$로 놓으면
$g'(t)=6t^2-12t$
$\qquad =6t(t-2)$
$g'(t)=0$에서 $t=0$ 또는 $t=2$
함수 $g(t)$의 증가, 감소를 조사하면 다음과 같다.

t	$\cdots$	0	$\cdots$	2	$\cdots$
$g'(t)$	$+$	0	$-$	0	$+$
$g(t)$	↗	$-6a+1$	↘	$-6a-7$	↗

삼차방정식 $g(t)=0$이 오직 한 개의 실근을 가지려면

(극댓값)×(극솟값)>0이어야 하므로
$$g(0)g(2)=(-6a+1)(-6a-7)>0$$
$$(6a+7)(6a-1)>0$$
$$\therefore a<-\frac{7}{6} \text{ 또는 } a>\frac{1}{6}$$
따라서 자연수 a의 최솟값은 1이다.　　　　🔲 ①

1166　　접점의 좌표를 $(t, -t^3+t)$라 하자.

> 점 $(1, a)$에서 곡선 $y=-x^3+x$에 두 개 이상의 접선을 그을 수 있을 때, 상수 a의 값의 범위를 구하시오.
>
> 　　　　　접선의 방정식에 $x=1$, $y=a$를 대입하여 실근의 개수가 2개 이상임을 이용하자.

$f(x)=-x^3+x$로 놓으면
$$f'(x)=-3x^2+1$$
접점의 좌표를 $(t, -t^3+t)$라 하면 접선의 기울기는
$f'(t)=-3t^2+1$이므로 접선의 방정식은
$$y-(-t^3+t)=(-3t^2+1)(x-t)$$
이 직선이 점 $(1, a)$를 지나므로
$$a-(-t^3+t)=(-3t^2+1)(1-t)$$
$$\therefore 2t^3-3t^2+1-a=0 \quad \cdots\cdots ㉠$$
점 $(1, a)$에서 곡선 $y=-x^3+x$에 두 개 이상의 접선을 그을 수 있으려면 t에 대한 삼차방정식 ㉠이 서로 다른 두 개 이상의 실근을 가져야 한다.
$g(t)=2t^3-3t^2+1-a$로 놓으면
$$g'(t)=6t^2-6t$$
$$=6t(t-1)$$
$g'(t)=0$에서 $t=0$ 또는 $t=1$
함수 $g(t)$의 증가, 감소를 조사하면 다음과 같다.

t	$\cdots$	0	$\cdots$	1	$\cdots$
$g'(t)$	$+$	0	$-$	0	$+$
$g(t)$	↗	$1-a$	↘	$-a$	↗

삼차방정식 $g(t)=0$이 두 개 이상의 실근을 가지려면 그림과 같이 (극댓값)×(극솟값)≤0 이어야 하므로

$$g(0)g(1)=(1-a)(-a)\le0$$
$$a(a-1)\le0$$
$$\therefore 0\le a\le1$$
　　　　　　　　　🔲 $0\le a\le1$

1167　　$y=f(x)$의 그래프의 개형을 그리자.

> 그림은 삼차함수 $y=f(x)$의 도함수 $y=f'(x)$의 그래프이다. 함수 $y=f(x)$의 극댓값이 6, 극솟값이 2일 때, 방정식 $f(x)=3$의 서로 다른 실근의 개수를 구하시오.
>
> 　　　　　$2<3<6$임을 이용하자.

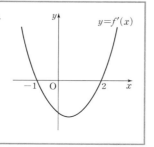

주어진 도함수 $y=f'(x)$의 그래프를 이용하여 함수 $y=f(x)$의 증가, 감소를 표로 나타내고 그 그래프를 그리면 다음과 같다.

x	$\cdots$	-1	$\cdots$	2	$\cdots$
$f'(x)$	$+$	0	$-$	0	$+$
$f(x)$	↗	6	↘	2	↗

방정식 $f(x)=3$의 실근의 개수는 곡선 $y=f(x)$와 직선 $y=3$의 교점의 개수와 같으므로 방정식 $f(x)=3$을 만족시키는 서로 다른 실근의 개수는 3이다.

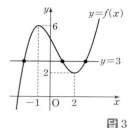

　　　　　　　　　🔲 3

1168　　$y=f(x)$의 그래프의 개형을 그리자.

> 함수 $f(x)=x^3+ax^2+bx+c$에 대하여 도함수 $y=f'(x)$의 그래프가 그림과 같다. 함수 $y=f(x)$의 극솟값이 1일 때, 방정식 $f(x)=k$가 서로 다른 두 실근을 갖도록 하는 1보다 큰 실수 k의 값을 구하시오. (단, a, b, c는 상수이다.)
>
> 　　　　　1개의 중근과 1개의 실근을 가질 때임을 이용하자.

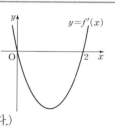

함수 $y=f'(x)$의 그래프에서 $f'(x)=0$이 되는 x의 값은 0, 2이므로 함수 $y=f(x)$의 증가, 감소를 표로 나타내면 다음과 같다.

x	$\cdots$	0	$\cdots$	2	$\cdots$
$f'(x)$	$+$	0	$-$	0	$+$
$f(x)$	↗	극대	↘	극소	↗

$f(x)=x^3+ax^2+bx+c$에서
$$f'(x)=3x^2+2ax+b$$
$f'(0)=0$, $f'(2)=0$이므로
$$f'(0)=b=0 \quad \cdots\cdots ㉠$$
$$f'(2)=12+4a+b=0 \quad \cdots\cdots ㉡$$
㉠, ㉡을 연립하여 풀면
$$a=-3, b=0$$
또 함수 $y=f(x)$는 $x=2$에서 극솟값 1을 가지므로
$$f(2)=8+4a+2b+c=1$$
$$-4+c=1 \quad \therefore c=5$$
$$\therefore f(x)=x^3-3x^2+5$$
극댓값이 $f(0)=5$이고, 함수 $y=f(x)$의 그래프는 그림과 같다.

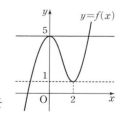

따라서 방정식 $f(x)=k$가 서로 다른 두 실근을 갖게 하는 실수 k의 값은 5이다. ($\because k>1$)

　　　　　　　　　🔲 5

1169

> $y=f(x)$의 그래프의 개형을 그리자.
>
> 그림은 다항함수 $y=f(x)$의 도함수 $y=f'(x)$의 그래프이다.
> $f(a)=-5$, $f(b)=4$, $f(c)=1$
> 일 때, 방정식 $f(x)+3=0$의 서로 다른 실근의 개수를 구하시오.
>
>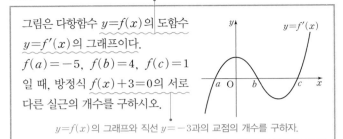
>
> $y=f(x)$의 그래프와 직선 $y=-3$과의 교점의 개수를 구하자.

주어진 그래프에서 $f'(a)=f'(b)=f'(c)=0$이므로 함수 $y=f(x)$의 증가, 감소를 표로 나타내고 그 그래프를 그리면 다음과 같다.

x	$\cdots$	a	$\cdots$	b	$\cdots$	c	$\cdots$
$f'(x)$	$-$	0	$+$	0	$-$	0	$+$
$f(x)$	$\searrow$	-5	$\nearrow$	4	$\searrow$	1	$\nearrow$

방정식 $f(x)+3=0$의 서로 다른 실근의 개수는 함수 $y=f(x)$의 그래프와 직선 $y=-3$의 교점의 개수와 같으므로 그림에서 서로 다른 실근의 개수는 2이다.

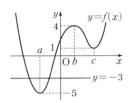

답 **2**

1170

> $y=|f(x)|$의 그래프는 $y=f(x)$의 그래프에서 $y<0$인 영역에 나타나는 부분을 모두 x축에 대하여 대칭이동한 것임을 이용하자.
>
> 삼차함수 $f(x)=x^3-3x-1$에 대하여 방정식 $|f(x)|=k$가 서로 다른 세 실근을 갖도록 하는 양수 k의 값은?

$f(x)=x^3-3x-1$이므로
$f'(x)=3x^2-3=3(x+1)(x-1)$
$f'(x)=0$에서 $x=-1$ 또는 $x=1$
함수 $y=f(x)$의 증가, 감소를 표로 나타내면 다음과 같다.

x	$\cdots$	-1	$\cdots$	1	$\cdots$
$f'(x)$	$+$	0	$-$	0	$+$
$f(x)$	$\nearrow$	1	$\searrow$	-3	$\nearrow$

따라서 함수 $y=|f(x)|$의 그래프는 다음과 같다.

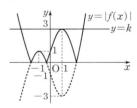

방정식 $|f(x)|=k$가 서로 다른 세 실근을 가지려면 곡선 $y=|f(x)|$와 직선 $y=k$의 교점의 개수가 3이어야 하므로
$k=3$

답 ③

1171

> $y=|f(x)|$의 그래프는 $y=f(x)$의 그래프에서 $y<0$인 영역에 나타나는 부분을 모두 x축에 대하여 대칭이동한 것임을 이용하자.
>
> 함수 $f(x)=2x^3+3x^2-12x$에서 방정식 $|f(x)|=k$가 서로 다른 네 실근을 갖도록 하는 자연수 k의 개수를 구하시오.
>
> $y=|f(x)|$의 그래프와 직선 $y=k$와의 교점의 개수를 구하자.

$f(x)=2x^3+3x^2-12x$에서
$f'(x)=6x^2+6x-12=6(x+2)(x-1)$
$f'(x)=0$에서 $x=-2$ 또는 $x=1$
함수 $y=f(x)$의 증가, 감소를 표로 나타내면 다음과 같다.

x	$\cdots$	-2	$\cdots$	1	$\cdots$
$f'(x)$	$+$	0	$-$	0	$+$
$f(x)$	$\nearrow$	20	$\searrow$	-7	$\nearrow$

함수 $y=|f(x)|$의 그래프는 다음과 같다.

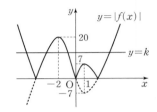

방정식 $|f(x)|=k$가 서로 다른 네 실근을 가지려면 $y=|f(x)|$의 그래프와 $y=k$의 그래프는 서로 다른 네 점에서 만나야 한다.
따라서 이를 만족하는 k의 범위는 $7<k<20$이므로 자연수 k의 개수는 12이다.

답 **12**

1172

> y축에 대하여 대칭인 함수이다.
>
> $f(0)=4$인 사차함수 $y=f(x)$가 모든 실수 x에 대하여 $f(-x)=f(x)$를 만족시킨다. 함수 $y=f(x)$가 $x=1$에서 극솟값 -2를 가질 때, 방정식 $|f(x)|=2$의 서로 다른 실근의 개수를 구하시오.
>
> $x=-1$에서도 극솟값 -2를 가진다.

$f(0)=4$이고 y축에 대하여 대칭인 사차함수 $y=f(x)$를
$f(x)=ax^4+bx^2+4$라 하면
$f'(x)=4ax^3+2bx$
함수 $y=f(x)$가 $x=1$에서 극솟값 -2를 가지므로
$f(1)=-2$, $f'(1)=0$
$f(1)=a+b+4=-2$
$\therefore a+b=-6$ $\cdots\cdots$ ㉠
$f'(1)=4a+2b=0$
$\therefore 2a+b=0$ $\cdots\cdots$ ㉡
㉠, ㉡을 연립하여 풀면
$a=6$, $b=-12$
$\therefore f(x)=6x^4-12x^2+4$
함수 $y=|f(x)|$의 그래프는 다음과 같고 방정식 $|f(x)|=2$의 서로 다른 실근의 개수는 곡선 $y=|f(x)|$와 직선 $y=2$의 교점의 개수와 같다.

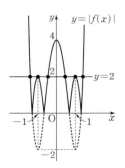

따라서 방정식 $|f(x)|=2$의 서로 다른 실근의 개수는 6이다.

답 **6**

1173

최고차항의 계수가 1인 삼차함수 $y=f(x)$가 모든 실수 x에 대하여 $f(-x)=-f(x)$를 만족시킨다. 방정식 $|f(x)|=2$가 서로 다른 네 개의 실근을 가질 때, $f(3)$의 값을 구하시오.

→ 원점에 대하여 대칭인 함수이다.

→ $y=f(x)$의 극솟값이 -2임을 이용하자.

최고차항의 계수가 1이고 모든 실수 x에 대하여
$f(-x)=-f(x)$를 만족시키는 삼차함수 $y=f(x)$의 그래프는 다음과 같이 두 가지 경우가 있다.

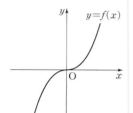
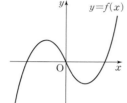

방정식 $|f(x)|=2$의 서로 다른 실근의 개수가 4인 경우는 그림과 같다.

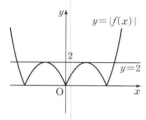

즉, $y=f(x)$의 극솟값은 -2, 극댓값은 2이므로
$f(x)=x^3-bx$ (b는 상수)라 하면
$f'(x)=3x^2-b=0$에서
$$x=\pm\sqrt{\frac{b}{3}}$$
$f\left(\sqrt{\frac{b}{3}}\right)=-2$이므로
$$\left(\sqrt{\frac{b}{3}}\right)^3-b\times\sqrt{\frac{b}{3}}=-2$$
$b^3=27$ ∴ $b=3$
따라서 $f(x)=x^3-3x$이므로
$f(3)=3^3-3\times3=18$

답 18

1174

다항함수 $f(x)$는 다음 조건을 만족시킨다.

(가) $\displaystyle\lim_{x\to\infty}\frac{f(x)-x^3}{3x^2}=-2$
   → $f(x)=x^3-6x^2+ax+b$라 하자.
(나) $f'(1)=0$
(다) 방정식 $|f(x)|=1$의 서로 다른 실근의 개수는 5이다.

$|f(1)|<|f(3)|$일 때, $f(2)$의 값을 구하시오.
   → $f'(x)=3x^2-12x+a$임을 이용하자.

조건 (가)에 의해 $f(x)=x^3-6x^2+ax+b$ (a, b는 상수)라 할 수 있다.
$f'(x)=3x^2-12x+a$이므로 조건 (나)에 의해
$f'(1)=-9+a=0$ ∴ $a=9$
$f'(x)=3(x-1)(x-3)$

$f'(x)=0$에서 $x=1$ 또는 $x=3$

x	$\cdots$	1	$\cdots$	3	$\cdots$
$f'(x)$	$+$	0	$-$	0	$+$
$f(x)$	↗	$b+4$	↘	b	↗

조건 (다)를 만족하고, $|f(1)|<|f(3)|$인 함수 $f(x)$의 그래프의 개형은 그림과 같다.

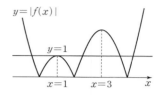

따라서 $f(1)=1$이므로 $b=-3$이다.
∴ $f(x)=x^3-6x^2+9x-3$
∴ $f(2)=8-24+18-3=-1$

답 -1

1175

두 함수 $f(x)=-x^3+x^2+k$, $g(x)=|x(x-1)|$에 대하여 방정식 $f(x)=g(x)$의 서로 다른 실근의 개수가 3이 되도록 하는 상수 k에 대하여 $27k$의 값 중 정수의 개수를 구하시오.

→ $h(x)=x^3-x^2+|x(x-1)|$라 하자.

→ $y=h(x)$와 $y=k$의 교점의 개수가 3임을 이용하자.

$-x^3+x^2+k=|x(x-1)|$에서
$x^3-x^2+|x(x-1)|=k$
$h(x)=x^3-x^2+|x(x-1)|$이라 하면
$x<0$ 또는 $x>1$일 때, $h(x)=x^3-x$
$0\le x\le1$일 때, $h(x)=x^3-2x^2+x$
그래프를 그리면 그림과 같다.

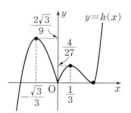

$h\left(-\dfrac{\sqrt{3}}{3}\right)=-\dfrac{\sqrt{3}}{9}+\dfrac{\sqrt{3}}{3}=\dfrac{2\sqrt{3}}{9}$
$h\left(\dfrac{1}{3}\right)=\dfrac{1}{27}-\dfrac{2}{9}+\dfrac{1}{3}=\dfrac{4}{27}$이다.
따라서 서로 다른 실근의 개수가 3이 되기 위해서는
$k=0$ 또는 $\dfrac{4}{27}<k<\dfrac{6\sqrt{3}}{27}$이다.

$27k$의 값 중에서 정수의 개수는 $27k=0$, 5, 6, 7, 8, 9, 10으로 7이다.

답 7

1176

y=f(x)의 그래프의 개형을 그리자.

삼차함수 $y=f(x)$의 도함수 $y=f'(x)$의 그래프가 그림과 같다. $f(0)=2$, $f(3)=5$일 때, 방정식 $|f(x)|=k$의 서로 다른 실근의 개수를 $p(k)$라 하자. $p(1)+p(2)+p(3)+\cdots+p(10)$의 값을 구하시오.

k=1, 2, ···, 10일 때 y=k와 y=|f(x)|의 그래프의 교점을 파악하자.

도함수 $y=f'(x)$의 그래프에서 $f'(x)=0$이 되는 x의 값은 0, 3이므로 함수 $y=f(x)$의 증가, 감소를 표로 나타내면 다음과 같다.

x	$\cdots$	0	$\cdots$	3	$\cdots$
$f'(x)$	$-$	0	$+$	0	$-$
$f(x)$	$\searrow$	2	$\nearrow$	5	$\searrow$

함수 $y=|f(x)|$의 그래프는 다음과 같고,
방정식 $|f(x)|=k$의 서로 다른 실근의 개수는
곡선 $y=|f(x)|$와 직선 $y=k$의 교점의 개수와 같다.

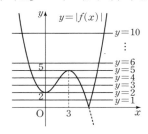

(i) $k=1$일 때
   교점의 개수는 2이므로 $p(1)=2$
(ii) $k=2$일 때
   교점의 개수는 3이므로 $p(2)=3$
(iii) $k=3$ 또는 $k=4$일 때
   교점의 개수는 4이므로
   $p(3)=p(4)=4$
(iv) $k=5$일 때
   교점의 개수는 3이므로 $p(5)=3$
(v) $k=6, 7, 8, 9, 10$일 때
   교점의 개수는 2이므로
   $p(6)=p(7)=p(8)=p(9)=p(10)=2$
$\therefore p(1)+p(2)+p(3)+\cdots+p(10)$
$=2+3+4\times2+3+2\times5=26$

답 26

1177

y=f(x)의 그래프는 x=2에 대하여 대칭임을 이용하자.

최고차항의 계수가 1이고 $f(0)<f(2)$인 사차함수 $y=f(x)$가 모든 실수 x에 대하여 $f(2+x)=f(2-x)$를 만족시킨다. 방정식 $f(|x|)=1$이 서로 다른 세 개의 실근을 갖도록 하는 함수 $y=f(x)$의 극댓값은?

y=f(|x|)의 그래프는 y=f(x)의 그래프에서 x<0인 영역의 그래프는 x>0인 영역의 그래프를 y축에 대하여 대칭이동하여 그린다.

사차함수 $y=f(x)$는 최고차항의 계수가 1이고 함수 $y=f(x)$의 그래프가 직선 $x=2$에 대하여 대칭이므로

$f(x)=(x-2)^4+a(x-2)^2+b$ (a, b는 상수)라 하자.
$f(0)<f(2)$이고 방정식 $f(|x|)=1$의 서로 다른 실근의 개수가 3이려면 함수 $y=f(x)$가 $x=0$, 4에서 극솟값 1을 갖고 $x=2$에서 극댓값을 가져야 한다.
따라서 사차함수 $y=f(x)$의 $x>0$인 부분을 y축 대칭시킨 함수 $y=f(|x|)$의 그래프는 다음과 같다.

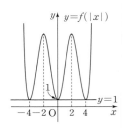

$f(0)=f(4)=1$에서 $16+4a+b=1$ ······㉠
$f'(x)=4(x-2)^3+2a(x-2)$에서
$f'(0)=f'(4)=0$이므로
$-32-4a=0$ $\therefore a=-8$
이것을 ㉠에 대입하면
$b=17$
$\therefore f(x)=(x-2)^4-8(x-2)^2+17$
따라서 함수 $y=f(x)$의 극댓값은
$f(2)=17$

답 ④

참고 $f(x)=f(-x)$를 만족시키는 사차함수는 y축 대칭이므로
$f(x)=ax^4+bx^2+c$ ($a\neq0$)로 놓을 수 있고,
$f(p+x)=f(p-x)$를 만족시키는 사차함수는 직선 $x=p$에 대하여 대칭이므로
$f(x)=a(x-p)^4+b(x-p)^2+c$ ($a\neq0$)로 놓을 수 있다.

1178

삼차함수 $y=f(x)$의 계수가 모두 실수일 때, 다음 〈보기〉 중 옳은 것을 모두 고른 것은?

중근을 가질 수도 있다.

┤ 보 기 ├
ㄱ. $f'(x)=0$이 서로 다른 두 실근을 가지면 $f(x)=0$은 서로 다른 세 실근을 갖는다.
ㄴ. $f'(x)=0$이 중근을 가지면 $f(x)=0$은 허근을 갖지 않는다.
ㄷ. $f'(x)=0$이 허근을 가지면 $f(x)=0$은 허근을 갖는다.

주어진 명제의 대우를 생각하자.

ㄱ. [반례] $f(x)=x^3-x^2$이라 하면
   $f'(x)=3x^2-2x=x(3x-2)$이므로 $f'(x)=0$은 서로 다른 두 실근을 갖는다.
   그런데 $f(x)=x^2(x-1)$에서 $f(x)=0$은 서로 다른 두 실근을 갖는다. (거짓)
ㄴ. [반례] $f(x)=x^3-1$라 하면
   $f'(x)=3x^2$이므로 $f'(x)=0$은 중근을 갖는다. 그런데
   $f(x)=(x-1)(x^2+x+1)$에서 $f(x)=0$은 한 실근과 서로 다른 두 허근을 갖는다. (거짓)
ㄷ. 주어진 명제의 대우는 '$f(x)=0$이 실근만을 가지면 $f'(x)=0$도 실근만을 갖는다.' 이다.
   $y=f(x)$의 최고차항의 계수가 양수일 때, $f(x)=0$이 실근만 가지

면 $y=f(x)$의 그래프는 그림과 같다.

(i), (ii)에서 $f'(x)=0$은 서로 다른 두 실근을 갖고
(iii)에서 $f(x)=a(x-a)^3$이므로 $f'(x)=0$은 중근을 갖는다.
$y=f(x)$의 최고차항의 계수가 음수일 때에도 마찬가지이다.
즉, 주어진 명제의 대우가 참이므로 주어진 명제도 참이다. (참)
따라서 옳은 것은 ㄷ뿐이다. 　目 ②

1179　　　　　　　$y=f(x)$의 그래프의 개형을 그리자.

> 삼차함수 $f(x)$의 극댓값과 극솟값이 각각 5, 1일 때, 방정식
> $f(x)-3=k$가 서로 다른 세 실근을 갖기 위한 모든 정수 k의
> 값의 합은?　　$y=f(x)$의 그래프와 $y=k+3$의 교점의
> 　　　　　　　　　개수가 3임을 이용하자.

삼차함수 $f(x)$가 $x=a$에서 극댓값 5, $x=b$에서 극솟값 1을 갖는다고
하면 함수 $y=f(x)$의 그래프는 그림과 같다.

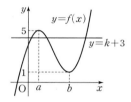 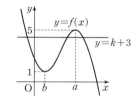

$f(x)-3=k$에서 $f(x)=k+3$ ······ ㉠
㉠이 서로 다른 세 실근을 가지려면 함수 $y=f(x)$의 그래프와 직선
$y=k+3$이 서로 다른 세 점에서 만나야 하므로
$1<k+3<5$　∴ $-2<k<2$
따라서 정수 k는 -1, 0, 1이므로 그 합은 0이다. 　目 ③

1180

> 삼차함수 $f(x)$의 도함수의 그래프와 이차함수 $g(x)$의 도함수
> 의 그래프가 그림과 같다. 함수 $h(x)$를 $h(x)=f(x)-g(x)$라
> 하자. $f(0)=g(0)$일 때, 옳은 것만을 〈보기〉에서 있는 대로 고
> 른 것은?
> 　　　　　　　$y=h(x)$의 증가·감소를 표로 나타내자.
>
>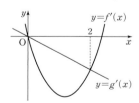
>
> ┤ 보기 ├
> ㄱ. $0<x<2$에서 $h(x)$는 감소한다.
> ㄴ. $h(x)$는 $x=2$에서 극솟값을 갖는다.
> ㄷ. 방정식 $h(x)=0$은 서로 다른 세 실근을 갖는다.
> 　　　　　$h(0)=0$이고 $h'(0)=0$임을 이용하자.

$h(x)=f(x)-g(x)$라 놓으면

$h'(x)=f'(x)-g'(x)$이므로 함수 $h(x)$의 증가, 감소를 표로 나타내
면 다음과 같다.

x	$\cdots$	0	$\cdots$	2	$\cdots$
$h'(x)$	+	0	-	0	+
$h(x)$	↗	극대	↘	극소	↗

함수 $h(x)$는 $(0, 2)$에서 감소하고,
$x=0$에서 극댓값, $x=2$에서 극솟값을 갖는다.
또한 $h(0)=f(0)-g(0)=0$이므로
다음과 같은 그래프가 된다.

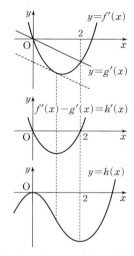

ㄱ. $0<x<2$에서 $h'(x)<0$이므로 $h(x)$는 감소한다. (참)
ㄴ. $h(x)$는 $x=2$에서 극솟값을 갖는다. (참)
ㄷ. $h(x)$는 중근과 실근 한 개를 가지므로 서로 다른 두 실근을 갖는다.
　　　　　　　　　　　　　　　　　　　　　　　　　　(거짓)
따라서 옳은 것은 ㄱ, ㄴ이다. 　目 ③

1181　　$f'(0)=f'(2)=f'(a)=0$임을 이용하자.

> 사차함수 $f(x)$가 다음 조건을 만족시킨다.
>
> (가) $f'(x)=x(x-2)(x-a)$ (단, a는 실수)
> (나) 방정식 $|f(x)|=f(0)$은 실근을 갖지 않는다.
>
> 〈보기〉에서 옳은 것만을 있는 대로 고른 것은?
> 　　　　　　　　　　　$f(0)<0$임을 이용하자.
> ┤ 보기 ├
> ㄱ. $a=0$이면 방정식 $f(x)=0$은 서로 다른 두 실근을 갖는다.
> ㄴ. $0<a<2$이고 $f(a)>0$이면, 방정식 $f(x)=0$은 서로 다른
> 　　네 실근을 갖는다.
> ㄷ. 함수 $|f(x)-f(2)|$가 $x=k$에서만 미분가능하지 않으면
> 　　$k<0$이다.

조건 (나)에서 $|f(x)|\geq 0$이므로 방정식 $|f(x)|=f(0)$이 실근을 갖지
않으려면 $f(0)<0$이어야 한다.
ㄱ. $a=0$이면 조건 (가)에서 $f'(x)=x^2(x-2)$이므로 함수 $y=f(x)$의
　　그래프는 다음과 같다.

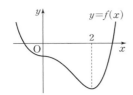

따라서 방정식 $f(x)=0$은 서로 다른 두 실근을 갖는다. (참)

ㄴ. [반례] $0<a<2$이고 $f(a)>0$일 때, $f(2)>0$이면 그림과 같이 방정식 $f(x)=0$은 서로 다른 두 실근을 갖는다. (거짓)

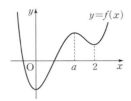

ㄷ. 함수 $|f(x)-f(2)|$가 $x=k$에서만 미분가능하지 않으려면

$$f(x)-f(2)=\frac{1}{4}(x-k)(x-2)^3$$이어야 한다.

또, $f'(0)=0$이므로 함수 $y=|f(x)-f(2)|$의 그래프는 다음과 같다.

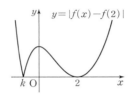

이때 함수 $|f(x)-f(2)|$는 $k<0$인 실수 k에 대하여 $x=k$에서만 미분가능하지 않다. (참)

따라서 옳은 것은 ㄱ, ㄷ이다.　　　　　　　　답 ③

1182　$y=f(x)$는 $x=\alpha,\ \beta,\ \gamma$에서 극값을 가진다.

최고차항의 계수가 양수인 사차함수 $y=f(x)$가 다음 조건을 만족시킬 때, 〈보기〉에서 옳은 것만을 있는 대로 고르시오.

(가) $f'(\alpha)=f'(\beta)=f'(\gamma)=0\ (\alpha<\beta<\gamma)$
(나) $f(\alpha)f(\beta)f(\gamma)<0$

　　→ $f(\alpha),\ f(\beta),\ f(\gamma)$ 중 하나만 음수이거나 셋 모두 음수임을 이용하자.

┤ 보기 ├

ㄱ. 함수 $y=f(x)$는 $x=\beta$에서 극댓값을 갖는다.
ㄴ. 방정식 $f(x)=0$은 서로 다른 두 실근을 갖는다.
ㄷ. $f(\alpha)>0$이면 방정식 $f(x)=0$은 β보다 작은 실근을 갖는다.

ㄱ. 함수 $y=f(x)$는 최고차항의 계수가 양수인 사차함수이므로 도함수 $y=f'(x)$는 최고차항의 계수가 양수인 삼차함수이다.

조건 (가)에서 $f'(x)=0$은 서로 다른 세 실근 $\alpha,\ \beta,\ \gamma\ (\alpha<\beta<\gamma)$를 가지므로 함수 $y=f'(x)$의 그래프의 개형은 그림과 같다.

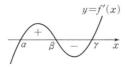

$x=\beta$의 좌우에서 $f'(x)$의 부호가 양에서 음으로 바뀌므로 함수 $y=f(x)$는 $x=\beta$에서 극댓값을 갖는다. (참)

ㄴ. 함수 $y=f'(x)$의 그래프에서 함수 $y=f(x)$는 $x=\alpha,\ x=\gamma$에서 극소, $x=\beta$에서 극대이므로 사차함수 $y=f(x)$의 그래프의 개형은 그림과 같다.

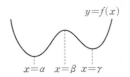

$f(\alpha)f(\beta)f(\gamma)<0$을 만족시키는 경우에 따라 함수 $y=f(x)$의 그래프의 개형은 다음과 같다.

(i) $f(\alpha)<0,\ f(\beta)<0,\ f(\gamma)<0$일 때,

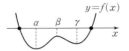

(ii) $f(\alpha)<0,\ f(\beta)>0,\ f(\gamma)>0$일 때,

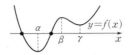

(iii) $f(\alpha)>0,\ f(\beta)>0,\ f(\gamma)<0$일 때,

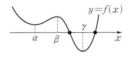

즉, 방정식 $f(x)=0$은 서로 다른 두 실근을 갖는다. (참)

ㄷ. ㄴ의 (iii)에서 $f(\alpha)>0$이면 방정식 $f(x)=0$의 두 실근은 모두 β보다 크다. (거짓)

따라서 옳은 것은 ㄱ, ㄴ이다.　　　　　　　　답 ㄱ, ㄴ

1183　$f'(x)=(x-a)^3$임을 이용하자.

세 실수 $a,\ b,\ c$에 대하여 사차함수 $y=f(x)$의 도함수 $y=f'(x)$가
$$f'(x)=(x-a)(x-b)(x-c)$$
일 때, 〈보기〉에서 옳은 것만을 있는 대로 고른 것은?

┤ 보기 ├

ㄱ. $a=b=c$이면 방정식 $f(x)=0$은 실근을 갖는다.
ㄴ. $a=b\neq c$이고 $f(a)<0$이면 방정식 $f(x)=0$은 서로 다른 두 실근을 갖는다.　$f'(x)=(x-a)^2(x-c)$임을 이용하자.
ㄷ. $a<b<c$이고 $f(b)<0$이면 방정식 $f(x)=0$은 서로 다른 두 실근을 갖는다.

ㄱ. $a=b=c$이면 $f'(x)=(x-a)^3$이므로
$f'(x)=0$에서 $x=a$
함수 $y=f(x)$의 증가, 감소를 표로 나타내면 다음과 같다.

x	$\cdots$	a	$\cdots$
$f'(x)$	$-$	0	$+$
$f(x)$	$\searrow$	극소	$\nearrow$

(극솟값)>0이면 방정식 $f(x)=0$은 실근을 갖지 않는다. (거짓)

ㄴ. $a=b\neq c$이면 $f'(x)=(x-a)^2(x-c)$이므로
$f'(x)=0$에서 $x=a$ 또는 $x=c$
(i) $a<c$일 때,
함수 $y=f(x)$의 증가, 감소를 표로 나타내고 그 그래프를 그리

면 다음과 같다.

x	$\cdots$	a	$\cdots$	c	$\cdots$
$f'(x)$	$-$	0	$-$	0	$+$
$f(x)$	$\searrow$	$f(a)$	$\searrow$	극소	$\nearrow$

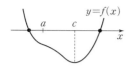

$f(a) < 0$이면 $f(c) < 0$이므로 함수 $y = f(x)$의 그래프와 x축
의 교점의 개수가 2이다.

(ii) $a > c$일 때,

함수 $y = f(x)$의 증가, 감소를 표로 나타내고 그 그래프를 그리
면 다음과 같다.

x	$\cdots$	c	$\cdots$	a	$\cdots$
$f'(x)$	$-$	0	$+$	0	$+$
$f(x)$	$\searrow$	극소	$\nearrow$	$f(a)$	$\nearrow$

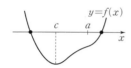

$f(a) < 0$이면 $f(c) < 0$이므로 함수 $y = f(x)$의 그래프와 x축
의 교점의 개수가 2이다.

(i), (ii)에서 방정식 $f(x) = 0$은 서로 다른 두 실근을 가진다. (참)

ㄷ. $a < b < c$이면 $f'(x) = (x-a)(x-b)(x-c)$이므로

$f'(x) = 0$에서 $x = a$ 또는 $x = b$ 또는 $x = c$

함수 $y = f(x)$의 증가, 감소를 표로 나타내면 다음과 같다.

x	$\cdots$	a	$\cdots$	b	$\cdots$	c	$\cdots$
$f'(x)$	$-$	0	$+$	0	$-$	0	$+$
$f(x)$	$\searrow$	극소	$\nearrow$	극대	$\searrow$	극소	$\nearrow$

극댓값 $f(b) < 0$이므로 방정식 $f(x) = 0$은 서로 다른 두 실근을 갖
는다. (참)

따라서 옳은 것은 ㄴ, ㄷ이다. **답** ⑤

1184

> 모든 실수 x에 대하여 부등식 $x^4 - 4x^3 + a + 3 > 0$이 성립하도록
> 하는 실수 a의 값의 범위는?
>
> $f(x) = x^4 - 4x^3 + a + 3$이라 하면 $y = f(x)$의 최솟값이 0보다 큼을 이용하자.

$f(x) = x^4 - 4x^3 + a + 3$이라 하면

$f'(x) = 4x^3 - 12x^2 = 4x^2(x-3)$

$f'(x) = 0$에서 $x = 0$ 또는 $x = 3$

함수 $y = f(x)$의 증가, 감소를 표로 나타내면 다음과 같다.

x	$\cdots$	0	$\cdots$	3	$\cdots$
$f'(x)$	$-$	0	$-$	0	$+$
$f(x)$	$\searrow$	$a+3$	$\searrow$	$a-24$	$\nearrow$

함수 $y = f(x)$는 $x = 3$에서 최솟값을 가지므로 모든 실수 x에 대하여
$f(x) > 0$이려면

$f(3) = a - 24 > 0$ $\quad \therefore a > 24$ **답** ⑤

1185

> 모든 실수 x에 대하여 $x^4 + 3x^2 + 10x \geq a$이 성립하도록 하는 실
> 수 a의 최댓값을 구하시오.
>
> $f(x) = x^4 + 3x^2 + 10x - a$라 하면 $y = f(x)$의 최솟값이 0 이상임을 이용하자.

$x^4 + 3x^2 + 10x - a \geq 0$에서

$f(x) = x^4 + 3x^2 + 10x - a$라 하면

$f'(x) = 4x^3 + 6x + 10$

$\quad = 2(x+1)(2x^2 - 2x + 5)$

$2x^2 - 2x + 5 = 2\left(x - \dfrac{1}{2}\right)^2 + \dfrac{9}{2} > 0$이므로

$f'(x) = 0$에서 $x = -1$

함수 $y = f(x)$의 증가, 감소를 표로 나타내면 다음과 같다.

x	$\cdots$	-1	$\cdots$
$f'(x)$	$-$	0	$+$
$f(x)$	$\searrow$	$-6-a$	$\nearrow$

함수 $y = f(x)$는 $x = -1$에서 최솟값을 가지므로
모든 실수 x에 대하여 $f(x) \geq 0$이려면

$f(-1) = -6 - a \geq 0$

$\therefore a \leq -6$

따라서 a의 최댓값은 -6이다. **답** -6

1186

> 모든 실수 x에 대하여 부등식 $x^4 - 8x + a \geq 4x^3 - 6x^2$이 성립하
> 도록 하는 실수 a의 최솟값을 구하시오.
>
> $f(x) = x^4 - 4x^3 + 6x^2 - 8x + a$라 하자.
>
> $y = f(x)$의 최솟값이 0 이상임을 이용하자.

$x^4 - 8x + a \geq 4x^3 - 6x^2$에서

$x^4 - 4x^3 + 6x^2 - 8x + a \geq 0$

$f(x) = x^4 - 4x^3 + 6x^2 - 8x + a$라 하면

$f'(x) = 4x^3 - 12x^2 + 12x - 8$

$\quad = 4(x^3 - 3x^2 + 3x - 2)$

$\quad = 4(x-2)(x^2 - x + 1)$

$x^2 - x + 1 = \left(x - \dfrac{1}{2}\right)^2 + \dfrac{3}{4} > 0$이므로

$f'(x) = 0$에서 $x = 2$

함수 $y = f(x)$의 증가, 감소를 표로 나타내면 다음과 같다.

x	$\cdots$	2	$\cdots$
$f'(x)$	$-$	0	$+$
$f(x)$	$\searrow$	$a-8$	$\nearrow$

함수 $y = f(x)$는 $x = 2$에서 최솟값을 가지므로 모든 실수 x에 대하여
$f(x) \geq 0$이려면

$f(2) = a - 8 \geq 0$ $\quad \therefore a \geq 8$

따라서 실수 a의 최솟값은 8이다. **답** 8

1187 $f(x)=x^4-4k^3x+12$라 하고 $y=f(x)$의 증가, 감소를 표로 나타내자.

> 모든 실수 x에 대하여 부등식 $x^4-4k^3x+12>0$이 성립하도록 하는 실수 k의 값의 범위는?
> └▸ ($f(x)$의 최솟값)>0임을 이용하자.

$f(x)=x^4-4k^3x+12$라 하면

$f'(x)=4x^3-4k^3$

$\qquad=4(x^3-k^3)$

$\qquad=4(x-k)(x^2+kx+k^2)$

$x^2+kx+k^2=\left(x+\dfrac{1}{2}k\right)^2+\dfrac{3}{4}k^2\geq0$이므로

$f'(x)=0$에서 $x=k$

함수 $y=f(x)$의 증가, 감소를 표로 나타내면 다음과 같다.

x	$\cdots$	k	$\cdots$
$f'(x)$	$-$	0	$+$
$f(x)$	$\searrow$	$12-3k^4$	$\nearrow$

함수 $y=f(x)$는 $x=k$에서 최솟값을 가지므로 모든 실수 x에 대하여 $f(x)>0$이려면

$f(k)=12-3k^4$

$\qquad=-3(k^4-4)$

$\qquad=-3(k^2+2)(k^2-2)>0$

$k^2+2>0$이므로 $k^2-2<0$

$(k+\sqrt{2})(k-\sqrt{2})<0$

$\therefore -\sqrt{2}<k<\sqrt{2}$ ❗③

1188 $f(x)=x^4-4x-a^2+a+9$라 하고 $y=f(x)$의 증가, 감소를 표로 나타내자.

> 모든 실수 x에 대하여 부등식 $x^4-4x-a^2+a+9\geq0$이 항상 성립하도록 하는 정수 a의 개수는?
> └▸ ($f(x)$의 최솟값)≥0임을 이용하자.

$f(x)=x^4-4x-a^2+a+9$라 하면

$f'(x)=4x^3-4=4(x-1)(x^2+x+1)$

함수 $f(x)$는 $x=1$에서 극소이면서 최소이므로

최솟값은 $f(1)=-a^2+a+6$

모든 실수 x에 대하여 $f(x)\geq0$이 성립하려면

$-a^2+a+6\geq0$

$\therefore -2\leq a\leq3$

따라서 조건을 만족시키는 정수 a는 -2, -1, 0, 1, 2, 3이므로 구하는 정수 a의 개수는 6이다. ❗①

1189
$f(x)=2x^3+3x^2+k$라 하자.

> $x<-1$일 때, 부등식 $2x^3+3x^2+k<0$이 성립하도록 하는 실수 k의 최댓값을 구하시오.
> └▸ $x<-1$일 때 $f'(x)>0$이므로 $f(-1)\leq0$임을 이용하자.

$f(x)=2x^3+3x^2+k$라 하면

$f'(x)=6x^2+6x=6x(x+1)$

$x<-1$일 때, $f'(x)>0$이므로 함수 $y=f(x)$는 구간 $(-\infty,-1)$에서 증가한다.

즉, $x<-1$일 때, $f(x)<0$이려면 $f(-1)\leq0$이어야 하므로

$f(-1)=-2+3+k=1+k\leq0$

$\therefore k\leq-1$

따라서 실수 k의 최댓값은 -1이다. ❗-1

1190 ($x\geq0$에서 $2x^3-6x^2+a$의 최솟값)≥0임을 이용하자.

> $x\geq0$인 모든 실수 x에 대하여 부등식
> $2x^3-6x^2+a\geq0$
> 이 성립하도록 실수 a의 값의 범위를 정하면?

$f(x)=2x^3-6x^2+a$라 하면

$f'(x)=6x^2-12x=6x(x-2)$

$x\geq0$일 때 함수 $f(x)$는 $x=2$에서 극소이면서 최소이다.

따라서 $x\geq0$인 모든 실수 x에 대하여 부등식이 성립하려면 (극솟값)≥0이어야 하므로

$f(2)=a-8\geq0$

$\therefore a\geq8$ ❗④

1191 $y=f(x)$의 증가, 감소를 표로 나타내자.

> 함수 $f(x)=x^3-5x^2+3x+k$에서 $x\geq0$인 모든 x에 대하여 항상 $f(x)>0$이 되도록 하는 실수 k의 값의 범위는?
> └▸ ($x\geq0$에서 $f(x)$의 최솟값)>0임을 이용하자.

$f(x)=x^3-5x^2+3x+k$에서

$f'(x)=3x^2-10x+3=(3x-1)(x-3)$

$f'(x)=0$에서 $x=\dfrac{1}{3}$ 또는 $x=3$

$x\geq0$에서 함수 $f(x)$의 증가, 감소를 조사하면 다음과 같다.

x	0	$\cdots$	$\dfrac{1}{3}$	$\cdots$	3	$\cdots$
$f'(x)$		$+$	0	$-$	0	$+$
$f(x)$	k	$\nearrow$	$k+\dfrac{13}{27}$	$\searrow$	$k-9$	$\nearrow$

즉, $x\geq0$에서 함수 $f(x)$의 최솟값은 $x=3$일 때이므로 $f(x)>0$이려면

$f(3)=k-9>0$

$\therefore k>9$

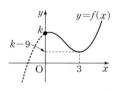

❗⑤

1192 $f(x)=x^3-3x+2$라 하고 $y=f(x)$의 증가, 감소를 표로 나타내자.

> $x>a$일 때, 부등식 $x^3-3x+2>0$이 성립하도록 하는 정수 a의 최솟값을 구하시오.
> └▸ $x>a$인 모든 실수 x에 대하여 $f(x)>0$임에 유의하자.

$f(x)=x^3-3x+2$라 하면

$f'(x)=3x^2-3=3(x+1)(x-1)$

$f'(x)=0$에서 $x=-1$ 또는 $x=1$

함수 $y=f(x)$의 증가, 감소를 표로 나타내고 그 그래프를 그리면 다음과 같다.

x	$\cdots$	-1	$\cdots$	1	$\cdots$
$f'(x)$	$+$	0	$-$	0	$+$
$f(x)$	↗	4	↘	0	↗

즉, $x>1$일 때 부등식 $f(x)>0$이
항상 성립하므로
$a\geq 1$
따라서 정수 a의 최솟값은 1이다.

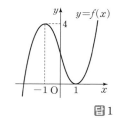

답 1

1193 $f(x)=x^3-3a^2x+2$라 하고 $y=f(x)$의 증가, 감소를 표로 나타내자.

$x\geq 0$일 때, 부등식 $x^3-3a^2x+2\geq 0$이 성립하도록 하는 실수 a의 값의 범위는?

$a>0$, $a=0$, $a<0$인 경우로 나누어 생각하자.

$f(x)=x^3-3a^2x+2$라 하면
$f'(x)=3x^2-3a^2=3(x+a)(x-a)$
$f'(x)=0$에서 $x=-a$ 또는 $x=a$

(i) $a>0$인 경우
$x\geq 0$에서 함수 $y=f(x)$의 증가, 감소를 표로 나타내면 다음과 같다.

x	0	$\cdots$	a	$\cdots$
$f'(x)$		$-$	0	$+$
$f(x)$		↘	a^3-3a^3+2	↗

$x\geq 0$에서 함수 $y=f(x)$는 $x=a$에서 최솟값을 가지므로
$f(a)=a^3-3a^3+2$
$\quad=-2a^3+2$
$\quad=-2(a^3-1)\geq 0$
$(a-1)(a^2+a+1)\leq 0$
$\therefore 0<a\leq 1$ ($\because a^2+a+1>0$)

(ii) $a=0$인 경우
$f(x)=x^3+2$이므로 $x\geq 0$에서 $f(x)\geq 0$이 성립한다.

(iii) $a<0$인 경우
$x\geq 0$에서 함수 $y=f(x)$의 증가, 감소를 표로 나타내면 다음과 같다.

x	0	$\cdots$	$-a$	$\cdots$
$f'(x)$		$-$	0	$+$
$f(x)$		↘	$-a^3+3a^3+2$	↗

$x\geq 0$에서 함수 $y=f(x)$는 $x=-a$에서 최솟값을 가지므로
$f(-a)=-a^3+3a^3+2$
$\quad=2a^3+2$
$\quad=2(a^3+1)\geq 0$
$(a+1)(a^2-a+1)\geq 0$
$\therefore -1\leq a<0$ ($\because a^2-a+1>0$)

(i), (ii), (iii)에서 $-1\leq a\leq 1$

답 ②

1194 $f(x)=x^3-3kx^2+6k-2$라 하자.

$x\geq 0$일 때, 부등식 $x^3-2\geq 3k(x^2-2)$가 성립하기 위한 실수 k의 최댓값과 최솟값의 합을 구하시오.

$k>0$, $k=0$, $k<0$인 경우로 나누어 생각하자.

$x^3-2\geq 3k(x^2-2)$에서 $x^3-3kx^2+6k-2\geq 0$
$f(x)=x^3-3kx^2+6k-2$라 하면
$f'(x)=3x^2-6kx=3x(x-2k)$

(i) $k<0$일 때,
$x\geq 0$에서 $f'(x)\geq 0$이므로 함수 $y=f(x)$는 증가한다.
따라서 함수 $y=f(x)$의 최솟값은 $f(0)=6k-2$이므로
$6k-2\geq 0$ $\quad\therefore k\geq \dfrac{1}{3}$
이는 $k<0$이라는 조건에 모순이다.

(ii) $k=0$일 때,
$f(x)=x^3-2$이고, $f(0)=-2<0$이므로
$x\geq 0$에서 $f(x)\geq 0$이 항상 성립하지는 않는다.

(iii) $k>0$일 때,
$f'(x)=0$에서 $x=0$ 또는 $x=2k$
$x\geq 0$에서 함수 $y=f(x)$의 증가, 감소를 표로 나타내면 다음과 같다.

x	0	$\cdots$	$2k$	$\cdots$
$f'(x)$	0	$-$	0	$+$
$f(x)$	$6k-2$	↘	$-4k^3+6k-2$	↗

$x\geq 0$에서 함수 $y=f(x)$의 최솟값은
$f(2k)=-4k^3+6k-2$이므로
$-4k^3+6k-2\geq 0$, $2k^3-3k+1\leq 0$
$(k-1)(2k^2+2k-1)\leq 0$
$(k-1)\left(k-\dfrac{-1+\sqrt{3}}{2}\right)\left(k-\dfrac{-1-\sqrt{3}}{2}\right)\leq 0$
$(k-1)\left(k-\dfrac{\sqrt{3}-1}{2}\right)\left(k+\dfrac{1+\sqrt{3}}{2}\right)\leq 0$
$k>0$에서 $k+\dfrac{1+\sqrt{3}}{2}>0$이므로
$(k-1)\left(k-\dfrac{\sqrt{3}-1}{2}\right)\leq 0$
$\therefore \dfrac{\sqrt{3}-1}{2}\leq k\leq 1$

(i), (ii), (iii)에서 $\dfrac{\sqrt{3}-1}{2}\leq k\leq 1$

따라서 실수 k의 최댓값과 최솟값의 합은
$1+\dfrac{\sqrt{3}-1}{2}=\dfrac{\sqrt{3}+1}{2}$

답 $\dfrac{\sqrt{3}+1}{2}$

1195 $h(x)=f(x)-g(x)$라고 하면 $h(x)\geq 0$임을 이용하자.

두 함수 $f(x)=x^4-2x^3+3x+6$, $g(x)=2x^3+3x+k$가 있다. 모든 실수 x에 대하여 $f(x)\geq g(x)$가 항상 성립하도록 하는 실수 k의 최댓값을 구하시오.

$h(x)$의 최솟값이 0 이상이면 된다.

$f(x)\geq g(x)$이므로
$x^4-2x^3+3x+6-2x^3-3x-k\geq 0$
$x^4-4x^3+6-k\geq 0$이 모든 실수에서 항상 성립해야 하므로

$h(x)=x^4-4x^3+6-k$라 하면 $h'(x)=0$을 만족하는 극솟값,

즉 최솟값이 0 이상이면 된다.

$h'(x)=4x^3-12x^2=0$

함수 $h(x)$의 증가, 감소를 표로 나타내면 다음과 같다.

x	$\cdots$	0	$\cdots$	3	$\cdots$
$h'(x)$	$-$	0	$-$	0	$+$
$h(x)$	$\searrow$	$6-k$	$\searrow$	$-21-k$	$\nearrow$

따라서 $x=3$일 때 최솟값이 된다.

$h(3)\geq0$

$81-108+6-k\geq0$

$k\leq-21$

따라서 k의 최댓값은 -21이다.   답 -21

1196

주어진 범위에서 $y=f(x)$의 최솟값을 구하자.

> $-1\leq x\leq2$일 때, 부등식 $4x^3-3x^2\geq6x+k$가 성립하도록 하는
> 실수 k의 최댓값을 구하시오.
> $f(x)=4x^3-3x^2-6x-k$라고 하면 $f(x)\geq0$임을 이용하자.

$4x^3-3x^2\geq6x+k$에서

$4x^3-3x^2-6x-k\geq0$

$f(x)=4x^3-3x^2-6x-k$라 하면

$f'(x)=12x^2-6x-6$

$\qquad=6(2x^2-x-1)$

$\qquad=6(2x+1)(x-1)$

$f'(x)=0$에서 $x=-\dfrac{1}{2}$ 또는 $x=1$

$-1\leq x\leq2$에서 함수 $y=f(x)$의 증가, 감소를 표로 나타내면 다음과 같다.

x	-1	$\cdots$	$-\dfrac{1}{2}$	$\cdots$	1	$\cdots$	2
$f'(x)$		$+$	0	$-$	0	$+$	
$f(x)$	$-k-1$	$\nearrow$	$\dfrac{7}{4}-k$	$\searrow$	$-k-5$	$\nearrow$	$-k+8$

$-1\leq x\leq2$에서 함수 $y=f(x)$의 최솟값은 $f(1)=-k-5$이므로

$-k-5\geq0$ $\therefore k\leq-5$

따라서 실수 k의 최댓값은 -5이다.   답 -5

1197

주어진 범위에서 $y=h(x)$의 최솟값을 구하자.

> $0<x<3$일 때, 두 함수 $f(x)=5x^3-8x^2+a$, $g(x)=7x^2+3$
> 에 대하여 부등식 $f(x)\geq g(x)$가 성립하도록 하는 실수 a의 최
> 솟값을 구하시오.
> $h(x)=f(x)-g(x)$라고 하면 $h(x)\geq0$임을 이용하자.

$h(x)=f(x)-g(x)$라 하면

$h(x)=5x^3-8x^2+a-(7x^2+3)$

$\qquad=5x^3-15x^2+a-3$

$h'(x)=15x^2-30x=15x(x-2)$

$h'(x)=0$에서 $x=0$ 또는 $x=2$

$0<x<3$에서 함수 $y=h(x)$의 증가, 감소를 표로 나타내면 다음과 같다.

x	(0)	$\cdots$	2	$\cdots$	(3)
$h'(x)$		$-$	0	$+$	
$h(x)$		$\searrow$	$a-23$	$\nearrow$	

$0<x<3$에서 함수 $y=h(x)$의 최솟값은 $h(2)=a-23$이므로

$a-23\geq0$ $\therefore a\geq23$

따라서 a의 최솟값은 23이다.   답 23

1198

주어진 구간에서 극값이 하나뿐일 때 극값이 극솟값이면 (극솟값)$=$(최솟값)이다.

> $1<x<3$일 때, 두 함수 $f(x)=2x^3-x^2-5x$,
> $g(x)=2x^2+7x+k$에 대하여 부등식 $f(x)\geq g(x)$가 성립하
> 도록 하는 실수 k의 최댓값을 구하시오.
> $h(x)=f(x)-g(x)$라고 하면 $h(x)\geq0$임을 이용하자.

$h(x)=f(x)-g(x)$라 하면

$h(x)=2x^3-x^2-5x-(2x^2+7x+k)$

$\qquad=2x^3-3x^2-12x-k$

$h'(x)=6x^2-6x-12=6(x+1)(x-2)$

$h'(x)=0$에서 $x=-1$ 또는 $x=2$

$1<x<3$에서 함수 $y=h(x)$의 증가, 감소를 표로 나타내면 다음과 같다.

x	(1)	$\cdots$	2	$\cdots$	(3)
$h'(x)$		$-$	0	$+$	
$h(x)$		$\searrow$	$-20-k$	$\nearrow$	

$1<x<3$에서 함수 $y=h(x)$의 최솟값은

$h(2)=-20-k$이므로 $-20-k\geq0$

$\therefore k\leq-20$

따라서 k의 최댓값은 -20이다.   답 -20

1199

$h(x)=f(x)-g(x)$라 하자.

> 두 함수 $f(x)=x^4+x^3-4x^2-3x$, $g(x)=x^3+2x^2+5x+a$
> 에 대하여 $x\geq0$일 때, $f(x)\geq g(x)$가 항상 성립하도록 하는 실
> 수 a의 최댓값을 구하시오.
> $x\geq0$일 때 $h(x)\geq0$이다.

$h(x)=f(x)-g(x)$로 놓으면

$h(x)=x^4+x^3-4x^2-3x-(x^3+2x^2+5x+a)$

$\qquad=x^4-6x^2-8x-a$

$h'(x)=4x^3-12x-8=4(x^3-3x-2)$

$\qquad=4(x+1)^2(x-2)$

$h'(x)=0$에서 $x=-1$ 또는 $x=2$

$x\geq0$에서 함수 $h(x)$의 증가, 감소를 조사하면 다음과 같다.

x	0	$\cdots$	2	$\cdots$
$h'(x)$		$-$	0	$+$
$h(x)$	$-a$	$\searrow$	$-a-24$	$\nearrow$

즉, $x\geq0$에서 함수 $h(x)$의 최솟값은 $x=2$일 때이므로

$f(x)\geq g(x)$, 즉 $h(x)\geq0$이려면

$h(2)=-a-24\geq0$

$\therefore a\leq-24$

따라서 a의 최댓값은 -24이다.   답 -24

1200

−1<x<1에서 곡선 $y=x^3-10x$가 직선 $y=2x+k$보다 항상 위쪽에 있도록 하는 정수 k의 최댓값을 구하시오.
└─ ● $x^3-10x>2x+k$ 임을 뜻한다.

−1<x<1에서 $x^3-10x>2x+k$이므로
$x^3-12x-k>0$이어야 한다.
$f(x)=x^3-12x-k$라 하면
$f'(x)=3x^2-12=3(x+2)(x-2)$
−1<x<1일 때, $f'(x)<0$이므로 함수 $y=f(x)$는
구간 $(-1, 1)$에서 감소한다.
즉, −1<x<1일 때, $f(x)>0$이려면 $f(1)≥0$이어야 하므로
$f(1)=1-12-k≥0$
∴ $k≤-11$
따라서 정수 k의 최댓값은 −11이다. **답** −11

1201

● 임의의 두 실수 x_1, x_2에 대하여 $f(x_1)≥g(x_2)$가 항상 성립
하려면 $(f(x)$의 최솟값$)≥(g(x)$의 최댓값$)$임을 이용하자.

임의의 두 실수 x_1, x_2에 대하여 두 함수
$f(x)=x^4-2a^2x^2+5, g(x)=-x^2+2ax-2a^2-7$
일 때, $f(x_1)≥g(x_2)$가 성립하도록 하는 정수 a의 개수는?

임의의 두 실수 x_1, x_2에 대하여 $f(x_1)≥g(x_2)$이려면
$f(x)$의 최솟값이 $g(x)$의 최댓값보다 크거나 같아야 한다.
$f(x)=x^4-2a^2x^2+5$에서
$f'(x)=4x^3-4a^2x=4x(x^2-a^2)=4x(x+a)(x-a)$
$f'(x)=0$에서 $x=-a$ 또는 $x=a$

x	$\cdots$	$-a$ 또는 a	$\cdots$	0	$\cdots$	a 또는 $-a$	$\cdots$
$f'(x)$	−	0	+	0	−	0	+
$f(x)$	↘	$-a^4+5$	↗	5	↘	$-a^4+5$	↗

함수 $f(x)$의 최솟값은
$f(-a)=f(a)=-a^4+5$
한편,
$g(x)=-x^2+2ax-2a^2-7$
$\quad=-(x-a)^2-a^2-7$
이므로 함수 $g(x)$의 최댓값은
$g(a)=-a^2-7$
즉, $-a^4+5≥-a^2-7$이므로
$a^4-a^2-12≤0, (a^2+3)(a^2-4)≤0$
그런데 $a^2+3>0$이므로 $a^2-4≤0$
$(a+2)(a-2)≤0$ ∴ $-2≤a≤2$
따라서 정수 a는 −2, −1, 0, 1, 2의 5개이다. **답** ②

1202

● $h(x)=f(x)-g(x)$라 하자.

두 함수 $f(x)=x^3-x+a, g(x)=x^2+b$에 대하여 $x≥2$에서
$f(x)≥g(x)$가 성립할 때, 두 상수 a, b에 대하여 $a-b$의 최솟
값은? └─ ● $x≥2$일 때 $(h(x)$의 최솟값$)≥0$임을 이용하자.

$h(x)=f(x)-g(x)$로 놓으면
$h(x)=x^3-x+a-(x^2+b)$
$\quad=x^3-x^2-x+a-b$
$h'(x)=3x^2-2x-1=(3x+1)(x-1)$
한편, $x≥2$일 때 $h'(x)>0$이므로 함수 $h(x)$는 $x≥2$에서 증가한다.
즉, $x≥2$에서 함수 $h(x)$의 최솟값은 $x=2$일 때이므로
$f(x)≥g(x)$, 즉 $h(x)≥0$이려면
$h(2)=2+a-b≥0$
∴ $a-b≥-2$
따라서 $a-b$의 최솟값은 −2이다. **답** ③

참고 $x>a$일 때, $f(x)>0$의 증명
➡ $x>a$에서 $f(x)$가 증가함수이고 $f(a)≥0$, 즉
$f'(x)>0$, $f(a)≥0$임을 보인다.

1203

다음은 양의 실수 x에 대하여 부등식 $2-8x^3≥-6x^4$이 성립함
을 증명하는 과정이다. └─ ● $f(x)=6x^4-8x^3+2$라 하면 $x>0$에서 $f(x)≥0$임을 보이자.

┤ 증명 ├
$f(x)=(2-8x^3)-(-6x^4)$ $(x>0)$이라 하면
$\quad f'(x)=$ □(가)
$x>0$에서 함수 $y=f(x)$의 최솟값은 □(나) 이므로
$\quad f(x)$ □(다) 0 └─ ● $(f(x)$의 최솟값$)≥0$임을 이용하자.
따라서 양의 실수 x에 대하여 부등식 $2-8x^3≥-6x^4$이 성립
한다.

위의 과정에서 (가), (나), (다)에 알맞은 것을 순서대로 적은 것은?

① $x^2(x-1), 1, ≥$ ② $24x(x-1), 1, ≤$
③ $24x(x-1), 0, ≤$ ④ $24x^2(x-1), 0, ≥$
⑤ $24x^2(x-1), 0, ≤$

$f(x)=(2-8x^3)-(-6x^4)=6x^4-8x^3+2$ $(x>0)$라 하면
$f'(x)=24x^3-24x^2=\boxed{24x^2(x-1)}$
$f'(x)=0$에서 $x=0$ 또는 $x=1$
$x>0$에서 함수 $y=f(x)$의 증가, 감소를 표로 나타내면 다음과 같다.

x	(0)	$\cdots$	1	$\cdots$
$f'(x)$		−	0	+
$f(x)$		↘	0	↗

$x>0$에서 함수 $y=f(x)$의 최솟값은 $f(1)=\boxed{0}$이므로
$f(x)\boxed{≥}0$
따라서 양의 실수 x에 대하여 부등식 $2-8x^3≥-6x^4$이 성립한다.
  답 ④

1204

모든 실수 x에 대하여 부등식 $3x^4-4x^3+1≥0$이 성립함을 보이시오. └─ ● $f(x)=3x^4-4x^3+1$의 최솟값이 존재하므로 $(f(x)$의 최솟값$)≥0$임을 보이면 된다.

$f(x)=3x^4-4x^3+1$이라 하면

$f'(x)=12x^3-12x^2=12x^2(x-1)$

$f'(x)=0$에서 $x=0$ 또는 $x=1$

함수 $y=f(x)$의 증가, 감소를 표로 나타내고 그 그래프를 그리면 다음과 같다.

x	$\cdots$	0	$\cdots$	1	$\cdots$
$f'(x)$	$-$	0	$-$	0	$+$
$f(x)$	$\searrow$	1	$\searrow$	0	$\nearrow$

함수 $y=f(x)$는 $x=1$에서
최솟값 0을 가지므로 모든 실수 x에 대하여
$f(x) \geq 0$
따라서 모든 실수 x에 대하여 부등식
$3x^4-4x^3+1 \geq 0$이 성립한다.

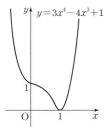

📘 풀이 참조

1205

> $x>a$에서 함수 $y=f(x)$가 증가하는 함수일 때, $f(x)>0$은 $f(a)\geq0$임을 보이면 된다.

다음은 구간 $(2, \infty)$에서 부등식 $x^4-32x+50>0$이 성립함을 증명하는 과정이다.

┌─ 증명 ─┐

$f(x)=x^4-32x+50$이라 하면
$f'(x)=4(x-2)(x^2+2x+4)$
$x>2$에서 $f'(x)$ (가) 0

> $f'(x)>0$이면 주어진 구간에서 $y=f(x)$는 증가하고 $f'(x)<0$이면 주어진 구간에서 $y=f(x)$는 감소한다.

즉, 구간 $(2, \infty)$에서 함수 $y=f(x)$는 (나) 한다.
$f(2)=$ (다) 이므로 $x>2$에서 $f(x)>0$
$\therefore x^4-32x+50>0$
따라서 구간 $(2, \infty)$에서 부등식 $x^4-32x+50>0$이 성립한다.

위의 과정에서 (가), (나), (다)에 알맞은 것은?

	(가)	(나)	(다)
①	>	증가	1
②	>	감소	1
③	>	증가	2
④	<	감소	2
⑤	<	증가	2

$f(x)=x^4-32x+50$이라 하면
$f'(x)=4x^3-32$
$\qquad =4(x^3-8)$
$\qquad =4(x-2)(x^2+2x+4)$
그런데 $x^2+2x+4=(x+1)^2+3>0$이므로
$x>2$에서 $f'(x)$ $\boxed{>}$ 0
즉, 구간 $(2, \infty)$에서 함수 $y=f(x)$는 $\boxed{증가}$한다.
$f(2)=\boxed{2}$이므로 $x>2$에서 $f(x)>0$
$\therefore x^4-32x+50>0$
따라서 구간 $(2, \infty)$에서 부등식 $x^4-32x+50>0$이 성립한다.

📘 ③

1206

> $f(x)=x^3-x^2-x+1$이라 하고 $y=f(x)$의 증가, 감소를 표로 나타내자.

$x \geq 0$일 때, 부등식 $x^3-x^2 \geq x-1$이 성립함을 보이시오.

> 주어진 구간에서 극값이 하나뿐일 때 극값이 극솟값이면 (극솟값)=(최솟값)이다.

$f(x)=x^3-x^2-x+1$이라 하면
$f'(x)=3x^2-2x-1$
$\qquad =(3x+1)(x-1)$
$f'(x)=0$에서 $x=-\dfrac{1}{3}$ 또는 $x=1$

$x \geq 0$에서 함수 $y=f(x)$의 증가, 감소를 표로 나타내고 그 그래프를 그리면 다음과 같다.

x	0	$\cdots$	1	$\cdots$
$f'(x)$		$-$	0	$+$
$f(x)$	1	$\searrow$	0	$\nearrow$

$x \geq 0$에서 함수 $y=f(x)$의
최솟값은 $f(1)=0$이므로 $x \geq 0$일 때
$f(x) \geq 0$
따라서 $x \geq 0$일 때,
부등식 $x^3-x^2 \geq x-1$이 성립한다.

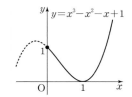

📘 풀이 참조

1207

수직선 위를 움직이는 점 P의 시각 t에서의 위치가
$x=t^3+3t^2-2t$이다. $t=2$일 때, 점 P의 속도를 구하시오.

> 수직선 위를 움직이는 점 P의 시각 t에서의 위치가 $x=f(t)$일 때, 속도 $v=f'(t)$, 가속도 $a=v'(t)$임을 이용하자.

점 P의 시각 t에서의 위치 $x=t^3+3t^2-2t$이므로 점 P의 시각 t에서의 속도를 v라 하면
$v=\dfrac{dx}{dt}=3t^2+6t-2$
따라서 $t=2$일 때, 점 P의 속도는
$12+12-2=22$

📘 22

1208

수직선 위를 움직이는 점 P의 시각 t $(t>0)$에서의 위치 x가
$x=t^3-4t^2+6t$이다. $t=3$에서 점 P의 가속도를 구하시오.

> 수직선 위를 움직이는 점 P의 시각 t에서의 위치가 $x=f(t)$일 때, 속도 $v=f'(t)$, 가속도 $a=v'(t)$임을 이용하자.

점 P의 시각 t에서의 위치 $x=t^3-4t^2+6t$이므로 점 P의 시각 t에서의 속도를 v라 하면
$v=\dfrac{dx}{dt}=3t^2-8t+6$
점 P의 시각 t에서의 가속도를 a라 하면
$a=\dfrac{dv}{dt}=6t-8$
따라서 $t=3$에서 점 P의 가속도는
$18-8=10$

📘 10

1209

원점을 출발하여 수직선 위를 움직이는 점 P의 시각 t에서의 위치 x가 $x=t^3+at^2-2t$일 때, $t=3$에서 점 P의 속도가 13이다. 상수 a의 값을 구하시오.

↳ 수직선 위를 움직이는 점 P의 시각 t에서의 위치가 $x=f(t)$일 때, 속도 $v=f'(t)$, 가속도 $a=v'(t)$임을 이용하자.

점 P의 시각 t에서의 속도를 v라 하면

$$v=\frac{dx}{dt}=3t^2+2at-2$$

$t=3$에서 $v=13$이므로

$27+6a-2=13$, $6a=-12$

$\therefore a=-2$

답 -2

1210

수직선 위를 움직이는 점 P의 시각 t에서의 위치 x가

$$x=-t^2+4t$$

이다. $t=a$에서 점 P의 속도가 0일 때, 상수 a의 값은?

↳ 수직선 위를 움직이는 점 P의 시각 t에서의 위치가 $x=f(t)$일 때, 속도 $v=\frac{dx}{dt}=f'(t)$임을 이용하자.

점 P의 시각 t에서의 위치 x를 $f(t)$라 하면

$f(t)=-t^2+4t$

점 P의 속도를 $v(t)$라 하면

$v(t)=f'(t)=-2t+4$이므로

$v(a)=-2a+4=0$

$\therefore a=2$

답 ②

1211

↳ $a=\frac{dv}{dt}=v'(t)$임을 이용하자.

원점을 출발하여 수직선 위를 움직이는 점 P의 시각 t에서의 위치 x가 $x=2t^3-3t^2-7t$일 때, 속도가 5인 순간의 점 P의 가속도를 구하시오.

↳ $v=\frac{dx}{dt}=5$인 시각 t를 찾자.

점 P의 시각 t에서의 속도를 v라 하면

$$v=\frac{dx}{dt}=6t^2-6t-7$$

속도가 5인 순간은

$6t^2-6t-7=5$에서 $6(t^2-t-2)=0$

$6(t+1)(t-2)=0$

$\therefore t=2 \ (\because t>0)$

점 P의 시각 t에서의 가속도를 a라 하면

$$a=\frac{dv}{dt}=12t-6$$

따라서 $t=2$에서의 가속도는

$12\times2-6=18$

답 18

1212

수직선 위를 움직이는 점 P의 시각 $t \ (t\geq0)$에서의 위치 x가 $x=t^3-6t^2+5$이다. 점 P의 가속도가 0일 때, 점 P의 속도는?

↳ 이때 점 P는 일정한 속도로 움직인다.

점 P의 시각 t에서의 위치 $x=t^3-6t^2+5$이므로

점 P의 시각 t에서의 속도를 v라 하면

$$v=\frac{dx}{dt}=3t^2-12t$$

점 P의 시각 t에서의 가속도를 a라 하면

$$a=\frac{dv}{dt}=6t-12$$

점 P의 가속도가 0이 되는 순간은 $6t-12=0$에서 $t=2$이고

이때의 속도는 $12-24=-12$

답 ①

1213

↳ $a=\frac{dv}{dt}=v'(t)$임을 이용하자.

원점을 출발하여 수직선 위를 움직이는 점 P의 시각 t에서의 위치 x가 $x=t^3-3t^2$이다. 점 P가 다시 원점을 지날 때의 가속도는?

↳ $x=0$, 즉 $t^3-3t^2=0$을 만족하는 시각 t를 찾자. $(t>0)$

점 P의 시각 t에서의 속도를 v, 가속도를 a라 하면

$$v=\frac{dx}{dt}=3t^2-6t, \ a=\frac{dv}{dt}=6t-6$$

점 P가 원점을 지날 때의 시각은

$t^3-3t^2=0$에서 $t^2(t-3)=0$

$\therefore t=3 \ (\because t>0)$

따라서 점 P가 다시 원점을 지날 때인 $t=3$에서의 가속도는

$6\times3-6=12$

답 ⑤

1214

↳ $t^3-2t^2+t=0$을 만족하는 시각 t를 찾자. $(t>0)$

원점을 출발하여 수직선 위를 움직이는 점 P의 시각 t에서의 위치 x가 $x=t^3-2t^2+t$이다. 점 P가 출발한 후 다시 원점을 지나는 순간의 속도를 m, 가속도를 n이라 할 때, 두 상수 m, n에 대하여 $m+n$의 값은?

↳ $v=\frac{dx}{dt}=f'(t)$, $a=\frac{dv}{dt}=v'(t)$임을 이용하자.

점 P가 출발한 후 다시 원점을 지날 때의 위치는 0이므로

$t^3-2t^2+t=0$, $t(t-1)^2=0$

$\therefore t=1 \ (\because t>0)$

점 P의 시각 t에서의 속도를 v, 가속도를 a라 하면

$$v=\frac{dx}{dt}=3t^2-4t+1$$

$$a=\frac{dv}{dt}=6t-4$$

따라서 $t=1$일 때의 속도와 가속도는 각각

$m=3-4+1=0$, $n=6-4=2$

$\therefore m+n=2$

답 ②

1215

$v=\dfrac{dx}{dt}=f'(t)$, $a=\dfrac{dv}{dt}=v'(t)$임을 이용하자.

> 직선 위를 움직이는 점 P의 시각 t에서의 좌표 x가
> $x=t^4-4t^3+5t^2+3t$라고 한다. $t=k$에서 점 P의 가속도가 최
> 소일 때, 상수 k의 값은?

점 P의 시각 t에서의 속도를 v라 하면

$$v=\dfrac{dx}{dt}=4t^3-12t^2+10t+3$$

이므로 가속도 a는

$$a=\dfrac{dv}{dt}=12t^2-24t+10=12(t-1)^2-2$$

따라서 점 P의 가속도는 $t=1$일 때 최소이다.

$$\therefore k=1$$

답 ④

1216

$v=\dfrac{dx}{dt}=f'(t)$임을 이용하자.

> 수직선 위를 움직이는 점 P의 시각 t에서의 위치 x가
> $x=t^3-4t^2-3t+4$일 때, 점 P가 출발 후 운동 방향을 바꾸는
> 순간의 시각 t의 값은?
>
> ↳ 수직선 위를 움직이는 점 P가 운동 방향을
> 바꾸는 순간의 속도는 0임을 이용하자.

점 P의 시각 t에서의 속도를 v라 하면

$$v=\dfrac{dx}{dt}=3t^2-8t-3$$

점 P가 출발 후 운동 방향을 바꾸는 순간의 속도는 0이므로
$3t^2-8t-3=0$
$(3t+1)(t-3)=0$
$\therefore t=3\ (\because t>0)$

답 ③

1217

$v=\dfrac{dx}{dt}=f'(t)$임을 이용하자.

> 원점에서 출발하여 수직선 위를 움직이는 점 P의 시각 t에서의
> 위치 x가 $x=t^3-6t^2+9t$이다. 점 P가 $x=a$, $x=b$에서 운동
> 방향을 바꾼다고 할 때, 두 상수 a, b에 대하여 $a+b$의 값을 구
> 하시오.
> ↳ 수직선 위를 움직이는 점 P가 운동 방향을
> 바꾸는 순간의 속도는 0임을 이용하자.

점 P의 시각 t에서의 속도를 v라 하면

$$v=\dfrac{dx}{dt}=3t^2-12t+9=3(t-1)(t-3)$$

점 P가 운동 방향을 바꾸는 순간의 속도는 0이므로
$3(t-1)(t-3)=0$
$\therefore t=1$ 또는 $t=3$
$\therefore a+b=4$

답 4

1218

$v=\dfrac{dx}{dt}=f'(t)$, $a=\dfrac{dv}{dt}=v'(t)$임을 이용하자.

> 원점을 출발하여 수직선 위를 움직이는 점 P의 시각 t에서의 위치
> x가 $x=3t^3-9t^2$일 때, 점 P의 운동 방향이 바뀌는 순간의 가속
> 도는?
> ↳ 수직선 위를 움직이는 점 P가 운동 방향을
> 바꾸는 순간의 속도는 0임을 이용하자.

점 P의 시각 t에서의 속도를 v, 가속도를 a라 하면

$$v=\dfrac{dx}{dt}=9t^2-18t$$

$$a=\dfrac{dv}{dt}=18t-18$$

점 P가 운동 방향을 바꿀 때의 속도는 0이므로
$9t^2-18t=0$, $9t(t-2)=0$
$\therefore t=2\ (\because t>0)$
따라서 $t=2$일 때 운동 방향을 바꾸므로 구하는 가속도는
$18\times2-18=18$

답 ④

1219

$v=\dfrac{dx}{dt}=f'(t)$, $a=\dfrac{dv}{dt}=v'(t)$임을 이용하자.

> 원점을 출발하여 수직선 위를 움직이는 점 P의 시각 t에서의 위치
> x가 $x=\dfrac{1}{3}t^3-\dfrac{5}{2}t^2+6t$라고 한다. 점 P가 출발한 후 처음으로
> 운동 방향을 바꿀 때의 가속도를 구하시오.
> ↳ $v=f'(t)=0$을 만족하는 시각 t를 찾자.

점 P의 시각 t에서의 속도를 v, 가속도를 a라 하면

$$v=\dfrac{dx}{dt}=t^2-5t+6,\ a=\dfrac{dv}{dt}=2t-5$$

점 P가 운동 방향을 바꿀 때의 속도는 $v=0$이므로
$t^2-5t+6=0$, $(t-2)(t-3)=0$
$\therefore t=2$ 또는 $t=3$
따라서 점 P는 $t=2$에서 처음으로 운동 방향을 바꾸므로 구하는 가속
도는
$2\times2-5=-1$

답 -1

1220

$v=\dfrac{dx}{dt}$임을 이용하자.

> 원점에서 출발하여 수직선 위를 움직이는 점 P의 시각 t에서의
> 위치가 $x(t)=t^3-9t^2+24t$이다. 점 P가 두 번째로 운동 방향
> 을 바꾸는 시각에서의 가속도를 구하시오.
> ↳ $v(t)=3t^2-18t+24=0$을 만족하는 시각 t를 찾자.

$x(t)=t^3-9t^2+24t$이므로 점 P의 시각 t에서의 속도와 가속도를
각각 $v(t)$, $a(t)$라 하면
$$v(t)=x'(t)=3t^2-18t+24=3(t-2)(t-4)$$
점 P가 운동 방향을 바꾸는 순간의 속도는 0이므로
$$v(t)=3(t-2)(t-4)=0$$
$\therefore t=2$ 또는 $t=4$
따라서 점 P가 두 번째로 운동 방향을 바꾸는 시각은 $t=4$이다.
한편, $a(t)=v'(t)=6t-18$이므로
$$a(4)=6$$

답 6

1221

$v = \dfrac{dx}{dt}$ 임을 이용하자.

수직선 위를 움직이는 점 P의 시각 t에서의 위치가
$x = t^4 - 6t^2 + kt + 10$일 때, 출발한 후 점 P의 운동 방향이 두
번만 바뀌도록 하는 정수 k의 최댓값을 구하시오.
└─ 속도에 관한 방정식 $f(t) = 0$이 $t > 0$에서
서로 다른 두 실근을 가져야 한다.

점 P의 시각 t에서의 속도를 v라 하면
$$v = \frac{dx}{dt} = 4t^3 - 12t + k$$
점 P의 운동 방향이 출발한 후 두 번만 바뀌어야 하므로 방정식
$v = 4t^3 - 12t + k = 0$은 $t > 0$에서 서로 다른 두 실근을 가져야 한다.
$f(t) = 4t^3 - 12t + k$로 놓으면
$$f'(t) = 12t^2 - 12 = 12(t+1)(t-1)$$
$f'(t) = 0$에서 $t = -1$ 또는 $t = 1$

t	$\cdots$	-1	$\cdots$	1	$\cdots$
$f'(t)$	$+$	0	$-$	0	$+$
$f(t)$	↗	$k+8$	↘	$k-8$	↗

방정식 $f(t) = 0$이 $t > 0$에서 서로 다른 두 실근을 가져야 하므로
(i) (극댓값) $\times$ (극솟값) < 0에서
$$f(-1)f(1) = (k+8)(k-8) < 0$$
$$\therefore -8 < k < 8$$
(ii) (y절편) > 0에서 $f(0) = k > 0$
(i), (ii)에서 $0 < k < 8$
따라서 정수 k의 최댓값은 7이다. **답** 7

1222

원점을 출발하여 수직선 위를 움직이는 점 P의 시각 t에서의 위치
x가 $x = 2t^3 - 12t^2 + 18t$일 때, 〈보기〉에서 옳은 것만을 있는 대
로 고른 것은? $v(t) = 0$을 만족하는 t의 $2t^3 - 12t^2 + 18t = 0$을 만족
개수를 구하자.   하는 $t \, (t > 0)$를 구하자.

┤ 보기 ├
ㄱ. 점 P는 출발 후 운동 방향을 두 번 바꾼다.
ㄴ. 출발 후 다시 원점에 도착하는 시각은 $t = 3$이다.
ㄷ. $t = 2$일 때 점 P는 원점을 향하여 움직인다.
└─ 처음 운동 방향과 반대임을 뜻한다.

점 P의 시각 t에서의 속도를 $v(t)$라 하면
$$v(t) = \frac{dx}{dt} = 6t^2 - 24t + 18 = 6(t-1)(t-3)$$
ㄱ. $v(t) = 0$에서 $t = 1$ 또는 $t = 3$
　즉, 점 P는 출발 후 운동 방향을 두 번 바꾼다. (참)
ㄴ. $2t^3 - 12t^2 + 18t = 0$에서
　$2t(t^2 - 6t + 9) = 0$, $2t(t-3)^2 = 0$
　$\therefore t = 3 \, (\because t > 0)$
　즉, 출발 후 다시 원점에 도착하는 시각은 $t = 3$이다. (참)
ㄷ. $v(0) > 0$이고, $v(2) = -6 < 0$이므로 점 P는 $t = 2$에서 처음 운동
　방향과 반대인 원점을 향하여 움직인다. (참)
따라서 ㄱ, ㄴ, ㄷ 모두 옳다. **답** ⑤

1223

$f(t) = t^3 + at^2 + bt + 9$라 하자.

수직선 위를 움직이는 점 P의 시각 t에서의 위치 x가
$x = t^3 + at^2 + bt + 9$이다. 점 P는 $t = 3$에서 원점을 지나는 동시에
운동 방향을 바꾼다고 할 때, 두 상수 a, b에 대하여 $b - a$의 값
을 구하시오. └─ $f(t) = 0$이고 $f'(t) = 0$임을 이용하자.

$f(t) = t^3 + at^2 + bt + 9$라 하면
(i) $t = 3$에서 원점을 지나므로
　$f(3) = 27 + 9a + 3b + 9 = 0$　……㉠
(ii) $t = 3$에서 운동 방향을 바꾸므로 속도가 0이어야 한다.
　즉, $f'(t) = 3t^2 + 2at + b$에서
　$f'(3) = 27 + 6a + b = 0$　……㉡
㉠, ㉡을 연립하여 풀면
$a = -5$, $b = 3$
$\therefore b - a = 8$ **답** 8

1224

$f(t) = -t^3 + 2kt^2 - k^2t + a$라 하자.

수직선 위를 움직이는 점 P의 시각 t에서의 위치 x가
$x = -t^3 + 2kt^2 - k^2t + a$이다. 점 P가 $t = \dfrac{2}{3}$일 때 첫 번째로 운
동 방향을 바꾸고, 두 번째로 운동 방향을 바꿀 때의 위치가 7일
때, 상수 a의 값은? (단, $k > 0$) $v = f'(t) = 0$인 시각 t임을 이용하자.

$f(t) = -t^3 + 2kt^2 - k^2t + a$로 놓으면
점 P의 시각 t에서의 속도 v는
$$v = f'(t) = -3t^2 + 4kt - k^2 = -(3t-k)(t-k)$$
$f'(t) = 0$에서 $t = \dfrac{k}{3}$ 또는 $t = k$

$k > 0$에서 속도 v의 부호가 첫 번째로 바뀌는 것은 $t = \dfrac{k}{3}$일 때이므로
$$\frac{k}{3} = \frac{2}{3} \quad \therefore k = 2$$
$$\therefore f(t) = -t^3 + 4t^2 - 4t + a$$
이때, 속도 v의 부호가 두 번째로 바뀌는 것은 $t = 2$일 때이므로
$$f(2) = -8 + 16 - 8 + a = 7$$
$$\therefore a = 7$$ **답** ②

1225

t초 후의 속도는 $v = \dfrac{dx}{dt} = 60 - 10t$임을 이용하자.

직선 도로를 달리던 어떤 자동차가 제동을 건 후 정지할 때까지
t초 동안 움직인 거리가 x m일 때, $x = 60t - 5t^2$인 관계가 있다
고 한다. 이 자동차가 제동을 건 후부터 정지할 때까지 걸린 시간은?
└─ 정지할 때의 속도는 0임을 이용하자.

자동차가 제동을 건 지 t초 후의 속도를 v라 하면
$$v = \frac{dx}{dt} = 60 - 10t$$
자동차가 정지할 때의 속도는 0이므로
$$60 - 10t = 0$$
$$\therefore t = 6 \text{ (초)}$$ **답** ⑤

1226

> t초 후의 속도는 $v=\dfrac{dx}{dt}$임을 이용하자.

> 직선 선로를 달리는 어떤 열차가 제동을 건 후 t초 동안 달린 거리를 x m라 하면 $x=-0.45t^2+9t$이다. 이 열차가 제동을 건 후 정지할 때까지 달린 거리는?
> └ 정지할 때의 속도는 0임을 이용하자.

제동을 건 지 t초 후의 열차의 속도를 v라 하면

$$v=\frac{dx}{dt}=-0.9t+9$$

열차가 정지할 때의 속도는 0이므로

$-0.9t+9=0$ ∴ $t=10$

따라서 열차가 정지할 때까지 달린 거리는

$(-0.45)\times 10^2+9\times 10=-45+90=45(\text{m})$ 답 ③

1227

> t초 후의 속도는 $v=\dfrac{ds}{dt}=20-t$임을 이용하자.

> 직선 도로를 달리는 어떤 자동차가 브레이크를 밟기 시작한 후 t초 동안 미끄러지는 거리가 s m일 때, $s=20t-0.5t^2$인 관계가 있다고 한다. 이 자동차가 브레이크를 밟기 시작한 후부터 정지할 때까지 움직인 거리를 구하시오.
> └ 정지할 때의 속도는 0임을 이용하자.

브레이크를 밟기 시작한 지 t초 후의 자동차의 속도를 v라 하면

$$v=\frac{ds}{dt}=20-t$$

자동차가 정지할 때의 속도는 0이므로

$20-t=0$ ∴ $t=20$

따라서 자동차가 정지할 때까지 움직인 거리는

$20\times 20-0.5\times 20^2=200\,(\text{m})$ 답 200 m

1228

> t초 후의 속도는 $v=\dfrac{dx}{dt}$임을 이용하자.

> 직선 궤도를 달리는 기차가 제동을 건 후 정지할 때까지 t초 동안 움직인 거리를 x m라 하면 $x=24t-0.4t^2$이다. 이 기차가 목적지에 정확히 정지하려면 목적지로부터 전방 a m의 지점에서 제동을 걸어야 한다고 할 때, 상수 a의 값을 구하시오.
> └ 기차가 정지할 때 까지 움직인 거리가 a m임을 이용하자.

기차가 제동을 건 지 t초 후의 속도를 v라 하면

$$v=\frac{dx}{dt}=24-0.8t$$

기차가 정지할 때의 속도는 0이므로

$24-0.8t=0$ ∴ $t=30$

기차가 정지할 때까지 움직인 거리는

$24\times 30-0.4\times 30^2=360\,(\text{m})$

따라서 목적지로부터 전방 360 m 지점에서 제동을 걸어야 하므로

$a=360$ 답 360

1229

> $v=\dfrac{dx}{dt}=0$인 시각 t를 구하자.

> 직선 궤도를 달리는 어떤 열차는 제동을 걸고 나서 멈출 때까지 t초 동안에 $30t-\dfrac{1}{10}ct^2$ (m)만큼 달린다고 한다. 기관사가 200 m 앞에 있는 정지선을 발견하고 열차를 멈추기 위해 제동을 걸었을 때, 열차가 정지선을 넘지 않고 멈추기 위한 양의 정수 c의 최솟값을 구하시오.
> └ (제동을 건 뒤 이동한 거리)≤200임을 이용하자.

제동을 걸고 나서 t초 동안 달린 거리를 x, t초 후의 속도를 v라 하면

$$x=30t-\frac{1}{10}ct^2,\ v=\frac{dx}{dt}=30-\frac{1}{5}ct$$

열차가 정지할 때의 속도는 $v=0$이므로

$30-\dfrac{1}{5}ct=0$ ∴ $t=\dfrac{150}{c}$

즉, 열차가 정지할 때까지 달린 거리는

$$30\times\frac{150}{c}-\frac{1}{10}c\times\left(\frac{150}{c}\right)^2=\frac{2250}{c}$$

열차가 정지선을 넘지 않고 멈추려면 달린 거리가 200 m 이하이어야 하므로

$\dfrac{2250}{c}\leq 200$ ∴ $c\geq\dfrac{45}{4}$

따라서 양의 정수 c의 최솟값은 12이다.   답 12

1230

> 시각 t에서의 속도는 각각 $f'(t)$와 $g'(t)$이다.

> 수직선 위를 움직이는 두 점 P, Q의 시각 t에서의 위치는 각각 $f(t)=2t^2-2t$, $g(t)=t^2-8t$이다. 두 점 P와 Q가 서로 반대 방향으로 움직이는 시각 t의 범위는?
> └ 시각 t에서 (점 P의 속도)×(점 Q의 속도)<0임을 이용하자.

두 점 P, Q의 시각 t에서의 위치는 각각

$f(t)=2t^2-2t$, $g(t)=t^2-8t$이므로 속도는 각각

$f'(t)=4t-2$, $g'(t)=2t-8$

두 점 P, Q가 서로 반대 방향으로 움직이려면 속도의 부호가 달라야 하므로 $f'(t)g'(t)<0$이어야 한다.

$(4t-2)(2t-8)=4(2t-1)(t-4)<0$

∴ $\dfrac{1}{2}<t<4$ 답 ①

1231

> 시각 t에서의 속도는 각각 $\dfrac{dx_P}{dt}$와 $\dfrac{dx_Q}{dt}$이다.

> 수직선 위에서 동시에 출발한 두 점 P, Q의 t초 후의 위치가 각각 $x_P=2t^3-3t^2-12t+4$, $x_Q=t^3-t^2-5t+1$일 때, 두 점은 a초 동안 서로 반대 방향으로 움직인다. 이때, a의 값을 구하시오.
> └ 시각 t에서 (점 P의 속도)×(점 Q의 속도)<0임을 이용하자.

두 점 P, Q의 시각 t에서의 속도를 각각 v_P, v_Q라 하면

$$v_P=\frac{dx_P}{dt}=6t^2-6t-12=6(t-2)(t+1)$$

$$v_Q=\frac{dx_Q}{dt}=3t^2-2t-5=(3t-5)(t+1)$$

두 점 P, Q가 서로 반대 방향으로 움직이면 속도의 부호가 서로 다르므로

$v_P v_Q < 0$에서 $6(t+1)^2(3t-5)(t-2) < 0$

이때, $(t+1)^2 > 0$ 이므로

$(3t-5)(t-2) < 0$ $\quad \therefore \dfrac{5}{3} < t < 2$

따라서 두 점 P, Q가 서로 반대 방향으로 움직인 시간은

$2 - \dfrac{5}{3} = \dfrac{1}{3}$ (초) $\quad \therefore a = \dfrac{1}{3}$ 답 $\dfrac{1}{3}$

1232

$v_A = \dfrac{dx_A}{dt}$, $a_A = \dfrac{dv_A}{dt}$ 임을 이용하자.

> 수직선 위를 움직이는 두 점 A, B의 시각 t에서의 위치가 각각
> $x_A = \dfrac{1}{3}t^3 + 4t^2 - t$, $x_B = \dfrac{2}{3}t^3 - 2t^2 + t$일 때, 점 B의 가속도가
> 점 A의 가속도보다 커지는 시각은 출발한 지 몇 초 후부터인지
> 구하시오. → $a_B > a_A$이어야 한다.

두 점 A, B의 속도를 각각 v_A, v_B라 하고,
가속도를 각각 a_A, a_B라 하면

$v_A = \dfrac{dx_A}{dt} = t^2 + 8t - 1$, $a_A = \dfrac{dv_A}{dt} = 2t + 8$

$v_B = \dfrac{dx_B}{dt} = 2t^2 - 4t + 1$, $a_B = \dfrac{dv_B}{dt} = 4t - 4$

$a_B > a_A$이어야 하므로 $4t - 4 > 2t + 8$

$2t > 12$ $\quad \therefore t > 6$

따라서 출발한 지 6초 후부터 점 B의 가속도가 점 A의 가속도보다 커진다. 답 6초

1233

> 수직선 위를 움직이는 두 점 P, Q의 시각 t에서의 위치가 각각
> $x_P(t) = t^3 + 3t^2 - t$, $x_Q(t) = 5t^2 - t$이다. 두 점 P, Q가 출발 후
> 다시 만나는 순간의 속도를 각각 v_1, v_2라 할 때, $v_1 + v_2$의 값을
> 구하시오. → 위치가 같아지는 순간의 시각을 t라 하면
> $x_P(t) = x_Q(t)$임을 이용하자.

위치가 같아지는 순간의 시각을 a라 하면
$x_P(a) = x_Q(a)$이므로

$a^3 + 3a^2 - a = 5a^2 - a$

$a^3 - 2a^2 = 0$, $a^2(a-2) = 0$ $\quad \therefore a = 2 \ (\because a > 0)$

따라서 $t = 2$일 때, 위치가 같아진다.

t초 후 두 점 P, Q의 속도를 각각 $v_P(t)$, $v_Q(t)$라 하면

$v_P(t) = 3t^2 + 6t - 1$, $v_Q(t) = 10t - 1$

$v_1 = v_P(2) = 23$, $v_2 = v_Q(2) = 19$이므로

$v_1 + v_2 = 42$ 답 42

1234

두 점 P, Q의 위치가 같다.

> 수직선 위를 움직이는 두 점 P, Q의 시각 t에서의 위치가 각각
> $P(t) = t^2 - 4t + 5$, $Q(t) = 2t$이다. 두 점 P, Q가 두 번째로 만날
> 때, 두 점 P, Q의 속도를 순서대로 적은 것은?
> → 시각 t에서 P, Q의 속도는 각각 $P'(t)$와 $Q'(t)$이다.

두 점 P, Q가 만날 때, 두 점 P, Q의 위치가 같으므로

$t^2 - 4t + 5 = 2t$, $t^2 - 6t + 5 = 0$

$(t-1)(t-5) = 0$

$\therefore t = 1$ 또는 $t = 5$

즉, $t = 5$일 때, 두 점 P, Q가 두 번째로 만난다.

두 점 P, Q의 시각 t에서의 속도는 각각

$P'(t) = 2t - 4$, $Q'(t) = 2$

이므로 $t = 5$에서의 속도는

$P'(5) = 2 \times 5 - 4 = 6$, $Q'(5) = 2$ 답 ①

1235

시각 t에서 P, Q의 속도는 각각 $P'(t)$와 $Q'(t)$이다.

> 수직선 위를 움직이는 두 점 P, Q의 시각 t에서의 위치가 각각
> $P(t) = t^3 + 2t^2 - 12t + 1$, $Q(t) = \dfrac{9}{2}t^2 - 6$이다. 두 점 P, Q의
> 속도가 같아지는 순간 두 점 P, Q 사이의 거리는?
> → $P'(t) = Q'(t)$임을 이용하자.

두 점 P, Q의 시각 t에서의 속도는 각각

$P'(t) = 3t^2 + 4t - 12$, $Q'(t) = 9t$

두 점 P, Q의 속도가 같으므로

$3t^2 + 4t - 12 = 9t$에서 $3t^2 - 5t - 12 = 0$

$(3t+4)(t-3) = 0$

$\therefore t = 3 \ (\because t > 0)$

따라서 $t = 3$에서의 두 점 P, Q 사이의 거리는

$|P(3) - Q(3)| = \left| (27 + 18 - 36 + 1) - \left(\dfrac{81}{2} - 6 \right) \right|$

$= \left| 10 - \dfrac{69}{2} \right| = \dfrac{49}{2}$ 답 ⑤

1236

시각 t에서 점 P의 속도를 v_P라 하면 속력은 $|v_P|$이다.

> 수직선 위를 움직이는 두 점 P, Q에 대하여 시각 t에서의 좌표
> 가 각각 $p(t) = t^2 - 5t - 6$, $q(t) = 2t^2 - 15t$일 때, 점 P의 속력
> 이 점 Q의 속력보다 커지게 되는 t의 값의 범위는?
> → $|v_P| > |v_Q|$인 t의 범위를 찾자.

점 P의 속력을 $|v_P|$라 하면

$|v_P| = |p'(t)| = |2t - 5|$

점 Q의 속력을 $|v_Q|$라 하면

$|v_Q| = |q'(t)| = |4t - 15|$

$|v_P| > |v_Q|$에서 $|2t - 5| > |4t - 15|$이므로

$(2t-5)^2 > (4t-15)^2$, $12t^2 - 100t + 200 < 0$

$4(3t-10)(t-5) < 0$

$\therefore \dfrac{10}{3} < t < 5$ 답 ④

1237

> $f(t)=x_A-x_B$라 하자.

수직선 위를 움직이는 두 점 A, B의 시각 t에서의 위치는 각각 $x_A=2t^2+7t$, $x_B=t^3-\dfrac{11}{2}t^2+19t-3$이다. 두 점 A, B가 $t=0$일 때 동시에 출발하여 처음 5초 동안 만나는 횟수를 구하시오. $\;0\le t\le5$에서 $f(t)=0$인 t의 값의 개수를 구하자. ←

두 점 A, B가 만나려면 $x_A=x_B$에서

$2t^2+7t=t^3-\dfrac{11}{2}t^2+19t-3$

$t^3-\dfrac{15}{2}t^2+12t-3=0$

$f(t)=t^3-\dfrac{15}{2}t^2+12t-3$이라 하면

$f'(t)=3t^2-15t+12=3(t-1)(t-4)$

$f'(t)=0$에서 $t=1$ 또는 $t=4$

함수 $y=f(t)$의 증가, 감소를 표로 나타내면 다음과 같다.

t	$\cdots$	1	$\cdots$	4	$\cdots$
$f'(t)$	+	0	−	0	+
$f(t)$	↗	$\dfrac{5}{2}$	↘	-11	↗

즉, $f(1)>0$, $f(4)<0$, $f(5)<0$이므로 함수 $y=f(t)$의 그래프는 다음과 같다.

따라서 $0\le t\le5$에서 $f(t)=0$인 t의 값이 2개 존재하므로 두 점 A, B가 처음 5초 동안 만나는 횟수는 2이다.

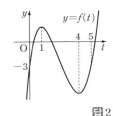

답 2

1238

> $h(t)=f(t)-g(t)$라 하자.

원점을 출발하여 수직선 위를 움직이는 두 점 A, B의 시각 t에서의 위치는 각각 $f(t)=\dfrac{1}{3}t^3$, $g(t)=4t^2-at$ ($0\le t\le6$)이다. 두 점은 동시에 출발하여 6초 후에 다시 만난 후 멈춘다고 한다. 두 점 A, B 사이의 거리의 최댓값이 $\dfrac{q}{p}$일 때, $p+q$의 값을 구하시오. (단, a는 상수, p, q는 서로소인 자연수이다.) $\;h(6)=0$이고 $h'(6)=0$이다. ←

$f(t)=\dfrac{1}{3}t^3$, $g(t)=4t^2-at$이고, 두 점이 6초 후에 다시 만나므로

$f(6)=g(6)$에서 $72=144-6a$

$\therefore a=12$

$h(t)=f(t)-g(t)$라 하면

$h(t)=\dfrac{1}{3}t^3-(4t^2-12t)=\dfrac{1}{3}t^3-4t^2+12t$

$h'(t)=t^2-8t+12=(t-2)(t-6)$

$h'(t)=0$에서 $t=2$ 또는 $t=6$

$0\le t\le6$에서 함수 $y=h(t)$의 증가, 감소를 표로 나타내고 그 그래프를 그리면 다음과 같다.

t	0	$\cdots$	2	$\cdots$	6
$h'(t)$		+	0	−	0
$h(t)$	0	↗	$\dfrac{32}{3}$	↘	0

따라서 $0\le t\le6$에서 함수 $y=h(t)$의 최댓값은 $t=2$일 때이므로 두 점 사이의 거리의 최댓값은

$h(2)=\dfrac{32}{3}$

즉, $p=3$, $q=32$이므로

$p+q=3+32=35$

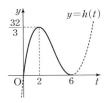

답 35

1239

> t초 후의 물체의 속도는 $h'(t)$이다.

지면에서 30 m/s의 속도로 똑바로 위로 던진 공의 t초 후의 높이를 $h(t)$ m라 할 때, $h(t)=30t-5t^2$인 관계가 성립한다. 공이 도달한 최고 높이를 구하시오. └→ 최고 높이에 도달하였을 때의 속도는 0임을 이용하자.

$h(t)=30t-5t^2$에서 t초 후의 공의 속도를 $v(t)$라 하면

$v(t)=h'(t)=30-10t$

공이 최고 높이에 도달할 때의 속도는 0이므로

$30-10t=0$ $\therefore t=3$

따라서 공이 도달할 수 있는 최고 높이는

$h(3)=30\times3-5\times3^2=45\,(m)$

답 45 m

1240

> t초 후의 물체의 속도는 $v=\dfrac{dh}{dt}$이다.

수평인 지면으로부터 15 m 높이에서 30 m/s의 속도로 수직으로 위로 던져 올린 물체의 t초 후의 높이 h m라 하면 $h=15+30t-5t^2$인 관계가 성립한다. 이 물체가 최고 높이에 도달했을 때, 지면으로부터의 높이를 구하시오. └→ 최고 높이에 도달하였을 때의 속도는 0임을 이용하자.

$h=15+30t-5t^2$에서 t초 후의 물체의 속도를 v라 하면

$v=\dfrac{dh}{dt}=-10t+30$

물체가 최고 높이에 도달할 때의 속도는 0이므로

$-10t+30=0$에서 $t=3$

따라서 $t=3$일 때의 높이를 구하면

$15+30\times3-5\times3^2=60\,(m)$

답 60 m

1241

> t초 후의 물체의 속도는 $v=\dfrac{dx}{dt}$이다.

지면으로부터 35 m 높이의 지점에서 처음 속도 a m/s로 똑바로 위로 던진 물체의 t초 후의 높이를 x m라 하면 $x=35+at+bt^2$인 관계가 성립한다. 이 물체가 최고 높이에 도달할 때까지 걸린 시간이 3초이고, 그때의 높이는 80 m라고 한다. 두 상수 a, b에 대하여 $a+b$의 값을 구하시오. └→ 최고 높이에 도달하였을 때의 속도는 0임을 이용하자.

$x=35+at+bt^2$에서 t초 후의 물체의 속도를 v라 하면

$$v=\frac{dx}{dt}=a+2bt$$

물체가 최고 높이에 도달할 때의 속도는 0이므로

$t=3$일 때, $a+6b=0$ $\cdots\cdots$ ㉠

또 $t=3$일 때, $x=80$이므로

$35+3a+9b=80$

$\therefore a+3b=15$ $\cdots\cdots$ ㉡

㉠, ㉡을 연립하여 풀면 $a=30$, $b=-5$

$\therefore a+b=25$

답 25

1242

→ $y=f(t)$의 증가·감소를 표로 나타내자.

지상에서 발사된 미사일이 발사 3초 후에 목표물에 명중하였다. 발사 t초 후의 지상으로부터 미사일의 높이 $f(t)$ m가 $f(t)=20t^3-150t^2+360t$ $(0\le t\le3)$로 관측되었을 때, 미사일이 도달한 최고 높이를 구하시오.

→ 최고 높이에 도달하였을 때의 속도는 0임을 이용하자.

미사일의 발사 t초 후 속도는

$f(t)=20t^3-150t^2+360t$에서

$f'(t)=60t^2-300t+360$

$\quad\quad=60(t^2-5t+6)$

$\quad\quad=60(t-2)(t-3)$

미사일이 최고 높이에 도달했을 때의 속도는 0이므로

$f'(t)=0$에서 $t=2$ 또는 $t=3$

$0\le t\le3$에서 함수 $y=f(t)$의 증가, 감소를 표로 나타내면 다음과 같다.

t	0	$\cdots$	2	$\cdots$	3
$f'(t)$		+	0	−	0
$f(t)$		↗	280	↘	

$0\le t\le3$에서 함수 $y=f(t)$의 최댓값은 $f(2)=280$이므로 구하는 최고 높이는 280 m이다.

답 280 m

1243

→ $h=0$인 시각 t를 구하자.

지면으로부터 10 m 높이의 지점에서 처음 속도 5 m/s로 똑바로 위로 던진 돌의 t초 후의 높이를 h m라 하면 $h=10+5t-5t^2$인 관계가 성립한다. 이 돌이 땅에 떨어질 때의 속력을 구하시오. (단, 단위는 m/s이다.)

→ 시각 t에서 속도를 v라 하면 속력은 $|v|$이다.

돌이 땅에 떨어질 때의 높이는 0 m이므로

$10+5t-5t^2=0$, $t^2-t-2=0$

$(t+1)(t-2)=0$ $\therefore t=2$ ($\because t>0$)

이 돌의 t초 후의 속도를 v라 하면

$$v=\frac{dh}{dt}=5-10t$$

이므로 $t=2$에서의 속도는

$5-10\times2=-15$ (m/s)

따라서 구하는 속력은

$|-15|=15$ (m/s)

답 15 m/s

1244

→ t초 후의 물체의 속도는 $v=\frac{dh}{dt}$이다.

지면에서 처음 속도 40 m/s로 똑바로 위로 던진 돌의 t초 후의 높이를 h m라 하면 $h=40t-4t^2$인 관계가 성립한다. 〈보기〉에서 옳은 것만을 있는 대로 고르시오.

→ $v=0$임을 이용하자.

┤ 보기 ├

ㄱ. 돌을 던진 지 2초 후의 돌의 속도는 24 m/s이다.

ㄴ. 돌이 최고 높이에 도달한 시각은 돌을 던진 지 5초 후이다.

ㄷ. 돌이 지면에 떨어지는 순간의 속도는 −40 m/s이다.

→ $h=0$임을 이용하자.

$h=40t-4t^2$에서 t초 후의 돌의 속도를 v라 하면

$$v=\frac{dh}{dt}=40-8t$$

ㄱ. $t=2$일 때 속도는

$40-8\times2=24$ (m/s) (참)

ㄴ. 돌이 최고 높이에 도달할 때의 속도는 0이므로

$40-8t=0$ $\therefore t=5$ (참)

ㄷ. 지면에 떨어지는 순간의 높이는 0이므로

$40t-4t^2=0$, $t^2-10t=0$

$t(t-10)=0$ $\therefore t=10$ ($\because t>0$)

즉, $t=10$일 때 속도는

$40-8\times10=-40$ (m/s) (참)

따라서 ㄱ, ㄴ, ㄷ 모두 옳다.

답 ㄱ, ㄴ, ㄷ

1245

→ 해당 그래프가 속도의 그래프인지 위치의 그래프인지 잘 파악해야 한다.

원점을 출발하여 수직선 위를 6초 동안 움직이는 점 P의 시각 t에서의 속도 $v(t)$의 그래프가 그림과 같을 때, 〈보기〉에서 옳은 것만을 있는 대로 고르시오.

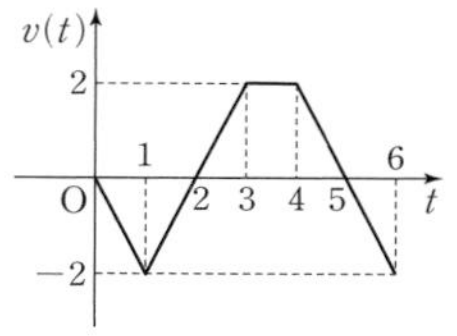

→ $v=0$이면 점 P는 움직이는 방향을 바꾸거나 정지한다.

┤ 보기 ├

ㄱ. 점 P는 출발 후 2초와 5초에서 운동 방향을 바꾼다.

ㄴ. 출발 후 2초에서 점 P의 위치는 원점이다.

ㄷ. $3<t<4$에서 가속도는 0이다.

→ 시각 t에서의 속도가 일정할 때 가속도는 0이다.

ㄱ. 점 P는 출발 후 2초와 5초에서 속도의 부호가 바뀌므로 운동 방향을 바꾼다. (참)

ㄴ. 원점을 출발한 후 2초까지 속도가 음수이므로 계속 음의 방향으로 움직인다. 즉, 출발 후 2초에서 점 P의 위치는 음수이다. (거짓)

ㄷ. $3<t<4$에서 $v(t)=2$이므로 $v'(t)=0$, 즉 가속도가 0이다. (참)

따라서 옳은 것은 ㄱ, ㄷ이다.

답 ㄱ, ㄷ

1246

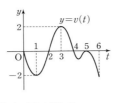

원점을 출발하여 수직선 위를 움직이는 점 P의 시각 t에서의 속도 $y=v(t)$의 그래프가 그림과 같다. 점 P에 대한 설명 중 〈보기〉에서 옳은 것만을 있는 대로 고르시오.

→ $t=5$의 좌우에서 부호가 바뀌지 않는다.

┤ 보 기 ├

ㄱ. $t=5$에서 운동 방향을 바꾼다.

ㄴ. $0<t<6$에서 운동 방향을 두 번 바꾼다.

ㄷ. $2<t<4$에서 수직선 위를 음의 방향으로 움직인다.

ㄹ. $4<t<6$에서 속도는 감소한다.

→ 해당 구간에서 $v(t)>0$임을 이용하자.

ㄱ. $t=5$의 좌우에서 $v(t)$의 부호가 바뀌지 않으므로 $t=5$에서 운동 방향을 바꾸지 않는다. (거짓)

ㄴ. $t=2$, $t=4$의 좌우에서 $v(t)$의 부호가 바뀌므로 운동 방향을 두 번 바꾼다. (참)

ㄷ. $2<t<4$에서 $v(t)>0$이므로 수직선 위를 양의 방향으로 움직인다. (거짓)

ㄹ. $4<t<5$에서 $y=v(t)$는 감소하다가 증가한다. (거짓)

따라서 옳은 것은 ㄴ뿐이다. **답** ㄴ

1247

수직선 위를 움직이는 점 P의 시각 t에서의 위치 $x(t)$의 그래프가 그림과 같을 때 점 P에 대한 설명으로 옳은 것만을 〈보기〉에서 모두 고르시오.

해당 그래프가 속도의 그래프인지 위치의 그래프인지 잘 파악해야 한다.

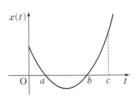

┤ 보 기 ├

ㄱ. $0<t<c$에서 원점을 두 번 지난다.

ㄴ. $a<t<b$에서 한 방향으로만 움직인다.

ㄷ. $0<t<a$일 때, 수직선의 음의 방향으로 움직인다.

→ 수직선의 음의 방향으로 움직인 뒤 양의 방향으로 움직인다.

ㄱ. $t=a$, $t=b$에서 원점을 지나므로 $0<t<c$에서 원점을 두 번 지난다. (참)

ㄴ. 그래프의 꼭짓점의 위치에서 운동 방향이 바뀐다. (거짓)

ㄷ. 그래프의 꼭짓점의 위치까지 수직선의 음의 방향, 꼭짓점의 위치부터 수직선의 양의 방향으로 움직인다. (참)

따라서 옳은 것은 ㄱ, ㄷ이다. **답** ㄱ, ㄷ

1248

→ 시각 t에서의 위치의 그래프임에 유의하자.

원점을 출발하여 수직선 위를 움직이는 점 P의 시각 t ($0 \leq t \leq 14$)에서의 위치를 $x(t)$라 할 때, 그림은 함수 $y=x(t)$의 그래프이다. 〈보기〉에서 옳은 것만을 있는 대로 고른 것은?

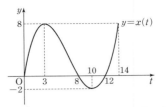

→ $t>0$에서 $y=x(t)$의 그래프와 t축과의 교점의 개수이다.

┤ 보 기 ├

ㄱ. 출발 후 점 P는 원점을 네 번 지난다.

ㄴ. $t=5$에서 점 P는 음의 방향으로 움직인다.

ㄷ. 점 P는 진행 방향을 세 번 바꾼다.

ㄱ. $t=8$, $t=12$에서 $x(t)=0$이므로 점 P는 원점을 두 번 지난다. (거짓)

ㄴ. $t=5$에서의 접선의 기울기는 음수이므로 점 P는 음의 방향으로 움직인다. (참)

ㄷ. $v=x'(t)=0$에서 $t=3$, $t=10$이므로 점 P는 $t=3$, $t=10$에서 각각 진행 방향을 바꾼다. (거짓)

따라서 옳은 것은 ㄴ뿐이다. **답** ②

1249

→ 길이 l의 변화율은 $\dfrac{dl}{dt}$ 임을 이용하자.

시간에 따라 길이가 변하는 고무줄이 있다. 시각 t에서의 고무줄의 길이 $l=2t^2+4t+5$일 때, $t=3$에서의 고무줄의 길이의 변화율은?

시각 t에서의 고무줄의 길이의 변화율은

$$\frac{dl}{dt}=4t+4$$

따라서 $t=3$에서의 고무줄의 길이의 변화율은

$$4 \times 3 + 4 = 16$$

답 ③

1250

→ t초 후의 정사각형의 한 변의 길이는 $(1+4t)$cm임을 이용하자.

그림과 같이 한 변의 길이가 $1\,\text{cm}$인 정사각형이 있다. 이 정사각형의 모든 변의 길이가 매초 $4\,\text{cm}$씩 늘어날 때, 이 정사각형의 한 변의 길이가 $17\,\text{cm}$인 순간의 넓이의 변화율을 구하시오.

$t=4$초일 때이다. (단, 단위는 cm^2/s이다.)

→ $\dfrac{dS}{dt}=\dfrac{d}{dt}(1+4t)^2$이다.

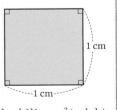

t초 후의 정사각형의 한 변의 길이는 $(1+4t)\,\text{cm}$이므로 그때의 넓이를 $S(t)\,\text{cm}^2$라 하면

$$S(t)=(1+4t)^2 \quad \cdots\cdots \text{㉠}$$
$$=1+8t+16t^2$$
$$S'(t)=8+32t$$

한 변의 길이가 17 cm인 순간은

$1+4t=17$에서 $t=4$

따라서 $t=4$일 때 넓이의 변화율은

$S'(4)=8+32\times4=136$ (cm²/s)

目 136 cm²/s

참고 $y=\{f(x)\}^n \Rightarrow y'=n\{f(x)\}^{n-1}f'(x)$

이므로 ㉠의 $S(t)=(1+4t)^2$에서

$S'(t)=2(1+4t)\times4=8(1+4t)$

로 구해도 된다.

1251

잔잔한 호수에 돌을 던지면 동심원 모양의 파문이 생긴다. 가장 바깥쪽 파문의 반지름의 길이가 매초 10 cm의 비율로 길어질 때, 돌을 던진 지 3초 후의 가장 바깥쪽 파문의 넓이의 변화율을 구하시오.

→ t초 후의 반지름의 길이는 $10t$ cm이다.

→ $\dfrac{dS}{dt}=\dfrac{d}{dt}(100\pi t^2)$임을 이용하자.

돌을 던진 지 t초 후의 가장 바깥쪽 파문의 반지름의 길이는 $10t$ cm이므로 가장 바깥쪽 파문의 넓이를 S cm²라 하면

$S=\pi(10t)^2=100\pi t^2$

위의 식의 양변을 t에 대하여 미분하면

$\dfrac{dS}{dt}=200\pi t$

따라서 돌을 던진 지 3초 후의 가장 바깥쪽 파문의 넓이의 변화율은

$200\pi\times3=600\pi$ (cm²/s)

目 600π cm²/s

1252

→ t초 후의 반지름의 길이 r는 $2+0.2t$이다.

반지름의 길이가 2 cm인 공 모양의 풍선에 공기를 넣어 매초 2 mm의 비율로 반지름의 길이가 커질 때, 5초 후의 겉넓이의 변화율을 a(cm²/초), 부피의 변화율을 b(cm³/초)라 한다. 이때, $a+b$의 값은?

t초 후의 부피는 $\dfrac{4}{3}\pi(2+0.2t)^3$임을 이용하자.

t초 후의 겉넓이는 $4\pi(2+0.2t)^2$임을 이용하자.

t초 후의 풍선의 반지름의 길이를 r라 하면

$r=2+0.2t$(cm)

이므로 t초 후의 겉넓이를 S라 하면

$S=4\pi(2+0.2t)^2$

이때, $\dfrac{dS}{dt}=8\pi(2+0.2t)\times0.2$이므로

$t=5$일 때의 겉넓이의 변화율은

$8\pi(2+0.2\times5)\times0.2=4.8\pi$(cm²/초)

$\therefore a=4.8\pi$

t초 후의 부피를 V라 하면

$V=\dfrac{4}{3}\pi(2+0.2t)^3$

이때, $\dfrac{dV}{dt}=4\pi(2+0.2t)^2\times0.2$이므로

$t=5$일 때의 부피의 변화율은

$4\pi(2+0.2\times5)^2\times0.2=7.2\pi$(cm³/초)

$\therefore b=7.2\pi$

$\therefore a+b=4.8\pi+7.2\pi=12\pi$

目 ②

1253

→ t초 후의 물의 높이를 $2t$라 하자.

그림과 같이 밑면의 반지름의 길이가 10 cm, 깊이가 20 cm인 직원뿔 모양의 그릇이 있다. 매초 2 cm씩 수면의 높이가 올라가도록 물을 넣을 때, 물을 넣기 시작한 지 2초 후에 그릇에 담긴 물의 부피의 변화율을 구하시오.

→ t초 후의 수면의 반지름은 t임을 이용하자.

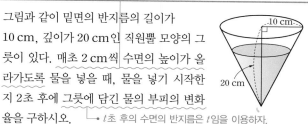

t초 후의 물의 높이를 $2t$ cm라 하면 그때의 수면의 반지름의 길이는 t cm이다.

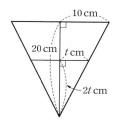

따라서 시각 t에서의 부피는

$V(t)=\dfrac{1}{3}\times\pi t^2\times2t=\dfrac{2\pi}{3}t^3$ (cm³)

$V'(t)=2\pi t^2$이므로 $V'(2)=8\pi$ (cm³/s)

目 8π cm³/s

1254

→ t초 동안 걸은 거리를 y라 하자.

그림과 같이 키가 1.8 m인 사람이 높이 3 m의 가로등 바로 밑에서 출발하여 매초 2 m의 속도로 일직선으로 걸어가고 있다. 이 사람의 그림자의 끝이 움직이는 속도를 k m/s라고 할 때, k의 값을 구하시오.

→ 가로등으로부터 그림자 끝까지의 거리를 x라 하자.

가로등과 그림자의 끝 사이의 거리를 x m라 하고 t초 동안 걸은 거리를 y m라 하면 $y=2t$

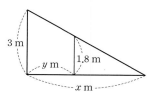

그림에서

$x-y:1.8=x:3$

$3x-3y=1.8x$

$1.2x=3y$

$x=\dfrac{3}{1.2}y=\dfrac{5}{2}y=5t$

따라서 그림자의 끝이 움직이는 속도는

$v=\dfrac{dx}{dt}=5$ (m/s)

目 5 m/s

1255

> 삼차방정식 $x^3+6x^2+9x+a=0$이 서로 다른 세 실근을 가질 때, 실수 a의 값의 범위는?
>
> $f(x)=x^3+6x^2+9x+a$라 하고 $y=f(x)$의 증가, 감소를 표로 나타내자.
>
> (극댓값)$\times$(극솟값)<0이어야 한다.

$f(x)=x^3+6x^2+9x+a$라 하면

$f'(x)=3x^2+12x+9$

$\quad\;\;=3(x^2+4x+3)$

$\quad\;\;=3(x+1)(x+3)$

$f'(x)=0$에서 $x=-1$ 또는 $x=-3$

함수 $y=f(x)$의 증가, 감소를 표로 나타내면 다음과 같다.

x	$\cdots$	-3	$\cdots$	-1	$\cdots$
$f'(x)$	$+$	0	$-$	0	$+$
$f(x)$	↗	a	↘	$a-4$	↗

삼차방정식 $f(x)=0$이 서로 다른 세 실근을 가지려면

(극댓값)$\times$(극솟값)<0이어야 하므로

$a(a-4)<0$ $\quad\therefore\; 0<a<4$

답 ④

1256

> 삼차방정식 $x^3-3x-k=0$이 서로 다른 두 개의 음의 실근과 한 개의 양의 실근을 가질 때, 정수 k의 값을 구하시오.
>
> $f(x)=x^3-3x$라 하고 $y=f(x)$의 증가, 감소를 표로 나타내자.
>
> 방정식의 실근은 $y=f(x)$의 그래프와 직선 $y=k$의 교점의 x좌표임을 이용하자.

$x^3-3x-k=0$에서 $x^3-3x=k$ $\quad\cdots\cdots$ ㉠

$f(x)=x^3-3x$라 하면

$f'(x)=3x^2-3=3(x+1)(x-1)$

$f'(x)=0$에서 $x=-1$ 또는 $x=1$

함수 $y=f(x)$의 증가, 감소를 표로 나타내고 그 그래프를 그리면 다음과 같다.

x	$\cdots$	-1	$\cdots$	1	$\cdots$
$f'(x)$	$+$	0	$-$	0	$+$
$f(x)$	↗	2	↘	-2	↗

방정식 ㉠이 서로 다른 두 개의 음의 실근과 한 개의 양의 실근을 갖도록 하는 k의 값의 범위는

$0<k<2$

따라서 정수 k의 값은 1이다.

답 1

1257 ✏️ 서술형

> 최고차항의 계수가 1인 사차함수 $f(x)$가 다음 조건을 만족시킬 때, $f(1)$의 값을 구하시오.
>
> y축에 대하여 대칭인 함수이다.
>
> (가) 모든 실수 x에 대하여 $f(-x)=f(x)$이다.
> (나) 방정식 $|f(x)|=3$의 서로 다른 실근의 개수는 5이다.
> (다) 함수 $|f(x)|$의 극댓값 중 하나가 7이다.
>
> $y=|f(x)|$의 그래프와 직선 $y=3$은 $x=0$에서 접한다.

세 조건을 만족하는 함수 $f(x)$의 그래프는 그림과 같다.

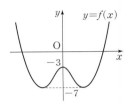

즉, $f(x)=x^4+ax^2-3$이라 하면 $\quad\cdots\cdots$ 40%

$f'(x)=4x^3+2ax=2x(2x^2+a)$

$x=\sqrt{-\dfrac{a}{2}}$에서 극솟값 -7을 가지므로 (단, $a<0$)

$f\left(\sqrt{-\dfrac{a}{2}}\right)=-\dfrac{a^2}{4}-3=-7$ $\quad\therefore\; a=-4$ $\quad\cdots\cdots$ 30%

$f(x)=x^4-4x^2-3$이므로 $\quad\cdots\cdots$ 30%

$f(1)=-6$

답 -6

1258

> 모든 실수 x에 대하여 부등식 $x^4-4x^3+a-2\geq0$이 성립하도록 하는 실수 a의 최솟값을 구하시오.
>
> $f(x)=x^4-4x^3+a-2$라 하고 $y=f(x)$의 증가, 감소를 표로 나타내자.
>
> $(f(x)$의 최솟값$)\geq0$임을 이용하자.

$f(x)=x^4-4x^3+a-2$라 하면

$f'(x)=4x^3-12x^2=4x^2(x-3)$

$f'(x)=0$에서 $x=0$ 또는 $x=3$

함수 $y=f(x)$의 증가, 감소를 표로 나타내면 다음과 같다.

x	$\cdots$	0	$\cdots$	3	$\cdots$
$f'(x)$	$-$	0	$-$	0	$+$
$f(x)$	↘	$a-2$	↘	$a-29$	↗

함수 $y=f(x)$는 $x=3$에서 최솟값을 가지므로 모든 실수 x에 대하여 $f(x)\geq0$이려면

$f(3)=a-29\geq0$ $\quad\therefore\; a\geq29$

따라서 a의 최솟값은 29이다.

답 29

1259

> $x>0$일 때, 부등식 $x^3-6x^2+9x+k>0$이 성립하도록 하는 실수 k의 값의 범위는?
>
> $f(x)=x^3-6x^2+9x+k$라 하고 $y=f(x)$의 증가, 감소를 표로 나타내자.
>
> $(x>0$에서 $f(x)$의 최솟값$)>0$임을 이용하자.

$f(x)=x^3-6x^2+9x+k$라 하면

$f'(x)=3x^2-12x+9$

$\qquad =3(x^2-4x+3)$

$\qquad =3(x-1)(x-3)$

$f'(x)=0$에서 $x=1$ 또는 $x=3$

$x>0$에서 함수 $y=f(x)$의 증가, 감소를 표로 나타내면 다음과 같다.

x	(0)	$\cdots$	1	$\cdots$	3	$\cdots$
$f'(x)$		$+$	0	$-$	0	$+$
$f(x)$		↗	$k+4$	↘	k	↗

$x>0$에서 함수 $y=f(x)$의 최솟값은 $f(3)=k$이므로

$k>0$

답 ③

1260

→ 주어진 범위에서 $y=h(x)$의 최솟값을 구하자.

$-1<x<2$일 때, 두 함수 $f(x)=x^3+x^2+2x,\ g(x)=x^2+5x+k$에 대하여 $f(x)\geq g(x)$가 성립하도록 하는 실수 k의 최댓값을 구하시오.

$h(x)=f(x)-g(x)$라고 하면 $h(x)\geq0$임을 이용하자.

$h(x)=f(x)-g(x)$라 하면

$h(x)=x^3+x^2+2x-(x^2+5x+k)$

$\qquad =x^3-3x-k$

$h'(x)=3x^2-3=3(x+1)(x-1)$

$h'(x)=0$에서 $x=-1$ 또는 $x=1$

$-1<x<2$에서 함수 $y=f(x)$의 증가, 감소를 표로 나타내면 다음과 같다.

x	(-1)	$\cdots$	1	$\cdots$	(2)
$h'(x)$		$-$	0	$+$	
$h(x)$		↘	$-2-k$	↗	

$-1<x<2$에서 함수 $y=h(x)$의 최솟값은 $h(1)=-2-k$이므로

$-2-k\geq0$ $\quad \therefore k\leq-2$

따라서 실수 k의 최댓값은 -2이다.

답 -2

1261

수직선 위를 움직이는 점 P의 시각 t $(t\geq0)$에서의 위치가 $x(t)=t^3-t^2+5t-2$일 때, 점 P의 $t=2$에서의 속도와 가속도의 합을 구하시오.

수직선 위를 움직이는 점 P의 시각 t에서의 위치가 $x=f(t)$일 때,

속도 $v=\dfrac{dx}{dt}=f'(t)$, 가속도 $a=\dfrac{dv}{dt}=v'(t)$임을 이용하자.

$x(t)=t^3-t^2+5t-2$이므로 점 P의 시각 t에서의 속도와 가속도를 각각 $v(t),\ a(t)$라 하면

$v(t)=3t^2-2t+5$

$a(t)=6t-2$

$\therefore v(2)=13,\ a(2)=10$

따라서 점 P의 $t=2$에서의 속도와 가속도의 합은

$13+10=23$

답 23

1262 서술형

→ $v=\dfrac{dx}{dt}=f'(t)$임을 이용하자.

원점을 출발하여 수직선 위를 움직이는 점 P의 시각 t에서의 위치 x가 $x=\dfrac{1}{3}t^3-2t^2+3t$일 때, 다음을 구하시오.

(1) 점 P가 출발한 후 처음으로 운동 방향을 바꾸는 시각과 그때의 속도

(2) 점 P가 출발한 후 두 번째로 운동 방향을 바꾸는 시각에서의 가속도

수직선 위를 움직이는 점 P가 운동 방향을 바꾸는 순간의 속도는 0임을 이용하자.

(1) $x=\dfrac{1}{3}t^3-2t^2+3t$이므로 점 P의 시각 t에서의 속도를 v라 하면

$v=\dfrac{dx}{dt}=t^2-4t+3$

점 P가 운동 방향을 바꿀 때의 속도는 0이므로

$t^2-4t+3=(t-1)(t-3)=0$에서

$t=1$ 또는 $t=3$ …… 40%

따라서 $t=1$일 때, 출발 후 처음으로 운동 방향이 바뀌고 그때의 속도는 0이다. …… 30%

(2) $t=3$일 때, 출발 후 두 번째로 운동 방향이 바뀌고 점 P의 시각 t에서의 가속도를 a라 하면

$a=\dfrac{dv}{dt}=2t-4$

따라서 $t=3$일 때의 가속도는

$2\times3-4=2$ …… 30%

답 (1) $t=1$, (속도)$=0$ (2) 2

1263

t초 후의 속도는 $v=\dfrac{dx}{dt}=30-10t$임을 이용하자.

직선 궤도를 달리는 열차가 제동을 건 후 정지할 때까지 t초 동안 움직인 거리를 x m라 하면 $x=30t-5t^2$인 관계가 있다고 한다. 열차가 제동을 건 후 정지할 때까지 움직인 거리를 구하시오.

→ 정지할 때의 속도는 0임을 이용하자.

열차가 제동을 건 지 t초 후의 속도를 v라 하면

$v=\dfrac{dx}{dt}=30-10t$

열차가 정지할 때의 속도는 $v=0$이므로

$30-10t=0$ $\quad \therefore t=3$

따라서 열차가 정지할 때까지 움직인 거리는

$30\times3-5\times3^2=45\ (m)$

답 45 m

1264

시각 t에서의 속도는 각각 $\dfrac{dx_P}{dt}$와 $\dfrac{dx_Q}{dt}$이다.

원점을 출발하여 수직선 위를 움직이는 두 점 P, Q의 시각 t에서의 위치를 각각 $x_P,\ x_Q$라 하면 $x_P=t^2-3t,\ x_Q=t^2-8t$이고, 두 점 P, Q가 서로 반대 방향으로 움직이는 시각은 $\alpha<t<\beta$이다. $\alpha\beta$의 값을 구하시오.

→ 시각 t에서 (점 P의 속도)×(점 Q의 속도)<0임을 이용하자.

두 점 P, Q의 시각 t에서의 속도를 각각 $v_P,\ v_Q$라 하면

$$v_{\text{P}}=\frac{dx_{\text{P}}}{dt}=2t-3, \quad v_{\text{Q}}=\frac{dx_{\text{Q}}}{dt}=2t-8$$

두 점 P, Q가 서로 반대 방향으로 움직이면 속도의 부호가 다르므로

$$v_{\text{P}}v_{\text{Q}}=(2t-3)(2t-8)<0$$

$$(2t-3)(t-4)<0$$

$$\therefore \frac{3}{2}<t<4$$

즉, $\alpha=\frac{3}{2}$, $\beta=4$이므로 $\alpha\beta=6$ 답 6

1265

해당 그래프가 속도의 그래프인지 위치의 그래프인지 확인하자.

> 수직선 위를 움직이는 점 P의 시각 t에서의 위치 x를 $x=f(t)$라 할 때, 함수 $x=f(t)$의 그래프가 그림과 같다.
> 〈보기〉에서 옳은 것만을 있는 대로 고르시오. (단, $0\leq t\leq d$)
>
>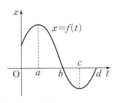
>
> ┤ 보 기 ├ $x=b$일 때 원점을 통과한다.
> ㄱ. 점 P는 움직이는 동안 방향을 두 번 바꾼다.
> ㄴ. 점 P가 최초로 원점을 통과할 때의 속도는 $f'(a)$이다.
> ㄷ. $0<t<a$일 때와 $c<t<d$일 때 운동 방향이 같다.

ㄱ. $t=a$와 $t=c$의 좌, 우에서 $f'(t)$의 부호가 바뀌므로 점 P는 움직이는 동안 방향을 두 번 바꾼다. (참)

ㄴ. 원점을 통과할 때의 위치는 0이므로 $f(t)=0$에서
$t=b$ 또는 $t=d$
최초로 원점을 통과할 때의 속도는 $f'(b)$이다. (거짓)

ㄷ. $0<t<a$일 때와 $c<t<d$일 때 $f'(t)>0$이므로 점 P는 두 구간에서 양의 방향으로 움직인다. (참)

따라서 옳은 것은 ㄱ, ㄷ이다. 답 ㄱ, ㄷ

1266

육상 선수의 t초 동안의 이동 거리를 x라 하자.

> 키가 2 m인 육상 선수가 야간 육상 경기에서 10 m 높이의 조명탑 바로 밑에서 출발하였다. 이 선수는 100 m를 10초에 달리는 속도로 뛰었다고 한다. 그림자의 길이의 변화율을 구하시오.
>
> 가로등으로부터 그림자 끝까지의 거리를 y라 하자.

육상 선수가 달리는 속도는 10 (m/s)이므로 t초 동안의 이동 거리를 x라 하면

$$x=10t$$

그림에서 $\triangle\text{AOB}\backsim\triangle\text{PQB}$이므로

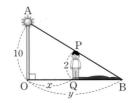

$$10:2=y:(y-10t)$$
$$2y=10(y-10t)$$
$$\therefore y=\frac{25}{2}t$$

---

t초 후의 그림자의 길이를 l이라 하면

$$l=y-x$$
$$=\frac{25}{2}t-10t=\frac{5}{2}t$$

따라서 그림자의 길이의 변화율은

$$\frac{dl}{dt}=\frac{5}{2}\ (\text{m/s})$$ 답 $\frac{5}{2}$ m/s

1267

두 점 A, B를 지나는 직선의 방정식은 $y=x-3$임을 이용하자.

> 곡선 $y=x^3-3x^2+x-k$가 두 점 A$(0,\ -3)$, B$(3,\ 0)$을 이은 선분 AB와 서로 다른 두 점에서 만날 때, 실수 k의 값의 범위는?
>
> $y=x^3-3x^2+3$의 그래프와 직선 $y=k$가 구간 $[0,\ 3]$에서 서로 다른 두 점에서 만난다.

두 점 A$(0,\ -3)$, B$(3,\ 0)$을 지나는 직선의 방정식은

$$y=\frac{0-(-3)}{3-0}x-3$$

$$\therefore y=x-3$$

곡선 $y=x^3-3x^2+x-k$가 선분 AB와 서로 다른 두 점에서 만나려면 방정식 $x^3-3x^2+x-k=x-3$이 구간 $[0,\ 3]$에서 서로 다른 두 실근을 가져야 한다.

$x^3-3x^2+x-k=x-3$에서
$$x^3-3x^2+3=k$$
$f(x)=x^3-3x^2+3$이라 하면
$$f'(x)=3x^2-6x=3x(x-2)$$
$f'(x)=0$에서 $x=0$ 또는 $x=2$

함수 $y=f(x)$의 증가, 감소를 표로 나타내고 그 그래프를 그리면 다음과 같다.

x	$\cdots$	0	$\cdots$	2	$\cdots$
$f'(x)$	$+$	0	$-$	0	$+$
$f(x)$	↗	3	↘	-1	↗

즉, $0\leq x\leq 3$에서 곡선 $y=f(x)$가 직선 $y=k$와 서로 다른 두 점에서 만나야 하므로 $-1<k\leq 3$

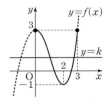

답 ④

1268

함수 $y=x^3+2$의 그래프와 $y=kx$가 접할 때 그 접점의 좌표를 $(t,\ t^3+2)$라 하자.

> 함수 $y=x^3+2$의 그래프와 직선 $y=kx$가 만나는 교점의 개수를 $f(k)$라 할 때, $\sum\limits_{k=1}^{6}f(k)$의 값을 구하시오.
>
> 원점을 지나는 직선임을 이용하자.

$k>0$일때 함수 $y=x^3+2$의 그래프와 직선 $y=kx$는 제3사분면에서 1개의 교점을 갖는다.

함수 $y=x^3+2$의 그래프와 직선 $y=kx$가 접하는 경우 그 접점의 좌표를 $(t,\ t^3+2)$라 하자.

접선의 방정식은 $y-(t^3+2)=3t^2(x-t)$이고 접선이 원점을 지나므로 $t^3=1$

t는 실수이므로 $t=1$이고 접점의 좌표는 $(1, 3)$이다.

원점을 지나는 접선의 기울기가 3이므로 $f(3)=2$

$f(1)=1$, $f(2)=1$, $k>3$인 경우 $f(k)=3$

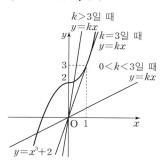

따라서 $\sum\limits_{k=1}^{6} f(k)=1+1+2+3+3+3=13$ ▤ 13

1269

→ $y=f(x)$의 증감표를 이용하여 그래프를 그리자.

사차함수 $y=f(x)$의 도함수 $y=f'(x)$의 그래프가 그림과 같다. $f(-1)=-2$, $f(5)=1$, $f(0)<-1$일 때, 방정식 $f(x)=-x-1$은 음의 실근 a개, 양의 실근 b개를 가진다. $2a-b$의 값을 구하시오.

→ $y=f(x)$와 $y=-x-1$의 교점의 x좌표의 부호를 판별하자.

도함수 $y=f'(x)$의 그래프에서 $f'(x)=0$을 만족시키는 x는

$x=-1$ 또는 $x=3$ 또는 $x=5$

함수 $y=f(x)$의 증가, 감소를 표로 나타내고 그 그래프를 그리면 다음과 같다.

x	$\cdots$	-1	$\cdots$	3	$\cdots$	5	$\cdots$
$f'(x)$	$-$	0	$+$	0	$-$	0	$+$
$f(x)$	$\searrow$	-2	$\nearrow$	극대	$\searrow$	1	$\nearrow$

따라서 방정식 $f(x)=-x-1$의 실근은 곡선 $y=f(x)$와 직선 $y=-x-1$의 두 교점의 x좌표와 같으므로 음의 실근 한 개, 양의 실근 한 개이다.

따라서 $a=1$, $b=1$이므로

$2a-b=1$ ▤ 1

1270

→ $f(-1)=-a$임을 알 수 있다.

삼차함수 $y=f(x)$에 대하여

→ $f(3)=a-1$임을 이용하자.

$\lim\limits_{x \to -1} \dfrac{f(x)+a}{x+1} = \lim\limits_{x \to 3} \dfrac{f(x)-a+1}{x-3}=0$이 성립할 때,

방정식 $f(x)=0$이 서로 다른 세 실근을 갖도록 하는 자연수 a의 최솟값을 구하시오.

→ $y=f(x)$의 (극댓값)×(극솟값)<0임을 이용하자.

$\lim\limits_{x \to -1} \dfrac{f(x)+a}{x+1}=0$에서 $x \to -1$일 때, (분모)$\to 0$이므로

(분자)$\to 0$이어야 한다.

즉, $\lim\limits_{x \to -1}\{f(x)+a\}=0$이므로

$f(-1)+a=0$

$\therefore f(-1)=-a$

$\lim\limits_{x \to -1} \dfrac{f(x)+a}{x+1} = \lim\limits_{x \to -1} \dfrac{f(x)-f(-1)}{x-(-1)}$

$\qquad = f'(-1)=0$

또 $\lim\limits_{x \to 3} \dfrac{f(x)-a+1}{x-3}=0$에서 $x \to 3$일 때, (분모)$\to 0$이므로

(분자)$\to 0$이어야 한다.

즉, $\lim\limits_{x \to 3}\{f(x)-a+1\}=0$이므로

$f(3)-a+1=0$

$\therefore f(3)=a-1$

$\lim\limits_{x \to 3} \dfrac{f(x)-a+1}{x-3} = \lim\limits_{x \to 3} \dfrac{f(x)-f(3)}{x-3}$

$\qquad = f'(3)=0$

즉, 함수 $y=f(x)$는 $x=-1$과 $x=3$에서 극값을 갖는다.

삼차방정식 $f(x)=0$이 서로 다른 세 실근을 가지려면

(극댓값)×(극솟값)<0이어야 하므로

$f(-1)f(3)=-a(a-1)<0$

$\therefore a<0$ 또는 $a>1$

따라서 자연수 a의 최솟값은 2이다. ▤ 2

1271

→ 속도 $v=f'(3)=0$임을 이용하자.

수직선 위를 움직이는 점 P의 시각 t에서의 위치 x가 $x=t^3+at^2+bt-1$이고, $t=3$일 때 점 P는 운동 방향을 바꾸며, 그때의 위치는 -1이다. 점 P가 $t=3$ 이외의 시각에서도 운동 방향을 바꾼다고 할 때, 그때의 위치를 구하시오.

→ $f(3)=-1$임을 이용하자.

(단, a, b는 상수이다.)

$f(t)=t^3+at^2+bt-1$이라 하면

점 P의 시각 t에서의 속도 v는

$v=f'(t)=3t^2+2at+b$

$t=3$일 때, 점 P의 위치는 -1이므로

$f(3)=27+9a+3b-1=-1$

$\therefore 3a+b=-9$ ······ ㉠

$t=3$일 때, 점 P의 속도는 0이므로

$v=f'(3)=27+6a+b=0$

$\therefore 6a+b=-27$ ······ ㉡

㉠, ㉡을 연립하여 풀면

$a=-6$, $b=9$

즉, $f(t)=t^3-6t^2+9t-1$이므로

$f'(t)=3t^2-12t+9=3(t-1)(t-3)$

$f'(t)=0$에서 $t=1$ 또는 $t=3$

따라서 점 P가 $t=3$ 이외에 운동 방향을 바꾸는 시각은 $t=1$이고 그때의 위치는

$f(1)=1-6+9-1=3$ ▤ 3

1272

(수면의 높이) : (수면의 반지름)=200 : 50임을 이용하자.

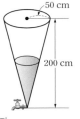

그림과 같이 높이가 200 cm이고 밑면의 반지름의 길이가 50 cm인 직원뿔 모양의 물탱크 속에 물을 가득 채웠다. 이 물탱크의 수도꼭지를 열면 매초 10 cm씩 수면의 높이가 낮아진다고 할 때, 물의 높이가 20 cm가 되는 순간 남아 있는 물의 부피의 변화율은?

→ 수면의 높이 $h=200-10t$임을 이용하자.

그림과 같이 물탱크의 물이 빠져 나가기 시작하여 t초 후의 물의 높이를 h cm, 수면의 반지름의 길이를 r cm라 하면

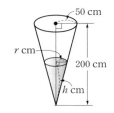

$h : r=200 : 50$에서

$r=\dfrac{1}{4}h$ ...... ㉠

수면의 높이가 매초 10 cm씩 낮아지므로

$h=200-10t$ ...... ㉡

물탱크에 남아 있는 물의 부피를 V cm³라 하면

$V=\dfrac{1}{3}\pi r^2 h=\dfrac{1}{48}\pi h^3$

$\quad=\dfrac{1}{48}\pi(200-10t)^3$ (∵ ㉠, ㉡)

위의 식의 양변을 t에 대하여 미분하면

$\dfrac{dV}{dt}=\dfrac{1}{16}\pi(200-10t)^2\times(-10)$

$\quad=-\dfrac{5}{8}\pi(200-10t)^2$

따라서 수면의 높이가 20 cm일 때의 시각은

$200-10t=20$에서 $t=18$이므로

남아 있는 물의 부피의 변화율은

$-\dfrac{5}{8}\pi\times20^2=-250\pi$ (cm³/s) **답** ②

1273

→ $f(x)=t$라 하면 $(g\circ f)(x)=g(t)=0$임을 이용하자.

두 함수 $f(x)=2x^3-3x^2$, $g(x)=x^2-1$에 대하여 방정식 $(g\circ f)(x)=0$의 서로 다른 실근의 개수를 구하시오.

→ $f(x)=1$ 또는 $f(x)=-1$인 x를 찾자.

$f(x)=t$라 하면

$(g\circ f)(x)=g(f(x))=g(t)$

$\qquad\qquad\quad =t^2-1=(t+1)(t-1)$

$g(t)=0$에서 $t=-1$ 또는 $t=1$

방정식 $(g\circ f)(x)=0$의 서로 다른 실근의 개수는 두 방정식 $f(x)=-1$, $f(x)=1$의 실근의 개수의 합과 같다.

$f(x)=2x^3-3x^2$이므로

$f'(x)=6x^2-6x$

$\qquad =6x(x-1)$

$f'(x)=0$에서 $x=0$ 또는 $x=1$

함수 $y=f(x)$의 증가, 감소를 표로 나타내고 그 그래프를 그리면 다음과 같다.

x	$\cdots$	0	$\cdots$	1	$\cdots$
$f'(x)$	$+$	0	$-$	0	$+$
$f(x)$	↗	0	↘	-1	↗

방정식 $f(x)=-1$은 서로 다른 실근 2개,

방정식 $f(x)=1$은 1개의 실근을 갖는다.

따라서 구하는 실근의 개수는

$2+1=3$

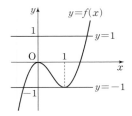

답 3

1274

좌표평면 위에 두 함수의 그래프의 개형을 그리자.

좌표평면에서 두 함수

$f(x)=6x^3-x,\ g(x)=|x-a|$

의 그래프가 서로 다른 두 점에서 만나도록 하는 모든 실수 a의 값의 합을 구하시오. → 한 점에서는 접하고 다른 한 점에서는 만나야 한다.

두 함수 $f(x)=6x^3-x$와 $g(x)=|x-a|$의 그래프가 서로 다른 두 점에서 만나는 경우는 [그림1], [그림2]와 같이 두 가지가 있다.

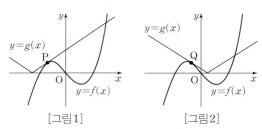

[그림1]　　[그림2]

(i) [그림1]에서 함수 $g(x)=|x-a|$가 $x>a$일 때

$y=x-a$이므로 함수 $f(x)=6x^3-x$의 그래프와 점 P에서 접한다.

따라서 $f'(x)=1$이므로

$18x^2-1=1$

$x^2=\dfrac{1}{9}$ $\quad\therefore x=-\dfrac{1}{3}$ (∵ $x<0$)

접점 P의 좌표는 $\left(-\dfrac{1}{3},\dfrac{1}{9}\right)$이므로

$\dfrac{1}{9}=-\dfrac{1}{3}-a$ $\quad\therefore a=-\dfrac{4}{9}$

(ii) [그림2]에서 함수 $g(x)=|x-a|$가 $x\leq a$일 때

$y=-x+a$이므로 함수 $f(x)=6x^3-x$의 그래프와 점 Q에서 접한다.

따라서 $f'(x)=-1$이므로

$18x^2-1=-1$

$18x^2=0$ $\quad\therefore x=0$

접점 Q의 좌표는 $(0,0)$이므로

$0=0+a$ $\quad\therefore a=0$

(i), (ii)에서 구하는 모든 실수 a의 값의 합은

$\left(-\dfrac{4}{9}\right)+0=-\dfrac{4}{9}$ **답** $-\dfrac{4}{9}$

1275

> $\bullet$ $f(0)=-b$임을 알 수 있다.

사차함수 $f(x)=x^4+ax^3+bx^2-b$ $(b<0)$에 대하여 방정식 $f'(x)=0$이 서로 다른 세 실근 α, β, γ $(\alpha<\beta<\gamma)$를 가질 때, 〈보기〉에서 옳은 것만을 있는 대로 고른 것은?

$f'(x)=x(4x^2+3ax+2b)$에서 (단, a, b는 상수이다.)
$4x^2+3ax+2b=0$은 0이 아닌 서로 다른 두 실근을 가진다.

┤ **보기** ├

ㄱ. $\dfrac{f(\alpha)+f(\gamma)}{2}<-b$ ── $f(\alpha)<f(0)=-b$이고 $f(\gamma)<f(0)=-b$임을 이용하자.

ㄴ. $f(\alpha)f(\gamma)>0$이면 방정식 $f(x)=0$은 서로 다른 네 실근을 갖는다.

ㄷ. $f(\alpha)>0$이고 $f(\gamma)<0$이면 방정식 $f(x)=0$은 서로 다른 두 양의 실근과 서로 다른 두 허근을 갖는다.

$f(x)=x^4+ax^3+bx^2-b$에서
$f'(x)=4x^3+3ax^2+2bx$
$\qquad=x(4x^2+3ax+2b)$

방정식 $f'(x)=0$이 서로 다른 세 실근 α, β, γ를 가지므로
방정식 $4x^2+3ax+2b=0$은 0이 아닌 서로 다른 두 실근을 갖고,

근과 계수의 관계에 의하여 두 근의 곱 $\dfrac{b}{2}<0$ ($\because b<0$)이므로

두 근의 부호가 서로 다르다.

즉, $\alpha<0$, $\beta=0$, $\gamma>0$이고 $f(0)=-b>0$이다.

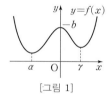 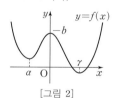

[그림 1]   [그림 2]

ㄱ. $f(\alpha)<f(0)=-b$이고 $f(\gamma)<f(0)=-b$이므로
$\qquad f(\alpha)+f(\gamma)<-2b$
$\qquad\therefore \dfrac{f(\alpha)+f(\gamma)}{2}<-b$ (참)

ㄴ. [그림 1]에서 $f(\alpha)f(\gamma)>0$이지만 방정식 $f(x)=0$은 실근을 갖지 않는다. (거짓)

ㄷ. [그림 2]에서 $f(\alpha)>0$이고 $f(\gamma)<0$이면 방정식 $f(x)=0$은 서로 다른 두 양의 실근과 서로 다른 두 허근을 갖는다. (참)

따라서 옳은 것은 ㄱ, ㄷ이다.   답 ④

1276

> $\bullet$ ($x>0$에서의 $f(x)$의 최솟값)>0임을 이용하자.

$x>0$일 때, 부등식 $2x^{n+2}-n(n-7)>(n+2)x^2$이 성립하도록 하는 자연수 n의 개수를 구하시오.

$\bullet$ $f(x)=2x^{n+2}-(n+2)x^2-n(n-7)$임을 이용하자.

부등식 $2x^{n+2}-n(n-7)>(n+2)x^2$에서
$2x^{n+2}-(n+2)x^2-n(n-7)>0$
$f(x)=2x^{n+2}-(n+2)x^2-n(n-7)$이라 하면
$f'(x)=2(n+2)x^{n+1}-2(n+2)x=2(n+2)x(x^n-1)$
$f'(x)=0$에서 $x=1$ ($\because x>0$)
$x>0$에서 함수 $y=f(x)$의 증가, 감소를 표로 나타내면 다음과 같다.

x	(0)	$\cdots$	1	$\cdots$
$f'(x)$		$-$	0	$+$
$f(x)$		$\searrow$	극소	$\nearrow$

$x>0$에서 함수 $y=f(x)$는 $x=1$에서 최솟값을 가지므로
$f(1)=2-(n+2)-n(n-7)$
$\qquad=-n^2+6n$
$-n^2+6n>0$, $n(n-6)<0$
$\therefore 0<n<6$
따라서 구하는 자연수 n의 개수는 1, 2, 3, 4, 5의 5이다.

답 5

1277

> $\bullet$ $x^4+2ax^2-4ax>4x-a^2$이다.

모든 실수 x에 대하여 함수 $y=x^4+2ax^2-4ax$의 그래프가 직선 $y=4x-a^2$보다 항상 윗부분에 있도록 하는 양의 정수 a의 최솟값을 구하시오.

주어진 구간에서 극값이 하나뿐일 때 극값이 극솟값이면 (극솟값) = (최솟값)임을 이용하자.

모든 실수 x에 대하여 $x^4+2ax^2-4ax>4x-a^2$이므로
$x^4+2ax^2-4(a+1)x+a^2>0$
$f(x)=x^4+2ax^2-4(a+1)x+a^2$이라 하면
$f'(x)=4x^3+4ax-4(a+1)$
$\qquad=4\{x^3+ax-(a+1)\}$
$\qquad=4(x-1)(x^2+x+a+1)$
$x^2+x+a+1=\left(x+\dfrac{1}{2}\right)^2+a+\dfrac{3}{4}>0$ ($\because a>0$)이므로
$f'(x)=0$에서 $x=1$
함수 $y=f(x)$의 증가, 감소를 표로 나타내면 다음과 같다.

x	$\cdots$	1	$\cdots$
$f'(x)$	$-$	0	$+$
$f(x)$	$\searrow$	a^2-2a-3	$\nearrow$

함수 $y=f(x)$는 $x=1$에서 최솟값을 갖고 모든 실수 x에 대하여 $f(x)>0$이려면 최솟값이 0보다 커야 하므로
$f(1)=a^2-2a-3>0$
$(a+1)(a-3)>0$ $\therefore a<-1$ 또는 $a>3$
따라서 양의 정수 a의 최솟값은 4이다.   답 4

1278

원점 O를 동시에 출발하여 수직선 위를 움직이는 두 점 P, Q의 t분 후의 좌표를 각각 x_1, x_2라 하면
$\qquad x_1=2t^3-9t^2$, $x_2=t^2+8t$

> $\bullet$ $v=0$인 시각 t를 찾자.

이다. 선분 PQ의 중점을 M이라 할 때, 두 점 P, Q가 원점을 출발한 후 4분 동안 세 점 P, Q, M이 움직이는 방향을 바꾼 횟수를 각각 a, b, c라 하자. 이때, $a+b+c$의 값을 구하시오.

$\bullet$ t분 후 M의 x좌표는 $\dfrac{x_1+x_2}{2}$임을 이용하자.

t분 후의 선분 PQ의 중점 M의 좌표를 x라 하면
$x=\dfrac{x_1+x_2}{2}=\dfrac{(2t^3-9t^2)+(t^2+8t)}{2}=t^3-4t^2+4t$

t분 후의 세 점 P, Q, M의 속도를 각각 v_P, v_Q, v_M이라 하면

$$v_P = \frac{dx_1}{dt} = 6t^2 - 18t = 6t(t-3)$$

$$v_Q = \frac{dx_2}{dt} = 2t+8 = 2(t+4)$$

$$v_M = \frac{dx}{dt} = 3t^2 - 8t + 4$$

한편, 움직이는 방향을 바꿀 때의 속도는 0이므로

$v_P = 0$에서 $6t(t-3) = 0$ $\therefore t = 3 \ (\because t > 0)$

$v_Q = 0$에서 $2(t+4) = 0$ $\therefore t = -4$

이때, $t > 0$이므로 주어진 조건을 만족하는 t의 값은 존재하지 않는다.

$v_M = 0$에서 $3t^2 - 8t + 4 = 0$

$(3t-2)(t-2) = 0$

$$\therefore t = \frac{2}{3} \ \text{또는} \ t = 2$$

즉, 점 P는 $t = 3$일 때 움직이는 방향을 한 번 바꾸므로 $a = 1$, 점 Q는 움직이는 방향을 바꾸지 않으므로 $b = 0$,

점 M은 $t = \frac{2}{3}$, $t = 2$일 때 움직이는 방향을 두 번 바꾸므로

$c = 2$

$\therefore a + b + c = 1 + 0 + 2 = 3$ 답 3

1279

그림과 같이 아랫면과 윗면의 반지름의 길이가 각각 30 cm, 40 cm이고 높이가 60 cm인 원뿔대 모양의 빈 그릇이 있다. 이 그릇에 수면의 높이가 매초 1 cm씩 증가하도록 물을 넣을 때, 수면의 높이가 12 cm가 되는 순간의 부피의 증가율은? (단, 그릇의 두께는 고려하지 않는다.)

→ 그릇을 연장하여 원뿔을 만들자.

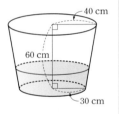

→ t초 후의 수면의 높이는 t cm이다.

→ 원뿔의 부피는 $\frac{1}{3}\pi r^2 h$임을 이용하자.

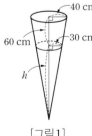 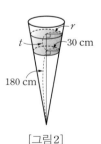

[그림1]   [그림2]

[그림1]과 같이 그릇을 연장하여 원뿔을 만들고, 원뿔의 꼭짓점에서 그릇의 아랫면까지의 높이를 h라 하면

$h : 30 = (h+60) : 40$

$\therefore h = 180 \text{(cm)}$

수면의 높이가 매초 1 cm씩 증가하므로 t초 후의 수면의 높이는 t cm이다.

[그림2]에서 수면의 반지름의 길이를 r라 하면

$180 : 30 = (180+t) : r$

$180r = 5400 + 30t$

$$\therefore r = 30 + \frac{t}{6} \text{(cm)}$$

즉, t초 후의 물의 부피 V는

$$V = \frac{1}{3}\pi \left(30 + \frac{t}{6}\right)^2 (180 + t) - \frac{1}{3}\pi \times 30^2 \times 180$$

이므로

$$\frac{dV}{dt} = \frac{1}{3}\pi \left\{ 2\left(30 + \frac{t}{6}\right) \times \frac{1}{6} \times (180 + t) + \left(30 + \frac{t}{6}\right)^2 \right\}$$

수면의 높이가 12 cm가 되는 순간은 $t = 12$일 때이므로 이때의 부피 V의 증가율은

$$\frac{1}{3}\pi \left\{ 2\left(30 + \frac{12}{6}\right) \times \frac{1}{6} \times (180 + 12) + \left(30 + \frac{12}{6}\right)^2 \right\}$$

$$= \frac{1}{3}\pi (2 \times 32 \times 32 + 32^2)$$

$$= 1024\pi \ (\text{cm}^3/\text{s}) \qquad \text{답 } ④$$

1280

그림과 같이 편평한 바닥에 60°로 기울어진 경사면과 반지름의 길이가 0.5 m인 공이 있다. 이 공의 중심은 경사면과 바닥이 만나는 점에서 바닥에 수직으로 높이가 21 m인 위치에 있다.

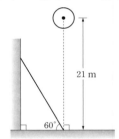

21 m

60°

이 공을 자유낙하시킬 때, t초 후 공의 중심의 높이 $h(t)$는

$$h(t) = 21 - 5t^2 \ (\text{m})$$

충돌하는 순간의 공의 중심의 높이를 구하자.

라고 한다. 공이 경사면과 처음으로 충돌하는 순간, 공의 속도는? (단, 경사면의 두께와 공기의 저항은 무시한다.)

→ t초 후의 속도 $v(t) = h'(t)$임을 이용하자.

공이 빗면과 충돌할 때의 공의 중심과 바닥 사이의 거리를 h_0이라 하면 다음 그림과 같다.

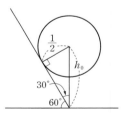

$\frac{1}{2}$

h_0

30°

60°

$h_0 \sin 30° = \frac{1}{2}$ $\therefore h_0 = 1$

구와 빗면이 만나는 시각을 t라 하면

$h(t) = 21 - 5t^2 = 1$

$\therefore t = 2 \ (\because t > 0)$

따라서 t초 후의 공의 중심의 속도를 $v(t)$라 하면

$v(t) = h'(t) = -10t$

이므로 충돌하는 순간의 속도는

$v(2) = -20 \ (\text{m/s})$ 답 ①

1281

그림과 같이 두 삼차함수 $f(x), g(x)$의 도함수 $y=f'(x)$, $y=g'(x)$의 그래프가 만나는 서로 다른 두 점의 x좌표는 $a, b\ (0<a<b)$이다.

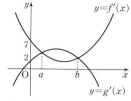

함수 $h(x)$를 — $h'(x)=f'(x)-g'(x)$임을 이용하자.
$h(x)=f(x)-g(x)$라 할 때, 〈보기〉에서 옳은 것만을 있는 대로 고른 것은? (단, $f'(0)=7, g'(0)=2$)

┤ 보기 ├ — $h'(x)$는 $x=a$의 좌우에서 부호가 양수에서 음수로 바뀐다.

ㄱ. 함수 $h(x)$는 $x=a$에서 극댓값을 갖는다.
ㄴ. $h(b)=0$이면 방정식 $h(x)=0$의 서로 다른 실근의 개수는 2이다.
ㄷ. $0<\alpha<\beta<b$인 두 실수 α, β에 대하여 $h(\beta)-h(\alpha)<5(\beta-\alpha)$이다. — 평균값 정리를 이용하자.

함수 $y=h'(x)$의 그래프는 다음과 같다.

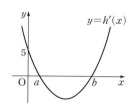

ㄱ. 함수 $h(x)$는 $x=a$에서 극댓값을 갖는다. (참)
ㄴ. $h(b)=0$일 때, 함수 $y=h(x)$의 그래프는 다음과 같다.

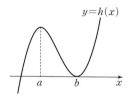

따라서 방정식 $h(x)=0$의 서로 다른 실근의 개수는 2이다. (참)
ㄷ. 함수 $h(x)$는 닫힌구간 $[\alpha, \beta]$에서 연속이고 열린구간 (α, β)에서 미분가능하므로 평균값 정리에 의하여 $\dfrac{h(\beta)-h(\alpha)}{\beta-\alpha}=h'(\gamma)$를 만족시키는 γ가 열린 구간 (α, β)에 존재한다.
열린 구간 $(0, b)$에 있는 모든 실수 x에 대하여 $h'(x)<5$이므로
$\dfrac{h(\beta)-h(\alpha)}{\beta-\alpha}=h'(\gamma)<5$
$h(\beta)-h(\alpha)<5(\beta-\alpha)$ (참)
따라서 옳은 것은 ㄱ, ㄴ, ㄷ이다. 답 ⑤

1282 — $f(x)=ax^3+bx^2+cx+d$라 하면 $f'(x)=3ax^2+2bx+c$이다.

삼차함수 $f(x)$가 다음 조건을 만족시킨다.

(가) $x=-2$에서 극댓값을 갖는다.
(나) $f'(-3)=f'(3)$ — $f'(-2)=0$임을 이용하자.
— $b=0$임을 알 수 있다.

〈보기〉에서 옳은 것만을 있는 대로 고른 것은?

┤ 보기 ├
ㄱ. 도함수 $f'(x)$는 $x=0$에서 최솟값을 갖는다.
ㄴ. 방정식 $f(x)=f(2)$는 서로 다른 두 실근을 갖는다.
ㄷ. 곡선 $y=f(x)$ 위의 점 $(-1, f(-1))$에서의 접선은 점 $(2, f(2))$를 지난다.

$y=f(x)$는 $x=2$에서 극솟값을 가짐을 이용하자.

ㄱ. $f(x)=ax^3+bx^2+cx+d\ (a\neq0)$라고 하면
$f'(x)=3ax^2+2bx+c$이므로 $f'(-3)=f'(3)$에서 $b=0$이고
$x=-2$에서 극댓값을 가지므로 $f'(-2)=12a+c=0$에서
$c=-12a$이다.
따라서
$f'(x)=3ax^2+2bx+c$
$\quad\ =3ax^2-12a\ (a>0)$
이므로 $f'(x)$는 $x=0$에서 최솟값을 갖는다. (참)
ㄴ. $f'(x)=3ax^2-12a$
$\quad\ =3a(x+2)(x-2)$
이고 조건 (가)에 의하여 삼차함수 $f(x)$는 $x=2$에서 극솟값을 갖는다.
따라서 그림과 같이 방정식 $f(x)=f(2)$는 서로 다른 두 실근을 갖는다.

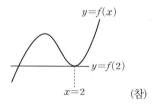

ㄷ. ㄱ, ㄴ에서
$f(x)=ax^3-12ax+d\ (a>0)$
$f'(x)=3ax^2-12a$
이므로 점 $(-1, f(-1))$에서의 접선의 방정식은
$y-(11a+d)=-9a(x+1)\qquad\cdots\cdots\ ㉠$
㉠에 점 $(2, f(2))$ 즉, $(2, -16a+d)$를 대입하면 등식이 성립하므로 점 $(-1, f(-1))$에서의 접선의 방정식은 점 $(2, f(2))$를 지난다. (참)
따라서 옳은 것은 ㄱ, ㄴ, ㄷ이다. 답 ⑤

$P_1(x)=g(x)-4x-26$, $P_2(x)=g(x)+2x^3-14x^2+12x+6$
이라 하면 $P_1(x)=-P_2(x)$임을 이용하자.

1283

최고차항의 계수의 부호가 서로 다른 두 삼차다항식
$f(x)$, $g(x)$가

$$|f(x)|=\begin{cases} g(x)-4x-26 & (x\le a) \\ g(x)+2x^3-14x^2+12x+6 & (x>a) \end{cases}$$

를 만족시킬 때, 방정식 $f(x)+a(x-k)^2=0$이 서로 다른 세
실근을 갖도록 하는 모든 자연수 k의 값의 합을 구하시오.

→ 사잇값의 정리를 이용하자.

(단, a는 상수이다.)

두 다항식 $P_1(x)$, $P_2(x)$를
$P_1(x)=g(x)-4x-26$,
$P_2(x)=g(x)+2x^3-14x^2+12x+6$이라 하면
$P_1(x)=-P_2(x)$ 즉, $P_1(x)+P_2(x)=0$
따라서 $g(x)=-x^3+7x^2-4x+10$,
$$|f(x)|=\begin{cases} -(x^3-7x^2+8x+16) & (x\le a) \\ x^3-7x^2+8x+16 & (x>a) \end{cases}$$
$g(x)$의 최고차항의 계수가 음수이므로
$f(x)=x^3-7x^2+8x+16=(x+1)(x-4)^2$이고 $a=-1$이다.
함수 $h(x)=f(x)-(x-k)^2$이라 하면
함수 $h(x)$의 극값이 존재해야 하므로
방정식 $h'(x)=3x^2-16x+(8+2k)=0$에서 판별식을 D라 하면
$$\frac{D}{4}=64-3(8+2k)>0$$
$k<\dfrac{20}{3}$이므로 k는 6 이하의 자연수이다.

(i) $k=1, 2, 3, 5$일 때
  $h(-1)=-(k+1)^2<0$
  $h(1)=18-(1-k)^2>0$
  $h(4)=-(4-k)^2<0$
  $h(6)=28-(6-k)^2>0$
  사잇값의 정리에 의하여 삼차방정식 $h(x)=0$의 실근이 열린구간
  $(-1, 1)$, $(1, 4)$, $(4, 6)$에 각각 하나씩 존재한다.

(ii) $k=4$일 때,
  $h(x)=(x+1)(x-4)^2-(x-4)^2=x(x-4)^2$이므로 함수 $h(x)$
  의 그래프가 x축과 서로 다른 두 점에서 만난다.

(iii) $k=6$일 때,
  극댓값 $h(2)=-4<0$이므로 함수 $h(x)$의 그래프가 x축과 한 점
  에서 만난다.

(i), (ii), (iii)에 의하여 함수 $h(x)$의 그래프가 x축과 서로 다른 세 점에
서 만나도록 하는 자연수 k의 값은 1, 2, 3, 5이다.
따라서 구하는 모든 자연수 k의 값의 합은 11이다. **답 11**

1284

그림과 같이 케이블 l, m, n은 모두 벽면과 수직이고, 케이블 사
이의 거리가 각각 2, 1이다. l 위의 광원 A에서 m 위의 물체 B
에 빛을 비추면 n 위에 그림자 C가 나타난다. 광원 A와 물체 B
의 시각 t ($t\le 8$)에서 벽으로부터의 거리를 각각 $x=4-\dfrac{1}{2}t$,
$y=t^2-\dfrac{11}{2}t+10$이라 할 때, 옳은 것만을 〈보기〉에서 있는 대로
고른 것은? (단, 광원, 물체, 그림자의 크기는 무시한다.)

물체의 속도
$\dfrac{dy}{dt}=2t-\dfrac{11}{2}$이다.

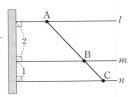

광원의 속도
$\dfrac{dx}{dt}=-\dfrac{1}{2}$이다.

┤ 보기 ├
ㄱ. $t=\dfrac{5}{2}$에서 광원과 물체의 속도가 같아진다.

ㄴ. A와 C 사이의 거리가 3인 순간은 두 번이다.

ㄷ. $2<t<3$에서 그림자 C의 가속도는 1이다.

→ 삼각형의 닮음을 이용하여 벽으로부터 C까지 거리를 구하자.

ㄱ. 광원 A와 물체 B의 시각 t ($t\le 8$)에서 벽으로부터의 거리가 각각
  $x=4-\dfrac{1}{2}t$, $y=t^2-\dfrac{11}{2}t+10$이므로 그때의 속도는 각각
  $$\frac{dx}{dt}=-\frac{1}{2}, \quad \frac{dy}{dt}=2t-\frac{11}{2}$$
  이때, $t=\dfrac{5}{2}$에서 광원의 속도는 $-\dfrac{1}{2}$,
  물체의 속도는 $2\cdot\dfrac{5}{2}-\dfrac{11}{2}=-\dfrac{1}{2}$
  이므로 $t=\dfrac{5}{2}$에서 광원과 물체의 속도는 $-\dfrac{1}{2}$로 같다. (참)

ㄴ. $\overline{AC}=\overline{AB}+\overline{BC}$에서 A와 C 사이의 거리가 3인 경우는
  A, B, C가 모두 벽으로부터 같은 거리에 있을 때이다.
  즉, $4-\dfrac{1}{2}t=t^2-\dfrac{11}{2}t+10$에서
  $t^2-5t+6=0$, $(t-2)(t-3)=0$
  ∴ $t=2$ 또는 $t=3$
  따라서 A와 C 사이의 거리가 3인 순간은 두 번이다. (참)

ㄷ. $f(t)=t^2-\dfrac{11}{2}t+10-\left(4-\dfrac{1}{2}t\right)$
  $\quad=t^2-5t+6$
  $\quad=(t-2)(t-3)$
  으로 놓으면 $2<t<3$일 때, $f(t)<0$이므로
  $$t^2-\frac{11}{2}t+10<4-\frac{1}{2}t$$
  그림과 같이 광원 A에서 직선 m, n에 내린 수선의 발을 각각
  M, N, 벽으로부터 그림자 C까지의 거리를 $g(t)$라 하면

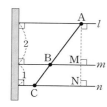

$$\overline{BM}=\left(4-\frac{1}{2}t\right)-\left(t^2-\frac{11}{2}t+10\right)$$
$$=-t^2+5t-6$$
$$\overline{CN}=\left(4-\frac{1}{2}t\right)-g(t)$$
$$=-g(t)+4-\frac{1}{2}t$$

이때, $\triangle ABM \backsim \triangle ACN$이므로

$$\overline{BM}:\overline{CN}=\overline{AM}:\overline{AN}=2:(2+1)에서$$

$$(-t^2+5t-6):\left\{-g(t)+4-\frac{1}{2}t\right\}=2:3$$

$$3t^2-15t+18=2g(t)-8+t$$

$$\therefore g(t)=\frac{3}{2}t^2-8t+13$$

즉, 그림자 C의 속도 $v(t)=g'(t)=3t-8$이므로
가속도 $a(t)=v'(t)=3$이다. (거짓)

따라서 옳은 것은 ㄱ, ㄴ이다.　　　　답 ③

1285

$f(x)=(2x+C)'=2$　　　　답 $f(x)=2$

1286

$f(x)=(x^2+C)'=2x$　　　　답 $f(x)=2x$

1287

$f(x)=(3x^2-5x+C)'=6x-5$　　　　답 $f(x)=6x-5$

1288

$f(x)=(x^3+4x+C)'=3x^2+4$　　　　답 $f(x)=3x^2+4$

1289

$f(x)=(-x^3+2x^2+C)'=-3x^2+4x$

답 $f(x)=-3x^2+4x$

1290

ㄱ. $F'(x)=(x^4)'=4x^3$

ㄴ. $F'(x)=(x^4-2x)'=4x^3-2$

ㄷ. $F'(x)=(x^4-5)'=4x^3$

ㄹ. $F'(x)=\left(x^4+\frac{3}{2}\right)'=4x^3$

따라서 함수 $f(x)=4x^3$의 부정적분 중 하나가 될 수 없는 것은 ㄴ뿐이다.

답 ㄴ

1291

$f'(x)=(x^2+2x+1)'$
$\quad=2x+2$　　　　답 $2x+2$

1292

$$\int f'(x)dx=\int (2x+2)dx$$
$$=\int 2x\,dx+\int 2\,dx$$
$$=2\int x\,dx+2\int dx$$
$$=2\times \frac{1}{2}x^2+2\times x+C$$
$$=x^2+2x+C$$

답 x^2+2x+C

1293

$$\frac{d}{dx}\int x^4\,dx=x^4$$　　　　답 x^4

1294

$$\int \left(\frac{d}{dx}x^4\right)dx=x^4+C$$　　　　답 x^4+C

1295

$$\frac{d}{dx}\int (x^2+2x)\,dx=x^2+2x$$　　　　답 x^2+2x

1296

$$\int\left\{\frac{d}{dx}(x^2+2x)\right\}dx=x^2+2x+C$$

답 x^2+2x+C

1297

$$\int 1\,dx=x+C$$

답 $x+C$

1298

$$\int 3\,dx=3\int dx=3x+C$$

답 $3x+C$

1299

$$\int x\,dx=\frac{1}{2}x^2+C$$

답 $\frac{1}{2}x^2+C$

1300

$$\int x^2\,dx=\frac{1}{3}x^3+C$$

답 $\frac{1}{3}x^3+C$

1301

$$\int x^5\,dx=\frac{1}{6}x^6+C$$

답 $\frac{1}{6}x^6+C$

1302

$$\int x^{99}\,dx=\frac{1}{100}x^{100}+C$$

답 $\frac{1}{100}x^{100}+C$

1303

$$\int t^{10}\,dt=\frac{1}{11}t^{11}+C$$

답 $\frac{1}{11}t^{11}+C$

1304

$$\int x^n\,dx=\frac{1}{n+1}x^{n+1}+C$$

답 $\frac{1}{n+1}x^{n+1}+C$

1305

$$\int 2x\,dx=2\int x\,dx$$
$$=2\times\frac{1}{2}x^2+C$$
$$=x^2+C$$

답 x^2+C

1306

$$\int 3x^2\,dx=3\int x^2\,dx$$
$$=3\times\frac{1}{3}x^3+C$$
$$=x^3+C$$

답 x^3+C

1307

$$\int 8x^3\,dx=8\int x^3\,dx$$
$$=8\times\frac{1}{4}x^4+C$$
$$=2x^4+C$$

답 $2x^4+C$

1308

$$\int(2x+3)\,dx=\int 2x\,dx+\int 3\,dx$$
$$=2\int x\,dx+3\int dx$$
$$=2\times\frac{1}{2}x^2+3\times x+C$$
$$=x^2+3x+C$$

답 x^2+3x+C

1309

$$\int(3x^2+6x-5)\,dx=\int 3x^2\,dx+\int 6x\,dx-\int 5\,dx$$
$$=3\int x^2\,dx+6\int x\,dx-5\int dx$$
$$=3\times\frac{1}{3}x^3+6\times\frac{1}{2}x^2-5\times x+C$$
$$=x^3+3x^2-5x+C$$

답 x^3+3x^2-5x+C

1310

$$\int(2x^3+x-1)\,dx=\int 2x^3\,dx+\int x\,dx-\int dx$$
$$=2\int x^3\,dx+\int x\,dx-\int dx$$
$$=2\times\frac{1}{4}x^4+\frac{1}{2}x^2-x+C$$
$$=\frac{1}{2}x^4+\frac{1}{2}x^2-x+C$$

답 $\frac{1}{2}x^4+\frac{1}{2}x^2-x+C$

1311

$$\int(4y-2)\,dy=\int 4y\,dy-\int 2\,dy=4\int y\,dy-2\int dy$$
$$=4\times\frac{1}{2}y^2-2\times y+C$$
$$=2y^2-2y+C$$

답 $2y^2-2y+C$

1312

$$\int(3t^2-2t+4)\,dt=\int 3t^2\,dt-\int 2t\,dt+\int 4\,dt$$
$$=3\int t^2\,dt-2\int t\,dt+4\int dt$$
$$=3\times\frac{1}{3}t^3-2\times\frac{1}{2}t^2+4\times t+C$$
$$=t^3-t^2+4t+C$$

답 t^3-t^2+4t+C

1313

$$\int x(x-2)\,dx=\int(x^2-2x)\,dx=\int x^2\,dx-\int 2x\,dx$$
$$=\int x^2\,dx-2\int x\,dx$$
$$=\frac{1}{3}x^3-2\times\frac{1}{2}x^2+C$$
$$=\frac{1}{3}x^3-x^2+C$$

답 $\frac{1}{3}x^3-x^2+C$

1314

$$\int (x-1)(x+2)\,dx = \int (x^2+x-2)\,dx$$
$$= \int x^2\,dx + \int x\,dx - \int 2\,dx$$
$$= \int x^2\,dx + \int x\,dx - 2\int dx$$
$$= \frac{1}{3}x^3 + \frac{1}{2}x^2 - 2x + C$$

답 $\frac{1}{3}x^3 + \frac{1}{2}x^2 - 2x + C$

1315

$$\int (x-1)(3x+2)\,dx = \int (3x^2-x-2)\,dx$$
$$= \int 3x^2\,dx - \int x\,dx - \int 2\,dx$$
$$= 3\int x^2\,dx - \int x\,dx - 2\int dx$$
$$= 3\times \frac{1}{3}x^3 - \frac{1}{2}x^2 - 2\times x + C$$
$$= x^3 - \frac{1}{2}x^2 - 2x + C$$

답 $x^3 - \frac{1}{2}x^2 - 2x + C$

1316

$$\int (x+1)^2\,dx = \int (x^2+2x+1)\,dx$$
$$= \int x^2\,dx + \int 2x\,dx + \int dx$$
$$= \int x^2\,dx + 2\int x\,dx + \int dx$$
$$= \frac{1}{3}x^3 + 2\times \frac{1}{2}x^2 + x + C$$
$$= \frac{1}{3}x^3 + x^2 + x + C$$

답 $\frac{1}{3}x^3 + x^2 + x + C$

1317

$$\int (2x-1)^2\,dx = \int (4x^2-4x+1)\,dx$$
$$= \int 4x^2\,dx - \int 4x\,dx + \int dx$$
$$= 4\int x^2\,dx - 4\int x\,dx + \int dx$$
$$= 4\times \frac{1}{3}x^3 - 4\times \frac{1}{2}x^2 + x + C$$
$$= \frac{4}{3}x^3 - 2x^2 + x + C$$

답 $\frac{4}{3}x^3 - 2x^2 + x + C$

1318

$$\int x(x-1)(x-2)\,dx = \int (x^3-3x^2+2x)\,dx$$
$$= \int x^3\,dx - \int 3x^2\,dx + \int 2x\,dx$$
$$= \int x^3\,dx - 3\int x^2\,dx + 2\int x\,dx$$

$$= \frac{1}{4}x^4 - 3\times \frac{1}{3}x^3 + 2\times \frac{1}{2}x^2 + C$$
$$= \frac{1}{4}x^4 - x^3 + x^2 + C$$

답 $\frac{1}{4}x^4 - x^3 + x^2 + C$

1319

$$\int (x+1)(x^2-x+1)\,dx = \int (x^3+1)\,dx$$
$$= \int x^3\,dx + \int dx$$
$$= \frac{1}{4}x^4 + x + C$$

답 $\frac{1}{4}x^4 + x + C$

1320

$$\int (y+1)^3\,dy = \int (y^3+3y^2+3y+1)\,dy$$
$$= \int y^3\,dy + \int 3y^2\,dy + \int 3y\,dy + \int dy$$
$$= \int y^3\,dy + 3\int y^2\,dy + 3\int y\,dy + \int dy$$
$$= \frac{1}{4}y^4 + 3\times \frac{1}{3}y^3 + 3\times \frac{1}{2}y^2 + y + C$$
$$= \frac{1}{4}y^4 + y^3 + \frac{3}{2}y^2 + y + C$$

답 $\frac{1}{4}y^4 + y^3 + \frac{3}{2}y^2 + y + C$

1321

$$\int (3x-1)\,dx + \int (5x-3)\,dx$$
$$= \int (8x-4)\,dx$$
$$= \int 8x\,dx - \int 4\,dx$$
$$= 8\int x\,dx - 4\int dx$$
$$= 8\times \frac{1}{2}x^2 - 4\times x + C$$
$$= 4x^2 - 4x + C$$

답 $4x^2 - 4x + C$

1322

$$\int (3x^2+2)\,dx + \int (2x-1)\,dx$$
$$= \int (3x^2+2x+1)\,dx$$
$$= \int 3x^2\,dx + \int 2x\,dx + \int dx$$
$$= 3\int x^2\,dx + 2\int x\,dx + \int dx$$
$$= 3\times \frac{1}{3}x^3 + 2\times \frac{1}{2}x^2 + x + C$$
$$= x^3 + x^2 + x + C$$

답 $x^3 + x^2 + x + C$

1323

$$\int (4x^2-x+2)dx - \int (x^2-7x-1)dx$$

$$= \int (3x^2+6x+3)dx$$

$$= \int 3x^2\,dx + \int 6x\,dx + \int 3\,dx$$

$$= 3\int x^2\,dx + 6\int x\,dx + 3\int dx$$

$$= 3\times\frac{1}{3}x^3 + 6\times\frac{1}{2}x^2 + 3\times x + C$$

$$= x^3+3x^2+3x+C$$

답 x^3+3x^2+3x+C

1324

$$\int (x^3-x+4)dx + \int (3x^3+3x^2-x-1)dx$$

$$= \int (4x^3+3x^2-2x+3)dx$$

$$= \int 4x^3\,dx + \int 3x^2\,dx - \int 2x\,dx + \int 3\,dx$$

$$= 4\int x^3\,dx + 3\int x^2\,dx - 2\int x\,dx + 3\int dx$$

$$= 4\times\frac{1}{4}x^4 + 3\times\frac{1}{3}x^3 - 2\times\frac{1}{2}x^2 + 3\times x + C$$

$$= x^4+x^3-x^2+3x+C$$

답 $x^4+x^3-x^2+3x+C$

1325

$$\int (x+1)^2\,dx + \int (x-1)^2\,dx$$

$$= \int (x^2+2x+1)dx + \int (x^2-2x+1)dx$$

$$= \int (2x^2+2)dx$$

$$= \int 2x^2\,dx + \int 2\,dx$$

$$= 2\int x^2\,dx + 2\int dx$$

$$= 2\times\frac{1}{3}x^3 + 2\times x + C$$

$$= \frac{2}{3}x^3+2x+C$$

답 $\frac{2}{3}x^3+2x+C$

1326

$$\int (2x+3)^2\,dx - \int (2x-3)^2\,dx$$

$$= \int (4x^2+12x+9)dx - \int (4x^2-12x+9)dx$$

$$= \int 24x\,dx = 24\int x\,dx$$

$$= 24\times\frac{1}{2}x^2 + C$$

$$= 12x^2+C$$

답 $12x^2+C$

1327

$$\int (x+1)^3\,dx - \int (x-1)^3\,dx$$

$$= \int (x^3+3x^2+3x+1)dx - \int (x^3-3x^2+3x-1)dx$$

$$= \int (6x^2+2)dx$$

$$= \int 6x^2\,dx + \int 2\,dx$$

$$= 6\int x^2\,dx + 2\int dx$$

$$= 6\times\frac{1}{3}x^3 + 2\times x + C$$

$$= 2x^3+2x+C$$

답 $2x^3+2x+C$

1328

$$\int \frac{x^2-9}{x+3}\,dx = \int \frac{(x-3)(x+3)}{x+3}\,dx$$

$$= \int (x-3)\,dx$$

$$= \int x\,dx - \int 3\,dx$$

$$= \int x\,dx - 3\int dx$$

$$= \frac{1}{2}x^2 - 3x + C$$

답 $\frac{1}{2}x^2-3x+C$

1329

$$\int \frac{x^3+8}{x+2}\,dx = \int \frac{(x+2)(x^2-2x+4)}{x+2}\,dx$$

$$= \int (x^2-2x+4)\,dx$$

$$= \int x^2\,dx - \int 2x\,dx + \int 4\,dx$$

$$= \int x^2\,dx - 2\int x\,dx + 4\int dx$$

$$= \frac{1}{3}x^3 - 2\times\frac{1}{2}x^2 + 4\times x + C$$

$$= \frac{1}{3}x^3 - x^2 + 4x + C$$

답 $\frac{1}{3}x^3-x^2+4x+C$

1330

$$\int \frac{x^2}{x+1}\,dx - \int \frac{1}{x+1}\,dx = \int \frac{x^2-1}{x+1}\,dx = \int \frac{(x+1)(x-1)}{x+1}\,dx$$

$$= \int (x-1)\,dx$$

$$= \int x\,dx - \int dx$$

$$= \frac{1}{2}x^2 - x + C$$

답 $\frac{1}{2}x^2-x+C$

1331

$f'(x)=4x^3-3x^2+6x-2$에서

$$f(x) = \int (4x^3-3x^2+6x-2)dx$$

$$= x^4-x^3+3x^2-2x+C$$

$f(1)=2$이므로
$f(1)=1-1+3-2+C=\boxed{1}+C=2$
$\therefore C=\boxed{1}$
$\therefore f(x)=\boxed{x^4-x^3+3x^2-2x+1}$

답 1, 1, $x^4-x^3+3x^2-2x+1$

1332

$f'(x)=4x-5$에서
$$f(x)=\int(4x-5)dx$$
$$=\int 4x\,dx-\int 5\,dx$$
$$=4\int x\,dx-5\int dx$$
$$=4\times\frac{1}{2}x^2-5\times x+C$$
$$=2x^2-5x+C$$
$f(0)=1$이므로
$f(0)=C=1$
$\therefore f(x)=2x^2-5x+1$

답 $f(x)=2x^2-5x+1$

1333

$f'(x)=3x^2-6x+1$에서
$$f(x)=\int(3x^2-6x+1)dx$$
$$=\int 3x^2\,dx-\int 6x\,dx+\int dx$$
$$=3\int x^2\,dx-6\int x\,dx+\int dx$$
$$=3\times\frac{1}{3}x^3-6\times\frac{1}{2}x^2+x+C$$
$$=x^3-3x^2+x+C$$
$f(0)=-2$이므로
$f(0)=C=-2$
$\therefore f(x)=x^3-3x^2+x-2$

답 $f(x)=x^3-3x^2+x-2$

1334

$f'(x)=4x^3-6x^2+8x-5$에서
$$f(x)=\int(4x^3-6x^2+8x-5)dx$$
$$=\int 4x^3\,dx-\int 6x^2\,dx+\int 8x\,dx-\int 5\,dx$$
$$=4\int x^3\,dx-6\int x^2\,dx+8\int x\,dx-5\int dx$$
$$=4\times\frac{1}{4}x^4-6\times\frac{1}{3}x^3+8\times\frac{1}{2}x^2-5\times x+C$$
$$=x^4-2x^3+4x^2-5x+C$$
$f(1)=3$이므로
$f(1)=1-2+4-5+C$
$=-2+C=3$
$\therefore C=5$
$\therefore f(x)=x^4-2x^3+4x^2-5x+5$

답 $f(x)=x^4-2x^3+4x^2-5x+5$

1335

> 다항식 x^3+2x^2+3이 함수 $f(x)$의 부정적분 중 하나일 때, 함수 $f(x)$는? 함수 $f(x)$는 다항식 x^3+2x^2+3의 도함수임을 이용하자.

$F(x)=x^3+2x^2+3$으로 놓으면
$f(x)=F'(x)=3x^2+4x$

답 ③

1336

> 함수 $y=f(x)$의 부정적분 중 하나가 $y=3x^2+x+2$일 때, $f(2)$의 값은? 함수 $y=f(x)$는 함수 $y=3x^2+x+2$의 도함수임을 이용하자.

$F(x)=3x^2+x+2$라 하면
$f(x)=F'(x)=6x+1$
$\therefore f(2)=12+1=13$

답 ②

1337

$f(x)=F'(x)$임을 이용하자.

> 함수 $F(x)=x^3+ax^2+6x$가 함수 $y=f(x)$의 부정적분 중 하나이고 $f(0)=b$, $f'(0)=6$일 때, 두 상수 a, b에 대하여 ab의 값은?
> $x=0$, $f(0)=b$를 대입하자.

$f(x)=F'(x)=3x^2+2ax+6$이므로
$f(0)=6$ $\therefore b=6$
또 $f'(x)=6x+2a$이므로
$f'(0)=2a=6$
$\therefore a=3$
$\therefore ab=3\times 6=18$

답 ③

1338

$F'(x)=G'(x)=f(x)$임을 이용하자.

> 두 함수 $y=F(x)$, $y=G(x)$는 각각 함수 $y=f(x)$의 부정적분 중 하나이고 $F(0)=1$, $G(0)=3$일 때, $F(1)-G(1)$의 값은?
> $F(x)-G(x)$의 값은 항상 일정함을 이용하자.

$F'(x)=f(x)$, $G'(x)=f(x)$이므로
$F'(x)-G'(x)=0$

$\therefore F(x)-G(x)=\int\{F'(x)-G'(x)\}dx=C$

한편, $F(0)-G(0)=1-3=C$이므로 $C=-2$
$\therefore F(1)-G(1)=C=-2$

답 ②

1339

양변을 x에 대하여 미분하자.

$\int f(x)\,dx = \dfrac{2}{3}x^3 + x^2 + 3$을 만족시키는 함수 $y = f(x)$가 $f(x) = ax^2 + bx + c$일 때, $a + b + c$의 값은?

(단, a, b, c는 상수이다.)

함수 $f(x)$는 다항식 $\dfrac{2}{3}x^3 + x^2 + 3$의 도함수임을 이용하자.

$\int f(x)\,dx = \dfrac{2}{3}x^3 + x^2 + 3$에서

양변을 x에 대하여 미분하면

$$\frac{d}{dx}\left\{\int f(x)\,dx\right\} = \frac{d}{dx}\left(\frac{2}{3}x^3 + x^2 + 3\right)$$

$f(x) = 2x^2 + 2x = ax^2 + bx + c$이므로

$a = 2$, $b = 2$, $c = 0$

$\therefore a + b + c = 4$ 답 ④

1340

양변을 x에 대하여 미분하자.

등식 $\int f(x)\,dx = x^3 + x^2 - 2x + C$를 만족시키는 함수 $f(x)$에 대하여 $f(2)$의 값을 구하시오. (단, C는 적분상수이다.)

함수 $f(x)$는 함수 $y = x^3 + x^2 - 2x + C$의 도함수임을 이용하자.

$\int f(x)\,dx = x^3 + x^2 - 2x + C$의 양변을 x에 대하여 미분하면

$f(x) = 3x^2 + 2x - 2$

$\therefore f(2) = 12 + 4 - 2 = 14$ 답 14

1341

등식 $\int (12x^2 + ax - 5)\,dx = bx^3 + 3x^2 - cx + 2$를 만족시키는 세 상수 a, b, c에 대하여 $a + b + c$의 값은?

양변을 x에 대하여 미분하자.

$\int (12x^2 + ax - 5)\,dx = bx^3 + 3x^2 - cx + 2$의 양변을 x에 대하여

미분하면

$$\frac{d}{dx}\int (12x^2 + ax - 5)\,dx = \frac{d}{dx}(bx^3 + 3x^2 - cx + 2)$$

$12x^2 + ax - 5 = 3bx^2 + 6x - c$

즉, $12 = 3b$, $a = 6$, $-5 = -c$

$\therefore a = 6$, $b = 4$, $c = 5$

$\therefore a + b + c = 15$ 답 ⑤

1342

실수 전체의 집합에서 연속인 함수 $y = f(x)$에 대하여 $\int (x-3)f(x)\,dx = x^3 - 27x$일 때, $f(3)$의 값을 구하시오.

함수 $(x-3)f(x)$는 함수 $y = x^3 - 27x$의 도함수이다.

$\int (x-3)f(x)\,dx = x^3 - 27x$에서

양변을 x에 대하여 미분하면

$$\frac{d}{dx}\left\{\int (x-3)f(x)\,dx\right\} = \frac{d}{dx}(x^3 - 27x)$$

$(x-3)f(x) = 3x^2 - 27$

$\qquad\qquad\quad = 3(x+3)(x-3)$

따라서 $f(x) = 3(x+3)$이므로

$f(3) = 3 \times 6 = 18$ 답 18

1343

$f(1) = 3$, $f'(1) = 2$인 미분가능한 함수 $y = f(x)$에 대하여

$$\int g(x)\,dx = x^3 f(x) + C$$

가 성립할 때, $g(1)$의 값은? (단, C는 적분상수이다.)

함수 $g(x)$는 함수 $x^3 f(x) + C$의 도함수임을 이용하자.

$\int g(x)\,dx = x^3 f(x) + C$의 양변을 x에 대하여 미분하면

$$\frac{d}{dx}\left\{\int g(x)\,dx\right\} = \frac{d}{dx}\{x^3 f(x) + C\}$$

$g(x) = 3x^2 f(x) + x^3 f'(x)$

$\therefore g(1) = 3f(1) + f'(1)$

$\qquad\quad = 9 + 2 = 11$ 답 ①

1344

$\dfrac{d}{dx}\int f(x)\,dx = f(x)$임을 이용하자.

모든 실수 x에 대하여

$$\frac{d}{dx}\int (ax^2 + x + 4)\,dx = 2x^2 + bx + c$$

를 만족시키는 세 상수 a, b, c에 대하여 $a + b + c$의 값은?

계수비교법을 이용하자.

$\dfrac{d}{dx}\int (ax^2 + x + 4)\,dx = ax^2 + x + 4$이므로

$ax^2 + x + 4 = 2x^2 + bx + c$

위의 식이 모든 실수 x에 대하여 성립하므로

$a = 2$, $b = 1$, $c = 4$

$\therefore a + b + c = 7$ 답 ④

1345

함수 $f(x) = \log_2(x^2 + 2x + a)$에 대하여

$$g(x) = \frac{d}{dx}\int f(x)\,dx$$

일 때, $g(2) = 4$를 만족시키는 상수 a의 값은?

$\dfrac{d}{dx}\int f(x)\,dx = f(x)$임을 이용하자.

$\dfrac{d}{dx}\int f(x)\,dx = f(x)$이므로 $g(x) = f(x)$

$g(2) = 4$이므로 $f(2) = 4$

$\log_2(2^2+2\times2+a)=4$

$\log_2(8+a)=4$

$8+a=2^4$

$\therefore a=8$ 답 ④

1346 $\dfrac{d}{dx}\displaystyle\int f(x)\,dx=f(x)$임을 이용하자.

함수 $f(x)=\dfrac{d}{dx}\displaystyle\int(x^2-2x+k)\,dx$의 최솟값이 -5일 때,

상수 k의 값을 구하시오.   이차함수의 최솟값을 구하자.

$f(x)=\dfrac{d}{dx}\displaystyle\int(x^2-2x+k)\,dx$

$\quad=x^2-2x+k$

$\quad=(x-1)^2+k-1$

즉, $y=f(x)$는 $x=1$일 때 최솟값 $k-1$을 가지므로

$k-1=-5$

$\therefore k=-4$ 답 -4

1347

함수 $f(x)=\displaystyle\int\left\{\dfrac{d}{dx}(3x^2+2x)\right\}dx$에 대하여 $f(1)=6$일 때,

$f(-1)$의 값을 구하시오.

$\displaystyle\int\left\{\dfrac{d}{dx}f(x)\right\}dx=f(x)+C$임을 이용하자.

$f(x)=\displaystyle\int\left\{\dfrac{d}{dx}(3x^2+2x)\right\}dx$

$\quad=3x^2+2x+C$

$f(1)=6$이므로 $3+2+C=6$

$\therefore C=1$

따라서 $f(x)=3x^2+2x+1$이므로

$f(-1)=3\times(-1)^2+2\times(-1)+1=2$ 답 2

1348 $\displaystyle\int\left\{\dfrac{d}{dx}f(x)\right\}dx=f(x)+C$임을 이용하자.

함수 $f(x)=\displaystyle\int\left\{\dfrac{d}{dx}(x^2-6x)\right\}dx$에 대하여 $f(x)$의 최솟값이

8일 때, $f(1)$의 값을 구하시오.   이차함수의 최솟값을 구하자.

$f(x)=x^2-6x+C$ (단, C는 적분상수)

$f(x)$의 최솟값은 $f(3)=-9+C=8$

$C=17$

$f(x)=x^2-6x+17$

$\therefore f(1)=12$ 답 12

1349 $\displaystyle\int\left\{\dfrac{d}{dx}f(x)\right\}dx=f(x)+C$임을 이용하자.

함수 $f(x)=10x^{10}+9x^9+\cdots+2x^2+x$에 대하여

$F(x)=\displaystyle\int\left[\dfrac{d}{dx}\int\left\{\dfrac{d}{dx}f(x)\right\}dx\right]dx$

이다. $F(0)=2$일 때, $F(1)$의 값을 구하시오.

$F(x)=f(x)+C$임을 이용하자.

$\displaystyle\int\left\{\dfrac{d}{dx}f(x)\right\}dx=f(x)+C$이므로

$F(x)=\displaystyle\int\left[\dfrac{d}{dx}\int\left\{\dfrac{d}{dx}f(x)\right\}dx\right]dx$

$\quad=\displaystyle\int\left[\dfrac{d}{dx}\{f(x)+C_1\}\right]dx$

$\quad=\{f(x)+C_1\}+C_2$

$\quad=f(x)+C$ (단, $C=C_1+C_2$)

$\therefore F(x)=10x^{10}+9x^9+\cdots+2x^2+x+C$

$F(0)=2$이므로 $C=2$

따라서 $F(x)=10x^{10}+9x^9+\cdots+2x^2+x+2$이므로

$F(1)=10+9+\cdots+2+1+2$

$\quad=\dfrac{10\times11}{2}+2=57$ 답 57

1350 $\displaystyle\int\left\{\dfrac{d}{dx}f(x)\right\}dx=f(x)+C$임을 이용하자.

함수 $f(x)=2^{x+3}$에 대하여

$G(x)=\displaystyle\int\left[\dfrac{d}{dx}\{f(x)+2\}\right]dx$

이고 $G(1)=20$일 때, $G(-1)$의 값은? $x=1$을 대입하자.

$G(x)=\displaystyle\int\left[\dfrac{d}{dx}\{f(x)+2\}\right]dx$

$\quad=\displaystyle\int f'(x)\,dx$

$\quad=f(x)+C$

$\quad=2^{x+3}+C$

$G(1)=20$이므로 $2^4+C=20$

$\therefore C=4$

따라서 $G(x)=2^{x+3}+4$이므로

$G(-1)=2^2+4=8$ 답 ④

1351 $\displaystyle\int\left\{\dfrac{d}{dx}f(x)\right\}dx=f(x)+C$임을 이용하자.

다항함수 $f(x)$가

$\dfrac{d}{dx}\displaystyle\int\{f(x)-x^2+4\}dx=\displaystyle\int\dfrac{d}{dx}\{2f(x)-3x+1\}dx$

를 만족시킨다. $f(1)=3$일 때, $f(0)$의 값은?

$x=1$을 대입하여 적분상수를 구하자.

$\dfrac{d}{dx}\displaystyle\int\{f(x)-x^2+4\}dx=f(x)-x^2+4$

$\int \dfrac{d}{dx}\{2f(x)-3x+1\}dx=2f(x)-3x+C$ (단, C는 적분상수)

$f(x)-x^2+4=2f(x)-3x+C$에서

$f(x)=-x^2+3x+4-C$

$f(1)=-1+3+4-C=3$에서 $C=3$이므로

$f(x)=-x^2+3x+1$

따라서 $f(0)=1$ 답 ④

1352

$\dfrac{d}{dx}\displaystyle\int f(x)dx=f(x)$임을 이용하자.

다음 조건을 만족하는 두 다항함수 $f(x)$, $g(x)$에 대하여 $f(2)-g(2)$의 값을 구하시오.

(가) $\dfrac{d}{dx}\displaystyle\int f(x)dx=\int\left\{\dfrac{d}{dx}g(x)\right\}dx$

(나) $f(1)=12$, $g(1)=5$

$\displaystyle\int\left\{\dfrac{d}{dx}f(x)\right\}dx=f(x)+C$임을 이용하자.

$\dfrac{d}{dx}\displaystyle\int f(x)dx=\dfrac{d}{dx}\{F(x)+C_1\}$ (단, C_1은 적분상수)

$=F'(x)=f(x)$

또 $\displaystyle\int\left\{\dfrac{d}{dx}g(x)\right\}dx=\int g'(x)dx=g(x)+C_2$ (단, C_2는 적분상수)

조건 (가)에서

$f(x)=g(x)+C_2$, $f(x)-g(x)=C_2$

즉 함수 $f(x)-g(x)$는 상수함수이다.

따라서 조건 (나)에서

$f(1)-g(1)=7$이므로

$f(2)-g(2)=7$ 답 7

1353

부정적분 $\displaystyle\int(x^3-2x+1)dx$를 알맞게 구한 것은?

(단, C는 적분상수)

$\displaystyle\int x^n dx=\dfrac{1}{n+1}x^{n+1}+C$임을 이용하자.

$\displaystyle\int(x^3-2x+1)dx=\dfrac{1}{4}x^4-x^2+x+C$ 답 ④

1354

$\displaystyle\int x^n dx=\dfrac{1}{n+1}x^{n+1}+C$임을 이용하자.

다음 중 함수 $f(x)=4x^3$의 부정적분인 것을 모두 고르시오.

ㄱ. x^4 ㄴ. x^4-1 ㄷ. $x^4+\pi$

ㄹ. x^4+x ㅁ. $3x^4$

$\displaystyle\int f(x)dx=x^4+C$ (C는 적분상수)이므로 함수 $f(x)=4x^3$의 부정적분인 것은 ㄱ, ㄴ, ㄷ이다.   답 ㄱ, ㄴ, ㄷ

1355

다음 부정적분을 구하시오.

$$\int(x-2)(x+2)dx$$

식을 전개하여 간단히 하자.

$\displaystyle\int(x-2)(x+2)dx=\int(x^2-4)dx=\dfrac{1}{3}x^3-4x+C$

(단, C는 적분상수)

답 $\dfrac{1}{3}x^3-4x+C$

1356

다음 부정적분을 구한 것 중 옳지 않은 것 두 개의 번호의 합을 구하시오. (단, C는 적분상수)

1. $\displaystyle\int 2\,dt=2x+C$

$\displaystyle\int x^n dx=\dfrac{1}{n+1}x^{n+1}+C$임을 이용하자.

2. $\displaystyle\int x\,dx=\dfrac{1}{2}x^2+C$

3. $\displaystyle\int(-2x+2)dx=-x^2+2x+C$

4. $\displaystyle\int(-5x^2)dt=-5x^2t+C$

5. $\displaystyle\int(-x^2+11)dx=-\dfrac{1}{3}x^3+11+C$

t에 관한 식임에 유의하자.

1. $\displaystyle\int 2\,dt=2t+C$

5. $\displaystyle\int(-x^2+11)dx=-\dfrac{1}{3}x^3+11x+C$

따라서 옳지 않은 것 두 개의 번호의 합은

$1+5=6$ 답 6

1357

함수 $y=f(x)$가

$$f(x)=\int(x+1)^2 dx-\int(x-1)^2 dx$$

이고 $f(2)=8$일 때, $f(1)$의 값을 구하시오.

$\displaystyle\int f(x)dx\pm\int g(x)dx=\int\{f(x)dx\pm g(x)dx\}$임을 이용하자.

$f(x)=\displaystyle\int(x+1)^2 dx-\int(x-1)^2 dx$

$=\displaystyle\int\{(x+1)^2-(x-1)^2\}dx$

$=\displaystyle\int 4x\,dx=2x^2+C$

$f(2)=8$이므로 $8+C=8$

$\therefore C=0$

따라서 $f(x)=2x^2$이므로

$f(1)=2$ 답 2

1358

부정적분 $\displaystyle\int \frac{t^2}{t+1}\,dt-\int \frac{1}{t+1}\,dt$를 구하면?

(단, C는 적분상수이다.)

$\int f(x)\,dx\pm\int g(x)\,dx=\int \{f(x)\pm g(x)\}\,dx$임을 이용하자.

$\displaystyle\int \frac{t^2}{t+1}\,dt-\int \frac{1}{t+1}\,dt=\int\left(\frac{t^2}{t+1}-\frac{1}{t+1}\right)dt$

$\displaystyle\qquad\qquad=\int \frac{t^2-1}{t+1}\,dt$

$\displaystyle\qquad\qquad=\int (t-1)\,dt$

$\displaystyle\qquad\qquad=\frac{1}{2}t^2-t+C$ 　　　　답 ④

1359

함수 $f(x)=\displaystyle\int (3x^2-6x)\,dx$에 대하여 $f(0)=7$일 때, $f(1)$의 값은?

$\int x^n\,dx=\frac{1}{n+1}x^{n+1}+C$임을 이용하자.

$f(x)=x^3-3x^2+C$ (단, C는 적분상수)

$f(0)=C=7$이므로 $f(x)=x^3-3x^2+7$

따라서 $f(1)=5$ 　　　　답 ⑤

1360

$\int x^n\,dx=\frac{1}{n+1}x^{n+1}+C$임을 이용하자.

함수 $f(x)=\displaystyle\int (x-1)(x+1)(x^2+1)\,dx$에 대하여 $f(0)=3$일 때, $f(1)$의 값을 구하시오.

식을 전개하여 간단히 하자.

$f(x)=\displaystyle\int (x-1)(x+1)(x^2+1)\,dx$

$\displaystyle\qquad=\int (x^4-1)\,dx$

$\displaystyle\qquad=\frac{1}{5}x^5-x+C$

$f(0)=3$이므로 $C=3$

따라서 $f(x)=\dfrac{1}{5}x^5-x+3$이므로

$f(1)=\dfrac{1}{5}-1+3=\dfrac{11}{5}$ 　　　　답 $\dfrac{11}{5}$

1361

$\int x^n\,dx=\frac{1}{n+1}x^{n+1}+C$임을 이용하자.

함수 $f(x)=2x-3$의 부정적분 중에서 $x=2$일 때의 함숫값이 5인 함수를 $y=F(x)$라 할 때, 함수 $y=F(x)$를 구하시오.

$F(2)=5$임을 뜻한다.

$F(x)=\displaystyle\int (2x-3)\,dx=x^2-3x+C$

$F(2)=5$이므로 $4-6+C=5$

$\therefore C=7$

$\therefore F(x)=x^2-3x+7$ 　　　　답 $F(x)=x^2-3x+7$

1362

식을 전개하여 간단히 하자.

함수 $y=f(x)$가

$f(x)=\displaystyle\int (x+1)(x^2-x+1)\,dx-\int (x-1)(x^2+x+1)\,dx$

이고 $f(3)=8$일 때, $f(5)$의 값을 구하시오.

$\int f(x)\,dx\pm\int g(x)\,dx=\int \{f(x)\pm g(x)\}\,dx$임을 이용하자.

$f(x)=\displaystyle\int (x+1)(x^2-x+1)\,dx-\int (x-1)(x^2+x+1)\,dx$

$\displaystyle\qquad=\int (x^3+1)\,dx-\int (x^3-1)\,dx$

$\displaystyle\qquad=\int \{(x^3+1)-(x^3-1)\}\,dx$

$\displaystyle\qquad=\int 2\,dx$

$\displaystyle\qquad=2x+C$

$f(3)=8$이므로 $6+C=8$

$\therefore C=2$

따라서 $f(x)=2x+2$이므로

$f(5)=2\times 5+2=12$ 　　　　답 12

1363

$\int f(x)\,dx\pm\int g(x)\,dx=\int \{f(x)\pm g(x)\}$임을 이용하자.

$f(x)=\displaystyle\int \frac{x^3}{x-2}\,dx+\int \frac{8}{2-x}\,dx$에 대하여 $f(0)=\dfrac{2}{3}$일 때, $f(1)$의 값을 구하시오.

$x=0$을 대입하여 적분상수를 구하자.

$f(x)=\displaystyle\int \frac{x^3}{x-2}\,dx+\int \frac{8}{2-x}\,dx$

$\displaystyle\qquad=\int \frac{x^3}{x-2}\,dx-\int \frac{8}{x-2}\,dx$

$\displaystyle\qquad=\int \frac{x^3-8}{x-2}\,dx$

$\displaystyle\qquad=\int \frac{(x-2)(x^2+2x+4)}{x-2}\,dx$

$\displaystyle\qquad=\int (x^2+2x+4)\,dx$

$\displaystyle\qquad=\frac{1}{3}x^3+x^2+4x+C$

$f(0)=\dfrac{2}{3}$이므로 $C=\dfrac{2}{3}$

$\therefore f(x)=\dfrac{1}{3}x^3+x^2+4x+\dfrac{2}{3}$

$\therefore f(1)=\dfrac{1}{3}+1+4+\dfrac{2}{3}=6$ 　　　　답 6

1364

$\int x^n dx = \frac{1}{n+1}x^{n+1}+C$임을 이용하자.

함수 $y=f(x)$가 $f(x)=\int(1+2x+3x^2+\cdots+10x^9)dx$이고

$f(0)=\dfrac{5}{2}$일 때, $f(3)$의 값은?

$x=0$을 대입하여 적분상수를 구하자.

① $\dfrac{3^{10}}{2}$ ② $\dfrac{3^{10}}{2}+1$ ③ $\dfrac{3^{11}}{2}-1$

④ $\dfrac{3^{11}}{2}$ ⑤ $\dfrac{3^{11}}{2}+1$

$f(x)=\int(1+2x+3x^2+\cdots+10x^9)\,dx$

$\quad =x+x^2+x^3+\cdots+x^{10}+C$

$f(0)=\dfrac{5}{2}$이므로 $C=\dfrac{5}{2}$

따라서 $f(x)=\dfrac{5}{2}+x+x^2+\cdots+x^{10}$이므로

$f(3)=\dfrac{5}{2}+3+3^2+\cdots+3^{10}$

$\quad =\dfrac{5}{2}+\dfrac{3(3^{10}-1)}{3-1}$

$\quad =\dfrac{3^{11}}{2}+1$ 답 ⑤

1365

$f(x)=\int f'(x)dx$임을 이용하자.

다항함수 $f(x)$의 도함수 $f'(x)$가 $f'(x)=2x+5$이다.
$f(0)=1$일 때, $f(2)$의 값은?

$x=0$을 대입하여 적분상수를 구하자.

$f(x)=\int(2x+5)dx$

$\quad =x^2+5x+C$ (단, C는 적분상수)

$f(0)=C=1$

$\therefore f(x)=x^2+5x+1$

따라서 $f(2)=15$ 답 ④

1366

$f(x)=\int f'(x)dx$임을 이용하자.

함수 $y=f(x)$에 대하여 $f'(x)=3x^2-4x+1$이고 $f(0)=3$일 때, $f(1)$의 값은?

$x=0$을 대입하여 적분상수를 구하자.

$f(x)=\int f'(x)\,dx$

$\quad =\int(3x^2-4x+1)\,dx$

$\quad =x^3-2x^2+x+C$

$f(0)=3$이므로 $C=3$

따라서 $f(x)=x^3-2x^2+x+3$이므로

$f(1)=1-2+1+3=3$ 답 ②

1367

$f(x)=\int f'(x)dx$임을 이용하자.

다음 조건을 만족시키는 함수 $y=f(x)$에 대하여 $f(2)$의 값은?

(가) $f'(x)=6x^2-4x+1$
(나) $f(1)=2$

$x=1$을 대입하여 적분상수를 구하자.

$f'(x)=6x^2-4x+1$이므로

$f(x)=\int(6x^2-4x+1)dx$

$\quad =2x^3-2x^2+x+C$

$f(1)=2$이므로 $2-2+1+C=2$

$\therefore C=1$

따라서 $f(x)=2x^3-2x^2+x+1$이므로

$f(2)=16-8+2+1=11$ 답 ③

1368

$f(x)=\int f'(x)dx$임을 이용하자.

함수 $y=f(x)$에 대하여 $f'(x)=ax-4\ (a\neq0)$이고 $f(0)=3$, $f(1)=-4$일 때, $f(2)$의 값은?

두 식을 연립하여 미정계수를 구하자.

$f'(x)=ax-4\ (a\neq0)$이므로

$f(x)=\int(ax-4)\,dx$

$\quad =\dfrac{a}{2}x^2-4x+C$

$f(0)=3$이므로 $C=3$

$f(1)=-4$이므로 $\dfrac{a}{2}-4+3=-4$

$\therefore a=-6$

따라서 $f(x)=-3x^2-4x+3$이므로

$f(2)=-12-8+3=-17$ 답 ①

1369

$f(x)=\int f'(x)dx$임을 이용하자.

함수 $y=f(x)$에 대하여 $f'(x)=3x^2+2ax-1$이고 $f(0)=1$, $f(1)=-1$일 때, $f(2)$의 값을 구하시오. (단, a는 상수이다.)

두 식을 연립하여 미정계수를 구하자.

$f(x)=\int f'(x)\,dx$

$\quad =\int(3x^2+2ax-1)\,dx$

$\quad =x^3+ax^2-x+C$

$f(0)=1$이므로 $C=1$

또 $f(1)=-1$이므로 $1+a-1+1=-1$

$\therefore a=-2$

따라서 $f(x)=x^3-2x^2-x+1$이므로

$f(2)=2^3-2\times2^2-2+1=-1$ 답 -1

1370

$f(x)=\int f'(x)dx$임을 이용하자.

다항함수 $f(x)$의 도함수 $f'(x)$가 $f'(x)=6x^2+4$이다. 함수 $y=f(x)$의 그래프가 점 $(0, 6)$을 지날 때, $f(1)$의 값을 구하시오.

$f(0)=6$임을 이용하자.

$f'(x)=6x^2+4$이므로

$f(x)=\int f'(x)dx=\int (6x^2+4)dx$
$\qquad =2x^3+4x+C$ (단, C는 적분상수)

이때 함수 $y=f(x)$의 그래프가 점 $(0, 6)$을 지나므로

$f(0)=C=6$이다.

$\therefore f(x)=2x^3+4x+6$

$\therefore f(1)=2+4+6=12$　　　　답 12

1371

$f(x)=\int f'(x)dx$임을 이용하자.

함수 $f(x)$의 도함수가 $f'(x)=3x^2-2x+1$이고 $f(0)=0$일 때, 곡선 $y=f(x)$ 위의 $x=1$인 점에서의 접선의 방정식은?

적분상수를 구하자.

$f(x)=\int f'(x)\,dx=\int (3x^2-2x+1)\,dx$
$\qquad =x^3-x^2+x+C$

$f(0)=0$이므로 $C=0$

$\therefore f(x)=x^3-x^2+x$

이때, $f'(1)=3-2+1=2$, $f(1)=1$이므로 점 $(1, 1)$에서의 접선의 방정식은

$y-1=2(x-1)$

$\therefore y=2x-1$　　　　답 ③

1372

$f(x)=\int f'(x)dx$임을 이용하자.

함수 $y=f(x)$의 도함수가 $f'(x)=2x+8$일 때, 모든 실수 x에 대하여 $f(x)>0$이 성립한다. 다음 중 $f(0)$의 값이 될 수 있는 것은?

이차방정식의 판별식을 이용하자.

① 4　　　　② 8　　　　③ 12
④ 16　　　　⑤ 20

$f(x)=\int f'(x)\,dx$
$\qquad =\int (2x+8)\,dx$
$\qquad =x^2+8x+C$

모든 실수 x에 대하여 $f(x)>0$이므로

이차방정식 $x^2+8x+C=0$의 판별식을 D라 하면

$\dfrac{D}{4}=4^2-C<0$

$16-C<0$　　$\therefore C>16$

$f(0)=C$이므로 $f(0)>16$

따라서 $f(0)$의 값이 될 수 있는 것은 ⑤이다.　　　　답 ⑤

1373

$f(x)=\int f'(x)dx$임을 이용하자.

'함수 $y=f(x)$의 부정적분을 구하시오.' 라는 문제를 잘못하여 함수 $y=f(x)$를 미분하였더니 $f'(x)=6x-8$이 되었다. 함수 $y=f(x)$의 부정적분 중 하나를 $y=F(x)$라 하고 $f(1)=1$, $F(0)=3$일 때, $F(-1)$의 값을 구하시오.

$F(x)=\int f(x)dx$임을 이용하자.

$f'(x)=6x-8$이므로

$f(x)=\int (6x-8)\,dx=3x^2-8x+C_1$

$f(1)=1$이므로 $3-8+C_1=1$

$\therefore C_1=6$

즉, $f(x)=3x^2-8x+6$이므로

$F(x)=\int f(x)\,dx$
$\qquad =\int (3x^2-8x+6)\,dx$
$\qquad =x^3-4x^2+6x+C_2$

$F(0)=3$이므로 $C_2=3$

따라서 $F(x)=x^3-4x^2+6x+3$이므로

$F(-1)=-1-4-6+3=-8$　　　　답 -8

1374

$f(0)=3$임을 이용하자.

점 $(0, 3)$을 지나는 곡선 $y=f(x)$ 위의 점 (x, y)에서의 접선의 기울기가 $4x-1$일 때, $f(1)$의 값을 구하시오.

$f'(x)=4x-1$임을 이용하자.

곡선 $y=f(x)$ 위의 점 (x, y)에서의 접선의 기울기가 $4x-1$이므로

$f'(x)=4x-1$

$\therefore f(x)=\int f'(x)dx=\int (4x-1)\,dx$
$\qquad =2x^2-x+C$

곡선 $y=f(x)$가 점 $(0, 3)$을 지나므로 $f(0)=C=3$

따라서 $f(x)=2x^2-x+3$이므로

$f(1)=2-1+3=4$　　　　답 4

1375

$f'(x)=3x^2-4x$임을 이용하자.

곡선 $y=f(x)$ 위의 점 $(x, f(x))$에서의 접선의 기울기는 $3x^2-4x$이다. 이 곡선이 점 $(1, 4)$를 지날 때, $f(3)$의 값을 구하시오.

$f(1)=4$임을 이용하자.

$f'(x)=3x^2-4x$

$f(x)=x^3-2x^2+C$ (단, C는 적분상수)

곡선 $y=f(x)$가 점 $(1, 4)$를 지나야 하므로

$f(1)=1-2+C=4$

$C=5$

$\therefore f(x)=x^3-2x^2+5$

$\therefore f(3)=27-18+5=14$　　　　답 14

1376

$f(x)=\int f'(x)\,dx$임을 이용하자.

> 함수 $y=f(x)$의 도함수가 $f'(x)=3x^2-2x+1$이고 $f(0)=0$
> 일 때, 곡선 $y=f(x)$ 위의 $x=1$인 점에서의 접선의 방정식은?
>
> 접선의 기울기는 $f'(1)$임을 이용하자.

$$f(x)=\int f'(x)\,dx$$
$$=\int (3x^2-2x+1)\,dx$$
$$=x^3-x^2+x+C$$
$f(0)=0$이므로 $C=0$
$\therefore f(x)=x^3-x^2+x$
$f'(1)=3-2+1=2$, $f(1)=1$이므로 점 $(1,\ 1)$에서의 접선의 방정
식은
$y-1=2(x-1)$
$\therefore y=2x-1$ 답 ③

1377

$f'(x)=4x+1$임을 이용하자.

> 곡선 $y=f(x)$ 위의 점 (x,y)에서의 접선의 기울기가 $4x+1$이고
> $2f(1)=f(2)$가 성립할 때, $f(-1)$의 값은?
>
> 적분상수를 구하자.

곡선 $y=f(x)$ 위의 점 (x,y)에서의 접선의 기울기가 $4x+1$이므로
$f'(x)=4x+1$
$$\therefore f(x)=\int f'(x)\,dx$$
$$=\int (4x+1)\,dx$$
$$=2x^2+x+C$$
$2f(1)=f(2)$이므로
$2(2+1+C)=8+2+C$ $\quad\therefore C=4$
따라서 $f(x)=2x^2+x+4$이므로
$f(-1)=2-1+4=5$ 답 ③

1378

$f'(x)=2x-4$임을 이용하자.

> 곡선 $y=f(x)$ 위의 임의의 점 (x,y)에서의 접선의 기울기가
> $2x-4$이고 함수 $y=f(x)$의 최솟값이 7일 때, $f(3)$의 값을 구하
> 시오.
>
> 적분상수를 구할 수 있다.

곡선 $y=f(x)$ 위의 임의의 점 (x,y)에서의 접선의 기울기는 $f'(x)$이
므로 $f'(x)=2x-4$
$$\therefore f(x)=\int (2x-4)\,dx$$
$$=x^2-4x+C$$
$$=(x-2)^2-4+C$$
함수 $y=f(x)$의 최솟값이 7이므로
$-4+C=7$ $\quad\therefore C=11$
따라서 $f(x)=x^2-4x+11$이므로
$f(3)=9-12+11=8$ 답 8

1379

양변을 x에 대하여 미분하자.

> 함수 $f(x)=\int (3x^2+x+a)\,dx$에 대하여 곡선 $y=f(x)$ 위의
> $x=1$인 점에서의 접선의 기울기가 2일 때, 상수 a의 값을 구하
> 시오.
>
> $f'(1)=2$임을 이용하자.

$f(x)=\int (3x^2+x+a)\,dx$의 양변을 x에 대하여 미분하면
$f'(x)=3x^2+x+a$
곡선 $y=f(x)$ 위의 $x=1$인 점에서의 접선의 기울기가 2이므로
$f'(1)=3+1+a=2$
$\therefore a=-2$ 답 -2

1380

$F'(x)=f(x)$임을 이용하자.

> 함수 $F(x)$가 함수 $f(x)=3x^2-6x+8$의 부정적분일 때,
> $\displaystyle\lim_{x\to 2}\frac{F(x)-F(2)}{x^2-4}$의 값을 구하시오.
>
> $\displaystyle\lim_{x\to 2}\frac{F(x)-F(2)}{x-2}\times\frac{1}{x+2}$임을 이용하자.

$$\lim_{x\to 2}\frac{F(x)-F(2)}{x^2-4}=\lim_{x\to 2}\frac{F(x)-F(2)}{x-2}\times\frac{1}{x+2}$$
$$=f(2)\times\frac{1}{4}=(12-12+8)\times\frac{1}{4}=2$$
답 2

1381

양변을 x에 대하여 미분하자.

> 함수 $f(x)=\int (3x^2-2x+6)\,dx$일 때,
> $\displaystyle\lim_{h\to 0}\frac{f(1+h)-f(1)}{h}$의 값은?
>
> $f'(1)$임을 이용하자.

$f(x)=\int (3x^2-2x+6)\,dx$의 양변을 x에 대하여 미분하면
$f'(x)=3x^2-2x+6$
$$\therefore \lim_{h\to 0}\frac{f(1+h)-f(1)}{h}=f'(1)$$
$$=3-2+6=7$$
답 ②

1382

$f(x)=\int f'(x)\,dx$임을 이용하자.

> 함수 $y=f(x)$의 도함수가 $f'(x)=x^2+5x+a$이고 $3f(0)=2$,
> $\displaystyle\lim_{h\to 0}\frac{f(1+2h)-f(1)}{h}=8$일 때, $f(1)$의 값을 구하시오.
>
> (단, a는 상수이다.)
>
> $\displaystyle\lim_{h\to 0}\frac{f(1+2h)-f(1)}{2h}\times 2$임을 이용하자.

$$\lim_{h\to 0}\frac{f(1+2h)-f(1)}{h}=\lim_{h\to 0}\frac{f(1+2h)-f(1)}{2h}\times 2$$
$$=2f'(1)=8$$

$\therefore f'(1)=4$

즉, $1+5+a=4$ $\therefore a=-2$

$\therefore f(x)=\displaystyle\int (x^2+5x-2)\,dx$

$\qquad =\dfrac{1}{3}x^3+\dfrac{5}{2}x^2-2x+C$

$3f(0)=2$, 즉 $f(0)=\dfrac{2}{3}$이므로 $C=\dfrac{2}{3}$

따라서 $f(x)=\dfrac{1}{3}x^3+\dfrac{5}{2}x^2-2x+\dfrac{2}{3}$이므로

$f(1)=\dfrac{1}{3}+\dfrac{5}{2}-2+\dfrac{2}{3}=\dfrac{3}{2}$ <답> $\dfrac{3}{2}$

1383

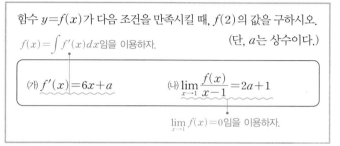

(나)에서 $x\to1$일 때, (분모)$\to0$이고 극한값이 존재하므로

(분자)$\to0$이어야 한다.

즉, $\displaystyle\lim_{x\to1}f(x)=0$이므로 $f(1)=0$

$\displaystyle\lim_{x\to1}\dfrac{f(x)}{x-1}=\lim_{x\to1}\dfrac{f(x)-f(1)}{x-1}=f'(1)=2a+1$

$6+a=2a+1$ $\therefore a=5$

$\therefore f'(x)=6x+5$

$f(x)=\displaystyle\int f'(x)\,dx$

$\qquad =\displaystyle\int (6x+5)\,dx$

$\qquad =3x^2+5x+C$

$f(1)=0$이므로 $3+5+C=0$ $\therefore C=-8$

따라서 $f(x)=3x^2+5x-8$이므로

$f(2)=12+10-8=14$ <답> 14

1384

$\displaystyle\int \left\{\dfrac{d}{dx}f(x)\right\}dx=f(x)+C$임을 이용하자.

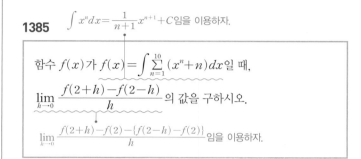

$f(x)=\displaystyle\int \left\{\dfrac{d}{dx}(2x^4-ax^2)\right\}dx$

$\qquad =2x^4-ax^2+C$ ...... ㉠

㉠의 양변을 x에 대하여 미분하면

$f'(x)=8x^3-2ax$

$\displaystyle\lim_{x\to1}\dfrac{f(x)-f(1)}{x-1}=f'(1)=2$이므로

$f'(1)=8-2a=2$

$\therefore a=3$

$a=3$을 ㉠에 대입하면

$f(x)=2x^4-3x^2+C$

$f(1)=3$이므로 $2-3+C=3$

$\therefore C=4$

따라서 $f(x)=2x^4-3x^2+4$이므로

$f(-1)=2\times(-1)^4-3\times(-1)^2+4=3$ <답> 3

1385

$\displaystyle\int x^n dx=\dfrac{1}{n+1}x^{n+1}+C$임을 이용하자.

함수 $f(x)$가 $f(x)=\displaystyle\int \sum_{n=1}^{10}(x^n+n)\,dx$일 때,

$\displaystyle\lim_{h\to0}\dfrac{f(2+h)-f(2-h)}{h}$의 값을 구하시오.

$\displaystyle\lim_{h\to0}\dfrac{f(2+h)-f(2)-\{f(2-h)-f(2)\}}{h}$임을 이용하자.

$\displaystyle\lim_{h\to0}\dfrac{f(2+h)-f(2-h)}{h}$

$=\displaystyle\lim_{h\to0}\dfrac{f(2+h)-f(2)-\{f(2-h)-f(2)\}}{h}$

$=\displaystyle\lim_{h\to0}\dfrac{f(2+h)-f(2)}{h}+\lim_{h\to0}\dfrac{f(2-h)-f(2)}{-h}$

$=f'(2)+f'(2)=2f'(2)$

한편, $f(x)=\displaystyle\int \sum_{n=1}^{10}(x^n+n)\,dx$의 양변을 x에 대하여 미분하면

$f'(x)=\displaystyle\sum_{n=1}^{10}(x^n+n)$

$\therefore f'(2)=\displaystyle\sum_{n=1}^{10}(2^n+n)=\sum_{n=1}^{10}2^n+\sum_{n=1}^{10}n$

$\qquad =\dfrac{2(2^{10}-1)}{2-1}+\dfrac{10\cdot11}{2}$

$\qquad =2046+55=2101$

따라서 구하는 값은

$2\cdot2101=4202$ <답> 4202

1386

$f(x)=\displaystyle\int f'(x)\,dx$임을 이용하자.

함수 $y=f(x)$의 도함수 $y=f'(x)$는 이차함수이고, $y=f'(x)$의 그래프가 그림과 같다. $y=f(x)$의 극댓값이 4, 극솟값이 0일 때, $f(1)$의 값은?

① 1　　　② 2

③ 3　　　④ 4

⑤ 5　함수 $y=f(x)$는 $x=0$에서 극대, $x=2$에서 극소임을 이용하자.

도함수 $y=f'(x)$는 이차함수이고, $f'(x)=0$의 해가 $x=0$ 또는 $x=2$이므로

$f'(x)=ax(x-2)\ (a>0)$라 하면

$f(x)=\displaystyle\int ax(x-2)\,dx$

$\qquad =\displaystyle\int (ax^2-2ax)\,dx$

$$=\frac{a}{3}x^3-ax^2+C$$

함수 $y=f(x)$의 증가, 감소를 표로 나타내면 다음과 같다.

x	$\cdots$	0	$\cdots$	2	$\cdots$
$f'(x)$	$+$	0	$-$	0	$+$
$f(x)$	$\nearrow$	극대	$\searrow$	극소	$\nearrow$

함수 $y=f(x)$는 $x=0$에서 극대, $x=2$에서 극소이므로

$f(0)=4$에서 $C=4$

$f(2)=0$에서 $\frac{8}{3}a-4a+C=0$

$\therefore -\frac{4}{3}a+C=0$ $\cdots\cdots$ ㉠

$C=4$를 ㉠에 대입하면 $a=3$

따라서 $f(x)=x^3-3x^2+4$이므로

$f(1)=1-3+4=2$ 답 ②

1387 $f(x)=\displaystyle\int f'(x)dx$임을 이용하자.

함수 $y=f(x)$의 도함수를 $y=f'(x)$라 할 때, 함수 $y=f'(x)$의 그래프는 그림과 같다. $y=f(x)$의 극솟값이 3이고 극댓값이 5일 때, $f(1)$의 값은?

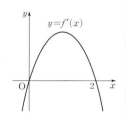

① 1   ② 2
③ 3   ④ 4
⑤ 5   함수 $y=f(x)$는 $x=0$에서 극소, $x=2$에서 극대임을 이용하자.

$f'(x)=kx(x-2)$ $(k<0)$라 하면

$f(x)=\displaystyle\int f'(x)\,dx$

$=\displaystyle\int kx(x-2)\,dx$

$=\displaystyle\int (kx^2-2kx)\,dx$

$=\dfrac{k}{3}x^3-kx^2+C$

$f'(x)=0$에서 $x=0$ 또는 $x=2$

함수 $y=f(x)$의 증가, 감소를 표로 나타내면 다음과 같다.

x	$\cdots$	0	$\cdots$	2	$\cdots$
$f'(x)$	$-$	0	$+$	0	$-$
$f(x)$	$\searrow$	극소	$\nearrow$	극대	$\searrow$

즉, $y=f(x)$는 $x=0$에서 극솟값 3을 갖고, $x=2$에서 극댓값 5를 가지므로

$f(0)=C=3$

$f(2)=\dfrac{8}{3}k-4k+3=5$

$\therefore k=-\dfrac{3}{2}$

따라서 $f(x)=-\dfrac{1}{2}x^3+\dfrac{3}{2}x^2+3$이므로

$f(1)=-\dfrac{1}{2}+\dfrac{3}{2}+3=4$ 답 ④

1388 $f(x)=\displaystyle\int f'(x)dx$임을 이용하자.

사차함수 $y=f(x)$의 도함수 $y=f'(x)$의 그래프가 그림과 같다. $y=f(x)$의 극댓값이 0이고, 극솟값이 -2일 때, $f(2)$의 값을 구하시오.

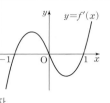

함수 $y=f(x)$의 증가, 감소를 표로 나타내자.

$y=f'(x)$는 삼차함수이고, $f'(x)=0$의 해가 $x=-1$ 또는 $x=0$ 또는 $x=1$이므로

$f'(x)=ax(x+1)(x-1)=a(x^3-x)$ $(a>0)$라 하면

$f(x)=\displaystyle\int a(x^3-x)dx$

$=\dfrac{1}{4}ax^4-\dfrac{1}{2}ax^2+C$

함수 $y=f(x)$의 증가, 감소를 표로 나타내면 다음과 같다.

x	$\cdots$	-1	$\cdots$	0	$\cdots$	1	$\cdots$
$f'(x)$	$-$	0	$+$	0	$-$	0	$+$
$f(x)$	$\searrow$	극소	$\nearrow$	극대	$\searrow$	극소	$\nearrow$

$y=f(x)$는 $x=-1$, $x=1$에서 극소, $x=0$에서 극대이므로

$f(0)=0$에서 $C=0$

$f(-1)=f(1)=-2$에서 $-\dfrac{1}{4}a+C=-2$ $\cdots\cdots$ ㉠

$C=0$을 ㉠에 대입하면 $a=8$

따라서 $f(x)=2x^4-4x^2$이므로

$f(2)=32-16=16$ 답 16

1389 $f(x)=\displaystyle\int f'(x)dx$임을 이용하자.

함수 $y=f(x)$의 도함수 $y=f'(x)$의 그래프가 그림과 같고 $y=f(x)$의 극솟값이 1일 때, 함수 $y=f(x)$의 극댓값을 구하시오.

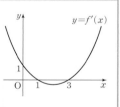

함수 $y=f(x)$의 증가, 감소를 표로 나타내자.

$f'(1)=0$, $f'(3)=0$이므로

$f'(x)=a(x-1)(x-3)$ $(a>0)$이라 하면

$f'(0)=1$이므로 $a=\dfrac{1}{3}$

$\therefore f'(x)=\dfrac{1}{3}(x-1)(x-3)$

$f(x)=\displaystyle\int f'(x)\,dx$

$=\displaystyle\int \dfrac{1}{3}(x-1)(x-3)\,dx$

$=\displaystyle\int \left(\dfrac{1}{3}x^2-\dfrac{4}{3}x+1\right)dx$

$=\dfrac{1}{9}x^3-\dfrac{2}{3}x^2+x+C$

$f'(x)=0$에서 $x=1$ 또는 $x=3$

함수 $y=f(x)$의 증가, 감소를 표로 나타내면 다음과 같다.

x	$\cdots$	1	$\cdots$	3	$\cdots$
$f'(x)$	$+$	0	$-$	0	$+$
$f(x)$	$\nearrow$	극대	$\searrow$	극소	$\nearrow$

$y=f(x)$는 $x=1$에서 극댓값을 갖고, $x=3$에서 극솟값 1을 가지므로

$f(3)=3-6+3+C=1$에서 $C=1$

$\therefore f(x)=\dfrac{1}{9}x^3-\dfrac{2}{3}x^2+x+1$

따라서 극댓값은

$f(1)=\dfrac{1}{9}-\dfrac{2}{3}+1+1=\dfrac{13}{9}$ 　　　　　📋 $\dfrac{13}{9}$

1390

$f(x)=\displaystyle\int f'(x)dx$임을 이용하자.

삼차함수 $y=f(x)$의 도함수 $y=f'(x)$의 그래프가 그림과 같다. $y=f(x)$의 극댓값이 20일 때, 극솟값은?

→ 함수 $y=f(x)$의 증가, 감소를 표로 나타내자.

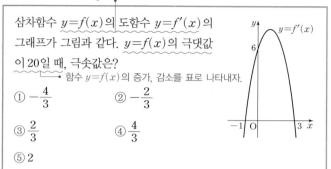

① $-\dfrac{4}{3}$ 　　② $-\dfrac{2}{3}$

③ $\dfrac{2}{3}$ 　　④ $\dfrac{4}{3}$

⑤ 2

$y=f'(x)$는 이차함수이고, $f'(x)=0$의 해가 $x=-1$ 또는 $x=3$이므로

$f'(x)=a(x+1)(x-3)$ $(a<0)$이라 하면

$f'(0)=6$에서 $-3a=6$

$\therefore a=-2$

$\therefore f(x)=\displaystyle\int\{-2(x+1)(x-3)\}dx$

$\qquad=\displaystyle\int(-2x^2+4x+6)\,dx$

$\qquad=-\dfrac{2}{3}x^3+2x^2+6x+C$

함수 $y=f(x)$의 증가, 감소를 표로 나타내면 다음과 같다.

x	$\cdots$	-1	$\cdots$	3	$\cdots$
$f'(x)$	$-$	0	$+$	0	$-$
$f(x)$	↘	극소	↗	극대	↘

$y=f(x)$는 $x=-1$에서 극소, $x=3$에서 극대이므로

$f(3)=20$에서 $-18+18+18+C=20$

$\therefore C=2$

따라서 $f(x)=-\dfrac{2}{3}x^3+2x^2+6x+2$이므로 극솟값은

$f(-1)=\dfrac{2}{3}+2-6+2$

$\qquad=-\dfrac{4}{3}$ 　　　　　📋 ①

1391

$f(x)=\displaystyle\int f'(x)dx$임을 이용하자.

함수 $y=f(x)$의 도함수가 $f'(x)=3x^2+6x-9$이고, 함수 $y=f(x)$의 극댓값이 24일 때, $y=f(x)$는 $x=a$에서 극솟값 b를 갖는다. $a+b$의 값을 구하시오.

함수 $y=f(x)$의 증가, 감소를 표로 나타내자.

$f(x)=\displaystyle\int f'(x)dx=\int(3x^2+6x-9)\,dx$

$\qquad=x^3+3x^2-9x+C$

$f'(x)=3x^2+6x-9$

$\qquad=3(x+3)(x-1)$

$f'(x)=0$에서 $x=-3$ 또는 $x=1$

함수 $y=f(x)$의 증가, 감소를 표로 나타내면 다음과 같다.

x	$\cdots$	-3	$\cdots$	1	$\cdots$
$f'(x)$	$+$	0	$-$	0	$+$
$f(x)$	↗	극대	↘	극소	↗

$y=f(x)$는 $x=-3$에서 극댓값 24를 가지므로

$f(-3)=-27+27+27+C=24$

$\therefore C=-3$

즉, $f(x)=x^3+3x^2-9x-3$이고, $x=1$에서 극솟값을 가지므로 $a=1$

$b=f(1)=1+3-9-3=-8$

$\therefore a+b=1+(-8)=-7$ 　　　　　📋 -7

1392

$f'(1)=0$이고 $f(1)=5$임을 이용하자.

삼차함수 $y=f(x)$는 $x=1$에서 극값 5를 갖고 $f'(x)=6x^2-18x+a$일 때, $y=f(x)$의 다른 극값을 구하시오.

(단, a는 상수이다.)

$f'(x)=0$인 x를 찾자.

$f(x)=\displaystyle\int f'(x)\,dx$

$\qquad=\displaystyle\int(6x^2-18x+a)\,dx$

$\qquad=2x^3-9x^2+ax+C$

$x=1$에서 극값 5를 가지므로

$f'(1)=0$, $f(1)=5$

$6-18+a=0$, $2-9+a+C=5$

$\therefore a=12$, $C=0$

즉, $f(x)=2x^3-9x^2+12x$이므로

$f'(x)=6x^2-18x+12=6(x-1)(x-2)$

$f'(x)=0$에서 $x=1$ 또는 $x=2$

따라서 $y=f(x)$는 $x=2$에서 다른 하나의 극값을 가지고, 그 극값은

$f(2)=16-36+24=4$ 　　　　　📋 4

1393

$f(x)=\displaystyle\int f'(x)dx$임을 이용하자.

함수 $f(x)$의 도함수가 $f'(x)=3ax(x+1)$ $(a>0)$이고 $f(x)$의 극댓값이 2, 극솟값이 -1일 때, $f(1)$의 값은?

$f'(x)=0$인 x를 찾자.

$f'(x)=3ax^2+3ax$이므로

$f(x)=\displaystyle\int(3ax^2+3ax)\,dx$

$\qquad=ax^3+\dfrac{3}{2}ax^2+C$

$f'(x)=3ax(x+1)=0$에서 $x=-1$ 또는 $x=0$

x	$\cdots$	-1	$\cdots$	0	$\cdots$
$f'(x)$	$+$	0	$-$	0	$+$
$f(x)$	↗	극대	↘	극소	↗

즉, $f(x)$는 $x=-1$에서 극대, $x=0$에서 극소이다.

$f(-1)=2$에서 $\frac{1}{2}a+C=2$ ······㉠

$f(0)=-1$에서 $C=-1$ ······㉡

㉡을 ㉠에 대입하면 $a=6$

$\therefore f(x)=6x^3+9x^2-1$

$\therefore f(1)=6+9-1=14$ 답 ⑤

1394 $f(x)=\displaystyle\int f'(x)dx$임을 이용하자.

> 도함수가 $f'(x)=a(x^2-4)$ $(a>0)$인 함수 $f(x)$의 극댓값이 42이고 극솟값이 -22일 때, $f(3)$의 값을 구하시오.
>
> 함수 $y=f(x)$의 증가, 감소를 표로 나타내자.

$f(x)=\displaystyle\int a(x^2-4)dx$

$\qquad =a\left(\dfrac{1}{3}x^3-4x\right)+C$

$f'(x)=a(x+2)(x-2)=0$에서 $x=-2$ 또는 $x=2$

x	⋯	-2	⋯	2	⋯
$f'(x)$	$+$	0	$-$	0	$+$
$f(x)$	↗	극대	↘	극소	↗

즉, $f(x)$는 $x=-2$에서 극대, $x=2$에서 극소이다.

$f(-2)=42$에서 $a\left(-\dfrac{8}{3}+8\right)+C=42$

$\therefore \dfrac{16}{3}a+C=42$ ······㉠

$f(2)=-22$에서 $a\left(\dfrac{8}{3}-8\right)+C=-22$

$\therefore -\dfrac{16}{3}a+C=-22$ ······㉡

㉠, ㉡을 연립하여 풀면 $C=10$, $a=6$

$\therefore f(x)=2x^3-24x+10$

$\therefore f(3)=54-72+10=-8$ 답 -8

1395 $f'(x)=3x^2-12$임을 이용하자.

> 곡선 $y=f(x)$ 위의 임의의 점 $P(x, y)$에서의 접선의 기울기가 $3x^2-12$이고 함수 $f(x)$의 극솟값이 3일 때, 함수 $f(x)$의 극댓값을 구하시오.
>
> 함수 $y=f(x)$의 증가, 감소를 표로 나타내자.

$f(x)=x^3-12x+C$

$f'(x)=3x^2-12=3(x+2)(x-2)=0$에서 $x=-2$ 또는 $x=2$

x	⋯	-2	⋯	2	⋯
$f'(x)$	$+$	0	$-$	0	$+$
$f(x)$	↗	극대	↘	극소	↗

즉 $f(x)$는 $x=-2$에서 극대, $x=2$에서 극소이므로

극솟값은 $f(2)=8-24+C=3$ $\therefore C=19$

극댓값은 $f(-2)=35$ 답 35

1396 $x=2$에서 극솟값을 가진다.

> $f(1)=1$, $f'(2)=0$을 만족시키는 삼차함수 $y=f(x)$가 $x=0$에서 극댓값 3을 가질 때, 극솟값을 구하시오.
>
> $f'(0)=0$이고 $f(0)=3$임을 이용하자.

$x=0$에서 극댓값 3을 가지므로 $f'(0)=0$, $f(0)=3$

$f'(2)=0$이므로 $x=2$에서 극솟값을 가지고

$f'(x)=ax(x-2)$ $(a\ne0)$라 하면

$f(x)=\displaystyle\int f'(x)dx$

$\qquad =\displaystyle\int ax(x-2)dx$

$\qquad =\dfrac{a}{3}x^3-ax^2+C$

$f(0)=3$이므로 $C=3$

$f(1)=1$이므로 $\dfrac{a}{3}-a+3=1$

$\therefore a=3$

따라서 $f(x)=x^3-3x^2+3$이므로 극솟값은

$f(2)=8-12+3=-1$ 답 -1

1397 $F'(x)=f(x)$임을 이용하자.

> 미분가능한 함수 $y=f(x)$와 그 부정적분 $y=F(x)$ 사이에 $F(x)=xf(x)-3x^3+2x^2$인 관계가 성립하고 $f(0)=2$일 때, $f(2)$의 값을 구하시오.
>
> 양변을 x에 대하여 미분하자.

$F(x)=xf(x)-3x^3+2x^2$의 양변을 x에 대하여 미분하면

$f(x)=f(x)+xf'(x)-9x^2+4x$

$xf'(x)=9x^2-4x$

$\therefore f'(x)=9x-4$

$f(x)=\displaystyle\int f'(x)dx$

$\qquad =\displaystyle\int (9x-4)dx$

$\qquad =\dfrac{9}{2}x^2-4x+C$

$f(0)=2$이므로 $C=2$

따라서 $f(x)=\dfrac{9}{2}x^2-4x+2$이므로

$f(2)=18-8+2=12$ 답 12

1398

> 다항함수 $y=f(x)$의 부정적분 중 하나를 $y=F(x)$라 할 때, 다음 조건을 만족시킨다. 함수 $y=f(x)$를 구하시오.
>
> 양변을 x에 대하여 미분하자.
>
> (가) $F(x)=xf(x)-4x^3+3x^2$ (나) $f(0)=1$
>
> $x=0$을 대입하여 적분상수를 구하자.

$F(x)=xf(x)-4x^3+3x^2$의 양변을 x에 대하여 미분하면

$f(x)=f(x)+xf'(x)-12x^2+6x$

$$xf'(x)=12x^2-6x$$
$$\therefore f'(x)=12x-6$$
$$f(x)=\int f'(x)\,dx$$
$$=\int(12x-6)\,dx$$
$$=6x^2-6x+C$$
$f(0)=1$이므로 $C=1$
따라서 $f(x)=6x^2-6x+1$ 답 $f(x)=6x^2-6x+1$

1399

양변을 x에 대하여 미분하자.

다항함수 $y=f(x)$의 부정적분 중의 하나인 $y=F(x)$에 대하여
$$xf(x)=F(x)-3x^3(x-2)$$
인 관계가 성립한다. $f(0)=2$일 때, $f'(1)+f(1)$의 값을 구하시오.

$x=0$을 대입하여 적분상수를 구하자.

$xf(x)=F(x)-3x^3(x-2)$의 양변을 x에 대하여 미분하면
$$f(x)+xf'(x)=F'(x)-9x^2(x-2)-3x^3$$
$$f(x)+xf'(x)=f(x)-12x^3+18x^2$$
$$xf'(x)=-12x^3+18x^2$$
즉, $f'(x)=-12x^2+18x$이므로
$$f(x)=\int(-12x^2+18x)\,dx=-4x^3+9x^2+C$$
$f(0)=2$이므로 $C=2$
따라서 $f(x)=-4x^3+9x^2+2$이므로
$f(1)=7$, $f'(1)=6$
$\therefore f'(1)+f(1)=13$ 답 13

1400

양변을 x에 대하여 미분하자.

다항함수 $y=f(x)$와 그 부정적분 $y=F(x)$에 대하여
$$(x-1)f(x)-F(x)=x^3-x^2-x$$
인 관계가 성립한다. $f(1)=3$일 때, $f(3)$의 값을 구하시오.

$x=1$을 대입하여 적분상수를 구하자.

$(x-1)f(x)-F(x)=x^3-x^2-x$의 양변을 x에 대하여 미분하면
$$f(x)+(x-1)f'(x)-f(x)=3x^2-2x-1$$
$$(x-1)f'(x)=(3x+1)(x-1)$$
즉, $f'(x)=3x+1$이므로
$$f(x)=\int(3x+1)\,dx=\frac{3}{2}x^2+x+C$$
$f(1)=3$이므로 $\frac{3}{2}+1+C=3$에서 $C=\frac{1}{2}$
따라서 $f(x)=\frac{3}{2}x^2+x+\frac{1}{2}$이므로
$$f(3)=\frac{27}{2}+3+\frac{1}{2}=17$$ 답 17

1401

$f(x)$가 n차식이라 하자.

최고차항의 계수가 1인 다항함수 $f(x)$에 대하여 $f(x)$의 한 부정적분 $F(x)$가 $3F(x)=x\{f(x)-10\}$을 만족할 때, $F(3)$의 값을 구하시오.

양변을 x에 대하여 미분하자.

$f(x)$가 n차식일 때, $F(x)$의 최고차항의 계수는 $\dfrac{1}{n+1}$이므로
$3F(x)=x\{f(x)-10\}$에서
$$\frac{3}{n+1}=1$$
$$\therefore n=2$$
$f(x)=x^2+ax+b$라 할 때, $3F(x)=x\{f(x)-10\}$에서
$$3f(x)=f(x)-10+xf'(x)$$
$$2f(x)=xf'(x)-10$$
$$2x^2+2ax+2b=2x^2+ax-10$$
$$\therefore a=0,\ b=-5$$
$$\therefore f(x)=x^2-5,\ F(x)=\frac{1}{3}x^3-5x+C$$
$$3\left(\frac{1}{3}x^3-5x+C\right)=x(x^2-5-10)$$
$$x^3-15x+3C=x^3-15x$$
$$\therefore C=0$$
$$\therefore F(x)=\frac{1}{3}x^3-5x$$
$$\therefore F(3)=9-15=-6$$ 답 -6

1402

$F'(x)=f(x)$임을 이용하자.

다항함수 $y=f(x)$와 그 부정적분 $y=F(x)$ 사이에
$$F(x)+\int xf(x)\,dx=x^3+x^2-x+C$$
인 관계가 성립할 때, $f(3)$의 값을 구하시오.

양변을 x에 대하여 미분하자.   (단, C는 적분상수이다.)

$F(x)+\int xf(x)\,dx=x^3+x^2-x+C$의 양변을 x에 대하여 미분하면
$$f(x)+xf(x)=3x^2+2x-1$$
$$(1+x)f(x)=(x+1)(3x-1)$$
따라서 $f(x)=3x-1$이므로
$$f(3)=9-1=8$$ 답 8

1403

$\dfrac{d}{dx}\int f(x)\,dx=f(x)$임을 이용하자.

함수 $y=f(x)$의 도함수 $y=f'(x)$에 대하여
$$\int(2x+1)f'(x)\,dx=2x^3+\frac{1}{2}x^2-x$$
가 성립하고 $f(0)=2$일 때, $f(1)$의 값을 구하시오.

양변을 x에 대하여 미분하자.

$\displaystyle\int(2x+1)f'(x)\,dx=2x^3+\frac{1}{2}x^2-x$의 양변을 x에 대하여

미분하면

✽ 정답 및 해설

$$\frac{d}{dx}\left\{\int (2x+1)f'(x)\,dx\right\}=\frac{d}{dx}\left(2x^3+\frac{1}{2}x^2-x\right)$$

$$(2x+1)f'(x)=6x^2+x-1=(3x-1)(2x+1)$$

$$\therefore f'(x)=3x-1$$

$$\therefore f(x)=\int (3x-1)\,dx=\frac{3}{2}x^2-x+C$$

$f(0)=2$이므로 $C=2$

따라서 $f(x)=\frac{3}{2}x^2-x+2$이므로

$$f(1)=\frac{3}{2}-1+2=\frac{5}{2}$$

답 $\frac{5}{2}$

1404 $f(x)=\int f'(x)\,dx$임을 이용하자.

다항함수 $y=f(x)$에 대하여

$$xf(x)-\int f(x)\,dx=\frac{2}{3}x^3+\frac{3}{2}x^2$$

인 관계가 성립한다. $f(1)=10$일 때, $f(2)$의 값을 구하시오.

양변을 x에 대하여 미분하자.

$xf(x)-\int f(x)\,dx=\frac{2}{3}x^3+\frac{3}{2}x^2$의 양변을 x에 대하여 미분하면

$$f(x)+xf'(x)-f(x)=2x^2+3x$$

$$xf'(x)=x(2x+3)$$

$$\therefore f'(x)=2x+3$$

$$f(x)=\int f'(x)\,dx$$

$$=\int (2x+3)\,dx$$

$$=x^2+3x+C$$

$f(1)=10$이므로 $1+3+C=10$

$$\therefore C=6$$

따라서 $f(x)=x^2+3x+6$이므로

$$f(2)=4+6+6=16$$

답 16

1405 $f(x)=ax^2+bx+c$라 하자.

이차함수 $y=f(x)$가 등식

$$f'(x)+\int f(x)\,dx=x^3+x^2-6x-1$$

을 만족시킬 때, $f(2)$의 값을 구하시오.

$\frac{d}{dx}\int f(x)\,dx=f(x)$임을 이용하자.

함수 $y=f(x)$는 이차함수이므로 $f(x)=ax^2+bx+c$ $(a\neq 0)$라 하면

$$f'(x)=2ax+b$$

$f'(x)+\int f(x)\,dx=x^3+x^2-6x-1$에서

$$\int f(x)\,dx=x^3+x^2-6x-1-f'(x)$$

$$=x^3+x^2-6x-1-2ax-b$$

$$=x^3+x^2-(6+2a)x-1-b \quad\cdots\cdots\text{㉠}$$

㉠의 양변을 x에 대하여 미분하면

$$\frac{d}{dx}\left\{\int f(x)\,dx\right\}=\frac{d}{dx}\{x^3+x^2-(6+2a)x-1-b\}$$

$$\therefore f(x)=3x^2+2x-6-2a$$

즉, $ax^2+bx+c=3x^2+2x-6-2a$이므로

$$a=3,\ b=2,\ c=-12$$

따라서 $f(x)=3x^2+2x-12$이므로

$$f(2)=12+4-12=4$$

답 4

1406 $x=0$을 대입하여 적분상수를 구하자.

$f(0)=0$, $g(0)=1$인 두 다항함수 $y=f(x)$, $y=g(x)$에 대하여

$$\frac{d}{dx}\{f(x)+g(x)\}=3,\quad \frac{d}{dx}\{f(x)g(x)\}=4x+2$$일 때,

$f(2)+g(3)$의 값은?

양변을 x에 대하여 적분하자.

양변을 x에 대하여 적분하자.

$\frac{d}{dx}\{f(x)+g(x)\}=3$의 양변을 x에 대하여 적분하면

$$\int \left[\frac{d}{dx}\{f(x)+g(x)\}\right]dx=\int 3\,dx$$

$$f(x)+g(x)=3x+C_1 \quad\cdots\cdots\text{㉠}$$

$\frac{d}{dx}\{f(x)g(x)\}=4x+2$의 양변을 x에 대하여 적분하면

$$\int \left[\frac{d}{dx}\{f(x)g(x)\}\right]dx=\int (4x+2)\,dx$$

$$f(x)g(x)=2x^2+2x+C_2 \quad\cdots\cdots\text{㉡}$$

㉠, ㉡에 $x=0$을 각각 대입하면

$$f(0)+g(0)=C_1=1$$

$$f(0)g(0)=C_2=0$$

$$\therefore f(x)+g(x)=3x+1 \quad\cdots\cdots\text{㉢}$$

$$f(x)g(x)=2x^2+2x$$

$$=2x(x+1) \quad\cdots\cdots\text{㉣}$$

㉢, ㉣에서

$$\begin{cases} f(x)=2x \\ g(x)=x+1 \end{cases} \text{또는} \begin{cases} f(x)=x+1 \\ g(x)=2x \end{cases}$$

그런데 $f(0)=0$, $g(0)=1$이므로

$$f(x)=2x,\ g(x)=x+1$$

$$\therefore f(2)+g(3)=4+4=8$$

답 ⑤

1407

두 다항함수 $f(x)$, $g(x)$가 다음 조건을 만족하고, $f(0)=1$, $g(0)=0$일 때, $f(2)+g(1)$의 값을 구하시오.

$x=0$을 대입하여 적분상수를 구하자.

양변을 x에 대하여 적분하자.

(가) $\frac{d}{dx}\{f(x)+g(x)\}=2x-1$

(나) $\frac{d}{dx}\{f(x)g(x)\}=6x^2-10x-3$

양변을 x에 대하여 적분하자.

주어진 두 식의 양변을 x에 대하여 각각 적분하면

$$f(x)+g(x)=x^2-x+C_1,$$

$$f(x)g(x)=2x^3-5x^2-3x+C_2$$

위의 두 식에 $x=0$을 각각 대입하면

$$f(0)+g(0)=C_1=1,$$
$$f(0)g(0)=C_2=0$$
$$\therefore f(x)+g(x)=x^2-x+1,$$
$$f(x)g(x)=2x^3-5x^2-3x=x(x-3)(2x+1)$$
$$f(0)=1,\ g(0)=0이므로$$
$$f(x)=2x+1,\ g(x)=x(x-3)$$
$$\therefore f(2)+g(1)=(4+1)+1\times(-2)=3$$
답 3

1408

양변을 x에 대하여 미분하자.

다항함수 $f(x)$에 대하여
$$g(x)=\int xf(x)dx,\ \frac{d}{dx}\{f(x)+g(x)\}=x^3+2x^2-3x+2$$
일 때, $f(2)$의 값을 구하시오.

$g'(x)=xf(x),\ f'(x)+g'(x)=x^3+2x^2-3x+2$이므로
$$f'(x)+xf(x)=x^3+2x^2-3x+2$$
$f(x)$는 이차식일 때, 주어진 식이 성립하므로
$$f(x)=ax^2+bx+c,\ f'(x)=2ax+b$$
$$f'(x)+xf(x)=ax^3+bx^2+(2a+c)x+b$$
$$a=1,\ b=2,\ c=-5$$
$$f(x)=x^2+2x-5$$
$$\therefore f(2)=3$$
답 3

1409

계수가 정수인 두 다항식 $f(x)$와 $g(x)$가 다음 세 조건을 만족할 때, $f(2)+g(2)$의 값은?

(가) $f(0)=1,\ g(0)=-2$

(나) $\dfrac{d}{dx}\{f(x)g(x)\}=2x-1$ 양변을 x에 대하여 적분하자.

(다) $f(x)$와 $g(x)$의 차수는 같다.

$f(x)g(x)$는 이차식임을 이용하자.

(나)에서 $\dfrac{d}{dx}\{f(x)g(x)\}=2x-1$이므로
$$f(x)g(x)=\int(2x-1)dx$$
$$=x^2-x+C$$
위의 식의 양변에 $x=0$을 대입하면
$$f(0)g(0)=C=-2\ (\because 가)$$
$$\therefore f(x)g(x)=x^2-x-2$$
$$=(x-2)(x+1)$$
이때, (가), (다)에서 $f(x)$, $g(x)$의 차수가 같으므로
$f(x)$와 $g(x)$는 모두 일차식이고 $f(0)=1,\ g(0)=-2$이므로
$$f(x)=x+1,\ g(x)=x-2$$
$$\therefore f(2)+g(2)=3+0=3$$
답 ③

1410

양변을 x에 대하여 적분하자.

계수가 정수인 이차함수 $y=f(x)$와 일차함수 $y=g(x)$에 대하여 $\{f(x)g(x)\}'=3x^2-4x-3$이고 $f(0)=-3,\ g(0)=-2$일 때, $f(-3)+g(3)$의 값을 구하시오. $x=0$을 대입하여 적분상수를 구하자.

$\{f(x)g(x)\}'=3x^2-4x-3$의 양변을 x에 대하여 적분하면
$$f(x)g(x)=\int(3x^2-4x-3)\,dx$$
$$=x^3-2x^2-3x+C$$
이 식에 $x=0$을 대입하면 $f(0)g(0)=C$
$f(0)=-3,\ g(0)=-2$이므로
$$C=(-3)\times(-2)=6$$
$$\therefore f(x)g(x)=x^3-2x^2-3x+6=(x-2)(x^2-3)$$
$y=f(x)$와 $y=g(x)$의 계수가 정수이고 $f(0)=-3$, $g(0)=-2$이므로
$$f(x)=x^2-3,\ g(x)=x-2$$
$$\therefore f(-3)+g(3)=6+1=7$$
답 7

1411

미분가능한 두 함수 $f(x)$, $g(x)$가 다음 조건을 만족시킬 때, $g(2)$의 값은?

(가) $f(2)=1,\ f'(2)=g'(2)=2$

(나) $\displaystyle\int xf(x)g(x)dx=2x^2f(x)+g(x)-3x^2$

양변을 x에 대하여 미분하자.

(나)에서 $\displaystyle\int xf(x)g(x)dx=2x^2f(x)+g(x)-3x^2$이므로
양변을 x에 대하여 미분하면
$$xf(x)g(x)=4xf(x)+2x^2f'(x)+g'(x)-6x$$
이 식의 양변에 $x=2$를 대입하면
$$2f(2)g(2)=8f(2)+8f'(2)+g'(2)-12$$
$$=8+16+2-12=14$$
따라서 $f(2)g(2)=7$이므로
$$g(2)=7$$
답 ②

1412

양변을 x에 대하여 미분하자.

두 다항함수 $y=f(x)$, $y=g(x)$가
$$f(x)=\int xg(x)\,dx,\ \frac{d}{dx}\{f(x)-g(x)\}=4x^3+2x$$
를 만족시킬 때, $g(1)$의 값을 구하시오.

$=f'(x)-g'(x)$임을 이용하자.

$f'(x)=xg(x),\ f'(x)-g'(x)=4x^3+2x$이므로
$$xg(x)-g'(x)=4x^3+2x$$
함수 $y=g(x)$가 다항함수이면서 이를 만족시키려면
최고차항의 계수가 4인 이차함수이어야 한다.
$g(x)=4x^2+ax+b\ (a,\ b$는 상수$)$라 하면
$$g'(x)=8x+a이므로$$

정답 및 해설

$x(4x^2+ax+b)-(8x+a)=4x^3+2x$

$4x^3+ax^2+(b-8)x-a=4x^3+2x$에서

$a=0$, $b=10$이므로 $g(x)=4x^2+10$

$\therefore g(1)=4+10=14$

답 14

1413

> $g'(x)=2x+1$임을 이용하자.

> 다항함수 $y=f(x)$와 $g(x)=x^2+x+1$에 대하여
> 함수 $y=f(x)+g(x)$가 함수 $y=f(x)-g(x)$의 부정적분이 될
> 때, $f(1)$의 값은? $f(x)+g(x)=\int \{f(x)-g(x)\}dx$임을 이용하자.

함수 $y=f(x)+g(x)$가 함수 $y=f(x)-g(x)$의 부정적분이므로

$f(x)+g(x)=\int \{f(x)-g(x)\}dx$ ······㉠

㉠의 양변을 x에 대하여 미분하면

$f'(x)+g'(x)=f(x)-g(x)$ ······㉡

$g(x)=x^2+x+1$에서 $g'(x)=2x+1$이므로 ㉡에 대입하면

$f'(x)+2x+1=f(x)-(x^2+x+1)$

즉, $f(x)$는 이차항의 계수가 1인 이차식이 되어야 한다.

$f(x)=x^2+ax+b$ (a, b는 상수)라 하면 $f'(x)=2x+a$

㉡에서

$(2x+a)+(2x+1)=(x^2+ax+b)-(x^2+x+1)$

$4x+a+1=(a-1)x+b-1$

즉, $4=a-1$, $a+1=b-1$이므로 $a=5$, $b=7$

따라서 $f(x)=x^2+5x+7$이므로

$f(1)=1+5+7=13$

답 ③

1414

> 미분가능한 함수 $f(x)$가 모든 실수 x, y에 대하여 다음 조건을
> 만족시킬 때, $f(1)+f'(1)$의 값을 구하시오.
> $x=0$, $y=0$을 대입하여 $f(0)$의 값을 구하자.
> (가) $f(x+y)=f(x)+f(y)$
> (나) $f'(0)=3$
> $f'(x)=\lim\limits_{h \to 0}\dfrac{f(x+h)-f(x)}{h}$을 이용하자.

$y=0$을 대입하면 $f(x)=f(x)+f(0)$이므로 $f(0)=0$

$f'(x)=\lim\limits_{h \to 0}\dfrac{f(x+h)-f(x)}{h}$

$=\lim\limits_{h \to 0}\dfrac{f(x)+f(h)-f(x)}{h}$

$=\lim\limits_{h \to 0}\dfrac{f(h)}{h}$

$=f'(0)$ $(\because f(0)=0)$

$=3$

따라서 $f(x)=3x+C$이고 $f(0)=0$이므로 $C=0$

$\therefore f(x)=3x$

$f(1)+f'(1)=3+3=6$

답 6

1415

> $x=0$, $y=0$을 대입하여 $f(0)$의 값을 구하자.

> 미분가능한 함수 $y=f(x)$가 임의의 두 실수 x, y에 대하여
> $f(x+y)=f(x)+f(y)+2xy$
> 를 만족시킨다. $f'(0)=0$일 때, $f(3)$의 값을 구하시오.
> $f'(x)=\lim\limits_{h \to 0}\dfrac{f(x+h)-f(x)}{h}$임을 이용하자.

$f(x+y)=f(x)+f(y)+2xy$에 $x=0$, $y=0$을 대입하면

$f(0)=f(0)+f(0)+0$

$\therefore f(0)=0$

$f'(x)=\lim\limits_{h \to 0}\dfrac{f(x+h)-f(x)}{h}$

$=\lim\limits_{h \to 0}\dfrac{f(x)+f(h)+2xh-f(x)}{h}$

$=\lim\limits_{h \to 0}\dfrac{f(h)}{h}+2x$

$=\lim\limits_{h \to 0}\dfrac{f(h)-f(0)}{h}+2x$

$=f'(0)+2x$

$=2x$

$\therefore f(x)=\int f'(x)\,dx$

$=\int 2x\,dx=x^2+C$

$f(0)=0$이므로 $C=0$

따라서 $f(x)=x^2$이므로

$f(3)=3^2=9$

답 9

1416

> $x=2$에서 미분가능하므로 $x=2$에서 연속임을 이용하자.

> 모든 실수 x에 대하여 미분가능한 함수 $y=f(x)$의 도함수가
> $f'(x)=\begin{cases} 5 & (x<2) \\ 2x+1 & (x\geq2) \end{cases}$
> 이고 $f(0)=-6$일 때, $f(3)$의 값을 구하시오.
> $f(x)=\begin{cases} \int (5)dx & (x<2) \\ \int (2x+1)dx & (x\geq2) \end{cases}$ 임을 이용하자.

$f(x)=\int f'(x)\,dx=\begin{cases} 5x+C_1 & (x<2) \\ x^2+x+C_2 & (x\geq2) \end{cases}$

$f(0)=-6$이므로 $C_1=-6$

또 $y=f(x)$가 $x=2$에서 미분가능하므로 $x=2$에서 연속이다.

즉, $f(2)=\lim\limits_{x \to 2+}f(x)=\lim\limits_{x \to 2-}f(x)$이므로 $4+2+C_2=4$

$\therefore C_2=-2$

따라서 $x\geq2$일 때 $f(x)=x^2+x-2$이므로

$f(3)=9+3-2=10$

답 10

1417 $x=1$에서 연속임을 이용하자.

> 실수 전체의 집합에서 연속인 함수 $y=f(x)$의 도함수가
> $$f'(x)=\begin{cases} 3x^2 & (x\le 1) \\ 2x-1 & (x>1) \end{cases}$$ 이고 $f(0)=3$일 때, $f(3)$의 값을 구하시오.
> $$f(x)=\begin{cases} \displaystyle\int (3x^2)dx & (x\le 1) \\ \displaystyle\int (2x-1)dx & (x>1) \end{cases}$$ 임을 이용하자.

$f'(x)=\begin{cases} 3x^2 & (x\le 1) \\ 2x-1 & (x>1) \end{cases}$ 에서

$f(x)=\displaystyle\int f'(x)\,dx$

$\quad=\begin{cases} x^3+C_1 & (x\le 1) \\ x^2-x+C_2 & (x>1) \end{cases}$

함수 $y=f(x)$가 모든 실수 x에 대하여 연속이므로 $x=1$에서도 연속이다.

즉, $f(1)=\displaystyle\lim_{x\to 1-}f(x)=\lim_{x\to 1+}f(x)$이므로

$1+C_1=1-1+C_2$

$\therefore C_2=C_1+1$ ······ ㉠

또 $f(0)=3$이므로 $C_1=3$

$C_1=3$을 ㉠에 대입하면

$C_2=4$

$\therefore f(x)=\begin{cases} x^3+3 & (x\le 1) \\ x^2-x+4 & (x>1) \end{cases}$

$\therefore f(3)=9-3+4=10$ 답 10

1418

$$f(x)=\begin{cases} \displaystyle\int (4x-1)dx & (x\ge 1) \\ \displaystyle\int (k)dx & (x<1) \end{cases}$$ 임을 이용하자.

> 함수 $y=f(x)$의 도함수가 $f'(x)=\begin{cases} 4x-1 & (x\ge 1) \\ k & (x<1) \end{cases}$ 이고, $f(2)=4$, $f(0)=2$이다. 함수 $y=f(x)$가 $x=1$에서 연속일 때, $f(-2)$의 값은? (단, k는 상수이다.)
> $\displaystyle\lim_{x\to 1+}f(x)=\lim_{x\to 1-}f(x)$임을 이용하자.

$f'(x)=\begin{cases} 4x-1 & (x\ge 1) \\ k & (x<1) \end{cases}$ 에서

$f(x)=\displaystyle\int f'(x)\,dx=\begin{cases} 2x^2-x+C_1 & (x\ge 1) \\ kx+C_2 & (x<1) \end{cases}$

$f(2)=4$이므로 $8-2+C_1=4$ $\therefore C_1=-2$

$f(0)=2$이므로 $C_2=2$

함수 $y=f(x)$가 $x=1$에서 연속이므로

$f(1)=\displaystyle\lim_{x\to 1+}f(x)=\lim_{x\to 1-}f(x)$

즉, $2-1-2=k+2$이므로 $k=-3$

따라서 $f(x)=\begin{cases} 2x^2-x-2 & (x\ge 1) \\ -3x+2 & (x<1) \end{cases}$ 이므로

$f(-2)=6+2=8$ 답 ③

1419 $x=-1$, $x=0$에서도 연속이다.

> 모든 실수 x에서 연속인 함수 $f(x)$의 도함수가
> $$f'(x)=\begin{cases} 2x+1 & (x<-1) \\ 6x^2+4x-3 & (-1\le x<0) \\ 3x^2-3 & (x\ge 0) \end{cases}$$ 이고 $f(-2)=3$일 때, $f(-1)+f(1)$의 값을 구하시오.
> $x=-2$를 대입하여 적분상수를 구하자. $\displaystyle\lim_{x\to -1+}f(x)=\lim_{x\to -1-}f(x)$, $\displaystyle\lim_{x\to 0+}f(x)=\lim_{x\to 0-}f(x)$임을 이용하자.

$f(x)=\begin{cases} x^2+x+C_1 & (x<-1) \\ 2x^3+2x^2-3x+C_2 & (-1\le x<0) \\ x^3-3x+C_3 & (x\ge 0) \end{cases}$

$f(-2)=2+C_1=3$

$C_1=1$

$x=-1$에서 연속이므로

$\displaystyle\lim_{x\to -1-}f(x)=\lim_{x\to -1+}f(x)$에서 $1=3+C_2$

$\therefore C_2=-2$

$x=0$에서 연속이므로

$\displaystyle\lim_{x\to 0-}f(x)=\lim_{x\to 0+}f(x)$에서 $-2=C_3$

$f(-1)=-2+2+3-2=1$, $f(1)=1-3-2=-4$

$\therefore f(-1)+f(1)=1+(-4)=-3$ 답 -3

1420 $x=2$에서 미분가능하므로 $x=2$에서 연속임을 이용하자.

> 모든 실수 x에 대하여 미분가능한 함수 $y=f(x)$의 도함수가 $f'(x)=x+|x-2|$이고 $f(0)=0$일 때, $f(3)+f(-1)$의 값을 구하시오.
> $$f(x)=\begin{cases} \displaystyle\int (2x-2)dx & (x\ge 2) \\ \displaystyle\int (2)dx & (x<2) \end{cases}$$ 임을 이용하자.

$f'(x)=\begin{cases} 2x-2 & (x\ge 2) \\ 2 & (x<2) \end{cases}$ 이므로

$f(x)=\displaystyle\int f'(x)\,dx=\begin{cases} x^2-2x+C_1 & (x\ge 2) \\ 2x+C_2 & (x<2) \end{cases}$

$f(0)=0$이므로 $C_2=0$

또 $y=f(x)$가 $x=2$에서 미분가능하므로 $x=2$에서 연속이다.

즉, $f(2)=\displaystyle\lim_{x\to 2+}f(x)=\lim_{x\to 2-}f(x)$이므로

$4-4+C_1=4$

$\therefore C_1=4$

따라서 $f(x)=\begin{cases} x^2-2x+4 & (x\ge 2) \\ 2x & (x<2) \end{cases}$ 이므로

$f(3)+f(-1)=(9-6+4)+(-2)=5$ 답 5

정답 및 해설

1421

$f'(x)$의 함수식을 구하자.

함수 $y=f(x)$의 도함수 $y=f'(x)$의 그래프가 그림과 같고, $y=f(x)$의 그래프가 x축에 접할 때, $f(1)$의 값은?

① 5 ② 6
③ 7 ④ 8
⑤ 9

$f(x)=\int f'(x)\,dx$임을 이용하자.

$f'(x)=2x+4$이므로

$$f(x)=\int f'(x)\,dx$$
$$=\int (2x+4)\,dx$$
$$=x^2+4x+C$$

$y=f(x)$의 그래프가 x축에 접하므로

이차방정식 $x^2+4x+C=0$의 판별식을 D라 하면

$$\frac{D}{4}=4-C=0$$

$$\therefore C=4$$

따라서 $f(x)=x^2+4x+4$이므로

$$f(1)=1+4+4=9$$

답 ⑤

1422

$f'(x)$의 함수식을 구하자.

함수 $y=f(x)$의 도함수 $y=f'(x)$의 그래프는 그림과 같이 이차함수이고 $f(1)=1$이 성립할 때, $f(2)$의 값을 구하시오.

$x=1$을 대입하여 적분상수를 구하자.

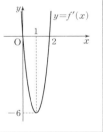

$f'(x)=ax(x-2)\ (a>0)$라 하면

$f'(1)=-6$이므로 $a=6$

$\therefore f'(x)=6x^2-12x$

$\therefore f(x)=\int (6x^2-12x)\,dx=2x^3-6x^2+C$

$f(1)=1$이므로 $2-6+C=1$

$\therefore C=5$

따라서 $f(x)=2x^3-6x^2+5$이므로

$$f(2)=16-24+5=-3$$

답 -3

1423

$x=0$에서 연속임을 이용하자.

모든 실수 x에서 연속인 함수 $y=f(x)$의 도함수 $y=f'(x)$의 그래프가 그림과 같다. $f(-3)=2$일 때, $f(3)$의 값은?

$f'(x)$의 함수식을 구하자.

① -1 ② -3
③ -5 ④ -7
⑤ -9

$$f'(x)=\begin{cases} -x & (x\geq 0) \\ x & (x<0) \end{cases}\ \text{이므로}$$

$$f(x)=\begin{cases} -\dfrac{x^2}{2}+C_1 & (x\geq 0) \\ \dfrac{x^2}{2}+C_2 & (x<0) \end{cases}$$

$f(-3)=2$이므로 $\dfrac{9}{2}+C_2=2$

$$\therefore C_2=-\frac{5}{2}$$

함수 $y=f(x)$는 $x=0$에서 연속이므로

$$C_1=C_2=-\frac{5}{2}$$

$$\therefore f(x)=\begin{cases} -\dfrac{x^2}{2}-\dfrac{5}{2} & (x\geq 0) \\ \dfrac{x^2}{2}-\dfrac{5}{2} & (x<0) \end{cases}$$

$$\therefore f(3)=-\frac{9}{2}-\frac{5}{2}=-7$$

답 ④

1424

$f'(2)$의 값이 존재하므로 $y=f(x)$는 $x=2$에서 미분가능하다.

함수 $y=f(x)$의 도함수 $y=f'(x)$의 그래프가 그림과 같고, $f(1)=1$을 만족시킬 때, $f(3)$의 값을 구하시오.

$f'(x)$의 함수식을 구하자.

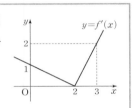

$$f'(x)=\begin{cases} -\dfrac{1}{2}x+1 & (x\leq 2) \\ 2x-4 & (x>2) \end{cases}\ \text{이므로}$$

$$f(x)=\int f'(x)\,dx$$
$$=\begin{cases} -\dfrac{1}{4}x^2+x+C_1 & (x\leq 2) \\ x^2-4x+C_2 & (x>2) \end{cases}$$

$f(1)=1$이므로

$$-\frac{1}{4}+1+C_1=1$$

$$\therefore C_1=\frac{1}{4}$$

또 $y=f(x)$가 $x=2$에서 미분가능하므로 $x=2$에서 연속이다.

$f(2)=\lim\limits_{x\to 2-} f(x)=\lim\limits_{x\to 2+} f(x)$이므로

$$-1+2+\frac{1}{4}=4-8+C_2$$

$$\therefore C_2=\frac{21}{4}$$

따라서 $f(x)=\begin{cases} -\dfrac{1}{4}x^2+x+\dfrac{1}{4} & (x\leq 2) \\ x^2-4x+\dfrac{21}{4} & (x>2) \end{cases}$ 이므로

$$f(3)=9-12+\frac{21}{4}=\frac{9}{4}$$

답 $\dfrac{9}{4}$

1425 $f'(x)$의 함수식을 구하자.

함수 $y=f(x)$의 도함수 $y=f'(x)$의 그래프가 그림과 같다. $f(0)=-2$이고 $y=f(x)$가 $x=2$, $x=4$에서 연속일 때, $f(1)+f(3)+f(5)$의 값을 구하시오.

$\lim\limits_{x \to 2+} f(x)=\lim\limits_{x \to 2-} f(x)$, $\lim\limits_{x \to 4+} f(x)=\lim\limits_{x \to 4-} f(x)$임을 이용하자.

$f'(x)=\begin{cases} 4 & (x<2) \\ 2 & (2<x<4) \\ -2 & (x>4) \end{cases}$ 이므로

$f(x)=\int f'(x)\,dx=\begin{cases} 4x+C_1 & (x<2) \\ 2x+C_2 & (2<x<4) \\ -2x+C_3 & (x>4) \end{cases}$

$f(0)=-2$이므로 $C_1=-2$

함수 $y=f(x)$가 $x=2$에서 연속이므로

$f(2)=\lim\limits_{x \to 2-}(4x-2)=\lim\limits_{x \to 2+}(2x+C_2)$

즉, $6=4+C_2$이므로 $C_2=2$

또 함수 $y=f(x)$가 $x=4$에서 연속이므로

$f(4)=\lim\limits_{x \to 4-}(2x+2)=\lim\limits_{x \to 4+}(-2x+C_3)$

즉, $10=-8+C_3$이므로 $C_3=18$

따라서 $f(x)=\begin{cases} 4x-2 & (x<2) \\ 2x+2 & (2\le x<4) \\ -2x+18 & (x\ge4) \end{cases}$ 이므로

$f(1)+f(3)+f(5)=2+8+8=18$

目 18

1426 $y=f(x)$의 그래프의 개형을 그리자.

연속함수 $f(x)$의 도함수를 $f'(x)$라고 하자. 함수 $y=f'(x)$의 그래프가 그림과 같을 때, 〈보기〉에서 옳은 것만을 있는 대로 고른 것은? (단, $f'(a)=f'(c)=0$이다.)

$x=b$일 때 $y=f(x)$는 연속이면서 미분불가능하다.

┌ 보기 ┐
ㄱ. $x=a$일 때 $y=f(x)$는 극대이다.
ㄴ. $x=b$일 때 $y=f(x)$는 극소이다.
ㄷ. $f(a)=0$일 때, 방정식 $f(x)=0$은 1개의 실근을 갖는다.

ㄱ. $y=f(x)$는 $x=a$일 때 증가에서 감소로 바뀌므로 극대이다. (참)

ㄴ. $y=f(x)$는 $x=b$일 때 감소에서 증가로 바뀌었으므로 극소이다. (참)

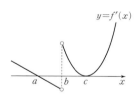

ㄷ. $f(a)<0$일 때, 방정식 $f(x)=0$은 1개의 실근을 갖는다. (거짓)

따라서 옳은 것은 ㄱ, ㄴ이다.

目 ②

1427 $f'(x)=a(x+2)(x-2)\,(a<0)$로 놓을 수 있다.

삼차함수 $y=f(x)$의 도함수 $y=f'(x)$의 그래프는 그림과 같다. $f(0)=0$일 때, x에 대한 방정식 $f(x)=kx$가 서로 다른 세 실근을 갖기 위한 실수 k의 값의 범위는?

$x=0$을 대입하여 적분상수를 구하자.

$y=f(x)$가 삼차함수이므로 $y=f'(x)$는 이차함수이다.

$y=f'(x)$의 그래프와 x축의 교점의 x좌표가 -2, 2이므로

$f'(x)=a(x+2)(x-2)\,(a<0)$

라 하면 $y=f'(x)$의 그래프는 점 $(0,3)$을 지나므로

$f'(0)=3$에서 $-4a=3$

$\therefore a=-\dfrac{3}{4}$

즉, $f'(x)=-\dfrac{3}{4}(x+2)(x-2)=-\dfrac{3}{4}x^2+3$이므로

$f(x)=\int f'(x)\,dx=\int \left(-\dfrac{3}{4}x^2+3\right)dx$

$=-\dfrac{1}{4}x^3+3x+C$

또한, $f(0)=0$이므로 $C=0$

$\therefore f(x)=-\dfrac{1}{4}x^3+3x$

방정식 $f(x)=kx$에서 $-\dfrac{1}{4}x^3+3x=kx$

$\dfrac{1}{4}x^3+(k-3)x=0$

$\therefore x\{x^2+4(k-3)\}=0$

즉, 방정식 $x\{x^2+4(k-3)\}=0$이 서로 다른 세 실근을 가지려면 이차방정식 $x^2+4(k-3)=0$이 0이 아닌 서로 다른 두 실근을 가져야 하므로 이차방정식 $x^2+4(k-3)=0$의 판별식을 D라 하면

$D=-16(k-3)>0$ $\therefore k<3$

目 ①

1428 $y=f(x)$는 $x=0$에서 극댓값을 가진다.

사차함수 $y=f(x)$의 도함수 $y=f'(x)$의 그래프가 그림과 같다. $f(0)=1$, $f(\sqrt{2})=-3$일 때, $f(m)f(m+1)<0$을 만족시키는 모든 정수 m의 값의 합을 구하시오.

$y=f(x)$는 $x=\sqrt{2}$에서 극솟값을 가진다.

$f(m)$과 $f(m+1)$의 부호가 반대임을 이용하자.

함수 $y=f'(x)$는 삼차함수이고

$f'(0)=f'(\sqrt{2})=f'(-\sqrt{2})=0$이므로

$f'(x)=kx(x+\sqrt{2})(x-\sqrt{2})$

$=kx(x^2-2)=kx^3-2kx\,(k>0)$

라 하면

$f(x)=\int f'(x)\,dx=\int(kx^3-2kx)\,dx$

$=\dfrac{k}{4}x^4-kx^2+C$

$f(0)=C=1$

$f(\sqrt{2})=k-2k+C=-k+1=-3$이므로 $k=4$

$\therefore f(x)=x^4-4x^2+1$

함수 $y=f(x)$의 그래프는 그림과 같다.

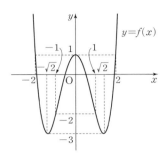

$f(-2)=f(2)=1>0$,

$f(-1)=f(1)=-2<0$이므로

$f(m)f(m+1)<0$을 만족시키는 정수는 -2, -1, 0, 1이다.

따라서 $f(m)f(m+1)<0$을 만족시키는 모든 정수 m의 값의 합은

-2
🖪 -2

1429 $\dfrac{d}{dx}\displaystyle\int f(x)dx=f(x)$임을 이용하자.

> 다항함수 $f(x)$에 대하여 $\displaystyle\int f(x)dx=-\dfrac{1}{3}x^3+3x^2+C$가 성립할 때, $f(2)$의 값을 구하시오. (단, C는 적분상수이다.)

$\displaystyle\int f(x)dx=-\dfrac{1}{3}x^3+3x^2+C$의 양변을 x에 대하여 미분하면

$f(x)=-x^2+6x$

$\therefore f(2)=-4+12=8$
🖪 8

1430 $\displaystyle\int\left\{\dfrac{d}{dx}f(x)\right\}dx=f(x)+C$임을 이용하자.

> 함수 $F(x)=\displaystyle\int\left\{\dfrac{d}{dx}(x^3-2x)\right\}dx$에 대하여 $F(1)=1$일 때, $F(-1)$의 값을 구하시오. $x=1$을 대입하여 적분상수를 구하자.

$F(x)=\displaystyle\int\left\{\dfrac{d}{dx}(x^3-2x)\right\}dx=x^3-2x+C$

$F(1)=1$이므로 $1-2+C=1$

$\therefore C=2$

따라서 $F(x)=x^3-2x+2$이므로

$F(-1)=(-1)+2+2=3$
🖪 3

1431 $\dfrac{d}{dx}\displaystyle\int f(x)dx=f(x)$임을 이용하자.

> 함수 $f(x)=\dfrac{d}{dx}\displaystyle\int(x^2-2x+3)dx$에 대하여 함수 $g(x)=\displaystyle\int f(x)dx$이고 $g(1)=4$가 성립할 때, $g(4)$의 값을 구하시오. $x=1$을 대입하여 적분상수를 구하자.

$f(x)=\dfrac{d}{dx}\displaystyle\int(x^2-2x+3)dx$

$=x^2-2x+3$

이므로

$g(x)=\displaystyle\int f(x)dx$

$=\displaystyle\int(x^2-2x+3)dx$

$=\dfrac{1}{3}x^3-x^2+3x+C$

$g(1)=4$이므로 $\dfrac{1}{3}-1+3+C=4$

$\therefore C=\dfrac{5}{3}$

따라서 $g(x)=\dfrac{1}{3}x^3-x^2+3x+\dfrac{5}{3}$이므로

$g(4)=\dfrac{64}{3}-16+12+\dfrac{5}{3}=19$
🖪 19

1432 $f(x)=\displaystyle\int f'(x)dx$임을 이용하자.

> 다음 조건을 만족시키는 함수 $y=f(x)$에 대하여 $f(2)$의 값은?
>
> (가) $f'(x)=3x^2+4x-3$　　(나) $f(1)=3$
>
> $x=1$을 대입하여 적분상수를 구하자.

$f'(x)=3x^2+4x-3$이므로

$f(x)=\displaystyle\int f'(x)dx$

$=\displaystyle\int(3x^2+4x-3)dx$

$=x^3+2x^2-3x+C$

$f(1)=3$이므로 $C=3$

따라서 $f(x)=x^3+2x^2-3x+3$이므로

$f(2)=8+8-6+3=13$
🖪 ⑤

1433 $f(0)=5$임을 이용하자.

> 점 $(0,5)$를 지나는 곡선 $y=f(x)$ 위의 점 (x,y)에서의 접선의 기울기가 $2x+1$일 때, $f(1)$의 값은?
>
> $f'(x)=2x+1$임을 이용하자.

곡선 $y=f(x)$ 위의 점 (x,y)에서의 접선의 기울기가 $2x+1$이므로

$f'(x)=2x+1$

$\therefore f(x)=\displaystyle\int f'(x)dx$

$=\displaystyle\int(2x+1)dx$

$=x^2+x+C$

곡선 $y=f(x)$가 점 $(0,5)$를 지나므로 $f(0)=C=5$

따라서 $f(x)=x^2+x+5$이므로

$f(1)=1+1+5=7$
🖪 ④

1434

$\int x^n dx = \dfrac{1}{n+1}x^{n+1}+C$임을 이용하자.

함수 $f(x)=\displaystyle\int(x^3+2x^2+4)\,dx$일 때,

$\displaystyle\lim_{h\to0}\dfrac{f(1+h)-f(1-h)}{h}$ 의 값을 구하시오.

$\displaystyle\lim_{h\to0}\dfrac{f(1+h)-f(1)-\{f(1-h)-f(1)\}}{h}$ 임을 이용하자.

$\displaystyle\lim_{h\to0}\dfrac{f(1+h)-f(1-h)}{h}$

$=\displaystyle\lim_{h\to0}\dfrac{f(1+h)-f(1)-\{f(1-h)-f(1)\}}{h}$

$=\displaystyle\lim_{h\to0}\dfrac{f(1+h)-f(1)}{h}+\lim_{h\to0}\dfrac{f(1-h)-f(1)}{-h}$

$=f'(1)+f'(1)=2f'(1)$

$f(x)=\displaystyle\int(x^3+2x^2+4)\,dx$의 양변을 x에 대하여 미분하면

$f'(x)=\dfrac{d}{dx}\left\{\displaystyle\int(x^3+2x^2+4)\,dx\right\}$

$\quad\ =x^3+2x^2+4$

$\therefore f'(1)=7$

따라서 구하는 값은 $2f'(1)=2\times7=14$ 답 14

1435 서술형 $f'(x)=a(x+1)(x-3)\ (a>0)$으로 놓을 수 있다.

삼차함수 $f(x)$의 도함수 $y=f'(x)$의 그래프는 그림과 같다. $f(x)$의 극댓값이 25, 극솟값이 -7일 때, $f(1)$의 값을 구하시오. $y=f(x)$는 $x=-1$에서 극댓값을 가진다.

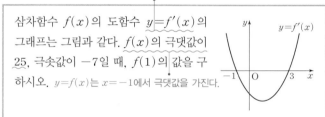

$f'(x)=a(x+1)(x-3)=a(x^2-2x-3)$이므로

$f(x)=a\left(\dfrac{1}{3}x^3-x^2-3x\right)+C$ (C는 적분상수)이다.   ······ 40%

이때 $f(-1)=25,\ f(3)=-7$이므로

$\dfrac{5}{3}a+C=25,\ -9a+C=-7$

$\therefore a=3,\ C=20$ ······ 30%

따라서 $f(x)=3\left(\dfrac{1}{3}x^3-x^2-3x\right)+20$이다.

$\therefore f(1)=9$ ······ 30%

답 9

1436   양변을 x에 대하여 미분하자.

미분가능한 함수 $f(x)$와 그 부정적분 $F(x)$ 사이에 $F(x)=xf(x)+2x^3-x^2$인 관계가 있다. $f(0)=5$일 때, $f(1)$의 값을 구하시오. $x=0$을 대입하여 적분상수를 구하자.

주어진 등식의 양변을 x에 대하여 미분하면

$F'(x)=f(x)+xf'(x)+6x^2-2x$

$f(x)=f(x)+xf'(x)+6x^2-2x$

$xf'(x)=-6x^2+2x$

$\therefore f'(x)=-6x+2$

$\therefore f(x)=\displaystyle\int(-6x+2)\,dx$

$\qquad\ =-3x^2+2x+C$

$f(0)=5$에서 $C=5$

따라서 $f(x)=-3x^2+2x+2$이므로

$f(1)=-3+2+5=4$ 답 4

1437 $x=0$을 대입하여 적분상수를 구하자.

두 함수 $y=f(x),\ y=g(x)$에 대하여 $f(0)=2,\ g(0)=-1$이고 $\dfrac{d}{dx}\{f(x)+g(x)\}=2x+1,\ \dfrac{d}{dx}\{f(x)g(x)\}=3x^2-2x+2$ 인 관계가 성립할 때, $f(3)+g(2)$의 값을 구하시오.   양변을 x에 대하여 적분하자.   양변을 x에 대하여 적분하자.

$\dfrac{d}{dx}\{f(x)+g(x)\}=2x+1$의 양변을 x에 대하여 적분하면

$\displaystyle\int\left[\dfrac{d}{dx}\{f(x)+g(x)\}\right]dx=\int(2x+1)\,dx$

$f(x)+g(x)=x^2+x+C_1$ ······ ㉠

$\dfrac{d}{dx}\{f(x)g(x)\}=3x^2-2x+2$의 양변을 x에 대하여 적분하면

$\displaystyle\int\left[\dfrac{d}{dx}\{f(x)g(x)\}\right]dx=\int(3x^2-2x+2)\,dx$

$f(x)g(x)=x^3-x^2+2x+C_2$ ······ ㉡

㉠, ㉡에 $x=0$을 각각 대입하면

$f(0)+g(0)=C_1$

$\therefore C_1=2+(-1)=1$

$f(0)g(0)=C_2$

$\therefore C_2=2\times(-1)=-2$

$\therefore f(x)+g(x)=x^2+x+1$ ······ ㉢

$\quad\ f(x)g(x)=x^3-x^2+2x-2$

$\qquad\qquad\quad\ =(x-1)(x^2+2)$ ······ ㉣

㉢, ㉣에서

$\begin{cases} f(x)=x-1 \\ g(x)=x^2+2 \end{cases}$ 또는 $\begin{cases} f(x)=x^2+2 \\ g(x)=x-1 \end{cases}$

그런데 $f(0)=2,\ g(0)=-1$이므로

$f(x)=x^2+2,\ g(x)=x-1$

$\therefore f(3)+g(2)=(3^2+2)+(2-1)=12$ 답 12

1438 $x=0,\ y=0$을 대입하여 $f(0)$의 값을 구하자.

다항함수 $y=f(x)$가 임의의 실수 $x,\ y$에 대하여 $f(x+y)=f(x)+f(y)+xy(x+y)$ 를 만족시키고 $f'(0)=1$일 때, $f(3)$의 값을 구하시오. $f'(x)=\displaystyle\lim_{h\to0}\dfrac{f(x+h)-f(x)}{h}$임을 이용하자.

$f(x+y)=f(x)+f(y)+xy(x+y)$에 $x=0,\ y=0$을 대입하면

$f(0+0)=f(0)+f(0)+0$

$\therefore f(0)=0$

$$f'(x) = \lim_{h \to 0} \frac{f(x+h)-f(x)}{h}$$
$$= \lim_{h \to 0} \frac{f(x)+f(h)+xh(x+h)-f(x)}{h}$$
$$= \lim_{h \to 0} \frac{f(h)}{h} + \lim_{h \to 0} x(x+h)$$
$$= \lim_{h \to 0} \frac{f(h)-f(0)}{h} + x^2$$
$$= f'(0) + x^2$$
$$= x^2 + 1$$

$$\therefore f(x) = \int (x^2+1)\,dx = \frac{1}{3}x^3 + x + C$$

$f(0)=0$이므로 $C=0$

따라서 $f(x) = \frac{1}{3}x^3 + x$이므로

$f(3) = 9+3 = 12$ 답 12

1439 ✏️서술형 $x=1$에서 연속임을 이용하자.

> 모든 실수 x에서 연속인 함수 $f(x)$의 도함수가
> $$f'(x) = \begin{cases} 2x-1 & (x<1) \\ 3x^2-2 & (x\geq 1) \end{cases}$$
> 이고 $f(2)=3$일 때, $f(-1)+f(3)$의 값을 구하시오.
> $$f(x) = \begin{cases} \int(2x-1)\,dx & (x<1) \\ \int(3x^2-2)\,dx & (x\geq 1) \end{cases}$$ 임을 이용하자.

$$f(x) = \begin{cases} x^2-x+C_1 & (x<1) \\ x^3-2x+C_2 & (x\geq 1) \end{cases}$$
     ······ 40%

이고, $x=1$에서 연속이므로

$1-1+C_1 = 1-2+C_2$

$C_1 = C_2-1$

한편, $f(2)=3$이므로

$2^3 - 2\times 2 + C_2 = 3$

$\therefore C_2 = -1$

$\therefore C_1 = -2$ ······ 30%

$f(-1) = 1+1-2 = 0$, $f(3) = 27-6-1 = 20$

$\therefore f(-1)+f(3) = 20$ ······ 30%

     답 20

1440   구간에 따른 $y=f'(x)$의 함수식을 구하자.

> 연속함수 $f(x)$의 도함수 $f'(x)$의 그래프가 그림과 같고 $f(0)=1$일 때, $f\left(-\frac{1}{2}\right)$의 값을 구하시오.
> $f(x) = \int f'(x)\,dx$임을 이용하자.

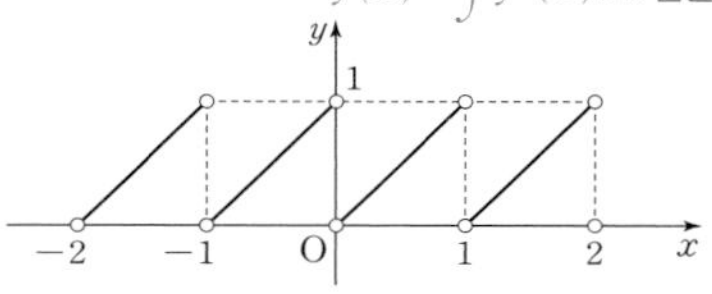

주어진 그래프로부터 구간 $(-1, 0)$에서는 $f'(x) = x+1$이다.

즉 $f(x) = \frac{1}{2}x^2 + x + C$ (C는 적분상수)이다.

$f(0)=1$이므로 $C=1$이다.

따라서 구간 $(-1, 0)$에서 $f(x) = \frac{1}{2}x^2 + x + 1$

$\therefore f\left(-\frac{1}{2}\right) = \frac{1}{8} - \frac{1}{2} + 1 = \frac{5}{8}$ 답 $\frac{5}{8}$

1441 $F'(x) = 3x^2-12x+9$임을 이용하자.

> 함수 $f(x) = 3x^2-12x+9$의 한 부정적분을 $y=F(x)$라 할 때, 방정식 $F(x)=0$이 서로 다른 세 실근을 갖도록 하는 적분상수 C의 값의 범위는 $\alpha < C < \beta$이다. $\alpha+\beta$의 값을 구하시오.
> (극댓값)×(극솟값)<0이어야 한다.

$$F(x) = \int (3x^2-12x+9)\,dx$$
$$= x^3 - 6x^2 + 9x + C$$
$$f(x) = 3x^2 - 12x + 9$$
$$= 3(x-1)(x-3)$$이므로
$f(x)=0$에서 $x=1$ 또는 $x=3$

함수 $y=F(x)$의 증가, 감소를 표로 나타내면 다음과 같다.

x	$\cdots$	1	$\cdots$	3	$\cdots$
$f(x)$		+	0	−	0	+
$F(x)$		↗	극대	↘	극소	↗

$y=F(x)$는 $x=1$에서 극대, $x=3$에서 극소이므로 삼차방정식 $F(x)=0$이 서로 다른 세 실근을 가지려면

(극댓값)×(극솟값)<0이어야 한다.

즉, $F(1)F(3)<0$에서 $(C+4)C<0$

$\therefore -4 < C < 0$

$\therefore \alpha+\beta = (-4)+0 = -4$ 답 −4

1442 $\int x^n\,dx = \frac{1}{n+1}x^{n+1}+C$임을 이용하자.

> 양의 정수 n에 대하여 $f_n(x) = \int \frac{(x+2)^{n+1}}{n+3}\,dx$이고 $f_n(-2)=0$일 때, $\sum_{n=1}^{27} f_n(-1)$의 값을 구하시오.
> $x=-2$를 대입하여 적분상수를 구하자.

$$f_n(x) = \frac{(x+2)^{n+2}}{(n+2)(n+3)} + C_n$$

이때, $f_n(-2)=0$이므로 $C_n=0$

$$\therefore f_n(x) = \frac{(x+2)^{n+2}}{(n+2)(n+3)}$$

$$\therefore \sum_{n=1}^{27} f_n(-1) = \sum_{n=1}^{27} \frac{1}{(n+2)(n+3)}$$
$$= \sum_{n=1}^{27} \left(\frac{1}{n+2} - \frac{1}{n+3} \right)$$
$$= \left(\frac{1}{3}-\frac{1}{4}\right) + \left(\frac{1}{4}-\frac{1}{5}\right) + \cdots + \left(\frac{1}{29}-\frac{1}{30}\right)$$
$$= \frac{1}{3} - \frac{1}{30}$$
$$= \frac{3}{10}$$
     답 $\frac{3}{10}$

1443 $f(0)=-2$임을 이용하자.

점 $(0, -2)$를 지나는 곡선 $y=f(x)$ 위의 임의의 점 (x, y)에서의 접선의 기울기는 $-6x+k$이다. 방정식 $f(x)=0$의 한 근이 2일 때, 다른 한 근을 구하시오. (단, k는 상수이다.)

$f'(x)=-6x+k$임을 이용하자.

곡선 $y=f(x)$ 위의 임의의 점 (x, y)에서의 접선의 기울기는 $f'(x)$이므로 $f'(x)=-6x+k$

$\therefore f(x)=\int(-6x+k)dx$

$\qquad =-3x^2+kx+C$

곡선 $y=f(x)$가 점 $(0, -2)$를 지나므로

$f(0)=-2$에서 $C=-2$

$\therefore f(x)=-3x^2+kx-2$

따라서 방정식 $-3x^2+kx-2=0$의 한 근이 2이고, 근과 계수의

관계에 의하여 두 근의 곱이 $\dfrac{2}{3}$이므로 다른 한 근을 a라 하면

$2a=\dfrac{2}{3}$

$\therefore a=\dfrac{1}{3}$

$\qquad\qquad\qquad\qquad\qquad$ 답 $\dfrac{1}{3}$

1444 $f'(x)=0$인 x를 찾자.

삼차함수 $y=f(x)$의 극댓값이 $\dfrac{4}{3}$이고 $f'(x)=x^2-(a+1)x+a$이다. $f(0)=0$일 때, 함수 $y=f(x)$의 극솟값을 구하시오.

$f(x)=\int f'(x)dx$임을 이용하자. (단, $a>1$)

$f(x)=\int f'(x)dx$

$\qquad =\int\{x^2-(a+1)x+a\}dx$

$\qquad =\dfrac{1}{3}x^3-\dfrac{(a+1)}{2}x^2+ax+C$

$f(0)=0$이므로 $C=0$

$\therefore f(x)=\dfrac{1}{3}x^3-\dfrac{(a+1)}{2}x^2+ax$

$f'(x)=x^2-(a+1)x+a$

$\qquad =(x-1)(x-a)$

$f'(x)=0$에서 $x=1$ 또는 $x=a$ $(a>1)$

함수 $y=f(x)$의 증가, 감소를 표로 나타내면 다음과 같다.

x	$\cdots$	1	$\cdots$	a	$\cdots$
$f'(x)$	+	0	−	0	+
$f(x)$	↗	극대	↘	극소	↗

함수 $y=f(x)$는 $x=1$에서 극댓값 $\dfrac{4}{3}$를 가지므로

$f(1)=\dfrac{1}{3}-\dfrac{(a+1)}{2}+a=\dfrac{4}{3}$ $\quad\therefore a=3$

즉, $f(x)=\dfrac{1}{3}x^3-2x^2+3x$이고 $x=3$에서 극솟값을 가지므로

$f(3)=9-18+9=0$

$\qquad\qquad\qquad\qquad\qquad$ 답 0

1445 $f(x)=ax+b$라 하자.

일차함수 $y=f(x)$에 대하여

$$2\int f(x)dx=f(x)+xf(x)-x+3$$

이 성립한다. $f(1)=4$일 때, $f(2)$의 값을 구하시오.

양변을 x에 대하여 미분하자.

$y=f(x)$는 일차함수이므로 $f(x)=ax+b$ $(a\neq0)$라 하면

$f'(x)=a$

$2\int f(x)dx=f(x)+xf(x)-x+3$의 양변을 x에 대하여 미분하면

$2f(x)=f'(x)+f(x)+xf'(x)-1$

$f(x)=(1+x)f'(x)-1$

$ax+b=a(1+x)-1$

$ax+b=a+ax-1$

$\therefore a-b=1$ $\quad\cdots\cdots\ \ominus$

그런데 $f(1)=4$이므로

$a+b=4$ $\quad\cdots\cdots\ \ominus\ominus$

$\ominus$, $\ominus\ominus$을 연립하여 풀면

$a=\dfrac{5}{2}$, $b=\dfrac{3}{2}$

따라서 $f(x)=\dfrac{5}{2}x+\dfrac{3}{2}$이므로

$f(2)=5+\dfrac{3}{2}=\dfrac{13}{2}$

$\qquad\qquad\qquad\qquad\qquad$ 답 $\dfrac{13}{2}$

1446 $x=0, y=0$을 대입하여 $f(0)$의 값을 구하자.

미분가능한 함수 $y=f(x)$가 모든 실수 x, y에 대하여

$$f(x+y)=f(x)+f(y)+axy(x+y),$$

$$\lim_{x\to1}\dfrac{f(x)-3}{x-1}=5$$

를 만족시킬 때, $\displaystyle\sum_{k=1}^{5}f(k)$의 값을 구하시오. (단, a는 상수이다.)

$f(1)=3$이고 $f'(1)=5$임을 알 수 있다.

주어진 식에 $x=0, y=0$을 대입하면 $f(0)=0$

$f'(x)=\displaystyle\lim_{h\to0}\dfrac{f(x+h)-f(x)}{h}$

$\qquad =\displaystyle\lim_{h\to0}\dfrac{f(h)+axh(x+h)}{h}$

$\qquad =\displaystyle\lim_{h\to0}\dfrac{f(h)}{h}+\lim_{h\to0}ax(x+h)$

$\qquad =\displaystyle\lim_{h\to0}ax(x+h)+\lim_{h\to0}\dfrac{f(h)-f(0)}{h}$ $(\because f(0)=0)$

$\qquad =ax^2+f'(0)$

$\therefore f(x)=\dfrac{a}{3}x^3+f'(0)x+C$

$f(0)=0$이므로 $C=0$

$\therefore f(x)=\dfrac{a}{3}x^3+f'(0)x$

$\displaystyle\lim_{x\to1}\dfrac{f(x)-3}{x-1}=5$에서

$f(1)=3$, $f'(1)=5$

$f(1)=3$이므로

정답 및 해설

$\dfrac{a}{3}+f'(0)=3$ ······㉠

$f'(1)=5$이므로

$a+f'(0)=5$ ······㉡

㉠, ㉡을 연립하여 풀면

$a=3,\ f'(0)=2$

$\therefore f(x)=x^3+2x$

$\therefore \displaystyle\sum_{k=1}^{5} f(k)=\sum_{k=1}^{5}(k^3+2k)$

$\qquad =\left(\dfrac{5\times6}{2}\right)^2+2\times\dfrac{5\times6}{2}$

$\qquad =15^2+30$

$\qquad =255$

답 255

1447 전개하여 식을 간단히 하자.

함수 $f(x)=\displaystyle\int (x-2)(x+2)(x^2+4)\,dx$에 대하여

$f(0)=\dfrac{4}{5}$일 때, $\displaystyle\lim_{x\to1}\dfrac{xf(x)-f(1)}{x^2-1}$ 의 값은?

$=\displaystyle\lim_{x\to1}\left\{\dfrac{xf(x)-xf(1)+xf(1)-f(1)}{x-1}\times\dfrac{1}{x+1}\right\}$로 변형하자.

$f(x)=\displaystyle\int(x-2)(x+2)(x^2+4)\,dx$

$\qquad =\displaystyle\int(x^4-16)\,dx$

$\qquad =\dfrac{1}{5}x^5-16x+C$

$f(0)=\dfrac{4}{5}$이므로 $C=\dfrac{4}{5}$

$\therefore f(x)=\dfrac{1}{5}x^5-16x+\dfrac{4}{5},\ f'(x)=x^4-16$

$\therefore \displaystyle\lim_{x\to1}\dfrac{xf(x)-f(1)}{x^2-1}$

$=\displaystyle\lim_{x\to1}\left\{\dfrac{xf(x)-xf(1)+xf(1)-f(1)}{x-1}\times\dfrac{1}{x+1}\right\}$

$=\displaystyle\lim_{x\to1}\left[\dfrac{x\{f(x)-f(1)\}+f(1)(x-1)}{x-1}\times\dfrac{1}{x+1}\right]$

$=\displaystyle\lim_{x\to1}\left[\left\{x\times\dfrac{f(x)-f(1)}{x-1}+f(1)\right\}\times\dfrac{1}{x+1}\right]$

$=\dfrac{1}{2}\{f'(1)+f(1)\}$

$f(1)=\dfrac{1}{5}-16+\dfrac{4}{5}=-15,\ f'(1)=1-16=-15$

따라서 구하는 값은

$\dfrac{1}{2}\{(-15)+(-15)\}=-15$

답 ④

1448

다항함수 $f(x)$가 다음 두 조건을 모두 만족시킨다.

$f(x)=x^2-4x+C$임을 이용하자.

(가) $f(x)=\displaystyle\int\left\{\dfrac{d}{dx}(x^2-4x)\right\}dx$

(나) $0\le x\le5$에서 $\log_2 f(x)$의 최댓값은 4이다.

이때, $f(0)$의 값은? $\log_2 f(x)\le4$이므로 $f(x)\le2^4$이다.

$f(x)=\displaystyle\int\left\{\dfrac{d}{dx}(x^2-4x)\right\}dx$

$\qquad =x^2-4x+C$

$\qquad =(x-2)^2+C'$

$0\le x\le5$에서 $f(x)$는 $x=5$일 때 최대이므로 $f(x)$의 최댓값은

$f(5)=9+C'$

즉, $\log_2(9+C')=4$에서

$9+C'=2^4=16$

$\therefore C'=7$

따라서 $f(x)=(x-2)^2+7$이므로

$f(0)=11$

답 ③

1449 $f(x)=\displaystyle\int f'(x)\,dx$임을 이용하자.

삼차함수 $y=f(x)$가 다음 조건을 만족시킬 때, 함수 $y=f(x)$의 극솟값을 구하시오.

(가) 두 점 $\mathrm{A}(1,1),\ \mathrm{B}(3,0)$을 지난다.

(나) $x=-1$에서 극솟값을 갖고, $x=2$에서 극댓값을 갖는다.

$f'(x)=a(x+1)(x-2)\ (a<0)$라 놓을 수 있다.

$x=-1$에서 극솟값을 갖고, $x=2$에서 극댓값을 가지므로

$f'(x)=a(x+1)(x-2)\ (a<0)$라 하면

$f(x)=\displaystyle\int f'(x)\,dx$

$\qquad =\displaystyle\int a(x+1)(x-2)\,dx$

$\qquad =\displaystyle\int a(x^2-x-2)\,dx$

$\qquad =a\left(\dfrac{1}{3}x^3-\dfrac{1}{2}x^2-2x\right)+C$

함수 $y=f(x)$의 그래프는 두 점 $\mathrm{A}(1,1),\ \mathrm{B}(3,0)$을 지나므로

$f(1)=-\dfrac{13}{6}a+C=1$ ······㉠

$f(3)=-\dfrac{3}{2}a+C=0$ ······㉡

㉠, ㉡을 연립하여 풀면 $a=-\dfrac{3}{2},\ C=-\dfrac{9}{4}$

$\therefore f(x)=-\dfrac{1}{2}x^3+\dfrac{3}{4}x^2+3x-\dfrac{9}{4}$

따라서 극솟값은

$f(-1)=\dfrac{1}{2}+\dfrac{3}{4}-3-\dfrac{9}{4}=-4$

답 -4

1450 양변을 x에 대하여 미분하자.

> 두 다항함수 $y=f(x)$, $y=g(x)$에 대하여
> $$\int \{f(x)+g(x)\}dx=\frac{1}{3}x^3+2x^2+4x+C,$$
> $$f'(x)g(x)+f(x)g'(x)=6x^2+10x+8$$
> 이다. $g(1)=6$일 때, $|f(2)-g(2)|$의 값을 구하시오.
> (단, C는 적분상수이다.)
>
> $\frac{d}{dx}\{f(x)g(x)\}=f'(x)g(x)+f(x)g'(x)$임을 이용하자.

$\int \{f(x)+g(x)\}dx=\frac{1}{3}x^3+2x^2+4x+C$의 양변을 x에 대하여

미분하면

$f(x)+g(x)=x^2+4x+4$ ······ ㉠

$g(1)=6$이므로 ㉠에서

$f(1)+6=9$ ∴ $f(1)=3$

$\frac{d}{dx}\{f(x)g(x)\}=f'(x)g(x)+f(x)g'(x)$이므로

$$f(x)g(x)=\int \{f'(x)g(x)+f(x)g'(x)\}dx$$
$$=\int (6x^2+10x+8)dx$$
$$=2x^3+5x^2+8x+C_1$$

위의 식에 $x=1$을 대입하면

$f(1)g(1)=2+5+8+C_1$

$3\times 6=15+C_1$ ∴ $C_1=3$

∴ $f(x)g(x)=2x^3+5x^2+8x+3$ ······ ㉡

㉠, ㉡에 $x=2$를 대입하면

$f(2)+g(2)=16$

$f(2)g(2)=55$

두 식을 연립하여 풀면

$\begin{cases} f(2)=11 \\ g(2)=5 \end{cases}$ 또는 $\begin{cases} f(2)=5 \\ g(2)=11 \end{cases}$

∴ $|f(2)-g(2)|=6$ 冒6

1451
$f(x)=\begin{cases} -x+C_1 & (x<-2) \\ x^3+C_2 & (-2\le x<2) \\ -x+C_3 & (x\ge 2) \end{cases}$ 임을 이용하자.

> 함수 $y=f(x)$가 모든 실수에서 연속이고 $|x|\ne 2$인 모든 실수
> x에 대하여 $f'(x)=\begin{cases} 3x^2 & (|x|<2) \\ -1 & (|x|>2) \end{cases}$ 일 때, 〈보기〉에서 옳은 것
> 만을 있는 대로 고른 것은?
>
> ─┤ 보기 ├─
> ㄱ. 함수 $y=f(x)$는 극값을 갖지 않는다.
> ㄴ. $f(0)=-1$이면 $f(3)=6$이다.
> ㄷ. 모든 실수 x에 대하여 $f(x)=-f(-x)$이다.
>
> 그래프가 원점 대칭인 함수를 뜻한다.

$f(x)=\begin{cases} -x+C_1 & (x<-2) \\ x^3+C_2 & (-2\le x<2) \\ -x+C_3 & (x\ge 2) \end{cases}$

이므로 함수 $y=f(x)$의 그래프의 개형은 그림과 같다.

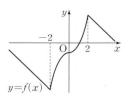

ㄱ. 그림에서 함수 $y=f(x)$는 $x=-2$와 $x=2$에서 극값을 갖는다.
(거짓)

ㄴ. 함수 $y=f(x)$의 그래프에서 $f(0)=-1$이면
$f(x)=x^3+C_2$ $(-2\le x<2)$에서
$f(0)=C_2=-1$
한편, $x=2$에서 함수 $y=f(x)$는 연속이어야 하므로
$8+C_2=-2+C_3$
∴ $C_3=9$
즉, $f(x)=-x+9$ $(x\ge 2)$에서
$f(3)=-3+9=6$ (참)

ㄷ. 함수 $y=f(x)$의 그래프는 $f(0)=0$일 때만 원점에 대하여 대칭이
므로 모든 실수 x에 대하여 $f(x)=-f(-x)$라 할 수 없다. (거짓)

따라서 옳은 것은 ㄴ뿐이다. 冒②

1452 $x<0$, $0\le x<1$, $x\ge 1$인 경우로 나누자.

> 모든 실수 x에 대하여 미분가능한 함수 $y=f(x)$의 도함수가
> $f'(x)=|x|+|x-1|$일 때, $f(2)-f(-1)$의 값을 구하시오.
>
> $x=0$, $x=1$에서 미분가능하므로 $x=0$, $x=1$에서 연속임을 이용하자.

$f'(x)=|x|+|x-1|$에서

$f'(x)=\begin{cases} -2x+1 & (x<0) \\ 1 & (0\le x<1) \\ 2x-1 & (x\ge 1) \end{cases}$ 이므로

$f(x)=\int f'(x)dx$

$=\begin{cases} -x^2+x+C_1 & (x<0) \\ x+C_2 & (0\le x<1) \\ x^2-x+C_3 & (x\ge 1) \end{cases}$

함수 $y=f(x)$가 $x=0$, $x=1$에서 미분가능하므로
$x=0$, $x=1$에서 연속이다.

즉, $f(0)=\lim\limits_{x\to 0+}f(x)=\lim\limits_{x\to 0-}f(x)$이므로

$C_2=C_1$ ······ ㉠

$f(1)=\lim\limits_{x\to 1+}f(x)=\lim\limits_{x\to 1-}f(x)$이므로

$C_3=1+C_2$ ······ ㉡

㉠을 ㉡에 대입하면 $C_3-C_1=1$

∴ $f(2)-f(-1)=(4-2+C_3)-\{(-1)+(-1)+C_1\}$
$=4+(C_3-C_1)=5$ 冒5

1453

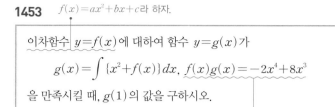

$f(x)=ax^2+bx+c$라 하자.

이차함수 $y=f(x)$에 대하여 함수 $y=g(x)$가

$$g(x)=\int \{x^2+f(x)\}\,dx, \quad f(x)g(x)=-2x^4+8x^3$$

을 만족시킬 때, $g(1)$의 값을 구하시오.

$y=g(x)$는 이차함수임을 알 수 있다.

함수 $y=f(x)$가 이차함수이므로

$f(x)=ax^2+bx+c \ (a\neq 0)$라 하면

$$g(x)=\int \{x^2+f(x)\}\,dx$$

$$=\int (x^2+ax^2+bx+c)\,dx$$

$$=\int \{(1+a)x^2+bx+c\}\,dx$$

$$=\frac{1}{3}(1+a)x^3+\frac{b}{2}x^2+cx+C \quad \cdots\cdots \,\unicode{x1D501}$$

$$f(x)g(x)=(ax^2+bx+c)g(x)$$

$$=-2x^4+8x^3 \quad \cdots\cdots \,\unicode{x1D502}$$

이므로 함수 $y=g(x)$는 이차함수이다.

$\therefore a=-1$

㉠, ㉡에서

$$\left(-x^2+bx+c\right)\left(\frac{b}{2}x^2+cx+C\right)=-2x^4+8x^3$$

$$-\frac{b}{2}x^4+\left(\frac{b^2}{2}-c\right)x^3+\left(-C+\frac{3bc}{2}\right)x^2+(bC+c^2)x+cC$$

$$=-2x^4+8x^3\text{에서}$$

$$-\frac{b}{2}=-2, \ \frac{b^2}{2}-c=8, \ -C+\frac{3bc}{2}=0, \ cC=0$$

$$\therefore b=4, \ c=0, \ C=0$$

따라서 $g(x)=2x^2$이므로

$g(1)=2$

답 2

1454

$\dfrac{f(-3+2h)-f(-3)}{2h}=h-1$로 변형할 수 있다.

실수 전체의 집합에서 연속인 함수 $y=f(x)$가 $x<-1$에서 임의의 실수 h에 대하여

$$f(-3+2h)-f(-3)=2h^2-2h$$

를 만족시키고, 함수 $y=f'(x)$의 그래프가 그림과 같다.

$f(-2)=-1$일 때, $f(2)$의 값을 구하시오.

(단, 곡선 부분은 이차함수의 일부이다.)

$(0,0)$, $(1,1)$, $(-1,1)$을 지나는 이차함수임을 이용하자.

$f(-3+2h)-f(-3)=2h^2-2h$에서

$$\frac{f(-3+2h)-f(-3)}{2h}=h-1$$

$$\therefore f'(-3)=\lim_{h\to 0}\frac{f(-3+2h)-f(-3)}{2h}$$

$$=\lim_{h\to 0}(h-1)=-1$$

즉, $x<-1$에서 두 점 $(-1,1)$, $(-3,-1)$을 지나는 직선의 방정식은 $y=x+2$이고, 주어진 그림에서 $y=f'(x)$의 그래프는 두 점 $(-1,1)$, $(1,1)$을 지나므로

$$f'(x)=\begin{cases} x+2 & (x<-1) \\ x^2 & (-1\le x<1) \\ 1 & (x\ge 1) \end{cases}$$

$$\therefore f(x)=\int f'(x)\,dx$$

$$=\begin{cases} \dfrac{1}{2}x^2+2x+C_1 & (x<-1) \\ \dfrac{1}{3}x^3+C_2 & (-1\le x<1) \\ x+C_3 & (x\ge 1) \end{cases}$$

$f(-2)=-1$이므로 $2-4+C_1=-1$ $\quad \therefore C_1=1$

$x=-1$에서 함수 $y=f(x)$가 연속이므로

$$\frac{1}{2}-2+1=-\frac{1}{3}+C_2$$

$$\therefore C_2=-\frac{1}{6}$$

$x=1$에서 함수 $y=f(x)$가 연속이므로

$$\frac{1}{3}-\frac{1}{6}=1+C_3$$

$$\therefore C_3=-\frac{5}{6}$$

$$\therefore f(x)=\begin{cases} \dfrac{1}{2}x^2+2x+1 & (x<-1) \\ \dfrac{1}{3}x^3-\dfrac{1}{6} & (-1\le x<1) \\ x-\dfrac{5}{6} & (x\ge 1) \end{cases}$$

$$\therefore f(2)=2-\frac{5}{6}=\frac{7}{6}$$

답 $\dfrac{7}{6}$

1455

$f(x)=x(x-\alpha)^2$임을 이용하자.

최고차항의 계수가 1인 삼차함수 $f(x)$가 $f(0)=0$, $f(\alpha)=0$, $f'(\alpha)=0$이고 함수 $g(x)$가 다음 두 조건을 만족시킬 때, $g\left(\dfrac{\alpha}{3}\right)$의 값은? (단, α는 양수이다.)

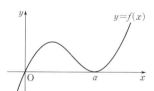

(가) $g'(x)=f(x)+xf'(x)$

(나) $g(x)$의 극댓값이 81이고 극솟값이 0이다.

양변을 x에 대하여 적분하자.

$f(x)=x(x-\alpha)^2$이고,

$g'(x)=(xf(x))'$이므로

$$g(x)=xf(x)+C$$

$$=x^2(x-\alpha)^2+C$$

$$g'(x)=2x(x-\alpha)^2+2x^2(x-\alpha)$$

$$=2x(x-\alpha)(2x-\alpha)$$

$y=g(x)$는 $x=0$, $x=\alpha$에서 극솟값, $x=\dfrac{\alpha}{2}$에서 극댓값을 갖는다.

$g\left(\dfrac{\alpha}{2}\right)=81$

$g(0)=g(\alpha)=0$이므로 $C=0$

이를 이용하여 α와 $g(x)$를 구하면

$\alpha=6$, $g(x)=x^2(x-6)^2$

$\therefore g\left(\dfrac{\alpha}{3}\right)=g(2)=64$ 답 ⑤

[다른풀이] 함수 $f(x)$를 구하면

$f(x)=x(x-\alpha)^2$이므로,

$f'(x)=(x-\alpha)^2+2x(x-\alpha)$

$g'(x)=f(x)+xf'(x)$이므로

$g'(x)=4x^3-6\alpha x^2+2\alpha^2 x$

$\qquad=2x(x-\alpha)(2x-\alpha)$

$y=g(x)$는 $x=0$, $x=\alpha$에서 극솟값, $x=\dfrac{\alpha}{2}$에서 극댓값을 갖는다.

$g\left(\dfrac{\alpha}{2}\right)=81$

$g(0)=g(\alpha)=0$

이를 이용하여 α와 $g(x)$를 구하면

$\alpha=6$, $g(x)=x^2(x-6)^2$

$\therefore g\left(\dfrac{\alpha}{3}\right)=g(2)=64$

1456

$$\int_0^2 5\,dx=\Big[5x\Big]_0^2=10$$
답 10

1457

$$\int_0^2 2x\,dx=\Big[x^2\Big]_0^2=4$$
답 4

1458

$$\int_0^3 x^2\,dx=\Big[\tfrac{1}{3}x^3\Big]_0^3=9$$
답 9

1459

$$\int_1^3 x^3\,dx=\Big[\tfrac{1}{4}x^4\Big]_1^3=\frac{81}{4}-\frac{1}{4}=20$$
답 20

1460

$$\int_0^2 (x+3)\,dx=\Big[\tfrac{1}{2}x^2+3x\Big]_0^2=8$$
답 8

1461

$$\int_1^3 (2x+3)\,dx=\Big[x^2+3x\Big]_1^3=18-4=14$$
답 14

1462

$$\int_{-1}^2 (4t+1)\,dt=\Big[2t^2+t\Big]_{-1}^2=10-1=9$$
답 9

1463

$$\int_0^1 (x^3-5x^2+2x)\,dx=\Big[\tfrac{1}{4}x^4-\tfrac{5}{3}x^3+x^2\Big]_0^1$$
$$=\frac{1}{4}-\frac{5}{3}+1=-\frac{5}{12}$$
답 $-\dfrac{5}{12}$

1464

$$\int_1^3 (8t^3+4t)\,dt=\Big[2t^4+2t^2\Big]_1^3$$
$$=180-4=176$$
답 176

1465

$$\int_0^3 x(x-3)\,dx=\int_0^3 (x^2-3x)\,dx=\Big[\tfrac{1}{3}x^3-\tfrac{3}{2}x^2\Big]_0^3$$
$$=9-\frac{27}{2}=-\frac{9}{2}$$
답 $-\dfrac{9}{2}$

1466

$$\int_1^2 (t-1)^2\,dt=\int_1^2 (t^2-2t+1)\,dt$$
$$=\Big[\tfrac{1}{3}t^3-t^2+t\Big]_1^2$$
$$=\frac{2}{3}-\frac{1}{3}=\frac{1}{3}$$
답 $\dfrac{1}{3}$

1467

$$\int_1^2 \frac{x^2-4}{x-2}\,dx = \int_1^2 \frac{(x+2)(x-2)}{x-2}\,dx$$
$$= \int_1^2 (x+2)\,dx = \left[\frac{1}{2}x^2 + 2x\right]_1^2$$
$$= 6 - \frac{5}{2} = \frac{7}{2}$$

답 $\dfrac{7}{2}$

1468

$$\frac{d}{dx}\int_1^x (t+2)\,dt = x+2$$

답 $x+2$

1469

$$\frac{d}{dx}\int_0^x (t^2-t-2)\,dt = x^2-x-2$$

답 x^2-x-2

1470

$$\frac{d}{dx}\int_{-1}^x (y+1)^2\,dy = (x+1)^2$$

답 $(x+1)^2$

1471

$$\frac{d}{dx}\int_0^x (t^2-t)\,dt = x^2-x$$

답 x^2-x

1472

$$\frac{d}{dx}\int_{-2}^x (t^3+5t-1)\,dt = x^3+5x-1$$

답 x^3+5x-1

1473

$$\frac{d}{dx}\int_3^x (y^3+1)(y+2)\,dy = (x^3+1)(x+2)$$

답 $(x^3+1)(x+2)$

1474

$a=b$일 때, $\displaystyle\int_a^b f(x)\,dx = 0$이므로

$$\int_1^1 x^3\,dx = 0$$

답 0

1475

$$\int_2^2 (3t^2-2t+4)\,dt = 0$$

답 0

1476

$a>b$일 때, $\displaystyle\int_a^b f(x)\,dx = -\int_b^a f(x)\,dx$이므로

$$\int_2^{-2} 1\,dx = -\int_{-2}^2 1\,dx = -\left[x\right]_{-2}^2$$
$$= -\{2-(-2)\} = -4$$

답 -4

1477

$$\int_2^1 (8x-1)\,dx = -\int_1^2 (8x-1)\,dx$$
$$= -\left[4x^2-x\right]_1^2$$
$$= -(14-3) = -11$$

답 -11

1478

$$\int_3^1 (x^2-4x+2)\,dx = -\int_1^3 (x^2-4x+2)\,dx$$
$$= -\left[\frac{1}{3}x^3-2x^2+2x\right]_1^3$$
$$= -\left(-3-\frac{1}{3}\right) = \frac{10}{3}$$

답 $\dfrac{10}{3}$

1479

$$\int_0^2 3f(x)\,dx = 3\int_0^2 f(x)\,dx$$
$$= 3\times 1 = 3$$

답 3

1480

$$\int_0^2 3f(x)\,dx - \int_0^2 5g(x)\,dx = 3\int_0^2 f(x)\,dx - 5\int_0^2 g(x)\,dx$$
$$= 3\times 1 - 5\times 3 = -12$$

답 -12

1481

$$\int_0^2 \{f(x)+g(x)\}\,dx = \int_0^2 f(x)\,dx + \int_0^2 g(x)\,dx$$
$$= 1+3 = 4$$

답 4

1482

$$\int_0^2 \{2f(x)-3g(x)\}\,dx = 2\int_0^2 f(x)\,dx - 3\int_0^2 g(x)\,dx$$
$$= 2\times 1 - 3\times 3 = -7$$

답 -7

1483

$$\int_1^2 x^5\,dx + \int_1^2 (2-x^5)\,dx = \int_1^2 (x^5+2-x^5)\,dx$$
$$= \int_1^2 2\,dx$$
$$= \left[2x\right]_1^2 = 2$$

답 2

1484

$$\int_0^2 (x^2-4)\,dx + \int_0^2 (x^2+4)\,dx = \int_0^2 (x^2-4+x^2+4)\,dx$$
$$= \int_0^2 2x^2\,dx$$
$$= \left[\frac{2}{3}x^3\right]_0^2 = \frac{16}{3}$$

답 $\dfrac{16}{3}$

1485

$$\int_{-1}^1 (x^2+x+1)\,dx + \int_{-1}^1 (x^2-x+1)\,dx$$
$$= \int_{-1}^1 (x^2+x+1+x^2-x+1)\,dx$$
$$= \int_{-1}^1 (2x^2+2)\,dx = \left[\frac{2}{3}x^3+2x\right]_{-1}^1$$
$$= \frac{8}{3} - \left(-\frac{8}{3}\right) = \frac{16}{3}$$

답 $\dfrac{16}{3}$

1486

$$\int_1^3 (x-1)(x+1)\,dx - \int_1^3 x^2\,dx$$

$$=\int_1^3 (x^2-1)\,dx - \int_1^3 x^2\,dx$$

$$=\int_1^3 (x^2-1-x^2)\,dx$$

$$=\int_1^3 (-1)\,dx$$

$$=\Big[-x\Big]_1^3$$

$$=(-3)-(-1)=-2$$

답 -2

1487

$$\int_0^1 (x+1)^2\,dx - \int_0^1 (y-1)^2\,dy$$

$$=\int_0^1 (x+1)^2\,dx - \int_0^1 (x-1)^2\,dx$$

$$=\int_0^1 \{(x+1)^2-(x-1)^2\}\,dx$$

$$=\int_0^1 4x\,dx=\Big[2x^2\Big]_0^1$$

$$=2$$

답 2

1488

$$\int_{-1}^2 (2x+3)\,dx - \int_2^{-1}(2x-3)\,dx$$

$$=\int_{-1}^2 (2x+3)\,dx + \int_{-1}^2 (2x-3)\,dx$$

$$=\int_{-1}^2 (2x+3+2x-3)\,dx$$

$$=\int_{-1}^2 4x\,dx=\Big[2x^2\Big]_{-1}^2$$

$$=8-2=6$$

답 6

1489

$$\int_0^1 \frac{x^2}{x+1}\,dx + \int_1^0 \frac{1}{t+1}\,dt$$

$$=\int_0^1 \frac{x^2}{x+1}\,dx - \int_0^1 \frac{1}{x+1}\,dx$$

$$=\int_0^1 \frac{(x+1)(x-1)}{x+1}\,dx = \int_0^1 (x-1)\,dx$$

$$=\Big[\frac{1}{2}x^2-x\Big]_0^1 = -\frac{1}{2}$$

답 $-\dfrac{1}{2}$

1490

$$\int_{-1}^2 (2x+3)\,dx + \int_2^3 (2x+3)\,dx$$

$$=\int_{-1}^3 (2x+3)\,dx$$

$$=\Big[x^2+3x\Big]_{-1}^3$$

$$=18-(-2)=20$$

답 20

1491

$$\int_0^1 3x^2\,dx + \int_1^4 3x^2\,dx = \int_0^4 3x^2\,dx = \Big[x^3\Big]_0^4 = 64$$

답 64

1492

$$\int_{-1}^0 (3x^2-x+1)\,dx + \int_0^3 (3x^2-x+1)\,dx$$

$$=\int_{-1}^3 (3x^2-x+1)\,dx$$

$$=\Big[x^3-\frac{1}{2}x^2+x\Big]_{-1}^3$$

$$=\frac{51}{2}-\Big(-\frac{5}{2}\Big)=28$$

답 28

1493

$$\int_0^2 (2x+1)\,dx - \int_3^2 (2t+1)\,dt$$

$$=\int_0^2 (2x+1)\,dx + \int_2^3 (2x+1)\,dx$$

$$=\int_0^3 (2x+1)\,dx$$

$$=\Big[x^2+x\Big]_0^3 = 12$$

답 12

1494

$$\int_0^4 (2x^3+1)\,dx + \int_4^3 (2x^3+1)\,dx - \int_1^3 (2x^3+1)\,dx$$

$$=\int_0^4 (2x^3+1)\,dx + \int_4^3 (2x^3+1)\,dx + \int_3^1 (2x^3+1)\,dx$$

$$=\int_0^1 (2x^3+1)\,dx$$

$$=\Big[\frac{1}{2}x^4+x\Big]_0^1 = \frac{3}{2}$$

답 $\dfrac{3}{2}$

1495

$$\int_{-1}^1 f(x)\,dx = \int_{-1}^1 (-x^2+1)\,dx$$

$$=\Big[-\frac{1}{3}x^3+x\Big]_{-1}^1$$

$$=\frac{2}{3}-\Big(-\frac{2}{3}\Big)=\frac{4}{3}$$

답 $\dfrac{4}{3}$

1496

$$\int_{-2}^1 f(x)\,dx = \int_{-2}^1 (-x^2+1)\,dx$$

$$=\Big[-\frac{1}{3}x^3+x\Big]_{-2}^1$$

$$=\frac{2}{3}-\frac{2}{3}=0$$

답 0

1497

$$\int_1^3 f(x)\,dx = \int_1^3 (x-1)\,dx$$

$$=\Big[\frac{1}{2}x^2-x\Big]_1^3$$

$$=\frac{3}{2}-\Big(-\frac{1}{2}\Big)=2$$

답 2

1498

$$\int_{-2}^{3} f(x)\,dx = \int_{-2}^{1}(-x^2+1)\,dx + \int_{1}^{3}(x-1)\,dx$$

$$= \left[-\frac{1}{3}x^3+x\right]_{-2}^{1} + \left[\frac{1}{2}x^2-x\right]_{1}^{3}$$

$$= \left(\frac{2}{3}-\frac{2}{3}\right) + \left\{\frac{3}{2}-\left(-\frac{1}{2}\right)\right\} = 2$$

답 2

1499

$$|x-1| = \begin{cases} x-1 & (x\geq \boxed{1}) \\ -x+1 & (x< \boxed{1}) \end{cases}$$ 이므로

$$\int_{0}^{3}|x-1|\,dx = \int_{0}^{\boxed{1}}(-x+1)\,dx + \int_{\boxed{1}}^{3}(x-1)\,dx$$

$$= \left[-\frac{1}{2}x^2+x\right]_{0}^{\boxed{1}} + \left[\frac{1}{2}x^2-x\right]_{\boxed{1}}^{3}$$

$$= \boxed{\frac{1}{2}} + \boxed{2} = \boxed{\frac{5}{2}}$$

답 $1, 1, 1, 1, 1, 1, \frac{1}{2}, 2, \frac{5}{2}$

1500

> 정적분 $\int_{-1}^{2}(x^2-2x+4)\,dx$의 값을 구하시오.
>
> $F'(x)=f(x)$라 할 때, $\int_{a}^{b}f(x)dx=F(b)-F(a)$임을 이용하자.

$$\int_{-1}^{2}(x^2-2x+4)\,dx = \left[\frac{1}{3}x^3-x^2+4x\right]_{-1}^{2}$$

$$= \left(\frac{8}{3}-4+8\right) - \left(-\frac{1}{3}-1-4\right) = 12$$

답 12

1501

> 정적분 $\int_{0}^{1}5(x-1)(x+1)(x^2+1)\,dx$의 값을 구하시오.
>
> → 주어진 식을 전개하여 간단히 하자.

$$\int_{0}^{1}5(x-1)(x+1)(x^2+1)\,dx$$

$$= \int_{0}^{1}5(x^2-1)(x^2+1)\,dx$$

$$= \int_{0}^{1}5(x^4-1)\,dx$$

$$= \int_{0}^{1}(5x^4-5)\,dx$$

$$= \left[x^5-5x\right]_{0}^{1} = -4$$

답 -4

1502

> 정적분 $\int_{-1}^{3}\frac{t^3+1}{t+1}\,dt$의 값은?
>
> → 분자를 인수분해하여 주어진 분수식을 약분하자.

$$\int_{-1}^{3}\frac{t^3+1}{t+1}\,dt = \int_{-1}^{3}\frac{(t+1)(t^2-t+1)}{t+1}\,dt$$

$$= \int_{-1}^{3}(t^2-t+1)\,dt$$

$$= \left[\frac{1}{3}t^3-\frac{1}{2}t^2+t\right]_{-1}^{3}$$

$$= \frac{15}{2}-\left(-\frac{11}{6}\right) = \frac{28}{3}$$

답 ⑤

다른풀이 $\int_{-1}^{3}\frac{t^3+1}{t+1}\,dt = \int_{-1}^{3}\frac{(t+1)(t^2-t+1)}{t+1}\,dt$

$$= \int_{-1}^{3}(t^2-t+1)\,dt$$

$$= \left[\frac{1}{3}t^3-\frac{1}{2}t^2+t\right]_{-1}^{3}$$

$$= \frac{1}{3}(27+1)-\frac{1}{2}(9-1)+(3+1)$$

$$= \frac{28}{3}$$

참고 $\left[ax^3+bx^2+cx\right]_{\alpha}^{\beta} = a(\beta^3-\alpha^3)+b(\beta^2-\alpha^2)+c(\beta-\alpha)$

와 같은 방법으로 계산할 수도 있다.

1503

> $\int_{0}^{2}(x^2+2kx+3)dx=\frac{2}{3}$를 만족시키는 상수 k의 값을 구하시오.
>
> $F'(x)=f(x)$라 할 때, $\int_{a}^{b}f(x)dx=F(b)-F(a)$임을 이용하자.

$$\int_{0}^{2}(x^2+2kx+3)\,dx = \left[\frac{1}{3}x^3+kx^2+3x\right]_{0}^{2}$$

$$= \frac{8}{3}+4k+6$$

$$= \frac{2}{3}$$

$$4k=-8$$

$$\therefore k=-2$$

답 -2

1504

> → $f(x)=2x+a$라 하면, $f(x)$의 부정적분 $F(x)$를 구하자.
>
> $\int_{1}^{a}(2x+a)\,dx=14$를 만족시키는 양수 a의 값을 구하시오.
>
> → $F(a)-F(1)=14$임을 이용하자.

$$\int_{1}^{a}(2x+a)\,dx = \left[x^2+ax\right]_{1}^{a}$$

$$= (a^2+a^2)-(1+a)$$

$$= 2a^2-a-1 = 14$$

$$2a^2-a-15=0, \ (2a+5)(a-3)=0$$

$$\therefore a=3 \ (\because a>0)$$

답 3

1505

▸ $f(x)=3x^2+2ax$의 부정적분 $F(x)$를 구하자.

함수 $f(x)=3x^2+2ax$가 $\int_0^1 f(x)dx=f(1)$을 만족시킬 때,

상수 a의 값을 구하시오. ▸ $=F(1)-F(0)$임을 이용하자.

$\int_0^1 f(x)dx=\int_0^1 (3x^2+2ax)dx$

$\qquad = \Big[x^3+ax^2\Big]_0^1=1+a$

$f(1)=3+2a$이므로

$1+a=3+2a$

$\therefore a=-2$ 답 -2

1506

▸ $\dfrac{d}{dx}\displaystyle\int_a^x f(t)dt=f(x)$임을 이용하자.

다항함수 $f(x)$가 모든 실수 x에 대하여

$$\int_2^x f(t)dt=x^3+x-10$$

을 만족시킬 때, $f(10)$의 값을 구하시오.

▸ 주어진 식을 x에 대하여 미분하자.

주어진 식의 양변을 x에 대하여 미분하면

$\dfrac{d}{dx}\displaystyle\int_2^x f(t)dt=\dfrac{d}{dx}(x^3+x-10)$

$f(x)=3x^2+1$

$\therefore f(10)=301$ 답 301

1507

▸ $\dfrac{d}{dx}\displaystyle\int_a^x f(t)dt=f(x)$임을 이용하자.

모든 실수 x에 대하여 미분가능한 함수 $y=f(x)$가

$\displaystyle\int_0^x f(t)dt=x^3+3x$를 만족시킬 때, $f'(2)$의 값을 구하시오.

▸ 주어진 식을 x에 대하여 미분하자.

$\displaystyle\int_0^x f(t)\,dt=x^3+3x$의 양변을 x에 대하여 미분하면

$f(x)=3x^2+3$이므로 $f'(x)=6x$

$\therefore f'(2)=12$ 답 12

1508

▸ 양변을 x에 대하여 미분하자.

다항함수 $y=f(x)$가 모든 실수 x에 대하여

$$\int_0^x f(t)\,dt=-2x^3+6x$$

를 만족시킬 때, $\displaystyle\lim_{h\to 0}\dfrac{f(1+h)-f(1-h)}{h}$의 값을 구하시오.

▸ $\displaystyle\lim_{h\to 0}\dfrac{f(1+h)-f(1)-\{f(1-h)-f(1)\}}{h}$임을 이용하자.

$\displaystyle\int_0^x f(t)\,dt=-2x^3+6x$의 양변을 x에 대하여 미분하면

$f(x)=-6x^2+6$

다시 이 식을 x에 대하여 미분하면

$f'(x)=-12x$

$\therefore \displaystyle\lim_{h\to 0}\dfrac{f(1+h)-f(1-h)}{h}$

$=\displaystyle\lim_{h\to 0}\dfrac{f(1+h)-f(1)-\{f(1-h)-f(1)\}}{h}$

$=\displaystyle\lim_{h\to 0}\left\{\dfrac{f(1+h)-f(1)}{h}+\dfrac{f(1-h)-f(1)}{-h}\right\}$

$=2f'(1)$

$=2\times(-12)=-24$ 답 -24

1509

▸ $f'(x)$가 존재한다.

미분가능한 함수 $y=f(x)$가 $f(x)=\displaystyle\int_a^x (t^2+2t+3)\,dt$일 때,

$f'(1)$의 값은? ▸ $\dfrac{d}{dx}\displaystyle\int_a^x f(t)dt=f(x)$임을 이용하자.

$f(x)=\displaystyle\int_a^x (t^2+2t+3)\,dt$의 양변을 x에 대하여 미분하면

$f'(x)=x^2+2x+3$

$\therefore f'(1)=1+2+3=6$ 답 ④

1510

▸ 양변을 x에 대하여 미분하자.

미분가능한 함수 $y=f(x)$가 $f(x)=\displaystyle\int_1^x (2t^2-5t-1)\,dt$일 때,

곡선 $y=f(x)$ 위의 점 $(2, f(2))$에서의 접선의 기울기를 구하시오.

▸ $x=2$에서의 미분계수와 같다.

$f(x)=\displaystyle\int_1^x (2t^2-5t-1)\,dt$의 양변을 x에 대하여 미분하면

$f'(x)=2x^2-5x-1$

따라서 $x=2$일 때의 접선의 기울기는

$f'(2)=8-10-1=-3$ 답 -3

1511

▸ $\dfrac{d}{dx}\displaystyle\int_a^x f(t)dt=f(x)$임을 이용하자.

다항함수 $y=f(x)$가 모든 실수 x에 대하여

$$\int_a^x f(t)\,dt=x^3-6x^2+9x+16$$

을 만족시킬 때, 방정식 $f(x)=0$의 두 근을 α, β라 하자.

$\displaystyle\int_\beta^\alpha f(x)\,dx$의 값을 구하시오. (단, a는 상수이고, $\alpha<\beta$이다.)

▸ $\displaystyle\int_a^b f(x)dx=F(b)-F(a)$임을 이용하자.

주어진 식의 양변을 x에 대하여 미분하면

$f(x)=3x^2-12x+9$

$f(x)=0$에서 $3x^2-12x+9=0$, $3(x-1)(x-3)=0$

$\therefore \alpha=1,\ \beta=3\ (\because \alpha<\beta)$

$\therefore \displaystyle\int_\beta^\alpha f(x)\,dx=\int_3^1 (3x^2-12x+9)\,dx$

$\qquad\qquad\qquad =-\displaystyle\int_1^3 (3x^2-12x+9)\,dx$

$$=-\left[x^3-6x^2+9x\right]_1^3$$
$$=-(0-4)=4 \qquad \text{답 } 4$$

1512

> 함수 $f(x)$가 ┌ $\dfrac{d}{dx}\displaystyle\int_a^x f(t)dt=f(x)$임을 이용하자.
> $$f(x)=\dfrac{d}{dx}\int_1^x (t^3+2t+5)dt$$
> 일 때, $f'(2)$의 값을 구하시오.

$$f(x)=\dfrac{d}{dx}\int_1^x (t^3+2t+5)dt=x^3+2x+5$$
$$f'(x)=3x^2+2$$
따라서 $f'(2)=14$ \qquad 답 14

1513

> ┌ $\displaystyle\int_a^x \left\{\dfrac{d}{dt}f(t)\right\}dt=f(x)-f(a)$임을 이용하자.
> 다항함수 $f(x)$가 모든 실수 x에 대하여
> $$\int_1^x \left\{\dfrac{d}{dt}f(t)\right\}dt=x^3+ax^2-2$$
> 를 만족시킬 때, $f'(a)$의 값은? (단, a는 상수이다.)
> └ 양변에 $x=1$을 대입하자.

주어진 식의 양변에 $x=1$을 대입하면
$0=1+a-2$에서
$a=1$
한편, $\dfrac{d}{dt}f(t)=f'(t)$이므로
$$\int_1^x \left\{\dfrac{d}{dt}f(t)\right\}dt=\int_1^x f'(t)dt$$
$$=\left[f(t)\right]_1^x=f(x)-f(1)$$
이때 $\displaystyle\int_1^x \left\{\dfrac{d}{dt}f(t)\right\}dt=x^3+x^2-2$에서
$f(x)-f(1)=x^3+x^2-2$
따라서 $f'(x)=3x^2+2x$이므로
$f'(a)=f'(1)=3+2=5$ \qquad 답 ⑤

1514

> ┌ $\dfrac{d}{dx}\displaystyle\int_a^x f(t)dt=f(x)$임을 이용하자.
> 함수 $f(x)=x^5-4ax^4+a^2x^3+x^2-ax+2$가
> $$\dfrac{d}{dx}\int_0^x f(t)dt=\int_1^x \left\{\dfrac{d}{dt}f(t)\right\}dt$$
> 를 만족할 때, 1보다 큰 실수 a의 값을 구하시오.
> └ $\displaystyle\int_a^x \left\{\dfrac{d}{dt}f(t)\right\}dt=f(x)-f(a)$임을 이용하자.

$$\dfrac{d}{dx}\int_0^x f(t)dt=f(x)$$
$$\int_1^x \left\{\dfrac{d}{dt}f(t)\right\}dt=\left[f(t)\right]_1^x=f(x)-f(1)$$
즉, $f(x)=f(x)-f(1)$에서 $f(1)=0$이므로
$f(1)=1-4a+a^2+1-a+2=0$
$a^2-5a+4=0$, $(a-1)(a-4)=0$
$\therefore a=4 \;(\because a>1)$ \qquad 답 4

1515

> ┌ $\displaystyle\int_a^a f(x)dx=0$임을 이용하자.
> $$\int_2^2 (x^3-4x^2)dx-\int_3^1 (3x^2-4x)dx \text{의 값을 구하시오.}$$
> └ $\displaystyle\int_b^a f(x)dx=-\int_a^b f(x)dx$임을 이용하자.

$$\int_2^2 (x^3-4x^2)dx=0, \; -\int_3^1 (3x^2-4x)dx=\int_1^3 (3x^2-4x)dx$$
이므로
$$\int_2^2 (x^3-4x^2)dx-\int_3^1 (3x^2-4x)dx$$
$$=0+\int_1^3 (3x^2-4x)dx$$
$$=\left[x^3-2x^2\right]_1^3$$
$$=(27-18)-(1-2)=10 \qquad \text{답 } 10$$

1516

> ┌ 양변에 $x=3$을 대입하여 $\displaystyle\int_a^a f(x)dx=0$임을 이용하자.
> 다항함수 $y=f(x)$가 모든 실수 x에 대하여
> $$\int_3^x f(t)dt=x^2-ax+6$$
> 을 만족시킬 때, 상수 a의 값은?

$\displaystyle\int_3^x f(t)dt=x^2-ax+6$의 양변에 $x=3$을 대입하면
$0=9-3a+6$
$\therefore a=5$ \qquad 답 ②

1517

> ┌ 양변에 $x=2$를 대입하자.
> 다항함수 $y=f(x)$가 모든 실수 x에 대하여
> $$\int_2^x f(t)dt=x^2+x+a$$
> 를 만족시킬 때, $f(a)$의 값을 구하시오. (단, a는 상수이다.)
> └ 양변을 x에 대하여 미분하자.

$\displaystyle\int_2^x f(t)dt=x^2+x+a$의 양변에 $x=2$를 대입하면
$0=4+2+a \quad \therefore a=-6$
주어진 식의 양변을 x에 대하여 미분하면
$f(x)=2x+1$
$\therefore f(a)=f(-6)$
$=-12+1=-11$ \qquad 답 -11

1518

> ┌ 양변에 $x=3$을 대입하자.
> 모든 실수 x에 대하여 함수 $y=f(x)$가
> $$\int_3^x f(t)dt=x^2-2x+a \text{를 만족시킬 때, } a+f(4) \text{의 값을 구하}$$
> 시오. (단, a는 상수이다.)
> └ 양변을 x에 대하여 미분하자.

$\displaystyle\int_3^x f(t)dt=x^2-2x+a$의 양변에 $x=3$을 대입하면
$0=9-6+a$

$\therefore a = -3$

주어진 식의 양변을 x에 대하여 미분하면

$f(x) = 2x - 2$

$\therefore f(4) = 8 - 2 = 6$

$\therefore a + f(4) = (-3) + 6 = 3$ 답 3

1519

> $\int_a^a f(x)dx = 0$임을 이용하자.

다항함수 $y = f(x)$가 임의의 실수 x에 대하여

$$\int_2^x f(t)dt = x^3 - x^2 + ax + b$$

를 만족시키고 $f(1) = 2$일 때, $a + b$의 값을 구하시오.

> $\dfrac{d}{dx}\int_a^x f(t)dt = f(x)$임을 이용하자.

    (단, a, b는 상수이다.)

주어진 식의 양변에 $x = 2$를 대입하면

$0 = 8 - 4 + 2a + b$

$\therefore 2a + b = -4$ ······ ㉠

주어진 식의 양변을 x에 대하여 미분하면

$f(x) = 3x^2 - 2x + a$

$f(1) = 3 - 2 + a = 2$ $\therefore a = 1$

$a = 1$을 ㉠에 대입하면 $b = -6$이므로

$a + b = 1 + (-6) = -5$ 답 -5

1520

> 양변에 $x = -1$을 대입하여 $\int_a^a f(x)dx = 0$임을 이용하자.

$f(x) = \displaystyle\int_{-1}^x (t^2 - t)dt$일 때, $f(-1) + f'(-1)$의 값을 구하시오.

> 양변을 x에 대하여 미분하자.

$f(x) = \displaystyle\int_{-1}^x (t^2 - t)dt$의 양변에 $x = -1$을 대입하면

$f(-1) = 0$

주어진 식의 양변을 x에 대하여 미분하면

$f'(x) = x^2 - x$이므로

$f'(-1) = 2$

$\therefore f(-1) + f'(-1) = 2$ 답 2

1521

> 양변에 $x = a$를 대입하여 $\int_a^a f(x)dx = 0$임을 이용하자.

함수 $f(x)$가 $\displaystyle\int_a^x f(t)dt = x^2 - 6x$를 만족시킬 때, $f(a)$의 값은? (단, $a > 0$)

> 양변을 x에 대하여 미분하자.

$\displaystyle\int_a^x f(t)dt = x^2 - 6x$의 양변에 $x = a$를 대입하면

$0 = a^2 - 6a$, $a(a - 6) = 0$

$\therefore a = 6$ $(\because a > 0)$

주어진 식의 양변을 x에 대하여 미분하면

$f(x) = 2x - 6$

$\therefore f(a) = f(6) = 12 - 6 = 6$ 답 ⑤

1522

> 양변에 $x = a$를 대입하자.

다항함수 $y = f(x)$가 모든 실수 x에 대하여

$$\int_a^x f(t)dt = 2x^2 - ax - 9$$

를 만족시킬 때, $f(10)$의 값을 구하시오. (단, $a > 0$)

> $\dfrac{d}{dx}\int_a^x f(t)dt = f(x)$임을 이용하자.

$\displaystyle\int_a^x f(t)dt = 2x^2 - ax - 9$의 양변에 $x = a$를 대입하면

$0 = 2a^2 - a^2 - 9$, $a^2 = 9$

$\therefore a = 3$ $(\because a > 0)$

주어진 식의 양변을 x에 대하여 미분하면

$f(x) = 4x - 3$

$\therefore f(10) = 40 - 3 = 37$ 답 37

1523

> $\int_a^a f(x)dx = 0$임을 이용하자.

다항함수 $y = f(x)$가 모든 실수 x에 대하여

$$\int_a^x f(t)dt = x^2 - 5x + 6$$

을 만족시키는 상수 a의 값을 α와 β라 하자. $\displaystyle\int_\alpha^\beta f(x)dx$의 값을 구하시오. (단, $\alpha < \beta$)

> $\dfrac{d}{dx}\int_a^x f(t)dt = f(x)$임을 이용하자.

$\displaystyle\int_a^x f(t)dt = x^2 - 5x + 6$의 양변에 $x = a$를 대입하면

$0 = a^2 - 5a + 6$, $(a - 2)(a - 3) = 0$

$\therefore a = 2$ 또는 $a = 3$

$\therefore \alpha = 2$, $\beta = 3$ $(\because \alpha < \beta)$

주어진 식의 양변을 x에 대하여 미분하면

$f(x) = 2x - 5$

$\therefore \displaystyle\int_2^3 f(x)dx = \int_2^3 (2x - 5)dx$

$\qquad\qquad\quad = \Big[x^2 - 5x \Big]_2^3$

$\qquad\qquad\quad = -6 - (-6) = 0$ 답 0

1524

정적분 $\displaystyle\int_0^2 (4x^2 - 2x)dx + \int_0^2 (-x^2 + 2x)dx$의 값을 구하시오.

> $\displaystyle\int_a^b \{f(x) \pm g(x)\}dx = \int_a^b f(x)dx \pm \int_a^b g(x)dx$임을 이용하자.

$\displaystyle\int_0^2 (4x^2 - 2x)dx + \int_0^2 (-x^2 + 2x)dx$

$= \displaystyle\int_0^2 \{(4x^2 - 2x) + (-x^2 + 2x)\}dx$

$= \displaystyle\int_0^2 3x^2 dx = \Big[x^3 \Big]_0^2 = 8$ 답 8

1525

> $\int_0^{10}(x+1)^2dx-\int_0^{10}(x-1)^2dx$의 값을 구하시오.
>
> └→ 적분구간이 같은 경우이다.

$$\int_0^{10}(x+1)^2dx-\int_0^{10}(x-1)^2dx$$

$$=\int_0^{10}\{(x+1)^2-(x-1)^2\}dx$$

$$=\int_0^{10}4x\,dx=\Big[2x^2\Big]_0^{10}=200$$

답 200

1526 $a<b$인 경우에는 $\int_b^af(x)dx=-\int_a^bf(x)dx$임을 이용하자.

> 정적분 $\int_0^1(x^2+x+1)\,dx+\int_1^0(x^2-x+1)\,dx$의 값은?

$$\int_0^1(x^2+x+1)\,dx+\int_1^0(x^2-x+1)\,dx$$

$$=\int_0^1(x^2+x+1)\,dx-\int_0^1(x^2-x+1)\,dx$$

$$=\int_0^1\{(x^2+x+1)-(x^2-x+1)\}dx$$

$$=\int_0^12x\,dx=\Big[x^2\Big]_0^1=1$$

답 ③

1527 $\int_a^b\{f(x)\pm g(x)\}dx=\int_a^bf(x)dx\pm\int_a^bg(x)dx$임을 이용하자.

> 정적분 $\int_0^3\dfrac{x^3}{x^2+x+1}\,dx-\int_0^3\dfrac{1}{x^2+x+1}\,dx$의 값을 구하시오.

$$\int_0^3\dfrac{x^3}{x^2+x+1}\,dx-\int_0^3\dfrac{1}{x^2+x+1}\,dx$$

$$=\int_0^3\dfrac{x^3-1}{x^2+x+1}\,dx$$

$$=\int_0^3\dfrac{(x-1)(x^2+x+1)}{x^2+x+1}\,dx$$

$$=\int_0^3(x-1)\,dx=\Big[\dfrac{1}{2}x^2-x\Big]_0^3=\dfrac{3}{2}$$

답 $\dfrac{3}{2}$

1528 $\int_a^bf(x)dx=\int_a^bf(t)dt$임을 이용하자.

> 정적분 $\int_1^3\dfrac{x^2+3}{x+1}\,dx-\int_3^1\dfrac{4t}{t+1}\,dt$의 값을 구하시오.

$$\int_1^3\dfrac{x^2+3}{x+1}\,dx-\int_3^1\dfrac{4t}{t+1}\,dt$$

$$=\int_1^3\dfrac{x^2+3}{x+1}\,dx+\int_1^3\dfrac{4x}{x+1}\,dx$$

$$=\int_1^3\dfrac{x^2+4x+3}{x+1}\,dx$$

$$=\int_1^3\dfrac{(x+3)(x+1)}{x+1}\,dx$$

$$=\int_1^3(x+3)\,dx$$

$$=\Big[\dfrac{1}{2}x^2+3x\Big]_1^3$$

$$=\Big(\dfrac{9}{2}+9\Big)-\Big(\dfrac{1}{2}+3\Big)$$

$$=10$$

답 10

1529   상수 k에 대하여 $\int_a^bkf(x)dx=k\int_a^bf(x)dx$임을 이용하자.

> $\int_0^2(x^2+4x+k)\,dx-2\int_2^0(x^2-x)\,dx=30$을 만족시키는 상수 k의 값을 구하시오.

$$\int_0^2(x^2+4x+k)\,dx-2\int_2^0(x^2-x)\,dx$$

$$=\int_0^2(x^2+4x+k)\,dx+2\int_0^2(x^2-x)\,dx$$

$$=\int_0^2(3x^2+2x+k)\,dx$$

$$=\Big[x^3+x^2+kx\Big]_0^2$$

$$=12+2k=30$$

$$\therefore k=9$$

답 9

1530

> $\int_0^2(x+k)^2dx-\int_0^2(x-k)^2dx=8$을 만족시키는 상수 k의 값은?
>
> 적분구간이 같은 경우 $\int_a^b\{f(x)\pm g(x)\}dx=\int_a^bf(x)dx\pm\int_a^bg(x)dx$
> 임을 이용하자.

$$\int_0^2(x+k)^2dx-\int_0^2(x-k)^2dx$$

$$=\int_0^2\{(x+k)^2-(x-k)^2\}dx$$

$$=\int_0^24kx\,dx=\Big[2kx^2\Big]_0^2$$

$$=8k=8$$

$$\therefore k=1$$

답 ④

1531

> 등식 $\int_1^n(x+1)^2dx+\int_n^1(x-1)^2dx=16$을 만족시키는 자연수 n의 값을 구하시오.
>
> $\int_b^af(x)dx=-\int_a^bf(x)dx$임을 이용하여 적분구간을 같게 하자.

$$\int_1^n(x+1)^2dx+\int_n^1(x-1)^2dx$$

$$=\int_1^n(x+1)^2dx-\int_1^n(x-1)^2dx$$

$$= \int_1^n \{(x+1)^2 - (x-1)^2\} dx$$

$$= \int_1^n 4x\, dx$$

$$= \left[2x^2 \right]_1^n = 2n^2 - 2$$

즉, $2n^2 - 2 = 16$에서 $2n^2 - 18 = 0$

$n^2 - 9 = 0$, $(n+3)(n-3) = 0$

$\therefore n = 3$ ($\because n$은 자연수) 답 3

1532

$\int_b^a f(x)dx = -\int_a^b f(x)dx$임을 이용하자.

함수 $f(k) = \int_1^3 (x+k)^2 dx - \int_3^1 (2x^2+1) dx$는 $k=a$일 때,

최솟값 b를 갖는다. 두 상수 a, b에 대하여 $\dfrac{b}{a}$의 값을 구하시오.

└─ 주어진 함수를 간단히 정리하자.

$$f(k) = \int_1^3 (x+k)^2 dx - \int_3^1 (2x^2+1) dx$$

$$= \int_1^3 (x+k)^2 dx + \int_1^3 (2x^2+1) dx$$

$$= \int_1^3 \{(x+k)^2 + (2x^2+1)\} dx$$

$$= \int_1^3 (3x^2 + 2kx + k^2 + 1) dx$$

$$= \left[x^3 + kx^2 + (k^2+1)x \right]_1^3$$

$$= (27 + 9k + 3k^2 + 3) - (1 + k + k^2 + 1)$$

$$= 2k^2 + 8k + 28$$

$$= 2(k+2)^2 + 20$$

이므로 함수 $y = f(k)$는 $k = -2$일 때, 최솟값 20을 갖는다.

따라서 $a = -2$, $b = 20$이므로

$$\dfrac{b}{a} = \dfrac{20}{-2} = -10$$

답 -10

1533

정적분

$$\int_{-2}^1 (3x^2 + 2x + 1) dx + \int_1^2 (3x^2 + 2x + 1) dx$$

의 값을 구하시오.

피적분함수가 같은 경우 $\int_a^c f(x)dx + \int_c^b f(x)dx = \int_a^b f(x)dx$임을 이용하자.

$$\int_{-2}^1 (3x^2 + 2x + 1) dx + \int_1^2 (3x^2 + 2x + 1) dx$$

$$= \int_{-2}^2 (3x^2 + 2x + 1) dx$$

$$= \left[x^3 + x^2 + x \right]_{-2}^2$$

$$= 14 - (-6) = 20$$

답 20

1534

정적분 $\int_{-1}^0 (3x^2 - 2) dx + \int_0^2 (3t^2 - 2) dt$의 값은?

$\int_a^b f(x)dx = \int_a^b f(t)dt$임을 이용하자.

$$\int_{-1}^0 (3x^2 - 2) dx + \int_0^2 (3t^2 - 2) dt$$

$$= \int_{-1}^0 (3x^2 - 2) dx + \int_0^2 (3x^2 - 2) dx$$

$$= \int_{-1}^2 (3x^2 - 2) dx$$

$$= \left[x^3 - 2x \right]_{-1}^2$$

$$= 4 - 1 = 3$$

답 ③

1535

$\int_a^c f(x)dx + \int_c^b f(x)dx = \int_a^b f(x)dx$임을 이용하자.

정적분 $\int_0^3 (6x+4) dx - \int_a^3 (6x+4) dx$의 값이 20일 때,

상수 a의 값은? (단, $0 < a < 3$)

$\int_b^a f(x)dx = -\int_a^b f(x)dx$임을 이용하자.

$$\int_0^3 (6x+4) dx - \int_a^3 (6x+4) dx$$

$$= \int_0^3 (6x+4) dx + \int_3^a (6x+4) dx$$

$$= \int_0^a (6x+4) dx$$

$$= \left[3x^2 + 4x \right]_0^a = 3a^2 + 4a$$

즉, $3a^2 + 4a = 20$이므로

$3a^2 + 4a - 20 = 0$, $(3a+10)(a-2) = 0$

$\therefore a = -\dfrac{10}{3}$ 또는 $a = 2$

$0 < a < 3$이므로 $a = 2$ 답 ④

1536

$\int_b^a f(x)dx = -\int_a^b f(x)dx$임을 이용하자.

$\int_0^3 (x+1)^2 dx - \int_{-1}^3 (x-1)^2 dx + \int_{-1}^0 (x-1)^2 dx$의 값을 구

하시오. └─ $\int_a^b \{f(x) \pm g(x)\} dx = \int_a^b f(x)dx \pm \int_a^b g(x)dx$임을 이용하자.

$$\int_0^3 (x+1)^2 dx - \int_{-1}^3 (x-1)^2 dx + \int_{-1}^0 (x-1)^2 dx$$

$$= \int_0^3 (x+1)^2 dx - \int_0^3 (x-1)^2 dx$$

$$= \int_0^3 4x\, dx = \left[2x^2 \right]_0^3 = 18$$

답 18

1537

$\int_a^b f(x)\,dx = \int_a^b f(y)\,dy$임을 이용하자.

다항함수 $y=f(x)$에 대하여

$$\int_{-2}^1 f(x)\,dx - \int_3^1 f(y)\,dy + \int_3^a f(z)\,dz = 0$$

이 성립하도록 하는 상수 a의 값을 구하시오.

$\int_a^a f(x)\,dx = 0$임을 이용하자.

$$\int_{-2}^1 f(x)\,dx - \int_3^1 f(y)\,dy + \int_3^a f(z)\,dz$$

$$= \int_{-2}^1 f(x)\,dx - \int_3^1 f(x)\,dx + \int_3^a f(x)\,dx$$

$$= \int_{-2}^1 f(x)\,dx + \int_1^3 f(x)\,dx + \int_3^a f(x)\,dx$$

$$= \int_{-2}^a f(x)\,dx = 0$$

이 식이 항상 성립하려면 아래끝, 위끝이 같아야 한다.

$\therefore a = -2$ 답 -2

1538

$\int_a^c f(x)\,dx + \int_c^b f(x)\,dx = \int_a^b f(x)\,dx$임을 이용하자.

함수 $f(x)=2x-3$에 대하여 $\int_1^2 f(x)\,dx - \int_4^2 f(x)\,dx$의 값을 구하시오.

$\int_b^a f(x)\,dx = -\int_a^b f(x)\,dx$임을 이용하자.

$$\int_1^2 f(x)\,dx - \int_4^2 f(x)\,dx = \int_1^2 f(x)\,dx + \int_2^4 f(x)\,dx$$

$$= \int_1^4 f(x)\,dx$$

$$= \int_1^4 (2x-3)\,dx$$

$$= \Big[x^2 - 3x \Big]_1^4$$

$$= 4 + 2 = 6$$ 답 6

1539

$\int_b^a f(x)\,dx = -\int_a^b f(x)\,dx$임을 이용하자.

함수 $f(x)=6x^2+2x+1$에 대하여 정적분

$$\int_2^4 f(x)\,dx - \int_3^4 f(x)\,dx + \int_1^2 f(x)\,dx$$

의 값을 구하시오. $\int_a^c f(x)\,dx + \int_c^b f(x)\,dx = \int_a^b f(x)\,dx$임을 이용하자.

$$\int_2^4 f(x)\,dx - \int_3^4 f(x)\,dx + \int_1^2 f(x)\,dx$$

$$= \int_1^2 f(x)\,dx + \int_2^4 f(x)\,dx - \int_3^4 f(x)\,dx$$

$$= \int_1^4 f(x)\,dx + \int_4^3 f(x)\,dx$$

$$= \int_1^3 f(x)\,dx$$

$$= \int_1^3 (6x^2+2x+1)\,dx$$

$$= \Big[2x^3 + x^2 + x \Big]_1^3$$

$$= 66 - 4 = 62$$ 답 62

1540

실수 전체의 집합에서 연속인 함수 $y=f(x)$에 대하여

$\int_0^2 f(x)\,dx = 1$, $\int_1^3 f(x)\,dx = 2$, $\int_1^2 f(x)\,dx = 3$일 때,

$\int_0^3 f(x)\,dx$의 값은? $\int_b^a f(x)\,dx = -\int_a^b f(x)\,dx$임을 이용하자.

$\int_a^c f(x)\,dx + \int_c^b f(x)\,dx = \int_a^b f(x)\,dx$임을 이용하자.

$$\int_0^3 f(x)\,dx = \int_0^2 f(x)\,dx + \int_2^1 f(x)\,dx + \int_1^3 f(x)\,dx$$

$$= \int_0^2 f(x)\,dx - \int_1^2 f(x)\,dx + \int_1^3 f(x)\,dx$$

$$= 1 - 3 + 2 = 0$$ 답 ③

1541

$\int_b^a f(x)\,dx = -\int_a^b f(x)\,dx$임을 이용하자.

모든 실수 x에서 연속인 함수 $y=f(x)$에 대하여

$\int_1^3 f(x)\,dx = a$, $\int_2^4 f(x)\,dx = b$, $\int_3^4 f(x)\,dx = c$

일 때, 정적분 $\int_1^2 f(x)\,dx$의 값을 a, b, c로 나타내면?

$\int_a^c f(x)\,dx + \int_c^b f(x)\,dx = \int_a^b f(x)\,dx$임을 이용하자.

$\int_2^4 f(x)\,dx = -\int_4^2 f(x)\,dx = b$이므로

$$\int_4^2 f(x)\,dx = -b$$

$$\therefore \int_1^2 f(x)\,dx = \int_1^4 f(x)\,dx + \int_4^2 f(x)\,dx$$

$$= \int_1^3 f(x)\,dx + \int_3^4 f(x)\,dx + \int_4^2 f(x)\,dx$$

$$= a + c - b = a - b + c$$ 답 ②

1542

함수 $f(x)=2x$일 때,

$$\int_0^1 f(x)\,dx + \int_1^2 f(x)\,dx + \cdots + \int_{n-1}^n f(x)\,dx$$

를 간단히 나타내면?

$\int_a^c f(x)\,dx + \int_c^b f(x)\,dx = \int_a^b f(x)\,dx$임을 이용하자.

$$\int_0^1 f(x)\,dx + \int_1^2 f(x)\,dx + \cdots + \int_{n-1}^n f(x)\,dx$$

$$= \int_0^n f(x)\,dx$$

$$= \int_0^n 2x\,dx = \Big[x^2 \Big]_0^n = n^2$$ 답 ③

1543

모든 실수에서 연속인 함수 $f(x)$가 다음 조건을 모두 만족시킬 때, $\int_3^4 f(x)dx$의 값을 구하시오.

(가) $\int_0^1 f(x)dx=0$ → $n=0,1,2$를 대입하자.

(나) $\int_n^{n+2} f(x)dx=\int_n^{n+1} 2xdx$ (단, $n=0,1,2,\cdots$)

상수 k에 대하여 $\int_a^b kf(x)dx=k\int_a^b f(x)dx$임을 이용하자.

$\int_0^1 f(x)dx=0$

조건 (나)로부터

$n=0$일 때,

$\int_0^2 f(x)dx=\int_0^1 2x\,dx=\left[x^2\right]_0^1=1$

$n=1$일 때,

$\int_1^3 f(x)dx=\int_1^2 2x\,dx=\left[x^2\right]_1^2=3$

$n=2$일 때,

$\int_2^4 f(x)dx=\int_2^3 2x\,dx=\left[x^2\right]_2^3=5$

$\int_3^4 f(x)dx$

$=\left\{\int_0^2 f(x)dx+\int_2^4 f(x)dx\right\}-\left\{\int_0^1 f(x)dx+\int_1^3 f(x)dx\right\}$

$=(1+5)-(0+3)=3$ **답 3**

1544

→ $f(x)=ax^2+bx-1$이라 하자.

이차함수 $f(x)$는 $f(0)=-1$이고,

$\int_{-1}^1 f(x)dx=\int_0^1 f(x)dx=\int_{-1}^0 f(x)dx$

를 만족시킨다. $f(2)$의 값을 구하시오.

→ $\int_a^c f(x)dx+\int_c^b f(x)dx=\int_a^b f(x)dx$임을 이용하자.

$f(0)=-1$이므로 $f(x)=ax^2+bx-1$

한편, $\int_{-1}^1 f(x)dx=\int_0^1 f(x)dx$에서

$\int_{-1}^0 f(x)dx+\int_0^1 f(x)dx=\int_0^1 f(x)dx$

$\therefore \int_{-1}^0 f(x)dx=0$

$\int_{-1}^0 f(x)dx=\int_{-1}^0 (ax^2+bx-1)dx$

$=\left[\dfrac{a}{3}x^3+\dfrac{b}{2}x^2-x\right]_{-1}^0$

$=\dfrac{a}{3}-\dfrac{b}{2}-1=0$ $\cdots\cdots$ ㉠

마찬가지로 $\int_{-1}^1 f(x)dx=\int_{-1}^0 f(x)dx$에서

$\int_{-1}^0 f(x)dx+\int_0^1 f(x)dx=\int_{-1}^0 f(x)dx$

$\therefore \int_0^1 f(x)dx=0$

$\int_0^1 f(x)dx=\int_0^1 (ax^2+bx-1)dx$

$=\left[\dfrac{a}{3}x^3+\dfrac{b}{2}x^2-x\right]_0^1$

$=\dfrac{a}{3}+\dfrac{b}{2}-1=0$ $\cdots\cdots$ ㉡

㉠과 ㉡에서 $a=3,\ b=0$

$\therefore f(x)=3x^2-1$

$\therefore f(2)=11$ **답 11**

1545

$\int_{-1}^1 f(x)dx=\int_{-1}^0 f(x)dx+\int_0^1 f(x)dx$임을 이용하자.

함수 $f(x)=\begin{cases} x^2+2 & (x\le 0) \\ 2-x & (x>0) \end{cases}$일 때, 정적분 $\int_{-1}^1 f(x)dx$의 값은?

→ 함수 $f(x)$는 실수 전체의 집합에서 연속이다.

$\int_{-1}^1 f(x)dx=\int_{-1}^0 f(x)dx+\int_0^1 f(x)dx$

$=\int_{-1}^0 (x^2+2)dx+\int_0^1 (2-x)dx$

$=\left[\dfrac{1}{3}x^3+2x\right]_{-1}^0+\left[2x-\dfrac{1}{2}x^2\right]_0^1$

$=\dfrac{7}{3}+\dfrac{3}{2}=\dfrac{23}{6}$ **답 ②**

1546

$\int_{-1}^2 f(x)dx=\int_{-1}^1 f(x)dx+\int_1^2 f(x)dx$임을 이용하자.

함수 $f(x)=\begin{cases} 3x^2 & (x<1) \\ 4x-x^2 & (x\ge 1) \end{cases}$일 때, 정적분 $\int_{-1}^2 f(x)dx$의 값은?

→ 함수 $f(x)$는 실수 전체의 집합에서 연속이다.

$\int_{-1}^2 f(x)dx=\int_{-1}^1 3x^2dx+\int_1^2 (4x-x^2)dx$

$=\left[x^3\right]_{-1}^1+\left[2x^2-\dfrac{1}{3}x^3\right]_1^2$

$=2+\left(\dfrac{16}{3}-\dfrac{5}{3}\right)=\dfrac{17}{3}$ **답 ④**

1547

함수 $f(x)=\begin{cases} x^2 & (x<1) \\ 2x-1 & (x\ge 1) \end{cases}$에 대하여

$\int_1^3 f(x-1)dx$의 값은? → $f(x-1)=\begin{cases} (x-1)^2 & (x<2) \\ 2x-3 & (x\ge 2) \end{cases}$임을 이용하자.

→ $\int_a^c f(x)dx+\int_c^b f(x)dx=\int_a^b f(x)dx$임을 이용하자.

$f(x)=\begin{cases} x^2 & (x<1) \\ 2x-1 & (x\ge 1) \end{cases}$ 이므로

$f(x-1)=\begin{cases} (x-1)^2 & (x<2) \\ 2x-3 & (x\ge 2) \end{cases}$

$\therefore \int_1^3 f(x-1)dx$

$=\int_1^2 (x-1)^2dx+\int_2^3 (2x-3)dx$

$$=\left[\frac{1}{3}x^3-x^2+x\right]_1^2+\left[x^2-3x\right]_2^3$$

$$=\left(\frac{2}{3}-\frac{1}{3}\right)-(-2)=\frac{7}{3}$$ 답 ③

다른풀이 함수 $y=f(x-1)$의 그래프를 x축의 방향으로 -1만큼 평행
이동하면 $y=f(x)$이므로

$$\int_1^3 f(x-1)\,dx=\int_0^2 f(x)\,dx$$

$$=\int_0^1 x^2\,dx+\int_1^2 (2x-1)\,dx$$

$$=\left[\frac{1}{3}x^3\right]_0^1+\left[x^2-x\right]_1^2$$

$$=\frac{1}{3}+2=\frac{7}{3}$$

1548 $\int_0^2 xf(x)dx=\int_0^1 xf(x)dx+\int_1^2 xf(x)dx$임을 이용하자.

함수 $f(x)=\begin{cases} x^2 & (0\le x<1) \\ -x+2 & (1\le x\le 2) \end{cases}$ 일 때, 정적분 $\int_0^2 xf(x)\,dx$
의 값을 구하시오.

$$\int_0^2 xf(x)\,dx=\int_0^1 x\times x^2\,dx+\int_1^2 x(-x+2)\,dx$$

$$=\int_0^1 x^3\,dx+\int_1^2 (-x^2+2x)\,dx$$

$$=\left[\frac{1}{4}x^4\right]_0^1+\left[-\frac{1}{3}x^3+x^2\right]_1^2$$

$$=\frac{1}{4}+\left(\frac{4}{3}-\frac{2}{3}\right)=\frac{11}{12}$$ 답 $\frac{11}{12}$

1549

함수 $f(x)=\begin{cases} 2x+1 & (x<1) \\ -x^2+4 & (x\ge 1) \end{cases}$ 에 대하여

$\int_k^2 f(x)\,dx=\frac{11}{3}$을 만족시키는 모든 k의 값의 합은? (단, $k<1$)

$\int_k^2 f(x)dx=\int_k^1 f(x)dx+\int_1^2 f(x)dx$임을 이용하자.

$$\int_k^2 f(x)\,dx=\int_k^1 (2x+1)\,dx+\int_1^2 (-x^2+4)\,dx$$

$$=\left[x^2+x\right]_k^1+\left[-\frac{1}{3}x^3+4x\right]_1^2$$

$$=\{2-(k^2+k)\}+\left(\frac{16}{3}-\frac{11}{3}\right)$$

$$=\frac{11}{3}-(k^2+k)$$

즉, $\frac{11}{3}-(k^2+k)=\frac{11}{3}$에서 $k^2+k=0$

$k(k+1)=0$

$\therefore k=-1$ 또는 $k=0$ $(\because k<1)$

따라서 모든 k의 값의 합은 -1이다. 답 ①

1550 함수 $f(x)$는 $x=2$에서 연속임을 이용하자.

실수 전체의 집합에서 연속인 함수 $f(x)=\begin{cases} x+a & (x\ge 2) \\ 4-2x & (x<2) \end{cases}$ 에
대하여 $\int_a^4 f(x)\,dx$의 값을 구하시오. (단, a는 상수이다.)

$\int_a^c f(x)dx+\int_c^b f(x)dx=\int_a^b f(x)dx$임을 이용하자.

함수 $y=f(x)$가 실수 전체의 구간에서 연속이므로 $x=2$에서도 연속
이다.

$$f(2)=\lim_{x\to 2+}(x+a)=\lim_{x\to 2-}(4-2x)$$

$2+a=0$ $\therefore a=-2$

$$\therefore \int_a^4 f(x)\,dx=\int_{-2}^4 f(x)\,dx$$

$$=\int_{-2}^2 (4-2x)\,dx+\int_2^4 (x-2)\,dx$$

$$=\left[4x-x^2\right]_{-2}^2+\left[\frac{1}{2}x^2-2x\right]_2^4$$

$$=\{4-(-12)\}-(-2)$$

$$=18$$ 답 18

1551 함수 $f(x)$는 $x=0$, $x=1$에서 연속임을 이용하자.

함수 $f(x)=\begin{cases} 2x+a & (x<0) \\ 5 & (0\le x<1) \\ -3x^2+b & (x\ge 1) \end{cases}$ 가 모든 실수 x에 대하여
연속일 때, 정적분 $\int_{-1}^3 f(x)\,dx$의 값을 구하시오.

(단, a, b는 상수이다.)

$\int_a^c f(x)dx+\int_c^b f(x)dx=\int_a^b f(x)dx$임을 이용하자.

$f(x)=\begin{cases} 2x+a & (x<0) \\ 5 & (0\le x<1) \\ -3x^2+b & (x\ge 1) \end{cases}$ 가 모든 실수 x에 대하여

연속이므로

$f(0)=\lim_{x\to 0-}(2x+a)=\lim_{x\to 0+}5$에서 $a=5$

$f(1)=\lim_{x\to 1-}5=\lim_{x\to 1+}(-3x^2+b)$에서 $5=-3+b$

$\therefore b=8$

즉, $f(x)=\begin{cases} 2x+5 & (x<0) \\ 5 & (0\le x<1) \\ -3x^2+8 & (x\ge 1) \end{cases}$ 이므로

$$\int_{-1}^3 f(x)\,dx$$

$$=\int_{-1}^0 f(x)\,dx+\int_0^1 f(x)\,dx+\int_1^3 f(x)\,dx$$

$$=\int_{-1}^0 (2x+5)\,dx+\int_0^1 5\,dx+\int_1^3 (-3x^2+8)\,dx$$

$$=\left[x^2+5x\right]_{-1}^0+\left[5x\right]_0^1+\left[-x^3+8x\right]_1^3$$

$$=4+5+(-3-7)$$

$$=-1$$ 답 -1

1552

실수 전체의 집합에서 연속인 함수 $y=f(x)$가 다음 조건을 만족
시킬 때, 정적분 $\int_{-1}^{1} f(x)dx$의 값을 구하시오.

> (가) $f(0)=0$ $x<0$일 때, $f(x)=\int dx$이다.
>
> (나) $f'(x)=\begin{cases} 1 & (x<0) \\ x^2-2x-2 & (x>0) \end{cases}$
>
> └─ $x>0$일 때, $f(x)=\int(x^2-2x-2)dx$이다.

조건 (나)에서

$x<0$일 때,

$f(x)=\int dx=x+C_1$

$x>0$일 때,

$f(x)=\int(x^2-2x-2)dx$

$\qquad =\dfrac{1}{3}x^3-x^2-2x+C_2$

함수 $y=f(x)$는 $x=0$에서 연속이므로 $\displaystyle\lim_{x\to 0-}f(x)=\lim_{x\to 0+}f(x)$

$\therefore C_1=C_2$

조건 (가)에서 $f(0)=0$이므로 $C_1=C_2=0$

$\therefore \displaystyle\int_{-1}^{1} f(x)\,dx=\int_{-1}^{0} x\,dx+\int_{0}^{1}\left(\dfrac{1}{3}x^3-x^2-2x\right)dx$

$\qquad =\left[\dfrac{1}{2}x^2\right]_{-1}^{0}+\left[\dfrac{1}{12}x^4-\dfrac{1}{3}x^3-x^2\right]_{0}^{1}$

$\qquad =-\dfrac{1}{2}+\left(-\dfrac{5}{4}\right)$

$\qquad =-\dfrac{7}{4}$

답 $-\dfrac{7}{4}$

1553

정적분 $\int_{0}^{2}|x(x-1)|\,dx$의 값은?

> └─ $|x(x-1)|=\begin{cases} x^2-x & (x<0 \ \text{또는}\ x>1) \\ -x^2+x & (0\le x\le 1) \end{cases}$ 임을 이용하자.

구간 $[0,\,2]$에서 $|x(x-1)|=\begin{cases} -x^2+x & (0\le x<1) \\ x^2-x & (1\le x\le 2) \end{cases}$ 이므로

$\displaystyle\int_{0}^{2}|x(x-1)|\,dx=\int_{0}^{1}(-x^2+x)\,dx+\int_{1}^{2}(x^2-x)\,dx$

$\qquad =\left[-\dfrac{1}{3}x^3+\dfrac{1}{2}x^2\right]_{0}^{1}+\left[\dfrac{1}{3}x^3-\dfrac{1}{2}x^2\right]_{1}^{2}$

$\qquad =\left(-\dfrac{1}{3}+\dfrac{1}{2}\right)+\left\{\left(\dfrac{8}{3}-2\right)-\left(\dfrac{1}{3}-\dfrac{1}{2}\right)\right\}$

$\qquad =1$

답 ②

1554

$\int_{b}^{a}f(x)dx=-\int_{a}^{b}f(x)dx$임을 이용하자.

정적분 $\int_{-2}^{0}|x^2-1|\,dx-\int_{2}^{0}|1-x^2|\,dx$의 값을 구하시오.

> └─ $|x^2-1|=|1-x^2|$임을 이용하자.

$\displaystyle\int_{-2}^{0}|x^2-1|\,dx-\int_{2}^{0}|1-x^2|\,dx$

$=\displaystyle\int_{-2}^{0}|x^2-1|\,dx+\int_{0}^{2}|x^2-1|\,dx$

$=\displaystyle\int_{-2}^{2}|x^2-1|\,dx$

$|x^2-1|=\begin{cases} x^2-1 & (x\le -1,\ x\ge 1) \\ -x^2+1 & (-1<x<1) \end{cases}$ 이므로

$\displaystyle\int_{-2}^{2}|x^2-1|\,dx$

$=\displaystyle\int_{-2}^{-1}(x^2-1)\,dx+\int_{-1}^{1}(-x^2+1)\,dx+\int_{1}^{2}(x^2-1)\,dx$

$=\left[\dfrac{1}{3}x^3-x\right]_{-2}^{-1}+\left[-\dfrac{1}{3}x^3+x\right]_{-1}^{1}+\left[\dfrac{1}{3}x^3-x\right]_{1}^{2}$

$=\left\{\dfrac{2}{3}-\left(-\dfrac{2}{3}\right)\right\}+\left\{\dfrac{2}{3}-\left(-\dfrac{2}{3}\right)\right\}+\left\{\dfrac{2}{3}-\left(-\dfrac{2}{3}\right)\right\}$

$=4$

답 4

1555

정적분 $\int_{0}^{2}(2x+1+|x-1|)\,dx$의 값을 구하시오.

> └─ $x\ge 1$일 때 $3x$이고, $x<1$일 때 $x+2$임을 이용하자.

$2x+1+|x-1|=\begin{cases} x+2 & (x<1) \\ 3x & (x\ge 1) \end{cases}$ 이므로

$\displaystyle\int_{0}^{2}(2x+1+|x-1|)\,dx$

$=\displaystyle\int_{0}^{1}(x+2)\,dx+\int_{1}^{2}3x\,dx$

$=\left[\dfrac{1}{2}x^2+2x\right]_{0}^{1}+\left[\dfrac{3}{2}x^2\right]_{1}^{2}$

$=\dfrac{5}{2}+\left(6-\dfrac{3}{2}\right)$

$=7$

답 7

1556

$\int_{a}^{c}f(x)dx+\int_{c}^{b}f(x)dx=\int_{a}^{b}f(x)dx$임을 이용하자.

함수 $f(x)=3x+|x-1|$에 대하여 정적분 $\int_{-2}^{2}f(x)dx$의 값은?

> └─ $f(x)=\begin{cases} 4x-1 & (x\ge 1) \\ 2x+1 & (x<1) \end{cases}$ 임을 이용하자.

$f(x)=\begin{cases} 4x-1 & (x\ge 1) \\ 2x+1 & (x<1) \end{cases}$ 이므로

$\displaystyle\int_{-2}^{2}f(x)\,dx=\int_{-2}^{1}(2x+1)\,dx+\int_{1}^{2}(4x-1)\,dx$

$\qquad =\left[x^2+x\right]_{-2}^{1}+\left[2x^2-x\right]_{1}^{2}$

$\qquad =(2-2)+(6-1)=5$

답 ⑤

1557

정적분 $\int_{-2}^{2}(k-|x|)\,dx=8$일 때, 상수 k의 값은?

> └─ $k-|x|=\begin{cases} k-x & (x\ge 0) \\ k+x & (x<0) \end{cases}$ 임을 이용하자.

$k-|x|=\begin{cases} k+x & (x<0) \\ k-x & (x\geq 0) \end{cases}$ 이므로

$\int_{-2}^{2}(k-|x|)\,dx=\int_{-2}^{0}(k+x)\,dx+\int_{0}^{2}(k-x)\,dx$

$\qquad =\left[kx+\dfrac{1}{2}x^2\right]_{-2}^{0}+\left[kx-\dfrac{1}{2}x^2\right]_{0}^{2}$

$\qquad =-(-2k+2)+(2k-2)$

$\qquad =4k-4$

$\qquad =8$

$\therefore k=3$ 　　　　　　답 ②

1558

$\boxed{\text{정적분 } \int_{0}^{4}(|x-2|+|x-3|)\,dx \text{의 값을 구하시오.}}$
└ $x<2$, $2\leq x<3$, $x\geq 3$일 때로 나눌 수 있다.

$f(x)=|x-2|+|x-3|$이라 하면 그래프는 그림과 같다.

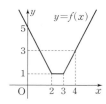

$\int_{0}^{4}(|x-2|+|x-3|)\,dx$

$=\int_{0}^{2}\{-(x-2)-(x-3)\}\,dx+\int_{2}^{3}\{(x-2)-(x-3)\}\,dx$

$\qquad\qquad\qquad\qquad +\int_{3}^{4}\{(x-2)+(x-3)\}\,dx$

$=\int_{0}^{2}(-2x+5)\,dx+\int_{2}^{3}dx+\int_{3}^{4}(2x-5)\,dx$

$=\left[-x^2+5x\right]_{0}^{2}+\left[x\right]_{2}^{3}+\left[x^2-5x\right]_{3}^{4}$

$=6+1+\{(-4)-(-6)\}$

$=9$ 　　　　　　답 9

1559

$|x-a|=\begin{cases} -x+a & (x<a) \\ x-a & (x\geq a) \end{cases}$ 임을 이용하자.

$\boxed{\text{정적분 } \int_{0}^{2}|x-a|\,dx \ (a\geq 0) \text{값을 } P(a)\text{라 할 때,} \\ P(0)+P(1)+P(2)+P(3) \text{의 값을 구하시오.}}$
$a\geq 2$일 때와 $a<2$일 때로 나누어 생각하자.

$f(x)=|x-a|$이라 하면 $f(x)=\begin{cases} -x+a & (x<a) \\ x-a & (x\geq a) \end{cases}$

이고 함수 $y=f(x)$의 그래프는 점 $(a,0)$에서 꺾이는 모양이다.

(i) $a\geq 2$일 때,

$\int_{0}^{2}|x-a|\,dt=\int_{0}^{2}(-x+a)\,dt$

$\qquad\qquad =\left[-\dfrac{1}{2}x^2+ax\right]_{0}^{2}=-2+2a$

(ii) $a<2$일 때,

$\int_{0}^{2}|x-a|\,dt=\int_{0}^{a}(-x+a)\,dt=\int_{a}^{2}(x-a)\,dt$

$\qquad =\left[-\dfrac{1}{2}x^2+ax\right]_{0}^{a}+\left[\dfrac{1}{2}x^2-ax\right]_{a}^{2}$

$\qquad =\left(-\dfrac{1}{2}a^2+a^2\right)+(2-2a)-\left(\dfrac{1}{2}a^2-a^2\right)$

$\qquad =a^2-2a+2$

$\therefore P(0)+P(1)+P(2)+P(3)=2+1+2+4=9$ 　답 9

1560

$\boxed{\text{정적분 } \int_{0}^{1}|x^2-a^2|\,dx=\dfrac{4}{3}a^3 \text{일 때, 상수 } a \text{의 값을 구하시오.} \\ \text{(단, } 0<a<1) \\ |x^2-a^2|=\begin{cases} x^2-a^2 & (x\leq -a \text{ 또는 } x\geq a) \\ -x^2+a^2 & (-a<x<a) \end{cases} \text{임을 이용하자.}}$

$|x^2-a^2|=\begin{cases} x^2-a^2 & (x\leq -a \text{ 또는 } x\geq a) \\ -x^2+a^2 & (-a<x<a) \end{cases}$

이므로 함수 $y=|x^2-a^2|$의 그래프는 그림과 같다.

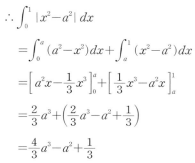

$\therefore \int_{0}^{1}|x^2-a^2|\,dx$

$=\int_{0}^{a}(a^2-x^2)\,dx+\int_{a}^{1}(x^2-a^2)\,dx$

$=\left[a^2x-\dfrac{1}{3}x^3\right]_{0}^{a}+\left[\dfrac{1}{3}x^3-a^2x\right]_{a}^{1}$

$=\dfrac{2}{3}a^3+\left(\dfrac{2}{3}a^3-a^2+\dfrac{1}{3}\right)$

$=\dfrac{4}{3}a^3-a^2+\dfrac{1}{3}$

즉, $\dfrac{4}{3}a^3-a^2+\dfrac{1}{3}=\dfrac{4}{3}a^3$이므로

$a^2=\dfrac{1}{3}$ 　　$\therefore a=-\dfrac{\sqrt{3}}{3}$ 또는 $a=\dfrac{\sqrt{3}}{3}$

그런데 $0<a<1$이므로 $a=\dfrac{\sqrt{3}}{3}$ 　답 $\dfrac{\sqrt{3}}{3}$

1561

• $1\leq x\leq 4$에서 $f(x)\leq 0$임을 알 수 있다.

$\boxed{\text{이차함수 } y=f(x)\text{가 } f(1)=0\text{이고 다음 조건을 만족시킨다.} \\ \text{(가) } \int_{1}^{4}|f(x)|\,dx=-\int_{1}^{4}f(x)\,dx=9 \\ \text{(나) } \int_{4}^{6}|f(x)|\,dx=\int_{4}^{6}f(x)\,dx \\ \text{• } 4\leq x\leq 6\text{에서 } f(x)\geq 0\text{임을 알 수 있다.} \\ f(-1)\text{의 값을 구하시오.}}$

조건 (가)에서 $\int_{1}^{4}|f(x)|\,dx=-\int_{1}^{4}f(x)\,dx$이므로

$1\leq x\leq 4$에서 $f(x)\leq 0$

조건 (나)에서 $\int_{4}^{6}|f(x)|\,dx=\int_{4}^{6}f(x)\,dx$이므로

$4\leq x\leq 6$에서 $f(x)\geq 0$

따라서 이차함수 $y=f(x)$의 그래프는 점 $(1, 0)$과 점 $(4, 0)$을 지나고 아래로 볼록한 그래프이므로

$f(x)=a(x-1)(x-4)=ax^2-5ax+4a$ $(a>0)$

라 할 수 있다.

$$\therefore \int_1^4 f(x)dx=\int_1^4 (ax^2-5ax+4a)dx$$

$$=\left[\frac{a}{3}x^3-\frac{5a}{2}x^2+4ax\right]_1^4$$

$$=-\frac{8}{3}a-\frac{11}{6}a$$

$$=-\frac{9}{2}a$$

즉, $\frac{9}{2}a=9$이므로 $a=2$

따라서 $f(x)=2x^2-10x+8$이므로

$f(-1)=2+10+8=20$　　　　　　　　　　　답 20

1562

함수 $y=f(x)$의 그래프가 그림과 같을 때, $\int_{-1}^1 f'(x)dx$의 값을 구하시오.

$\int_{-1}^1 f'(x)dx=\left[f(x)\right]_{-1}^1$ 임을 이용하자.

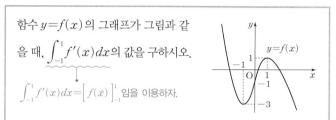

$$\int_{-1}^1 f'(x)dx=\left[f(x)\right]_{-1}^1$$

$$=f(1)-f(-1)$$

$$=1-(-3)$$

$$=4$$　　　　　　　　　　　　　답 4

1563

→ 구간을 나누어 함수의 식을 구하자.

함수 $y=f(x)$의 그래프가 그림과 같을 때, 정적분 $\int_{-1}^2 f(x)dx$의 값을 구하시오.

$\int_a^c f(x)dx+\int_c^b f(x)dx=\int_a^b f(x)dx$임을 이용하자.

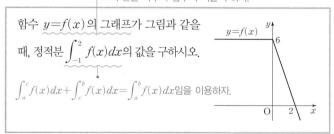

$f(x)=\begin{cases} 6 & (x<0) \\ -3x+6 & (x\geq0) \end{cases}$ 이므로

$$\int_{-1}^2 f(x)dx=\int_{-1}^0 6\,dx+\int_0^2 (-3x+6)\,dx$$

$$=\left[6x\right]_{-1}^0+\left[-\frac{3}{2}x^2+6x\right]_0^2$$

$$=6+6$$

$$=12$$　　　　　　　　　　　　답 12

1564

→ 구간을 나누어 함수의 식을 구하자.

함수 $y=f(x)$의 그래프가 그림과 같을 때, 정적분 $\int_0^2 xf(x)\,dx$의 값을 구하시오.

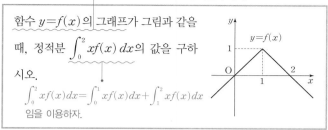

$\int_0^2 xf(x)dx=\int_0^1 xf(x)dx+\int_1^2 xf(x)dx$ 임을 이용하자.

$f(x)=\begin{cases} x & (x<1) \\ 2-x & (x\geq1) \end{cases}$ 이므로

$$\int_0^2 xf(x)\,dx=\int_0^1 x^2\,dx+\int_1^2 (2x-x^2)\,dx$$

$$=\left[\frac{1}{3}x^3\right]_0^1+\left[x^2-\frac{1}{3}x^3\right]_1^2$$

$$=\frac{1}{3}+\left(\frac{4}{3}-\frac{2}{3}\right)=1$$　　　　　답 1

1565

그림과 같이 삼차함수 $y=f(x)$가

$$f(-1)=f(1)=f(2)=0, \ f(0)=2$$

를 만족시킬 때, $\int_0^2 f'(x)dx$의 값은?

$\int_0^2 f'(x)dx=f(2)-f(0)$ 임을 이용하자.

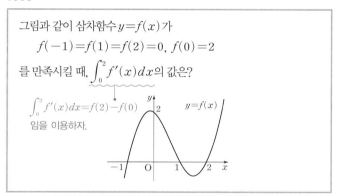

$$\int_0^2 f'(x)dx=\left[f(x)\right]_0^2=f(2)-f(0)=0-2=-2$$　　　답 ①

1566

$0\leq x\leq1$일 때 $f'(x)\geq0$이고, $1\leq x\leq4$일 때 $f'(x)\leq0$임을 이용하자.

함수 $y=f(x)$가 $x=1$에서 극댓값 2, $x=4$에서 극솟값 -4를 갖고, 함수 $y=f(x)$의 그래프가 그림과 같을 때, 정적분 $\int_0^4 |f'(x)|dx$의 값을 구하시오.

$f'(x)\geq0$인 구간과 $f'(x)\leq0$인 구간으로 나누어 생각하자.

$0\leq x\leq1$일 때, 함수 $y=f(x)$는 증가하므로 $f'(x)\geq0$

$1\leq x\leq4$일 때, 함수 $y=f(x)$는 감소하므로 $f'(x)\leq0$

$$\therefore \int_0^4 |f'(x)|\,dx=\int_0^1 f'(x)dx+\int_1^4 \{-f'(x)\}dx$$

$$=\left[f(x)\right]_0^1-\left[f(x)\right]_1^4$$

$$=\{f(1)-f(0)\}-\{f(4)-f(1)\}$$

$$=2f(1)-f(0)-f(4)$$

$$=4+4+4=12$$　　　　　　　답 12

1567

다항함수 $y=f(x)$의 그래프는 점 $(1, 4)$를 지나고, 양변을 x에 대하여 미분하자.

$$F(x)=\int_2^x f(t)\,dt$$

이다. $y=F(x)$의 그래프가 그림과 같을 때, $f(3)$의 값을 구하시오.

$F(x)=a(x-1)(x-2)\ (a<0)$임을 알 수 있다.

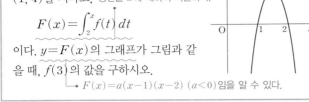

주어진 그래프에서

$F(x)=a(x-1)(x-2)$
$\qquad =a(x^2-3x+2)\ (a<0)$

$\int_2^x f(t)\,dt=a(x^2-3x+2)$의 양변을 x에 대하여 미분하면

$f(x)=a(2x-3)$

이때, $y=f(x)$의 그래프가 점 $(1, 4)$를 지나므로

$4=a(2-3)$

$\therefore a=-4$

따라서 $f(x)=-4(2x-3)$이므로

$f(3)=-12$

답 -12

1568

그림은 삼차함수 $y=f(x)$의 도함수 $y=f'(x)$의 그래프의 개형이다.

$y=f(x)$의 증가, 감소를 표로 나타내자.

$f(0)=f(3)=0$일 때, $\int_0^n f(x)\,dx$의 값이 최대가 되게 하는 n의 값을 구하시오.

$y=f(x)$의 그래프의 개형을 그리자.

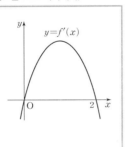

도함수 $y=f'(x)$의 그래프로부터 함수 $y=f(x)$의 증가, 감소를 표로 나타내면 다음과 같다.

x	$\cdots$	0	$\cdots$	2	$\cdots$
$f'(x)$	$-$	0	$+$	0	$-$
$f(x)$	$\searrow$	극소	$\nearrow$	극대	$\searrow$

$f(0)=f(3)=0$이므로 함수 $y=f(x)$의 그래프의 개형은 그림과 같다.

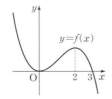

따라서 $n=3$일 때, $\int_0^n f(x)\,dx$의 값은 최대이다.

답 3

1569

최고차항의 계수가 1이고 $f(0)=0$인 삼차함수 $f(x)$가 다음 조건을 만족시킨다.

방정식 $f(x)-p=0$의 근은 2와 5임을 이용하자.

(가) $f(2)=f(5)$
(나) 방정식 $f(x)-p=0$의 서로 다른 실근의 개수가 2가 되게 하는 실수 p의 최댓값은 $f(2)$이다.

$y=f(x)$의 그래프는 직선 $y=p$와 접한다.

$\int_0^2 f(x)\,dx$의 값은?

조건 (가)와 조건 (나)를 만족시키는 함수 $y=f(x)$의 그래프는 그림과 같다.

$f(x)-p=(x-2)^2(x-5)$

$f(0)=0$이므로 $p=20$

$f(x)=(x-2)^2(x-5)+20$
$\qquad =x^3-9x^2+24x$

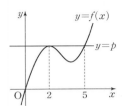

$\int_0^2 f(x)\,dx=\int_0^2 (x^3-9x^2+24x)\,dx$

$\qquad =\left[\dfrac{1}{4}x^4-3x^3+12x^2\right]_0^2$

$\qquad =28$

답 ②

1570

함수 $y=f(x)$의 그래프는 아래 그림과 같고 함수 $f(x)$는 다음 조건을 모두 만족시킨다.

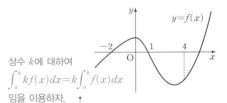

상수 k에 대하여

$\int_a^b kf(x)\,dx=k\int_a^b f(x)\,dx$

임을 이용하자.

(가) $\int_{-2}^1 3f(x)\,dx=-\int_1^4 f(x)\,dx$
(나) $\int_{-2}^4 f(x)\,dx=-10$

$\int_{-2}^4 |f(x)|\,dx$의 값을 구하시오.

$\int_a^c f(x)\,dx+\int_c^b f(x)\,dx=\int_a^b f(x)\,dx$임을 이용하자.

$\int_{-2}^1 f(x)\,dx=S$라 하면 $\int_1^4 f(x)\,dx=-3S$

$\int_{-2}^4 f(x)\,dx=\int_{-2}^1 f(x)\,dx+\int_1^4 f(x)\,dx=-2S=-10$

$\therefore S=5$

$\int_{-2}^4 |f(x)|\,dx=\int_{-2}^1 f(x)\,dx-\int_1^4 f(x)\,dx=4S=20$

답 20

1571

이차함수 $f(x)=(x-\alpha)(x-\beta)$에서 두 상수 α, β가 다음 조건을 만족시킨다.

> (가) $\alpha<0<\beta$ ← α와 β의 부호는 반대이다.
>
> (나) $\alpha+\beta>0$ ← β의 절댓값이 α의 절댓값보다 크다.

이때 세 정적분

$$A=\int_{\alpha}^{0}f(x)dx,\ B=\int_{0}^{\beta}f(x)dx,\ C=\int_{\alpha}^{\beta}f(x)dx$$

의 값의 대소 관계를 바르게 나타낸 것은?

조건 (가)에 의해 $\alpha<0$, $\beta>0$이고,
조건 (나)에 의해 $|\alpha|<|\beta|$이므로
이차함수 $f(x)$의 그래프는 그림과 같다.
구간 (α,β)에서 $f(x)<0$이므로
A, B, C는 모두 음수이다.
∴ $C<B<A$

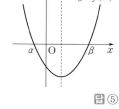

답 ⑤

1572

양수 a에 대하여 삼차함수 $f(x)=-x(x+a)(x-a)$의 극대인 점의 x좌표를 b라 하자. ← 함수 $f(x)$는 원점에 대하여 대칭인 함수임을 이용하자.

$$\int_{-b}^{a}f(x)dx=4,\ \int_{b}^{a+b}f(x-b)dx=9$$

일 때, 정적분 $\int_{-b}^{a}|f(x)|dx$의 값을 구하시오. ← 그래프를 그려서 각 도형의 넓이를 이용하자.

두 함수 $y=f(x)$, $y=f(x-b)$의 그래프는 그림과 같다.

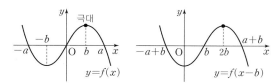

$\int_{-b}^{a}f(x)dx=\int_{-b}^{0}f(x)dx+\int_{0}^{a}f(x)dx$이고,

$\int_{0}^{a}f(x)dx=\int_{b}^{a+b}f(x-b)dx$이므로

$\int_{-b}^{0}f(x)dx=-5\left(\because \int_{-b}^{a}f(x)dx=4,\ \int_{b}^{a+b}f(x-b)dx=9\right)$

$\therefore \int_{-b}^{a}|f(x)|dx=\int_{-b}^{0}\{-f(x)\}dx+\int_{0}^{a}f(x)dx$

$=-\int_{-b}^{0}f(x)dx+\int_{0}^{a}f(x)dx$

$=-(-5)+9$

$=14$

답 14

1573

← $g(x)=(x-a)^3+b$임을 알 수 있다.

함수 $f(x)=x^3$의 그래프를 x축의 방향으로 a만큼, y축의 방향으로 b만큼 평행이동하였더니 함수 $y=g(x)$의 그래프가 되었다. $g(0)=0$이고 $\int_{a}^{3a}g(x)dx=\int_{0}^{2a}f(x)dx+64$일 때, a^4의 값을 구하시오. ← $x=0$을 대입하여 b를 a에 관한 식으로 정리하자.

함수 $y=x^3$의 그래프를 x축의 방향으로 a만큼, y축의 방향으로 b만큼 평행이동하면

$y-b=(x-a)^3$에서 $y=(x-a)^3+b$

$\therefore g(x)=(x-a)^3+b$

$g(0)=0$에서 $(-a)^3+b=0$

$\therefore b=a^3$

$\therefore g(x)=(x-a)^3+a^3$

$\int_{a}^{3a}g(x)dx=\int_{a}^{3a}\{(x-a)^3+a^3\}dx$

$=\left[\frac{1}{4}(x-a)^4+a^3x\right]_{a}^{3a}$

$=(4a^4+3a^4)-(0+a^4)=6a^4$

$\int_{0}^{2a}f(x)dx=\int_{0}^{2a}x^3dx$

$=\left[\frac{1}{4}x^4\right]_{0}^{2a}=4a^4$

즉, $\int_{a}^{3a}g(x)dx=\int_{a}^{2a}f(x)dx+64$에서

$6a^4=4a^4+64,\ 2a^4=64$

$\therefore a^4=32$

답 32

1574

← n의 값에 0, 1, 2, ⋯를 대입하여 규칙성을 파악하자.

임의의 정수 n에 대하여 다음 조건을 만족시키는 함수 $f(x)$가 있다. $\int_{0}^{1}f(x)dx=2$일 때, $\int_{0}^{4}f(x)dx$의 값을 구하시오.

← $n=0$을 대입하면 $f(1)=f(0)$임을 알 수 있다.

> (가) $f(x)$는 실수 전체의 집합에서 연속이다.
>
> (나) $f(n+1)-f(n)=n$
>
> (다) $n<x<n+1$에서 $f'(x)=n$이다.

← $n=0$을 대입하면 $0<x<1$에서 $f'(x)=0$임을 알 수 있다.

$n<x<n+1$에서 $f(x)$는 기울기가 n인 직선이고

$\int_{0}^{1}f(x)dx=2$이므로 $f(1)=f(0)=2$

$f(n+1)=f(n)+n$에서

$f(2)=f(1)+1=3$

$f(3)=f(2)+2=5$

$f(4)=f(3)+3=8$

따라서 조건을 만족하는 함수 $y=f(x)$의 그래프는 그림과 같다.

$\therefore \int_{0}^{4}f(x)dx=2+\left(2+\frac{1}{2}\right)+(3+1)+\left(5+\frac{3}{2}\right)=15$

답 15

정적분 $\int_a^b f(x)dx$는 곡선 $y=f(x)$와 x축 및 두 직선 $x=a$, $x=b$로 둘러싸인 도형의 넓이와 같다.

1575

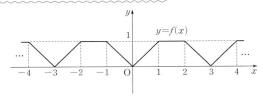

함수 $y=f(x)$의 그래프가 그림과 같을 때,

$\int_{-a}^a f(x)\,dx=3$을 만족시키는 상수 a의 값을 구하시오.

함수 $y=f(x)$는 모든 정수 n에 대하여

$$f(x)=\begin{cases} x-3n & (3n\le x<3n+1) \\ 1 & (3n+1\le x<3n+2) \\ -x+3(n+1) & (3n+2\le x<3n+3) \end{cases}$$

이므로

$$\int_{-1}^0 f(x)dx=\int_{-1}^0 (-x)dx$$
$$=\left[-\frac{1}{2}x^2\right]_{-1}^0=\frac{1}{2}$$

$$\int_0^1 f(x)dx=\int_0^1 x\,dx=\left[\frac{1}{2}x^2\right]_0^1=\frac{1}{2}$$

또

$$\int_{-2}^{-1} f(x)dx=\int_{-2}^{-1} dx$$
$$=\left[x\right]_{-2}^{-1}=1$$

$$\int_1^2 f(x)dx=\int_1^2 dx$$
$$=\left[x\right]_1^2=1$$

따라서 $\int_{-2}^2 f(x)dx=1+\frac{1}{2}+\frac{1}{2}+1=3$이므로

$a=2$

답 2

1576

−2≤x≤10에서 함수 $y=f(x)$의 그래프가 그림과 같다.

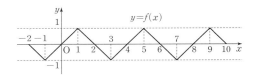

$g(x)=\int_x^{x+3} f(t)\,dt$ $(-2\le x\le 7)$에 대하여 〈보기〉에서

옳은 것만을 있는 대로 고르시오.

보기

ㄱ. $g(-1)=\frac{1}{2}$

ㄴ. 함수 $y=g(x)$가 최댓값을 갖게 되는 x의 값은 2개이다.

ㄷ. $g(x)\le\frac{1}{2}$

ㄱ. $g(-1)=\int_{-1}^2 f(t)\,dt$

$$=\int_{-1}^1 f(t)\,dt+\int_1^2 f(t)\,dt$$
$$=\int_{-1}^1 t\,dt+\int_1^2 (-t+2)\,dt$$
$$=\left[\frac{1}{2}t^2\right]_{-1}^1+\left[-\frac{1}{2}t^2+2t\right]_1^2=\frac{1}{2}$$ (참)

ㄴ. 함수 $y=g(x)$의 값이 최대가 되는 경우는

$f\left(\dfrac{x+(x+3)}{2}\right)$의 값이 함수 $y=f(x)$의 최댓값 1이

되는 경우이므로

$\dfrac{2x+3}{2}=1$ 또는 $\dfrac{2x+3}{2}=5$ 또는 $\dfrac{2x+3}{2}=9$

$\therefore x=-\dfrac{1}{2}$ 또는 $x=\dfrac{7}{2}$ $(\because -2\le x\le 7)$

따라서 함수 $y=g(x)$가 최댓값을 갖게 되는 x의 값은 2개이다.

(참)

ㄷ. 함수 $y=g(x)$의 최댓값은 $g\left(-\dfrac{1}{2}\right)=\int_{-\frac{1}{2}}^{\frac{5}{2}} f(t)\,dt$이므로

$$g\left(-\frac{1}{2}\right)=\int_{-\frac{1}{2}}^1 t\,dt+\int_1^{\frac{5}{2}} (-t+2)\,dt$$
$$=\left[\frac{1}{2}t^2\right]_{-\frac{1}{2}}^1+\left[-\frac{1}{2}t^2+2t\right]_1^{\frac{5}{2}}$$
$$=\left(\frac{1}{2}-\frac{1}{8}\right)+\left\{\left(-\frac{25}{8}+5\right)-\left(-\frac{1}{2}+2\right)\right\}$$
$$=\frac{3}{4}$$

$\therefore g(x)\le\dfrac{3}{4}$ (거짓)

따라서 옳은 것은 ㄱ, ㄴ이다.

답 ㄱ, ㄴ

1577

삼차함수 $f(x)$는 $f(0)>0$을 만족시킨다. 함수 $g(x)$를

$g(x)=\left|\int_0^x f(t)\,dt\right|$라 할 때, 함수 $y=g(x)$의 그래프가 그림과

같다. $h(x)=\int_0^x f(t)\,dt$라 하면 $h'(x)=f(x)$임을 이용하자.

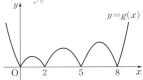

이때 $\int_m^{m+2} f(x)\,dx>0$을 만족시키는 모든 자연수 m의 값의 합

을 구하시오. $\int_m^{m+2} f(x)\,dx=h(m+2)-h(m)$임을 이용하자.

$h(x)=\int_0^x f(t)\,dt$라 하면 함수 $h(x)$는 사차함수이다. $h'(x)=f(x)$

에서 $h'(0)=f(0)>0$이므로 함수 $y=h(x)$의 그래프는 그림과 같다.

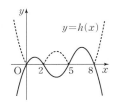

$$\int_m^{m+2} f(x)dx = h(m+2) - h(m)$$

$m=1$일 때, $h(3)<0$, $h(1)>0$이므로

$h(3)-h(1)<0$

$m=2$일 때, $h(4)<0$, $h(2)=0$이므로

$h(4)-h(2)<0$

$m=3$일 때, $h(5)=0$, $h(3)<0$이므로

$h(5)-h(3)>0$

$m=4$일 때, $h(6)>0$, $h(4)<0$이므로

$h(6)-h(4)>0$

$m=5$일 때, $h(7)>0$, $h(5)=0$이므로

$h(7)-h(5)>0$

$m=6$일 때, $h(8)=0$, $h(6)>0$이므로

$h(8)-h(6)<0$

$m=7$일 때, $h(9)<0$, $h(7)>0$이므로

$h(9)-h(7)<0$

$m \geq 8$이면 $h(m+2)<h(m)$이므로

$h(m+2)-h(m)>0$을 만족시키는 자연수 m은 3, 4, 5이다.

$\therefore 3+4+5=12$ **답** 12

1578

$\displaystyle\int_{-1}^{3} (-3x^2+4x+5)dx$의 값을 구하시오.

↪ $F'(x)=f(x)$라 할 때, $\displaystyle\int_a^b f(x)dx=F(b)-F(a)$임을 이용하자.

$$\int_{-1}^{3} (-3x^2+4x+5)dx = \left[-x^3+2x^2+5x\right]_{-1}^{3}$$
$$= (-27+18+15)-(1+2-5)=8$$

답 8

1579

함수 $f(x)=\displaystyle\int_1^x (2t-5)(t^2+1)\,dt$일 때, $\displaystyle\lim_{h\to 0}\frac{f(1+h)-f(1)}{h}$의

값은?   ↪ 양변을 x에 대하여 미분하자.   ↪ $f'(1)$과 같다.

$f(x)=\displaystyle\int_1^x (2t-5)(t^2+1)\,dt$의 양변을 x에 대하여 미분하면

$f'(x)=(2x-5)(x^2+1)$

$\therefore \displaystyle\lim_{h\to 0}\frac{f(1+h)-f(1)}{h}=f'(1)=-6$ **답** ②

1580

↪ $x=1$을 대입하여 $\displaystyle\int_a^a f(x)dx=0$임을 이용하자.

다항함수 $y=f(x)$가 모든 실수 x에 대하여

$$\int_1^x f(t)\,dt = x^2-4x+a$$

를 만족시킬 때, $f(1)+a$의 값은? (단, a는 상수이다.)

↪ $\dfrac{d}{dx}\displaystyle\int_a^x f(t)dt=f(x)$임을 이용하자.

$\displaystyle\int_1^x f(t)\,dt = x^2-4x+a$의 양변에 $x=1$을 대입하면

$0=1-4+a$

$\therefore a=3$

주어진 식의 양변을 x에 대하여 미분하면

$f(x)=2x-4$이므로 $f(1)=-2$

$\therefore f(1)+a=-2+3=1$ **답** ④

1581

↪ $x=a$를 대입하여 $\displaystyle\int_a^a f(x)dx=0$임을 이용하자.

미분가능한 함수 $y=f(x)$가 모든 실수 x에 대하여

$$\int_a^x t\,f(t)\,dt = x^3-2x^2-3x$$

를 만족시킬 때, 양수 a의 값을 구하시오.

↪ 양변을 x에 대하여 미분하자.

$\displaystyle\int_a^x t\,f(t)\,dt = x^3-2x^2-3x$의 양변에 $x=a$를 대입하면

$0=a^3-2a^2-3a$

$a(a+1)(a-3)=0$

$\therefore a=3 \ (\because a>0)$ **답** 3

1582

정적분 $\displaystyle\int_0^2 (2x^2+1)\,dx - 2\int_0^2 (x-1)^2\,dx$의 값을 구하시오.

↪ 적분구간이 같은 경우 $\displaystyle\int_a^b \{f(x)\pm g(x)\}dx=\int_a^b f(x)dx\pm\int_a^b g(x)dx$ 임을 이용하자.

$$\int_0^2 (2x^2+1)\,dx - 2\int_0^2 (x-1)^2\,dx$$
$$= \int_0^2 (2x^2+1)\,dx - \int_0^2 (2x^2-4x+2)\,dx$$
$$= \int_0^2 (2x^2+1-2x^2+4x-2)\,dx$$
$$= \int_0^2 (4x-1)\,dx$$
$$= \left[2x^2-x\right]_0^2 = 6$$

답 6

1583

정적분 $\displaystyle\int_a^c f(x)dx+\int_c^b f(x)dx=\int_a^b f(x)dx$임을 이용하자.

$$\int_{-1}^0 (3x^2+2x)\,dx + \int_0^1 (3y^2+2y)\,dy + \int_1^2 (3z^2+2z)\,dz$$

의 값을 구하시오.   ↪ $\displaystyle\int_a^b f(x)dx=\int_a^b f(z)dz$임을 이용하자.

$$\int_{-1}^0 (3x^2+2x)\,dx + \int_0^1 (3y^2+2y)\,dy + \int_1^2 (3z^2+2z)\,dz$$
$$= \int_{-1}^0 (3x^2+2x)\,dx + \int_0^1 (3x^2+2x)\,dx + \int_1^2 (3x^2+2x)\,dx$$
$$= \int_{-1}^2 (3x^2+2x)\,dx$$
$$= \left[x^3+x^2\right]_{-1}^2$$
$$= 12$$

답 12

1584

$\int_a^c f(x)dx+\int_c^b f(x)dx=\int_a^b f(x)dx$임을 이용하자.

실수 전체의 집합에서 연속인 함수 $y=f(x)$에 대하여

$$\int_{-1}^2 f(x)dx=5, \quad \int_1^3 f(x)dx=10, \quad \int_1^2 f(x)dx=12$$

일 때, 정적분 $\int_{-1}^3 f(x)dx$의 값을 구하시오.

$\int_b^a f(x)dx=-\int_a^b f(x)dx$임을 이용하자.

$$\int_{-1}^3 f(x)\,dx=\int_{-1}^1 f(x)dx+\int_1^3 f(x)dx$$
$$=\int_{-1}^2 f(x)dx+\int_2^1 f(x)dx+\int_1^3 f(x)dx$$
$$=\int_{-1}^2 f(x)dx-\int_1^2 f(x)dx+\int_1^3 f(x)dx$$
$$=5-12+10=3$$

답 3

1585 함수 $f(x)$는 실수 전체의 집합에서 연속이다.

함수 $f(x)=\begin{cases} 3x^2+4x+1 & (x\le0) \\ 1-2x & (x>0) \end{cases}$ 일 때, 정적분 $\int_{-2}^2 f(x)dx$ 의 값은?

$\int_{-1}^1 f(x)dx=\int_{-1}^0 f(x)dx+\int_0^1 f(x)dx$임을 이용하자.

$f(x)=\begin{cases} 3x^2+4x+1 & (x\le0) \\ 1-2x & (x>0) \end{cases}$ 이므로

$$\int_{-2}^2 f(x)dx=\int_{-2}^0 (3x^2+4x+1)dx+\int_0^2 (1-2x)dx$$
$$=\Big[x^3+2x^2+x\Big]_{-2}^0+\Big[x-x^2\Big]_0^2$$
$$=2+(-2)=0$$

답 ③

1586 ✏서술형

정적분 $\int_{-2}^2 |x^2-2x|\,dx$의 값을 구하시오.

$|x^2-2x|=\begin{cases} x^2-2x & (x<0 \text{ 또는 } x>2) \\ -x^2+2x & (0\le x\le2) \end{cases}$ 임을 이용하자.

$x^2-2x=x(x-2)$이므로

$|x^2-2x|=\begin{cases} x^2-2x & (x\le0 \text{ 또는 } x\ge2) \\ -x^2+2x & (0<x<2) \end{cases}$ ······ 40%

$$\therefore \int_{-2}^2 |x^2-2x|\,dx$$
$$=\int_{-2}^0 (x^2-2x)\,dx+\int_0^2 (-x^2+2x)\,dx$$
$$=\Big[\frac{1}{3}x^3-x^2\Big]_{-2}^0+\Big[-\frac{1}{3}x^3+x^2\Big]_0^2$$ ······ 40%
$$=-\Big\{\Big(-\frac{8}{3}\Big)-4\Big\}+\Big\{\Big(-\frac{8}{3}\Big)+4\Big\}=8$$ ······ 20%

답 8

1587

$\int_a^c f(x)dx+\int_c^b f(x)dx=\int_a^b f(x)dx$임을 이용하자.

함수 $f(x)=|x|$에 대하여 정적분

$$\int_1^3 f(x)dx-\int_2^3 f(x)dx+\int_{-2}^1 f(x)\,dx$$

의 값을 구하시오. $\int_b^a f(x)dx=-\int_a^b f(x)dx$임을 이용하자.

$$\int_1^3 f(x)dx-\int_2^3 f(x)dx+\int_{-2}^1 f(x)dx$$
$$=\int_{-2}^1 f(x)dx+\int_1^3 f(x)dx-\int_2^3 f(x)dx$$
$$=\int_{-2}^3 f(x)dx+\int_3^2 f(x)dx$$
$$=\int_{-2}^2 f(x)dx$$

$f(x)=\begin{cases} x & (x\ge0) \\ -x & (x<0) \end{cases}$ 이므로

$$\int_{-2}^2 f(x)dx=\int_{-2}^0 (-x)dx+\int_0^2 x\,dx$$
$$=\Big[-\frac{1}{2}x^2\Big]_{-2}^0+\Big[\frac{1}{2}x^2\Big]_0^2$$
$$=2+2=4$$

답 4

1588 ✏서술형

$f'(x)=ax(x-2)=a(x^2-2x)$ (단, $a<0$)라 하자.

삼차함수 $y=f(x)$의 도함수 $y=f'(x)$의 그래프가 그림과 같이 두 점 $(0,0)$, $(2,0)$을 지난다. 함수 $f(x)$의 극솟값 -1, 극댓값 3일 때, $\int_0^2 f(x)dx$의 값을 구하시오.

$f(2)=3$이다. $f(0)=-1$이다.

함수 $y=f'(x)$의 그래프가 두 점 $(0,0)$, $(2,0)$을 지나므로
$f'(x)=ax(x-2)=a(x^2-2x)$ (단, $a<0$)라고 하면,
$f(x)$는 $x=0$에서 극솟값이 -1, $x=2$에서 극댓값이 3이다.

$$\int_0^2 f'(x)dx=f(2)-f(0)$$
$$=3-(-1)=4$$ ······ 30%

한편, $\int_0^2 f'(x)dx=\int_0^2 \{a(x^2-2x)\}dx$
$$=\Big[a\Big(\frac{1}{3}x^3-x^2\Big)\Big]_0^2=4$$

$\therefore a=-3$

$f'(x)=-3(x^2-2x)$이고, $f(0)=-1$이므로
$f(x)=-x^3+3x^2-1$ ······ 40%

$$\int_0^2 f(x)dx=\int_0^2 (-x^3+3x^2-1)dx$$
$$=\Big[-\frac{1}{4}x^4+x^3-x\Big]_0^2=2$$ ······ 30%

답 2

1589

→ $g(x)=(x-a)^3+b$임을 알 수 있다.

함수 $f(x)=x^3$의 그래프를 x축 방향으로 a만큼, y축 방향으로 b만큼 평행이동 시킨 함수를 $g(x)$라고 하자.

$g(0)=0$, $\displaystyle\int_a^{3a} g(x)dx-\int_0^{2a} f(x)dx=32$일 때, $a+b$의 값을 구하시오. (단, $a>0$, $b>0$이다.)

→ $x=0$을 대입하여 b를 a에 관한 식으로 정리하자.

$g(x)=(x-a)^3+b$이고 $g(0)=-a^3+b=0$

$a^3=b$ ······ ㉠

$\displaystyle\int_a^{3a} g(x)dx-\int_0^{2a} f(x)dx$

$\displaystyle=\int_0^{2a}(x^3+b)dx-\int_0^{2a} x^3 dx$

$=\Big[bx\Big]_0^{2a}=2ab$

$ab=16$ ······ ㉡

㉠을 ㉡에 대입하면

$a^4=16$

$\therefore a=2$, $b=8$ ($\because a>0$, $b>0$)

$\therefore a+b=10$

답 10

1590

$\displaystyle\sum_{n=1}^{100}\int_0^1 (1-x)x^{n-1} dx$의 값은?

→ $\displaystyle\int_a^b x^n dx=\frac{1}{n+1}b^{n+1}-\frac{1}{n+1}a^{n+1}$임을 이용하자.

$\displaystyle\sum_{n=1}^{100}\int_0^1 (1-x)x^{n-1} dx$

$\displaystyle=\sum_{n=1}^{100}\int_0^1 (x^{n-1}-x^n)\, dx$

$\displaystyle=\sum_{n=1}^{100}\Big[\frac{1}{n}x^n-\frac{1}{n+1}x^{n+1}\Big]_0^1$

$\displaystyle=\sum_{n=1}^{100}\Big(\frac{1}{n}-\frac{1}{n+1}\Big)$

$\displaystyle=\Big(1-\frac{1}{2}\Big)+\Big(\frac{1}{2}-\frac{1}{3}\Big)+\cdots+\Big(\frac{1}{100}-\frac{1}{101}\Big)$

$\displaystyle=1-\frac{1}{101}=\frac{100}{101}$

답 ④

1591

→ $f(t)=t^3-2t^2-3t$임을 이용하자.

함수 $f(t)=\displaystyle\int_0^t (3x^2-4x-3)\, dx$에 대하여 두 함수 $y=g(x)$, $y=h(x)$가 각각 다음과 같다. $\displaystyle\int_a^x\Big\{\frac{d}{dt}f(t)\Big\}dt=f(x)-f(a)$ 임을 이용하자.

$$g(x)=\frac{d}{dx}\int_a^x f(t)\, dt,\quad h(x)=\int_a^x\Big\{\frac{d}{dt}f(t)\Big\}dt$$

$g(x)-h(x)=0$을 만족시키는 양수 a의 값은?

→ $\displaystyle\frac{d}{dx}\int_a^x f(t)dt=f(x)$임을 이용하자.

$f(t)=\displaystyle\int_0^t (3x^2-4x-3)\, dx$

$=\Big[x^3-2x^2-3x\Big]_0^t$

$=t^3-2t^2-3t$

$g(x)=\displaystyle\frac{d}{dx}\int_a^x f(t)dt$

$=f(x)$

$h(x)=\displaystyle\int_a^x\Big\{\frac{d}{dt}f(t)\Big\}dt$

$=\Big[f(t)\Big]_a^x$

$=f(x)-f(a)$

$g(x)-h(x)=f(x)-\{f(x)-f(a)\}=f(a)=0$

이므로

$f(a)=a^3-2a^2-3a=a(a+1)(a-3)=0$

$\therefore a=3$ ($\because a>0$)

답 ③

1592

적분구간이 같은 경우 $\displaystyle\int_a^b\{f(x)\pm g(x)\}dx=\int_a^b f(x)dx\pm\int_a^b g(x)dx$ 임을 이용하자.

모든 실수 x에 대하여 연속인 두 함수 f, g가

$$\int_0^1\{f(x)+g(x)\}dx=4,\quad \int_0^1\{f(x)-g(x)\}dx=8$$

을 만족시킬 때, 정적분 $\displaystyle\int_0^1\{3f(x)+2g(x)\}dx$의 값을 구하시오.

상수 k에 대하여 $\displaystyle\int_a^b kf(x)dx=k\int_a^b f(x)dx$임을 이용하자.

$\displaystyle\int_0^1\{f(x)+g(x)\}dx=4$ ······ ㉠

$\displaystyle\int_0^1\{f(x)-g(x)\}dx=8$ ······ ㉡

에서 ㉠+㉡을 하면

$\displaystyle\int_0^1\{f(x)+g(x)\}dx+\int_0^1\{f(x)-g(x)\}dx=4+8$

$\displaystyle 2\int_0^1 f(x)\, dx=12$

$\displaystyle\therefore \int_0^1 f(x)\, dx=6$ ······ ㉢

또 ㉠−㉡을 하면

$\displaystyle\int_0^1\{f(x)+g(x)\}dx-\int_0^1\{f(x)-g(x)\}dx=4-8$

$\displaystyle 2\int_0^1 g(x)\, dx=-4$

$\displaystyle\therefore \int_0^1 g(x)\, dx=-2$ ······ ㉣

$\displaystyle\therefore \int_0^1\{3f(x)+2g(x)\}dx=3\int_0^1 f(x)\, dx+2\int_0^1 g(x)\, dx$

$=3\times 6+2\times(-2)$ ($\because$ ㉢, ㉣)

$=14$

답 14

1593

함수 $f(x)=2x-3$에 대하여 $\displaystyle\sum_{n=0}^{a}\int_{n}^{n+1}f(x)dx=10$을 만족시킬 때, 양수 a의 값은?

$\displaystyle\int_{a}^{c}f(x)dx+\int_{c}^{b}f(x)dx=\int_{a}^{b}f(x)dx$임을 이용하자.

$\displaystyle\sum_{n=0}^{a}\int_{n}^{n+1}f(x)dx$

$\displaystyle=\int_{0}^{1}f(x)dx+\int_{1}^{2}f(x)dx+\cdots+\int_{a}^{a+1}f(x)dx$

$\displaystyle=\int_{0}^{a+1}f(x)dx$

$\displaystyle=\int_{0}^{a+1}(2x-3)dx$

$\displaystyle=\Big[x^2-3x\Big]_{0}^{a+1}$

$=(a+1)^2-3(a+1)$

$=a^2-a-2$

즉, $a^2-a-2=10$에서 $a^2-a-12=0$

$(a+3)(a-4)=0$

$\therefore a=4\ (\because a>0)$ **답 ②**

1594

정적분 $\displaystyle\int_{0}^{2}\frac{|x^2-1|}{x+1}dx$의 값은?

$|x^2-1|=\begin{cases}x^2-1 & (x\le-1\ \text{또는}\ x\ge1)\\ -x^2+1 & (-1<x<1)\end{cases}$임을 이용하자.

$|x^2-1|=\begin{cases}x^2-1 & (x\le-1\ \text{또는}\ x\ge1)\\ -x^2+1 & (-1<x<1)\end{cases}$이므로

$\displaystyle\int_{0}^{2}\frac{|x^2-1|}{x+1}dx$

$\displaystyle=\int_{0}^{1}\frac{-x^2+1}{x+1}dx+\int_{1}^{2}\frac{x^2-1}{x+1}dx$

$\displaystyle=-\int_{0}^{1}\frac{(x+1)(x-1)}{x+1}dx+\int_{1}^{2}\frac{(x+1)(x-1)}{x+1}dx$

$\displaystyle=-\int_{0}^{1}(x-1)dx+\int_{1}^{2}(x-1)dx$

$\displaystyle=-\Big[\frac{1}{2}x^2-x\Big]_{0}^{1}+\Big[\frac{1}{2}x^2-x\Big]_{1}^{2}$

$\displaystyle=\frac{1}{2}-\Big(-\frac{1}{2}\Big)$

$=1$ **답 ②**

1595

함수 $y=f(x)$는 $x=1$에서 연속임을 이용하자.

실수 전체의 집합에서 연속인 함수 $y=f(x)$가
$$f(0)=0,\ f'(x)=x+|x-1|$$
을 만족시킬 때, $\displaystyle\int_{0}^{2}f(x)dx$의 값은?

$f'(x)=\begin{cases}2x-1 & (x\ge1)\\ 1 & (x<1)\end{cases}$임을 이용하자.

$f'(x)=\begin{cases}2x-1 & (x\ge1)\\ 1 & (x<1)\end{cases}$이므로

$f(x)=\displaystyle\int f'(x)dx=\begin{cases}x^2-x+C_1 & (x\ge1)\\ x+C_2 & (x<1)\end{cases}$

$f(0)=0$이므로 $C_2=0$

함수 $y=f(x)$가 $x=1$에서 연속이므로 $C_1=1$

$f(x)=\begin{cases}x^2-x+1 & (x\ge1)\\ x & (x<1)\end{cases}$이므로

$\displaystyle\int_{0}^{2}f(x)dx=\int_{0}^{1}x\,dx+\int_{1}^{2}(x^2-x+1)\,dx$

$\displaystyle=\Big[\frac{1}{2}x^2\Big]_{0}^{1}+\Big[\frac{1}{3}x^3-\frac{1}{2}x^2+x\Big]_{1}^{2}$

$\displaystyle=\frac{7}{3}$ **답 ③**

1596

이차함수 $f(x)=ax^2+bx$가 다음 조건을 만족시킬 때, $f(2)$의 값을 구하시오. (단, a, b는 상수이다.)

(개) $\displaystyle\lim_{x\to1}\frac{f(x)-f(1)}{x^2-1}=-5$

(내) $\displaystyle\int_{0}^{1}f(x)dx=-3$

$\displaystyle\lim_{x\to1}\Big\{\frac{f(x)-f(1)}{x-1}\times\frac{1}{x+1}\Big\}$임을 이용하자.

$\displaystyle=\Big[\frac{a}{3}x^3+\frac{b}{2}x^2\Big]_{0}^{1}$이다.

조건 (개)에서

$\displaystyle\lim_{x\to1}\frac{f(x)-f(1)}{x^2-1}=\lim_{x\to1}\Big\{\frac{f(x)-f(1)}{x-1}\times\frac{1}{x+1}\Big\}$

$\displaystyle=\frac{1}{2}f'(1)=-5$

$\therefore f'(1)=-10$

$f'(x)=2ax+b$이므로

$f'(1)=2a+b=-10$ $\cdots\cdots$ ㉠

조건 (내)에서

$\displaystyle\int_{0}^{1}f(x)dx=\int_{0}^{1}(ax^2+bx)\,dx$

$\displaystyle=\Big[\frac{a}{3}x^3+\frac{b}{2}x^2\Big]_{0}^{1}$

$\displaystyle=\frac{a}{3}+\frac{b}{2}=-3$

$\therefore 2a+3b=-18$ $\cdots\cdots$ ㉡

㉠, ㉡을 연립하여 풀면

$a=-3,\ b=-4$

따라서 $f(x)=-3x^2-4x$이므로

$f(2)=(-12)-8=-20$ **답 -20**

1597

• 함수 $f(x)-g(x)$는 삼차함수임을 알 수 있다.

> 삼차함수 $y=f(x)$와 이차함수 $y=g(x)$에 대하여
> $$f(-1)=g(-1),\ f(1)=g(1),$$
> $$f(2)=g(2),\ f(3)=g(3)+2$$
> 가 성립할 때, 정적분
>
> • 방정식 $f(x)-g(x)=0$의 근은 $-1,\ 1,\ 2$임을 알 수 있다.
>
> $$\int_{-1}^{0}\{f(x)-g(x)\}dx-\int_{1}^{0}\{f(x)-g(x)\}dx$$의 값을 구하시오.

$F(x)=f(x)-g(x)$라 하면 함수 $y=F(x)$는 삼차함수이고,
$F(-1)=F(1)=F(2)=0$이므로
$$F(x)=f(x)-g(x)$$
$$=a(x+1)(x-1)(x-2)\ (단,\ a\neq 0)$$
$f(3)=g(3)+2$에서
$f(3)-g(3)=2$이므로
$$F(3)=f(3)-g(3)=8a=2$$
$$\therefore a=\frac{1}{4}$$

즉, $f(x)-g(x)=\frac{1}{4}(x+1)(x-1)(x-2)$이므로

$$\int_{-1}^{0}\{f(x)-g(x)\}\,dx-\int_{1}^{0}\{f(x)-g(x)\}\,dx$$
$$=\int_{-1}^{0}\{f(x)-g(x)\}\,dx+\int_{0}^{1}\{f(x)-g(x)\}\,dx$$
$$=\int_{-1}^{1}\{f(x)-g(x)\}\,dx$$
$$=\int_{-1}^{1}\frac{1}{4}(x+1)(x-1)(x-2)\,dx$$
$$=\frac{1}{4}\int_{-1}^{1}(x^3-2x^2-x+2)\,dx$$
$$=\frac{1}{4}\left[\frac{1}{4}x^4-\frac{2}{3}x^3-\frac{1}{2}x^2+2x\right]_{-1}^{1}$$
$$=\frac{1}{4}\left\{\left(\frac{1}{4}-\frac{2}{3}-\frac{1}{2}+2\right)-\left(\frac{1}{4}+\frac{2}{3}-\frac{1}{2}-2\right)\right\}$$
$$=\frac{1}{4}\left(-\frac{4}{3}+4\right)=\frac{2}{3}$$

답 $\dfrac{2}{3}$

1598

• $x=-1$에서 연속임을 알 수 있다.

> $x=-1$에서 미분가능한 함수
> $$f(x)=\begin{cases} ax^3+2x^2-3 & (x\geq -1)\\ x^2+bx & (x<-1)\end{cases}$$
>
> • $x=-1$에서 미분계수가 존재함을 이용하자.
>
> 에 대하여 $\displaystyle\int_{-2}^{2}f(x)\,dx=c$일 때, abc의 값을 구하시오.
>
> • 적분구간을 나누어 계산하자. (단, a, b, c는 상수이다.)

함수 $y=f(x)$가 $x=-1$에서 미분가능하므로 연속이다.
즉, $\displaystyle\lim_{x\to -1+}f(x)=\lim_{x\to -1-}f(x)=f(-1)$이므로
$$\lim_{x\to -1+}(ax^3+2x^2-3)=\lim_{x\to -1-}(x^2+bx)$$에서
$$-a+2-3=1-b \quad \therefore a-b=-2 \quad \cdots\cdots ㉠$$
또한, $f'(x)=\begin{cases} 3ax^2+4x & (x>-1)\\ 2x+b & (x<-1)\end{cases}$이고

함수 $y=f(x)$는 $x=-1$에서 미분가능하므로

$$3a-4=-2+b \quad \therefore 3a-b=2 \quad \cdots\cdots ㉡$$
㉠, ㉡을 연립하여 풀면 $a=2,\ b=4$
$$\therefore f(x)=\begin{cases} 2x^3+2x^2-3 & (x\geq -1)\\ x^2+4x & (x<-1)\end{cases}$$

$$\int_{-2}^{2}f(x)\,dx$$
$$=\int_{-2}^{-1}(x^2+4x)\,dx+\int_{-1}^{2}(2x^3+2x^2-3)\,dx$$
$$=\left[\frac{1}{3}x^3+2x^2\right]_{-2}^{-1}+\left[\frac{1}{2}x^4+\frac{2}{3}x^3-3x\right]_{-1}^{2}$$
$$=\left(-\frac{1}{3}+2\right)-\left(-\frac{8}{3}+8\right)+\left(8+\frac{16}{3}-6\right)-\left(\frac{1}{2}-\frac{2}{3}+3\right)$$
$$=\frac{5}{6}$$

따라서 $a=2,\ b=4,\ c=\dfrac{5}{6}$이므로

$$abc=\frac{20}{3}$$

답 $\dfrac{20}{3}$

1599

• 구간을 나누어 함수의 식을 구하자.

> 함수 $f(x)=|x+2|+|x|+|x-2|$의 최솟값 a에 대하여
> 정적분 $\displaystyle\int_{0}^{a}f(x)\,dx$의 값은?
>
> • 함수 $y=f(x)$의 그래프를 그리자.

$$f(x)=\begin{cases} -3x & (x\leq -2)\\ -x+4 & (-2<x\leq 0)\\ x+4 & (0<x\leq 2)\\ 3x & (x>2)\end{cases}$$

이므로 함수 $y=f(x)$의 그래프는
그림과 같다.
즉, 함수 $y=f(x)$는 $x=0$일 때
최솟값을 가지므로
$$a=f(0)=4$$
$$\therefore \int_{0}^{a}f(x)\,dx$$

$$=\int_{0}^{4}f(x)\,dx=\int_{0}^{2}f(x)\,dx+\int_{2}^{4}f(x)\,dx$$
$$=\int_{0}^{2}(x+4)\,dx+\int_{2}^{4}3x\,dx$$
$$=\left[\frac{1}{2}x^2+4x\right]_{0}^{2}+\left[\frac{3}{2}x^2\right]_{2}^{4}$$
$$=10+18=28$$

답 ⑤

1600

• 함수 $f(n)$을 간단히 하자.

> 자연수 n에 대하여 함수 $f(n)=\displaystyle\int_{0}^{2n}|x-n|\,dx$일 때,
> $$\frac{f(1)+f(2)+f(3)+\cdots+f(9)}{9}$$의 값은?
>
> • $|x-n|=\begin{cases} x-n & (x\geq n)\\ -x+n & (x<n)\end{cases}$ 임을 이용하자.

$|x-n|=\begin{cases} x-n & (x\geq n)\\ -x+n & (x<n)\end{cases}$이므로

$$f(n) = \int_0^{2n} |x-n| \, dx$$

$$= \int_0^n (-x+n) \, dx + \int_n^{2n} (x-n) \, dx$$

$$= \left[-\frac{1}{2}x^2 + nx \right]_0^n + \left[\frac{1}{2}x^2 - nx \right]_n^{2n}$$

$$= \left(-\frac{n^2}{2} + n^2 \right) + \left\{ (2n^2 - 2n^2) - \left(\frac{n^2}{2} - n^2 \right) \right\}$$

$$= n^2$$

$$\therefore \frac{f(1) + f(2) + f(3) + \cdots + f(9)}{9}$$

$$= \frac{1}{9} \sum_{k=1}^9 f(k) = \frac{1}{9} \sum_{k=1}^9 k^2$$

$$= \frac{1}{9} \times \frac{9 \times 10 \times 19}{6} = \frac{95}{3}$$

답 ④

1601

→ 구간을 나누어 함수의 식을 구하자.

함수 $y=f(x)$의 그래프가 그림과 같을 때, 정적분 $\int_1^3 xf(x-1)\,dx$의 값을 구하시오.

→ 함수 $y=f(x)$에 x 대신 $x-1$을 대입하자.

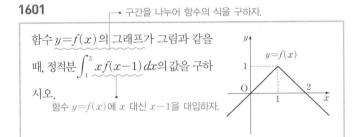

$f(x) = \begin{cases} x & (x<1) \\ 2-x & (x \geq 1) \end{cases}$ 이므로

$$f(x-1) = \begin{cases} x-1 & (x<2) \\ 3-x & (x \geq 2) \end{cases}$$

$$\therefore \int_1^3 xf(x-1)\,dx$$

$$= \int_1^2 x(x-1)\,dx + \int_2^3 x(3-x)\,dx$$

$$= \int_1^2 (x^2-x)\,dx + \int_2^3 (3x-x^2)\,dx$$

$$= \left[\frac{1}{3}x^3 - \frac{1}{2}x^2 \right]_1^2 + \left[\frac{3}{2}x^2 - \frac{1}{3}x^3 \right]_2^3$$

$$= \left\{ \left(\frac{8}{3} - 2 \right) - \left(\frac{1}{3} - \frac{1}{2} \right) \right\} + \left\{ \left(\frac{27}{2} - 9 \right) - \left(6 - \frac{8}{3} \right) \right\}$$

$$= 2$$

답 2

1602

→ $x=1$에서 연속임을 알 수 있다.

실수 전체의 집합에서 미분가능한 함수 $y=f(x)$가

$$f(x) = \begin{cases} -x^2+9 & (x \leq 1) \\ ax^2+bx+c & (x>1) \end{cases}$$

이고, 구간 $[-3, 3]$에서 $-2 \leq f'(x) \leq 6$일 때,

→ $x=1$에서 미분계수가 존재함을 이용하자.

$\int_0^3 f(x)\,dx$의 최댓값을 구하시오.

(단, $a \neq 0$이고, a, b, c는 상수이다.)

$$f(x) = \begin{cases} -x^2+9 & (x \leq 1) \\ ax^2+bx+c & (x>1) \end{cases}$$

이므로 도함수 $y=f'(x)$는

$$f'(x) = \begin{cases} -2x & (x<1) \\ 2ax+b & (x>1) \end{cases}$$

함수 $y=f(x)$는 실수 전체의 집합에서 미분가능하므로
$x=1$에서 연속이어야 한다. 즉,

$$\lim_{x \to 1-} f(x) = \lim_{x \to 1+} f(x) = f(1)$$

$$\therefore a+b+c=8 \quad \cdots\cdots ㉠$$

또 $x=1$에서의 미분계수가 존재해야 하므로

$$\lim_{x \to 1-} f'(x) = \lim_{x \to 1+} f'(x)$$

$$\therefore 2a+b=-2 \quad \cdots\cdots ㉡$$

함수 $y=f'(x)$의 그래프는
그림과 같고 구간 $[-3, 3]$에서
$-2 \leq f'(x) \leq 6$이므로
$-2 < f'(3) \leq 6$ ($\because a \neq 0$)
$-2 < 6a+b \leq 6 \quad \cdots\cdots ㉢$

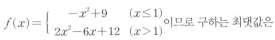

㉡에서 $b=-2a-2$이므로
㉢에 대입하면
$-2 < 4a-2 \leq 6$, $0 < 4a \leq 8$
$\therefore 0 < a \leq 2$

그림에서 $\int_0^3 f(x)\,dx$가 최댓값을
가지려면 $a=2$이어야 하므로
$b=-6$
㉠에 대입하면 $c=12$
따라서 $\int_0^3 f(x)\,dx$가 최댓값을
갖도록 하는 함수 $y=f(x)$는

$$f(x) = \begin{cases} -x^2+9 & (x \leq 1) \\ 2x^2-6x+12 & (x>1) \end{cases}$$ 이므로 구하는 최댓값은

$$\int_0^1 (-x^2+9)\,dx + \int_1^3 (2x^2-6x+12)\,dx$$

$$= \left[-\frac{1}{3}x^3 + 9x \right]_0^1 + \left[\frac{2}{3}x^3 - 3x^2 + 12x \right]_1^3$$

$$= \frac{26}{3} + \frac{52}{3} = 26$$

답 26

1603

→ $x=1$에서 연속임을 이용하자.

실수 전체의 집합에서 연속인 함수

$$f(x) = \begin{cases} 3x^2+ax+b & (x<1) \\ 2x & (x \geq 1) \end{cases}$$

→ $x=1$에서 미분불가능 할 수 있음에 주의하자.

에 대하여 함수 $g(t)$를 $g(t) = \int_t^{t+1} f(x)\,dx$라 하자.

$g(0)+g(1)=\frac{7}{2}$일 때, 함수 $g(t)$의 최솟값은 k이다.
$120k$의 값을 구하시오. (단, a, b는 상수이다.)

→ $g(1) = \int_1^2 2x\,dx$이다.

→ $g(0) = \int_0^1 (3x^2+ax+b)\,dx$이다.

함수 $f(x)$는 $x=1$에서 연속이므로

$$\lim_{x \to 1-} (3x^2+ax+b) = \lim_{x \to 1+} 2x$$

$a+b=-1$

$$g(0)+g(1)=\int_0^1 (3x^2+ax+b)dx+\int_1^2 2x\,dx$$

$$=\left[x^3+\frac{1}{2}ax^2+bx\right]_0^1+\left[x^2\right]_1^2$$

$$=\frac{1}{2}a+b+4=\frac{7}{2}$$

$\therefore a=-1,\ b=0$

$g(t)=\int_t^{t+1} f(x)dx$에서

(i) $t<0$일 때

$$g(t)=\int_t^{t+1} (3x^2-x)dx=\left[x^3-\frac{1}{2}x^2\right]_t^{t+1}$$

$$=3t^2+2t+\frac{1}{2}$$

(ii) $0\le t<1$일 때

$$g(t)=\int_t^1 (3x^2-x)dx+\int_1^{t+1} 2x\,dx$$

$$=\left[x^3-\frac{1}{2}x^2\right]_t^1+\left[x^2\right]_1^{t+1}$$

$$=-t^3+\frac{3}{2}t^2+2t+\frac{1}{2}$$

(iii) $t\ge 1$일 때

$$g(t)=\int_t^{t+1} 2x\,dx=\left[x^2\right]_t^{t+1}=2t+1$$

$$\therefore g(t)=\begin{cases} 3t^2+2t+\frac{1}{2} & (t<0) \\ -t^3+\frac{3}{2}t^2+2t+\frac{1}{2} & (0\le t<1) \\ 2t+1 & (t\ge 1) \end{cases}$$

$$\therefore g'(t)=\begin{cases} 6t+2 & (t<0) \\ -3t^2+3t+2 & (0<t<1) \\ 2 & (t>1) \end{cases}$$

$g'(t)=0$인 t의 값은 $-\frac{1}{3}$이다.

함수 $g(t)$의 증가와 감소를 표로 나타내면 다음과 같다.

t	$\cdots$	$-\frac{1}{3}$	$\cdots$
$g'(t)$	$-$	0	$+$
$g(t)$	$\searrow$	극소	$\nearrow$

함수 $g(t)$는 $t=-\frac{1}{3}$에서 최솟값을 가지므로

$g\left(-\frac{1}{3}\right)=\frac{1}{6}$이고 $120k=20$

답 20

1604 ─ 그래프를 보고 구간을 나누어 함수의 식을 구하자.

함수 $y=f(x)$의 도함수 $y=f'(x)$의 그래프가 그림과 같고 $f(-2)=-2$일 때, 정적분 $\int_{-2}^2 |f(x)|\,dx$의 값을 구하시오. (단, 곡선 부분은 이차함수의 일부이다.)

$y=f(x)$는 실수 전체의 집합에서 미분가능하므로 실수 전체의 집합에서 연속임을 이용하자.

$$f'(x)=\begin{cases} 2x+4 & (x<-1) \\ 3x^2-1 & (-1\le x<1) \\ 2 & (x\ge 1) \end{cases}$$

이므로

$$f(x)=\begin{cases} x^2+4x+C_1 & (x<-1) \\ x^3-x+C_2 & (-1\le x<1) \\ 2x+C_3 & (x\ge 1) \end{cases}$$

$f(-2)=-2$이므로

$4-8+C_1=-2$ $\therefore C_1=2$

$x=-1$에서 함수 $y=f(x)$가 연속이므로

$\lim\limits_{x\to-1-} f(x)=\lim\limits_{x\to-1+} f(x)$

$1-4+2=-1+1+C_2$ $\therefore C_2=-1$

$x=1$에서 함수 $y=f(x)$가 연속이므로

$\lim\limits_{x\to1-} f(x)=\lim\limits_{x\to1+} f(x)$

$1-1-1=2+C_3$ $\therefore C_3=-3$

즉, $f(x)=\begin{cases} x^2+4x+2 & (x<-1) \\ x^3-x-1 & (-1\le x<1) \\ 2x-3 & (x\ge 1) \end{cases}$

이고, 함수 $y=f(x)$의 그래프는 그림과 같다.

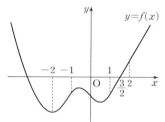

$$\therefore \int_{-2}^2 |f(x)|\,dx$$

$$=-\int_{-2}^{-1} (x^2+4x+2)dx-\int_{-1}^1 (x^3-x-1)dx$$

$$\qquad -\int_1^{\frac{3}{2}} (2x-3)dx+\int_{\frac{3}{2}}^2 (2x-3)dx$$

$$=-\left[\frac{1}{3}x^3+2x^2+2x\right]_{-2}^{-1}-\left[\frac{1}{4}x^4-\frac{1}{2}x^2-x\right]_{-1}^1$$

$$\qquad -\left[x^2-3x\right]_1^{\frac{3}{2}}+\left[x^2-3x\right]_{\frac{3}{2}}^2$$

$$=-\left(-\frac{1}{3}-\frac{4}{3}\right)-\left(-\frac{5}{4}-\frac{3}{4}\right)-\left\{-\frac{9}{4}-(-2)\right\}$$

$$\qquad +\left\{-2-\left(-\frac{9}{4}\right)\right\}$$

$$=\frac{25}{6}$$

답 $\frac{25}{6}$

참고 $\int_1^{\frac{3}{2}} (2x-3)dx=-\int_{\frac{3}{2}}^2 (2x-3)dx$이므로

구간 $[1, 2]$의 정적분의 값은 직사각형의 넓이를 이용하여 구할 수 있다.

$$\int_1^2 |f(x)|\,dx=\frac{1}{2}\times 1=\frac{1}{2}$$

10 정적분의 응용

본책 304~332쪽

1605

$y=3$의 그래프가 그림과 같으므로
$y=f(x)$는 y축에 대하여 대칭인 함수이다.

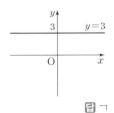

답 ㄱ

1606

$y=2x$의 그래프가 그림과 같으므로
$y=f(x)$는 원점에 대하여 대칭인 함수이다.

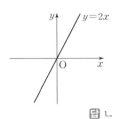

답 ㄴ

1607

$y=x^2$의 그래프가 그림과 같으므로
$y=f(x)$는 y축에 대하여 대칭인 함수이다.

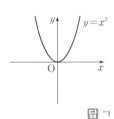

답 ㄱ

1608

$y=3x^3$의 그래프가 그림과 같으므로
$y=f(x)$는 원점에 대하여 대칭인 함수이다.

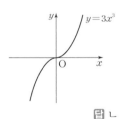

답 ㄴ

1609

$y=x^2-1$의 그래프가 그림과 같으므로
$y=f(x)$는 y축에 대하여 대칭인 함수이다.

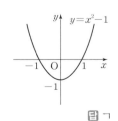

답 ㄱ

1610

$y=10x^3-5x$의 그래프가 그림과 같으므로
$y=f(x)$는 원점에 대하여 대칭인 함수이다.

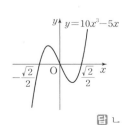

답 ㄴ

참고 ① 홀수차 항만 있는 다항함수는 원점에 대하여 대칭이다.
② 짝수차 항만 있는 다항함수는 y축에 대하여 대칭이다.

1611

함수 $y=f(x)$에 대하여 $f(-x)=f(x)$이므로 $y=f(x)$는
y축에 대하여 대칭인 함수이다.

답 ㄱ

1612

함수 $y=f(x)$에 대하여 $f(-x)=-f(x)$이므로
$y=f(x)$는 원점에 대하여 대칭인 함수이다.

답 ㄴ

1613

$$\int_{-1}^{1} 3\,dx = 2\int_{0}^{1} 3\,dx$$
$$= 2\Big[\,3x\,\Big]_{0}^{1}$$
$$= 2 \times 3$$
$$= 6$$

답 6

1614

$$\int_{-1}^{1} 2x\,dx = 0$$

답 0

1615

$$\int_{-1}^{1} x^2\,dx = 2\int_{0}^{1} x^2\,dx$$
$$= 2\left[\,\frac{1}{3}x^3\,\right]_{0}^{1}$$
$$= 2 \times \frac{1}{3}$$
$$= \frac{2}{3}$$

답 $\dfrac{2}{3}$

1616

$$\int_{-2}^{2} 3x^3\,dx = 0$$

답 0

1617

$$\int_{-1}^{1} (x^2-1)\,dx = 2\int_{0}^{1} (x^2-1)\,dx$$
$$= 2\left[\,\frac{1}{3}x^3-x\,\right]_{0}^{1}$$
$$= 2 \times \left(\frac{1}{3}-1\right)$$
$$= -\frac{4}{3}$$

답 $-\dfrac{4}{3}$

1618

$$\int_{-1}^{1} (10x^3-5x)\,dx = 0$$

답 0

1619

$$\int_{-1}^{1} (3x^2+x-2)\,dx = \int_{-1}^{1} x\,dx + \int_{-1}^{1} (3x^2-2)\,dx$$
$$= 0 + 2\int_{0}^{1} (3x^2-2)\,dx$$

$$=2\Big[x^3-2x\Big]_0^1$$
$$=2\times(1-2)$$
$$=-2 \qquad\qquad\qquad \text{目}\ -2$$

1620

$$\int_{-1}^{1}(x-1)^2\,dx=\int_{-1}^{1}(x^2-2x+1)\,dx$$
$$=\int_{-1}^{1}(-2x)\,dx+\int_{-1}^{1}(x^2+1)\,dx$$
$$=0+2\int_{0}^{1}(x^2+1)\,dx$$
$$=2\Big[\frac{1}{3}x^3+x\Big]_0^1$$
$$=2\times\Big(\frac{1}{3}+1\Big)$$
$$=\frac{8}{3} \qquad\qquad \text{目}\ \frac{8}{3}$$

1621

$$\int_{-2}^{2}(2x-1)(3x+2)\,dx=\int_{-2}^{2}(6x^2+x-2)\,dx$$
$$=\int_{-2}^{2}x\,dx+\int_{-2}^{2}(6x^2-2)\,dx$$
$$=0+2\int_{0}^{2}(6x^2-2)\,dx$$
$$=2\Big[2x^3-2x\Big]_0^2$$
$$=2\times(16-4)$$
$$=24 \qquad\qquad \text{目}\ 24$$

1622

$$\int_{-1}^{1}t(t-1)^2\,dt=\int_{-1}^{1}(t^3-2t^2+t)\,dt$$
$$=\int_{-1}^{1}(t^3+t)\,dt+\int_{-1}^{1}(-2t^2)\,dt$$
$$=0-2\int_{0}^{1}2t^2\,dt$$
$$=-2\Big[\frac{2}{3}t^3\Big]_0^1$$
$$=-2\times\frac{2}{3}$$
$$=-\frac{4}{3} \qquad\qquad \text{目}\ -\frac{4}{3}$$

1623

$$\int_{-1}^{1}(x^3+3x+2)\,dx-\int_{-1}^{1}(x^3-3x+2)\,dx$$
$$=\int_{-1}^{1}6x\,dx$$
$$=0 \qquad\qquad \text{目}\ 0$$

1624

$$\int_{-1}^{0}(4x^3+3x^2+2x+1)\,dx+\int_{0}^{1}(4x^3+3x^2+2x+1)\,dx$$
$$=\int_{-1}^{1}(4x^3+3x^2+2x+1)\,dx$$

$$=\int_{-1}^{1}(4x^3+2x)\,dx+\int_{-1}^{1}(3x^2+1)\,dx$$
$$=0+2\int_{0}^{1}(3x^2+1)\,dx$$
$$=2\Big[x^3+x\Big]_0^1$$
$$=2\times(1+1)$$
$$=4 \qquad\qquad \text{目}\ 4$$

1625

함수 $y=f(x)$의 그래프는 구간 $[0,\,2]$에서의 그래프가 반복해서 나타나므로 함수 $y=f(x)$의 주기는 2이다. $\qquad$ 目 2

1626

$$\int_{0}^{2}f(x)\,dx=\int_{\boxed{2}}^{4}f(x)\,dx=\int_{\boxed{-6}}^{-4}f(x)\,dx$$
$$=\int_{0}^{2}(x^2-2x+1)\,dx$$
$$=\Big[\frac{1}{3}x^3-x^2+x\Big]_0^2$$
$$=\frac{8}{3}-4+2$$
$$=\boxed{\frac{2}{3}} \qquad\qquad \text{目}\ 2,\ -6,\ \frac{2}{3}$$

1627

$$\int_{20}^{22}f(x)\,dx=\int_{0}^{2}f(x)\,dx=\frac{2}{3} \qquad\qquad \text{目}\ \frac{2}{3}$$

1628

$$\int_{0}^{12}f(x)\,dx=\int_{0}^{2}f(x)\,dx+\int_{2}^{4}f(x)\,dx+\cdots+\int_{10}^{12}f(x)\,dx$$
$$=\int_{0}^{2}f(x)\,dx+\int_{0}^{2}f(x)\,dx+\cdots+\int_{0}^{2}f(x)\,dx$$
$$=6\int_{0}^{2}f(x)\,dx$$
$$=6\times\frac{2}{3}$$
$$=4 \qquad\qquad \text{目}\ 4$$

1629

주어진 식의 양변을 x에 대하여 미분하면
$$f(x)=2x+4 \qquad\qquad \text{目}\ f(x)=2x+4$$

1630

주어진 식의 양변을 x에 대하여 미분하면
$$f(x)=3x^2+6x \qquad\qquad \text{目}\ f(x)=3x^2+6x$$

1631

주어진 식의 양변을 x에 대하여 미분하면
$$f(x)=4x^3+6x^2-8x+5$$
$$\text{目}\ f(x)=4x^3+6x^2-8x+5$$

1632

$f(t)=t^3+6t^2-2$라 하고, 함수 $y=f(t)$의 한 부정적분을 $y=F(t)$라 하면

$$y' = \frac{d}{dx}\int_2^x (t^3+6t^2-2)\,dt$$

$$= \frac{d}{dx}\int_2^x f(t)\,dt$$

$$= \frac{d}{dx}\Big[F(t)\Big]_{\boxed{2}}^{\boxed{x}}$$

$$= \frac{d}{dx}\{\boxed{F(x)-F(2)}\}$$

$$= f(x)$$

$$= \boxed{x^3+6x^2-2}$$

답 $x,\ 2,\ F(x)-F(2),\ x^3+6x^2-2$

1633

$f(t)=3t^2-6$이라 하고, 함수 $y=f(t)$의 한 부정적분을
$y=F(t)$라 하면

$$y' = \frac{d}{dx}\int_1^x (3t^2-6)\,dt$$

$$= \frac{d}{dx}\int_1^x f(t)\,dt$$

$$= \frac{d}{dx}\Big[F(t)\Big]_1^x$$

$$= \frac{d}{dx}\{F(x)-F(1)\}$$

$$= f(x)$$

$$= 3x^2-6$$

답 $y'=3x^2-6$

1634

$f(t)=t^3+2t^2+3$이라 하고, 함수 $y=f(t)$의 한 부정적분을
$y=F(t)$라 하면

$$y' = \frac{d}{dx}\int_0^x (t^3+2t^2+3)\,dt$$

$$= \frac{d}{dx}\int_0^x f(t)\,dt$$

$$= \frac{d}{dx}\Big[F(t)\Big]_0^x$$

$$= \frac{d}{dx}\{F(x)-F(0)\}$$

$$= f(x)$$

$$= x^3+2x^2+3$$

답 $y'=x^3+2x^2+3$

1635

$f(t)=t^2+1$이라 하고, 함수 $y=f(t)$의 한 부정적분을
$y=F(t)$라 하면

$$y' = \frac{d}{dx}\int_x^{x+1} (t^2+1)\,dt$$

$$= \frac{d}{dx}\int_x^{x+1} f(t)\,dt$$

$$= \frac{d}{dx}\Big[F(t)\Big]_{\boxed{x}}^{\boxed{x+1}}$$

$$= \frac{d}{dx}\Big\{F(x+1)-F(x)\Big\}$$

$$= f(\boxed{x+1})-f(\boxed{x})$$

$$= \{(x+1)^2+1\}-(x^2+1)$$

$$= \boxed{2x+1}$$

답 $x+1,\ x,\ x+1,\ x,\ 2x+1$

1636

$f(t)=3t+1$이라 하고, 함수 $y=f(t)$의 한 부정적분을
$y=F(t)$라 하면

$$y' = \frac{d}{dx}\int_x^{x+1} (3t+1)\,dt$$

$$= \frac{d}{dx}\int_x^{x+1} f(t)\,dt$$

$$= \frac{d}{dx}\Big[F(t)\Big]_x^{x+1}$$

$$= \frac{d}{dx}\{F(x+1)-F(x)\}$$

$$= f(x+1)-f(x)$$

$$= \{3(x+1)+1\}-(3x+1)=3$$

답 $y'=3$

1637

$f(t)=3t^2-4t+1$이라 하고, 함수 $y=f(t)$의 한 부정적분을
$y=F(t)$라 하면

$$\lim_{x\to 1}\frac{1}{x-1}\int_1^x (3t^2-4t+1)\,dt$$

$$= \lim_{x\to 1}\frac{1}{x-1}\int_1^x f(t)\,dt$$

$$= \lim_{x\to 1}\frac{\Big[F(t)\Big]_{\boxed{1}}^{\boxed{x}}}{x-1}$$

$$= \lim_{x\to 1}\frac{\boxed{F(x)-F(1)}}{x-1}$$

$$= \boxed{F'(1)}$$

$$= f(1)$$

$$= \boxed{0}$$

답 $x,\ 1,\ F(x)-F(1),\ F'(1),\ 0$

1638

$f(t)=4t+2$라 하고, 함수 $y=f(t)$의 한 부정적분을
$y=F(t)$라 하면

$$\lim_{x\to 1}\frac{1}{x-1}\int_1^x (4t+2)\,dt = \lim_{x\to 1}\frac{1}{x-1}\int_1^x f(t)\,dt$$

$$= \lim_{x\to 1}\frac{\Big[F(t)\Big]_1^x}{x-1}$$

$$= \lim_{x\to 1}\frac{F(x)-F(1)}{x-1}$$

$$= F'(1)$$

$$= f(1)$$

$$= 6$$

답 6

1639

$f(t)=2t^2+3$이라 하고, 함수 $y=f(t)$의 한 부정적분을
$y=F(t)$라 하면

$$\lim_{x\to 2}\frac{1}{x-2}\int_2^x (2t^2+3)\,dt = \lim_{x\to 2}\frac{1}{x-2}\int_2^x f(t)\,dt$$

$$= \lim_{x\to 2}\frac{\Big[F(t)\Big]_2^x}{x-2}$$

$$= \lim_{x\to 2}\frac{F(x)-F(2)}{x-2}$$

$$= F'(2)$$

$$=f(2)$$
$$=11$$ 답 11

1640

$f(t)=(t+1)(t+3)$이라 하고, 함수 $y=f(t)$의 한 부정적분을
$y=F(t)$라 하면

$$\lim_{x \to -1} \frac{1}{x+1}\int_{-1}^{x}(t+1)(t+3)dt=\lim_{x \to -1}\frac{1}{x+1}\int_{-1}^{x}f(t)dt$$

$$=\lim_{x \to -1}\frac{\left[F(t)\right]_{-1}^{x}}{x+1}$$

$$=\lim_{x \to -1}\frac{F(x)-F(-1)}{x-(-1)}$$

$$=F'(-1)$$
$$=f(-1)$$
$$=0$$ 답 0

1641

$f(x)=3x^2+2x-4$라 하고, 함수 $y=f(x)$의 한 부정적분을
$y=F(x)$라 하면

$$\lim_{h \to 0}\frac{1}{h}\int_{1}^{1+h}(3x^2+2x-4)dx=\lim_{h \to 0}\frac{1}{h}\int_{1}^{1+h}f(x)dx$$

$$=\lim_{h \to 0}\frac{1}{h}\left[F(x)\right]_{\boxed{1}}^{\boxed{1+h}}$$

$$=\lim_{h \to 0}\frac{\boxed{F(1+h)-F(1)}}{h}$$

$$=\boxed{F'(1)}$$
$$=f(1)$$
$$=\boxed{1}$$

답 $1+h, 1, \ F(1+h)-F(1), \ F'(1), \ 1$

1642

$f(x)=x^3-3x+2$라 하고, 함수 $y=f(x)$의 한 부정적분을
$y=F(x)$라 하면

$$\lim_{h \to 0}\frac{1}{h}\int_{0}^{h}(x^3-3x+2)dx=\lim_{h \to 0}\frac{1}{h}\int_{0}^{h}f(x)dx$$

$$=\lim_{h \to 0}\frac{\left[F(x)\right]_{0}^{h}}{h}$$

$$=\lim_{h \to 0}\frac{F(h)-F(0)}{h}$$

$$=F'(0)$$
$$=f(0)$$
$$=2$$ 답 2

1643

$f(x)=x^3-2x^2+5x-1$이라 하고, 함수 $y=f(x)$의 한 부정적분을
$y=F(x)$라 하면

$$\lim_{h \to 0}\frac{1}{h}\int_{2}^{h+2}(x^3-2x^2+5x-1)dx=\lim_{h \to 0}\frac{1}{h}\int_{2}^{h+2}f(x)dx$$

$$=\lim_{h \to 0}\frac{\left[F(x)\right]_{2}^{h+2}}{h}$$

$$=\lim_{h \to 0}\frac{F(h+2)-F(2)}{h}$$

$$=F'(2)$$
$$=f(2)$$
$$=2^3-2\times2^2+5\times2-1$$
$$=9$$ 답 9

1644

$f(t)=t^2-2t$라 하고, 함수 $y=f(t)$의 한 부정적분을
$y=F(t)$라 하면

$$\lim_{x \to 0}\frac{1}{x}\int_{3}^{x+3}(t^2-2t)dt=\lim_{x \to 0}\frac{1}{x}\int_{3}^{x+3}f(t)dt$$

$$=\lim_{x \to 0}\frac{\left[F(t)\right]_{3}^{x+3}}{x}$$

$$=\lim_{x \to 0}\frac{F(x+3)-F(3)}{x}$$

$$=F'(3)$$
$$=f(3)$$
$$=3^2-2\times3$$
$$=3$$ 답 3

1645

정적분 $\displaystyle\int_{-2}^{2}(x^5-2x^3+3x^2-3x+1)\,dx$의 값을 구하시오.

$k \geq 0$인 정수 k에 대하여
$\displaystyle\int_{-a}^{a}x^{2k+1}dx=0, \ \int_{-a}^{a}x^{2k}dx=2\int_{0}^{a}x^{2k}dx$임을 이용하자.

$$\int_{-2}^{2}(x^5-2x^3+3x^2-3x+1)\,dx$$

$$=\int_{-2}^{2}(x^5-2x^3-3x)\,dx+\int_{-2}^{2}(3x^2+1)\,dx$$

$$=2\int_{0}^{2}(3x^2+1)\,dx$$

$$=2\left[x^3+x\right]_{0}^{2}$$

$$=2\times10$$

$$=20$$ 답 20

1646

$\displaystyle\int_{-2}^{2}x(3x+1)\,dx$의 값을 구하시오.

식을 전개하여 간단히 하자.

$$\int_{-2}^{2}x(3x+1)\,dx=\int_{-2}^{2}(3x^2+x)\,dx$$

$$=\int_{-2}^{2}3x^2\,dx$$

$$=2\int_{0}^{2}3x^2\,dx$$

$$=2\left[x^3\right]_{0}^{2}$$

$$=2(8-0)$$

$$=16$$ 답 16

1647

> 정적분 $\displaystyle\int_{-1}^{1}(1+2x+3x^2+\cdots+100x^{99})\,dx$의 값은?
>
> 먼저 x의 차수가 홀수인 항들과 짝수인 항들을 나누자.

$$\int_{-1}^{1}(1+2x+3x^2+\cdots+100x^{99})\,dx$$

$$=\int_{-1}^{1}(1+3x^2+5x^4+\cdots+99x^{98})\,dx$$

$$\qquad\qquad +\int_{-1}^{1}(2x+4x^3+6x^5+\cdots+100x^{99})\,dx$$

$$=2\int_{0}^{1}(1+3x^2+5x^4+\cdots+99x^{98})\,dx+0$$

$$=2\Big[x+x^3+x^5+\cdots+x^{99}\Big]_{0}^{1}$$

$$=2\times 50=100$$

답 ③

1648

> $\displaystyle\int_{-1}^{5}(2x^3+4x^2-7x+2)\,dx+\int_{5}^{1}(2x^3+4x^2-7x+2)\,dx$의 값은?
>
> $\displaystyle\int_{a}^{c}f(x)\,dx+\int_{c}^{b}f(x)\,dx=\int_{a}^{b}f(x)\,dx$임을 이용하자.

$$\int_{-1}^{5}(2x^3+4x^2-7x+2)\,dx+\int_{5}^{1}(2x^3+4x^2-7x+2)\,dx$$

$$=\int_{-1}^{1}(2x^3+4x^2-7x+2)\,dx$$

$$=\int_{-1}^{1}(2x^3-7x)\,dx+\int_{-1}^{1}(4x^2+2)\,dx$$

$$=0+2\int_{0}^{1}(4x^2+2)\,dx$$

$$=2\Big[\frac{4}{3}x^3+2x\Big]_{0}^{1}=\frac{20}{3}$$

답 ④

1649 $\displaystyle\int_{a}^{b}f(t)\,dt=\int_{a}^{b}f(x)\,dx$임을 이용하자.

> 함수 $f(x)=5x^4+3x^2+1$에 대하여 정적분
>
> $\displaystyle\int_{-1}^{2}f(x)\,dx+\int_{2}^{1}f(t)\,dt$의 값은?
>
> $\displaystyle\int_{a}^{c}f(x)\,dx+\int_{c}^{b}f(x)\,dx=\int_{a}^{b}f(x)\,dx$임을 이용하자.

$$\int_{-1}^{2}f(x)\,dx+\int_{2}^{1}f(t)\,dt$$

$$=\int_{-1}^{2}f(x)\,dx+\int_{2}^{1}f(x)\,dx$$

$$=\int_{-1}^{1}f(x)\,dx$$

$$=\int_{-1}^{1}(5x^4+3x^2+1)\,dx$$

$$=2\int_{0}^{1}(5x^4+3x^2+1)\,dx$$

$$=2\Big[x^5+x^3+x\Big]_{0}^{1}$$

$$=2\times 3$$

$$=6$$

답 ①

1650

> 일차함수 $f(x)=ax+b$에 대하여
>
> $\displaystyle\int_{-1}^{1}xf(x)\,dx=2,\ \int_{-1}^{1}x^2f(x)\,dx=-6$
>
> 이 성립할 때, $a+b$의 값을 구하시오. (단, a, b는 상수이다.)
>
> $f(x)=ax+b$를 대입하여 간단히 하자.

$f(x)=ax+b\ (a\neq 0)$에 대하여

$$\int_{-1}^{1}xf(x)\,dx=\int_{-1}^{1}(ax^2+bx)\,dx$$

$$=2\int_{0}^{1}ax^2\,dx$$

$$=2\Big[\frac{a}{3}x^3\Big]_{0}^{1}$$

$$=\frac{2}{3}a$$

즉, $\dfrac{2}{3}a=2$이므로 $a=3$

$$\int_{-1}^{1}x^2f(x)\,dx=\int_{-1}^{1}(ax^3+bx^2)\,dx$$

$$=2\int_{0}^{1}bx^2\,dx$$

$$=2\Big[\frac{b}{3}x^3\Big]_{0}^{1}$$

$$=\frac{2}{3}b$$

즉, $\dfrac{2}{3}b=-6$이므로 $b=-9$

$$\therefore a+b=3+(-9)=-6$$

답 -6

1651 $\displaystyle\int_{a}^{c}f(x)\,dx+\int_{c}^{b}f(x)\,dx=\int_{a}^{b}f(x)\,dx$임을 이용하자.

> 상수 a에 대하여
>
> $\displaystyle\int_{-a}^{1}(x^3+3x^2+2x)\,dx+\int_{1}^{a}(y^3+3y^2+2y)\,dy=\frac{1}{4}$
>
> 일 때, $50a$의 값을 구하시오. $\displaystyle\int_{a}^{b}f(y)\,dy=\int_{a}^{b}f(x)\,dx$임을 이용하자.

$$\int_{-a}^{1}(x^3+3x^2+2x)\,dx+\int_{1}^{a}(y^3+3y^2+2y)\,dy$$

$$=\int_{-a}^{1}(x^3+3x^2+2x)\,dx+\int_{1}^{a}(x^3+3x^2+2x)\,dx$$

$$=\int_{-a}^{a}(x^3+3x^2+2x)\,dx$$

$$=2\int_{0}^{a}3x^2\,dx=2\Big[x^3\Big]_{0}^{a}=2a^3=\frac{1}{4}$$

따라서 $a^3=\dfrac{1}{8}$이므로 $a=\dfrac{1}{2}$

$$\therefore 50a=25$$

답 25

1652

$f(x)=x+1$을 대입하여 간단히 하자.

함수 $f(x)=x+1$에 대하여

$$\int_{-1}^{1}\{f(x)\}^2\,dx=k\left(\int_{-1}^{1}f(x)\,dx\right)^2$$

일 때, 상수 k의 값은?

$\int_{-1}^{1}f(x)\,dx$는 상수이므로 그 값을 직접 구하자.

$$\int_{-1}^{1}\{f(x)\}^2\,dx=\int_{-1}^{1}(x+1)^2\,dx$$
$$=\int_{-1}^{1}(x^2+2x+1)\,dx$$
$$=2\int_{0}^{1}(x^2+1)\,dx$$
$$=2\left[\frac{1}{3}x^3+x\right]_{0}^{1}$$
$$=2\left(\frac{1}{3}+1\right)$$
$$=\frac{8}{3}$$

$$\int_{-1}^{1}f(x)\,dx=\int_{-1}^{1}(x+1)\,dx$$
$$=2\int_{0}^{1}1\,dx$$
$$=2\left[x\right]_{0}^{1}$$
$$=2$$

$\int_{-1}^{1}\{f(x)\}^2\,dx=k\left(\int_{-1}^{1}f(x)\,dx\right)^2$에서

$$\frac{8}{3}=4k \qquad \therefore k=\frac{2}{3}$$

답 ④

1653

$f'(x)=3x^2$이다.

함수 $f(x)=x^3+3$에 대하여 $\int_{-1}^{1}f(x)\{f'(x)+1\}\,dx$의 값은?

주어진 식을 대입하여 간단히 하자.

$f(x)=x^3+3$에서 $f'(x)=3x^2$

$$\therefore \int_{-1}^{1}f(x)\{f'(x)+1\}\,dx$$
$$=\int_{-1}^{1}(x^3+3)(3x^2+1)\,dx$$
$$=\int_{-1}^{1}(3x^5+x^3+9x^2+3)\,dx$$
$$=\int_{-1}^{1}(3x^5+x^3)\,dx+\int_{-1}^{1}(9x^2+3)\,dx$$
$$=0+2\int_{0}^{1}(9x^2+3)\,dx$$
$$=2\left[3x^3+3x\right]_{0}^{1}=2(3+3)=12$$

답 ③

1654

기함수임을 뜻한다.

다항함수 $y=f(x)$가 모든 실수 x에 대하여 $f(-x)=-f(x)$ 이고, $\int_{1}^{2}f(x)\,dx=2$를 만족시킬 때, 정적분 $\int_{-1}^{2}f(x)\,dx$의 값은?

$\int_{-1}^{1}f(x)\,dx=0$임을 이용하자.

$f(-x)=-f(x)$에서 $y=f(x)$의 그래프는 원점에 대하여 대칭이므로
$$\int_{-1}^{1}f(x)\,dx=0$$
$$\therefore \int_{-1}^{2}f(x)\,dx=\int_{-1}^{1}f(x)\,dx+\int_{1}^{2}f(x)\,dx$$
$$=0+2$$
$$=2$$

답 ②

1655

모든 실수 x에 대하여 연속인 함수 $y=f(x)$가 다음 조건을 만족시킬 때, $\int_{-2}^{3}f(x)\,dx$의 값을 구하시오.

$f(x)$는 기함수임을 이용하자.

(가) 모든 실수 x에 대하여 $f(-x)=-f(x)$
(나) $\int_{-2}^{-1}f(x)\,dx=-2$, $\int_{-1}^{3}f(x)\,dx=6$

$\int_{-1}^{1}f(x)\,dx=0$임을 이용하자.

$f(-x)=-f(x)$에서 $y=f(x)$의 그래프는 원점에 대하여 대칭이므로
$$\int_{-a}^{a}f(x)\,dx=0$$

$$\int_{-2}^{1}f(x)\,dx=\int_{-2}^{-1}f(x)\,dx+\int_{-1}^{1}f(x)\,dx$$
$$=\int_{-2}^{-1}f(x)\,dx=-2$$

$$\therefore \int_{-2}^{3}f(x)\,dx=\int_{-2}^{-1}f(x)\,dx+\int_{-1}^{3}f(x)\,dx$$
$$=(-2)+6=4$$

답 4

1656

$f(x)$는 우함수임을 이용하자.

함수 $f(x)$가 임의의 실수 x에 대하여 $f(-x)=f(x)$가 성립하고 $\int_{0}^{a}f(x)\,dx=3$, $\int_{0}^{b}f(x)\,dx=5$일 때, 정적분 $\int_{-a}^{-b}f(x)\,dx$의 값은? (단, $a>b>0$)

$f(x)$가 우함수이면 $\int_{0}^{a}f(x)\,dx=\int_{-a}^{0}f(x)\,dx$임을 이용하자.

$f(-x)=f(x)$에서 $f(x)$의 그래프는 y축에 대하여 대칭이므로
$$\int_{-a}^{0}f(x)\,dx=\int_{0}^{a}f(x)\,dx=3$$
$$\int_{-b}^{0}f(x)\,dx=\int_{0}^{b}f(x)\,dx=5$$
$$\therefore \int_{-a}^{-b}f(x)\,dx=\int_{-a}^{0}f(x)\,dx+\int_{0}^{-b}f(x)\,dx$$

$$= \int_{-a}^{0} f(x)dx - \int_{-b}^{0} f(x)dx$$
$$= 3 - 5 = -2 \qquad \text{답 ②}$$

1657 다항함수 $y=f(x)$가 우함수이면 $y=xf(x)$는 기함수이다.

> 다항함수 $y=f(x)$가 다음 조건을 만족시킨다.
>
> (가) $f(-x)=f(x)$ (나) $\int_{0}^{1} f(x)dx = -3$
>
> 정적분 $\int_{-1}^{1}(x-2)f(x)dx$의 값을 구하시오.
>
> $\int_{-1}^{1} xf(x)dx - 2\int_{-1}^{1} f(x)dx$임을 이용하자.

$$\int_{-1}^{1}(x-2)f(x)dx = \int_{-1}^{1} xf(x)dx - 2\int_{-1}^{1} f(x)dx$$

(가)에서 $f(-x)=f(x)$이므로

$$\int_{-1}^{1} f(x)dx = 2\int_{0}^{1} f(x)dx \qquad \cdots\cdots \text{㉠}$$

한편, $g(x)=xf(x)$라 하면 $g(-x)=-g(x)$이므로

$$\int_{-1}^{1} xf(x)dx = 0 \qquad \cdots\cdots \text{㉡}$$

㉠, ㉡에 의하여

$$\int_{-1}^{1}(x-2)f(x)dx = -4\int_{0}^{1} f(x)dx$$
$$= (-4) \times (-3)$$
$$= 12 \qquad \text{답 12}$$

1658 $\int_{a}^{b}(x+2)f(x)dx = \int_{a}^{b} xf(x)dx + 2\int_{a}^{b} f(x)dx$임을 이용하자.

> 실수 전체의 집합에서 연속인 함수 $f(x)$가 모든 실수 x에 대하여 $f(-x)=f(x)$를 만족시킨다. $\int_{0}^{1} f(x)dx = 5$일 때,
>
> $\int_{-1}^{2}(x+2)f(x)dx - \int_{1}^{2}(y+2)f(y)dy$의 값을 구하시오.
>
> $\int_{b}^{a} f(x)dx = -\int_{a}^{b} f(x)dx$임을 이용하자.

$$\int_{-1}^{2}(x+2)f(x)dx - \int_{1}^{2}(y+2)f(y)dy = \int_{-1}^{1}(x+2)f(x)dx$$

$f(-x)=f(x)$이므로

$$\int_{-1}^{1} xf(x)dx + \int_{-1}^{1} 2f(x)dx = 0 + 4\int_{0}^{1} f(x)dx = 20$$

답 20

1659 다항함수 $y=f(x)$가 기함수임을 이용하자.

> 다항함수 $f(x)$가 모든 실수 x에 대하여 $f(-x)=-f(x)$를 만족시킨다. $\int_{-3}^{3}(x+2)f'(x)dx = 20$일 때, $f(3)$의 값을 구하시오.
>
> $\int_{-3}^{3} xf'(x)dx = 0$임을 이용하자.

다항함수 $y=f(x)$의 그래프는 원점에 대하여 대칭이고 $f(0)=0$이다.

$f(x)$가 기함수이므로 $f'(x)$는 우함수이다.

즉, 모든 실수 x에 대하여 $f'(-x)=f'(x)$를 만족시킨다.

이때 $xf'(x)$는 원점에 대하여 대칭이므로

$$\int_{-3}^{3} xf'(x)dx = 0$$

$$\int_{-3}^{3}(x+2)f'(x)dx = \int_{-3}^{3}\{xf'(x) + 2f'(x)\}dx$$
$$= 0 + 2\int_{0}^{3} 2f'(x)dx$$
$$= 4\Big[f(x)\Big]_{0}^{3} = 4f(3) = 20$$

$$\therefore f(3) = 5 \qquad \text{답 5}$$

1660 $f(x)$는 기함수임을 이용하자. $xf(x)$는 우함수임을 이용하자.

> 다항함수 $y=f(x)$가 모든 실수 x에 대하여
>
> $f(-x)=-f(x)$, $\int_{0}^{2} xf(x)dx = \dfrac{5}{2}$
>
> 를 만족시킬 때, 정적분 $\int_{-2}^{2}(x^2+2x-5)f(x)dx$의 값을 구하시오.
>
> $x^2 f(x)$는 기함수임을 이용하자.

$f(-x)=-f(x)$에서 함수 $y=f(x)$는 기함수이므로

함수 $y=x^2 f(x)$는 기함수, 함수 $y=xf(x)$는 우함수이다.

$$\therefore \int_{-2}^{2}(x^2+2x-5)f(x)dx$$
$$= \int_{-2}^{2} x^2 f(x)dx + 2\int_{-2}^{2} xf(x)dx - 5\int_{-2}^{2} f(x)dx$$
$$= 2\int_{-2}^{2} xf(x)dx$$
$$= 4\int_{0}^{2} xf(x)dx$$
$$= 4 \times \frac{5}{2} = 10 \qquad \text{답 10}$$

1661 $f(x)$는 우함수임을 이용하자.

> 사차함수 $y=f(x)$가
>
> $f(-x)=f(x)$, $f'(1)=0$, $f(0)=-3$
>
> 을 만족시키고 $\int_{-1}^{1} f(x)dx = 8$일 때, $f(-1)$의 값을 구하시오.
>
> $\int_{-1}^{1} f(x)dx = 2\int_{0}^{1} f(x)dx$임을 이용하자.

사차함수 $y=f(x)$가 $f(-x)=f(x)$를 만족시키므로

$f(x)=ax^4+bx^2+c \ (a \neq 0)$라 하면

$f(0)=-3$이므로

$c = -3$

$f'(x) = 4ax^3 + 2bx$

$f'(1)=0$이므로

$4a+2b=0$

$\therefore b = -2a$

즉, $f(x)=ax^4 - 2ax^2 - 3$이므로

$$\int_{-1}^{1} f(x)\,dx = 2\int_{0}^{1}(ax^4 - 2ax^2 - 3)\,dx$$

$$= 2\left[\frac{a}{5}x^5 - \frac{2a}{3}x^3 - 3x\right]_{0}^{1}$$

$$= 2\left(\frac{1}{5}a - \frac{2}{3}a - 3\right) = 8$$

$\therefore a = -15$

따라서 $f(x) = -15x^4 + 30x^2 - 3$이므로

$f(-1) = -15 + 30 - 3 = 12$ 답 12

1662

$f(x)$는 기함수임을 이용하자.

함수 $f(x)$가 임의의 실수 x에 대하여 $f(-x) + f(x) = 0$을 만족할 때, 〈보기〉에서 항상 옳은 것만을 있는 대로 고른 것은?

┤ 보기 ├

ㄱ. $\int_{-3}^{1} f(x)\,dx - \int_{-3}^{-1} f(x)\,dx = 2\int_{0}^{1} f(x)\,dx$

ㄴ. $\int_{-a}^{a} f(x)\,dx - \int_{a}^{a} f(x)\,dx + \int_{0}^{a} f(x)\,dx - \int_{a}^{0} f(x)\,dx$

   $= 2\int_{0}^{a} f(x)\,dx$ $\quad \int_{a}^{b} f(x)\,dx = -\int_{a}^{b} f(x)\,dx$임을 이용하자.

ㄷ. $\int_{-2}^{-1} xf(x)\,dx - \int_{2}^{-1} xf(x)\,dx = 0$

$xf(x)$는 우함수임을 이용하자.

$f(-x) + f(x) = 0$에서 $f(-x) = -f(x)$이므로 $f(x)$는 기함수이다.

ㄱ. $\int_{-3}^{1} f(x)\,dx - \int_{-3}^{-1} f(x)\,dx$

$= \int_{-3}^{1} f(x)\,dx + \int_{-1}^{-3} f(x)\,dx$

$= \int_{-1}^{1} f(x)\,dx = 0$ (거짓)

ㄴ. $\int_{-a}^{a} f(x)\,dx - \int_{a}^{a} f(x)\,dx + \int_{0}^{a} f(x)\,dx - \int_{a}^{0} f(x)\,dx$

$= 0 - 0 + \int_{0}^{a} f(x)\,dx + \int_{0}^{a} f(x)\,dx$

$= 2\int_{0}^{a} f(x)\,dx$ (참)

ㄷ. $g(x) = xf(x)$로 놓으면

$g(-x) = -xf(-x) = xf(x) = g(x)$이므로

$g(x) = xf(x)$는 우함수이다.

$\int_{2}^{-1} xf(x)\,dx - \int_{2}^{-1} xf(x)\,dx$

$= \int_{-2}^{-1} xf(x)\,dx + \int_{-1}^{2} xf(x)\,dx$

$= \int_{-2}^{2} xf(x)\,dx$

$= 2\int_{0}^{2} xf(x)\,dx$

이때, 정적분 $\int_{0}^{2} xf(x)\,dx$의 값은 0이 아닐 수도 있다. (거짓)

따라서 항상 옳은 것은 ㄴ뿐이다. 답 ②

1663

$f(x)$가 우함수이면 $\int_{-a}^{0} f(x)\,dx = \int_{0}^{a} f(x)\,dx$임을 이용하자.

다음을 만족시키는 두 다항함수 $f(x)$, $g(x)$에 대하여

$\int_{0}^{2}\{5f(x) - 3g(x)\}\,dx$의 값을 구하시오.

(가) $f(-x) = f(x)$, $g(-x) = -g(x)$

(나) $\int_{-2}^{0} f(x)\,dx = 5$, $\int_{0}^{2} g(x)\,dx = 2$

$g(x)$가 기함수이면 $\int_{-a}^{0} g(x)\,dx = -\int_{0}^{a} g(x)\,dx$임을 이용하자.

$f(x)$는 y축 대칭이므로

$\int_{-2}^{0} f(x)\,dx = \int_{0}^{2} f(x)\,dx = 5$

$g(x)$는 원점 대칭이므로

$\int_{-2}^{0} g(x)\,dx + \int_{0}^{2} g(x)\,dx = 0$

이때 $\int_{-2}^{0} g(x)\,dx = -2$이므로 $\int_{0}^{2} g(x)\,dx = 2$

$\therefore \int_{0}^{2}\{5f(x) - 3g(x)\}\,dx = 5\int_{0}^{2} f(x)\,dx - 3\int_{0}^{2} g(x)\,dx$

$= 25 - 6 = 19$

답 19

1664

$f(x)$가 기함수, $g(x)$가 우함수이면
$\int_{-a}^{a}\{f(x) + g(x)\}\,dx = 2\int_{0}^{a} g(x)\,dx$임을 이용하자.

다음 조건을 만족시키는 두 다항함수 $y = f(x)$, $y = g(x)$에 대하여 정적분 $\int_{-a}^{a}\{f(x) + g(x)\}\,dx + \int_{-a}^{a} f(x)g(x)\,dx$의 값을 구하시오.

$f(x)$가 기함수, $g(x)$가 우함수이면 $f(x)g(x)$는 기함수이다.

(가) $f(x) = -f(-x)$, $g(-x) = g(x)$

(나) $\int_{0}^{a} f(x)\,dx = 10$, $\int_{0}^{a} g(x)\,dx = 20$

$y = f(x)$는 기함수, $y = g(x)$는 우함수이므로

$y = f(-x)g(-x) = -f(x)g(x)$

즉, $y = f(x)g(x)$의 그래프는 원점에 대하여 대칭이다.

$\therefore \int_{-a}^{a}\{f(x) + g(x)\}\,dx + \int_{-a}^{a} f(x)g(x)\,dx = 2\int_{0}^{a} g(x)\,dx$

$= 2 \times 20$

$= 40$

답 40

1665

$f(x)$가 우함수이면 $\int_{-a}^{a} f(x)dx=2\int_{0}^{a} f(x)dx$임을 이용하자.

> 두 다항함수 $y=f(x)$, $y=g(x)$가 임의의 실수 x에 대하여
> $$f(-x)=f(x), g(-x)=-g(x)$$
> 를 만족시키고 $\int_{-2}^{2} f(x)dx=6$, $\int_{-2}^{0} g(x)dx=4$일 때,
> 정적분 $\int_{0}^{2} f(x)dx+\int_{0}^{2} g(t)dt$의 값은?
>
> $g(x)$가 기함수이면 $\int_{-a}^{0} g(x)dx=-\int_{0}^{a} g(x)dx$임을 이용하자.

$f(-x)=f(x)$이므로 $y=f(x)$의 그래프는 y축에 대하여 대칭이고,
$g(-x)=-g(x)$이므로 $y=g(x)$의 그래프는 원점에 대하여 대칭이다.

$\int_{-2}^{2} f(x)dx=6$에서 $2\int_{0}^{2} f(x)dx=6$

$\therefore \int_{0}^{2} f(x)dx=3$

$\int_{-2}^{0} g(x)dx=4$에서

$\int_{0}^{2} g(x)dx=-\int_{-2}^{0} g(x)dx=-4$

즉, $\int_{0}^{2} g(t)dt=-4$

$\therefore \int_{0}^{2} f(x)dx+\int_{0}^{2} g(t)dt=3+(-4)=-1$

답 ②

1666

함수 $h(x)$는 기함수임을 이용하자.

> 두 다항함수 $f(x)$, $g(x)$가 모든 실수 x에 대하여
> $$f(-x)=-f(x), g(-x)=g(x)$$
> 를 만족시킨다. 함수 $h(x)=f(x)g(x)$에 대하여
> $$\int_{-3}^{3} (x+5)h'(x)dx=10$$
> 일 때, $h(3)$의 값은?
>
> 함수 $h'(x)$는 우함수임을 이용하자.

$h(-x)=f(-x)g(-x)$
$\qquad =-f(x)g(x)=-h(x)$
이므로 다항함수 $h(x)$의 그래프는 원점에 대하여 대칭이고, $h(0)=0$
이다.
$h(x)=a_{2n+1}x^{2n+1}+a_{2n-1}x^{2n-1}+\cdots+a_1 x$
로 놓으면
$h'(x)=(2n+1)a_{2n+1}x^{2n}+(2n-1)a_{2n-1}x^{2n-2}+\cdots+a_1$
이므로 $h'(-x)=h'(x)$를 만족시킨다.

$\int_{-3}^{3} (xh'(x)+5h'(x))dx=2\int_{0}^{3} 5h'(x)dx$
$\qquad\qquad\qquad\qquad =10\left[h(x)\right]_{0}^{3}$
$\qquad\qquad\qquad\qquad =10\{h(3)-h(0)\}$
$10\{h(3)-h(0)\}=10$에서
$h(3)=h(0)+1=0+1=1$

답 ①

1667

$f(x)$가 우함수이면 $\int_{-a}^{a} f(x)dx=2\int_{0}^{a} f(x)dx$임을 이용하자.

> 두 다항함수 $y=f(x)$, $y=g(x)$가 임의의 실수 x에 대하여 다음
> 조건을 만족시킬 때, $\int_{-2}^{2} \{f(x)+g(x-2)\}dx$의 값은?
>
> > (가) $f(-x)=f(x)$, $g(-x)=-g(x)$
> > (나) $\int_{0}^{2} f(x)dx=5$, $\int_{0}^{4} g(x)dx=7$
>
> $\int_{a}^{b} g(x)dx=\int_{a+p}^{b+p} g(x-p)dx$임을 이용하자.

주어진 식을 정리하면
$\int_{-2}^{2} \{f(x)+g(x-2)\}dx=\int_{-2}^{2} f(x)dx+\int_{-2}^{2} g(x-2)dx$
조건 (가)에서 $f(-x)=f(x)$이므로
함수 $y=f(x)$의 그래프는 y축에 대하여 대칭이다.
$\int_{-2}^{2} f(x)dx=2\int_{0}^{2} f(x)dx=10 \left(\because \int_{0}^{2} f(x)dx=5\right)$
또 $y=g(x-2)$의 그래프는 $y=g(x)$의 그래프를 x축의 방향으로
2만큼 평행이동한 것이므로
$\int_{-2}^{2} g(x-2)dx=\int_{-4}^{0} g(x)dx$
조건 (가)에서 $g(-x)=-g(x)$이므로
함수 $y=g(x)$의 그래프는 원점에 대하여 대칭이다.
$\therefore \int_{-4}^{0} g(x)dx=-\int_{0}^{4} g(x)dx=-7 \left(\because \int_{0}^{4} g(x)dx=7\right)$
$\therefore \int_{-2}^{2} \{f(x)+g(x-2)\}dx=10+(-7)=3$

답 ③

1668

$g(-x)=\dfrac{f(-x)+f(x)}{2}=g(x)$임을 이용하자.

> 연속함수 $f(x)$에 대하여 두 함수 $g(x)$, $h(x)$를
> $$g(x)=\frac{f(x)+f(-x)}{2}, h(x)=\frac{f(x)-f(-x)}{2}$$
> 라 할 때, 〈보기〉 중 옳은 것을 모두 고른 것은?
>
> > ┤ 보 기 ├
> > ㄱ. $\int_{-1}^{1} g(x)dx=2\int_{0}^{1} g(x)dx$
> >
> > ㄴ. $\int_{-1}^{2} |h(x)|dx=\int_{-2}^{1} |h(x)|dx$
> >
> > ㄷ. $\int_{-1}^{1} g(x)h(x)dx=0$
>
> $h(-x)=\dfrac{f(-x)-f(x)}{2}$
> $\qquad =-h(x)$ 임을 이용하자.

$g(-x)=\dfrac{f(-x)+f(x)}{2}=g(x)$

$h(-x)=\dfrac{f(-x)-f(x)}{2}=-h(x)$

ㄱ. $g(-x)=g(x)$이므로 $g(x)$는 우함수이다.

$\therefore \int_{-1}^{1} g(x)dx=2\int_{0}^{1} g(x)dx$ (참)

ㄴ. $|h(-x)|=|-h(x)|=|h(x)|$이므로 $|h(x)|$는 우함수이다.

$\therefore \int_{-1}^{2} |h(x)|dx=\int_{-1}^{0} |h(x)|dx+\int_{0}^{2} |h(x)|dx$

$\qquad\qquad\qquad =\int_{0}^{1} |h(x)|dx+\int_{-2}^{0} |h(x)|dx$

$$=\int_{-2}^{1}|h(x)|\,dx \text{ (참)}$$

ㄷ. $g(-x)h(-x)=-g(x)h(x)$이므로 $g(x)h(x)$는 기함수이다.

$$\therefore \int_{-1}^{1}g(x)h(x)\,dx=0 \text{ (참)}$$

따라서 ㄱ, ㄴ, ㄷ 모두 옳다.　　　　　　　　　　답 ⑤

1669　　$f(x)$는 주기함수임을 이용하자.

> 실수 전체의 집합에서 연속인 함수 $y=f(x)$가 모든 실수 x에 대하여
>
> $$f(x+3)=f(x),\ \int_{1}^{4}f(x)\,dx=4$$
>
> 를 만족시킬 때, 정적분 $\int_{1}^{16}f(x)\,dx$의 값을 구하시오.
>
> $\int_{1}^{4}f(x)\,dx=\int_{1+3n}^{4+3n}f(x)\,dx$임을 이용하자. (단, n은 정수)

함수 $y=f(x)$는 $f(x+3)=f(x)$를 만족시키므로

$$\int_{1}^{4}f(x)\,dx=\int_{4}^{7}f(x)\,dx=\int_{7}^{10}f(x)\,dx$$
$$=\int_{10}^{13}f(x)\,dx=\int_{13}^{16}f(x)\,dx=4$$

$$\therefore \int_{1}^{16}f(x)\,dx=\int_{1}^{4}f(x)\,dx+\int_{4}^{7}f(x)\,dx+\int_{7}^{10}f(x)\,dx$$
$$+\int_{10}^{13}f(x)\,dx+\int_{13}^{16}f(x)\,dx$$
$$=5\times4=20$$
　　　　　　　　　　답 20

1670　　$f(x)$는 주기함수임을 이용하자.

> 실수 전체의 집합에서 연속인 함수 $y=f(x)$가 모든 실수 x에 대하여 $f(x+3)=f(x)$이고, $\int_{1}^{4}f(x)\,dx=3$을 만족시킬 때, 정적분 $\int_{1}^{100}f(x)\,dx$의 값을 구하시오.
>
> $\int_{1}^{4}f(x)\,dx=\int_{1+3n}^{4+3n}f(x)\,dx$임을 이용하자. (단, n은 정수)

함수 $y=f(x)$는 모든 실수 x에 대하여 $f(x+3)=f(x)$이므로

$$\int_{1}^{4}f(x)\,dx=\int_{4}^{7}f(x)\,dx=\int_{7}^{10}f(x)\,dx$$
$$=\cdots=\int_{97}^{100}f(x)\,dx=3$$

$$\therefore \int_{1}^{100}f(x)\,dx$$
$$=\int_{1}^{4}f(x)\,dx+\int_{4}^{7}f(x)\,dx+\int_{7}^{10}f(x)\,dx+\cdots+\int_{97}^{100}f(x)\,dx$$
$$=33\times3$$
$$=99$$
　　　　　　　　　　답 99

1671　　$\int_{-3}^{3}f(x)\,dx=\int_{-3}^{-1}f(x)\,dx+\int_{-1}^{1}f(x)\,dx+\int_{1}^{3}f(x)\,dx$임을 이용하자.

> 실수 전체의 집합에서 연속인 함수 $y=f(x)$가 다음 조건을 만족시킬 때, 정적분 $\int_{-3}^{3}f(x)\,dx$의 값을 구하시오.
>
> (가) $-1\le x\le1$일 때, $f(x)=x^2$
> (나) 임의의 실수 x에 대하여 $f(x)=f(x+2)$
>
> $f(x)$는 주기함수임을 이용하자.

$$\int_{-1}^{1}f(x)\,dx=\int_{-1}^{1}x^2\,dx$$
$$=2\int_{0}^{1}x^2\,dx$$
$$=2\left[\frac{1}{3}x^3\right]_{0}^{1}$$
$$=\frac{2}{3}$$

$-1\le x\le1$일 때, $f(x)=x^2$이고, 임의의 실수 x에 대하여 $f(x)=f(x+2)$이므로 함수 $y=f(x)$의 그래프는 그림과 같다.

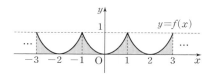

$$\therefore \int_{-3}^{3}f(x)\,dx=3\int_{-1}^{1}f(x)\,dx$$
$$=3\times\frac{2}{3}$$
$$=2$$
　　　　　　　　　　답 2

1672　　$\int_{-1}^{1}f(x)\,dx$의 값을 구하자.

> 실수 전체의 집합에서 연속인 함수
> $$f(x)=\begin{cases}-x-1 & (-1\le x<0) \\ x-1 & (0\le x\le1)\end{cases}$$
> 이 모든 실수 x에 대하여 $f(x+2)=f(x)$를 만족시킬 때, 정적분 $\int_{-10}^{10}f(x)\,dx$의 값을 구하시오.
>
> $\int_{-10}^{10}f(x)\,dx=\int_{-10}^{-8}f(x)\,dx+\int_{-8}^{-6}f(x)\,dx+\cdots+\int_{8}^{10}f(x)\,dx$임을 이용하자.

$f(x)=\begin{cases}-x-1 & (-1\le x<0) \\ x-1 & (0\le x\le1)\end{cases}$ 이고, $f(x+2)=f(x)$이므로 함수 $y=f(x)$의 그래프는 그림과 같다.

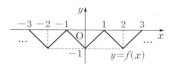

$$\therefore \int_{-10}^{10}f(x)\,dx=10\int_{-1}^{1}f(x)\,dx$$
$$=10\int_{-1}^{0}(-x-1)\,dx+10\int_{0}^{1}(x-1)\,dx$$
$$=10\left[-\frac{1}{2}x^2-x\right]_{-1}^{0}+10\left[\frac{1}{2}x^2-x\right]_{0}^{1}$$

$$= 10 \times \left(-\frac{1}{2}\right) + 10 \times \left(-\frac{1}{2}\right) = -10 \qquad \text{답} -10$$

1673

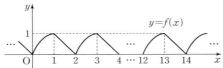
$\int_0^2 f(x)\,dx$의 값을 구하자.

실수 전체의 집합에서 연속인 함수 $y=f(x)$가

$$f(x) = \begin{cases} -x^2+2x & (0 \le x < 1) \\ -x+2 & (1 \le x < 2) \end{cases}$$

이고, 모든 실수 x에 대하여 $f(x-1)=f(x+1)$을 만족시킬

때, $\int_{-6}^{7} f(x)\,dx$의 값은? $f(x)$는 주기가 2인 주기함수임을 이용하자.

$f(x-1)=f(x+1)$에서 x 대신 $x+1$을 대입하면

$f(x)=f(x+2)$이므로 $\int_{-6}^{7} f(x)\,dx = \int_{0}^{13} f(x)\,dx$

함수 $y=f(x)$의 그래프는 그림과 같다.

$$\therefore \int_{-6}^{7} f(x)\,dx = \int_{0}^{13} f(x)\,dx$$

$$= 6\int_0^2 f(x)\,dx + \int_0^1 f(x)\,dx$$

$$= 6\left\{ \int_0^1 (-x^2+2x)\,dx + \int_1^2 (-x+2)\,dx \right\}$$

$$\qquad\qquad + \int_0^1 (-x^2+2x)\,dx$$

$$= 7\int_0^1 (-x^2+2x)\,dx + 6\int_1^2 (-x+2)\,dx$$

$$= 7\left[-\frac{1}{3}x^3 + x^2 \right]_0^1 + 6\left[-\frac{1}{2}x^2 + 2x \right]_1^2$$

$$= \frac{23}{3} \qquad\qquad \text{답} ④$$

1674

$f(x)$는 주기가 4인 주기함수임을 이용하자.

실수 전체의 집합에서 연속인 함수 $y=f(x)$가 모든 실수 x에 대하여 다음 조건을 만족시킨다.

(가) $f(x-2)=f(x+2)$

(나) $\int_{-2}^{2} f(x)\,dx = 2$

(다) $\int_{2}^{4} f(x)\,dx = 1$

정적분 $\int_{0}^{30} f(x)\,dx$의 값은?

함수 $y=f(x)$가 임의의 실수 x에 대하여 $f(x+p)=f(x)$를 만족할 때, $\int_{0}^{np} f(x)\,dx = n\int_{0}^{p} f(x)\,dx$임을 이용하자. (단, n은 정수)

$f(x-2)=f(x+2)$에서 x 대신 $x+2$를 대입하면

$f(x)=f(x+4)$이고, $\int_{-2}^{2} f(x)\,dx=2$이므로 모든 실수 t에 대하여

$$\int_{t}^{t+4} f(x)\,dx = 2$$

즉, $\int_0^4 f(x)\,dx=2$이므로

$$\int_0^4 f(x)\,dx = \int_0^2 f(x)\,dx + \int_2^4 f(x)\,dx$$ 에서

$2 = \int_0^2 f(x)\,dx + 1$ ($\because$ (다))

$$\therefore \int_0^2 f(x)\,dx = 1$$

$$\therefore \int_0^{30} f(x)\,dx$$

$$= \int_0^2 f(x)\,dx + \int_2^6 f(x)\,dx + \int_6^{10} f(x)\,dx + \cdots + \int_{26}^{30} f(x)\,dx$$

$$= \int_0^2 f(x)\,dx + 7\int_{-2}^{2} f(x)\,dx = 1 + 7 \times 2 = 15 \qquad \text{답} ⑤$$

1675

함수 $y=f(x)$가 임의의 실수 x에 대하여 $f(x+p)=f(x)$를 만족할 때, $\int_a^b f(x)\,dx = \int_{a+np}^{b+np} f(x)\,dx$임을 이용하자. (단, n은 정수)

실수 전체의 집합에서 연속인 함수 $y=f(x)$가 모든 실수 x에 대하여 $f(x)=f(x+4)$를 만족시킬 때, 다음 중 정적분 $\int_{1}^{2} f(x)\,dx$와 그 값이 같은 것은?

① $\int_{99}^{100} f(x)\,dx$ 　　　② $-\int_{99}^{100} f(x)\,dx$

③ $\int_{100}^{101} f(x)\,dx$ 　　　④ $-\int_{100}^{101} f(x)\,dx$

⑤ $\int_{101}^{102} f(x)\,dx$

$f(x)=f(x+4)$이므로

$$\int_1^2 f(x)\,dx = \int_5^6 f(x)\,dx = \int_9^{10} f(x)\,dx$$

$$= \cdots = \int_{97}^{98} f(x)\,dx = \int_{101}^{102} f(x)\,dx$$

$$\text{답} ⑤$$

1676

$\int_a^b f(x)\,dx = \int_{a+4n}^{b+4n} f(x)\,dx$임을 이용하자. (단, n은 정수)

함수 $f(x)$는 다음 두 조건을 만족한다.

(가) $-2 \le x \le 2$일 때, $f(x)=x^3-4x$

(나) 임의의 실수 x에 대하여 $f(x)=f(x+4)$

함수 $f(x)$는 기함수임을 이용하자.

정적분 $\int_{1}^{2} f(x)\,dx$와 같은 것은?

① $\int_{98}^{99} f(x)\,dx$ 　　　② $\int_{99}^{100} f(x)\,dx$

③ $\int_{100}^{101} f(x)\,dx$ 　　　④ $-\int_{98}^{99} f(x)\,dx$

⑤ $-\int_{99}^{100} f(x)\,dx$

$f(x)=x^3-4x$ $(-2 \le x \le 2)$이고, $f(x)=f(x+4)$이므로 함수 $f(x)$의 그래프는 그림과 같다.

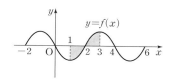

이때, $f(x)=x^3-4x$에서 $f(x)$는 기함수이므로

$$\int_1^2 f(x)dx=-\int_2^3 f(x)dx$$이고

$$-\int_2^3 f(x)dx=-\int_{4\times24+2}^{4\times24+3} f(x)dx=-\int_{98}^{99} f(x)dx$$

$$\therefore \int_1^2 f(x)dx=-\int_{98}^{99} f(x)dx \qquad \text{답 ④}$$

1677 $\int_0^4 f(x)dx=0$임을 이용하자.

모든 실수 x에 대하여 $f(x+4)=f(x)$를 만족하는 함수 $y=f(x)$의 그래프가 그림과 같을 때, $\sum_{k=1}^{100}\int_{k-1}^{k} f(x)\,dx$의 값을 구하시오.

$=\int_0^{100} f(x)dx$임을 이용하자.

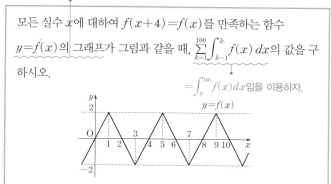

$$\int_0^4 f(x)\,dx=\frac{1}{2}\cdot2\cdot2-\frac{1}{2}\cdot2\cdot2=0$$

함수 $f(x)$는 모든 실수 x에 대하여 $f(x+4)=f(x)$이므로

$$\int_0^4 f(x)\,dx=\int_4^8 f(x)\,dx=\cdots=\int_{96}^{100} f(x)\,dx=0$$

$$\therefore \sum_{k=1}^{100}\int_{k-1}^{k} f(x)\,dx$$

$$=\int_0^1 f(x)\,dx+\int_1^2 f(x)\,dx+\cdots+\int_{99}^{100} f(x)\,dx$$

$$=\int_0^4 f(x)\,dx+\int_4^8 f(x)\,dx+\cdots+\int_{96}^{100} f(x)\,dx$$

$$=0 \qquad \text{답 0}$$

1678

$0\le x\le 2$에서 함수 $y=f(x)$의 그래프가 그림과 같다. 함수 $f(x)$가 다음 두 조건을 만족할 때, $\int_{-10}^{10} f(x)dx$의 값을 구하시오.

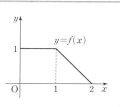

(가) $f(-x)=f(x)$ — $y=f(x)$의 그래프는 y축 대칭임을 이용하자.

(나) $f(x+4)=f(x)$

$\int_{-10}^{10} f(x)dx$가 $\int_{-2}^{2} f(x)dx$의 몇 배인지 파악하자.

$f(-x)=f(x)$에서 함수 $f(x)$는 우함수이므로 주어진 그래프를 y축에 대칭시키면 그림과 같다.

즉, 구간 $[-2, 2]$에서의 넓이는

$$(4+2)\times1\times\frac{1}{2}=3$$

한편, $f(x+4)=f(x)$이므로

$$\int_{-10}^{10} f(x)dx=5\int_{-2}^{2} f(x)dx=15 \qquad \text{답 15}$$

1679 $y=f(x)$의 그래프는 y축 대칭임을 이용하자.

실수 전체의 집합에서 연속인 함수 $y=f(x)$가 임의의 실수 x에 대하여 다음 조건을 만족시킨다.

(가) $f(-x)=f(x)$ (나) $f(x+4)=f(x)$

$\int_0^2 f(x)\,dx=8$일 때, 정적분 $\int_{-8}^4 f(x)\,dx$의 값을 구하시오.

$\int_a^b f(x)dx=\int_{a+4n}^{b+4n} f(x)dx$임을 이용하자. (단, n은 정수)

$$\int_0^2 f(x)\,dx=\int_{-2}^0 f(x)\,dx \ (\because f(-x)=f(x))$$

$$=\int_2^4 f(x)\,dx \ (\because f(x+4)=f(x))$$

$$=8$$

(나)에서 $f(x+4)=f(x)$이므로

$$\int_{-8}^4 f(x)\,dx=\int_{-8}^{-4} f(x)\,dx+\int_{-4}^0 f(x)\,dx+\int_0^4 f(x)\,dx$$

$$=3\int_0^4 f(x)\,dx$$

$$=3\left\{\int_0^2 f(x)\,dx+\int_2^4 f(x)\,dx\right\}$$

$$=3(8+8)$$

$$=48 \qquad \text{답 48}$$

1680

실수 전체의 집합에서 연속인 함수 $y=f(x)$가 임의의 실수 x에 대하여 다음 조건을 만족시킬 때, 정적분 $\int_{-6}^{10} f(x)dx$의 값을 구하시오. $y=f(x)$는 우함수이다.

(가) $f(-x)=f(x)$

(나) $f(x+2)=f(x)$ — $y=f(x)$는 주기가 2인 함수임을 이용하자.

(다) $\int_{-1}^1 (2x+3)f(x)dx=15$

$=2\int_{-1}^1 xf(x)dx+3\int_{-1}^1 f(x)dx$임을 이용하자.

조건 (가)에서 함수 $y=f(x)$의 그래프는 y축에 대하여 대칭이다.

조건 (다)에서

$$\int_{-1}^1 (2x+3)f(x)dx=\int_{-1}^1 3f(x)dx=15 \left(\because \int_{-1}^1 xf(x)\,dx=0\right)$$

이므로 $\int_{-1}^{1} f(x)dx=5$

조건 (나)에서 함수 $y=f(x)$는 주기가 2인 주기함수이므로

$$\int_{-6}^{10} f(x)dx=8\int_{-1}^{1} f(x)dx$$
$$=8\times 5=40$$

답 40

1681

$y=f(x)$는 기함수이다.

모든 실수에서 연속인 함수 $f(x)$가 다음 조건을 모두 만족시킬 때, $\int_{0}^{99} f(x)dx$의 값을 구하시오.

(가) 모든 실수 x에 대하여 $f(-x)=-f(x)$
(나) 모든 실수 x에 대하여 $f(x+4)=f(x)$
(다) $f(x)=\begin{cases} 2x & (0\le x<1) \\ -2x+4 & (1\le x<2) \end{cases}$

함수 $y=f(x)$가 임의의 실수 x에 대하여 $f(x+p)=f(x)$를 만족할 때, $\int_{0}^{np} f(x)dx=n\int_{0}^{p} f(x)dx$임을 이용하자. (단, n은 정수)

$f(x)=\begin{cases} 2x & (0\le x<1) \\ -2x+4 & (1\le x<2) \end{cases}$

이고, 모든 실수 x에 대하여 $f(-x)=-f(x)$,

$f(x+4)=f(x)$이므로 $\int_{0}^{4} f(x)dx=0$이다.

$$\int_{0}^{99} f(x)dx=\int_{0}^{96} f(x)dx+\int_{96}^{99} f(x)dx$$
$$=24\int_{0}^{4} f(x)dx+\int_{0}^{3} f(x)dx$$
$$=0-\int_{3}^{4} f(x)dx$$
$$=-\int_{-1}^{0} f(x)dx$$
$$=\int_{0}^{1} f(x)dx$$
$$=\int_{0}^{1} (2x)dx$$
$$=\left[x^2 \right]_{0}^{1}=1$$

답 1

참고 함수 $y=f(x)$의 그래프는 그림과 같다.

1682

함수 $f(x)$는 기함수일 때, $\int_{-a}^{a} f(x)dx=0$임을 이용하자.

모든 실수에서 연속인 함수 $f(x)$가 다음 조건을 모두 만족시킨다.

(가) 모든 실수 x에 대하여 $f(-x)=-f(x)$
(나) 모든 실수 x에 대하여 $f(x+2)=f(x)$
(다) $\int_{0}^{1} f(x)dx=3$

함수 $y=f(x)$의 그래프를 x축의 방향으로 -2만큼, y축의 방향으로 1만큼 평행이동하면 함수 $y=g(x)$의 그래프와 일치할 때, $\int_{3}^{10} g(x)dx$의 값을 구하시오.

$g(x)=f(x+2)+1$임을 이용하자.

$g(x)=f(x+2)+1$이므로

$$\int_{3}^{10} g(x)dx=\int_{3}^{10} \{f(x+2)+1\}dx$$
$$=\int_{3}^{10} \{f(x+2)\}dx+\int_{3}^{10} 1\,dx$$
$$=\int_{3}^{10} f(x)dx+7$$

조건에서 $f(-x)=-f(x)$, $f(x+2)=f(x)$이므로

$$\int_{0}^{2} f(x)dx=0$$

$$\int_{3}^{10} f(x)dx+7=\int_{3}^{4} f(x)dx+\int_{4}^{10} f(x)dx+7$$
$$=\int_{1}^{2} f(x)dx+3\int_{0}^{2} f(x)dx+7$$
$$=\int_{1}^{2} f(x)dx+7$$
$$=\int_{-1}^{0} f(x)dx+7$$
$$=-\int_{0}^{1} f(x)dx+7$$
$$=-3+7=4$$

답 4

1683

$y=f(x)$의 그래프는 $x=2$에 대하여 대칭이다.

실수 전체의 집합에서 연속인 함수 $y=f(x)$가 모든 실수 x에 대하여 $f(2+x)=f(2-x)$이고, $\int_{-1}^{3} f(x)dx=6$, $\int_{2}^{3} f(x)dx=4$를 만족시킬 때, 정적분 $\int_{3}^{5} f(x)dx$의 값을 구하시오.

$\int_{a}^{c} f(x)dx+\int_{c}^{b} f(x)dx=\int_{a}^{b} f(x)dx$임을 이용하자.

$f(2+x)=f(2-x)$이므로 함수 $y=f(x)$의 그래프는 $x=2$에 대하여 대칭이다.

$$\int_{2}^{5} f(x)dx=\int_{-1}^{2} f(x)dx$$
$$=\int_{-1}^{3} f(x)dx+\int_{3}^{2} f(x)dx$$
$$=\int_{-1}^{3} f(x)dx-\int_{2}^{3} f(x)dx$$
$$=6-4$$
$$=2$$

$$\therefore \int_3^5 f(x)dx = \int_3^2 f(x)dx + \int_2^5 f(x)dx$$
$$= -\int_2^3 f(x)dx + \int_2^5 f(x)dx$$
$$= (-4) + 2$$
$$= -2$$

답 -2

참고 조건을 만족시키는 함수 $y=f(x)$는
$\int_6^9 f(x)dx = \int_{-3}^0 f(x)dx$이다.

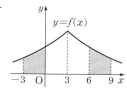

1684

x대신 $1-x$를 대입하면 $f(1+x)=f(1-x)$임을 이용하자.

> 실수 전체의 집합에서 연속인 함수 $y=f(x)$가 모든 실수 x에
> 대하여 $f(2-x)=f(x)$이고, $\int_{-1}^2 f(x)dx=7$, $\int_1^2 f(x)dx=2$
> 를 만족시킬 때, 정적분 $\int_1^3 f(x)dx$의 값을 구하시오.
>
> 함수의 그래프가 $x=k$에 대하여 대칭이면
> $\int_k^{k+a} f(x)dx = \int_{k-a}^k f(x)dx$임을 이용하자.

$f(2-x)=f(x)$이므로 함수 $y=f(x)$의 그래프는 직선 $x=1$에 대하여 대칭이다.

$$\therefore \int_1^3 f(x)dx = \int_{-1}^1 f(x)dx$$
$$= \int_{-1}^2 f(x)dx + \int_2^1 f(x)dx$$
$$= \int_{-1}^2 f(x)dx - \int_1^2 f(x)dx$$
$$= 7 - 2$$
$$= 5$$

답 5

1685

> 모든 실수 x에서 연속인 함수 $y=f(x)$가 다음 조건을 만족시킬
> 때, 정적분 $\int_0^6 f(x)dx$의 값은?
> $y=f(x)$의 그래프는 $x=3$에 대하여 대칭이다.
>
> (가) 모든 실수 x에 대하여 $f(3+x)=f(3-x)$
> (나) $\int_3^9 f(x)dx=10$, $\int_{-3}^0 f(x)dx=3$
>
> 함수의 그래프가 $x=k$에 대하여 대칭이면
> $\int_{k+a}^{k+b} f(x)dx = \int_{k-b}^{k-a} f(x)dx$임을 이용하자.

$f(3+x)=f(3-x)$에서 함수 $y=f(x)$의 그래프는
직선 $x=3$에 대하여 대칭이므로
$$\int_6^9 f(x)dx = \int_{-3}^0 f(x)dx = 3$$
$$\int_3^6 f(x)dx = \int_3^9 f(x)dx - \int_6^9 f(x)dx$$
$$= 10 - 3 = 7$$
$$\therefore \int_0^6 f(x)dx = 2\int_3^6 f(x)dx$$
$$= 2 \times 7 = 14$$

답 ④

1686

$y=f(x)$의 그래프는 $x=1$에 대하여 대칭이다.

> 실수 전체의 집합에서 연속인 함수 $y=f(x)$가 모든 실수 x에
> 대하여 $f(2-x)=f(x)$, $f(x+4)=f(x)$를 만족시킨다.
> $\int_1^3 f(x)dx=3$일 때, 정적분 $\int_{-5}^{13} f(x)dx$의 값을 구하시오.
>
> 함수의 그래프가 $x=k$에 대하여 대칭이면
> $\int_k^{k+a} f(x)dx = \int_{k-a}^k f(x)dx$임을 이용하자.

$f(2-x)=f(x)$이므로 함수 $y=f(x)$의 그래프는 직선 $x=1$에 대하여 대칭이다.
$$\int_{-1}^1 f(x)dx = \int_1^3 f(x)dx = 3$$
또 함수 $y=f(x)$는 모든 실수 x에 대하여 $f(x+4)=f(x)$이므로
$$\int_{-5}^{-1} f(x)dx = \int_{-1}^3 f(x)dx$$
$$= \int_3^7 f(x)dx$$
$$= \int_7^{11} f(x)dx = 6$$
이고, $\int_{11}^{13} f(x)dx = \int_{-1}^1 f(x)dx=3$이다.
$$\therefore \int_{-5}^{13} f(x)dx = 4 \times 6 + 3 = 27$$

답 27

1687

$y=f(x)$의 그래프는 $x=3$에 대하여 대칭이다.

> 실수 전체의 집합에서 연속인 함수 $y=f(x)$가 임의의 실수 x에
> 대하여 다음 조건을 만족시킬 때, $\int_{-3}^5 f(x)dx$의 값을 구하시오.
>
> (가) $2 \le x \le 3$일 때, $f(x)=x^2-6x+10$
> (나) $f(6-x)=f(x)$
> (다) $f(x)=f(x+2)$
>
> $y=f(x)$는 주기가 2인 주기함수임을 이용하자.

조건 (가)에서
$f(x)=x^2-6x+10=(x-3)^2+1$
이므로 $2 \le x \le 3$에서 함수 $y=f(x)$의
그래프는 그림과 같다.
조건 (나)에서 $f(6-x)=f(x)$이므로
함수 $y=f(x)$의 그래프는 직선 $x=3$에
대하여 대칭이다.
조건 (다)에서 $f(x)=f(x+2)$이므로 함수 $y=f(x)$의 그래프는 그림과
같다.

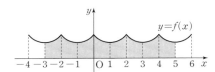

$$\therefore \int_{-3}^{5} f(x)dx = 8\int_{2}^{3} f(x)dx$$

$$= 8\int_{2}^{3} (x^2-6x+10)dx$$

$$= 8\left[\frac{1}{3}x^3-3x^2+10x\right]_{2}^{3}$$

$$= 8\left(12-\frac{32}{3}\right) = \frac{32}{3}$$

답 $\dfrac{32}{3}$

참고 $f(k+x)=f(k-x)$ 또는 $f(2k-x)=f(x)$이면
함수 $y=f(x)$는 직선 $x=k$에 대하여 대칭이다.

1688

$y=f(x)$의 그래프는 $x=1$에 대하여 대칭이다.

실수 전체의 집합에서 연속인 함수 $y=f(x)$가 모든 실수 x에 대하여
$$f(x)=f(-x), \quad f(2-x)=f(x)$$
이고 $\int_{0}^{1} f(x)dx=2$일 때, 정적분 $\int_{0}^{6} \{x^2+f(x)\}dx$의 값을 구하시오.

$= \int_{0}^{6} x^2 dx + \int_{0}^{6} f(x)dx$임을 이용하자.

$f(2-x)=f(x)$에서 함수 $y=f(x)$의 그래프는 직선 $x=1$에 대하여 대칭이므로
$$\int_{0}^{1} f(x)dx = \int_{1}^{2} f(x)dx = 2$$
$$\therefore \int_{0}^{2} f(x)dx = \int_{0}^{1} f(x)dx + \int_{1}^{2} f(x)dx = 4$$
$f(x)=f(-x)$에서 함수 $y=f(x)$의 그래프는 y축에 대하여 대칭이므로
$$\int_{0}^{2} f(x)dx = \int_{-2}^{0} f(x)dx = 4$$
이와 같은 과정을 반복하면
$$\int_{-2}^{0} f(x)dx = \int_{2}^{4} f(x)dx = 4 \;(\because f(2-x)=f(x))$$
$$\int_{2}^{4} f(x)dx = \int_{-4}^{-2} f(x)dx = 4 \;(\because f(x)=f(-x))$$
$$\int_{-4}^{-2} f(x)dx = \int_{4}^{6} f(x)dx = 4 \;(\because f(2-x)=f(x))$$
$$\therefore \int_{0}^{2} f(x)dx = \int_{2}^{4} f(x)dx = \int_{4}^{6} f(x)dx = 4$$
$$\therefore \int_{0}^{6} \{x^2+f(x)\}dx = \int_{0}^{6} x^2 dx + \int_{0}^{6} f(x)dx$$
$$= \left[\frac{1}{3}x^3\right]_{0}^{6} + 3\int_{0}^{2} f(x)dx$$
$$= 72 + 3\times 4 = 84$$

답 84

다른풀이 $f(x)=f(2-x)=f(x-2)$ $(\because f(x)=f(-x))$이므로
함수 $y=f(x)$는 주기함수이다.
$f(x)=f(-x)$에서 함수 $y=f(x)$의 그래프는 y축에 대하여 대칭이므로
$$\int_{-1}^{0} f(x)dx = \int_{0}^{1} f(x)dx = 2$$

$$\therefore \int_{0}^{1} f(x)dx = \int_{1}^{2} f(x)dx = \cdots = \int_{5}^{6} f(x)dx = 2$$

$$\therefore \int_{0}^{6} \{x^2+f(x)\}dx$$

$$= \int_{0}^{6} x^2 dx + \int_{0}^{6} f(x)dx$$

$$= \left[\frac{1}{3}x^3\right]_{0}^{6} + 6\int_{0}^{1} f(x)dx$$

$$= 72 + 6\times 2$$

$$= 84$$

1689

정적분 $\int_{a}^{b} f(t)dt$의 값은 상수임을 이용하자. (단, a, b는 상수)

함수 $f(x)=3x^2+4x+\int_{0}^{2} f(t)dt$일 때, $f(3)$의 값은?

$\int_{0}^{2} f(t)dt = k$ (k는 상수)로 놓으면
$$f(x)=3x^2+4x+k$$
$$\therefore k = \int_{0}^{2} (3t^2+4t+k)dt = \left[t^3+2t^2+kt\right]_{0}^{2} = 16+2k$$
즉, $k=16+2k$이므로
$$k=-16$$
따라서 $f(x)=3x^2+4x-16$이므로
$$f(3)=27+12-16$$
$$=23$$

답 ④

1690

$= x\int_{0}^{1} f(t)dt$임을 이용하자.

다항함수 $y=f(x)$가 임의의 실수 x에 대하여
$$f(x)=3x^2+\int_{0}^{1} xf(t)dt$$
를 만족시킬 때, $f(2)$의 값을 구하시오.

$$f(x)=3x^2+\int_{0}^{1} xf(t)dt$$
$$=3x^2+x\int_{0}^{1} f(t)dt$$
$\int_{0}^{1} f(t)dt = k$ (k는 상수)로 놓으면
$$f(x)=3x^2+kx$$
$$\therefore k = \int_{0}^{1} (3t^2+kt)dt$$
$$= \left[t^3+\frac{1}{2}kt^2\right]_{0}^{1}$$
$$= 1+\frac{k}{2}$$
즉, $1+\dfrac{k}{2}=k$이므로 $k=2$
따라서 $f(x)=3x^2+2x$이므로
$$f(2)=12+4$$
$$=16$$

답 16

1691 $\int_0^1 f(t)dt = k$라 하면 $f(x) = 3x^2 + (2x+1)k$임을 이용하자.

> 다항함수 $y=f(x)$가 임의의 실수 x에 대하여
> $$f(x) = 3x^2 + \int_0^1 (2x+1)f(t)dt$$
> 를 만족시킬 때, $f(2)$의 값을 구하시오.

$f(x) = 3x^2 + \int_0^1 (2x+1)f(t)dt$

$\quad = 3x^2 + 2x\int_0^1 f(t)dt + \int_0^1 f(t)dt$

$\int_0^1 f(t)dt = k$ (k는 상수)로 놓으면

$f(x) = 3x^2 + 2kx + k$

$\therefore k = \int_0^1 (3t^2 + 2kt + k)dt$

$\quad = \left[t^3 + kt^2 + kt \right]_0^1$

$\quad = 1 + 2k$

$\therefore k = -1$

따라서 $f(x) = 3x^2 - 2x - 1$이므로

$f(2) = 12 - 4 - 1 = 7$

답 7

1692 $f(x) = 2x + k$라 놓을 수 있다.

> 일차함수 $y=f(x)$가
> $$f(x) = 2x + \int_0^2 f(t)dt - \int_0^4 f(t)dt$$
> 라 할 때, $f(2)$의 값은?
> $\int_b^a f(x)dx = -\int_a^b f(x)dx$임을 이용하자.

일차함수 $y=f(x)$는 연속함수이므로

$f(x) = 2x + \int_0^2 f(t)dt - \int_0^4 f(t)dt$

$\quad = 2x - \left\{ \int_2^0 f(t)dt + \int_0^4 f(t)dt \right\}$

$\quad = 2x - \int_2^4 f(t)dt$

$\int_2^4 f(t)dt = k$ (k는 상수)로 놓으면

$f(x) = 2x - k$

$\therefore k = \int_2^4 (2t - k)dt$

$\quad = \left[t^2 - kt \right]_2^4$

$\quad = (16 - 4k) - (4 - 2k)$

$\quad = 12 - 2k$

$\therefore k = 4$

따라서 $f(x) = 2x - 4$이므로

$f(2) = 4 - 4 = 0$

답 ③

1693 $\int_0^1 tf'(t)dt = k$라 하자.

> 다항함수 $y=f(x)$가 $f(x) = 4x^3 - 2x + \int_0^1 tf'(t)dt$를 만족시
> 킬 때, $f(1)$의 값을 구하시오.
> $f(x) = 4x^3 - 2x + k$임을 이용하자.

$\int_0^1 tf'(t)dt = k$ (k는 상수)로 놓으면

$f(x) = 4x^3 - 2x + k$

$f'(x) = 12x^2 - 2$

$\therefore k = \int_0^1 t(12t^2 - 2)dt$

$\quad = \int_0^1 (12t^3 - 2t)dt$

$\quad = \left[3t^4 - t^2 \right]_0^1$

$\quad = 3 - 1 = 2$

따라서 $f(x) = 4x^3 - 2x + 2$이므로

$f(1) = 4 - 2 + 2 = 4$

답 4

1694 $\int_0^2 g(t)dt = a$라 하자.

> 두 다항함수 $y=f(x)$, $y=g(x)$에 대하여
> $$f(x) = x + 1 + \int_0^2 g(t)dt, \quad g(x) = 2x - 3 + \int_0^1 f(t)dt$$
> 일 때, $f(2)g(2)$의 값을 구하시오.
> $\int_0^1 f(t)dt = b$라 하자.

$\int_0^2 g(t)dt = a$ (a는 상수) ……㉠

$\int_0^1 f(t)dt = b$ (b는 상수) ……㉡

로 놓으면 $f(x) = x + 1 + a$, $g(x) = 2x - 3 + b$

$g(t) = 2t - 3 + b$를 ㉠에 대입하면

$a = \int_0^2 (2t - 3 + b)dt$

$\quad = \left[t^2 - (3 - b)t \right]_0^2$

$\quad = -2 + 2b$

$\therefore a - 2b = -2$ ……㉢

$f(t) = t + 1 + a$를 ㉡에 대입하면

$b = \int_0^1 (t + 1 + a)dt$

$\quad = \left[\frac{1}{2}t^2 + (1 + a)t \right]_0^1$

$\quad = \frac{3}{2} + a$

$\therefore a - b = -\frac{3}{2}$ ……㉣

㉢, ㉣을 연립하여 풀면

$a = -1$, $b = \frac{1}{2}$

따라서 $f(x) = x$, $g(x) = 2x - \frac{5}{2}$이므로

$f(2) \times g(2) = 2 \times \frac{3}{2} = 3$

답 3

정답 및 해설

1695

$\int_{-1}^{1} g(t)dt=a$라 하면 $a=\int_{-1}^{1}(t+b)dt$임을 이용하자.

> 두 함수 $y=f(x)$, $y=g(x)$가
> $$f(x)=x^2+\int_{-1}^{1}g(t)dt,\quad g(x)=x+\int_{-1}^{1}f(t)dt$$
> 를 만족시킬 때, 정적분 $\int_{-1}^{1}f(x)dx-\int_{-1}^{1}xg(x)dx$의 값은?
>
> $\int_{-1}^{1}f(t)dt=b$라 하면 $b=\int_{-1}^{1}(t^2+a)dt$임을 이용하자.

$\int_{-1}^{1}g(t)dt=a$ (a는 상수)로 놓으면

$f(x)=x^2+a$

$\int_{-1}^{1}f(t)dt=b$ (b는 상수)로 놓으면

$g(x)=x+b$

$a=\int_{-1}^{1}(t+b)\,dt=2\int_{0}^{1}b\,dt$

$\quad=2\Big[bt\Big]_{0}^{1}=2b$

$\therefore a=2b$ ...... ㉠

$b=\int_{-1}^{1}(t^2+a)\,dt=2\int_{0}^{1}(t^2+a)\,dt$

$\quad=2\Big[\dfrac{1}{3}t^3+at\Big]_{0}^{1}$

$\quad=2\Big(\dfrac{1}{3}+a\Big)=\dfrac{2}{3}+2a$

$\therefore b=\dfrac{2}{3}+2a$ ...... ㉡

㉠, ㉡을 연립하여 풀면 $a=-\dfrac{4}{9}$, $b=-\dfrac{2}{9}$

$\therefore f(x)=x^2-\dfrac{4}{9}$, $g(x)=x-\dfrac{2}{9}$

$\therefore \int_{-1}^{1}f(x)dx-\int_{-1}^{1}xg(x)dx$

$\quad=\int_{-1}^{1}\{f(x)-xg(x)\}\,dx$

$\quad=\int_{-1}^{1}\Big(x^2-\dfrac{4}{9}-x^2+\dfrac{2}{9}x\Big)\,dx$

$\quad=\int_{-1}^{1}\Big(\dfrac{2}{9}x-\dfrac{4}{9}\Big)\,dx$

$\quad=2\int_{0}^{1}\Big(-\dfrac{4}{9}\Big)dx$

$\quad=2\Big[-\dfrac{4}{9}x\Big]_{0}^{1}=-\dfrac{8}{9}$ 　답 ①

1696

$f(t)=\dfrac{12}{7}t^2-2at+a^2$임을 이용하자.

> 이차함수 $f(x)$에 대하여
> $$f(x)=\dfrac{12}{7}x^2-2x\int_{1}^{2}f(t)\,dt+\Big\{\int_{1}^{2}f(t)\,dt\Big\}^2$$
> 이 성립할 때, 정적분 $5\int_{1}^{2}f(x)dx$의 값은?
>
> $\int_{1}^{2}f(t)dt=a$라 하자.

$\int_{1}^{2}f(t)\,dt=a$ (a는 상수) ...... ㉠

로 놓으면 $f(x)=\dfrac{12}{7}x^2-2ax+a^2$

$f(t)=\dfrac{12}{7}t^2-2at+a^2$을 ㉠에 대입하면

$\int_{1}^{2}\Big(\dfrac{12}{7}t^2-2at+a^2\Big)dt=a$

$\Big[\dfrac{4}{7}t^3-at^2+a^2t\Big]_{1}^{2}=a$

$\Big(\dfrac{32}{7}-4a+2a^2\Big)-\Big(\dfrac{4}{7}-a+a^2\Big)=a$

$4-3a+a^2=a$

$(a-2)^2=0$ 　$\therefore a=2$

$\therefore 5\int_{1}^{2}f(x)\,dx=5a=10$ 　답 ⑤

1697

$\int_{0}^{2}f(t)dt=k$라 하자.

> 함수 $f(x)=|x^2-1|+\int_{0}^{2}f(t)dt$일 때, $f(3)$의 값은?
>
> $f(x)=|x^2-1|+k$임을 이용하자.

$\int_{0}^{2}f(t)dt=k$ (k는 상수)로 놓으면

$f(x)=|x^2-1|+k$

$\therefore k=\int_{0}^{2}(|t^2-1|+k)\,dt$

$\quad=\int_{0}^{1}(1-t^2+k)\,dt+\int_{1}^{2}(t^2-1+k)\,dt$

$\quad=\Big[t-\dfrac{1}{3}t^3+kt\Big]_{0}^{1}+\Big[\dfrac{1}{3}t^3-t+kt\Big]_{1}^{2}$

$\quad=1-\dfrac{1}{3}+k+\Big(\dfrac{8}{3}-2+2k\Big)-\Big(\dfrac{1}{3}-1+k\Big)$

$\quad=2+2k$

즉, $2+2k=k$이므로

$k=-2$

따라서 $f(x)=|x^2-1|-2$이므로

$f(3)=8-2=6$ 　답 ④

1698

양변에 $x=1$을 대입하자.

> 다항함수 $y=f(x)$가 $\int_{1}^{x}f(t)dt=3x^2-2x+a$를 만족시킬 때, $a+f(0)$의 값을 구하시오. (단, a는 상수이다.)
>
> 양변을 x에 대하여 미분하자.

주어진 식의 양변에 $x=1$을 대입하면

$0=3-2+a$ 　$\therefore a=-1$

즉, $\int_{1}^{x}f(t)dt=3x^2-2x-1$

이 식의 양변을 x에 대하여 미분하면

$f(x)=6x-2$

$\therefore f(0)=-2$

$\therefore a+f(0)=(-1)+(-2)=-3$ 　답 -3

1699

양변을 x에 대하여 미분하자.

> 다항함수 $f(x)$가 모든 실수 x에 대하여
> $$\int_1^x f(t)\,dt = xf(x) - x^2$$을 만족할 때, $f(10)$의 값은?
>
> 양변에 $x=1$을 대입하자.

$$\int_1^x f(t)\,dt = xf(x) - x^2 \quad \cdots\cdots \text{㉠}$$

㉠의 양변을 x에 대하여 미분하면

$f(x) = f(x) + xf'(x) - 2x$

$\therefore xf'(x) = 2x$

이 식이 모든 실수 x에 대하여 성립하므로

$f'(x) = 2$

$\therefore f(x) = \int 2\,dx = 2x + C \quad \cdots\cdots \text{㉡}$

한편, ㉠의 양변에 $x=1$을 대입하면

$0 = f(1) - 1 \quad \therefore f(1) = 1$

㉡에서 $f(1) = 2 + C = 1$

$\therefore C = -1$

따라서 $f(x) = 2x - 1$이므로

$f(10) = 20 - 1 = 19$

답 ④

1700

양변을 x에 대하여 미분하자.

> 다항함수 $y = f(x)$가
> $$xf(x) = 2x^3 - 3x^2 + \int_1^x f(t)\,dt$$
> 를 만족시킬 때, $f(2)$의 값을 구하시오.
>
> $\int_1^1 f(t)\,dt = 0$임을 이용하자.

$$xf(x) = 2x^3 - 3x^2 + \int_1^x f(t)\,dt \quad \cdots\cdots \text{㉠}$$

양변에 $x=1$을 대입하면

$f(1) = 2 - 3 + 0 \quad \therefore f(1) = -1$

㉠의 양변을 x에 대하여 미분하면

$f(x) + xf'(x) = 6x^2 - 6x + f(x)$

$xf'(x) = 6x(x-1)$

모든 실수 x에 대하여 성립하므로 $f'(x) = 6x - 6$

$f(x) = \int (6x - 6)\,dx = 3x^2 - 6x + C$

$f(1) = -1$이므로

$f(1) = 3 - 6 + C = -1 \quad \therefore C = 2$

따라서 $f(x) = 3x^2 - 6x + 2$이므로

$f(2) = 12 - 12 + 2 = 2$

답 2

1701

양변을 x에 대하여 미분하자.

> 다항함수 $f(x)$가
> $$x^2 f(x) = 2x^6 - 3x^4 + 2\int_1^x t f(t)\,dt$$
> 를 만족할 때, $f(x)$를 구하시오.
>
> $\dfrac{d}{dx}\int_a^x f(t)\,dt = f(x)$임을 이용하자.

$$x^2 f(x) = 2x^6 - 3x^4 + 2\int_1^x t f(t)\,dt \quad \cdots\cdots \text{㉠}$$

양변에 $x=1$을 대입하면

$1^2 \cdot f(1) = 2 - 3 + 0 \quad \therefore f(1) = -1$

㉠의 양변을 x에 대하여 미분하면

$2xf(x) + x^2 f'(x) = 12x^5 - 12x^3 + 2xf(x)$

$x^2 f'(x) = 12x^5 - 12x^3$

모든 실수 x에 대하여 성립하므로

$f'(x) = 12x^3 - 12x$

$\therefore f(x) = \int (12x^3 - 12x)\,dx = 3x^4 - 6x^2 + C$

이때, $f(1) = -1$이므로

$f(1) = 3 - 6 + C = -1 \quad \therefore C = 2$

$\therefore f(x) = 3x^4 - 6x^2 + 2$

답 $f(x) = 3x^4 - 6x^2 + 2$

1702

주어진 식의 양변에 $x=2$를 대입하자.

> 다항함수 $f(x)$가 모든 실수 x에 대하여
> $$2x^2 f(x) - \int_2^x 4t f(t)\,dt = x^4 - 2x^3 - 3$$
> 을 만족시킨다. 곡선 $y = f(x)$ 위의 점 $(2, f(2))$에서의 접선이
> 점 $\left(a, \dfrac{5}{8}\right)$를 지날 때, a의 값을 구하시오.
>
> 양변을 x에 대하여 미분하자.

$$2x^2 f(x) - \int_2^x 4t f(t)\,dt = x^4 - 2x^3 - 3$$

식의 양변에 $x=2$를 대입하면

$8f(2) = -3$에서 $f(2) = -\dfrac{3}{8}$

양변을 미분하면 $4xf(x) + 2x^2 f'(x) - 4xf(x) = 4x^3 - 6x^2$

$f'(x) = 2x - 3$

$f'(2) = 1$

따라서 접선의 방정식은

$y = (x-2) - \dfrac{3}{8}$

$y = x - \dfrac{19}{8}$

이 접선이 점 $\left(a, \dfrac{5}{8}\right)$를 지나므로

$a - \dfrac{19}{8} = \dfrac{5}{8} \quad \therefore a = 3$

답 3

1703

$\int_0^1 f(t)\,dt=k$라 하자.

다항함수 $y=f(x)$에 대하여

$$\int_0^x f(t)\,dt=x^3-2x^2-2x\int_0^1 f(t)\,dt$$

일 때, $f(0)=a$라 하자. $60a$의 값을 구하시오.

(단, a는 상수이다.)

$\dfrac{d}{dx}\displaystyle\int_a^x f(t)\,dt=f(x)$임을 이용하자.

$\displaystyle\int_0^1 f(t)\,dt=k$ (k는 상수)로 놓으면

$$\int_0^x f(t)\,dt=x^3-2x^2-2kx$$

양변에 $x=1$을 대입하면

$$\int_0^1 f(t)\,dt=1-2-2k,\ k=-1-2k$$

$$\therefore k=-\frac{1}{3}$$

따라서 $\displaystyle\int_0^x f(t)\,dt=x^3-2x^2+\frac{2}{3}x$이므로 양변을 x에 대하여 미분하면

$$f(x)=3x^2-4x+\frac{2}{3}$$

$$\therefore f(0)=a=\frac{2}{3}$$

$$\therefore 60a=60\times\frac{2}{3}=40$$

답 **40**

1704

주어진 식의 양변에 $x=1$과 $x=2$를 대입하자.

함수 $y=f(x)$가 모든 실수 x에 대하여 미분가능하고

$$f(x)=x^3+ax^2+bx+\int_2^x(3t^2-6t)\,dt$$

가 성립한다. $y=f(x)$가 $x-1$, $x-2$로 나누어떨어질 때, $f(-2)$의 값을 구하시오. (단, $a,\,b$는 상수이다.)

$f(1)=f(2)=0$임을 이용하자.

$y=f(x)$가 $x-1$, $x-2$로 나누어떨어지므로

$f(1)=0$에서

$$f(1)=1+a+b+\int_2^1(3t^2-6t)\,dt$$

$$=1+a+b-\int_1^2(3t^2-6t)\,dt$$

$$=1+a+b-\Big[t^3-3t^2\Big]_1^2$$

$$=a+b+3=0\quad\cdots\cdots\ \ominus$$

$f(2)=0$에서

$$f(2)=8+4a+2b+\int_2^2(3t^2-6t)\,dt$$

$$=8+4a+2b=0$$

$$\therefore 2a+b+4=0\quad\cdots\cdots\ \ominus$$

$\ominus$, $\ominus$을 연립하여 풀면 $a=-1,\ b=-2$

$$\therefore f(x)=x^3-x^2-2x+\int_2^x(3t^2-6t)\,dt$$

$$=x^3-x^2-2x+\Big[t^3-3t^2\Big]_2^x$$

$$=x^3-x^2-2x+(x^3-3x^2+4)$$

$$=2x^3-4x^2-2x+4$$

$$\therefore f(-2)=-16-16+4+4=-24$$

답 **-24**

1705

$=x\displaystyle\int_1^x f(t)\,dt$임을 이용하자.

다항함수 $y=f(x)$가

$$\int_1^x xf(t)\,dt=2x^3+ax^2+1+\int_1^x tf(t)\,dt$$

를 만족시킬 때, 상수 a에 대하여 $f(2)+a$의 값을 구하시오.

주어진 식의 양변에 $x=1$을 대입하자.

$$\int_1^x xf(t)\,dt=2x^3+ax^2+1+\int_1^x tf(t)\,dt$$

즉, $x\displaystyle\int_1^x f(t)\,dt=2x^3+ax^2+1+\int_1^x tf(t)\,dt\quad\cdots\cdots\ \ominus$

$\ominus$의 양변에 $x=1$을 대입하면

$$0=2+a+1+0$$

$$\therefore a=-3$$

$\ominus$의 양변을 x에 대하여 미분하면

$$\int_1^x f(t)\,dt+xf(x)=6x^2+2ax+xf(x)$$

$$\int_1^x f(t)\,dt=6x^2+2ax$$

위의 식의 양변을 다시 x에 대하여 미분하면

$$f(x)=12x+2a=12x-6$$

$$\therefore f(2)+a=18+(-3)=15$$

답 **15**

1706

$\dfrac{d}{dx}\displaystyle\int_a^x f(t)\,dt=f(x)$임을 이용하자.

다항함수 $f(x)$가 다음 조건을 만족시키고, $f(0)=2$일 때, $f(5)$의 값을 구하시오.

(가) 모든 실수 x에 대하여

$$\int_1^x f(t)\,dt=\frac{x-1}{2}\{f(x)+f(1)\}$$

(나) $\displaystyle\int_0^2 f(x)\,dx=5\int_{-1}^1 xf(x)\,dx$

양변을 x에 대하여 미분하자.

$\displaystyle\int_1^x f(t)\,dt=\frac{x-1}{2}\{f(x)+f(1)\}$의 양변을 미분하면

$$f(x)=\frac{1}{2}\{f(x)+f(1)\}+\frac{x-1}{2}f'(x)$$

$$2f(x)=f(x)+f(1)+(x-1)f'(x)$$

$$f(x)=f(1)+(x-1)f'(x)$$

$$f'(x)=\frac{f(x)-f(1)}{x-1}$$

모든 $(x,\,f(x))$에 대해서 $(1,\,f(1))$과의 평균변화율과 미분계수가 같으므로 $f(x)$는 상수함수이거나 일차함수이다.

문제의 조건에 의해서 $f(x)=ax+2$ (단, a는 실수)이므로

(나)조건에서

$$\int_0^2(ax+2)\,dx=5\int_{-1}^1 x(ax+2)\,dx,$$

$$\int_0^2 (ax+2)\,dx = 10\int_0^1 ax^2\,dx$$

$$\left[\frac{ax^2}{2}+2x\right]_0^2 = 10\left[\frac{ax^3}{3}\right]_0^1$$

$$2a+4=\frac{10a}{3}$$

$$\therefore a=3$$

$$\therefore f(x)=3x+2$$

$$\therefore f(5)=17 \hspace{6em} \text{답}\ 17$$

1707 $f(x)$는 일차함수임을 알 수 있다.

> 두 다항함수 $f(x)$, $g(x)$가 다음 조건을 만족시킨다.
>
> > 모든 실수 x에 대하여   주어진 식을 인수분해하자.
> > (가) $f(x)g(x)=x^3+3x^2-x-3$
> > (나) $f'(x)=1$
> > (다) $g(x)=2\displaystyle\int_1^x f(t)\,dt$
>
> 주어진 식의 양변을 x에 대하여 미분하자.
> $\displaystyle\int_0^3 3g(x)\,dx$의 값을 구하시오.

(가)에서 $f(x)g(x)=(x-1)(x+1)(x+3)$
(다)에서 $g'(x)=2f(x)$, $g(1)=0$이므로
$f(x)=x+1$, $g(x)=(x-1)(x+3)$ $(\because f'(x)=1)$

$$\therefore \int_0^3 3g(x)\,dx = \int_0^3 3(x^2+2x-3)\,dx$$

$$=\left[x^3+3x^2-9x\right]_0^3$$

$$=27 \hspace{6em} \text{답}\ 27$$

1708 주어진 식의 양변을 x에 대하여 미분하자.

> 함수 $f(x)=\displaystyle\int_x^{x+2}(t^2-2t)\,dt$일 때, $\displaystyle\int_0^2 x^2 f'(x)\,dx$의
> 값을 구하시오. $y=f'(x)$의 함수식을 구하여 대입하자.

$f(x)=\displaystyle\int_x^{x+2}(t^2-2t)\,dt$의 양변을 x에 대하여 미분하면

$$f'(x)=\{(x+2)^2-2(x+2)\}-(x^2-2x)$$

$$=4x$$

$$\therefore \int_0^2 x^2 f'(x)\,dx = \int_0^2 (x^2\times 4x)\,dx = \int_0^2 4x^3\,dx$$

$$=\left[x^4\right]_0^2=16 \hspace{5em} \text{답}\ 16$$

1709 $f(x)=x^2+mx+n$이라 하자.

> 이차항의 계수가 1인 이차함수 $f(x)$가 모든 실수 x에 대하여
> $$\int_x^{x+1} f(t)\,dt = af(x)+bx$$
> 를 만족시킬 때, 두 상수 a, b의 합 $a+b$의 값은?
>
> 양변을 x에 대하여 미분하자.

$f(x)=x^2+mx+n$ $(m, n$은 상수)으로 놓으면

$\displaystyle\int_x^{x+1} f(t)\,dt = af(x)+bx$에서

$$\int_x^{x+1}(t^2+mt+n)\,dt = a(x^2+mx+n)+bx$$

양변을 x에 대하여 미분하면
$$\{(x+1)^2+m(x+1)+n\}-(x^2+mx+n)=2ax+am+b$$
$$2x+m+1=2ax+am+b$$
이 식이 x에 대한 항등식이므로
$$2=2a,\ m+1=am+b$$
$$\therefore a=1,\ b=1$$
$$\therefore a+b=2 \hspace{5em} \text{답}\ ②$$

1710 $x\displaystyle\int_1^x f(t)\,dt-\int_1^x tf(t)\,dt$임을 이용하자.

> $\displaystyle\int_1^x (x-t)f(t)\,dt = \frac{1}{3}x^3+x^2+3x-1$을 만족시키는 미분가능
> 한 함수 $y=f(x)$에 대하여 $f(1)$의 값을 구하시오.
>
> 양변을 x에 대하여 두 번 미분하자.

$\displaystyle\int_1^x (x-t)f(t)\,dt = \frac{1}{3}x^3+x^2+3x-1$에서

$$x\int_1^x f(t)\,dt - \int_1^x tf(t)\,dt = \frac{1}{3}x^3+x^2+3x-1$$

위의 식의 양변을 x에 대하여 미분하면

$$\int_1^x f(t)\,dt + xf(x)-xf(x) = x^2+2x+3$$

$$\therefore \int_1^x f(t)\,dt = x^2+2x+3$$

위의 식의 양변을 다시 x에 대하여 미분하면
$$f(x)=2x+2$$
$$\therefore f(1)=4 \hspace{5em} \text{답}\ 4$$

1711 $x\displaystyle\int_1^x f(t)\,dt-\int_1^x tf(t)\,dt$임을 이용하자.

> $\displaystyle\int_1^x (x-t)f(t)\,dt = x^3-x^2-x+1$을 만족시키고 실수 전체의
> 집합에서 미분가능한 함수 $y=f(x)$에 대하여 $\displaystyle\int_0^2 f(x)\,dx$의
> 값을 구하시오.   양변을 x에 대하여 두 번 미분하자.

$\displaystyle\int_1^x (x-t)f(t)\,dt = x^3-x^2-x+1$에서

$$x\int_1^x f(t)\,dt - \int_1^x tf(t)\,dt = x^3-x^2-x+1$$

양변을 x에 대하여 미분하면

$$\int_1^x f(t)dt + xf(x) - xf(x) = 3x^2 - 2x - 1$$

$$\therefore \int_1^x f(t)dt = 3x^2 - 2x - 1$$

양변을 다시 x에 대하여 미분하면

$$f(x) = 6x - 2$$

$$\therefore \int_0^2 f(x)dx = \int_0^2 (6x - 2)dx$$
$$= \left[3x^2 - 2x \right]_0^2$$
$$= 8$$

답 8

1712 $x\int_a^x f(t)dt - \int_a^x tf(t)dt$임을 이용하자.

> 미분가능한 함수 $y = f(x)$가
> $$\int_a^x (x-t)f(t)\,dt = x^4 - 3x^3 + 5x^2 - 4x + 9$$
> 를 만족시킬 때, $f(1)$의 값은? (단, a는 상수이다.)
>
> 주어진 식의 양변을 x에 대하여 두 번 미분하자.

$\int_a^x (x-t)f(t)\,dt = x^4 - 3x^3 + 5x^2 - 4x + 9$에서

$$x\int_a^x f(t)\,dt - \int_a^x tf(t)\,dt = x^4 - 3x^3 + 5x^2 - 4x + 9$$

위의 식의 양변을 x에 대하여 미분하면

$$\int_a^x f(t)\,dt + xf(x) - xf(x) = 4x^3 - 9x^2 + 10x - 4$$

$$\therefore \int_a^x f(t)\,dt = 4x^3 - 9x^2 + 10x - 4$$

위의 식의 양변을 다시 x에 대하여 미분하면

$$f(x) = 12x^2 - 18x + 10$$

$$\therefore f(1) = 12 - 18 + 10 = 4$$

답 ②

1713   주어진 식의 양변을 x에 대하여 두 번 미분하자.

> 모든 실수 x에 대하여 미분가능한 함수 $y = f(x)$가
> $$\int_1^x (x-t)f(t)\,dt = x^3 - ax^2 - 7x + 4$$
> 를 만족시킨다. $f(1) = b$일 때, $a+b$의 값을 구하시오.
>
> 주어진 식의 양변에 $x=1$을 대입하자.
> (단, a, b는 상수이다.)

$\int_1^x (x-t)f(t)\,dt = x^3 - ax^2 - 7x + 4$의 양변에 $x=1$을 대입하면

$$0 = 1 - a - 7 + 4 \qquad \therefore a = -2$$

$\int_1^x (x-t)f(t)\,dt = x^3 + 2x^2 - 7x + 4$에서

$$x\int_1^x f(t)\,dt - \int_1^x tf(t)\,dt = x^3 + 2x^2 - 7x + 4$$

양변을 x에 대하여 미분하면

$$\int_1^x f(t)\,dt + xf(x) - xf(x) = 3x^2 + 4x - 7$$

$$\therefore \int_1^x f(t)\,dt = 3x^2 + 4x - 7$$

다시 양변을 x에 대하여 미분하면

$$f(x) = 6x + 4$$

$$\therefore f(1) = 10 = b$$
$$\therefore a + b = 8$$

답 8

1714 $x\int_0^x f(t)dt - \int_0^x tf(t)dt$임을 이용하자.

> 모든 실수 x에 대하여 함수 $y = f(x)$가
> $$\int_0^x (x-t)f(t)\,dt = \frac{1}{8}x^4 + 5x^2$$
> 을 만족시킬 때, 함수 $y = f(x)$의 최솟값을 구하시오.
>
> 주어진 식의 양변을 x에 대하여 두 번 미분하자.

$\int_0^x (x-t)f(t)\,dt = \frac{1}{8}x^4 + 5x^2$에서

$$x\int_0^x f(t)\,dt - \int_0^x tf(t)\,dt = \frac{1}{8}x^4 + 5x^2$$

위의 식의 양변을 x에 대하여 미분하면

$$\int_0^x f(t)\,dt + xf(x) - xf(x) = \frac{1}{2}x^3 + 10x$$

$$\therefore \int_0^x f(t)\,dt = \frac{1}{2}x^3 + 10x$$

위의 식의 양변을 다시 x에 대하여 미분하면

$$f(x) = \frac{3}{2}x^2 + 10$$

따라서 함수 $y = f(x)$는 $x = 0$일 때 최솟값 10을 갖는다.   답 10

1715   주어진 식의 양변에 $x=1$을 대입하자.

> 미분가능한 함수 $f(x)$가
> $$\int_1^x (x-t)f(t)\,dt = x^3 - ax^2 + bx + 4$$
> 를 만족시킬 때, $a+b$의 값을 구하시오. (단, a, b는 상수)
>
> 주어진 식의 양변을 x에 대하여 미분하자.

$\int_1^x (x-t)f(t)\,dt = x^3 - ax^2 + bx + 4$의 양변에 $x=1$을 대입하면

$$0 = 1 - a + b + 4 \qquad \therefore a - b = 5 \quad \cdots\cdots ㉠$$

$\int_1^x (x-t)f(t)\,dt = x^3 - ax^2 + bx + 4$에서

$$x\int_1^x f(t)\,dt - \int_1^x tf(t)\,dt = x^3 - ax^2 + bx + 4$$

위의 식의 양변을 x에 대하여 미분하면

$$\int_1^x f(t)\,dt + xf(x) - xf(x) = 3x^2 - 2ax + b$$

$$\therefore \int_1^x f(t)\,dt = 3x^2 - 2ax + b$$

위의 식의 양변에 $x=1$을 대입하면

$$0 = 3 - 2a + b \qquad \therefore 2a - b = 3 \quad \cdots\cdots ㉡$$

㉠, ㉡을 연립하여 풀면 $a = -2$, $b = -7$

$$\therefore a + b = -9$$

답 -9

1716 주어진 식의 양변을 x에 대하여 미분하자.

모든 실수 x에 대하여 미분가능한 함수 f가
$$\int_0^x (x-t)f'(t)dt = x^5$$
을 만족시킨다. $f(0)=3$일 때, $f(1)$의 값을 구하시오.

$x\int_0^x f'(t)dt - \int_0^x tf'(t)dt$임을 이용하자.

$\int_0^x (x-t)f'(t)dt = x^5$에서

$x\int_0^x f'(t)dt - \int_0^x tf'(t)dt = x^5$

양변을 x에 대하여 미분하면

$\int_0^x f'(t)dt + xf'(x) - xf'(x) = 5x^4$

$\int_0^x f'(t)dt = \left[f(t) \right]_0^x = 5x^4$

$\therefore f(x) - f(0) = 5x^4$

$f(0)=3$이므로

$f(x) = 5x^4 + 3$

$\therefore f(1) = 5+3 = 8$　　　　　답 8

1717 주어진 식의 양변에 $x=1$을 대입하자.

$\int_1^x (x-t)f(t)dt = \int_0^x (t^2+at+b)dt$를 만족시키는

함수 $y=f(x)$에 대하여 $f(3)$의 값을 구하시오.

(단, a, b는 상수이다.)

주어진 식의 양변을 x에 대하여 미분하자.

$\int_1^x (x-t)f(t)dt = \int_0^x (t^2+at+b)dt$ ······ ㉠

㉠의 양변에 $x=1$을 대입하면

$0 = \int_0^1 (t^2+at+b)dt = \left[\frac{1}{3}t^3 + \frac{1}{2}at^2 + bt \right]_0^1$

$= \frac{1}{3} + \frac{1}{2}a + b$

$\therefore 3a + 6b = -2$ ······ ㉡

㉠에서

$x\int_1^x f(t)dt - \int_1^x tf(t)dt = \int_0^x (t^2+at+b)dt$

이므로 양변을 x에 대하여 미분하면

$\int_1^x f(t)dt + xf(x) - xf(x) = x^2 + ax + b$

$\therefore \int_1^x f(t)dt = x^2 + ax + b$ ······ ㉢

㉢의 양변에 $x=1$을 대입하면

$0 = 1 + a + b$

$\therefore a + b = -1$ ······ ㉣

㉡, ㉣을 연립하여 풀면 $a = -\frac{4}{3}$, $b = \frac{1}{3}$

따라서 ㉢의 양변을 x에 대하여 미분하면

$f(x) = 2x - \frac{4}{3}$

$\therefore f(3) = 6 - \frac{4}{3} = \frac{14}{3}$　　　　　답 $\frac{14}{3}$

1718 $x^2\int_0^x f(t)dt - \int_0^x t^2 f(t)dt$임을 이용하자.

모든 실수 x에 대하여 함수 $f(x)$가
$$\int_0^x (x^2-t^2)f(t)dt = \frac{4}{5}x^5 - 6x^3$$
을 만족시킬 때, $f(2)$를 구하시오.

주어진 식의 양변을 x에 대하여 두 번 미분하자.

$\int_0^x (x^2-t^2)f(t)dt = \frac{4}{5}x^5 - 6x^3$에서

$x^2\int_0^x f(t)dt - \int_0^x t^2 f(t)dt = \frac{4}{5}x^5 - 6x^3$

양변을 x에 대하여 미분하면

$2x\int_0^x f(t)dt + x^2 f(x) - x^2 f(x) = 4x^4 - 18x^2$

$\int_0^x f(t)dt = 2x^3 - 9x$

양변을 x에 대하여 미분하면 $f(x) = 6x^2 - 9$

$\therefore f(2) = 24 - 9 = 15$　　　　　답 15

1719 주어진 식의 양변을 x에 대하여 미분하자.

함수 $f(x) = \int_{-1}^x t(t-1)dt$의 극댓값과 극솟값을 각각 M, m

이라 할 때, $M+m$의 값을 구하시오.

$f'(x)=0$을 만족시키는 x의 값을 구하자.

$f(x) = \int_{-1}^x t(t-1)dt$의 양변을 x에 대하여 미분하면

$f'(x) = x(x-1)$

$f'(x)=0$에서 $x=0$ 또는 $x=1$

x	$\cdots$	0	$\cdots$	1	$\cdots$
$f'(x)$	$+$	0	$-$	0	$+$
$f(x)$	$\nearrow$	극대	$\searrow$	극소	$\nearrow$

함수 $y=f(x)$는 $x=0$일 때 극대, $x=1$일 때 극소이므로

$M = f(0)$

$= \int_{-1}^0 t(t-1)dt$

$= \int_{-1}^0 (t^2-t)dt$

$= \left[\frac{1}{3}t^3 - \frac{1}{2}t^2 \right]_{-1}^0$

$= -\left(-\frac{1}{3} - \frac{1}{2} \right)$

$= \frac{5}{6}$

$m = f(1)$

$= \int_{-1}^1 t(t-1)dt$

$= \int_{-1}^1 (t^2-t)dt$

$= 2\int_0^1 t^2 dt$

$= 2\left[\frac{1}{3}t^3 \right]_0^1$

$$=\frac{2}{3}$$

$$\therefore M+m=\frac{5}{6}+\frac{2}{3}=\frac{3}{2}$$

답 $\dfrac{3}{2}$

1720 주어진 식의 양변을 x에 대하여 미분하자.

> 함수 $f(x)=\displaystyle\int_0^x (t-3)(t-a)\,dt$가 $x=3$에서 극솟값 0을 가질
>
> 때, $y=f(x)$의 극댓값을 구하시오. (단, a는 상수이다.)
>
> $f'(x)=0$을 만족시키는 x의 값을 구하자.

$f(x)=\displaystyle\int_0^x (t-3)(t-a)\,dt$의 양변을 x에 대하여 미분하면

$f'(x)=(x-3)(x-a)$

$f'(x)=0$에서 $x=3$ 또는 $x=a$

$x=3$에서 극솟값 0을 가지므로 $x=a$일 때 극댓값을 갖는다.

$$f(3)=\int_0^3 (t-3)(t-a)\,dt$$

$$=\int_0^3 \{t^2-(3+a)t+3a\}\,dt$$

$$=\left[\frac{1}{3}t^3-\frac{3+a}{2}t^2+3at\right]_0^3$$

$$=9-\frac{9(3+a)}{2}+9a$$

$$=\frac{9}{2}(a-1)$$

즉, $\dfrac{9}{2}(a-1)=0$

$\therefore a=1$

따라서 극댓값은

$$f(a)=f(1)$$

$$=\int_0^1 (t-3)(t-1)\,dt$$

$$=\int_0^1 (t^2-4t+3)\,dt$$

$$=\left[\frac{1}{3}t^3-2t^2+3t\right]_0^1$$

$$=\frac{1}{3}-2+3$$

$$=\frac{4}{3}$$

답 $\dfrac{4}{3}$

1721 주어진 식의 양변을 x에 대하여 미분하자.

> 함수 $f(x)=\displaystyle\int_0^x (t^2+at+b)\,dt$가 $x=-1$에서 극댓값 $\dfrac{5}{3}$를
>
> 가질 때, $y=f(x)$의 극솟값을 구하시오. (단, a, b는 상수이다.)
>
> $f'(-1)=0$, $f(-1)=\dfrac{5}{3}$임을 이용하자.

$f(x)=\displaystyle\int_0^x (t^2+at+b)\,dt$의 양변을 x에 대하여 미분하면

$f'(x)=x^2+ax+b$

$x=-1$에서 극댓값 $\dfrac{5}{3}$를 가지므로

$f'(-1)=1-a+b=0$

$\therefore a-b=1$ ······ ㉠

$$f(-1)=\int_0^{-1}(t^2+at+b)\,dt$$

$$=\left[\frac{1}{3}t^3+\frac{a}{2}t^2+bt\right]_0^{-1}$$

$$=-\frac{1}{3}+\frac{a}{2}-b=\frac{5}{3}$$

$\therefore \dfrac{a}{2}-b=2$ ······ ㉡

㉠, ㉡을 연립하여 풀면

$a=-2$, $b=-3$

$\therefore f'(x)=x^2-2x-3$

$\qquad =(x+1)(x-3)$

$f'(x)=0$에서 $x=-1$ 또는 $x=3$

즉, $x=3$일 때 극솟값을 가지므로

$$f(3)=\int_0^3 (t^2-2t-3)\,dt$$

$$=\left[\frac{1}{3}t^3-t^2-3t\right]_0^3$$

$$=9-9-9$$

$$=-9$$

답 -9

1722

$\displaystyle\int_0^2 f(x)\,dx=k$라 하자.

> 등식 $f(x)=x^3-\dfrac{9}{2}x^2+6x+2\displaystyle\int_0^2 f(x)\,dx$를 만족시키는 함수
>
> $y=f(x)$의 극댓값을 구하시오.
>
> $f'(x)=0$을 만족시키는 x의 값을 구하자.

$\displaystyle\int_0^2 f(x)\,dx=k$ (k는 상수)로 놓으면

$f(x)=x^3-\dfrac{9}{2}x^2+6x+2k$이므로

$$k=\int_0^2 \left(x^3-\frac{9}{2}x^2+6x+2k\right)dx$$

$$=\left[\frac{1}{4}x^4-\frac{3}{2}x^3+3x^2+2kx\right]_0^2$$

$$=4-12+12+4k$$

$\therefore k=-\dfrac{4}{3}$

따라서 $f(x)=x^3-\dfrac{9}{2}x^2+6x-\dfrac{8}{3}$이므로

$f'(x)=3x^2-9x+6=3(x-1)(x-2)$

$f'(x)=0$에서 $x=1$ 또는 $x=2$

함수 $y=f(x)$의 증가, 감소를 조사하면 다음과 같다.

x	$\cdots$	1	$\cdots$	2	$\cdots$
$f'(x)$	$+$	0	$-$	0	$+$
$f(x)$	↗	극대	↘	극소	↗

즉, 함수 $y=f(x)$는 $x=1$일 때 극대이므로 극댓값은

$$f(1)=1-\frac{9}{2}+6-\frac{8}{3}=-\frac{1}{6}$$

답 $-\dfrac{1}{6}$

1723

$f(x)=ax(x-6)$이라 하자.

최솟값이 -3인 이차함수 $y=f(x)$의 그래프가 그림과 같을 때, $F(x)=\int_0^x f(t)dt$를 만족시키는 함수 $y=F(x)$의 극솟값을 구하시오.

$F'(x)=f(x)$임을 이용하자.

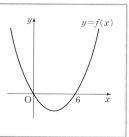

주어진 그래프에서

$f(x)=ax(x-6)=a(x-3)^2-9a$

라 할 수 있다. $y=f(x)$의 최솟값이 -3이므로

$-9a=-3$ $\therefore a=\dfrac{1}{3}$

$\therefore f(x)=\dfrac{1}{3}x(x-6)=\dfrac{1}{3}x^2-2x$

한편 $F(x)=\int_0^x f(t)dt$의 양변을 x에 대하여 미분하면

$F'(x)=f(x)$

즉, $y=f(x)$는 $y=F(x)$의 도함수이다.

주어진 함수 $y=f(x)$의 그래프에서 $f(6)=0$이고 $x=6$의 좌우에서 $y=f(x)$의 값이 음에서 양으로 바뀌므로 $y=F(x)$는 $x=6$에서 극솟 값을 갖는다.

따라서 구하는 극솟값은

$F(6)=\int_0^6 f(t)dt$

$=\int_0^6 \left(\dfrac{1}{3}t^2-2t\right)dt$

$=\left[\dfrac{1}{9}t^3-t^2\right]_0^6$

$=-12$

답 -12

1724 주어진 식의 양변을 x에 대하여 미분하자.

함수 $f(x)=\int_0^x (t^2-4t+a)dt$가 극댓값과 극솟값을 모두 갖 도록 하는 자연수 a의 최댓값은?

$f'(x)=0$이 서로 다른 두 실근을 가져야 한다.

$f(x)=\int_0^x (t^2-4t+a)dt$의 양변을 x에 대하여 미분하면

$f'(x)=x^2-4x+a$

함수 $y=f(x)$가 극댓값과 극솟값을 모두 가지려면 이차방정식

$f'(x)=0$이 서로 다른 두 실근을 가져야 하므로 판별식을 D라 할 때,

$\dfrac{D}{4}=4-a>0$ $\therefore a<4$

따라서 자연수 a의 최댓값은 3이다.

답 ③

1725 $F'(x)=f(x)$임을 이용하자.

삼차함수 $f(x)=x^3-3x^2+a$에 대하여 함수

$$F(x)=\int_0^x f(t)dt$$

가 극댓값을 갖도록 하는 정수 a의 개수를 구하시오.

$F'(x)=0$이 서로 다른 세 실근을 가져야 한다.

$F(x)=\int_0^x f(t)dt$의 양변을 x에 대하여 미분하면

$F'(x)=f(x)$

$=x^3-3x^2+a$

따라서 함수 $y=F(x)$는 최고차항의 계수가 양수인 사차함수이다.

사차함수 $y=F(x)$가 극댓값을 가지려면 삼차방정식

$F'(x)=0$이 서로 다른 세 실근을 가져야 하므로 함수 $y=F(x)$의 도함 수인 삼차함수 $y=f(x)$에 대하여

(극댓값)$\times$(극솟값)<0이어야 한다.

$f'(x)=3x^2-6x=3x(x-2)$

$f'(x)=0$에서 $x=0$ 또는 $x=2$

함수 $y=f(x)$의 증가, 감소를 표로 나타내면 다음과 같다.

x	$\cdots$	0	$\cdots$	2	$\cdots$
$f'(x)$	$+$	0	$-$	0	$+$
$f(x)$	↗	극대	↘	극소	↗

즉, 함수 $y=f(x)$는 $x=0$에서 극댓값, $x=2$에서 극솟값을 가지므로

$f(0)f(2)<0$, $a(a-4)<0$

$\therefore 0<a<4$

따라서 구하는 정수 a의 개수는 1, 2, 3의 3이다.

답 3

1726 이차함수인 경우 극솟값이 최솟값이다.

이차함수 $f(x)$는 $x=2$에서 극솟값 3을 갖는다.

$\int_0^4 |f'(x)|\,dx=16$일 때, $f(5)$의 값을 구하시오.

$y=|f'(x)|$의 그래프는 $y=f'(x)$의 그래프에서 $y<0$인 영역에 나타나는 부분을 모두 x축에 대하여 대칭이동한 것임을 이용하자.

$x=2$일 때, 최솟값이 3이므로

$f(x)=a(x-2)^2+3 \ (a>0)$

$f'(x)=2a(x-2)$이므로

$y=|f'(x)|$의 그래프는 그림과 같다.

$\int_0^4 |f'(x)|\,dx=2\int_2^4 f'(x)\,dx=8a=16$

즉, $a=2$

$f(x)=2(x-2)^2+3$

$\therefore f(5)=21$

답 21

1727

F′(x)=f(x)임을 이용하자.

이차함수 $y=f(x)$의 그래프가 그림과 같을 때, 함수 $F(x)$를 $F(x)=\int_1^x f(t)\,dt$로 정의하자.

$y=F(x)$에 대한 〈보기〉의 설명에서 옳은 것을 모두 고른 것은?

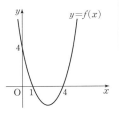

┌ 보기 ┐
ㄱ. $F(1)=0$
ㄴ. $x=1$에서 극솟값을 갖는다.
ㄷ. 방정식 $F(x)=0$의 서로 다른 실근은 2개이다.

주어진 식에 $x=1$을 대입하자.

ㄱ. $F(1)=\int_1^1 f(t)\,dt=0$ (참)

ㄴ. 주어진 그림에서 $f(x)=(x-1)(x-4)$

$F(x)=\int_1^x f(t)\,dt$의 양변을 x에 대하여 미분하면

$F'(x)=f(x)=(x-1)(x-4)$

$F'(x)=0$에서 $x=1$ 또는 $x=4$

함수 $F(x)$의 증가, 감소를 조사하면 다음과 같다.

x	$\cdots$	1	$\cdots$	4	$\cdots$
$F'(x)$	+	0	−	0	+
$F(x)$	↗	극대	↘	극소	↗

따라서 $F(x)$는 $x=4$에서 극솟값을 갖는다. (거짓)

ㄷ. 극댓값은 $F(1)=0$이므로 $y=F(x)$의 그래프는 $x=1$에서 x축에 접한다.

따라서 $y=F(x)$의 그래프의 개형은 그림과 같으므로 $y=F(x)$의 그래프는 x축과 두 점에서 만난다.

즉, 방정식 $F(x)=0$의 서로 다른 실근은 2개이다. (참)

따라서 옳은 것은 ㄱ, ㄷ이다.

답 ③

1728

주어진 식의 양변을 x에 대하여 미분하자.

$0\le x\le 3$에서 함수 $f(x)=\int_0^x (t-1)(t-5)\,dt$의 최댓값을 구하시오.

주어진 구간에서 극값이 하나뿐일 때 극값이 극댓값이면 (극댓값)=(최댓값)임을 이용하자.

$f(x)=\int_0^x (t-1)(t-5)\,dt$의 양변을 x에 대하여 미분하면

$f'(x)=(x-1)(x-5)$

$f'(x)=0$에서 $x=1$ ($\because 0\le x\le 3$)

$0\le x\le 3$에서 함수 $y=f(x)$의 증가, 감소를 조사하면 다음과 같다.

x	0	$\cdots$	1	$\cdots$	3
$f'(x)$		+	0	−	
$f(x)$		↗	극대	↘	

따라서 $0\le x\le 3$에서 함수 $y=f(x)$는 $x=1$일 때 극대이면서 최대이

므로 최댓값은

$$f(1)=\int_0^1 (t-1)(t-5)\,dt$$
$$=\int_0^1 (t^2-6t+5)\,dt$$
$$=\left[\frac{1}{3}t^3-3t^2+5t\right]_0^1$$
$$=\frac{1}{3}-3+5=\frac{7}{3}$$

답 $\dfrac{7}{3}$

1729

$x\int_0^x f(t)\,dt-\int_0^x tf(t)\,dt$임을 이용하자.

모든 실수 x에 대하여 함수 $y=f(x)$가

$$\int_0^x (x-t)f(t)\,dt=\frac{1}{2}x^4-3x^2$$

을 만족시킬 때, $y=f(x)$의 최솟값을 구하시오.

주어진 식의 양변을 x에 대하여 미분하자.

$\int_0^x (x-t)f(t)\,dt=\dfrac{1}{2}x^4-3x^2$에서

$x\int_0^x f(t)\,dt-\int_0^x tf(t)\,dt=\dfrac{1}{2}x^4-3x^2$

양변을 x에 대하여 미분하면

$\int_0^x f(t)\,dt+xf(x)-xf(x)=2x^3-6x$

$\therefore \int_0^x f(t)\,dt=2x^3-6x$

다시 양변을 x에 대하여 미분하면

$f(x)=6x^2-6$

따라서 $y=f(x)$의 최솟값은 $x=0$일 때 -6이다.

답 -6

1730

$f(x)=a(x-2)(x-5)$ $(a<0)$임을 알 수 있다.

이차함수 $y=f(x)$의 그래프가 그림과 같을 때, 함수 $g(x)=\int_x^{x+2} f(t)\,dt$의 최댓값은?

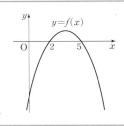

$g'(x)=f(x+2)-f(x)$임을 이용하자.

주어진 이차함수의 그래프에서 $f(x)=a(x-2)(x-5)$ $(a<0)$로 놓으면

$g(x)=\int_x^{x+2} a(t-2)(t-5)\,dt$

위의 식의 양변을 x에 대하여 미분하면

$g'(x)=ax(x-3)-a(x-2)(x-5)$
$\quad =a(x^2-3x-x^2+7x-10)$
$\quad =2a(2x-5)$

$g'(x)=0$에서 $x=\dfrac{5}{2}$

x	$\cdots$	$\dfrac{5}{2}$	$\cdots$
$g'(x)$	+	0	−
$g(x)$	↗	극대	↘

함수 $g(x)$는 $x=\dfrac{5}{2}$일 때, 극대이면서 최대이므로 최댓값은

$g\left(\dfrac{5}{2}\right)$이다.   답 ③

1731

> $-1\le x\le 1$에서 함수 $f(x)=\displaystyle\int_x^{x+1}(t^3-t)\,dt$의 최댓값을 M,
> 최솟값을 m이라 할 때, $M-m$의 값을 구하시오.
>
> 양변을 미분하여 $\dfrac{d}{dx}\displaystyle\int_x^{x+a}f(t)\,dt=f(x+a)-f(x)$임을 이용하자.

$f(x)=\displaystyle\int_x^{x+1}(t^3-t)\,dt$의 양변을 x에 대하여 미분하면

$f'(x)=\{(x+1)^3-(x+1)\}-(x^3-x)$

      $=3x(x+1)$

$f'(x)=0$에서 $x=-1$ 또는 $x=0$

$-1\le x\le 1$에서 함수 $y=f(x)$의 증가, 감소를 조사하면 다음과 같다.

x	-1	$\cdots$	0	$\cdots$	1
$f'(x)$	0	−	0	+	
$f(x)$		↘	극소	↗	

$f(-1)=\displaystyle\int_{-1}^{0}(t^3-t)\,dt=\left[\dfrac{1}{4}t^4-\dfrac{1}{2}t^2\right]_{-1}^{0}=\dfrac{1}{4}$

$f(0)=\displaystyle\int_{0}^{1}(t^3-t)\,dt=\left[\dfrac{1}{4}t^4-\dfrac{1}{2}t^2\right]_{0}^{1}=-\dfrac{1}{4}$

$f(1)=\displaystyle\int_{1}^{2}(t^3-t)\,dt=\left[\dfrac{1}{4}t^4-\dfrac{1}{2}t^2\right]_{1}^{2}=\dfrac{9}{4}$

따라서 최댓값 $M=\dfrac{9}{4}$, 최솟값 $m=-\dfrac{1}{4}$이므로

$M-m=\dfrac{9}{4}-\left(-\dfrac{1}{4}\right)=\dfrac{5}{2}$ 답 $\dfrac{5}{2}$

1732

양변을 미분하여 $\dfrac{d}{dx}\displaystyle\int_a^x f(t)\,dt=f(x)$임을 이용하자.

> $x\ge -1$일 때, 함수 $f(x)=\displaystyle\int_{-1}^{x}|t|(1-t)\,dt$의 최댓값을 구하
> 시오.
>
> 주어진 구간에서 극댓값을 찾자.

$f(x)=\displaystyle\int_{-1}^{x}|t|(1-t)\,dt$의 양변을 x에 대하여 미분하면

$f'(x)=|x|(1-x)$

$x\le 1$일 때 $f'(x)\ge 0$, $x>1$일 때 $f'(x)<0$

이므로 함수 $y=f(x)$는 $x=1$에서 극대이면서 최대이므로 최댓값은

$f(1)=\displaystyle\int_{-1}^{1}|t|(1-t)\,dt$

      $=\displaystyle\int_{-1}^{0}(t^2-t)\,dt+\displaystyle\int_{0}^{1}(t-t^2)\,dt$

      $=\left[\dfrac{1}{3}t^3-\dfrac{1}{2}t^2\right]_{-1}^{0}+\left[\dfrac{1}{2}t^2-\dfrac{1}{3}t^3\right]_{0}^{1}$

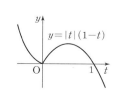

      $=\left(\dfrac{1}{3}+\dfrac{1}{2}\right)+\left(\dfrac{1}{2}-\dfrac{1}{3}\right)=1$ 답 1

1733

$|t-x|=\begin{cases} -t+x & (t<x) \\ t-x & (t\ge x)\end{cases}$임을 이용하자.

> 함수 $f(x)=\displaystyle\int_0^4 |t-x|\,dt$가 있다. 닫힌구간 $[0, 4]$에서 함수
> $f(x)$의 최댓값을 M, 최솟값을 m이라 할 때, $M-m$의 값을
> 구하시오.
>
> 함수 $f(x)$를 간단히 정리하자.

$f(x)=\displaystyle\int_0^x (x-t)\,dt+\displaystyle\int_x^4 (t-x)\,dt$

    $=\left[xt-\dfrac{1}{2}t^2\right]_0^x+\left[\dfrac{1}{2}t^2-xt\right]_x^4$

    $=\left(x^2-\dfrac{1}{2}x^2\right)+(8-4x)-\left(\dfrac{1}{2}x^2-x^2\right)$

    $=x^2-4x+8=(x-2)^2+4$

$x=0, 4$일 때, 최댓값 $M=8$

$x=2$일 때, 최솟값 $m=4$

$\therefore M-m=4$ 답 4

1734

함수 $y=f(x)$의 그래프의 개형을 그리자.

> 함수 $f(x)=-x^2(x-6)$에 대하여 구간 $[t, t+1]$에서 함수
> $f(x)$의 최솟값을 $g(t)$라 할 때, $\displaystyle\int_{-2}^2 g(t)\,dt$의 값을 구하시오.
>
> 구간별로 함수 $g(t)$가 달라짐에 유의하자.

$f(x)=-x^2(x-6)=-x^3+6x^2$에서

$f'(x)=-3x^2+12x=-3x(x-4)$

이므로

$f(x)=-x^2(x-6)$의 그래프가 그림과 같다.

따라서 $t\le 2$일 때,

$[t, t+1]$에서 $f(x)$의 최솟값 $g(t)$는

$g(t)=\begin{cases} f(t+1) & (t+1<0) \\ 0 & (0\le t+1\le 1) \\ f(t) & (1<t+1\le 3)\end{cases}$

    $=\begin{cases} f(t+1) & (t<-1) \\ 0 & (-1\le t\le 0) \\ f(t) & (0<t\le 2)\end{cases}$

$\displaystyle\int_{-2}^2 g(t)\,dt=\displaystyle\int_{-2}^{-1} f(t+1)\,dt+\displaystyle\int_{-1}^{0} 0\,dt+\displaystyle\int_{0}^{2} f(t)\,dt$

      $=\displaystyle\int_{-1}^{0} f(t)\,dt+\displaystyle\int_{0}^{2} f(t)\,dt$

      $=\displaystyle\int_{-1}^{2} f(t)\,dt$

      $=\displaystyle\int_{-1}^{2} (-t^3+6t^2)\,dt$

      $=\left[-\dfrac{1}{4}t^4+2t^3\right]_{-1}^{2}$

      $=12-\left(-\dfrac{9}{4}\right)=\dfrac{57}{4}$ 답 $\dfrac{57}{4}$

1735 $f(x)=a(x-1)(x-4)$ $(a>0)$라 할 수 있다.

> 이차함수 $y=f(x)$의 그래프가 그림과 같을 때, 함수 $y=g(x)$를
> $g(x)=\displaystyle\int_x^{x+1} f(t)dt$로 정의하자. 함수 $y=g(x)$의 최솟값이
> -13일 때, $f(0)$의 값을 구하시오.
>
> 양변을 미분하면
> $g'(x)=f(x+1)-f(x)$
> 임을 이용하자.
>
>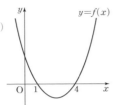

$f(x)=a(x-1)(x-4)$ $(a>0)$라 하면

$g'(x)=\dfrac{d}{dx}\displaystyle\int_x^{x+1} f(t)dt$

$\quad\;\; =f(x+1)-f(x)$

$\quad\;\; =ax(x-3)-a(x-1)(x-4)$

$\quad\;\; =2a(x-2)$

$g'(x)=0$에서 $x=2$

$x<2$일 때 $g'(x)<0$, $x>2$일 때 $g'(x)>0$

즉, 함수 $y=g(x)$는 $x=2$에서 극소이면서 최소이므로

함수 $y=g(x)$의 최솟값은

$g(2)=\displaystyle\int_2^3 f(t)dt$

$\quad\;\; =\displaystyle\int_2^3 a(t-1)(t-4)\,dt$

$\quad\;\; =a\displaystyle\int_2^3 (t^2-5t+4)\,dt$

$\quad\;\; =a\left[\dfrac{1}{3}t^3-\dfrac{5}{2}t^2+4t\right]_2^3$

$\quad\;\; =a\left\{\left(21-\dfrac{45}{2}\right)-\left(\dfrac{8}{3}-2\right)\right\}=-\dfrac{13}{6}a$

즉, $-\dfrac{13}{6}a=-13$이므로 $a=6$

따라서 $f(x)=6(x-1)(x-4)$이므로

$f(0)=24$ **답 24**

1736 양변을 미분하면 $g'(x)=f(x)$임을 이용하자.

> 함수 $g(x)=\displaystyle\int_{-2}^x f(t)dt$이고, 삼차함수 $y=f(x)$의 그래프가
> 그림과 같을 때, 〈보기〉에서 옳은 것을 모두 고른 것은?
>
> 주어진 그래프를 이용하여
> 함수 $g(x)$의 증가, 감소를
> 조사하자.
>
> | 보기 |
> ㄱ. $g(x)$는 $x=-1$에서 극댓값을 갖는다.
> ㄴ. 구간 $[-2, 2]$에서 $g(x)$의 최댓값은 $x=0$일 때이다.
> ㄷ. $g'(2)=0$

$g(x)=\displaystyle\int_{-2}^x f(t)dt$의 양변을 x에 대하여 미분하면

$g'(x)=f(x)$

ㄱ. $g'(-1)=f(-1)\neq0$

　즉, $g(x)$는 $x=-1$에서 극댓값을 갖지 않는다. (거짓)

ㄴ. 주어진 그래프를 이용해 함수 $g(x)$의 증가, 감소를 조사하면 다음
　과 같다.

x	-2	$\cdots$	0	$\cdots$	2
$g'(x)$	0	$+$	0	$-$	0
$g(x)$		↗	극대	↘	

　즉, 구간 $[-2, 2]$에서 $x=0$일 때, $g(x)$는 최댓값을 갖는다. (참)

ㄷ. $g'(2)=f(2)=0$ (참)

따라서 옳은 것은 ㄴ, ㄷ이다. **답 ④**

1737

> 함수 $f(x)=x^3-2x^2+x+1$일 때, $\displaystyle\lim_{x\to 2}\dfrac{1}{x-2}\int_2^x f(t)\,dt$의
> 값은?
>
> $y=f(t)$의 한 부정적분을 $y=F(t)$라 하면
> $\displaystyle\lim_{x\to a}\dfrac{1}{x-a}\int_a^x f(t)dt=\lim_{x\to a}\dfrac{F(x)-F(a)}{x-a}=F'(a)=f(a)$임을 이용하자.

$f(t)=t^3-2t^2+t+1$이고, $y=f(t)$의 한 부정적분을
$y=F(t)$라 하면

$\displaystyle\lim_{x\to 2}\dfrac{1}{x-2}\int_2^x f(t)\,dt=\lim_{x\to 2}\dfrac{1}{x-2}\Big[F(t)\Big]_2^x$

$\qquad\qquad\qquad =\displaystyle\lim_{x\to 2}\dfrac{F(x)-F(2)}{x-2}$

$\qquad\qquad\qquad =F'(2)$

$\qquad\qquad\qquad =f(2)$

$\qquad\qquad\qquad =8-8+2+1$

$\qquad\qquad\qquad =3$ **답 ②**

1738

> 함수 $f(t)=t^3+2t^2-3t+1$일 때, $\displaystyle\lim_{x\to 1}\dfrac{1}{x-1}\int_1^{x^3} f(t)\,dt$의 값
> 을 구하시오.
>
> $y=f(t)$의 한 부정적분을 $y=F(t)$라 하면
> $\displaystyle\lim_{x\to 1}\dfrac{F(x^3)-F(1)}{x-1}$임을 이용하자.

$y=f(t)$의 한 부정적분을 $y=F(t)$라 하면

$\displaystyle\lim_{x\to 1}\dfrac{1}{x-1}\int_1^{x^3} f(t)\,dt$

$=\displaystyle\lim_{x\to 1}\dfrac{F(x^3)-F(1)}{x-1}$

$=\displaystyle\lim_{x\to 1}\left\{\dfrac{F(x^3)-F(1)}{x^3-1}\times(x^2+x+1)\right\}$

$=3F'(1)=3f(1)$

$=3(1+2-3+1)=3$ **답 3**

1739

> $\displaystyle\lim_{x\to 1}\frac{1}{x^2-1}\int_1^x (2t-1)(3t+1)\,dt$의 값을 구하시오.
>
> $\displaystyle\lim_{x\to a}\frac{F(x)-F(a)}{x-a}=F'(a)$임을 이용하자.

$f(t)=(2t-1)(3t+1)$이라 하고, $y=f(t)$의 한 부정적분을
$y=F(t)$라 하면

$\displaystyle\lim_{x\to 1}\frac{1}{x^2-1}\int_1^x (2t-1)(3t+1)\,dt$

$\displaystyle=\lim_{x\to 1}\frac{1}{x^2-1}\int_1^x f(t)\,dt$

$\displaystyle=\lim_{x\to 1}\frac{1}{x^2-1}\Big[F(t)\Big]_1^x$

$\displaystyle=\lim_{x\to 1}\frac{F(x)-F(1)}{x^2-1}$

$\displaystyle=\lim_{x\to 1}\left\{\frac{F(x)-F(1)}{x-1}\times\frac{1}{x+1}\right\}$

$\displaystyle=\frac{1}{2}F'(1)$

$\displaystyle=\frac{1}{2}f(1)$

$\displaystyle=\frac{1}{2}(2-1)(3+1)$

$=2$ 　　　　　　　　　　　　　　답 2

1740

> 함수 $f(x)=x^2+4x-2$일 때, $\displaystyle\lim_{h\to 0}\frac{1}{h}\int_1^{1+3h} f(x)\,dx$의 값을
> 구하시오.
>
> $y=f(t)$의 한 부정적분을 $y=F(t)$라 하면
> $\displaystyle\lim_{h\to 0}\frac{1}{h}\int_a^{a+h} f(t)\,dt=\lim_{h\to 0}\frac{F(a+h)-F(a)}{h}=F'(a)=f(a)$임을 이용하자.

$y=f(x)$의 한 부정적분을 $y=F(x)$라 하면

$\displaystyle\lim_{h\to 0}\frac{1}{h}\int_1^{1+3h} f(x)\,dx=\lim_{h\to 0}\frac{F(1+3h)-F(1)}{h}$

$\displaystyle\qquad=\lim_{h\to 0}\frac{F(1+3h)-F(1)}{3h}\times 3$

$\displaystyle\qquad=3F'(1)=3f(1)$

$\displaystyle\qquad=3\times 3$

$=9$ 　　　　　　　　　　　　　　답 9

1741

> $\displaystyle\lim_{h\to 0}\frac{1}{h}\int_{2-h}^{2+h}(3x^3-2x^2-x+1)\,dx$의 값을 구하시오.
>
> $f(x)=3x^3-2x^2-x+1$이라 하고 $y=f(x)$의 한 부정적분을 $y=F(x)$라 하면
> $\displaystyle\lim_{h\to 0}\frac{F(2+h)-F(2-h)}{h}$임을 이용하자.

$f(x)=3x^3-2x^2-x+1$이라 하고, $y=f(x)$의 한 부정적분을
$y=F(x)$라 하면

$\displaystyle\lim_{h\to 0}\frac{1}{h}\int_{2-h}^{2+h}(3x^3-2x^2-x+1)\,dx$

$\displaystyle=\lim_{h\to 0}\frac{1}{h}\int_{2-h}^{2+h} f(x)\,dx$

$\displaystyle=\lim_{h\to 0}\frac{1}{h}\Big[F(x)\Big]_{2-h}^{2+h}$

$\displaystyle=\lim_{h\to 0}\frac{F(2+h)-F(2-h)}{h}$

$\displaystyle=\lim_{h\to 0}\frac{F(2+h)-F(2)+F(2)-F(2-h)}{h}$

$\displaystyle=\lim_{h\to 0}\frac{F(2+h)-F(2)}{h}+\lim_{h\to 0}\frac{F(2-h)-F(2)}{-h}$

$=2F'(2)$

$=2f(2)$

$=2(24-8-2+1)$

$=30$ 　　　　　　　　　　　　　　답 30

1742

> $y=f(x)$의 한 부정적분을 $y=F(x)$라 하자.
>
> 함수 $f(x)=2x^2+x+a$에 대하여
> $\displaystyle\lim_{x\to 0}\frac{1}{x}\int_{1-2x}^{1+x} f(t)\,dt=3$일 때, 상수 a의 값을 구하시오.
>
> $\displaystyle=\lim_{x\to 0}\frac{F(1+x)-F(1-2x)}{x}$임을 이용하자.

$f(t)=2t^2+t+a$이고 $y=f(t)$의 한 부정적분을 $y=F(t)$라 하면

$\displaystyle\lim_{x\to 0}\frac{1}{x}\int_{1-2x}^{1+x} f(t)\,dt$

$\displaystyle=\lim_{x\to 0}\frac{F(1+x)-F(1-2x)}{x}$

$\displaystyle=\lim_{x\to 0}\frac{\{F(1+x)-F(1)\}-\{F(1-2x)-F(1)\}}{x}$

$\displaystyle=\lim_{x\to 0}\frac{F(1+x)-F(1)}{x}+2\lim_{x\to 0}\frac{F(1-2x)-F(1)}{-2x}$

$=F'(1)+2F'(1)$

$=3F'(1)=3f(1)$

$=3(3+a)=9+3a$

$9+3a=3$이므로 $3a=-6$

$\therefore a=-2$ 　　　　　　　　　　답 -2

1743

> 함수 $f(x)=x^3+x^2-4x-7$일 때,
> $\displaystyle\lim_{x\to 2}\frac{1}{x-2}\int_0^{x-2}\{(t-1)f(t)+3\}\,dt$
> 의 값을 구하시오.　주어진 식을 x에 대하여 미분하면
> $\qquad\qquad(x-3)f(x-2)+3$임을 이용하자.

$\displaystyle g(x)=\int_0^{x-2}\{(t-1)f(t)+3\}\,dt$라 하면 $g(2)=0$이고,

양변을 x에 대하여 미분하면

$g'(x)=(x-3)f(x-2)+3$

$\displaystyle\therefore \lim_{x\to 2}\frac{1}{x-2}\int_0^{x-2}\{(t-1)f(t)+3\}\,dt$

$\displaystyle=\lim_{x\to 2}\frac{g(x)}{x-2}$

$$=\lim_{x\to 2}\frac{g(x)-g(2)}{x-2}$$
$$=g'(2)$$
$$=-f(0)+3$$
$$=-(-7)+3=10$$
답 10

1744

> $\int_1^x f(t)dt=F(x)-F(1)$ 임을 이용하자.

> 다항함수 $f(x)$가 $\displaystyle\lim_{x\to 1}\frac{\displaystyle\int_1^x f(t)dt-f(x)}{x^2-1}=2$ 를 만족할 때, $f'(1)$의 값은?
>
> $x\longrightarrow 1$일 때 (분모) $\longrightarrow 0$이므로 (분자) $\longrightarrow 0$임을 이용하자.

극한값의 성질에 의하여

$\displaystyle\int_1^1 f(t)dt-f(1)=0$이므로 $f(1)=0$,

$y=f(x)$의 한 부정적분을 $y=F(x)$라 하면

$$\lim_{x\to 1}\frac{\int_1^x f(t)dt-f(x)}{x^2-1}=\lim_{x\to 1}\frac{\int_1^x f(t)dt}{x^2-1}-\lim_{x\to 1}\frac{f(x)-f(1)}{x^2-1}$$
$$=\lim_{x\to 1}\frac{F(x)-F(1)}{x^2-1}-\frac{f'(1)}{2}$$
$$=\frac{f(1)}{2}-\frac{f'(1)}{2}=2$$

$\therefore f'(1)=-4$

답 ①

1745

> 양변을 x에 대하여 미분하자.

> 다항함수 $y=f(x)$가
> $$(x-1)f(x)=(x-1)^2+\int_{-1}^x f(t)dt$$
> 를 만족시킬 때, $\displaystyle\lim_{x\to 0}\frac{1}{x}\int_1^{x+1} f(t)dt$의 값을 구하시오.
>
> $=\displaystyle\lim_{x\to 0}\frac{F(1+x)-F(1)}{x}$임을 이용하자.

$(x-1)f(x)=(x-1)^2+\displaystyle\int_{-1}^x f(t)dt$ ······ ㉠

㉠의 양변을 x에 대하여 미분하면

$f(x)+(x-1)f'(x)=2(x-1)+f(x)$

$(x-1)f'(x)=2(x-1)$ $\therefore f'(x)=2$

$\therefore f(x)=\displaystyle\int 2\,dx=2x+C$ ······ ㉡

㉠의 양변에 $x=-1$을 대입하면

$-2f(-1)=4$

$\therefore f(-1)=-2$

㉡에서 $f(-1)=-2+C=-2$이므로 $C=0$

$\therefore f(x)=2x$

$y=f(t)$의 한 부정적분을 $y=F(t)$라 하면

$$\lim_{x\to 0}\frac{1}{x}\int_1^{x+1} f(t)dt=\lim_{x\to 0}\frac{F(1+x)-F(1)}{x}$$
$$=F'(1)$$
$$=f(1)$$
$$=2$$

답 2

1746

> 정적분 $\displaystyle\int_{-1}^1(1+2x+3x^2+\cdots+10x^9)\,dx$의 값을 구하시오.
>
> 먼저 x의 차수가 홀수인 항들과 짝수인 항들을 나누자.

$$\int_{-1}^1(1+2x+3x^2+\cdots+10x^9)\,dx$$
$$=\int_{-1}^1(1+3x^2+5x^4+7x^6+9x^8)\,dx$$
$$\qquad\qquad +\int_{-1}^1(2x+4x^3+6x^5+8x^7+10x^9)\,dx$$
$$=2\int_0^1(1+3x^2+5x^4+7x^6+9x^8)\,dx+0$$
$$=2\Big[x+x^3+x^5+x^7+x^9\Big]_0^1$$
$$=2\times 5=10$$

답 10

1747

> $f(x)$는 우함수임을 이용하자.

> 실수 전체의 집합에서 연속인 함수 $y=f(x)$가 모든 실수 x에 대하여 $f(x)-f(-x)=0$을 만족시킨다.
> $\displaystyle\int_0^1 f(x)\,dx=3$, $\displaystyle\int_0^2 f(x)\,dx=5$일 때, $\displaystyle\int_{-2}^1 f(x)\,dx$의 값을 구하시오.
>
> $f(x)$가 우함수이면 $\displaystyle\int_0^a f(x)\,dx=\int_{-a}^0 f(x)\,dx$임을 이용하자.

$f(x)-f(-x)=0$, 즉 $f(-x)=f(x)$이므로 $y=f(x)$의 그래프는 y축에 대하여 대칭이다.

$$\therefore \int_{-2}^1 f(x)\,dx=\int_{-2}^0 f(x)\,dx+\int_0^1 f(x)\,dx$$
$$=\int_0^2 f(x)\,dx+\int_0^1 f(x)\,dx$$
$$=5+3$$
$$=8$$

답 8

1748

> 연속함수 $f(x)$가 다음 조건을 만족할 때, 정적분 $\displaystyle\int_{-2}^2(x+3)f(x)\,dx$의 값을 구하시오.
>
> > (가) 모든 실수 x에 대하여 $f(-x)=-f(x)$
> >
> > (나) $\displaystyle\int_0^2 xf(x)\,dx=6$ $f(x)$는 기함수임을 이용하자.
>
> $f(x)$가 우함수이면 $\displaystyle\int_{-a}^a f(x)\,dx=2\int_0^a f(x)\,dx$임을 이용하자.

다항함수 $y=f(x)$의 그래프는 원점에 대하여 대칭이고 $f(0)=0$이다.

$y=f(x)$가 기함수이므로 $y=xf(x)$는 우함수이다.

$$\int_{-2}^2(x+3)f(x)\,dx=\int_{-2}^2\{xf(x)+3f(x)\}dx$$
$$=\int_{-2}^2 xf(x)\,dx+3\int_{-2}^2 f(x)\,dx$$

$$= \int_{-2}^{2} x f(x) dx + 0$$

$$= 2 \int_{0}^{2} x f(x) dx$$

$$= 2 \times 6 = 12$$

답 12

1749 $f(x)$는 주기가 4인 주기함수임을 이용하자.

모든 실수 x에서 연속인 함수 $y=f(x)$가

$$f(x+4)=f(x), \quad \int_{-2}^{2} f(x) dx = 4$$

를 만족시킬 때, 정적분 $\int_{0}^{12} f(x) dx$의 값을 구하시오.

$\int_{a}^{b} f(x) dx = \int_{a+pn}^{b+pn} f(x) dx$임을 이용하자. (단, p는 주기, n은 정수)

함수 $y=f(x)$가 모든 실수 x에 대하여 $f(x+4)=f(x)$이므로

$$\int_{-2}^{2} f(x) dx = \int_{2}^{6} f(x) dx = \int_{6}^{10} f(x) dx = 4$$

$$\therefore \int_{0}^{12} f(x) dx$$

$$= \int_{0}^{2} f(x) dx + \int_{2}^{6} f(x) dx + \int_{6}^{10} f(x) dx + \int_{10}^{12} f(x) dx$$

$$= \int_{0}^{2} f(x) dx + \int_{-2}^{2} f(x) dx + \int_{-2}^{2} f(x) dx + \int_{-2}^{0} f(x) dx$$

$$= 3 \int_{-2}^{2} f(x) dx = 3 \times 4 = 12$$

답 12

1750 $f(x+p)=f(x)$일 때 $\int_{0}^{np} f(x) dx = n \int_{0}^{p} f(x) dx$임을 이용하자. ($n$은 정수)

연속함수 $f(x)$가 다음 조건을 만족시킬 때, $\int_{-5}^{10} f(x) dx$의 값을 구하시오.

$y=f(x)$는 기함수이다.

(가) 모든 실수 x에 대하여 $f(-x)=-f(x)$
(나) 모든 실수 x에 대하여 $f(x+2)=f(x)$
(다) $f(x)=-x^2+x \ (0 \le x \le 1)$

$y=f(x)$는 주기가 2인 함수임을 이용하자.

모든 실수 x에 대하여 $f(-x)=-f(x)$, $f(x+2)=f(x)$이므로

$$\int_{0}^{2} f(x) dx = 0$$

$$\int_{-5}^{10} f(x) dx = \int_{-1}^{14} f(x) dx$$

$$= \int_{-1}^{0} f(x) dx + \int_{0}^{14} f(x) dx$$

$$= -\int_{0}^{1} f(x) dx + 7 \int_{0}^{2} f(x) dx$$

$$= -\int_{0}^{1} (-x^2+x) dx + 0$$

$$= \int_{0}^{1} (x^2-x) dx$$

$$= \left[\frac{1}{3}x^3 - \frac{1}{2}x^2 \right]_{0}^{1}$$

$$= \frac{1}{3} - \frac{1}{2} = -\frac{1}{6}$$

답 $-\dfrac{1}{6}$

1751 $y=f(x)$의 그래프는 $x=2$에 대하여 대칭이다.

실수 전체의 집합에서 연속인 함수 $y=f(x)$가 $f(2+x)=f(2-x)$를 만족시키고 $\int_{1}^{3} f(x) dx = 6$, $\int_{3}^{5} f(x) dx = 4$일 때, 정적분 $\int_{-1}^{2} f(x) dx$의 값은?

함수의 그래프가 $x=k$에 대하여 대칭이면 $\int_{k+a}^{k+b} f(x) dx = \int_{k-b}^{k-a} f(x) dx$임을 이용하자.

$f(2+x)=f(2-x)$에서 함수 $y=f(x)$의 그래프는 직선 $x=2$에 대하여 대칭이므로

$$\int_{1}^{2} f(x) dx = \frac{1}{2} \int_{1}^{3} f(x) dx = 3$$

$$\int_{-1}^{1} f(x) dx = \int_{3}^{5} f(x) dx = 4$$

$$\therefore \int_{-1}^{2} f(x) dx = \int_{-1}^{1} f(x) dx + \int_{1}^{2} f(x) dx$$

$$= 4 + 3$$

$$= 7$$

답 ②

참고

1752 $f(x)=4x^3+3x^2+2k$임을 이용하자.

다항함수 $y=f(x)$가 $f(x)=4x^3+3x^2+2\int_{0}^{1} f(t) dt$를 만족시킬 때, $f(0)$의 값은?

$\int_{0}^{1} f(t) dt = k$라 하자.

$\int_{0}^{1} f(t) dt = k \ (k는 상수)$로 놓으면

$$f(x) = 4x^3+3x^2+2k$$

$$k = \int_{0}^{1} (4t^3+3t^2+2k) dt$$

$$= \left[t^4+t^3+2kt \right]_{0}^{1}$$

$$= 2k+2 \qquad \therefore k=-2$$

따라서 $f(x)=4x^3+3x^2-4$이므로

$$f(0) = -4$$

답 ①

1753 서술형   양변을 x에 대하여 미분하자.

다항함수 $f(x)$가 모든 실수 x에 대하여

$$x^2 f(x) = 2x^6 - ax^4 + 2\int_{1}^{x} t f(t) dt$$

를 만족시키고 $f(0)=3$일 때, $f(2)$의 값을 구하시오.

(단, a는 상수)

$\dfrac{d}{dx} \int_{a}^{x} f(t) dt = f(x)$임을 이용하자.

$$x^2 f(x) = 2x^6 - ax^4 + 2\int_1^x t f(t)\, dt \quad \cdots\cdots \text{㉠}$$

㉠의 양변을 x에 대하여 미분하면

$$2x f(x) + x^2 f'(x) = 12x^5 - 4ax^3 + 2x f(x)$$

$$\therefore x^2 f'(x) = x^2(12x^3 - 4ax)$$

이 식이 모든 실수 x에 대하여 성립하므로

$$f'(x) = 12x^3 - 4ax$$

$$\therefore f(x) = \int (12x^3 - 4ax)\, dx$$

$$= 3x^4 - 2ax^2 + C \qquad \cdots\cdots \boxed{40\%}$$

이때, $f(0) = 3$이므로 $C = 3$

$$\therefore f(x) = 3x^4 - 2ax^2 + 3 \qquad \cdots\cdots \text{㉡}$$

㉠의 양변에 $x = 1$을 대입하면

$$f(1) = 2 - a$$

㉡에서 $f(1) = 3 - 2a + 3 = 2 - a$

$$\therefore a = 4 \qquad \cdots\cdots \boxed{40\%}$$

따라서 $f(x) = 3x^4 - 8x^2 + 3$이므로

$$f(2) = 48 - 32 + 3 = 19 \qquad \cdots\cdots \boxed{20\%}$$

답 19

1754

$x\int_a^x f(t)\, dt - \int_a^x t f(t)\, dt$임을 이용하자.

> 모든 실수 x에 대하여 미분가능한 함수 $y = f(x)$가
> $$\int_a^x (x - t) f(t)\, dt = x^3 + 2x^2 - 3x - 8$$
> 을 만족시킬 때, $f(2)$의 값은? (단, a는 상수이다.)
>
> 양변을 x에 대하여 두 번 미분하자.

$\int_a^x (x - t) f(t)\, dt = x^3 + 2x^2 - 3x - 8$에서

$$x\int_a^x f(t)\, dt - \int_a^x t f(t)\, dt = x^3 + 2x^2 - 3x - 8$$

양변을 x에 대하여 미분하면

$$\int_a^x f(t)\, dt + x f(x) - x f(x) = 3x^2 + 4x - 3$$

$$\therefore \int_a^x f(t)\, dt = 3x^2 + 4x - 3$$

다시 양변을 x에 대하여 미분하면

$$f(x) = 6x + 4$$

$$\therefore f(2) = 12 + 4 = 16$$

답 ②

1755 서술형

주어진 식의 양변을 x에 대하여 미분하자.

> 함수 $f(x) = \int_{-3}^x (3t^2 + at + b)\, dt$가 $x = 5$에서 극솟값 -64를
> 가질 때, 두 상수 a, b에 대하여 $a - b$의 값을 구하시오.
>
> $f'(5) = 0$, $f(5) = -64$임을 이용하자.

$f(x) = \int_{-3}^x (3t^2 + at + b)\, dt$의 양변을 x에 대하여 미분하면

$$f'(x) = 3x^2 + ax + b \qquad \cdots\cdots \boxed{30\%}$$

함수 $y = f(x)$는 $x = 5$에서 극솟값 -64를 가지므로

$$f'(5) = 0, \quad f(5) = -64$$

$f'(5) = 0$에서 $75 + 5a + b = 0$

$$\therefore 5a + b = -75 \qquad \cdots\cdots \text{㉠}$$

$$f(5) = \int_{-3}^5 (3t^2 + at + b)\, dt$$

$$= \left[t^3 + \frac{a}{2} t^2 + bt \right]_{-3}^5$$

$$= \left(125 + \frac{25}{2} a + 5b \right) - \left(-27 + \frac{9}{2} a - 3b \right)$$

$$= 152 + 8a + 8b$$

즉, $152 + 8a + 8b = -64$

$$8a + 8b = -216$$

$$\therefore a + b = -27 \qquad \cdots\cdots \text{㉡} \qquad \cdots\cdots \boxed{50\%}$$

㉠, ㉡을 연립하여 풀면 $a = -12$, $b = -15$

$$\therefore a - b = 3 \qquad \cdots\cdots \boxed{20\%}$$

답 3

1756

양변을 미분하여 $\dfrac{d}{dx}\displaystyle\int_a^x f(t)\, dt = f(x)$임을 이용하자.

> $-3 \le x \le 3$에서 함수 $f(x) = \int_0^x t^2(t - 2)\, dt$의 최솟값을 구하
> 시오.
>
> 주어진 구간에서 극값이 하나뿐일 때 극값이 극솟값이면 (극솟값)=(최솟값)
> 임을 이용하자.

$f(x) = \int_0^x t^2(t - 2)\, dt$의 양변을 x에 대하여 미분하면

$$f'(x) = x^2(x - 2)$$

$f'(x) = 0$에서 $x = 0$ 또는 $x = 2$

$-3 \le x \le 3$에서 함수 $y = f(x)$의 증가, 감소를 표로 나타내면 다음과 같다.

x	-3	$\cdots$	0	$\cdots$	2	$\cdots$	3
$f'(x)$		$-$	0	$-$	0	$+$	
$f(x)$		$\searrow$	0	$\searrow$	극소	$\nearrow$	

함수 $y = f(x)$는 $-3 \le x \le 3$에서 $x = 2$일 때 극소이면서 최소이므로 최솟값은

$$f(2) = \int_0^2 t^2(t - 2)\, dt = \int_0^2 (t^3 - 2t^2)\, dt$$

$$= \left[\frac{1}{4} t^4 - \frac{2}{3} t^3 \right]_0^2 = -\frac{4}{3}$$

답 $-\dfrac{4}{3}$

1757

> $\displaystyle \lim_{h \to 0} \frac{1}{h} \int_1^{1+3h} (x^3 - 2x^2 - 1)\, dx$의 값은?
>
> $f(x) = x^3 - 2x^2 - 1$이라 하고 $y = f(x)$의 한 부정적분을 $y = F(x)$라 하면
> (주어진 식)$= \displaystyle\lim_{h \to 0} \frac{F(1 + 3h) - F(1)}{h}$임을 이용하자.

$f(x) = x^3 - 2x^2 - 1$이라 하고, $y = f(x)$의 한 부정적분을 $y = F(x)$라 하면

$$\lim_{h \to 0} \frac{1}{h} \int_1^{1+3h} (x^3 - 2x^2 - 1)\, dx$$

$$= \lim_{h \to 0} \frac{1}{h} \int_1^{1+3h} f(x)\, dx$$

$$=\lim_{h\to 0}\frac{1}{h}\Big[F(x)\Big]_{1}^{1+3h}$$

$$=\lim_{h\to 0}\frac{F(1+3h)-F(1)}{h}$$

$$=\lim_{h\to 0}\left\{\frac{F(1+3h)-F(1)}{3h}\times 3\right\}$$

$$=3F'(1)$$

$$=3f(1)$$

$$=3(1-2-1)$$

$$=-6$$

답 ①

1758 x대신 $-x$를 대입하면 $f(-x)+f(x)$임을 이용하자.

> 실수 전체의 집합에서 연속인 함수 $y=f(x)$가 다음 조건을 만족시킬 때, 정적분 $\int_{-2}^{1}f(x)dx$의 값을 구하시오.
>
> (가) $\int_{-1}^{2}\{f(x)+f(-x)\}\,dx=22$
>
> (나) $\int_{1}^{2}\{f(x)-f(-x)\}\,dx=10$

x대신 $-x$를 대입하면 $f(-x)-f(x)$임을 이용하자.

$f(x)+f(-x)=g(x)$, $f(x)-f(-x)=h(x)$라 하면
모든 실수 x에 대하여

$$g(-x)=f(-x)+f(x)=g(x)$$
$$h(-x)=f(-x)-f(x)=-\{f(x)-f(-x)\}=-h(x)$$

조건 (가)에서 $\int_{-1}^{2}g(x)dx=22$이고,

함수 $y=g(x)$의 그래프는 y축에 대하여 대칭이므로

$$\int_{-1}^{2}g(x)dx=\int_{-2}^{1}g(x)dx=22$$

조건 (나)에서 $\int_{1}^{2}h(x)dx=10$이고,

함수 $y=h(x)$의 그래프는 원점에 대하여 대칭이므로

$$\int_{1}^{2}h(x)dx=-\int_{-2}^{-1}h(x)dx$$
$$=-\left\{\int_{-2}^{-1}h(x)dx+\int_{-1}^{1}h(x)dx\right\}$$
$$\left(\because\int_{-1}^{1}h(x)dx=0\right)$$
$$=-\int_{-2}^{-1}h(x)dx=10$$

$$\therefore\int_{-2}^{-1}h(x)dx=-10$$

따라서 $f(x)=\frac{1}{2}\{g(x)+h(x)\}$이므로

$$\int_{-2}^{1}f(x)dx=\frac{1}{2}\int_{-2}^{1}\{g(x)+h(x)\}dx$$
$$=\frac{1}{2}\left\{\int_{-2}^{1}g(x)dx+\int_{-2}^{1}h(x)dx\right\}$$
$$=\frac{1}{2}\{22+(-10)\}=6$$

답 6

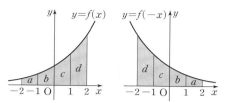

[다른풀이] 함수 $y=f(x)$에 대하여 함수 $y=f(-x)$의 그래프는 함수 $y=f(x)$의 그래프를 y축에 대하여 대칭이동한 것이다.

$$\int_{-1}^{2}f(x)dx+\int_{-1}^{2}f(-x)dx$$

$$=(b+c+d)+(c+b+a)=22$$

$$\therefore 2(b+c)+d+a=22 \qquad \cdots\cdots\text{㉠}$$

$$\int_{1}^{2}f(x)dx-\int_{1}^{2}f(-x)dx=10$$

$$\therefore d-a=10 \qquad \cdots\cdots\text{㉡}$$

$$\int_{-2}^{1}f(x)dx=a+b+c$$

㉡에서 $d=a+10$이므로 이를 ㉠에 대입하면

$$2(a+b+c)+10=22$$

$$2(a+b+c)=12$$

$$\therefore a+b+c=6$$

1759

> 실수 전체의 집합에서 연속인 함수 $y=f(x)$가 임의의 실수 x에 대하여 다음 조건을 만족시킨다. $\displaystyle\sum_{n=0}^{300}\int_{n}^{n+1}f(x)\,dx$의 값을 구하시오. $\int_{0}^{3}f(x)dx=0$임을 알 수 있다.
>
> (가) $0\le x\le 3$일 때, $f(x)=3-2x$
>
> (나) $f(-x)=f(x)$ $\qquad \int_{-3}^{0}f(x)dx=\int_{0}^{3}f(x)dx$임을 이용하자.
>
> (다) $f(x+6)=f(x)$

주기가 6인 함수임을 이용하자.

조건 (가)에서

$$\int_{0}^{3}f(x)\,dx=\int_{0}^{3}(3-2x)\,dx$$
$$=\Big[3x-x^{2}\Big]_{0}^{3}=0$$

조건 (나)에서 $f(-x)=f(x)$이므로 함수 $y=f(x)$의 그래프는 y축에 대하여 대칭이다.

$$\therefore\int_{-3}^{0}f(x)\,dx=\int_{0}^{3}f(x)\,dx=0$$

조건 (다)에서 $f(x+6)=f(x)$이므로

$$\int_{0}^{6}f(x)\,dx=\int_{6}^{12}f(x)\,dx=\cdots=\int_{294}^{300}f(x)\,dx$$

또 $\int_{-3}^{0}f(x)\,dx=\int_{3}^{6}f(x)\,dx=0$이므로

$$\int_{0}^{6}f(x)\,dx=\int_{0}^{3}f(x)\,dx+\int_{3}^{6}f(x)\,dx=0$$

즉, $\int_{0}^{6}f(x)\,dx=\int_{0}^{12}f(x)\,dx=\int_{0}^{18}f(x)\,dx$

$$=\cdots=\int_{0}^{300}f(x)\,dx=0$$

$$\therefore \sum_{n=0}^{300} \int_{n}^{n+1} f(x)\,dx$$

$$= \int_{0}^{1} f(x)\,dx + \int_{1}^{2} f(x)\,dx + \cdots + \int_{300}^{301} f(x)\,dx$$

$$= \int_{0}^{301} f(x)\,dx$$

$$= \int_{0}^{300} f(x)\,dx + \int_{300}^{301} f(x)\,dx$$

$$= \int_{0}^{1} f(x)\,dx = \int_{0}^{1} (3-2x)\,dx$$

$$= \Big[3x - x^2 \Big]_{0}^{1} = 2 \qquad\qquad \text{답 } 2$$

1760

> $y=f(x)$의 그래프와 $y=f(6-x)$의 그래프는 직선 $x=3$에 대하여 대칭이다.
>
> 다항함수 $y=f(x)$가 모든 실수 x에 대하여
> $$f(x)+f(6-x)=-3x^2+18x$$
> 를 만족시킬 때, 정적분 $\displaystyle\int_{0}^{6} f(x)\,dx$의 값을 구하시오.
>
> $=\displaystyle\int_{0}^{3} f(x)\,dx + \int_{3}^{6} f(x)\,dx$임을 이용하자.

함수 $y=f(x)$의 그래프와 함수 $y=f(6-x)$의 그래프는
직선 $x=3$에 대하여 대칭이므로

$$\int_{0}^{6} f(x)\,dx = \int_{0}^{3} f(x)\,dx + \int_{3}^{6} f(x)\,dx$$

$$= \int_{0}^{3} f(x)\,dx + \int_{0}^{3} f(6-x)\,dx$$

$$= \int_{0}^{3} \{ f(x)+f(6-x) \}\,dx$$

$$= \int_{0}^{3} (-3x^2+18x)\,dx$$

$$= \Big[-x^3+9x^2 \Big]_{0}^{3}$$

$$= 54 \qquad\qquad \text{답 } 54$$

1761

> 함수 $f(x)$가
> $$f(x)=4x^3+3x^2+2\left\{\int_{0}^{1} f(x)\,dx\right\}x + \int_{0}^{2} f(x)\,dx$$
> 를 만족할 때, $f(1)$의 값을 구하시오.
>
> $\displaystyle\int_{0}^{1} f(x)\,dx = a, \int_{0}^{2} f(x)\,dx = b$라 놓으면 $f(x)=4x^3+3x^2+2ax+b$임을 이용하자.

$$\int_{0}^{1} f(x)\,dx = a \ (a\text{는 상수}) \quad \cdots\cdots \ \text{㉠}$$

$$\int_{0}^{2} f(x)\,dx = b \ (b\text{는 상수}) \quad \cdots\cdots \ \text{㉡}$$

로 놓으면 $f(x)=4x^3+3x^2+2ax+b$

㉠에서

$$a = \int_{0}^{1} (4x^3+3x^2+2ax+b)\,dx$$

$$= \Big[x^4+x^3+ax^2+bx \Big]_{0}^{1}$$

$$= 2+a+b$$

즉, $2+a+b=a$이므로 $b=-2$

㉡에서

$$b = \int_{0}^{2} (4x^3+3x^2+2ax+b)\,dx$$

$$= \Big[x^4+x^3+ax^2+bx \Big]_{0}^{2}$$

$$= 24+4a+2b$$

즉, $24+4a+2b=b$이므로

$$4a+22=0 \quad \therefore a=-\frac{11}{2}$$

따라서 $f(x)=4x^3+3x^2-11x-2$이므로

$f(1)=4+3-11-2=-6 \qquad\qquad \text{답 } -6$

1762

> $x=1$을 대입하자.
>
> 함수 $f(x)$와 $f(x)$의 도함수 $f'(x)$가 연속함수이고
> $$f(x)=xf'(x)+3,$$
> $$f(x)+2x^3+3x^2=2\int_{0}^{x} tf(t)\,dt+3x+3$$
> 를 만족할 때, $f(1)$의 값은?
>
> $\dfrac{d}{dt}\displaystyle\int_{0}^{x} tf(t)\,dt = xf(x)$임을 이용하자.

$f(x)=xf'(x)+3$의 양변에 $x=1$을 대입하면

$$f(1)=f'(1)+3 \quad \cdots\cdots \ \text{㉠}$$

$f(x)+2x^3+3x^2=2\displaystyle\int_{0}^{x} tf(t)\,dt+3x+3$의 양변을 x에 대하여 미분

하면

$$f'(x)+6x^2+6x=2xf(x)+3$$

위의 식의 양변에 $x=1$을 대입하면

$$f'(1)+6+6=2f(1)+3 \quad \cdots\cdots \ \text{㉡}$$

㉠에서 $f'(1)=f(1)-3$이므로 ㉡에 대입하면

$$f(1)-3+6+6=2f(1)+3$$

$$\therefore f(1)=6 \qquad\qquad \text{답 ①}$$

1763

> $\dfrac{d}{dt}\displaystyle\int_{2}^{x} f(t)\,dt = f(x)$임을 이용하자.
>
> 다항식 $f(x)$에 대하여 $f(x)+2x+\displaystyle\int_{2}^{x} f(t)\,dt$가 $(x-2)^2$으로 나누어떨어질 때, $f'(x)$를 $x-2$로 나눈 나머지를 구하시오.
>
> $g(x)$가 $(x-a)^2$으로 나누어 떨어지기 위한 조건은 $g(a)=0$, $g'(a)=0$임을 이용하자.

$g(x)=f(x)+2x+\displaystyle\int_{2}^{x} f(t)\,dt$라 하고 양변을 x에 대하여 미분하면

$$g'(x)=f'(x)+2+f(x)$$

$g(x)$가 $(x-2)^2$으로 나누어떨어지기 위한 조건은

$g(2)=0$, $g'(2)=0$이므로

$$g(2)=f(2)+4+0=0$$

$$\therefore f(2)=-4 \quad \cdots\cdots \ \text{㉠}$$

$$g'(2)=f'(2)+2+f(2)=0 \quad \cdots\cdots \ \text{㉡}$$

㉠을 ㉡에 대입하면 $f'(2)=2$

따라서 $f'(x)$를 $x-2$로 나눈 나머지는 나머지정리에 의하여

$$f'(2)=2 \qquad\qquad \text{답 } 2$$

1764

$$\lim_{h \to 0} \frac{1}{h} \int_{2-h}^{2+3h} (x^2+3x-1)\,dx \text{의 값은?}$$

$y=x^2+3x-1$의 한 부정적분을 $y=F(x)$라 하면
$\lim\limits_{h \to 0} \dfrac{F(2+3h)-F(2-h)}{h}$임을 이용하자.

$f(x)=x^2+3x-1$이라 하고 $y=f(x)$의 한 부정적분을
$y=F(x)$라 하면
$$\lim_{h \to 0} \frac{1}{h} \int_{2-h}^{2+3h} (x^2+3x-1)\,dx$$
$$=\lim_{h \to 0} \frac{1}{h} \int_{2-h}^{2+3h} f(x)\,dx$$
$$=\lim_{h \to 0} \frac{F(2+3h)-F(2-h)}{h}$$
$$=\lim_{h \to 0} \frac{\{F(2+3h)-F(2)\}-\{F(2-h)-F(2)\}}{h}$$
$$=\lim_{h \to 0} \frac{F(2+3h)-F(2)}{3h} \times 3 + \lim_{h \to 0} \frac{F(2-h)-F(2)}{-h}$$
$$=3F'(2)+F'(2)=4F'(2)$$
$$=4f(2)=4 \times 9 = 36$$

답 ④

1765

$f(x)=2\left[\dfrac{1}{2}t^2-t\right]_0^x$임을 이용하자.

함수 $f(x)=2\displaystyle\int_0^x (t-1)\,dt$가 최솟값을 갖도록 하는 x의 값을
a라 할 때, $\displaystyle\lim_{x \to a} \frac{1}{x-a} \int_a^x f(t)\,dt$의 값은?

$F'(x)=f(x)$이면 주어진 식은 $\lim\limits_{x \to a} \dfrac{F(x)-F(a)}{x-a}$임을 이용하자.

$$f(x)=2\left[\frac{1}{2}t^2-t\right]_0^x=2\left(\frac{1}{2}x^2-x\right)$$
$$=x^2-2x=(x-1)^2-1$$
즉, 함수 $y=f(x)$는 $x=1$에서 최솟값 -1을 갖는다.
$$\therefore a=1$$
$f(t)=t^2-2t$이고 $y=f(t)$의 한 부정적분을 $y=F(t)$라 하면
$$\lim_{x \to a} \frac{1}{x-a} \int_a^x f(t)\,dt=\lim_{x \to 1} \frac{F(x)-F(1)}{x-1}$$
$$=F'(1)=f(1)=-1$$

답 ②

1766

합성함수 $g(f(x))$도 기함수임을 알 수 있다.

두 함수 $f(x)$, $g(x)$가 모두 기함수일 때, 합성함수 $g(f(x))$에
대하여
$$\int_{-\frac{a}{2}}^{\frac{a}{4}} g(f(x))\,dx=A, \quad \int_{\frac{a}{4}}^{a} g(f(x))\,dx=B$$
라 하면 $\displaystyle\int_{\frac{a}{2}}^{a} g(f(x))\,dx=aA+bB$가 성립한다. 이때, 두 실수
a, b에 대하여 a^2+b^2의 값을 구하시오.

$\displaystyle\int_{\frac{a}{2}}^{a} g(f(x))\,dx=\int_{\frac{a}{2}}^{-\frac{a}{2}} g(f(x))\,dx+\int_{-\frac{a}{2}}^{a} g(f(x))$임을 이용하자.

두 함수 $f(x)$, $g(x)$가 모두 기함수이므로
$$f(-x)=-f(x), \quad g(-x)=-g(x)$$
$$\therefore g(f(-x))=g(-f(x))=-g(f(x))$$
즉, 합성함수 $g(f(x))$도 기함수이다.
$$\therefore \int_{\frac{a}{2}}^{a} g(f(x))\,dx=\int_{\frac{a}{2}}^{-\frac{a}{2}} g(f(x))\,dx+\int_{-\frac{a}{2}}^{a} g(f(x))\,dx$$
$$=-\int_{-\frac{a}{2}}^{\frac{a}{2}} g(f(x))\,dx+\int_{-\frac{a}{2}}^{a} g(f(x))\,dx$$
$$=\int_{-\frac{a}{2}}^{\frac{a}{4}} g(f(x))\,dx+\int_{\frac{a}{4}}^{a} g(f(x))\,dx$$
$$=A+B$$
따라서 $a=1$, $b=1$이므로 $a^2+b^2=1+1=2$ 답 2

1767

$f(x)$가 우함수이면 $\displaystyle\int_{-a}^{-b} f(x)\,dx=\int_b^a f(x)\,dx$임을 이용하자.

연속함수 $f(x)$가 모든 실수 x에 대하여 다음 조건을 만족시킨다.

(가) $f(-x)=f(x)$
(나) $f(x+2)=f(x)$
(다) $\displaystyle\int_{-1}^1 (x+2)^2 f(x)\,dx=50$, $\displaystyle\int_{-1}^1 x^2 f(x)\,dx=2$

$\displaystyle\int_{-3}^3 x^2 f(x)\,dx$의 값을 구하시오.

조건 (나)에 의하여 $\displaystyle\int_{-1}^1 (x+2)^2 f(x)\,dx=\int_{-1}^1 (x+2)^2 f(x+2)\,dx$임을 이용하자.

함수 $f(x)$가 우함수이므로 함수 $x^2 f(x)$도 우함수이다.
$$\int_{-3}^3 x^2 f(x)\,dx$$
$$=\int_{-3}^{-1} x^2 f(x)\,dx+\int_{-1}^1 x^2 f(x)\,dx+\int_1^3 x^2 f(x)\,dx$$
$$=2\int_1^3 x^2 f(x)\,dx+2$$
$$=2\int_{-1}^1 (x+2)^2 f(x+2)\,dx+2$$
$$=2\int_{-1}^1 (x+2)^2 f(x)\,dx+2=102$$

답 102

1768

양변을 x에 관하여 미분하자.

다음 조건을 만족시키는 다항함수 $y=f(x)$를 구하시오.

(가) $\displaystyle\int_1^x (4t+5)f(t)\,dt=3(x+2)\int_1^x f(t)\,dt$
(나) $f(0)=1$

$=3x\displaystyle\int_1^x f(t)\,dt+6\int_1^x f(t)\,dt$임을 이용하자.

(가)에서 양변을 x에 대하여 미분하면
$$(4x+5)f(x)=3\int_1^x f(t)\,dt+3(x+2)f(x)$$
$$\therefore (x-1)f(x)=3\int_1^x f(t)\,dt$$

다시 양변을 x에 대하여 미분하면

$f(x)+(x-1)f'(x)=3f(x)$

$\therefore (x-1)f'(x)=2f(x)$ ······㉠

$y=f(x)$의 최고차항을 ax^n ($a\ne0$인 상수, n은 자연수)이라 하면

$y=f'(x)$의 최고차항은 anx^{n-1}이므로 양변의 최고차항을 비교하면

$anx^n=2ax^n$

$\therefore n=2$ ($\because a\ne0$)

따라서 $f(x)=ax^2+bx+c$라 하면 ㈏에서 $f(0)=1$이므로

$c=1$

즉, $f(x)=ax^2+bx+1$이고, $f'(x)=2ax+b$이므로 ㉠에 대입하면

$(x-1)(2ax+b)=2(ax^2+bx+1)$

$2ax^2+(b-2a)x-b=2ax^2+2bx+2$

양변의 계수를 비교하면

$b-2a=2b, -b=2$

$\therefore a=1, b=-2$

$\therefore f(x)=x^2-2x+1$ 　　🖬 $f(x)=x^2-2x+1$

1769 $x=1$을 대입하면 (주어진 식)=0임을 이용하자.

> 미분가능한 함수 $f(x)$에 대하여
> $$\int_1^x (x-t)f(t)\,dt=x^3+ax^2+bx-1$$
> 이 성립할 때, $\int_a^b f'(x)\,dx$의 값을 구하시오. (단, a, b는 상수)
> 양변을 x에 대하여 미분하자.

$\int_1^x (x-t)f(t)\,dt=x^3+ax^2+bx-1$ ······㉠

양변에 $x=1$을 대입하면

$0=1+a+b-1$

$\therefore a+b=0$ ······㉡

㉠에서

$x\int_1^x f(t)\,dt-\int_1^x tf(t)\,dt=x^3+ax^2+bx-1$

양변을 x에 대하여 미분하면

$\int_1^x f(t)\,dt+xf(x)-xf(x)=3x^2+2ax+b$

$\int_1^x f(t)\,dt=3x^2+2ax+b$ ······㉢

양변에 $x=1$을 대입하면

$0=3+2a+b$

$\therefore 2a+b=-3$ ······㉣

㉡, ㉣을 연립하여 풀면

$a=-3, b=3$

이것을 ㉢에 대입하면

$\int_1^x f(t)\,dt=3x^2-6x+3$

양변을 x에 대하여 미분하면

$f(x)=6x-6$

$\therefore \int_a^b f'(x)\,dx=\Big[f(x)\Big]_a^b=\Big[f(x)\Big]_{-3}^3$

$\qquad =f(3)-f(-3)$

$\qquad =12-(-24)=36$ 　　🖬 36

1770 $=x\int_1^x f'(t)\,dt+\int_1^x tf'(t)\,dt$임을 이용하자.

> 다항함수 $y=f(x)$가 모든 실수 x에 대하여
> $$\int_1^x (x+t)f'(t)\,dt=2xf(x)-3x^3+2ax^2$$
> 을 만족시킬 때, $f(a)$의 값은? (단, a는 상수이다.)
> 양변을 x에 대하여 두 번 미분하자.

$\int_1^x (x+t)f'(t)\,dt=2xf(x)-3x^3+2ax^2$의 양변에

$x=1$을 대입하면 $0=2f(1)-3+2a$

$\therefore f(1)=\dfrac{3-2a}{2}$ ······㉠

$\int_1^x (x+t)f'(t)\,dt=x\int_1^x f'(t)\,dt+\int_1^x tf'(t)\,dt$

이므로 주어진 식의 양변을 x에 대하여 미분하면

$\int_1^x f'(t)\,dt+xf'(x)+xf'(x)=2f(x)+2xf'(x)-9x^2+4ax$

$\int_1^x f'(t)\,dt=2f(x)-9x^2+4ax$ ······㉡

㉡의 양변에 $x=1$을 대입하면 $0=2f(1)-9+4a$

$\therefore f(1)=\dfrac{9-4a}{2}$ ······㉢

㉠, ㉢을 연립하면 $a=3$

$\therefore f(1)=\dfrac{3-2\times3}{2}=-\dfrac{3}{2}$

㉡의 양변을 x에 대하여 미분하면

$f'(x)=2f'(x)-18x+12$이므로

$f'(x)=18x-12$

$\therefore f(x)=\int f'(x)\,dx=\int (18x-12)\,dx$

$\qquad =9x^2-12x+C$

$f(1)=9-12+C=-\dfrac{3}{2}$ $\quad \therefore C=\dfrac{3}{2}$

따라서 $f(x)=9x^2-12x+\dfrac{3}{2}$이므로

$f(a)=f(3)=81-36+\dfrac{3}{2}=\dfrac{93}{2}$ 　　🖬 ②

1771 $=x\int_0^x f'(t)\,dt-\int_0^x tf'(t)\,dt$임을 이용하자.

> 미분가능한 함수 $y=f(x)$가
> $$\int_0^x (x-t)f'(t)\,dt=\int_{x-1}^{x+1} (t^3+at)\,dt$$
> 를 만족시킨다. $f(1)=7$일 때, $f(3)$의 값을 구하시오.
> 양변을 x에 대하여 미분하자. (단, a는 상수이다.)

$\int_0^x (x-t)f'(t)\,dt=\int_{x-1}^{x+1} (t^3+at)\,dt$에서

$x\int_0^x f'(t)\,dt-\int_0^x tf'(t)\,dt=\int_{x-1}^{x+1} (t^3+at)\,dt$

위의 식의 양변을 x에 대하여 미분하면

$\int_0^x f'(t)\,dt+xf'(x)-xf'(x)=\{(x+1)^3+a(x+1)\}$

$\qquad\qquad\qquad\qquad\qquad -\{(x-1)^3+a(x-1)\}$

$\therefore \int_0^x f'(t)\,dt=6x^2+2+2a$ ······㉠

○의 양변에 $x=0$을 대입하면 $0=2+2a$　　$\therefore a=-1$

$\displaystyle\int_0^x f'(t)dt=\Big[f(t)\Big]_0^x=f(x)-f(0)=6x^2$

$\therefore f(x)=6x^2+f(0)$

$f(1)=7$이므로 $6+f(0)=7$　　$\therefore f(0)=1$

따라서 $f(x)=6x^2+1$이므로

$f(3)=6\times9+1=55$

답 55

1772

$g'(x)=f(x)$임을 이용하자.

> $0\leq x\leq4$에서 함수 $y=f(x)$의 그래
> 프가 그림과 같을 때, 함수
> $$g(x)=\int_0^x f(t)dt\ (0\leq x\leq4)$$
> 라 하자. 〈보기〉에서 옳은 것만을
> 있는 대로 고른 것은? (단, 곡선 $y=f(x)$의 그래프와 x축으로
> 둘러싸인 부분의 넓이 A, B, C, D는 $A<B<C<D$이다.)
>
> ―| 보기 |―
> ㄱ. $g'(1)=0$
> ㄴ. 함수 $y=g(x)$는 $x=2$에서 극대이다.
> ㄷ. 함수 $y=g(x)$는 $x=3$에서 최소이다.
>
> 함수 $y=g(x)$는 $x=1$ 또는 $x=3$에서 극소임을 이용하자.

$g(x)=\displaystyle\int_0^x f(t)dt$에서 $g'(x)=f(x)$이므로 주어진 그래프를

이용해 함수 $y=g(x)$의 증가, 감소를 표로 나타내면 다음과 같다.

x	0	$\cdots$	1	$\cdots$	2	$\cdots$	3	$\cdots$	4
$g'(x)$	0	$-$	0	$+$	0	$-$	0	$+$	0
$g(x)$		$\searrow$	극소	$\nearrow$	극대	$\searrow$	극소	$\nearrow$	

ㄱ. $g'(1)=f(1)=0$ (참)

ㄴ. 함수 $y=g(x)$는 $x=2$에서 극대이다. (참)

ㄷ. 함수 $y=g(x)$는 극소인 점 $x=1$ 또는 $x=3$에서 최소이다.

$\displaystyle g(1)=\int_0^1 f(t)dt=-A,\ g(3)=\int_0^3 f(t)dt=-A+B-C$

이고 $B-C<0$이므로 $g(1)>g(3)$

즉, 함수 $y=g(x)$는 $x=3$에서 최소이다. (참)

따라서 ㄱ, ㄴ, ㄷ 모두 옳다.

답 ⑤

1773

$\displaystyle\int_{-1}^1 f(t)dt$와 $\displaystyle\int_{-1}^1 tf(t)dt$는 모두 상수임을 이용하자.

> 두 다항식 $f(x)$, $g(x)$가 다음과 같다.
>
> $$f(x)=5x^4+4x^3+\int_{-1}^1(3x^2-t)f(t)dt$$
> $$g(x)=x+\lim_{x\to1}\frac{1}{x-1}\int_1^x f(t)dt$$
>
> $g(2)$의 값을 구하시오.
>
> $=\displaystyle\lim\frac{F(x)-F(1)}{x-1}$임을 이용하자. (단, $F'(x)=f(x)$)

$\displaystyle\int_{-1}^1 f(t)dt=a,\ \int_{-1}^1 tf(t)dt=b\ (a,b$는 상수)로 놓으면

$f(x)=5x^4+4x^3+3ax^2-b$이므로

$\displaystyle a=\int_{-1}^1(5t^4+4t^3+3at^2-b)\,dt=2\int_0^1(5t^4+3at^2-b)\,dt$

$\displaystyle =2\Big[t^5+at^3-bt\Big]_0^1=2+2a-2b$

즉, $2+2a-2b=a$에서

$a-2b=-2$ ……○

$\displaystyle b=\int_{-1}^1(5t^5+4t^4+3at^3-bt)\,dt=2\int_0^1 4t^4dt$

$\displaystyle =8\Big[\frac{1}{5}t^5\Big]_0^1=\frac{8}{5}$

$\therefore b=\dfrac{8}{5}$

$b=\dfrac{8}{5}$을 ○에 대입하면 $a=\dfrac{6}{5}$

$\therefore f(x)=5x^4+4x^3+\dfrac{18}{5}x^2-\dfrac{8}{5}$

$f(t)=5t^4+4t^3+\dfrac{18}{5}t^2-\dfrac{8}{5}$이고 함수 $y=f(t)$의 한 부정적분을

함수 $y=F(t)$라 하면

$\displaystyle\lim_{x\to1}\frac{1}{x-1}\int_1^x f(t)dt=\lim_{x\to1}\frac{F(x)-F(1)}{x-1}$

$=F'(1)=f(1)=11$

$\therefore g(2)=2+11=13$

답 13

1774

$y=f(x)$의 그래프는 y축에 대하여 대칭임을 이용하자.

> 사차함수 $f(x)=x^4+ax^2+b$에 대하여 $x\geq0$에서 정의된 함수
> $$g(x)=\int_{-x}^{2x}\{f(t)-|f(t)|\}dt$$
> 가 다음 조건을 만족시킨다. $=\begin{cases}0 & (f(t)\geq0)\\2f(t) & (f(t)<0)\end{cases}$임을 이용하자.
>
> (가) $0<x<1$에서 $g(x)=c_1$ (c_1은 상수)
> (나) $1<x<5$에서 $g(x)$는 감소한다.
> (다) $x>5$에서 $g(x)=c_2$ (c_2는 상수)

$f(x)=x^4+ax^2+b$에서 모든 실수 x에 대하여 $f(-x)=f(x)$이므로

사차함수 $y=f(x)$의 그래프는 y축에 대하여 대칭이다.

이때 $f(t)\geq0$인 구간에서는 $f(t)-|f(t)|=0$,

$f(t)<0$인 구간에서는 $f(t)-|f(t)|=2f(t)<0$

이고, 조건 (가)에 의하여 $-1\leq t\leq2$일 때 $f(t)\geq0$이어야 한다.

또, 조건 (나)에 의하여 $f(t)<0$인 구간이 있어야 한다.

따라서 $f(0)>0$이고 함수 $y=f(x)$의 그래프의 개형은 그림과 같다.

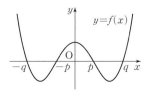

위 그림과 같이 함수 $y=f(x)$의 그래프가 x축과 만나는 네 점의 x좌표

를 각각 $-q$, $-p$, p, q ($0<p<q$)라 하자.

(i) $0<x<\dfrac{p}{2}$일 때, 구간 $[-x, 2x]$에서 $f(x)\geq0$이므로

$$g(x)=\int_{-x}^{2x}0\,dt=0$$

조건 (가)에 의하여 $0<x<1$일 때 $g(x)=c_1$ (c_1은 상수)이므로

$\dfrac{p}{2}\geq1$, 즉 $p\geq2$

(ii) $\dfrac{p}{2}<x<q$일 때, 구간 $[-x,\,2x]$에서 $f(x)<0$인 구간이 점점 커지므로 $g(x)$는 감소한다.

조건 (나)에 의하여 $1<x<5$일 때 $g(x)$는 감소하므로

$\dfrac{p}{2}\leq1$, $q\geq5$ $\quad\therefore p\leq2,\ q\geq5$

(iii) $x>q$일 때, 구간 $[-x,\,-q]$와 구간 $[q,\,2x]$에서 $f(x)\geq0$이므로

$g(x)=g(q)$

조건 (다)에 의하여 $x>5$일 때 $g(x)=c_2$ (c_2는 상수)이므로

$q\leq5$

(ⅰ), (ⅱ), (ⅲ)에 의하여 $p=2,\ q=5$

따라서

$f(x)=(x+2)(x-2)(x+5)(x-5)$
$\qquad=(x^2-4)(x^2-25)$

이므로 $f(\sqrt2)=(-2)\times(-23)=46$ **답** ④

1775 양변을 x에 대하여 미분하면 $h'(x)=f(x)-g(x)$임을 알 수 있다.

이차함수 $f(x)$와 일차함수 $g(x)$에 대하여 세 실수 $\alpha,\ \beta,\ \gamma$가 $\alpha<0,\ 1<\beta<\gamma$이고 함수 $y=f(x)$와 $y=g(x)$의 그래프가 그림과 같다.

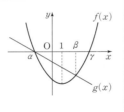

$h(x)=\displaystyle\int_1^x\{f(t)-g(t)\}dt$라 할 때, 〈보기〉에서 옳은 것만을 있는 대로 고르시오.

> **보기**
> ㄱ. $x>1$일 때, $h(x)>0$이다.
> ㄴ. 함수 $h(x)$는 $x=\alpha$에서 극대이다.
> ㄷ. 방정식 $h(x)=0$은 서로 다른 두 개의 양의 근과 한 개의 음의 근을 갖는다.

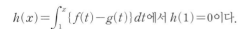
$h(1)=0$임을 이용하자.

$h(x)=\displaystyle\int_1^x\{f(t)-g(t)\}dt$에서 $h(1)=0$이다.

미분하면 $h'(x)=f(x)-g(x)$이다.

따라서 $y=h(x)$의 그래프를 그리면 다음과 같다.

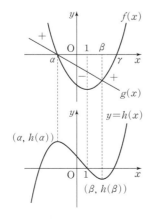

ㄱ. $1<\beta<\gamma$이고 $x=\beta$가 극소이다.

따라서 $1<x<\beta$에서 $h(x)$는 감소하고 $h(1)=0$이므로 $h(x)$는 음수이다. (거짓)

ㄴ. $h(x)$는 $x=\alpha$에서 $h'(\alpha)=0$이고 부호가 $+\longrightarrow-$로 바뀌므로 극대를 가진다. (참)

ㄷ. $h(x)=0$은 서로 다른 두 개의 양의 근과 한 개의 음의 근을 갖는다.

(참)

따라서 옳은 것은 ㄴ, ㄷ이다. **답** ㄴ, ㄷ

1776 $f'(x)=ax(x-k)$ $(a>0)$임을 이용하자.

최고차항의 계수가 양수인 삼차함수 $y=f(x)$가 다음 조건을 만족시킨다.

> (가) 함수 $y=f(x)$는 $x=0$에서 극댓값, $x=k$에서 극솟값을 가진다. (단, k는 상수이다.)
> (나) 1보다 큰 모든 실수 t에 대하여
> $\displaystyle\int_0^t|f'(x)|dx=f(t)+f(0)$이다.

양변을 t에 대하여 미분하면 $|f'(t)|=f'(t)$이므로 $f'(t)\geq0$임을 알 수 있다.

〈보기〉에서 옳은 것만을 있는 대로 고르시오.

> **보기**
> ㄱ. $\displaystyle\int_0^k f'(x)dx<0$
> ㄴ. $0<k\leq1$
> ㄷ. 함수 $y=f(x)$의 극솟값은 0이다.

ㄱ. 조건 (가)에서 $f'(x)=ax(x-k)$ $(a>0)$라 하면 구간 $[0,\,k]$에서 $f'(x)\leq0$이므로

$\displaystyle\int_0^k f'(x)dx<0$ (참)

ㄴ. 조건 (나)에서 $\displaystyle\int_0^t|f'(x)|dx=f(t)+f(0)$의 양변을 t에 대하여 미분하면

$|f'(t)|=f'(t)$ $\quad\cdots\cdots\ \bigcirc$

$\bigcirc$은 $t>1$인 모든 실수 t에 대하여 성립하므로

$f'(t)\geq0$ $(t>1)$

따라서 조건 (가)에서 함수 $y=f(x)$는 $x=0$에서 극댓값, $x=k$에서 극솟값을 가지므로 $0<k\leq1$이다. (참)

ㄷ. $f'(x)=ax(x-k)=ax^2-akx$에서

$\displaystyle\int_0^t|f'(x)|dx$

$=-\displaystyle\int_0^k(ax^2-akx)\,dx+\int_k^t(ax^2-akx)\,dx$

$=-\left[\dfrac{a}{3}x^3-\dfrac{ak}{2}x^2\right]_0^k+\left[\dfrac{a}{3}x^3-\dfrac{ak}{2}x^2\right]_k^t$

$=-\left(\dfrac{ak^3}{3}-\dfrac{ak^3}{2}\right)+\left(\dfrac{at^3}{3}-\dfrac{akt^2}{2}-\dfrac{ak^3}{3}+\dfrac{ak^3}{2}\right)$

$=\dfrac{ak^3}{6}+\left(\dfrac{at^3}{3}-\dfrac{akt^2}{2}+\dfrac{ak^3}{6}\right)$

$=\dfrac{at^3}{3}-\dfrac{akt^2}{2}+\dfrac{ak^3}{3}$ $\quad\cdots\cdots\ \bigcirc$

또한,

$$f(x) = \int (ax^2 - akx)\,dx = \frac{a}{3}x^3 - \frac{ak}{2}x^2 + C$$

이므로

$$f(t) + f(0) = \left(\frac{a}{3}t^3 - \frac{ak}{2}t^2 + C \right) + C$$

$$= \frac{a}{3}t^3 - \frac{ak}{2}t^2 + 2C \quad \cdots\cdots \ \unicode{x24C1}$$

$\unicode{x24BF}$, $\unicode{x24C1}$이 같아야 하므로

$$C = \frac{ak^3}{6}$$

즉, $f(x) = \frac{a}{3}x^3 - \frac{ak}{2}x^2 + \frac{ak^3}{6}$ 이므로 극솟값은

$$f(k) = \frac{ak^3}{3} - \frac{ak^3}{2} + \frac{ak^3}{6} = 0 \ (참)$$

따라서 ㄱ, ㄴ, ㄷ 모두 옳다. 　　　　　　　　　🅐 ㄱ, ㄴ, ㄷ

1777  $a=0$, $0<a<4$, $a=4$일 때로 나누어 생각하자.

구간 $[0, 8]$에서 정의된 함수 $f(x)$는

$$f(x) = \begin{cases} -x(x-4) & (0 \le x < 4) \\ x - 4 & (4 \le x \le 8) \end{cases}$$

이다. 실수 a $(0 \le a \le 4)$에 대하여 $\int_a^{a+4} f(x)\,dx$의 최솟값은 $\dfrac{q}{p}$이다. $p+q$의 값을 구하시오.

(단, p와 q는 서로소인 자연수이다.)

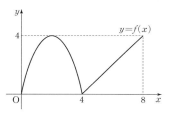

$0 \le a \le 4$에서

$g(a) = \int_a^{a+4} f(x)\,dx$라 하자.

(ⅰ) $a=0$일 때,

$$g(0) = \int_0^4 f(x)\,dx$$

$$= \int_0^4 \{-x(x-4)\}\,dx$$

$$= \int_0^4 (-x^2 + 4x)\,dx$$

$$= \left[-\frac{1}{3}x^3 + 2x^2 \right]_0^4$$

$$= -\frac{64}{3} + 32 = \frac{32}{3}$$

(ⅱ) $0 < a < 4$일 때,

$$g(a) = \int_a^4 f(x)\,dx + \int_4^{a+4} f(x)\,dx$$

$$= \int_a^4 \{-x(x-4)\}\,dx + \int_4^{a+4} (x-4)\,dx$$

$$= \left[-\frac{1}{3}x^3 + 2x^2 \right]_a^4 + \left[\frac{1}{2}x^2 - 4x \right]_4^{a+4}$$

$$= \frac{32}{3} + \frac{1}{3}a^3 - 2a^2 + \frac{1}{2}(a+4)^2 - 4(a+4) - (8-16)$$

$$= \frac{1}{3}a^3 - \frac{3}{2}a^2 + \frac{32}{3}$$

(ⅲ) $a=4$일 때,

$$g(a) = \int_4^8 f(x)\,dx$$

$$= \int_4^8 (x-4)\,dx$$

$$= \left[\frac{1}{2}x^2 - 4x \right]_4^8$$

$$= 32 - 32 - (8-16)$$

$$= 8$$

$0 < a < 4$에서

$$g(a) = \frac{1}{3}a^3 - \frac{3}{2}a^2 + \frac{32}{3}$$

이므로

$$g'(a) = a^2 - 3a = a(a-3)$$

$g'(a) = 0$에서

$0 < a < 4$이므로 $a = 3$

함수 $g(a)$의 증가, 감소를 표로 나타내면 다음과 같다.

a	(0)	$\cdots$	3	$\cdots$	(4)
$g'(a)$		$+$	0	$-$	
$g(a)$	$\dfrac{32}{3}$	$\searrow$	극소	$\nearrow$	8

따라서 $g(a)$는 $a=3$에서 최솟값

$$g(3) = \frac{1}{3} \times 3^3 - \frac{3}{2} \times 3^2 + \frac{32}{3}$$

$$= 9 - \frac{27}{2} + \frac{32}{3}$$

$$= \frac{54 - 81 + 64}{6} = \frac{37}{6}$$

을 가지므로 $p=6$, $q=37$

$p+q = 43$ 　　　　　　　　　🅐 43

11 정적분의 활용

1778

$$\int_{-2}^{0}(x+2)\,dx=\left[\frac{1}{2}x^2+2x\right]_{-2}^{0}=2$$

답 2

1779

$$\int_{0}^{1}x^2\,dx=\left[\frac{1}{3}x^3\right]_{0}^{1}=\frac{1}{3}$$

답 $\frac{1}{3}$

1780

$$\int_{1}^{2}x^2\,dx=\left[\frac{1}{3}x^3\right]_{1}^{2}=\frac{7}{3}$$

답 $\frac{7}{3}$

1781

$$-\int_{-1}^{0}(-2x-2)\,dx=-\left[-x^2-2x\right]_{-1}^{0}=1$$

답 1

1782

$$-\int_{-1}^{0}(-x^2)\,dx=-\left[-\frac{1}{3}x^3\right]_{-1}^{0}=\frac{1}{3}$$

답 $\frac{1}{3}$

1783

곡선과 x축의 교점의 x좌표는 $-x^2+x=0$에서

$x(x-1)=0$

$\therefore x=0$ 또는 $x=1$

구간 $[\boxed{0},\ \boxed{1}]$에서

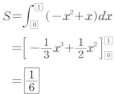

$-x^2+x\geq0$이므로 구하는 넓이는

$$S=\int_{\boxed{0}}^{\boxed{1}}(-x^2+x)\,dx$$

$$=\left[-\frac{1}{3}x^3+\frac{1}{2}x^2\right]_{\boxed{0}}^{\boxed{1}}$$

$$=\boxed{\frac{1}{6}}$$

답 $0,\ 1,\ 1,\ 0,\ 1,\ 0,\ \frac{1}{6}$

1784

곡선 $y=(x+3)(x-3)$과 x축의 교점의 x좌표는

$(x+3)(x-3)=0$에서

$x=-3$ 또는 $x=3$

따라서 구하는 넓이는

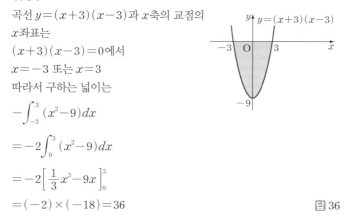

$$-\int_{-3}^{3}(x^2-9)\,dx$$

$$=-2\int_{0}^{3}(x^2-9)\,dx$$

$$=-2\left[\frac{1}{3}x^3-9x\right]_{0}^{3}$$

$$=(-2)\times(-18)=36$$

답 36

1785

곡선 $y=x(x-4)$와 x축의 교점의 x좌표는

$x(x-4)=0$에서

$x=0$ 또는 $x=4$

따라서 구하는 넓이는

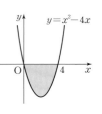

$$-\int_{0}^{4}(x^2-4x)\,dx$$

$$=-\left[\frac{1}{3}x^3-2x^2\right]_{0}^{4}=\frac{32}{3}$$

답 $\frac{32}{3}$

1786

곡선 $y=x^2-3x+2$와 x축의 교점의 x좌표는

$x^2-3x+2=0$에서

$(x-1)(x-2)=0$

$\therefore x=1$ 또는 $x=2$

따라서 구하는 넓이는

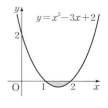

$$-\int_{1}^{2}(x^2-3x+2)\,dx$$

$$=-\left[\frac{1}{3}x^3-\frac{3}{2}x^2+2x\right]_{1}^{2}$$

$$=-\left(\frac{2}{3}-\frac{5}{6}\right)=\frac{1}{6}$$

답 $\frac{1}{6}$

1787

$$\int_{0}^{1}(-x+1)\,dx-\int_{1}^{2}(-x+1)\,dx$$

$$=\left[-\frac{1}{2}x^2+x\right]_{0}^{1}-\left[-\frac{1}{2}x^2+x\right]_{1}^{2}$$

$$=\frac{1}{2}-\left(-\frac{1}{2}\right)=1$$

답 1

1788

$$-\int_{-1}^{1}(x-1)\,dx+\int_{1}^{3}(x-1)\,dx$$

$$=-\left[\frac{1}{2}x^2-x\right]_{-1}^{1}+\left[\frac{1}{2}x^2-x\right]_{1}^{3}$$

$$=2+2=4$$

답 4

1789

$$\int_{0}^{1}(x^2-4x+3)\,dx-\int_{1}^{3}(x^2-4x+3)\,dx$$

$$=\left[\frac{1}{3}x^3-2x^2+3x\right]_{0}^{1}-\left[\frac{1}{3}x^3-2x^2+3x\right]_{1}^{3}$$

$$=\frac{4}{3}-\left(-\frac{4}{3}\right)=\frac{8}{3}$$

답 $\frac{8}{3}$

1790

$$-\int_{-3}^{-2}(-x^2-x+2)\,dx+\int_{-2}^{0}(-x^2-x+2)\,dx$$

$$=-\left[-\frac{1}{3}x^3-\frac{1}{2}x^2+2x\right]_{-3}^{-2}+\left[-\frac{1}{3}x^3-\frac{1}{2}x^2+2x\right]_{-2}^{0}$$

$$=\frac{11}{6}+\frac{10}{3}=\frac{31}{6}$$

답 $\frac{31}{6}$

1791

곡선 $y=x^2-2x$와 직선 $y=x$의 교점의 x좌표는

$x^2-2x=x$에서

$x^2-3x=0$

$x(x-3)=0$

$\therefore x=0$ 또는 $x=3$

따라서 구하는 넓이는

$\int_0^3 \{(\boxed{x})-(\boxed{x^2-2x})\}\,dx$

$=\int_0^3 (\boxed{-x^2+3x})\,dx$

$=\left[-\dfrac{1}{3}x^3+\dfrac{3}{2}x^2\right]_0^3=\boxed{\dfrac{9}{2}}$

답 $x,\ x^2-2x,\ -x^2+3x,\ \dfrac{9}{2}$

1792

$\int_{-2}^1 \{(-x+2)-x^2\}\,dx=\int_{-2}^1 (-x^2-x+2)\,dx$

$\qquad\qquad\qquad =\left[-\dfrac{1}{3}x^3-\dfrac{1}{2}x^2+2x\right]_{-2}^1$

$\qquad\qquad\qquad =\dfrac{9}{2}$

답 $\dfrac{9}{2}$

1793

$\int_{-1}^1 \{(-x^2+x)-(x-1)\}\,dx$

$=\int_{-1}^1 (-x^2+1)\,dx$

$=\left[-\dfrac{1}{3}x^3+x\right]_{-1}^1=\dfrac{4}{3}$

답 $\dfrac{4}{3}$

1794

$\int_{-2}^2 \{(-x^2+1)-(-3)\}\,dx$

$=\int_{-2}^2 (-x^2+4)\,dx=2\int_0^2 (-x^2+4)\,dx$

$=2\left[-\dfrac{1}{3}x^3+4x\right]_0^2$

$=2\times\dfrac{16}{3}=\dfrac{32}{3}$

답 $\dfrac{32}{3}$

1795

곡선 $y=-x^2+6x$와 직선 $y=2x$의 교점의 x좌표는

$-x^2+6x=2x$에서

$x^2-4x=0,\ x(x-4)=0$

$\therefore x=0$ 또는 $x=4$

따라서 구하는 넓이는

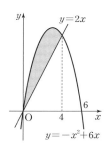

$\int_0^4 \{(-x^2+6x)-2x\}\,dx$

$=\int_0^4 (-x^2+4x)\,dx$

$=\left[-\dfrac{1}{3}x^3+2x^2\right]_0^4=\dfrac{32}{3}$

답 $\dfrac{32}{3}$

1796

곡선 $y=x^2-4x$와 직선 $y=x-4$의 교점의 x좌표는

$x^2-4x=x-4$에서

$x^2-5x+4=0,\ (x-1)(x-4)=0$

$\therefore x=1$ 또는 $x=4$

따라서 구하는 넓이는

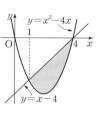

$\int_1^4 \{(x-4)-(x^2-4x)\}\,dx$

$=\int_1^4 (-x^2+5x-4)\,dx$

$=\left[-\dfrac{1}{3}x^3+\dfrac{5}{2}x^2-4x\right]_1^4=\dfrac{9}{2}$

답 $\dfrac{9}{2}$

1797

곡선 $y=-4x^2+6$과 직선 $y=-4x-2$의 교점의 x좌표는

$-4x^2+6=-4x-2$에서

$-4x^2+4x+8=0$

$-4(x^2-x-2)=0$

$-4(x+1)(x-2)=0$

$\therefore x=-1$ 또는 $x=2$

따라서 구하는 넓이는

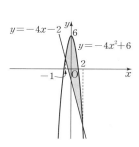

$\int_{-1}^2 \{(-4x^2+6)-(-4x-2)\}\,dx$

$=-4\int_{-1}^2 (x^2-x-2)\,dx$

$=-4\left[\dfrac{1}{3}x^3-\dfrac{1}{2}x^2-2x\right]_{-1}^2=18$

답 18

1798

두 곡선 $y=x^2-3x,\ y=-x^2+7x-8$의 교점의 x좌표는

$x^2-3x=-x^2+7x-8$에서

$2x^2-10x+8=0$

$2(x-1)(x-4)=0$

$\therefore x=1$ 또는 $x=4$

따라서 구하는 넓이는

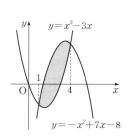

$\int_1^4 \{(\boxed{-x^2+7x-8})-(\boxed{x^2-3x})\}\,dx$

$=\int_1^4 (\boxed{-2x^2+10x-8})\,dx$

$=\left[-\dfrac{2}{3}x^3+5x^2-8x\right]_1^4=\boxed{9}$

답 $-x^2+7x-8,\ x^2-3x,\ -2x^2+10x-8,\ 9$

1799

$\int_1^3 \{(-x^2+4x-1)-(x^2-4x+5)\}\,dx$

$=\int_1^3 (-2x^2+8x-6)\,dx$

$=\left[-\dfrac{2}{3}x^3+4x^2-6x\right]_1^3$

$=\dfrac{8}{3}$

답 $\dfrac{8}{3}$

1800

$$\int_1^3 \{(-x^2+5x-4)-(2x^2-7x+5)\}\,dx$$

$$=\int_1^3 (-3x^2+12x-9)\,dx$$

$$=\Big[-x^3+6x^2-9x\Big]_1^3$$

$$=4$$

답 4

1801

$$\int_0^2 \{(-x^2+4x)-x^2\}\,dx=\int_0^2 (-2x^2+4x)\,dx$$

$$=\Big[-\frac{2}{3}x^3+2x^2\Big]_0^2$$

$$=\frac{8}{3}$$

답 $\dfrac{8}{3}$

1802

두 곡선 $y=x^2-8$, $y=-x^2$의 교점의
x좌표는 $x^2-8=-x^2$에서
$2x^2-8=0$
$2(x+2)(x-2)=0$
$\therefore x=-2$ 또는 $x=2$
따라서 구하는 넓이는

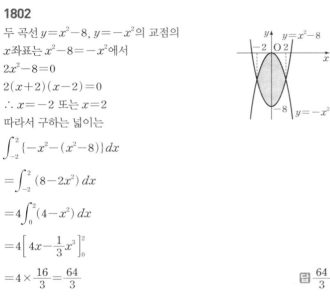

$$\int_{-2}^2 \{-x^2-(x^2-8)\}\,dx$$

$$=\int_{-2}^2 (8-2x^2)\,dx$$

$$=4\int_0^2 (4-x^2)\,dx$$

$$=4\Big[4x-\frac{1}{3}x^3\Big]_0^2$$

$$=4\times\frac{16}{3}=\frac{64}{3}$$

답 $\dfrac{64}{3}$

1803

두 곡선 $y=2x^2-6$, $y=-x^2+3x$의 교점의
x좌표는
$2x^2-6=-x^2+3x$에서
$3x^2-3x-6=0$
$3(x+1)(x-2)=0$
$\therefore x=-1$ 또는 $x=2$
따라서 구하는 넓이는

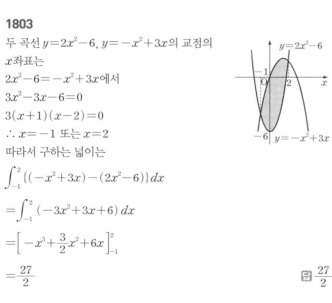

$$\int_{-1}^2 \{(-x^2+3x)-(2x^2-6)\}\,dx$$

$$=\int_{-1}^2 (-3x^2+3x+6)\,dx$$

$$=\Big[-x^3+\frac{3}{2}x^2+6x\Big]_{-1}^2$$

$$=\frac{27}{2}$$

답 $\dfrac{27}{2}$

1804

두 곡선 $y=x^2-1$, $y=-x^2-2x+3$의 교점의
x좌표는
$x^2-1=-x^2-2x+3$에서
$2x^2+2x-4=0$
$2(x+2)(x-1)=0$
$\therefore x=-2$ 또는 $x=1$
따라서 구하는 넓이는

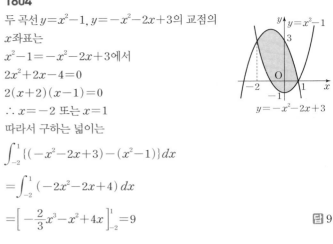

$$\int_{-2}^1 \{(-x^2-2x+3)-(x^2-1)\}\,dx$$

$$=\int_{-2}^1 (-2x^2-2x+4)\,dx$$

$$=\Big[-\frac{2}{3}x^3-x^2+4x\Big]_{-2}^1=9$$

답 9

1805

시각 t에서 점 P의 위치를 $s(t)$라 하면

$$s(t)=s(0)+\int_0^t v(t)\,dt$$

이고 점 P가 원점에서 출발하였으므로 $s(0)=0$
따라서 시각 $t=2$에서의 점 P의 위치는

$$s(2)=s(0)+\int_0^2 (3t^2-6t)\,dt$$

$$=0+\Big[t^3-3t^2\Big]_0^2=-4$$

답 -4

1806

시각 $t=a$에서 $t=b$까지 점 P의 위치의 변화량은 $\displaystyle\int_a^b v(t)\,dt$
이므로 시각 $t=1$에서 $t=4$까지 점 P의 위치의 변화량은

$$\int_1^4 (3t^2-6t)\,dt=\Big[t^3-3t^2\Big]_1^4=18$$

답 18

1807

시각 $t=0$에서 $t=4$까지 점 P가 움직인 거리는

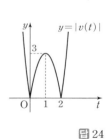

$$\int_0^4 |3t^2-6t|\,dt$$

$$=\int_0^2 (-3t^2+6t)\,dt+\int_2^4 (3t^2-6t)\,dt$$

$$=\Big[-t^3+3t^2\Big]_0^2+\Big[t^3-3t^2\Big]_2^4$$

$$=4+20=24$$

답 24

1808

$v(t)=-t+2$이고, 시각 t에서의 점 P의 위치를 $s(t)$라 하면
시각 $t=1$에서의 점 P의 위치는

$$s(1)=s(0)+\int_0^1 v(t)\,dt$$

$$=0+\int_0^1 (-t+2)\,dt$$

$$=0+\Big[-\frac{1}{2}t^2+2t\Big]_0^1$$

$$=0+\frac{3}{2}=\frac{3}{2}$$

답 $\dfrac{3}{2}$

1809

시각 $t=1$에서 $t=3$까지 점 P의 위치의 변화량은

$$\int_1^3 v(t)\,dt = \int_1^3 (-t+2)\,dt$$

$$= \left[-\frac{1}{2}t^2 + 2t \right]_1^3$$

$$= \frac{3}{2} - \frac{3}{2} = 0$$

답 0

1810

시각 $t=1$에서 $t=3$까지 점 P가 움직인 거리는

$$\int_1^3 |-t+2|\,dt$$

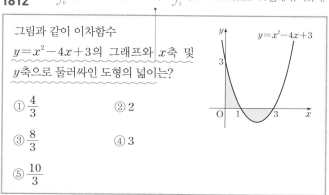

$$= \int_1^2 (-t+2)\,dt + \int_2^3 (t-2)\,dt$$

$$= \left[-\frac{1}{2}t^2 + 2t \right]_1^2 + \left[\frac{1}{2}t^2 - 2t \right]_2^3$$

$$= \frac{1}{2} + \frac{1}{2} = 1$$

답 1

1811

> 곡선 $y=6x^2-12x$와 x축으로 둘러싸인 부분의 넓이를 구하시오.
>
> 곡선과 x축으로 둘러싸인 부분의 넓이는 정적분을 이용하여 구할 수 있다.

$y=6x(x-2)$이므로 구하는 넓이는

$$\int_0^2 (-6x^2+12x)\,dx$$

$$= \left[-2x^3 + 6x^2 \right]_0^2$$

$$= -16 + 24$$

$$= 8$$

답 8

1812 <small>$\int_0^1 (x^2-4x+3)\,dx>0$이고 $\int_1^3 (x^2-4x+3)\,dx<0$임에 유의하자.</small>

> 그림과 같이 이차함수 $y=x^2-4x+3$의 그래프와 x축 및 y축으로 둘러싸인 도형의 넓이는?
>
> ① $\dfrac{4}{3}$ ② 2
>
> ③ $\dfrac{8}{3}$ ④ 3
>
> ⑤ $\dfrac{10}{3}$

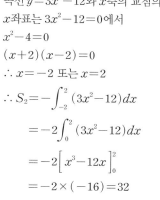

구간 $[0, 1]$에서 $y \geq 0$, 구간 $[1, 3]$에서 $y \leq 0$이므로 구하는 넓이는

$$\int_0^1 (x^2-4x+3)\,dx - \int_1^3 (x^2-4x+3)\,dx$$

$$= \left[\frac{1}{3}x^3 - 2x^2 + 3x \right]_0^1 - \left[\frac{1}{3}x^3 - 2x^2 + 3x \right]_1^3$$

$$= \frac{4}{3} + \frac{4}{3} = \frac{8}{3}$$

답 ③

1813 <small>주어진 곡선과 x축의 교점은 $(-2, 0)$, $(0, 0)$이다.</small>

> 곡선 $y=x^2+2x$와 x축 및 두 직선 $x=-1$, $x=1$로 둘러싸인 도형의 넓이를 구하시오. <small>$\int_{-1}^1 |x^2+2x|\,dx$임을 이용하자.</small>

구간 $[-1, 0]$에서 $x^2+2x \leq 0$, 구간 $[0, 1]$에서 $x^2+2x \geq 0$이므로 구하는 넓이는

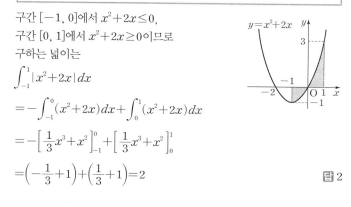

$$\int_{-1}^1 |x^2+2x|\,dx$$

$$= -\int_{-1}^0 (x^2+2x)\,dx + \int_0^1 (x^2+2x)\,dx$$

$$= -\left[\frac{1}{3}x^3 + x^2 \right]_{-1}^0 + \left[\frac{1}{3}x^3 + x^2 \right]_0^1$$

$$= \left(-\frac{1}{3} + 1 \right) + \left(\frac{1}{3} + 1 \right) = 2$$

답 2

1814 <small>$y=-x^2+2x$와 x축의 교점의 x좌표를 구하자.</small>

> 곡선 $y=-x^2+2x$와 x축으로 둘러싸인 도형의 넓이를 S_1, 곡선 $y=3x^2-12$와 x축으로 둘러싸인 도형의 넓이를 S_2라 할 때, $3S_1+S_2$의 값은? <small>$y=3x^2-12$와 x축의 교점의 x좌표를 구하자.</small>

곡선 $y=-x^2+2x$와 x축의 교점의 x좌표는 $-x^2+2x=0$에서

$$x(x-2)=0$$

$$\therefore x=0 \text{ 또는 } x=2$$

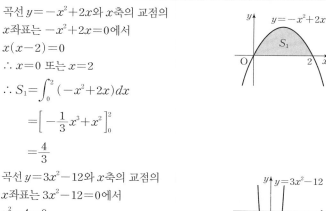

$$\therefore S_1 = \int_0^2 (-x^2+2x)\,dx$$

$$= \left[-\frac{1}{3}x^3 + x^2 \right]_0^2$$

$$= \frac{4}{3}$$

곡선 $y=3x^2-12$와 x축의 교점의 x좌표는 $3x^2-12=0$에서

$$x^2-4=0$$

$$(x+2)(x-2)=0$$

$$\therefore x=-2 \text{ 또는 } x=2$$

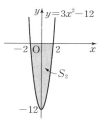

$$\therefore S_2 = -\int_{-2}^2 (3x^2-12)\,dx$$

$$= -2\int_0^2 (3x^2-12)\,dx$$

$$= -2\left[x^3 - 12x \right]_0^2$$

$$= -2 \times (-16) = 32$$

$$\therefore 3S_1 + S_2 = 3 \times \frac{4}{3} + 32 = 36$$

답 ③

다른풀이 포물선 $y=-x(x-2)$와 x축으로 둘러싸인 도형의 넓이는

$$S_1 = \frac{|-1| \times (2-0)^3}{6} = \frac{4}{3}$$

포물선 $y=3(x+2)(x-2)$와 x축으로 둘러싸인 도형의 넓이는

$$S_2 = \frac{3\{2-(-2)\}^3}{6} = 32$$

$$\therefore 3S_1 + S_2 = 36$$

1815

• 인수분해를 이용하여 곡선과 x축의 교점을 구하자.

곡선 $y=x^3-2x^2-3x$와 x축으로 둘러싸인 도형의 넓이를 구하시오.

함수의 그래프의 개형을 그리자.

곡선 $y=x^3-2x^2-3x$와 x축의 교점의 x좌표는
$x^3-2x^2-3x=0$에서
$x(x^2-2x-3)=0$
$x(x+1)(x-3)=0$
$\therefore x=-1$ 또는 $x=0$ 또는 $x=3$

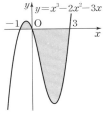

따라서 구하는 넓이는

$\int_{-1}^{0}(x^3-2x^2-3x)\,dx-\int_{0}^{3}(x^3-2x^2-3x)\,dx$

$=\left[\dfrac{1}{4}x^4-\dfrac{2}{3}x^3-\dfrac{3}{2}x^2\right]_{-1}^{0}-\left[\dfrac{1}{4}x^4-\dfrac{2}{3}x^3-\dfrac{3}{2}x^2\right]_{0}^{3}$

$=-\left(\dfrac{1}{4}+\dfrac{2}{3}-\dfrac{3}{2}\right)-\left(\dfrac{81}{4}-18-\dfrac{27}{2}\right)$

$=\dfrac{71}{6}$

답 $\dfrac{71}{6}$

1816

곡선 $y=x^3+2$와 x축 및 두 직선 $x=0$, $x=1$로 둘러싸인 도형의 넓이를 구하시오.

정적분을 이용하면 $\int_{0}^{1}(x^3+2)dx$와 같다.

그림에서 곡선 $y=x^3+2$와 x축 및 두 직선 $x=0$, $x=1$로 둘러싸인 도형의 넓이는

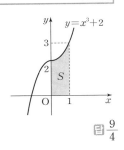

$S=\int_{0}^{1}(x^3+2)dx$

$=\left[\dfrac{1}{4}x^4+2x\right]_{0}^{1}=\dfrac{9}{4}$

답 $\dfrac{9}{4}$

1817

• $y=3$일 때, $x=1$임을 이용하자.

곡선 $y=x^3+2$와 y축 및 $y=3$으로 둘러싸인 부분의 넓이를 구하시오.

직사각형의 넓이에서 $\int_{0}^{1}(x^3+2)dx$를 뺀 것으로 구할 수 있다.

그림에서 어두운 부분의 넓이는

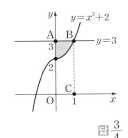

$\square\text{AOCB}-\int_{0}^{1}(x^3+2)dx$

$=3-\left[\dfrac{1}{4}x^4+2x\right]_{0}^{1}$

$=3-\dfrac{9}{4}=\dfrac{3}{4}$

답 $\dfrac{3}{4}$

1818

• 곡선과 x축의 교점의 x좌표는 0, a임을 이용하자.

곡선 $y=x^2-ax$와 x축으로 둘러싸인 도형의 넓이가 $\dfrac{4}{3}$일 때, 양수 a의 값을 구하시오.

정적분을 이용하여 구하자.

곡선 $y=x^2-ax\,(a>0)$와 x축으로 둘러싸인 도형의 넓이는

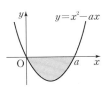

$-\int_{0}^{a}(x^2-ax)dx$

$=-\left[\dfrac{1}{3}x^3-\dfrac{a}{2}x^2\right]_{0}^{a}$

$=\dfrac{a^3}{6}$

$\dfrac{a^3}{6}=\dfrac{4}{3}$이므로 $a^3=8$

$\therefore a=2$

답 2

1819

곡선과 x축의 교점의 x좌표는 0, a임을 이용하자.

구간 $[0,\,3]$에서 정의된 함수 $y=-x^2+ax\,(a>3)$의 그래프와 x축 및 직선 $x=3$으로 둘러싸인 부분의 넓이가 18일 때, 상수 a의 값을 구하시오.

주어진 함수의 그래프의 개형을 그리자.

구간 $[0,\,3]$에서 정의된 함수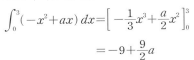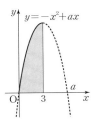
$y=-x^2+ax$의 그래프와 x축 및 직선 $x=3$으로 둘러싸인 부분은 그림의 어두운 부분과 같으므로 구하는 넓이는

$\int_{0}^{3}(-x^2+ax)\,dx=\left[-\dfrac{1}{3}x^3+\dfrac{a}{2}x^2\right]_{0}^{3}$

$=-9+\dfrac{9}{2}a$

따라서 $-9+\dfrac{9}{2}a=18$이므로

$\dfrac{9}{2}a=27$ $\therefore a=6$

답 6

1820

• 구간 $[0,\,k]$에서 $x(x-k)^2\geq0$임을 이용하자.

곡선 $y=x(x-k)^2$과 x축으로 둘러싸인 도형의 넓이가 12일 때, 양수 k의 값을 구하시오.

정적분을 이용하여 구하자.

그림과 같이 구간 $[0,\,k]$에서 $x(x-k)^2\geq0$이고, 어두운 부분의 넓이가 12이므로

 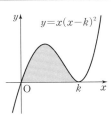

$\int_{0}^{k}(x^3-2kx^2+k^2x)\,dx$

$=\left[\dfrac{1}{4}x^4-\dfrac{2k}{3}x^3+\dfrac{k^2}{2}x^2\right]_{0}^{k}$

$=\dfrac{1}{4}k^4-\dfrac{2}{3}k^4+\dfrac{1}{2}k^4$

$=\dfrac{1}{12}k^4=12$

즉, $k^4=144$이므로 $k=\sqrt{12}\;(\because k>0)$

답 $\sqrt{12}$

1821

$S(h)=\displaystyle\int_0^h f(x)dx$임을 이용하자.

삼차함수 $y=f(x)$의 그래프가 그림과 같을 때, 이 곡선과 x축, y축 및 직선 $x=h$로 둘러싸인 도형의 넓이를 $S(h)$라 하자.

이때, $\displaystyle\lim_{h\to 0}\dfrac{S(h)}{h}$의 값은? (단, $h>0$)

$f(x)$의 부정적분 중 하나를 $F(x)$라 하면 $S(h)=F(h)-F(0)$이다.

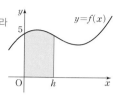

함수 $f(x)$의 부정적분 중 하나를 $F(x)$라 하면

$$\lim_{h\to 0}\frac{S(h)}{h}=\lim_{h\to 0}\frac{\displaystyle\int_0^h f(x)dx}{h}=\lim_{h\to 0}\frac{F(h)-F(0)}{h}$$
$$=F'(0)=f(0)=5$$

답 ③

1822

곡선과 x축의 교점의 x좌표는 0, 2임을 이용하자.

자연수 n에 대하여 곡선 $y=x^n(x-2)$와 x축으로 둘러싸인 도형의 넓이를 a_n이라 할 때, $\displaystyle\lim_{n\to\infty}\sum_{k=1}^{n}\dfrac{a_k}{2^{k+1}}$의 값은?

$\rightarrow$ $0<x<2$에서 $y<0$임을 이용하자.

곡선 $y=x^n(x-2)$가 x축과 만나는 점의 x좌표는
$x^n(x-2)=0$
$\therefore x=0$ 또는 $x=2$
$0<x<2$에서 $y<0$이므로

$$a_n=-\int_0^2 x^n(x-2)dx$$
$$=\int_0^2 (2x^n-x^{n+1})dx$$
$$=\left[\frac{2}{n+1}x^{n+1}-\frac{1}{n+2}x^{n+2}\right]_0^2$$
$$=\frac{2\cdot 2^{n+1}}{n+1}-\frac{2\cdot 2^{n+1}}{n+2}$$

$$\therefore \lim_{n\to\infty}\sum_{k=1}^{n}\frac{a_k}{2^{k+1}}=\lim_{n\to\infty}\sum_{k=1}^{n}\frac{\dfrac{2\cdot 2^{k+1}}{k+1}-\dfrac{2\cdot 2^{k+1}}{k+2}}{2^{k+1}}$$
$$=\lim_{n\to\infty}\sum_{k=1}^{n}2\left(\frac{1}{k+1}-\frac{1}{k+2}\right)$$
$$=\lim_{n\to\infty}2\left\{\left(\frac{1}{2}-\frac{1}{3}\right)+\left(\frac{1}{3}-\frac{1}{4}\right)+\cdots\right.$$
$$\left.+\left(\frac{1}{n+1}-\frac{1}{n+2}\right)\right\}$$
$$=\lim_{n\to\infty}2\left(\frac{1}{2}-\frac{1}{n+2}\right)=1$$

답 ⑤

1823

먼저 주어진 곡선과 직선의 교점의 x좌표를 구하자.

그림과 같이 곡선 $y=-x^2+2x$와 직선 $y=-x$로 둘러싸인 도형의 넓이를 구하시오.

정적분을 이용하여 구하자.

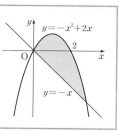

곡선 $y=-x^2+2x$와 직선 $y=-x$의 교점의 x좌표는
$-x^2+2x=-x$에서
$x^2-3x=0, \; x(x-3)=0$
$\therefore x=0$ 또는 $x=3$
따라서 구하는 넓이는

$$\int_0^3 \{(-x^2+2x)-(-x)\}dx=\int_0^3(-x^2+3x)\,dx$$
$$=\left[-\frac{1}{3}x^3+\frac{3}{2}x^2\right]_0^3$$
$$=\frac{9}{2}$$

답 $\dfrac{9}{2}$

1824

먼저 주어진 곡선과 직선의 교점의 x좌표를 구하자.

곡선 $y=x^2-3x+7$과 직선 $y=2x+3$으로 둘러싸인 도형의 넓이를 S라 할 때, $2S$의 값을 구하시오.

정적분을 이용하여 구하자.

곡선 $y=x^2-3x+7$과 직선 $y=2x+3$의 교점의 x좌표는

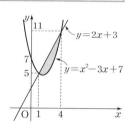

$x^2-3x+7=2x+3$에서
$x^2-5x+4=0$
$(x-1)(x-4)=0$
$\therefore x=1$ 또는 $x=4$
따라서 구하는 넓이 S는

$$S=\int_1^4\{(2x+3)-(x^2-3x+7)\}dx$$
$$=\int_1^4(-x^2+5x-4)\,dx$$
$$=\left[-\frac{1}{3}x^3+\frac{5}{2}x^2-4x\right]_1^4$$
$$=\frac{9}{2}$$
$$\therefore 2S=9$$

답 9

1825

먼저 주어진 곡선과 직선의 교점의 x좌표를 구하자.

곡선 $y=x^3-8x$와 직선 $y=x$로 둘러싸인 도형의 넓이는?

주어진 함수의 그래프의 개형을 그리자.

곡선 $y=x^3-8x$와 직선 $y=x$의 교점의 x좌표는

$x^3-8x=x$에서

$x^3-9x=0$, $x(x+3)(x-3)=0$

$\therefore x=-3$ 또는 $x=0$ 또는 $x=3$

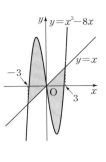

따라서 구하는 넓이는

$$\int_{-3}^{0}\{(x^3-8x)-x\}dx$$
$$+\int_{0}^{3}\{x-(x^3-8x)\}dx$$
$$=\int_{-3}^{0}(x^3-9x)dx+\int_{0}^{3}(-x^3+9x)dx$$
$$=\left[\frac{1}{4}x^4-\frac{9}{2}x^2\right]_{-3}^{0}+\left[-\frac{1}{4}x^4+\frac{9}{2}x^2\right]_{0}^{3}$$
$$=\frac{81}{4}+\frac{81}{4}=\frac{81}{2}$$

답 ①

1826

> 주어진 함수의 그래프는 y축 대칭이다.

함수 $f(x)=x^4-2x^2+5$의 극소인 두 점을 각각 A, B라 할 때, 두 점 A, B를 이은 직선과 곡선 $y=f(x)$로 둘러싸인 부분의 넓이를 구하시오. $f'(x)=0$을 만족하는 x를 구하자.

$f(x)=x^4-2x^2+5$에서

$f'(x)=4x^3-4x$

$f'(x)=0$에서 $4x^3-4x=0$

$4x(x+1)(x-1)=0$

$\therefore x=-1$ 또는 $x=0$ 또는 $x=1$

함수 $y=f(x)$의 증가, 감소를 표로 나타내면 다음과 같다.

x	$\cdots$	-1	$\cdots$	0	$\cdots$	1	$\cdots$
$f'(x)$	$-$	0	$+$	0	$-$	0	$+$
$f(x)$	$\searrow$	극소	$\nearrow$	극대	$\searrow$	극소	$\nearrow$

따라서 극소인 두 점의 좌표는 각각 $(-1, 4)$, $(1, 4)$이므로 두 점 A, B를 이은 직선의 방정식은 $y=4$이고 곡선 $y=f(x)$와 두 점 A, B에서 접한다.

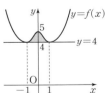

따라서 구하는 넓이는

$$\int_{-1}^{1}(x^4-2x^2+5-4)\,dx=2\int_{0}^{1}(x^4-2x^2+1)\,dx$$
$$=2\left[\frac{1}{5}x^5-\frac{2}{3}x^3+x\right]_{0}^{1}$$
$$=\frac{16}{15}$$

답 $\frac{16}{15}$

1827

> 주어진 곡선과 직선의 교점의 x좌표를 α, β라 하자.

곡선 $y=x^2-3x+1$과 직선 $y=-x+k$로 둘러싸인 도형의 넓이가 36일 때, 상수 k의 값을 구하시오.

> $\int_{\alpha}^{\beta}|(x^2-3x+1)-(-x+k)|\,dx$임을 이용하자.

곡선 $y=x^2-3x+1$과 직선 $y=-x+k$의 교점의 x좌표를 α, β $(\alpha<\beta)$라 하면 그림에서 곡선과 직선으로 둘러싸인 도형의 넓이가 36이므로

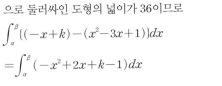

$$\int_{\alpha}^{\beta}\{(-x+k)-(x^2-3x+1)\}dx$$
$$=\int_{\alpha}^{\beta}(-x^2+2x+k-1)dx$$
$$=\frac{1}{6}(\beta-\alpha)^3=36$$
$(\beta-\alpha)^3=6^3$ $\therefore \beta-\alpha=6$ $\cdots\cdots$ ㉠

α, β는 $x^2-3x+1=-x+k$, 즉 이차방정식

$x^2-2x-k+1=0$의 두 근이므로 근과 계수의 관계에 의하여

$\alpha+\beta=2$, $\alpha\beta=-k+1$ $\cdots\cdots$ ㉡

㉠, ㉡에서 $\alpha=-2$, $\beta=4$이므로

$\alpha\beta=-k+1=-8$ $\therefore k=9$

답 9

1828

> 주어진 함수의 그래프의 개형을 그리자.

곡선 $y=x^3-2x^2+k$와 직선 $y=k$로 둘러싸인 부분의 넓이는?

> 곡선과 직선의 교점의 x좌표를 구하자.   (단, k는 상수이다.)

$x^3-2x^2+k=k$에서 $x^3-2x^2=0$

$x=0$ 또는 $x=2$

따라서

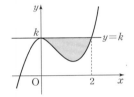

$$\int_{0}^{2}|x^3-2x^2+k-k|\,dx$$
$$=\int_{0}^{2}(-x^3+2x^2)dx$$
$$=\left[-\frac{1}{4}x^4+\frac{2}{3}x^3\right]_{0}^{2}=\frac{4}{3}$$

답 ④

1829

> $6x^2+1>0$임을 이용하자.

곡선 $y=6x^2+1$과 x축 및 두 직선 $x=1-h$, $x=1+h$ $(h>0)$로 둘러싸인 부분의 넓이를 $S(h)$라 할 때, $\lim\limits_{h\to0+}\dfrac{S(h)}{h}$의 값을 구하시오. $S(h)=\int_{1-h}^{1+h}(6x^2+1)dx$임을 이용하자.

$f(x)=6x^2+1$이라 하고 $f(x)$의 부정적분을 $F(x)$라 하면

$$S(h)=\int_{1-h}^{1+h}f(x)dx$$
$$=\left[F(x)\right]_{1-h}^{1+h}$$
$$=F(1+h)-F(1-h)$$

따라서

$$\lim_{h\to0+}\frac{S(h)}{h}=\lim_{h\to0+}\frac{F(1+h)-F(1-h)}{h}$$
$$=\lim_{h\to0+}\frac{F(1+h)-F(1)}{h}+\lim_{h\to0+}\frac{F(1-h)-F(1)}{-h}$$
$$=2F'(1)$$
$$=2f(1)$$
$$=2\times7=14$$

답 14

1830

└→ 직선 PQ의 방정식을 구하자.

곡선 $y=x^2$ 위에 두 점 $\mathrm{P}(a, a^2)$, $\mathrm{Q}(b, b^2)$이 있다. 선분 PQ와 곡선 $y=x^2$으로 둘러싸인 도형의 넓이가 36일 때, $\displaystyle\lim_{a\to\infty}\dfrac{\overline{\mathrm{PQ}}}{a}$의 값을 구하시오.

$\displaystyle\int_a^b\{(a+b)x-ab-x^2\}dx$임을 이용하자.

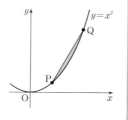

직선 PQ의 방정식은 $y-a^2=\dfrac{b^2-a^2}{b-a}(x-a)$

$\therefore\ y=(a+b)x-ab$

직선 PQ와 곡선 $y=x^2$으로 둘러싸인 도형의 넓이는 36이므로

$$\int_a^b\{(a+b)x-ab-x^2\}dx=\left[\dfrac{a+b}{2}x^2-abx-\dfrac{1}{3}x^3\right]_a^b$$

$$=\dfrac{(b-a)^3}{6}=36$$

$\therefore\ b-a=6$

$$\therefore\ \lim_{a\to\infty}\dfrac{\overline{\mathrm{PQ}}}{a}=\lim_{a\to\infty}\dfrac{\sqrt{(b-a)^2+(b^2-a^2)^2}}{a}$$

$$=\lim_{a\to\infty}\dfrac{\sqrt{(b-a)^2+(b-a)^2(b+a)^2}}{a}$$

$$=\lim_{a\to\infty}\dfrac{\sqrt{6^2+6^2(2a+6)^2}}{a}=12$$

답 12

1831

└→ 곡선과 직선의 교점의 x좌표를 구하자.

곡선 $y=x^{2n}$과 직선 $y=2^{2n-1}x$로 둘러싸인 도형의 넓이를 S_n이라 할 때, $\displaystyle\lim_{n\to\infty}\dfrac{S_{n+1}}{S_n}$의 값은? (단, n은 자연수)

곡선과 직선의 위치 관계를 파악하자.

곡선 $y=x^{2n}$과 직선 $y=2^{2n-1}x$의 교점의 x좌표는

$x^{2n}=2^{2n-1}x$에서 $x(x^{2n-1}-2^{2n-1})=0$

$\therefore\ x=0$ 또는 $x=2$

이때, $0\le x\le 2$에서 곡선 $y=x^{2n}$은 직선 $y=2^{2n-1}x$ 아래에 있으므로

$$S_n=\int_0^2(2^{2n-1}x-x^{2n})dx$$

$$=\left[2^{2n-2}x^2-\dfrac{1}{2n+1}x^{2n+1}\right]_0^2$$

$$=2^{2n}-\dfrac{2^{2n+1}}{2n+1}$$

$$=4^n\left(\dfrac{2n-1}{2n+1}\right)$$

$$\therefore\ \lim_{n\to\infty}\dfrac{S_{n+1}}{S_n}=\lim_{n\to\infty}\dfrac{4^{n+1}\cdot\dfrac{2n+1}{2n+3}}{4^n\cdot\dfrac{2n-1}{2n+1}}=4$$

답 ④

1832

└→ 두 곡선의 교점의 x좌표를 구하자.

두 곡선 $y=x^2-2x-5$, $y=-x^2+4x+3$으로 둘러싸인 도형의 넓이는?

정적분을 이용하여 구하자.

두 곡선 $y=x^2-2x-5$, $y=-x^2+4x+3$의 교점의 x좌표는

$x^2-2x-5=-x^2+4x+3$에서

$2x^2-6x-8=0$

$2(x+1)(x-4)=0$

$\therefore\ x=-1$ 또는 $x=4$

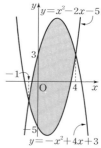

따라서 구하는 넓이는

$$\int_{-1}^4\{(-x^2+4x+3)-(x^2-2x-5)\}dx$$

$$=\int_{-1}^4(-2x^2+6x+8)\,dx$$

$$=\left[-\dfrac{2}{3}x^3+3x^2+8x\right]_{-1}^4$$

$$=\dfrac{125}{3}$$

답 ③

1833

└→ 두 곡선의 교점의 x좌표를 구하자.

두 곡선 $y=x^3-2x$, $y=x^2$으로 둘러싸인 두 도형의 넓이를 각각 S_1, S_2라 할 때, S_2-S_1을 구하시오. (단, $S_1<S_2$)

└→ 두 곡선을 그려 위치 관계를 파악하자.

두 곡선 $y=x^3-2x$, $y=x^2$의 교점의 x좌표는

$x^3-2x=x^2$에서

$x^3-x^2-2x=0$

$x(x+1)(x-2)=0$

$\therefore\ x=-1$ 또는 $x=0$ 또는 $x=2$

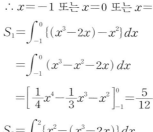

$$S_1=\int_{-1}^0\{(x^3-2x)-x^2\}dx$$

$$=\int_{-1}^0(x^3-x^2-2x)\,dx$$

$$=\left[\dfrac{1}{4}x^4-\dfrac{1}{3}x^3-x^2\right]_{-1}^0=\dfrac{5}{12}$$

$$S_2=\int_0^2\{x^2-(x^3-2x)\}dx$$

$$=\int_0^2(-x^3+x^2+2x)\,dx$$

$$=\left[-\dfrac{1}{4}x^4+\dfrac{1}{3}x^3+x^2\right]_0^2=\dfrac{8}{3}$$

$$\therefore\ S_2-S_1=\dfrac{8}{3}-\dfrac{5}{12}=\dfrac{9}{4}$$

답 $\dfrac{9}{4}$

1834

└→ 두 곡선의 교점의 x좌표를 구하자.

두 곡선 $y=x^3-3x^2+2x$, $y=x^2-x$로 둘러싸인 도형의 넓이를 구하시오.

└→ 두 곡선을 그려 위치 관계를 파악하자.

두 곡선 $y=x^3-3x^2+2x$, $y=x^2-x$의
교점의 x좌표는
$x^3-3x^2+2x=x^2-x$에서
$x^3-4x^2+3x=0$
$x(x-1)(x-3)=0$
$\therefore x=0$ 또는 $x=1$ 또는 $x=3$
따라서 구하는 넓이는

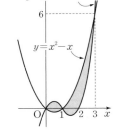

$$\int_0^1 \{(x^3-3x^2+2x)-(x^2-x)\}dx$$
$$+\int_1^3\{(x^2-x)-(x^3-3x^2+2x)\}dx$$
$$=\int_0^1(x^3-4x^2+3x)dx+\int_1^3(-x^3+4x^2-3x)dx$$
$$=\left[\frac{1}{4}x^4-\frac{4}{3}x^3+\frac{3}{2}x^2\right]_0^1+\left[-\frac{1}{4}x^4+\frac{4}{3}x^3-\frac{3}{2}x^2\right]_1^3$$
$$=\frac{37}{12}$$

답 $\dfrac{37}{12}$

1835

> $g(x)=x^2-2x+1+a$임을 알 수 있다.

곡선 $f(x)=x^2-2x+1$을 y축의 방향으로 a만큼 평행이동시킨
곡선을 $y=g(x)$라 하자. 두 곡선 $y=f(x)$, $y=g(x)$와 y축 및
직선 $x=6$으로 둘러싸인 도형의 넓이가 24일 때, 양수 a의 값을
구하시오.
> $g(x)>f(x)$임을 이용하자.

$g(x)=x^2-2x+1+a$이고
두 곡선 $y=f(x)$, $y=g(x)$와 y축
및 직선 $x=6$으로 둘러싸인 도형의
넓이가 24이므로

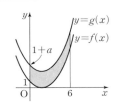

$$\int_0^6\{(x^2-2x+1+a)$$
$$-(x^2-2x+1)\}dx$$
$$=\int_0^6 a\,dx=\left[ax\right]_0^6=6a=24$$
$$\therefore a=4$$

답 4

1836

> $g(x)=-(x+2)^2+10$임을 알 수 있다.

곡선 $y=x^2$을 x축에 대하여 대칭이동한 후 다시 x축의 방향으로
-2만큼, y축의 방향으로 10만큼 평행이동한 곡선을 $y=g(x)$
라 하자. 두 곡선 $y=x^2$, $y=g(x)$로 둘러싸인 도형의 넓이를
구하시오.
> 두 곡선의 교점의 x좌표를 구하자.

곡선 $y=x^2$을 x축에 대하여 대칭이동하면
$y=-x^2$
이 곡선을 다시 x축의 방향으로 -2만큼, y축의 방향으로 10만큼 평행이
동하면
$y-10=-(x+2)^2$, $y=-x^2-4x+6$
$\therefore g(x)=-x^2-4x+6$

두 곡선 $y=x^2$, $y=g(x)$의 교점의
x좌표는 $x^2=-x^2-4x+6$에서
$2x^2+4x-6=0$
$2(x+3)(x-1)=0$
$\therefore x=-3$ 또는 $x=1$
따라서 구하는 넓이는

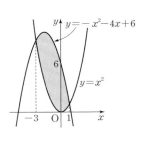

$$\int_{-3}^1\{(-x^2-4x+6)-x^2\}dx$$
$$=\int_{-3}^1(-2x^2-4x+6)\,dx$$
$$=\left[-\frac{2}{3}x^3-2x^2+6x\right]_{-3}^1=\frac{64}{3}$$

답 $\dfrac{64}{3}$

1837

두 상수 a, b에 대하여 두 곡선 $y=x^3+ax+b$, $y=ax^2+bx+1$
이 점 $P(-1, k)$에서 서로 접할 때, 두 곡선으로 둘러싸인 부분
의 넓이를 구하시오. (단, $a\neq 0$)
> 두 곡선을 각각 $f(x)$, $g(x)$라 하면 $f(-1)=g(-1)$이고
> $f'(-1)=g'(-1)$임을 이용하자.

$f(x)=x^3+ax+b$, $g(x)=ax^2+bx+1$이라 하면
$f'(x)=3x^2+a$, $g'(x)=2ax+b$
두 곡선이 $x=-1$인 점에서 접하므로
$f(-1)=g(-1)$에서
$-1-a+b=a-b+1$
$\therefore a-b=-1$ ……㉠
$f'(-1)=g'(-1)$에서
$3+a=-2a+b$
$\therefore 3a-b=-3$ ……㉡
㉠, ㉡을 연립하여 풀면 $a=-1$, $b=0$
$\therefore f(x)=x^3-x$, $g(x)=-x^2+1$

그림에서 곡선 $y=x^3-x$는 원점에 대하여 대
칭이므로 두 곡선으로 둘러싸인 부분의 넓이는
곡선 $y=-x^2+1$과 x축으로 둘러싸인 부분
의 넓이와 같다.

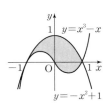

따라서 두 곡선으로 둘러싸인 부분의 넓이는

$$\int_{-1}^1(-x^2+1)dx=2\int_0^1(-x^2+1)dx$$
$$=2\left[-\frac{1}{3}x^3+x\right]_0^1$$
$$=2\times\frac{2}{3}=\frac{4}{3}$$

답 $\dfrac{4}{3}$

1838

> $f'(2)=g'(2)$임을 이용하자.

두 곡선 $f(x)=x^3-(a+1)x^2+ax$, $g(x)=x^2-ax$가 $x=2$에서
접할 때, 두 곡선으로 둘러싸인 도형의 넓이를 구하시오.
> (단, a는 상수이다.)
> 두 곡선을 그려 위치 관계를 파악하자.

두 곡선이 $x=2$에서 접하므로
$f'(x)=3x^2-2(a+1)x+a$, $g'(x)=2x-a$에서
$f'(2)=g'(2)$, 즉

$12-4(a+1)+a=4-a$

$\therefore a=2$

즉, $f(x)=x^3-3x^2+2x$, $g(x)=x^2-2x$

이므로 두 곡선의 교점의 x좌표는

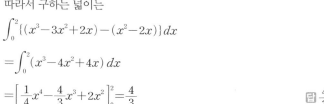

$x^3-3x^2+2x=x^2-2x$에서

$x^3-4x^2+4x=0$

$x(x-2)^2=0$

$\therefore x=0$ 또는 $x=2$

따라서 구하는 넓이는

$\int_0^2\{(x^3-3x^2+2x)-(x^2-2x)\}dx$

$=\int_0^2(x^3-4x^2+4x)\,dx$

$=\left[\dfrac{1}{4}x^4-\dfrac{4}{3}x^3+2x^2\right]_0^2=\dfrac{4}{3}$

달 $\dfrac{4}{3}$

1839

두 곡선의 교점의 x좌표를 구하자.

그림과 같이 원 $x^2+y^2=1$과 곡선 $y=-x^2-2x-1$로 둘러싸인 도형의 넓이를 $\dfrac{\pi}{a}-\dfrac{1}{b}$이라 할 때, 두 상수 a, b에 대하여 $a+b$의 값은?

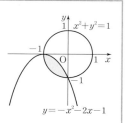

두 곡선을 그려 위치 관계를 파악하자.

① 5 　　　　② 6

③ 7 　　　　④ 8

⑤ 9

구하는 넓이는 사분원의 넓이에서 곡선 $y=-x^2-2x-1$과 x축 및 y축으로 둘러싸인 도형의 넓이를 뺀 것과 같으므로

$\dfrac{\pi}{4}-\int_{-1}^0(x^2+2x+1)\,dx=\dfrac{\pi}{4}-\left[\dfrac{1}{3}x^3+x^2+x\right]_{-1}^0$

$=\dfrac{\pi}{4}-\dfrac{1}{3}$

따라서 $a=4$, $b=3$이므로

$a+b=7$

달 ③

1840

$n\to\infty$일 때 $\dfrac{2}{n^2}\to 0$임을 이용하자.

자연수 n에 대하여 두 곡선 $y=x^2-2$, $y=-x^2+\dfrac{2}{n^2}$로 둘러싸인 도형의 넓이를 S_n이라 할 때, $\displaystyle\lim_{n\to\infty}S_n$의 값은?

$y=x^2-2$와 $y=-x^2$으로 둘러싸인 도형의 넓이와 같다.

$n\to\infty$일 때, 곡선 $y=-x^2+\dfrac{2}{n^2}$는 곡선 $y=-x^2$에 한없이 가까워지므로 $\displaystyle\lim_{n\to\infty}S_n$의 값은 두 곡선 $y=x^2-2$, $y=-x^2$으로 둘러싸인 도형의 넓이와 같다.

두 곡선 $y=x^2-2$와 $y=-x^2$의 교점의 x좌표는

$x^2-2=-x^2$에서 $x^2=1$

$\therefore x=-1$ 또는 $x=1$

이때, $-1\le x\le 1$에서 곡선 $y=x^2-2$는 곡선 $y=-x^2$ 아래에 있으므로 구하는 넓이는

$\int_{-1}^1\{-x^2-(x^2-2)\}dx=2\int_0^1(-2x^2+2)\,dx$

$=2\left[-\dfrac{2}{3}x^3+2x\right]_0^1$

$=2\cdot\dfrac{4}{3}=\dfrac{8}{3}$

달 ⑤

다른풀이 두 곡선 $y=x^2-2$, $y=-x^2+\dfrac{2}{n^2}$의 교점의 x좌표는

$x^2-2=-x^2+\dfrac{2}{n^2}$에서 $x^2=1+\dfrac{1}{n^2}$

$\therefore x=-\sqrt{1+\dfrac{1}{n^2}}$ 또는 $x=\sqrt{1+\dfrac{1}{n^2}}$

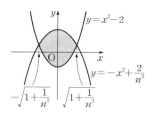

$\therefore S_n=\dfrac{|1-(-1)|}{6}\left\{\sqrt{1+\dfrac{1}{n^2}}-\left(-\sqrt{1+\dfrac{1}{n^2}}\right)\right\}^3$

$=\dfrac{1}{3}\left(2\sqrt{1+\dfrac{1}{n^2}}\right)^3$

$\therefore \displaystyle\lim_{n\to\infty}S_n=\dfrac{1}{3}\cdot 2^3=\dfrac{8}{3}$

참고 두 곡선으로 둘러싸인 도형의 넓이

두 곡선 $y=ax^2+bx+c$, $y'=a'x^2+b'x+c'$ $(aa'\ne 0)$이 서로 다른 두 점에서 만날 때, 두 교점의 x좌표를 α, β $(\alpha<\beta)$라 하면 두 곡선으로 둘러싸인 도형의 넓이 S는

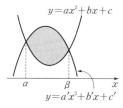

$S=\int_\alpha^\beta|ax^2+bx+c-(a'x^2+b'x+c')|\,dx$

$=\dfrac{|a-a'|}{6}(\beta-\alpha)^3$

1841

접선의 방정식은 $y-5=f'(2)(x-2)$임을 이용하자.

곡선 $y=x^2+1$과 이 곡선 위의 점 $(2, 5)$에서의 접선 및 y축으로 둘러싸인 도형의 넓이를 S라 할 때, $6S$의 값을 구하시오.

곡선과 접선의 개형을 좌표평면 위에 그리자.

$y=x^2+1$에서 $y'=2x$이므로 이 곡선 위의 점 $(2, 5)$에서의 접선의 방정식은

$y-5=4(x-2)$ $\therefore y=4x-3$

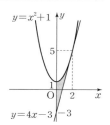

따라서 구하는 넓이 S는

$S=\int_0^2\{(x^2+1)-(4x-3)\}dx$

$=\int_0^2(x^2-4x+4)\,dx$

$=\left[\dfrac{1}{3}x^3-2x^2+4x\right]_0^2=\dfrac{8}{3}$

$$\therefore 6S = 6 \times \frac{8}{3} = 16$$

답 16

1842

접선의 방정식은 $y - 1 = f'(1)(x-1)$임을 이용하자.

그림과 같이 곡선 $y = x^3$ $(x \geq 0)$ 위의 점 $(1, 1)$에서의 접선과 x축 및 이 곡선으로 둘러싸인 도형의 넓이를 구하시오.

└ 곡선과 접선의 개형을 좌표평면 위에 그려 위치 관계를 파악하자.

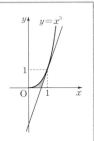

$y = x^3$에서 $y' = 3x^2$이므로 이 곡선 위의 점 $(1, 1)$에서의 접선의 방정식은

$y - 1 = 3(x - 1)$

$\therefore y = 3x - 2$

접선 $y = 3x - 2$와 x축의 교점의 x좌표는

$3x - 2 = 0$에서 $x = \frac{2}{3}$

따라서 구하는 넓이는

$$\int_0^1 x^3 \, dx - \int_{\frac{2}{3}}^1 (3x - 2) \, dx = \left[\frac{1}{4}x^4 \right]_0^1 - \left[\frac{3}{2}x^2 - 2x \right]_{\frac{2}{3}}^1$$

$$= \frac{1}{12}$$

답 $\frac{1}{12}$

1843

접선의 방정식은 $y - 3 = f'(0)(x - 0)$임을 이용하자.

곡선 $y = x^3 - 4x^2 + 2x + 3$ 위의 점 $(0, 3)$에서의 접선과 이 곡선으로 둘러싸인 도형의 넓이는?

└ 곡선과 접선의 교점의 x좌표를 구하자.

$y = x^3 - 4x^2 + 2x + 3$에서 $y' = 3x^2 - 8x + 2$이므로 이 곡선 위의 점 $(0, 3)$에서의 접선의 방정식은

$y - 3 = 2(x - 0)$ $\therefore y = 2x + 3$

곡선 $y = x^3 - 4x^2 + 2x + 3$과 직선 $y = 2x + 3$의 교점의 x좌표는

$x^3 - 4x^2 + 2x + 3 = 2x + 3$에서

$x^3 - 4x^2 = 0$

$x^2(x - 4) = 0$

$\therefore x = 0$ 또는 $x = 4$

따라서 구하는 넓이는

$$\int_0^4 \{(2x + 3) - (x^3 - 4x^2 + 2x + 3)\} dx$$

$$= \int_0^4 (-x^3 + 4x^2) dx$$

$$= \left[-\frac{1}{4}x^4 + \frac{4}{3}x^3 \right]_0^4$$

$$= \frac{64}{3}$$

답 ③

1844

접선의 방정식은 $y - 1 = f'(1)(x - 1)$임을 이용하자.

곡선 $y = x^2$ 위의 점 $(1, 1)$에서의 접선과 곡선 $y = ax^2 - 1$ $(a > 0)$로 둘러싸인 도형의 넓이가 $\frac{16}{3}$일 때, 상수 a의 값을 구하시오.

└ 주어진 곡선과 접선의 교점의 x좌표를 구하자.

$y = x^2$에서 $y' = 2x$이므로 이 곡선 위의 점 $(1, 1)$에서의 접선의 방정식은

$y - 1 = 2(x - 1)$

$\therefore y = 2x - 1$

곡선 $y = ax^2 - 1$ $(a > 0)$과 직선 $y = 2x - 1$의 교점의 x좌표는

$ax^2 - 1 = 2x - 1$에서

$ax^2 - 2x = 0$

$x(ax - 2) = 0$

$\therefore x = 0$ 또는 $x = \frac{2}{a}$

따라서 구하는 넓이는

$$\int_0^{\frac{2}{a}} \{(2x - 1) - (ax^2 - 1)\} dx$$

$$= \int_0^{\frac{2}{a}} (2x - ax^2) dx$$

$$= \left[x^2 - \frac{a}{3}x^3 \right]_0^{\frac{2}{a}}$$

$$= \frac{4}{a^2} - \frac{8}{3a^2}$$

$$= \frac{4}{3a^2}$$

즉, $\frac{4}{3a^2} = \frac{16}{3}$에서 $a^2 = \frac{1}{4}$

$\therefore a = \frac{1}{2}$ $(\because a > 0)$

답 $\frac{1}{2}$

1845

접점을 $(a, a^2 + 2)$라 하면 접선의 방정식은 $y - (a^2 + 2) = 2a(x - a)$임을 이용하자.

곡선 $y = x^2 + 2$와 점 $(0, -2)$에서 이 곡선에 그은 두 개의 접선으로 둘러싸인 도형의 넓이는?

└ 곡선과 접선들을 그려 위치 관계를 파악하자.

곡선 $y = x^2 + 2$ 위의 접점을 $(a, a^2 + 2)$라 하면 $y' = 2x$에서 접선의 기울기는 $2a$이므로 접선의 방정식은

$y - (a^2 + 2) = 2a(x - a)$

$\therefore y = 2ax - a^2 + 2$

이 접선이 점 $(0, -2)$를 지나므로

$-2 = -a^2 + 2$, $a^2 = 4$

$\therefore a = -2$ 또는 $a = 2$

즉, 접선의 방정식은

$y = -4x - 2$ 또는 $y = 4x - 2$

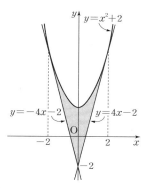

따라서 구하는 넓이는

$$2\int_0^2 \{(x^2+2)-(4x-2)\}dx = 2\int_0^2 (x^2-4x+4)\,dx$$

$$= 2\left[\frac{1}{3}x^3-2x^2+4x\right]_0^2$$

$$= \frac{16}{3}$$

답 ⑤

1846

⟶ 접선의 방정식은 $y=-2tx+t^2+1$임을 이용하자.

곡선 $y=1-x^2$ 위의 한 점 $(t,\,1-t^2)$에서의 접선과 이 곡선 및 y축, 직선 $x=1$로 둘러싸인 도형의 넓이가 $\frac{1}{12}$일 때, t의 값은?

곡선과 접선을 그려 위치 관계를 파악하자. (단, $0<t<1$)

$y=1-x^2$에서 $y'=-2x$이므로
점 $(t,\,1-t^2)$에서의 접선의 방정식은
$y-(1-t^2)=-2t(x-t)$
$\therefore y=-2tx+t^2+1$
그림에서 어두운 부분의 넓이는

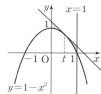

$\frac{1}{12}$이므로

$$\int_0^1 \{(-2tx+t^2+1)-(1-x^2)\}dx$$

$$=\int_0^1 (x^2-2tx+t^2)\,dx$$

$$=\left[\frac{1}{3}x^3-tx^2+t^2x\right]_0^1$$

$$=\frac{1}{3}-t+t^2=\frac{1}{12}$$

즉, $t^2-t+\frac{1}{4}=0$

$\left(t-\frac{1}{2}\right)^2=0$ $\therefore t=\frac{1}{2}$

답 ⑤

1847

⟶ 접선의 기울기는 -1임을 알 수 있다.

곡선 $y=x^3-x$ 위의 점 $O(0,\,0)$에서의 접선에 수직이고, 점 O를 지나는 직선과 이 곡선으로 둘러싸인 도형의 넓이를 구하시오.

⟶ 곡선과 구한 직선의 교점의 x좌표를 구하자.

$y=x^3-x$에서 $y'=3x^2-1$이므로 점 $O(0,\,0)$에서의 접선의 기울기는
-1이다.

따라서 점 O에서의 접선에 수직이고 점 O를 지나는 직선의 방정식은
$y=x$이다.
곡선 $y=x^3-x$와 직선 $y=x$의 교점의 x좌표는
$x^3-x=x$에서 $x^3-2x=0$
$x(x+\sqrt{2})(x-\sqrt{2})=0$
$\therefore x=-\sqrt{2}$ 또는 $x=0$ 또는 $x=\sqrt{2}$

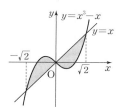

따라서 구하는 넓이는

$$2\int_0^{\sqrt{2}} \{x-(x^3-x)\}dx = 2\int_0^{\sqrt{2}} (-x^3+2x)\,dx$$

$$=2\left[-\frac{1}{4}x^4+x^2\right]_0^{\sqrt{2}}$$

$$=2$$

답 2

1848

⟶ 주어진 곡선을 $f(x)$, 직선을 $g(x)$라 하면 $f(1)=g(1)=0$이고 $f'(1)=g'(1)$임을 이용하자.

곡선 $y=x^3+ax+b$와 직선 $y=2x+c$가 점 $(1,\,0)$에서 접할 때, 이 곡선과 직선으로 둘러싸인 부분의 넓이를 구하시오.

⟶ 정적분을 이용하여 구하자. (단, $a,\,b,\,c$는 상수이다.)

곡선 $y=x^3+ax+b$와 직선 $y=2x+c$가 점 $(1,\,0)$에서 접하므로 곡선 $y=x^3+ax+b$는 $(1,\,0)$을 지나고 이 점에서의 접선의 방정식이 $y=2x+c$가 된다.
$y=x^3+ax+b$에서 $y'=3x^2+a$이므로 점 $(1,\,0)$에서의 접선의 기울기는
$3+a=2$ $\therefore a=-1$
또 곡선과 직선에 $(1,\,0)$을 대입하면
$0=1+a+b$ $\therefore a+b=-1$ ……㉠
$0=2+c$ $\therefore c=-2$
$a=-1$을 ㉠에 대입하면
$b=0$
곡선 $y=x^3-x$와 직선 $y=2x-2$의 교점의
x좌표는
$x^3-x=2x-2$에서
$x^3-3x+2=0$, $(x+2)(x-1)^2=0$
$\therefore x=-2$ 또는 $x=1$
따라서 구하는 넓이는

$$\int_{-2}^1 \{(x^3-x)-(2x-2)\}dx$$

$$=\int_{-2}^1 (x^3-3x+2)\,dx$$

$$=\left[\frac{1}{4}x^4-\frac{3}{2}x^2+2x\right]_{-2}^1$$

$$=\frac{27}{4}$$

답 $\frac{27}{4}$

1849 → 두 접선의 기울기의 곱은 −1임을 이용하자.

두 곡선 $y=x^2$과 $y=-x^2$ 위의 두 점 $P(a, a^2)$, $Q(a, -a^2)$에서의 두 접선이 수직으로 만나는 점을 R라고 할 때, 이 두 곡선과 선분 PR, QR로 둘러싸인 도형의 넓이를 S라 하자. 이때, $96S$의 값은? (단, $a>0$) 두 접선의 방정식을 구하여 교점을 구하자.

$y=x^2$에서 $y'=2x$

$y=-x^2$에서 $y'=-2x$

즉, 두 점 P, Q에서의 접선의 기울기는 각각 $2a$, $-2a$이고, 이 두 접선이 수직으로 만나려면

$2a \times (-2a) = -1$에서 $a^2 = \dfrac{1}{4}$

$\therefore a = \dfrac{1}{2} \ (\because a>0)$

$\therefore P\left(\dfrac{1}{2}, \dfrac{1}{4}\right), Q\left(\dfrac{1}{2}, -\dfrac{1}{4}\right)$

한편, 접선의 방정식은 각각

$y - \dfrac{1}{4} = \left(x - \dfrac{1}{2}\right), \ y + \dfrac{1}{4} = -\left(x - \dfrac{1}{2}\right)$

$\therefore y = x - \dfrac{1}{4}, \ y = -x + \dfrac{1}{4}$

이때, 점 R의 x좌표는

$x - \dfrac{1}{4} = -x + \dfrac{1}{4}$에서 $2x = \dfrac{1}{2}$

$\therefore x = \dfrac{1}{4}$

따라서 구하는 넓이 S는

$S = 2\displaystyle\int_0^{\frac{1}{2}} x^2\, dx - \triangle PQR$

$= 2\left[\dfrac{1}{3}x^3\right]_0^{\frac{1}{2}} - \dfrac{1}{2}\cdot\dfrac{1}{2}\cdot\dfrac{1}{4}$

$= \dfrac{1}{12} - \dfrac{1}{16} = \dfrac{1}{48}$

$\therefore 96S = 96 \cdot \dfrac{1}{48} = 2$

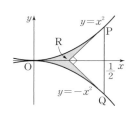

답 ②

1850

함수 $y=|f(x)|$의 그래프는 함수 $y=f(x)$의 그래프에서 x축 아래에 있는 부분을 x축에 대하여 대칭시켜 그린다.

그림과 같이 곡선 $y=|x^2-4|$와 x축으로 둘러싸인 도형의 넓이는?

정적분을 이용하여 구하자.

① 8 ② $\dfrac{28}{3}$

③ 10 ④ $\dfrac{32}{3}$

⑤ 12

$y = |x^2 - 4| = \begin{cases} x^2 - 4 & (x \geq 2 \text{ 또는 } x \leq -2) \\ -x^2 + 4 & (-2 < x < 2) \end{cases}$

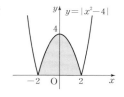

따라서 구하는 넓이는

$\displaystyle\int_{-2}^{2} (-x^2 + 4)\, dx = 2\int_0^2 (-x^2 + 4)\, dx$

$= 2\left[-\dfrac{1}{3}x^3 + 4x\right]_0^2$

$= 2 \times \dfrac{16}{3} = \dfrac{32}{3}$

답 ④

1851 → $= \begin{cases} x(x-1) & (x \geq 1) \\ -x(x-1) & (x < 1) \end{cases}$ 임을 이용하자.

곡선 $y=x|x-1|$과 x축 및 직선 $x=2$로 둘러싸인 도형의 넓이를 구하시오. 주어진 함수의 그래프의 개형을 그리자.

$y = x|x-1| = \begin{cases} x(x-1) & (x \geq 1) \\ -x(x-1) & (x < 1) \end{cases}$

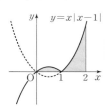

따라서 구하는 넓이는

$\displaystyle\int_0^1 \{-x(x-1)\}\, dx + \int_1^2 x(x-1)\, dx$

$= \displaystyle\int_0^1 (-x^2 + x)\, dx + \int_1^2 (x^2 - x)\, dx$

$= \left[-\dfrac{1}{3}x^3 + \dfrac{1}{2}x^2\right]_0^1 + \left[\dfrac{1}{3}x^3 - \dfrac{1}{2}x^2\right]_1^2$

$= \dfrac{1}{6} + \dfrac{5}{6} = 1$

답 1

1852 구하는 넓이는 y축 대칭임을 이용한다.

곡선 $y=|x^2-1|$과 직선 $y=3$으로 둘러싸인 부분의 넓이를 구하시오. $y=3$일 때, $x=\pm2$임을 이용하자.

$y = |x^2 - 1| = \begin{cases} x^2 - 1 & (x \geq 1 \text{ 또는 } x \leq -1) \\ -x^2 + 1 & (-1 < x < 1) \end{cases}$

이므로 곡선 $y=|x^2-1|$과 직선 $y=3$의 교점의 x좌표는

$x^2 - 1 = 3$에서

$x^2 = 4$

$\therefore x = -2 \text{ 또는 } x = 2$

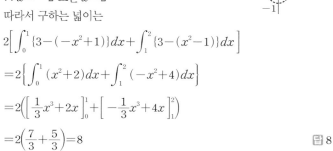

따라서 구하는 넓이는

$2\left[\displaystyle\int_0^1 \{3 - (-x^2+1)\}\, dx + \int_1^2 \{3 - (x^2-1)\}\, dx\right]$

$= 2\left\{\displaystyle\int_0^1 (x^2 + 2)\, dx + \int_1^2 (-x^2 + 4)\, dx\right\}$

$= 2\left(\left[\dfrac{1}{3}x^3 + 2x\right]_0^1 + \left[-\dfrac{1}{3}x^3 + 4x\right]_1^2\right)$

$= 2\left(\dfrac{7}{3} + \dfrac{5}{3}\right) = 8$

답 8

1853

주어진 곡선과 직선의 교점의 x좌표를 구하자.

곡선 $y=|x(x-1)|$과 직선 $y=2x+4$로 둘러싸인 부분의 넓이를 구하시오.

정적분을 이용하여 구하자.

$y=|x(x-1)|=\begin{cases} x(x-1) & (x\geq 1 \ \text{또는} \ x\leq 0) \\ -x(x-1) & (0<x<1) \end{cases}$

이므로 곡선 $y=|x(x-1)|$과

직선 $y=2x+4$의 교점의 x좌표는

$x^2-x=2x+4$에서

$x^2-3x-4=0$

$(x+1)(x-4)=0$

$\therefore x=-1 \ \text{또는} \ x=4$

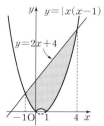

따라서 구하는 넓이는

$\int_{-1}^{4}\{2x+4-x(x-1)\}dx-2\int_{0}^{1}\{-x(x-1)\}dx$

$=\int_{-1}^{4}(-x^2+3x+4)dx-2\int_{0}^{1}(-x^2+x)dx$

$=\left[-\dfrac{1}{3}x^3+\dfrac{3}{2}x^2+4x\right]_{-1}^{4}-2\left[-\dfrac{1}{3}x^3+\dfrac{1}{2}x^2\right]_{0}^{1}$

$=\dfrac{125}{6}-\dfrac{2}{6}$

$=\dfrac{41}{2}$

답 $\dfrac{41}{2}$

다른풀이 $\int_{-1}^{4}\{2x+4-x(x-1)\}dx-2\int_{0}^{1}\{-x(x-1)\}dx$

$=\dfrac{(4+1)^3}{6}-2\times\dfrac{(1-0)^3}{6}=\dfrac{41}{2}$

1854

$g(x)=\begin{cases} x-4 & (x\geq 2) \\ -x & (x<2) \end{cases}$ 임을 이용하자.

두 함수 $f(x)=\dfrac{1}{3}x(2-x)$, $g(x)=|x-2|-2$의 그래프로 둘러싸인 부분의 넓이를 구하시오.

주어진 함수의 그래프를 그려 위치 관계를 파악하자.

$g(x)=|x-2|-2$이므로

$g(x)=\begin{cases} x-4 & (x\geq 2) \\ -x & (x<2) \end{cases}$

$f(x)=\dfrac{1}{3}x(2-x)$이므로 두 함수 $y=f(x)$, $y=g(x)$의 그래프는

그림과 같고 교점은 $(0,\ 0)$, $(3,\ -1)$이다.

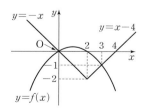

따라서 두 그래프로 둘러싸인 부분의 넓이를 구하면

$\int_{0}^{2}\left(-\dfrac{1}{3}x^2+\dfrac{2}{3}x+x\right)dx+\int_{2}^{3}\left(-\dfrac{1}{3}x^2+\dfrac{2}{3}x-x+4\right)dx$

$=\left[-\dfrac{1}{9}x^3+\dfrac{5}{6}x^2\right]_{0}^{2}+\left[-\dfrac{1}{9}x^3-\dfrac{1}{6}x^2+4x\right]_{2}^{3}$

$=-\dfrac{8}{9}+\dfrac{10}{3}-\dfrac{19}{9}-\dfrac{5}{6}+4=\dfrac{7}{2}$

답 $\dfrac{7}{2}$

1855

두 함수의 그래프의 교점을 구하자.

함수 $y=|x^2-1|$의 그래프와 직선 $y=x+1$로 둘러싸인 도형의 넓이의 합을 구하시오.

주어진 함수의 그래프를 그려 위치 관계를 파악하자.

$y=\begin{cases} x^2-1 & (x\leq -1 \ \text{또는} \ x\geq 1) \\ -x^2+1 & (-1<x<1) \end{cases}$

이므로 함수 $y=x^2-1$의 그래프와 직선 $y=x+1$의 교점의

x좌표는 $x^2-1=x+1$에서

$x^2-x-2=0$, $(x+1)(x-2)=0$

$\therefore x=-1 \ \text{또는} \ x=2$

함수 $y=-x^2+1$의 그래프와 직선 $y=x+1$의 교점의 x좌표는

$-x^2+1=x+1$에서

$x^2+x=0$, $x(x+1)=0$

$\therefore x=-1 \ \text{또는} \ x=0$

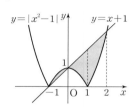

따라서 구하는 넓이는

$\int_{-1}^{0}\{(1-x^2)-(x+1)\}dx+\int_{0}^{1}\{(x+1)-(1-x^2)\}dx$

$\qquad\qquad\qquad\qquad\qquad +\int_{1}^{2}\{(x+1)-(x^2-1)\}dx$

$=\int_{-1}^{0}(-x^2-x)\,dx+\int_{0}^{1}(x^2+x)\,dx+\int_{1}^{2}(-x^2+x+2)\,dx$

$=\left[-\dfrac{1}{3}x^3-\dfrac{1}{2}x^2\right]_{-1}^{0}+\left[\dfrac{1}{3}x^3+\dfrac{1}{2}x^2\right]_{0}^{1}+\left[-\dfrac{1}{3}x^3+\dfrac{1}{2}x^2+2x\right]_{1}^{2}$

$=-\left(\dfrac{1}{3}-\dfrac{1}{2}\right)+\left(\dfrac{1}{3}+\dfrac{1}{2}\right)+\left\{\left(-\dfrac{8}{3}+2+4\right)-\left(-\dfrac{1}{3}+\dfrac{1}{2}+2\right)\right\}$

$=\dfrac{13}{6}$

답 $\dfrac{13}{6}$

1856

$y=a(x-1)(x-3)$ $(a>0)$으로 놓을 수 있다.

그림과 같은 이차함수 $y=ax^2+bx+c$의 그래프와 x축 및 y축으로 둘러싸인 색칠한 부분의 넓이를 구하시오. (단, a, b, c는 상수)

정적분을 이용하여 구하자.

$y=ax^2+bx+c$의 그래프에서 y절편이 3이므로 $c=3$

또 이차방정식 $ax^2+bx+c=0$의 근이 $x=1$ 또는 $x=3$이므로

$a(x-1)(x-3)=0$

즉, $y=a(x^2-4x+3)$에서 $3a=c=3$

$\therefore a=1$, $b=-4$

$\therefore y=x^2-4x+3$

따라서 색칠한 부분의 넓이는

$$\int_0^1 (x^2-4x+3)dx - \int_1^3 (x^2-4x+3)dx$$

$$=\left[\frac{1}{3}x^3-2x^2+3x\right]_0^1 - \left[\frac{1}{3}x^3-2x^2+3x\right]_1^3$$

$$=\frac{4}{3}+\frac{4}{3}=\frac{8}{3}$$

답 $\dfrac{8}{3}$

1857

삼차함수 $y=f(x)$의 그래프가 그림과 같을 때, 곡선 $y=f(x)$와 x축 및 직선 $x=-2$로 둘러싸인 두 부분의 넓이를 각각 S_1, S_2라 할 때, $S_1:S_2$는?

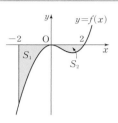

① 7 : 1   ② 6 : 1

③ 4 : 1   ④ 3 : 1

⑤ 2 : 1   · 각각의 넓이를 정적분을 이용하여 구하자.

$f(x)=ax^2(x-2)$ $(a>0)$라 하면

$$S_1=-a\int_{-2}^0 (x^3-2x^2)\,dx$$

$$=-a\left[\frac{1}{4}x^4-\frac{2}{3}x^3\right]_{-2}^0$$

$$=a\left(4+\frac{16}{3}\right)=\frac{28}{3}a$$

$$S_2=-a\int_0^2 (x^3-2x^2)\,dx=-a\left[\frac{1}{4}x^4-\frac{2}{3}x^3\right]_0^2$$

$$=-a\left(4-\frac{16}{3}\right)=\frac{4}{3}a$$

$$\therefore S_1:S_2=\frac{28}{3}a:\frac{4}{3}a=7:1$$

답 ①

1858

그림은 삼차함수 $y=f(x)$의 그래프이다. 곡선 $y=f(x)$와 x축으로 둘러싸인 도형의 넓이가 27일 때, $f(4)$의 값을 구하시오.   · 정적분을 이용하여 구하자.

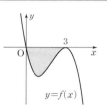

함수 $y=f(x)$는 x축과 $x=0$에서 만나고 $x=3$에서 접하므로
$f(x)=ax(x-3)^2$ $(a<0)$
이다. 곡선 $y=f(x)$와 x축으로 둘러싸인 도형의 넓이는

$$\int_0^3 \{-ax(x-3)^2\}dx=-a\int_0^3 (x^3-6x^2+9x)\,dx$$

$$=-a\left[\frac{1}{4}x^4-2x^3+\frac{9}{2}x^2\right]_0^3$$

$$=-\frac{27}{4}a=27$$

$\therefore a=-4$

따라서 $f(x)=-4x(x-3)^2$이므로

$f(4)=-16$

답 -16

1859

그림과 같이 이차함수 $y=f(x)$의 그래프와 직선 $y=g(x)$로 둘러싸인 부분의 넓이는?

$\int_{-1}^2 \{f(x)-g(x)\}dx$임을 이용하자.

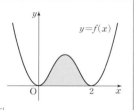

① 3   ② 4

③ 6   ④ 8

⑤ 9

이차함수의 그래프가 두 점 $(-1, 0)$, $(3, 0)$을 지나므로
$f(x)=a(x+1)(x-3)$ (단, $a<0$)
이 이차함수의 그래프가 점 $(2, 6)$을 지나므로
$6=a\times3\times(-1)$ $\therefore a=-2$
$\therefore f(x)=-2(x+1)(x-3)=-2x^2+4x+6$
한편, 직선은 두 점 $(-1, 0)$, $(2, 6)$을 지나므로
$$y=\frac{6}{3}(x+1) \qquad \therefore g(x)=2x+2$$
따라서 구하는 넓이는

$$\int_{-1}^2 \{-2x^2+4x+6-(2x+2)\}\,dx$$

$$=\int_{-1}^2 (-2x^2+2x+4)\,dx$$

$$=\left[-\frac{2}{3}x^3+x^2+4x\right]_{-1}^2$$

$$=\left(-\frac{16}{3}+4+8\right)-\left(\frac{2}{3}+1-4\right)=9$$

답 ⑤

1860

$f(x)=ax^2(x-2)^2$ $(a>0)$이라 하자.

그림과 같이 사차함수 $y=f(x)$의 그래프가 원점과 점 $(2, 0)$에서 x축과 접한다. 이 그래프와 x축으로 둘러싸인 도형의 넓이가 24일 때, $f(1)$의 값을 구하시오.   · 넓이는 정적분을 이용하여 구하자.

함수 $f(x)$는 x축과 $x=0$, $x=2$에서 접하므로
$$f(x)=ax^2(x-2)^2$$

$$\int_0^2 (ax^4-4ax^3+4ax^2)\,dx=\left[\frac{a}{5}x^5-ax^4+\frac{4a}{3}x^3\right]_0^2$$

$$=\frac{32a}{5}-16a+\frac{32a}{3}$$

$$\frac{16}{15}a=24 \qquad \therefore a=\frac{45}{2}$$

따라서 $f(x)=\dfrac{45}{2}x^2(x-2)^2$

$$\therefore f(1)=\frac{45}{2}$$

답 $\dfrac{45}{2}$

1861

$f(x)-g(x)=ax(x-3)(x-4)\ (a>0)$임을 알 수 있다.

삼차함수 $y=f(x)$와 일차함수 $y=g(x)$의 그래프가 그림과 같다.

색칠한 부분의 넓이가 $\dfrac{45}{8}$일 때, $f(1)-g(1)$의 값을 구하시오.

정적분을 이용하여 넓이를 구하자.

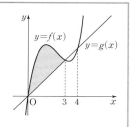

그림에서 곡선 $y=f(x)$와 직선 $y=g(x)$의 교점의 x좌표는

$x=0$ 또는 $x=3$ 또는 $x=4$이므로

$$f(x)-g(x)=ax(x-3)(x-4)$$
$$=a(x^3-7x^2+12x)\ (a>0)$$

라 할 수 있다.

색칠한 부분의 넓이가 $\dfrac{45}{8}$이므로

$$\int_0^3 \{f(x)-g(x)\}dx=\int_0^3 a(x^3-7x^2+12x)\,dx$$
$$=a\left[\frac{1}{4}x^4-\frac{7}{3}x^3+6x^2\right]_0^3$$
$$=a\left(\frac{81}{4}-63+54\right)$$
$$=\frac{45}{4}a=\frac{45}{8}$$

$$\therefore a=\frac{1}{2}$$

따라서 $f(x)-g(x)=\dfrac{1}{2}x(x-3)(x-4)$이므로

$$f(1)-g(1)=\frac{1}{2}\times(-2)\times(-3)$$
$$=3$$

답 3

1862

부정적분을 이용하여 함수 $f(x)$를 구할 수 있다.

함수 $f(x)$의 도함수 $f'(x)$가 $f'(x)=x^2-1$이고, $f(0)=0$일 때, 곡선 $y=f(x)$와 x축으로 둘러싼 부분의 넓이는?

정적분을 이용하여 넓이를 구할 수 있다.

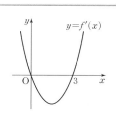

① $\dfrac{9}{8}$ 　　　② $\dfrac{5}{4}$

③ $\dfrac{11}{8}$ 　　　④ $\dfrac{3}{2}$

⑤ $\dfrac{13}{8}$

$$f(x)=\int (x^2-1)dx$$
$$=\frac{1}{3}x^3-x+C\ (단,\ C는\ 적분상수)$$

그런데, $f(0)=0$이므로 $C=0$

즉,

$$f(x)=\frac{1}{3}x^3-x$$
$$=\frac{1}{3}x(x-\sqrt{3})(x+\sqrt{3})$$

이므로 곡선 $y=f(x)$의 그래프와 x축으로 둘러싼 부분의 넓이는

$$\int_{-\sqrt{3}}^{\sqrt{3}}\left|\frac{1}{3}x^3-x\right|dx$$
$$=2\int_0^{\sqrt{3}}\left(-\frac{1}{3}x^3+x\right)dx$$
$$=2\left[-\frac{1}{12}x^4+\frac{1}{2}x^2\right]_0^{\sqrt{3}}$$
$$=2\left(-\frac{9}{12}+\frac{3}{2}\right)$$
$$=-\frac{3}{2}+3=\frac{3}{2}$$

답 ④

1863

$f'(x)=ax(x-3)\ (a>0)$이라 할 수 있다.

삼차함수 $y=f(x)$의 도함수 $y=f'(x)$의 그래프가 그림과 같을 때, 3보다 큰 상수 a에 대하여 함수 $f(x)$가 다음 조건을 만족시킬 때, $\displaystyle\int_3^a 18f'(x)dx$의 값을 구하시오.

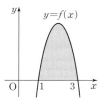

(가) $f(0)+f(a)=2f(3)+9$

(나) 곡선 $y=f'(x)$와 x축으로 둘러싸인 부분의 넓이는 $\dfrac{9}{2}$이다.

$\displaystyle\int_0^3 |f'(x)|\,dx=\frac{9}{2}$임을 이용하자.

$f'(x)=ax(x-3)$이라고 놓으면

(나)조건으로부터

$$\frac{a}{6}(3-0)^3=\frac{9}{2}\qquad \therefore a=1$$

$f'(x)=x^2-3x$이므로

$$f(x)=\frac{1}{3}x^3-\frac{3}{2}x^2+C\ (단,\ C는\ 적분상수)$$

$\displaystyle\int_3^a 18f'(x)dx=18\{f(a)-f(3)\}$이고

(가)조건으로부터 $f(a)-f(3)=f(3)-f(0)+9$

$$f(3)-f(0)+9=\frac{9}{2}$$

$$\therefore \int_3^a 18f'(x)dx=18\times\frac{9}{2}=81$$

답 81

1864

$f(x)=a(x-2)^2+3\ (a\neq0)$이라 하자.

함수 $f(x)$는 $x=2$에서 최댓값 3을 갖는 이차함수이고, $f(0)=-9$이다. 이 곡선 $y=f(x)$와 x축으로 둘러싸인 도형의 넓이는?

$x=0,\ y=-9$를 대입하자.

$f(x)=a(x-2)^2+3\ (a\neq0)$이라 하면 $f(0)=-9$이므로

$4a+3=-9,\ 4a=-12$

$$\therefore a=-3$$

즉, $f(x)=-3(x-2)^2+3$이므로

곡선 $y=f(x)$와 x축과의 교점의 x좌표는

$-3(x-2)^2+3=0$에서

$-3x^2+12x-9=0,\ -3(x^2-4x+3)=0$

$-3(x-3)(x-1)=0$

$\therefore x=1$ 또는 $x=3$

따라서 구하는 넓이는

$$\int_1^3 (-3x^2+12x-9)\,dx=\left[-x^3+6x^2-9x\right]_1^3=4$$

답 ①

1865

$f(x)=x^2+ax+b$라 하자.

> 최고차항의 계수가 1인 이차함수 $f(x)$가 $f(3)=0$이고,
> $$\int_0^{2013} f(x)\,dx=\int_3^{2013} f(x)\,dx$$
> 를 만족시킨다. 곡선 $y=f(x)$와 x축으로 둘러싸인 부분의 넓이
> 가 S일 때, $30S$의 값을 구하시오.
>
> $\int_0^{2013} f(x)\,dx-\int_3^{2013} f(x)\,dx=0$임을 이용하자.

$$\int_0^{2013} f(x)\,dx-\int_3^{2013} f(x)\,dx$$

$$=\int_0^{2013} f(x)\,dx+\int_{2013}^3 f(x)\,dx$$

$$=\int_0^3 f(x)\,dx=0$$

따라서 $f(x)=x^2+ax+b$라 하면

$$\int_0^3 (x^2+ax+b)\,dx$$

$$=\left[\frac{1}{3}x^3+\frac{a}{2}x^2+bx\right]_0^3=9+\frac{9}{2}a+3b=0$$

$\therefore 3a+2b=-6$ ······ ㉠

또한, $f(3)=9+3a+b=0$이므로

$3a+b=-9$ ······ ㉡

㉠, ㉡에서 $a=-4$, $b=3$이므로

$f(x)=x^2-4x+3=(x-1)(x-3)$

$$\therefore S=\int_1^3 |x^2-4x+3|\,dx$$

$$=\int_1^3 (-x^2+4x-3)\,dx$$

$$=\left[-\frac{1}{3}x^3+2x^2-3x\right]_1^3=\frac{4}{3}$$

$\therefore 30S=40$

답 40

1866

$f'(-1)=-28$임을 이용하자.

> 곡선 $f(x)=x^4-4x^3+5x^2+ax$에 대하여 $x=-1$인 점에서
> 접선의 기울기가 -28일 때, 곡선 $y=f(x)$와 x축으로 둘러싸
> 인 부분의 넓이를 구하시오. (단, a는 상수이다.)
>
> → 주어진 함수의 그래프를 그려 정적분을 이용한다.

$f(x)=x^4-4x^3+5x^2+ax$에서

$f'(x)=4x^3-12x^2+10x+a$

$x=-1$인 점에서 접선의 기울기가 -28이므로

$f'(-1)=-4-12-10+a=-28$ $\quad \therefore a=-2$

$\therefore f(x)=x^4-4x^3+5x^2-2x$

$\qquad =x(x^3-4x^2+5x-2)$

$\qquad =x(x-1)(x^2-3x+2)$

$\qquad =x(x-1)^2(x-2)$

따라서 곡선 $y=f(x)$는 그림과 같으므로

구하는 넓이는

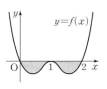

$$-\int_0^1 f(x)\,dx-\int_1^2 f(x)\,dx$$

$$=-\int_0^2 f(x)\,dx$$

$$=-\int_0^2 (x^4-4x^3+5x^2-2x)\,dx$$

$$=-\left[\frac{1}{5}x^5-x^4+\frac{5}{3}x^3-x^2\right]_0^2$$

$$=-\left(\frac{32}{5}-16+\frac{40}{3}-4\right)=\frac{4}{15}$$

답 $\dfrac{4}{15}$

1867

양변에 $x=3$을 대입하자.

> 함수 $y=f(x)$가 등식 $\int_3^x f(t)\,dt=x^3+kx^2$을 만족시킬 때,
> 함수 $y=f(x)$의 그래프와 x축으로 둘러싸인 도형의 넓이를
> 구하시오. (단, k는 상수이다.)
>
> 양변을 x에 대하여 미분하자.

$\int_3^x f(t)\,dt=x^3+kx^2$의 양변에 $x=3$을 대입하면

$27+9k=0$ $\quad \therefore k=-3$

$\therefore \int_3^x f(t)\,dt=x^3-3x^2$

이 등식의 양변을 x에 대하여 미분하면

$f(x)=3x^2-6x$

함수 $f(x)=3x^2-6x$의 그래프와 x축의

교점의 x좌표는 $3x^2-6x=0$에서

$3x(x-2)=0$

$\therefore x=0$ 또는 $x=2$

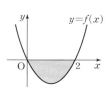

따라서 구하는 넓이는

$$-\int_0^2 (3x^2-6x)\,dx=-\left[x^3-3x^2\right]_0^2$$

$$=4$$

답 4

1868

> 다음 조건을 만족시키는 다항함수 $y=f(x)$의 그래프와 x축으
> 로 둘러싸인 부분의 넓이는?
>
> (가) $\displaystyle\lim_{x\to\infty}\frac{f(x)}{x^2}=-1$ → $f(x)=-x^2+ax+b$임을 알 수 있다.
>
> (나) $\displaystyle\lim_{x\to1}\frac{f(x)}{x-1}=-6$
>
> → $f(1)=0$이고 $f'(1)=-6$임을 이용하자.

$\displaystyle\lim_{x\to1}\frac{f(x)}{x-1}=-6$에서 $x\to1$일 때, (분모) $\to0$이므로

(분자) $\to0$, 즉 $f(1)=0$이어야 한다.

$$\therefore \lim_{x\to1}\frac{f(x)}{x-1}=\lim_{x\to1}\frac{f(x)-f(1)}{x-1}=f'(1)=-6$$

또 $\displaystyle\lim_{x\to\infty}\frac{f(x)}{x^2}=-1$에서 $f(x)=-x^2+ax+b$ (a, b는 상수)

이므로

$f'(x)=-2x+a$

$f'(1)=-2+a=-6$ $\quad \therefore a=-4$

$f(1)=-1+a+b=0$

$\therefore b=5$

즉, $f(x)=-x^2-4x+5$이므로

$y=f(x)$의 그래프와 x축의 교점의 x좌표는

$f(x)=0$에서 $(x+5)(x-1)=0$

$\therefore x=-5$ 또는 $x=1$

따라서 구하는 넓이는

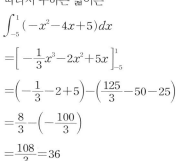

$\displaystyle\int_{-5}^{1}(-x^2-4x+5)dx$

$=\left[-\dfrac{1}{3}x^3-2x^2+5x\right]_{-5}^{1}$

$=\left(-\dfrac{1}{3}-2+5\right)-\left(\dfrac{125}{3}-50-25\right)$

$=\dfrac{8}{3}-\left(-\dfrac{100}{3}\right)$

$=\dfrac{108}{3}=36$

답 ③

1869

→ $\dfrac{d}{dx}\{f(x)g(x)\}$임을 이용하자.

두 다항함수 $f(x)$, $g(x)$가 다음 조건을 만족시킨다.

(가) $f'(x)g(x)+f(x)g'(x)=2x-3$

(나) $f(0)=1$, $g(0)=2$

곡선 $y=f(x)g(x)$와 x축으로 둘러싸인 부분의 넓이를 구하시오.

→ 정적분을 이용하여 넓이를 구하자.

조건 (가)에서

$\displaystyle\int\{f'(x)g(x)+f(x)g'(x)\}dx=\int(2x-3)dx$

$f(x)g(x)=x^2-3x+C$ (단, C는 적분상수)

조건 (나)에서 $f(0)=1$, $g(0)=2$이므로 $C=2$

$\therefore f(x)g(x)=x^2-3x+2=(x-1)(x-2)$

따라서 곡선 $y=f(x)g(x)$와 x축으로 둘러싸인 부분의 넓이는

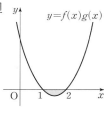

$-\displaystyle\int_{1}^{2}(x^2-3x+2)dx$

$=-\left[\dfrac{1}{3}x^3-\dfrac{3}{2}x^2+2x\right]_{1}^{2}$

$=\dfrac{1}{6}$

답 $\dfrac{1}{6}$

다른풀이 $f(x)g(x)=x^2-3x+2=(x-1)(x-2)$이므로

$y=f(x)g(x)$와 x축으로 둘러싸인 부분의 넓이는

$\dfrac{|1|}{6}(2-1)^3=\dfrac{1}{6}$

1870

→ 부정적분을 이용하여 함수 $f(x)$를 구할 수 있다.

삼차함수 $f(x)$가 다음 두 조건을 만족시킨다.

(가) $f'(x)=3x^2-4x-4$

(나) 함수 $y=f(x)$의 그래프는 점 $(2,0)$을 지난다.

이때 함수 $y=f(x)$의 그래프와 x축으로 둘러싸인 도형의 넓이는?

→ 주어진 함수의 그래프를 그려 정적분을 이용한다.

$f'(x)=3x^2-4x-4$이므로

$f(x)=x^3-2x^2-4x+C$

$f(2)=0$이므로

$f(2)=-8+C=0$ $\quad \therefore C=8$

$f(x)=(x+2)(x-2)^2$이므로

구하는 도형의 넓이는

$\displaystyle\int_{-2}^{2}(x^3-2x^2-4x+8)dx=2\int_{0}^{2}(-2x^2+8)dx$

$=2\left[-\dfrac{2}{3}x^3+8x\right]_{0}^{2}$

$=\dfrac{64}{3}$

답 ⑤

1871

→ 부정적분을 이용하여 함수 $f(x)$를 구하자.

사차함수 $f(x)$의 도함수가 $f'(x)=(x-1)(x+1)(ax+b)$, $f(0)-f(1)=2$를 만족하고 $x=1$, $x=-1$에서 같은 값의 극값을 갖는다. 이때, 곡선 $y=f(x)$와 직선 $y=f(1)$로 둘러싸인 도형의 넓이는? (단, a, b는 상수) $\quad f(1)=f(-1)$임을 이용하자.

$f'(x)=ax^3+bx^2-ax-b$이므로

$f(x)=\displaystyle\int f'(x)dx=\dfrac{1}{4}ax^4+\dfrac{1}{3}bx^3-\dfrac{1}{2}ax^2-bx+C$ (C는 적분상수)

$f(1)=\dfrac{1}{4}a+\dfrac{1}{3}b-\dfrac{1}{2}a-b+C$

$f(-1)=\dfrac{1}{4}a-\dfrac{1}{3}b-\dfrac{1}{2}a+b+C$

$f(0)=C$

이때, $f(1)=f(-1)$이므로

$-\dfrac{2}{3}b=\dfrac{2}{3}b$ $\quad \therefore b=0$

또 $f(0)-f(1)=2$이므로

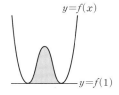

$C-\left(\dfrac{1}{4}a-\dfrac{1}{2}a+C\right)=2$, $\dfrac{1}{4}a=2$

$\therefore a=8$

따라서 $f(x)=2x^4-4x^2+C$, $f(1)=C-2$이므로

구하는 넓이는

$\displaystyle\int_{-1}^{1}\{f(x)-f(1)\}dx=\int_{-1}^{1}(2x^4-4x^2+C-C+2)dx$

$=2\displaystyle\int_{0}^{1}(2x^4-4x^2+2)dx$

$=4\displaystyle\int_{0}^{1}(x^4-2x^2+1)dx$

$=4\left[\dfrac{1}{5}x^5-\dfrac{2}{3}x^3+x\right]_{0}^{1}=\dfrac{32}{15}$

답 ①

1872

▶ 함수의 그래프의 개형을 그리자.

곡선 $y=(x-1)(x-a)$ $(a>1)$와 x축 및 y축으로 둘러싸인 두 도형의 넓이가 서로 같을 때, 상수 a의 값은?

└▶ $\int_0^a (x-1)(x-a)\,dx=0$임을 이용하자.

곡선 $y=(x-1)(x-a)$ $(a>1)$와 x축의 교점의 x좌표는
$(x-1)(x-a)=0$에서 $x=1$ 또는 $x=a$
그림에서 어두운 두 부분의 넓이가 서로 같으므로

$\int_0^a (x-1)(x-a)\,dx$

$=\int_0^a \{x^2-(a+1)x+a\}\,dx$

$=\left[\dfrac{1}{3}x^3-\dfrac{a+1}{2}x^2+ax\right]_0^a$

$=-\dfrac{a^2(a-3)}{6}=0$

$\therefore a=3\ (\because a>1)$

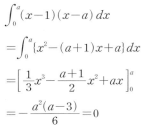

답 ③

1873

▶ 함수의 그래프의 개형을 그리자.

곡선 $y=-x^2+4x$와 x축 및 직선 $x=k$ $(k>4)$로 둘러싸인 두 도형의 넓이가 서로 같을 때, 상수 k의 값을 구하시오.

└▶ $\int_0^k (-x^2+4x)\,dx=0$임을 이용하자.

곡선 $y=-x^2+4x$와 x축의 교점의 x좌표는
$-x^2+4x=0$에서
$x(x-4)=0$
$\therefore x=0$ 또는 $x=4$
$k>4$이므로 곡선 $y=-x^2+4x$와
직선 $x=k$는 그림과 같다. 어두운 두 부분의
넓이가 서로 같으므로

$\int_0^k (-x^2+4x)\,dx$

$=\left[-\dfrac{1}{3}x^3+2x^2\right]_0^k=0$

$-\dfrac{1}{3}k^3+2k^2=0$

$k^3-6k^2=0,\ k^2(k-6)=0$ $\therefore k=6\,(\because k>4)$

답 6

1874

▶ $-x^3+x-k=0$의 근 중에서 가장 큰 값을 α라 하자.

함수 $y=-x^3+x-k$의 그래프가 그림과 같고, 두 부분 A, B의 넓이가 서로 같을 때, $81k^2$의 값을 구하시오.
(단, k는 상수이다.)

└▶ $\int_0^\alpha (-x^3+x-k)\,dx=0$임을 이용하자.

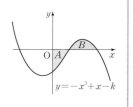

$-x^3+x-k=0$의 근 중에서 가장 큰 값을 α라 하면
$-\alpha^3+\alpha-k=0$

$\therefore k=\alpha-\alpha^3$ ...... ㉠

$A=B$이므로

$\int_0^\alpha (-x^3+x-k)\,dx=\left[-\dfrac{1}{4}x^4+\dfrac{1}{2}x^2-kx\right]_0^\alpha$

$\qquad\qquad =-\dfrac{1}{4}\alpha^4+\dfrac{1}{2}\alpha^2-k\alpha=0$

$\alpha>0$이므로 $\alpha^3-2\alpha+4k=0$ ...... ㉡

㉠을 ㉡에 대입하여 정리하면
$3\alpha^3-2\alpha=0,\ \alpha(3\alpha^2-2)=0$

$\therefore \alpha=\sqrt{\dfrac{2}{3}}=\dfrac{\sqrt{6}}{3}\ (\because \alpha>0)$

이것을 ㉠에 대입하면

$k=\dfrac{\sqrt{6}}{3}-\dfrac{6\sqrt{6}}{27}=\dfrac{\sqrt{6}}{9}$

$\therefore 81k^2=81\times\dfrac{6}{81}=6$

답 6

1875

▶ 주어진 함수의 그래프를 그리자.

곡선 $y=x^2(x-3)$과 직선 $x=a$ $(a>3)$ 및 x축으로 둘러싸인 두 도형의 넓이가 서로 같을 때, 상수 a의 값을 구하시오.

└▶ $\int_0^a x^2(x-3)\,dx=0$임을 이용하자.

곡선 $y=x^2(x-3)$과 x축의 교점의 x좌표는
$x^2(x-3)=0$에서 $x=0$ 또는 $x=3$
$a>3$이므로 곡선 $y=x^2(x-3)$과
직선 $x=a$는 그림과 같다.
어두운 두 부분의 넓이가 서로 같으므로

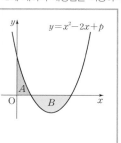

$\int_0^a x^2(x-3)\,dx=\int_0^a (x^3-3x^2)\,dx$

$\qquad\qquad =\left[\dfrac{1}{4}x^4-x^3\right]_0^a=0$

$\dfrac{1}{4}a^4-a^3=0,\ a^4-4a^3=0$

$a^3(a-4)=0$

$\therefore a=4\ (\because a>3)$

답 4

1876

▶ 주어진 곡선은 $x=1$에 대하여 대칭임을 이용하자.

그림과 같이 곡선 $y=x^2-2x+p$와 x축, y축으로 둘러싸인 도형의 넓이를 A라 하고, 이 곡선과 x축으로 둘러싸인 도형의 넓이를 B라 하자.
$A:B=1:2$일 때, 상수 p의 값은?

└▶ $\int_0^1 (x^2-2x+p)\,dx=0$임을 이용하자.

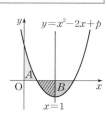

곡선 $y=x^2-2x+p$는 직선 $x=1$에 대하여
대칭이고 $A:B=1:2$에서
$2A=B$, 즉 $A=\dfrac{1}{2}B$이므로 그림에서 빗금친
부분의 넓이가 A와 같다.
따라서 곡선 $y=x^2-2x+p$와 x축, y축 및
직선 $x=1$로 둘러싸인 두 도형의 넓이가 서로

368 Total 짱 수학 II

같으므로

$$\int_0^1 (x^2-2x+p)\,dx=\left[\frac{1}{3}x^3-x^2+px\right]_0^1$$
$$=\frac{1}{3}-1+p$$
$$=0$$

$$\therefore p=\frac{2}{3}$$

답 ②

1877

→ 주어진 곡선은 $x=1$에 대하여 대칭임을 이용하자.

그림과 같이 곡선 $y=-x^2+2x$와 x축 및 직선 $x=k$로 둘러싸인 두 부분의 넓이를 각각 S_1, S_2라 할 때, $S_1=2S_2$가 성립한다. 상수 k의 값은?

(단, $k>2$)

$\int_1^k (-x^2+2x)\,dx=0$임을 이용하자.

$y=-x^2+2x=-(x-1)^2+1$이므로 이 곡선은 직선 $x=1$에 대하여 대칭이다.

즉, S_1은 직선 $x=1$에 의하여 이등분되고, $\frac{1}{2}S_1=S_2$이므로

$$\int_1^k (-x^2+2x)\,dx=\left[-\frac{1}{3}x^3+x^2\right]_1^k$$
$$=-\frac{1}{3}k^3+k^2-\left(-\frac{1}{3}+1\right)$$
$$=-\frac{1}{3}k^3+k^2-\frac{2}{3}$$
$$=-\frac{1}{3}(k-1)(k^2-2k-2)=0$$

$$\therefore k=1-\sqrt{3} \text{ 또는 } k=1 \text{ 또는 } k=1+\sqrt{3}$$

$k>2$이므로 $k=1+\sqrt{3}$

답 ②

1878

→ 곡선과 x축의 교점의 x좌표는 0, 4, k이다.

곡선 $y=x(x-4)(x-k)$와 x축으로 둘러싸인 두 부분의 넓이가 같을 때, 상수 k의 값을 구하시오. (단, $k>4$)

$\int_0^k x(x-4)(x-k)\,dx=0$임을 이용하자.

곡선 $y=x(x-4)(x-k)$와 x축의 교점의 x좌표는

$x(x-4)(x-k)=0$에서

$x=0$ 또는 $x=4$ 또는 $x=k$

$k>4$이므로 곡선 $y=x(x-4)(x-k)$는 그림과 같고 어두운 두 부분의 넓이가 서로 같으므로

$$\int_0^k x(x-4)(x-k)\,dx$$
$$=\int_0^k \{x^3-(4+k)x^2+4kx\}\,dx$$
$$=\left[\frac{1}{4}x^4-\frac{4+k}{3}x^3+2kx^2\right]_0^k=0$$

$$\frac{k^4}{4}-\frac{4k^3+k^4}{3}+2k^3=0$$
$$k^4-8k^3=0,\ k^3(k-8)=0$$
$$\therefore k=8\ (\because k>4)$$

답 8

1879

→ $y=x(x-a)(x-3)$임을 이용하자.

곡선 $y=x^3-(a+3)x^2+3ax\ (0<a<3)$와 x축으로 둘러싸인 두 도형의 넓이가 서로 같을 때, 상수 a의 값을 구하시오.

$\int_0^3 \{x^3-(a+3)x^2+3ax\}\,dx=0$임을 이용하자.

곡선 $y=x^3-(a+3)x^2+3ax$와 x축의 교점의 x좌표는

$x^3-(a+3)x^2+3ax=0$에서

$x\{x^2-(a+3)x+3a\}=0$

$x(x-a)(x-3)=0$

$\therefore x=0$ 또는 $x=a$ 또는 $x=3$

$0<a<3$이므로 곡선 $y=x^3-(a+3)x^2+3ax$는 그림과 같다.

어두운 두 부분의 넓이가 서로 같으므로

$$\int_0^3 \{x^3-(a+3)x^2+3ax\}\,dx$$
$$=\left[\frac{1}{4}x^4-\frac{a+3}{3}x^3+\frac{3a}{2}x^2\right]_0^3=0$$

$$\frac{81}{4}-9(a+3)+\frac{27}{2}a=0$$
$$81-36(a+3)+54a=0$$
$$18a-27=0$$

$$\therefore a=\frac{3}{2}$$

답 $\dfrac{3}{2}$

1880

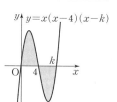

그림과 같이 곡선 $y=9-x^2\ (x\geq0)$과 y축 및 두 직선 $y=k\ (0<k<9)$, $x=3$으로 둘러싸인 두 도형의 넓이가 서로 같을 때, 상수 k의 값을 구하시오.

$\int_0^3 \{(9-x^2)-k\}\,dx=0$임을 이용하자.

색칠한 두 부분의 넓이가 서로 같으므로

$$\int_0^3 \{(9-x^2)-k\}\,dx=\int_0^3 (-x^2+9-k)\,dx$$
$$=\left[-\frac{1}{3}x^3+9x-kx\right]_0^3$$
$$=0$$

$-9+27-3k=0,\ 18-3k=0$

$\therefore k=6$

답 6

1881

그림과 같이 두 곡선 $y=-x^2(x-2)$, $y=ax(x-2)\ (a<0)$로 둘러싸인 두 도형의 넓이가 서로 같을 때, 상수 a의 값을 구하시오.

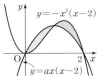

$\int_0^2\{ax(x-2)+x^2(x-2)\}dx=0$임을 이용하자.

색칠한 두 부분의 넓이가 서로 같으므로

$\int_0^2\{ax(x-2)+x^2(x-2)\}dx$

$=\int_0^2\{x^3+(a-2)x^2-2ax\}dx$

$=\left[\dfrac{1}{4}x^4+\dfrac{(a-2)}{3}x^3-ax^2\right]_0^2$

$=0$

$4+\dfrac{8(a-2)}{3}-4a=0$

$-4a=4 \qquad \therefore a=-1$

답 -1

1882

$\int_0^2\left(\dfrac{1}{2}x^2-kx\right)dx=0$임을 이용하자.

그림과 같이 곡선 $y=\dfrac{1}{2}x^2$과 직선 $y=kx$로 둘러싸인 부분의 넓이를 A, 곡선 $y=\dfrac{1}{2}x^2$과 두 직선 $x=2$, $y=kx$로 둘러싸인 부분의 넓이를 B라 하자. $A=B$일 때, $30k$의 값을 구하시오. (단, k는 $0<k<1$인 상수이다.)

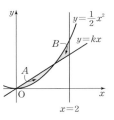

$y=\dfrac{1}{2}x^2$과 $y=kx$가 만나는 점의 x좌표는 0 또는 $2k$이므로

$A=\int_0^{2k}\left(kx-\dfrac{1}{2}x^2\right)dx$, $B=\int_{2k}^2\left(\dfrac{1}{2}x^2-kx\right)dx$

$A=B$이므로

$\int_0^{2k}\left(kx-\dfrac{1}{2}x^2\right)dx=\int_{2k}^2\left(\dfrac{1}{2}x^2-kx\right)dx$

$\int_0^{2k}\left(kx-\dfrac{1}{2}x^2\right)dx-\int_{2k}^2\left(\dfrac{1}{2}x^2-kx\right)dx=0$

$\int_0^{2k}\left(kx-\dfrac{1}{2}x^2\right)dx+\int_{2k}^2\left(kx-\dfrac{1}{2}x^2\right)dx=0$

$\int_0^2\left(kx-\dfrac{1}{2}x^2\right)dx=0$

$\left[\dfrac{k}{2}x^2-\dfrac{1}{6}x^3\right]_0^2=2k-\dfrac{4}{3}=0$

따라서 $k=\dfrac{2}{3}$이고 $30k=20$

답 20

1883

주어진 곡선과 직선의 교점의 x좌표를 구하자.

곡선 $y=x^3-(2+m)x^2+3mx$와 직선 $y=mx$로 둘러싸인 두 부분의 넓이가 서로 같을 때, 상수 m의 값을 구하시오.

정적분을 이용하여 구하자. (단, $m>2$)

곡선 $y=x^3-(2+m)x^2+3mx$와 직선 $y=mx$의 교점의 x좌표는

$x^3-(2+m)x^2+3mx=mx$

$x^3-(2+m)x^2+2mx=0$, $x(x-2)(x-m)=0$

$\therefore x=0$ 또는 $x=2$ 또는 $x=m$

곡선 $y=x^3-(2+m)x^2+3mx$와 직선 $y=mx$로 둘러싸인 두 부분의 넓이가 서로 같으므로

$\int_0^m\{x^3-(2+m)x^2+3mx-mx\}dx=0$

$\left[\dfrac{x^4}{4}-\dfrac{(2+m)}{3}x^3+mx^2\right]_0^m=0$

$\dfrac{m^4}{4}-\dfrac{(2+m)m^3}{3}+m^3=0$, $m^3(-m+4)=0$

$\therefore m=4\ (\because m>2)$

답 4

1884

$\int_0^1\{-x^4+x-(x^4-x^3)\}dx$이다.

두 곡선 $y=x^4-x^3$, $y=-x^4+x$로 둘러싸인 도형의 넓이가 곡선 $y=ax(1-x)$에 의하여 이등분될 때, 상수 a의 값은? (단, $0<a<1$)

① $\dfrac{1}{4}$ ② $\dfrac{3}{8}$

$\int_0^1\{(-x^4+x)-(x^4-x^3)\}dx$

③ $\dfrac{5}{8}$ ④ $\dfrac{3}{4}$

$=2\int_0^1\{(-x^4+x)-(ax-ax^2)\}dx$ 임을 이용하자.

⑤ $\dfrac{7}{8}$

도형의 넓이가 같으므로

$\int_0^1\{(-x^4+x)-(x^4-x^3)\}dx=2\int_0^1\{(-x^4+x)-(ax-ax^2)\}dx$

$\int_0^1(-2x^4+x^3+x)dx=2\int_0^1\{-x^4+ax^2+(1-a)x\}dx$

$\int_0^1(-2x^4+x^3+x)dx-2\int_0^1\{-x^4+ax^2+(1-a)x\}dx=0$

$\int_0^1[(-2x^4+x^3+x)-2\{-x^4+ax^2+(1-a)x\}]dx=0$

$\int_0^1\{x^3-2ax^2+(2a-1)x\}dx=0$

$\left[\dfrac{x^4}{4}-\dfrac{2}{3}ax^3+\dfrac{2a-1}{2}x^2\right]_0^1=0$

$\dfrac{1}{4}-\dfrac{2}{3}a+a-\dfrac{1}{2}=0$

$\therefore a=\dfrac{3}{4}$

답 ④

1885

곡선과 직선의 교점의 x좌표를 구하자.

곡선 $y=x^2-2x$와 직선 $y=mx$로 둘러싸인 도형의 넓이는 곡선 $y=x^2-2x$와 x축으로 둘러싸인 도형의 넓이의 2배이다. 상수 m에 대하여 $(m+2)^3$의 값을 구하시오. (단, $m>0$)

곡선과 x축의 교점의 x좌표는 방정식 $x^2-2x=0$의 근이다.

그림에서 곡선 $y=x^2-2x$와 x축으로
둘러싸인 도형의 넓이는

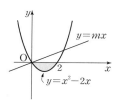

$$-\int_0^2 (x^2-2x)\,dx = -\left[\frac{1}{3}x^3-x^2\right]_0^2$$
$$=\frac{4}{3}$$

곡선 $y=x^2-2x$와 직선 $y=mx$의 교점의 x좌표는
$x^2-2x=mx$에서 $x(x-m-2)=0$
$\therefore x=0$ 또는 $x=m+2$
곡선 $y=x^2-2x$와 직선 $y=mx$로 둘러싸인 도형의 넓이는
$\frac{8}{3}$이므로

$$\int_0^{m+2}\{mx-(x^2-2x)\}\,dx = \int_0^{m+2}\{-x^2+(m+2)x\}\,dx$$
$$=\left[-\frac{1}{3}x^3+\frac{1}{2}(m+2)x^2\right]_0^{m+2}$$
$$=-\frac{(m+2)^3}{3}+\frac{(m+2)^3}{2}$$
$$=\frac{(m+2)^3}{6}=\frac{8}{3}$$

$\therefore (m+2)^3=16$ 답 16

1886

→ 두 곡선의 교점의 x좌표는 $ax^2=4x-x^2$의 근임을 이용하자.

곡선 $y=ax^2$이 곡선 $y=4x-x^2$과 x축
으로 둘러싸인 도형의 넓이를 이등분할
때, 양수 a의 값은?

① $\sqrt2-1$ ② $\sqrt2$
③ 2 ④ $\sqrt2+1$
⑤ 3

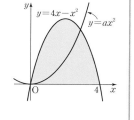

그림에서 곡선 $y=4x-x^2$과 x축으로 둘러싸인
도형의 넓이 S_1+S_2는

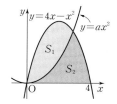

$$S_1+S_2=\int_0^4 (4x-x^2)\,dx$$
$$=\left[2x^2-\frac{1}{3}x^3\right]_0^4=\frac{32}{3}$$

$\therefore S_1=S_2=\frac{16}{3}$

두 곡선 $y=ax^2$, $y=4x-x^2$의 교점의 x좌표는
$ax^2=4x-x^2$에서 $(a+1)x^2-4x=0$
$(a+1)x\left(x-\dfrac{4}{a+1}\right)=0$ $\therefore x=0$ 또는 $x=\dfrac{4}{a+1}$

두 곡선 $y=ax^2$, $y=4x-x^2$으로 둘러싸인 도형의 넓이 S_1은

$$S_1=\int_0^{\frac{4}{a+1}}\{(4x-x^2)-ax^2\}\,dx$$
$$=\int_0^{\frac{4}{a+1}}\{4x-(a+1)x^2\}\,dx$$
$$=\left[2x^2-\frac{(a+1)}{3}x^3\right]_0^{\frac{4}{a+1}}$$
$$=\frac{a+1}{6}\left(\frac{4}{a+1}\right)^3$$
$$=\frac{32}{3(a+1)^2}=\frac{16}{3}$$

즉, $(a+1)^2=2$
$\therefore a=\sqrt2-1\ (\because a>0)$ 답 ①

1887 $y=f(x)$의 그래프와 직선 $y=\dfrac{1}{2}k^2$의 교점을 구하자.

실수 전체의 집합에서 정의된 함수

$$f(x)=\begin{cases} x^2-\dfrac{1}{2}k^2 & (x<0) \\ x-\dfrac{1}{2}k^2 & (x\geq0) \end{cases}$$

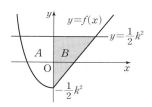

가 있다. 그림과 같이 함수 $y=f(x)$
의 그래프와 직선 $y=\dfrac{1}{2}k^2$으로 둘러싸인 도형의 넓이가 y축에
의하여 이등분될 때, 상수 k의 값은? (단, $k>0$)

→ $x<0$일 때와 $x\geq0$일 때의 넓이를 정적분을 이용하여 구하자.

(i) $x<0$일 때, $y=x^2-\dfrac{1}{2}k^2$의 그래프와 직선 $y=\dfrac{1}{2}k^2$의 교점의
    x좌표는 $-k$

$$(A\text{의 넓이})=\int_{-k}^0\left\{\frac{1}{2}k^2-\left(x^2-\frac{1}{2}k^2\right)\right\}dx$$
$$=\left[-\frac{1}{3}x^3+k^2x\right]_{-k}^0$$
$$=\frac{2}{3}k^3$$

(ii) $x\geq0$일 때, 직선 $y=x-\dfrac{1}{2}k^2$과 직선 $y=\dfrac{1}{2}k^2$의 교점의
    x좌표는 k^2

$$(B\text{의 넓이})=\frac{1}{2}\times k^2\times k^2=\frac{1}{2}k^4$$

A와 B의 넓이가 같으므로 $\dfrac{2}{3}k^3=\dfrac{1}{2}k^4$

따라서 $k=\dfrac{4}{3}$ 답 ③

1888

→ 직선의 기울기를 m이라 하면 직선의 방정식은
$y-4=m(x-1)$로 놓을 수 있다.

곡선 $y=x^2$과 점 $(1,4)$를 지나는 직선으로 둘러싸인 도형의 넓이
의 최솟값을 구하시오.

→ 곡선과 직선이 만나는 교점의 x좌표를 α, β라 하고
정적분을 이용하여 넓이를 구하자.

점 $(1,4)$를 지나는 직선을 $y=g(x)$라 하고, 이 직선의 기울기를 m이라
하면 직선의 방정식은
$y-4=m(x-1)$
$\therefore y=mx-m+4$
곡선 $y=x^2$과 직선 $y=g(x)$의 교점의 x좌표를 α, β $(\alpha<\beta)$라 하면 이
차방정식 $x^2-mx+m-4=0$의 두 근이 α, β이므로 근과 계수의 관
계에 의하여

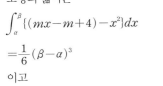
$\alpha+\beta=m$, $\alpha\beta=m-4$

곡선 $y=x^2$과 직선 $y=g(x)$로 둘러싸인

도형의 넓이는

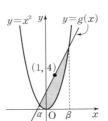

$$\int_\alpha^\beta \{(mx-m+4)-x^2\}dx$$

$$=\frac{1}{6}(\beta-\alpha)^3$$

이고

$$(\beta-\alpha)^2=(\beta+\alpha)^2-4\alpha\beta$$
$$=m^2-4(m-4)$$
$$=(m-2)^2+12\geq 12$$

$\therefore \beta-\alpha \geq \sqrt{12}$ $(\because \alpha<\beta)$

이므로 구하는 넓이의 최솟값은

$$\frac{1}{6}\times 12\sqrt{12}=4\sqrt{3}$$

답 $4\sqrt{3}$

1889

곡선과 x축으로 둘러싸인 넓이는 $2\int_0^2(-x^2+4)dx$이다.

그림과 같이 곡선 $y=-x^2+4$와 x축 사이에 직사각형을 내접시킬 때, 색칠한 부분의 넓이의 최솟값은?

① $\frac{32}{9}(\sqrt{6}-2)$ ② $\frac{32}{9}(3-\sqrt{6})$

③ $\frac{32}{9}(3-\sqrt{3})$ ④ $\frac{32}{3}(\sqrt{3}-1)$

⑤ $\frac{32}{3}(3-\sqrt{3})$

곡선과 직사각형이 제1사분면에서 만나는 점의 x좌표를 a라 하자.

직사각형의 넓이가 최대이면 어두운 부분의 넓이가 최소가 된다.

그림에서 점 C의 x좌표를 a $(0<a<2)$라 하면 직사각형 ABCD의 넓이는

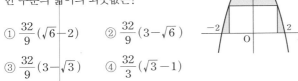

$2a(-a^2+4)$

$f(a)=2a(-a^2+4)=-2a^3+8a$라 하면

$$f'(a)=-6a^2+8=-6\left(a+\frac{2}{\sqrt{3}}\right)\left(a-\frac{2}{\sqrt{3}}\right)$$

$f'(a)=0$에서 $a=\frac{2}{\sqrt{3}}$ $(\because 0<a<2)$

$0<a<2$에서 함수 $y=f(a)$의 증가, 감소를 표로 나타내면 다음과 같다.

a	(0)	$\cdots$	$\frac{2}{\sqrt{3}}$	$\cdots$	(2)
$f'(a)$		$+$	0	$-$	
$f(a)$		$\nearrow$	극대	$\searrow$	

즉, $f(a)$는 $a=\frac{2}{\sqrt{3}}$일 때, 극대이면서 최대이므로 직사각형의 넓이의 최댓값은

$$f\left(\frac{2}{\sqrt{3}}\right)=\frac{4}{\sqrt{3}}\left(-\frac{4}{3}+4\right)=\frac{32\sqrt{3}}{9}$$

곡선 $y=-x^2+4$와 x축으로 둘러싸인 부분의 넓이는

$$2\int_0^2(-x^2+4)dx=2\left[-\frac{1}{3}x^3+4x\right]_0^2$$
$$=2\left(-\frac{8}{3}+8\right)=\frac{32}{3}$$

따라서 어두운 부분의 넓이의 최솟값은

$$\frac{32}{3}-\frac{32\sqrt{3}}{9}=\frac{32}{9}(3-\sqrt{3})$$

답 ③

1890

$S_1+S_2+S_3=1$임을 이용하자.

그림과 같이 네 점 $(0, 0)$, $(1, 0)$, $(1, 1)$, $(0, 1)$을 꼭짓점으로 하는 정사각형의 내부를 두 곡선 $y=\frac{1}{2}x^2$, $y=ax^2$으로 나눈 세 부분의 넓이를 각각 S_1, S_2, S_3이라 하자. S_1, S_2, S_3이 이 순서대로 등차수열을 이룰 때, 양수 a의 값을 구하시오.

$S_1+S_3=2S_2$임을 이용하자.

$\left(\text{단, } a>\frac{1}{2}\right)$

$S_1+S_2+S_3=1$이고, S_2는 등차중항, 즉 $S_1+S_3=2S_2$이므로

$$1-S_2=2S_2$$

$$\therefore S_2=\frac{1}{3}$$

$$S_1=\int_0^1 \frac{1}{2}x^2 dx=\left[\frac{1}{6}x^3\right]_0^1=\frac{1}{6}$$

이므로

$$S_3=-S_1-S_2+1=-\frac{1}{6}-\frac{1}{3}+1=\frac{1}{2}$$

$ax^2=1$에서 $x=\frac{1}{\sqrt{a}}$ $(\because x>0)$이므로

$$S_3=\frac{1}{\sqrt{a}}\times 1-\int_0^{\frac{1}{\sqrt{a}}} ax^2 dx$$
$$=\frac{1}{\sqrt{a}}-\left[\frac{a}{3}x^3\right]_0^{\frac{1}{\sqrt{a}}}$$
$$=\frac{2}{3\sqrt{a}}=\frac{1}{2}$$

$$\therefore a=\frac{16}{9}$$

답 $\frac{16}{9}$

1891

함수 $f(x)=x^2$ $(x\geq 0)$과 그 역함수 $g(x)=\sqrt{x}$의 그래프로 둘러싸인 도형의 넓이는?

곡선 $y=x^2$과 직선 $y=x$로 둘러싸인 도형의 넓이의 2배임을 이용하자.

두 곡선 $f(x)=x^2$ $(x\geq 0)$과 $g(x)=\sqrt{x}$는 직선 $y=x$에 대하여 대칭이므로 구하는 넓이는 곡선 $f(x)=x^2$ $(x\geq 0)$과 직선 $y=x$로 둘러싸인 도형의 넓이의 2배이다.

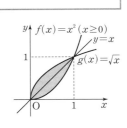

곡선 $f(x)=x^2$ $(x\geq 0)$과 $y=x$의 교점의 x좌표는 $x^2=x$에서

$x^2-x=0$, $x(x-1)=0$

$\therefore x=0$ 또는 $x=1$

따라서 구하는 넓이는

$$2\int_0^1 (x-x^2)\,dx = 2\left[\frac{1}{2}x^2 - \frac{1}{3}x^3\right]_0^1$$
$$= 2\times \frac{1}{6} = \frac{1}{3}$$

답 ②

1892

함수 $y=x^3$과 그 역함수 $y=g(x)$의 그래프로 둘러싸인 도형의 넓이는?
└▸ 곡선 $y=x^3$과 직선 $y=x$로 둘러싸인 도형의 넓이의 2배임을 이용하자.

두 곡선 $y=x^3$과 $y=g(x)$는 직선
$y=x$에 대하여 대칭이므로 구하는 넓이는
곡선 $y=x^3$과 직선 $y=x$로 둘러싸인 도형
의 넓이의 2배이다.
곡선 $y=x^3$과 직선 $y=x$의 교점의
x좌표는
$x^3=x$에서 $x^3-x=0$, $x(x+1)(x-1)=0$
∴ $x=-1$ 또는 $x=0$ 또는 $x=1$
따라서 구하는 넓이는
$$2\left\{\int_{-1}^0 (x^3-x)\,dx + \int_0^1 (x-x^3)\,dx\right\}$$
$$= 2\left(\left[\frac{1}{4}x^4 - \frac{1}{2}x^2\right]_{-1}^0 + \left[\frac{1}{2}x^2 - \frac{1}{4}x^4\right]_0^1\right)$$
$$= 2\cdot \frac{1}{2} = 1$$

답 ③

1893

삼차함수 $f(x)=x^3-6$의 역함수 $f^{-1}(x)$의 그래프와 두 직선 $y=x$, $y=0$으로 둘러싸인 도형의 넓이는?
└▸ $y=f(x)$의 그래프와 $y=x$, $x=0$으로 둘러싸인 도형의 넓이와 같다.

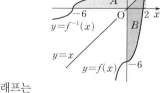

$y=f(x)$의 그래프와 직선 $y=x$의 교점의
x좌표는
$x^3-6=x$에서
$x^3-x-6=0$
$(x-2)(x^2+2x+3)=0$
∴ $x=2$
두 함수 $y=f(x)$, $y=f^{-1}(x)$의 그래프는
직선 $y=x$에 대하여 대칭이므로 $y=f^{-1}(x)$의 그래프와 두 직선
$y=x$, $y=0$으로 둘러싸인 도형 A의 넓이는 $y=f(x)$의 그래프와 두
직선 $y=x$, $x=0$으로 둘러싸인 도형 B의 넓이와 같다.
따라서 구하는 넓이는
$$\int_0^2 \{x-(x^3-6)\}\,dx = \int_0^2 (-x^3+x+6)\,dx$$
$$= \left[-\frac{1}{4}x^4 + \frac{1}{2}x^2 + 6x\right]_0^2$$
$$= -4+2+12 = 10$$

답 ①

1894

함수 $y=f(x)$와 그 역함수 $y=g(x)$의 그래프가 그림과 같을 때,
$\int_0^2 f(x)\,dx + \int_2^6 g(x)\,dx$의 값은?
└▸ 대칭성을 이용하여 서로 넓이가 같은 부분을 찾자.

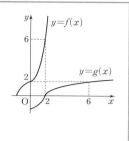

① 6 ② 8
③ 10 ④ 12
⑤ 14

함수 $y=f(x)$와 그 역함수 $y=g(x)$의 그래
프는 직선 $y=x$에 대하여 대칭이므로
(A의 넓이)=(B의 넓이)
∴ $\int_0^2 f(x)\,dx + \int_2^6 g(x)\,dx$
$=$(C의 넓이)+(A의 넓이)
$=$(C의 넓이)+(B의 넓이)
$=2\times 6$
$=12$

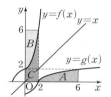

답 ④

1895

함수의 그래프를 그린 다음 대칭성을 이용하여 서로 넓이가 같은 부분을 찾자.

함수 $f(x)=x^2+1$ $(x\geq 0)$과 그 역함수 $y=g(x)$에 대하여
$\int_0^1 f(x)\,dx + \int_1^2 g(x)\,dx$의 값을 구하시오.

두 곡선 $y=f(x)$와 $y=g(x)$는 직선 $y=x$에
대하여 대칭이므로 그림에서 도형 A와 B의
넓이는 서로 같다.
따라서 구하는 값은
$$\int_0^1 f(x)\,dx + \int_1^2 g(x)\,dx$$
$$= \int_0^1 f(x)\,dx + (B의 넓이)$$
$$= \int_0^1 f(x)\,dx + (A의 넓이)$$
$$= 1\times 2 = 2$$

답 2

1896

└▸ $y=f(x)$의 그래프와 직선 $y=x$의 교점을 구하자.

함수 $f(x)=x^3+x-1$의 역함수를 $g(x)$라 할 때, $\int_1^9 g(x)\,dx$의 값은?

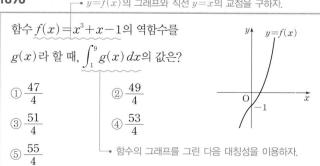

① $\frac{47}{4}$ ② $\frac{49}{4}$
③ $\frac{51}{4}$ ④ $\frac{53}{4}$
⑤ $\frac{55}{4}$

└▸ 함수의 그래프를 그린 다음 대칭성을 이용하자.

그림에서 어두운 두 부분의 넓이가 같으므로
$$\int_1^9 g(x)dx$$
$$=18-1-\int_1^2 f(x)dx$$
$$=18-1-\int_1^2 (x^3+x-1)dx$$
$$=17-\left[\frac{1}{4}x^4+\frac{1}{2}x^2-x\right]_1^2$$
$$=17-\frac{17}{4}=\frac{51}{4}$$

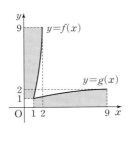

답 ③

1897

그림과 같이 함수 $y=f(x)$와 그 역함수 $y=g(x)$의 그래프가 두 점 $(1,1)$, $(3,3)$에서 만난다. $\int_1^3 f(x)dx=\frac{5}{2}$일 때, 두 곡선 $y=f(x)$와 $y=g(x)$로 둘러싸인 도형의 넓이를 구하시오.

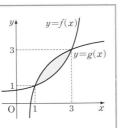

└→ 구하는 넓이는 직선 $y=x$에 의해 이등분됨을 이용하자.

두 곡선 $y=f(x)$와 $y=g(x)$는 역함수 관계이므로 구하는 넓이는 직선 $y=x$에 의하여 이등분된다.
따라서 구하는 넓이는
$$2\left\{\frac{1}{2}\times(1+3)\times2-\int_1^3 f(x)dx\right\}$$
$$=2\left(4-\frac{5}{2}\right)=3$$

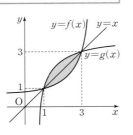

답 3

1898

함수 $f(x)=ax^2$ $(x\geq0)$의 역함수를 $y=g(x)$라 하자. 그림과 같이 두 곡선 $y=f(x)$, $y=g(x)$로 둘러싸인 도형의 넓이가 3일 때, 양수 a의 값은?

└→ 구하는 넓이는 직선 $y=x$에 의해 이등분됨을 이용하자.

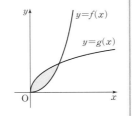

① $\frac{1}{6}$ ② $\frac{1}{5}$

③ $\frac{1}{4}$ ④ $\frac{1}{3}$

⑤ $\frac{1}{2}$

곡선 $y=f(x)$와 직선 $y=x$의 교점의 x좌표는
$ax^2=x$에서 $x(ax-1)=0$
$\therefore x=0$ 또는 $x=\frac{1}{a}$

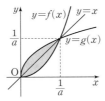

곡선 $y=f(x)$와 직선 $y=x$로 둘러싸인 도형의 넓이는
$$\int_0^{\frac{1}{a}}(x-ax^2)dx=\left[\frac{1}{2}x^2-\frac{a}{3}x^3\right]_0^{\frac{1}{a}}=\frac{1}{6a^2}$$

두 곡선 $y=f(x)$, $y=g(x)$로 둘러싸인 도형의 넓이는 곡선 $y=f(x)$와 직선 $y=x$로 둘러싸인 도형의 넓이의 2배이므로
$$2\times\frac{1}{6a^2}=3$$
$$\frac{1}{a^2}=9,\ a^2=\frac{1}{9}$$
$$\therefore a=\frac{1}{3}\ (\because a>0)$$

답 ④

1899

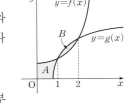

└→ $A=2\int_0^1\{f(x)-x\}dx$임을 이용하자.

그림과 같이 함수 $f(x)=ax^2+b$ $(x\geq0)$의 그래프와 그 역함수 $y=g(x)$의 그래프가 만나는 두 점의 x좌표는 1과 2이다. $0\leq x\leq1$에서 두 곡선 $y=f(x)$, $y=g(x)$ 및 x축, y축으로 둘러싸인 부분의 넓이를 A라 하고, $1\leq x\leq2$에서 두 곡선 $y=f(x)$, $y=g(x)$로 둘러싸인 부분의 넓이를 B라 하자. $27(A-B)$의 값을 구하시오. (단, a, b는 양수이다.)

└→ $B=2\int_1^2\{x-f(x)\}dx$임을 이용하자.

두 함수 $y=f(x)$, $y=g(x)$는 서로 역함수 관계에 있으므로 두 곡선 $y=f(x)$, $y=g(x)$는 직선 $y=x$에 대하여 대칭이다.
즉, 두 곡선 $y=f(x)$, $y=g(x)$의 교점은 곡선 $y=f(x)$와 직선 $y=x$의 교점과 같으므로 두 곡선 $y=f(x)$, $y=g(x)$의 교점은 $(1,1)$, $(2,2)$이다.
즉, $f(1)=a+b=1$, $f(2)=4a+b=2$
두 식을 연립하여 풀면
$$a=\frac{1}{3},\ b=\frac{2}{3}$$
$$\therefore f(x)=\frac{1}{3}x^2+\frac{2}{3}\ (단,\ x\geq0)$$

한편, 위의 그림에서 A_1, A_2는 직선 $y=x$에 대하여 대칭이므로 그 넓이가 같고
$A_1+A_2=A$
$$\therefore A=2A_1=2\int_0^1\{f(x)-x\}dx$$
마찬가지로 $B_1=B_2$이고 $B_1+B_2=B$
$$\therefore B=2B_1=2\int_1^2\{x-f(x)\}dx$$
$$\therefore A-B=2\int_0^1\{f(x)-x\}dx-2\int_1^2\{x-f(x)\}dx$$
$$=2\int_0^2\{f(x)-x\}dx$$
$$=2\int_0^2\left(\frac{1}{3}x^2-x+\frac{2}{3}\right)dx$$
$$=2\left[\frac{1}{9}x^3-\frac{1}{2}x^2+\frac{2}{3}x\right]_0^2$$
$$=2\left(\frac{8}{9}-2+\frac{4}{3}\right)=\frac{4}{9}$$
$$\therefore 27(A-B)=27\times\frac{4}{9}=12$$

답 12

1900

그래프가 그림과 같이 x축과 두 점 $(\alpha, 0)$, $(\beta, 0)$에서 만나는 이차함수 $y=f(x)$가 있다. 이 함수의 그래프와 x축 및 y축으로 둘러싸인 도형의 넓이를 A, 이 곡선과 x축, 직선 $x=\dfrac{\alpha+\beta}{2}$로 둘러싸인 도형의 넓이를 B라 하자. (도형의 넓이) ≥ 0임을 기억하자.

$\displaystyle\int_0^\alpha f(x)dx=5$, $\displaystyle\int_\alpha^\beta f(x)dx=-8$이라고 할 때, $A+B$의 값을 구하시오.

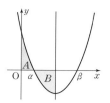

• $A=5$임을 알 수 있다.
• $B=\dfrac{1}{2}\times|-8|$임을 이용하자.

$A=\displaystyle\int_0^\alpha f(x)dx=5$,

$B=-\displaystyle\int_{\frac{\alpha+\beta}{2}}^\beta f(x)dx=-\dfrac{1}{2}\int_\alpha^\beta f(x)dx=-\dfrac{1}{2}\times(-8)=4$

$\therefore A+B=5+4=9$

답 9

1901

• $y=f(x)$의 그래프와 x축의 교점의 x좌표를 0, a라 하면 $-\displaystyle\int_0^a f(x)dx=\int_a^4 f(x)dx$임을 이용하자.

이차함수 $f(x)$가 다음 조건을 만족시킬 때, 곡선 $y=f(x)$와 직선 $y=x$로 둘러싸인 부분의 넓이를 구하시오.

(가) $f(0)=0$, $f(4)=4$

(나) $\displaystyle\int_0^4 f(x)dx=0$

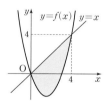

$y=f(x)$와 x축으로 둘러싸인 도형의 넓이를 S라 하면

$y=f(x)$와 x축 및 $x=4$로 둘러싸인 도형의 넓이는 S이고

$y=x$와 x축 및 $x=4$로 둘러싸인 도형의 넓이는 8이다.

따라서 $y=x$와 $y=f(x)$ 및 x축으로 둘러싸인 도형의 넓이가 $8-S$이므로 구하는 도형의 넓이는

$(8-S)+S=8$

답 8

1902

그림과 같이 $x\leq 6$에서 감소하는 함수 $y=f(x)$의 그래프가 다음 조건을 만족할 때, $\displaystyle\int_0^6 f(x)dx$의 값을 구하시오.

• 그림에 의하면 $\displaystyle\int_0^3 f(x)dx=3\times 7-4$임을 알 수 있다.

(가) 두 직선 $x=3$, $y=7$로 둘러싸인 부분의 넓이가 4이다.

(나) 직선 $x=3$ 및 x축으로 둘러싸인 부분의 넓이가 6이다.

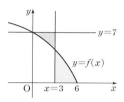

x축과 세 직선 $y=7$, $x=0$, $x=3$으로 만들어진 직사각형의 넓이가 21이므로 구하는 넓이는

$21-$ ((가)의 넓이) $+$ ((나)의 넓이)

$\displaystyle\int_0^6 f(x)dx=21-4+6=23$

답 23

1903

실수 전체의 집합에서 증가하는 연속함수 $f(x)$가 다음 조건을 만족시킨다.

(가) 모든 실수 x에 대하여 $f(x)=f(x-3)+4$이다.

(나) $\displaystyle\int_0^6 f(x)dx=0$ • $\displaystyle\int_3^6 f(x)dx=\int_3^6 \{f(x-3)+4\}dx$이다.

함수 $y=f(x)$의 그래프와 x축 및 두 직선 $x=6$, $x=9$로 둘러싸인 부분의 넓이는? • 실수 전체의 집합에서 증가하므로 구하는 도형의 넓이는 $\displaystyle\int_6^9 f(x)dx$이다.

조건 (가)에서 함수 $y=f(x)$의 그래프와 함수 $y=f(x)$의 그래프를 x축의 방향으로 3만큼, y축의 방향으로 4만큼 평행이동한 그래프가 일치해야 한다.

또, 조건 (나)에서 $\displaystyle\int_0^6 f(x)dx=0$이므로

$\displaystyle\int_0^6 f(x)dx=\int_0^3 f(x)dx+\int_3^6 f(x)dx$

$\displaystyle\qquad=\int_0^3 f(x)dx+\int_3^6 \{f(x-3)+4\}dx$

$\displaystyle\qquad=\int_0^3 f(x)dx+\int_0^3 \{f(x)+4\}dx$

$\displaystyle\qquad=2\int_0^3 f(x)dx+12$

에서

$2\displaystyle\int_0^3 f(x)dx+12=0$

$\displaystyle\int_0^3 f(x)dx=-6$

따라서

$\displaystyle\int_3^6 f(x)dx=6$

이므로

$$\int_6^9 f(x)dx = \int_3^6 f(x+3)dx$$
$$= 12 + \int_3^6 f(x)dx$$
$$= 12 + 6$$
$$= 18$$ 답 ④

1904

> 원점을 출발하여 수직선 위를 움직이는 물체의 시각 t에서의 속도가 $v(t)=3t^2-4t+5$일 때, $t=3$에서의 점 P의 위치는?
> └ 수직선 위를 움직이는 점 P의 시각 t에서의 속도를 $v(t)$, 위치를 $s(t)$, 시작 위치를 $s(a)$라 하면 $s(t)=s(a)+\int_a^t v(t)dt$임을 이용하자.

$t=0$에서의 점 P의 위치가 0이므로 $t=3$에서의 점 P의 위치는

$$0+\int_0^3 (3t^2-4t+5)\,dt = \left[t^3-2t^2+5t\right]_0^3$$
$$= 24$$ 답 ②

1905

처음 위치 $s(a)=3$이다.

> 좌표가 3인 점을 출발하여 수직선 위를 움직이는 점 P의 시각 t에서의 속도가 $v(t)=t^2-2t+1$일 때, $t=3$에서의 점 P의 위치를 구하시오.
> 수직선 위를 움직이는 점 P의 시각 t에서의 속도를 $v(t)$, 위치를 $s(t)$, 시작 위치를 $s(a)$라 하면 $s(t)=s(a)+\int_a^t v(t)dt$임을 이용하자.

점 P의 시각 $t=3$에서의 위치는

$$3+\int_0^3 (t^2-2t+1)dt = 3+\left[\frac{1}{3}t^3-t^2+t\right]_0^3$$
$$= 3+\left\{\left(\frac{1}{3}\times 3^3-3^2+3\right)-0\right\}$$
$$= 3+3 = 6$$ 답 6

1906

> x축 위를 움직이는 점 P가 $x=1$을 출발한 지 t초 후의 속도가 $v(t)=2t+a$이다. 점 P가 1초 후에 $x=4$에 있기 위한 상수 a의 값을 구하시오.
> 수직선 위를 움직이는 점 P의 시각 t에서의 속도를 $v(t)$, 위치를 $s(t)$, 시작 위치를 $s(a)$라 하면 $s(t)=s(a)+\int_a^t v(t)dt$임을 이용하자.

$t=0$에서의 점 P의 위치는 $x=1$이고, $t=1$에서의 점 P의 위치는 $x=4$이어야 하므로

$$1+\int_0^1 (2t+a)\,dt = 1+\left[t^2+at\right]_0^1$$
$$= a+2 = 4$$
$$\therefore a=2$$ 답 2

1907

> 좌표가 2인 점에서 출발하여 수직선 위를 움직이는 점 P의 시각 t에서의 속도가 $v(t)=6-2t$일 때, 시각 $t=1$에서 $t=4$까지 점 P의 위치의 변화량을 구하시오.
> 시각 $t=a$에서 $t=b$까지 점 P의 위치의 변화량은 $\int_a^b v(t)dt$임을 이용하자.

점 P의 위치의 변화량은

$$\int_1^4 v(t)dt = \int_1^4 (6-2t)dt$$
$$= \left[-t^2+6t\right]_1^4 = 8-5 = 3$$ 답 3

1908

$v(t)=0$일 때이다.

> 원점을 출발하여 수직선 위를 움직이는 점 P의 시각 t에서의 속도가 $v(t)=12-4t$일 때, 점 P가 움직이는 방향이 바뀌는 시각에서의 점 P의 위치를 구하시오.
> 수직선 위를 움직이는 점 P의 시각 t에서의 속도를 $v(t)$, 위치를 $s(t)$, 시작 위치를 $s(a)$라 하면 $s(t)=s(a)+\int_a^t v(t)dt$임을 이용하자.

점 P가 움직이는 방향을 바꿀 때 $v(t)=0$이므로

$$12-4t=0$$
$$\therefore t=3$$

따라서 $t=3$에서의 점 P의 위치는

$$0+\int_0^3 (12-4t)dt = \left[12t-2t^2\right]_0^3 = 18$$ 답 18

1909

$\int_0^a (-3t^2+2t+6)dt=0$인 a를 구하자.

> 원점을 출발하여 수직선 위를 움직이는 점 P의 t초 후의 속도가 $v(t)=(-3t^2+2t+6)$ cm/s이다. 점 P가 원점을 출발한 후 원점으로 다시 돌아오는 것은 몇 초 후인가?

$t=a$ $(a>0)$일 때, 점 P가 원점으로 다시 돌아온다고 하면 $t=0$에서 $t=a$까지 점 P의 위치의 변화량이 0이므로

$$\int_0^a (-3t^2+2t+6)\,dt = \left[-t^3+t^2+6t\right]_0^a$$
$$= -a^3+a^2+6a = 0$$
$$-a(a+2)(a-3)=0$$
$$\therefore a=3 \;(\because a>0)$$

따라서 3초 후에 원점으로 다시 돌아온다. 답 ②

1910

> 좌표가 15인 점에서 출발하여 수직선 위를 움직이는 점 A의 시각 t에서의 속도는 $v(t)=2t-6$이다. 점 A가 원점에서 가장 가까이 있을 때의 점 A의 좌표를 구하시오.
> └ 수직선 위를 움직이는 점 P의 시각 t에서의 속도를 $v(t)$, 위치를 $s(t)$, 시작 위치를 $s(a)$라 하면 $s(t)=s(a)+\int_a^t v(t)dt$임을 이용하자.

점 A의 시각 $t=a$에서의 위치는

$$15+\int_0^a (2t-6)dt=15+\left[t^2-6t\right]_0^a$$
$$=a^2-6a+15$$
$$=(a-3)^2+6$$

따라서 점 A는 $t=3$일 때 원점에서 가장 가까이 있으며 그때의 점 A의 좌표는 6이다.　　　　　　　　　　　　　　답 6

1911

> 원점을 출발하여 수직선 위를 움직이는 점 P의 t초 후의 속도 $v(t)$가　← 구간을 나눠서 정적분하자.
>
> $$v(t)=\begin{cases} t^2-9 & (0\le t\le 3) \\ k(t-3) & (t>3) \end{cases}$$
>
> 일 때, 12초 후에 점 P가 다시 원점에 있기 위한 상수 k의 값을 구하시오.　└→ $\int_0^{12} v(t)dt=0$임을 이용하자.

3초 후의 점 P의 위치는

$$\int_0^3 (t^2-9)dt=\left[\frac{1}{3}t^3-9t\right]_0^3$$
$$=-18$$

12초 후에 점 P는 다시 원점에
돌아오므로 $k>0$이고,

$$\int_3^{12} k(t-3)dt=18$$

$\int_3^{12} k(t-3)dt$는 밑변의 길이가 9, 높이가 $9k$인 삼각형의

넓이와 같으므로

$$\frac{1}{2}\times 9\times 9k=18$$

$$\therefore k=\frac{4}{9}$$　　　　　　　　　　　　　　답 $\frac{4}{9}$

1912

> 원점을 동시에 출발하여 수직선 위를 움직이는 두 점 P, Q의 시각 t에서의 속도가 각각
>
> $$v_P(t)=6t^2-2t+6,\ v_Q(t)=3t^2+12t-4$$
>
> 일 때, 두 점 P, Q가 출발 후 처음으로 다시 만나는 위치를 구하시오.
> └→ $\int_0^t v_P(t)dt=\int_0^t v_Q(t)dt$를 만족하는 t를 구하자.

두 점 P, Q의 시각 t에서의 위치를 각각 $x_P(t)$, $x_Q(t)$라 하면

$$x_P(t)=\int_0^t (6t^2-2t+6)\,dt=\left[2t^3-t^2+6t\right]_0^t$$
$$=2t^3-t^2+6t$$
$$x_Q(t)=\int_0^t (3t^2+12t-4)\,dt=\left[t^3+6t^2-4t\right]_0^t$$
$$=t^3+6t^2-4t$$

두 점 P, Q가 만나려면 $x_P(t)=x_Q(t)$이어야 하므로

$$2t^3-t^2+6t=t^3+6t^2-4t$$
$$t^3-7t^2+10t=0,\ t(t-2)(t-5)=0$$
$$\therefore t=0\ \text{또는}\ t=2\ \text{또는}\ t=5$$

두 점 P, Q가 출발 후 처음으로 다시 만나는 시각은 $t=2$이므로
그때의 위치는

$$x_P(2)=x_Q(2)=24$$　　　　　　　　　　　답 24

1913

$\int_0^a (3t^2+6t-6)dt=\int_0^a (10t-6)dt$임을 이용하자.

> 원점을 동시에 출발하여 수직선 위를 움직이는 두 점 P, Q의 시각 t ($t\ge 0$)에서의 속도가 각각 $3t^2+6t-6$, $10t-6$이다. 두 점 P, Q가 출발 후 $t=a$에서 다시 만날 때, 상수 a의 값은?

두 점 P, Q가 출발 후 $t=a$ ($a>0$)에서 다시 만나므로

$$\int_0^a (3t^2+6t-6)dt=\int_0^a (10t-6)dt$$
$$a^3+3a^2-6a=5a^2-6a$$
$$a^3-2a^2=a^2(a-2)=0$$

따라서 $a=2$　　　　　　　　　　　　　답 ③

1914

> 시각 $t=0$일 때 동시에 원점을 출발하여 수직선 위를 움직이는 두 점 P, Q의 시각 t ($t\ge 0$)에서의 속도가 각각
>
> $$v_1(t)=3t^2+t,\ v_2(t)=2t^2+3t　\text{←} v_1(t)=v_2(t)\text{임을 이용하자.}$$
>
> 이다. 출발한 후 두 점 P, Q의 속도가 같아지는 순간 두 점 P, Q 사이의 거리를 a라 할 때, $9a$의 값을 구하시오.
> └→ 위치 $s(t)=s(a)+\int_a^t v(t)dt$임을 이용하자.

출발한 후 두 점 P, Q의 속도가 같아지는 순간
$v_1(t)=v_2(t)$
이므로
$$3t^2+t=2t^2+3t,\ t(t-2)=0$$
$t>0$이므로 $t=2$
$t=2$일 때 점 P의 위치는

$$0+\int_0^2 v_1(t)dt=\int_0^2 (3t^2+t)dt$$
$$=\left[t^3+\frac{1}{2}t^2\right]_0^2$$
$$=10$$

$t=2$일 때 점 Q의 위치는

$$0+\int_0^2 v_2(t)dt=\int_0^2 (2t^2+3t)dt$$
$$=\left[\frac{2}{3}t^3+\frac{3}{2}t^2\right]_0^2$$
$$=\frac{16}{3}+6=\frac{34}{3}$$

따라서 두 점 사이의 거리 a는

$$a=\left|10-\frac{34}{3}\right|=\frac{4}{3}$$

이므로

$$9a=9\times\frac{4}{3}=12$$　　　　　　　　　　답 12

정답 및 해설

1915

> $f(t)=2t^2-8t$, $g(t)=t^3-10t^2+24t$라 하자.
>
> 원점을 동시에 출발하여 수직선 위를 움직이는 두 점 P, Q의 시각 t $(0 \le t \le 8)$에서의 속도가 각각 $2t^2-8t$, t^3-10t^2+24t이다. 두 점 P, Q 사이의 거리의 최댓값을 구하시오.
>
> t초 후의 두 점 P, Q 사이의 거리는
> $\left| \int_0^x f(t)dt - \int_0^x g(t)dt \right| = \left| \int_0^x \{f(t)-g(t)\}dt \right|$ 이다.

$f(t)=2t^2-8t$, $g(t)=t^3-10t^2+24t$라 하자.

x초 후의 두 점 P, Q 사이의 거리는 다음과 같이 나타낼 수 있다.

$$\left| \int_0^x f(t)dt - \int_0^x g(t)dt \right| = \left| \int_0^x \{f(t)-g(t)\}dt \right|$$

$h(x)=\int_0^x \{f(t)-g(t)\}dt$라 하자.

$$\begin{aligned} h'(x) &= f(x)-g(x) \\ &= (2x^2-8x)-(x^3-10x^2+24x) \\ &= -x^3+12x^2-32x \\ &= -x(x-4)(x-8) \end{aligned}$$

$h'(x)=0$에서 $x=0$ 또는 $x=4$ 또는 $x=8$

$h(x)$의 증가와 감소를 표로 나타내면 다음과 같다.

x	0	$\cdots$	4	$\cdots$	8
$h'(x)$	0	$-$	0	$+$	0
$h(x)$	0	$\searrow$	$h(4)$	$\nearrow$	$h(8)$

$$\begin{aligned} h(x) &= \int_0^x \{(2t^2-8t)-(t^3-10t^2+24t)\}dt \\ &= \int_0^x (-t^3+12t^2-32t)dt \\ &= -\frac{1}{4}x^4+4x^3-16x^2 \end{aligned}$$

$x=4$일 때

$$|h(x)| = \left[\frac{1}{4}t^4-4t^3+16t^2 \right]_0^4 = 64$$

$x=8$일 때

$$|h(x)| = \left[\frac{1}{4}t^4-4t^3+16t^2 \right]_0^8 = 0$$

따라서 $|h(x)|$는 $x=4$에서 최댓값 64를 갖는다.　　답 64

1916

> 시각 t에서 점 P의 위치는 $5+\int_0^t (3t^2-2)dt = t^3-2t+5$
>
> 수직선 위를 움직이는 두 점 P, Q가 있다. 점 P는 점 A(5)를 출발하여 시각 t에서의 속도가 $3t^2-2$이고, 점 Q는 점 B(k)를 출발하여 시각 t에서의 속도가 1이다. 두 점 P, Q가 동시에 출발한 후 2번 만나도록 하는 정수 k의 값은? (단, $k \ne 5$)
>
> 시각 t에서 점 Q의 위치는 $k+\int_0^t 1\,dt=t+k$임을 이용하자.

t에서의 두 점 P, Q의 위치를 각각 x_P, x_Q라 하면

$$x_P=5+\int_0^t (3t^2-2)dt=t^3-2t+5,$$

$$x_Q=k+\int_0^t 1\,dt=t+k$$

이때 두 점 P, Q가 만나려면 $t^3-2t+5=t+k$, 즉 $t^3-3t+5=k$이어야 한다.

$f(t)=t^3-3t+5$라 하면

$f'(t)=3t^2-3=3(t-1)(t+1)$이므로 $t>0$에서 함수 $f(t)$의 그래프는 그림과 같다.

직선 $y=k$와 곡선 $y=f(t)$가 서로 다른 두 점에서 만날 조건은 $3<k<5$이므로 정수 k는 4이다.

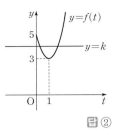

답 ②

1917

> 원점을 출발하여 수직선 위를 움직이는 두 점 P, Q의 시각 t $(t \ge 0)$에서의 속도가 각각
>
> 5초 후 점들의 위치를 구할 수 있다.
>
> $$v_1(t)=\begin{cases} 3t(t-4) & (0 \le t \le 4) \\ -(t-4)(t-5) & (4 < t \le 5) \end{cases}, \quad v_2(t)=|v_1(t)|$$
>
> 이다. 5초 후 두 점 P, Q 사이의 거리를 구하시오.
>
> 5초 후 두 점 P, Q의 위치의 차임을 이용하자.

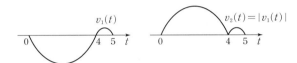

5초 후 점 P, Q 사이의 거리는 5초 후 점 P, Q의 위치의 차이다.

즉,

$$\begin{aligned} &\left| \int_0^5 v_1(t)dt - \int_0^5 v_2(t)dt \right| \\ &= \left| \left(\int_0^4 v_1(t)dt + \int_4^5 v_1(t)dt \right) - \left(\int_0^4 -v_1(t)dt + \int_4^5 v_1(t)dt \right) \right| \\ &= 2\left| \int_0^4 v_1(t)dt \right| = 6\left| \int_0^4 (t^2-4t)dt \right| \\ &= -6\int_0^4 (t^2-4t)dt \\ &= -6\left[\frac{1}{3}t^3-2t^2 \right]_0^4 = 64 \end{aligned}$$

답 64

1918

> 수직선 위를 움직이는 점 P의 시각 t에서의 속도가 $v(t)$일 때, 시각 $t=a$에서 $t=b$까지 점 P가 움직인 거리는 $\int_a^b |v(t)|dt$임을 이용하자.
>
> 원점을 출발하여 수직선 위를 움직이는 점 P의 t초 후의 속도가 $v(t)=4t-t^2$일 때, 출발 후 6초 동안 점 P가 움직인 거리를 구하시오.

$v(t)=4t-t^2=0$에서 $t(4-t)=0$

$\therefore t=0$ 또는 $t=4$

따라서 점 P는 출발한지 4초 후에 운동 방향을 바꾸므로 구하는 거리는

$$\begin{aligned} \int_0^6 |4t-t^2|dt &= \int_0^4 (4t-t^2)dt + \int_4^6 (t^2-4t)dt \\ &= \left[2t^2-\frac{1}{3}t^3 \right]_0^4 + \left[\frac{1}{3}t^3-2t^2 \right]_4^6 \\ &= \frac{32}{3}+\frac{32}{3} \\ &= \frac{64}{3} \end{aligned}$$

답 $\dfrac{64}{3}$

1919

정지할 때의 속도 $v(t)=0$이다.

직선 도로에서 매초 $20\,\mathrm{m}$의 속도로 달리는 자동차가 제동을 건 지 t초 후의 속도는 $v(t)=20-4t\,(\mathrm{m/s})$라고 한다. 제동을 건 후 정지할 때까지 이 자동차가 달린 거리는?

a초 후 정지한 경우 정지할 때까지 달린 거리는 $\int_0^a |20-4t|\,dt$이다.

자동차가 정지하려면 $v(t)=0$이므로

$20-4t=0$에서 $t=5$

따라서 제동을 건 후 5초 동안 자동차가 달린 거리는

$$\int_0^5 |20-4t|\,dt=\int_0^5 (20-4t)\,dt$$
$$=\Big[20t-2t^2\Big]_0^5$$
$$=50\,(\mathrm{m})$$

답 ③

1920

시각 t에서의 속도 $v(t)=\dfrac{dx}{dt}$임을 이용하자.

수직선 위를 움직이는 점 P의 시각 $t\,(t\geq 0)$에서의 위치 x가
$$x=t^4+at^3\ (a\text{는 상수})$$
이다. $t=2$에서 점 P의 속도가 0일 때, $t=0$에서 $t=2$까지 점 P가 움직인 거리는?

수직선 위를 움직이는 점 P의 시각 t에서의 속도가 $v(t)$일 때, 시각 $t=a$에서 $t=b$까지 점 P가 움직인 거리는 $\int_a^b |v(t)|\,dt$이다.

시각 t에서의 점 P의 속도 $v(t)$는

$$v(t)=\frac{dx}{dt}=4t^3+3at^2$$

$v(2)=32+12a=0$에서 $a=-\dfrac{8}{3}$이므로 $v(t)=4t^3-8t^2$

$t=0$에서 $t=2$까지 점 P가 움직인 거리를 s라 하면

$$s=\int_0^2 |4t^3-8t^2|\,dt=\int_0^2 (8t^2-4t^3)\,dt=\Big[\frac{8}{3}t^3-t^4\Big]_0^2=\frac{16}{3}$$

답 ①

1921

수직선 위를 움직이는 점 P의 시각 t에서의 속도가 $v(t)$일 때, 시각 $t=a$에서 $t=b$까지 점 P가 움직인 거리는 $\int_a^b |v(t)|\,dt$임을 이용하자.

원점을 출발하여 수직선 위를 움직이는 점 P의 시각 t에서의 속도가 $v(t)=6-2t$이다. 점 P가 다시 원점으로 돌아올 때까지 움직인 거리를 구하시오.

점 P가 다시 원점으로 돌아오는 시각을 $t=a\ (a>0)$라 하면

$$\int_0^a (6-2t)\,dt=\Big[6t-t^2\Big]_0^a$$
$$=6a-a^2=0$$

$a(6-a)=0$에서

$a=6\ (\because a>0)$

따라서 다시 원점으로 돌아올 때까지 움직인 거리는

$$\int_0^6 |6-2t|\,dt=\int_0^3 (6-2t)\,dt-\int_3^6 (6-2t)\,dt$$
$$=\Big[6t-t^2\Big]_0^3-\Big[6t-t^2\Big]_3^6$$
$$=18$$

답 18

1922

고속열차의 출발한 지 t분 후의 속도는 2분 동안은
$$v(t)=\frac{3}{4}t^2+\frac{1}{2}t$$
이고, 그 이후로는 일정한 속도를 유지한다. 출발 후 10분 동안 이 고속열차가 달린 거리를 구하시오.

$$v(t)=\begin{cases}\dfrac{3}{4}t^2+\dfrac{1}{2}t & (0\leq t\leq 2)\\[4pt] v(2) & (2<t\leq 10)\end{cases}$$ 임을 이용하자.

2분 이후의 속도는 $v(2)=4$이므로 출발 후 10분 동안 이 고속열차가 달린 거리는

$$\int_0^{10} |v(t)|\,dt=\int_0^2 \Big(\frac{3}{4}t^2+\frac{1}{2}t\Big)\,dt+\int_2^{10} 4\,dt$$
$$=\Big[\frac{1}{4}t^3+\frac{1}{4}t^2\Big]_0^2+\Big[4t\Big]_2^{10}$$
$$=3+32=35$$

답 35

1923

운동 방향을 바꾸는 순간의 속도는 0임을 이용하자.

수직선 위의 원점을 출발하여 처음 속도 $12\,\mathrm{m/s}$로 움직이는 점 P의 t초 후의 속도가 $v(t)=-t^2+t+12\,(\mathrm{m/s})$라고 한다. 점 P가 운동 방향을 바꾼 후 1초 동안 움직인 거리를 $\dfrac{a}{b}$라 할 때, $a+b$의 값을 구하시오. (단, $a,\ b$는 서로소인 자연수이다.)

시각 $t=a$에서 $t=b$까지 점 P가 움직인 거리는 $\int_a^b |v(t)|\,dt$임을 이용하자.

점 P가 운동 방향을 바꿀 때의 속도 $v(t)=0$이므로

$-t^2+t+12=0,\ t^2-t-12=0$

$(t+3)(t-4)=0$

$\therefore t=4\ (\because t>0)$

따라서 점 P는 4초 후에 운동 방향을 바꾸므로 운동 방향을 바꾼 후 1초 동안 움직인 거리는

$$\int_4^5 |-t^2+t+12|\,dt=\int_4^5 (t^2-t-12)\,dt$$
$$=\Big[\frac{1}{3}t^3-\frac{1}{2}t^2-12t\Big]_4^5$$
$$=\Big(\frac{125}{3}-\frac{25}{2}-60\Big)-\Big(\frac{64}{3}-8-48\Big)$$
$$=-\frac{185}{6}+\frac{104}{3}$$
$$=\frac{23}{6}$$

즉, $a=23,\ b=6$이므로

$a+b=29$

답 29

1924

$t=2$에서 점 P의 운동 방향이 바뀐다.

원점을 출발하여 수직선 위를 움직이는 점 P의 시각 t에서의 속도를 $v(t)=3t^2-6t$라 하자. 점 P가 시각 $t=0$에서 $t=a$까지 움직인 거리가 58일 때, $v(a)$의 값을 구하시오.

$\int_0^a |v(t)|\,dt=58$임을 이용하자.

점 P가 원점을 출발하여 $t=0$에서 $t=a$까지 움직인 거리가 58이므로

$a>2$

$$\int_0^a |3t^2-6t|\,dt=-\int_0^2 (3t^2-6t)\,dt+\int_2^a (3t^2-6t)\,dt$$

$$=-\left[t^3-3t^2\right]_0^2+\left[t^3-3t^2\right]_2^a$$

$$=a^3-3a^2+8=58$$

$(a-5)(a^2+2a+10)=0$

따라서 $a=5$이므로

$v(5)=3\times25-6\times5=45$

집 45

1925

$0\le t\le2$에서 속도 $v(t)$는 $\int 3\,dt=3t+C$임을 이용하자.

어떤 전망대에 설치된 엘리베이터는 1층에서 출발하여 꼭대기 층까지 올라가는 동안 출발 후 처음 2초까지는 $3\,\text{m/초}^2$의 가속도로 올라가고, 2초 후부터 10초까지는 등속도로 올라가며, 10초 후부터는 $-2\,\text{m/초}^2$의 가속도로 올라가서 멈춘다. 이 엘리베이터가 출발하여 멈출 때까지 움직인 거리는 몇 m인지 구하시오.

속도의 함수 $v(t)$는 연속함수이다.

시각 t에서의 엘리베이터의 속도를 $v(t)$, 가속도를 $a(t)$라 하면

$v(t)=\int a(t)\,dt$이므로

(i) $0\le t\le2$일 때,

$v(t)=\int 3\,dt=3t+C_1$ (C_1은 적분상수)

이때, $v(0)=0$이므로 $C_1=0$

$\therefore v(t)=3t$ $(0\le t\le2)$

(ii) $2\le t\le10$일 때,

등속도로 올라가므로 (i)에 의하여 $v(2)=3\cdot2=6$

$\therefore v(t)=6$ $(2\le t\le10)$

(iii) 엘리베이터가 출발하여 멈출 때의 시각을 k라 하면

$10\le t\le k$일 때,

$v(t)=\int (-2)\,dt=-2t+C_2$ (C_2는 적분상수)

(ii)에 의하여 $v(10)=-20+C_2=6$

$\therefore C_2=26$

$\therefore v(t)=-2t+26$

또한, $t=k$일 때, $v(t)=0$이므로

$v(k)=-2k+26=0$ $\therefore k=13$

$\therefore v(t)=-2t+26$ $(10\le t\le13)$

(i), (ii), (iii)에 의하여

$$v(t)=\begin{cases}3t & (0\le t\le2)\\6 & (2\le t\le10)\\-2t+26 & (10\le t\le13)\end{cases}$$

따라서 엘리베이터가 출발하여 멈출 때까지 움직인 거리는

$$\int_0^{13} v(t)\,dt=\int_0^2 3t\,dt+\int_2^{10} 6\,dt+\int_{10}^{13} (-2t+26)\,dt$$

$$=\left[\frac{3}{2}t^2\right]_0^2+\left[6t\right]_2^{10}+\left[-t^2+26t\right]_{10}^{13}$$

$$=6+48+9=63(\text{m})$$

집 63 m

1926

좌표평면 위의 원점을 출발하여 x축 위를 움직이는 점 P의 t초 후의 위치가 $x(t)=2t^3-6t^2-18t$일 때, 〈보기〉에서 옳은 것만을 있는 대로 고른 것은?

t초 후의 속도 $v(t)=x'(t)$임을 이용하자.

┤ 보기 ├

ㄱ. 점 P의 출발 후 2초 후의 속력은 18이다.

ㄴ. 점 P는 움직이는 동안 운동 방향을 두 번 바꾼다.

ㄷ. 점 P가 출발 후 4초 동안 움직인 거리는 68이다.

운동 방향이 바뀔 때의 속도는 0임을 이용하자.

$x(t)=2t^3-6t^2-18t$에서 속도 $v(t)=x'(t)=6t^2-12t-18$

ㄱ. $v(2)=24-24-18=-18$이므로 속력은 18이다. (참)

ㄴ. $v(t)=6t^2-12t-18=6(t+1)(t-3)$에서 $v(t)=0$을 만족시키는 양수 t의 값은 3이고 $t=3$의 좌우에서 $v(t)$의 부호가 바뀌므로 운동 방향이 바뀐다. 즉, 점 P는 움직이는 동안 운동 방향을 한 번 바꾼다. (거짓)

ㄷ. 점 P가 출발 후 4초 동안 움직인 거리는

$$\int_0^4 |v(t)|\,dt$$

$$=-\int_0^3 (6t^2-12t-18)\,dt+\int_3^4 (6t^2-12t-18)\,dt$$

$$=-\left[2t^3-6t^2-18t\right]_0^3+\left[2t^3-6t^2-18t\right]_3^4$$

$$=54+14=68 \text{ (참)}$$

따라서 옳은 것은 ㄱ, ㄷ이다.

집 ④

1927

지면으로부터 높이가 20 m인 곳에서 50 m/s의 속도로 똑바로 위로 던진 물체의 t초 후의 속도를 $v(t)$ m/s라 하면 $v(t)=50-10t$이다. 이 물체가 최고점에 도달하였을 때, 지면으로부터 물체까지의 높이를 구하시오.

최고점에 도달하였을 때의 속도는 0임을 이용하자.

최고점에 도달하였을 때, $v(t)=0$이므로

$50-10t=0$ $\therefore t=5$

따라서 최고점에 도달하였을 때, 지면으로부터 물체까지의 높이를 h m라 하면

$$h=20+\int_0^5 (50-10t)\,dt$$

$$=20+\left[50t-5t^2\right]_0^5$$

$$=20+(250-125)$$

$$=145(\text{m})$$

집 145 m

1928

지상 50 m의 높이에서 49 m/s의 속도로 똑바로 위로 쏘아 올린 로켓의 t초 후의 속도는 $v(t)=49-9.8t$ (m/s)일 때, 이 로켓이 지면에 떨어질 때까지 움직인 거리는?

$2\times$(최고 높이에 도달할 때까지 움직인 거리)$+50$임을 이용하자.

최고 높이에 도달할 때, 이 로켓의 속도는 0이므로

$v(t)=49-9.8t=0$

$\therefore t=5$

최고 높이에 도달할 때까지 로켓이 움직인 거리는

$\int_0^5 (49-9.8t)\,dt=\left[49t-4.9t^2\right]_0^5=122.5\,(\text{m})$

따라서 로켓이 지면에 떨어질 때까지 움직인 거리는

$122.5+(122.5+50)=295\,(\text{m})$ 답 ④

1929 t초 후의 높이를 $x(t)$라 하면 $x(t)=\int_0^t(-10t+60)dt$임을 이용하자.

> 지면에서 60 m/s의 속도로 똑바로 위로 발사한 물체의 t초 후의 속도가 $v(t)=-10t+60\,(\text{m/s})$일 때, 물체가 지면에 닿는 순간의 속도를 구하시오.
> └─ $x(t)=0$인 시각을 구하자.

t초 후의 높이를 $x(t)$ m라 하면

$x(t)=\int_0^t(-10t+60)dt$

$\qquad =\left[-5t^2+60t\right]_0^t$

$\qquad =-5t^2+60t$

물체가 지면에 닿는 순간의 높이는 0 m이므로

$-5t^2+60t=0,\ t(t-12)=0$

$\therefore t=12$

따라서 12초일 때 물체가 지면에 닿으므로 그 순간의 속도는

$v(12)=(-10)\times 12+60=-60\,(\text{m/s})$

답 -60 m/s

1930

> 지상 10 m의 높이에서 30 m/s의 속도로 똑바로 위로 쏘아 올린 공의 t초 후의 속도는 $v(t)=30-10t\,(\text{m/s})$라고 한다. 공을 쏘아 올린 지 2초 후부터 5초 후까지 공이 움직인 거리를 구하시오.
> └─ $\int_2^5 |30-10t|\,dt$임을 이용하자.

공이 최고 높이에 도달하는 순간의 속도는 0이므로

$v(t)=30-10t=0$에서 $t=3$

따라서 공은 위로 쏘아 올린 지 3초 후에 최고 높이에 도달하므로 공을 쏘아 올린 지 2초 후부터 5초 후까지 공이 움직인 거리는

$\int_2^5 |30-10t|\,dt=\int_2^3 (30-10t)\,dt-\int_3^5(30-10t)\,dt$

$\qquad =\left[30t-5t^2\right]_2^3-\left[30t-5t^2\right]_3^5$

$\qquad =5+20=25\,(\text{m})$

답 25 m

1931 $10-2t=0$에서 물체는 $t=5$일 때 운동 방향을 바꾼다.

> 지상 30 m의 높이에서 처음 속도 10 m/s로 똑바로 위로 쏘아 올린 물체의 t초 후의 속도는 $v(t)=10-2t\,(\text{m/s})$라고 한다. 이 물체가 운동 방향이 바뀐 후 5초 동안 움직인 거리는?
> └─ $\int_5^{10}|10-2t|\,dt$임을 이용하자.

$v(t)=10-2t=0$에서 $t=5$

따라서 물체는 위로 쏘아 올린 지 5초 후에 운동 방향을 바꾸므로 구하는 거리는

$\int_5^{10}|10-2t|\,dt=\int_5^{10}(2t-10)\,dt$

$\qquad =\left[t^2-10t\right]_5^{10}$

$\qquad =25\,(\text{m})$

답 ①

1932

> 그림은 원점을 출발하여 수직선 위를 움직이는 점 P의 시각 t에서의 속도 $v(t)$의 그래프이다. 시각 $t=6$에서의 점 P의 위치를 구하시오. (단, $0\le t\le 7$)
> └─ $\int_0^6 v(t)dt$임을 이용하자.

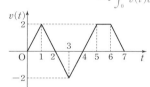

시각 $t=6$에서의 위치를 $x(6)$이라 하면 $x(6)$은

$x(6)=\int_0^6 v(t)dt$

$\qquad =\int_0^2 v(t)dt+\int_2^4 v(t)dt+\int_4^6 v(t)dt$

$\qquad =2+(-2)+3=3$

$\therefore x(6)=3$ 답 3

1933

> 원점을 출발하여 수직선 위를 움직이는 점 P의 시각 $t\ (0\le t\le 6)$에서의 속도 $v(t)$의 그래프가 그림과 같다. 점 P가 시각 $t=0$에서 시각 $t=6$까지 움직인 거리는?
> └─ 속도 $v(t)$의 그래프와 t축 및 두 직선 $t=0$, $t=6$으로 둘러싸인 도형의 넓이와 같다.

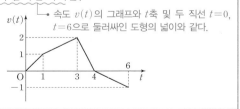

$\int_0^6 |v(t)|\,dt=\int_0^4 v(t)dt+\int_4^6\{-v(t)\}dt$

$\qquad =\left\{\dfrac{1}{2}\times 1\times 1+\dfrac{1}{2}(1+2)\times 2+\dfrac{1}{2}\times 1\times 2\right\}$

$\qquad\qquad\qquad\qquad\qquad\qquad +\dfrac{1}{2}(2\times 1)$

$\qquad =\dfrac{11}{2}$ 답 ⑤

1934

$a=\int_0^5 v(t)dt$임을 이용하자.

그림은 원점을 출발하여 수직선 위를 움직이는 물체의 시각 $t\,(0\leq t\leq 5)$에서의 속도 $v(t)$의 그래프이다. $t=5$에서의 물체의 위치를 a, $t=0$에서 $t=5$까지 물체가 움직인 거리를 b라 할 때, $a+b$의 값을 구하시오.

$b=\int_0^5 |v(t)|dt$임을 이용하자.

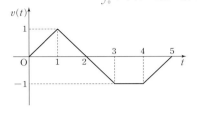

$t=5$에서의 물체의 위치는 그림에서 삼각형의 넓이 S_1에서 사다리꼴의 넓이 S_2를 뺀 것과 같으므로

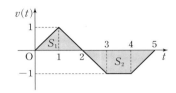

$$a=\int_0^5 v(t)\,dt=S_1-S_2$$
$$=\left(\frac{1}{2}\times 2\times 1\right)-\left\{\frac{1}{2}\times(1+3)\times 1\right\}$$
$$=-1$$

$t=0$에서 $t=5$까지 물체가 움직인 거리는 삼각형의 넓이 S_1과 사다리꼴의 넓이 S_2를 합한 것과 같으므로

$$b=\int_0^5 |v(t)|\,dt=S_1+S_2$$
$$=\left(\frac{1}{2}\times 2\times 1\right)+\left\{\frac{1}{2}\times(1+3)\times 1\right\}$$
$$=3$$

$$\therefore a+b=(-1)+3=2$$

답 2

1935

수직선 위를 움직이는 물체의 시각 t에서의 속도 $v(t)$의 그래프가 그림과 같다. 이 물체가 $t=0$일 때, P지점을 출발하여 다시 P지점을 통과하게 되는 시각 t를 구하시오.

$\int_0^a v(t)dt=0$을 만족하는 a를 구하자.

$t=0$에서 $t=a\,(a>6)$까지의 위치의 변화량이 0이 되면 $t=a$일 때, 다시 P지점을 통과한다.

$$v(t)=\begin{cases} -t & (0\leq t<2) \\ -2 & (2\leq t<5) \\ 2t-12 & (t\geq 5) \end{cases}$$ 이므로

$$\int_0^a v(t)dt=\int_0^2 (-t)dt+\int_2^5 (-2)dt+\int_5^a (2t-12)dt$$
$$=\left[-\frac{1}{2}t^2\right]_0^2+\left[-2t\right]_2^5+\left[t^2-12t\right]_5^a$$
$$=(-2)+(-6)+(a^2-12a+35)=0$$

즉, $a^2-12a+27=0$
$$(a-3)(a-9)=0 \qquad \therefore a=9\,(\because a>6)$$

답 9

1936

원점을 출발하여 수직선 위를 7초 동안 움직이는 점 P의 t초 후의 속도 $v(t)$의 그래프가 그림과 같을 때, 〈보기〉에서 옳은 것만을 있는 대로 고르시오.

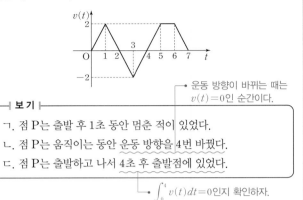

운동 방향이 바뀌는 때는 $v(t)=0$인 순간이다.

┤ 보기 ├
ㄱ. 점 P는 출발 후 1초 동안 멈춘 적이 있었다.
ㄴ. 점 P는 움직이는 동안 운동 방향을 4번 바꿨다.
ㄷ. 점 P는 출발하고 나서 4초 후 출발점에 있었다.

$\int_0^4 v(t)dt=0$인지 확인하자.

ㄱ. 점 P가 1초 동안 $v(t)=0$을 유지한 구간이 없으므로 점 P가 출발 후 1초 동안 멈춘 적은 없다. (거짓)
ㄴ. $v(t)$의 부호가 바뀔 때 점 P의 운동 방향이 바뀌므로 점 P가 운동 방향을 바꾸는 때는 $t=2$, $t=4$에서의 2번이다. (거짓)
ㄷ. $\int_0^4 v(t)dt=0$이므로 점 P는 출발하고 나서 4초 후 출발점으로 되돌아온다. (참)

따라서 옳은 것은 ㄷ뿐이다.

답 ㄷ

1937

원점을 출발하여 수직선 위를 움직이는 점 P의 시각 $t\,(0\leq t\leq 8)$에서의 속도 $v(t)$의 그래프가 그림과 같을 때, 〈보기〉에서 옳은 것만을 있는 대로 고른 것은?

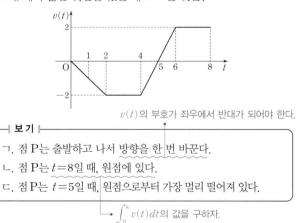

$v(t)$의 부호가 좌우에서 반대가 되어야 한다.

┤ 보기 ├
ㄱ. 점 P는 출발하고 나서 방향을 한 번 바꾼다.
ㄴ. 점 P는 $t=8$일 때, 원점에 있다.
ㄷ. 점 P는 $t=5$일 때, 원점으로부터 가장 멀리 떨어져 있다.

$\int_0^8 v(t)dt$의 값을 구하자.

ㄱ. $t=5$의 좌우에서 $v(t)$의 부호가 바뀌므로 점 P는 운동 방향을 한 번 바꾼다. (참)
ㄴ. $t=8$에서의 점 P의 위치는
$$\int_0^8 v(t)\,dt=-\left\{\frac{1}{2}\times(5+2)\times 2\right\}+\left\{\frac{1}{2}\times(2+3)\times 2\right\}$$
$$=(-7)+5=-2$$

즉, 점 P의 위치는 -2이다. (거짓)

ㄷ. 점 P는 원점을 출발하여 $t=5$일 때까지 같은 방향으로 계속 움직이다가 $t=5$일 때, 방향을 바꾸어 출발점으로 돌아오고 있다. 따라서 $t=5$일 때, 원점으로부터 가장 멀리 떨어져 있다. (참)

따라서 옳은 것은 ㄱ, ㄷ이다.   답 ④

1938

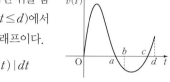

그림은 원점을 출발하여 수직선 위를 움직이는 점 P의 시각 t $(0 \le t \le d)$에서의 속도 $v(t)$를 나타내는 그래프이다.

$$\int_0^a |v(t)| dt = \int_a^d |v(t)| dt$$

일 때, 〈보기〉에서 옳은 것만을 있는 대로 고른 것은?

$$\int_0^c v(t) dt = \int_0^a v(t) dt + \int_a^c v(t) dt \text{ (단, } 0 < a < b < c < d)$$
임을 이용하자.

┤ 보기 ├

ㄱ. 점 P는 출발하고 나서 원점을 다시 지난다.

ㄴ. $\int_0^c v(t) dt = \int_c^d v(t) dt$

ㄷ. $\int_0^b v(t) dt = \int_b^d |v(t)| dt$

$$\int_b^d |v(t)| dt = -\int_b^c v(t) dt + \int_c^d v(t) dt \text{임을 이용하자.}$$

$\int_0^a |v(t)| dt = A$, $\int_a^c |v(t)| dt = B$, $\int_c^d |v(t)| dt = C$라 하면

$A = \int_0^a |v(t)| dt = \int_a^d |v(t)| dt$

$= \int_a^c |v(t)| dt + \int_c^d |v(t)| dt$

$= B + C$

$\therefore A = B + C$ ...... ㉠

ㄱ. 시각 $t=x$에서의 점 P의 위치 $\int_0^x v(t) dt$의 최솟값은

$\int_0^c v(t) dt = A - B = C > 0$이므로

점 P는 원점을 다시 지나지 않는다. (거짓)

ㄴ. $\int_0^c v(t) dt = \int_0^a v(t) dt + \int_a^c v(t) dt$

$= \int_0^a |v(t)| dt - \int_a^c |v(t)| dt$

$= A - B = C \ (\because ㉠)$

$\therefore \int_0^c v(t) dt = \int_c^d |v(t)| dt = \int_c^d v(t) dt$ (참)

ㄷ. $\int_b^d |v(t)| dt = -\int_b^c v(t) dt + \int_c^d v(t) dt$

$= -\int_b^c v(t) dt + \int_0^c v(t) dt \ (\because ㄴ)$

$= \int_0^c v(t) dt + \int_c^b v(t) dt$

$= \int_0^b v(t) dt$ (참)

따라서 옳은 것은 ㄴ, ㄷ이다.   답 ④

1939

구간 $[0, 1]$에서 $x^2-4x+3 \ge 0$이고 구간 $[1, 2]$에서 $x^2-4x+3 \le 0$임을 이용하자.

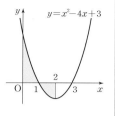

그림과 같이 곡선 $y=x^2-4x+3$과 x축 및 두 직선 $x=0$, $x=2$로 둘러싸인 부분의 넓이는?

① 2   ② $\dfrac{7}{3}$

③ 3   ④ $\dfrac{10}{3}$

⑤ 4

구간 $[0, 1]$에서 $x^2-4x+3 \ge 0$,
구간 $[1, 2]$에서 $x^2-4x+3 \le 0$
이므로 구하는 넓이는

$\int_0^2 |x^2-4x+3| dx$

$= \int_0^1 (x^2-4x+3) dx - \int_1^2 (x^2-4x+3) dx$

$= \left[\dfrac{1}{3}x^3 - 2x^2 + 3x \right]_0^1 - \left[\dfrac{1}{3}x^3 - 2x^2 + 3x \right]_1^2$

$= \left(\dfrac{4}{3} - 0 \right) - \left(\dfrac{2}{3} - \dfrac{4}{3} \right)$

$= 2$ 답 ①

1940

곡선과 직선의 교점의 x좌표를 구하자.

곡선 $y=x^2-x$와 직선 $y=2x$로 둘러싸인 부분의 넓이를 구하시오.

곡선과 직선의 위치 관계를 파악하자.

곡선 $y=x^2-x$와 직선 $y=2x$의 교점의 x좌표는

$x^2-x=2x$에서 $x^2-3x=0$

$x(x-3)=0$

$\therefore x=0$ 또는 $x=3$

따라서 구하는 넓이는

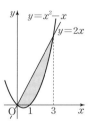

$\int_0^3 \{2x-(x^2-x)\} dx$

$= \int_0^3 (-x^2+3x) dx$

$= \left[-\dfrac{1}{3}x^3 + \dfrac{3}{2}x^2 \right]_0^3$

$= -9 + \dfrac{27}{2}$

$= \dfrac{9}{2}$ 답 $\dfrac{9}{2}$

다른풀이 곡선과 직선의 교점의 x좌표는

$x^2-x=2x$에서 $x^2-3x=0$

$x(x-3)=0$

$\therefore x=0$ 또는 $x=3$

따라서 구하는 넓이는

$\dfrac{|a|(\beta-\alpha)^3}{6} = \dfrac{1 \times (3-0)^3}{6} = \dfrac{9}{2}$

참고 곡선과 직선으로 둘러싸인 부분의 넓이

곡선 $y=ax^2+bx+c$ $(a \neq 0)$와 직선 $y=mx+n$이 서로 다른 두 점에서 만날 때, 두 교점의 x좌표를 α, β $(\alpha < \beta)$라 하면 곡선과 직선으로 둘러싸인 부분의 넓이 S는

$$S = \int_{\alpha}^{\beta} |(ax^2+bx+c)-(mx+n)| \, dx$$

$$= \frac{|a|}{6}(\beta-\alpha)^3$$

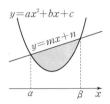

1941 서술형

➜ 두 곡선의 교점의 x좌표를 구하자.

두 곡선 $y=x^3-3x$, $y=2x^2$으로 둘러싸인 부분의 넓이를 구하시오.

➜ 정적분을 이용하여 구하자.

두 곡선 $y=x^3-3x$, $y=2x^2$의 교점의 x좌표는

$x^3-3x=2x^2$에서

$x^3-2x^2-3x=0$

$x(x^2-2x-3)=0$

$x(x+1)(x-3)=0$

$\therefore x=-1$ 또는 $x=0$ 또는 $x=3$ 30%

따라서 구하는 넓이는

$$\int_{-1}^{0} \{(x^3-3x)-2x^2\}dx + \int_{0}^{3} \{2x^2-(x^3-3x)\}dx \quad \cdots\cdots \text{40\%}$$

$$= \int_{-1}^{0}(x^3-2x^2-3x)dx + \int_{0}^{3}(-x^3+2x^2+3x)dx$$

$$= \left[\frac{1}{4}x^4-\frac{2}{3}x^3-\frac{3}{2}x^2\right]_{-1}^{0} + \left[-\frac{1}{4}x^4+\frac{2}{3}x^3+\frac{3}{2}x^2\right]_{0}^{3}$$

$$= \frac{7}{12}+\frac{45}{4}$$

$$= \frac{71}{6} \quad \cdots\cdots \text{30\%}$$

답 $\dfrac{71}{6}$

1942

➜ 접선의 방정식은 $y=3(x+1)$임을 이용하자.

곡선 $y=x^3+1$ 위의 점 $(-1, 0)$에서의 접선과 이 곡선으로 둘러싸인 도형의 넓이는?

➜ 곡선과 직선의 교점의 x좌표를 구하자.

$y=x^3+1$에서 $y'=3x^2$이므로 이 곡선 위의 점 $(-1, 0)$에서의 접선의 방정식은

$y=3(x+1)$ $\therefore y=3x+3$

곡선 $y=x^3+1$과 직선 $y=3x+3$의 교점의 x좌표는 $x^3+1=3x+3$에서

$x^3-3x-2=0$

$(x+1)^2(x-2)=0$

$\therefore x=-1$ 또는 $x=2$

따라서 구하는 넓이는

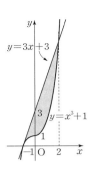

$$\int_{-1}^{2} \{(3x+3)-(x^3+1)\}dx$$

$$= \int_{-1}^{2}(-x^3+3x+2)dx$$

$$= \left[-\frac{1}{4}x^4+\frac{3}{2}x^2+2x\right]_{-1}^{2}$$

$$= \frac{27}{4}$$

답 ④

1943

➜ 축의 방정식은 $x=3$임을 이용하자.

함수 $f(x)=3x^2-18x+a$에 대하여 그림과 같이 곡선 $y=f(x)$와 x축 및 y축으로 둘러싸인 도형의 넓이를 각각 S_1, S_2라 하자. $2S_1=S_2$가 성립할 때, 상수 a의 값은?

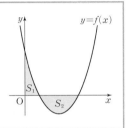

➜ $\displaystyle\int_0^3 f(x)\,dx=0$임을 알 수 있다.

$f(x)=3x^2-18x+a$

$\quad = 3(x-3)^2+a-27$

에서 꼭짓점의 x좌표는 3이다.

따라서 직선 $x=3$에 의하여 S_2는 이등분되고, $S_1=\dfrac{1}{2}S_2$이므로

$$\int_0^3 f(x)\,dx = \int_0^3 (3x^2-18x+a)\,dx$$

$$= \left[x^3-9x^2+ax\right]_0^3$$

$$= 27-81+3a=0$$

$\therefore a=18$

답 ④

1944

두 곡선 $y=x(a-x)$, $y=x^2(a-x)$로 둘러싸인 두 도형의 넓이가 같을 때, 상수 a의 값은? (단, $a>1$)

➜ $\displaystyle\int_0^a \{x(a-x)-x^2(a-x)\}dx=0$임을 알 수 있다.

그림에서 어두운 두 도형의 넓이가 같으므로

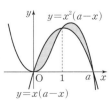

$$\int_0^a \{x(a-x)-x^2(a-x)\}dx$$

$$= \int_0^a \{x^3-(a+1)x^2+ax\}dx$$

$$= \left[\frac{1}{4}x^4-\frac{1}{3}(a+1)x^3+\frac{1}{2}ax^2\right]_0^a$$

$$= \frac{1}{6}a^3-\frac{1}{12}a^4=0$$

$2a^3-a^4=0$, $a^3(2-a)=0$

$\therefore a=2$ $(\because a>1)$

답 ④

1945

↳ 두 함수의 그래프의 개형을 그리자.

함수 $f(x)=x^3+2x-2$의 역함수를 $y=g(x)$라 할 때,

$\displaystyle\int_1^2 f(x)dx+\int_1^{10} g(x)dx$의 값을 구하시오.

↳ 넓이가 서로 같은 부분들을 찾아보자.

$f(x)=x^3+2x-2$에서

$f'(x)=3x^2+2>0$이므로 함수

$y=f(x)$는 실수 전체의 집합에서

증가하는 함수이다.

그림과 같이 두 함수

$y=f(x)$, $y=g(x)$의 그래프는

직선 $y=x$에 대하여 대칭이므로

$(A$의 넓이$)=(B$의 넓이$)$

$\therefore \displaystyle\int_1^2 f(x)dx+\int_1^{10} g(x)dx$

$=(C$의 넓이$)+(B$의 넓이$)$

$=(C$의 넓이$)+(A$의 넓이$)$

$=2\times10-1\times1=19$

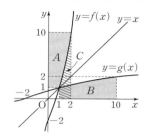

답 19

1946

수직선 위를 움직이는 점 P의 시각 t에서의 속도는

$v(t)=6-2t$이고 $t=0$에서의 점 P의 좌표가 5일 때, $t=4$에서

의 점 P의 좌표는?

↳ 수직선 위를 움직이는 점 P의 시각 t에서의 속도를 $v(t)$, 위치를 $s(t)$,

시작 위치를 $s(a)$라 하면 $s(t)=s(a)+\displaystyle\int_a^t v(t)dt$임을 이용하자.

$t=0$에서의 점 P의 좌표가 5이므로 $t=4$에서의 점 P의 좌표는

$5+\displaystyle\int_0^4 v(t)dt=5+\int_0^4 (6-2t)dt$

$=5+\left[6t-t^2\right]_0^4$

$=5+8$

$=13$

답 ⑤

1947 ✏️ 서술형

수직선 위를 움직이는 두 점 P, Q의 시각 t에서의 속도가 각각

$v_P(t)=3t^2+4t-2$, $v_Q(t)=4t+\dfrac{a}{2}$이다. 두 점 P, Q가 원점

을 동시에 출발한 후 한 번만 만나도록 하는 정수 a의 최솟값을

구하시오. ↳ $\displaystyle\int_0^t v_P(t)dt=\int_0^t v_Q(t)dt$를 만족하는

t의 값이 한 개임을 이용하자.

두 점 P, Q가 원점을 동시에 출발하여 한 번만 만나므로

$\displaystyle\int_0^t v_P(t)dt=\int_0^t v_Q(t)dt$를 만족하는 t $(t>0)$의 값이 한 개이어야

한다.

$t^3+2t^2-2t=2t^2+\dfrac{a}{2}t$

$t^3-2t-\dfrac{a}{2}t=0$

······ 30%

$t\left(t^2-2-\dfrac{a}{2}\right)=0$

$\therefore t=0$ 또는 $t=\pm\sqrt{2+\dfrac{a}{2}}$

두 점 P, Q가 원점을 동시에 출발하여 한 번만 만나려면

이 방정식이 한 개의 양의 실근을 가져야 하므로

$2+\dfrac{a}{2}>0$ $\therefore a>-4$ ······ 50%

따라서 정수 a의 최솟값은 -3이다. ······ 20%

답 -3

1948

원점을 출발하여 수직선 위를 움직이는 점 P의 t초 후의 속도가

$v(t)=8-2t$일 때, 점 P가 원점을 출발하여 5초 동안 움직인

거리를 구하시오.

↳ 시각 $t=a$에서 $t=b$까지 점 P가 움직인 거리는 $\displaystyle\int_a^b |v(t)|dt$임을 이용하자.

점 P가 원점을 출발하여 5초 동안 움직인 거리는

$\displaystyle\int_0^5 |8-2t|dt=\int_0^4 (8-2t)dt-\int_4^5 (8-2t)dt$

$=\left[8t-t^2\right]_0^4-\left[8t-t^2\right]_4^5$

$=16+1=17$

답 17

1949

최고 높이에 도달한 순간의 속도는 0임을 이용하자.

지상 30 m의 높이에서 98 m/s의 속도로 똑바로 쏘아 올린 물체

의 t초 후의 속도는 $v(t)=98-9.8t$ (m/s)일 때, 물체가 지면에

떨어질 때까지 움직인 거리는 몇 m인가?

↳ $2\times$(최고 높이에 도달할 때까지 움직인 거리)$+30$임을 이용하자.

물체가 최고 높이에 도달하는 순간의 속도는 0이므로

$v(t)=98-9.8t=0$ $\therefore t=10$

최고 높이에 도달할 때까지 물체가 움직인 거리는

$\displaystyle\int_0^{10} |v(t)|dt=\int_0^{10} (98-9.8t)dt$

$=\left[98t-4.9t^2\right]_0^{10}=490$ (m)

따라서 물체가 지면에 떨어질 때까지 움직인 거리는

$490+(490+30)=1010$ (m)

답 ④

정답및**해설**

1950

원점을 출발하여 수직선 위를 움직이는 물체의 시각 $t\,(0 \le t \le 8)$에서의 속도 $v(t)$의 그래프가 그림과 같을 때, 〈보기〉에서 옳은 것만을 있는 대로 고른 것은?

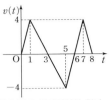

→ 시각 t의 좌우에서 $v(t)$의 부호가 반대이어야 한다.

┌─ 보기 ┐

ㄱ. 물체는 움직이는 동안 운동 방향을 2번 바꾼다.

ㄴ. 물체는 출발한 후 원점을 2번 통과한다.

ㄷ. 물체가 출발한 후 원점에서 가장 멀리 떨어져 있을 때의 위치는 6이다.

→ $\int_0^a v(t)\,dt = 0$을 만족하는 a를 찾자.

ㄱ. $v(a) = 0$이고 $t = a$의 좌우에서 $v(t)$의 부호가 바뀔 때 운동 방향이 바뀌므로 $t = 3$, $t = 6$일 때 운동 방향이 바뀐다. 즉, 물체는 움직이는 동안 운동 방향을 2번 바꾼다. (참)

ㄴ. $t = 6$일 때만 $\int_0^6 v(t)\,dt = 0$이므로 출발 후 원점을 한 번 통과한다.

(거짓)

ㄷ. 물체가 출발 후 원점에서 가장 멀리 떨어져 있을 때는 $t = 3$일 때이므로 그때의 위치는

$$\int_0^3 v(t)\,dt = \frac{1}{2} \times 3 \times 4 = 6 \text{ (참)}$$

따라서 옳은 것은 ㄱ, ㄷ이다.

답 ④

1951

→ 접선의 방정식은 $y = 3x - 4$임을 이용하자.

곡선 $y = x^2 - x$ 위의 점 $(2, 2)$에서의 접선이 곡선 $y = x^2 + 3x + a$에 접할 때, 이 두 곡선과 공통접선으로 둘러싸인 부분의 넓이를 구하시오. (단, a는 상수이다.)

→ 접점의 x좌표를 구하자.

$y = x^2 - x$에서 $y' = 2x - 1$이므로 점 $(2, 2)$에서의 접선의 방정식은
$$y - 2 = 3(x - 2)$$
$$\therefore y = 3x - 4$$
$y = x^2 + 3x + a$에서
$$y' = 2x + 3$$
직선 $y = 3x - 4$가 곡선 $y = x^2 + 3x + a$의 접선일 때 접점의 x좌표를 k라 하면
$$2k + 3 = 3$$
$$\therefore k = 0$$
곡선 $y = x^2 + 3x + a$의 접점의 좌표가 $(0, -4)$이므로
$$a = -4$$
두 곡선 $y = x^2 - x$, $y = x^2 + 3x - 4$의 교점의 x좌표는
$x^2 - x = x^2 + 3x - 4$에서
$$4x = 4$$
$$\therefore x = 1$$

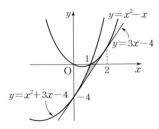

따라서 구하는 넓이는

$$\int_0^1 \{(x^2 + 3x - 4) - (3x - 4)\}\,dx + \int_1^2 \{(x^2 - x) - (3x - 4)\}\,dx$$
$$= \int_0^1 x^2\,dx + \int_1^2 (x^2 - 4x + 4)\,dx$$
$$= \left[\frac{1}{3}x^3\right]_0^1 + \left[\frac{1}{3}x^3 - 2x^2 + 4x\right]_1^2$$
$$= \left(\frac{1}{3} - 0\right) + \left\{\left(\frac{8}{3} - 8 + 8\right) - \left(\frac{1}{3} - 2 + 4\right)\right\}$$
$$= \frac{2}{3}$$

답 $\dfrac{2}{3}$

1952

$f(x) = (x - 2)^2 + 1$임을 알 수 있다.　　　$y = 1$임을 이용하자.

함수 $f(x) = x^2 - 4x + 5$에 대하여 곡선 $y = f(x)$를 x축의 양의 방향으로 k만큼 평행이동한 곡선을 $y = g(x)$라 하고, 두 곡선 $y = f(x)$, $y = g(x)$에 동시에 접하는 직선을 l이라 하자. 두 곡선 $y = f(x)$, $y = g(x)$와 직선 l로 둘러싸인 도형의 넓이가 $\dfrac{16}{3}$일 때, k의 값을 구하시오. (단, $k > 0$)

→ 두 곡선의 교점의 x좌표를 구하자.

$f(x) = x^2 - 4x + 5 = (x - 2)^2 + 1$이므로
$$g(x) = (x - k - 2)^2 + 1$$
한편, 두 곡선 $y = f(x)$, $y = g(x)$에 동시에 접하는 직선 l을 $h(x)$라 하면 $h(x) = 1$

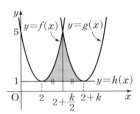

두 곡선 $y = f(x)$, $y = g(x)$의 교점의 x좌표를 α라 하면
$$(\alpha - 2)^2 + 1 = (\alpha - k - 2)^2 + 1$$
$$(\alpha - 2)^2 = (\alpha - k - 2)^2$$
$$\alpha^2 - 4\alpha + 4 = \alpha^2 + k^2 + 4 - 2k\alpha + 4k - 4\alpha$$
$$-2k\alpha + k^2 + 4k = 0$$
$$\therefore \alpha = 2 + \frac{k}{2} \ (\because k > 0)$$

$\alpha = 2 + \dfrac{k}{2}$는 두 곡선에서 두 꼭짓점의 중점의 x좌표이므로

두 곡선 $y = f(x)$, $y = g(x)$는 직선 $x = 2 + \dfrac{k}{2}$에 대하여 대칭이다.

위의 그림에서 어두운 부분의 넓이가 $\dfrac{16}{3}$이므로

$$\int_2^{2 + \frac{k}{2}} \{f(x) - h(x)\}\,dx = \frac{8}{3}$$이고
$$f(x) - h(x) = (x - 2)^2, \text{ 즉}$$

$$\int_2^{2+\frac{k}{2}}(x-2)^2\,dx=\int_0^{\frac{k}{2}}x^2\,dx$$
$$=\left[\frac{1}{3}x^3\right]_0^{\frac{k}{2}}$$
$$=\frac{1}{3}\left(\frac{k}{2}\right)^3=\frac{8}{3}$$

$$\left(\frac{k}{2}\right)^3=8,\ \frac{k}{2}=2$$

$$\therefore k=4 \qquad\qquad\qquad\qquad\text{탑 } 4$$

참고 곡선 $y=(x-2)^2$은 곡선 $y=x^2$과 모양이 같으므로

$$\int_2^{2+\frac{k}{2}}(x-2)^2\,dx=\frac{8}{3}$$에서 구하는 k의 값은

$$\int_0^{\frac{k}{2}}x^2\,dx=\frac{8}{3}$$ 을 만족시키는 k의 값과 같다.

1953

┌─ 양변을 x에 대하여 미분하자.

다항함수 $f(x)$가 등식 $xf(x)=x^3-3x^2+\int_0^x tf'(t)\,dt$를 만족할 때, 함수 $y=f(x)$의 그래프와 x축으로 둘러싸인 도형의 넓이는?
└─ 그래프의 개형을 그려 위치 관계를 파악하자.

등식 $xf(x)=x^3-3x^2+\int_0^x tf'(t)\,dt$의 양변을 x에 대하여 미분하면

$$f(x)+xf'(x)=3x^2-6x+xf'(x)$$
$$\therefore f(x)=3x^2-6x$$

따라서 함수 $y=f(x)$의 그래프와 x축으로 둘러싸인 도형은 그림과 같으므로 구하는 넓이는

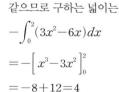

$$-\int_0^2(3x^2-6x)\,dx$$
$$=-\left[x^3-3x^2\right]_0^2$$
$$=-8+12=4 \qquad\qquad\text{탑 ①}$$

1954

$\int_0^k f(x)\,dx=S_1-S_2+S_3$임을 이용하자.

그림과 같이 곡선 $f(x)=x^2-5x+4$와 x축, y축으로 둘러싸인 도형의 넓이를 S_1, 곡선 $y=f(x)$와 x축으로 둘러싸인 도형의 넓이를 S_2, 곡선 $y=f(x)$와 x축, 직선 $x=k$ ($k>4$)로 둘러싸인 도형의 넓이를 S_3이라 하자. S_1, S_2, S_3이

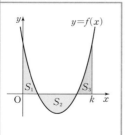

이 순서대로 등차수열을 이룰 때, $\int_0^k f(x)\,dx$의 값을 구하시오.
└─ $2S_2=S_1+S_3$임을 이용하자.

S_1, S_2, S_3이 이 순서대로 등차수열을 이루므로
$$2S_2=S_1+S_3 \qquad\cdots\cdots\ \bigcirc$$
곡선 $y=f(x)$와 x축의 교점의 x좌표는
$$x^2-5x+4=0$$에서 $(x-1)(x-4)=0$
$$\therefore x=1 \text{ 또는 } x=4$$

$$\int_0^k f(x)\,dx=S_1-S_2+S_3$$
$$=2S_2-S_2 \quad(\because\ \bigcirc)$$
$$=S_2$$
$$=-\int_1^4 f(x)\,dx$$
$$=-\int_1^4(x^2-5x+4)\,dx$$
$$=-\left[\frac{1}{3}x^3-\frac{5}{2}x^2+4x\right]_1^4=\frac{9}{2} \qquad\text{탑 } \frac{9}{2}$$

1955

┌─ 최초에 열기구의 높이는 0 m이다.

지면에 정지해 있던 열기구가 수직 방향으로 출발한 후 t분일 때, 속도 $v(t)$ (m/분)를
$$v(t)=\begin{cases} t & (0\le t\le 20) \\ 60-2t & (20\le t\le 40)\end{cases}$$
라 하자. 출발한 후 $t=35$분일 때, 지면으로부터 열기구의 높이는? (단, 열기구는 수직 방향으로만 움직이는 것으로 가정한다.)
└─ $0+\int_0^{35}v(t)\,dt$임을 이용하자.

최초에 지면에 정지해 있었으므로 $t=35$일 때의 열기구의 높이를 h m라 하면
$$h=0+\int_0^{35}v(t)\,dt$$
$$=\int_0^{20}t\,dt+\int_{20}^{35}(60-2t)\,dt$$
$$=\left[\frac{t^2}{2}\right]_0^{20}+\left[60t-t^2\right]_{20}^{35}$$
$$=\frac{400}{2}+60(35-20)-(1225-400)=275$$
따라서 $t=35$일 때, 지면으로부터 열기구의 높이는 275 m이다.

$$\text{탑 ③}$$

1956

┌─ 정사각형의 둘레의 길이는 40 cm이다.

그림과 같이 한 변의 길이가 10 cm인 정사각형의 한 꼭짓점 A를 출발하여 그림의 화살표 방향으로 진행하는 두 점 P, Q가 있다. 점 A를 출발하여 t초 후의 두 점 P, Q의 속력이 각각

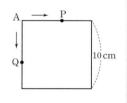

$7t+3$ (cm/s), $3t+2$ (cm/s)일 때, 두 점 P, Q가 동시에 출발한 후 10초 동안 두 점이 만난 횟수를 구하시오.
└─ 두 점이 출발한 후 10초 동안 움직인 거리는 각각
$$\int_0^{10}(7t+3)\,dt,\ \int_0^{10}(3t+2)\,dt$$임을 이용하자.

두 점 P, Q가 출발한 후 10초 동안 움직인 거리를 각각 s_1, s_2라 하면
$$s_1=\int_0^{10}(7t+3)\,dt=\left[\frac{7}{2}t^2+3t\right]_0^{10}=380\ (\text{cm})$$
$$s_2=\int_0^{10}(3t+2)\,dt=\left[\frac{3}{2}t^2+2t\right]_0^{10}=170\ (\text{cm})$$
$$\therefore s_1+s_2=550\ (\text{cm}) \qquad\cdots\cdots\ \bigcirc$$

정사각형의 둘레의 길이가 40 cm이므로 두 점 P, Q가 만날 때는 두 점이 움직인 거리의 합이 40의 배수일 때이다.

그런데 ㉠에서 10초 동안 두 점이 움직인 거리의 합이 550 cm이므로 $550 = 40 \times 13 + 30$에서 10초 동안 만난 횟수는 13이다. **탑** 13

1957

> 곡선 $y = x^2 - \dfrac{3}{n^2}$과 직선 $y = \dfrac{1}{n^2}$로 둘러싸인 부분의 넓이를 $S(n)$이라 할 때, 〈보기〉에서 옳은 것만을 있는 대로 고른 것은?
> (단, n은 자연수이다.)
>
> **┤ 보기 ├**
> ㄱ. $S(1) = \dfrac{32}{3}$ → $S(1)$은 곡선 $y = x^2 - 3$과 직선 $y = 1$로 둘러싸인 부분의 넓이이다.
> ㄴ. $S(n) < \dfrac{1}{18}$을 만족시키는 자연수 n의 최솟값은 6이다.
> ㄷ. $\displaystyle\sum_{n=2}^{10} |S(n) - S(n-1)| = \dfrac{1332}{125}$
>
> 곡선 $y = x^2 - \dfrac{3}{n^2}$과 직선 $y = \dfrac{1}{n^2}$의 교점의 x좌표를 구하자.

ㄱ. 그림과 같이 $S(1)$은 곡선
$y = x^2 - 3$과 직선 $y = 1$로
둘러싸인 부분의 넓이이다.
곡선과 직선의 교점의 x좌표는
$x^2 - 3 = 1$에서
$x^2 - 4 = 0$, $(x+2)(x-2) = 0$
$\therefore x = -2$ 또는 $x = 2$

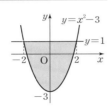

$\therefore S(1) = \displaystyle\int_{-2}^{2} \{1 - (x^2 - 3)\} dx$
$\qquad = 2\displaystyle\int_{0}^{2} (4 - x^2) dx$
$\qquad = 2\left[4x - \dfrac{1}{3}x^3 \right]_{0}^{2} = \dfrac{32}{3}$ (참)

ㄴ. 곡선 $y = x^2 - \dfrac{3}{n^2}$과 직선
$y = \dfrac{1}{n^2}$의 교점의 x좌표는

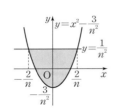

$x^2 - \dfrac{3}{n^2} = \dfrac{1}{n^2}$에서
$\left(x + \dfrac{2}{n}\right)\left(x - \dfrac{2}{n}\right) = 0$
$\therefore x = -\dfrac{2}{n}$ 또는 $x = \dfrac{2}{n}$

$\therefore S(n) = \displaystyle\int_{-\frac{2}{n}}^{\frac{2}{n}} \left\{ \dfrac{1}{n^2} - \left(x^2 - \dfrac{3}{n^2} \right) \right\} dx$
$\qquad = 2\displaystyle\int_{0}^{\frac{2}{n}} \left(\dfrac{4}{n^2} - x^2 \right) dx = 2\left[\dfrac{4}{n^2}x - \dfrac{1}{3}x^3 \right]_{0}^{\frac{2}{n}}$
$\qquad = 2\left(\dfrac{8}{n^3} - \dfrac{8}{3n^3} \right)$
$\qquad = \dfrac{32}{3n^3}$

$\dfrac{32}{3n^3} < \dfrac{1}{18}$에서 $n^3 > 192$이고, $5^3 < 192 < 6^3$이므로
자연수 n의 최솟값은 6이다. (참)

ㄷ. $S(n-1) > S(n)$이므로
$\displaystyle\sum_{n=2}^{10} |S(n) - S(n-1)|$
$= \displaystyle\sum_{n=2}^{10} \{S(n-1) - S(n)\}$
$= S(1) - S(2) + S(2) - S(3) + \cdots + S(9) - S(10)$
$= S(1) - S(10)$
$= \dfrac{32}{3}\left(1 - \dfrac{1}{10^3} \right) (\because \text{ㄴ}) = \dfrac{1332}{125}$ (참)

따라서 ㄱ, ㄴ, ㄷ 모두 옳다. **탑** ⑤

1958

> 최고차항의 계수가 1인 사차함수 $y = f(x)$가 다음과 같은 조건을 만족시킨다.
> → 함수 $f(x)$의 그래프는 y축 대칭이다.
>
> (가) 임의의 x에 대하여 $f(x) = f(-x)$
> (나) $x = \alpha$, $x = \beta$에서 극솟값 0을 갖는다. (단, $\beta < 0 < \alpha$)
>
> 곡선 $y = f'(x)$와 x축으로 둘러싸인 부분의 넓이가 32이고, 곡선 $y = f(x)$와 x축으로 둘러싸인 부분의 넓이를 S라 할 때, $15S$의 값을 구하시오. → $f(x) = (x-\alpha)^2(x-\beta)^2$임을 알 수 있다.

조건 (나)에서 $x = \alpha$, $x = \beta$에서 극솟값 0을 가지므로
$f(x) = (x-\alpha)^2(x-\beta)^2$
조건 (가)에서 $f(x) = f(-x)$이므로 $\alpha = -\beta$
즉, $f(x) = (x-\alpha)^2(x+\alpha)^2$이므로
$f(x) = x^4 - 2\alpha^2 x^2 + \alpha^4$에서 $f'(x) = 4x(x^2 - \alpha^2)$
곡선 $y = f'(x)$와 x축의 교점의 x좌표는 $4x(x^2 - \alpha^2) = 0$에서
$x = -\alpha$ 또는 $x = 0$ 또는 $x = \alpha$이고, $y = f'(x)$와 x축으로 둘러싸인
부분의 넓이가 32이므로 $\displaystyle\int_{-\alpha}^{\alpha} |f'(x)| dx = 32$

$\displaystyle\int_{-\alpha}^{0} f'(x) dx = 16$

즉, $f(0) - f(-\alpha) = 16$, $\alpha^4 - 0 = 16$
$\therefore \alpha = 2 \ (\because \alpha > 0)$
따라서 $f(x) = (x-2)^2(x+2)^2$이므로 곡선 $y = f(x)$와 x축으로
둘러싸인 부분의 넓이 S는
$S = \displaystyle\int_{-2}^{2} (x-2)^2(x+2)^2 dx = 2\displaystyle\int_{0}^{2} (x^4 - 8x^2 + 16) dx$
$\quad = 2\left[\dfrac{1}{5}x^5 - \dfrac{8}{3}x^3 + 16x \right]_{0}^{2} = \dfrac{512}{15}$
$\therefore 15S = 512$ **탑** 512

1959

> → 두 곡선의 교점의 x좌표를 구하자.
>
> 두 곡선 $y = 2x^4 - 4x^3$, $y = -x^4 + 8x$로 둘러싸인 부분의 넓이가 곡선 $y = ax(2-x)$에 의하여 이등분될 때, 상수 a의 값을 구하시오. (단, $0 < a < 3$) → 정적분을 이용하여 넓이를 구하자.

두 곡선 $y = 2x^4 - 4x^3$, $y = -x^4 + 8x$의 교점의 x좌표는
$2x^4 - 4x^3 = -x^4 + 8x$에서

$3x^4-4x^3-8x=0$

$x(x-2)(3x^2+2x+4)=0$

$\therefore x=0$ 또는 $x=2$

두 곡선 $y=2x^4-4x^3$, $y=-x^4+8x$로 둘러싸인 부분의 넓이는

$\displaystyle\int_0^2 \{(-x^4+8x)-(2x^4-4x^3)\}dx$

$\displaystyle=\int_0^2 (-3x^4+4x^3+8x)dx$

$\displaystyle=\left[-\frac{3}{5}x^5+x^4+4x^2\right]_0^2$

$\displaystyle=-\frac{96}{5}+16+16=\frac{64}{5}$

두 곡선 $y=-x^4+8x$, $y=ax(2-x)$로 둘러싸인 부분의 넓이는 두 곡선 $y=2x^4-4x^3$, $y=-x^4+8x$로 둘러싸인 부분의 넓이의 $\dfrac{1}{2}$이므로

$\displaystyle\int_0^2 \{(-x^4+8x)-(2ax-ax^2)\}dx$

$\displaystyle=\int_0^2 \{-x^4+ax^2+(8-2a)x\}dx$

$\displaystyle=\left[-\frac{1}{5}x^5+\frac{a}{3}x^3+(4-a)x^2\right]_0^2$

$\displaystyle=-\frac{32}{5}+\frac{8a}{3}+4(4-a)$

$\displaystyle=\frac{48}{5}-\frac{4}{3}a=\frac{32}{5}$

$\therefore a=\dfrac{12}{5}$

답 $\dfrac{12}{5}$

1960

→ 점 A의 좌표는 $(1,0)$임을 이용하자.

그림과 같이 삼차함수 $f(x)=-(x+1)^3+8$의 그래프가 x축과 만나는 점을 A라 하고, 점 A를 지나고 x축에 수직인 직선을 l이라 하자. 또, 곡선 $y=f(x)$와 y축 및 직선 $y=k$ $(0<k<7)$로 둘러싸인 부분의 넓이를 S_1이라 하고, 곡선 $y=f(x)$와 직선 l 및 직선 $y=k$로 둘러싸인 부분의 넓이를 S_2라 하자. 이때 $S_1=S_2$가 되도록 하는 상수 k에 대하여 $4k$의 값을 구하시오.

→ $y=f(x)$의 그래프와 직선 $y=k$의 교점의 x좌표를 a라 하면 $S_1=\displaystyle\int_0^a \{f(x)-k\}dx$, $S_2=-\displaystyle\int_a^1 \{f(x)-k\}dx$임을 이용하자.

$A(1,0)$이고 $S_1=S_2$이므로

$\displaystyle\int_0^1 \{-(x+1)^3+8-k\}dx$

$\displaystyle=\int_0^1 (-x^3-3x^2-3x+7-k)dx$

$\displaystyle=\left[-\frac{1}{4}x^4-x^3-\frac{3}{2}x^2+(7-k)x\right]_0^1$

$\displaystyle=\frac{17}{4}-k=0$

따라서 $k=\dfrac{17}{4}$

$\therefore 4k=4\times\dfrac{17}{4}=17$

답 17

1961

→ t초 후의 점 A의 좌표는 $-28+\displaystyle\int_0^t (6t^2-12t+15)dt$임을 이용하자.

수직선 위에 점 A의 좌표는 -28, 점 B는 원점에 있다. 두 점이 동시에 움직이기 시작하여 t초 후의 속도가 각각

$$v_A(t)=6t^2-12t+15, \quad v_B(t)=3t^2+12t-24$$

일 때, 〈보기〉에서 옳은 것만을 있는 대로 고른 것은?

┤ 보기 ├

ㄱ. 두 점 A와 B는 3번 만난다.

ㄴ. $4<t<7$일 때, 점 B의 좌표가 점 A의 좌표보다 항상 크다.

ㄷ. $1\le t\le 7$일 때, 두 점 A, B 사이의 거리의 최댓값은 6이다.

→ t초 후의 점 B의 좌표는 $0+\displaystyle\int_0^t (3t^2+12t-24)dt$임을 이용하자.

두 점 A, B의 t초 후의 좌표를 각각 $x_A(t)$, $x_B(t)$라 하면

$x_A(t)=-28+\displaystyle\int_0^t (6t^2-12t+15)dt$

$\quad=-28+\left[2t^3-6t^2+15t\right]_0^t$

$\quad=2t^3-6t^2+15t-28$

$x_B(t)=0+\displaystyle\int_0^t (3t^2+12t-24)dt$

$\quad=\left[t^3+6t^2-24t\right]_0^t$

$\quad=t^3+6t^2-24t$

$x_A(t)-x_B(t)=f(t)$라 하면

$f(t)=t^3-12t^2+39t-28$

$\quad=(t-1)(t-4)(t-7)$

ㄱ. 두 점 A, B가 만날 때, $x_A(t)=x_B(t)$

즉, $f(t)=0$의 근은 $t=1$ 또는 $t=4$ 또는 $t=7$의 3개이므로 두 점 A와 B는 3번 만난다. (참)

ㄴ. $4<t<7$일 때, $f(t)<0$이므로 $x_A(t)<x_B(t)$ (참)

ㄷ. $1\le t\le 7$일 때, 두 점 사이의 거리의 최댓값은 $|x_A-x_B|=|f(t)|$의 최댓값이다.

$f'(t)=3t^2-24t+39=0$에서

$t=4-\sqrt{3}$ 또는 $t=4+\sqrt{3}$

즉, $t=4-\sqrt{3}$일 때 함수 $y=f(t)$는 극대이면서 최대이므로 $1\le t\le 7$일 때, 두 점 A, B 사이의 거리의 최댓값은 $f(4-\sqrt{3})=6\sqrt{3}$이다. (거짓)

따라서 옳은 것은 ㄱ, ㄴ이다.

답 ②

1962

어느 놀이동산에서 2분 동안 운행되고 있는 열차의 출발한 지 t초 후의 운행 속도 $v(t)(\mathrm{m/s})$가

$$v(t)=\begin{cases} \dfrac{1}{2}t & (0\le t<10) \\ k & (10\le t<100) \\ \dfrac{1}{4}(120-t) & (100\le t\le 120) \end{cases}$$

→ 함수 $y=v(t)$는 연속함수임을 이용하자.

일 때, 이 열차가 출발 후 정지할 때까지 운행한 거리를 구하시오. (단, k는 상수이다.)

→ 각 구간별로 운행한 거리를 구하자.

출발 후 10초 동안 운행한 거리는

$$\int_0^{10} \frac{1}{2}t\,dt = \left[\frac{1}{4}t^2\right]_0^{10} = 25\,(m)$$

속도 $v(t)$의 그래프는 연속이므로

$$\lim_{t\to 10^-} \frac{1}{2}t = \lim_{t\to 10^+} k = v(10)$$

$$\therefore k = 5$$

10초와 100초 사이에 운행한 거리는

$$\int_{10}^{100} 5\,dt = \left[5t\right]_{10}^{100} = 450\,(m)$$

100초에서 정지할 때까지 운행한 거리는

$$\int_{100}^{120} \frac{1}{4}(120-t)\,dt = \frac{1}{4}\left[120t - \frac{1}{2}t^2\right]_{100}^{120} = 50\,(m)$$

따라서 이 열차가 출발 후 정지할 때까지 운행한 거리는

$$25 + 450 + 50 = 525\,(m)$$

답 525 m

1963

삼각형 OAB의 넓이는 3임을 이용하자.

그림과 같이 좌표평면 위의 두 점 $A(2, 0)$, $B(0, 3)$을 지나는 직선과 곡선 $y=ax^2$ $(a>0)$ 및 y축으로 둘러싸인 부분 중에서 제1사분면에 있는 부분의 넓이를 S_1이라 하자. 또, 직선 AB와 곡선 $y=ax^2$ 및 x축으로 둘러싸인 부분의 넓이를 S_2라 하자.

$S_1 : S_2 = 13 : 3$일 때, 상수 a의 값은?

곡선 $y=ax^2$과 직선 AB의 교점의 x좌표를 p라 하고 정적분을 이용하자. $(p>0)$

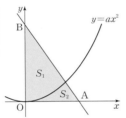

두 점 $A(2, 0)$, $B(0, 3)$을 지나는 직선의 방정식은

$$y = -\frac{3}{2}x + 3$$

이 직선과 함수 $y=ax^2$의 그래프의 교점의 x좌표를 p라 하면

$$-\frac{3}{2}p + 3 = ap^2 \quad \cdots\cdots \text{㉠}$$

$$S_1 = \int_0^p \left\{\left(-\frac{3}{2}x + 3\right) - ax^2\right\}dx$$

$$= \left[-\frac{3}{4}x^2 + 3x - \frac{1}{3}ax^3\right]_0^p$$

$$= -\frac{3}{4}p^2 + 3p - \frac{1}{3}ap^3$$

$$= -\frac{3}{4}p^2 + 3p - \frac{1}{3}p\left(-\frac{3}{2}p + 3\right)$$

$$= -\frac{1}{4}p^2 + 2p \quad \cdots\cdots \text{㉡}$$

한편, $S_1 + S_2 = \frac{1}{2} \times 2 \times 3 = 3$이고 $S_1 : S_2 = 13 : 3$이므로

$$S_1 = 3 \times \frac{13}{16} = \frac{39}{16} \quad \cdots\cdots \text{㉢}$$

㉡, ㉢에서 $-\frac{1}{4}p^2 + 2p = \frac{39}{16}$

$$4p^2 - 32p + 39 = 0$$

$$(2p-3)(2p-13) = 0$$

따라서 $p = \frac{3}{2}$ $(\because 0 < p < 2)$

그러므로 ㉠에서 $-\frac{9}{4} + 3 = \frac{9}{4}a$

$$\therefore a = \frac{1}{3}$$

답 ②

1964

같은 높이의 지면에서 동시에 출발하여 지면과 수직인 방향으로 올라가는 두 물체 A, B가 있다. 그림은 시각 t $(0 \le t \le c)$에서 물체 A의 속도 $f(t)$와 물체 B의 속도 $g(t)$를 나타낸 것이다.

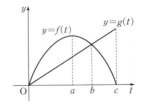

$\int_0^c f(t)dt = \int_0^c g(t)dt$이고 $0 \le t \le c$일 때, 옳은 것만을 〈보기〉에서 있는 대로 고른 것은?

$\int_0^a f(t)dt > \int_0^a g(t)dt$임을 이용하자.

┤ 보기 ├

ㄱ. $t=a$일 때, 물체 A는 물체 B보다 높은 위치에 있다.

ㄴ. $t=b$일 때, 물체 A와 물체 B의 높이의 차가 최대이다.

ㄷ. $t=c$일 때, 물체 A와 물체 B는 같은 높이에 있다.

$t=b$의 전후에서 $f(t)-g(t)$의 부호가 양에서 음으로 바뀐다.

ㄱ. $t=a$일 때, 물체 A의 높이는 $\int_0^a f(t)dt$이고, 물체 B의 높이는 $\int_0^a g(t)dt$이다.

이때 주어진 그림에서

$$\int_0^a f(t)dt > \int_0^a g(t)dt$$

이므로 A가 B보다 높은 위치에 있다. (참)

ㄴ. $0 \le t \le b$일 때 $f(t)-g(t) \ge 0$이므로 시각 t에서의 두 물체 A, B의 높이의 차는 점점 커진다.

또, $b < t \le c$일 때 $f(t)-g(t) < 0$이므로 시각 t에서의 두 물체 A, B의 높이의 차는 점점 줄어든다.

따라서 $t=b$일 때, 물체 A와 물체 B의 높이의 차가 최대이다. (참)

ㄷ. $\int_0^c f(t)dt = \int_0^c g(t)dt$이므로 $t=c$일 때, 물체 A와 물체 B는 같은 높이에 있다. (참)

따라서 옳은 것은 ㄱ, ㄴ, ㄷ이다.

답 ⑤

Memo

Memo